ASSOCIATION

FRANÇAISE

POUR

L'AVANCEMENT DES SCIENCES

LYON. — IMPRIMERIE PITRAT AINÉ, RUE GENTIL, 4.

ASSOCIATION
FRANÇAISE
POUR
L'AVANCEMENT DES SCIENCES

COMPTE RENDU DE LA 2ME SESSION

LYON
— 1873 —

PARIS
AU SECRÉTARIAT DE L'ASSOCIATION
76, RUE DE RENNES, 76

1874

STATUTS

TITRE I. — But de l'Association

ARTICLE 1er. — L'Association se propose exclusivement de favoriser par tous les moyens en son pouvoir le progrès et la diffusion des sciences au double point de vue du perfectionnement de la théorie pure et du développement des applications pratiques.

A cet effet, elle exerce son action principalement par des réunions, des conférences, des publications, des dons en instruments ou en argent aux personnes travaillant à des recherches ou entreprises scientifiques qu'elle aurait provoquées ou approuvées.

ART. 2. — Elle fait appel au concours de tous ceux qui considèrent la culture des sciences comme nécessaire à la grandeur et à la prospérité du pays.

ART. 3. — Elle prend le nom d'*Association française pour l'avancement des Sciences.*

TITRE II. — Organisation

ART. 4. — L'Association se compose de membres fondateurs et de membres ordinaires : les uns et les autres sont admis par le Conseil sur la proposition d'un autre membre ou sur leur demande directe.

ART. 5. — Sont membres fondateurs les personnes qui auront souscrit à une époque quelconque une ou plusieurs parts du capital social : ces parts sont de 500 fr.

ART. 6. — Sont membres ordinaires les personnes qui versent une cotisation annuelle de 20 fr. Cette cotisation peut toujours être rachetée par une somme de 200 fr., versée une fois pour toutes.

ART. 7. — Tous les membres, fondateurs ou ordinaires, jouissent des mêmes droits. Toutefois, les noms des membres fondateurs figurent en tête des listes par ordre d'inscription, et ces membres reçoivent gratuitement pendant toute leur vie autant d'exemplaires des publications de l'Association qu'ils auront souscrit de parts du capital social.

TITRE III. — Sessions annuelles

ART. 8. — Chaque année l'Association tient dans l'une des villes de France une session générale dont la durée est de huit jours : cette ville est désignée par l'Assemblée générale à la fin de la session précédente.

ART. 9. — Le Conseil d'administration est chargé de l'organisation des sessions : à cet effet, il désigne un Comité local et prend toutes les mesures nécessaires au succès de la réunion.

Art. 10. — Il est publié chaque année un volume contenant :

1° Le compte rendu des séances de la session ;

2° Le texte ou l'analyse des travaux provoqués par l'Association ou des Mémoires approuvés par le Conseil ;

Ce volume est distribué à tous les membres au plus tard huit mois après la session à laquelle il se rapporte.

Art. 11. — Les personnes étrangères à l'Association qui n'auront pas reçu une invitation spéciale du Conseil seront admises à toutes les séances et pourront prendre part à tous les travaux de la session moyennant un droit d'admission fixé par le règlement.

Art. 12. — Dans les sessions générales, l'Association se répartit en quinze sections formant quatre groupes, conformément au tableau suivant :

1er GROUPE. — SCIENCES MATHÉMATIQUES

1. Section de mathématiques, astronomie et géodésie ;
2. Section de mécanique ;
3. Section de navigation ;
4. Section de génie civil et militaire.

2e GROUPE. — SCIENCES PHYSIQUES ET CHIMIQUES

5. Section de physique ;
6. Section de chimie ;
7. Section de météorologie et physique du globe.

3e GROUPE. — SCIENCES NATURELLES

8. Section de géologie et de minéralogie ;
9. Section de botanique ;
10. Section de zoologie et de zootechnie ;
11. Section d'antropologie ;
12. Section des sciences médicales.

4e GROUPE. — SCIENCES ÉCONOMIQUES

13. Section d'agronomie ;
14. Section de géographie ;
15. Section d'économie et statistique.

Art. 13. — Tout membre de l'Association choisit chaque année la section à laquelle il désire appartenir. Il a le droit de prendre part aux travaux des autres sections avec voix consultative.

Art. 14. — La session comprend des séances générales et des séances de sections. En outre, il pourra être organisé des conférences et des excursions scientifiques.

COMPOSITION DES BUREAUX

Art. 15. — Le Bureau de l'Association se compose :

D'un Président ;
D'un Vice-Président ;
D'un Secrétaire ;
D'un Vice-Secrétaire ;
D'un Trésorier ;
Et d'un Archiviste.

Tous les membres du Bureau sont élus en Assemblée générale.

ART. 16. — Les fonctions de Président et de Secrétaire de l'Association sont annuelles ; elles commencent immédiatement après une session et durent jusqu'à la fin de la session suivante.

ART. 17. — Le Vice-Président et le Vice-Secrétaire d'une année deviennent de droit Président et Secrétaire pour l'année suivante.

ART. 18. — Le Président, le Vice-Président, le Secrétaire et le Vice-Secrétaire de chaque année sont pris respectivement dans les quatre groupes de sections, et chacun d'eux est pris à tour de rôle dans chaque groupe.

ART. 19. — Le Trésorier et l'Archiviste sont élus par l'Assemblée générale ; ils sont nommés pour quatre ans et rééligibles.

ART. 20. — Le Bureau de chaque section se compose d'un Président, d'un Vice-Président et d'un Secrétaire élus par cette section dans la première séance de la session.

ART. 21. — Le Bureau des Assemblées générales se compose du Bureau de l'Association, des Présidents et Secrétaires des sections.

ART. 22. — Le Conseil d'administration peut, sur la proposition du comité local, élire dans la ville désignée par l'Assemblée générale un Président et deux Vices-Présidents d'honneur. Il invite à la session générale les personnes étrangères à l'Association dont le concours lui paraît désirable.

TITRE IV. – Administration

ART. 23. — Le siége de l'Administration est à Paris.

ART. 24. — L'Association est administrée gratuitement par un Conseil composé :

1° De tous les membres formant le Bureau des Assemblées générales de la session précédente, ainsi qu'il est dit à l'art. 21 ;

2° Du Vice-Président et du Vice-Secrétaire de l'année ;

3° De trois membres par section élus à la majorité relative en Assemblée générale, sur la proposition de leurs sections respectives, renouvelables par tiers chaque année.

ART. 25. — Le Bureau de l'Association est en même temps le Bureau du Conseil.

ART. 26. — Pendant la durée des sessions, le Conseil siége dans la ville où a lieu la session.

ART. 27. — Le Conseil d'administration représente l'Association. Il a tout pouvoir pour gérer et administrer les affaires sociales, tant actives que passives. Il encaisse tous les fonds appartenant à l'Association, à quelque titre que ce soit.

Il place en rentes sur l'État ou en valeurs garanties par l'État les fonds qui constituent le capital social ; il décide l'emploi des fonds disponibles ; il surveille l'application à leur destination des fonds votés par l'Assemblée générale et ordonnance par anticipation, dans l'intervalle des sessions, les dépenses urgentes, qu'il soumet, dans la session suivante, à l'approbation de l'Assemblée générale.

Il décide l'échange ou la vente des valeurs achetées ; les transferts de rentes sur l'État, obligations des compagnies de chemins de fer et autres titres nominatifs sont signés par le Trésorier et un des membres du Conseil délégué à cet effet.

Il accepte tous dons et legs faits à la Société; tous les actes y relatifs sont signés par le Trésorier et un des membres délégués.

Il fait tous les règlements d'ordre intérieur que peut nécessiter l'exécution des présents Statuts.

Il prend les mesures nécessaires pour organiser les sessions de concert avec les comités locaux qu'il désigne à cet effet; il choisit un ou deux secrétaires; il nomme tous les employés et les révoque; il fixe leurs traitements.

Le Conseil délibère à la majorité des membres présents : néanmoins aucune résolution ne sera valable qu'autant qu'elle aura été délibérée en présence du quart, au moins des membres du Conseil dûment convoqué.

Toutefois, si, après un premier avis, le nombre des membres présents était insuffisant, une deuxième convocation annonçant le motif de la réunion aurait lieu, et la délibération serait valable, quel que fût le nombre des membres présents.

Art. 28. — Tous les actes, reçus et décharges, sont signés par le Trésorier et un membre du Conseil délégué à cet effet.

Art. 29. — Le Conseil dresse annuellement le budget des dépenses de l'Association et lit dans la Session générale annuelle le compte détaillé des recettes et dépenses de l'exercice écoulé.

Art. 30. — Les Statuts ne pourront être modifiés que sur la proposition du Conseil d'administration et à la majorité des deux tiers des membres votants dans l'Assemblée générale.

Ces propositions, soumises à une session, ne pourront être votées qu'à la session suivante : elles seront indiquées dans les convocations adressées à tous les membres de l'Association.

TITRE V. — Capital et ressources annuelles de l'Association

Art. 31. — Le capital de l'Association se compose des souscriptions des membres fondateurs, des sommes versées pour le rachat des cotisations, des dons et legs faits à l'Association, à moins d'affectation spéciale de la part des donateurs.

Art. 32. — Les ressources annuelles comprennent les intérêts du capital, le montant des cotisations annuelles et les droits d'admission aux séances.

Art. 33. — Chaque année le capital s'accroît d'une somme représentant au moins 20 0/0 du revenu, des cotisations et droits d'admission.

TITRE VI. — Dispositions complémentaires

Art. 34. — Dans le cas où la Société cesserait d'exister, l'Assemblée générale, convoquée extraordinairement, statuera, sous la réserve de l'approbation du gouvernement, sur la destination des biens appartenant à l'Association. Cette destination devra être conforme au but de l'Association, tel qu'il est indiqué dans l'article 1er.

Les clauses stipulées par les donateurs en prévision de ce cas devront être respectées.

LISTE DES MEMBRES

DE

L'ASSOCIATION FRANÇAISE POUR L'AVANCEMENT DES SCIENCES

(Les noms des Membres qui ont assisté au Congrès de Lyon sont précédés d'un astérisque.)

MEMBRES FONDATEURS

	PARTS
D'ABBADIE, Membre de l'Institut, 120, rue du Bac. — Paris	4
ALBERTI, Banquier, 17, rue de Londres. — Paris	1
*D'ALMEIDA, Professeur au lycée Corneille, 31, rue Bonaparte. — Paris	1
D'AMBOIX, Capitaine d'état-major. — Bayonne	1
ANDRÉ (Alfred), Banquier, Membre de l'Assemblée nationale, rue de Londres, 27. — Paris	2
ANDRÉ (Édouard), 13, rue Scribe. — Paris	1
ANONYME (un). — Paris	1
AUBERT (Charles), Licencié en droit, Avoué plaidant. — Rocroy (Ardennes)	1
AUDIBERT, Directeur de la Compagnie de Paris à Lyon et à la Méditerranée. (*Décédé*)	2
AYNARD (Ed.), Banquier, rue de Lyon, 19. — Lyon	1
*Dr AZAM, Professeur à l'École de médecine. — Bordeaux	1
BAILLE, Répétiteur à l'école polytechnique, 2, rue de Fleurus. — Paris	1
*Dr BAILLON, Professeur à la Faculté de médecine, rue Cuvier, 12. — Paris	1
*BALARD, Membre de l'Institut, rue d'Assas, 100. — Paris	1
BÉCHAMP, Professeur à la Faculté de médecine. — Montpellier	1
BELON, Fabricant, rue de Lyon, 9. — Lyon	1
BERAL (E.), Ingénieur des mines, 6, rue d'Isly. — Paris	1
BERNARD (Claude), Membre de l'Institut et de l'Académie des sciences, rue des Écoles, 40. — Paris	1
BILLAUD-BILLAUDOT et Cie, Fabricants de produits chimiques, place de la Sorbonne. — Paris	1
DE BILLY, Inspecteur général des mines, boulevard Haussmann, 105. — Paris	1
DE BILLY (Charles), auditeur à la Cour des Comptes, 14, rue Franklin. — Paris	1
BISCHOFFSHEIM (L. R.), Banquier, boulevard Haussmann, 39. — Paris	1
BISCHOFFSHEIM (Raphaël-Louis), Banquier, boulevard Haussmann, 39. — Paris	1
BLOT, Membre de l'Académie de médecine, avenue de Messine, 24. — Paris	1
DU BOCHET (Vincent), Faubourg-Poissonnière, 175. — Paris	1
BOISSONNET, Général du génie, rue de Rennes, 78. — Paris	1
Dr BONDET, Professeur à l'École de médecine, 2, quai de Retz. — Lyon	1
BORIE (Victor), Membre de la Société des agriculteurs de France, rue Louis-le-Grand, 19. — Paris	1

PARTS

Boudet (F.), Membre de l'Académie de médecine, rue Jacob, 30. — Paris. . 1

Bouillaud, Membre de l'Institut, Professeur à la Faculté de médecine, rue Saint-Dominique-Saint-Germain, 32. — Paris 1

Brandenburg (Albert), Négociant, rue de la Verrerie, 1. — Bordeaux. . . 1

Bréguet, Membre du Bureau des longitudes, quai de l'Horloge, 39. — Paris. 2

Bréguet (Antoine), Élève de l'École polytechnique, quai de l'Horloge, 39. — Paris 1

*Breittmayer (Albert), Ancien sous-directeur des docks et entrepôts de Marseille, 8, place de la Préfecture. — Marseille ; et, 8, quai de l'Est. — Lyon . 1

*Broca (Paul), Membre de l'Académie de médecine, Professeur à la Faculté de médecine, rue des Saints-Pères, 1. — Paris. 2

Broet, Membre de l'Assemblée nationale, avenue de Saint-Cloud, 52. — Versailles. 1

*Brouzet (Ch.), Ingénieur civil, avenue de Noailles, 69. — Lyon-Vaise. . . 1

Burton, Administrateur de la Compagnie des forges d'Alais, rue Lepelletier, 24. — Paris 1

Cacheux (Émile), Ingénieur civil des arts et manufactures, quai Saint-Michel, 27. — Paris. 1

*Cambefort (J.), Banquier, Administrateur des hospices, 5, place Saint-Clair. — Lyon. 1

de Camondo (comte N.), rue Lafayette, 31. — Paris. 1

de Camondo (comte A.), rue Lafayette, 31. — Paris. 1

Caperon père, Négociant, à Villenave-d'Ornon, près Bordeaux. 1

Caperon fils, à Villenave-d'Ornon, près Bordeaux. 1

Carlier (Auguste), Publiciste, rue de Berlin, 12. — Paris. 1

*Carnot (Adolphe), Ingénieur des mines, Professeur à l'École des mines, rue de Morny, 89. — Paris. 1

Casthelaz (John), Fabricants de produits chimiques, rue Sainte-Croix-de-la-Bretonnerie, 19. — Paris. 1

Caventou père, Membre de l'Académie de médecine, rue de la Sourdière, 29. — Paris. 1

Caventou fils, Membre de l'Académie de médecine, rue Sainte-Anne, 51 *bis*. — Paris. 1

de Chabaud-Latour, Général de division du génie, rue Abbatucci, 41. — Paris. 1

*Chabrières-Arlès, Administrateur des hospices, place Louis XVI, 12. — Lyon. 1

Chambre de commerce (la). — Bordeaux. 1

Chambre de commerce (la). — Lyon. 1

*Chantre (Ernest), Géologue attaché au Muséum, 37, cours Morand. — Lyon. 1

Dr Charcot (avenue du Coq, 6), rue Saint-Lazare, 89. — Paris. 1

Chasles, Membre de l'Institut, passage Sainte-Marie-Saint-Germain, 3. — Paris. 2

Le Chatelier, Inspecteur général des mines. *(Décédé)*. 1

*Chauveau (A.), Professeur de physiologie à l'École vétérinaire, avenue de Noailles, 32. — Lyon. 1

Chevalier, Négociant, Adjoint au maire, rue du Jardin Public, 50. — Bordeaux. 1

Clamageran, Avocat, rue Demours, 14. — Paris. 1

PARTS

*DE CLERMONT, Sous-directeur du laboratoire de chimie à la Sorbonne, boulevard Saint-Michel, 8. — Paris. 1

CLOQUET (Jules), Membre de l'Institut, boulevard Malesherbes, 19. — Paris. 1

*COLLIGNON (Ed.), Ingénieur des ponts et chaussées, boulevard Saint-Germain, 70. — Paris. 1

COMBAL, Professeur à la Faculté de médecine de Montpellier. 1

COMBES, Inspecteur général des mines, Directeur de l'École des mines. *(Décédé)*. 1

COMPAGNIE des chemins de fer du Midi, boulevard Haussmann, 54. — Paris . 5

— des chemins de fer d'Orléans, place Walhubert, 1. — Paris. . . 5

— des chemins de fer de l'Ouest, rue d'Amsterdam, 5. — Paris . . 5

— des chemins de fer de Paris à Lyon et à la Méditerranée, rue Saint-Lazare, 88. — Paris 5

— du gaz parisien, rue Condorcet. — Paris 4

— des salines du Midi, rue Neuve-des-Mathurins, 75. — Paris. . . 2

— des messageries maritimes, rue Notre-Dame-des-Victoires, 28. — Paris 1

— des fonderies et forges de Terre-Noire, la Voulte et Bességes. — Lyon 1

— générale des verreries de la Loire et du Rhône, à Rive-de-Gier (Loire), (M. HUTTER Administrateur délégué). 1

— des fonderies et forges de l'Horme, 8, rue Bourbon. — Lyon. . 1

— du gaz de Lyon, rue de Savoie. — Lyon. 1

— de Roche-la-Molière et Firminy. — Lyon. 1

CONSEIL d'administration de la Compagnie des minerais de fer magnétiques de Mokta-el-Hadid, rue de la Victoire, 59. — Paris 1

CONSEIL d'administration de l'École Monge, rue Chaptal, 32. — Paris. . . 1

DE COPPET, Chimiste, avenue de Friedland, 26. — Paris, et à Campagne-Clermont, près Lausanne (Suisse) 1

*CORNU, Ingénieur des mines, Professeur à l'École polytechnique, boulevard Saint-Michel, 10. — Paris 1

COSSON, Membre de la Société botanique, 7, rue Abbatucci. — Paris . . . 1

COURTOIS DE VIÇOSE, petite rue d'Albade. — Toulouse. 1

COURTY, Professeur à la Faculté de médecine de Montpellier. — Montpellier. 1

DAGUIN, Président du tribunal de commerce de la Seine, 4, rue Castellane. — Paris. 1

DALLIGNY, Maire du 8e arrondissement, rue d'Albe, 5. — Paris 1

DAVID, rue Lafayette, 43. — Paris 1

DAVILLIER, Banquier, rue Roquepine, 14. — Paris. 1

DEGOUSÉE, Ingénieur civil, rue de Chabrol, 35. — Paris 1

DELAUNAY, Ingénieur des mines, Membre de l'Institut, Directeur de l'Observatoire. — *(Décédé)*. 1

*Dr DELORE, Chirurgien en chef de la Charité, place Bellecour, 31. — Lyon . 1

DEMARQUAY, Membre de l'Académie de médecine, rue Taitbout, 52. — Paris. 1

*DEMONGEOT, Ingénieur des mines, Maître des requêtes au Conseil d'État, boulevard Haussmann, 73. — Paris. 1

DHOTEL, Adjoint au maire du 2e arrondissement, 107, boulevard de Sébastopol. — Paris 1

PARTS

*Dr Diday, ex-Chirurgien en chef de l'Antiquaille, Secrétaire général de la Société de médecine, rue de Lyon, 5. — Lyon. 1
Mme Dolfus (Auguste), rue de la Côte, 53. — Le Havre. 1
Dolfus (Auguste), rue de la Côte, 53. — Le Havre. 1
Dorvault, Directeur de la Pharmacie centrale, rue de Jouy, 7. — Paris. . 1
Dumas, Membre de l'Institut, rue Saint-Dominique, 69. — Paris. 1
Dupouy (E.), Avocat, Conseiller général, Député de la Gironde. — Bordeaux. 1
*Dupuy de Lôme, Membre de l'Institut, rue Saint-Honoré, 374. — Paris. . . 1
Dupuy (Paul), Professeur à l'École de médecine. — Bordeaux. 1
Dupuy (Léon), Professeur au Lycée, rue Vital-Carles, 13. — Bordeaux . . 1
*Durand-Billion, Ancien architecte, rue Thénard, 9. — Paris ; et au Pioletto. — Nice. 1
Duval (Fernand), Administrateur de la Compagnie parisienne, rue François 1er, 45. — Paris. 1
*Duvergier, Président de la Société Industrielle, 35, rue Saint-Cyr. — Lyon. 1
d'Eichthal, Banquier, rue Neuve-des-Mathurins, 98. — Paris 10
*Engel, Relieur, rue du Cherche-Midi, 91. — Paris. 1
Erhardt-Schieble, Graveur, rue Duguay-Trouin, 12. — Paris. 1
*d'Espagny (le comte), Trésorier-payeur général du Rhône, place de Lyon, 53. — Lyon 1
Faure (Lucien), Président de la Chambre de commerce. — Bordeaux. . . 1
Follin (Madame veuve), rue Bonaparte, 21. — Paris. 1
*Friedel, Conservateur des collections à l'École des mines, boulevard Saint-Michel, 60. — Paris. 1
*Friedel (Mme), née Combes, boulevard Saint-Michel, 60. — Paris. . . . 1
Fumouze (Armand), Docteur-Médecin-Pharmacien, faubourg Saint-Denis, 78. — Paris. 1
*Galline (P.), Banquier, Président de la Chambre de commerce, 11, place Bellecour. — Lyon 1
Galante, Fabricant d'instruments de chirurgie, rue de l'École-de-Médecine, 2. — Paris. 1
*Gariel (C. M.), Ingénieur des ponts et chaussées, Professeur agrégé à la Faculté de médecine, rue des Martyrs, 41. — Paris. 1
*Gaudry (Albert), Professeur au Muséum d'histoire naturelle, rue des Saints-Pères, 7 *bis*. — Paris 1
Gauthier-Villars, Libraire, quai des Augustins, 55. — Paris 1
Geoffroy-Saint-Hilaire (Albert), Directeur du Jardin d'acclimatation, boulevard Maillot, 50. — Neuilly (Seine) 1
Germain (Henri), Membre de l'Assemblée nationale, Président du conseil d'administration du Crédit lyonnais, rue Murillo, 8. — Paris 1
*Germain (Philippe), Directeur de l'Agence du Comptoir d'escompte de Paris, place Bellecour 33. — Lyon. 1
*Germer-Baillière, Libraire, rue de l'École-de-Médecine, 17. — Paris. . . 1
*Gillet (fils aîné), Teinturier, quai Serin, 9. — Lyon 1
Dr Gintrac père, Correspondant de l'Institut. — Bordeaux. 1
*Girard (Aimé), Professeur au Conservatoire des Arts et Métiers, quai Bourbon, 33. — Paris. 1

PARTS

GIRARD (Ch.), Manufacturier. — Ris-Orangis (Seine-et-Oise). 1

GOLDSCHMIDT (Frédéric), Banquier, boulevard Haussmann, 39. — Paris. . . 1

GOLDSCHMIDT (Léopold), Banquier, rue d'Aumale, 22. — Paris 1

GOLDSCHMIDT (S. H.), boulevard Malesherbes, 33. — Paris. 1

GOUNOUILHOU, Imprimeur, rue Guiraude, 11. — Bordeaux. 1

*GRUNER, Inspecteur général des mines, rue d'Assas, 90. — Paris 1

Dr GUBLER, Professeur à la Faculté de médecine, rue du Quatre-Septembre, 18. — Paris. 1

Dr GUÉRIN (Alphonse), Membre de l'Académie de médecine, rue d'Astorg, 9. — Paris. 1

DE LA GUICHE (marquis), rue Matignon, 16. — Paris 1

GUIMET (Émile), Négociant, place de la Miséricorde. — Lyon. 1

HACHETTE et Cie, Libraires-Éditeurs, boulevard Saint-Germain, 79. — Paris . 1

HADAMARD (David), rue Bleue, 14. — Paris 1

HATON DE LA GOUPILLIÈRE, Ingénieur des mines, Examinateur d'admission à l'École polytechnique, rue Garancière, 8. — Paris 1

D'HAUSSONVILLE (comte), Membre de l'Académie française, rue Saint-Dominique, 109. — Paris. 1

HENTSCH, Banquier, rue Lepelletier, 20. — Paris. 2

HILLEL frères, rue d'Argenson, 9. — Paris 2

HOTTINGUER, Banquier, rue de Provence, 38. — Paris. 1

HOUEL, Ingénieur, avenue des Champs-Élysées, 75. — Paris 1

*HOVELACQUE (Abel), Directeur de la *Revue de linguistique*, rue Fléchier, 2. — Paris. 1

*Dr HUREAU DE VILLENEUVE, rue Lafayette, 95. — Paris. 1

HUYOT, Ingénieur des mines, Directeur de la Compagnie des chemins de fer du Midi, rue du Cirque, 10. — Paris. 1

JACQUEMART (Frédéric), faubourg Poissonnière, 58. — Paris 1

JAMESON (Conrad), Banquier, rue de Provence, 38. — Paris 1

JAVAL, Membre de l'Assemblée nationale *(décédé)* 1

JOHNSTON, Député de la Gironde, boulevard de l'Alma, 7. — Paris 1

KANN, banquier, rue de Grammont, 14. — Paris. 1

DE KŒNIGSWARTER (baron Maximilien), ancien Député, rue d'Astorg, 4. — Paris 1

KÖNIGSWARTER (Antoine), rue de la Chaussée-d'Antin, 60. — Paris 1

KULMANN (Frédéric), Membre correspondant de l'Institut. — Lille 2

*KUPPENHEIM (J.), Négociant, Membre du Conseil des hospices, quai Saint-Antoine, 26. — Lyon. 1

*Dr LAGNEAU (Gustave), rue de la Chaussée-d'Antin, 38. — Paris. 1

LALANDE (Armand), Négociant, quai des Chartrons, 84. — Bordeaux . . . 1

LAMÉ-FLEURY, Ingénieur des mines, Secrétaire du Conseil général des mines, rue de Verneuil, 62. — Paris 1

LAN, Ingénieur des mines, Directeur des forges de Châtillon et Commentry, rue du Regard, 6. — Paris. 2

LARREY (le baron), Membre de l'Institut, Président du Conseil de santé des armées, rue de Lille, 91. — Paris 1

DE LAURENCEL (le comte), rue des Écoles, 26. — Paris. 1

PARTS

Lauth (Ch.), Chimiste, rue de Fleurus, 2. — Paris. 1

Lecomte, Ingénieur civil, rue Laffitte, 49. — Paris 2

Lecoq de Boisbaudran, Négociant. — Cognac 1

Dr Lefort (Léon), Professeur à la Faculté de médecine, médecin des hôpitaux, rue de la Victoire, 96. — Paris 1

de Lesseps (Ferdinand), Président-Fondateur de la Compagnie Universelle du canal maritime de l'Isthme de Suez, rue Richepanse, 9. — Paris 1

Lévy-Crémieux, Banquier, boulevard Haussmann, 39. — Paris 1

Loche, Ingénieur des ponts et chaussées, rue de Berlin, 10. — Paris . . . 1

*Dr Lortet, Professeur à l'École de médecine, Directeur du Muséum d'histoire naturelle, avenue de Noailles, 69. — Lyon 1

Lugol, Avocat, rue de Téhéran, 11 (parc Monceaux). — Paris 1

Lutscher, Banquier, rue Labruyère, 43. — Paris 2

de Luze père, Négociant, rue et château de Rivière. — Bordeaux 1

Dr Magitot, rue des Saints-Pères, 8. — Paris. 1

*Mangini, Député à l'Assemblée nationale, rue des Archers. — Lyon. . . . 1

Mannberger, Banquier, rue de Provence, 59. — Paris 1

*Mannheim, Professeur à l'École polytechnique, rue Lepelletier, 24. — Paris. 1

Marès (Henri). — Montpellier 1

Martinet (Émile), Imprimeur, rue et hôtel Mignon, 2. — Paris 1

de Marveille, château de Calviac-Lasalle (Gard) 1

*Masson (Georges), Libraire, place de l'École-de-médecine, 17. — Paris. . . 1

M. E. (anonyme). — Paris. 1

Ménier, Membre de la Chambre de Commerce de Paris, Conseiller général de Seine-et-Marne, rue Sainte Croix de la Bretonnerie, 37. — Paris. . . 10

*Meynard (J. J.), Ingénieur en chef des ponts et chaussées en retraite, 3, quai Saint-Clair. — Lyon. 1

Mirabaud, Banquier, rue Taitbout, 29. — Paris. 1

Dr Monod (Charles), rue des Écoles, 38. — Paris 1

Mony (C.), à Commentry (Allier) 1

Morel d'Arleux (Charles), Notaire, rue de Rivoli, 28. — Paris. 1

Dr Nélaton, Membre de l'Institut. — *(décédé)* 1

*Ollier, Chirurgien titulaire de l'Hôtel-Dieu de Lyon, quai de la Charité, 5. — Lyon. 1

Oppenheim frères, Banquiers, rue de Londres, 17. — Paris 2

Parran, Ingénieur des mines, Directeur des mines de fer magnétique de Mokta-el-Hadid, rue du Regard, 3. — Paris. 1

Pasteur, Membre de l'Institut, rue d'Ulm, 45. — Paris 1

Perdrigeon, Agent de change, rue Montmartre, 178. — Paris 1

Perrot (Adolphe). — Genève (Suisse) 2

Peyre (Jules), Banquier. — Toulouse 1

Piat (A.), Constructeur mécanicien, rue Saint-Maur, 49. — Paris 1

*Piaton, Président du Conseil d'administration des hospices, 9, rue Ravez. — Lyon. 1

Poirrier, Fabricant de produits chimiques, rue Hauteville, 49. — Paris . . 2

*Potier, Ingénieur des mines, Répétiteur à l'École polytechnique, rue de Boulogne, 1. — Paris. 1

PARTS

POUPINEL (Paul), rue de Saintonge, 64. — Paris. 1

POUPINEL (Jules), rue Murillo, 8. — Paris. 1

*DE QUATREFAGES DE BRÉAU, Membre de l'Institut, rue Geoffroy-Saint-Hilaire, 36. — Paris. 1

RENOUVIER (Charles), à la Verdette, près le Pontet, par Avignon (Vaucluse). 1

REINACH, Banquier, rue de Berlin, 31. — Paris. 1

Dr RICORD, Membre de l'Académie de médecine, rue de Tournon, 6. — Paris. 1

RIFFAULT (le Général), 10, rue Garancière. — Paris. 1

*RISLER (Charles), Chimiste, rue de Verneuil, 20. — Paris 1

*DE LA ROCHETTE, Maître de forges (hauts fourneaux et fonderies de Givors), cours du Midi, 11. — Lyon. 1

ROLAND, Directeur général des manufactures de l'État, rue de Grenelle-Saint-Germain, 9. — Paris. 1

*Dr ROLLET DE L'YSLE, Montmerle-sur-Saône (Ain) . , ... 1

DE ROMILLY, rue Bergère, 22. — Paris 1

DE ROTHSCHILD (le baron Alphonse), rue Saint-Florentin, 2. — Paris . . . 1

Dr ROUSSEL (Théophile), Membre de l'Assemblée nationale, rue Neuve-des-Mathurins, 118. — Paris 1

ROUVIÈRE (A.), Ingénieur civil et propriétaire. — Mazamet (Tarn) 1

SAINT-PAUL DE SAINÇAY, Directeur de la Société de la Vieille-Montagne, rue Richer, 19. — Paris. 1

SALET (Georges), Préparateur à la Faculté de médecine, boulevard Saint-Germain, 84. Paris 1

SALLERON, Constructeur, rue Pavée, 24 (au Marais). — Paris 1

SAUVAGE, Directeur de la Compagnie des chemins de fer de l'Est *(décédé)*. . 2

SAY (Léon), Membre de l'Assemblée nationale, rue La Bruyère, 45. — Paris. 1

SCHEURER-KESTNER, Député de la Seine, rue Neuve-des-Mathurins, 84. — Paris. 1

SCHRADER, père, ancien directeur des classes de la Société philomatique, rue Borie, 20. — Bordeaux. 1

SERRET, Membre de l'Institut, au Collége de France. — Paris 1

*DE SEYNES, Agrégé à la Faculté de médecine, rue Saint-Guillaume, 29. — Paris. 1

SIÉBER, rue Paradis-Poissonnière, 23. — Paris 1

SOCIÉTÉ ANONYME des houillères de Montrambert et de la Béraudière. — Lyon. 1

SOCIÉTÉ NOUVELLE des forges et chantiers de la Méditerranée, rue Notre-Dame des Victoires, 28. — Paris. 1

Dr SUCHARD. — Lausanne (Suisse) 1

SURELL, Administrateur du chemin de fer du Midi, 54, boulevard Haussmann. — Paris. 1

TALABOT (Paulin), Directeur général des chemins de fer de Paris à Lyon et à la Méditerranée, rue Saint-Arnaud, 10. — Paris 1

TESSIÉ DU MOTAY, Directeur de la Compagnie des gaz oxygène et hydrogène, rue Laffite, 44. — Paris. 1

THÉNARD (le baron Paul), Membre de l'Institut, place Saint-Sulpice, 6. — Paris. 1

*TISSEUR (Paul), rue de la Reine, 10. — Lyon. 1

*VAUTIER (Émile), Ingénieur civil, rue Centrale, 46. — Lyon. 1

*VERDET (Gabriel), Président du Tribunal de commerce. — Avignon. . . . 1

VERNES (Félix), Banquier, rue Taitbout, 29. — Paris. 1

	PARTS
Vernes d'Arlandes (Th.), faubourg Saint-Honoré, 25. — Paris	1
★Vignon (J.), rue Malesherbes, 45. — Lyon	1
Dr Voisin (Auguste), rue Séguier, 16. — Paris	1
Wallace (sir Richard), rue Laffite, 2. — Paris.	2
★Wurtz (Adolphe), Membre de l'Institut, Doyen de la Faculté de médecine, rue Saint-Guillaume, 27. — Paris	1
Wurtz (Théodore). — Leipzig	1

MEMBRES A VIE

★Bergeron, Ingénieur civil. — Lausanne (Suisse).

Beyselance, Ingénieur de la marine. — Bordeaux.

Bichon, Constructeur de navires. — Lormont, près Bordeaux.

Dr Boutin (Léon), rue de la Pépinière, 18. — Paris.

Brandenburg (Mme veuve), rue de la Verrerie. — Bordeaux.

Brölemann (Georges), Administrateur de la Société générale, boulevard Haussmann, 166. — Paris.

de Caix de Saint-Aymour (Vicomte Am.), Membre du Conseil général de l'Oise, de la Société d'Anthropologie et de plusieurs Sociétés savantes. — Château d'Ognon, près Barbery (Oise).

Caperon père, à Villenave-d'Ornon, près Bordeaux.

Caperon fils, à Villenave-d'Ornon, près Bordeaux.

Cardeilhac, Négociant, rue de Rivoli, 91. — Paris.

de Cassagne (Comte Antoine), Propriétaire, Membre de la Société des Sciences industrielles, Arts et Belles lettres de Paris, au château de Saint-Jean de Libron, près Béziers (Hérault).

★Cazalis de Fondouce (Paul-Louis), Licencié ès sciences, 18, rue des Étuves. — Montpellier (Hérault).

★de Cazenove (Raoul), Propriétaire, 8, rue Sala. — Lyon.

Chambre des Avoués au Tribunal de 1re instance. — Bordeaux.

des Cloizeaux, Membre de l'Institut, rue Monsieur, 13. — Paris.

Clouzet (Ferd.), Conseiller général, cours des Fossés. — Bordeaux.

Cotteau, 36, boulevard Saint-Michel. — Paris.

Counord, Ingénieur civil, 85, cours Saint-Louis. — Bordeaux.

Delessert (Édouard), 17, rue Raynouard. — Paris (Passy).

Delvaille, Docteur en médecine. — Bayonne.

Detroyat (Armand). — Bayonne.

Duclaux (Émile), Professeur à la Faculté des sciences. — Clermont-Ferrand.

Ducrocq, Sous-intendant militaire. — Niort (Deux-Sèvres).

Dr Dulac. — Montbrison.

★Dr de Fromentel. — Gray.

Dr Gintrac (Henri), Directeur de l'École de médecine. — Bordeaux.

★Gobin, Ingénieur en chef du service municipal, place Saint-Jean, 8. — Lyon.

Guieysse, Ingénieur hydrographe de la marine, 46, rue des Écoles. — Paris.

Hovelacque-Khnopff, 88, rue des Sablons. — Passy-Paris.

JUNGFLEISCH, Conservateur des collections à l'École polytechnique. — Paris.
*KOECHLIN (Jules), avenue Ruysdaël, 4 (parc Monceaux). — Paris.
LABRUNIE, Négociant, 49, pavé des Chartrons. — Bordeaux.
LACRETELLE, Ingénieur. — Bois-d'Oingt (Rhône).
LAENNEC, Professeur à l'École de médecine, boulevard Delorme, 13. — Nantes.
Dr LANTIER (E.), 150, avenue de Neuilly. — Neuilly.
LAROCHE (Félix), Ingénieur des ponts et chaussées, 7, allées de Tourny. — Bordeaux.
LAROCHE (Mme Félix), 7, allées de Tourny. — Bordeaux.
*LAUSSEDAT, Lieutenant-colonel du génie, rue de Grenelle-Saint-Germain, 104. — Paris.
LEMONNIER, Préparateur agrégé d'histoire naturelle à l'École normale supérieure, rue d'Ulm, 45. — Paris.
LEVASSEUR, Membre de l'Institut, rue Monsieur-le-Prince, 26. — Paris.
*LISBONNE, Ingénieur de la marine, 26, rue de Rivoli. — Paris.
*DE LORIOL, Ingénieur civil, ancien élève de l'École des mines, 46, rue Centrale. — Lyon.
MAAS, rue de la Banque, 15. — Paris.
MARIGNAC (Charles), Professeur. — Genève (Suisse).
MARTIN (William), Propriétaire, 13, avenue de la reine Hortense. — Paris.
MAUREL (Marc), Banquier, Conseiller municipal. — Bordeaux.
MAUREL (Émile), Négociant, 7, rue d'Orléans. — Bordeaux.
MAHYER, Ingénieur en chef des ponts et chaussées, rue de Grenelle Saint-Germain, 102. — Paris.
Dr MICÉ, Professeur à l'École de médecine. — Bordeaux.
*DE MORTILLET (Gabriel), Sous-directeur du Musée des antiquités nationales. — Saint-Germain en Laye.
ODIER, Directeur-adjoint de la Caisse générale des Familles, rue de la Paix, 4. — Paris.
OECHSNER (William), 63, rue des Feuillantines. — Paris ; et 33, rue de la Côte. — Le Havre.
PEREZ, Professeur à la Faculté des sciences. — Bordeaux.
PICHE (Albert), Conseiller de préfecture, 8, rue Montpensier. — Pau.
PRAT, Chimiste, 101, route de Toulouse. — Bordeaux.
RILLIET, 8, rue de l'Hôtel-de-Ville. — Genève (Suisse).
RISLER, à Calèves, près Nyon. — Canton de Vaud (Suisse).
*ROBIN, Banquier, 38, rue de l'Hôtel-de-Ville. — Lyon.
SABATIER (Armand), Professeur agrégé et Chef des travaux anatomiques à la Faculté de médecine de Montpellier. — Montpellier.
*SAINT-OLIVE (G.), Banquier, 13, rue de Lyon. — Lyon.
*SCHLUMBERGER (Charles), Ingénieur des constructions maritimes, 30, rue du Plat. — Lyon.
SEGRETAIN, Commandant du génie. — Blaye (Gironde).
DE SÉGUIER (Jean-Joseph-Alfred), Conseiller à la Cour d'Appel. — Orléans.
DE SEYNES (Léonce), rue Calade, 58. — Avignon.
SOCIÉTÉ ACADÉMIQUE de la Loire-Inférieure. — Nantes.
SOCIÉTÉ PHILOMATIQUE de Bordeaux.
SOCIÉTÉ CENTRALE DE MÉDECINE du Nord. — Lille.
*STENGELIN, maison Évêque et Cie, 31, rue du Puits-Gaillot. — Lyon.

*TAVERNIER, Ingénieur en chef des ponts et chaussées, 14, quai Tilsit. — Lyon.

*Dr TEISSIER, 16, quai Tilsit. — Lyon.

TRÉLAT (Ulysse), Professeur à la Faculté de médecine, rue Jacob, 33. — Paris.

DE TURENNE (le marquis), rue de Berri, 26. — Paris.

Dr VAILLANT (Léon), Répétiteur à l'École pratique des hautes études, 22, place Saint-André-des-Arts. — Paris.

VASSAL (Alexandre), rue du Havre, 11. — Paris.

*VAUTIER (Théodore), Étudiant, 46, rue Centrale, Lyon.

VIEILLARD (Albert), 77, quai de Bacalan. — Bordeaux.

VIEILLARD (Charles), 77, quai de Bacalan. — Bordeaux.

MEMBRES ANNUELS

ABRIA, Doyen de la faculté des sciences, 15, quai de Bacalan. — Bordeaux.

ACADÉMIE DE MACON.

ACADÉMIE des sciences, belles-lettres et arts. — Bordeaux.

ADAM (Paul), place Richelieu. — Bordeaux.

ALAUZE, Avoué, rue Ferrère. — Bordeaux.

ALEXANDRE, Pharmacien, 20, cours du Chapeau-Rouge. — Bordeaux.

*ALBERTIN, Pharmacien, 3, place de la Miséricorde. — Lyon.

ALICOT (Mme veuve), rue Sainte-Foy. — Montpellier.

*Dr ALIX, Médecin principal à l'hôpital militaire. — Lyon.

ALCANTARA (Ch.), Professeur à l'École de médecine. — Alger.

ALPHAND, Inspecteur général des ponts et chaussées, boulevard Beauséjour, 1. — Paris (Passy).

ALPHANDERY, Membre du Tribunal de commerce, 4, rue de la Licorne. — Alger.

AMÉ (G.), Attaché au chemin de fer du Midi, rue Naujac, 7. — Bordeaux.

ANDOUARD, Pharmacien, Professeur à l'École de médecine et de pharmacie. — Nantes.

*ANDRÉ (Fréd.), Ingénieur des ponts et chaussées. — Fontenay-le-Comte (Vendée).

*ARCELIN (A.), Secrétaire de l'Académie de Mâcon. — Mâcon.

Dr ARIZA. — Madrid.

*ARLÈS-DUFOUR (Armand), 12, place Louis XVI. — Lyon.

ARMAINGAUD, Docteur en médecine, cours d'Alsace-et-Lorraine, 93. — Bordeaux.

ARSON, Ingénieur en chef de la Compagnie du gaz, 61, rue de Maubeuge. — Paris.

AUBERGIER, Doyen de la Faculté des sciences de Clermont-Ferrand. — Clermont-Ferrand.

*Dr AUBERT, 33, rue Bourbon. — Lyon.

Dr BAILLARGER, Membre de l'Académie de médecine, 15, quai Malaquais. — Paris.

BAILLOU (A.), Propriétaire. — Vérac (Gironde).

*BALGUERIE (Edmond), 25, allées de Chartres. — Bordeaux.

*BALGUERIE (Raoul), Consul ottoman, 26, cours du Chapeau-Rouge. — Bordeaux.

BAOUR (Abel), Membre de la Chambre de commerce, cours du Chapeau-Rouge. — Bordeaux.

BARABAUD, 27, rue Taillefer. — Périgueux.

Dr BARADUC (Léon). — Montaigu en Combrailles, par Saint-Éloi (Puy-de-Dôme).

BARBÉ (Edmond), Ingénieur des arts et manufactures, 27, rue de Rocroi. — Paris.

BARON, Ingénieur de la marine, 77, rue des Fonderies. — Rochefort.

BARTHE, Pasteur protestant. — Pons (Charente-Inférieure).

BARTHOLONY, Président du Conseil de la Compagnie d'Orléans, rue de la Rochefoucauld, 12. — Paris. — *Pour cinq parts.*

BASSET (Charles), Négociant, 34, rue des Merciers. — La Rochelle.

BASSOT, Capitaine d'état-major, au dépôt de la Guerre. — Paris.

BASTIDE (Étienne), Pharmacien, 4, rue de la Citadelle. — Béziers.

*BATILLIAT (Sisoï), Pharmacien, rue Pont-Laguiche, 25. — Mâcon.

Dr BAUDET. — Cadillac, par Cérons (Gironde).

*BAUDINOT (Gaston), Ingénieur des mines, 15, place Perrache. — Lyon.

BAUDOUIN, Marchand de fer. — Pons (Charente-Inférieure).

BAUDRIMONT père, Professeur à la Faculté des sciences. — Bordeaux.

Dr BAUDRIMONT fils. — Bordeaux.

BAUMGARTNER, Ingénieur des ponts et chaussées, rue de la Verrerie. — Bordeaux.

*BAUMEVIEILLE (Aristide), impasse des Tanneries, 13 — Bordeaux.

*BAYAN, Ingénieur des ponts et chaussées, 72, rue du Cherche-Midi. — Paris.

*BAZAINE (Achille), Ingénieur civil, ancien élève de l'École polytechnique, 42, rue de Bruxelles. — Paris.

BEAUDIN (Léon), Architecte, 8, rue Plantey. — Bordeaux.

DE BEAUMONT (Élie), Secrétaire perpétuel de l'Académie des sciences, 5, rue de Lille. — Paris.

*BECHI (E.), Professeur à l'Institut technique. — Florence (Italie).

BÉCLARD, Membre de l'Académie de médecine, Professeur à la Faculté de médecine, 4, impasse des Épinettes. — Charenton-Saint-Maurice.

BECUS, ancien Notaire, place de la Citadelle. — Béziers.

*BEEKENSTEINER, Négociant, 27, rue Saint-Pierre. — Lyon.

BEER (Guillaume), 88, rue des Mathurins. — Paris.

*BÉLIME (Frédéric), Propriétaire. — Vitteaux (Côte-d'Or).

BELLIER, Ingénieur civil, 101, cours d'Alsace-et-Lorraine. — Bordeaux.

*BENOIST, Professeur, 42, place de Lyon. — Lyon.

Dr BENOIT, Docteur ès sciences, Ingénieur civil. — Bezons (Seine-et-Oise).

*BÉRAUD (Michel), Fabricant, 8, rue du Griffon. — Lyon.

Dr BERCHON, Médecin principal de 1re classe de la marine, Directeur du Service sanitaire de la Gironde. — Pauillac (Gironde).

BERCHON (Mme). — Pauillac (Gironde).

BERDOLY (H.), Avocat. — Château d'Uhuart-Mixe, près Saint-Palais (Basses-Pyrénées).

*BERGER (Adrien), Négociant, 29, cours Morand. — Lyon.

BERGIS-DOUNOUS (Ém.), 17, rue Villebourbon. — Montauban.

BERGIS (Léonce), Propriétaire. — Tempé, près Montauban.

Dr BERMOND (E.), 4, rue Jean-Jacques-Bel. — Bordeaux.

BERNARD, Avocat agrégé, 9, rue Castillon. — Bordeaux.

*Dr BERNE, Professeur à l'École de médecine, 14, rue Saint-Joseph. — Lyon.

BERRENS, Manufacturier. — Barcelone.

BERTHELOT, Professeur au Collége de France, 57, boulevard Saint-Michel. — Paris.

BERTIER (Camille), Ingénieur civil. — La Ferté-Saint-Aubin (Loiret).

*BERTIER (Victor), chez M. Sauzay frères, quincailliers. — Autun (Saône-et-Loire).

*Dr BERTILLON, 20, rue Monsieur-le-Prince. — Paris.

*BESSIÈRE, 30, rue de l'Annonciade. — Lyon.

BETHMANN (Édouard), 5, rue de la Verrerie. — Bordeaux.

BETHOUART (Émile), Receveur des domaines. — Cysoing (Nord).

*BEURIER, Rédacteur de la *Gironde*, rue de Cheverus. — Bordeaux.

BEYLOT, Vice-Président du Tribunal civil. — Bordeaux.

BÉZINEAU, 31, rue des Argentiers. — Bordeaux.

BILLON, Conseiller à la Cour d'appel, 28, rue Caudéran. — Bordeaux.

Dr BITOT, Professeur à l'École de médecine. — Bordeaux.

*BLANC (Pierre), Pharmacien, 7, rue Tholozan. — Lyon.

*Dr BLANC, Chirurgien-major de l'armée Royale Britannique, 2, rue de la Paix. — Paris.

BLAVET, Négociant, Président de la Société d'Agriculture de l'arrondissement d'Étampes, 10, 12 et 14, rue de la Juiverie. — Étampes (Seine-et-Oise).

*BLONDEAU (Charles), 14, rue d'Anse. — Villefranche (Rhône).

BOESWILWALD, Chimiste, rue Hautefeuille, 19. — Paris.

Dr BONNAL. — Arcachon.

*BONNET, Teinturier, 6, rue Bugeaud. — Lyon.

*DE BONNIOT (l'abbé), 8, terrasse de Fourvière. —

BORDET (Adrien), Avocat défenseur, 4, rue Neuve-du-Divan. — Alger.

*BOREL, 15, quai des Brotteaux. — Lyon.

DE BORELLI (le vicomte), premier Secrétaire d'ambassade à Athènes, rue de l'Université, 41. — Paris.

BOUCHU, Président du Conseil municipal, 13, rue Bombarde. — Lyon.

*BOUSSUGE, Avocat, 2, rue d'Auvergne. — Lyon.

BOUÉ (Louis), 43, rue du Médoc. — Bordeaux.

*BOULÉ, Ingénieur des ponts et chaussées, rue Abbatucci, 23. — Paris.

Dr BOULLAND, Professeur d'anatomie, boulevard de la Poste-aux-Chevaux. — Limoges.

BOUQUET, 22, rue Soufflot. — Paris.

*BOURDELLES, Ingénieur des ponts et chaussées. — Lorient.

BOURDIL, 6, façade des Chartrons. — Bordeaux.

BOURIAUD, Défenseur, 34, rue Duquesne. — Alger.

Dr BOURLIER (Charles), Professeur à l'École de médecine. — Alger.

Dr BOURSIER, 1, rue Ausone. — Bordeaux.

Dr BOUTEILLER (J.). — Rouen.

*BOUTET, Propriétaire. — Sainte-Hermine (Vendée).

*BOUVET, 51, rue de la Bourse. — Lyon.

*BOUVIER, Naturaliste, 85, boulevard du Port-Royal. — Paris.

Dr BOYMIER. — Sainte-Foy (Gironde).

*Dr BRANTZA, Professeur à l'Université. — Jassy (Roumanie).

Dr BREEN (James), 2, rue Notre-Dame. — Bordeaux.

BRETON, Procureur de la République. — Provins.

BREUL (Charles), Avocat à la Cour d'appel, 11, rue Turbigo. — Paris.

BRISSAUD, Professeur d'histoire au lycée Charlemagne, 18, rue de Rivoli. — Paris.

BRIVES-CAZES, Juge au Tribunal civil. — Bordeaux.

BRIVET, Directeur de l'usine de Salindres (Gard).

BROCA (Mme), 1, rue des Saints-Pères. — Paris.

Dr BROCCHI, près la gare, rive gauche. — Sèvres.

DE BROGLIE (le duc), 10, rue Solférino. — Paris.

*BRŒMER (Gustave), Chimiste, 9, quai Serin. — Lyon

*BROLEMANN, Président du Tribunal de commerce, 11, quai d'Albret. — Lyon.

BROUARDEL, Professeur agrégé à la Faculté de médecine, 6, rue Bonaparte. — Paris.

BROUSSE (Raymond), Négociant, 61, quai des Chartrons. — Bordeaux.

*Dr BRUCH (Edmond), Professeur à l'École de médecine. — Alger.

BRUN (Charles), Architecte, 36, allées d'Orléans. — Bordeaux.

*BRUYAS, Rentier, hôtel des Courriers. — Lyon.

BUHAN (Pascal), place des Quinconces. — Bordeaux.

BUHLMEYER, Libraire, 15, rue des Saints-Pères. — Paris.

*BUISSON, Président du consistoire protestant, place Saint-Clair, 1. — Lyon.

Dr BULARD, Médecin principal de l'hospice des aliénés. — Bordeaux.

Dr BUREAU (E.), Aide de botanique, au Muséum d'histoire naturelle. — Paris.

Dr BUTZ. — Caudéran, près Bordeaux.

CABANES (J. J.), 17, rue Fondaudége. — Bordeaux.

CAHOURS, à la Monnaie, rue Guénégaud. — Paris.

CAILLIOT, Professeur, 48, rue Monsieur-le-Prince. — Paris.

CALLOT (Ernest), Directeur de la Société d'assurances mutuelles *Aunis et Saintonge*, 10, rue Réaumur. — La Rochelle.

*CAMBEFORT (G.), quai de l'Est, 15. — Lyon.

*CAMESCASSE, 8, rue Gasparin. — Lyon.

DE CANDOLLE (Casimir), Botaniste. — Genève (Suisse).

Dr CANY (G.), ancien Président et Doyen actuel de la Société de médecine, place Saint-Pantaléon, 4. — Toulouse.

CAPERON père, à Villenave-d'Ornon, près Bordeaux.

CAPERON fils, à Villenave-d'Ornon, près Bordeaux.

CAQUÉ, Professeur de mathématiques, rue Notre-Dame-des-Champs, 83. — Paris.

CARLES, Pharmacien, 30, quai des Chartrons. — Bordeaux.

*CARREL, 3, quai de la Pêcherie. — Lyon.

*CARRON (C.), Ingénieur, à la Voulte (Ardèche).

*CARTAILHAC, Directeur de la *Revue des matériaux pour l'histoire de l'homme*, 33, *bis*, rue Valade. — Toulouse.

CATALAN, Professeur d'analyse à l'Université. — Liége.

LE CERCLE D'ALGER de la Ligue de l'Enseignement, rue de Bône, 1. — Alger.

LE CERCLE PHILARMONIQUE de Bordeaux.

CHABAS, Égyptologue. — Chalon-sur-Saône (Saône-et-Loire).

Dr CHABRELY, à la Bastide. — Bordeaux.

Dr CHAIGNEAU, Maire de Floirac, allées de Tourny. — Bordeaux.

DE CHAMBRUN DE ROSEMONT, Membre de la Société géologique de France. — Nice (Alpes-Maritimes).

*CHAMECIN, Professeur de chimie à l'École La Martinière, 12, quai Saint-Vincent. — Lyon.

DE CHAMPLOUIS (le baron), boulevard Latour-Maubourg, 8. — Paris.

CHAMPONNOIS, rue Neuve-des-Petits-Champs, 45. — Paris.

*CHANAL, Négociant, rue Lafont. — Lyon.

CHANCEL, Doyen de la faculté des sciences. — Montpellier.

*CHANEL, Conducteur des ponts et chaussées, 8, avenue du Parc. — Lyon.

DE CHAPPELLE, Docteur en médecine, pont de La Maye, près Bordeaux.

CHAPERON (Charles), 27, rue Borie. — Bordeaux.

CHAPLAIN-DUPARC (G.), Capitaine au long cours, Ingénieur civil. — Paris.

Dr CHAPPET, avenue de Noailles, 49. — Lyon.

CHARLES, chez M. Francisque Sarcey, 59, rue de Douai. — Paris.

*Dr CHASSAGNY, 8, place de la Miséricorde. — Lyon.

DE CHASTEIGNER (le comte Alexis), rue Montbazon, 23. — Bordeaux.

CHATIN (Joannès), Docteur en médecine, rue de Rennes, 129. — Paris.

CHAUMEIL, Inspecteur primaire, rue Ducau. — Bordeaux.

*CHAUVET (G.), Notaire. — Larochebaucourt (Dordogne).

CHAUVOT, 26, pavé des Chartrons. — Bordeaux.

CHAVÉE, Professeur de linguistique, 6, place des Batignolles. — Paris.

CHEVALIER, Fabricant de produits chimiques, 3, rue Magenta. — Villeurbanne (Rhône.)

CHÉZAL, Secrétaire agent comptable au Muséum d'histoire naturelle. — Paris.

*Dr CHIARA, 15, rue de la Bourse. — Lyon.

*CLÉMENT, Médecin des hôpitaux, 53, rue Saint-Joseph. — Lyon.

DE CLERVAUX (le comte). — Saintes (Charente-Inférieure).

CLOUET (G.), Professeur de pharmacie et de toxicologie de l'École de médecine, rue de la Grosse-Horloge, 52. — Rouen.

*COFFINET, Inspecteur principal de la Cie P. L. M., 6, rue Bourbon. — Lyon.

*COIN-BAVAROT, Vice-président de la Société des sciences industrielles, 22, rue des Capucins. — Lyon.

COCHOT (Albert), Ingénieur-mécanicien. — Gond, près Angoulême (Charente).

COLLET, Officier de marine, 230, faubourg Saint-Denis, — Paris.

*COLLOMB (Édouard), Membre de la Société géologique de France, 26, rue Madame. — Paris.

*Dr COLRAT, 19, rue Gentil. — Lyon.

COMME, Chef de culture, rue de Belleville. — Bordeaux.

COQUEREL (le pasteur Athanase), rue de Boulogne, 3. — Paris.

Sir John-Rose CORMACK F. R. S. E. — D. M. Edinburg. — M. D. Paris, rue d'Aguesseau, 7. — Paris.

CORNU (Max), Répétiteur de botanique à la faculté des sciences, Secrétaire de la Société botanique de France, 5, place Monge. — Paris.

CORNU, Juge de paix. — Châteauneuf-sur-Loire (Loiret).

Dr CORIVEAUD. — Blaye (Gironde).

*DE COSTEPLANE (Mathieu), de Camarès, 31, rue de Beaune. — Paris.

COURCIÈRES, Inspecteur de l'académie. — Alger.

*COURTOIS (Henri), Licencié ès sciences physiques. — Au château de Muges, par Damazan (Lot-et-Garonne).

*Dr COUTAGNE (Émile), 36, rue Bourbon. — Lyon.

*Dr COUTAGNE (Henri), 79, rue de Lyon. — Lyon.

COUTANCEAU, Ingénieur civil, rue de la Concorde. — Bordeaux.

COUVREUR, Censeur du lycée. — Saint-Étienne.

*CRAPONNE (Paul), Ingénieur de la Compagnie du gaz, cours Bayard, 2. — Lyon.

CUSSET, Imprimeur, imprimerie Serrière, faubourg Montmartre. — Paris.

DABRY DE THIERSANT, rue Miromesnil, 3. — Paris.

*Dr DAGRÈVE (E.), Médecin du lycée et de l'hôpital. — Tournon (Ardèche).

*DALEAU (François). — Bourg-sur-Gironde.

DALLÉAS, Propriétaire, cours de Tournon, 4. — Bordeaux.

DANEY, Négociant, Adjoint au maire. — Bordeaux.

DAN GUESTIER, Membre de la Chambre de commerce. — Bordeaux.

*Dr DANIEL-MOLLIÈRE, Chirurgien de l'Hôtel-Dieu, 2, rue Sala. — Lyon.

DAROLLE, Négociant, 7, rue de la Trésorerie. — Bordeaux.

DASTRE, Préparateur à l'École normale, rue dUlm, 45. — Paris.

*DAUBRÉE, Membre de l'Institut, Directeur de l'École des mines, 62, boulevard Saint-Michel. — Paris.

*DAUSSE, Ingénieur en chef des ponts et chaussées, 29, rue du Faubourg-Saint-Jacques. — Paris.

*Dr DAVID. — La Rochelle.

DEBIDOUR, Professeur de l'Université, 91, rue de Lerme. — Bordeaux.

*DEBAT, Président de la Société botanique, 7, place Perrache. — Lyon.

*DEBIZE, Lieutenant-colonel d'état-major. — Camp de Sathonay.

DECAZES (le duc), Député de la Gironde, château de Lagrave. — Libourne.

Dr DECHAMBRE, rue de Lille, 91. — Paris.

DEHÉRAIN, Professeur de chimie à l'École de Grignon, rue de Madrid, 15. — Paris.

DELARUE, Pharmacien. — Meaux.

DELAUNAY (Gaston), Garde général des eaux et forêts. — Vitry-le-Français.

DELBRUCK (J.). — Langoiran (Gironde).

Dr DELMAS, rue David-Johnston. — Bordeaux.

*DELOCRE, Ingénieur des ponts et chaussées, 38, rue de la Reine. — Lyon.

DELVAILLE (Léonce), Négociant, rue Arnaud-Miqueu. — Bordeaux.

DEMARSY, Membre de la Commission centrale de la Société de géographie. — Compiègne (Oise).

Dr DEMONS, rue Michel-Montaigne, 15. — Bordeaux.

*DENOYEL (Antonin), Propriétaire, 4, rue des Deux-Maisons. — Lyon.

Dr DENUCÉ, Professeur à l'École de médecine. — Bordeaux.

DEPOULLY, Chimiste, 27, rue des Fêtes. — Paris.

*DEPREZ (Marcel), Ingénieur, 16, rue Cassini. — Paris.

DEROULÈDE, Propriétaire. — Bouscat, près Bordeaux.

*DERUELLE, Propriétaire, rue de Vaugirard, 199. — Paris.

*DESBONNES (F.), Négociant, allées de Chartres, 18. — Bordeaux.

DESBRIÈRES, Secrétaire du Comité des forges, 56, rue de Provence. — Paris.

DESCAMPS (A.), Professeur à l'École de médecine. — Alger.

*DESGRAND (Louis), 24, rue Lafond. — Lyon.

*Dr DESGRANGES, Président de la Société de médecine, 55, place de Lyon. — Lyon.

*DESHAYES, Ingénieur civil des mines, 6, rue des Poissonniers. — Saint-Denis (Seine).

DESLONGCHAMPS, Professeur à la Faculté des sciences. — Caen.
Dr DESMAISONS-DUPALLANS. — Castel-d'Andorte, près Bordeaux.
DESMIRAIL, Propriétaire, 24, rue de Rohan. — Bordeaux.
DESMOLINS (Claude-Léon), Notaire. — Avallon (Yonne).
DESOUCHE. — Paris.
*Dr DESPREZ, 27, rue Centrale. — Lyon.
DEVÈS, Avocat, rue de Bonn. — Béziers.
DEVEY, faubourg Saint-Denis, 155. — Paris.
DIACON, Professeur à l'École de pharmacie. — Montpellier.
DIDA (A.), Chimiste, rue Popincourt. — Paris.
DIETZ (J.), rue de la Monnaie, 4. — Nancy.
*Dr DIEULAFOY (Georges), 16, rue Caumartin. — Paris.
DOLLFUS (Auguste). — Mulhouse.
DONY, Ingénieur de la Société anonyme de produits chimiques agricoles. — Bordeaux.
DORÉ-WUNDERLY. — Arcachon.
DORMOY, Conseiller municipal, rue Vilaris. — Bordeaux.
Dr DOUAUD, rue Notre-Dame. — Bordeaux.
DOUILLARD DE LA MAHAUTIÈRE, Propriétaire, cours du Jardin-Public. — Bordeaux.
DOUMERC, Ingénieur civil, 13 *bis*, rue d'Aumale. — Paris.
Dr DOYON, Médecin des eaux. — Uriage (Isère).
*DROUAULT (Mme Ch.), rue de Rennes, 76. — Paris.
*DREVON (Henri), 67, cours d'Herbouville. — Lyon.
*Dr DRON, Chirurgien en chef de l'Antiquaille, 5, rue Pizay. — Lyon.
DUBOUCHÉ (Adrien), Négociant. — Jarnac (Charente).
DUBOURG, Avoué, rue du Temple, 27. — Bordeaux.
Dr DUBREUILH (Ch.), rue du Champ-de-Mars, 12. — Bordeaux.
DUBUISSON (François), Propriétaire. — Jouarre (Seine-et-Marne).
DUBUISSON (Edmond), Ingénieur civil à Jouarre (Seine-et-Marne).
DUBUISSON (Émile), Ingénieur à l'usine de produits chimiques. — Saint-Florent, par Saint-Amboix.
DUBUT, Ingénieur en retraite, 2, rue Duffour-Dubergier. — Bordeaux.
*DUCROST (l'abbé), Professeur, 4, rue Martin. — Lyon.
Dr DUDON, rue Huguerie, 10. — Bordeaux.
Dr DUFAY, Membre de l'Assemblée nationale. — Blois (Loir-et-Cher).
DULUC, Vétérinaire, place d'Aquitaine, 18. — Bordeaux.
Dr DUMÉNIL, rue de l'Hôtel-de-Ville, 45. — Rouen.
*DUMONT, Ingénieur, 2, rue des Célestins. — Lyon; et 66, rue Marbeuf. — Paris.
*DUMORTIER, Membre de l'Académie de Lyon, avenue de Saxe, 97. — Lyon.
Dr DUPUY (Joseph), rue Vital-Carles. — Bordeaux.
Dr DURAC, Chef des travaux anatomiques et Professeur suppléant à l'École de médecine, rue d'Arcole, 36. — Toulouse.
DURAND-CLAYE (Alfred), Ingénieur des ponts et chaussées, rue Richelieu, 85. — Paris.
*DURAND (Édouard), Vicaire de Notre-Dame, 1, rue Boutarel. — Paris.
DURANDO (Gaétan), Bibliothécaire de l'École de médecine. — Alger.
DURASSIER, Chimiste. — Creusot (Saône-et-Loire).

DUREAU (Alexis), Archiviste de la Société d'anthropologie de Paris, rue Latour-d'Auvergne, 16. — Paris.

DURET (P. H.) père, Propriétaire, rue J.-J.-Rousseau, 17. — Bordeaux.

DURROS, Négociant, cours des Fossés, 43. — Bordeaux.

ÉLIE (Eugène), Propriétaire, rue Berthelot, 22. — Elbeuf.

ENGEL (Eugène), chez MM. Dollfus, Mieg et Cie, 9, rue Saint-Fiacre. — Paris.

ESCARRAGUEL, Propriétaire, 1, allée de Tourny. — Bordeaux.

FACULTÉ DES SCIENCES de Marseille, représentée par M. FAVRE, doyen de la Faculté. — Marseille.

FAGET (Marius), Architecte, Adjoint au maire. — Bordeaux.

FAGUET (L.-Auguste), Préparateur de Botanique à la Faculté des sciences et au laboratoire de la Faculté de médecine, 22, rue des Boulangers. — Paris.

*FAIVRE, Doyen de la Faculté des sciences, 27, rue Gentil. — Lyon.

FALATEUF (Oscar), Avocat, Membre du Conseil de l'Ordre, rue du Conservatoire. — Paris.

FALIÈRES, Pharmacien. — Libourne.

*FALSAN (Albert), Géologue. — Saint-Cyr au Mont-d'Or (Rhône).

FAURE (Jules), cours d'Alsace-Lorraine, 16. — Bordeaux.

FAURE (Charles), Négociant, rue du Pont-de-la-Mousque, 36. — Bordeaux.

*Dr FAVRE, Médecin en chef de la Cie P. L. M., 16, rue du Plat. — Lyon.

FAYOL, Ingénieur en chef des houillères de Commentry (Allier).

FÉE (Félix), Médecin en chef à l'hôpital militaire. — Ajaccio (Corse).

FÉRÉOL (Félix), Docteur en médecine, rue du Pont-Neuf, 21. — Paris.

FÉRET (Édouard), Libraire, cours de l'Intendance. — Bordeaux.

*FERRAND (Frédéric), Agent de change, 36, avenue de Noailles. — Lyon.

FERRIÈRE (Gabriel), rue du Réservoir. — Bordeaux.

*FERROUILLAT (Auguste), Fabricant de produits chimiques, 1, rue d'Égypte. — Lyon.

*FERROUILLAT (Prosper), Fabricant de produits chimiques, 1, rue d'Égypte. — Lyon.

*FÉVRIER (le général), Commandant la place, 33, quai de la Charité. — Lyon.

FIGUET, Pharmacien major. — Montpellier.

FILHOL, Professeur à la Faculté des sciences. — Toulouse.

FILHOL, Interne des hôpitaux de Paris, rue Cuvier, 16. — Paris.

FILLOUX, Pharmacien. — Arcachon.

*FLEURY (Claude), Directeur de l'École de commerce, 106, rue de l'Hôtel-de-Ville. — Lyon.

FLORAND (Maurice), Pharmacien de 1re classe. — Guéret (Creuse).

*FLOTARD, Membre de l'Assemblée nationale. — Vernaison (Rhône) et rue du Luxembourg, 49. — Paris.

*Dr FOCHIER, Médecin de la Charité. — Lyon.

*FOLTZ, Professeur à l'École de médecine, 5, rue Saint-Dominique. — Lyon.

FONCIN, Professeur d'histoire et de géographie au lycée de Bordeaux, Membre de la Société de géographie. — Bordeaux.

*Dr FONTAINE, rue Neuve-des-Mathurins, 99. — Paris.

*FONTANNES, 4, rue de Lyon. — Lyon.

FORT fils, Négociant, cours du Jardin-Public. — Bordeaux

FOUQUE (Charles), Archiviste de la Société d'histoire naturelle de Toulouse, rue de la Pomme, 64. — Toulouse.

FOURCAND, Député de la Gironde, Maire de Bordeaux. — Bordeaux.

FOURCAND (Léon), Négociant, Membre du Conseil municipal, rue Saint-Remi, 34.— Bordeaux.

FOURMOND (L.), Négociant, avenue de Paris, 4 (la Bastide). — Bordeaux.

*FOURNEREAU (l'abbé), Professeur de sciences à l'institution des Chartreux. — Lyon.

FOURNET, place Tourny. — Bordeaux.

FOURNIER (E.), Notaire. — Tours.

*DE FRÉMENVILLE, Géologue, 23, rue Sainte-Hélène. — Lyon.

*DE FRÉMENVILLE, Château de l'Aumusse, par Pont-de-Vesle (Ain).

FREYSSINGE, Pharmacien de 1re classe, rue Saint-Dominique, 148. — Paris.

*FRIEDEL (Mlle Jeanne), boulevard Saint-Michel, 60. — Paris.

FROMENT, Agent-voyer, Conducteur. — Au Cheylard (Ardèche).

FROSSARD (Émilien), Pasteur, Président de la Société Ramond.— Bagnères-de-Bigorre.

FUSTER, Professeur à la Faculté de médecine de Montpellier. — Montpellier.

GABRIEL (l'abbé), Desservant, Docteur en théologie. — Eynesse, canton de Sainte-Foy (Gironde).

GACHASSIN-LAFITE (Léon), Avocat, 158, rue Sainte-Catherine. — Bordeaux.

Dr DE GALDO (Manuel M. J.), Professeur d'histoire naturelle à l'Université, Ex-Maire de Madrid, Sénateur du royaume, rue Hortaleza. — Madrid.

GALLÉ-REINEMER, rue de la Faïencerie, 1, Nancy.

GALOS, Négociant, rue Croix-Blanche, 103. — Bordeaux.

GARDÉ, à l'École Centrale. — Paris.

GARIEL (Mme Marguerite), rue des Martyrs, 41. — Paris.

GARIOT. — Bourgoin (Isère).

*GARREAU, ancien Capitaine de frégate, rue de Floirac, 1. — Agen.

Dr GARRIGOU, rue Valade, 38. — Toulouse.

GASQUET, Vétérinaire. — Aiguillon.

GASSIES, Directeur du Musée préhistorique, allées de Tourny. — Bordeaux.

GAUTHIER (Antoine). — Château de Piquayne, près Cazères (Haute-Garonne).

*GAUTIER, Professeur agrégé à la Faculté de médecine, rue de Vaugirard, 35. — Paris.

*GAUTIER (J.), Fabricant, 27, place Tholozan. — Lyon.

Dr GAY. — Jarnac.

*Dr GAYAT, 10, rue de la Barre. — Lyon.

*Dr GAYET, Chirurgien en chef de l'Hôtel-Dieu, 1, rue de la Barre. — Lyon.

Dr GELLIE, rue Neuve, 33. — Bordeaux.

*Dr GÉRARD, 2, rue Constantine. — Lyon.

GERMAIN, Ingénieur de la marine, 4, rue de Vienne. — Paris.

GERVAIS, Conseiller général. — Blaye (Gironde).

Dr GIBERT, rue Cerise. — Le Havre.

*GIBON, Ingénieur-Directeur des forges de Commentry. — Commentry (Allier).

*GILLET-PARIS, Ingénieur, 41, rue de la Reine. — Lyon.

*GILLET (François), Teinturier, 9, quai Serin. — Lyon.

GILLON, Serrurier-mécanicien, rue du Cherche-Midi, 94. — Paris.

GIRALDÈS, Membre de l'Académie de médecine, rue des Beaux-Arts, 11. — Paris.

*GIRARD DE RIALLE (Julien), ancien Préfet de la République, 64, rue de Clichy. — Paris.

★GIRARDON, Ingénieur des ponts et chaussées, 1, cours Lafayette. — Lyon.
★GIRAUD (Dominique), Négociant. — Saint-Peray (Ardèche).
★Dr GIRIN, 24, rue de Lyon. — Lyon.
GIROUD, rue des Petits-Hôtels, 27. — Paris.
GLOTIN, ancien Officier de marine, rue de la Devèse, 11. — Bordeaux.
★Dr GLÉNARD, Directeur de l'École de médecine, 47, avenue de Noailles. — Lyon.
GODARD (Camille), Négociant, façade des Chartrons, 106. — Bordeaux.
★GONINDARD (l'abbé), Directeur de l'institution des Chartreux. — Lyon.
★GONNARD (F.), Minéralogiste, rue Saint-Pierre, 27. — Lyon.
GORDON (Richard), Bibliothécaire-adjoint à l'École de médecine. — Montpellier.
★Dr GOSSE. — Genève.
GOSSELIN, Professeur à la Faculté de médecine, rue des Pyramides, 3. — Paris.
GOUGET, Archiviste du département. — Bordeaux.
★GOURDON (Camille), Professeur, École La Martinière. — Lyon.
★GOYBET, Directeur de l'École La Martinière, à l'École La Martinière. — Lyon.
GOZZADINI (comte J.), Sénateur du royaume d'Italie, ancien Président du Congrès international d'anthropologie et d'archéologie préhistoriques. — Bologne (Italie).
★GRAILLAT (Jean), 18, rue du Pont-Louis-Philippe. — Paris.
GRANDIDIER, rue de Berry, 14. — Paris.
GREMAILLY, Directeur de l'hôtel de la Paix. — Bordeaux.
★GRIMAUX, Professeur agrégé à la faculté de médecine, rue d'Assas, 104. — Paris.
GROS (Camille), Professeur à l'École de médecine. — Alger.
GROSSARD (Hippolyte), Négociant. — Bordeaux.
DES GROTTES, Conseiller général, cours de Tourny. — Bordeaux.
Dr GUÉPIN, rue Thiac. — Bordeaux.
★GUINAND père et fils, Apprêteurs, rue des Capucins. — Lyon.
★GUYERDET (A.), Attaché aux collections géologiques de l'École des mines, 16, rue Gay-Lussac. — Paris.
★GUYOT, Inspecteur du télégraphe, 66, rue de la Charité. — Lyon.
HALPHEN (Constant), rue Tilsit, 11. — Paris.
Dr HAMEAU, Docteur en médecine. — Arcachon.
HANAPPIER (Mme), rue du Jardin-Public. — Bordeaux.
★HEDDE (Isidore), Propriétaire, Membre de la Société géologique, ancien délégué du gouvernement français en Chine, 20, rue des Capucins. — Puy-en-Velay (Haute-Loire).
★HENNINGER, rue Daguerre, 13. — Paris.
HERBAULT-NEMOURS, Agent de change, rue Port-Mahon, 12. — Paris.
★HÉRILIER, Ingénieur civil, 36, rue de Paris. — Lyon.
★HIRSCH, Architecte en chef de la ville, 17, rue Centrale. — Lyon.
★HIRSCH, Ingénieur, 7, rue de Lyon. — Lyon.
★HUMBERT (G.), 53, quai Saint-Vincent. — Lyon.
★HUREAU DE VILLENEUVE (Mme), rue Lafayette, 95. — Paris.
Dr DE HYSERN (Joachim), ancien Professeur, Conseiller royal, Inspecteur général de l'Instruction publique d'Espagne, rue du Prado, 20. — Madrid.
★Dr ICARD, Secrétaire général de la Société des sciences médicales, rue de Lyon, 48. — Lyon.

ILLARET (A.), Vétérinaire. — Sainte-Ferme, par Monségur (Gironde).

JACQUEMET, Inspecteur général des ponts et chaussées. — Bordeaux.

*JACQUET, Directeur de l'usine de la Voulte. — La Voulte (Ardèche).

*JACQUET, Ex-Conservateur des bibliothèques populaires, 3, rue Montesquieu. — Lyon.

*DE LA JAILLE (le général), Commandant l'artillerie du 6e corps, 15, place Perrache. — Lyon.

*JANGOT, Propriétaire, 7, rue Montée-des-Anges. — Lyon.

*JANSSEN, Membre de l'Institut, rue Labat, 21. — Paris.

JEANJEAN, Professeur à l'École de pharmacie. — Montpellier.

Dr JEANNIN (O.). — Montceaux-les-Mines (Saône-et-Loire).

*JENOUDET, Étudiant en droit, 39, quai Joinville. — Lyon.

JOANNE (A.), rue de Vaugirard, 20. — Paris.

*JOANNON, Vice-président de la Société d'agriculture, 23, quai Tilsit. — Lyon.

Dr JOBERT, Professeur à la Faculté des sciences. — Dijon.

JOHNSTON (H.), Négociant, rue Vauban, 23. — Bordeaux.

JOLY, Ingénieur en chef des ponts et chaussées, cours de Gourgues. — Bordeaux.

*JORDAN (A.), Professeur, rue de l'Arbre-Sec, 40. — Lyon.

Dr JOUBERT, rue Vital-Carles. — Bordeaux.

JOUET (Daniel), Étudiant, 22, rue Sainte-Catherine. — Bordeaux.

Dr JOUON, rue des Moulins, 23. — Nantes.

JOURDY, Capitaine d'artillerie. — Bourges.

JULLIEN, Ingénieur des ponts et chaussées. — Béziers.

*Dr KASTUS, 8, rue Lanterne. — Lyon.

*KLEINMANN, Sous-Directeur du Crédit lyonnais. — Lyon.

Dr KLOZ, cours Tourny, 36. — Bordeaux.

*KŒCHLIN (Émile), boulevard Saint-Michel, 85. — Paris.

Dr LABAT, Professeur à l'École de médecine. — Bordeaux.

LABAT, rue Planturable, 22. — Bordeaux.

LABBÉ, rue des Feuillantines, 65. — Paris.

*LABORDE, Docteur en médecine, Ancien interne des hôpitaux, passage Serre, 11. — Levallois-Perret (Seine).

Dr LACHAUD. — Lugon (Gironde).

DE LACOLONGE (O.), ancien Officier d'artillerie, allées de Tourny. — Bordeaux.

LACRETELLE, Ingénieur. — Bois-d'Oingt (Rhône).

*LACROIX, Pharmacien de 1re classse, 6, rue Philibert-Laguiche. — Mâcon.

LAFARGUE, cours d'Alsace-et-Lorraine, 93. — Bordeaux.

LAFARGUE, Industriel, à la manufacture de Laprade, par Aubeterre (Charente-Inférieure).

*LAFON, Directeur de l'Observatoire, 2, place Louis XVI. — Lyon.

LAFONT (Alexandre), Naturaliste. — Arcachon.

LAGNEAU (Mme), rue de la Chaussée-d'Antin, 38. — Paris.

LAGRAVE, Magistrat, cours de l'Intendance, 27. — Bordeaux.

*DE LAGRENÉ, Ingénieur des ponts et chaussées, rue Saint-Lazare, 6. — Paris.

LAGROLET, Négociant, cours d'Alsace-et-Lorraine, 124. — Bordeaux.

*Dr LAHENS (Th.), cours du Jardin-Public, 49. — Bordeaux.

DE LALANDE, 23, rue de Bréa. — Paris.
LALANNE, rue Doidy, 23. — Bordeaux.
LALANNE, Propriétaire. — Castillon (Gironde).
Dr LALESQUE (Jules). — La Teste (Gironde).
*LALLEMAND (A.), Doyen de la Faculté des sciences. — Poitiers.
Dr LALLEMENT (Ed.), Professeur suppléant à l'École de Nancy, rue Saint-Dizier, 28. — Nancy.
Dr LALLIER, rue Caumartin, 22. — Paris.
*LALOUETTE, Directeur de l'Omnium, 1 , rue de Lyon. — Lyon.
LAMY (Ernest), 83, rue Taitbout.
*LANDA, Rédacteur du *Progrès de Saône-et-Loire.* — Chalon-sur-Saône (Saône-et-Loire).
LANDARD, Avocat, 226, rue Sainte-Catherine. — Bordeaux.
Dr LANDE, Chef interne de l'hôpital Saint-André, rue Vital-Carles. — Bordeaux.
Dr LANELONGUE, Professeur à l'École de médecine, rue du Temple, 24. — Bordeaux.
*LANG, Directeur de la Société d'enseignement professionnel, 7, rue des Marronniers. — Lyon.
LANOIRE (Albert), rue Hustin, 8. — Bordeaux.
LANUSSE fils, Négociant, rue du Temple, 13. — Bordeaux.
LAPORTE, Professeur de mathématiques, rue Mouneyra, 71, — Bordeaux.
LAPORTE (Maurice), Négociant. — Jarnac (Charente).
LAPOUYADE fils, Négociant, à la Bourse. — Bordeaux.
Dr LARAUZA, Médecin en chef des Thermes. — Dax (Landes).
LAROCHE-TOLAY, Ingénieur en chef des ponts et chaussées. — Bordeaux.
*Dr LAROYENNE, Chirurgien en chef de la Charité, 100, rue de l'Hôtel-de-Ville. — Lyon.
LAROZE (Alfred), Avocat, rue Montméjan, 17. — Bordeaux.
LARRÉ, Avoué, rue Vital-Carles. — Bordeaux.
LARRONDE (E.), Conseiller municipal, rue Vauban, 9. — Bordeaux.
LARTET, Docteur ès sciences, Chargé de cours à la Faculté des sciences. — Toulouse.
LATASTE, Maire de Libourne. — Libourne.
DE SAINT-LAUMER, ancien Maire. — Chartres (Eure-et-Loir).
DE SAINT-LAURENT, Avocat, cours d'Aquitaine, 92. — Bordeaux.
*LAWRENCE SMITH, Président du Congrès scientifique américain. — Louisville (Kentucky) United-States.
LAWTON (William), Négociant, pavé des Chartrons. — Bordeaux.
Dr LE BLAYE (J.), cours de Gourgues, 9. — Bordeaux.
Dr LECADRE (A.), rue Fontenelle, 13. — Le Havre.
Dr LECLERC (Alfred). — Rouillac (Charente).
Dr LECUYER (H.). — Beaurieux (Aisne).
*LEFORT (Jules), Membre de l'Académie de médecine, rue Neuve-des-Petits-Champs, 87. — Paris.
LEFORT (Joseph), Avocat, à la Cour d'appel, 11, rue du Marché-Saint-Honoré.
LEFRANC (Edmond), 14, quai Louis XVIII. — Bordeaux.
LEGENDRE père, rue de Caudéran. — Bordeaux.

LEGENDRE, Conseiller municipal, quai de Bourgogne, 5. — Bordeaux.

Dr LE GENDRE, rue de la Sourdière, 25. — Paris.

LEGUAY (Louis), Architecte expert, 3, rue de la Sainte-Chapelle. — Paris.

*LEMOINE (Émile), Ingénieur civil, ancien élève de l'École polytechnique, rue du Cherche-Midi, 55. — Paris.

*LEMOINE, Ingénieur des ponts et chaussées, rue du Sommerard, 19. — Paris.

*LEMOSY (E.), 28, rue Lamartine. — Mâcon.

LENOIR, Négociant, Membre du conseil municipal, cours d'Alsace-Lorraine, 9. — Bordeaux.

Dr LÉON, Professeur à l'École de médecine navale. — Rochefort.

LÉON (Adrien), Député de la Gironde, rue Foy, 5. — Bordeaux.

LÉON Alexandre), Administrateur de la Compagnie du Midi, Armateur, cours du Chapeau-Rouge, 11. — Bordeaux.

LÉON (Anselme), Avocat, 22, rue Fondaudége. — Bordeaux.

LÉON (Henri), Négociant, cours du Jardin-Public, 24. — Bordeaux.

Dr LÉON-DUFOUR (A.). — Saint-Sever-sur-Adour (Landes).

Dr LEPINE, 364, rue Saint-Honoré. — Paris.

Dr LERICHE, 7, rue de la Barre. — Mâcon.

LEROY (L.), Ingénieur civil, Entrepreneur de travaux publics, boulevard de Calais, 10. — Argenteuil.

LESCARET, Président de la Société philomatique, rue Montméjan. — Bordeaux.

LESNIER (Frédéric), Conseiller général de la Gironde, — Carbon-Blanc (Gironde).

LESPIAULT, Professeur à la Faculté des sciences, rue Michel-Montaigne. — Bordeaux.

Dr LETESSIER. — Lormont-Bordeaux.

*Dr LÉTIÉVANT, Chirurgien en chef de l'Hôtel-Dieu, rue Childebert, 3. — Lyon.

*Dr LEUDET, Directeur de l'École de médecine, 49, boulevard Cauchoie. — Rouen.

*LEUDET (Mme), 49, boulevard Cauchoie. — Rouen.

*LEUDET (Olivier), Étudiant, 49, boulevard Cauchoie. — Rouen.

*LEUDET (Robert), Étudiant, 49, boulevard Cauchoie. — Rouen.

*LEVALLOIS (J.), Inspecteur général des mines, en retraite, rue Saint-Dominique, 91. — Paris.

Dr LEVIEUX, Vice-président du Conseil d'hygiène et de salubrité de la Gironde. — Bordeaux.

LEYDET, rue Ausone, 33. — Bordeaux.

L'HOTE, Chimiste, 16, rue de Lancry. — Paris.

LIBAUDIÈRE, rue Duplessis, 1. — Bordeaux.

LIÈS-BODARD, Inspecteur de l'Académie de Bordeaux, rue Montaigne. — Bordeaux.

*LILIENTHAL, Membre de la Chambre de commerce, 13, quai de l'Est. — Lyon.

*LIMOUSIN (Charles), Publiciste, avenue d'Orléans, 112. — Paris.

LINDER, Ingénieur des mines, rue Fondaudége, 22. — Bordeaux.

Dr LISLE, cours de Tourny, 63. — Bordeaux.

LIVACHE, Ingénieur civil, rue de Grenelle-Saint-Germain, 24. — Paris.

*LOCARD (Arnould), Ingénieur civil, 59, rue de la Reine. — Lyon.

*LOCARD, Membre de la Société d'Agriculture, 59, rue de la Reine. — Lyon.

LOEVY (Maurice), Astronome à l'Observatoire. — Paris.

*LOIR, Professeur à la Faculté des sciences, 54, avenue de Noailles. — Lyon.

*Lombard (Louis), Ingénieur civil, 4, rue Constantine. — Lyon.
Lopès-Dubec (Félix), Armateur, place Dauphine, 28. — Bordeaux.
*Lorenti aîné, Professeur au lycée, 6, rue Monsieur. — Lyon.
*Lorenti cadet, Secrétaire général de la Société d'agriculture, 22, cours Morand. — Lyon.
*de Loriol (P.), Géologue. — Frontenex, près Genève (Suisse).
Loste, Notaire, rue Ferrère, 50. — Bordeaux.
Lottin. — Noyers (Loir-et-Cher).
*Loyson, Président honoraire en Cours d'appel, 42, rue Vaubecour. — Lyon.
Saint-Loup, Professeur à la Faculté des sciences. — Besançon.
*Lubback, Cercle du Divan, 64, rue de Lyon. — Lyon.
de Luca, Professeur de chimie à l'Université. — Naples.
Lucas (Charles), Architecte, boulevard Denain, 8. — Paris.
Dr Mabit, Professeur à l'École de médecine. — Bordeaux
Macé, Professeur à l'École de médecine. — Rennes.
Madelaine (Joachim). — Évian-les-Bains (Haute-Savoie).
*Magnien (A. G.). — Trémont, par Tournus (Saône-et-Loire).
Mailho, Pharmacien, cours des Fossés, 9. — Bordeaux.
*Mairet, Constructeur-Mécanicien, 41, rue Centrale. — Lyon.
Maingonnat, Naturaliste, 37, rue Richer. — Paris.
Malézieux (E.), Ingénieur en chef, Secrétaire de la Commission des *Annales des ponts et chaussées*, rue du Bac, 108. — Paris.
Malingre, Ingénieur civil, rue Cervantès. — Madrid.
Dr Mallez, 6, rue du 29 Juillet. — Paris.
Malvezin (Th.), 5, place Dauphine. — Bordeaux.
*Manès, Ingénieur civil, rue Castéja, 2. — Bordeaux.
*Manès (Mme), 2, rue Castéja. — Bordeaux.
*Marchegay, Ingénieur des mines, 27, quai Tilsitt. — Lyon.
*Dr Marduel, 23, rue de Bourbon. — Lyon.
Maréchal, rue du Manége, 25. — Bordeaux.
Marès (Mme veuve), rue Salle-l'Évêque. — Montpellier.
*Marey, Professeur au Collége de France, rue de l'Ancienne-Comédie, 14. — Paris.
Marié-Davy, Astronome, Directeur de l'observatoire de Montsouris.
Marion, Professeur de philosophie, rue Villedieu, 2. — Bordeaux.
*Marix (A.), Négociant, 96, rue de l'Hôtel-de-Ville. — Lyon.
Dr Marmisse, rue Saint-Sernin, 49. — Bordeaux.
*Marmorat, Négociant, 21, rue Centrale. — Lyon.
Dr Marmottan, Membre du Conseil municipal, rue Desborde-Valmore, 31. — Paris.
*Dr Marmy, Médecin principal de 1re classe des hôpitaux militaires, rue Saint-Joseph, 8. — Lyon.
*Marnas (J. A.), quai des Brotteaux, 11. — Lyon.
Martin (Edmond), rue des Jeûneurs, 14. — Paris.
*Martin (Albert), 7, rue du Puits-Gaillot. — Lyon.
de Saint-Martin. — Artigues, par la Bastide (Gironde).
Martin-Barbet, Pharmacien, cours Tourny, 21. — Bordeaux.
Martinet (Ludovic). — Château de la Roche, commune de Graçay (Cher).

*Dr Martins (Charles), Professeur à la Faculté de médecine. — Montpellier.
Mascart, Professeur au Collége de France, rue Tournefort. — Paris.
Masfrand, Pharmacien, rue de l'Hôtel-de-Ville. — Aurillac (Cantal).
Masséna (duc de Rivoli), rue Jean-Goujon, 8. — Paris.
Massénat (Élie). — Brives (Corrèze).
*Masson, Pharmacien, 5, place de la Victoire. — Lyon.
*Dr Mathieu, 4, rue Saint-Dominique. — Lyon.
*Mathieu (Joseph), Caissier au Tribunal civil, 27, quai Tilsitt. — Lyon.
*Maufras (E.). — Pons (Charente-Inférieure).
Maumey (Paul). — Château-Bonnet, à Grézillac (Gironde).
Maupin, rue Rodrigues-Pereire, 42. — Bordeaux.
Mayer, Négociant, rue Saint-Georges, 20. — Paris.
*Mégret (J. P.), Libraire de l'École de médecine, 57, quai de l'Hôpital. — Lyon.
*Méhu, Pharmacien de 1re classe. — Villefranche (Rhône).
Meissas, boulevard Saint-Germain, 81. — Paris.
Meller père, Négociant, pavé des Chartrons, 43. — Bordeaux.
Ménabréa (le général). — Chambéry (Savoie).
*Mercadier, Ingénieur des télégraphes, 27, rue Caumartin. — Paris.
*Merget, Professeur à la Faculté des sciences, 5, rue de l'Hôtel-de-Ville. — Lyon.
*Merle (Albert), rue d'Orléans, 11. — Bordeaux.
Meschinet de Richemond (Louis-Marie), Archiviste de la Charente-Inférieure, Officier d'académie, Secrétaire de l'Académie de la Rochelle, rue de la Cloche, 7. — La Rochelle.
Dr des Mesnards (P.), rue Amelot, 29. — La Rochelle.
*Messimy, Notaire, 13, rue de Lyon. — Lyon.
Mestrezat, Négociant, Consul suisse, rue du Parlement. — Bordeaux.
Dr Métadier, allées d'Orléans. — Bordeaux.
Meunier (Mme Hipp.), avenue de Paris, 13. — Versailles.
Dr Meunier. — Pau.
Meure, Pharmacien, rue Notre-Dame, 117. — Bordeaux.
Michel (Charles), Avoué, cours de l'Intendance, 23. — Bordeaux.
Milne-Edwards (Alphonse), Professeur de zoologie à l'École de pharmacie, rue Cuvier, au Muséum. — Paris.
Min-Barabraham, Banquier, place Puy-Paulin, 12. — Bordeaux.
*Dr Mingaud, du Gard, Professeur d'histoire naturelle médicale, rue Godefroy, 1. — Lyon.
Moitessier, Professeur à la Faculté de médecine. — Montpellier.
*Dr Mollière (Humbert), 32, quai Saint-Antoine. — Lyon.
de Monchy, Propriétaire, rue des Remparts, 52. — Bordeaux.
Mondiet, Agrégé à l'Université, Professeur au lycée. — Mont-de-Marsan.
*Monnier, Préparateur à l'Académie. — Genève.
Montagut (Ch.), Conseiller général, place de Gourgues, 10. — Bordeaux.
Morange, Enseigne de vaisseau. — Libourne.
Dr Moreau (E.), rue du 29 Juillet, 7. — Paris.
*Dr Moreau (Armand), Membre de l'Académie de médecine, 55, rue de Vaugirard. — Paris.

Dr Morlot, Docteur en médecine, rue Saint-Philibert, 24. — Dijon.
*de Mortillet (Mme), au Château de Saint-Germain en Laye.
Motelay (Léonce), Négociant, rue Guillaume-Brochon, 7. — Bordeaux.
Dr Moussous, rue d'Aviau, 38. — Bordeaux.
*Mulsant, Président de la Société linnéenne, Membre correspondant de l'Institut, 25, quai Saint-Vincent. — Lyon.
*Dr Muron, 10, rue du Pré-aux-Clercs. — Paris.
*Muntz, Préparateur au Conservatoire des arts et métiers, 30, rue de Rivoli. — Paris.
de Nadaillac (le marquis), Préfet des Basses-Pyrénées. — Pau.
Dr Neucourt. — Verdun (Meuse).
de Nerville, Inspecteur général des mines, 85, boulevard Malesherbes. — Paris.
Dr Négrié, Médecin des hôpitaux, cours Portal. — Bordeaux.
Dr Nicas. — Fontainebleau (Seine-et-Marne).
Niel, Conseiller de préfecture. — Corse.
*Noack, Ingénieur, 4, rue Constantine. — Lyon.
*Noguès (A. L.), Ingénieur civil des mines, Président de la société géologique, Professeur de sciences physiques et naturelles, rue de Jussieu, 3. — Lyon.
Nouvel, Pharmacien de 1re classe. — Rodez (Aveyron).
*Oberkampff (E.), Ministre du saint Évangile, 69, avenue de Saxe. — Lyon.
Oberlin, Gérant de la librairie Georg, rue de Lyon, 65. — Lyon.
*Dr Odin, 33, quai de la Charité. — Lyon.
*Ollier de Marichard, Archéologue. — Vallon (Ardèche).
*Ollier de Marichard fils. — Vallon (Ardèche).
Ollive, rue Bleue, 3. — Paris.
*Onésime (le frère), montée Saint-Barthélemy, 24. — Lyon.
Dr Oré, Professeur à l'École de médecine, rue du Palais-de-Justice. — Bordeaux.
Saint-Palay, rue de la Trésorerie, 20. — Bordeaux.
Dr Papillaud. — Saujon (Charente-Inférieure).
*Parizet, 29, rue Royale. — Lyon.
*Parmentier, Colonel du génie, Directeur des fortifications. — Lyon.
Parrot, Docteur en médecine, Professeur agrégé à la Faculté de médecine, rue de Savoie, 5. — Paris.
de Parseval-Grandmaison (J.), ancien Président de l'Académie de Mâcon, Membre de la Société botanique de France. — Au château des Perrières, près Mâcon.
Pascault, Avoué, rue du Temple, 25. — Bordeaux.
Passy (Frédéric), rue Labordère, 8. — Neuilly-sur-Seine.
Paul, chez M. F. Sarcey, rue de Douai, 59. — Paris.
Dr Paul (Constantin), rue de l'Université, 29. — Paris.
Dr Paulet, rue des Écoles, 20. — Paris.
de Pellorce, Président de l'Académie de Mâcon. — Mâcon.
Penel, Capitaine d'état-major, au Dépôt de la guerre. — Paris.
*Penot (Achille), Directeur de l'École de commerce, 34, rue de la Charité. — Lyon.
Pereire (Henri), rue du Faubourg-Saint-Honoré, 35. — Paris.
Périn (André), Libraire-éditeur. — Chambéry.
Perrégaux (Louis), Manufacturier. — Jallieu (Isère).
Perret, Député du Rhône. — Collonge (Rhône); et Hôtel du Louvre. — Paris.

PERRET (Émile), Pharmacien. — Moret-sur-Loing.

*PERRET (Auguste), Négociant, 49, quai Saint-Vincent. — Lyon.

PERRIER, Capitaine d'état-major, Membre du Bureau des longitudes, rue du Bac, 106. — Paris.

Dr PERRIN, Professeur au Val-de-Grâce, rue Sainte-Placide, 45. — Paris.

*PERROUD (Charles), Avocat, 43, quai Saint-Vincent. — Lyon.

*Dr PERROUD, 43, quai Saint-Vincent. — Lyon.

Dr PÉRY, Médecin des hôpitaux, 67, cours d'Aquitaine. — Bordeaux.

PETIT, Pharmacien, 8, rue Favart. — Paris.

PETIT, Ingénieur des ponts et chaussées. — Vienne (Isère).

*Dr PEYRAUD. — Libourne (Gironde).

*PEYROUD, Négociant, 38, rue de la Pyramide. — Lyon.

PIARRON DE MONDÉSIR, Ingénieur des ponts et chaussées, rue du Cherche-Midi, 76. — Paris.

*PICHOU (Alfred), Géomètre des chemins de fer du Midi, rue de la Croix, 138. — Narbonne.

PIETTE (Ed.), Juge de Paix. — Craonne (Aisne).

PILLET, 18, rue Saint-Sulpice. — Paris.

*PILLET, Avocat, place Saint-Léger. — Chambéry.

Dr PILLOT (E.), 27, rue de Laval. — Paris.

*Dr PINET, 60, rue Saint-Joseph. — Lyon.

*PISSAVY, Négociant, 14, rue Grenette. — Lyon.

*PITRAT aîné, Imprimeur, 4, rue Gentil. — Lyon.

PLANCHON, Membre correspondant de l'Institut. — Montpellier.

PLANTEAU, Interne des hôpitaux de Paris, à l'Hôtel-Dieu. — Paris.

PLANTÉ. — Saintes (Charente-Inférieure).

*PLATET, Étudiant, 1, rue de Penthièvre. — Lyon.

Dr PLUMEAU, rue Baubadat, 25. — Bordeaux.

POINCARRÉ, rue Lafayette, 6. — Nancy.

POISSON (Jules), Aide-naturaliste au Muséum. — Paris.

*Dr POMIÈS, ancien Médecin de l'Hôtel-Dieu, 14, quai de la Pêcherie. — Lyon.

PONCIN, Courtier à la Bourse, 25, rue Rochambeau. — Bordeaux.

*PONCIN, Chef d'institution, quai des Brotteaux, 7. — Lyon.

POTTIER (Raymond), Capitaine, rue Saint-Pierre. — Dax (Landes).

Dr POUCHET, rue Hautefeuille, 1. — Paris.

POUGET, rue Poyenne, 37. — Bordeaux.

POULET, Ingénieur des ponts et chaussées, rue Legendre, 131. — Paris.

*Dr POURTIER (Michel). — Québec (Canada).

*Dr POZZI, Aide d'anatomie à la Faculté de médecine, 131, boulevard Saint-Germain. — Paris.

PRELLER, Négociant, allées de Chartres, 18. — Bordeaux.

PRESLIER (Mme), chez M. Francisque Sarcey, rue de Douai, 59. — Paris.

*PROST (Achille), Négociant, 14, rue Grenette. — Lyon.

*Dr PRUNIÈRES. — Marvejols (Lozère).

PUJOS, allées de Chartres, 19. — Bordeaux.

Dr PUPIER, rue Strauss. — Vichy.

PUTZ (H.), Chef d'escadron d'artillerie, 116, rue de Rennes. — Paris.
DE PUYFERRAT, rue Saint-Rémi, 64. — Bordeaux.
*DE QUATREFAGES (Mme), 36, rue Geoffroy-Saint-Hilaire. — Paris.
*DE QUATREFAGES (Léonce), 36, rue Geoffroy-Saint-Hilaire. — Paris.
.QUEYRENS, Mécanicien à la Monnaie. — Bordeaux.
*QUIVOGNE, Vétérinaire, 47, rue Bourbon. — Lyon.
Dr RAFAILLAC. — Margaux (Gironde).
*Dr RAMBAUD, rue de l'Hôtel-de-Ville, 76. — Lyon.
RAMEY (Eugène), rue Bertin-Poirée, 16. — Paris.
*RAMIÉ (Jules), 101, rue de l'Hôtel-de-Ville (maison café Morel). — Lyon.
*Dr DE RANSE, place Saint-Michel, 4. — Paris.
*RANGOT-PÉCHINEY, Ingénieur-chimiste, 23, chemin de la Corne-de-Cerf. — Lyon.
RANVIER, Docteur en médecine, rue Monsieur-le-Prince, 61. — Paris.
RAVEAUD, Conseiller à la Cour, 115, rue de l'Église-Saint-Seurin. — Bordeaux.
RAYNAL, Négociant, place des Quinconces, 12. — Bordeaux.
READ (général John-Mérédith), rue de Châteaudun, 55. — Paris.
REBOUX, Archéologue, 3, rue de la Plaine (Ternes). — Paris.
*RÉCAMIER (Étienne), Docteur en droit, Publiciste. — Écully (Rhône) ; et 1, rue du Regard. — Paris.
REGNAULT, Ingénieur des ponts et chaussées, rue de Pessac. — Bordeaux.
REIMONENQ (Charles), Ex-chef de section de la voie au Chemin de fer du Midi, rue Ferrère, 42. — Bordeaux.
REINWALD, Libraire, rue des Saints-Pères, 15. — Paris.
Dr RELIQUET, rue Lepelletier, 7. — Paris.
*RENARD et VILLET, Teinturiers, quai de Pierre-Scize, 53. — Lyon.
*RENAUD (Georges), Professeur d'économie politique, Lauréat de l'Institut, Secrétaire adjoint de la Société de statistique de Paris, 1, place Possoz. — Passy-Paris.
RENVERSÉ, rue Naujac. — Bordeaux.
*RÉROLLE (Louis), 34, quai de la Guillotière. — Lyon.
RESAL, Ingénieur des mines, Professeur à l'École polytechnique, rue de Condé, 16. Paris.
REVOL, Ingénieur des ponts et chaussées. — Saint-Nazaire.
Dr REY (Armand), Professeur à l'École de médecine, place Clavairon, 7. — Grenoble.
*Dr RIBAN, Chef des travaux chimiques des hautes études au Collége de France, au Collége de France. — Paris.
RICHARD (Adolphe), Attaché aux collections de l'École des mines, rue des Feuillantines, 93. — Paris.
*RIEUMAL, Négociant, 6, rue de Mulhouse. — Paris.
*RIEUMAL (Mme), 6, rue de Mulhouse. — Paris.
DE RIEUNÈGRE (FABRE), Propriétaire, rue Judaïque, 20. — Bordeaux.
DE RIEUNÈGRE (Théodore FABRE), 10, rue Blanc-Dutrouil. — Bordeaux.
*RIGAUD (Charles). — Pons (Gironde).
Dr RIGOUT, Chimiste à l'École des mines, boulevard Saint-Michel, 60. — Paris.
RIVAREZ, Agent de change, 2, cours de Tournon. — Bordeaux.
*ROBIN (Michel), 12, quai des Célestins. — Lyon.
ROBINEAUD, Pharmacien, rue Notre-Dame, 62. — Bordeaux.

*ROLLAND, Directeur de la Société générale pour favoriser le développement du commerce et de l'industrie en France, 7, place de l'Helvétie. — Lyon.

Dr ROLLET, rue Michel-Montaigne, 3. — Bordeaux.

*Dr ROLLET, 41, rue Saint-Pierre. — Lyon.

RONNA (A.), Ingénieur, Secrétaire du comité de l'Association autrichienne I. R. P. des chemins de fer de l'Est, boulevard Haussmann, 25. — Paris.

ROQUES (Adrien), Ingénieur civil. — Saint-Affrique (Aveyron).

DE ROQUEVAIRE (Mme la baronne), square du Chemin de fer. — Montpellier.

ROUDIER, Conseiller général de la Gironde pour Pujols. — Pujols (Gironde).

*ROUGET (Ch.), Professeur à la Faculté de médecine, rue du Carré-du-Roi, 12. — Montpellier.

Dr ROUGIER. — Arcachon.

ROUIT, Ingénieur en chef de la Compagnie du Médoc. — Bordeaux.

ROUSSEL, rue Esprit-des-Lois, 25. — Bordeaux.

ROUSSELIER, Ingénieur civil, 2, rue Grignan. — Marseille.

*ROUSILLE (Albert), Professeur à l'École d'agriculture du Grand-Jouan. — Nozay (Loire-Inférieure).

*ROUSSILLE (Mme). — Nozay (Loire-Inférieure).

*ROUX, Imprimeur, 21, rue Centrale. — Lyon.

*ROUX, (Henry), Propriétaire, 11, place Bellecour. — Lyon.

*ROYER (Mme Clémence), 3, rue Brochant. — Paris.

SABATIER (l'abbé), Professeur à la Faculté de théologie, 16, rue Saubat. — Bordeaux.

Dr SABATIER, rue de la Coquille. — Béziers (Hérault).

SAINTE-CLAIRE-DEVILLE (Charles), Membre de l'Institut, 47, rue Madame. — Paris.

DE SAINT-VIDAL, Directeur particulier, à Bordeaux, de la Compagnie d'assurances générales, cours de Tourny. — Bordeaux.

SALET (Mme), 84, boulevard Saint-Germain. — Paris.

SALLE (Adolphe), Négociant, 61, pavé des Chartrons. — Bordeaux.

DE SALVE, Recteur de l'académie. — Alger.

SAMAZEUILH (Fernand), Avocat, 60, cours de l'Intendance. — Bordeaux.

SAMY, Préparateur à la Faculté des sciences, 8, rue Michel. — Bordeaux.

SANSAS, Député de la Gironde, rue du Hâ. — Bordeaux.

*DE SAPORTA (le comte). — Aix (Bouches-du-Rhône).

SARCEY (Francisque), 59, rue de Douai. — Paris.

SAUGEON, Conseiller général, 23, rue Delurbe. — Bordeaux.

Dr SAUVAGE (Émile), 2, rue Monge. — Paris.

*SAVIGNY et BUNAND, Négociants, 13, rue Bugeaud. — Lyon.

SCHACHER (Georges), Négociant, 15, allées de Chartres. — Bordeaux.

SCHMOL (Charles), rue de Turenne, 132. — Paris.

SCHŒNEFELD, Secrétaire général de la Société botanique de France, 84, rue de Grenelle. — Paris.

SCHŒNGRUN, Membre de la Chambre de commerce, place Dauphine. — Bordeaux.

SCHRADER (François), 20, rue Borie. — Bordeaux.

*SCHULTZ, Fabricant, 8, rue du Griffon. — Lyon.

*SCHUTZENBERGER, Directeur du laboratoire de la Sorbonne, 40, rue des Écoles. — Paris.

SECRESTAT, Négociant, Membre du Conseil municipal. — Bordeaux.

Dr SEGAY, Chirurgien des hôpitaux. — Bordeaux.

SEGRESTAA (Maurice), 27 *bis*, cours du Jardin-Public. — Bordeaux.

*SÉGUIN (Paul), Ingénieur, 4, rue des Deux-Maisons. — Lyon.

SEIGNOURET (P. E), pavé des Chartrons, 24. — Bordeaux.

SERRES (Hector), rue Neuve, 28. — Dax (Landes).

SERVANTIE, Étudiant en médecine, rue de Cheverus. — Bordeaux.

*SÉVENNE, Membre de la Chambre de commerce, 1, rue de Lyon. — Lyon.

SÉVÉRAC (Paul), Maître de forges, 1, boulevard Mac-Donald (la Villette). — Paris.

*SIÉGLER (Ernest), Ingénieur des ponts et chaussées. — Roanne.

SILVA (R. D.), Chimiste, 33, rue Monsieur-le-Prince. — Paris.

SIMON, Directeur de l'exploitation au Chemin de fer du Midi, rue du Réservoir. — Bordeaux.

SIMONIN, Directeur de l'École de médecine et de pharmacie. — Nancy.

SIRET (Eugène), Rédacteur du *Courrier de la Rochelle*, place de la Mairie. — La Rochelle.

SOCIÉTÉ DES SCIENCES NATURELLES DE LA CHARENTE-INFÉRIEURE. — La Rochelle.

SOCIÉTÉ PHARMACEUTIQUE DE L'INDRE. — Châteauroux.

SOCIÉTÉ D'AGRICULTURE DE L'INDRE, place du Marché-au-Blé. — Châteauroux.

SOCIÉTÉ D'AGRICULTURE, INDUSTRIE, SCIENCES ET ARTS DE LA LOZÈRE. — Mende.

SOCIÉTÉ D'HISTOIRE NATURELLE DE TOULOUSE, rue de la Pomme. — Toulouse.

SOCIÉTÉ DE GÉOGRAPHIE. — Lyon.

SOCIÉTÉ DE MÉDECINE DE SAINT-ÉTIENNE ET DE LA LOIRE. — Saint-Étienne (Loire).

SOCIÉTÉ D'ÉMULATION DES CÔTES-DU-NORD. — Saint-Brieuc.

SOCIÉTÉ DE MÉDECINE ET DE CHIRURGIE DE BORDEAUX.

SOCIÉTÉ DE MÉDECINE ET DE CHIRURGIE. — La Rochelle.

SOCIÉTÉ DE MÉDECINE DE SAINTES, représentée par M. le Dr Papillaud. — Saujon (Charente-Inférieure).

SOCIÉTÉ DES SCIENCES PHYSIQUES ET NATURELLES, rue Montbazon. — Bordeaux.

Dr SOLLES, Conseiller municipal, rue Sainte-Catherine. — Bordeaux.

*SORET (Louis), Rédacteur des *Archives des sciences naturelles*, 1, promenade du Pin. — Genève (Suisse).

SOUBEIRAN (L.), Professeur agrégé à l'École de pharmacie, 60, rue de l'Université. — Paris.

Dr SOULIER, 14, rue Saint-Dominique. — Lyon.

SOUVERBIE (Saint-Martin), Conservateur du Muséum d'histoire naturelle. — Bordeaux.

STÉHÉLIN (E.), Conseiller municipal, rue Vauban. — Bordeaux.

STŒCKLIN, Ingénieur des ponts et chaussées. — Bayonne.

*STORCK, Ingénieur civil, 78, rue de l'Hôtel-de-Ville. — Lyon.

T... (Louise), chez M. Francisque Sarcey, 59, rue de Douai. — Paris.

*TARDY, Membre de la société géologique de France, à l'Observatoire. — Bourg (Ain).

TARRADE (A.), Pharmacien, 65, avenue du Pont-Neuf. — Limoges (Haute-Vienne).

*TARUL (A.), 3, quai de la Pêcherie. — Lyon.

TASTET (Édouard), Négociant, 60, façade des Chartrons. — Bordeaux.

TECHOUEYRES, 1, rue de la Merci. — Bordeaux.

*TERME, ancien Représentant, 31, quai de la Charité. — Lyon.

TERQUEM (Alfred), 116, rue Nationale. — Lille.
*TERVER, Conchyliologiste, 90, quai Pierre-Scize. — Lyon.
TESSEIRE (Albert), 26, cours du Jardin-Public. — Bordeaux.
TESSEIRE (Omer), 26, cours du Jardin-Public. — Bordeaux.
TESSIER (P. Charles), rue de Pessac, 170. — Bordeaux.
*TESTENOIRE-DREYFUS, Président du Conseil d'administration de l'École de commerce, 13, rue du Griffon. — Lyon.
*TEXIER (Louis), Directeur de l'École de médecine, Président de l'Association des médecins de l'Algérie. — Alger.
THÉRY, Conseiller général. — Langon (Gironde).
THIBAULT, aux Archives départementales. — Bordeaux.
THIBAULT, Ingénieur, Entrepreneur, 18, rue du Pas-de-Loup. — Rochefort.
*Dr TIRANT, 6, rue de Jouffroy. — Lyon.
TISSANDIER, Chimiste, rue Bleue, 3, Paris.
TISSEIRE (Albert), cours du 29 Juillet, 26. — Bordeaux.
*TISSEUR (Clair), Architecte, 10, rue de la Reine. — Lyon.
*TOMMASI (Donato), Chimiste, 69, avenue de l'Alma. — Paris.
Dr TOPINARD (Paul), Préparateur au laboratoire d'anthropologie de l'École des hautes études, 420, rue Saint-Honoré. — Paris.
TOULAN, Pasteur. — Castillon (Gironde).
*TOURNAIRE, Ingénieur en chef des mines. — Saint-Étienne (Loire).
*TOUSSAINT, Chef de service à l'École vétérinaire. — Lyon.
*TRAVELET, Ingénieur des ponts et chaussées. — Lure (Haute-Saône).
Dr TRÉLAT, Membre du Conseil général de la Seine, à la Salpétrière. — Paris.
*Dr TRIPIER (Léon), 17, rue Childebert. — Lyon.
TRUTAT (Eugène), Conservateur du Musée d'histoire naturelle, rue des Prêtres, 3, — Toulouse.
VALAT, Professeur, Ancien recteur, rue de Cursol, 38. — Bordeaux.
VAN TIEGHEM, Maître de conférences à l'École normale supérieure, rue de l'Odéon, 20. — Paris.
*VARIOT, Ingénieur civil, 13, rue de Constantine. — Lyon.
Dr DE VAURÉAL. — Biarritz.
VAVIN (Jules), Capitaine de frégate, Faubourg-Poissonière, 47. — Paris.
VÉE (Amédée), rue Vieille-du-Temple, 24. — Paris.
*VELTARD, Supérieur de la maison des Minimes, place des Minimes. — Lyon.
Dr VERGELY, rue Castéja. — Bordeaux.
VERGER (A.). — Saint-Genis de Saintonge.
DE LA VERGNE (comte), Propriétaire, rue de Poissac, 1. — Bordeaux.
*VÉZU, Pharmacien, cours Morand, 6. — Lyon.
VIAL, Pharmacien, rue Bourdaloue, 1. — Paris.
Dr VIBERT. — Puy en Velay.
*Dr VIENNOIS, 39, quai de la Charité. — Lyon.
*VIGNON (L.), Élève à la Faculté des sciences, 1, rue Godefroy. — Lyon.
*VIGNON (Mme), 45, rue Malesherbes. — Lyon.
*Dr VIGUIER, Pharmacie centrale, 3, rue Sainte-Marie. — Lyon.
VILLETTE (Ch.), Négociant, Adjoint au maire, allées Damour. — Bordeaux.

VINCENT (Auguste), 9, rue d'Orléans. — Bordeaux.

* VIOLLE, Professeur à la faculté des sciences. — Grenoble.

* VOGT (G.), Ingénieur, 14, rue de Rivoli. — Paris.

* VOIGT, Professeur de physique au lycée, 53, rue Malesherbes. — Lyon.

* VOISIN (Jean-Pierre), Négociant en soie, 8, quai Saint-Pierre. — Lyon.

* VOURLOUD, Ingénieur civil, 4, rue Constantine. — Lyon.

Dr WEDDEL (H. A.), Membre correspondant de l'Institut, rue de la Tranchée, 14. — Poitiers.

WHEELER (Silbert), Professeur de chimie, Chicago University. — Chicago (Illinois), United-States.

* WILLM, Chef des travaux chimiques à la Faculté de médecine, boulevard Montparnasse, 82. — Paris.

WITTELSHOFFER (Richard), Étudiant en médecine, 1, Frances Caner Piatz. — Vienne (Autriche).

WOLF, Ingénieur des ponts et chaussées, rue Paulin. — Bordeaux.

WORMS (B.), rue Jacob, 28. — Paris.

WORMS (Fernand), rue Jacob, 28. — Paris.

WORMS, rue Laffite, 36. — Paris.

WORMS (Simon), rue de la Chaussée-d'Antin, 15. — Paris.

WURTH, 64, rue Saint-Sernin. — Bordeaux.

WYROUBOFF (G.), Docteur ès sciences, 76, rue de Seine. — Paris.

* XAMBEU, Professeur au collége. — Saintes (Charente-Inférieure).

Dr YARROW. — Washington (United-States).

YVER (P.), ancien élève de l'École polytechnique, 13, rue Bleue. — Paris.

YVERNÈS, Avocat, rue Casimir-Peret. — Béziers.

ASSOCIATION FRANÇAISE

POUR

L'AVANCEMENT DES SCIENCES

ASSEMBLÉES GÉNÉRALES

ASSEMBLÉE GÉNÉRALE

Tenue à Lyon le 28 Août 1873

SOUS LA PRÉSIDENCE DE M. DE QUATREFAGES

— *Extrait du Procès-verbal* —

Le Bureau propose la ville de Lille comme lieu de réunion pour la prochaine session. Cette ville est une des premières qui aient envoyé en 1872 une invitation à l'Association et l'on a lieu d'espérer que la session sera intéressante.

L'assemblée consultée adopte cette proposition.

La date de l'ouverture de la session ne peut être fixée à l'avance, il faut tenir compte des autres congrès soit en France, soit à l'étranger. L'assemblée décide que le Conseil déterminera cette date d'après les renseignements qu'il pourra se procurer.

Il est donné lecture de télégrammes émanés des autorités de la ville et du canton de Genève et relatifs à l'excursion que l'Association doit faire en Suisse après la clôture du Congrès.

Il est procédé aux votes pour l'élection d'un vice-président et d'un vice-secrétaire général. Sont élus :

MM. D'EICHTHAL . . . . *Vice-Président.*
Dr OLLIER . . . . *Vice-Secrétaire général.*

L'assemblée adopte les propositions faites par les diverses sections pour la nomination des délégués. Le Conseil d'administration pour la prochaine session est donc constitué de la manière suivante :

BUREAU DE L'ASSOCIATION FRANÇAISE

MM. AD. WURTZ, de l'Institut.	*Président.*
AD. D'EICHTHAL, Banquier.	*Vice-Président.*
LAUSSEDAT, Lieutenant-colonel du génie.	*Secrétaire général.*
Dr OLLIER, Chirurgien titulaire de l'Hôtel-Dieu de Lyon.	*Vice-Secrétaire général.*
G. MASSON, Libraire-Éditeur	*Trésorier.*
FRIEDEL, Conservateur à l'École des mines.	*Archiviste.*
C. M. GARIEL, Ingénieur des ponts et chaussées, Professeur agrégé à la Faculté de médecine	*Secrétaire du Conseil.*

PRÉSIDENTS, SECRÉTAIRES ET DÉLÉGUÉS DES SECTIONS

1re et 2e Sections	**7e Section**	**11e Section**
LAUSSEDAT, *Président.*	MARIÉ-DAVY, *Président.*	BROCA, *Président.*
HIRSCH, *Secrétaire.*	LINDER, *Secrétaire.*	POZZI, *Secrétaire.*
D'ABBADIE.	LESPIAULT.	GASSIES.
PERRIER.	ABRIA.	CARTAILHAC.
BOURDELLES.	BELIME.	DE QUATREFAGES.
3e et 4e Sections	**8e Section**	**12e Section**
TAVERNIER, *Président.*	DUMORTIER, *Président.*	Dr VERNEUIL, *Président.*
LEMOINE, *Secrétaire.*	BAYAN, *Secrétaire.*	Dr COLRAT, *Secrétaire.*
ARSON.	DES CLOISEAUX.	Dr AZAM.
BRÉGUET.	LARTET.	Dr CL. BERNARD.
MARCHEGAY (A.).	CHANTRE.	Dr CHAUVEAU.
5e Section	**9e Section**	**13e Section**
LALLEMAND, *Président.*	BAILLON, *Président.*	DELOCRE, *Président.*
POTIER, *Secrétaire.*	DE SEYNES, *Secrétaire.*	BALGUERIE, *Secrétaire.*
MERCADIER.	FAIVRE.	CLOUZET.
D'ALMEIDA.	DE SAPORTA.	BEYLOT (O.).
XAMBEU.	VAN TIEGHEM.	BARRAL.
6e Section	**10e Section**	**14e Section**
LOIR, *Président.*	MARTINS, *Président.*	DURAND, *Président.*
GRIMAUX, *Secrétaire.*	KŒCHLIN, *Secrétaire.*	GUÉRIN, *Secrétaire.*
BERTHELOT.	L. VAILLANT.	SAUGEON.
MICÉ.	LAFONT.	DEMARSY.
GRUNER.	PEREZ.	HEDDE.

15e Section

FLOTARD, *Président.*	Dr BERTILLON.
RENAUD (G.), *Secrétaire.*	BOUVET.
	DEMONGEOT.

Le Bureau est chargé par le Conseil d'administration de demander des modifications aux statuts actuels ; il propose de renvoyer l'étude de ces changements à une commission nommée par le Conseil et qui devra préparer les modifications qui seraient soumises aux votes de l'Assemblée générale en 1874. Cette commission aura également à s'occuper de faire un projet de règlement déjà réclamé par le Conseil d'administration.

Jusqu'à l'adoption de ce règlement, la partie du projet présenté par le Bureau qui se rapporte à la publication des comptes rendus est mise en vigueur.

Après quelques paroles prononcées par M. Ducros, préfet du Rhône, le président déclare clos le Congrès de Lyon et la session de 1872.

CONGRÈS DE LYON

PROGRAMME DE LA SESSION

21 AOUT. — A 10 heures du matin, Conseil d'administration. — A 3 heures, Séance d'ouverture à l'Hôtel de Ville. — A 8 heures du soir, Conférence sur les Volcans, par le professeur Carl Vogt de Genève.

22 AOUT. — A 9 heures du matin, Séances de sections. — A 3 heures du soir, Séance générale : MM. l'abbé Ducrost, Gaudry, le Dr Blanc et Dumont.

23 AOUT. — Excursion à Solutré.

24 AOUT. — A 8 heures du matin, Visite au Muséum d'histoire naturelle. — A 2 heures du soir, Exploration du terrain erratique de la partie méridionale du plateau bressan.

25 AOUT. — A 9 heures du matin, Séances de sections. — A 3 heures du soir, Séance générale : MM. de Lesseps, le Dr Bertillon et Papillon. — A 8 heures du soir, Conférence : les Progrès modernes des industries chimiques, par M. Aimé Girard.

26 AOUT. — Excursion à la Voulte. — A 8 heures du soir, Conférence : Constitution physique et avenir du soleil, par M. Janssen, membre de l'Institut.

27 AOUT. — A 9 heures, Séances de sections.

28 AOUT. — A 9 heures du matin, Séances de sections. — A 3 heures du soir, Assemblée générale. — A 9 heures du soir, Réception à l'Hôtel de Ville.

29 AOUT. — Départ de l'excursion pour Genève avec arrêt à Bellegarde.

SÉANCES GÉNÉRALES

SÉANCE D'OUVERTURE

21 Août 1873

PRÉSIDENCE DE M. DE QUATREFAGES

Assistaient à la séance : MM. le baron Ducros, Préfet du Rhône ; Dareste de la Chavanne, recteur de l'Académie de Lyon ; Piaton, président du Comité lyonnais de l'Association ; Faivre, doyen de la Faculté des sciences ; le Dr Ollier ; Vauthier, ingénieur civil ; le Dr Lortet, directeur du Muséum d'histoire naturelle ; Chantre, géologue attaché au Muséum, de Loriol, ingénieur civil, membres du Comité lyonnais, et Grandval, secrétaire général de la Préfecture.

M. le préfet du Rhône prend la parole et s'excuse d'avoir à parler devant cette assemblée de savants illustres ; mais le périlleux honneur qui lui a été confié d'administrer le département du Rhône, lui fait un devoir de saluer, au nom de ce département qu'il représente, les hôtes glorieux qui ont bien voulu quitter leurs occupations laborieuses pour venir dans la cité lyonnaise et leur dire à tous : Soyez les bienvenus.

Les discours suivants sont alors prononcés par

MM. DE QUATREFAGES, président de l'Association ;
C. M. GARIEL, secrétaire du Conseil ;
MASSON, trésorier.

DISCOURS D'OUVERTURE

Par M. de QUATREFAGES

De l'Institut

PRÉSIDENT DE L'ASSOCIATION

LE SIÈCLE DE LA SCIENCE. — L'ENSEIGNEMENT SCIENTIFIQUE

Messieurs,

L'Association française inaugure aujourd'hui sa seconde session ; elle retrouve à Lyon la cordiale et splendide hospitalité de Bordeaux, rendue plus significative encore par un ensemble de circonstances bien dignes d'être rappelées.

La municipalité qui, la première, est venue en aide à notre Comité lyonnais n'existe plus ; son dernier acte peut-être a été de voter la riche subvention qui devait satisfaire aux besoins, au superflu de la session. Loin de répudier ce vote, la municipalité actuelle l'a généreusement accepté comme lui léguant une dette d'honneur.

Des révolutions préfectorales, contre-coup de changements accomplis en plus haut lieu, ont placé à la tête de l'administration locale des hommes d'opinions diverses; chez tous nous avons trouvé la même bienveillance, le même appui.

L'Association française doit donc une égale gratitude aux magistrats municipaux de la veille et à ceux du lendemain, au préfet d'hier et au préfet d'aujourd'hui. Qu'ils reçoivent les uns et les autres l'expression de notre reconnaissance la plus vive, la mieux sentie.

Mais n'admirez-vous pas, messieurs, comment des hommes, partout ailleurs en lutte ardente, se sont trouvés subitement sentir et penser de même dès qu'il s'est agi de notre Association ? — C'est que, placée en dehors et au-dessus des opinions qui se combattent, n'appartenant à aucune, elle n'en tient pas moins à toutes par les sentiments généreux et vrais, que les hommes d'intelligence et de cœur portent en eux. Or, croyez-le bien, messieurs, il y a de ces sentiments dans toutes les doctrines qui nous divisent, il y a de ces hommes dans tous les partis.

Le malheur est qu'ils ne savent à quoi se rattacher et se prendre pour se rencontrer. La France d'aujourd'hui est comme une mer démontée au lendemain d'un ouragan, alors que les flots, cherchant le niveau perdu, retombent et s'entrechoquent dans un inextricable désordre. Chez nous aussi, les groupes formés au vent des révolutions se heurtent, le plus souvent sans but et usent à ne rien faire les forces vives de la nation. Chacun d'eux a son drapeau, hostile à tous les drapeaux voisins. Nous aussi, nous avons le nôtre, et nous le plantons hardiment au cœur de la mêlée comme un signal de rendez-vous à tous les hommes de bonne volonté. Quelle que soit leur bannière habituelle, ils peuvent sans la trahir passer quelques jours au moins à l'ombre de celle qui n'a d'autre devise que les mots SCIENCE et PATRIE. Qu'ils viennent donc grossir nos rangs où les attendent à coup sûr d'heureuses surprises. Ils y apprendront à se rendre justice; et tels qui se croient aujourd'hui adversaires irréconciliables, seront demain alliés sérieux, plus tard peut-être amis dévoués. La science les unira.

Quiconque aime le vrai doit aimer la science, cette lumière de l'esprit qui chasse l'erreur d'où qu'elle vienne, comme le soleil dissipe la brume sortie de la fange d'un fleuve ou descendue du ciel. Quiconque aime son pays doit aimer la science, qui seule peut forger les armes nécessaires aux luttes de tout genre du présent et de l'avenir.

Ce rôle n'a pas été toujours aussi grand; il ne date guère que des cent dernières années. Nos pères ont vu le temps où, retirés en petit nombre au fond de leur laboratoire, les hommes voués à l'étude de la nature n'étaient pour ainsi dire pas de ce monde; on ne connaissait au dehors ni leurs noms, ni leurs travaux encore bien imparfaits. Seules, les sciences de calcul étonnaient les esprits par la profondeur de leurs abstractions, par la sûreté de leurs prévisions astronomiques. Mais la physique en était encore à peu près aux livres de l'abbé Nollet ; si notre compatriote Romas et Franklin, presqu'à la même époque, avaient soutiré l'électricité des nuages et prouvé que l'étincelle n'est qu'une foudre en miniature, Volta n'avait pas inventé cette pile qui devait réaliser tant de merveilles. La chimie était encore presque l'alchimie ; elle attendait Lavoisier. Malgré le génie de Linné et de Buffon, les sciences organiques ne possédaient pas encore la méthode naturelle qui pouvait seule les constituer et qu'allait leur révéler Laurent de Jussieu. La minéralogie, la géologie, balbutiaient à peine. Cuvier n'avait pas créé la paléontologie. Je ne parle pas de l'anthropologie, la dernière venue de ses nobles sœurs ; elle ne pouvait naître qu'après une exploration à peu près complète de notre terre et des groupes humains qui la peuplent. Or, à l'époque où je vous ramène, Bruce revenait à peine d'Abyssinie, Pallas était encore en Sibérie, Cook n'avait accompli que la moitié de son second voyage, Levaillant n'avait pas abordé le Cap. Vous le voyez, la géographie générale du globe n'était guère plus avancée que la physique et la chimie.

A ce passé d'hier qui, par la différence des résultats, semble s'enfoncer dans la nuit des âges, je n'opposerai pas même une esquisse des temps présents. Les heures me manqueraient pour la tracer. A qui cherche à embrasser par la pensée l'ensemble des progrès accomplis, la science apparaît comme une sorte d'arbre magique qui grandirait à vue d'œil, ajoutant sans cesse branches à branches, rameaux à rameaux. — Réfléchissez-y ; et sans exagération, sans métaphore, vous verrez qu'il est impossible de comprendre l'état actuel de nos connaissances scientifiques, sans admettre qu'il s'est fait en moyenne une découverte plus ou moins importante à chaque jour, à chaque heure peut-être du siècle qui finit aujourd'hui.

Je ne vois dans les annales de l'esprit humain qu'un temps comparable à celui qui dure encore et au milieu duquel nous vivons. Ce fut au sortir du moyen âge, alors que la société européenne commençait à s'asseoir et cherchait pour ainsi dire comment utiliser un repos relatif. On sait avec quelle pieuse ardeur elle se mit en quête des trésors intellectuels échappés à la barbarie ; avec quelle émulation elle s'élança sur les traces de ses modèles ; quel nombre immense d'œuvres en tous genres attestent sa fécondité puissante et comme inspirée. Le symbole de cette époque, c'est Colomb découvrant un monde nouveau.

Mais ce mouvement de l'intelligence tourna presqu'en entier au profit des lettres et des beaux-arts. A ce point de vue, le siècle de Léon X et de François Ier a certes mérité qu'on lui donnât un nom. Sous d'autres rapports, celui qui vient de s'écouler en est peut-être plus digne encore. Il n'a pas seulement enfanté une *Renaissance*, il a produit un *avènement*. C'est le *Siècle de la science*.

Ce qui achève de lui donner un caractère à part, ce qui le signale à l'attention des penseurs comme une ère sans précédents, ouvrant à l'humanité des voies entièrement nouvelles, c'est la tendance qui se manifeste dès les premiers jours. Sans doute on avait de tout temps utilisé certaines données scientifiques. La botanique et l'alchimie avaient maintes fois enrichi de leurs découvertes la médecine et les arts pratiques. Toutefois, le savant de jadis semble avoir obéi surtout à une haute et sereine curiosité ; il étudiait les choses et les phénomènes bien plus pour les connaître que pour en tirer parti.

Dès la fin du dernier siècle, il en est autrement. La science ne se contente plus de découvrir le jeu des forces naturelles; elle veut les maîtriser pour conquérir le monde, et elle engage avec la nature elle-même une lutte où elle emploie contre son adversaire chacun des secrets qu'elle lui arrache. L'abbé Nollet avait compris l'identité de la foudre et de l'étincelle électrique; il avait constaté le pouvoir des pointes; il s'en était tenu là. Franklin transforma son cerf-volant en paratonnerre et désarma le ciel.

Quelques esprits se sont émus de cette direction nouvelle. Ils ont cru que la science se matérialisait en prêtant son concours à la pratique, ils ont prédit qu'abaissée par l'utilitarisme, elle perdrait son élévation première. Aucun de vous, messieurs, ne partagera ces craintes. Le soleil ne perd ni sa lumière, ni sa chaleur pour mûrir les fruits après avoir fait épanouir les fleurs. Ce n'est pas au moment où elle analyse les flammes de cet astre et y retrouve les corps simples de notre propre globe que la science peut être accusée de déchoir.

L'application est d'ailleurs elle-même un élément du progrès scientifique. Grandissant, se diversifiant sans cesse, elle devient plus exigeante. Elle semble inventer des problèmes pour les poser à la science pure ; et, pour les résoudre, celle-ci doit faire de nouveaux efforts. Spectacle magnifique et sans exemple dans le passé! Sans jamais se lasser, l'intelligence interroge la matière vivante ou morte : sans cesse la matière répond en sollicitant l'intelligence; et de ces actions, de ces réactions fécondes, résulte chaque jour un pas en avant.

S'il fallait une preuve à mes paroles, je la trouverais dans l'histoire pourtant si courte de notre Association. Les deux premières villes qui nous aient appelés ont été Bordeaux et Lyon; les deux secondes, Lille et le Havre. C'est dans ces cités, reines de l'industrie et du commerce, que se sont affirmées avec le plus d'empressement les aspirations scientifiques. Il y a dans ce fait comme une révélation et une garantie que nous accueillons avec bonheur. Là même où l'application règne en maîtresse, on comprend qu'elle est fille de la théorie, on sait qu'il est impossible d'appliquer ce qui n'existe pas, et qu'étouffer ou laisser languir la science pure au profit d'une prétendue science pratique, ce serait tuer la poule aux œufs d'or. N'ayons donc pas d'inquiétude sur l'avenir élevé de la science, et laissons-nous aller sans scrupules au charme de ses dons, à la séduction de ses miracles.

Les miracles, chacun les connaît. Il est presque inutile de rappeler ces locomotives et ces steamers, qui ont mis Lyon à onze heures de Paris et les rivages d'Amérique à dix jours des côtes de France; ces télégraphes électriques qui, en quelques minutes, envoient une question à New-York et rapportent la réponse à travers l'Atlantique entière; ces lentilles, qui projettent à cinquante kilomètres un faisceau de lumière équivalent à celui que donneraient quatre mille becs de gaz réunis, et que produit à elle seule la lampe de Fresnel et d'Arago; ces anesthésiques, qui donnent un calme sommeil au malheureux dont le scapel fouille les chairs; ces machines gigantesques, qui ont coupé l'isthme de Suez et percé les Alpes.

Oui, tout le monde sait que la science a dompté la matière, anéanti l'espace, vaincu le temps, tué la douleur. Mais ce qu'on oublie trop, ce sont les services qu'elle rend à chaque instant, dans la vie de tous les jours. C'est elle qui a substitué à la glaciale et coûteuse cheminée de nos pères des appareils de chauffage économiques et vraiment aptes à combattre le froid; c'est elle qui a remplacé le lumignon fumeux et la sordide chandelle de notre enfance par la lampe modérateur et la bougie à bon marché; c'est elle qui a relégué au rang des souvenirs le briquet et la pierre, chantés par Boileau, en inventant ces allumettes chimiques composées de trois corps, dont un seulement existe dans la nature. Aujourd'hui personne, messieurs, n'échappe à la science, on ne peut se passer d'elle. Elle est partout dans nos maisons; elle nous accompagne dans le monde; elle se glisse à notre table, à notre foyer, à notre chevet; elle se mêle à nos fêtes pour les rendre plus éblouissantes, elle touche aux plus éclatantes parures pour les embellir encore; et, en même temps, elle fabrique pour nos petits enfants des jouets charmants, mais qui coûtent si peu qu'on les donne dans les magasins pour attirer les mères et en faire des clientes.

Certes, les titres de la science actuelle valent ceux que pouvaient invoquer les lettres au temps de la Renaissance, et elle a bien le droit de réclamer sa place au soleil. La force des choses la lui a faite grande et belle à certains égards. Mais une partie de la société la repousse encore et la craint. Chose étrange! c'est peut-être dans le monde de l'Instruction publique qu'elle est le moins bien accueillie. Les Lettres, longtemps seules maîtresses de ce domaine, le défendent pied à pied. Il faudra pourtant bien qu'elles se résignent au partage, sous peine de provoquer une réaction qui pourrait leur être fatale et que les vrais savants seraient les premiers à déplorer.

Je ne puis ni ne veux aborder ici la question si complexe et si grave de l'enseignement. Je me borne à constater par une citation combien les principes admis en cette matière depuis un demi-siècle diffèrent de ceux que proclamaient les fondateurs mêmes de l'Université. Ce texte est de 1806; il motive le maintien du programme de 1802.

« Le gouvernement a jugé que l'étude des sciences mathématiques, physiques et naturelles était le complément de toute éducation, soit parce que ces connaissances sont d'une utilité immédiate dans beaucoup de conditions de la vie, soit parce qu'elles étendent la sphère des idées et qu'elles donnent la clef d'une foule de phénomènes que nous offrent à chaque pas la nature, la société, et dont il est honteux de ne pas se rendre compte. »

Vous le voyez, messieurs, malgré les divergences politiques, la première République et le premier Empire avaient également compris la nécessité d'introduire sérieusement les sciences dans l'instruction classique, d'en faire le *complément de toute éducation.* En dépit des apparences, espérons que l'on reviendra bientôt à ces idées si justes et chaque jour plus sérieusement motivées.

Les littérateurs adressent à l'enseignement scientifique bien des reproches qui se ressemblent au fond et se ramènent à un seul. La science, disent-ils, étouffe le sentiment et l'imagination ; elle tue l'idéal et rapetisse l'intelligence en l'emprisonnant dans les limites de la réalité ; elle est incompatible avec la poésie. Les hommes qui parlent ainsi n'ont jamais lu Képler l'astronome, Pascal le géomètre, Linné le naturaliste, Buffon le zoologiste, Humboldt le savant universel. Quoi ! la science éteindrait le sentiment, l'imagination, elle qui nous met à chaque heure en présence de merveilles ! Elle abaisserait l'intelligence, elle qui touche à tous les infinis ! Ah ! quand les littérateurs et les poëtes connaîtront la science, ils viendront, eux aussi, puiser à cette source vive ! Comme Biron de nos jours, comme Homère autrefois, ils lui emprunteront des images saisissantes, des descriptions dont l'éclat sera doublé par la vérité. Homère, messieurs, fut un savant pour son époque. Il a connu la géographie, l'anatomie de son temps ; il plaçait dans ses vers les noms des îles et des caps, les termes techniques de *clavicule* et d'*omoplate*. Il n'en a pas moins écrit l'*Iliade*.

Non, jamais l'étude des sciences n'éteindra le génie d'un poëte inspiré, d'un véritable peintre, d'un grand sculpteur. Mais elle éclairera plus d'un esprit fourvoyé. Elle transformera peut-être en savant de mérite, tout au moins en citoyen utile à lui-même et aux autres, tel homme qui n'eût été sans elle qu'un de ces prétendus génies incompris, destinés à périr de misère, d'impuissance et d'orgueil.

Vous comprendrez, d'ailleurs, ma pensée, messieurs, et vous n'irez pas au delà. Je suis bien loin de déclarer la guerre à la littérature ou à l'éducation classique. Je voudrais seulement les voir contracter avec la science une cordiale et féconde alliance. Je sais tout ce que l'esprit acquiert d'élévation et de force par l'étude des grands écrivains ; je comprends l'utilité des langues d'où est sortie la nôtre. Mais je voudrais voir nos enfants initiés aussi de bonne heure aux faits, aux idées, aux méthodes scientifiques. Je voudrais voir l'État, qui se charge de l'instruction de tous, sonder en tous sens ces jeunes intelligences qui s'ignorent, ne fût-ce que pour les éclairer, peut-être pour révéler à eux-mêmes et donner au pays un autre Lavoisier, un autre Cuvier.

Si notre état-major scientifique manque de sous-officiers, de soldats ; si la science se popularise avec peine ; si, trop souvent, elle ne trouve qu'indifférence chez ceux-là mêmes qui lui doivent le plus, la faute en est surtout à un enseignement où la littéraure seule est classique, où la science ne l'est pas. On ne saurait échapper à ses impressions d'enfance. Quel respect l'écolier peut-il avoir pour ce qu'il voit traiter comme un accessoire importun ? Homme fait, quel intérêt prendra-t-il à ce qu'il n'a jamais appris ? Qu'attendra-t-il de ce qu'il ne connaît pas ?

Cet état général des esprits impose aux savants, dans la vie publique, un rôle effacé regrettable pour le pays. Les gouvernements, quels qu'ils aient été, ont à peu près toujours agi comme s'ils n'avaient pas besoin des hommes qui étudient la nature et ses forces. Vienne pourtant une circonstance critique ou solennelle, il faut bien s'adresser à eux. Pendant le dernier siége de Paris, les savants appelés au secours de la défense modifièrent les piles pour l'éclairage électrique des avant-postes; inventèrent toute une télégraphie optique nouvelle; purifièrent le salpêtre par des procédés plus rapides; brisèrent avec la dynamite la glace qui immobilisait nos canonnières; tirèrent d'os jetés au rebut cette osséine, qui vint fort à propos s'ajouter à nos quelques grammes de viande. Hélas! leur savoir n'allait pas jusqu'à faire du blé.

En province, le rôle des savants ne fut ni moins actif, ni moins utile. Rappelons seulement cette capsulerie de Bordeaux, où la substitution du picrate de plomb au fulminate de mercure qui manquait, fit voir une fois de plus ce que le pays en danger peut attendre de la science.

Le siége d'une capitale, des catastrophes comme celles que nous avons traversées, sont des accidents cruels, mais rares dans la vie d'une nation. Il est des circonstances moins douloureuses et plus fréquentes, il est des joutes pacifiques où l'on ne saurait se passer de savants. Voyez comment sont composés les jurys des expositions internationales! Sans doute chaque État y envoie des négociants émérites, des chefs d'industrie éprouvés, des agriculteurs éminents; mais il y envoie aussi et surtout des savants. C'est que, dans ces moments solennels où les peuples ont à comparer leurs forces les plus réelles, où chacun sent qu'il y va de son honneur dans le présent, de sa prospérité dans l'avenir, la vérité s'impose; et pour s'éclairer, qu'il s'agisse de canons ou de soieries, de télescopes ou de cristaux, de bijoux ou de quincaillerie, on sent que la science est nécessaire et l'on recourt aux savants.

Mais l'exposition une fois close, l'État laisse les savants retourner à leur cabinet. Je voudrais qu'il les gardât au service du pays. Ces hommes, à qui on demande de comprendre et de juger des merveilles, seraient à coup sûr de bon conseil pour apprendre à en produire. Lorsque la science est partout, il ne saurait être inutile aux gouvernants de pouvoir être éclairés à toute heure sur des questions scientifiques. Pour être moins pressants, moins impérieux qu'aux jours du péril, les besoins de l'agriculture, de l'industrie, du commerce, comme ceux de la marine ou de l'armée, ne changent pas de nature. Pourquoi attendre la nécessité pour interroger les savants?

Un jour viendra, je ne crains pas de le prédire, où chaque grande administration aura son *comité consultatif*, essentiellement composé d'hommes de science; et ce jour-là, soyez-en certains, bien des fautes seront évitées, bien des forces aujourd'hui perdues seront utilisées.

Mais pour qu'une institution pareille naisse et se développe, il est nécessaire que le rôle de la science soit universellement compris et accepté. Atteindre ce résultat est un des premiers buts de l'Association française. Voilà pourquoi elle ne convoque pas seulement les savants à ses réunions, pourquoi elle y appelle tout le monde. Aux classes riches et oisives elle veut montrer ce que l'étude de la nature et de ses forces a d'aimable et de grand; elle veut ouvrir à leur activité, qui trop souvent s'égare, des voies où elle trouverait à se satisfaire d'une manière attrayante et honorable pour elles, glorieuse pour le pays. Aux classes laborieuses, à celles mêmes dont la vie se passe dans les labeurs du prolétariat, elle veut faire comprendre ce que la science a d'utile, ce qu'elle fait pour le bien de chacun, pour la prospérité de la patrie.

Vous le voyez, Messieurs, ces mots de PAYS, de PATRIE, viennent comme d'eux-mêmes se poser sous la plume dès qu'il s'agit de la SCIENCE et de ses résultats. Il est en effet difficile, aujourd'hui, de séparer ces deux idées. Dans ce *Siècle de la science*, une nation ne saurait être grande et forte qu'en s'inspirant du génie du temps, en s'imprégnant de l'esprit scientifique.

Voilà surtout pourquoi nous voulons voir la science avancer et se répandre dans notre pays naguère si cruellement éprouvé ! Tous nous avons pleuré les malheurs de la France; tous nous souffrons de la plaie que ses désastres sans exemple lui ont laissée au flanc; tous nous songeons à l'avenir. La grande tâche de l'Association française est de le préparer en montrant la route qui conduit au but, en indiquant les armes qui, dans les luttes de la paix ou de la guerre, peuvent seules donner la victoire.

Ne nous le dissimulons pas, nous aurons besoin de persévérance. Ce n'est pas en quelques années que l'on transforme des habitudes, et les habitudes françaises sont peu favorables à notre œuvre. Des générations se sont succédé, vivant dans l'indifférence de ce que nous voulons faire aimer; ne soyons pas surpris si leurs descendants leur ressemblent. Ils nous opposeront cette force d'inertie qui use trop souvent les plus fermes courages, les plus nobles ardeurs; ils y ajouteront peut-être la raillerie et le dédain. Méprisons ces armes de l'ignorance et de la paresse ; appelons-en au temps. Persévérons ! et, avec la patrie pour but, la science pour moyen, le passé pour leçon, l'avenir pour espérance, n'oublions rien et travaillons.

Messieurs, je déclare ouverte la deuxième session de l'Association française.

M. C. M. GARIEL

Professeur agrégé à la Faculté de médecine, Ingénieur des ponts et chaussées

SECRÉTAIRE DU CONSEIL

L'ASSOCIATION FRANÇAISE A BORDEAUX ET A LYON

Messieurs,

Il était dans l'ordre naturel des choses qu'une parole plus autorisée que la mienne s'élevât dans cette enceinte après l'éloquent discours que vous venez d'entendre. Notre éminent secrétaire général, M. Levasseur, devait vous faire un exposé de l'histoire de l'Association pendant l'année qui vient de s'écouler, et, sans aucun doute, il eût réussi à captiver votre attention ; mais il a été désigné comme juge dans un concours important et n'a pu quitter Paris, même pour assister à cette solennité.

Dans ces circonstances, Messieurs, le bureau m'a chargé, en l'absence du secrétaire général, de vous présenter un résumé des faits importants pour l'Association qui se sont passés depuis un an. Je serai bref; je ne suis qu'un suppléant et n'ai pas la prétention de remplacer celui dont nous regrettons l'absence en ce jour.

Tout œuvre qui veut vivre doit avoir un but vers lequel elle doit marcher résolûment. Vous connaissez, Messieurs, le but de l'Association française; vous savez que l'un des désirs les plus ardents des savants qui ont présidé à sa fondation est la production dans les provinces d'une salutaire agitation scientifique, conduisant à une véritable décentralisation intellectuelle. Nous allons examiner ensemble, si vous le voulez bien, les résultats que nous avons obtenus jusqu'à ce jour.

Je ne vous parlerai longuement, Messieurs, ni du congrès de Bordeaux, ni de celui de Lyon : le premier, je ne crains pas de le dire, a été un véritable succès et a dépassé même l'attente des promoteurs de l'œuvre; vous savez que cet heureux résultat est dû au concours empressé de la municipalité de Bordeaux et du comité local, et vous me permettrez de vous rappeler en passant quel zèle ardent et intelligent a animé spécialement le secrétaire du comité, M. le docteur Azam.

Nous ne voudrions pas affirmer que notre première session a été une œuvre parfaite, la perfection n'est pas de ce monde; mais nous croyons que, si l'on veut tenir compte des difficultés et des embarras d'un début, on n'hésitera pas à considérer notre premier congrès comme nous permettant de bien augurer de l'avenir.

Je serai moins long encore, Messieurs, en vous parlant du congrès de Lyon; je n'ai pas à faire appel à des souvenirs qu'une année a pu effacer, au moins en partie : vous avez pu juger déjà, et la semaine qui va s'écouler vous fera mieux voir encore quels soins le comité local a apportés à la préparation de cette session. Le bureau de l'Association, qui a été au courant des travaux du comité local, est heureux de remercier celui-ci publiquement en son nom et au nom de l'Association dont il est sûr d'être l'interprète fidèle : nous remercions d'une manière spéciale le président, M. Piaton, et le secrétaire général, M. le docteur Lortet, en les priant de transmettre l'expression de notre reconnaissance aux autres membres du comité.

Le but que se propose l'Association française n'eût été atteint qu'en partie si, la session de Bordeaux terminée, tout eût été fini pour cette ville avec le départ des membres du congrès. Mais nous avions déposé une semence en un terrain que nous savions fertile, et nous ne doutions pas que tôt ou tard elle ne produisît des fruits. Notre espoir n'a pas été déçu : les membres de l'Association résidant à Bordeaux et dans les environs se sont réunis pour former un groupe girondin qui, sans se détacher de l'Association, possède une vie propre et s'efforce d'entretenir le mouvement intellectuel auquel notre passage a pu donner naissance. La présidence du groupe girondin a été offerte, et c'était justice, à M. le docteur Azam, dont le dévouement empressé méritait cette honneur. Puissions-nous, Messieurs, laisser dans chacune des villes où nous passerons de semblables traces de notre passage ! C'est un de nos plus vifs désirs, et, s'il était satisfait, nous estimerions déjà que l'existence de notre Association serait pleinement justifiée.

Les statuts de l'Association signalent comme un de nos moyens d'action les plus efficaces les dons en instruments ou en argent à des personnes travaillant à des recherches ou entreprises scientifiques qu'elle aurait provoquées ou approuvées. Malgré les embarras d'une création, le Conseil d'administration a tenu à affirmer dès la première année son intention de marcher résolûment dans la voie qui lui était tracée par l'article que nous venons de trancrire et a décidé que les sommes réellement disponibles au 31 décembre 1872 seraient affectées à des subventions. Les renseignements fournis par le trésorier apprirent que l'on pouvait disposer de treize cents francs. Cette somme était modique en comparaison de ce qu'on aurait voulu faire : il était interdit cependant de penser à la dépasser. Sur les indications du Conseil d'administration et sur les renseignements fournis par le comité local de Bordeaux, le bureau accorda les subventions suivantes, dont nous allons vous rendre compte.

Lors de notre visite à Arcachon, nous avons parcouru avec intérêt l'aquarium que l'on y a construit et le musée qui y est joint. Cet établissement, fondé par l'initiative privée, n'a pas pour but de satisfaire seulement la curiosité des habitants de cette station balnéaire, mais c'est également un lieu d'étude pour les naturalistes qui s'occupent des animaux marins, et déjà d'intéressants travaux, dont quelques-uns vous ont été soumis dans la précédente session, ont été entrepris et terminés à l'aquarium d'Arcachon. En considération des services rendus, et pour permettre l'amélioration des moyens d'investigation, une somme de cinq cents francs a été allouée à cet établissement.

Dans diverses circonstances, l'oxygène, ce puissant agent de combustion, subit une modification dont la nature et surtout les effets sont encore mal connus : l'ozone avait été le sujet d'une communication faite à Bordeaux par M. Saint-Loup, professeur à la Faculté des sciences de Besançon. M. Saint-Loup a reçu une subvention de trois cents francs destinée à lui faciliter la continuation de ses recherches.

La télégraphie est actuellement entrée dans nos mœurs et nos habitudes, et chacun comprend l'intérêt qui s'attache à ses progrès ; là, comme dans la plupart des applications de la mécanique, l'instrument est d'autant plus parfait qu'il exige le moins possible l'intervention de l'homme ; de là l'avantage des télégraphes imprimeurs, dont malheureusement la complication est assez grande pour les modèles en usage. Le Conseil d'administration a pensé qu'il était bon d'encourager la continuation des recherches sur un nouveau télégraphe imprimeur présenté au congrès de Bordeaux et a voté une somme de deux cents francs à son auteur, M. Petit, chef d'atelier au chemin de fer du Midi. Mais les administrateurs de cette compagnie, dont nous avons été à même d'apprécier l'intelligence et le dévoûment à tout ce qui touche aux progrès de la science, nous avaient devancés et avaient accordé à M. Petit toute facilité pour la continuation de ses études. Nous avons été heureux de pouvoir disposer de cette somme de deux cents francs ainsi rendue libre, pour aider à la publication d'un ouvrage important dont les botanistes spécialement apprécieront la valeur : *La Flore de la Gironde*, par M. Clavaud, de Bordeaux.

La chimie, dont les progrès sont si notables à tous égards, présente encore cependant quelques lacunes; l'obtention du fluor à l'état libre est un des problèmes dont la solution non encore trouvée présenterait un haut intérêt. Une subvention de deux cents francs a été accordée à M. Prat, de Bordeaux, qui s'occupe de recherches sur ce sujet, et que recommandaient d'ailleurs divers travaux présentés au Congrès.

Les études d'archéologie préhistorique ont pris dans ces dernières années un développement considérable, et le temps n'est plus où Boucher de Perthes avait quelque peine à fixer l'attention du public et des savants mêmes sur les silex travaillés qu'il avait découverts. Ces études comptent de fervents adeptes dans notre Association, dans le Conseil d'administration même. On n'a pas oublié la collection de M. Raymond Pottier, que nous avons visitée à Dax, et l'on a pu se rendre compte de l'intérêt qui s'attache à la formation d'une collection même restreinte à une province, à un arrondissement. Le Conseil d'administration a voté une somme de cent francs à M. R. Pottier, en regrettant que nos ressources trop limitées ne permissent pas de faire davantage.

Il est un nom qui était venu à la pensée des membres du bureau comme devant rallier tous les suffrages, celui de M. Gassies, l'habile et intelligent directeur du musée préhistorique de Bordeaux que nous avons admiré l'an passé. Les personnes qui savent quelle a été la part de M. Gassies dans la création du musée comprendront qu'il ait dû être désigné l'un des premiers parmi les savants auxquels l'appui de l'Association était assuré. Mais M. Gassies a reçu au congrès des sociétés savantes une récompense méritée auprès de laquelle eût paru bien faible la subvention qu'il nous eût été possible de lui accorder. Aussi avons-nous remis à une époque plus prospère le moment où il nous sera permis d'accorder à M. Gassies une allocation digne à la fois de ses travaux et de l'Association.

Conformément aux statuts de l'Association, les travaux présentés au congrès de Bordeaux ont été réunis en un volume qui, nous devons le reconnaître, est arrivé bien tardivement. Mais le retard est naturellement expliqué par les difficultés de mise en train d'une publication de cette importance, et disons-le aussi, par les retards apportés par quelques auteurs à la remise de leurs manuscrits.

Les comptes rendus du congrès de Bordeaux, que vous avez pu au moins parcourir, contiennent un certain nombre de travaux inédits qui les feront rechercher d'ici quelques années, nous n'en doutons pas. Notre trésorier a bien voulu donner les indications relatives à la disposition matérielle de l'ouvrage, et ses connaissances spéciales ont grandement contribué à donner à ce volume le cachet de distinction qui frappe les yeux dès l'abord. Il est de toute justice de signaler également le zèle et l'intelligence de l'imprimeur, M. Gounouilhou, de Bordeaux, dont nous avions déjà éprouvé le dévoûment pendant la session dernière.

Lors de l'assemblée générale du 12 septembre 1872, les membres de l'Association ont déclaré adhérer aux vœux émis par quelques sections. Les vœux de la section de mathématiques n'ont pu être réalisés jusqu'à ce jour; ils entraîneraient à des dépenses telles que, quel que soit l'intérêt qui s'attache à leur réalisation, nous ne pouvons prévoir l'époque à laquelle l'Association pourra utilement s'en occuper. L'adhésion de l'Association française à la pétition de la société d'histoire naturelle de Toulouse, relative au rétablissement de l'histoire naturelle dans les programmes des baccalauréats, a été transmise par le bureau à M. le ministre de l'instruction publique.

Enfin, Messieurs, l'assemblée générale a décidé à la même date qu'un règlement serait rédigé pour être appliqué dans les sessions suivantes. A diverses reprises, le Conseil d'administration s'est occupé des questions principales qu'il importait de traiter dans ce règlement, et, dans l'une de ses dernières séances, il a chargé le bureau de procéder à sa rédaction. Ce règlement vous a été distribué : il sera appliqué dès cette session. Indépendamment de quelques questions de détails qui ont cependant une importance réelle, nous appellerons spécialement votre attention sur deux mesures qui sont justifiées l'une et l'autre par la nécessité de faire paraître les comptes rendus d'une session avant la session suivante et de diminuer les charges qui résultent pour l'Association de la publication d'un volume trop considérable : c'est d'abord la fixation d'une date extrême, pour la remise des manuscrits et, d'autre part, la limitation possible des travaux insérés, limitation décidée par un comité de publication dont la composition offre toute garantie d'impartialité.

Le règlement, tel qu'il a été rédigé sous l'inspiration du Conseil d'administration est, du reste, indéfiniment perfectible, et les inconvénients qui se présenteraient à cette session seraient évités pour la session suivante.

Il n'en est pas des statuts de notre Association comme du règlement, et nous devons tendre à leur donner le plus tôt possible une forme définitive. Vous n'ignorez pas, Messieurs, l'intérêt qui s'attacherait à ce que notre œuvre pût être déclarée d'utilité publique, et cette déclaration comporte nécessairement une rédaction invariable des statuts. D'autre part, ces statuts mêmes définissent les formes et les délais dans lesquels ils peuvent être modifiés ; pour arriver le plus promptement possible à une rédaction définitive, le Conseil d'administration, dans la prochaine assemblée générale, vous dénoncera les statuts actuels, en vous proposant les modifications que l'expérience lui a indiquées comme nécessaires; ces modifications proposées seront soumises à votre vote dans la session de 1874.

M. Georges MASSON

TRÉSORIER

LES FINANCES DE L'ASSOCIATION

Messieurs,

Nous avons eu l'honneur de vous exposer l'an dernier à Bordeaux la situation financière de l'Association française au 31 août 1872.

Votre Conseil d'administration ayant décidé que nos exercices financiers seraient clos chaque année au 31 décembre, nous vous apportons aujourd'hui les comptes annuels, tels qu'ils ont été arrêtés le 31 décembre dernier, et comprenant par conséquent toutes nos opérations, depuis la création de l'Association jusqu'à cette date. C'est dire que les chiffres qui vous ont été donnés l'an passé se trouvent rappelés dans la balance qui va vous être soumise et qui constitue effectivement le premier compte rendu statutaire de notre gestion financière.

Revenus de l'Exercice 1872

RECETTES

	FR.	C.
Cotisations annuelles de l'année 1872.	13,385	»
Intérêts du capital placé.	2,289	50
	15,674	50

DÉPENSES

	FR.	C.
Frais de constitution.	2,290	17
Frais de session (net).	3,137	95
Frais d'impressions	1,154	90
Loyers, appointements, bureaux, recouvrements	2,752	91
	9,335	93
Capitalisation du cinquième du revenu.	3,134	90
Subventions votées sur l'exercice 1872.	1,300	»
Excédant à reporter sur 1873.	1,903	67
	15,674	50

Capital au 31 décembre 1872

RECETTES

	FR.	C.
249 fondateurs ont versé	124,100	»
45 cotisations rachetées.	9,000	»
Dons	230	»
Capitalisation de 20 % sur les revenus de 1872.	3,134	90
	136,464	90

DÉPENSES

	FR.	C.
Achat de 7,180 fr. rente 5 %.	121,358	97
Achat du mobilier des bureaux	1,937	»
Somme en caisse au 31 décembre 1872.	13,168	93
	136,464	90

Voici, à titre de renseignements, quelques indications sur les principales modifications survenues du 1er janvier au 31 juillet de cette année.

Les *parts de fondateurs* souscrites au 31 juillet dernier étaient de deux cent quatre-vingt-dix-huit, soit trente-six de plus qu'à l'ouverture de la session de Bordeaux.

Les *rachats de cotisations* effectués ou annoncés étaient de cinquante-sept, soit vingt-sept de plus que l'an dernier.

Le capital placé, qui était au 31 août 1872

de	113,030 »
et au 31 décembre de.	123,295 90
est à ce jour de	155,957 90

donnant, en rente 5 %, 8,800 fr. de revenus.

Les *souscripteurs annuels* étaient au 31 juillet au nombre de six cent cinquante-neuf, soit cent soixante-douze de plus que lors de la session de Bordeaux.

Ces nombres s'augmentent chaque jour dans une proportion sensible, ainsi qu'il arrivera toujours à l'époque de la session annuelle.

Tels qu'ils sont, ils nous assurent pour l'exercice 1873 un revenu de près de vingt-quatre mille francs ; ils témoignent d'une prospérité toujours croissante et toujours plus en rapport avec le but élevé que vous poursuivez.

SÉANCE GÉNÉRALE

Du 22 août 1873

PRÉSIDENCE DE M. DE QUATREFAGES

Dans cette séance, MM. l'abbé Ducrost, le Dr H. Blanc, Gaudry et Dumont ont pris successivement la parole et ont présenté les communications suivantes :

M. l'abbé DUCROST

De Lyon

STATION PRÉHISTORIQUE DE SOLUTRÉ

EXPOSÉ DE LA QUESTION

La communication présentée par M. l'abbé Ducrost sur la station préhistorique de Solutré où devait avoir lieu une excursion, le 23 août, a servi de point de départ à une discussion importante dans la section d'anthropologie ; nous croyons en conséquence devoir reporter le mémoire de M. l'abbé Ducrost en tête de cette discussion (voir 11e section, séance du 25 août).

M. H. BLANC

Chirurgien-major de l'armée de Sa Majesté Britannique

LES MOYENS DE SE PRÉSERVER DU CHOLÉRA

ÉTUDE FONDÉE SUR LA CONNAISSANCE DES CAUSES ET DU MODE DE PROPAGATION DE CETTE MALADIE

INTRODUCTION

Je me propose, dans ces notes, de m'appuyer sur des faits bien établis et d'éviter toutes théories et toutes hypothèses. Je ne désire pas bâtir une prophylaxie du choléra sur des bases imaginaires. Établi sur de semblables fondations, mon ouvrage n'aurait aucune utilité pratique ; au contraire, il ne pourrait qu'ajouter à l'incertitude qui existe déjà, et, œuvre sans profit, ne donnerait aucun des avantages qu'une connaissance sommaire de ce que nous savons au sujet du choléra devra, je l'espère, procurer à tous.

A ceux qui pendant des années ont vécu dans les régions où le choléra est endémique, qui temps après temps ont observé ce terrible fléau sous ses phases diverses et suivi de lieux en lieux son œuvre toujours renouvelée de maladie et de mort, à eux revenait la tâche d'étudier cette maladie sous tous ses aspects, et, en ajoutant peu à peu des faits à d'autres faits, d'arriver enfin à découvrir le voile qui cachait les causes du choléra. Les médecins de l'armée des Indes n'ont pas été sourds à cet appel, et c'est avec une juste fierté que je puis proclamer ici les noms des docteurs Murray, Macnamara, Macpherson et Cutcliffe, aux nombreux travaux desquels nous devons de connaître quelque chose de positif et de certain sur les causes et la prophylaxie du choléra. Je n'ignore pas les travaux très-importants sur ce sujet dus à la plume des médecins anglais, français et américains ; mais la question dont je m'occupe ici a été mieux étudiée dans ces dernières années aux Indes, et c'est surtout aux ouvrages de mes collègues de ce pays-là que j'ai été demander les faits sur lesquels une prophylaxie sérieuse peut seule être basée, et qui, ajoutés aux résultats de ma propre expérience, forment le sujet de ces notes.

DES CAUSES ET DE LA PROPAGATION DU CHOLÉRA

Le choléra n'est pas une substance insaisissable, mystérieuse, s'élevant dans les airs pour fondre impitoyablement sur quelques points de la terre, guidée et dirigée par la main incertaine des vents. Disons tout d'abord que l'influence supposée de certaines conditions de l'atmosphère, telles que la présence d'une proportion plus ou moins considérable d'électricité ou d'ozone, sur la production du choléra chez l'homme, est purement hypothétique. Aucune des conditions du sol ou d'encombrement, si favorables à la genèse des maladies, ne développera le choléra, ni ne le reproduira de nouveau, dans les pays éloignés de son influence endémique.

Ces faits ont été développés avec beaucoup d'habileté par le docteur Macnamara [1], et la lecture de son livre ne peut qu'intéresser ceux qui veulent approfondir cette question. Aucun fait n'est venu témoigner contre ces déclarations, qui sont le résultat d'études sérieuses sur le choléra depuis sa première apparition jusqu'à nos jours.

S'il en était autrement, comment pourrions-nous comprendre les effets locaux et isolés de cette maladie, et qui sont un des caractères importants du choléra? Cette action localisée doit être associée à quelque chose de spécifique et de déterminé qui ne se rencontre pas dans les conditions atmosphériques générales, autrement nommées les influences épidémiques.

Le choléra est transmis de l'homme à l'homme. Le principe contagieux réside dans les évacuations de l'homme pris de choléra. Cette transmission de la maladie a lieu *presque toujours* au moyen de l'eau employée en boisson, exceptionnellement quand de nombreux malades cholériques sont réunis ensemble (et dans quelques circonstances rares dont nous parlerons plus loin) ; le choléra peut être communiqué par l'air renfermant les produits desséchés ou les exhalations des évacuations cholériques.

Je ne puis décrire ici la distribution du choléra dans les nombreuses épidémies qui ont régné en Orient, ni les suivre dans leur marche une fois qu'elles ont gagné l'Europe ; mais les règles suivantes s'appliquent à toutes.

Toute épidémie de choléra sévissant en dehors des Indes orientales peut être ramenée à son point de départ, l'Hindoustan, en suivant la chaîne des êtres humains parmi lesquels le choléra a sévi, et qu'ils ont transmis directement ou indirectement au moyen de linges, vêtements ou autres articles imprégnés d'évacuations cholériques.

Une fois que le choléra est parvenu en Europe, il s'y répand en maintes lignes divergentes suivant toujours l'homme dans ses va-et-vient, ne voyageant jamais plus vite que lui, et n'apparaissant jamais dans une nouvelle localité à moins qu'il ne soit introduit directement ou indirectement par lui.

L'épidémie de choléra qui envahit l'Europe entière commença aux Indes durant les années 1866 et 1867. Je vais m'occuper brièvement de cette épidémie, car elle nous intéresse personnellement; son origine

1 *A Treatise on asiatic cholera*, London, 1869.

et son invasion ont été le sujet d'études remarquables, et son début et sa marche ont été surtout suivis par deux médecins distingués de l'armée des Indes, les docteurs Murray et Cutcliffe, et leurs travaux démontrent clairement deux faits très-importants, la transmission et la propagation du choléra par l'homme.

D'après le docteur Macnamara, le choléra existait à Allahabad et à Bénarès au mois de mars 1867 et n'était pas entièrement éteint dans le territoire de Bhurtpore durant la saison froide; des cas s'étaient déclarés là durant les mois de février et de mars. Le prince de Bhurtpore avec une grande escorte se rendit à Hurdwar, un lieu en grande réputation de sainteté, et si nous admettons que le choléra est une maladie contagieuse, nous ne serons pas étonnés s'il se déclara sous forme épidémique parmi la foule de pèlerins qui s'assemblèrent à Hurdwar au mois d'avril 1867. C'est l'histoire de cette irruption cholérique que nous allons examiner avec quelques détails.

La ville de Hurdwar est située sur les bords du Gange, dans une gorge des monts Sewalick, à treize milles environ de l'endroit d'où la rivière s'échappe de l'Himalaya. L'élévation de cette localité est d'environ mille pieds au-dessus du niveau de la mer. Les collines sur lesquelles la ville est bâtie sont de formation tertiaire et sont composées de couches massives de sandstone, recouvertes par places d'une superstructure d'argile ou de gros gravier.

Le choléra avait été inconnu à Hurdwar durant les neuf années antérieures à 1867.

Le campement à Hurdwar est formé d'une étroite bande de terre de neuf milles de long sur trois de large, la rivière coulant au centre. D'après le docteur Cutcliffe, environ vingt-deux mille carrés étaient occupés par le camp, qui renfermait environ trois millions de pèlerins.

Toutes les précautions sanitaires qu'exigeait une semblable multitude avaient été prises et furent exécutées avec le plus grand soin.

Le 1er avril, les pèlerins commencèrent à arriver au camp en vastes multitudes et s'établirent dans les endroits qui leur furent désignés. Le 3 avril, la foire qui fait partie du pèlerinage avait commencé, et un fleuve immense d'êtres humains s'étendait jusqu'aux plaines et continua avec un volume toujours croissant à s'avancer vers le plateau d'Hurdwar, jusqu'à l'heure favorable pour le bain sacré, que les prêtres hindous avaient fixé à midi du 12 avril. Dans la nuit du 11 au 12 avril, une pluie tropicale mouilla jusqu'aux os cette vaste multitude, dont la plus grande partie était sans abri. La pluie torrentielle dura toute la nuit et tout le jour suivant, et quelque parfaits que fussent les arrangements sanitaires du camp, cette pluie diluvienne dut entraîner des matières excrémentitielles des latrines et de la surface du sol et les mêler aux eaux du Gange.

Le docteur Cutcliffe décrit ainsi qu'il suit les événements du 12 avril: L'endroit choisi par les pèlerins pour le bain sacré formait un espace de six cent cinquante pieds de long sur trente de large, séparé du Gange par des barrières. Dans ce couloir étroit, les pèlerins arrivant de toutes les parties du camp se pressèrent en masses serrées, et dès l'aurore jusqu'au coucher du soleil le bain fut encombré d'une foule d'êtres humains. Durant tout ce temps, l'eau du bain demeura trouble et sale, en partie à cause des cendres des morts apportées par les parents pour être déposées dans les eaux de leur divinité, et en partie par l'effet du lavage des vêtements et du corps des baigneurs. Quand les pèlerins se baignent à ces sanctuaires ils se plongent trois fois entièrement dans l'eau, quelquefois plus, mais jamais moins, et ils boivent de l'eau sacrée tout en récitant leurs prières. La boisson de l'eau n'est jamais omise, et quand plusieurs membres d'une même famille se baignent ensemble, chacun de sa main donne à boire aux autres.

Vers le soir du lendemain 13 avril, huit cas de choléra furent reçus dans un des hôpitaux de Hurdwar. Le 15 avril, toute cette immense multitude s'était dispersée et le camp redevint le lieu désert qu'il est habituellement.

Le docteur John Murray a dressé un rapport très-soigné sur les événements qui eurent lieu après le départ des pèlerins de Hurdwar. D'après les renseignements qu'il prit, le 15 avril, toute la foule des pèlerins s'était dispersée. Les pèlerins passèrent, à une saison favorable de l'année, à travers un pays sain, où les vivres étaient abondants, et où des arrangements sur une grande échelle avaient été faits pour faciliter leur voyage. Cette masse mouvante encombra les routes, ressemblant à un grand fleuve qui s'écoule lentement, et à Meerut, où le docteur Murray était alors, il vit passer sans cesse, pendant une semaine entière, les pèlerins en masse serrée. Ces pèlerins portèrent le choléra partout avec eux, les routes étaient bordées de cholériques, les bûchers couvraient les campagnes d'alentour, et beaucoup de cadavres furent jetés dans les canaux et les rivières ou simplement abandonnés sur les routes. La maladie fut communiquée aux villes et aux villages par où ils passèrent, et les pèlerins portant avec eux la maladie et la mort la semèrent sur leur passage d'Hurdwar jusqu'aux confins de l'Hindoustan.

Le 13 avril, il y eut des cas de choléra à toutes les premières étapes sur les routes qui partent de Hurdwar. Je regrette de ne pouvoir donner ici les tables et les cartes dont le docteur Murray a fait accompagner son enquête, car ils témoignent de la façon la plus évidente que le choléra a été répandu par tout le pays au moyen de ces pèlerins qui le portaient avec eux. En suivant les routes que prirent les pèlerins pour retourner dans leurs villes et villages, le docteur Murray constata qu'ils l'avaient importé avec eux au sud-est jusqu'en Oude, au sud à Allyghur, au nord à Simla, et au nord-ouest à Peshawur et jusqu'au Cabul.

Le choléra se déclara à Peshawur le 11 mai, et le médecin en chef de l'hôpital de cette ville déclara que depuis des années il n'y avait pas eu de choléra dans l'endroit, mais qu'il se montra quelques jours après l'arrivée des pèlerins de Hurdwar ; le 21 mai, le choléra régnait épidémiquement dans la ville et gagna la station militaire, et, en quelques jours, fit périr quatre-vingt-douze hommes.

De Peshawur le choléra passa dans le Cachemir et dans l'Afghanistan. Dans ce pays, il éclata avec une grande virulence au mois de juillet 1867 et ne cessa qu'en septembre. Vers la fin de 1867, il parvint en Perse où il régna jusqu'à l'automne de 1868. De là il gagna la Russie orientale, et en ce moment il sévit en Russie, en Allemagne, en Italie, en Suède et en Amérique ; il continue sa marche lentement envahissante, et cet automne ou le printemps prochain il viendra en France et en Angleterre réclamer ses victimes.

Je ne crois pas qu'il soit possible de donner un meilleur exemple de la propagation du choléra par l'homme. Sur ce point, le docteur Macnamara, après avoir examiné les faits de propagation du choléra au moyen de l'eau potable, tels que ceux du docteur Snow, connu sous le nom du cas de Broad Street, et ceux des docteurs Richardson et Farr, dit à ce sujet :

« Si maintenant nous étudions cette question telle qu'elle s'est présentée aux Indes, nous avons un exemple remarquable dans l'apparition du choléra à Hurdwar en 1867. D'abord nous savons qu'une immense multitude de pèlerins se sont réunis dans un lieu donné, quelques-uns venant de localités dans lesquelles le choléra existait, mais la maladie ne se développa parmi eux qu'après la pluie qui tomba abondamment durant la nuit du 11 au 12 avril, la nuit avant le jour du bain sacré. La multitude (trois millions) de pèlerins fut trempée jusqu'aux os pendant douze heures, et dans cet état, leurs habits sur eux, ils se précipitèrent dès l'aurore dans l'endroit réservé pour le bain, tous burent de cette eau qui dut être contaminée inévitablement de toutes les matières organiques qui découlaient de leurs vêtements saturés d'eau depuis douze heures. En vingt-quatre heures le choléra se déclara de tous côtés parmi ces infortunés ; et ils le propagèrent ensuite à travers tout le pays. »

L'épidémie de choléra qui sévit en Amérique durant l'année 1866 démontre également bien la propagation du choléra au moyen de l'eau potable. D'après les documents officiels du département de la guerre à Washington, nous apprenons que le choléra apparut parmi les troupes en juillet, s'étendit à la Nouvelle-Orléans et aux stations situées le long du cours de Mississipi. Les extraits suivants sont pris du rapport officiel des chirurgiens, MM. M'c Parlin et Harstuff.

« Les troupes dans les casernes ont joui d'une grande immunité. Le 116e régiment, campé près de l'hôpital de Sedgwick et fourni là avec de l'eau de citerne, a été entièrement exempt du choléra. Tout récemment, le régiment a été envoyé en garnison dans la ville. Durant un ou deux jours, l'eau de citerne et l'eau distillée vinrent à manquer en partie, quelques hommes burent de l'eau de rivière; immédiatement deux cas de choléra se déclarèrent; de l'eau distillée fut de nouveau fournie aux hommes et nous n'eûmes plus aucun cas de choléra dans le régiment.

« Le 9e régiment de cavalerie des États-Unis et le 39e régiment d'infanterie recevaient de l'eau distillée, mais pas en quantité suffisante, en attendant que les citernes de Sedgwick fussent réparées, remplies et fournissent aux hommes assez d'eau de pluie pour leur boisson. Au début, l'eau distillée qui leur était envoyée arrivant en tonneaux et encore trop chaude pour qu'elle pût être rafraîchie à temps, les hommes préférèrent boire de l'eau de rivière, parce qu'elle était fraîche, et cela malgré les ordres et les avertissements répétés, acceptant le risque plutôt que d'attendre que l'eau fût refroidie et aérée. Cas après cas de diarrhée cholériforme se déclarèrent; une investigation rigoureuse ne découvrit aucune cause même probable de cette diarrhée, à l'exception de l'eau dont les hommes avaient bu, et l'on recommanda que le régiment fût éloigné de la rivière assez loin pour que les hommes ne pussent en obtenir. Pour ne pas changer le camp de la cavalerie, une forte escorte fut placée près de la rivière pour empêcher les hommes d'y boire, et de l'eau de citerne leur fut fournie de l'hôpital de Sedgwick. Depuis lors le choléra disparut du régiment : le 39e régiment a été campé près de l'hôpital et reçoit aussi de l'eau de citerne de cet hôpital ; son état sanitaire est bon. »

Un autre exemple remarquable du pouvoir de l'eau potable polluée de matières cholériques, comme cause et moyen de propagation du choléra, se trouve dans l'absence de cette maladie parmi les tribus qui habitent les bas monts du Bengale.

Ces monts s'étendent depuis Orissa jusqu'à Nagpore et à l'Inde centrale, ils sont habités par les aborigènes du pays. Ces tribus ont la plus grande aversion pour les habitants de la plaine, et ceux-ci considèrent les tribus des montagnes comme des êtres impurs, dont le contact doit être évité, et l'Hindou orthodoxe ne peut, sans perdre à jamais sa caste, toucher à la nourriture, boire de l'eau ou se servir des vêtements des aborigènes.

Tant que les habitants des monts du Bengale restent chez eux, ils n'ont aucune communication avec les habitants de la plaine, et quoique le choléra soit toujours plus ou moins présent dans les plaines du Bengale, ce n'est qu'exceptionnellement que quelques cas se déclarent dans les localités habitées par les aborigènes. Cependant beaucoup de leurs villages s'étendent presque jusqu'aux plaines mêmes. Il n'y a rien dans la manière de vivre des tribus des monts du Bengale qui puisse conférer sur eux cette immunité. Parmi eux les préceptes les plus simples de l'hygiène sont inconnus, ils sont plus sales et moins particuliers dans le choix de leurs aliments que les habitants des plaines.

Je dois observer ici que la question d'altitude n'est pour rien dans cette immunité, maintes fois le choléra a sévi épidémiquement dans l'Himalaya, même à Simla, qui est situé à 7,000 pieds au-dessus du niveau de la mer. Ce n'est pas non plus une influence du sol ; ces monts appartiennent au groupe métamorphique très-répandu aux Indes et qui nulle part ne confère d'immunité spéciale contre le choléra. C'est purement une question de non-communication ; leur eau potable n'est pas contaminée par des matières cholériques, car les Hindous ne boivent pas de leur eau, ne se baignent pas dans leurs étangs, n'y lavent même pas leur linge. Il n'y a rien non plus de spécial comme race qui les protége contre les atteintes du choléra ; dès que l'aborigène quitte son village et voyage dans les plaines, il succombe rapidement à cette maladie. Beaucoup d'entre eux se louent comme journaliers dans les jardins de thé d'Assam et du Cachar ; la mortalité parmi eux, durant leur passage à travers les plaines pour s'y rendre, est énorme, et il est reconnu qu'ils sont très-sujets à contracter le choléra.

Ces exemples n'acceptent aucune autre interprétation que celle que nous leur avons donnée, c'est-à-dire que le choléra est communiqué de l'homme à l'homme, et l'eau prise en boisson est le moyen le plus ordinaire de cette transmission. Mais pour établir ce fait d'une manière tellement manifeste qu'aucun doute ne puisse s'élever à ce sujet, il faudrait faire des expériences directes et boire soi-même, ou faire boire à d'autres, de l'eau dans laquelle on aurait introduit des évacuations cholériques.

Personne n'a encore, que je sache, sciemment essayé de ce moyen de haute conviction, et je ne crois pas que les adversaires les plus obstinés de l'interprétation qui a été donnée aux faits ci-dessus décrits aient assez de confiance dans leurs théories pour se réduire au silence en faisant sur eux-mêmes l'expérience nécessaire. Mais ce qui ne peut se faire, même dans l'intérêt de la science, le hasard nous l'a fourni et nous a permis à plusieurs reprises d'observer ce qui a lieu lorsque des individus ont bu de l'eau dans laquelle on avait introduit des matières cholériques.

Le fait suivant est relaté par le docteur Macnamara :

« Je vais maintenant faire connaître un fait où nous savons sur le témoignage le plus positif et le plus évident que des évacuations cholériques se sont trouvées mêlées dans un vase renfermant de l'eau à boire, le tout étant resté exposé aux rayons du soleil durant toute une journée. Le lendemain de bonne heure, une petite quantité de cette eau fut avalée par dix-neuf personnes (au moment de la boire, cette eau ne présentait rien d'anormal, ni par son odeur, son goût et sa couleur) ; tous ces individus continuèrent à jouir d'une bonne santé durant la journée ; ils burent, mangèrent et dormirent comme d'habitude, un d'entre eux, en s'éveillant le lendemain, fut pris de choléra ; les autres durant cette seconde journée ne furent nullement incommodés, mais le jour suivant deux d'entre eux furent atteints par la maladie; les autres continuèrent à jouir d'une bonne santé jusqu'au lever du soleil du quatrième jour, quand deux autres cas se déclarèrent parmi eux.

« Après cela, il n'y eut plus de cas, les autres quatorze hommes échappèrent entièrement et ne se plaignirent ni de diarrhée ni même de malaise. L'exemple que nous venons de donner se résume à ceci : sur quelques hommes qui ne boivent qu'une seule fois d'une eau renfermant des évacuations cholériques, cinq sont atteints du choléra dans les soixante-douze heures, les quatorze autres ne sont en aucune manière affectés par le poison. Ces détails ne nous permettent pas de douter que de l'eau contaminée d'évacuations récentes d'un individu atteint de choléra n'ait provoqué cette maladie chez cinq des dix-neuf individus qui en avalèrent, et cela indépendamment de la saison, de la nature du sol, ou de toute autre circonstance appréciable, qui toutes étaient favorables. Il n'y avait pas de choléra dans l'endroit, et aucun cas ne s'était déclaré dans cette localité depuis plusieurs années, et d'après les informations que j'ai prises, le choléra n'y a pas régné depuis. »

Je dois ici faire mention d'un ouvrage qui est d'une grande importance pour le sujet que nous examinons, je veux parler du rapport officiel fait en juin 1869 par le docteur Murray, inspecteur général des hôpitaux du Bengale, et qui est un résumé d'informations recueillies par les différents gouvernements de l'Inde et fournies par les médecins du gouvernement anglais employés aux Indes. Cinq cent cinq médecins ont répondu à l'appel qui leur était fait, et ce rapport renferme sous une forme concise les réponses aux différentes questions que le gouvernement des Indes avait posées à ses médecins [1].

Quant à la propagation du choléra par l'eau prise en boisson, le rapport en question s'exprime ainsi :

« Le corps humain semble être le principal moyen de reproduction, de multiplication et de dissémination du poison. Ceci a été déjà entièrement prouvé par l'histoire du progrès des épidémies qui ont sévi aux Indes, en Europe et en Amérique. L'histoire de l'épidémie de Hurdwar, en 1867, démontre que la maladie rayonne d'un seul point dans maintes directions variant en longueur depuis trois cents jusqu'à sept cents milles, s'avançant en stricte conformité avec la marche des voyageurs et accélérée par la ligne de chemin de fer qui conduit à Mooltan.

« Il y a des faits très-nombreux et parfaitement bien établis qui démontrent que le poison avait été mélangé à l'eau de certains puits ou réservoirs, et que ceux qui ont bu de cette eau ont contracté le choléra.

« L'épidémie qui débuta à Hurdwar nous offre des exemples remarquables de villageois étant pris de choléra le second jour après que le poison avait été mélangé à l'eau des étangs des villages. Dans un cas, c'est un pèlerin atteint de choléra qui se baigne dans l'étang et passe la journée sur les bords ; dans le second cas, on lave dans l'étang les vêtements d'un homme qui avait succombé au choléra. »

Quelles sont les conditions nécessaires pour que de l'eau renfermant des matières cholériques développe la maladie chez l'homme sain ? D'abord, la température de l'eau ne doit pas être trop abaissée, non pas que le froid détruise l'influence contagieuse des évacuations cholériques, mais il empêche leur développement et les laisse pendant un temps inertes, mais non détruites, prêtes à être de nouveau rendues à leur phase active quand les conditions de température leur seront favorables.

On sait aussi que les évacuations cholériques, comme toutes substances organiques, obéissent à certaines lois. C'est ainsi que des évacuations cholériques déposées et desséchées sur du linge ou sur d'autres objets, s'ils restent dans cette condition de sécheresse, retiendront pendant longtemps leur puissance de contagion et pourront, sous les conditions favorables d'humidité et de chaleur, transmettre après un temps même assez long, suivant les pays et les saisons, le principe morbide qu'ils renferment en eux.

On sait aussi qu'après avoir été soumises pendant un certain temps, généralement assez court, à l'influence réunie de la chaleur et de l'hu-

[1] *Report on the treatement of epidemic cholera*, par le docteur John Murray.

midité, les matières cholériques perdent de leur puissance ; comme toute matière organique, elles passent par certaines phases durant quelques-unes desquelles leur activité est à son maximum pour ensuite décroître et enfin disparaître entièrement. L'expérience a démontré que la période d'activité la plus grande des matières cholériques mélangées à l'eau existe aux Indes dans les premières quarante-huit heures.

Je crois utile de remarquer que les évacuations cholériques, par lesquelles l'eau est empoisonnée et qui sont toujours, de quelque manière que le poison soit introduit dans l'économie, le principe contagieux du choléra, ne renferment rien de spécial. — Deux médecins de l'armée des Indes, docteurs Lewis et Cumingham, ont été, depuis quelques années déjà, chargés par le gouvernement d'étudier cette question à fond. D'après leurs nombreuses expériences et investigations, il est évident que les évacuations cholériques ne renferment rien que le microscope ou la chimie puisse révéler et qui indique des qualités spéciales au poison du choléra. — On ne trouve rien d'anormal dans le sang des cholériques ; les évacuations renferment surtout du mucus et des masses de cellules épithéliales. Comment agissent ces matières organiques ? Nous ne le savons pas ; elles communiquent le choléra ; et, ce qui est assez heureux, il est facile d'empêcher le développement de cette matière et de détruire ce principe malfaisant.

Les transformations qui s'opèrent dans la matière organique des évacuations cholériques ont été étudiées par le docteur Macnamara, qui a fait de nombreuses expériences à ce sujet.

« Supposons, dit-il, que nous mélangions à un gallon d'eau une quantité suffisante d'évacuations cholériques, de manière à donner au mélange une teinte légèrement opaline, qu'on place ce mélange dans de longs tubes de verre et qu'on les expose au soleil ; si l'expérience est faite sous l'influence de la chaleur du soleil des Indes, nous trouverons, en examinant l'eau après vingt-quatre heures, — surtout le matin de bonne heure, — que la phase vibrionienne de décomposition ou de changement dans la matière organique est en pleine activité, la surface du liquide est recouverte de larges vibrions. Le lendemain matin, on peut observer de nouveau le même phénomène, mais le troisième jour des infusoires ciliés commencent à être aperçus dans le liquide, et vers le huitième jour, quelquefois avant, on aperçoit des bulles d'air s'élevant à la surface du liquide et les côtés du vase sont couverts de confervoïdes. » Le docteur Macnamara ajoute : « Je puis attester que l'eau qui était empoisonnée pendant la période vibrionaire de décomposition peut être bue avec une impunité absolue lorsque les bulles d'air commencent à s'y former et que les productions confervoïdes ont pris la place de la plupart des infusoires ciliés. »

Le docteur Macnamara n'attache aucune importance aux vibrions eux-mêmes, pour lui, ils n'indiquent qu'une phase de la décomposition de la matière organique, produit du choléra, pendant laquelle sa puissance toxique est à son apogée.

Les vues que je viens d'exprimer sont admises par la plupart des médecins des Indes comme exactes, cependant la prudence exige que l'on interdise l'usage de toute eau potable qui a récemment communiqué le choléra, quand même on aurait la certitude que des vibrions n'y existent plus et que des bulles d'air s'en dégagent.

Nous allons maintenant examiner les autres modes de transmission du choléra. Disons tout d'abord que toute autre communication est rare, comparée à celle qui a lieu par l'eau prise en boisson. Ici encore ce sont les évacuations qui sont le véhicule de la contagion. Les cinq cent cinq médecins dont les réponses ont été consignées et analysées dans le rapport du docteur Murray sont d'accord sur un point très-important, c'est que le choléra n'est jamais transmis par l'haleine ou par le toucher des cholériques. Mais si une chambre est petite et sa ventilation insuffisante, ou si de nombreux cas de choléra sont réunis ensemble, l'air renfermera une certaine quantité de particules ou d'émanations des évacuations cholériques qui, venant en contact avec les muqueuses, s'introduiront dans l'économie.

A ce sujet nous lisons dans le rapport que j'ai déjà cité quelques règles générales établies sur des bases tellement larges que je vais en donner ici les principales.

« Tous les défauts de sanitation qui sont défavorables à la santé publique prédisposent à l'action du poison du choléra. Cette ignorance de l'hygiène a existé et existe encore sur bien des points du globe *sans que pour cela le choléra s'y déclare*, mais l'expérience a démontré que, dans ces lieux et dans cette atmosphère contaminée, *une fois que le poison choléra y a été importé*, il s'y étend et s'y propage, tandis que son progrès et son développement sont limités quand ces conditions défavorables d'hygiène viennent à manquer; l'encombrement et une ventilation mauvaise semblent particulièrement favorables à la propagation de cette maladie.

« Le poison cholérique paraît être propagé dans et près des égouts; la décomposition facilite la dissémination et probablement aide la reproduction et la germination du poison.

« Nous possédons de très-grandes preuves que le contact avec les évacuations cholériques, que des vêtements et du linge salis par eux, ou même que l'usage de latrines publiques, ont été suivis de choléra.

« Dans certaines occasions, il paraît que le poison a été absorbé par les poumons, après un contact trop prolongé avec des malades dont les chambres étaient mal ventilées, ou par un séjour dans des hôpitaux où un grand nombre de cholériques étaient réunis. Dans quelques cas, le choléra s'est déclaré chez des individus qui avaient visité des localités, tels que des hôpitaux et des camps récemment occupés par des cholériques. »

Quoique aucunes conditions atmosphériques ou météorologiques ne puissent engendrer le choléra, elles influent cependant sur la marche de cette maladie et favorisent ou retardent son développement et sa propagation. En Europe, ces modifications, dues à des conditions atmosphériques, sont peut-être moins évidentes qu'aux Indes, la patrie du choléra, et où les saisons sont si marquées ; nous savons aussi que le froid arrête la propagation de la maladie, cependant le choléra a existé durant le froid intense d'un hiver russe, mais ici l'explication est aisée : en Russie, les maisons sont chauffées à l'excès, l'humidité et la chaleur de semblables habitations ne peuvent qu'être très-défavorables au développement des matières cholériques, et l'ignorance des préceptes les plus élémentaires de l'hygiène ne peut qu'assister la propagation de la maladie ; de plus, les évacuations cholériques sont répandues sur la neige qui entoure les maisons et les paysans s'en servent en guise d'eau durant l'hiver.

Un médecin de l'Inde, le docteur Macpherson [1], dans son livre sur le choléra, dit : « On a essayé de faire dépendre le choléra de conditions passagères de l'atmosphère, surtout de la pression barométrique, de l'état électrique, des vents, de la présence ou de l'absence d'ozone, mais toutes ces tentatives n'ont pas réussi. Des conditions météorologiques qui paraissent avoir une influence sur une épidémie sont absentes dans une autre, ou même les conditions sont tout à fait opposées.

Ceci s'applique surtout à certains vents qui règnent d'une façon périodique. Cependant, quoiqu'il soit difficile d'appliquer les modifications météorologiques prises en détail pour expliquer l'apparition du choléra, néanmoins ces changements sur une grande échelle ont beaucoup d'influence sur la marche de la maladie.

Si nous prenons le total des morts par le choléra à Calcutta durant vingt-six ans, nous obtenons la proportion suivante :

Trois mois chauds et secs ont donné.	47,427 morts
Trois mois froids et secs —	23,632 —
Trois mois chauds et humides —	11,354 —
Les trois mois de transition —	21,882 —

De ce résumé, il est évident que les trois mois chauds et secs pro-

1 *Cholera in its home*; London, 1866.

duisent dans la région où le choléra règne endémiquement quatre fois autant de morts par suite du choléra que les mois chauds et humides, et à peu près deux fois autant de morts que les mois froids et secs, tandis que, pendant ces derniers mois, la mortalité dépasse tant soit peu celle qui a lieu pendant les trois mois de transition.

A Calcutta, la température même des mois froids est plus favorable au développement du choléra qu'un printemps et un automne en Europe; si donc nous trouvons que la mortalité descend à son minimum durant cette saison pour s'élever à son maximum durant la saison chaude (remarquons qu'à Calcutta la chaleur existe toujours et qu'entre les deux saisons, ce n'est qu'une question de plus ou de moins), nous devrons nous adresser de nouveau à l'eau pour expliquer ce fait.

En effet, durant les mois chauds, les rivières, les étangs, les puits renferment très-peu d'eau et les évacuations cholériques empoisonneront cette eau, d'autant plus que sa quantité sera moindre et, comme conséquence naturelle, nous devrons avoir la proportion suivante : plus la chaleur sera intense, moins d'eau il y aura, et plus le choléra atteindra un maximum élevé ; en effet, c'est ce qui a lieu. Reprenons la mortalité des vingt-six années que nous avons donnée et considérons-la par mois, nous trouverons que :

	MORTALITÉ	PLUIE EN POUCES
Mars	14,710	1,13
Avril	19,382	2,4
Mai	13,335	4,29
Juin	6,325	10,1

Mars, avril et mai sont les mois les plus chauds de l'année à Calcutta, la plus grande mortalité due au choléra a lieu en avril, elle diminue un peu en mai, la pluie tombant en quantité deux fois plus considérable que durant le mois précédent; tandis qu'en juin, aussi un mois chaud, mais durant lequel il tombe beaucoup de pluie, la mortalité descend des deux tiers, comparée à avril.

Aux Indes, c'est durant l'époque des plus fortes chaleurs, des orages violents et quand l'eau potable est descendue à son minimum, que le choléra sévit avec le plus de violence et d'intensité.

J'ai essayé, et j'espère avec quelque succès, de prouver que le choléra est une maladie communiquée de l'homme à l'homme, et que cette transmission a lieu généralement au moyen de l'eau potable renfermant des matières cholériques et exceptionnellement au moyen des exhalaisons ou des produits desséchés provenant des évacuations cholériques.

En même temps, je dois avouer que si le choléra n'était pas une maladie dont il est aisé de se garantir en adoptant les principes que nous allons exposer, j'aurais hésité à proclamer si ouvertement mon opinion, tout appuyée qu'elle est sur des faits nombreux, dans la crainte de priver les cholériques des soins empressés de leurs parents et amis et d'effrayer ceux que leur profession, qu'ils soient gardes-malades ou médecins, appelle à toute heure aux lits des malades et dont le concours est si nécessaire aux individus atteints de choléra.

La prophylaxie du choléra comprend les principes fondamentaux suivants :

Détruire par des agents chimiques ou autre moyen le poison qui réside dans les évacuations cholériques, — ceci est de la plus haute importance ;

Éviter les encombrements de malades atteints de choléra ;

Veiller à ce que l'eau potable ne soit pas imprégnée de matières cholériques ;

Établir une bonne ventilation partout où se trouvent des cholériques et faire prévaloir dans la communauté comme chez l'individu, les préceptes d'une bonne hygiène.

Ici encore ce sera sur des faits seulement que je viendrai m'appuyer, et c'est avec la confiance que donne l'expérience personnelle que je puis dire qu'en opposant au choléra des mesures sanitaires sérieuses, nous serons récompensés de nos efforts et nous trouverons que peu d'épidémies peuvent être aussi aisément évitées que celle du choléra, si nous nous en donnons la peine.

Appliqués aux troupes servant aux Indes, les résultats de ces principes sanitaires sont des plus favorables ; quand quelques cas de choléra se sont déclarés dans une station militaire, les troupes abandonnent leurs casernes et sont logées sous des tentes à quelques kilomètres de l'endroit ; les casernes sont nettoyées et désinfectées, et si de nouveaux cas ne se déclarent pas, les troupes y retournent quand, depuis quelques jours, il n'y a pas eu de nouveaux cas dans la localité où les casernes sont situées. Si de nouveaux cas se déclarent parmi les troupes après quelques jours de campement, alors le camp est changé et reporté quelques kilomètres plus loin et ainsi de suite jusqu'à disparition complète du choléra.

Généralement quelques cas se déclarent parmi les troupes dans les deux ou trois jours qui suivent leur arrivée dans le camp ; mais si le lieu est bien choisi, près d'une eau courante et à quelque distance de toute habitation, s'il est bien planté d'arbres et que les tentes soient spacieuses et nombreuses, de manière à éviter tout encombrement, alors, malgré la chaleur excessive ou les pluies tropicales, le choléra disparaît rapidement et entièrement.

Dans ces cas, qui se renouvellent tous les ans dans beaucoup de stations des Indes, comment doit-on comprendre la disparition de la maladie? Les conditions atmosphériques et météorologiques sont les mêmes à quelques kilomètres de la station militaire et dans l'emplacement choisi pour le camp. Les troupes ont quitté des casernes magnifiques, bien aérées, bâties expressément pour protéger les hommes contre les ardeurs du soleil des tropiques; leur nourriture est la même et leurs devoirs diffèrent peu ; cependant, dans un endroit, le choléra les décime et dans l'autre ils en sont entièrement exempts. Il n'y a qu'une seule chose qui diffère essentiellement, c'est leur eau potable qui n'est pas contaminée par les évacuations cholériques ; tout le reste est peu changé, peut-être même sont-ils placés dans des circonstances moins favorables à la santé générale ; néanmoins le choléra disparaît de parmi eux. — Il est vrai que de grandes précautions sont prises. On choisit toujours un endroit où il y a une bonne eau courante, une garde protége ce lieu de toute souillure ; de plus l'eau est bouillie et filtrée ; les moindres cas de malaise et de diarrhée sont traités, et les hommes ainsi atteints sont reçus dans des tentes spéciales plantées du côté du camp opposé au vent régnant. Les évacuations cholériques, s'il y en a, sont saturées avec des agents chimiques et ensuite enterrées à quelque distance du camp. La literie et le linge souillé de matières cholériques sont détruits, et des précautions sont prises pour que les hommes ne fassent aucun excès, ne mangent pas de substances difficiles à digérer ou malsaines et qu'ils ne se livrent à aucun travail ou exercice fatigants.

Le docteur Murray, dans son résumé des documents dont nous avons fait mention, s'exprime comme il suit à ce sujet : « Il y a un point dans le traitement du choléra sur lequel les réponses données par les cinq cent cinq médecins consultés par le gouvernement des Indes sont unanimes et bien décidées, c'est que le changement de localité (tel que nous le pratiquons pour nos troupes) est considéré comme un des moyens les plus efficaces pour arrêter la propagation du choléra. »

Quand on a affaire à un nombre considérable d'individus, tel qu'un corps d'armée, et que d'autres moyens sanitaires ne peuvent être employés, il suffit quelquefois de quitter le lieu dans lequel le choléra sévit, de marcher vers des localités offrant des cours d'eau dont on remonte le courant, tout en les protégeant de toute contamination (pourvu toutefois que le choléra ne règne pas sur leurs rives) et d'isoler les cas qui se présentent pour mettre fin au fléau.

Pendant que j'étais en Abyssinie, au mois de juin 1866, le choléra gagna le camp de l'empereur Théodore, à cette époque à Zagé, près du lac Tana. Le camp impérial avait été planté dans un endroit très-malsain, bas et entouré de marécages. Des fièvres, des dyssenteries, sévissaient depuis quelque temps. avant que le choléra fût introduit par des recrues qui venaient de la province de Tigré où l'épidémie existait. L'empereur quitta Zagé et campa près de Kourata, sur un promontoire qui s'avance dans le lac près de cette ville. L'épidémie se déclara dans l'armée avec une grande virulence, et des centaines d'hommes succombèrent journellement. Dans l'espoir d'améliorer l'état sanitaire de son armée, l'empereur changea de nouveau son camp et le plaça sur des monts qui s'élèvent à quelques kilomètres de la ville, mais nulle autre précaution sanitaire ne fut prise, et l'épidémie continua à sévir avec une grande violence dans le camp et dans la ville même. L'église de Kourata était tellement remplie de cadavres que l'on ne pouvait y entrer, et les rues adjacentes offraient le triste spectacle de nombreux cadavres entourés de leurs parents en pleurs qui attendaient nuit et jour qu'une tombe fût creusée pour leurs morts dans le cimetière déjà si encombré.

Enfin, le 14 du mois, l'empereur se décida à me faire demander ce qu'il faudrait faire pour arrêter cette épidémie qui décimait son armée.

Je lui dis de protéger autant que possible de toute contamination l'eau dont les hommes se servaient pour leur boisson, et de marcher avec son armée vers les hauts plateaux du Begemder, en suivant les cours d'eau ; de laisser ses malades à quelque distance du lieu qu'il choisirait pour son camp. Une fois arrivé sur le plateau, de diviser son armée en plusieurs corps, de manière à éviter l'encombrement, et auprès de chaque camp de mettre à part quelques localités situées sous le vent et où les cas nouveaux de choléra seraient envoyés. L'empereur exécuta très-soigneusement ces conseils : avant peu l'épidémie perdit de sa virulence, et au bout de quelques semaines elle avait entièrement disparu. — Mais on peut faire encore mieux lorsqu'on a affaire à un pays bien administré et où toutes les ressources de l'hygiène sont à la disposition du médecin.

Durant les mois de mai et de juin de l'année 1872, le choléra sévissait dans le pays des Mahrattas, province bien peuplée, située sur le versant est du plateau qui couronne les Ghauts de la présidence de Bombay. Ce plateau est à environ deux mille pieds d'élévation au-dessus du niveau de la mer ; le sol est en grande partie formé de latérite ; il est bien cultivé, peu boisé, parcouru par des rivières, mais dont le plus grand nombre ne contiennent durant la saison chaude que très-peu d'eau. Les pluies y sont peu abondantes pour les Indes, en moyenne vingt-six pouces par an seulement.

D'après les rapports des magistrats stationnés dans les principales villes du pays, nous apprîmes que l'épidémie régnante montrait une grande virulence, et quelques médecins natifs, envoyés dans les localités où le choléra sévissait le plus, confirmèrent cette opinion et nous informèrent aussi que l'épidémie régnait sur une très-vaste échelle. J'étais à cette époque médecin en chef de l'hôpital de Sattara, ville de 23,000 âmes et capitale de la province sous ses anciens princes ; dès que j'eus connaissance des faits ci-dessus mentionnés, je pris les mesures sanitaires suivantes : je fis une inspection complète de la ville, et sur ma recommandation, le gouverneur de la province donna des ordres pour qu'on enlevât toutes ordures, immondices et débris de toute nature et qu'on les fît brûler à quelque distance de la ville ; les égouts furent inondés d'eau, et partout on s'assura qu'ils fonctionnaient bien ; tous les habitants dont les maisons étaient sales furent obligés de les nettoyer et de les blanchir à la chaux ; les jardins qui les entourent furent mis en ordre, et tous les excréments furent enlevés journellement et enterrés dans des tranchées creusées à cet effet près de la ville et comblées chaque soir. Des hommes de police furent stationnés sur les différentes routes qui conduisent à la ville ; ils avaient ordre d'interroger tous ceux qui entraient, de remettre des médicaments à ceux qui se plaignaient de malaise ou de diarrhée et d'escorter à une maison mise à part pour ce service tout cas de choléra. La ville de Sattara possède de nombreux puits et aussi, fort heureusement pour elle, un réservoir alimenté par un conduit qui amène l'eau d'un petit lac situé sur une montagne voisine. Les habitants furent avertis de ne se servir de l'eau de leurs puits que pour les besoins domestiques et de ne boire que de l'eau du réservoir. Des hommes de police protégèrent le réservoir nuit et jour, personne ne put venir y laver du linge ni se baigner, — ce qui est la coutume du pays, — et les environs du réservoir furent tenus dans un grand état de propreté.

Dans le commencement de juillet, quelques cas furent admis à l'hôpital des cholériques ; on en reçut pendant une dizaine de jours, un ou deux par jour, tous venant de routes qui aboutissent au côté sud de la ville et qui conduisent aux villages où le choléra sévissait à cette époque. Toutes les évacuations cholériques furent reçues dans des vases contenant du chlorure d'aluminium ; ce désinfectant fut répandu sur les planchers et sur les lits des malades ; après avoir ainsi détruit les propriétés nuisibles des matières cholériques, elles furent enterrées profondément dans des trous creusés à cet effet. Le linge et la literie qui avaient servi aux cholériques furent détruits. Pendant dix jours, aucun nouveau cas ne se présenta, puis quelques-uns furent reçus, venant cette fois-ci des villages situés au nord de Sattara ; on prit les mêmes précautions qu'auparavant.

Sattara est entouré de beaucoup de villages, quelques-uns très-rapprochés : dans tous, il y eut de nombreux cas de choléra, mais pas un seul ne se déclara à Sattara même, quoiqu'un certain nombre fussent admis et traités dans un hôpital de cette ville. A un mille de la ville se trouve la station militaire, composée alors d'un régiment d'infanterie indigène et de deux compagnies d'un régiment européen ; il y a aussi un grand bazar indigène pour les besoins du camp, et un certain nombre d'officiers civils et militaires avec leurs familles et leurs nombreux domestiques y résident. Il n'y eut même pas un cas de diarrhée dans la station militaire. Il est vrai que le camp était doublement protégé : nous avions autour et dans la ville un système de superintendance qui fonctionnait parfaitement bien, toute personne pouvait entrer dans la ville et en sortir librement, seulement on était prêt à donner des soins immédiats à tous ceux qui se présentaient. Mais autour de la station militaire, une quarantaine très-sévère fut établie, et tant que des cas de choléra furent admis à l'hôpital de la ville, personne, à moins de permission spéciale, ne put aller de la ville au camp et *vice versa*.

Le fait sur lequel je désire appeler l'attention est le suivant : les cas de choléra qui furent admis au début venaient du sud de Sattara, puis vint un temps de calme, et de nouveau quelques cas furent admis, venant cette fois du côté nord. Il est évident que la vague cholérique avait passé autour de notre ville sans la frapper et que si des mesures sanitaires très-simples, mais bien employées, n'avaient été prises, nous n'aurions pu garantir une ville et un grand camp, et tous deux auraient, comme dans maintes épidémies précédentes, fourni un large contingent au fléau qui n'a pu, cette fois, nous toucher.

L'exemple que je viens de citer m'évite de revenir sur l'application des moyens sanitaires qui doivent être employés en Europe en pareil cas. Sans doute on trouvera ces mesures d'une application plus difficile dans nos contrées, tant que tout le monde ne sera pas convaincu de leur grande valeur et que leur utilité ne sera pas appréciée même par les habitants les moins instruits de nos campagnes.

La prophylaxie individuelle est simple et facile ; que tout individu règle sa conduite sur les maximes suivantes :

Soyez modérés en toutes choses, évitez les aliments indigestes, les fruits mal mûrs, les denrées altérées, les excès de toute nature, et bannissez toute frayeur. Ce ne sont pourtant ni les excès, ni les indigestions, ni la frayeur qui causent le choléra, mais les uns et les autres favorisent le développement du poison une fois qu'il est introduit dans l'économie. Il n'y a pas de doute que, durant une épidémie de choléra, un grand nombre de personnes sont atteintes par le poison cholérique, mais chez beaucoup d'entre elles l'individu résiste à son action et la maladie ne se développe pas ; pour ces motifs, les excès et l'anxiété ne peuvent qu'être très-nuisibles en un temps où l'on a besoin de toute son énergie vitale et d'un travail harmonieux et d'ensemble de toutes les fonctions de l'économie. — Mais je ne saurais trop insister sur ce point, méfiez-vous de l'eau dont vous vous servez pour boisson, tant que le choléra règne dans la localité que vous habitez.

En Europe, il est toujours facile de se procurer une eau pure dont on devra faire usage pendant toute la durée de l'épidémie ; évidemment les gens peu à leur aise ne pourront se servir exclusivement d'eau de Saint-Galmier ou de Saint-Albin, mais je ne saurais trop recommander ce moyen à ceux que leur fortune met à même de faire cette petite dépense. C'est ce que nous faisions aux Indes ; bien des fois j'ai fait faire mon thé, mon café et ma soupe avec de l'eau aérée qui se vend en bouteilles et que l'on fait venir d'une ville où le choléra ne sévit pas. De l'eau suspecte ne devra jamais être employée, quoique l'on prétende qu'en la faisant bouillir et filtrer, il n'y a pas de danger, si elle est bue avant d'être refroidie ; dans ce cas, je préférerais ajouter une certaine proportion de chlorure d'aluminium à l'eau avant de la soumettre à l'ébullition. Dans certaines localités, on pourrait faire distribuer aux indigents de l'eau distillée, préalablement rafraîchie et aérée.

Donnez une bonne ventilation à la chambre occupée par un cholérique ; détruisez soigneusement le poison renfermé dans les évacuations cholériques en versant préalablement dans les vases qui doivent les recevoir une certaine quantité d'agents chimiques dont plusieurs ont une grande valeur, mais dont de tous je préfère, d'après une expérience personnelle, le chlorure d'aluminium. Ce sel, en solution concentrée, devra être fréquemment répandu dans l'appartement occupé par le cholérique ; toute tache faite par des évacuations cholériques devra être immédiatement lavée avec une solution concentrée du même sel, et des linges trempés dans cette solution devront être placés sous les endroits des draps qui peuvent être souillés par les évacuations involontaires durant le collapsus. Il faut aussi suspendre dans la chambre du malade des linges trempés dans du chloralum, — solution de chlorure d'aluminium d'une gravité spécifique de 1160, — et placer dans différents endroits de la pièce des vases renfermant de cette même solution. Un drap de lit trempé dans ce mélange devra être placé à la porte qui communique de la chambre du malade à l'appartement.

La literie et le linge qui ont servi à un cholérique devront tout de suite être saturés de cette solution et soumis à une ébullition prolongée ; il faut bien se garder de déposer dans une partie de l'habitation des linges ainsi souillés et même de les laver à froid. Dans un récent numéro du *Sanitarian*, excellent recueil de médecine publié à

New-York, le docteur Hamilton observe au sujet de l'épidémie qui sévit dans l'hospice de Blackwell-Island, en 1866, que le linge souillé, au lieu d'avoir été plongé immédiatement dans l'eau bouillante, fut trempé pendant quelques heures, quelquefois toute une nuit, puis lavé dans de l'eau chaude. La conséquence de cette omission des précautions sanitaires fut que, sur trente-quatre femmes employées à la buanderie, douze succombèrent au choléra; le 35 0/0 du nombre total des décès.

Protection à la communauté, protection à l'individu, tels sont les résultats de nos connaissances actuelles sur le choléra; communiqué par l'homme au moyen de ses évacuations cholériques, son haleine, son toucher, sont exempts de tout danger. — En suivant les conseils sanitaires que je viens de décrire, nous n'avons aucune raison de fuir un cholérique, nous pouvons le soigner avec tendresse et l'entourer de tous les soins que l'amour ou le devoir nous imposent. Ce n'est pas lui qui est dangereux, mais bien notre insouciance et notre ignorance; prévenus comme nous le sommes par des faits nombreux et bien établis, l'insouciance et l'ignorance ne sont plus des fautes, mais des crimes!

M. Albert GAUDRY

Professeur au Muséum d'Histoire naturelle de Paris

LES RACES FOSSILES DU MONT LÉBERON

Dans le département de Vaucluse, non loin des rives de la Durance, s'élève presque parallèlement au mont Ventoux la petite chaîne du Léberon. Sa masse principale est formée par le calcaire néocomien; sur son versant méridional, on voit les superpositions suivantes :

1° L'étage de la mollasse de Cucuron;

2° L'étage des marnes grises de Cabrières, où se trouve un remarquable gisement de coquilles miocènes, qui a été signalé pour la première fois par l'auteur du bel ouvrage sur *Les dépôts jurassiques du bassin du Rhône*, M. Eugène Dumortier;

3° Des marnes remplies de coquilles terrestres et palustres;

4° Des limons rouges d'une grande puissance.

A quatre kilomètres de Cucuron, sur le chemin de Cabrières, ces limons renferment une multitude de débris des mammifères qui ont vécu pendant la fin des temps miocènes. Plusieurs de ces débris ont été étudiés par MM. de Christol, Gervais, Bravard, Pomel et Bayle. Les membres de l'Association pourront se rendre compte de l'abondance des fossiles par l'inspection de la planche I, qui représente un gros bloc où les os ont été laissés dans leur position naturelle. J'ai cru qu'il serait de quelque intérêt pour la paléontologie d'entreprendre des fouilles dans le Léberon ; voici pour quel motif :

Les recherches que j'avais faites autrefois à Pikermi m'avaient fourni une telle quantité d'ossements fossiles que les squelettes de quelques espèces miocènes se sont trouvés presque aussi complétement connus que les squelettes des animaux actuels. Il m'avait semblé que ces espèces bien déterminées devaient devenir des points de départ pour une étude comparative des espèces vivantes ou fossiles qui en étaient voisines; j'espérais pouvoir ainsi jeter un peu de lumière sur la question de savoir comment ont été produits les changements que la physionomie du monde organique a manifestés pendant les âges géologiques. Mes comparaisons eurent pour résultat de m'indiquer entre les êtres d'époques consécutives des ressemblances si intimes que j'inclinai vers la doctrine de l'évolution ; je supposai que les espèces n'avaient pas été produites isolément, mais qu'elles avaient été tirées les unes des autres.

Alors quelques naturalistes me répondirent : « Il est vrai que les études paléontologiques commencent à révéler des apparences d'enchaînement entre les espèces des temps passés; mais pour établir que des animaux sont descendus les uns des autres, il ne suffit pas de montrer qu'ils ont appartenu à des espèces très-rapprochées, il faut encore donner des preuves que les espèces fossiles n'ont pas été immuables et ont eu assez de plasticité pour passer les unes aux autres. »

Ces observations m'inspirèrent le désir d'entreprendre des fouilles dans un gisement analogue à celui de Pikermi; car, ayant déjà réuni dans cette localité les débris de beaucoup d'individus d'une même espèce, je pensai que, si je pouvais rencontrer des formes semblables dans un autre pays, j'aurais des termes de comparaison assez nombreux pour juger du degré de variabilité de certaines espèces fossiles. Or, le mont Léberon m'a paru favorable à cet égard, attendu que, dans son ensemble, sa faune a le même aspect que celle de Pikermi. Elle a été représentée également par le *Dinotherium*, qui a été le plus puissant de tous les mammifères terrestres, par le majestueux ruminant appelé *Helladotherium*, par des sangliers, des rhinocéros, de grands troupeaux d'hipparions, d'antilopes, et par des carnivores, tels que les hyènes, les *Ictitherium*, les *Machærodus*, destinés à diminuer ce qu'il y avait d'excessif dans le développement des herbivores.

Je vais soumettre à l'Association les résultats des comparaisons de quelques-unes des formes qui sont les plus communes en même temps à Pikermi et dans le mont Léberon :

La forme *hipparion*,
La forme *sanglier*,
La forme *tragocère*,
La forme *gazelle*.

Hipparions. — Ainsi que le nom l'indique, les hipparions sont bien voisins des chevaux; ils se lient avec eux d'une manière si frappante qu'il est difficile de ne pas les croire leurs ancêtres. Comme les équidés d'aujourd'hui, qui vivent en Asie et en Afrique, ils ont formé en Europe de nombreuses troupes à la fin des temps miocènes. Les pièces provenant de mes fouilles indiquent 80 individus à Pikermi, 30 individus dans le Léberon. Si vous regardez les formes extrêmes, vous voyez des différences sensibles; car, d'une part, plusieurs des hipparions de Pikermi ont été plus grands et plus massifs qu'aucun hipparion du Léberon; d'autre part, dans le Léberon, on trouve des os plus petits ou plus grêles qu'aucun de ceux de Pikermi : il faut ajouter que les molaires du Léberon sont quelquefois un peu moins plissées que celles des hipparions de la Grèce. Mais, si vous mettez toutes les dents ou tous les os en série, il devient impossible de tracer une ligne de démarcation nette entre les individus de Pikermi et ceux du Léberon; il est donc naturel de penser qu'ils formèrent une même espèce composée de deux races : l'une massive, bien caractérisée à Pikermi; l'autre grêle, commune aussi à Pikermi, mais accentuée surtout dans le midi de la France.

Sangliers. — A Pikermi on rencontre un énorme sanglier, qui a été nommé sanglier d'Érymanthe; il est caractérisé par les grosses protubérances latérales de ses maxillaires. Dans le Léberon, on voit aussi un énorme sanglier : il n'a pas les protubérances qui caractérisent les individus de la Grèce. D'ailleurs, ces animaux ont les rapports les plus intimes. Toutes les personnes qui ont eu occasion de regarder des molaires de sangliers ont pu remarquer leur extrême complication. Or, les moindres mamelons, les moindres linéaments sont les mêmes dans les molaires des sangliers de la Grèce et de la Provence : les paléontologues, étant réduits pour leurs déterminations aux pièces du squelette, sont obligés de s'attacher aux moindres détails des os, et ces minutieuses comparaisons leur montrent souvent d'étonnantes ressemblances, qui entraînent à admettre ou la loi d'imitation, ou la loi de filiation; il faut croire que les animaux dont on constate les rapports sont d'espèces différentes, mais que, pour faire l'un, le Créateur a copié l'autre; ou bien on doit supposer que ces animaux sont descendus les uns des autres et qu'ils ont été légèrement modifiés; que, par exemple, les maxillaires du *Sus erymanthius* ont été étirés. Cette dernière hypothèse ne peut étonner les personnes qui ont étudié les *Sus scropha* d'aujourd'hui, car on voit sortir de la même mère des sangliers mâles dont les maxillaires seront pourvus de protubérances, et des sangliers femelles sans protubérances.

Tragocères. — Ces ruminants, qui avaient des cornes de chèvres avec les dents et les pattes fines des antilopes, sont inconnus dans la nature actuelle; ils ont été très-nombreux à l'époque tertiaire. Les débris que j'ai recueillis indiquent 50 individus à Pikermi, 18 individus dans le Léberon. Ces 68 individus présentent des différences notables; mais, comme je ne peux tracer entre eux une ligne de démarcation, je suppose qu'ils constituent une même espèce divisée en trois races : une race à cornes grandes et divergentes, commune à Pikermi, rare dans le Léberon; une race à cornes grandes et rapprochées, qui était au contraire rare à Pikermi, commune dans le Léberon; une race qui avait des cornes petites, écartées à leur base, peu divergentes, et était également peu abondante dans l'une et l'autre localité.

Gazelles. — Les gazelles, qui manquent aujourd'hui en Europe, y étaient autrefois fort communes, et sans doute ces charmantes bêtes ont contribué à embellir les campagnes des temps miocènes. Ma collection comprend 50 individus de Pikermi, 90 individus du mont Léberon. Les gazelles de Pikermi ont des cornes grandes, rondes, divergentes; celles du Léberon ont des cornes plus petites, plus aplaties, se rapprochant vers la ligne médiane pour prendre une disposition lyrée très-accentuée. Ces différences ne sont pas toujours également saillantes, et, quand je pense aux variations des cornes des gazelles actuelles, je suis porté à considérer les gazelles du Léberon et de Pikermi comme représentant, non des espèces distinctes, mais des races issues des mêmes parents.

Ces quelques exemples paraissent indiquer que les espèces fossiles n'ont pas été immuables et que leur plasticité s'est révélée par la formation de races naturelles.

Assurément, il est très-difficile d'établir la séparation de ce qui a été race et de ce qui a été espèce dans les âges passés. Cependant l'étude de cette séparation me semble digne d'attirer l'attention des paléontologues, car, à mesure que nous portons nos regards vers les horizons des temps géologiques, nous voyons apparaître des nuances indéfinies. Comme je l'ai dit dans le mémoire dont je rends compte en ce moment à l'Association [1], *la Divine Sagesse a su coordonner ces nuances, mais vouloir distinguer chacune d'elles par un nom spécial, c'est préparer des catalogues sans limites où l'humaine faiblesse se perdra.*

[1] *Considérations sur les mammifères qui ont vécu en Europe à la fin de l'époque miocène.* Extrait de l'ouvrage intitulé : *Animaux fossiles du mont Léberon.* In-4°, 1872, Paris.

En terminant ce rapide exposé, je suis heureux de déclarer que la lecture des ouvrages de notre Président sur les espèces et les races m'a excité à aborder la question des races naturelles fossiles. Le mont Léberon renferme, outre les débris de vertébrés, de nombreuses coquilles miocènes d'une remarquable conservation ; MM. Fischer et Tournouër ont bien voulu se charger de les étudier. Pour la détermination des terrains, j'ai reçu un précieux concours de plusieurs géologues de la Provence, MM. Émile Arnaud, Matheron, de Saporta et Marion. Grâce à ces savants amis, mon travail sur le mont Léberon sera, je l'espère, moins imparfait.

EXPLICATION DE LA PLANCHE I

Bloc de limon du mont Léberon destiné à donner un exemple du mode d'enfouissement des os

Ce bloc est dessiné au quart de la grandeur naturelle ; on y voit : un trapézoïde de *Rhinoceros*, un crâne de la *Gazella deperdita* avec les chevilles des cornes, une mâchoire supérieure et des molaires inférieures de la même espèce, une mandibule de la taille et de la forme de celles du *Palæoreas Lindermayeri*. Les os qui dominent sont ceux de l'*Hipparion gracile ;* on peut facilement distinguer : un radius, un scaphoïde antérieur, un semi-lunaire, un grand-os, des métacarpiens médians et latéraux, un fémur, des tibias, des astragales, un calcanéum, un scaphoïde postérieur, des cunéiformes, un cuboïde, un métatarsien médian avec un métatarsien latéral et un sésamoïde de la phalange onguéale.

M. A. DUMONT

Ingénieur en chef des ponts et chaussées

CANAL D'IRRIGATION DU RHONE

M. A. Dumont présente un projet de canal alimenté par les eaux du Rhône et destiné à irriguer la rive gauche de Tain à Mornas et la rive droite de Mornas à Montpellier.

La quantité d'eau dérivée serait de 33 mèt. cubes à l'étiage, à la hauteur de Condrieu ; le canal établi sur la rive gauche se terminerait de ce côté dans un réservoir établi sur le plateau de Mornas. De là, les eaux passeraient sur la rive droite au moyen d'un aqueduc siphon ; il se terminerait à Montpellier à la cote 60 au-dessus du niveau de la mer. La longueur totale serait de 314 kilom., la pente moyenne de 24 cent. par kilomètre.

M. A. Dumont a calculé que la prise d'eau ne produirait aucun inconvénient fâcheux pour la navigation du Rhône, même à l'extrême étiage.

Les deux tiers des eaux environ seraient employés à l'irrigation des départements de la Drôme, de Vaucluse, du Gard et de l'Hérault ; on pourrait en outre inonder pendant l'hiver environ 80,000 hect. de vignes afin de détruire le *phylloxera ;* un tiers environ des eaux serait réparti dans les banlieues des principales villes : les pertes diverses, filtration, etc., sont évaluées à un dixème.

La dépense totale est évaluée à 75 millions.

SÉANCE GÉNÉRALE

Du 25 août 1873

PRÉSIDENCE DE M. LE Dr OLLIER

M. de Quatrefages, président du Congrès, prie M. le Dr Ollier, chirurgien titulaire de l'Hôtel-Dieu de Lyon, d'accepter la présidence de cette séance générale.

Dans cette séance MM. F. de Lesseps, le Dr Bertillon et Papillon ont pris successivement la parole et ont présenté les communications suivantes.

M. F. de LESSEPS

Président-Fondateur de la Compagnie universelle du canal maritime de l'isthme de Suez

DU CHEMIN DE FER TRANSASIATIQUE

M. F. de Lesseps expose l'historique de la question du chemin de fer de l'Europe à l'extrême Orient et fait connaitre sommairement le tracé général que doit suivre cette ligne dont l'intérêt au point de vue de l'extension de la civilisation est indiscutable.

M. BERTILLON

Président de la société d'Anthropologie de Paris

LA POPULATION FRANÇAISE

MORTALITÉ A CHAQUE AGE EN FRANCE ET EN CHAQUE DÉPARTEMENT
ET A CHAQUE MOIS DE L'ANNÉE, ETC.
ET PARTICULIÈREMENT COMPARÉE A LA MORTALITÉ DU DÉPARTEMENT DU RHONE

Messieurs,

Plusieurs d'entre vous savent que je m'occupe depuis bien des années de l'étude des collectivités humaines, ou *démographie*, et particulièrement de la population française.

Or, ces études ont pris aujourd'hui un tel caractère d'actualité que l'année dernière le Congrès médical de France, tenu en cette même ville de Lyon, les mettait à l'ordre du jour de son programme et me faisait l'honneur de m'inviter à venir les traiter. Mon travail, non encore terminé aujourd'hui, me parut trop peu avancé l'année passée pour que je pusse utilement satisfaire à cette invitation; mais je m'engageais dès lors à le faire cette année. Voilà comment, Messieurs, je me présente devant vous avec une œuvre encore inachevée, il est vrai, mais déjà si riche en faits nouveaux, et, il me semble, de si grande importance, qu'il ne me sera possible que d'en résumer les points les plus saillants,

C'est qu'en effet, Messieurs, pour résoudre les problèmes de la population, il m'a paru qu'il fallait sortir absolument de la méthode des conceptions-semi *a priori*, presque exclusivement employée jusqu'ici; qu'il ne s'agissait pas de dire ce qui nous paraît le plus vraisemblable, mais, *sans aucun parti pris*, d'interroger méthodiquement tous les faits connus, groupés et mis en ordre; non pas seulement, comme on l'a fait sommairement, les faits d'ensemble propres à la France entière, mais ceux de détails propres à chaque département, à chaque groupe social, etc. Si, Messieurs, comme vous allez vous en convaincre, cette voie est autrement laborieuse, j'espère que vous trouverez aussi qu'elle est autrement féconde, puisque, à peine à moitié parcourue, elle m'a déjà fourni les résultats que je vais vous signaler.

Messieurs, la population française, par son faible accroissement (2 à 3 par 1,000 et par an, tandis que cet accroissement est de 8 à 12 en Prusse, en Angleterre, sans compter leur formidable émigration annuelle), notre faible accroissement, dis-je devient un sujet légitime d'inquiétude, puisque, plus que jamais, c'est la *force* qui décide de la destinée des nations; que la prépondérance, l'existence même, ne sauraient être assurées au seul mérite, mais, comme en mécanique, au mérite, au mouvement multiplié par la *masse*.

Le mérite, c'est l'étendue des intelligences et du savoir, c'est aussi l'élévation et la dignité des caractères qui en décident, et, sans oser dire que ces vingt fatales années d'empire ne nous ont rien fait perdre (je pense le contraire), il me semble que, sous ce rapport, nous sommes encore au niveau des plus orgueilleuses nations. Mais par l'autre facteur, par le nombre ou la masse, nous nous sommes laissé devancer, nous nous amoindrissons tous les jours!

Analyser les éléments de cet amoindrissement, de cette diminution de notre accroissement (dont je m'accuse moi-même d'avoir méconnu le danger), me semble un devoir qui s'impose à nos investigations; ce sera une des parties de mon œuvre.

Messieurs, mon travail ne s'occupe pas des temps douloureux ni des fatalités accidentelles qui tout à coup ont changé notre faible accroissement en la diminution si notable et si cruelle que vous savez. Mes recherches ont en vue les causes *constantes peu connues* et autrement importantes qui, en pleine prospérité monarchique, n'ont pas cessé, depuis le commencement du siècle, de peser sur *notre devenir*, et bien plus, qui ont été grandissant!

La population d'une nation dépend de deux facteurs : de la *natalité*, qui incessamment fournit de nouvelles couches à la collectivité, et de la *mortalité*, qui va moissonnant, éclaircissant tous les âges!

Mais si *naissance et mort* (comme chez l'individu assimilation et désassimilation) sont les deux actes fondamentaux du développement du corps social, la composition pour ainsi dire anatomique de ce corps social, et le milieu climatérique et mental au sein duquel il se développe ont la plus grande influence sur chacun de ces deux mouvements. C'est ainsi que, d'une part, les rapports existants entre la force des différents groupes d'âge, de sexe, d'*état civil*, de profession, de l'autre, les qualités intimes de ces éléments anatomiques du corps social résultant du degré d'aisance, d'instruction, d'élévation morale, d'habitat, etc., etc., ont une grande influence sur les mouvements intestins, *naissance*, *mariage* et *mort*, par lesquels existe, se renouvelle et s'accroît ou déchoit une nation; ils devront donc être passés en revue, mesurés et mis en rapport avec ses mouvements.

Ainsi, Messieurs, c'est l'anatomie même et la physiologie de la population française dont j'ai, témérairement peut-être pour un seul, entrepris l'édification; de cette œuvre je ne vous apporte guère aujourd'hui que ce qui concerne la mortalité étudiée à chaque âge, à chaque sexe, pour la France entière et aussi *en chaque département*, et tout particulièrement pour votre département du Rhône.

Cela est bientôt dit, *en chaque département*, mais cette analyse multiplie par 90 le travail à faire, et comme d'autre part, je tiens pour indispensable de considérer toujours des périodes de dix années, afin de dégager mes résultats des perturbations accidentelles annuelles, il en résulte que je me suis imposé des conditions de méthode qui multiplient au plus haut point le labeur, mais qui certainement augmentent d'autant la qualité et la solidité des résultats.

La plupart de ces résultats pourraient faire ici le sujet d'une communication spéciale, et, au point de vue de l'art, j'eusse beaucoup gagné à faire ainsi, puisqu'il y aurait et cadre limité et unité de sujet, tandis que je vais vous prier d'assister à une revue rapide et nécessairement sans transition de mes résultats les plus saillants.

Mais ayant, entre autre ambition, celle de trouver des sympathies et des aides pour mon œuvre, j'ai pensé que je donnerai une idée plus vraie de son étendue et de sa portée en la parcourant rapidement devant vous.

Messieurs, la statistique se prête mal à une lecture ou même à un discours, à moins de renoncer à la précision du chiffre qui en fait la force et le prix ; mais il y a un mode d'expression qui, s'adressant aux yeux, donne des impressions à la fois plus rapides et plus durables. Je me suis donc appliqué, dans l'ouvrage que je publie, à *joindre* partout aux chiffres des expressions figurées des grandeurs qu'elles représentent, et j'ai agrandi quelques-unes de ces figures, afin de pouvoir les soumettre à l'appréciation de cette assemblée [1].

Voici d'abord deux cartes de France montrant la répartition de la mortalité de l'enfance. Chaque département y est teinté d'une des neuf nuances distinctes que j'ai pu former, depuis le blanc jusqu'au noir absolu ; les teintes les plus foncées y sont représentatives des mortalités les plus intenses, et les plus claires des moindres. Cela posé, cette première carte se rapporte exclusivement à la mortalité de la première année de la vie ; deux centres de forte mortalité y sont révélés par les deux agglomérations de départements à teintes noires ou très-sombres : l'une, la plus marquée, comprend une large zone de 14 dépar-

[1] On peut se procurer ces cartes ou tableaux en s'adressant au docteur Bertillon, à Paris, rue Monsieur-le-Prince, 20. Jusqu'à ce jour 42 cartes ou tableaux ont déjà paru, 18 autres paraîtront prochainement pour compléter la *série* consacrée à l'étude de la mortalité en chaque département de la France d'avant 1871. Ils sont envoyés *franco* contre 12 fr. 50, prix de la présente série composée de 60 cartes ou tableaux ; les 42 cartes déjà parues seront envoyées tout de suite, et l'auteur y joindra en sus le spécimen, le sommaire et les conditions de sa publication, qui a pour titre : *Démographie figurée de la France*. On souscrit séparément pour chaque *série*. La série suivante sera consacrée à l'étude de la *natalité* et *matrimonialité* comparées par département, et pour la France entière comparée aux autres nations, autant que possible ; car la comparaison exige dans les enquêtes, une unité qui se rencontre rarement.

tements rangés autour du département de la Seine comme centre, et dont la mortalité, certainement élevée, est pourtant inconnue; l'autre se compose de la plupart des départements du bassin du Rhône, et notamment des départements subalpins.

La différence de mortalité entre ces sombres départements et les départements à teintes claires ou à faible mortalité (Manche, Indre, etc.), est très-considérable, et les aires comparées des trois bandes parallèles ci-jointes peuvent, par leur surface respective, en donner une idée : la petite colonne représente la moindre mortalité de la première année de la vie telle qu'elle est en moyenne dans le groupe des dix départements à fond blanc : 131 à 150 décès, soit en moyenne 144 décès par 1,000 enfants de cet âge; la plus longue représente la mortalité des dix départements teintés en noir, s'élevant en moyenne à très-peu près à 300 décès annuels par 1,000 enfants de 0 à 1 an, soit un peu plus du *double* de la mortalité des départements en blanc.

Messieurs, pour bien saisir l'importance de ces différences entre la mortalité des départements noirs (ou à forte mortalité) et ceux à faible mortalité (blancs ou clairs), permettez-moi une hypothèse qu'il ne tient qu'à nous, Français, de réaliser; supposons donc que, par des soins appropriés de l'hygiène de la première enfance, on parvienne à réduire la mortalité des vingt départements noirs où elle est le plus élevée à ce qu'elle est, — je ne dis pas dans les départements les plus clairs, mais dans les départements gris ou à mortalité aujourd'hui moyenne, — par ce seul fait, on conserverait *chaque année* environ 14,000 enfants dans la première année de leur vie! C'est, à très-peu près, la population enfantine de notre Alsace perdue! Or, Messieurs, cette hypothèse, toute gratuite qu'elle puisse paraître, est loin d'être irréalisable; ceux qui ont étudié les principales causes de la mortalité de la première enfance dans ces vingt départements les plus noirs, savent bien que la plupart de ces causes pourraient être supprimées ou singulièrement amendées. En effet, quoique les causes de la mortalité enfantine soient diverses, je crois qu'on peut rapporter presque exclusivement à l'industrie des nourrices mercenaires la noire et large zone qui entoure le département de la Seine, département dont la vitalité est généralement excellente à tout autre âge. Il y a lieu, sans doute, d'être plus réservé pour les bassins du Rhône et subalpins dont la mortalité aux autres âges est généralement au-dessus de la moyenne. Il y a là des causes plus complexes dont les connaissances exigeraient une enquête spéciale, mais dont j'espère, dès aujourd'hui, mettre quelques-unes en lumière.

La carte suivante se rapporte à la mortalité de 1 à 5 ans; elle donne une distribution très-remarquable des départements à forte mortalité; vous les voyez régulièrement rangés par un double contour sur les bords de la Méditerranée. C'est un arrangement aussi singulier que constant, car on le retrouve tous les ans; et il y a vingt ans comme aujourd'hui! Et pourtant c'est un fait qui, avant ces recherches, n'était pas même soupçonné. Cependant, Messieurs, la différence de mortalité entre ces départements méditerranéens à fond noir et ceux à fond blanc ou clair est considérable. Tout à l'heure, pour la première année de la vie, nous avons vu cette différence être du double; ici, elle est du *triple!* — Je l'ai figurée dans les trois petites colonnes ci-jointes, dont les aires, ou plus simplement les hauteurs respectives sont proportionnelles : 1° la plus petite, à la mortalité des dix départements blancs ou les mieux partagés et qui, à cet âge de 1 à 5 ans, ne perdent guère annuellement que 22 décès par 1,000 enfants; 2° la plus haute à la mortalité des dix départements noirs frappés de la plus lourde mortalité, environ 63 par 1,000, en moyenne, mais s'élevant de 70,4 dans le Gard et à 77 dans les Pyrénées-Orientales! Enfin, ces différences ont une telle importance que si, par des mesures prophylactiques on parvenait à modérer cette extraordinaire exagération et, par exemple, à ramener cette mortalité évidemment exorbitante des vingt départements les plus sombres à ce qu'elle est dans les départements à fond gris ou à mortalité moyenne, on ferait encore une économie annuelle de près de 12,000 enfants à l'âge charmant entre tous, de 1 à 5 ans. Cependant, pour avoir quelque prise sur ce tribut mortuaire, il faudrait savoir les causes qui déterminent son aggravation. On a dit que la statistique ne pouvait que découvrir les faits et non leurs causes; j'espère pourtant, Messieurs, vous montrer dans un instant une investigation statistique révélatrice de la cause présidant à l'aggravation de la mortalité enfantine en Provence, en Languedoc, etc.

Cependant, il y a d'autres centres de forte mortalité, le centre limousin (Haute-Vienne), puis le Finistère, puis, au nord, les départements de grande industrie, la Seine-Inférieure, le Haut-Rhin, le département du Nord, chez lequel s'ajoute l'influence flamande [1].

Messieurs, par une succession de cartes de cet ordre, dont 42

[1] Dans notre étude de la population belge (article BELGIQUE, du *Dictionnaire encyclopédique des sciences médicales*), nous avons montré, preuves en mains, les funestes influences qui pèsent aujourd'hui sur les populations flamandes et nous avons pu, en forme de conclusion, terminer ainsi notre article : « Mortalité rapide, petites tailles, scrofuleux, cancéreux, phthisiques, sourds-muets, aveugles, aliénés, criminels, conscrits illettrés, indigents ; elles ont tous les maxima, même celui des couvents, ces pauvres et illustres Flandres! »

sont déjà publiées, j'ai montré la distribution de la mortalité en chaque département et pour chaque sexe aux âges successifs de 5 à 10, de 10 à 15, de 15 à 20, de 20 à 30, de 30 à 40, de 40 à 50, de 50 à 60, enfin, de 60 et au delà.

Je ne puis évidemment vous entretenir de chacune de ces cartes, bien que chacune présente des faits nouveaux et dignes d'intérêt. Mais heureusement qu'au point de vue général du groupement géographique des départements à forte et à faible mortalité, il n'y a guère que quatre groupes d'âge qui donnent des arrangements vraiment différents : deux pour la première enfance, que je vous ai soumis; une autre distribution qui (à quelques exceptions près) se retrouve *et* dans la seconde enfance, *et* dans l'adolescence, et à l'apogée de l'âge adulte; enfin, un autre et dernier arrangement pour la vieillesse au-delà de 60 ans.

Voici l'arrangement du milieu de la vie (30 à 40 ans; c'est la vingt-troisième carte de ma publication). — Messieurs, si je pouvais faire passer sous vos yeux la distribution de la mortalité de 20 à 30 ans, qui précède cet âge, et de 40 à 50 qui le suit, vous verriez qu'elles sont presque identiques avec celle-ci, qui pourtant ne s'applique dans tous ses détails qu'à l'âge de 30 à 40.

Dans toutes vous constateriez ces mêmes circonscriptions noires : l'une bien limitée, bien concentrée dans la Bretagne; l'autre, plus étendue mais moins foncée, moins régulière et présentant plusieurs noyaux : le plus marqué comme le plus constant est le Limousin, par ses deux départements, la Haute-Vienne et la Corrèze, ensuite le Puy-de-Dôme, la Haute-Loire, le Rhône et le bassin du Rhône qui (Vaucluse excepté) est assez mal partagé, mais notamment les départements subalpins, avec le Var et les Bouches-du-Rhône; enfin, il faut citer aussi la Corse qui, depuis l'âge de 10 ans jusqu'à 60, est partout du plus beau noir, c'est-à-dire frappée de la plus forte mortalité; aussi, de 30 à 40 ans, sous le rapport de la vitalité, elle occupe le quatre-vingt-huitième rang; le Finistère seul vient après elle. Partout aussi deux centres blancs ou clairs; l'un comprenant le bassin de la Garonne, l'autre le bassin de la Seine et de la Meuse; partout aussi les six angles saillants que forme le territoire français normal, sont occupés par des départements noirs ou foncés; partout vous verriez (de 15 à 60) la Touraine (Indre-et-Loire) et les départements circonvoisins d'une teinte grisâtre, indice d'une mortalité moyenne, et séparant à demi la zone noire ou foncée qui traverse obliquement la France du nord-ouest au sud-est ou de la Bretagne aux départements alpins et comprenant presque tous les départements de forte mortalité aux âges de travail et de reproduction.

D'ailleurs, Messieurs, pour ces adultes comme pour l'enfance, ce ne sont pas de faibles différences qui séparent les départements à faible et à forte mortalité, c'est presque toujours une différence de 2 : 1 ; la mortalité des dix départements à fond noir étant généralement le double de celle des départements à fond blanc. D'ailleurs, les surfaces respectives des trois colonnes figurées ci-contre traduisent fidèlement ce rapport pour l'âge de 30 à 40 ans, la plus petite représentant par sa hauteur la mortalité moyenne des dix départements à fond blanc (6 à 7 décès annuels par 1,000 vivants de 30 à 40 ans) ; la plus haute, celle des dix départements à fond noir (12 à 13 décès par 1,000 vivants), et la colonne intermédiaire représentant la mortalité moyenne de la France entière à cet âge (9,23 décès par 1,000 vivants).

Messieurs, si nos efforts (je parle non-seulement des miens, mais je crois pouvoir parler de ceux-mêmes de notre *Association française pour l'avancement des sciences)*, si, dis-je, nos efforts pour le rapide progrès des sciences a pour effet, dans un temps plus ou moins prochain, de substituer l'esprit et les mœurs scientifiques à l'esprit de routine qui nous domine encore, si nous parvenons à faire pénétrer avant dans l'opinion publique le pouvoir de la science, il est peu probable qu'on se résigne à ignorer pourquoi, aux âges adultes, où la vie semble aussi solide qu'elle est précieuse, pourquoi, dis-je, il est des départements *(toujours* les mêmes) où la mortalité est constamment le double de ce qu'elle est dans certains autres ; et pour cela il suffirait, sans doute, d'obtempérer sérieusement aux vœux des hauts conseils du gouvernement, à ceux de l'Académie de médecine et à ceux du Comité consultatif d'hygiène publique de France, c'est-à-dire de créer une enquête sérieuse des causes de décès, avec renseignements sur la profession, l'état civil, le degré d'aisance, l'habitat, etc., etc. Alors, Messieurs, les causes des formidables différences signalées seraient mises à nu, et il serait bien extraordinaire que nous fussions sans pouvoir sur aucune d'elles. Supposez seulement que, par les efforts de la science, un certain nombre de ces causes malfaisantes pût être atténué, et que, dans nos vingt départements les plus maltraités, le tribut mortuaire fût réduit, je ne dis pas à ce qu'il est dans les départements à fond blanc, mais à celui qui existe dans les départements à fond gris ou à mortalité moyenne, cette seule atténuation, appliquée seulement aux adultes de 15 à 40 ans, nous conserverait, *chaque année*, 13 à 14,000 jeunes existences, aujourd'hui dévolues en excès et comme indûment à la mort.

Je ne puis m'arrêter sur l'âge suivant, 40 à 50 ans, ni sur celui de 50 à 60 ans. Je passe tout de suite à la distribution de la mortalité sénile, je veux dire au-delà de la soixantième année. Je mets sous vos yeux la carte qui représente cette distribution (vingt-neuvième carte de ma publication).

Vous remarquerez qu'à cet âge c'est dans le bassin de la Seine que se rencontre la vitalité la plus assurée, tandis que les départements du bassin de la Garonne et de la Gironde qui, aux âges précédents, avaient en majorité un fond blanc ou clair, se sont singulièrement assombris. Le département de la Gironde notamment, qui, jusqu'à cet âge, présentait les teintes les plus claires, est devenu entièrement noir. Vous voyez que le Rhône est également mal partagé, moins cependant que son voisin l'Isère, qui occupe le dernier rang et où la mortalité des vieillards est telle que, sur 1,000 habitants âgés de plus de 60 ans, 92 ou 93 succombent chaque année, tandis que, dans la Meuse, on n'en compte que 55. Mais comment se fait-il que, par un mouvement inverse de celui que j'ai signalé pour le département de la Gironde, l'Ardèche, l'Hérault et surtout les Bouches-du-Rhône qui, jusqu'à cet âge, ont eu à supporter une si lourde mortalité, soit maintenant parmi les départements qui conservent le mieux leurs vieillards? C'est encore ce que nous apprendrait l'enquête des causes et circonstances des décès dont je vous ai parlé plus haut. En attendant, ne croyez pas que ces retours de faible mortalité dans le jeune âge, à lourde mortalité dans la vieillesse, comme il arrive à la Gironde, ou, inversement, de forte mortalité dans le premier cours de la vie et de faible mortalité à l'âge de retour, comme il arrive à l'Ardèche, à l'Hérault, aux Bouches-du-Rhône et même à la Corse, soit une loi de compensation quelque peu générale; je vais tout à l'heure vous montrer des départements où tous les âges sont frappés d'un lourd tribut mortuaire, et d'autres où tous sont relativement épargnés.

Cependant, si, comme je l'ai fait dans ma publication, on joint à cette étude, qui confond les deux sexes, la mortalité comparée de chaque sexe, on arrive à une disposition très-remarquable. Ainsi, pour les vieillards, tous ces départements à fond blanc du bassin de la Seine, c'est-à-dire à faible mortalité générale (des deux sexes) sont remarquables en ce que la mortalité du sexe masculin y dépasse (de 5 à 10 $^0/_0$) la mortalité féminine, tandis que le contraire a lieu dans la plupart des départements à fond noir et notamment pour les départements subalpins; c'est la mortalité des femmes qui dépasse de 10 à 20 $^0/_0$ celle des hommes. Ainsi, ces départements alpins qui sont si noirs (c'est-à-dire ont une si forte mortalité) doivent leur teinte à la mortalité des femmes encore plus qu'à celle des hommes, qui y sont *relativement* épargnés; le département des Basses-Alpes est particulièrement remarquable sous ce rapport; aussitôt après la première enfance, les femmes y succombent constamment plus que les hommes; ainsi, de 30 à 40 ans, sur un même nombre de vivants de chaque sexe, quand il meurt 100 femmes, il ne succombe que 61 hommes; à l'âge suivant, il n'y a encore que 74 décès masculins, ainsi de suite.

Cependant, Messieurs, ayant ainsi étudié pour chaque âge la mortalité de chaque département comparée à celle de tous les autres, j'ai pensé qu'il ne serait peut-être pas sans intérêt de comparer la mortalité de chaque département à elle-même aux différents âges, de sorte qu'on ait pour chaque département l'histoire simultanée de sa mortalité aux époques successives de la vie. Mais le tableau où tous ces faits sont figurés a plus de deux mètres de long; il est d'un transport et d'un maniement difficile, c'est pourquoi j'en ai extrait deux petits tableaux, plus maniables, mais ne comprenant chacun que 20 départements types, plus 6 départements du bassin du Rhône, qui, voisins de votre grande cité, m'ont paru devoir vous intéresser.

Voici un premier tableau montrant d'un seul coup d'œil la mortalité de chaque âge en 26 départements.

Je prie d'abord de remarquer que dans ces tableaux chaque bande horizontale s'applique à un même département et y représente, par les teintes successives des rectangles qui la composent, l'intensité de la mortalité qui lui est propre à chaque groupe d'âge, relativement à la mortalité au même âge dans les autres départements, et que chaque colonne verticale correspond à un des dix groupes d'âge que j'ai étudiés.

Il résulte de cette disposition, analogue à la table de Pythagore, un certain nombre de rectangles qui, par la bande horizontale, appartiennent à un département et par la colonne verticale à un âge déterminé (0 à 1, 1 à 5, 5 à 10, etc.; 60 à 100); or, la teinte de chacun de ces rectangles indique le rang que le département occupe parmi tous les autres, sous le rapport de sa mortalité à l'âge auquel appartient le rectangle.

Ainsi, voilà le département des Bouches-du-Rhône : si le dernier rectangle vers la droite, représentatif de la mortalité au delà de 60 ans, est en blanc, tandis que la plupart des rectangles qui le précèdent ou correspondent à des âges moindres sont noirs, évidemment cela ne veut pas dire que dans les Bouches-du-Rhône la mortalité des vieillards y est moindre que celle des adultes ou des adolescents; mais ce fond blanc indique que la mortalité des vieillards des Bouches-du-Rhône y est une des moindres de France, ou que, au point de vue de la conservation de ses vieillards, les Bouches-du-Rhône est un des dix départements les plus favorisés de France; de même, si dans la Haute-Loire vous voyez les teintes se foncer assez régulièrement après la première année de la vie jusqu'à l'âge mûr, ce n'est pas pour indiquer que la chance de mort va nécessairement croissant d'une extrémité à l'autre de la vie, mais que ce département, comparé à tous les autres, occupe un bon rang quand il s'agit de la vitalité de ses enfants de 1 à 5 ans, de 5 à 10 ans (teintes grises), tandis que les teintes foncées des rectangles suivants (mais surtout ceux correspondant aux âges de maturité, 40 à 60 ans) montrent qu'aux âges de travail et de production la mortalité relative de la Haute-Loire va toujours s'aggravant d'âge en âge, et se place de 40 à 60 ans parmi les dix départements de France où la mortalité est la plus intense.

Ces explications données, vous remarquerez, Messieurs, qu'il y a des départements où la mortalité sévit presque également à tous les âges et qui se placent à tous les âges au dernier rang, tels que les Hautes-Alpes, la Corrèze, et, en exceptant la première enfance, la Haute-Vienne, le Finistère.

Il y en a, au contraire, où la mortalité est des plus faibles à tous les âges, comme les Ardennes et (la première année de la vie exceptée par suite des nourrissons parisiens) l'Aube, l'Yonne, la Haute-Marne.

Il y en a qui occupent un bon rang dans l'enfance et dans l'adolescence, mais qui le perdent pour les adultes ou pour les âges mûrs, tels que le Doubs, le Jura, la Haute-Loire.

Il y en a dont le mouvement est inverse, qui offrent une mortalité des plus considérables pour leurs jeunes gens et deviennent protecteurs des âges mûrs ou avancés; c'est ce qu'on voit dans l'Hérault, dans les Bouches-du-Rhône, où l'âge mûr seul est privilégié, etc., etc.

Enfin, Messieurs, je m'arrête sur un département qui, évidemment, vous intéresse particulièrement, sur le département du Rhône.

Dans le rectangle correspondant à la première année de la vie, j'ai mis un X, symbole de mon ignorance. A en croire les chiffres officiels, la mortalité de cette première enfance à Lyon serait des plus modérées et mériterait une teinte très-claire et même blanche (9e rang), mais en songeant aux causes qui empêchent de pouvoir apprécier la mortalité du département de la Seine (l'envoi en nourrice de près de la moitié des nouveaux-nés [1]), nous avons pensé que la ville de Lyon devait, par des usages analogues, entacher gravement la comptabilité de la mortalité de cette première enfance, de 0 à 1 an et peut-être encore de 1 à 5 ans, et nous avons renoncé à une détermination que

[1] D'où il résulte qu'à procéder comme pour les autres départements, on trouverait à Paris à peine 170 décès de 0 à 1 an par 1,000 naissances vivantes, tandis que, d'après les corrections les plus modérées faites par M. Husson, il y en aurait 243.

peut-être quelques-uns des savants médecins qui m'écoutent voudront m'aider à essayer. Quoi qu'il en soit, vous voyez que, jusqu'à 10 ans, la mortalité de ce département *ne semble pas* s'élever au-dessus de la moyenne; mais, dès l'âge suivant (de 10 à 15), et surtout de 15 à 30 ans, la mortalité y est au maximum, et si de 30 à 40 ans et aux âges suivants il occupe une place un peu moins mauvaise, il la reprend au delà de la soixantième année. C'est d'ailleurs, à peu près, l'histoire de la mortalité du département de la Seine, encore plus généralement élevée.

D'ailleurs vous noterez, Messieurs, que les autres départements voisins, soit du bassin de la Loire, soit de celui du Rhône (excepté Vaucluse), sont également remarquables par la forte mortalité qui décime tous les âges. C'est ainsi que, dans ce tableau, vous pouvez voir que la Loire, que l'Isère, sont encore plus mal partagés que le Rhône malgré sa grande ville et son industrie si redoutable à la vitalité.

Voici un second tableau construit sur le même plan, mais destiné à montrer d'un seul coup d'œil la mortalité *relative* des deux sexes, toujours en chaque département et à chaque âge.

Comme dans le précédent, chaque département y est représenté par une bande horizontale, et chaque âge par une colonne verticale; mais les teintes des rectangles, au lieu de dénoncer le rang que la mortalité *absolue* des deux sexes pris ensemble donne au département, indiquent le rang que lui assigne la mortalité relative des hommes comparée à celle des femmes : plus la teinte est foncée, plus la mortalité relative des hommes l'emporte sur celle des femmes du même âge, et plus elle est claire et se rapproche du blanc, plus la mortalité des femmes l'emporte sur celle des hommes; — les teintes grises marquant à peu près égalité dans la mortalité des deux sexes. Par exemple, si dans l'Ariége le rectangle représentatif de la mortalité de 20 à 30 ans est noir, ce n'est pas que la mortalité de l'un ou de l'autre sexe y soit considérable; elle y est assez faible, au contraire; mais à cet âge, la mortalité des hommes y dépasse de beaucoup celle des femmes puisque, sur un même nombre de vivants de chaque sexe, pour 100 décès de jeunes femmes, on en compte 140 de jeunes hommes; inversement, dans le département du Pas-de-Calais, si le rectangle correspondant à la bande de 20 à 30 ans est en blanc, ce n'est pas que la mortalité des deux sexes à cet âge soit des moindres (elle est moyenne), mais que la *mortalité* des femmes y est notablement supérieure à celle des hommes (dans le rapport de 100 : 87).

Cela convenu :

On verra qu'il y a des départements où à tous les âges (la première année de la vie exceptée) la mortalité des femmes est toujours plus élevée que celle des hommes ; comme les Basses-Alpes, la Lozère, etc.

Il en est d'autres où c'est le contraire, où la mortalité des hommes dépasse à tous les âges celle des femmes : comme dans les Côtes-du-Nord, le Var (le dernier âge excepté), la Corse (le premier et le dernier âge exceptés).

Il en est où les hommes succombent plus que les femmes au début et à la fin de l'existence ; mais, dans tout le reste du cours de la vie, ce sont les femmes qui payent le plus gros tribu (Somme, Aude), ou bien c'est la disposition inverse (Corrèze, Aveyron).

Il y en a quelques-uns où l'âge de la parturition chez la femme (de 15 à 20, de 20 à 30) est marqué par un accroissement soudain de la mortalité féminine (Seine, Seine-et-Oise, Pas-de-Calais, Aude, Ain).

Mais il y en a où, à ce même âge de 20 à 30 ans, et malgré les dangers de la maternité qui pèsent sur la femme, c'est l'homme qui succombe le plus (Hautes-Alpes, Ariége, Isère et aussi Rhône), et c'est là un fait insolite dont il importerait beaucoup de pénétrer les causes, puisque un trait particulier et des plus fâcheux de la mortalité des jeunes Français, c'est justement de voir croître tout à coup leur mortalité de 20 à 25, de 25 à 30 ans au-delà de ce qu'elle sera de 30 à 35, de 35 à 40 ans !

Messieurs, cet accroissement de la mortalité de nos jeunes hommes me paraît un fait si important que vous me permettrez d'y insister un moment, et d'autant plus que vous allez le voir très-prononcé dans votre département du Rhône, et que cette étude m'amène à comparer plus analytiquement, et par périodes de cinq ans, la mortalité du département du Rhône avec celle de la France entière. Un coup d'œil sur le tableau que je mets sous vos yeux vous fera saisir d'un seul regard les profondes et constantes différences qui existent au détriment du département du Rhône, entre celui-ci et la France entière, au moins après la dixième année, âge où les documents sont plus certains.

Vous voyez que ce tableau se compose d'une série de colonnes verticales (voyez les tableaux XXXIV et XXXV de ma *Démographie figurée*) correspondant à chaque âge (de 0 à 1 an, de 1 à 5, de 5 à 10, de 10 à 15, de 15 à 20, de 20 à 25, de 25 à 30, etc., de 5 ans en 5 ans d'âge), et dont les hauteurs respectives sont proportionnelles à la mortalité : 1° de la France entière par les sommets gris ; 2° du département du Rhône par les sommets rouges.

D'ailleurs, le tableau suivant est l'expression numérique et précise du tableau figuré.

TABLES DE MORTALITÉ

MORTALITÉ COMPARÉE, A CHAQUE AGE, DE LA FRANCE (1857-1866) ET DU DÉPARTEMENT DU RHONE (1859-1868)

Sur 1,000 vivants de chaque catégorie (d'âge, de sexe et d'habitat), combien de décès annuels à chaque groupe d'âge pour les colonnes [1 *et* 2] [4 *et* 5] [7 *et* 8]

Nota. — Aux âges extrêmes : avant 5 ans dans le Rhône, et après 60 ou 90 ans, les documents ne sont pas assez exacts ou les nombres sont trop restreints pour qu'on puisse en déduire la mortalité avec quelque précision.

GROUPE D'AGES	HOMMES			FEMMES			DEUX SEXES		
	FRANCE [1]	RHÔNE [2]	LA MORTALITÉ de la France étant 100, celle du Rhône devient : [3]	FRANCE [4]	RHÔNE [5]	LA MORTALITÉ de la France étant 100, celle du Rhône devient : [6]	FRANCE [7]	RHÔNE [8]	LA MORTALITÉ de la France étant 100, celle du Rhône devient : [9]
0 à 1	222	∞	∞	187,4	∞	∞	217	∞	∞
1 à 5	34,8	∞	∞	35	∞	∞	34 7	∞	∞
5 à 10	8,4	7,6	?	8,8	8,4	?	8.6	8	?
10 à 15	5	5,1	102	6	7	116,5	5.5	6	109
15 à 20	6,9	9,1	132	7,8	10,3	134	7.4	9.7	133
20 à 25	10,6	14,6	138	9	11,6	128	9,8	13,1	133
25 à 30	8,4	10,8	128,5	9,2	12,3	133	8.8	11.5	131
30 à 35	8,4	9,8	115,5	9,8	12,6	128,5	9 1	11,2	121
35 à 40	9	11	121,5	9,9	12,4	126	9,4	11.6	124
40 à 45	11,2	14	125	11	13,8	125,5	11,1	13.9	125
45 à 50	13,4	16,2	121	12,1	15,1	125	12,8	15.7	123
50 à 55	18	22,4	122	16,1	20,5	128	17	21,5	126.5
55 à 60	24,1	29,6	123	21,4	28,2	132	22,7	28,9	127,5
60 à 65	37,9	47,2	124	34,5	44,8	130	36.1	46	127
65 à 70	52,6	71,2	135	51	65,7	128	51,8	68,5	132
70 à 75	81	101	123	83,7	115,2	137	82.4	108	131
75 à 80	129,5	141,2	»	125,9	157,8	»	127,6	149,6	»
80 à 85	212,4	215,8	»	199,1	233	»	209,8	224,4	»
85 à 90	273,1	308	»	264,2	311	»	268,2	310	»
95 à ω	∞	∞	»	∞	∞	»	∞	∞	»

On voit : 1° qu'à partir de la dixième année, où les documents commencent à prendre quelque certitude, la mortalité du département du Rhône l'emporte, à chaque âge et pour chaque sexe, sur celle de la France entière ; 2° par la colonne [9] que, pour les deux sexes pris ensemble, c'est de 15 à 20, de 20 à 25, et encore de 25 à 30 que cette différence est à son maximum, puisqu'à ces âges quand, sur un même nombre de vivants, il meurt 100 personnes en France, il en meurt environ 133, ou 1/3 en sus, dans le département du Rhône ; 3° qu'aux âges suivants jusqu'à 60 et même 70 ans, l'accroissement de la mortalité se maintient avec une régularité fort remarquable entre le cinquième et le quart en sus, toujours au détriment du Rhône, et que dans la vieillesse la nocuité plus grande du Rhône s'accentue et se rapproche de ce qu'elle était de 15 à 30 ans ; 4° enfin, par l'examen comparé des colonnes [3] et [6], on voit que pour les hommes, c'est de 20 à 25 que la différence est le plus considérable et le plus préjudiciable à la jeunesse mâle du département du Rhône; puis de 15 à 20, et encore de 25 à 30; pour les femmes du Rhône dont la mortalité l'emporte presque à tous les âges sur celle des hommes (20 à 25 excepté), c'est de 15 à 20, puis de 25 à 30, que leur mortalité l'emporte le plus sur celle de la France en général.

Cependant il faut insister surtout sur cet accroissement si anormal de la mortalité de nos jeunes hommes de 20 à 25 ans, accroissement si intense qu'il faut dépasser en France la quarantième année, et dans le Rhône la quarante-cinquième année d'âge pour retrouver une mortalité égale à celle de nos jeunes hommes de 22 ans ! de sorte qu'un homme de 40 ans en France et de 45 ans dans le département du Rhône a moins de chance de mourir dans l'année qu'un jeune homme de 22 ans ! C'est un paradoxe biologique, une anomalie des plus singulières et qu'on ne retrouve ni en Angleterre, ni en Suède, et seulement très-faiblement accusée en Belgique et dans le canton de Genève, tandis qu'elle est extrêmement prononcée chez nous et surtout dans votre département. Si cet accroissement évidemment pathologique de la mortalité de nos jeunes hommes, commençant avant 20 ans et ne prenant fin qu'après 36 ans, n'existait pas ; si, comme il est normal, comme elle fait en Angleterre, en Suède, etc., la mortalité croissait régulièrement de 12 à 40 ans, plus de 11,000 jeunes hommes (dont 8,000 de 20 à 30 ans) qui chaque année succombent en excédant de cette régulière progression nous seraient conservés ! Il y a donc une indication pressante d'étudier les causes de cette funèbre anomalie, et il y aurait sans doute quelque chance de les découvrir plus facilement dans les départements où elles paraissent avoir leur maximum d'effet, comme dans l'Ariége, les Hautes-Alpes, l'Isère, le Rhône, où l'aggravation soudaine de la mortalité masculine de 20 à 30 ans est le plus marquée.

Cependant, Messieurs, j'ai voulu pousser un peu plus loin la comparaison de la mortalité et de ses résultats dans le département du Rhône et en France en général, et je me suis demandé ce que deviendrait une population soumise de la naissance à la mort à la mortalité constatée en France d'une part et dans votre département de l'autre. Ce problème se résout en dressant, d'après les règles mathématiques que j'ai exposées ailleurs et par la construction, des tables de survie [1]. C'est ce que j'ai exécuté ci-après.

1 Voyez : soit le *Dictionnaire de médecine* de Littré et Robin, édition de 1865 ou de 1873; soit le *Journal de la société de statistique de Paris*, mars 1866 ; ou mieux le compte rendu du congrès médical tenu à Bordeaux en 1865 dans lequel on trouvera une table de survie du départe-

TABLES DE SURVIE DE LA FRANCE ET DU DÉPARTEMENT DU RHONE COMPARÉES, CALCULÉES SUR LES TABLES DE MORTALITÉ PRÉCÉDENTES

Sur 1,000 enfants de 5 ans révolus, combien survivent à chaque âge ?

AGES PRÉCIS DES SURVIVANTS	HOMMES SURVIVANT		FEMMES SURVIVANT		DEUX SEXES	
	FRANCE	RHÔNE	FRANCE	RHÔNE	FRANCE	RHÔNE
5	1000	1000	1000	1000	1000	1000
10	958-7	962-6	956-8	958-9	957-8	960-8
15	935	938-8	928-5	925-8	931-8	932-3
20	903-2	897-1	893-3	879-2	898-2	888-1
25	856-6	833-8	854	829-9	855-3	832
30	821-4	790	815-5	780-6	818-6	784-5
35	787-5	752-4	776-5	733	782-2	741-8
40	753-2	712-3	789-2	689	746-3	699-8
45	712-3	664-2	699-6	643-1	706	652-9
50	666-2	612-4	658-5	596-3	662-3	603-7
55	608-9	547-4	607-8	538-3	608-3	542-4
60	539-7	472	546-1	467-3	543	469-6
65	446-2	372-3	459-6	373	453	372-1
70	342-7	259-9	355-6	267-8	349	263-7
75	226-9	155-9	232-8	148	229-2	151-9
80	117-7	75-6	123-4	65-5	120-2	70-4
85	38-3	24-1	43-7	18-5	39-6	21-1
90	9-2	4-4	11	3-3	9-8	3-9
ω	0-0	0-0	0-0	0-0	0-0	0-0

Ainsi, sur 1,000 enfants de 5 ans, il reste encore à 60 ans, près de 540 hommes vivants en France ; mais il n'en reste plus que 472 dans le département du Rhône ; de même il survit encore 546 femmes à 60 ans en France ; mais seulement 467 dans le département du Rhône. Il résulte encore de ces tables que la *vie probable* (ou mieux *âge médian*, celui auquel la moitié des vivants du premier âge considéré ont déjà succombé) est environ : en France, de 62 ans pour les hommes, et de 62 ans 1/2 pour les femmes ; mais dans le département du Rhône, de 58 ans pour les hommes, et seulement de 57 ans 8 mois pour les femmes.

Enfin, pour résumer en un seul terme les résultats des diverses chances de vie et de mort qui pèsent sur chaque âge, il y a en démographie une valeur appelée *vie moyenne* de même ordre que l'*espérance mathématique* dans le calcul des probabilités. C'est le nombre d'années de vie qui reviendrait à chacun à un âge déterminé, si, à cet âge, on partageait également les années qui restent à vivre entre tous ceux du même âge d'un grand pays. D'ailleurs, il faut bien se garder,

ment de la Gironde. On a longtemps appelé improprement les tables de survie tables de mortalité ; mais c'est une confusion avec les tables de mon premier tableau, véritables tables de mortalité, qui n'est plus permise depuis que M. Guillard a créé l'expression si heureuse de *Table de survie*.

à l'exemple de la *Statistique de France* publiée par le ministère du commerce, de confondre cette mesure théorique, mais précise, avec l'âge moyen des décédés, mesure fallacieuse, et en France, toujours moindre que la vie moyenne (voyez la note ci-dessous) ; c'est une erreur de novice qu'on regrette de retrouver dans les publications officielles. Ainsi on peut dire que la *vie moyenne*, à un âge donné, résume en un seul nombre les chances de vie et de mort qui, à partir de cet âge, pèsent sur l'existence; à ce titre surtout, c'est une valeur commode quoique laborieuse à déterminer. Or, d'après la mortalité observée à chaque âge successif, à partir de la cinquième année, en France (période 1857-66) et à part dans le département du Rhône (période 1859-68), la part ou l'espérance de vie d'un enfant arrivé à la fin de sa cinquième année ou *vie moyenne* à 5 ans est :

1° En France : 51 ans et 15 jours, si c'est un petit garçon; 50 ans et 320 jours, si c'est une petite fille. Ainsi en moyenne, en France, l'enfant qui a atteint sa cinquième année mourra à l'âge de 56 ans 15 jours, si c'est un garçon, et de 55 ans 320 jours, ou seulement plus jeune de 2 mois, si c'est une fille.

2° Dans le département du Rhône, la vie moyenne à 5 ans est de : 47 ans 288 jours, si c'est un garçon, et 46 ans 344 jours, si c'est une fille ; l'âge moyen du décès du premier sera donc de 52 ans 288 jours, et celui de la seconde de 51 ans 344 jours, c'est-à-dire que celle-ci mourra plus jeune d'au moins 10 mois (309 jours).

Mais en outre, on voit qu'il y a un peu moins de 4 ans (3,94) de vie à espérer pour les enfants de 5 ans de l'un et l'autre sexe dans le département du Rhône qu'en France en général.

Messieurs, je suis obligé d'abréger cette revue ; je dirai seulement qu'un des points les plus remarquables dans les diverses allures de la mortalité, en chaque département, c'est leur constance dans chaque localité, de sorte qu'on les retrouve dans les périodes successives que l'on étudie et le plus souvent même en chacune des années qui composent ses périodes. A des faits si constants il faut des causes constantes. Quelles sont donc ces causes?

Pour répondre sans quitter le terrain solide de l'observation, il me faudrait des relevés de décès selon les professions, les mois, les degrés d'aisance, enfin selon les maladies causes de décès, dont l'Académie de médecine, dont le *Comité consultatif d'hygiène publique de France*, ont demandé l'établissement, mais que l'on n'a pas établis! Si au moins j'avais, *en chaque département*, l'enquête des décès selon les professions, selon les mois de l'année ! J'ai bien ce dernier relevé, mais pour la France entière et à part pour le seul département de la Seine, mais non pour chaque département. Tel qu'il est, je l'ai pourtant interrogé et le résultat de cet examen m'a paru très-digne d'intérêt.

J'ai figuré dans les tableaux XXXVII à XLII de ma publication, et j'en ai agrandi les résultats les plus saillants dans ce tableau, chaque groupe teinté se rapporte à un des âges étudiés, — le premier à l'âge de 0 à 1 an, le second à l'âge de 1 à 5 ans, puis de 5 à 10, et de 10 à 20 ans ; — nous avons négligé dans cette reproduction les âges du milieu de la vie, moins impressionnés par l'influence des saisons, aussi la bande supérieure se rapporte aux vieillards, à la population âgée de plus de 60 ans.

De 90 ans à la fin de la vie, au-dessus du premier âge, puis à la suite de 80 à 90; de 70 à 80; de 60 à 70.

Chacun de ces groupes teintés se compose de 12 colonnes répondant aux douze mois de l'année : janvier, février, mars... décembre; leur hauteur respective est proportionnée aux décès qu'une même population de chaque groupe d'âge fournit chaque mois, ou plutôt fournirait si les mois étaient égaux en jours, c'est-à-dire que ces hauteurs sont proportionnelles à la mortalité ; mais il y a deux hauteurs : l'une, au niveau des sommets rougis, s'applique au département de la Seine, l'autre, au niveau des sommets grisés, se rapporte à la province.

Cela posé :

Il est manifeste en ce qui concerne la 1re année de la vie et notamment pour la province (sommet gris), que ce sont les mois d'août et de septembre, c'est-à-dire la fin de l'été, qui sont les mois de grande mortalité, tandis que les mois de mai et de novembre, sont ceux de faible mortalité; et la différence est si considérable que la hauteur de la colonne de mai ou novembre, soit la mortalité de ces mois, est à la hauteur ou mortalité d'août comme 100 : 260; mais, dans le département de la Seine, cette différence n'est que de 100 : 206.

A l'âge suivant, de 1 à 5 ans, même conclusion ; en province, c'est encore les mois d'août et de septembre qui ont les hautes colonnes ou les hauts chiffres de décès, le mois de septembre qui a le moindre, et bien qu'à cet âge, où la vie s'est déjà consolidée, les influences mensuelles se soient un peu atténuées, elles restent encore considérables, puisque en province (teinte grise), la différence entre le mois minimum (décembre) et le mois maximum (septembre) est encore comme 100 : 475 ; cependant il devient encore plus manifeste qu'à Paris les chaleurs de l'été, déjà moins funestes dans la 1re année de la vie ne le sont presque plus de 1 à 5 ans : le mois d'août seul a encore un léger maximum, mais c'est la fin de l'hiver et le premier printemps, février, surtout mars, puis avril, qui sont les mois de plus forte mortalité. On se rend parfaitement compte de la différence des funestes effets des chaleurs de l'été en province et à Paris, en songeant que la Seine occupe plutôt le nord de la France et jouit d'un climat infiniment plus tempéré que le midi de la France ; il est donc plus naturel que la funeste influence des chaleurs et des sécheresses de l'été sur la santé des petits enfants y soit moins marquée que dans le reste de la France dont la température moyenne est plus élevée.

Que serait-ce donc, Messieurs, si je pouvais comparer non plus la Seine et la France entière, mais la France du nord et celle du midi. Malheureusement les documents publiés par l'administration ne permettent pas cette analyse. Cependant, Messieurs, si vous voulez vous rappeler la distribution si singulière des départements à forte et à faible mortalité de l'enfance, et notamment de 1 à 5 ans, et cette parfaite régularité des départements les plus noirs bordant les rives de la Méditerranée et faisant face au continent africain, vous serez amenés à regarder comme très-présumable que c'est au ciel ardent de la Provence et du Languedoc qu'est dû l'accroissement considérable de la mortalité enfantine, puisque dans la France entière nous voyons l'été leur être si préjudiciable. Messieurs, je ne puis m'arrêter ; combien il m'en coûterait cependant de ne pas signaler l'imprévu du fait que je vous dénonce : l'extrême nocuité des étés, et l'*innocuité relative* des hivers pour la première enfance, et montrer combien ces résultats sont peu d'accord avec les opinions régnantes ! Et pourtant, Messieurs, une excursion hors la France, la mortalité comparée de l'enfance en Suède d'une part (où elle est bien inférieure à la mortalité de la France), et, d'autre part, celle de notre Algérie où elle est bien supérieure, et surtout celle de l'Égypte ou succombent avant leur 5e année *tous* les enfants européens, établirait que le fait que je dénonce est très-général. Je suis obligé de passer maints détails importants : c'est ainsi qu'ayant recherché cette influence mensuelle sur la mortalité de chaque sexe, je l'ai trouvée, pour la 1re année, notablement plus accentuée pour les petites filles que pour les petits garçons, etc., etc., ainsi qu'on le verra dans les cartes XXXVII et VIII de ma *Démographie figurée*.

Enfin, Messieurs, je ne puis que signaler en passant la bande supérieure du même tableau ; elle représente les mêmes influences mensuelles à l'autre extrémité de la vie.

J'ai placé le dernier âge, ayant trait aux vieillards âgés de plus de 90 ans, au-dessus de la première enfance de 0 à 1 an, et de même, la figure représentative de la mortalité mensuelle des vieillards de 80 à 90 ans, au-dessus de celle de l'enfance de 1 à 5 ans, parce que cette superposition fait tout de suite surgir les influences *contraires* qui pèsent sur les deux extrêmes de la vie : ce sont les chaleurs d'août qui sont préjudiciables aux petits enfants, ce sont les froids de l'hiver qui accablent les vieillards, et en de telles proportions qu'à Paris la mortalité des vieillards de 80 à 90 ans pendant les mois de juillet, août et septembre, est à celle de janvier comme 100 à 220 !

Messieurs, de ces considérations sur l'influence des saisons que j'ai dû rendre si succinctes, je conclurai seulement ceci qu'il y aurait un très-grand intérêt à ce que l'administration publiât un document qu'elle possède, à savoir la répartition mensuelle des décès, à chaque âge, en chaque département, ou au moins par régions *sanitaires* déterminées par des hommes compétents.

Une autre information dont l'enquête serait également bien facile, ce sont les décès par professions,

Permettez-moi, Messieurs, de vous donner une rapide démonstration, non en France, où rien de pareil n'a été fait, mais en Angleterre où l'on a depuis peu entrepris cette utile enquête.

Le tableau que je mets sous vos yeux résume, pour l'âge de 35 à 45 ans (apogée de la vie professionnelle), les principaux résultats :

La première et toute petite colonne à gauche est, par sa surface, ou simplement par sa hauteur, représentative de la mortalité des ministres du culte, le plus souvent pères de famille en Angleterre, et des magistrats, deux professions dont la mortalité est à peu près la même (6 décès par an et par 1,000); la colonne suivante, un peu plus élevée, et par conséquent représentant une mortalité un peu plus forte, s'applique aux fermiers (7 à 8 pour 1,000); celle qui suit représente la mortalité des commerçants et particulièrement des épiciers et commerces qui s'y rapportent (8 à 9 pour 1,000); vient ensuite la colonne figurant la mortalité des diverses corporations ouvrières (9 à 10 pour 1,000); et c'est après ces ouvriers que vient la colonne représentative de la mortalité des lords, qui *à cet âge* est, comme vous le voyez, singulièrement roturière, placée entre celle des maçons, un peu moindre que la leur, et celle de leurs domestiques, un peu plus grande !

Après, vient la colonne funèbre représentative de la mortalité des ouvriers des manufactures de tissage, etc. (12,6 décès par an et par 1,000); puis encore après celle des médecins, plus de 13,6 décès par an et par 1,000, toujours à l'âge d'élite de 35 à 45! Enfin, et bien après encore, la colonne commémorative de la mortalité des aubergistes et autres marchands de spiritueux (19 par an et par 1,000) ! C'est là un chiffre que je recommande à la Société contre l'abus des alcooliques.

Mais, avant de quitter ce sujet, je dois à l'aristocratie anglaise une explication, un correctif à la vulgaire mortalité constatée à l'âge de 35 à 45 ans. Il s'en faut en effet qu'à tous les âges de la vie sa mortalité soit aussi semblable à celle des gens du commun ; ce n'est que pendant la durée de leur âge viril, ce n'est qu'à l'apogée de leur existence que ces nobles lords meurent comme les maçons et les valets ! C'est qu'alors aucune entrave n'est apportée à l'emploi qu'ils peuvent faire de leur grande fortune et haute puissance, mais il en est autrement de leur enfance et leur vieillesse.

Leur mortalité enfantine est, vous vous en doutez, réduite au minimum : 20 décès annuels par 1,000 enfants de 0 à 5 ans, au lieu de 70, qui est la mortalité générale à cet âge.

C'est encore moins la mortalité de leur vieillesse...... Voilà par exemple deux colonnes montrant, par leur hauteur respective pour l'âge de 65 à 75 ans, la mortalité comparée de ces mêmes maçons et de ces mêmes lords que nous avons vus, à peu près également décimés, de 35 à 45 ans. Mais, maintenant, à cet âge, revenus des erreurs de la jeunesse, leur mortalité respective est bien différente. La plus petite colonne représentative de la mortalité des lords accuse 26 décès par an et par 1,000, et la plus haute, qui est celle des maçons et autres ouvriers, traduit 70 décès par an et par 1,000!

De tels faits se passent de commentaires. Il est cependant assez piquant de constater que ces hautes classes gouvernementales (je parle, bien entendu, de celles d'outre-Manche) ne sont jamais si bien gouvernées dans leur personne qu'aux âges où les lisières de l'enfance et les impuissances de l'âge ne leur permettent pas de se gouverner, et réciproquement ne le sont jamais si mal qu'aux âges virils où ils en ont pleine puissance et pleine licence ! Bref, les *hautes* fortunes ne sont un élément d'hygiène qu'aux âges d'impuissance ; elles sont meurtrières aux âges de vigueur où la liberté d'en user et d'en abuser est sans entrave !

Conclusions. — Messieurs, cette rapide revue sur les agissements de la mortalité a mis en lumière ce fait *capital* : que les chances de vie et de mort sont, comme les autres phénomènes naturels, soumises à des lois constantes ; là, non plus qu'ailleurs, n'apparaît aucune trace d'un gouvernement personnel ; dans les mêmes départements, la mort toujours décime largement les vivants ou toujours les épargne ; vous l'avez vu pour les enfants. c'est une affaire de thermomètre, de soins éclairés, d'autant plus nécessaires qu'ils sont plus jeunes ; — pour l'âge adulte, affaire de profession, de moralité, c'est-à-dire d'hygiène ; — d'aisance, c'est-à-dire encore d'hygiène ; — partout la vie est ce que la fait le milieu dans lequel elle s'agite. Ce sont les influences de milieu qui la font brève et misérable, ou longue et prospère. J'ai cherché, sans les trouver, les influences d'un autre ordre qui pourraient se faire sentir — vous avez vu la Bretagne être décimée par une mortalité plus rapide de ses adolescents et de ses adultes, plus rapide que partout ailleurs, et vous avez vu aussi la mortalité si aggravée à tous les âges de ce département du Rhône. La mortalité prématurée, qui décime un certain nombre de nos départements, a donc ses secrètes causes dans les conditions de milieu de ces départements ; vous avez constaté combien cette mortalité est exagérée dans certaines localités : *double*, *triple*, de ce qu'elle est ailleurs, c'est dire, *c'est prouver que ce tribut mortuaire en excès* n'est pas une nécessité de nos organismes ; puisque d'autres départements *ne le payent pas;* or, je vous ai fait présumer à chaque âge, l'importance de cet accroissement *non nécessaire* du tribut mortuaire. Il est tel, dans son ensemble, que si les vingt départements noirs ou presque noirs de mes cartes pouvaient être ramenés, peu à peu, à mériter seulement la teinte gris foncé pour les âges *au-dessous* de 50 ans, ce serait chaque année, sur les 500,000 Français qui succombent avant leur 50e année, une économie d'environ 50,000 personnes soustraites à une mort hâtive, nullement nécessitée par les fatalités organiques, *mais tribut de notre ignorance*. Voilà, Messieurs, la première mesure que je propose pour remonter l'accroissement défaillant de notre population. Dans la suite de ce travail, je dirai les lois de la natalité, et j'en tirerai des conclusions utiles à notre patrie. Mais *conserver* nos jeunes adultes est autrement important que de faire des enfants ; accueillez donc cette première conclusion.

Ne croyez pas, Messieurs, que cette lutte à entreprendre contre la mort *prématurée* soit chimérique, ni qu'elle fasse double emploi avec la médecine, qui ne s'occupe guère que de l'individu *déjà malade*. Il s'agit ici de cette science qu'on appelle la prophylaxie ou l'art de préserver des causes qui peu à peu minent les organismes, leur ôtent leur résistance et en font une proie toute prête pour une mort *hâtive*. Cette prophylaxie, appliquée aux collectivités, pour être assez nouvelle, n'a rien qui soit au-dessus des possibilités actuelles de la science.

Je vous ai fait voir que la mortalité à ses lois, ses milieux de prédilection. Que l'on fournisse à la science les indispensables documents administratifs qu'elle réclame *en vain depuis longtemps* : les décès selon leur cause, selon les professions, selon l'habitat, etc., etc., et les conditions de la mort prématurée dans tant de départements et notamment dans ce bassin du Rhône seront mises à jour. Il est impossible alors que plusieurs de ces conditions ne puissent être attaquées, atténuées ou supprimées, et des milliers de nos concitoyens, aux âges *précieux* de travail et de production, seront alors *conservés* à leur famille et à la patrie en quête de défenseurs.

Oui, Messieurs, soyons d'abord *conservateurs*, non de notre ignorance, mais de la vie humaine.

Que la science, qui s'est montrée si puissante contre les choses, applique enfin sa méthode triomphante à protéger nos existences; elle n'y faillira pas !

M. Ferdinand PAPILLON

DES RAPPORTS HISTORIQUES DE LA SCIENCE ET DE LA PHILOSOPHIE

Dans ce travail, que la mort regrettable et prématurée de son auteur ne nous permet pas de donner, M. F. Papillon, étudiant avec quelques détails le rôle de Leibniz et de Descartes dans les sciences, concluait que la science et la philosophie se sont développées ensemble et que, dans la culture de l'esprit, une grande part doit être faite aux abstractions, aux doctrines, à la métaphysique.

SÉANCES DE SECTIONS

1er Groupe
SCIENCES MATHÉMATIQUES

1re & 2e Sections
MATHÉMATIQUES, ASTRONOMIE, GÉODÉSIE ET MÉCANIQUE

Président. . . . . M. LAUSSEDAT, Lieutenant-Colonel du génie.
Vice-Président. . . . . . . M. MANNHEIM, Chef d'escadron d'artillerie, Professeur à l'École polytechnique.
Secrétaire. . . . . M. HIRSCH, Ingénieur des ponts et chaussées.

M. Édouard COLLIGNON
Ingénieur des Ponts et Chaussées

EXEMPLES DE L'APPLICATION DE LA STATIQUE A LA GÉOMÉTRIE

— *Séance du 25 août 1873.* —

De la formule connue $r = a \frac{\operatorname{Sin} \theta}{\theta}$, qui donne la position du centre de gravité d'un arc de cercle de rayon a, correspondant à l'angle au centre 2θ, et de la considération des centres de gravité des arcs sous-doubles, on arrive à poser immédiatement les formules suivantes, démontrées en trigonométrie :

$$\frac{\sin \theta}{\theta} = \lim \left(\cos \frac{\theta}{2} \cos \frac{\theta}{4} \cos \frac{\theta}{8} \cos \frac{\theta}{2^4} \cdots \right)$$

$$\frac{\pi}{2} = \lim \frac{1}{\cos \frac{\pi}{4} \cos \frac{\pi}{8} \cos \frac{\pi}{16}} \cdots$$

Une méthode analogue fait connaître, sans aucune transformation, la somme des sinus ou des cosinus d'arcs θ, 3θ, 5θ,... $(2n-1)\,\theta$, croissant comme les nombres impairs.

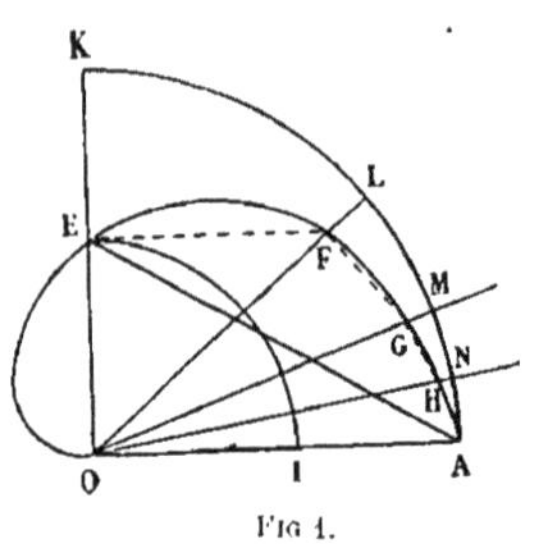

Fig 1.

Soit AL (fig. 1) un arc de cercle décrit du point O comme centre, avec un rayon OA $= a$; G son centre de gravité ; joignons GO et menons la bissectrice OH de l'angle GOA $= \theta$; puis élevons en G une perpendiculaire sur le rayon OG, jusqu'à la rencontre de OH. L'intersection de ces deux droites donne le centre de gravité H de l'arc AM, moitié de AL. Si l'on répète la même construction sur l'angle HOA, on obtient le centre de gravité du quart de l'arc primitif, et on peut prolonger l'opération indéfiniment. La limite des points G, H, etc., ainsi obtenus est le point A lui-même, centre de gravité d'un arc infiniment petit commençant en ce point A. On passera donc du point G au point A en suivant un contour polygonal GH... A d'un nombre indéfini de côtés : chaque côté HH′ est perpendiculaire au rayon OH et correspond à un angle au centre égal à la moitié de l'angle précédent.

Si l'on joint GA, l'aire du triangle GAO équivaut à l'aire du secteur qui a pour rayon GO et pour angle au centre GOA. En effet, ce triangle a pour mesure $\frac{1}{2}\,ra\sin\theta$, quantité égale à $\frac{1}{2}\,r^2\theta$, puisque $r = a\,\dfrac{\sin\theta}{\theta}$.

De là résulte la méthode pratique suivante pour construire approximativement un triangle équivalent à un secteur circulaire donné.

Soit OE le rayon du secteur OEI ; soit EOA son angle au centre. On mènera la bissectrice OF de l'angle EOA, puis la bissectrice OG de l'angle FOA ; puis la bissectrice OH de l'angle GOA, et ainsi de suite, jusqu'à ce qu'on ait atteint un angle suffisamment petit ; on mènera ensuite EF perpendiculaire à OE, FG perpendiculaire à OF, GH perpendiculaire à OG, jusqu'à ce qu'on atteigne la dernière bissectrice, laquelle est par hypothèse très-voisine du rayon OA. On pourra compléter le tracé jusqu'à ce dernier rayon, soit par une perpendiculaire élevée sur la dernière bissectrice et prolongée jusqu'à la rencontre de OA, soit par un arc de cercle décrit du point O comme centre. Ces deux tracés se confondent sensiblement si l'angle qui les comprend tous deux est suffisamment petit. On trouvera ainsi la position du point A, et le joignant au point E, on aura le triangle EOA cherché.

Les mêmes méthodes conduisent à la rectification approximative des arcs de cercle et à la division des angles en un nombre donné de parties égales.

Pour de plus amples renseignements, voir le *Traité de mécanique de l'auteur*, t. II, Statique (Hachette, 1873), §§ 183 et suivants.

M. P. TCHEBICHEF

Membre de l'Académie de Saint-Pétersbourg

SUR LES QUADRATURES

— *Séance du 25 août 1873.* —

1. Dans l'ouvrage très-important que M. Hermite vient de publier sur l'Analyse mathématique, l'illustre géomètre donne une nouvelle formule pour évaluer approximativement la valeur de l'intégrale

$$\int_{-1}^{+1} \frac{\varphi(x)}{\sqrt{1-x^2}}\, dx.$$

Dans cette formule, toutes les valeurs de la fonction $\varphi(x)$ entrent avec un même coefficient ; c'est ce qui apporte une différence essentielle entre la formule de M. Hermite et celle de Gauss et ce qui en rend très-commode l'application numérique. L'utilité des formules approximatives de ce genre m'engage à présenter quelques réflexions sur la recherche de ces formules.

Nous supposerons que, la fonction $F(x)$ étant donnée, on cherche à exprimer le plus près possible les intégrales de la forme

$$\int_{-1}^{+1} F(x)\,\varphi(x)\, dx,$$

quelle que soit la fonction $\varphi(x)$, par la formule

$$k[\varphi(x_1) + \varphi(x_2) + \cdots + \varphi(x_n)],$$

où $k, x_1, x_2, \ldots, x_n$ sont des valeurs indépendantes de la fonction $\varphi(x)$. Comme cette formule ne contient que $n+1$ quantités $k, x_1, x_2, \ldots, x_n$ dont on puisse disposer, il est impossible de l'identifier avec la valeur de l'intégrale $\int_{-1}^{+1} F(x)\,\varphi(x)\, dx$ au-delà des termes qui contiennent les n premières dérivées de la fonction $\varphi(x)$, et, par conséquent, on aura

$$(1) \quad \begin{cases} \displaystyle\int_{-1}^{+1} F(x)\,\varphi(x)\, dx - k[\varphi(x_1) + \varphi(x_2) + \cdots + \varphi(x_n)] \\ \quad = k_1\,\varphi^{(n+1)}(0) + k_2\,\varphi^{(n+2)}(0) + \cdots \end{cases}$$

en désignant par k_1, k_2,... les coefficients de $\varphi^{(n+1)}(0)$, $\varphi^{(n+2)}(0)$,.... dans l'expression de la différence

$$\int_{-1}^{+1} F(x)\,\varphi(x)\,dx - k\,[\varphi(x_1) + \varphi(x_2) + \cdots + \varphi(x_n)],$$

que l'on trouve en développant, d'après la formule de Maclaurin, la fonction $\varphi(x)$ sous le signe de l'intégrale et les valeurs $\varphi(x_1)$, $\varphi(x_2)$,..., $\varphi(x_n)$ qui sont hors ce signe.

2. Pour trouver, d'après la formule (1), tant qu'elle est possible, la valeur du coefficient k et les valeurs x_1, x_2,..., x_n de la variable x, nous remarquons que cette formule, dans le cas particulier de

$$\varphi(x) = \frac{1}{z - x},$$

z étant une quantité quelconque, se réduit à l'égalité

$$\int_{-1}^{+1} \frac{F(x)}{z - x}\,dx - k\left(\frac{1}{z - x_1} + \frac{1}{z - x_2} + \cdots + \frac{1}{z - x_n}\right)$$

$$= 1.2.3\ldots(n+1)\,k_1 z^{-n-2} + 1.2.3\ldots(n+2)\,k_2 z^{-n-3} + \cdots,$$

où k, k_1, k_2,..., x_1, x_2,..., x_n sont des valeurs indépendantes de z. D'autre part, en dénotant par $f(z)$ le produit

$$(z - x_1)(z - x_2)\ldots(z - x_n),$$

on a

$$\frac{f'(z)}{f(z)} = \frac{1}{z - x_1} + \frac{1}{z - x_2} + \cdots + \frac{1}{z - x_n};$$

et, par suite, la formule précédente se réduit à celle-ci :

$$(2)\qquad \int_{-1}^{+1} \frac{F(x)}{z - x}\,dx = k\frac{f'(z)}{f(z)} + \frac{1.2.3\ldots(n+1)\,k_1}{z^{n+2}} + \frac{1.2.3\ldots(n+2)\,k_2}{z^{n+3}} + \cdots.$$

En multipliant cette formule par z et en remarquant que, pour $z = \infty$, les valeurs

$$z\int_{-1}^{+1} \frac{F(x)}{z - x}\,dx = \int_{-1}^{+1} \frac{F(x)}{1 - \frac{x}{z}}\,dx,$$

$$\frac{zf'(z)}{f(z)} = \frac{1}{1 - \frac{x_1}{z}} + \frac{1}{1 - \frac{x_2}{z}} + \cdots + \frac{1}{1 - \frac{x_n}{z}},$$

$$\frac{1.2.3\ldots(n+1)\,k_1}{z^{n+1}},\quad \frac{1.2.3\ldots(n+2)\,k_2}{z^{n+2}}\ldots$$

sont respectivement égales à

$$\int_{-1}^{+1} \mathrm{F}(x)\,dx, \quad n, \quad 0, \quad 0, \ldots,$$

on parvient à cette égalité

$$\int_{-1}^{+1} \mathrm{F}(x)\,dx = nk,$$

ce qui nous donne, pour la détermination du coefficient k, la formule suivante :

$$k = \frac{1}{n}\int_{-1}^{+1} \mathrm{F}(x)\,dx.$$

3. Pour déterminer la fonction

$$f(z) = (z-x_1)(z-x_2)\ldots(z-x_n),$$

nous remarquons que la formule (2), étant intégrée par rapport à z, nous donne

$$\int_{-1}^{+1} \mathrm{F}(x)\log(z-x)\,dx = k\log\frac{f(z)}{\mathrm{C}} - \frac{1.2.3\ldots nk_1}{z^{n+1}} - \frac{1.2.3\ldots(n+1)k_2}{z^{n+2}} - \ldots,$$

où C est une constante, et de là

$$f(z)\,e^{-\frac{1.2.3\ldots nk_1}{kz^{n+1}} - \frac{1.2.3\ldots(n+1)k_2}{kz^{n+2}} - \ldots} = \mathrm{C}e^{\frac{1}{k}\int_{-1}^{+1} \mathrm{F}(x)\log(z-x)\,dx}$$

Comme la fonction cherchée

$$f(z) = (z-x_1)(z-x_2)\ldots(z-x_n)$$

est de degré n et que l'expression

$$e^{-\frac{1.2.3\ldots nk_1}{k_1 z^{n+1}} - \frac{1.2.3\ldots(n+1)}{k_2 z^{n+2}} - \ldots}$$

ne diffère de 1 que par les puissances de z inférieures à z^{-n}, il est clair que la partie entière du premier membre de la formule trouvée est égale à la fonction $f(z)$, et, par conséquent, on aura

$$f(z) = \mathrm{ECe}^{\frac{1}{k}\int_{-1}^{+1} \mathrm{F}(x)\log(z-x)\,dx}$$

ou

$$f(z) = \mathrm{CEe}^{\frac{1}{k}\int_{-1}^{+1} \mathrm{F}(x)\log(z-x)\,dx} \tag{3}$$

en désignant par E la partie entière de la fonction mise sous ce signe. Dans cette formule, la valeur de la constante k, comme nous l'avons vu, est donnée par l'équation

$$(4) \qquad k = \frac{1}{n} \int_{-1}^{+1} \mathrm{F}(x)\, dx.$$

Quant à la constante C, on trouvera aisément sa valeur en remarquant que le coefficient de z^n, dans la fonction cherchée, est égal à 1, mais nous n'insisterons pas sur la recherche de la valeur de cette constante, vu qu'elle peut être toujours supprimée sans modifier l'équation

$$f(z) = \mathrm{CE} e^{\frac{1}{k}\int_{-1}^{+1} \mathrm{F}(x) \log (z-x)\, dx} = 0,$$

dont les racines représentent les valeurs de $x_1, x_2, \ldots, x_n$ dans la formule en question

$$\int_{-1}^{+1} \mathrm{F}(x)\, \varphi(x)\, dx = k\left[\varphi(x_1) + \varphi(x_2) + \cdots + \varphi(x_n)\right].$$

4. Passant aux applications, nous ferons d'abord

$$\mathrm{F}(x) = \frac{1}{\sqrt{1-x^2}},$$

ce qui est le cas de M. Hermite, et où l'intégrale

$$\int_{-1}^{+1} \mathrm{F}(x)\, \varphi(x)\, dx$$

se réduit à

$$\int_{-1}^{+1} \frac{\varphi(x)}{\sqrt{1-x^2}}\, dx.$$

Pour cette valeur de F (x), on trouve

$$\int_{-1}^{+1} \mathrm{F}(x)\, dx = \int_{-1}^{+1} \frac{dx}{\sqrt{1-x^2}} = \pi,$$

$$\int_{-1}^{+1} \mathrm{F}(x) \log (z-x)\, dx = \int_{-1}^{+1} \frac{\log (z-x)}{\sqrt{1-x^2}}\, dx = \pi \log \frac{z+\sqrt{z^2-1}}{2};$$

donc, d'après (4),

$$k = \frac{\pi}{n},$$

et, d'après (3), l'équation $f(z)=0$, qui détermine les valeurs de x_2, $x_2, \ldots, x_n$, se réduit à

$$\mathrm{E}e^{n\log\frac{z+\sqrt{1-z^2}}{2}}=0 \quad \text{ou} \quad \mathrm{E}\left(\frac{z+\sqrt{1-z^2}}{2}\right)^n=0,$$

résultat identique avec celui de M. Hermite, vu que la partie entière de la fonction $\left(\frac{z+\sqrt{1-z^2}}{2}\right)^n$ est égale à

$$\frac{1}{2^{n-1}}\cos(n\arccos x).$$

5. Pour montrer une autre application des formules que nous venons de donner, nous poserons maintenant

$$\mathrm{F}(x)=1,$$

ce qui est le cas où l'intégrale $\int_{-1}^{+1}\mathrm{F}(x)\varphi(x)\,dx$ se réduit à

$$\int_{-1}^{+1}\varphi(x)\,dx,$$

intégrale pour laquelle Gauss a donné sa formule de quadrature. Comme on trouve

$$\int_{-1}^{+1}dx=2, \quad \int_{-1}^{+1}\log(z-x)\,dx=\log\frac{(z+1)^{z+1}}{(z-1)^{z-1}}-2,$$

on conclut, d'après le n° 3, que la valeur approchée de l'intégrale $\int_{-1}^{+1}\varphi(x)\,dx$ sera donnée par la formule

$$k[\varphi(x_1)+\varphi(x_2)+\cdots+\varphi(x_n)],$$

quand on fait $k=\frac{2}{n}$, et que l'on prend pour $x_1, x_2, \ldots, x_n$ les racines de l'équation

$$\mathrm{E}e^{\frac{n}{2}\left(\log\frac{(z+1)^{z+1}}{(z-1)^{z-1}}-2\right)}=0 \quad \text{ou} \quad \mathrm{E}\frac{(z+1)^{\frac{n(z+1)}{2}}}{(z-1)^{\frac{n(z-1)}{2}}}=0,$$

équation qu'on peut mettre, par le développement en séries, sous la forme suivante :

$$\mathrm{E}z^n e^{-\frac{n}{2.3z^2}-\frac{n}{4.5z^4}-\frac{n}{6.7z^6}-\cdots}=0. \tag{5}$$

6. En donnant à n les valeurs les plus simples, telles que

$$n = 2, 3, 4, 5, 6, 7,$$

on trouve que, pour ces valeurs de n, l'équation (5) devient respectivement

$$z^2 - \frac{1}{3} = 0,$$

$$z^3 - \frac{1}{2} z = 0,$$

$$z^4 - \frac{2}{3} z^2 + \frac{1}{45} = 0,$$

$$z^5 - \frac{5}{6} z^3 + \frac{7}{72} z = 0,$$

$$z^6 - z^4 + \frac{1}{5} z^2 - \frac{1}{135} = 0,$$

$$z^7 - \frac{7}{6} z^5 + \frac{119}{360} z^3 - \frac{149}{6480} z = 0,$$

et, en résolvant ces équations, on obtient les systèmes suivants des valeurs de $x_1, x_2, \ldots, x_n$:

$$n = 2.$$

$$x_1 = - 0{,}816479,$$
$$x_2 = + 0{,}816479;$$

$$n = 3.$$

$$x_1 = - 0{,}707166,$$
$$x_2 = 0,$$
$$x_3 = + 0{,}707166;$$

$$n = 4.$$

$$x_1 = - 0{,}794622,$$
$$x_2 = - 0{,}187597,$$
$$x_3 = + 0{,}187597,$$
$$x_4 = 0{,}794622;$$

$$n = 5.$$

$$x_1 = - 0{,}832437,$$
$$x_2 = - 0{,}374542,$$
$$x_3 = 0,$$
$$x_4 = + 0{,}374542,$$
$$x_5 = + 0{,}832437;$$

$$n = 6.$$

$$\begin{aligned}
x_1 &= -\,0{,}866249,\\
x_2 &= -\,0{,}422540,\\
x_3 &= -\,0{,}266603,\\
x_4 &= +\,0{,}266603,\\
x_5 &= +\,0{,}422540,\\
x_6 &= +\,0{,}866249,
\end{aligned}$$

$$n = 7.$$

$$\begin{aligned}
x_1 &= -\,0{,}883854,\\
x_2 &= -\,0{,}529706,\\
x_3 &= -\,0{,}323850,\\
x_4 &= \quad 0,\\
x_5 &= +\,0{,}323850,\\
x_6 &= +\,0{,}529706,\\
x_7 &= +\,0{,}883854.
\end{aligned}$$

Avec ces valeurs de x_1, x_2,..., x_n, la formule

$$\frac{2}{n}\left[\varphi(x_1) + \varphi(x_2) + \cdots + \varphi(x_n)\right]$$

donne l'expression approximative de l'intégrale $\int_{-1}^{+1} \varphi(x)\,dx$, qui, dans certains cas, est plus commode pour les applications que ne l'est celle de Gauss; car, dans cette dernière formule, les valeurs $\varphi(x_1)$, $\varphi(x_2)$,..., $\varphi(x_n)$ entrent avec des coefficients différents. Comme notre expression de l'intégrale $\int_{-1}^{+1} \varphi(x)\,dx$ n'est exacte que jusqu'aux termes en $\varphi^{(n+1)}(0)$, $\varphi^{(n+2)}(0)$,..., on devra y prendre, en général, plus de termes que dans la formule de Gauss. Néanmoins, dans le cas où les valeurs de $\varphi(x_1)$, $\varphi(x_2)$,..., $\varphi(x_n)$, d'après lesquelles on détermine l'intégrale $\int_{-1}^{+1} \varphi(x)\,dx$, sont affectées d'erreurs inconnues, notablement plus grandes que celle qui résulte des termes rejetés, la formule approchée que nous venons de trouver doit être préférée à celle de Gauss même par rapport au degré de précision, vu que, dans cette formule approchée, la somme des carrés de coefficients, à cause de leur égalité, a la plus petite valeur possible.

7. Revenant au cas résolu par M. Hermite, nous remarquons que l'intégrale $\int_{-1}^{+1} \frac{\varphi(x)}{\sqrt{1-x^2}}\,dx$, pour $x = \cos\theta$, se réduit à $\int_0^{\pi} \varphi(\cos\theta)\,d\theta$; donc la formule donnée par lui peut avoir des applications très-utiles

dans la recherche des valeurs approchées du premier terme du développement de $\varphi(\cos\theta)$ en série

$$A_0 + A_1 \cos\theta + A_2 \cos 2\theta + \cdots$$

Pour trouver une expression pareille du coefficient A_1, on devrait faire, dans les formules du n° 3,

$$F(x) = \frac{x}{\sqrt{1-x^2}}.$$

Or, pour cette valeur de $F(x)$, l'intégrale $\int_{-1}^{+1} F(x)\,dx$, qui entre dans les formules du n° 3, se réduit à zéro, ce qui fait voir clairement que, pour le cas en question, ces formules ne sont pas applicables. Nous allons montrer le parti qu'on peut cependant tirer, dans ce cas, de la méthode exposée plus haut.

En remplaçant, dans l'intégrale $\int_{-1}^{+1} F(x)\,\varphi(x)\,dx$, la fonction $\varphi(x)$ par son développement en série

$$\varphi(0) + \frac{\varphi'(0)}{1}x + \frac{\varphi''(0)}{1.2}x^2 + \frac{\varphi'''(0)}{1.2.3}x^3 + \cdots,$$

le terme du résultat qui contient $\varphi(0)$ s'annule toutes les fois que l'intégrale $\int_{-1}^{+1} F(x)\,dx$ est égale à zéro; mais il n'en est plus ainsi, évidemment, de son expression sous la forme

$$k\,[\varphi(x_1) + \varphi(x_2) + \cdots + \varphi(x_n)],$$

à moins qu'on ne prenne, dans cette formule, la moitié des termes avec le signe —. Nous allons donc chercher à exprimer la valeur approchée de l'intégrale $\int_{-1}^{+1} F(x)\,\varphi(x)\,dx$, dans la supposition de $\int_{-1}^{+1} F(x)\,dx$, par la formule

$$k\,[\varphi(x_1) + \varphi(x_2) + \cdots + \varphi(x_m) - \varphi(x_{m+1} - \varphi(x_{m+2}) - \ldots - \varphi(x_{2m})],$$

où il y a m termes avec le signe + et m termes avec le signe —.

8. Comme, dans la formule

$$k\,[\varphi(x_1) + \varphi(x_2) + \cdots + \varphi(x_m) - \varphi(x_{m+1}) - \varphi(x_{m+2}) - \ldots - \varphi(x_{2m})],$$

il y a $2m+1$ valeurs, savoir : $k, x_1, x_2, \ldots, x_m, x_{m+1}, x_{m+2}, \ldots, x_{2m}$

dont on peut disposer, et que, par sa composition, le terme en $\varphi(0)$ s'annule, on peut identifier cette formule avec l'intégrale

$$\int_{-1}^{+1} \mathrm{F}(x)\, \varphi(x)\, dx$$

jusqu'aux termes qui contiennent les $2m+1$ premières dérivées de $\varphi(x)$, ce qui nous donne l'équation

$$\int_{-1}^{+1} \mathrm{F}(x)\, \varphi(x) = k\,[\varphi(x_1) + \varphi(x_2) + \cdots$$
$$+ \varphi(x_m) - \varphi(x_{+m1}) - \varphi(x_{m+2}) - \ldots - \varphi(x_{2m})]$$
$$+ h_1\, \varphi^{2m+2}(0) + k_2\, \varphi^{2m+3}(0) + \ldots.$$

En suivant la même marche que dans les nos 2, 3, nous trouverons, d'après cette équation, les valeurs des quantités k, x_1, $x_2, \ldots, x_{2m}$. En effet, posant

$$\varphi(x) = \frac{1}{z-x},$$

l'équation précédente se réduit à celle-ci :

$$\int_{-1}^{+1} \frac{\mathrm{F}(x)}{z-x}\, dx = k\left(\frac{1}{z-x_1} + \frac{1}{z-x_2} + \cdots\right.$$
$$\left. + \frac{1}{z-x_m} - \frac{1}{z-x_{m+1}} - \frac{1}{z-x_{m+2}} - \cdots - \frac{1}{z-x_{2m}}\right)$$
$$+ \frac{1.2.3\ldots(2m+2)\, k_1}{z^{2m+3}} + \frac{1.2.3\ldots(2m+3)\, k_2}{z^{2m+4}} + \ldots.$$

Faisant ensuite

$$f_0(z) = (z-x_1)(z-x_2)\ldots(z-x_m),$$
$$f_1(z) = (z-x_{m+1})(z-x_{m+2})\ldots(z-x_{2m}),$$

et remarquant que, pour ces valeurs de $f_0(z)$, $f_1(z)$, on a

$$\frac{f'_0(z)}{f_0(z)} = \frac{1}{z-x_1} + \frac{1}{z-x_2} + \cdots + \frac{1}{z-x_m},$$
$$\frac{f'_0(z)}{f_1(z)} = \frac{1}{z-x_{m+1}} + \frac{1}{z-x_{m+2}} + \cdots + \frac{1}{z-x_{2m}},$$

on peut mettre l'équation sous la forme suivante :

$$\int_{-1}^{+1} \frac{\mathrm{F}(z)}{z-x}\, dx = k\left[\frac{f'_0(z)}{f_0(z)} - \frac{f'_1(z)}{f_1(z)}\right] + \frac{1.2.3\ldots(2m+2)\, k_1}{z^{2m+3}}$$
$$+ \frac{1.2.3\ldots(2m+3)\, k_2}{z^{2m+4}} + \cdots;$$

d'où, en intégrant par rapport à z, on tire

$$\int_{-1}^{+1} F(z)\log(z-x)\,dx = k\log\frac{f_0(z)}{f_1(z)} - \frac{1.2.3\ldots(2m+1)k_1}{z^{2m+2}} - \frac{1.2.3\ldots(2m+2)k_2}{z^{2m+3}} + \cdots.$$

La constante introduite par l'intégration se réduit à zéro, vu que tous les termes s'annulent pour $z=\infty$.

D'après cette équation et en faisant, pour abréger,

$$\frac{1.\,2.\,3\ldots(2m+1)\,k_1}{k} = L_1,\quad \frac{1.\,2.\,3\ldots(2m+2)\,k_2}{k} = L_2,\ldots,$$

on trouve

$$\frac{f_0(z)}{f_1(z)}\,e^{-L_1 z^{-2m-2}-L_2 z^{-2m-3}-\cdots} = e^{\frac{1}{k}\int_{-1}^{+1} F(x)\log(z-x)\,dx}.$$

Les fonctions $f_0(z), f_1(z)$ étant de même degré, la fraction $\frac{f_0(z)}{f_1(z)}$ est du degré zéro ; de plus, l'expression $e^{-L_1 z^{-2m-2}-L_2 z^{-2m-3}-\cdots}$ ne diffère de 1 que par les puissances de z inférieures à z^{-2m-1} ; par conséquent, l'équation trouvée nous montre que la fraction $\frac{f_0(z)}{f_1(z)}$ ne diffère de l'expression $e^{\frac{1}{k}\int_{-1}^{+1} F(x)\log(z-x)\,dx}$ que par les termes qui renferment les puissances de z moins élevées que z^{-2m-1} et, par suite, moins élevées que le degré de la fraction $\frac{1}{z[f_1(z)]^2}$; car la fonction $f_1(z)$, comme nous l'avons vu, n'est que du degré m ; mais, on le sait, la fraction $\frac{f_0(z)}{f_1(z)}$ ne peut donner une valeur approchée d'une fonction quelconque exacte jusqu'à l'ordre de $\frac{1}{z(f_1 z)^2}$, à moins qu'elle ne soit l'une des fractions convergentes qu'on trouve par le développement en fraction continue, et que le quotient complet, correspondant à cette fraction convergente, ne soit dépourvu du terme en $\frac{1}{z}$. En partant de là, il est aisé de trouver et la constante k et les fonctions $f_0(z), f_1(z)$, qui déterminent les valeurs de $x_1, x_2, \ldots, x_m, x_{m+1}, x_{m+2}, \ldots, x_{2m}$. A cet effet, on développera l'expression $e^{\frac{1}{k}\int_{-1}^{+1} F(x)\log(z-x)\,dx}$ en fraction continue, en s'arrêtant au quotient qui correspond à une fraction convergente dont les termes sont du degré m. Égalant à zéro le coefficient de $\frac{1}{z}$ dans l'expression complète de ce quotient, on aura l'équation qui déterminera la valeur de la constante k, et, en mettant la valeur de k, ainsi déterminée, dans deux termes de la fraction convergente, on aura les fonctions cherchées $f_0(z), f_1(z)$.

9. Pour montrer, sur un exemple, l'usage de ce que nous venons d'exposer, supposons qu'il s'agisse de trouver l'expression approximative de l'intégrale $\int_{-1}^{+1} x\varphi(x)\,dx$. Pour cela, on posera, dans les formules du numéro précédent,

$$F(x) = x.$$

Pour cette valeur de $F(x)$, on obtient

$$\int_{-1}^{+1} F(x)\log(z-x)\,dx = \int_{-1}^{+1} x\log(z-x)\,dx = \frac{z^2-1}{2}\log\frac{z+1}{z-1} - z,$$

$$e^{\frac{1}{k}\int_{-1}^{+1} F(x)\log(z-x)\,dx} = e^{\frac{z^2-1}{2}\log\frac{z+1}{z-1} - z}.$$

En développant la dernière expression en fraction continue, on trouve que le quotient complet, correspondant à une fraction convergente dont les termes sont du premier degré, est égal à

$$3kz + \left(\frac{3}{5}k - \frac{1}{9k}\right)\frac{1}{z} + \ldots,$$

et que cette fraction est égale à

$$\frac{3kz-1}{3kz+1};$$

d'où nous concluons que, dans l'expression approximative de l'intégrale $\int_{-1}^{+1} x\varphi(x)\,dx$ par la formule $k[\varphi(x_1) - \varphi(x_2)]$, on doit prendre, pour k, une racine de l'équation

$$\frac{3}{5}k - \frac{1}{9k} = 0,$$

et, pour x_1, x_2 respectivement, les racines des équations

$$3kz - 1 = 0, \quad 3kz + 1 = 0.$$

On trouve ainsi deux valeurs de k :

$$k = +\sqrt{\frac{5}{27}}, \quad k = -\sqrt{\frac{5}{27}},$$

et deux systèmes des valeurs de x_1, x_2 :

$$x_1 = +\sqrt{\frac{3}{5}}, \quad x_2 = -\sqrt{\frac{3}{5}},$$

$$x_1 = -\sqrt{\frac{3}{5}}, \quad x_2 = +\sqrt{\frac{3}{5}};$$

mais, de ces doubles valeurs de k, x_1, x_2, il ne résulte évidemment qu'une seule valeur de l'expression cherchée, savoir :

$$\sqrt{\frac{5}{27}}\left[\varphi\left(\sqrt{\frac{3}{5}}\right) - \varphi\left(-\sqrt{\frac{3}{5}}\right)\right].$$

Pour trouver une expression approximative à quatre termes de l'intégrale $\int_{-1}^{+1} x\varphi(x)\,dx$, on prendra le quotient de la même fraction continue qui correspond à la fraction convergente dont les termes sont du second degré. Comme la valeur complète de ce quotient s'exprime par la série

$$90\,kz - \frac{5832\,k^4 - 12163\,k^2 - 350}{243\,k^2 - 15}\,\frac{1}{z} + \cdots$$

et qu'il correspond à la fraction convergente

$$\frac{270\,k^2z^2 - 90\,kz + 10 - 54\,k^2}{270\,k^2z^2 + 90\,kz + 10 - 54\,k^2}$$

on trouvera les valeurs de la constante k et de x_1, x_2, x_3, x_4 par les équations

$$\begin{gathered}5832\,k^4 - 12163\,k^2 - 350 = 0,\\ 270\,k^2z^2 - 90\,kz + 10 - 54\,k^2 = 0,\\ 270\,k^2z^2 + 90\,kz + 10 - 54\,k^2 = 0.\end{gathered}$$

En les résolvant, on parvient à cette expression approximative de l'intégrale en question

$$0{,}41621\,[\varphi\,(0{,}78326) + \varphi\,(0{,}01762) - \varphi\,(-0{,}01762) - \varphi\,(-0{,}78326)].$$

10. En passant à la recherche des expressions approximatives de l'intégrale $\int_0^{\pi} \cos\theta\,\varphi(\cos\theta)\,d\theta$ ou $\int_{-1}^{+1} \frac{x}{\sqrt{1-x^2}}\,\varphi(x)\,dx$, nous poserons, dans nos formules,

$$F(x) = \frac{x}{\sqrt{1-x^2}}.$$

Pour cette valeur de F (x), on obtient

$$\int_{-1}^{+1} \mathrm{F}(x)\log(z-x)\,dx = \int_{-1}^{+1} \frac{x}{\sqrt{1-x^2}}\log(z-x)\,dx = -\pi(z-\sqrt{z^2-1}),$$

$$e^{\frac{1}{k}\int_{-1}^{+1} \mathrm{F}(x)\log(z-x)\,dx} = e^{-\frac{\pi}{k}(z-\sqrt{z^2-1})}$$

Développant la dernière expression en fraction continue, on trouve les fractions convergentes

$$\frac{4kz-\pi}{4kz+\pi},\quad \frac{48k^2z^2-12k\pi z+\pi^2-12k^2}{48k^2z^2+12k\pi z+\pi^2-12k^2},\ldots,$$

qui correspondent aux quotients complets

$$4kz+\pi-\frac{12k^2-\pi^2}{12k}\frac{1}{z}+\cdots,\ 12\,kz-\frac{144k^4-60\pi^2k^2+\pi^4}{(12k^2-\pi^2)\pi}\frac{1}{z}+\cdots;$$

d'où, d'après le n° 8 : 1°, pour la détermination de k, x_1, x_2, dans l'expression approximative de l'intégrale $\int_0^\pi \cos\theta\,\varphi(\cos\theta)\,d\theta$ par la formule $k[\varphi(x_1)-\varphi(x_2)]$, résultent ces équations

$$12k^2-\pi^2=0,\quad 4kz-\pi=0,\quad 4kz+\pi=0;$$

et 2°, pour la détermination d'une expression semblable à quatre termes, les équations

$$\begin{gathered}144k^4-60\pi k^2+\pi^4=0,\\ 48k^2z^2-12k\pi z+\pi^2-12k^2=0,\\ 48k^2z^2+12k\pi z+\pi^2-12k^2=0.\end{gathered}$$

Les expressions approximatives de l'intégrale $\int_0^\pi \cos\theta\,\varphi(\cos\theta)\,d\theta$, que l'on obtient d'après ces équations, se réduisent à ceci :

$$\int_0^\pi \cos\theta\,\varphi(\cos\theta)\,d\theta = \frac{\pi}{\sqrt{12}}\{\varphi(\cos\theta_0)-\varphi[\cos(\pi+\theta_0)]\},$$

$$\begin{aligned}\int_0^\pi \cos\theta\,\varphi(\cos\theta)\,d\theta = 0{,}151765\{&\varphi(\cos\theta_1)+\varphi(\cos\theta_2)\\ &-\varphi[\cos(\pi+\theta_1)]-\varphi[\cos(\pi+\theta_2)]\},\end{aligned}$$

où

$$\theta_0=30^\circ,\quad \theta_1=12^\circ 32'40'',\quad \theta_2=47^\circ 51'32''.$$

On trouverait des expressions plus approchées de l'intégrale $\int_0^\pi \cos\theta\,\varphi(\cos\theta)\,d\theta$, en prenant plus de termes dans la formule

$$k\left[\varphi(x_1)+\varphi(x_2)+\cdots+\varphi(x_m)-\varphi(x_{m+1})-\varphi(x_{m+2})-\cdots-\varphi(x_{2m})\right]$$

Nous n'insisterons pas sur la recherche de ces formules; nous remarquerons seulement que, en remplaçant dans toutes ces formules les termes de la forme $\varphi(\cos\theta_\lambda)$ par

$$\frac{1}{l}\left[\varphi\left(\cos\frac{\theta_\lambda}{l}\right)+\varphi\left(\cos\frac{2\pi+\theta_\lambda}{l}\right)+\cdots+\varphi\left(\cos\frac{2(l-1)\pi+\theta_\lambda}{l}\right)\right].$$

où l est un nombre entier, on obtient les expressions approximatives de l'intégrale $\int_0^\pi \cos(l\theta)\,\varphi(\cos\theta)\,d\theta$.

Ainsi, en partant des formules précédentes, qui donnent les valeurs approchées, à deux et quatre termes, de l'intégrale $\int_0^\pi \cos\theta\,\varphi(\cos\theta)\,d\theta$, on passerait aux expressions approximatives à $2l$ et $4l$ de l'intégrale $\int_0^\pi \cos(l\theta)\,\varphi(\cos\theta)\,d\theta$, expressions qui peuvent être présentées ainsi :

$$\frac{\pi}{\sqrt{12\,l}}\sum_{\mu=0}^{\mu=2l}(-1)^\mu\varphi\left(\cos\frac{\mu\pi+\theta_0}{l}\right),$$

$$\frac{0{,}151765\pi}{l}\sum_{\mu=0}^{\mu=2l}(-1)^\mu\left[\varphi\left(\cos\frac{\mu\pi+\theta_1}{l}\right)+\varphi\left(\cos\frac{\mu\pi+\theta_2}{l}\right)\right],$$

où les signes de sommation s'étendent à $\mu = 0, 1, 2, \ldots, 2l - 1$.

M. A. MANNHEIM

Chef d'escadron d'artillerie, Professeur à l'École polytechnique

DEUX THÉORÈMES D'UNE NATURE PARADOXALE

— *Séance du 25 août 1873.* —

Poncelet, le premier, a introduit en géométrie la considération si importante des points imaginaires à l'infini, communs à toutes les circonférences tracées sur un même plan, et du cercle imaginaire à l'infini, commun à toutes les sphères.

Ce sont ces éléments imaginaires que j'introduis dans les questions de déplacement des figures. En cinématique, où ces questions sont généralement étudiées, on n'a pas fait usage de ces éléments imaginaires qui, du reste, n'ont aucun sens mécanique.

Voici le premier de nos théorèmes :

Pendant le déplacement d'un plan, qui glisse sur lui-même en entraînant tous ses points, les points imaginaires à l'infini situés sur un cercle sont immobiles.

Il suffit pour le démontrer de remarquer que ces points imaginaires à l'infini appartiennent toujours aux circonférences tracées sur le plan mobile et entraînées dans le mouvement de ce plan.

On est amené à considérer ces points imaginaires à l'infini lorsqu'on étudie le lieu des centres de courbure des trajectoires décrites par les points d'une courbe qui glisse sur son plan.

Dans ce cas on a ce théorème :

Les centres de courbure des trajectoires des points d'une courbe qui passe par les points imaginaires à l'infini situés sur un cercle appartiennent à une courbe qui passe aussi par ces points.

On peut démontrer ce théorème en prenant simplement comme courbe mobile une circonférence de cercle qui roule.

Comme il est facile de le voir, le lieu des centres de courbure des trajectoires des points de cette courbe est une autre circonférence qui lui est tangente au centre instantané de rotation. En dehors de ce point de contact les points communs à ces deux circonférences, c'est-à-dire les points imaginaires à l'infini, sont ceux dont les trajectoires ont leurs rayons de courbure nuls.

Voici maintenant notre deuxième théorème :

Pendant le déplacement d'une figure entraînant tous les points de l'espace, le cercle imaginaire à l'infini glisse sur lui-même.

Il suffit pour le démontrer d'entraîner des sphères en même temps que la figure mobile.

Toutes ces sphères ne cesseront pas de passer par le même cercle à l'infini. En tant que ligne, ce cercle est donc immobile. Je dis que les points de ce cercle se déplacent : car si l'on coupe une des sphères mobiles par un plan, cette sphère passera toujours bien par le même cercle, mais le plan sécant entraîné ne passera pas par les mêmes points de ce cercle.

On peut, dans le cas de l'espace, démontrer directement le théorème suivant, analogue à celui que nous venons de démontrer pour le cas d'une courbe :

Le lieu des centres de courbure principaux des surfaces trajectoires[1] *des points d'une surface qui contient le cercle imaginaire à l'infini contient aussi ce cercle.*

M. A. HUREAU de VILLENEUVE

Docteur en médecine

LE MÉRIDIEN UNIQUE

— *Séance du 25 août 1873.* —

L'unification internationale des mesures de toutes sortes est une des questions qui intéressent le plus vivement les savants de tous les pays. Après l'adoption des mesures métriques on devait naturellement penser à l'unification des méridiens.

Malheureusement, depuis un siècle, cette question a reculé au lieu d'avancer.

Jadis le méridien de l'île de Fer était adopté par toutes les nations ; mais par suite des idées exclusives des différents peuples chacun voulut avoir son méridien. Depuis, les nécessités de la navigation ont poussé la plupart des peuples, excepté la France et l'Angleterre, à adopter deux méridiens, le méridien astronomique, qui est celui de l'observatoire central du pays, et le méridien nautique, qui est, pour presque tous les méridiens, celui de Greenwich. La France se trouve donc actuellement presque la seule grande puissance navale qui ne se serve pas sur mer du méridien de Greenwich.

Les États-Unis, qui font leurs observations astronomiques d'après le méridien de Washington, se servent en marine du *Nautical Almanach*, prenant ainsi pour base le méridien de Greenwich. La marine russe et les marines secondaires se servent aussi du *Nautical Almanach*.

La France et la Belgique seules se servent de la *Connaissance des temps*, dont les indications sont basées sur le méridien de Paris.

En cet état de choses, qu'y aurait-il à faire pour arriver à l'unification des méridiens?

[1] J'appelle *surface trajectoire d'un point* la surface décrite par un point d'une figure mobile, dont le déplacement n'est assujetti qu'à quatre conditions.

Et d'abord, est-il très-utile d'unifier les méridiens astronomiques? Assurément cela n'est pas urgent, mais au contraire l'unification des méridiens nautiques présente une grande importance. A chaque instant en mer, les marins se demandent leur longitude, et lorsque les marins français interrogent les marins étrangers, ils sont forcés de faire la correction de 2°, 20′, 9″, qui forment la distance des deux méridiens. De plus, il y a là une cause d'erreur si l'on ne fait en sus un signal supplémentaire indiquant sur quel méridien on se base.

De plus, de même que l'on a maintenant un code international de signaux maritimes, il serait désirable que les deux publications *La Connaissance des temps* et le *Nautical Almanach* fussent presque identiques et en quelque sorte la traduction l'une de l'autre.

En ne cherchant qu'à unifier les méridiens nautiques, comment pourrait-on y arriver? Évidemment en réunissant une commission internationale de savants qui discuterait la question et adopterait un méridien nautique qui serait, soit l'un des méridiens existants, soit le méridien de l'île de Fer, soit un méridien nouveau. Or, il est fort peu probable que les puissances maritimes qui ont déjà en quelque sorte unifié leurs méridiens nautiques en dehors de la France consentent pour lui complaire à changer de nouveau.

Un moyen se présenterait : ce serait d'avoir en France un méridien astronomique passant à Paris et un méridien nautique passant sur le territoire français dans le prolongement de celui de Greenwich. J'ai présenté cette idée à un grand nombre de marins, qui l'ont grandement approuvée. M. le capitaine Périer, du Bureau des longitudes, si expert en question de méridien, m'a donné sur ce point les premières indications.

En effet, le méridien de Greenwich coupe la côte française dans la commune de Villers-sur-mer (Calvados) et passe à 584 mèt. à l'est du clocher de son église.

J'ai examiné, en août 1873, à Villers, l'endroit où passe le méridien de Greenwich. M. Lemonnier, architecte et maire de Villers, a bien voulu me lever un plan du terrain. Il est possible de placer un observatoire sur la colline et un point de visée sur une dune.

Un observatoire météorologique placé en cet endroit permettrait de faire en pleine mer des indications météorologiques qui, rapportées aux cartes météorologiques de France, d'Angleterre et des États-Unis, nous donneraient des indications plus précises sur le régime des vents dans la Manche et l'océan Atlantique.

M. LISBONNE

Ingénieur de la Marine

CADRAN SOLAIRE AZIMUTAL

— *Séance du 27 août 1873.* —

Les personnes qui ont eu l'occasion de visiter la célèbre église de Brou, à Bourg, n'ont pu manquer de voir sur l'Esplanade, au-devant de la façade, un bien singulier cadran solaire. Vingt-quatre cubes en pierre de taille, faisant un peu saillie au-dessus du sol et sur lesquels sont gravées en chiffres romains les vingt-quatre heures du jour et de la nuit, sont disposés de telle sorte que leur ensemble dessine une ellipse. Le grand axe, dirigé de l'est à l'ouest, a environ 10 mèt. de longueur, et le petit axe 7m 20. Sur ce petit axe, une pierre de 3m 50, partagée en deux parties égales par le grand axe, porte en deux colonnes les lettres initiales des douze mois de l'année. En commençant par l'extrémité sud, et à l'est du petit axe, on voit les lettres D, N, O, S (décembre, novembre, octobre, septembre) puis au nord du grand axe, les lettres A,J,J (août, juillet, juin). Et en redescendant, de l'autre côté de la méridienne, on a les lettres M,A,M,F,J. La lettre J (janvier) se trouve ainsi en regard de la lettre D (décembre).

Ce cadran n'a point de style. Pour connaître l'heure, l'observateur doit se placer sur le petit axe, à la hauteur de la lettre qui marque le mois courant et tourner le dos au soleil; son ombre se dirige vers une des dalles placées au contour de l'ellipse et lui donne l'heure.

On conçoit que ce procédé ne donne que de très-grossières indications, tant parce que le jour du mois n'est pas marqué sur la dalle méridienne que parce que l'intervalle d'une heure à l'autre n'est pas subdivisé. Il pouvait pourtant suffire aux nombreux ouvriers occupés à l'édification de l'église, pour leur faire connaître le moment de la cessation ou de la reprise des travaux, dans un lieu éloigné de toute habitation et à une époque où les montres faisaient à peine leur apparition à Nuremberg.

Ce cadran remonte en effet à l'époque de la construction de l'église, au commencement du XVIe siècle. Il suppose chez son inventeur des connaissances astronomiques très-avancées, et l'on est admis à penser que, parmi les artistes appelés par Marguerite d'Autriche à concourir à cette grande œuvre, il se trouvait des savants versés dans l'étude des sciences exactes. Le nom de l'auteur n'en est pas moins resté inconnu. Lalande qui, tout enfant, avait eu plusieurs fois l'occasion de remarquer ce cadran, s'y intéressa plus tard et le fit réparer en 1757, tel qu'on le voit aujourd'hui. Il chercha à en donner une théorie exacte et rédigea à ce sujet une note qui fut insérée dans les *Comptes rendus de l'Académie des sciences*, de 1757. Trouvant toutefois sa démonstration un peu laborieuse, il en donna une autre qu'on peut lire dans l'*Encyclopédie méthodique*, à l'article Cadran, de la partie mathématique de ce célèbre dictionnaire.

Cette démonstration n'est d'ailleurs guère plus satisfaisante que la précédente, ce qui tient à ce qu'il n'a pas voulu faire usage de la trigonométrie sphérique.

Je ne connaissais pas ces travaux de Lalande, ni même le cadran de l'église de Brou, quand je rencontrai par hasard ce cadran, dans un ouvrage anglais, sous le nom de cadran azimutal ou analemmatique, avec une démonstration par la géométrie analytique, assez peu satisfaisante.

J'en cherchai une aussi ; et comme elle me semble plus simple que la précédente, j'ai pensé qu'elle pouvait faire le sujet d'une communication, et c'est pour cela que je me suis hasardé à demander la parole.

On sait que l'heure d'un lieu, l'azimut du soleil, sa déclinaison et la latitude du lieu, sont liés entre eux de telle sorte que, trois de ces quantités étant données, la quatrième se trouve déterminée.

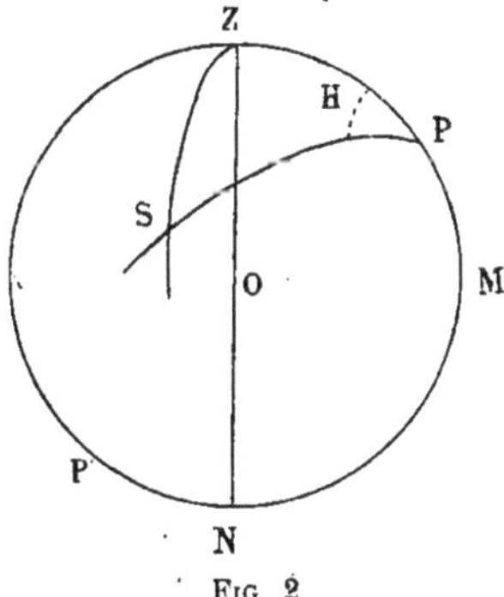

FIG. 2.

Soit ZMN (*fig.* 2) le méridien du lieu et Z le zénith. En prenant ZP égal au complément de la latitude, on aura le pôle P. L'heure ou l'angle horaire H étant donnée, si, par le point P on imagine un méridien PS faisant avec PZ l'angle H, ce méridien passera par le soleil, à l'instant de l'observation, et puisqu'on connaît la déclinaison, on n'aura qu'à prendre un arc égal PS égal à 90° diminué ou augmenté de cette déclinaison, suivant qu'elle est boréale ou australe pour avoir le point S, lieu du soleil à l'heure donnée. En joignant par un arc de grand cercle les points Z et S, on aura l'angle Z, azimut du soleil. Cet azimut est donc déterminé.

Dans le triangle sphérique déterminé par les trois points S,Z,P, on connaît deux côtés PS = 90° ± d, PZ = 90° — l, et un angle H = ZPS, pour déterminer SZP, ou ce qui vaut mieux pour le but que nous nous proposons, son supplément SZP'. Nous aurons

$$\text{Cot SZP}' = \text{Cot } Z' = \frac{\sin l \cos H - \cos l \operatorname{tang} d}{\sin H}$$

C'est de cette formule, seul emprunt que nous ferons à la trigonométrie sphérique, que nous allons déduire très-simplement la théorie du cadran azimutal.

On peut la mettre sous la forme :

$$\text{Cot } Z' = \frac{\operatorname{tang} l \cos H - \operatorname{tang} d}{\frac{1}{\cos l} \sin H}$$

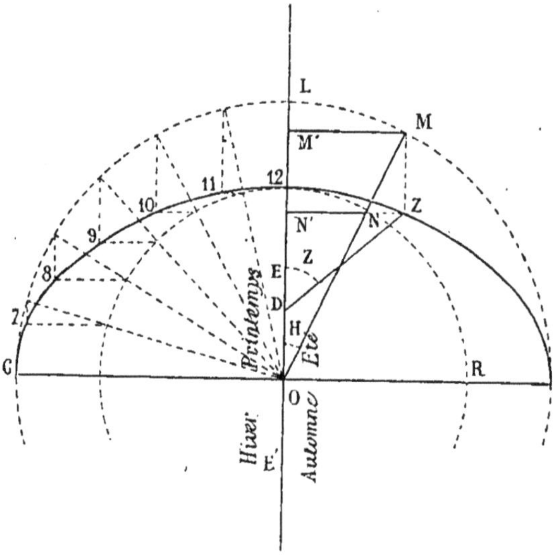

Fig. 3.

Sur une droite OL (*fig.* 3) prise pour méridienne et dans un plan horizontal décrivons deux circonférences concentriques, d'un point quelconque O de cette droite comme centre avec des rayons OM, ON, respectivement égaux à $\frac{1}{\cos l}$ et tang l ; et menons le rayon ONM faisant avec la méridienne OL, l'angle horaire H. Si sur OL, nous abaissons les deux perpendiculaires NN', MM', nous aurons MM'

$= \frac{1}{\cos l}$ sin H, et ON′ = tang l. cos H. De sorte qu'en partant de O en D une longueur OD = tang d, DN′ sera le numérateur de la fraction du second membre, et MM′ le dénominateur.

Pour avoir l'angle Z′, il suffit donc de construire un triangle rectangle dont les deux côtés de l'angle droit soient DN′ et MM′, et pour cela on n'a qu'à abaisser du point M la perpendiculaire MZ sur NN′ prolongée. En joignant le point D au point Z, on a l'angle LDZ, qui est bien l'angle azimutal correspondant à l'angle horaire LOM.

Or, remarquons que, en définitive, pour trouver ce point Z correspondant à un angle H, ou à un rayon ONM, nous avons mené les droites MZ,NZ respectivement l'une perpendiculaire, et l'autre parallèle à OZ. Le lieu des points Z est donc une ellipse dont le grand axe est : $\frac{1}{\cos l}$ et le petit axe : tang l. Cette ellipse ne dépend que de la latitude.

Si l'angle LOM est de 15°, on marquera au point Z, une heure (ou onze heures du côté de l'ouest); et tous les jours à la même heure, l'ombre d'un style vertical placé sur la méridienne viendra couper l'ellipse à ce point Z, si l'on a soin de le placer sur cette méridienne en un point dont la distance au grand axe soit égale à la tangente de la déclinaison.

On fera de même pour les autres heures.

Une fois les heures marquées sur le pourtour de l'ellipse, il restera à faire l'échelle des tangentes et à mettre au lieu des déclinaisons du soleil la date des jours correspondants.

Le genre de style à employer peut présenter quelques difficultés dans la pratique. Je n'ai aucune idée de ceux dont a pu se servir Lalande ; celui qui me semble le plus satisfaisant par sa simplicité, sinon par son élégance, c'est un prisme triangulaire droit ; l'arête correspondante à l'angle le plus aigu de la base donne une ombre bien précise ; le pied de cette arête peut être placé avec la plus grande précision au point voulu de la méridienne.

Quand ce cadran est exécuté avec précision, ce qui ne présente aucune difficulté, il peut donner l'heure à une minute près. J'en ai tracé un, dont je me sers quelquefois, qui n'a que 0m,60 dans le sens du grand axe; les heures y sont marquées de minute en minute ; et les jours de trois en trois, sauf aux environs des solstices, où la déclinaison varie trop peu.

Il va sans dire que, pour se servir de ce cadran, il faut avoir la direction de la méridienne. Pourtant Lalande a donné un moyen de s'en passer, ce qui est assez précieux ; car alors un cadran assez petit pour être portatif peut être placé partout où vient se montrer le soleil. Ce moyen consiste à tracer sur le même plan et avec la même méridienne un cadran horizontal ordinaire à style fixe et incliné suivant l'axe du monde. Ces deux cadrans étant dès lors solidaires, il suffit de les tourner de manière à ce qu'ils donnent la même indication ; on est à peu près certain que cela ne peut avoir lieu que pour l'orientation exacte ; car, construits sur des principes très-différents, s'ils sont mal orientés, les erreurs seront nécessairement différentes.

Nous avons dit que le rayon pris pour unité est celui du cercle dans lequel on prend les tangentes des déclinaisons ; et que le demi grand axe est alors $\frac{1}{\cos l}$; et le demi petit axe $\tang l$. Le rapport du petit axe au grand axe est donc $\sin l$; et la distance du centre aux foyers est égale à l'unité.

Si on se donne pour unité le demi grand axe, alors le demi petit axe sera $\sin l$, et la distance du centre aux foyers, $\cos l$. Ces données sont plus simples que les précédentes et doivent leur être préférées.

Ajoutons pour terminer que, cette ellipse une fois tracée et le grand cercle étant conservé, on peut se rendre compte immédiatement de la manière dont varient les azimuts par rapport aux angles horaires, aux diverses époques de l'année.

Ainsi on verra tout de suite que, quand la déclinaison est boréale, entre six heures du matin et six heures du soir, l'azimut est toujours plus grand que l'angle horaire ; que quand la déclinaison est australe, l'azimut dans les environs de midi est en général plus grand que l'angle horaire, mais il diminue plus rapidement et finit par être plus petit entre six heures et midi ; et enfin qu'à partir d'un certain jour, cet azimut est toujours plus petit que l'angle horaire ; ce jour est donné en portant sur l'échelle des déclinaisons la différence entre le demi grand axe et le demi petit axe ; en d'autres termes, pour ce jour-là, la tangente de la déclinaison est égale à cette différence.

Je ne pousserai pas plus loin ces considérations, qui sortiraient du cadre de cette communication.

M. E. LEMOINE

Ingénieur civil, ancien Élève de l'École polytechnique

SUR QUELQUES PROPRIÉTÉS D'UN POINT REMARQUABLE D'UN TRIANGLE

— *Séance du 27 août 1873.* —

DÉFINITION. — Soit (*fig.* 4) ABC un triangle, C'B' une droite qui coupe AC en C', AB en B'. Si le quadrilatère CC'BB' est inscriptible à un cercle on dit que C′B′ est une antiparallèle de CB par rapport à l'angle CAB.

Il est évident : 1° que toutes les antiparallèles de CB par rapport à l'angle CAB sont parallèles entre elles ;

2° Que si l'on joint le point A au milieu M′ de C′B′ toutes les parties des antiparallèles sus-désignées, parties comprises entre les deux côtés de l'angle CAB, seront coupées par AM′ en leur milieu.

Je nomme AM′ *médiane antiparallèle* de CB par rapport à l'angle CAB.

Cela posé, nous aurons les théorèmes suivants dont il sera facile de trouver la démonstration :

I. Dans un triangle, les trois *médianes antiparallèles* se coupent en un même point ω que j'appelle le *centre des médianes antiparallèles*.

II. Si par un point O du plan d'un triangle (*fig.* 5) on mène des parallèles aux trois côtés, ces parallèles coupent les trois côtés du triangle en six points 1, 4 ; 2, 5 ; 3, 6 ; qui sont les sommets d'un hexagone inscriptible et circonscriptible à une conique.

III. Quand un hexagone 1, 2, 3, 4, 5, 6, est inscriptible et circonscriptible à une conique, une transformation homologique peut ramener les diagonales 1, 4 ; 2,5 ; 3, 6 ; qui se coupent en un même point, à être parallèles aux côtés 2,3 ; 6,1 ; 5,4.

IV. Dans ce cas, les triangles 135, 246 sont équivalents.

V. Si le point O est intérieur à l'ellipse de surface maxima inscrite dans le triangle, la conique qui passe par les points 1, 2, 3, 4, 5, 6, est une ellipse.

Si le point O est extérieur à cette ellipse maxima, la conique qui passe par les points 1, 2, 3, 4, 5, 6, est une hyperbole. Si le point O est sur l'ellipse maxima, la conique, 1, 2, 3, 4, 5, 6, est une parabole.

VI. Lorsque le point O se confond avec ω *centre des médianes antiparallèles*, les points 1, 2, 3, 4, 5, 6, appartiennent à une même circonférence. Les cordes que les côtés déterminent dans cette circonférence sont proportionnelles aux cubes des côtés auxquels ces cordes appartiennent.

VII. Le centre de cette circonférence est au milieu de la ligne qui joint le centre des médianes antiparallèles au centre du cercle circonscrit.

VIII. Dans le cas où O se confond avec ω, les longueurs 12, 34,

56, sont égales, et les droites 12, 34, 56, sont des antiparallèles respectivement de BC, CA, AB, par rapport aux angles CAB, CBA, ACB.

On en conclut immédiatement que si par le point ω on mène des antiparallèles aux trois côtés, les portions de ces droites comprises entre les côtés du triangle sont égales et sont divisées en deux parties égales au point ω. a,b,c étant les longueurs des trois côtés, cette longueur commune de trois antiparallèles menées par ω est :

$$2\frac{abc}{a^2+b^2+c^2}$$

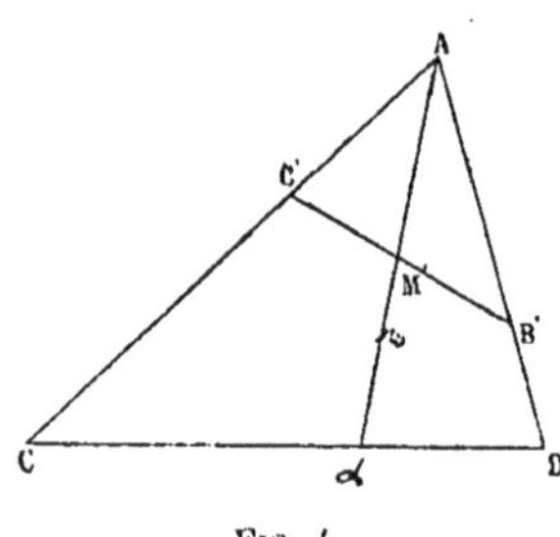

Fig. 4.

IX. Si l_a est la longueur de la droite qui joint le point A au milieu de BC ; si a,b,c sont respectivement les longueurs des trois côtés BC, AC, AB du triangle, si enfin α (fig. 4) est le point où la droite A ω coupe BC, on a

$$A\alpha = 2\frac{bc}{b^2+c^2}l_a$$

X. Le point α est tel que :

$$\frac{C\alpha}{\alpha B} = \frac{\overline{CA}^2}{\overline{BA}^2}$$

Donc, d'après un théorème dû à M. le commandant d'état-major Hossard, le point ω est le point étudié par un grand nombre de géomètres pour lequel la somme des carrés des perpendiculaires abaissées sur les trois côtés d'un triangle est un minimum [1].

On peut trouver ce point minimum par une méthode que je veux indiquer parce qu'elle peut être appliquée dans d'autres cas.

Appelons x, y, z, les trois perpendiculaires abaissées d'un point sur les trois côtés BC, AC, AB. On cherche le minimum de

$$x^2+y^2+z^2$$

sachant que l'on a $ax+by+cz=2S$,
S étant la surface du triangle ABC,

1 M. Tchebichef fait remarquer que ce point du minimum des carrés des perpendiculaires a aussi été rencontré par Gauss à propos de la méthode des moindres carrés.

on remarque que $x^2 + y^2 + z^2$ est la distance de l'origine des coordonnés à un point du plan qui aurait pour équation

$$ax + by + cz = 2S$$

Le minimum aura donc lieu pour le pied de la perpendiculaire abaissée de l'origine sur ce plan d'où, etc.

Si l'on avait à trouver le minimum de $Ax^2 + By^2 + Cz^2$ avec la condition

$$ax + by + cz = 2S \text{ on poserait } x = \frac{x'}{\sqrt{A}},\ y = \frac{y'}{\sqrt{B}},\ z = \frac{z'}{\sqrt{C}}$$

d'où l'on serait ramené à trouver le minimum de

$$x'^2 + y'^2 + z'^2 \text{ avec la condition}$$

$$\frac{a}{\sqrt{A}}x' + \frac{b}{\sqrt{B}}y' + \frac{c}{\sqrt{C}}z' = 2S$$

Dans certains cas où l'équation de condition représenterait une autre surface qu'un plan on pourrait appliquer une méthode analogue.

XI. Par A je mène la droite $\alpha'\gamma'$ perpendiculaire à AC.

B	$\alpha'\beta'$	AB.
C	$\gamma'\beta'$	BC.
A	$\alpha''\beta''$	AB.
B	$\beta''\gamma''$	BC.
C	$\alpha''\gamma''$	AC.

On voit facilement que les droites $\alpha'\alpha''$ $\beta'\beta''$ $\gamma'\gamma''$ passent au centre du cercle circonscrit de ABC.

Cela posé, soient respectivement A_1, B_1, C_1, les points où $\alpha'\alpha''$, $\beta'\beta''$, $\gamma'\gamma''$ coupent BC, AC, AB ;

Soient α, β, γ les conjugués harmoniques de A_1, B_1, C_1, par rapport à BC, AC, AB ;

1° Les trois points A_1, B_1, C_1, sont en ligne droite.

2° Les trois droites $A\alpha$, $B\beta$, $C\gamma$, se coupent au point ω, *centre des médianes antiparallèles*.

XII. Certaines des propriétés précédentes peuvent être généralisées.

Supposons que les droites 14, 25, 36 de la figure 5 ne se coupent pas au même point et forment un triangle A'B'C' homothétique à ABC, les six points 1, 2, 3, 4, 5, 6 seront sur une conique. Cette conique sera un cercle si le centre d'homothétie des deux triangles A B C, A'B'C' est le *centre des médianes antiparallèles*.

Si le triangle A'B'C' se meut en restant de grandeur constante, la conique 1, 2, 3, 4, 5, 6, sera une ellipse, une hyperbole ou une parabole, suivant que le centre d'homothétie des deux triangles ABC, A'B'C' sera intérieur à l'ellipse maximum inscrite dans ABC, extérieur à cette ellipse ou sur son périmètre.

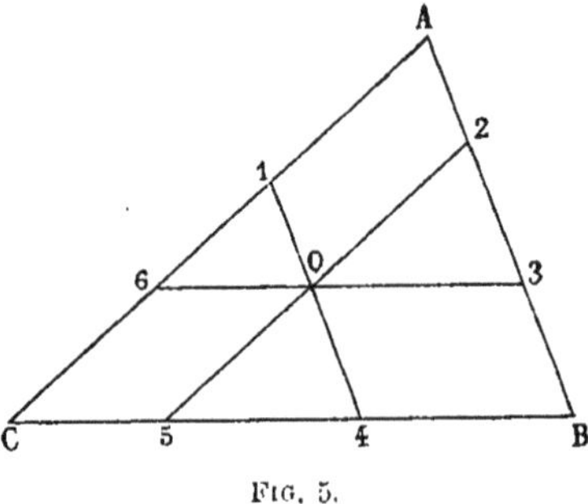

Fig. 5.

XIII. Si l'on cherche (fig. 5) par quel point il faut mener les parallèles 36, 25, 14 aux trois côtés pour que l'hexagone 1, 2, 3, 4, 5, 6 soit circonscrit à un cercle (ce cercle est évidemment le cercle inscrit au triangle ABC), on trouve un point dont les coordonnés en prenant CB et CA pour axe des x et des y sont :

$$x = \frac{a(2b-p)}{p}$$

$$y = \frac{b(2a-p)}{p}$$

Si par ce point on mène une parallèle à la bissectrice d'un angle du triangle, les longueurs comprises sur chacun des côtés qui comprennent cette bissectrice entre le sommet et cette parallèle sont égales à la différence de ces deux côtés.

On trouve d'autres solutions analogues dans lesquels les cercles ex-inscrits remplacent le cercle inscrit.

XIV. Dans un triangle ABC les équations de BC, AC, AB étant respectivement $\alpha = o, \beta = o, \gamma = o$ les trois sommets, le point de concours des hauteurs, le centre de gravité et le point d'où l'on voit les trois côtés sous le même angle sont sur la conique

$$\frac{\sin(B-C)}{\alpha} + \frac{\sin(C-A)}{\beta} + \frac{\sin(A-B)}{\gamma} = o.$$

XV. Un cercle ex-inscrit à un triangle touche les trois côtés en trois points qui forment les sommets d'un triangle homologique au triangle donné. En considérant les trois cercles ex-conscrits (c'est-à-dire les trois triangles des points de contact) successivement avec le triangle donné, on a trois axes d'homologie. Ces trois droites forment un triangle dont les sommets sont sur les bissectrices du triangle primitif.

XVI. D'un point θ du plan d'un triangle ABC j'abaisse θa, θb, θc perpendiculaires sur CB, AC, AB; sur les hauteurs AA', BB', CC' je prends trois points λ, μ, ν tels que les directions de $A\lambda$, $B\mu$, $C\nu$ étant respectivement les mêmes que celles de θa, θb, θc, on ait :

$$A\lambda = 2\theta a$$
$$B\mu = 2\theta b$$
$$C\nu = 2\theta c.$$

Par λ, μ, ν je mène des parallèles respectivement à CB, AC, AB.

1° Les trois parallèles se coupent en un point J.

2° Si le point θ décrit un certain lieu le point J décrira un lieu semblable.

M. TCHEBICHEF

Membre de l'Académie de Saint-Pétersbourg

SUR LES VALEURS LIMITES DES INTÉGRALES

— *Séance du 27 août 1873.* —

M. Tchebichef donne une méthode pour déterminer la valeur limite de certaines intégrales, à propos d'un mémoire de M. Bienaymé, inséré dans les *Annales de Liouville* en 1833. Il montre l'utilité pratique de cette méthode pour la théorie des probabilités.

A. MANNHEIM

Chef d'escadron d'artillerie, Professeur à l'École polytechnique

LES NORMALES AUX SURFACES TRAJECTOIRES DES POINTS D'UNE FIGURE DE FORME INVARIABLE RENCONTRENT TOUTES DEUX MÊMES DROITES

DÉMONSTRATION NOUVELLE DE CE THÉORÈME

— *Séance du 27 août 1873.* —

C'est en 1866[1] que j'ai énoncé et démontré pour la première fois ce théorème très-utile dans l'étude des surfaces trajectoires des points d'une figure de forme invariable.

[1] Voir *Bulletin de la Société philomathique* et *Journal de Mathématiques* de M. Liouville.

Depuis cette époque, j'ai montré l'importance de ce théorème en faisant connaître quelques-unes de ses applications[1].

Ma première démonstration avait pour base les belles propriétés que l'on doit à M. Chasles et qui sont relatives au déplacement infiniment petit d'un corps solide libre[2].

En partant des mêmes principes, j'arrive aujourd'hui plus rapidement au but.

Tout déplacement infiniment petit d'une droite mobile G peut s'obtenir au moyen d'une rotation autour d'une *droite conjuguée de G*. Cette *droite conjuguée* est la droite suivant laquelle se coupent les plans normaux aux trajectoires des points de G.

Si l'on définit le déplacement de G en donnant quatre surfaces (A), (B), (C), (E), sur lesquelles doivent rester quatre points a, b, c, e de G : la droite conjuguée de G est, à un instant quelconque, la droite qui rencontre les normales aux surfaces données issues des points donnés.

En n'assujettissant que trois points a, b, c de G à rester sur trois surfaces données (A), (B), (C), la droite mobile peut alors être déplacée d'une infinité de manières.

A chacun de ces déplacements correspond, pour un point quelconque de G, une ligne trajectoire, et toutes les lignes trajectoires ainsi décrites appartiennent à la surface trajectoire de ce point.

Désignons par A, B, C les normales aux surfaces (A), (B), (C) issues, à un instant quelconque, des points a, b, c. La droite conjuguée relative à un déplacement quelconque de G doit rencontrer A, B, C. Cette conjuguée est donc une génératrice de l'hyperboloïde défini par ces trois droites. Une quelconque des génératrices de cet hyperboloïde du même système que G est la conjuguée de G relative à l'un des déplacements de cette droite.

Les plans passant par ces différentes conjuguées et un même point e de G sont respectivement normaux aux lignes trajectoires décrites par ce point, pendant les déplacements qu'on peut imprimer à la droite G à partir de la position qu'elle occupe.

Tous ces plans normaux se coupent suivant la génératrice de l'hyperboloïde, qui est du même système que A, B, C. Cette génératrice est alors normale à la surface trajectoire du point e.

Nous voyons donc que :

1° *Les normales aux surfaces trajectoires des points d'une droite appartiennent à un hyperboloïde*[3].

[1] *Comptes rendus de l'Académie des Sciences*, 11 février 1867 et *Journal de Mathématiques*, 1872.

[2] *Comptes rendus de l'Académie des Sciences*, 26 juin 1843.

[3] Lorsque la droite mobile est une génératrice d'une surface réglée, on peut considérer cette

Supposons que G fasse partie d'une figure de forme invariable et qu'un point m de cette figure soit assujetti à se déplacer sur une surface (M) pendant que les points a, b, c de G se déplacent sur (A), (B), (C).

Désignons par A, B, C, M, les normales à ces surfaces issues, à un instant quelconque, des points a, b, c, m. Les normales aux surfaces trajectoires des points de G appartiennent à l'hyperboloïde (A, B, C) qui est rencontré par M en deux points. Par ces points passent les génératrices D, Δ, de cet hyperboloïde du même système que G.

Par le point m menons une droite H qui rencontre G au point n. Le plan des deux droites (G, H) coupe l'hyperboloïde (A, B, C) suivant G et une droite L.

Désignons par l le point où L rencontre H.

La normale N à la surface trajectoire du point n rencontre D et Δ. Il en est de même de L, qui est la normale à la surface trajectoire du point l.

L'hyperboloïde (A, B, C) et l'hyperboloïde des normales aux surfaces trajectoires des points de H qui se coupent suivant les droites L, N se coupent en outre suivant les droites D, Δ. Les normales aux surfaces trajectoires des points de H rencontrent donc D et Δ et comme H a été menée arbitrairement dans le plan (G, m), nous voyons que les normales aux surfaces trajectoires de tous les points de ce plan rencontrent les droites D, Δ. La normale à la surface trajectoire d'un point quelconque de la figure, étant la normale à la surface trajectoire du point où elle perce ce plan, rencontre alors aussi D et Δ. Le théorème objet de cette note est donc démontré.

M. TCHEBICHEF

Membre de l'Académie de Saint-Pétersbourg

SUR UN NOUVEAU RÉGULATEUR A FORCE CENTRIFUGE

— *Séance du 28 août 1873.* —

M. Tchebichef présente un nouveau régulateur à force centrifuge et prouve expérimentalement que l'appareil remplit bien les conditions demandées. Cet appareil est, d'ailleurs, plutôt théorique que pratique et il est surtout curieux par la résolution pratique d'une question mathématique.

---

surface réglée comme la surface trajectoire de tous les points de la droite mobile. Les normales à cette surface trajectoire issues des points de cette droite appartiennent alors simplement à un paraboloïde.

M. Marcel DEPREZ

Ingénieur civil

SUR LA MESURE DES FORCES VARIANT TRÈS-RAPIDEMENT. SUR LES MACHINES A CALCULER

— *Séance du 28 août 1873.* —

M. A. MANNHEIM

Chef d'escadron d'artillerie, Professeur à l'École polytechnique

QUELQUES THÉORÈMES MONTRANT L'ANALOGIE QUI EXISTE ENTRE LES PROPRIÉTÉS RELATIVES AUX SURFACES DÉCRITES PAR LES POINTS D'UNE DROITE ET LES SURFACES TOUCHÉES PAR LES PLANS D'UN FAISCEAU MOBILE

— *Séance du 28 août 1873.* —

Dans une communication que j'ai faite à l'Académie des sciences, le 6 juin 1870, j'ai donné la construction de l'axe de courbure de la trajectoire d'un point quelconque d'une droite mobile dont quatre points sont assujettis à rester sur quatre surfaces données.

Dans la séance suivante, j'ai donné la construction de l'axe de courbure de la développable enveloppe d'un plan qui fait partie d'un faisceau assujetti à avoir quatre de ses plans tangents à quatre surfaces données.

Cette dernière construction, obtenue directement et qui ne provient pas de la première par transformation, présente, avec celle-ci, une grande analogie.

Lorsqu'on étudie parallèlement les déplacements d'une droite mobile et les déplacements d'un faisceau de plans, cette analogie se poursuit dans un grand nombre de cas. Je vais en montrer aujourd'hui un nouvel exemple.

Après avoir établi quelques résultats nouveaux relatifs aux déplacements d'une droite, je passerai aux déplacements d'un faisceau de plans, en ayant soin de noter les théorèmes analogues au moyen des mêmes chiffres.

Une droite G est supposée faire partie d'une figure dont le déplacement n'est assujetti qu'à quatre conditions, les points de cette droite décrivent alors des surfaces trajectoires.

On sait que[1] :

1. *Les normales aux surfaces trajectoires des points d'une droite appartiennent à un hyperboloïde.*

J'appellerai cet hyperboloïde *hyperboloïde des normales*. Il est le lieu de toutes les conjuguées de la droite mobile.

Si l'on donne à la droite mobile un déplacement particulier, les points de cette droite décrivent des trajectoires sur leurs surfaces trajectoires. Ces courbes ont chacune un axe de courbure et ces axes de courbure donnent lieu au théorème suivant :

2. *Les axes de courbure des trajectoires des points d'une droite appartiennent à un hyperboloïde qui contient la droite conjuguée de cette droite*[2].

Cet hyperboloïde des axes de courbure et l'hyperboloïde des normales aux surfaces trajectoires des points de G, se coupent suivant la droite conjuguée de G et suivant une cubique gauche.

Un point de cette cubique est le point de rencontre de l'axe de courbure de la trajectoire d'un certain point m de G avec la normale à la surface trajectoire de ce point. Ce point de la cubique est donc le centre de courbure de la section faite dans cette surface trajectoire par un plan normal à cette surface et qui contient la tangente à la ligne trajectoire du point m [3].

On a donc ce théorème :

3. *Les plans normaux aux surfaces trajectoires des points d'une droite, qui contiennent respectivement les tangentes aux lignes décrites par les points de cette droite pour un déplacement arbitraire, déterminent, dans les surfaces trajectoires, des sections dont les centres de courbure sont sur une cubique gauche.*

Cette cubique gauche est tracée sur l'hyperboïde des normales, elle est différente pour chacun des déplacements de G. Sur chacune des normales aux surfaces trajectoires des points de cette droite on a les deux centres de courbure principaux de ces surfaces. Ces centres sont des positions limites pour les points appartenant aux différentes cubiques qu'on obtient en faisant varier le déplacement de G.

Le lieu des centres de courbure principaux des surfaces trajectoires

1 Voir la communication que j'ai faite dans la séance du 25 août, page 82 et mon *Étude sur le déplacement d'une figure de forme invariable.*

2 Voir *Bulletin de la Société mathématique de France*, t. I, p. 106.

3 Voir *Comptes rendus des séances de l'Académie des sciences*, 5 février 1872.

des points de G est donc, sur l'hyperboloïde des normales, la courbe qui limite la région occupée par ces cubiques gauches. Ce lieu est donc l'enveloppe de ces cubiques. Les points de contact de ce lieu et de l'une des cubiques sont aux points d'intersection de deux cubiques infiniment voisines; par suite, ils sont au nombre de quatre.

Le lieu des centres de courbure principaux des surfaces trajectoires des points de G rencontre alors une des cubiques en huit points. Comme il y a toujours deux points de ce lieu sur une normale à la surface trajectoire d'un point de G, il doit avoir quatre points sur G[1]. Ce lieu est donc une courbe gauche du 6e ordre.

Nous pouvons donc énoncer ce théorème :

4. *Les centres de courbure principaux des surfaces trajectoires des points d'une droite sont sur une courbe gauche du 6e ordre.*

Je ne donnerai pas ici les conséquences de ce théorème et je considère immédiatement les déplacements d'un faisceau de plans qui fait partie d'une figure assujettie à quatre conditions. J'appellerai toujours D et Δ les deux axes simultanés de rotations relatifs aux déplacements de cette figure[2].

Désignons le faisceau par la lettre R qui indiquera aussi l'arête de ce faisceau. Chacun des plans de ce faisceau reste tangent à une surface. Le point de contact de l'un des plans avec la surface à laquelle il reste tangent est le pied de la perpendiculaire à ce plan qui rencontre D et Δ.

Il résulte de cette construction le théorème suivant :

1. *Les surfaces auxquelles restent tangents les plans d'un faisceau mobile ont pour normales les droites appartenant à un paraboloïde hyperbolique.*

J'appellerai ce paraboloïde *paraboloïde des normales*. Il est le lieu des adjointes aux plans perpendiculaires à R[3].

Si l'on imprime au faisceau un déplacement particulier, chacun de ses plans enveloppera une développable. Les axes de courbure de ces développables donnent lieu au théorème suivant :

2. *Les axes de courbure des développables enveloppes des plans d'un faisceau R appartiennent à un hyperboloïde qui contient l'adjointe au plan perpendiculaire à l'arête R de ce faisceau*[4].

[1] Ceci est une conséquence de la formule (pq'+p'q) donnée par M. Chasles pour déterminer le nombre des points d'intersection de deux courbes gauches tracées sur un hyperboloïde (*Comptes rendus*, 16 décembre, 1861).

[2] Voir la communication que j'ai faite dans la séance du 27 août, p. 95.

[3] Voir mon *Étude sur le déplacement d'une figure de forme invariable.*

[4] Voir dans le *Bulletin de la Société philomathique*, séance du 25 juin 1870, une note de M. Haag.

Cet hyperboloïde des axes de courbure et le paraboloïde des normales se coupent suivant l'adjointe au plan perpendiculaire à R et suivant une cubique gauche. Un point de cette cubique est le point de rencontre de l'axe de courbure de la développable enveloppe d'un plan M du faisceau avec la normale à la surface (M) à laquelle ce plan reste tangent. Ce point de la cubique est donc le centre de courbure de la courbe de contour apparent de (M) obtenue sur un plan mené par la normale à cette surface perpendiculairement à la génératrice de la développable enveloppe de M[1].

On a donc ce théorème :

3. *Les plans A, B, C... d'un faisceau R touchent, à un instant quelconque, en a, b, c... les surfaces (A) (B) (C)... auxquelles ces plans restent tangents pendant les déplacements du faisceau. Pour un déplacement arbitraire du faisceau R, on prend les courbes de contours apparents des surfaces (A) (B) (C) sur des plans menés par a, b, c... perpendiculairement aux caractéristiques des plans A, B, C... les centres de courbure de ces courbes appartiennent à une cubique gauche.*

En reproduisant presque textuellement le raisonnement employé précédemment, on arrive à ce théorème :

4. *Les surfaces auxquelles les plans d'un faisceau restent tangents pendant les déplacements de ce faisceau ont leurs centres de courbure principaux sur une courbe gauche du 6e ordre.*

Comme des plans parallèles enveloppent des surfaces parallèles, on peut énoncer ce théorème en considérant des plans invariablement liés et parallèles à une même droite.

1 Voir *Comptes rendus*, séances du 13 juin 1870 et du 5 février 1872.

3e & 4e Sections

NAVIGATION — GÉNIE CIVIL ET MILITAIRE

PRÉSIDENT. . . . . M. TAVERNIER, Ingénieur en chef des ponts et chaussées.
VICE-PRÉSIDENT . . . . . . M. BERGERON, Ancien Élève de l'École polytechnique, Ingénieur civil.
SECRÉTAIRE . . . . M. E. LEMOINE, Ancien Élève de l'École polytechnique, Ingénieur civil.

M. Charles BERGERON

Ingénieur civil

NOTE SUR L'ÉTAT DES TRAVAUX ET SUR LES MACHINES EMPLOYÉES ET PROPOSÉES POUR LE PERCEMENT DU SAINT-GOTHARD

— *Séance du 22 août 1873.* —

Après un concours auquel tous les grands entrepreneurs de travaux publics en Europe avaient été conviés, la compagnie concessionnaire du chemin de fer du Saint-Gothard a adjugé la construction du grand souterrain entre Gœschenen et Airolo à M. Louis Favre, de Genève, qui s'était depuis longtemps fait connaître dans le monde des chemins de fer pour la manière loyale et habile avec laquelle il a exécuté tous les travaux importants qui lui ont été confiés en Suisse et surtout en France.

Cet entrepreneur a pris l'engagement de creuser, en huit ans, dans des roches granitiques ou schisteuses très-dures, en partant des deux extrémités, sans puits intermédiaires, un tunnel de 14,900 mèt. de long. Le tunnel du Saint-Gothard aura donc 2,700 mèt. de plus que celui du mont Cenis et sa construction doit être achevée en moitié moins de temps.

L'importance de l'entreprise sera d'environ 50 millions, ce qui fait ressortir à 3,400 fr. le prix du mètre courant.

Aucun des concurrents de M. Favre n'a demandé moins de 62 millions et un délai moindre de neuf années pour se charger de cette grande entreprise.

M. Louis Favre, pour garantie de ses engagements, a dû fournir un cautionnement de huit millions (8 millions de francs).

Au bout de huit ans, si le tunnel n'est pas entièrement terminé, il lui sera fait sur son cautionnement, jusqu'à l'achèvement complet du souterrain, une retenue de 5,000 fr. par jour pendant les six premiers mois de la neuvième année. Après ces six mois écoulés, le prélèvement sera de 10,000 fr. par jour et le cautionnement pourra être confisqué, si le travail n'est pas achevé le premier jour de la dixième année.

Le traité d'entreprise a été signé le 7 août 1872 et approuvé par le conseil fédéral le 23 du même mois. C'est à partir de cette dernière date que le délai d'exécution devrait être compté.

Mais plusieurs circonstances imprévues mirent l'entrepreneur dans l'impossibilité de commencer ses travaux au jour fixé : c'était, d'un côté, la compagnie du Gothard qui devait exécuter les travaux d'abords du tunnel et qui n'était pas prête ; les tranchées n'étaient pas achevées et les têtes du tunnel ne pouvaient pas être attaquées; et de l'autre, c'était l'affaire italienne, avec ses complications inattendues, qui est venue tout suspendre.

Le gouvernement italien est venu tout à coup faire opposition au traité d'entreprise. Il a prétendu qu'en échange de la subvention de 45 millions consentie par lui en faveur du Saint-Gothard, la moitié au moins des travaux du tunnel devait appartenir aux ingénieurs italiens qui avaient percé le mont Cenis.

M. Louis Favre, pour arrêter cette opposition, a dû faire plusieurs fois le voyage de Rome ; il a offert à la Société financière, représentée par M. Grattoni, la moitié de son entreprise, aux conditions qu'il avait souscrites lui-même, mais que les autres n'ont pas cru pouvoir accepter.

Ces négociations lui ont fait perdre plus de deux mois. Le délai de huit ans, pour l'exécution du tunnel, ne doit rigoureusement être compté qu'à partir du milieu de novembre 1872. C'est seulement à cette époque, que M. Louis Favre, après s'être assuré d'avoir à son compte la totalité de l'entreprise, a pu commencer sérieusement les travaux d'abord à Airolo, ensuite à Gœschenen, et on était à l'entrée de l'hiver!

Il y a rencontré de très-grandes difficultés. La galerie d'Airolo a traversé des couches schisteuses et des débris calcaires qui ont donné d'énormes quantités d'eau (130 litres par seconde). Du côté de Gœschenen, les ouvriers ont eu beaucoup à souffrir du froid, de l'humidité et surtout du manque d'air. A force de travail et de persévérance, sous l'habile et courageuse direction de leurs ingénieurs, ils sont parvenus à surmonter toutes ces difficultés.

En attendant l'installation des grandes turbines commandées aux constructeurs de machines, MM. Escher, Wyn et Cie, de Zurich, et B^{in} Roy et Cie, de Vevey, on se sert, à chaque extrémité du souterrain, d'une machine à vapeur de 25 à 30 chevaux de force, comprimant l'air par des pompes et dans des tuyaux qui ont servi au mont Cenis et que M. Louis Favre a dû acheter au gouvernement italien.

L'air comprimé à 5 atmosphères fait marcher des perforatrices d'un système nouveau, inventé par MM. Dubois et François, ingénieurs. Elles ont été fabriquées dans l'usine de Seraing en Belgique. Elles sont d'un mouvement plus simple et d'une action plus énergique que celles de l'ingénieur *Sommeiller*, employées au mont Cenis. En frappant 6 et 700 coups par minute, elles font en un quart d'heure des trous de 3 cent. de diamètre et de 1 mèt. 10 de profondeur dans le granit. Elles sont montées sur d'anciens affûts du mont Cenis trop faibles pour résister aux secousses et aux chocs de ces nouveaux appareils.

J'ai vu dans les ateliers d'Airolo et de Gœschenen des affûts plus massifs et beaucoup plus solides en construction. Ils sont destinés à faire marcher des perforatrices du système Mackean, perfectionnées par les ingénieurs de M. Louis Favre et dont celui-ci attend d'excellents résultats.

Au chantier de Gœschenen le vieil affût porte six perforatrices qui fonctionnent simultanément. Dans la galerie d'Airolo, le même affût n'en porte que quatre, qui font autant de besogne que les six de Gœschenen, parce qu'elles ont à percer des roches moins dures.

La galerie d'avancement dans laquelle se résument les plus grandes difficultés de l'entreprise, a une section de 2 mèt. 50 de haut sur 3 mèt. de largeur. Le travail de perforation consiste à creuser, sur toute cette section, environ 27 trous de mine que l'on charge de dynamite et que l'on fait sauter successivement, en commençant par ceux du milieu, en réservant toutefois la rangée des trous du bas, pour être chargés et faire explosion, après l'enlèvement des déblais provenant du haut de la galerie. Ce retard dans la marche du travail résulte de ce que les débris de rochers, tombant du haut, couperaient ou étoufferaient les mèches des trous du bas et les cartouches de dynamite ne détonneraient pas.

Cette substance, pour faire explosion, doit être soumise à un choc instantané. Sa manipulation est beaucoup moins dangereuse que celle de la poudre à canon. A l'air libre, elle brûle lentement et n'éclate pas quand on y met le feu avec une allumette. Ses effets formidables ne sont obtenus que par l'emploi d'une capsule garnie de poudre fulminante dont l'explosion produit le choc instantané nécessaire. Les gaz qui en résultent se composent en grande partie d'acide carbonique, mais si la combustion se fait lentement, le gaz qui s'en dégage est de l'acide nitreux et de l'oxyde de carbone, qui sont très-délétères et capables d'asphyxier les ouvriers qui les respirent. Il faut donc à tout prix empêcher la dynamite de s'enflammer et de brûler à petit feu. Voilà pourquoi l'on ne charge et l'on ne fait partir les trous du bas de la galerie qu'après l'enlèvement des débris tombés du haut.

Avec les moyens incomplets et provisoires dont il dispose, M. Louis Favre est parvenu à faire avancer la galerie de 2 mèt. par jour, de chaque côté. Tout récemment, un des ingénieurs de l'entreprise m'a dit à Altorf qu'on s'était avancé de 4 mèt. en un jour, et le lendemain de 3 mèt., du côté de Gœschenen.

Voici un état de la marche des travaux pendant la deuxième semaine du mois d'août, qui vient de m'être adressé par M. Louis Favre. Ce tableau donne en même temps le résumé de tout ce qui a été fait jusqu'à présent.

MARCHE DES TRAVAUX
(DU 4 AU 10 AOUT 1873)

DATES	AVANCEMENT			
	PAR JOUR		LONGUEUR TOTALE	
	GŒSCHENEN	AIROLO	GŒSCHENEN	AIROLO
Lundi 4 août	1m95	2m00	265m75	273m75
Mardi 5	3m00	3m20	268m75	276m70
Mercredi 6	1m95	3m10	270m70	279m80
Jeudi 7	3m20	3m20	273m00	283m00
Vendredi 8	2m00	3m30	275m90	286m30
Samedi 9	3m20	4m00	279m10	290m30
Dimanche 10	3m20	1m50	282m30	291m80
Total pendant la Semaine.	18m50	20m30	574m10	

Les opérations que je viens de décrire ne laissent pas que d'être assez longues et assez compliquées ; en effet, quand tous les trous de mines sont arrivés à la profondeur voulue, on ramène l'affût à plus de 100 mèt. en arrière, pour le mettre à l'abri des éclats du rocher. Les ouvriers abandonnent tous la galerie. Un homme, qui remplit les fonctions d'artificier et qui seul est chargé de la manipulation de la dynamite, vient déposer au fond de chaque trou une cartouche à laquelle il attache une mèche plus ou moins longue, suivant la position des trous par rapport au centre ou à la circonférence de la galerie. Il y met ensuite le feu et sort à son tour de la galerie. Tout le monde attend qu'aient eu lieu trois explosions successives. Après qu'on les a eu bien comptées, lorsqu'on suppose que les gaz se sont suffisamment dissipés, une brigade d'ouvriers procède à l'enlèvement des déblais qui dure souvent plusieurs heures. L'artificier revient ensuite charger et faire partir les trous du bas de la galerie. Il faut attendre cette nouvelle explosion et l'enlèvement des déblais qu'elle a produits, pour pouvoir remettre l'affût en place et faire marcher de nouveau les perforatrices.

Quoi qu'il en soit, le travail se poursuit ainsi d'une manière bien régulière. Les perforatrices fonctionnent, comme je l'ai dit plus haut, avec de l'air comprimé à 5 atmosphères. Dans quelques mois, les machines à vapeur de 30 chevaux seront remplacées par trois puissantes turbines, capables de produire chacune 220 chevaux de force.

A Airolo, les turbines seront mises en rotation par les eaux de la Tremola, descendant du Saint-Gothard, recueillies dans un réservoir placé à 180 mèt. de hauteur.

A Gœschenen, le réservoir des turbines seulement sera de 90 mèt. d'élévation; mais le volume des eaux de la Reuss étant décuple de celui de la Tremola, on pourra soumettre les turbines de ce côté au même travail que celles d'Airolo.

M. Louis Favre sera bientôt en mesure de disposer, à chaque tête de son souterrain, d'une force hydraulique de 660 chevaux, qui ne lui coûtera pas d'autres frais que ceux d'installation et d'entretien des machines. Avec cela, il compte comprimer l'air à 8 atmosphères. Les perforatrices, montées sur des affûts solides, feront des trous de 1 mèt. 60 de profondeur; chaque explosion sera capable d'arracher 1 mèt. 50 d'épaisseur de granit du fond de la galerie. Quand les chantiers seront bien organisés, quand les ouvriers auront acquis de l'expérience, on pourra faire trois opérations et avancer de 4 mèt. à 4 mèt. 50 par jour, de chaque côté.

En supposant que l'on arrive à faire 4 mèt. dans chaque galerie, c'est-à-dire 8 mèt. en vingt-quatre heures, on aura percé 3,000 mèt. en un an, et la galerie entière de 15 kilomètres en cinq ans.

Admettons qu'il faille une année de plus pour l'élargir, la maçonner et la mettre en complet état d'achèvement, nous reconnaîtrons que M. Louis Favre n'a pas été trop téméraire, en prenant l'engagement d'avoir fini en huit ans le tunnel du Saint-Gothard, même en s'exposant à sacrifier son cautionnement de 8 millions de francs.

Quoique cette entreprise soit maintenant sur la voie d'un succès assuré et qu'elle doive faire la fortune de ceux qui s'y sont intéressés, je suis persuadé qu'on trouvera et qu'on emploiera bientôt des procédés plus expéditifs et surtout plus économiques que ceux appliqués au mont Cenis et au Saint-Gothard.

Les journaux américains ont récemment annoncé que des ingénieurs de leur pays proposent de traverser la chaîne des montagnes

Rocheuses, au moyen d'un tunnel de base, creusé sans puits, sur 12 milles anglais ou 19,300 mèt. de long. Ils affirment pouvoir exécuter, *en quatre ans*, cet immense travail. Ils doivent donc avoir des moyens bien plus efficaces que ceux employés par M. Louis Favre au Saint-Gothard. Sans attendre que ces moyens soient arrivés à ma connaissance, je ne peux pas m'empêcher de penser qu'il y aurait avantage à employer un système analogue à celui qu'avaient les Romains pour creuser leurs longs aqueducs souterrains. Ils se servaient pour cela de puissants béliers, faits d'une longue poutre en bois, suspendue par des chaînes à son milieu, et dont l'extrémité était garnie d'une masse de fer ou d'airain, qui devait battre en brèche et renverser les murailles des places assiégées. Cette poutre oscillant sur son centre de gravité, mise en mouvement par un grand nombre d'hommes placés à la file les uns des autres et de chaque côté, comme des rameurs sur une galère, était chassée avec force contre l'obstacle à renverser ou à détruire. Quand il s'agissait de creuser des aqueducs dans le granit, la tête du bélier en métal était garnie de dents comme une boucharde. En frappant successivement le milieu, le bas et les côtés de la galerie, on finissait par désagréger, briser et réduire en poussière les roches les plus dures.

Plutôt que d'employer une poutre et des ouvriers pour la pousser, un ingénieur anglais, le capitaine Penrice a, proposé un marteau-pilon, mis en mouvement par de l'air comprimé ou de la vapeur, fonctionnant comme une énorme perforatrice, frappant le rocher à coups répétés et faisant des trous de 1 mèt. 20 à 1 mèt. 50 de diamètre.

La description de ce marteau, de sa marche et de son travail, se trouve dans les *Annales de la Société des ingénieurs civils*. L'inventeur m'a affirmé pouvoir aisément faire un trou de 4 pieds ou 1 mèt. 20 de diamètre dans des roches granitiques, avec avancement de 30 à 40 cent. par heure.

Cette machine a l'inconvénient de rencontrer une grande résistance dans son mouvement de rotation, par suite du frottement qui s'opère contre les parois du cylindre en pierre qu'elle est appelée à tarauder ou à aléser. L'enlèvement des déblais s'y fait en outre avec difficulté.

Il me semble qu'on obtiendrait de meilleurs résultats en posant le cylindre du marteau-pilon comme un canon sur un affût de marine ou de siége. On lui donnerait un mouvement de translation suivant une courbe en spirale, partant du centre et arrivant à la circonférence de la galerie ou réciproquement.

Sans avoir sous les yeux le plan et la coupe de cette machine, il est facile d'en comprendre la marche et les effets. Que l'on s'imagine une grosse perforatrice fonctionnant au moyen de l'air comprimé et une distribution analogue à celles de Dubois et François ou de l'Américain Burleigh. La tige du piston, traversant de part en part le cylindre, aurait à chacune de ses extrémités une masse de fonte pesant plusieurs tonnes et se faisant toutes les deux équilibre de poids.

Il est évident que ce lourd marteau, frappant rapidement le rocher, avec une des têtes garnie de pointes d'acier, comme si c'était une grosse boucharde, produira sur une surface décuple le même effet qu'une petite perforatrice destinée à faire des trous de mine.

On obtiendrait ainsi l'outil du capitaine Penrice changeant de position à chaque coup.

Pendant sa marche, des ouvriers armés de tuyaux en toile ou en caoutchouc, comme pour les pompes à incendie, projetteraient de chaque côté des jets d'eau soumis à une forte pression qui serait, par exemple, celle des turbines, et enlèveraient ainsi les débris et la poussière des roches brisées par la boucharde du marteau-pilon. Ces débris, à l'état de boue, s'écouleraient avec l'eau qui les emporterait dans une rigole disposée à cet effet, au fond et sur toute la longueur de la galerie. Il n'y aurait plus, par ce moyen, nécessité d'employer des wagons et de perdre beaucoup de temps pour l'enlèvement des déblais du tunnel.

Ce système devrait être expérimenté ; je le crois susceptible de donner d'excellents résultats. Il offre l'avantage de fonctionner sans interruption et sans changement dans le mode de travail. Le seul temps perdu serait celui du renouvellement des dents de la boucharde qui s'opérerait avec la plus grande facilité.

Un seul ouvrier suffirait pour faire marcher le marteau-pilon ; un autre ferait avancer et tourner l'affût de manière à frapper successivement toute la surface du fond de la galerie que je suppose circulaire et de 2 mèt. de diamètre. Avec les deux hommes chargés de projeter l'eau de chaque côté du marteau-pilon, cela fait quatre ouvriers en tout pour le chantier d'attaque.

Je crois que, par ce procédé, on ferait avancer la galerie de 30 cent. au moins par heure ou 6 mèt. environ par vingt-quatre heures, sur lesquelles quatre heures suffiraient pour changer les dents de la boucharde, prolonger les conduits d'eau et d'air, ajuster les tuyaux en caoutchouc ou en toile.

Je suis persuadé qu'en employant ce procédé, M. Louis Favre gagnerait plus de deux ans sur le temps qu'il s'est imposé pour le percement du Saint-Gothard. Les dépenses seraient en outre diminuées dans une très-grande proportion, car on économiserait d'abord toute la dynamite, ensuite l'enlèvement des déblais au moyen de wagons, et le travail de la machine se ferait avec moitié moins d'ouvriers.

Je crois devoir appeler sur ce nouveau procédé de perforation de galeries souterraines l'attention et l'examen de MM. les membres de la section de mécanique de l'*Association française*. Je leur demanderai de vouloir bien me faire connaître leurs observations, leurs critiques et leurs objections pour m'éclairer et me guider quand le moment sera venu d'en faire l'application.

M. Alphonse MARCHEGAY

Ingénieur civil des mines, ancien élève de l'École polytechnique

ESSAI THÉORIQUE ET PRATIQUE SUR LE VÉHICULE BICYCLE (VÉLOCIPÈDE)

— *Séance du 22 août 1873.* —

INTRODUCTION. — Le véhicule bicycle ou vélocipède est connu depuis une dizaine d'années. Cette machine simple et ingénieuse n'a reçu depuis son invention, dont j'ignore l'auteur, que des modifications de détail qui n'ont altéré en rien son plan général et dont le but principal a été de réduire autant que possible la fatigue du cavalier moteur. Comme toutes les inventions nouvelles, le vélocipède fut à son début l'objet d'un véritable engouement, bientôt passé. Si on examine cependant cet instrument à un point de vue dépourvu de préjugés, on reconnaît que non-seulement il peut servir au développement physique de la jeunesse, mais encore que, bien construit, il devient dans des mains habiles un véhicule rapide, à vitesse supérieure en bonnes routes de plaine aux meilleurs attelages, et qu'il permet de fournir des traites considérables. Cette raison m'a encouragé à faire cette étude, qui sera toute scientifique et ne mentionnera qu'en gros les perfectionnements que le bicycle a reçus dans sa construction et ceux qu'on peut encore lui appliquer.

M. Macquorn-Rankine, professeur à l'université de Glascow, a déjà traité le même sujet, ses résultats généraux sont exacts, mais son analyse n'est pas toujours suffisamment serrée et elle est fort incomplète dans la partie la plus importante pour la pratique, le travail produit par le cavalier moteur.

Trois parties composent cette étude.

Dans la première, *Dynamique du Bicycle*, j'étudie l'équilibre et la direction de l'instrument pendant qu'il progresse.

Dans la seconde, *Mécanique appliquée du Bicycle*, je distingue les diverses résistances vaincues dans la progression et je donne des procédés simples pour les mesurer directement.

Dans la troisième partie enfin, que l'on pourrait appeler *Mécanique animale du Bicycle*, je m'occupe du moteur animé, j'y recherche les meilleures conditions que doit remplir l'homme pour être moteur et les avantages et inconvénients qu'entraîne l'usage répété de la machine.

Dans la *Conclusion*, enfin, j'esquisse à grands traits la meilleure disposition de l'instrument comme facilité de direction, moindre travail dépensé et moindre fatigue.

PREMIÈRE PARTIE. — Dynamique

PRÉLIMINAIRES. — Ce qui frappe le plus un observateur qui voit pour la première fois un homme sur un vélocipède en mouvement, c'est que ce cavalier d'un nouveau genre puisse maintenir son équilibre malgré la mince largeur des roues et leur position en flèche l'une par rapport à l'autre. Ce premier sentiment naît d'une connaissance imparfaite des lois de la mécanique, car le fait n'est pas plus extraordinaire que bien d'autres analogues qui se passent souvent sous nos yeux, sans provoquer notre étonnement.

Nos idées générales en mécanique se bornent en effet à quelques notions de statique, cette partie de la mécanique qui ne traite que de l'équilibre des forces et ne s'occupe par suite que des corps en repos ou animés d'un mouvement rectiligne et uniforme. Quant à la dynamique, qui étudie le mouvement des corps en général et cherche les rapports existant entre ces mouvements et les forces productrices, sa connaissance est fort peu répandue. Outre la complexité plus grande des questions traitées par la dynamique, cette science est bien plus récente que la statique, créée par Archimède trois siècles avant notre ère par sa théorie du levier, tandis que c'est seulement à la fin du XVIe siècle que Galilée commença la dynamique par la découverte des lois du mouvement uniformément varié.

Cette première partie est divisée en deux chapitres.

PREMIER CHAPITRE. — CINÉMATIQUE. — Le mouvement du bicycle est étudié au point de vue purement géométrique.

DEUXIÈME CHAPITRE. — ÉQUILIBRE ET DIRECTION. — Les conditions d'équilibre sont déterminées, puis je montre comment le cavalier se dirige tout en conservant son équilibre.

CHAPITRE PREMIER. — CINÉMATIQUE

Définition. — Le bicycle est un véhicule composé de deux roues réunies par un bâtis portant la selle. La roue d'avant est motrice, directrice et porteuse. La roue d'arrière est simplement porteuse. Son plan moyen est fixe par rapport à la partie fixe du bâtis qu'il divise en deux parties symétriques. La roue d'avant est motrice, grâce à deux manivelles à 180°, calées sur son essieu, sur les extrémités desquelles agissent les pieds du cavalier. Elle est directrice, grâce à la barre du régulateur qui commande la fourche portant les coussinets. Le régulateur et la fourche qui forment la partie mobile du bâtis peuvent tourner autour d'un axe situé dans le plan médian du bâtis fixe.

Il résulte de cette définition géométrique du vélocipède que le plan médian du bâtis contient les points d'appui des roues sur le sol et que la distance de ces deux points est une portion de la trace de ce plan sur le sol. Cette machine est donc un système essentiellement articulé. La théorie en serait très-compliquée, si on ne pouvait ramener son étude à celle d'un système invariable.

Le centre de gravité du bicycle seul est toujours situé dans le plan médian du bâtis et en un point fixe, car les pièces mobiles par rapport à ce plan, savoir la roue d'avant et ses manivelles, la fourche et le régulateur, ont leurs centres de gravité dans ce plan. Le système matériel à considérer est l'ensemble formé par le bicycle et son cavalier. Dans tout ce qui va suivre, nous supposerons toujours que le cavalier fait corps avec l'instrument et qu'il laisse son corps suivre librement les mouvements latéraux du plan médian. Le centre de gravité du cavalier est donc toujours dans le plan médian. Ses jambes sont animées d'un mouvement alternatif de chaque côté de ce plan, mais si on construit le lieu occupé par leur centre de gravité dans ce plan médian, on trouve une courbe ovale fermée fort petite, qu'on peut, sans grande erreur, réduire à son centre. Donc le centre de gravité du cavalier est un certain point fixe dans le plan médian et finalement le *centre de gravité total* du système, un point fixe du plan médian.

Le triangle formé par ce centre de gravité total et les centres des deux roues est donc un triangle invariable situé dans le plan médian et lié au système. A ce triangle nous en substituerons un autre plus commode, celui formé par le centre de gravité total G et les points d'appui M et N des deux roues, également contenus dans le plan moyen.

Le problème à résoudre revient donc à étudier le mouvement du triangle invariable MGN situé dans le plan médian, les deux points de base étant assujettis à ne jamais quitter le plan du sol.

Trajectoires des points d'appui sur un sol plan. — Quand un bicycle progresse sur le sol, chacune de ses roues laisse une *piste*, qui est la trajectoire de son point d'appui sur le sol.

Ces deux pistes ne se confondent en une seule que si elles sont droites; généralement elles diffèrent et sont courbes. Pour abréger, nous les appellerons dorénavant *piste d'avant* et *piste d'arrière*. Considérons chacune de ces pistes et la roue qui l'engendre : la tangente en un quelconque de leurs points est la trace du plan de la roue sur le plan du sol à cet instant; or, le plan médian de la roue d'arrière coïncide avec le plan médian du bicycle, plan qui contient les deux points d'appui, donc :

Lemme. — Les deux points d'appui sur un sol plan à un instant donné se trouvent sur une tangente à la courbe, piste d'arrière, le point d'appui d'arrière au point de contact M de la tangente, le point d'appui d'avant N à une distance A en avant que nous appellerons *base des roues* et que nous supposerons d'abord constante.

De cette relation géométrique résultent le théorème et les corollaires suivants, dont la démonstration géométrique est des plus simples.

Théorème 1er. — Le lieu des centres instantanés de rotation, de la base des roues dans le plan du sol, est la développée première de la courbe piste d'arrière.

Corollaire 1er. — Le mouvement de la base des roues dans le plan du sol peut aussi s'obtenir en faisant rouler une droite sur la développée première de la piste d'arrière.

Corollaire 2. — Un point quelconque lié invariablement à la base des roues décrit dans le plan du sol une épicycloïde de cette developpée première. — Les différents points de la figure mobile décrivent simultanément des éléments proportionnels à leur distance au centre instantané. V et r étant la vitesse et la distance d'un de ces points à ce centre, la vitesse angulaire instantanée

$$\omega = \frac{V}{r}$$

Soient V et r ces quantités pour le point d'appui d'avant, V′ et r' pour le point d'appui d'arrière, et α l'angle MON sous-tendu par la base des roues

$$\frac{V}{V'} = \frac{r}{r'} = \frac{1}{\cos \alpha}$$

L'angle α que forment les traces des plans des deux roues sur le sol n'est égal à l'angle a, que ces plans forment entre eux, que si à ce moment l'axe de la fourche est normal au sol. Si cet axe fait un angle X, avec la normale au sol, on a

$$\text{Tang } \alpha = \text{tang } a \cos X.$$

La considération du centre instantané de rotation permet de déterminer les vitesses et les tangentes aux trajectoires décrites par les différents points de la base des roues, mais ne donne rien pour les accélérations de ces points et la courbure de leurs trajectoires. Sans vouloir rappeler ici tous les théorèmes relatifs à l'accélération dans le mouvement des figures planes dans leur plan, théorèmes que l'on trouve dans les *Traités de cinématique* un peu complets, je rappellerai les deux suivants, seuls nécessaires ici :

Théorème 1er. — Si on joint un point de la figure mobile au centre instantané et que, sur cette normale à sa trajectoire, on porte, à partir de ce point et dans le sens de son accélération normale, une longueur égale au quotient de cette accélération par le carré de la vitesse angulaire, la perpendiculaire à l'extrémité de cette longueur passe par le centre géométrique des accélérations.

Théorème 2. — Quand une droite roule sur une courbe plane, le centre géométrique des accélérations coïncide avec le centre de courbure de cette courbe.

Ce dernier théorème rapproché de notre premier corollaire nous donne le théorème suivant :

Théorème II. — Le lieu des centres géométriques des accélérations de la base des roues sur le plan du sol est la développée seconde de la piste d'arrière.

Nous pouvons maintenant construire facilement le centre de courbure de la piste d'avant, connaissant le rayon de courbure de la piste d'arrière, et le rayon de courbure de la développée première de la piste d'arrière.

Soient (fig. 6 et 7) $MN = A$, base des roues, O centre instantané de rotation et centre de courbure en M de la piste d'arrière. $MO = R$, $OC = R'$, $NO = N$. Le centre géométrique des accélérations est C.

Abaissons CQ perpendiculaire sur NO, appelons γn l'accélération normale en N, ω la vitesse angulaire instantanée autour du centre O. Le premier théorème rappelé donne

$$\frac{\gamma n}{\omega^2} = NQ$$

D'autre part ρ étant le rayon de courbure en N

$$\frac{\gamma n}{\omega^2} = \frac{\overline{NO}^2}{\rho}$$

Donc $\overline{NO}^2 = \rho\ NQ$. La figure montre que si, par le point O on élève OP

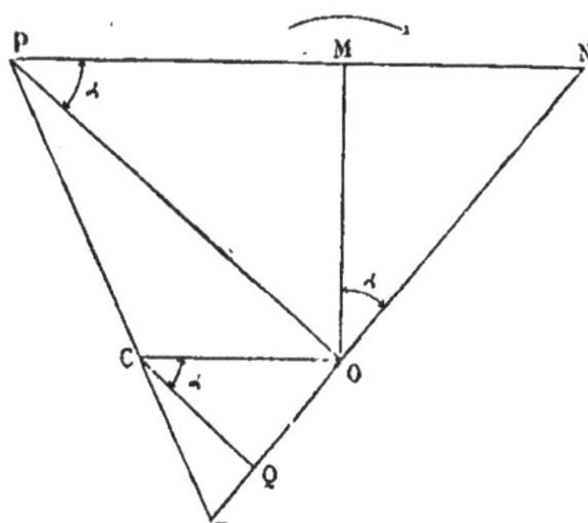

Fig. 6. — Les rayons de courbure de la piste d'arrière vont en croissant.

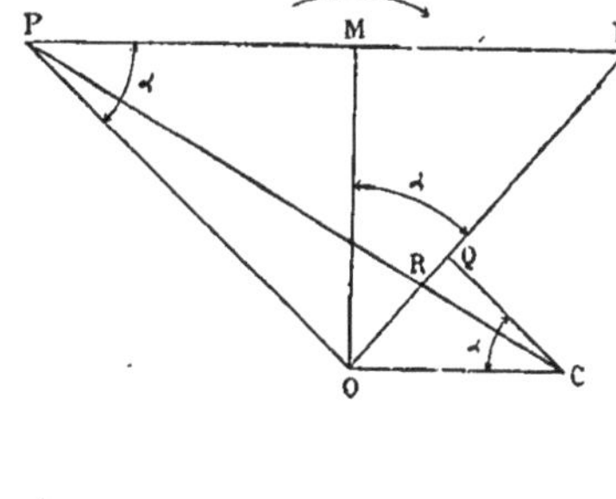

Fig. 7. — Les rayons de courbure de la piste d'arrière vont décroissant.

perpendiculaire à NO, jusqu'à NM prolongée, puis qu'on joigne PC, le point de rencontre R de cette dernière droite avec NO est le centre de courbure en N, c'est-à-dire que NR $= \rho$, d'où une construction géométrique très-simple du centre de courbure de la piste d'avant. Si l'on traduit cela analytiquement nous aurons pour la valeur de ρ

$$(1) \qquad \rho = \frac{N}{1 - \frac{R'}{N} \sin\alpha} \quad \text{avec} \left\{ \begin{array}{l} N = \sqrt{R^2 + A^2} \\ \text{tang}\ \alpha = \frac{A}{R} \end{array} \right.$$

$$(2) \qquad \rho = \frac{R}{\cos\alpha \left(1 - \frac{R'}{R} \sin\alpha \cos\alpha\right)}$$

Ces formules s'appliquent d'ailleurs à un point quelconque lié invariablement à la base des roues, en y remplaçant N,R et α par les valeurs correspondantes à ce point.

Leur discussion montre que :

1° Si la piste d'arrière est un cercle, la piste d'avant est également un cercle concentrique et de rayon plus grand, et tous les points liés invariablement à la base des roues décrivent des cercles autour du centre instantané ;

2° Si la piste d'arrière présente des points pour lesquels R passe par un maximum ou un minimum, pour ces points $R' = 0$ et $\rho = N$, c'est-à-dire qu'en ces points les deux pistes ont même centre de courbure ;

3° Si $R' =$ constante, la développée première est un cercle, la piste d'arrière une développante de cercle et la piste d'avant une spirale d'Archimède asymptotique à cette développante de cercle ;

4° Le rayon de courbure ρ de la piste d'avant devient infini en même temps que R, mais ne change pas de signe avec lui, c'est-à-dire qu'aux points d'inflexion de la piste d'arrière pour lesquels $R = \pm \infty$, ρ devient infini sans changer de signe.

5° Le rayon de courbure ρ devient infini en changeant de signe, quand $N = R' \sin\alpha$, ce que l'on voit de suite sur la figure.

On voit que cela revient à $N^2 = R'.A$, c'est-à-dire que la normale instantanée est moyenne proportionnelle entre le rayon de courbure de la développée première et la base des roues.

Bicycles dont l'axe de la fourche est incliné vers l'arrière. — Quand l'axe de la fourche, au lieu d'être constamment perpendiculaire à la base des roues, est incliné vers l'arrière, la base des roues A varie avec l'angle α, donc $A = f(\alpha)$. Or, pour $\alpha = 0$, A a sa valeur minimum A_0, elle prend sa valeur maximum pour $\alpha = \frac{\pi}{2}$ et repasse par les mêmes valeurs lorsque α croit de $\frac{\pi}{2}$ à π, donc $f(\alpha)$ peut s'écrire :

$$A = f.(\alpha) = A_0 + \varphi(\sin\alpha)$$

étant une fonction algébrique.

Si donc α varie d'une quantité infiniment petite $d\alpha$, la base des roues devient :

$$A_0 + \varphi(\sin\alpha) + d\alpha . \cos\alpha . \varphi'(\sin\alpha)$$

c'est-à-dire qu'elle ne varie que d'une quantité infiniment petite du premier ordre, $d\alpha . \cos\alpha . \varphi'(\sin\alpha)$, le centre de courbure de la piste d'arrière est donc toujours centre instantané de rotation et les deux théorèmes trouvés subsistent.

Conclusion de l'étude cinématique. — L'étude du mouvement de la base des roues dans le plan du sol nous a fait connaître :

1° Les vitesses des points d'appui M et N des roues en grandeur et en direction, c'est-à-dire que, connaissant la trajectoire de l'un d'eux en fonction du temps, nous pouvons trouver la trajectoire de l'autre et sa vitesse en chaque point ;

2° Les accélérations de ces deux points en grandeur et en direction.

Le point G, centre de gravité total, troisième sommet du triangle, est invariablement lié à ces deux points. On traiterait cinématiquement le problème de l'équilibre du triangle MGN en remarquant que le troisième sommet est animé à chaque instant de l'accélération g due à la pesanteur (accélération constante en grandeur et en direction) et écrivant que l'accélération totale de ce point est toujours contenue dans le plan du triangle. L'accélération totale serait détruite par la rigidité du triangle et on aurait finalement une équation d'équilibre, donnant à chaque instant l'inclinaison ψ, du plan moyen du bicycle sur la verticale.

CHAPITRE II. — ÉQUILIBRE ET DIRECTION

On peut regarder un système matériel en mouvement comme en équilibre, d'après le théorème de d'Alembert, si aux forces agissant sur le système on joint les forces d'inertie engendrées par son mouvement. Le centre de gravité d'un pareil système se meut comme un point matériel qui aurait pour masse la masse totale du système et qui serait sollicité par la résultante des forces extérieures seules ; donc cette résultante est égale et directement opposée à la résultante des forces d'inertie.

Dans le système formé par l'assemblage du bicycle et du cavalier, les forces extérieures sont : 1° la pesanteur ; 2° les réactions du sol aux points d'appui des roues ; 3° la résistance de l'air. Nous négligerons cette dernière dans un premier aperçu.

Il ne reste plus à considérer que le poids du système, force de direction et d'intensité constantes, et les réactions du sol aux points d'appui des roues.

Par suite de l'égalité de l'action et de la réaction, le sol réagit avec une force égale et directement opposée à la pression de l'instrument. Dans l'état d'équilibre statique, c'est-à-dire quand l'instrument, ayant un plan médian vertical, est au repos ou en mouvement rectiligne et uniforme, cette pression est le poids total.

Dans toute autre circonstance, le système presse le sol avec une force qui est la résultante de son poids total et de la résultante des forces d'inertie appliquées à son centre de gravité.

Nous appellerons *point central d'appui* le point où cette pression rencontre le sol. L'équilibre dynamique n'aura évidemment lieu que :

1° Si le point central d'appui est sur la base des roues, car alors la pression est détruite par la rigidité du triangle MGN;

2° Si ce point central tombe entre les deux points d'appui M et N, car s'il dépassait l'un de ces points, il y aurait rupture d'équilibre par basculement;

3° Si l'inclinaison du plan médian sur la normale au sol ne dépasse pas l'angle de frottement de glissement transversal, car alors la roue d'arrière chasserait en dehors.

La première condition donnera l'équation d'équilibre proprement dite, les deux autres des inégalités nécessaires.

Aucune expérience directe n'a été faite pour mesurer le coefficient de glissement transversal des roues sur le sol. M. le général Morin donne les nombres suivants pour le glissement du fer sur différents calcaires :

	AU DÉPART		PENDANT LE MOUVEMENT	
	f	i	f	i
Fer sur calcaire oolithique. . .	0,49	26° 7′	0,69	34° 3′
Fer sur muschelkalk.	0,42	22° 47′	0,24	13° 30′

Il est probable que le coefficient de glissement transversal de roues bandées de fer doit être pendant le mouvement voisin de 0,69 pour une bonne route, et de 0,24 sur les pavés durs.

Pour les roues bandées de caoutchouc, comme on les fait actuellement, le coefficient de frottement sur des pavés polis et mouillés peut même descendre au-dessous de 0,24.

Le cavalier devra dans chaque cas acquérir l'expérience nécessaire pour rester au-dessous de l'angle de glissement. Il en sera du reste prévenu par un mouvement insolite de la roue d'arrière, qui se met à chasser en dehors, dès que l'inclinaison dépasse cet angle.

Nous étudierons l'équilibre dans les deux cas simples suivants :

Premier cas. — La piste d'arrière est circulaire.

Deuxième cas. — La piste d'arrière est une courbe sinusoïdale très-allongée.

Le premier cas se rencontre lorsqu'on double un obstacle, le second, lorsqu'on cherche à aller en ligne droite.

Premier cas. — Équilibre d'un bicycle monté, dont la roue d'arrière laisse sur un sol horizontal une piste circulaire.

De l'étude cinématique précédente il résulte immédiatement que tout le système tourne autour de la verticale élevée par le point O, centre de la piste circulaire de la roue d'arrière.

Construisons la figure en perspective cavalière (fig. 8).

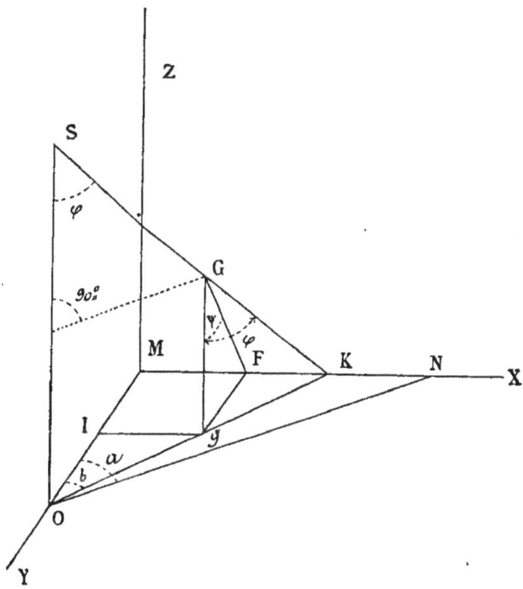

FIG. 8.

Prenons pour plan des XY le plan du sol horizontal, MX est le prolongement de la base des roues MN dans le sens du mouvement, MY la perpendiculaire à la base des roues dans le plan du sol au point d'appui d'arrière, MZ la verticale. Le centre de gravité total G se projette horizontalement en g.

Tout le système tourne autour de la verticale OS, élevée par le centre O des deux pistes; donc le point G est animé d'un mouvement conique autour de l'axe OS et r étant sa distance à cet axe de rotation, v sa vitesse, φ l'angle au sommet $\widehat{GSO}$, on a

$$\text{(1)} \qquad \operatorname{tang} \varphi = \frac{v^2}{r.g}$$

Le système matériel en mouvement presse le sol suivant GK, prolongement de SG, K est donc le point central d'appui. En écrivant que ce point K se trouve sur la base MN des roues, nous aurons l'équation d'équilibre.

Appelons ψ l'angle formé par le plan médian MGN avec la verticale, $h =$ GF la hauteur de ce triangle, FM $= a$, FN $= b$ les deux segments de la base des roues. La condition précédente revient à

$$\text{(2)} \qquad \frac{\text{tang}\,\psi}{\text{tang}\,\varphi} = \frac{\sqrt{r^2 - a^2}}{r}$$

L'élimination de tang φ entre ces deux équations donne finalement l'équation d'équilibre

$$\text{(I)} \qquad \text{tang}\,\psi = \frac{v^2}{r.g}\sqrt{1 - \frac{a^2}{r^2}}$$

que l'on peut aussi écrire en appelant $\text{H} = \frac{v^2}{2g}$ la hauteur due à la vitesse v.

$$\text{(I')} \qquad \text{tang}\,\psi = \frac{2\text{H}}{r}\sqrt{1 - \frac{a^2}{r^2}}$$

Donc lorsqu'un bicycle tourne en cercle autour d'un point : 1° il penche vers le centre ; 2° le point central d'appui se rapproche du point d'appui d'avant ; 3° il presse le sol avec une force supérieure à son poids et égale à $mg\sqrt{1 - \frac{v^4}{r^2g^2}}$, m étant la masse totale du système.

L'équation d'équilibre montre aussi que, lorsque le rayon r du cercle augmente, le radical tend vers l'unité et que dès que $r \geq 10\,a$, valeur assez petite, puisqu'en moyenne $a = 0{,}60$, on peut prendre

$$\text{tang}\,\psi = \frac{2\text{H}}{r}$$

Formules déduites de l'équation d'équilibre.

1° Valeur du rayon R de la piste d'arrière en fonction du rayon r, du cercle décrit par le centre de gravité.

Appelant OI $= d = \sqrt{r^2 - a^2}$

$$\text{R} = d\left[1 + \frac{2h\text{H}}{\sqrt{r^4 + 4\text{H}^2d^2}}\right]$$

lorsque r augmente il tend vers d, et quand r est très-grand, cette valeur se réduit à

$$\text{R} = r\left(1 + \frac{2h\text{H}}{r^2}\right)$$

2° Différence entre les rayons des cercles concentriques décrits par le point central d'appui et la projection horizontale du centre de gravité.

Le rayon du cercle décrit par le point central d'appui est toujours plus grand que celui du cercle du centre de gravité. Appelant δ la différence de ces deux rayons

$$\delta = \frac{2h\mathrm{H}}{r} \cdot \frac{1}{\sqrt{1 + \frac{4\mathrm{H}^2 d^2}{r^4}}}$$

qui pour r suffisamment grand se réduit à

$$\delta = \frac{2h.\mathrm{H}}{r} = \frac{h.v^2}{r.g}$$

A l'équation d'équilibre il faut joindre les deux inégalités nécessaires

$$\operatorname{tang} \psi < f, \ \mathrm{FK} < \mathrm{FN}$$

la première relative au glissement transversal, la seconde à la rupture de l'équilibre dynamique par basculement sur l'avant.

La première inégalité n'intervient que pour des vitesses un peu grandes, comme le montre le tableau suivant donnant $\operatorname{tang} \varphi = \frac{2\mathrm{H}}{r}$ pour des vitesses variant de 1 mèt. à 8 mèt. par seconde et des rayons de 1 mèt. à 10 mèt. On n'a pas mis les valeurs supérieures à 0,65, parce qu'alors il y a généralement glissement. A partir de

$$r = 6^{\mathrm{m}}, \ \operatorname{tang} \varphi = \operatorname{tang} \psi$$

v	2 H	VALEURS DE r									
		1m	2m	3m	4m	5m	6m	7m	8m	9m	10m
1m	0,102	0,10	0,05	0,03	0,03	0,02	0,02	0,01	0,01	0,01	0,01
2m	0,408	0,41	0,20	0,14	0,10	0,08	0,07	0,06	0,05	0,05	0,04
3m	0,918		0,46	0,31	0,23	0,18	0,15	0,13	0,12	0,10	0,09
4m	1.631			0,54	0,41	0,33	0,27	0,23	0,20	0,17	0,16
5m	2,549				0,64	0,51	0,43	0,36	0,32	0,28	0,25
6m	3,670						0,61	0,52	0,46	0,41	0,37
7m	4,995								0;62	0,55	0,50
8m	6,525										0,65

Ce tableau montre que, dans les courses à grande vitesse, il faut bien se garder de tourner trop court.

La seconde inégalité revient facilement à

$$a \cdot \frac{2hH}{\sqrt{r^4 + 4H^2d^2}} < b$$

Élevant au carré, développant et mettant tous les termes dans le même membre, on trouve que cette inégalité est toujours satisfaite lorsque $d \geq \frac{a}{b} h$ et que si $d < \frac{a}{b} h$, le rayon r ne peut descendre au-dessous de la valeur minimum.

$$r = \sqrt{-2H^2 + \sqrt{4H^4 + 4H^2a^2\left(\frac{h^2}{b^2} + 1\right)}}.$$

Dans chaque instrument on connaît le rapport $\frac{h}{b} = \text{tang}\,N$, donc $\frac{h^2}{b^2} + 1 = \frac{1}{\cos^2 N}$ et puisque a est connu on a $\frac{a}{H} = p$, ce qui réduit la formule à

$$r = H\sqrt{2}\sqrt{-1 + \sqrt{1 + \frac{p^2}{\cos^2 N}}}$$

Donc quand différents vélocipèdes tournent en cercle autour d'un point avec la même vitesse v :

1° a étant le même pour tous, celui qui pourra faire le cercle le plus petit sera celui pour lequel cos N sera le plus grand, c'est-à-dire celui dont le centre de gravité sera le plus bas ;

2° $\frac{h}{b}$ étant le même pour tous, r sera le plus petit pour le vélocipède ayant $\frac{a}{H} = p$ le plus petit, c'est-à-dire le centre de gravité le plus sur l'arrière.

En résumé, pour pouvoir faire des cercles de petit rayon, sans craindre le basculement sur l'avant, il faut des instruments bas, à selle assez en arrière. On augmentera le frottement de glissement en striant les bandages de fer sur les côtés.

Le tableau suivant donne les minima de r pour un bicycle moyen, tel que

$$\frac{h}{b} = 4,\ a = 0^{m}60,\ H = \frac{a}{p} = la.$$

la formule qui a servi à le calculer est donc

$$r = a\sqrt{2l}\sqrt{-l+\sqrt{l^2+1}}$$

v	H=la	l	Coefficient de a	r	tang. φ	tang. ψ
1m 88	0m 18	0,3	1,517	0m 910	0,396	0,296
2m 17	0m 24	0,4	1,726	1m 036	0,463	0,394
2m 42	0m 30	0,5	1,905	1m 143	0,525	0,447
2m 66	0m 36	0,6	2,058	1m 235	0,575	0,522
2m 87	0m 42	0,7	2,191	1m 315	0,639	0,567
3m 07	0m 48	0,8	2,308	1m 385		0,625

La table n'a pas été poussée plus loin parce que alors la condition

$$\text{tang}\,\psi < f$$

n'est pas généralement remplie.

Ce n'est donc que pour des cercles de faible rayon que l'équilibre peut être rompu par basculement.

Quand le plan du sol au lieu d'être horizontal est incliné de θ sur l'horizon, l'inclinaison du plan médian sur la normale au sol varie de $\psi-\theta$ à $\psi+\theta$, le signe $+$ correspondant au cas où le point o doublé est en contre-bas de la base des roues, le signe — lorsqu'il est en contre-haut.

Deuxième cas. — Équilibre d'un bicycle monté dont la roue d'arrière laisse sur un sol horizontal une piste sinusoïdale allongée.

Lorsque le cavalier cherche à progresser en ligne droite, il ne peut pas y parvenir complètement, et ses deux roues laissent sur le sol, au lieu d'une piste rectiligne unique, des courbes sinusoïdales très-allongées ; ces courbes présentent de distance en distance des points d'inflexion formant des nœuds. Ce sont des courbes tout à fait analogues aux courbes harmoniques et jouissant des mêmes propriétés analytiques. La propriété la plus intéressante de ces courbes est celle relative à leur courbure, qui s'exprime très-simplement.

Si l'on prend pour axe des abscisses la droite joignant deux points d'inflexion successifs, pour axe des ordonnées la perpendiculaire élevée par le premier point, si on appelle $2c$ la distance des deux points d'inflexion, f l'ordonnée maximum qui est au milieu, l'équation d'une pareille courbe peut s'écrire

$$y = f\sin\frac{\pi}{2c}x$$

dans laquelle $\frac{f}{c}$ est fort petit. Dès que $\frac{f}{c} < \frac{1}{10}$ la courbure de cette courbe peut être prise comme égale en valeur absolue à $\frac{1}{r} = \frac{\pi^2}{4c^2} y$, c'est-à-dire qu'elle est proportionnelle à l'ordonnée du point considéré et inversement proportionnelle au carré de la distance des deux points d'inflexion.

Or, si nous considérons la piste d'avant, la distance $2c$, qui sépare deux de ses points d'inflexion est égale à la circonférence de la roue motrice d'avant, car les ondulations transversales de cette piste conservent le synchronisme avec les pressions alternatives des pieds du cavalier sur les pédales. D étant le diamètre de la roue motrice $2c = \pi D$, ce qui donne pour la courbure $\frac{1}{r} = \frac{1}{D^2} y$.

Le point central d'appui et la projection du centre de gravité décrivent aussi des courbes analogues, se coupant en leurs points d'inflexion, la courbe du point central étant toujours en dehors. La distance entre deux points d'inflexion de ces courbes est $2c = \pi D$, comme pour les pistes d'avant et d'arrière, comme on le voit de suite sur une figure.

Appelons Y' l'ordonnée de la trajectoire du point central d'appui, Y l'ordonnée de la trajectoire de la projection du centre de gravité, vu la très-faible courbure de ces courbes, la différence Y'—Y de ces deux ordonnées est égale à la différence des rayons des cercles décrits du centre instantané.

$$Y' - Y = \delta = \frac{hv^2}{rg} = \frac{hv^2}{gD^2} Y$$

Nous avons donc finalement la formule

$$\text{(II)} \qquad Y = Y' \frac{1}{1 + \frac{hv^2}{gD^2}}$$

qui nous donne l'ondulation transversale du centre de gravité en fonction de celle du point central d'appui.

La formule (II) montre que :

1° Les ondulations transversales du centre de gravité sont toujours plus petites que celles du point central d'appui ;

2° Pour deux bicycles de même roue motrice courant à même vitesse, les ondulations transversales du centre de gravité sont, toutes choses égales d'ailleurs, plus petites pour celui ayant le centre de gravité le plus élevé ;

3° Pour un même bicycle, l'ondulation transversale diminue lorsque la vitesse augmente.

Comme le point central d'appui décrit une trajectoire intermédiaire entre les pistes d'avant et d'arrière, on peut mesurer directement Y′ sur le sol.

Concevons un pendule dont les oscillations soient synchrones avec les ondulations de la trajectoire et soit L sa longueur, nous aurons :

$$\frac{\pi D}{v} = \pi \sqrt{\frac{L}{g}} \text{ d'où } L = \frac{gD^2}{v^2}$$

Cette longueur facile à calculer, introduite dans l'équation (II), donne $\frac{Y'}{Y} = \frac{L + h}{L}$, ce qui permet une construction géométrique simple de Y en fonction de Y′.

Effet de la pression de l'air sur l'équilibre. — La force du vent peut être assez forte pour qu'il faille en tenir compte pour l'équilibre.

L'air oppose aux corps qui se meuvent sur la terre une résistance sensiblement proportionnelle à la surface de l'objet projeté sur un plan perpendiculaire, à la direction du vent et au carré de la vitesse relative du vent par rapport à l'objet. Au point de vue de l'équilibre, le vent aura d'autant plus d'action qu'il sera normal à la direction suivie. La pression de ce vent viendra s'ajouter aux autres forces extérieures déjà considérées. Le système pour être en équilibre devra pencher du côté où souffle le vent d'un angle γ dont la tangente sera tang $\gamma = \frac{p}{Q}$, en appelant p la résistance du vent exprimée en kilogr. et Q le poids total.

Maintien de l'équilibre en marche. — Nous avons supposé dans ce qui précède que le cavalier et l'instrument ne faisaient qu'un. D'après le théorème de d'Alembert, les forces intérieures n'ont aucune action sur le mouvement du centre de gravité. Si donc le cavalier fait sortir son centre de gravité du plan médian du bicycle, il n'en résultera que des réactions qui endommageront la machine ou feront glisser le cavalier sur sa selle.

De semblables mouvements sont donc nuisibles et le cavalier solidement ássis sur sa selle devra laisser son corps suivre librement les mouvements du plan médian. Cette souplesse demande un certain temps pour être acquise, aussi le cavalier devra débuter avec des instruments lourds et solides qu'il ne craigne pas de déformer.

Le cavalier monte sur le bicycle de deux manières :

1° Le bicycle au repos ; 2° le bicycle en mouvement.

Le premier mode est sans contredit le meilleur, car il n'expose pas à des accidents souvent graves. Il s'exécute en enfourchant l'instrument tenu verticalement, les deux mains posées sur la barre du régulateur et appuyant un pied sur un appui suffisamment élevé, pour que le cavalier une fois en selle, l'autre pied sur la pédale, prêt à partir, le bicycle reste vertical. Comme cet appui latéral ne se rencontre pas partout, un constructeur a eu l'idée ingénieuse de le fixer à la fourche du bicycle lui-même, c'est ce qu'on nomme la jambe étrière.

Le second mode, qui s'appelle communément *monter en voltige*, se fait d'une manière analogue à celle employée pour monter sur un cheval sans étriers. Le cavalier, étant à gauche du bicycle, met les mains sur les extrémités de la barre du régulateur et pousse l'instrument devant lui en le maintenant vertical. Cette impulsion en avant, que le cavalier partage avec sa monture, lui permet de sauter plus aisément en selle, et une fois qu'il y est arrivé, le maintien de son équilibre se fait de suite, si son centre de gravité arrive dans le plan médian dans une direction contenue dans ce plan. Dans le cas contraire, le cavalier corrige de suite la déviation avec le régulateur.

Le maintien de l'équilibre en marche exige que le point central d'appui se trouve sur la base des roues entre les deux points réels d'appui, ou que du moins les déviations de ce point hors de cette ligne soient promptement corrigées. On peut se demander la promptitude avec laquelle le cavalier peut effectuer ce rétablissement.

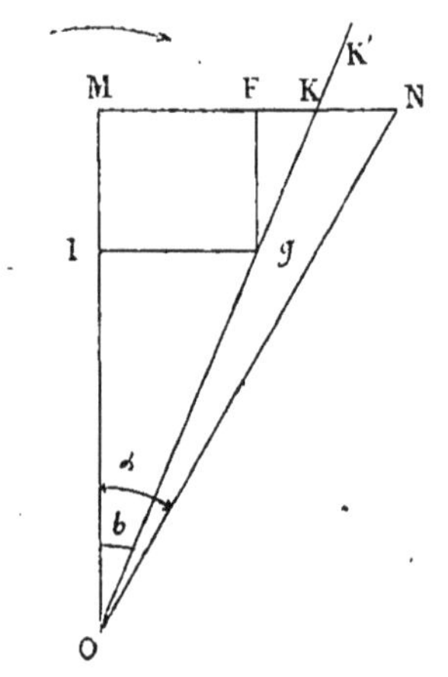

Fig. 9.

MN étant la base des roues, O le point autour duquel tourne le système, K' le point central d'appui en dehors de la base des roues à gauche du cavalier, le système tendra à tomber à droite vers le centre de rotation. Le cavalier pour rétablir son équilibre devra réduire le rayon du cercle décrit, c'est-à-dire augmenter l'angle $\widehat{MON}$. v et r étant la vitesse et la distance de la projection g du centre de gravité, le point K' aura une vitesse de rotation égale à $v. \frac{OK'}{r}$. En décomposant cette vitesse, qui est perpendiculaire à OK' en deux, l'une parallèle et l'autre perpendiculaire à la base des roues, la dernière composante $\frac{v}{r} \cdot OK' \sin \beta$ ou $v \cdot \frac{a.OK'}{r^2}$ mesurera précisément la promptitude du rétablissement de l'équilibre.

Or, dès que r est un peu grand, cette quantité tend vers $v \frac{a}{r}$ c'est-à-dire que la promptitude de rétablissement de l'équilibre est proportionnelle à la vitesse, au segment a de la base des roues et en raison inverse du rayon du cercle décrit. Il y a avantage à placer en avant le centre de gravité.

Direction du bicycle. — Il est facile maintenant de comprendre comment le cavalier se dirige tout en conservant son équilibre. Le cavalier ne peut modifier la trajectoire du centre de gravité total qu'en modifiant les trajectoires relatives des points d'appui des roues. Supposons d'abord qu'il progresse en ligne droite et qu'il veuille tourner en cercle autour d'un point. Par une première manœuvre du régulateur il dédouble les pistes des deux roues. Les pistes s'éloignent l'une de l'autre et en même temps le point central d'appui s'éloigne de la projection horizontale du centre de gravité. Quand l'écart entre ces deux points a atteint la longueur convenable pour produire la force centripète nécessaire au cercle demandé, le cavalier maintient son régulateur fixe et le système tourne en cercle, comme il le fallait.

Pour passer du cercle à la ligne droite la manœuvre est inverse, le cavalier diminue progressivement la courbure de la piste d'avant et arrive finalement à faire coïncider cette piste avec celle d'arrière. Pour passer d'une droite à une autre droite on combine les deux opérations précédentes.

DEUXIÈME PARTIE. — Mécanique appliquée

Introduction. — Au point de vue pratique, ce qu'il faut surtout connaître, c'est le travail dépensé pendant la progression. Le cavalier et sa monture forment une machine complète, dont la force motrice est la force musculaire du cavalier. Cet ensemble est une véritable machine à balancier, bielle et manivelle, dans laquelle chaque cuisse du cavalier remplit alternativement le rôle de balancier, chaque jambe, celui de bielle, la manivelle faisant corps avec la roue motrice. La progression sur le sol n'a lieu que grâce à l'adhérence de la roue motrice, ce qui fait que, dans certains cas (terrains très-glissants, pavés polis, glace), la roue d'avant patine absolument comme cela arrive quelquefois aux roues motrices des locomotives. L'adhérence de la roue d'avant sur le sol a pour limite maximum le frottement de glissement qui se développe entre la jante de cette roue et le sol.

Résistance totale à la propulsion. — J'appellerai résistance totale à la propulsion l'ensemble des résistances à vaincre dans la progression. Ces résistances sont au nombre de trois : 1° les frottements aux essieux; 2° les frottements aux jantes des deux roues; 3° la résistance de l'air.

Le frottement aux fusées des essieux est un frottement de glissement; il est proportionnel au poids porté, indépendant de la vitesse, et il varie avec le diamètre des fusées, la matière dont elles sont composées, ainsi que les coussinets et le mode plus ou moins parfait de graissage.

Le frottement à la jante est un frottement de roulement, il est proportionnel à la pression, en raison inverse du diamètre de la roue et variable avec la nature de la jante roulante et celle du sol. À partir d'une certaine vitesse, il augmente.

La résistance de l'air, qui est négligeable pour les très-petites vitesses (1 à 2 mèt. par seconde), intervient ensuite, elle peut être considérée comme proportionnelle à la surface choquée et au carré de la vitesse relative de l'air, par rapport au système en mouvement.

Mesure expérimentale de la résistance totale. — Plusieurs expérimentateurs ont mesuré le rapport de la force de tirage au poids total de véhicules traînés sur différents terrains. Les nombres qu'ils ont trouvés s'appliquent à des véhicules trop différents des vélocipèdes, pour qu'ils puissent être pris pour autre chose que des approximations. Il faut donc avoir recours à des mesures directes. L'emploi d'un dynamomètre de traction est fort difficile et ne peut se faire qu'à des vitesses faibles. Aussi proposerai-je le moyen direct suivant, qui est assez simple.

Concevons un bicycle monté lancé avec une vitesse connue sur une route horizontale et supposons que le cavalier lâche les pieds et maintienne droite la direction, le bicycle parcourra encore un certain espace, puis s'arrêtera. Dans ce second temps de l'expérience, il y aura un certain travail résistant vaincu qui, d'après le théorème des forces vives, sera précisément égal à la demi-force vive emmagasinée dans le mobile, au moment où le cavalier a lâché les pieds.

Ces principes établis, l'expérience se fait comme il suit. L'observateur monté sur son vélocipède et muni d'une montre à secondes qu'il a suspendue à la barre de son régulateur, se lance en ligne droite et cherche à aller uniformément, ce qui est facile, car ce n'est qu'une question rhythmique. Une fois qu'il y est parvenu, il détermine le nombre n de tours de roue d'avant faits par seconde. Puis il lâche les pieds et compte le nombre n' de tours que fait la roue d'avant jusqu'à arrêt complet.

Soient Q le poids total du bicycle et du cavalier, R le rayon de la roue d'avant, ω sa vitesse angulaire, R' et ω' les mêmes quantités pour la roue d'arrière. En appelant x le coefficient moyen de propulsion, depuis la vitesse n jusqu'à la vitesse 0 et I et I' les moments d'inertie des deux roues, l'équation des forces vives s'écrit

$$(1) \qquad Q.x.2\pi n'.R = \frac{Q}{2g}(2\pi n R)^2 + \frac{1}{2}(\omega^2 I + \omega'^2 I')$$

le second terme du second membre exprimant la demi-force vive des organes tournants.

Or, q et q' étant les poids de la roue d'avant avec ses manivelles et de la roue d'arrière, K et K' leurs rayons de gyration

$$\frac{1}{2}(\omega^2 I + \omega'^2 I') = \frac{(2\pi n R)^2}{2g}\left(q\frac{K^2}{R^2} + q'\frac{K'^2}{R'^2}\right)$$

valeur qui portée dans (1) donne

$$(2) \qquad x = \frac{\pi R}{g}\left(\frac{Q + q\frac{K^2}{R^2} + q'\frac{K'^2}{R'^2}}{Q}\right)\cdot\frac{n^2}{n'}$$

L'expérience montre qu'en moyenne pour les roues de vélocipède

$$\frac{K^2}{R^2} = \frac{K'^2}{R'^2} = 0,6,$$

de sorte que la quantité entre parenthèses se réduit à

$$1 + \frac{6(q + q')}{10\,Q}$$

On devra dans chaque cas calculer ce nombre, qui varie entre 1,05 et 1,08, puis en déduire

$$A = \frac{\pi R}{g}\left(1 + \frac{6(q + q')}{10\,Q}\right)$$

Pour faciliter les calculs, j'ai dressé le tableau suivant, qui donne la valeur de A dans le cas moyen

$$1 + \frac{6(q + q')}{10\,Q} = 1{,}07$$

L'équation (2) revient donc en définitive à

$$\text{(III)} \qquad x = A\,\frac{n^2}{n'}$$

DIAMÈTRE ROUE MOTRICE 2 R	$\frac{\pi R}{g}$	A
0m 90	0,144	0,154
0m 95	0,152	0,163
1m »	0,160	0,171
1m 05	0,168	0,180
1m 10	0,176	0,188
1m 15	0,184	0.197
1m 20	0,192	0,205

Détermination expérimentale du oment d'inertie de chaque roue. — Appelons l la longueur du pen le simple synchrône du pendule composé formé par la roue qu'on fait osciller sur une lame de couteau horizontale passant sous la jante, a la distance de cette arête de suspension à l'axe de la roue passant par le centre de gravité, K le rayon de gyration de la roue

$$l = a + \frac{\quad}{a}$$

L'inconnue à déterminer est K. Cette équation donnera K, si on peut avoir l, puisque a peut se mesurer directement. Pour cela on fait osciller la roue et on compte le nombre N d'oscillations simples qu'elle fait en 60 secondes. Comme le pendule simple battant la seconde a une longueur de 1 mèt. à fort peu près

$$l = \left(\frac{N}{60}\right)^2$$

Le minimum de durée d'oscillation et par suite de l a lieu pour $a = K$ et alors $l = 2K$, de là un moyen de déterminer K par tâtonnements, en faisant varier la distance de l'axe de suspension à l'axe de la roue jusqu'à ce qu'on trouve pour N un minimum.

Nous avons vu que ce qui intervenait dans la formule précédente était $\frac{K^2}{R^2}$, en moyenne, pour les roues de vélocipède ce rapport est égal à 0,6.

Remarque sur la méthode employée. — Même en faisant l'expérience avec les plus grands soins, la méthode précédente donnera des résultats un peu faibles pour le coefficient de propulsion. Il est évident en effet que par suite des pertes de force vive dues aux chocs des roues sur les petits obstacles qu'elles rencontrent, ce coefficient doit croître avec la vitesse. La meilleure manière d'opérer sera de faire plusieurs épreuves sur le même terrain, avec le même instrument à différentes vitesses, et de mesurer non-seulement ces vitesses n et les nombres de tours de roue n' que fait le bicycle laissé à lui-même, mais encore les temps T écoulés, jusqu'à arrêt complet. Les nombres n et les nombres T permettent de construire la courbe des vitesses, avec deux axes rectangulaires, et de voir les variations que subit le coefficient de propulsion avec la vitesse. Les aires comprises entre cette courbe et l'axe des T seront entre elles comme les nombres n'.

Procédé expérimental direct. — Au lieu de compter avec une montre à secondes les nombres n et T, le procédé expérimental suivant, qui exige, il est vrai, un appareil enregistreur, permet en une seule épreuve d'avoir la loi de décroissance de la vitesse. Sur la partie fixe du bicycle est fixé un cylindre mu par un mouvement d'horlogerie, dont l'axe est horizontal et dans le plan médian. Un levier articulé sur un des côtés de la fourche a son extrémité inférieure actionnée par une came fixée sur l'essieu moteur ; son extrémité supérieure porte un petit style qui s'appuie sur le cylindre enregistreur. Le cylindre enregistreur est placé sur une coulisse, de manière que le cavalier, au moment où il ôte ses pieds, peut lui donner un léger déplacement suivant son axe, ce qui permet, une fois l'expérience finie, de distinguer le premier tracé donnant n du second donnant la loi de décroissance des vitesses.

Résultats pratiques. — Quelques expériences ont été faites sur beau terrain horizontal, avec un vélocipède de fer bien construit, de 1 mèt. 20 de roue motrice ; on a opéré à très-grande vitesse, le nombre donné par la formule (III) correspondant à peu près à une vitesse moitié moindre, car, les pieds lâchés, le mouvement est à peu près uniformément retardé. La table suivante a été construite empiriquement, avec ces résultats.

VITESSE PAR SECONDE	COEFFICIENT DE PROPULSION	RÉSISTANCE A LA TRACTION EN KILOG. POUR UN SYSTÈME PESANT 90 KILOG.		
		TOTALE	DUE AUX FROTTEMENTS	DUE A LA RÉSISTANCE DE L'AIR
		KIL.	KIL.	KIL.
3m	0,0180	1 620	1 215	0 405
4m	0,0217	1 950	1 230	0 720
5m	0,0265	2 385	1 260	1 125
6m	0,0325	2 925	1 305	1 620
7m	0,0397	3 570	1 365	2 205
8m	0,0480	4 320	1 440	2 880
9m	0,0575	5 175	1 530	3 645

On a calculé la résistance totale à la traction pour un système pesant 90 kilogr., et on a décomposé ce nombre en deux en regardant la résistance de l'air comme s'exerçant sur un tiers du mètre carré.

Cette table ne doit être appliquée qu'aux grands instruments se mouvant sur bon terrain horizontal dans l'air tranquille. Les coefficients de propulsion seraient plus forts pour des instruments à roues plus petites.

De la pression exercée par les pieds du cavalier. — Ce n'est évidemment que la valeur moyenne de cette pression que je vais calculer ici. Dans un demi-tour de roue motrice $\frac{\pi D}{2}$, la pédale descend de d, diamètre du cercle décrit par elle, donc F, exprimant la pression moyenne sur la pédale, Q le poids total du système, t le coefficient de propulsion

$$Fd = \frac{1}{2}\pi.D.Q.t$$

d'où

$$\text{(IV)} \qquad F = Qt.\frac{\pi D}{2d}$$

$Q.t$ est la force nécessaire pour traîner le système.

Le rapport $\frac{\pi D}{2d}$ varie entre 7 et 5 suivant les instruments ; on peut d'ailleurs le faire varier dans un même instrument en déplaçant la pédale.

Influence des rampes. — Supposons qu'un cavalier monté sur un bicycle gravisse une pente d'inclinaison i, et soit tang $\alpha = i$, il aura à vaincre l'effort résistant

$$Q\,(t \cos \alpha + \sin \alpha)$$

Or, il est très-rare de rencontrer en bonnes routes des rampes supérieures à 50 millim., et pour

$$\text{tang}\,\alpha = 0{,}050,\ \sin \alpha = 0{,}049,\ \cos \alpha = 0{,}999,$$

on peut donc écrire l'effort résistant

$$Q\,(t + i)$$

Si la route descendait au lieu de monter, l'effort résistant serait

$$Q\,(t - i).$$

Par suite le mouvement de descente deviendrait uniforme, une fois les pieds lâchés pour $t = i$, d'où une manière approximative de déterminer le coefficient de propulsion.

Il résulte de cela qu'une montée revient à une distance horizontale à ajouter, une descente à une distance horizontale à retrancher. La différence devient même négative, si $i > t$, on emploie alors le frein, si la vitesse s'accélère par trop.

De l'adhérence de la roue motrice. — Appelons toujours Q le poids total, a et b les segments de la base des roues déterminés par la verticale du centre de gravité total ; la charge sur l'avant est $\frac{a}{a+b} \cdot Q$ et celle sur l'arrière $\frac{b}{a+b} \cdot Q$ Si f est le coefficient de frottement de glissement, la limite supérieure de l'adhérence est $f \cdot \frac{a}{a+b} \cdot Q$, de sorte qu'en terrain horizontal, la roue motrice ne patinera que si

$$t > f \cdot \frac{a}{a+b}$$

et que la rampe maximum qui pourra être gravie sera telle que

$$t + i = f \cdot \frac{a}{a+b}$$

Pour les grands bicycles $a = \frac{3}{4}(a+b)$

alors la pente limite est $i = \frac{3}{4} f - t$.

De la valeur du frein comme moyen de retenue et d'arrêt. — Le frein du vélocipède agit sur la roue d'arrière ; serré à bloc, il transforme cette roue en un véritable patin glissant sur le sol et crée par suite une résistance que l'on utilise dans les descentes pour retenir et même pour arrêter complétement le mouvement.

On peut se demander à quelle inclinaison il y aura glissement, quoique le frein soit serré à bloc. Il y aura glissement de la roue d'arrière lorsque

$$\frac{b}{a+b} f = i - \frac{a}{a+b} t \cdot$$

d'où

$$i = \frac{1}{a+b} (b \cdot f + a \cdot t)$$

si nous prenons la répartition précédente $i = \frac{1}{4} (f + 3\,t)$

On peut aussi se demander, quand en terrain horizontal un bicycle est lancé avec une vitesse v, qu'on serre le frein à bloc et qu'on lâche les pieds, quelle distance sera encore parcourue ? Pour cela, il suffit d'égaler la 1/2 force vive possédée par le système en mouvement au travail des forces résistantes qui sont la résistance à la traction pour la roue d'avant et le frottement de glissement pour celle d'arrière. Comme organe tournant, il n'y a que la roue d'avant; on peut négliger sa force vive de rotation, et, en appelant e l'espace parcouru, on a

$$\frac{v^2}{2g} \cdot Q = e \left(\frac{3}{4} Q\, t + \frac{1}{4} Q\, f \right)$$

d'où finalement

$$e = \frac{v^2}{2g} \cdot \frac{4}{3\,t + f} = H \cdot \frac{4}{3\,t + f}$$

H étant la hauteur due à la vitesse v.

Nous voyons que $\frac{H}{e} = \frac{1}{4} (f + 3\,t)$ c'est-à-dire précisément l'inclinaison à laquelle la descente a lieu malgré le frein.

Pour accroître l'action du frein, le cavalier peut se pencher en arrière et augmenter ainsi la charge de la roue d'arrière, il peut aussi retarder le mouvement de la roue d'avant avec ses pieds.

Coordonnées du centre de gravité total. — Il est facile, soit à l'aide d'une bascule, soit avec un peson à ressort, qu'on attache verticalement au-dessus du point d'appui d'arrière, de mesurer la répartition de la charge et par suite les deux segments a et b, de la base des roues. Il reste à connaître la hauteur h du centre de gravité total, au-dessus de cette base.

Une première opération, faite en suspendant de deux manières différentes le bicycle seul, donne le centre de gravité de l'instrument seul et par suite ses coordonnées a', b' et h'. Comme d'ailleurs on peut regarder le centre de gravité du cavalier seul comme étant en moyenne 0m,15 au-dessus de la selle chargée, on a la hauteur h'', du centre de gravité du cavalier en selle au-dessus de la base des roues.

P′ étant le poids du vélocipède, P″ celui du cavalier, on a

$$h = h' + (h'' - h') \frac{P''}{P' + P''}$$

Effet de la résistance de l'air sur la progression. — Le vent peut avoir une grande influence sur la progression et accroître beaucoup la résistance à vaincre. L'effet est maximum quand le vent souffle en face, et comme la vitesse effective d'un vent soufflant en sens contraire du mouvement est égale à sa vitesse absolue augmentée de celle du système en mouvement, on comprend l'augmentation de travail qu'amène un vent contraire même faible. Nous savons que cette résistance $p = 0{,}125 \,.\, s \,.\, v^2$, dans laquelle s est la projection de la surface choquée en mètres, v la vitesse relative du vent. Pour un cavalier sur un bicycle, on peut regarder la projection sur un plan vertical normal au plan médian comme égal à un tiers de mètre carré, de sorte que la formule se réduit à $p = 0{,}045 \,.\, v^2$.

De l'emploi du vent comme moteur auxiliaire. — On sait qu'en Chine il existe depuis un temps immémorial des brouettes à voile. Dans les pays plats à routes droites, et surtout près de la mer où les vents sont plus réguliers, on a songé à appliquer la voile aux vélocipèdes, comme mode auxiliaire de propulsion. Si nous supposons, par exemple, un vent faisant bien marcher les moulins à vent, vent qui fait 7 mèt. à la seconde, soufflant par derrière un bicycle faisant 4 mèt. à la seconde, nous aurons un vent utile de 3 mèt. à la seconde qu'on pourra utiliser.

Divers dispositifs ont été essayés. Le plus simple consiste à mettre une petite voile carrée à l'avant sur un petit mât vertical prolongeant l'axe de la fourche. Il y a deux inconvénients, le premier, c'est que la route est masquée et qu'il faut percer la voile d'un trou à la hauteur des yeux, le second, c'est la position élevée du centre de gravité au-dessus de l'essieu d'avant. On a mis aussi à l'arrière des voiles disposées en éventail, elles n'avaient pas cet inconvénient, mais leur installation était compliquée.

1° *Courses de vitesse.* — Les courses de vitesse se font sur une assez faible longueur et autant que possible en beau terrain. En Angleterre, elles se font toujours sur la longueur de 1 mille anglais, soit 1,609 mèt., et il n'est pas rare de voir des coureurs faire ce trajet en trois minutes. En France, on les fait sur 2 ou 3 kilomèt., et on obtient des vitesses de 30 kilomèt. à l'heure, qui est celle des grands trotteurs américains.

On peut donc compter comme limite de la vitesse 500 mètres à la minute ou $8^m{,}33$ par seconde, ce qui, sur beau terrain horizontal et en air calme, fait par mètre pour un système pesant 80 kilogr., un travail de $0{,}05 \times 80 = 4$ kilogrammèt. et 33 kilogrammèt. par seconde. On conçoit qu'un pareil travail ne puisse se soutenir longtemps.

2° *Courses de fond.* — La première grande course de fond fut faite en 1870 entre Paris et Rouen. La distance, 130 kilomèt., fut parcourue en 10 heures. Depuis lors, les instruments et les coureurs se sont perfectionnés, et voici le résultat d'une course de fond faite le 22 septembre 1872, entre Lyon et Mâcon, aller et retour, distance, 150 kilomèt., remarquable par son extrême rapidité.

COUREURS	DÉPART DE LYON	ARRIVÉE A MACON	ARRÊT	DÉPART DE MACON	ARRIVÉE A LYON	TEMPS TOTAL
	H. M.	H. M.	H. M.	H. M.	H. M.	H. M.
Coureur **A**	6 30	9 48	» 52	10 40	2 20	7 50
Coureur **B**	—	9 50	» 50	10 40	2 20	7 50
Coureur **C**	—	9 51	» 49	10 40	2 27	7 57
Coureur **D**	—	10 20	1 »	11 20	3 25	8 50

Le temps d'arrêt déduit, les deux premiers coureurs ont fait les 150 kilomèt. en 7 heures, soit à la vitesse moyenne de 21 kilomèt. 430 mèt. à l'heure, ou de $5^m,95$ à la seconde.

La route était en bel état, l'air calme ; il y a peu de côtes et on peut prendre 0,033 pour coefficient de propulsion. Le coureur A et son bicycle pesaient 90 kilogr., dont 70 pour le poids du cavalier, cela fait donc :

Travail kilogrammétrique par seconde, 17,67.

Travail total, 445,322 kilogramm., ce qui correspond à l'élévation verticale du poids 70 kilogr. du cavalier à 6,362 mèt.

Cette course de fond a été menée avec une très-grande rapidité. Il ne faut guère compter en moyenne que sur une vitesse moyenne de $5^m,5$ et un travail journalier de 5 heures. Alors le travail par seconde s'élève à 15 kilogrammèt. et à la fin de la journée à 270,000 kilogrammèt.

C'est le même travail que produit un homme sur une roue à chevilles en étant placé à la hauteur du centre. Dans ce cas, l'homme peut travailler 8 heures par jour, et il ne fait par seconde que 9 kilogrammèt. 375.

De la meilleure disposition du bicycle au point de vue mécanique. — Le poids du bicycle, étant un poids mort, doit être réduit au minimum. La résistance à la propulsion diminuant avec le diamètre de la roue motrice, il y aura avantage à avoir de grands instruments. Dans le principe, on fit les corps en bois et les roues en bois. Puis on substitua la fonte et le fer au bois pour le corps. Un premier progrès fut d'employer des corps réduits comme poids avec des sections convenables pour la résistance, et des bois des îles pour les roues. On était ainsi arrivé à faire des vélocipèdes de 1 mèt., pesant moins de 30 kilogr. La fabrication des roues en fer et acier a fait tomber le poids à 20 kilogr. et même au-dessous. Le plus grand perfectionnement a été la substitution du bandage de caoutchouc au bandage de fer, avec tout l'instrument en acier. Le diamètre de la porteuse d'arrière a été très-réduit ; de $\frac{4}{5}$ de celui de la roue d'avant qu'il était, il est tombé à la moitié. Ce dispositif nouveau a eu un double but : réduire la base des roues pour rapprocher les pistes et empêcher le fouettement de la roue d'arrière dans sa fourche. Ces fouettements faisaient perdre plus de travail que l'avantage d'un grand diamètre n'en faisait gagner.

TROISIÈME PARTIE. — Mécanique animale

Des muscles en jeu. — La cuisse, la jambe et le pied du cavalier ne sont moteurs que dans la demi-circonférence en avant décrite par la pédale ; donc la force motrice réside dans l'action des muscles extenseurs des membres postérieurs. Les muscles fléchisseurs n'agissent que dans l'autre demi-circonférence ; ils se fatiguent donc peu, car ils n'ont à soulever que la jambe. Ce sont surtout les muscles extenseurs de la cuisse qui travaillent. Les muscles de la jambe chez un cavalier exercé, sont dans un état de demi-tension. Lorsqu'on appuie le pied sur la pédale, par le milieu du pied, les mouvements d'extension et de flexion sont faibles ; il n'en est pas de même quand on pose le pied par le bout, comme le font maintenant les coureurs dans les courses de vitesse. Les bras qui manœuvrent le régulateur sont placés les coudes au corps et y trouvent un point d'appui.

Le mouvement des jambes du cavalier est fort analogue à celui des jambes d'un homme qui monterait les marches d'un escalier les jarrets légèrement repliés. Mais il y a une grande différence dans les pressions exercées par les pieds : pour le cavalier, les pieds ne pressent successivement les pédales qu'avec une force variant de 8 à 20 kilogr. suivant la vitesse, tandis que, lorsque tout le poids du corps porte sur une seule jambe dans l'ascension d'un escalier, le pied presse le sol avec une force toujours supérieure au poids du corps 65 kilogr., et cela d'autant plus que la vitesse est plus grande. Cependant, finalement le travail journalier produit est le même, comme nous l'avons dit précédemment.

Méthode expérimentale pour étudier le moteur animé. — Pour voir exactement comment travaille la jambe du cavalier, il faudrait faire des expériences analogues à celles que MM. Marey et Carlet [1] ont faites sur la marche de l'homme. Le cavalier monterait sur un bicycle

[1] Voir les ouvrages suivants : E. J. Marey, *La Machine animale*, 1873 ; G. Carlet, Étude de la marche, *Annales des sciences naturelles*, 1872.

chaussé de la chaussure exploratrice, les tubes de caoutchouc partant de la semelle iraient aboutir à un appareil enregistreur, mu par un mouvement d'horlogerie, fixé sur le bâtis du bicycle. Comme dans les appareils enregistreurs employés pour l'étude de la marche, les pointes des leviers traceurs ne toucheraient le cylindre qu'à la volonté du cavalier, par la compression d'une boule de caoutchouc. Par une expérience préliminaire, on déterminerait la valeur de l'ordonnée de la courbe en kilogrammes. Ces courbes pourraient être traitées comme celles fournies par l'indicateur de Watt, pour les machines à vapeur. Leur aire donnerait le travail pour chaque jambe. On pourrait comparer les résultats ainsi obtenus avec ceux déterminés par l'autre méthode citée plus haut.

Des meilleures conditions du moteur animé. — Qu'il s'agisse de faire une course de vitesse, le cavalier devra produire un travail considérable par seconde (allant jusqu'à $\frac{2}{5}$ de cheval-vapeur), pendant un temps court, il lui faudra donc à la fois beaucoup d'agilité et d'excellents organes respiratoires et circulatoires. Pour une course de fond, il faudra moins d'agilité, mais il faudra encore une cage thoracique bien développée, renfermant d'excellents poumons et un cœur marchant bien [1].

Si donc l'usage de l'instrument est bon pour les sujets bien conformés, il ne vaut rien à grande vitesse pour les sujets atteints soit à la poitrine, soit au cœur.

En comparant le cavalier et son bicycle à une locomotive, on peut dire que, dans le premier système, le foyer est la cage thoracique, la grille les poumons, et la chaudière tout le système circulatoire où se produit la chaleur animale.

Des dimensions les plus convenables du bicycle. — On comprend de suite que les proportions du vélocipède soient en rapport avec la taille du cavalier, surtout avec la longueur de ses jambes, pour que les muscles moteurs opèrent dans les meilleures conditions. Un homme moyen de 1 mèt. 70, peut aussi bien monter un bicycle de 90 cent. qu'un de 1 mèt. 20, mais il est aisé de voir que, si dans ces deux bicycles la selle est à peu près à la hauteur du point le plus élevé de la roue motrice, les membres postérieurs seront beaucoup trop repliés avec le petit et qu'il résultera de cette mauvaise position plus de fatigue

1 Si nous prenons par exemple la course de fond de Lyon à Mâcon, citée plus haut, nous voyons qu'en 7 heures, le cavalier A a produit 445,500 kilogramm., ce qui correspond à près de 1,100 calories perdues. Cette quantité est énorme, car dans un homme ne faisant aucun travail, la perte par 24 heures est égale à 2,500 calories, c'est-à-dire à un peu plus du double de ce nombre.

pour produire le même travail mécanique. Le cavalier devra être, autant que possible, au-dessus de la roue motrice, et ses jambes dans la période d'action ne devront pas être trop pliées. Cela peut bien s'obtenir aussi avec de petites roues motrices et un ressort très-bombé, mais on a alors l'inconvénient de la petite roue motrice (faible vitesse), sans en avoir l'avantage (facilité de monter en selle), de sorte qu'il est bien préférable d'avoir une assez grande roue motrice, surtout maintenant que l'invention de la jambe étrière permet facilement de monter.

Dans un homme moyen de 1 mèt. 70, la hauteur de l'entre-jambe est de 85 cent., la cuisse qui forme demi-balancier compte pour 45 cent., et la jambe et le pied pour 40 cent. Cela permet d'avoir la limite supérieure du diamètre de la roue motrice. Comptant 13 cent. pour la longueur de la manivelle, 7 cent. pour la distance de la selle à la jante de la roue d'avant, il reste pour le rayon 85 cent. — (0,13 + 0,07) = 0,65 ce qui donnerait 1 mèt. 30 comme diamètre maximum. Ce maximum n'est admissible qu'en courses de vitesse sur très-beaux terrains. En courses de fond, il ne faut pas dépasser 1 mèt. 20 et même en voyage descendre à 1 mèt. 15.

Le tableau suivant, qui permet de comparer les vitesses des différents vélocipèdes faisant le même nombre de tours de roue par minute, montre bien l'impossibilité d'atteindre les très-grandes vitesses avec les petits instruments.

DIAMÈTRE DE LA ROUE MOTRICE	CIRCONFÉRENCE DE LA ROUE MOTRICE	NOMBRE DE TOURS PAR KILOMÈTRE	DISTANCE PARCOURUE EN UNE HEURE CORRESPONDANT, PAR MINUTE, A :							
			60 Tours	70 Tours	80 Tours	90 Tours	100 Tours	110 Tours	120 Tours	130 Tours
MÈTRES	MÈTRES	TOURS	KILOM.	KILOM.	KILOM.	KILOM.	KILOM.	KILOM.	KILOM.	KILOM.
0,90	2,827	353,68	10,18	11,87	13,57	15,27	16,96	18,66	20,35	22,05
1,00	3,142	318 31	11,31	13,20	15,08	16,96	18,85	20,74	22,62	24,51
1,10	3 456	289,37	12,44	14,52	16,59	18,66	20,74	22,81	24,88	26,96
1,20	3,770	265,26	13,57	15,83	18,10	20,36	22,62	24,88	27,14	29,41

Un homme marchant bien fait 150 pas de 2 pieds par minute, soit 6 kilom. à l'heure. Comme rapidité de mouvement, un tour de roue motrice équivaut à 2 pas, cela revient donc à 75 tours de roue par minute. Le tableau précédent montre qu'à cette vitesse, l'homme monté sur le bicycle, fait 12 kilom. 3/4 sur celui de 90 cent., et près de 17 kilom. sur celui de 1 mèt. 20. L'expérience a montré que sur route moyenne il était facile de tenir longtemps à la vitesse de 80 tours à la minute et de faire 6 heures de travail par jour, sans être trop fatigué.

De l'influence du vent au point de vue physiologique. — Le vent a non-seulement pour effet de créer une résistance propre venant s'ajouter à toutes les autres, mais il a une influence directe sur le moteur animé. Il opprime la poitrine, rend la respiration régulière plus difficile, et par suite influe beaucoup sur la production de la force motrice. Le cavalier devra, comme les coureurs à pied, apprendre à régulariser sa respiration. La plupart des cavaliers se penchent dans ce cas sur l'avant. En agissant ainsi ils ont un double but : réduire la surface choquée par le vent, presser les pédales avec plus de force. Cette position a malheureusement cela de défectueux que les poumons sont refoulés vers le bas et gênés dans leur mouvement d'expansion.

Du principal inconvénient des bicycles. — Le grand inconvénient des vélocipèdes consiste dans les secousses et trépidations qu'ils impriment à tout le squelette du cavalier. Dans le principe, quand on faisait les roues en bois bandées de fer, on avait cherché à diminuer ces trépidations par une bonne suspension de la selle. En supposant même qu'on y fût parvenu, cela ne résolvait pas la question, car les secousses les plus ennuyeuses sont celles transmises par les bras qui s'appuient sur la barre. On proposa alors des coussinets à ressort, des barres suspendues, mais cela était compliqué et d'un entretien difficile. La question ne fut réellement résolue pratiquement que par l'application d'un bandage de caoutchouc aux deux roues et surtout à la roue motrice. De cette manière, les petites trépidations provenant des chocs des roues sur les petits cailloux que présentent les meilleurs terrains sont détruites en grande partie.

L'abus du bicycle prédispose aux hémorroïdes et aux varices des jambes. On a proposé des selles creuses en caoutchouc, gonflées d'air pour empêcher l'échauffement des parties postérieures, mais une selle en tôle, légèrement rembourrée de filasse et couverte de peau de truie est bien préférable. Pour les varices des jambes, la meilleure manière de s'en prémunir c'est de s'arrêter de temps en temps dans les longs parcours ; il est bon aussi de maintenir les muscles de la jambe par une guêtre ou un bas élastique. La cuisse doit, au contraire, avoir toute liberté de mouvement, et, en été, une culotte en tissu tricoté est ce qui convient le mieux.

Conclusion. — L'étude précédente montre que les instruments les meilleurs comme moindre fatigue et grande vitesse devront présenter les qualités suivantes : 1° être légers, tout en étant d'une solidité suffisante pour résister aux chocs accidentels ; 2° avoir une grande roue motrice et une petite porteuse d'arrière ; 3° avoir la selle fort en avant, de manière que le cavalier domine la roue motrice ; 4° être d'une taille en rapport avec celle du cavalier.

Pour les instruments destinés aux enfants, exposés à tomber, les conditions sont tout autres, ils doivent : 1° être assez lourds pour leur dimension ; 2° avoir des roues assez basses et peu différentes ; 3° avoir la selle beaucoup moins sur l'avant. Ces dernières conditions sont aussi les meilleures quand on veut faire avec un vélocipède des cercles de très-petit rayon ; les bandages de fer sont même dans ce cas préférables à ceux de caoutchouc, ils sont même striés sur les bords pour augmenter le frottement de glissement.

M. VILLARET

Sous-Ingénieur de 1re classe de la Marine

CONSIDÉRATIONS SUR L'ÉTAT ACTUEL DE LA SCIENCE DES MOUVEMENTS DES NAVIRES

— *Séance du 22 août 1873.* —

Messieurs,

Avant de vous lire le modeste travail que j'ai apporté, permettez-moi de vous exposer, en quelques mots, quel est celui que j'aurais voulu pouvoir vous soumettre.

L'hydrodynamique des corps flottants est une science extrêmement compliquée. Le siècle dernier a vu Euler, Bouguer, Borda, établir les lois de la stabilité hydrostatique du navire au repos et en eau calme. Ces lois, complétées et généralisées par Charles Dupin, alors sous-ingénieur à Rochefort, appliquées à la pratique de tous les jours, réduites, pour ainsi parler, en tableaux à remplir, par l'éminent M. Reech, un Français, lui aussi, — ces lois, dis-je, ont résolu une partie importante du problème ; mais elles sont loin de suffire pour l'étude préalable d'un projet, et peuvent même induire en erreur, comme cela s'est vu, l'ingénieur qui les appliquerait d'une façon trop absolue.

Il y a toute une autre étude à faire, étude bien autrement difficile et complexe : celle des mouvements du navire, soit arrêté, soit animé d'une propulsion, sur une mer elle-même en mouvement. L'un des éléments de cette étude est l'analyse des phénomènes naturels d'ondulation, et celle-ci, à elle seule, constitue une véritable science, qui n'est pas encore complète, mais à laquelle le même M. Reech et les ingénieurs anglais Scott Russell et Froude, pour n'en citer qu'un petit nombre, ont fait faire des progrès considérables. — Mais en supposant connues, dans tous leurs détails, les lois du mouvement de chaque nature de lames, on ne possède en quelque sorte que le chapitre premier de l'hydrodynamique. Il reste à savoir quel sera l'effet des lames sur chaque navire, comment cet effet variera avec les dimensions, avec les formes de la carène et des hauts, avec la distribution des poids à bord, avec la direction et la vitesse du mouvement que le navire cherche à réaliser par sa machine, sa voilure et son gouvernail.

Il y a là, Messieurs, une foule de grandes et belles questions auxquelles les ingénieurs français et anglais s'appliquent, depuis quelques années, avec ardeur et persévérance. Des travaux fort remarquables ont été produits. Les questions mathématiques, qui sont de l'ordre le plus élevé, ont été franchement abordées, et des expériences ingénieuses, soit sur des modèles, soit sur des bâtiments, ont été exécutées dans les deux pays, pour la détermination des coefficients numériques.

Mais nous nous trouvons ici en présence d'une série de savantes monographies plutôt que d'une science réellement constituée. Les hommes distingués qui ont exploré cette mine ont attaqué chacun un filon spécial; chacun a examiné un côté des phénomènes ; chacun, en Angleterre surtout, a adopté un système personnel de notations. Ce serait donc un travail des plus intéressants et des plus utiles que de coordonner les découvertes faites dans chacune de ces diverses voies, et de relier l'une à l'autre les différentes conclusions du calcul, des observations et des expériences que la science du mouvement des corps flottants doit à chacun de ses pionniers. On verrait ainsi, plus nettement, et ce qui, en définitive, a été fait, et ce qui reste à faire, et dans quel sens de nouveaux efforts devraient être tentés.

C'est ce travail de résumé, de coordination, de compilation, si vous voulez, que j'aurais voulu pouvoir vous présenter ; un exposé quelque peu complet et détaillé eût exigé des volumes, mais une récapitulation sommaire et spéculative, de laquelle les longs calculs eussent été bannis, une indication rapide des résultats qui font l'honneur de chacun des chercheurs, des deux côtés du détroit, vous eût, j'en suis certain, vivement intéressés.

Mais cette étude, réduite même, comme je viens de le dire, aux proportions d'un aperçu, eût exigé, pour être bien faite, plus de temps que je ne pouvais y en consacrer ; c'est en effet depuis peu de jours, depuis le 4 août seulement, que j'ai su qu'il me serait permis et possible de profiter de la gracieuse et attrayante invitation que vous avez bien voulu adresser dans nos ports. Je ne pouvais pas, dans un temps aussi court, compulser à nouveau les nombreux et difficiles ouvrages de MM. Moseley, Scott Russell, Rankine, Froude, Reed, que j'ai partiellement traduits, et les travaux non moins intéressants de MM. Reech, Dupuy de Lôme, Ch. Brun, Ch. Antoine, Bertin, de Bénazé, et autres ingénieurs français, qui remplissent les livraisons de notre publication intérieure, *Le Mémorial du Génie maritime.* — J'ai tenu, Messieurs, à ne pas me présenter devant vous les mains vides, et j'ai espéré vous intéresser en faisant à votre intention la traduction d'un travail tout récent de l'éminent constructeur anglais, M. Reed, sur l'état actuel de la machine à vapeur marine et sur son avenir probable.

M. VILLARET

Sous-Ingénieur de 1re classe de la Marine

AVENIR DE LA PROPULSION DES NAVIRES [1]

TRADUCTION D'UNE NOTE DE M. REED

— *Séance du 25 août 1873.* —

Les immenses perfectionnements dont la machine marine a été l'objet durant ces dernières années laissent derrière eux, de l'aveu général, tout ce qui, depuis les travaux de Watt, a été accompli dans une période d'égale durée. Comparées à la machine marine, la locomotive et les machines fixes sont à peu près restées au même degré de perfectionnement qu'elles avaient atteint il y a quelques années ; et tandis que la locomotive de nos jours ne présente pas de différences importantes d'avec celle d'il y a dix ans, nous ne connaissons pas de contraste plus frappant, pour l'œil d'un ingénieur, que celui de la machine dominée par la plate-forme de mise en train d'un de nos vapeurs modernes, avec l'aspect de la machine d'un navire tel que, par exemple, le *Scotia* de la compagnie Cunard. Les machines de ce dernier bâtiment, dues à MM. Napier, furent, lors de leur construction, considérées comme le *nec-plus-ultra* de l'habileté dans ce genre ; tandis que, pour l'ingénieur de la nouvelle école, leurs balanciers massifs, leurs cylindres à longue course, sont encombrants et lourds à l'excès. Ce noble vieux navire, qui brûle cent tonneaux de charbon par jour, conserve toujours son rang et exécute régulièrement ses traversées transatlantiques. Le fait que sa consommation de combustible est presque double de celle des

[1] *Naval Science*, juillet 1873.

navires modernes de même dimension ne suffit pas à lui ôter le prestige conquis par ses anciens succès, et il demeure toujours l'exemple le plus en vue d'un type qui tombe rapidement dans l'oubli. L'examen de semblables machines ne peut qu'être instructif pour les ingénieurs occupés à dresser les plans des vapeurs actuels; cet examen ne saurait manquer de faire vigoureusement ressortir les différences de notre pratique d'avec celle de nos prédécesseurs. De leur temps, on arrivait au maximum de la perfection avec des machines à balancier et des chaudières en forme de caisse, pesant quelque 600 kilogr. par cheval; les pressions de 0 kilogr. 703 par *c/m. q.* alors en usage étaient considérées comme une limite extrême dans la pratique, et une consommation de charbon de 3 kilogr. 632 à 4 kilogr. 540 par cheval indiqué, comme un beau résultat économique.

Et aujourd'hui, à quoi sommes-nous accoutumés? La machine pèse le quart de ce qu'elle pesait, et elle est beaucoup plus solide dans ses organes essentiels. Les pressions sont de 4 kilogr. 92 et de 5 kilogr. 62; la consommation de charbon moyenne est de 1 kilogr. 022 par heure et par cheval indiqué. La comparaison de semblables résultats est vraiment frappante, lorsque l'on songe qu'on arrive des premiers aux derniers par un petit nombre de degrés intermédiaires, et que, grâce à l'ardeur de la concurrence commerciale, grâce à l'activité d'esprit des inventeurs, nous pouvons espérer, pour l'avenir, des améliorations encore plus surprenantes. Malgré la réduction considérable de l'espace occupé par le charbon et la machine de nos vapeurs, tout le monde admet qu'il reste beaucoup à faire. Malgré l'opinion, généralement reçue, que la propulsion mécanique finira par faire disparaître entièrement le navire à voiles de la marine marchande, il est évident que, tant que l'espace aujourd'hui occupé par le charbon et la machine n'aura pas été réduit au profit de la cargaison, la propulsion mécanique ne peut pas étendre son empire autant qu'elle y aurait droit. Les armateurs de navires à vapeur déclarent qu'aujourd'hui leurs bâtiments donnent des bénéfices relativement faibles, et la marine de l'État emploie tous les moyens praticables pour réduire la dépense du budget en charbon. En présence de ces faits, notre devoir est de nous demander si, comme quelques personnes le prétendent, l'économie nous obligera, dans une certaine mesure, à revenir aux bâtiments à voiles de la génération précédente; ou si le génie inventif d'un avenir immédiat pourra vaincre la difficulté, et produire un système de propulsion maritime moins cher et cependant efficace. L'inventeur qui poursuit ce but a en sa faveur un avantage spécial que n'a pas le mécanicien, qui, pour les machines à terre, recherche les mêmes résultats : car la dépense de charbon et la mise de fonds première pour la machine sont d'une importance relativement faible, lorsqu'on met en regard de l'augmentation de fret productif et d'espace disponible pour les passagers, que donnerait la concentration de la machine. Nous nous proposons de passer brièvement en revue les tentatives qui donnent le plus d'espérances à cet égard.

L'introduction de l'acier dans la construction de la machine marine et l'économie de poids correspondante ont été souvent mises et remises sur le tapis. Mais jusqu'à ce jour, il ne s'est pas trouvé d'ingénieur assez entreprenant pour faire largement entrer cette matière dans la composition de son œuvre. La raison en est dans le peu de sécurité qu'offre souvent ce corps et dans la difficulté de lui donner une force uniforme quand on l'emploie en grandes masses. Si ces obstacles étaient écartés, l'acier jouerait un rôle très-important dans les machines marines de l'avenir.

Une matière désignée sous le nom de *métal comprimé de Whitworth* a été récemment annonçée au public comme très-avantageuse. Elle a déjà été soumise à quelques services extraordinaires, sous la forme d'un canon de 8 (9 pounder.) On assure que ce métal, judicieusement employé, unit la douceur et l'homogénéité du meilleur fer malléable avec la résistance à la traction et à l'écrasement du meilleur acier manufacturé. Il est certain que quelques expériences, récemment exécutées à notre intention, ont montré que cette matière possède certaines propriétés très-avantageuses.

Les résultats de ces essais, bien que montrant beaucoup de puissance extensive (*tensile strength*) d'élasticité et de ductilité à la fois, ne sont peut-être pas assez concluants. Il faudrait organiser une série plus étendue d'expériences; ce n'est que par l'épreuve d'un très-grand nombre de spécimens que l'on peut arriver à une opinion exacte en ce qui concerne l'homogénéité. Si, toutefois, les expériences à venir venaient confirmer les expériences passées, nous serions forcément amenés à conclure qu'un pas important a été fait dans la voie de l'allégement de la machine marine.

Beaucoup d'ingénieurs très-compétents comptent sur *l'accroissement des pressions;* dans leurs prévisions, des perfectionnements dans la construction des chaudières et dans le graissage permettront d'en venir facilement et avec sécurité à des pressions de vapeur de 28 et de 35 kilog. par *c/m. q.* La transition de la pratique actuelle à un semblable avenir serait, il faut l'avouer, une révolution presque aussi grande que celle qu'a amenée la machine composée (*compound*) de notre époque, par rapport à la machinerie des vapeurs d'il y a vingt ans. Les objections qui se présentent à l'esprit du praticien sont si évidentes que nous n'avons pas l'intention de les discuter ici. Disons seulement que, lorsque la chimie aura trouvé un agent de lubréfaction non sujet à être brûlé par la haute température de la vapeur, et un moyen de mettre les parois intérieures des cylindres à l'abri de l'action d'une chaleur excessive, combinée avec l'action du suif décomposé et d'autres impuretés, plusieurs des difficultés principales seront écartées. C'est acheter bien cher l'économie de charbon, que de se la procurer en abrégeant de plusieurs années l'existence des cylindres et des parties internes de la machine. Si toutefois on suppose trouvée une substance chimique jouissant des propriétés que nous signalons, nous n'hésitons pas à dire qu'avec une chaudière à tubes (*tubulous boiler*) [1] d'une bonne

[1] *Tubulous boiler* est une chaudière formée de tubes, dans le genre, par exemple, des générateurs Belleville; *tubular boiler* serait une chaudière tubulaire, dans le sens ordinaire de ce mot une chaudière traversée par des tubes.

conception, les pressions de 35 kilogr. seraient sans doute l'objet d'un très-bon accueil.

Le degré de détente généralement en usage, quoiqu'il donne des résultats relatifs excellents, est à peine assez considérable en lui-même pour justifier l'adoption de la détente par l'emploi de deux cylindres, et ce ne sera que lorsqu'on emploiera des chaudières à beaucoup plus haute pression, dont la vapeur devra se détendre au 10e ou au 15e, que l'on appréciera tout l'avantage de la machine composée (*compound*). Nous pouvons considérer l'heureuse application de la vapeur à haute pression, à l'époque actuelle, comme fort analogue à l'état de la condensation à surfaces, il y a quelques années. A ce moment, le condensateur à surfaces était pratiquement inapplicable, et aujourd'hui il est un des agents les plus efficaces pour l'économie du charbon. Ce frappant contraste n'est pas le résultat d'une grande découverte ou d'une invention nettement caractérisée, c'est la somme, progressivement acquise, des expériences continuées pendant des années, expériences peu importantes chacune en particulier, mais dont la résultante forme la différence entre un succès et un échec : et, nous le prédisons, il en sera ainsi de l'emploi de la vapeur à haute pression ; c'est à peine si, aujourd'hui, on peut dire qu'il soit généralement regardé comme acceptable ; mais l'expérience des quelques années prochaines fera de cet emploi la pratique générale de l'avenir.

Aussi longtemps que la machine à vapeur dans sa forme actuelle sera maintenue à bord des navires, il est fort improbable qu'on arrive à des réductions importantes dans les dimensions de la machine proprement dite. C'est à *resserrer la place du charbon* que l'ingénieur doit s'appliquer de toutes ses forces. C'est de ce côté qu'il a le plus de chance de succès. S'il était possible d'obtenir un combustible possédant, à égalité de volume, une puissance évaporatoire supérieure à celle du meilleur charbon, son adoption serait rémunératrice au point de vue commercial et avantageuse au point de vue militaire, son prix dût-il être d'abord beaucoup plus élevé que celui du charbon. On sait parfaitement qu'aux pressions ordinaires d'environ 0 kilogr. 053, la plus grande partie de la chaleur développée pour la production de la vapeur est absorbée pour produire ce qu'on appelle la chaleur latente, c'est-à-dire la chaleur nécessaire pour maintenir les éléments gazeux de l'eau à l'état gazeux, tandis qu'ils existent, chimiquement combinés, à l'état de vapeur. Eh bien, il n'est pas déraisonnable, il n'est contraire à aucune loi scientifique établie, de supposer que les deux gaz qui entrent dans la composition de l'atmosphère peuvent être amenés à l'état liquide ; cela étant, ils contiendraient sous leur forme habituelle une grande quantité de chaleur latente : et s'il était possible, par un moyen mécanique ou chimique, de s'emparer de cette chaleur et de la transformer en celle de la vapeur, une immense économie en résulterait. J'admets, sans doute, que cette idée est encore bien loin d'une réalisation pratique : elle ne s'accorde guère avec certaines opinions préconçues ; mais, d'après des expériences que nous avons été récemment à même de suivre, nous hésiterions avant de la déclarer absolument irréalisable. Nous ne sommes pas en mesure, pour le moment, de rendre publics les détails de ces expériences, mais nous avons jugé qu'elles mériteraient d'être mentionnées en passant, dans cette revue que nous faisons des perfectionnements possibles.

Il est hors de doute que tout ce qui se rattache à *l'alimentation des feux* à bord des navires appelle une réforme complète. Non-seulement il serait à désirer que nous puissions au plus tôt substituer au charbon un combustible plus concentré, mais il faudrait aussi adopter un système pour alimenter les fourneaux par un simple procédé automoteur; on économiserait de la sorte, d'abord, directement, la solde d'une armée de chauffeurs; et indirectement, la place qu'occupe leur logement pourrait être utilisée pour l'arrimage du combustible. Tel est le but des nombreux essais qui ont été tentés pour brûler des combustibles liquides ou du charbon pulvérisé. La principale raison donnée en leur faveur paraît être celle-ci, que la facilité plus grande de division, présentée par ces combustibles, les rend, lors de leur combustion, plus accessibles à l'oxygène de l'air, et que, par conséquent, il leur faut, pour être consumés, une quantité d'air moins grande que celle qu'exige le charbon dans sa forme ordinaire. Cela est vrai, sans doute, et l'espace pris pour l'arrimage de ces combustibles serait beaucoup moindre que celui qu'occupe une quantité équivalente de charbon, si l'on tient compte de la puissance calorifique, légèrement supérieure, du combustible liquide et aussi de la diminution de perte de chaleur pendant sa combustion.

Malgré l'écart considérable qui existe entre la quantité de chaleur théoriquement contenue dans le charbon et le nombre de calories réellement utilisées à produire de la vapeur, c'est une opinion reçue que cette perte ne saurait beaucoup se réduire. Et cela pour deux raisons : la quantité de chaleur nécessairement dépensée pour produire un tirage naturel, et l'influence refroidissante de la quantité d'air en excès qui est introduite pendant la manœuvre des feux. Si on laisse de côté la possibilité de produire un tirage artificiel par un ventilateur ou par tout autre moyen, la perte due à la première cause ne saurait être beaucoup réduite. Les efforts de M. Prideaux ont eu quelque succès contre la perte de la seconde sorte, mais il reste toujours cette grande objection que, lorsqu'on ouvre la porte du fourneau, pour y mettre de nouveau combustible, il pénètre, dans l'intérieur, une grande quantité d'air qui a un effet réfrigérant. C'est dans un remède apporté à cet inconvénient que consisterait l'un des plus grands avantages de la chauffe mécanique, et il semble que le principe de cette chauffe serait beaucoup plus facile à appliquer à bord, avec des combustibles liquides ou gazeux, qu'avec des combustibles solides. En ce moment, aux chaudières de la Douane de Liverpool est appliqué un très-joli dispositif automoteur pour brûler du charbon menu. Nous avons vu fonctionner cette machine, et elle nous paraît s'acquitter de son office d'une façon très-satisfaisante. — Le charbon est placé, en grande quantité, dans une trémie, et livré au fourneau par une machine auxiliaire attachée à la chaudière, sans qu'il y ait pour ainsi dire à s'en occuper autrement jusqu'à ce que la trémie soit vidée. On n'ouvre, en quelque sorte, jamais, la porte du foyer, si ce n'est pour nettoyer les grilles. Cet arrangement, qui semble très-utile pour des chaudières à terre, présenterait, à la mer, de grandes difficultés. Si on embarque le charbon suffisamment menu pour le service de cette machine, il se détériorera pendant son séjour dans les soutes, et si on ne le réduit en menu qu'au moment de s'en servir, cela donnera presque autant de travail que le système qu'il s'agit de remplacer. On ne rencontre pas le même mécompte dans l'alimentation mécanique au moyen de combustible liquide ou gazeux. Le liquide peut se loger convenablement dans des localités qui ne conviendraient pas pour du charbon, et, moyennant des précautions convenables, on peut facilement, au moyen de pompes, le conduire des réservoirs aux fourneaux. Mais une fois qu'il est rendu là, les meilleurs moyens de le consumer ne sont pas aussi clairement connus. Les obstacles mécaniques sont pourtant à peine égaux aux obstacles commerciaux; et il est à craindre que si l'emploi des combustibles liquides venait à s'étendre, leur prix, qui s'élèverait aussitôt, ne les mît hors d'état de lutter avec succès contre le charbon.

Nous nous sommes abstenus, jusqu'ici, de traiter cette question de *réduction d'encombrement de la machine, au point de vue spécial des bâtiments de guerre*, parce que, sur les bâtiments des anciens types, la considération du nombre des mètres cubes occupés par la machine n'avait pas autant d'importance que sur un navire marchand, pourvu toutefois que ce volume fût en entier au-dessous de la flottaison. Mais depuis l'introduction des bâtiments bas sur l'eau, la face de la question est quelque peu changée. Quoique les équipages portés par ces navires soient beaucoup moins nombreux que les équipages anciens, quoique le nombre des mètres cubes nécessaires pour les hommes et pour le logement des munitions et provisions nécessaires ait été grandement diminué, néanmoins, la nécessité, pour l'ingénieur, de réduire l'espace occupé par la machine est devenue plus pressante que jadis.

On représente souvent que, avec la protection assurée aux portions vitales du navire par une cuirasse judicieusement établie, on pourrait parfaitement accepter les machines verticales, ce qui donnerait de plus grandes facilités pour l'arrangement économique de l'intérieur du navire, en sus de l'avantage qui tiendrait à l'action, bien mieux appliquée, de la machine elle-même. Cet argument n'est pas sans valeur; et peut-être, avec des dispositions spéciales, sera-t-il possible, dans l'avenir, d'adopter les machines à pilon sans trop de péril. Par le fait, ces machines ont été du moins adoptées par quelques-uns de nos monitors. Mais il faut toujours se rappeler qu'un projectile qui, dans presque toute autre partie du navire, ne causerait que des dégâts relativement faibles, aurait un effet fatal s'il venait à rencontrer les organes essentiels des machines, parce qu'il suffit d'une très-faible quantité de débris pour les paralyser temporairement. Lors même que la cuirasse ne serait pas traversée, si elle était frappée par le travers de la machine, et que, négligeant cette considération, on n'eût pas mis d'écran intérieur, une telle grêle de rivets pourrait être projetée dans la machine, que tous les organes mobiles en seraient arrêtés. La sûreté relative des machines ne peut être obtenue, même sous la protection d'une très-puissante cuirasse, que par l'installation d'un système de cloisons intérieures, destinées à intercepter les débris provenant de la muraille du navire.

La question de la propulsion mécanique, dans son application à la marine militaire, présente aujourd'hui un caractère beaucoup plus urgent que lorsqu'on la considère simplement eu égard à la marine marchande. Les derniers types de navires pour le transport de passagers au-delà de l'océan — des navires pourvus d'une machine assez puissante pour leur faire filer quinze nœuds, — portent une grande quantité de toile, suffisante pour leur faire filer, à elle seule, six à huit nœuds, dans le cas où la machine serait complétement mise hors de service par quelque grave accident. Il n'est pas rare d'entendre parler d'un vapeur de l'Atlantique, ayant terminé son voyage avec sécurité et succès, à la voile seule, quoique ayant eu le malheur de briser son arbre d'hélice. Il n'est que trop certain qu'en pareil cas, un de nos navires bas sur l'eau et sans mâture, s'il navigue seul, sera dans une position tout à fait désespérée. Nous ne voudrions pas qu'il y eût de malentendu et qu'on pût croire que nous voulons attaquer le plan de ces navires, parce que les exigences de leur conception font une impossibilité de l'application habituelle des voiles comme moteur : et il est certainement plus sage d'accepter les *chances* d'un stoppage accidentel, plutôt que la *certitude* de gâter le navire comme machine de combat, d'une part; ou, de l'autre, de l'exposer à une destruction complète. Nous voulons simplement faire ressortir que l'absence totale de voilure sur nos principaux navires de guerre exige un changement immédiat et radical dans le système de propulsion qui leur sera dorénavant appliqué [1].

Un des expédients les plus naturels qui se présentent pour diminuer les chances d'accident sérieux est la *division de la puissance de la machine entre plusieurs appareils.* Il est évident de soi-même que la probabilité d'une catastrophe complète est beaucoup moindre sur un navire dont la puissance mécanique est subdivisée entre plusieurs machines indépendantes et se suffisant isolément que dans un navire qui est à la merci du parfait fonctionnement d'un seul couple de machines. Cette considération a été une des principales raisons qui ont conduit à adopter pour la *Dévastation* des hélices jumelles, ainsi que cela est constaté dans mon rapport annexé au projet de ce navire. Il n'y a aucune objection absolue à l'extension de ce principe; par le fait, il a été appliqué aux cuirassés circulaires construits par le gouvernement russe (voir la *Naval Science* de juillet 1872), et des navires qui ont une grande puissance mécanique répartie entre quatre ou même

[1] Qu'il soit bien entendu, cependant, qu'il a toujours été dans notre intention de donner à la *Dévastation* et aux autres navires du même type les moyens d'établir un jeu de voiles auxiliaire, mais néanmoins considérable, après avoir pris comme premier et principal objectif leurs qualités de combat et de marche sous vapeur. Nous ne voyons pas de bonne raison pour ne pas donner à ces navires une voile carrée, unique, avec un certain nombre de voiles auriques, pour le cas où les deux machines ou les deux hélices viendraient à manquer (note de M. Reed).

cinq paires de machines, dont chaque paire met en mouvement une hélice spéciale, un arbre spécial; des navires de ce genre, dépourvus de voilure, peuvent être envoyés à la mer avec une sécurité bien supérieure, à l'égard des accidents possibles de leurs moteurs, que le navire à voiles le plus complétement gréé, de ceux qui sont à flot actuellement.

Ce système donne, par certains côtés, prise à des objections, dont les principales sont l'augmentation de poids du mécanisme pour une force donnée, la multiplicité des organes, l'accroissement du nombre de mécaniciens et des frais de premier établissement. Tous ces inconvénients doivent être évités lorsqu'on peut le faire sans sacrifier aucun avantage important; mais, dans les circonstances que nous discutons, les objections que nous venons de citer deviennent insignifiantes par rapport au résultat si important de la sécurité générale du navire. Le navire de guerre de l'avenir, ainsi que nous l'avons établi ailleurs, aura un bau largement augmenté, — si nous ne sommes pas préparés au sacrifice de la facilité de maniement et de manœuvre, — et cela nous fournit une raison additionnelle d'adopter des machines telles que celles que nous avons décrites ci-dessus, parce qu'un navire large offre évidemment bien plus de facilité pour l'arrangement côte à côte de plusieurs paires de machines, enfermées chacune dans une chambre de machines particulière.

L'introduction des machines composées dans la marine militaire a fait l'objet de bien des discussions : on en a déjà parlé dans la *Naval Science;* on y a démontré que leurs principaux désavantages dans leur application aux navires de guerre, sont : 1° que, si un des cylindres est atteint, tous deux seront désemparés; 2° que la différence de dimension entre les deux cylindres d'une même machine est un obstacle à la rapidité des réparations; 3° que les cylindres ne peuvent pratiquement recevoir les dimensions que la théorie indiquerait.

Mais dans le cas d'un navire tel que celui que nous considérons, ces objections. tout importantes qu'elles soient, tombent d'elles-mêmes. Le danger d'un dérangement total par un projectile heureux serait très-petit, car il est extrêmement peu probable que, dans la durée d'une action, toutes les paires de machines soient atteintes. Les réparations seront donc faciles à exécuter, à cause de la dimension, relativement petite, des organes mobiles. Les cylindres nécessaires pour le système composé seront d'une dimension tout à fait acceptable au point de vue pratique, même pour les plus grands navires, lorsque la puissance mécanique sera très-subdivisée. Nous aurons ainsi des facilités que nous ne saurions avoir autrement, pour l'introduction dans la marine de la machinerie la plus économique, et dans des navires destinés au service des stations lointaines; cela n'est pas un petit avantage. Dans la marine militaire, c'est un résultat d'expérience, que, malgré l'augmentation de distance franchissable à la vapeur avec un même poids de charbon en marchant à petite vitesse, il y a un point où cette cause d'économie disparaît et à partir duquel toute réduction plus forte de la vitesse aurait un effet opposé à celui que l'on désire. Voici l'explication de cette apparente anomalie : le frottement, qui est très-fort dans les grandes machines horizontales à fourreau, ne décroît pas proportionnellement à la vitesse; la question devient donc un problème de maxima et de minima, et le point où il faut s'arrêter est facile à déterminer par l'expérience. Maintenant, il est évident qu'avec la puissance fractionnée en plusieurs groupes, si on désire une réduction de vitesse, le moyen le plus économique de la réaliser sera de stopper tout à fait une ou plusieurs des paires de machines, et, en affolant leurs hélices, d'annuler leur action, tandis que, le frottement étant relativement petit dans les machines qui continuent à fonctionner, la vitesse pour laquelle l'économie disparaît sera beaucoup plus faible que s'il s'agit du type actuel de machinerie.

Un autre avantage saillant du fractionnement de la force motrice, avantage sur lequel on ne saurait trop insister, c'est qu'il permet de développer considérablement la division du navire en compartiments étanches. Ce développement est d'autant plus désirable, par l'attention continue que l'on donne aujourd'hui au perfectionnement des torpilles. Un navire construit avec une machine ainsi divisée pourrait être protégé par des cloisons longitudinales entre les diverses chambres de machines, de manière à réduire considérablement le risque d'une ruine totale par le coup d'une torpille ou d'un éperon, du moins en ce qui concerne le danger encouru par ses appareils moteurs. Quoi qu'il puisse arriver aux machines situées en abord, la machine centrale ne pourra être dérangée par rien, si ce n'est par la destruction totale du navire, et nous pensons que c'est avec justesse qu'on réclame, pour l'arrangement décrit ci-dessus, l'avantage d'offrir le maximum de sécurité pour les navires de guerre.

Même en supposant les perfectionnements dont nous venons de donner l'aperçu, pratiquement réalisés avec un plein et extrême succès, — et certes, il y aura à lutter contre de sérieuses difficultés pour cela, — nous ne pouvons nous empêcher de croire que *la machine à vapeur marine aura bientôt fait son temps.* L'espace indispensable pour la machine et le charbon représente, dans bien des cas, un tiers de la capacité de transport du navire, et c'est là une grande infériorité du vapeur par rapport au voilier. L'esprit public se préoccupe beaucoup, pour la réduction d'espace des machines, de l'emploi de l'électricité, quoiqu'on ne voie pas nettement par quelles dispositions mécaniques l'électricité pourrait réaliser ce programme. Tous les étudiants savent parfaitement que l'application de l'électricité à la production d'un mouvement, est mécaniquement possible. Mais ce que coûte l'électricité et quels sont les meilleurs arrangements à prendre pour son emploi sur une grande échelle, ce sont d'autres questions. Le but à poursuivre, c'est tout simplement une méthode économique et efficace de concentrer sous une forme applicable au travail l'électricité qui existe partout dans la nature. Quoique cette idée ait une forte couleur d'utopie et d'impossibilité pratique, nous ne voudrions pas dire qu'elle ne soit pas déjà réalisée.

Une tentative a déjà été faite dans un de nos plus grands ports de mer pour faire marcher un petit yacht par l'électro-magnétisme. Voici une courte description de l'installation : le navire est muni d'une hélice ordinaire, dont l'arbre se prolonge vers l'avant jusqu'à une chambre de machines située vers le milieu. Dans cette chambre de machines est installé l'arbre de couche, disposé horizontalement, parallèle à l'arbre d'hélice, auquel il transmet le mouvement au moyen d'une chaîne sans fin et de roues. L'arbre de couche porte trois roues en fonte, dont chacune présente sept armatures ou saillies en fonte. Chaque armature est placée en avance sur l'armature qui lui correspond dans la roue suivante sur l'arbre. Les armatures sont actionnées par des électro-aimants en fer forgé, placés au-dessous et entourés de fils qui communiquent à une pile, située aussi dans la chambre des machines. Les contacts sont établis et interrompus par de courts leviers, actionnés par des cames montées sur l'arbre de couche. On comprend que les cames, étant placées sur l'arbre, à des angles en rapport avec la position des armatures, les électro-aimants sont alternativement en activité et en repos, suivant la position des armatures correspondantes. Comme la force attractive exercée sur chaque armature doit varier en raison inverse du carré de sa distance à l'aimant, il est évident que, dès qu'une des armatures aura exécuté une portion de tour telle qu'elle ait dépassé son aimant d'une certaine distance, l'attraction tendante à retarder sa rotation sera très-faible, et la came peut être disposée de manière à établir un nouveau contact et à créer une attraction pour l'armature qui vient la première remplacer celle-là, lorsque l'arbre tourne.

Une méthode analogue, mais appliquée à un simple mouvement de va-et-vient, a été exposée il y a vingt ans environ par un électricien distingué, M. Thomas Allan. Je me rappelle avoir examiné le modèle, fonctionnant chez M. Allan, à Adelphi Terrace, à Londres, en compagnie d'un officier vaillant et distingué, feu l'amiral comte de Dundonald.

Nous venons de décrire toutes les pièces nécessaires, à l'exception du bâti en fonte qui supporte les organes mobiles. La dimension et le poids de l'appareil forment un frappant contraste avec les dimensions de la chambre des machines et des chaudières, qui, précédemment, contenait la machinerie que cet appareil est destiné à supplanter. Nous n'approuvons pas les détails du procédé employé dans ce cas pour mettre en œuvre le principe; nous doutons même grandement que l'appareil marche en aucune façon ; néanmoins, nous ne pouvons nous empêcher de penser qu'un pas a été fait dans la bonne voie et que le jour n'est pas éloigné, où, après avoir épuisé tous les perfectionnements successifs de la machine à vapeur elle-même, nous la mettrons aussi de côté comme bien trop encombrante et compliquée, et nous nous verrons fendre les mers dans des navires poussés par une force qui, bien que n'occupant qu'une portion relativement faible de leur capacité, sera cependant assez robuste pour les entraîner à une vitesse inconnue jusqu'ici.

En concluant cet article quelque peu spéculatif, nous pouvons faire cette observation, que toute tentative pour évaluer l'avenir, — même un avenir de très-peu d'années, — ne peut donner qu'un aperçu incomplet; certainement, les prédictions d'un ingénieur prophète, comme celles des autres prophètes, ne doivent être acceptées qu'avec beaucoup de réserve. Dans le monde mécanique, comme dans le monde extérieur, on peut dire que *les événements qui arrivent projettent leur ombre devant eux.* Mais, parfois, ces ombres, comme le mirage du désert, ne sont pas suivies de la présence effective de la réalité. Bien des découvertes pleines de promesses, qui, à première vue, semblent destinées à produire une révolution dans toute la mécanique, finissent par tomber dans cet oubli qui est le sort naturel de toutes les inventions auxquelles manque le sceau de la facilité pratique et de l'économie commerciale. D'un autre côté, quand la limite de la perfection semble presque atteinte, et qu'on croirait n'avoir plus qu'à se livrer à la contemplation rétrospective des triomphes du passé, il s'élève quelque grande intelligence, qui, au moyen de quelque découverte opportune, montre au monde scientifique que l'esprit de progrès est toujours vivant. Tel fut le génie de James Watt, telle fut son influence ; et qui peut dire à quel moment peut être réalisée une découverte telle que son admirable idée de la condensation dans un récipient spécial ?

M. VILLARET

Sous-Ingénieur de 1re classe de la Marine

PRÉSENTATION DE DOCUMENTS

— *Séance du 25 août 1878.* —

Messieurs,

L'obligeante attention que vous avez bien voulu prêter à la communication précédente me fait espérer que vous voudrez bien aussi accepter trois autres documents que je vais avoir l'honneur de remettre en même temps à votre bureau pour être déposés aux archives de la troisième section :

L'un, intitulé : *Conditions du problème de l'architecture navale*, est dû à M. Scott Russell. Il permet aux personnes étrangères à la marine de se rendre compte des divers devoirs qui incombent à l'ingénieur, pour la composition d'un projet, indépendamment de ceux qu'il aura à remplir plus tard pour l'approvisionnement des matériaux et la direction du travail.

Le second est la traduction en mesures françaises de divers tableaux extraits d'un ouvrage du même M. Scott Russell, et dont plusieurs sont relatifs aux divers modèles des canons des marines anglaise et américaine, — d'autres donnent les échantillons des navires marchands, tels qu'ils sont imposés par la compagnie du *Lloyd*.

Le troisième, enfin, est une description, due à M. Dupont, sous-ingénieur, des procédés et usages de l'atelier de calfatage au port de Toulon. On y verra combien ce métier, qui, au premier abord, paraît se réduire à prendre un fil d'étoupe et à le pousser dans une fente à coups de maillet, à l'aide d'un coin effilé, présente au contraire d'intérêt par la variété d'occupations qu'il comporte et par l'attention spéciale qu'il exige dans chaque cas.

M. J. A. FONTAINE

COMPRESSEUR HYDRAULIQUE POUR LE PERCEMENT DES TUNNELS ET DES GALERIES DE MINES

— *Séance du 22 août 1873.* —

M. Achille BAZAINE

Ancien élève de l'École polytechnique et de l'École des ponts et chaussées

DE LA CONCURRENCE ENTRE LES COMPAGNIES DE CHEMINS DE FER ET LES AUTRES ENTREPRISES DE TRANSPORT EN ANGLETERRE

(EXTRAIT)

— *Séance du 25 août 1873.* —

Au moment où l'opinion publique en France se trouve vivement surexcitée au sujet de la question du monopole des grandes compagnies de chemin de fer, il est intéressant d'étudier quels sont, en Angleterre, les résultats du système qui a laissé, dès l'origine, une libre action à la concurrence entre les différentes entreprises de transports.

L'étude qui suit est un extrait d'une analyse du rapport de la commission parlementaire de 1872, chargée d'une enquête sur les fusions, le monopole et la concurrence dans l'industrie des chemins de fer.

L'historique par lequel débute le rapport fait assister, dès l'année 1839, à une lutte longue et caractéristique entre les comités administratifs chargés, à plusieurs reprises, de surveiller le développement des monopoles par voie de fusions successives, et les commissions parlementaires nommées pour l'examen des projets particuliers, lutte qui se termina toujours, en définitive, au profit du parti représentant les idées traditionnelles du respect de l'initiative individuelle. La situation qui résulta pour les compagnies de chemins de fer de cette politique de non-intervention à peu près absolue est résumée par le rapport de la manière suivante :

1° La concurrence existe réellement entre les chemins de fer et la navigation maritime, tant que le parlement n'autorise pas les compagnies à se rendre propriétaires des ports.

2° La concurrence existe dans une certaine mesure entre les voies ferrées et la navigation intérieure, et il est juste de chercher à développer le plus possible ce dernier genre d'entreprises de transports, bien qu'elles ne puissent entrer généralement ni efficacement en lutte avec les compagnies de chemins de fer.

3° Il y a peu de concurrence entre les compagnies quant aux tarifs, et le maintien en est incertain ; si la concurrence existe quant aux facilités accordées au public, on ne peut en garantir la durée.

La commission juge donc que le monopole est inévitable et que l'on doit prévoir le temps où l'Angleterre sera divisée entre un petit nombre de compagnies puissantes, possédant chacune un monopole absolu dans une région déterminée.

Or, l'intérêt privé des compagnies est souvent incompatible avec l'intérêt public, comme il est facile de le démontrer.

Cependant, des faits nombreux et bien manifestes prouvent que, de tous les modes possibles d'accord entre deux compagnies, le plus favorable aux intérêts du public est la fusion.

L'enseignement à tirer de cette partie du rapport relativement à la concurrence et au monopole des compagnies peut donc se résumer dans les trois propositions suivantes :

1° La concurrence entre les compagnies de chemins de fer ne peut exister que dans une mesure très-limitée et ne saurait être maintenue par voie législative.

2° L'intérêt privé des compagnies est souvent incompatible avec l'intérêt public.

3° Le monopole d'une compagnie dans une région donnée est le plus souvent une source d'avantages pour le public comme pour les actionnaires.

Ce sont ces trois propositions, suffisamment établies par l'enquête de 1872, que nous désirerions voir adoptées comme principes généraux dans toutes les discussions qui seront à l'avenir soulevées au sujet de la constitution des réseaux et des questions de concurrence et de monopole des compagnies de chemins de fer.

M. Émile LEMOINE

Ingénieur civil, ancien élève de l'École polytechnique

APPLICATION DU RHÉOMÈTRE (JAUGEUR A GAZ) A LA LUMIÈRE DE DRUMMOND ET A L'ANALYSE DES BECS A GAZ.

— *Séance du 25 août 1873.* —

Au congrès de Bordeaux, l'année dernière, j'ai eu l'honneur de vous présenter un appareil qui apporte à l'industrie le moyen pratique de fixer, dans des conditions toutes nouvelles, la dépense en volume d'un courant fluide quelconque. Cet instrument a été appelé (peut-être improprement) *rhéomètre*, par M. Giroud, son inventeur. Bien qu'il soit applicable à l'eau, à la vapeur, etc., c'est pour le gaz d'éclairage qu'il s'est répandu avec le plus de rapidité.

Nous venons signaler deux applications nouvelles de cet appareil, faites par M. Giroud, l'une directe, à la production de la lumière

Drummond, l'autre indirecte, à la construction d'un instrument : l'*analyseur de becs.*

La lumière Drummond trouve fréquemment son emploi dans les théâtres pour obtenir de puissants effets de lumière. Chaque fois l'opérateur était réduit à procéder par des tâtonnements plus ou moins longs, pour établir entre les courants des deux gaz la proportion sans laquelle l'intensité de lumière voulue ne peut être obtenue ; de plus, et c'est là l'inconvénient le plus grave, la pression diminue constamment dans le réservoir ; il faut donc toucher à chaque instant aux robinets. Avec les rhéomètres, tous ces inconvénients disparaissent, le volume débité *restant constant* pour chaque gaz, on n'a plus, par suite, à craindre les effets d'aspiration accidentelle de l'un des gaz dans le réservoir de l'autre, seule cause qui puisse amener une explosion. On peut donc aussi employer des chalumeaux d'un diamètre tel qu'il ne soit plus nécessaire de soumettre les gaz à des pressions initiales exagérées, etc.

Dans l'essai qui a été fait à Paris, les deux gaz arrivaient aux rhéomètres avec une pression de 0^m15 d'eau, les volumes débités arrivaient au chalumeau sous une pression de 0^m07 et la lumière produite, concentrée par une lentille, avait à 80^m de distance un éclat magnifique ; on pouvait lire avec la plus grande facilité un journal imprimé en caractères fins.

L'analyseur des becs se compose de 5 rhéomètres : l'un réglé à 10 litres de dépense par heure, l'autre à 20, le troisième à 40, le quatrième à 80, et le cinquième à 160. Ces rhéomètres sont renfermés dans une boîte cylindrique qui reçoit le gaz par sa partie inférieure et ne le laisse sortir que lorsqu'il a passé par les rhéomètres ; la communication avec les rhéomètres s'établit par des robinets. Si l'on veut mettre l'un des rhéomètres en fonction, celui de 40 litres, par exemple, on ouvre le robinet correspondant et la dépense au-dessus de la boîte cylindrique sera 40 litres ; si l'on ouvre maintenant le robinet du rhéomètre de 10 litres et celui du rhéomètre de 80 litres ou tous les deux, la dépense deviendra $40 + 10$ ou $40 + 80$, ou $40 + 10 + 80$, et, en combinant l'ouverture des robinets on peut obtenir de 10 litres en 10 litres toutes les dépenses, depuis 10 litres jusqu'à $10 + 20 + 40 + 80 + 160 = 310$ litres.

Or, l'utilisation pratique d'un bec de gaz est très à l'aise renfermée dans ces limites. Il suit de là qu'en vissant le bec à essayer sur l'appareil, on pourra, *sans compteur, sans chronomètres à secondes*, étudier complètement sa dépense et la flamme qu'il donne pour une dépense déterminée, et cela en quelques minutes.

M. Émile LEMOINE

Ingénieur civil, ancien élève de l'École polytechnique

SUR LE MOYEN EMPLOYÉ A LA SUDBAHN A VIENNE (COMPAGNIE DES CHEMINS DE FER AUTRICHIENS DU SUD) POUR EMPÊCHER L'INCRUSTATION DES CHAUDIÈRES

— *Séance du 25 août 1873.* —

La question de l'incrustation des chaudières est, pour l'industrie, dans tous les pays où les eaux ne sont pas très-pures, une question de premier ordre. Il n'est pas de mois, peut-être pas de semaine, où l'on ne tente de nouveaux moyens pour la résoudre. Évidemment chaque ingénieur qui croit avoir trouvé une solution que la pratique rejette bientôt ne se trompe pas complétement, le procédé qu'il préconise lui réussit au moins partiellement avec l'eau qu'il emploie, dans les circonstances où il se trouve, mais ailleurs il n'a pas d'application. J'ai vu, à l'exposition de Vienne, une méthode très-simple, combinaison heureuse de moyens déjà connus et qui me semble être le dernier mot de la question. Je veux donc vous la signaler ici. L'auteur, M. Bérenger, ingénieur français, au service de la compagnie des chemins de fer du sud de l'Autriche (Sudbahn), a obtenu à l'exposition de Vienne, pour son procédé, *la médaille d'honneur;* de puis plusieurs années la pratique en a consacré l'efficacité. On s'en sert, par exemple, sur la compagnie de la Sudbahn, où plus de 100 mèt. cubes d'eau par jour sont traités pour l'usage des chaudières.

Le voici en deux mots :

1° Précipiter chimiquement les sels susceptibles de former un dépôt;

2° Rassembler rapidement ce précipité sur un filtre particulier (pour lequel un brevet spécial a été pris);

3° Pour les chaudières se servir de cette eau purifiée.

A la Sudbahn, dont j'ai visité l'installation, on n'a à se préoccuper que des dépôts de carbonate de chaux. Nous allons nous placer dans cette hypothèse. S'il y avait d'autres corps à précipiter on emploierait d'autres réactifs.

On prépare de l'eau de chaux dans une grande cuve, d'où elle est poussée au moyen d'une pompe à vapeur dans le tuyau d'arrivée des eaux à purifier. On règle la marche de cette pompe d'après des essais très-élémentaires qui servent à déterminer la proportion d'eau de chaux qu'il faut mélanger à l'eau. Le précipité se forme immédiatement; il est retenu sur un filtre qui, sans parler de quelques dispositions spéciales, est composé de copeaux de bois fortement tassés et employés seuls ou mélangés à une petite quantité de charbon. L'eau sortant du filtre se rend dans les réservoirs d'où on la puise selon les besoins. Pour faire les essais, c'est-à-dire pour régler la marche de la pompe, on part de ces principes : l'eau claire qui sort du filtre ne doit plus être acide ; sans cela, contenant encore du carbonate en dissolution, elle ferait incrustation et le but ne serait pas rempli ; elle ne doit pas être alcaline, sans cela, contenant de la chaux, elle ferait des incrustations de chaux plus dangereuses encore. Le papier de curcuma sert à vérifier sa neutralité.

Un assez grand nombre d'industries peuvent appliquer utilement ce procédé ; dans le blanchiment des étoffes, par exemple, la purification préalable des eaux peut économiser de grandes quantités de savon.

Le prix de chaque mètre cube d'eau purifiée varie de 1 à 2 cent.

M. de LAGRENÉ

Ingénieur des Ponts et Chaussées

DU PERFECTIONNEMENT DES VOIES NAVIGABLES EN FRANCE

— *Séance du 25 août 1873.* —

DIMENSIONS DES ÉCLUSES. — Lorsqu'on étudie les voies navigables de la France, on est frappé tout d'abord par l'énorme variation des dimensions des écluses. La largeur est en effet de 2^m,70 sur le canal du Berry, de 5^m,15 sur le canal du Centre, de 6^m,50 sur le canal de la Somme, de 12^m sur la Seine canalisée, et elle va atteindre 16^m sur la Saône.

La longueur utile est de 26^m,30 sur le canal de Nantes à Brest, de 27^m sur le canal du Midi, de 38^m,10 sur le canal de la Marne au Rhin, de 40^m sur le canal de la Somme, de 51^m sur l'Oise canalisée, de 120^m sur la Seine dans Paris, et de 187^m sur la Seine en amont de Paris.

La profondeur est de 1^{m}15 sur le canal d'Orléans, de 1^{m}30 sur le canal de Briare, de 1^{m}50 sur le canal du Berry, de 1^{m}60 sur le canal latéral à la Loire, de 2^m sur le canal de Saint-Quentin, et de 2^{m}20 sur le canal latéral à la Garonne.

Ces différences considérables avaient autrefois certaines raisons d'être. Quelques-unes de nos écluses datent, en effet, du commencement du XVIe siècle ; or, à cette époque, l'industrie des transports par eau était peu développée, on construisait les ouvrages en vue d'une navigation toute locale, n'ayant qu'un trafic très-restreint, et on ne soupçonnait pas l'étendue de nos besoins actuels.

Aujourd'hui il est reconnu que les voies navigables sont les auxiliaires indispensables des chemins de fer, et qu'un bateau de type moyen doit pouvoir circuler sans transbordement, comme un vagon, d'un bout à l'autre de la France.

Les variations, dont je viens d'indiquer quelques éléments ne permettent pas cette circulation continue.

Il est donc nécessaire de tendre à uniformiser la largeur, la longueur et le mouillage de nos écluses, ou du moins de faire en sorte que chacune d'elles puisse admettre un bateau d'un type unique, reconnu convenable.

TYPE DE BATEAU. — Quel est ce bateau-type sur lequel on doit se régler ?

En général, l'augmentation du tonnage d'un bateau procure une économie de transport quand la charge est entière, mais un grand bateau est exposé à circuler avec un chargement incomplet. Cette considération, ainsi que d'autres, tirées de la dimension des ouvrages d'art, conduit à l'adoption d'un bateau de tonnage moyen.

Il est d'ailleurs un type de bateau qui a fait ses preuves et qui donne une solution expérimentale du problème posé. Je veux parler de la *péniche du Nord*, qui a 35^m de longueur, 5^m de largeur, 1^m,80 d'enfoncement, et qui porte environ 240 tonnes. C'est avec ce bateau que les mariniers du Nord font au chemin de fer une sérieuse concurrence pour le transport des houilles.

On peut reprocher à la *péniche* d'avoir des formes trop cubiques, peu compatibles avec une vitesse supérieure à celle des chevaux allant au pas. Mais il serait facile d'améliorer ses gabarits, de manière à diminuer la résistance à l'avancement.

En résumé, chaque écluse devrait être susceptible de recevoir soit une, soit plusieurs péniches, conformes au type dont je viens de parler.

TRACTION. — On peut s'étonner à juste titre en voyant que la traction des bateaux se fait le plus souvent par les mêmes procédés qu'il y a plusieurs siècles. C'est seulement par exception que la vapeur est employée pour la locomotion des bateaux sur nos canaux et sur nos rivières.

Il y a cependant là un progrès considérable à réaliser. L'emploi de la vapeur permettra au commerçant de recevoir sa marchandise plus vite, plus régulièrement et à moins de frais ; le marinier, de son côté, y trouvera l'avantage de mieux utiliser le capital que représente son bateau; il pourra, par exemple, doubler ou tripler le nombre de ses voyages.

La solution du problème de la traction mécanique des bateaux est bien établie aujourd'hui, elle consiste dans le *touage*.

Voici, en deux mots, en quoi consiste ce procédé :

Une chaîne est noyée suivant le chenal à parcourir, un bateau, nommé *toueur*, saisit cette chaîne au moyen d'un treuil mu par la vapeur. Le treuil, en tirant sur la chaîne, fait avancer le toueur qui remorque un certain nombre de bateaux.

On comprend, par cette simple description, comment le touage s'exerce en rivière libre, mais diverses difficultés surgissent quand on rencontre une écluse.

La première difficulté consiste à faire franchir l'écluse par la chaîne, qui doit être continue sur tout le parcours du toueur. J'ai exposé, dans un mémoire imprimé en 1864 et dans mon *Cours de navigation intérieure*, les essais successifs que nous avons faits pour résoudre ce problème. La solution adoptée pour une chaîne lourde, c'est-à-dire pesant environ 11 kilogr. par mètre courant, consiste à laisser, entre les poteaux busqués et à leur base, un petit jour d'environ $1^m,20$ de hauteur et d'une largeur un peu supérieure au diamètre de la chaîne. Celle-ci va et vient dans cette ouverture sans gêner le mouvement des portes. Cette solution est appliquée depuis dix ans à douze écluses de la haute Seine, elle a donc la sanction de l'expérience et elle permet à la chaîne de touage d'être continue depuis Paris jusqu'à Montereau. Quand il s'agit d'une chaîne légère (ou d'un câble) on peut la maintenir hors de l'eau au-dessus des portes.

Écluses pour trains remorqués. — Une autre difficulté peut résulter des dimensions de l'écluse rencontrée. En effet, si ces dimensions ne permettent pas l'introduction simultanée du toueur et du train remorqué, il faut qu'à l'entrée de l'écluse ce train soit fractionné en un nombre plus ou moins grand de parties qui seront éclusées séparément, il en résulte des manœuvres supplémentaires longues et coûteuses.

La perfection consisterait à donner à chaque écluse des dimensions telles que le toueur pût y entrer avec son train.

On peut objecter que, sur les canaux à point de partage, les biefs sont quelquefois très-courts et que la longueur des trains est alors réduite à peu de chose. Il faudrait, dans ce cas particulier, que chaque toueur fût aussi porteur et qu'il pût remorquer au moins un ou deux bateaux à sa suite.

A la limite, chaque bateau devrait porter son appareil de touage et être susceptible de se mouvoir isolément.

Mais je dois observer qu'en augmentant la chute des écluses on peut augmenter aussi la longueur des biefs et faire disparaître, au moins en grande partie, l'obstacle à la circulation des trains d'une certaine étendue.

Ces principes sont appliqués sur la haute Seine depuis 1860, les écluses y ont 12^{m} de largeur et 187^{m} de longueur utile; elles peuvent recevoir un toueur et un assez grand nombre de bateaux accouplés sur deux rangs. Il ne faut pas plus de temps pour faire passer tout ce train que pour écluser un bateau isolé.

Vitesse. — Section de la voie navigable. — L'application de la vapeur à la locomotion des bateaux permet d'augmenter notablement leur vitesse et c'est là un résultat important à divers points de vue.

Sur les rivières, la section mouillée est généralement assez grande pour que cet accroissement ne présente pas d'inconvénient, mais il n'en est pas de même sur nos canaux.

Nos premiers canaux ont en effet été projetés à une époque à laquelle l'usage de la vapeur étant inconnu, on n'avait en vue que la vitesse résultant du hâlage par chevaux, et on a adopté avec raison une section déterminée par la largeur nécessaire pour permettre le croisement de deux bateaux.

Or, un bateau qui prend de la vitesse dans un canal dont il occupe près de la moitié de la section éprouve une résistance considérable à l'avancement; il agit à la manière d'un piston, et l'eau, en s'échappant pour passer à l'arrière, attaque les rives et le fond du canal.

Il est donc nécessaire d'augmenter la section de nos canaux et d'étudier quelle est la meilleure forme à donner à leurs talus, en supposant, par exemple, qu'une péniche de 240 tonnes doit y circuler avec une vitesse de 6 à 8 kilom. par heure.

Appareils de chargement. — J'ai encore à signaler à votre attention l'imperfection trop fréquente des procédés de chargement et de déchargement, même au milieu des villes les plus avancées sous le rapport industriel. Les modèles de grues à vapeur, de plans inclinés, etc., ne manquent cependant pas, mais on est trop indifférent aux avantages que procurent ces engins.

Force motrice. — J'arrive maintenant à un autre ordre d'idées et je vais parler du meilleur emploi de l'eau.

Une rivière canalisée est non-seulement une voie de transport, mais elle constitue aussi une série de réservoirs dont la force motrice, sans cesse renouvelée par la nature, n'attend que le mécanisme capable de l'utiliser.

Quel est l'ingénieur qui, en examinant un barrage dont le déversoir laisse échapper librement une masse d'eau plus ou moins considérable, n'a pas songé à la force ainsi perdue?

Cependant on peut déjà calculer approximativement l'époque à laquelle la houille fera défaut en Europe et on doit se préoccuper dès à présent d'y suppléer. Il faudra bien alors revenir aux forces naturelles trop négligées aujourd'hui. Nos barrages bien étanches ne laisseront plus perdre inutilement leur trop plein et la puissance motrice qu'ils rendront disponible pourra être utilisée sur place ou transmise à distance au moyen d'accumulateurs et de tuyaux conduisant l'eau ou l'air en pression.

Irrigations. — Enfin les eaux de l'intérieur ont encore une autre application qui est assurément la plus ancienne, si elle n'est pas aussi la plus importante. Je veux parler des irrigations et des transports fertilisants accomplis par l'eau courante.

Nous sommes trop enclins à considérer les voies navigables comme affectées exclusivement à la circulation des bateaux, il faut non-seulement rendre à l'agriculture ce qui n'est pas indispensable à la navigation, mais il faut encore disposer les ouvrages de manière à favoriser cette destination.

Résumé des principes. — Les principes dont je viens de vous entretenir très-succinctement peuvent se résumer comme il suit :

1° Donner aux écluses des dimensions uniformes, ou du moins des dimensions telles que chacune puisse recevoir un toueur et un certain nombre de bateaux d'un type déterminé ;

2° Adopter comme type de bateau la péniche du Nord, en modifiant un peu la forme de ses extrémités ;

3° Adopter une section de voie navigable qui soit compatible avec la navigation à vapeur et avec la vitesse qui en résulte ;

4° Avoir partout une chaîne (ou un câble) de touage posée et entretenue par l'État, et dont chacun puisse se servir en se conformant à un règlement ;

5° Diminuer le temps de passage aux écluses, en améliorant le système des aqueducs de vidange et la manœuvre des portes ;

6° Appliquer la vapeur aux chargements et aux déchargements ;

7° Utiliser la chute des barrages ;

8° Livrer à l'agriculture la plus grande quantité d'eau possible sans nuire à la navigation.

Conclusions. — Je n'oserais pas dire qu'il faut immédiatement corriger ce que nos voies navigables ont de contraire à ces principes, bien qu'il s'agisse d'une réforme coûteuse en apparence, mais productive en réalité. Nous ne sommes peut-être pas en état de suivre l'exemple que nous a donné l'Amérique dans une circonstance semblable.

Le canal Érié, terminé en 1825, n'avait que 8m,50 de largeur au plafond, et 1m,20 de mouillage. Il avait coûté 40 millions ; les Américains n'ont pas hésité à dépenser 160 millions pour le refaire presque entièrement, en lui donnant 13m de largeur au fond, 21m de largeur au plan d'eau, et 2m,20 de mouillage ; et je crois qu'en ce moment il est question d'une nouvelle transformation dans le but d'augmenter les écluses qui n'ont que 35m,53 de longueur sur 5m,50 de largeur.

Si nous ne pouvons suivre cet exemple, adoptons du moins un programme qui soit uniformément appliqué peu à peu et qui assure une réforme nécessaire dans un certain délai.

Ce serait ici le moment d'expliquer en quoi consistent les barrages mobiles et comment ils permettent l'utilisation complète de tous les cours d'eau, mais cela m'entraînerait hors du cadre de la présente communication que je me suis efforcé de rendre très-courte. Je me bornerai à dire que les barrages mobiles sont d'origine exclusivement française et que les noms de leurs inventeurs, MM. Poirée, Chanoine et Desfontaines, figurent parmi ceux qui font honneur à notre pays.

M. TAVERNIER

Ingénieur en chef des Ponts et Chaussées

SUR LA NAVIGATION DU RHONE

— Séance du 25 août 1873. —

M. Tavernier donne aux membres de la section des renseignements intéressants sur la navigation du Rhône, les améliorations qu'elle a déjà subies et celles qui lui paraissent encore nécessaires. M. Tavernier compte d'ailleurs profiter de la descente du Rhône, lors de l'excursion de la Voulte, pour compléter ces renseignements sur place.

M. Charles BERGERON

Ingénieur civil

LE CHEMIN DE FER SOUS-MARIN ENTRE LA FRANCE ET L'ANGLETERRE

— The Channel-Tunnel railway —

EXPOSÉ DE L'ÉTAT ACTUEL DU PROJET (EXTRAIT)

— *Séance du 27 août 1873.* —

Les personnes qui ont visité, à Paris, la grande exposition de 1867 doivent se rappeler les plans et les profils du *Tunnel de la Manche*, projeté par M. Thomé de Gamond.

Les études de cet ingénieur datent de 1838. Il a dépensé sa fortune et trente-cinq ans de sa vie à observer sur les lieux, au bord et au fond de la mer, la constitution géologique du sol, à se rendre compte des difficultés qu'on aurait à creuser sous l'eau un tunnel très-long, et à y faire passer les trains d'un chemin de fer ; tout cela est décrit et analysé dans plusieurs mémoires remarquables accompagnés de cartes et de plans qui ont excité au plus haut degré l'attention et la curiosité du public.

Je ne reviendrai pas sur les différents tracés qu'il a successivement présentés, ni sur la discussion de tous les autres projets, tels que la construction d'un grand viaduc, assez élevé pour ne pas gêner le passage des navires, l'immersion de tubes métalliques étanches, reposant au fond de la mer, l'emploi de bacs flottants portant les trains de chemins de fer, etc., qu'il a décrits et critiqués avec une grande intelligence et des arguments irréfutables.

L'idée d'un chemin de fer sous-marin a fait un grand pas et a paru très-sérieuse après les études qui en ont été faites par M. J. Hawkshaw, un des plus éminents ingénieurs de l'Angleterre.

Il a fait sonder, à ses frais, les deux rives et le fond de la mer. Il a indiqué une ligne, plus rapprochée de Calais que celle de M. Thomé de Gamond, suivant laquelle, on pourrait creuser un tunnel dans un banc de craie très-épais, compact, homogène s'étendant sur toute la largeur du Pas-de-Calais. Il a évité de proposer des puits intermédiaires et un port artificiel sur un banc de sable au milieu du détroit, qu'avait imaginés l'ingénieur français, et dont l'établissement aurait présenté de grandes difficultés et des dangers plus grands encore. Le banc calcaire, sur la côte anglaise, a plus de 140 mètres, et sur la côte de France environ 230 mètres d'épaisseur.

L'inclinaison des couches a permis aux géologues d'affirmer que ces deux bancs doivent être en prolongement l'un de l'autre, et que la même masse compacte et homogène s'étend au fond de la mer sur toute la largeur du détroit.

La question qui vient à l'esprit de tout le monde, quand on entend pour la première fois parler du chemin de fer sous-marin, est celle-ci : Quelle est la plus grande profondeur de la mer entre Douvres et Calais? — Je répondrai qu'elle est seulement de 54 mètres, et pour bien en comprendre la mesure, on peut se figurer l'église de Notre-Dame de Paris submergée en cet endroit; les tours sortiraient environ de 12 mètres au-dessus de l'eau.

Par conséquent, si le tunnel est creusé à 100 mètres de profondeur, il aura, pour résister à la pression de la mer, un massif calcaire de 46 mètres d'épaisseur, et en admettant qu'il soit revêtu d'nne bonne maçonnerie, il offrira autant de sécurité que le plus solide de tous les souterrains de chemins de fer.

La possibilité de pénétrer sous la mer est démontrée par les galeries du Cornouailles, où l'on extrait du plomb et du cuivre, et par celles de White-Haven et d'autres points de la côte du Cumberland, où s'exploitent de puissantes couches de charbon.

A Bottalach, les mineurs vont chercher leur métal sous la mer à 640 mètres de la côte.

A la mine du Levant, ils vont encore plus loin.

A White-Haven, plusieurs galeries s'étendent à près de 5 kilomètres de distance, en ligne droite de la plage; et si l'on ajoutait les nombreuses galeries transversales qui les relient entre elles, on obtiendrait un développement de plusieurs centaines de kilomètres de voies creusées entièrement sous l'Océan, à des profondeurs variant de 70 à 220 mètres. Jamais l'eau de mer n'y a pénétré, et la confiance qu'ont les mineurs dans l'imperméabilité de leurs galeries est telle qu'ils prévoient une époque, naturellement bien reculée, où, à force d'aller en avant dans la recherche du charbon, ils finiront par atteindre la côte d'Irlande, qui est à 100 kilomètres plus loin.

J'ai prié récemment un de mes amis de Londres d'adresser au directeur de l'une des plus importantes mines du Cumberland, celle du puits Wellington, près de White-Haven, quelques questions sur son exploitation.

Voici le tableau des demandes et des réponses que je viens de recevoir.

DEMANDES	RÉPONSES
1° *Quelle est la profondeur du puits au-dessous du niveau de la mer?*	1° Cinq cent soixante-quatorze pieds (172m,20).
2° *Quelles sortes de terrains a-t-il traversées?*	2° Du grès, des schistes, du charbon et de l'argile.
3° *Quelle est l'étendue des galeries en ligne droite sous la mer, à partir du puits?*	3° Quatre mille yards (3,600 mètres).
4° *Quel est le développement total des galeries de mines sous la mer?*	4° Cinq mille deux cent quatre-vingts yards (4,752 mètres).
5° *Quelle est la profondeur d'eau de la mer au-dessus de la mine?*	5° Vingt yards (18 mètres).
6° *Quelle est la quantité d'eau qui se trouve dans la mine au-dessous de la mer? Est-elle douce ou salée?*	6° C'est à peine si l'on trouve de l'eau sous la mer. Le peu qu'il y en a est de l'eau salée.
7° *Quelle est l'épaisseur du sol entre le fond de la mer et les galeries de mine?*	7° L'épaisseur varie de soixante-dix à deux cents yards (64 à 180 mètres).

DEMANDES	RÉPONSES
8° *Quel est le travail des machines d'épuisement ?*	8° Elles sont employées à élever les eaux venant de la terre. La plus grande quantité d'eau pompée a été de 489,600 gallons (2,222 mètres cubes) par vingt-quatre heures.
9° *Par quel moyen se fait la ventilation ?*	9° En partie, au moyen d'un fourneau ; en partie, au moyen d'un ventilateur.
10 *Quelle est la plus grande quantité de houille extraite en vingt-quatre heures ?*	10° Elle a été de 800 tonnes.
11° *Avez-vous reconnu une différence pour la quantité d'eau affluant dans la mine, entre la haute et la basse mer ?*	11° Non.
12° *Avez-vous pu mesurer la quantité d'eau de mer qui s'infiltre dans vos galeries ?*	12° Il n'y a point eu d'observation à ce sujet, attendu que l'eau affluant au-dessous de la mer n'est pas appréciable.

Ces renseignements viennent donc confirmer ce que j'ai écrit plus haut sur l'état des houillères sous-marines du Cumberland.

Dans le Cornouailles, les galeries sous-marines sont bien moins profondes que celles du Cumberland.

Dans un traité sur les mines et leur exploitation, publié il y a près d'un siècle, en 1778, M. Pryce, ingénieur anglais, signale les mines creusées sous la mer comme étant moins exposées que les autres à l'invasion des eaux souterraines, et il cite l'exemple que voici :

« La mine de Huel-Cock, dans la paroisse de Saint-Just, s'étend sous la mer à près de 150 mètres de distance, et dans quelques endroits, il n'y a pas plus 5 mètres d'épaisseur de roches entre le fond de l'eau et les galeries où travaillent les mineurs, de telle sorte que ceux-ci entendent parfaitement le bruit des vagues immenses venant, du large de l'océan Atlantique, se briser sur le rivage. Ils entendent aussi le roulement des galets au fond de la mer, pareil à celui du tonnerre, ce qui frappe d'étonnement et presque de terreur les curieux qui l'entendent pour la première fois.

« Des filons plus riches que les autres ont été exploités, très-imprudemment sans doute, à 1 mèt. 20 seulement au-dessous du fond de la mer, et il est arrivé que, par des temps d'orage, le bruit occasionné par les flots et les galets étaient tellement épouvantable que les ouvriers ont plusieurs fois abandonné leurs travaux, plus effrayés du fracas de la tempête que de la crainte de voir la mer tomber sur eux et les engloutir... Sous une aussi faible épaisseur de rocher les protégeant contre la mer en fureur, ils eurent quelquefois à arrêter des infiltrations d'eau salée qui passait à travers les fentes de la pierre, et ils y parvinrent en les calfatant avec des étoupes et du ciment, comme les flancs d'un navire. Dans la mine de plomb de Perran Zabuloc, qui s'exploitait sous la mer, on employait le même procédé pour arrêter les infiltrations d'eau salée. »

M. Pryce, pour expliquer le peu d'humidité des galeries de mines sous la mer, suppose que le fond est couvert d'une substance gélatineuse imperméable. Le fait est que toute pierre, tout rocher immobile au fond de la mer se couvre d'une couche de végétaux ou de coquillages qui forment un véritable enduit, garnissent les fissures et empêchent les infiltrations.

Il est parfaitement reconnu que, dans toutes les mines qui s'exploitent sous la mer, on n'a jamais été gêné par l'eau salée, et quand il en vient un peu dans les galeries, c'est seulement au-dessous de la surface du sol découvert à la marée basse qu'elle pénètre et par des travaux bien entendus on parvient facilement à l'arrêter.

Tout cela démontre que le chemin de fer sous-marin ne présentera aucun danger au sujet de l'invasion des travaux par l'eau de mer, soit pendant, soit après sa construction.

Nous avons dit que le tunnel serait entièrement creusé dans le banc de craie qui s'étend sur toute la largeur du détroit; il faut examiner maintenant si cette craie, tout en étant à l'abri des infiltrations venant d'en haut, ne serait pas elle-même saturée d'eaux souterraines en telle quantité qu'on ne pourrait pas les épuiser et que les travaux en seraient inondés.

Les géologues sont tous d'accord pour admettre que l'Angleterre et la France ont été réunies autrefois par un isthme, et que ce sont les grands courants de l'Océan vers la mer du Nord qui ont raviné le sol et produit la coupure qui représente aujourd'hui le canal de la Manche. Cette coupure est donc le résultat de l'affouillement du terrain par les eaux et ne provient pas de la dislocation de la croûte terrestre par des secousses volcaniques, comme dans la région des montagnes.

Chaque fois que l'on a sondé ou que l'on a creusé des puits dans les bancs calcaires qui servent de base à la constitution géologique du sol au-dessous de Calais et de Douvres, les quantités d'eau qu'on y a rencontrées sont réellement insignifiantes.

En voici des exemples :

A Douvres, il y a trois puits profonds : le premier dans l'intérieur du château, le second à la citadelle, et l'autre dans la cour des casernes.

Le puits du château a 6 pieds (1 mèt. 80) de diamètre et 110 mètres de profondeur; il descend plus bas que le niveau de la basse mer de vive eau. Il est entièrement creusé dans la craie. Il avait si peu d'eau que, pour lui en donner, il a fallu percer, à 15 pieds ou 4 mèt. 50 au-dessus du fond, une galerie de 6 pieds de haut et 3 pieds de large, qui a été prolongée à 160 pieds (48 mètres de longueur) dans la direction méridionale. Cette galerie a rencontré trois fissures ou crevasses par où les eaux douces arrivent en abondance dans le puits. Cependant il suffit d'un travail de trois heures, avec une machine de trente chevaux de force, pour mettre le puits complétement à sec.

Le puits de la citadelle a 125 mètres de profondeur et descend au niveau des plus basses eaux de la mer. Sur la moitié de sa hauteur, il a été creusé dans un banc de craie très-compacte et très-dure. Pour lui donner de l'eau on a fait deux petites galeries inclinées partant du fond dans la direction du nord. Ces galeries ne donnent presque point d'eau. Il a fallu en faire une troisième dans la direction méridionale, qui coupe deux fissures par où l'eau douce arrive fraîche en assez grande abondance.

Le puits des casernes a été abandonné parce qu'il ne fournissait pas d'eau en suffisante quantité.

Bien au nord de Douvres, à Harwich, dans le comté d'Essex, tout à fait au bord de la mer, on a mis trois ans à creuser un puits de 1,100 pieds (330 mètres) de profondeur; on a traversé d'abord du sable et des argiles sur 23 mètres, le banc de craie sur 270 mètres, et les argiles sableuses vertes sur 32 mètres d'épaisseur, et tout cela n'a point donné d'eau.

Le célèbre puits artésien de Calais n'a pas eu plus de succès, quoiqu'il eût été poussé à plus de 350 mètres de profondeur. Le banc de craie que l'on a rencontré à 70 mètres au-dessous de la mer a 230 mètres d'épaisseur. Aucune infiltration n'y a été constatée. Les puits artésiens de Paris et des environs ont fait voir qu'il faut entièrement traverser la craie avant de trouver des eaux jaillissantes.

On peut donc conclure de ces faits et de ces observations que l'on sera complétement à l'abri de toute infiltration importante dans les travaux du chemin de fer sous-marin, puisque le tunnel doit être creusé entièrement dans un banc de craie qui a plus de 200 mètres d'épaisseur et qui est complétement étanche.

Malgré toutes ces conditions de sécurité, l'entreprise ne serait pas poursuivie si elle ne présentait pas en même temps des avantages relatifs à la durée et à la dépense des travaux, qu'il n'était pas possible de prévoir il y a vingt ans et que de puissantes machines perforatrices, nouvellement inventées, permettent de réaliser.

A l'époque où M. Thomé de Gamond a publié son premier mémoire sur *le Tunnel de la Manche*, les ingénieurs croyaient qu'il était absolument nécessaire de faire des puits pour multiplier les chantiers d'attaque d'un long souterrain; ils ne supposaient pas qu'il serait possible de terminer en moins d'un demi-siècle une galerie de 34 kilomètres de long, qu'il faudrait creuser en partant des deux extrémités et en employant les moyens ordinaires, c'est-à-dire seulement la main-d'œuvre des mineurs. C'est pour cela que M. Thomé de Gamond avait imaginé des puits et un port en pleine mer, que de nouvelles études et les critiques des ingénieurs anglais lui ont fait abandonner.

Si l'on ne s'était pas servi au mont Cenis des machines des ingénieurs Sommeiller et Grattoni, on aurait mis plus de vingt ans à creuser le souterrain de 13 kilomètres par où passent les trains qui circulent aujourd'hui entre la France et l'Italie.

C'est en employant des appareils plus perfectionnés que l'entrepreneur Louis Favre, de Genève, compte achever en huit ans, sans puits intermédiaire, un tunnel de 15 kilomètres de long à travers le Saint-Gothard, dans des roches plus dures que celles du mont Cenis.

Il n'y a aucune ressemblance entre les bancs de craie qui existent sous le Pas-de-Calais et les masses de granit, de schiste, de quartz, de dolomite, de gneiss, etc., qui servent de base à la chaîne des Alpes.

Dans les premiers, on n'a jamais recours qu'à la pioche, la pince et la pelle, pour entamer la craie, la diviser et en enlever les débris, tandis que, dans les seconds, les machines perforatrices ne servent qu'à faire des trous de mine, que l'on charge ensuite de poudre ou de dynamite pour faire sauter le rocher. Pendant chaque explosion, et pendant l'enlèvement des déblais, le travail des perforatrices est forcément interrompu, ce qui n'a pas lieu avec des perforatrices qui peuvent fonctionner d'une manière continue.

Des galeries dans la craie se font avec la plus grande facilité et à très-bas prix. Celles du puits de Douvres, dont j'ai parlé plus haut, ont coûté seulement de 25 à 30 fr. le mètre cube, y compris l'enlèvement des déblais à la surface du sol.

Aux réservoirs de Grays, dans le comté d'Essex, où il a fallu aller, comme pour le puits de Douvres, à la recherche des couches aquifères, on a creusé dans de la craie plusieurs galeries de 6 pieds de haut sur 4 de largeur, dont le développement total atteint 2,000 pieds ou plus de 600 mètres de long. Une équipe de six bons ouvriers mineurs, travaillant pendant douze heures, est parvenue à faire 10 pieds ou 3 mètres de galerie dans un jour.

A ce taux, on mettrait encore seize ans pour franchir, au moyen de deux galeries s'avançant à la rencontre l'une de l'autre, les 34 kilomètres qui séparent, en ligne droite, et suivant le tracé adopté, la France de l'Angleterre.

Après cela, comme il ne s'agirait plus que d'élargir la galerie pour avoir le souterrain à grande section, comme l'est, par exemple, celui du mont Cenis, on estime qu'il suffira de quatre ans et de 4 millions sterling ou 100 millions de francs pour terminer complétement l'entreprise, y compris la construction des rampes d'accès pour raccorder le tunnel sous-marin aux chemins anglais près de Douvres et aux chemins français près de Calais.

J'ai entendu souvent M. Brassey, le grand entrepreneur anglais, dont j'ai été l'ami, et avec qui je causais du chemin sous-marin, faire le calcul suivant :

En tenant compte de l'intérêt des capitaux engagés dans l'entreprise, de la dépense des travaux d'installation et des études, du prix d'achat, d'entretien, et de la marche des puissantes machines qu'il faudra employer aux deux extrémités du souterrain, on arrivera à pouvoir dépenser tout au plus 100,000 livres sterling ou 2,500,000 francs par an à chaque chantier, ou 5 millions de francs pour les deux.

On voudrait activer la marche des machines, augmenter le nombre des ouvriers, pour faire avancer les travaux au delà d'une certaine limite, qu'on ne le pourrait pas, aussi longtemps que durera le creusement de la galerie. Quand il s'agira de l'élargir, c'est-à-dire quand on pourra l'attaquer à la fois sur un très-grand nombre de points, l'importance du travail sera proportionnelle à la quantité des déblais à enlever et des maçonneries de revêtement à construire. A ce moment on pourra remonter les déblais au jour et descendre les matériaux de construction au moyen de locomotives, sur les chemins en rampe destinés au raccordement avec les lignes existantes.

Le travail ne sera donc plus limité à celui des machines destinées aux épuisements, à la compression de l'air, à l'enlèvement des déblais par des puits verticaux. En attendant l'élargissement de la galerie, malgré tout le zèle et l'activité qu'on voudrait mettre à l'entreprise, on ne pourra pas dépenser plus de 5 millions de francs par an, au dire de M. Brassey. Si la construction de la galerie peut se faire en deux ans, ce ne serait donc que 10 millions de francs dépensés pour avoir cette galerie, mais il est prudent de porter au double cette estimation. Nous disions que la galerie exigera quatre ans de travail et 20 millions de francs de dépense, *au maximum*.

J'admets qu'après la galerie faite, on sera en mesure de dépenser quatre fois plus, c'est-à-dire 20 millions de francs par an. Il ne faudra pas plus de quatre ans et 80 millions pour achever l'ouvrage entier, en sus du prix de la galerie. En y ajoutant 20 millions pour les chemins d'accès, on arrive à pouvoir affirmer que le chemin sous-marin peut être entièrement construit pour la somme de 120 millions de francs (4,800,000 livres sterling) comme je l'ai annoncé plus haut.

Dans ces conditions, une pareille entreprise ne devrait pas même être tentée. Elle présenterait des causes de retard relatives surtout à la ventilation et au transport des déblais à de très-grandes distances, qui sont insignifiantes peut-être pour de faibles longueurs de galeries, mais qui prendraient de l'importance et de la gravité s'il fallait les prolonger au loin, et ce ne serait pas exagérer que de porter au double du chiffre indiqué plus haut le temps réellement nécessaire au creusement des galeries par les moyens ordinaires.

La solution du problème, c'est-à-dire l'exécution du tunnel sous la Manche, est devenue facile et assurée par l'emploi d'une machine inventée par un ingénieur anglais, M. Brunton, qui, depuis plusieurs années qu'il l'a essayée, l'a soumise à des épreuves variées et lui a fait accomplir, surtout dans la craie grise de la nature des bancs qui sont au fond de la mer, un travail réellement prodigieux.

Cette machine marche comme une tarière faisant un trou cylindrique dans du bois. Mise en mouvement rotatif par de la vapeur ou par de l'air comprimé, elle entaille et coupe un massif de craie, sur une section circulaire de 7 pieds ou 2 mèt. 10 de diamètre. La craie, réduite en poussière, tombe sur une bande de toile tournant sur des rouleaux, et elle est versée par un mouvement continu, solidaire de celui de la machine, dans des vagons qui l'emportent, sur des rails, hors de la galerie.

Les ingénieurs anglais, qui s'intéressent à la traversée de la Manche, ont naturellement dirigé toute leur attention sur le travail de la machine Brunton, destinée à faire la galerie de reconnaissance du grand tunnel sous-marin. Ils l'ont essayée sur des falaises aux environs de Rochester. La rapidité de sa marche en avant est vraiment extraordinaire : elle atteint 1 mètre et 1 mèt. 20 par heure ; à ce taux, il ne faudrait pas plus de deux ans pour franchir en galerie, avec deux machines semblables marchant à la rencontre l'une de l'autre, la longueur totale du souterrain entre Douvres et Calais.

Les ingénieurs ont pu calculer alors quelle sera la dépense de la galerie, car elle se compose : 1° du travail des machines perforatrices et d'épuisement, dont la force est déterminée d'avance ; 2° de la main-d'œuvre, qui ne sera pas considérable, puisqu'il ne faut qu'un petit nombre d'ouvriers pour faire marcher les machines ; 3° enfin de la durée des travaux, que nous avons dit pouvoir être réduite à deux ans et qui, dans tous les cas, ne dépassera pas le double de ce temps.

En tenant compte de ces trois éléments de dépense, sur lesquels on s'est mis d'accord entre les entrepreneurs les plus habiles et les plus experts en ces sortes de travaux, on est arrivé à reconnaître qu'il ne faudrait pas plus de 800,000 livres sterling ou 20 millions de francs, pour creuser, en deux ans, la galerie de reconnaissance du grand tunnel de 2 mèt. 10 de diamètre. Cette galerie une fois achevée, le succès de l'entreprise générale serait assuré. On en calculerait d'avance, avec la plus grande rigueur, toutes les conditions d'exécution et de dépense.

M. J. HIRSCH

Ingénieur des Ponts et Chaussées

SUR LES VOIES NAVIGABLES DANS L'EST DE LA FRANCE

— *Séance du 27 août 1873.* —

La construction des voies navigables sur le territoire français fut poussée avec une très-grande activité pendant la première moitié du siècle actuel. Lors de l'apparition des chemins de fer, ce mouvement fut subitement enrayé, et jusque vers 1860, les sommes consacrées par l'État à la construction des canaux furent notablement réduites.

A cette époque, la région du nord-est était desservie par deux grandes artères : le canal du Rhône au Rhin et le canal de la Marne au Rhin (voir la carte, pl. II).

Le CANAL DU RHÔNE AU RHIN, commencé en 1783 par les états de Bourgogne et terminé sous la Restauration, remonte la vallée du Doubs à partir de Verdun-sur-Saône, franchit près de Belfort le faîte entre la mer du Nord et la Méditerranée et arrive, en descendant la vallée de l'Ill, à Strasbourg, après un parcours de 350 kilomètres.

Le CANAL DE LA MARNE AU RHIN part de Vitry-le-François, où il rejoint le canal latéral à la Marne, et de là se dirige vers l'est, franchit les trois faîtes qui séparent les vallées de la Marne, de la Meuse, de la Moselle et du Rhin, et rejoint à Strasbourg le canal du Rhône au Rhin, après un parcours de 317 kilomètres.

Cette magnifique voie navigable, admirablement étudiée par Brisson, et dont l'exécution fait le plus grand honneur au corps des ponts et chaussées, a servi de modèle classique à tous les canaux exécutés depuis lors.

Mais à l'époque dont nous parlons, les travaux projetés par Brisson étaient restés trop imparfaits pour donner des résultats sérieux. Le canal de la Marne au Rhin et son prolongement se terminaient en cul-de-sac à Épernay, où la navigation de la Marne devenait presque impraticable ; la communication entre Paris et Strasbourg n'était donc pas établie; d'autre part, les embranchements projetés sur les riches et industrieuses vallées de la Lorraine et de l'Alsace étaient ajournés; la voie principale était un tronc sans racines et sans branches et ne pouvait porter des fruits.

Le canal du Rhône au Rhin, de son côté, n'était guère en meilleur état ; la navigation y était pénible et incertaine, par insuffisance d'alimentation et d'étanchement, et par la trop faible longueur des écluses.

Il appartenait à l'industrie alsacienne de rendre la vie à ces belles voies navigables ; un syndicat formé des principaux industriels de Mulhouse, de Colmar et de Strasbourg, réunit en trois jours une souscription de 12 millions et l'offrit en prêt à l'État, qui se chargea d'exécuter immédiatement les travaux destinés à mettre en valeur les canaux existants, à savoir :

Amélioration du canal du Rhône au Rhin, entre Strasbourg et Mulhouse.

Embranchement de 13 kilomètres sur Colmar.

Canal des houillères de la Sarre, embranchement de 83 kilomètres sur les houillères très-importantes de Sarrebrück;

Ce dernier embranchement suivait, sur une partie de son parcours, le canal ébauché par Napoléon Ier sous le nom de *Canal des Salines* et destiné à mettre les salines de Dieuze en relation directe avec les houilles de Sarrebrück.

Ces travaux furent commencés en 1862, la navigation ouverte en 1866, et les résultats dépassèrent toutes les espérances :

Jusqu'en 1860 le canal de la Marne au Rhin n'avait guère porté que 200,000 tonnes par an ; on comptait que, par la création de l'embranchement de Sarrebrück, le trafic atteindrait 500,000 tonnes ; or, en 1869, deux ans après l'achèvement des travaux, il était de 735,000 tonnes.

Ce développement inattendu de la navigation nécessita l'étude d'un développement parallèle de l'alimentation, déjà si remarquable, du canal de la Marne au Rhin. Je vais en dire quelques mots.

A partir de Nancy, le canal de la Marne au Rhin s'élève le long des affluents de la Meurthe et franchit en tranchée le faîte qui sépare cette vallée de celle de la Sarre; mais là, au lieu de redescendre, il contourne à niveau la vallée de la Sarre, au moyen d'un bief de 30 kilomètres de longueur, franchit les Vosges en souterrain, pour redescendre jusqu'au Rhin par la vallée de la Zorn; cette traversée des Vosges, où le canal dispute le terrain au chemin de fer, est des plus intéressantes, au point de vue de l'art de l'ingénieur.

Du bief de partage même part le canal des houillères, qui descend la vallée de la Sarre; l'alimentation du bief de partage commun et des trois branches descendant vers la Meurthe, le Rhin et la Sarre, est puisée aux ressources suivantes :

1° *Les eaux vives de la Sarre*, lorsque leur débit quotidien dépasse 140,000 mèt. cubes;

2° *L'étang de Gondrexange*, sur le bief de partage, contenance utile, 6,000,000 mèt. cubes; alimenté par un bassin de 4,500 hectares;

3° *L'étang de Réchicourt*, sur la branche de la Meurthe, contenance 4,000,000 mèt. cubes; rempli par un bassin de 1,000 hectares et par les eaux qu'on y dirige lorsque la Sarre est en crue;

4° *L'étang de Mittersheim*, sur la branche de la Sarre, contenance 6,000,000 mèt. cubes, rempli de même par les eaux excédantes de la Sarre et par un bassin de 3,500 hectares.

On avait ainsi, pour parer à l'insuffisance du débit de la Sarre en été, une réserve de 16 millions de mèt. cubes.

En présence du trafic imprévu qui se développa à l'ouverture du canal des Houillères, ces ressources considérables devenaient insuffisantes. On étudia le projet d'une surélévation du plan d'eau de l'étang de Gondrexange, ce qui en eût porté la contenance à 22 millions de mèt. cubes, et la totalité des réserves à 32 millions de mèt. cubes. Cet étang eût été rempli en hiver par les crues de la Sarre.

En outre de son utilité au point de vue de la navigation, ce magnifique système d'alimentation avait une importance stratégique dont les événements n'ont que trop démontré la valeur. En cas d'invasion, ces masses d'eau, accumulées au bief de partage, devaient être jetées dans la vallée de la Seille, pour l'inonder sur 300 mèt. de largeur et établir ainsi une vaste barrière d'eau s'étendant depuis les Vosges jusqu'à Metz; pour que cette manœuvre fût possible, il suffisait de joindre au canal des Houillères l'ancien canal des Salines de Napoléon Ier, au moyen d'une tranchée de médiocre importance. Ce travail fut commencé en 1869, mais il était loin d'être terminé à l'époque de la guerre, et les armées allemandes traversèrent à pied sec cette vallée de la Seille si facile à défendre.

L'initiative énergique des industriels alsaciens avait replacé la question de la navigation sur son véritable terrain et démontré que le chemin de fer est insuffisant pour le transport des marchandises lourdes. Par des procédés financiers analogues à ceux suivis pour le canal des Houillères, on exécuta le *canal de Vitry à Saint-Dizier* et la *canalisation de la Moselle entre Nancy et Metz ;* les travaux de prolongement de cette voie navigable jusqu'à Thionville furent déclarés d'utilité publique.

Pendant les dernières années de l'empire, il s'était produit dans l'Alsace et la Lorraine un mouvement industriel d'une intensité extrême ; des établissements de première importance s'étaient construits ou agrandis : c'étaient des filatures, des papeteries, des indienneries, des blanchisseries, des ateliers de teinture, de tissage, des fabriques de draps, des verreries, des fabriques de produits chimiques, des brasseries, des scieries, des cristalleries, des exploitations de carrières, des ateliers de construction de machines renommés dans toute l'Europe, des forges, fonderies, hauts fourneaux, aciéries ; la mise en valeur de nombreux gisements de sel et de minerai de fer, récemment découverts, avaient déterminé la construction d'usines de premier ordre.

Toutes ces industries tiraient de Sarrebrück des quantités énormes de combustible, et les transports de houille formaient la partie la plus importante du trafic des voies navigables.

Il ne sera pas hors de propos de dire ici quelques mots du touage, question vitale pour la navigation.

La question purement mécanique du touage, sauf quelques détails encore discutés, peut être considérée comme résolue. Pour traîner un bateau, il faut une force de traction assez grande avec une faible vitesse ; le problème est donc tout différent de celui des chemins de fer, et l'on ne peut en aucune façon compter comme point d'appui sur la résistance au glissement d'une roue posée sur un rail.

On immerge au fond du cours d'eau une chaîne ou un câble, sur lequel vient mordre une poulie à empreintes ou à mâchoires, portée par un remorqueur.

La question difficile est celle du mode d'emploi du système de traction.

Dans votre dernière séance, vous avez entendu M. de Lagrené traiter, avec sa haute autorité, la question du touage en rivière ; sur une rivière libre ou canalisée avec de grandes écluses, le touage doit se faire par trains composés d'un grand nombre de bateaux, traînés par un toueur unique.

Les conditions sont toutes différentes sur les canaux : chaque écluse ne peut donner passage qu'à un bateau à la fois ; dès lors le touage par trains devient impraticable, car dans ce système chaque bateau doit perdre à chaque écluse le temps nécessaire pour l'éclusage du train tout entier, et pour peu que les biefs soient courts, la marche journalière se trouve réduite dans des proportions inadmissibles.

Sur les canaux de l'Est, un bateau moyen portant 170 tonnes de houille, traîné par deux chevaux, parcourt, avec des biefs de 2 à 3 kilomètres de long, 15 à 18 kilomètres par jour; le retour à vide se fait à raison de 30 à 35 kilomètres. Le prix du fret est en moyenne de 2,5 cent. par tonne kilométrique.

Ce prix ne comporte, comme frais de traction proprement dits, que 0,6 à 0,7 cent.; les trois quarts du prix du fret se rapportent au personnel, à l'intérêt et amortissement du bateau, usure des cordages, etc., dépenses qui sont presque exclusivement proportionnelles au temps, et non pas au chemin parcouru.

On voit donc quel intérêt immense il y aurait à augmenter la vitesse. Le touage à vapeur permet de marcher vite et avec économie; mais il faut pour cela que la marche du toueur ne soit pas entravée aux écluses et aux ports d'embarquement et de débarquement, ce qui ferait perdre au touage mécanique tous ses avantages.

Voici, à ce point de vue, le projet qui avait été étudié par un grand établissement métallurgique pour assurer son approvisionnement de combustible. La guerre et l'annexion ont interrompu l'exécution de ce projet, dont la conception peut cependant présenter quelque intérêt.

L'usine dont il s'agit est située à Ars-sur-Moselle, près de Metz, sur les bords de la Moselle canalisée [1]; elle consomme par mois 10,000 tonnes de combustible qu'elle tire de Sarrebrück; le parcours, par voie navigable, est de 200 kilomètres; l'usine possède à Sarrebrück et à Ars-sur-Moselle deux ports particuliers.

Les transports devaient se faire au moyen de toueurs porteurs, s'appuyant au moyen d'une poulie à mâchoires sur un câble en fil de fer; le câble était posé double, l'un des brins desservant l'aller, l'autre le retour; le toueur était à formes assez fines, il portait 160 tonnes utiles; il était muni d'une machine de 5 à 6 chevaux et devait faire à charge 5 kilomètres, et à vide 6 kilomètres à l'heure.

L'usine possédant un port particulier aux deux extrémités de la ligne, la question de l'embarquement et du débarquement rapide se trouvait résolue et les jours de planche réduits à très-peu de chose.

Restait la difficulté du passage aux écluses.

Un bateau ordinaire met de vingt minutes à une demi-heure pour

[1] Les travaux de canalisation de la Moselle n'étaient pas encore achevés au moment de la guerre.

franchir une écluse ; mais lorsque l'écluse est prête et avec un personnel exercé, un bateau rapide peut la franchir en quatre minutes et demie, temps minimum. On peut compter dix minutes pour un toueur porteur.

Dans ces conditions, un toueur porteur pouvait faire 80 kilomètres en marchant nuit et jour, soit trois demi-voyages par mois, et le prix du fret descendait aux environs de 1 cent.

Je n'ai point à entrer dans les difficultés administratives que peut susciter une pareille solution ; une concession de cette nature ne serait octroyée qu'à la condition que le toueur fût obligé, moyennant tarif, de jeter l'amarre aux bateaux halés qu'il rencontrerait sur sa route ; mais, pour remplir son objet, le toueur doit jouir d'une manière absolue du droit de trématage.

Ces considérations avaient conduit à dévier un peu du programme ci-dessus tracé ; l'approvisionnement de l'usine devait se faire pour un tiers par les toueurs-porteurs, pour deux tiers par les bateaux ordinaires auxquels les toueurs auraient jeté l'amarre au passage pour les conduire jusqu'à la plus prochaine écluse.

Si j'insiste sur cette question du touage, c'est qu'elle me semble de première importance; le halage à bras d'hommes ou par chevaux a fait son temps ; si l'on veut que notre réseau de voies navigables rende au pays des services sérieux, il devient indispensable de recourir à le traction mécanique, qui seule permet d'obtenir puissance, rapidité et régularité.

En 1869, de nouveaux projets furent mis à l'étude; puissamment secondée par l'industrie locale, l'administration fit étudier deux lignes allant de Metz à Sarrebrück et à Givet, de manière à mettre en relation directe les vastes gisements de minerais de fer de la Moselle avec les deux grands centres houillers de Sarrebrück et de la Belgique.

La guerre vint malheureusement couper court à ces projets, et l'annexion mit entre les mains de l'Allemagne le magnifique outillage industriel de l'Alsace-Lorraine.

Quant au personnel, il émigra en grandes masses ; au lendemain de l'annexion, on vit surgir dans les environs de Nancy et d'Épinal un nombre considérable d'usines nouvelles, utilisant les chutes d'eau, fouillant le sol pour y trouver du minerai ou du sel, bâtissant des maisons ouvrières, et transplantant avec elles, sur le territoire resté français, toute une population d'ouvriers.

Pour alimenter ces industries naissantes, les ingénieurs se mirent à l'œuvre et produisirent en peu de temps les projets de deux nouvelles voies navigables.

La première, de 25 kilomètres de longueur, est *la canalisation de la Moselle entre Toul et Pont-Saint-Vincent*, destinée à desservir les riches gisements de minerai de fer découverts récemment sur les deux rives de la haute Moselle ; les travaux sont en cours d'exécution.

Comme pour le canal de la basse Moselle, les fonds pour la canalisation de la haute Moselle ont été prêtés à l'État par le département. Mais un autre principe, d'une haute importance pour l'avenir de la navigation, fut accepté par l'administration. Le département prête à l'État à 4 0/0, et emprunte à 5 1/4 0/0 ; la différence des deux taux est mise à la charge des industries qui se servent du canal, au moyen d'un péage de 40 cent. par tonne parcourant le canal, péage qui ne doit durer que dix ans ; les industriels garantissent solidairement le département contre toute insuffisance de ce péage

Ce nouveau principe est équitable, puisqu'il fait payer la vitesse d'exécution par ceux-là mêmes qui en tirent profit ; il est fécond, puisqu'il permet de construire des voies navigables dans les pays où l'industrie n'est pas encore développée, faute de communications, et de sortir du cercle vicieux dans lequel on tournait incessamment lorsqu'il s'agissait de rendre la vie à des contrées déshéritées.

Il a été appliqué sur une large échelle à l'exécution de la nouvelle et très-importante ligne navigable dont je vais vous entretenir.

La nouvelle frontière coupe la Moselle en amont de Metz, le canal de la Marne au Rhin entre Lunéville et Strasbourg, le canal du Rhône au Rhin entre Belfort et Mulhouse ; les communications par eau sont donc interrompues, d'une part, entre l'est de la France et le bassin houiller de la Belgique, d'autre part, entre le nord-est et le midi de la France.

Il importait au plus haut degré de rétablir promptement cette communication, et tel est le but de la voie projetée sous le nom de *canal de la Meuse à la Moselle et à la Saône*.

Cette voie part à la frontière, près de Givet, de la Meuse belge canalisée, remonte, partie en rivière canalisée, partie en canal latéral, le cours de la Meuse française, emprunte entre Commercy et Nancy le canal de la Marne au Rhin élargi et amélioré, franchit le faîte entre la Meurthe et la Moselle, rejoint le canal de Toul à Pont-Saint-Vincent, puis remonte la haute Moselle, jette un embranchement sur Épinal, franchit le faîte entre la Moselle et la Saône et redescend par la vallée du Coney jusqu'à Port-sur-Saône, où il rencontre la Saône canalisée. Lors donc que les travaux de canalisation de la Saône seront terminés, ainsi que les travaux d'amélioration du Rhône dont M. l'ingénieur en chef Tavernier vous a entretenus récemment, la France sera traversée du nord au midi par une magnifique voie navigable, mettant en ligne directe Anvers en communication avec Marseille.

Le projet est conçu sur de larges bases : les écluses ont 6 mèt. sur 45 mèt.; le tirant d'eau est de 2 mèt. 20, et les bateaux peuvent porter 300 tonnes. L'alimentation des deux biefs de partage est assurée par les nombreux cours d'eau qui descendent des Vosges, et par les beaux lacs de Gérardmer et de Retournemer, transformés en réservoirs. Des études sont faites pour abréger la durée de l'éclusage et permettre une navigation rapide.

La dépense prévue est de 75 millions. Pour la couvrir, on a usé des moyens offerts par la nouvelle loi sur les conseils généraux ; les cinq départements traversés (Meuse, Ardennes, Meurthe-et-Moselle, Vosges, Haute-Saône) se sont constitués en syndicat pour emprunter au public et avancer à l'État les fonds nécessaires. La différence entre les taux de l'emprunt et du prêt doit être couverte par un péage d'un demi-centime par tonne kilométrique, limité à la durée de l'amortissement (vingt ans) et au montant des avances ; toute insuffisance de ce péage est couverte par une garantie solidaire des industries intéressées ; cette garantie avait été partagée en cinq cents parts ; en quelques jours seize cents parts étaient souscrites.

Rien ne semble devoir entraver ces projets, dont la réalisation est si ardemment désirée par les populations de l'Est ; il n'y manque plus que la sanction législative. Espérons qu'elle ne se fera pas trop attendre.

M. BOURDELLES

Ingénieur des Ponts et Chaussées

FONDATIONS TUBULAIRES PAR PERCUSSION

— *Séance du 28 août 1873.* —

M. Bourdelles rappelle les divers inconvénients de l'emploi de l'air comprimé dans les fondations tubulaires. Il insiste en particulier sur les difficultés qui se sont présentées dans ce genre de travaux quand on a opéré à la marée, comme au viaduc du Scorff, à Lorient, et il expose les procédés mis en usage au port militaire de Brest pour parer à des inconvénients du même genre.

Il montre ensuite que d'autres moyens, employés pour les fondations, dans des conditions analogues, ne sont pas exempts de critique. Pour l'établir, il entre dans quelques détails sur le système des fondations par puits en maçonnerie, tel qu'il a été pratiqué au port militaire de Lorient, en 1862, et à Bordeaux, dans la construction du bassin à flot.

D'après M. Bourdelles, il serait préférable dans beaucoup de cas, tant pour le succès que pour l'économie du travail, de foncer les tubes métalliques de fondation en opérant par percussion ou battage, ainsi que cela se pratique pour les pieux ordinaires. Il a expérimenté avec succès ce procédé, dans des terrains vaseux et des sols sableux mélangés de gros cailloux roulés, et il a pu atteindre sans difficulté des fiches de 18 mèt. de profondeur dans le sol.

Pour obtenir ce résultat, il prend un tube en tôle ouvert aux deux bouts ayant une épaisseur calculée d'après le diamètre du tube et la fiche à obtenir. (Pour 50 cent. de diamètre et 20 mèt. de fiche, l'épaisseur que l'expérience a démontrée suffisante est de 3 millim. avec des tôles communes.) La longueur du tube est calculée sur la dimension de la sonnette qui sert au battage. Sa partie supérieure est coiffée par un cylindre formé de pièces de bois assemblées et frettées, qui porte sur la tôle du tube par l'intermédiaire d'une feuillure circulaire garnie d'une cornière. On bat sur ce cylindre avec un mouton comme sur un pieu ordinaire jusqu'à l'enfoncement de la partie du tube sur laquelle on opère, après quoi l'on procède au curage de l'intérieur.

Cette opération se fait par l'intermédiaire d'un cône ou cornet en tôle monté sur une tige de sonde et dont le grand diamètre est peu inférieur à celui du tube. Ce cornet est ouvert suivant une génératrice. Les bords de la surface suivant cette génératrice sont légèrement fermés d'un côté et ouverts de l'autre, de manière à laisser un espace libre par lequel les matières à déblayer entrent dans le cornet quand on lui donne un mouvement de rotation autour de son axe vertical. La vidange du tube s'opère de cette façon avec rapidité, même sous l'eau qui peut envahir le tube.

L'on continue l'opération en répétant les mêmes manœuvres sur le deuxième morceau du tube que l'on assemble au premier mis en fiche avec des boulons et un couvre-joint, et ainsi de suite jusqu'à la profondeur voulue.

Si l'on a à traverser des galets, il suffit d'armer la partie inférieure du tube avec une couronne d'acier. Les galets, généralement, sont chassés par le pieu en dedans ou en dehors, et très-rarement brisés par lui.

Le travail du mouton est utilisé pour les 0,80 dans la fiche du tube, ainsi que cela ressort des expériences faites sur trois tubes de longueur et de diamètre différents.

On a pu aller jusqu'à 4 mèt. de chute avec un mouton d'une tonne, sans aucun inconvénient, pour des tôles de 3 millim. d'épaisseur.

L'opération du battage terminée, le tube peut être rempli de béton. Ces tubes peuvent ensuite servir de base à un ouvrage quelconque ;

ils se prêtent particulièrement à l'établissement des piles métalliques.

On peut, avec les installations ordinaires de battage, foncer sans difficulté des pieux de 1 mèt. de diamètre et par suite exécuter les fondations les plus difficiles sans le matériel et les installations coûteuses qu'exige l'air comprimé.

Un matériel spécial serait nécessaire pour des diamètres supérieurs, sans que cependant, d'après M. Bourdelles, le procédé cessât d'être avantageux dans la plupart des cas.

L'expérimentation de ces procédés a été faite à Lorient pour capter des sources profondes, séparées du sol par des couches caillouteuses ou vaseuses. Il a parfaitement réussi dans ces conditions. Il comporte donc des applications nombreuses à des travaux analogues très-difficiles aujourd'hui, comme ceux que demandent les puits dans les sables fluents, terrains aquifères, vases molles, etc. Il permet de forer de véritables petits puits artésiens tubés, très-économiques, qui rendraient de très-grands services dans beaucoup de pays et en particulier en Algérie.

M. Ed. PIETTE

de Craonne

LES LIGNES DÉFENSIVES DE LA FRANCE

— Séance du 28 août 1873. —

La France est protégée au sud, à l'est et à l'ouest, par la mer et par des montagnes peu accessibles. Sa frontière du nord est son côté vulnérable. Avec le Hundsruck et les belles positions des environs de Keiserslautern, nous pourrions, lors même que nous n'aurions pas Mayence, nous considérer comme en sûreté. Là sont nos défenses naturelles. Elles nous ont été ravies en 1815 avec une partie de l'Ardenne et des Vosges. La portion de montagnes et de forêts que les alliés nous ont alors laissée au nord pouvait encore gêner la marche d'une armée envahissante. Depuis le traité de 1871, ces derniers obstacles ont disparu : la Prusse s'est incorporé tout ce qui pouvait nous protéger contre ses convoitises.

Nous nous ferions de singulières illusions si nous nous figurions que, lors de nos luttes futures avec l'Allemagne, nos ennemis ne s'efforceront pas de terminer la guerre par une marche sur Paris ; et notre imprévoyance serait bien grande si nous ne cherchions pas à l'avance à créer des obstacles à l'invasion par la construction de forteresses nouvelles.

Paris, qu'il soit ou non le siége du gouvernement, sera toujours la capitale de la France au point de vue militaire. C'est la ville reine de notre pays par sa population, ses richesses, son commerce. Là viennent aboutir toutes nos routes, toutes nos voies ferrées, comme les artères aboutissent au cœur. Quiconque possède Paris ou le tient bloqué est maître de toutes ces voies de communication. Il peut de là faire rayonner ses armées disponibles dans toutes les directions, et détruire successivement les noyaux de résistance qui se forment en Normandie, en Bretagne, sur la Loire, sur le Rhône, dans la Franche-Comté, sans qu'ils aient le temps de se réunir pour le combattre. Pour les atteindre, il n'a qu'une ligne droite à suivre, tandis que ces corps, pour se rejoindre, sont obligés de se mouvoir en décrivant, à grande distance autour de Paris, un arc de cercle qui n'est pas toujours desservi par une voie ferrée. On peut considérer cette place comme la position stratégique suprême dont dépend l'issue de la campagne. Paris sera donc à l'avenir l'objectif de l'envahisseur, comme il l'a été en 1814 et en 1870. Il est maintenant plus facile que jamais aux Prussiens d'arriver jusqu'à ses murailles. Autrefois ils concentraient leurs armées dans les profondeurs de l'Allemagne. Maîtres de Metz, c'est à Metz qu'ils les réuniront désormais. De cette position dominante, qui n'est séparée de notre grande ville que par une distance de soixante-huit lieues, ils pourront, en quelques jours de marche par les routes, en quelques heures, par les chemins de fer, pénétrer jusqu'au cœur de la France, sans rencontrer sur leur trajet une seule place capable de retarder leur marche. En faisant de Metz une ville prussienne, nos ennemis n'ont pas seulement usé du droit de conquête envers une population toute française qu'ils seront obligés de détruire ou de chasser pour rester maîtres du pays, ils ont voulu demeurer pour nous une menace de tous les instants. Ils ont espéré nous vassaliser ; ils ont commis un attentat contre notre nationalité et notre indépendance.

Nous entretiendrions une espérance très-probablement chimérique si nous pensions qu'au moment où la guerre éclatera nous pourrons éviter l'invasion de notre territoire en faisant nous-mêmes irruption sur le sol ennemi. La position de nos places fortes n'est guère favorable en ce moment à un mouvement agressif. Mézières et nos forteresses du département du Nord ne pourront être utilisées pour une semblable opération, tant que la neutralité de la Belgique et du grand duché de Luxembourg couvrira la frontière occidentale de la Prusse. Belfort, la meilleure base que puissent choisir nos armées d'invasion, a beaucoup perdu de son importance sous le rapport de l'offensive depuis que l'Alsace nous a été ravie. Nous ne pourrions, en débouchant de cette place, lancer nos troupes dans le duché de Bade et dans le Wurtemberg, sans courir le risque de voir nos communications coupées par des forces ennemies sorties de Strasbourg. D'ailleurs, ceux-là envahissent les premiers, qui, les premiers, sont prêts à se mettre en campagne ; et les gouvernements despotiques ont, sous ce rapport, un avantage regrettable sur les nations libres. Chez eux, les préparatifs se font dans l'ombre, sans l'opposition bruyante des assemblées qui démasquent les projets les mieux combinés. La Prusse a en outre un trésor de guerre considérable que nous-mêmes lui avons fourni. A l'avenir, elle pourra commencer les hostilités sans demander aux Chambres le vote d'un emprunt. Il est donc probable qu'elle sera encore prête avant nous. Sans doute une victoire pourra refouler ses armées dans leur repaire, mais une victoire livrée probablement sur le sol français envahi de nouveau, et comme on n'est jamais sûr de remporter la victoire, il faut dès maintenant préparer nos moyens de résistance pour le cas où nous subirions un revers.

Notre situation est critique. Aucune autre nation que la France ne pourrait subsister avec une frontière ouverte si près de sa capitale. Telle est cependant l'admirable configuration de notre pays que, même après la perte des Vosges et de nos places fortes, nous pouvons encore opposer aux flots envahisseurs des défenses qui rendront toute marche en avant dangereuse pour les Prussiens. Mais pour cela, il faut abandonner les errements des siècles passés. Ce n'est plus la frontière qu'il faut fortifier, c'est la route que doit suivre l'ennemi ; c'est la ligne qui, partant de Paris, aboutit à Metz.

Autrefois, on faisait la guerre avec des forces peu considérables. Les armées, se mouvant dans des régions dont la viabilité était mauvaise, ne pouvaient s'engager dans l'intérieur d'un pays avec la rapidité nécessaire pour empêcher la résistance de se former. Elles auraient couru le risque de voir, pendant ces téméraires expéditions, leurs communications coupées par les garnisons des places ennemies situées sur la frontière. Elles étaient donc obligées d'assiéger ces places les unes après les autres. Là où se faisait la guerre, on devait mettre l'obstacle. Rien n'était plus logique alors que de fortifier la frontière. Il n'en est plus de même aujourd'hui. Les armées maintenant sont des peuples entiers. Elles laissent au besoin 150,000 hommes pour bloquer la ville qui a la prétention de leur barrer le chemin ; et après avoir ainsi assuré leurs communications, elles passent outre et s'avancent vers leur but. Alors toutes les autres places de la frontière deviennent inutiles. Leurs garnisons qui, en certains moments, eussent pu décider la victoire en se joignant à l'armée militante, sont perdues pour la défense du pays et vouées à la capitulation. — Fortifier la frontière dans un but défensif, serait maintenant une absurdité. Après la première bataille, ce n'est plus là que se fait la guerre. Il faut y avoir quelques camps retranchés destinés à servir de point de départ à nos armées pour envahir l'Allemagne; mais il en faut un petit nombre.

Les fortifications placées sur la route d'envahissement ne présentent plus le même inconvénient que celles de la frontière. Elles sont sans cesse une menace pour les communications de l'ennemi; elles créent une voie stratégique indispensable à une armée en retraite qui a subi une première défaite et donnent une protection non moins utile à une armée de secours qui veut prendre l'offensive. Leurs garnisons peuvent, à un certain moment, s'unir à l'armée qui tient la campagne pour un effort commun.

Napoléon disait dans le *Mémorial de Sainte-Hélène* : « De nos jours, le système de nos places fortes est devenu problématique et sans effet. » Le rôle des places fortes n'avait pas été seulement problématique et sans effet pour lui; il lui avait été funeste. Une partie de son armée y avait été enfermée pour les défendre et les conserver à la France. Faute de l'avoir sous la main, il manquait de soldats et ne pouvait profiter de ses victoires. Les places fortes lui ont été fatales parce qu'il luttait contre une invasion, et qu'elles étaient toutes loin de Paris, but de l'envahisseur. Si au lieu d'être sur les bords du Rhin, de l'Escaut ou sur la frontière de Vauban, elles se fussent trouvées dans les vallées de la Seine et de la Marne, ou sur les collines tertiaires qui dominent la plaine de Champagne, il eût disposé de leurs garnisons à son heure pour faire un coup de main hardi; il eût acculé contre leurs remparts et capturé les débris des armées qu'il battait, et la France fût sortie triomphante de cette lutte terrible.

Il n'en a pas été ainsi, et les leçons de l'histoire nous ont si peu servi qu'en 1870 les Prussiens nous ont trouvés encore au dépourvu, sans une seule place forte dans les vallées de la Marne et de la Seine, avec la place insignifiante de Soissons dans la vallée de l'Aisne. Un camp retranché à Reims ou dans les environs de cette ville eût suffi pour nous épargner la plupart des désastres de la dernière guerre. Palikao n'eût pas ordonné le mouvement sur Metz; Mac-Mahon ne se fût pas trouvé dans l'obligation ou de revenir dans Paris en révolution, ou de faire, avec une armée composée d'éléments disparates et incapable de s'avancer rapidement, la funeste marche de flanc qui l'a conduit à Sedan. Il eût opéré autour de ce camp retranché en prenant son point d'appui sur lui. L'ennemi, obligé de laisser devant Reims une armée et un matériel aussi considérables que ceux dont il avait entouré Metz, n'eût plus eu de forces suffisantes pour se porter vers Paris. La France eût pu réunir avec tranquillité ses jeunes soldats à ses marins et à ses troupes revenues des colonies. C'est à Paris même que se fussent formées les armées de la Loire et de l'Est, et peut-être eussions nous eu raison de nos ennemis.

Puisque nos pertes territoriales nous forcent à refaire presque entièrement notre ligne de fortifications, il faut profiter des enseignements d'une cruelle expérience. Le moyen le plus efficace d'empêcher le retour de nos désastres, c'est, je le répète, de placer l'obstacle dans le chemin même de l'envahisseur. Les obstacles agrandissent la distance, comme les bonnes routes et les chemins de fer l'abrégent. Quand les obstacles seront nombreux entre Paris et la frontière, la frontière sera loin de Paris.

Il faut donc fortifier la voie qui, de Paris, aboutit à la place forte qui doit servir de point de départ à l'invasion. Plus cette ligne est courte, plus elle devient facile à défendre. En reculant les limites de leur empire jusqu'à soixante-huit lieues de Paris, les Prussiens ont assez diminué la longueur de cette ligne pour qu'il soit possible aujourd'hui de la fortifier utilement. L'excès du mal produit par leur avidité nous aura éclairés sur le seul système de défense qui puisse à l'avenir nous protéger contre leur ambition. Ce système est très-différent de celui qui consiste à élever des camps retranchés dans toutes les provinces de la France, sous le prétexte que toutes peuvent être attaquées. Si nous dispersions nos places fortes dans toutes les directions, nous commettrions une énorme faute ; car, malgré l'importance qu'acquerra notre armée territoriale, toute place dont la garnison au moment décisif ne peut pas joindre à l'armée une partie de son effectif est une place nuisible, à moins que son rôle ne soit d'être la base d'une opération offensive dans le pays ennemi. Les fortifications défensives, destinées à soutenir une armée en retraite ou des troupes peu manœuvrières qui viennent pour la secourir, ne doivent jamais être éloignées les unes des autres. Pour être vraiment utiles, il faut qu'elles soient groupées de manière à former un ensemble imposant. Chercher à défendre tout le territoire, c'est arriver à ne défendre rien. Les camps retranchés, lorsqu'ils sont isolés et qu'ils peuvent être bloqués, n'ont pas toujours une grande utilité. Ils deviennent trop souvent, après une défaite, de véritables piéges pour les armées qui manœuvrent autour d'eux. Alors les fuyards s'y précipitent; les généraux eux-mêmes ordonnent la retraite vers leurs murs, afin de la rendre moins meurtrière ; les vivres manquent, et l'armée tout entière est capturée avec armes et bagages.

Placés sur la voie stratégique à fortifier, les camps retranchés pourraient être secourus plus facilement que partout ailleurs. Mais ce serait une faute de ne la protéger que par de vastes places de guerre nécessairement éloignées les unes des autres. Il faut que des forts jalonnent de temps en temps la distance qui les sépare et fournissent un point d'appui aux troupes qui circulent sur cette route.

La ligne de Metz à Paris est encore trop étendue pour qu'on puisse songer, malgré l'augmentation de la portée des canons, à la protéger par une série d'ouvrages pouvant croiser leurs feux. Multiplier outre mesure le nombre des forteresses, ce serait immobiliser une partie considérable de l'armée territoriale et s'exposer à voir l'ennemi s'emparer de positions importantes et mal défendues qui couperaient notre voie stratégique. Les forts peuvent être rapprochés les uns des autres aux abords de Paris, car il est certain qu'il y aurait toujours là une armée pour les secourir. Entre Metz et la montagne de Reims, il n'en faut que quelques groupes. Le relief du sol indique les endroits où ils doivent être élevés.

Paris est situé dans la partie centrale d'un ancien bassin de mer dont les bords, à l'époque jurassique, s'étendaient jusqu'au pied de l'Ardenne et des Vosges. Cette mer s'est rétrécie d'âge en âge ; elle a fini par devenir un lac, puis par disparaître. Les différents dépôts formés dans son sein sont en retrait les uns sur les autres, et ils constituent, autour de notre capitale, une série de collines et de vallées circulaires, concentriques les unes aux autres, semblables aux rides de l'eau autour du point où une pierre est tombée. Les collines sont formées de bancs calcaires ou gréseux reposant sur les couches argileuses des vallées. Elles présentent, du côté qui regarde la frontière, des escarpements considérables dus aux érosions des torrents diluviens auxquels les couches argileuses ont servi de lit. Du côté de Paris, où elles ont été protégées contre les courants par les dépôts plus récents qui les recouvrent, elles offrent des pentes fort douces. L'envahisseur qui descend des Vosges, voit ces collines se dresser devant lui comme autant d'escaliers gigantesques qu'il doit gravir successivement dans sa marche vers le cœur de notre pays. Pour les franchir, il faut qu'il se meuve d'abord dans la plaine marécageuse qui est à leur pied, et s'y trouve dans une position très-désavantageuse. Telles sont maintenant les seules défenses naturelles de la France contre la Prusse. Elles ne sont pas à dédaigner, quoique, jusqu'à présent, nous n'ayons pas su nous en servir.

Malheureusement, il en est parmi elles qui ne peuvent plus être utilisées maintenant. Assurément, si l'ennemi partait des montagnes des Vosges, il aurait à gravir les chaînons du trias, du terrain jurassique, du crétacé, du tertiaire. Mais il possède Metz situé sur le terrain jurassique. Par là tombent et deviennent sans effet les défenses naturelles que nous présentaient le trias et le lias. Les coteaux abrupts de l'oolithe inférieure sont eux-mêmes incorporés à la Prusse dans les environs de ce camp retranché. Metz est donc en quelque sorte un coin enfoncé dans notre frontière. C'est une position dominante qui tourne non-seulement les Vosges, mais une partie des chaînons jurassiques. De là son importance considérable. Si l'on fait de Nancy un camp retranché, ce camp se trouvera en réalité derrière Metz.

Entre Metz et Paris, il n'y a que deux chaînons importants de collines : celui du coral-rag et celui du terrain tertiaire. Ce sont les seuls qui, par le relief et la nature du sol, présentent une bonne assiette pour y élever des camps retranchés. Il serait insensé de ne pas profiter de leur admirable configuration pour y créer des places de premier ordre. En quels points de ces chaînons ces places devront-elles être édifiées ? Aux points où ils seront coupés par la voie stratégique défensive.

Depuis 1815, les Prussiens ont constamment enseigné dans leurs écoles militaires qu'en cas de guerre avec la France, il fallait marcher sur Paris par la vallée de l'Aisne, par celle de la Marne, et par les plateaux qui séparent celle-ci de la vallée de la Seine. C'est la vallée de la Marne qu'ils ont toujours désignée comme devant servir de voie au gros de leur armée dès son entrée dans la plaine de la Champagne. En 1870, la marche de Mac-Mahon sur Sedan ne les a détournés de ce plan que pour un instant, en les attirant vers la frontière du nord. La possession de Metz, en abrégeant leur chemin, n'a pu que les confirmer dans leurs vues. C'est donc la vallée de la Marne qu'ils suivront encore en s'approchant de Paris, si nous n'y mettons pas obstacle. Pour la rendre impraticable, il faut élever des ouvrages soit sur la rive droite, soit sur la rive gauche de cette rivière.

Si notre voie défensive suivait exactement la ligne droite entre Metz et Paris, elle aurait 275 kilom. de longueur ; elle traverserait le chaînon corallien à 9 kilom. au sud de Verdun, passerait à 4 kilom. au nord de Châlons, rencontrerait le plateau tertiaire à 10 kilom. au nord de Vertus, et suivrait, en se dirigeant vers Paris, le plateau qui forme la rive gauche de la Marne. Elle présenterait aux environs de Verdun et d'Épernay des positions formidables. Mais elle traverserait la plaine unie et nue de la Champagne sur une étendue de 52 kilom. sans rencontrer un seul endroit où des troupes en retraite pussent trouver une position naturelle facile à défendre. Nos armées ne pourraient y cheminer en sûreté qu'à la condition de fortifier Châlons. Or, cette ville est dominée de toute part, et l'on ne peut songer à en faire un camp retranché qu'en établissant des forts sur les hauteurs de Moronvilliers et sur l'extrémité de la montagne de Reims. Il vaut beaucoup mieux diriger la voie stratégique vers ces fortes positions qui sont les véribles clefs de la Champagne. Le détour n'est que de 2 kilom.; on ne peut hésiter à le faire. Le tracé par Moronvilliers est d'ailleurs absolument nécessaire. Les collines qui dominent ce village et celui de Nauroy sont les seules qui se dressent au milieu de cette plaine uniforme de la Champagne, où une armée pourrait être si facilement enveloppée et détruite. C'est ce qui fait leur importance. Elles partagent en deux la route des troupes qui traversent le pays crayeux et leur présentent une position favorable à la résistance. Elles sont assurément un des points les plus essentiels de notre ligne défensive; et quelle que soit l'irrégularité de leur configuration, il est indispensable de les transformer en une solide forteresse.

Une route qui relierait directement Metz à Moronvilliers passerait par Verdun, ville située sur les rives de la Meuse, au pied du chaînon corallien. Ce chaînon est notre première ligne défensive sérieuse. Il barre le chemin aux Prussiens sortant de Metz, soit qu'ils s'avancent dans la direction de Verdun, soit qu'ils suivent les routes de Commercy, de Saint-Mihiel ou de Toul. Il se relie, au nord-ouest, avec les forêts de l'Argonne, et présente dans toute son étendue de magnifiques positions à fortifier. Sa longueur entre Dun et Toul est de 85 kilom., et sa largeur moyenne de 8 kilom. D'un côté, il domine de 100 ou 150 mèt. l'immense plaine marécageuse de la Woëvre, dans laquelle l'ennemi est obligé de s'engager pour l'aborder; de l'autre, il est limité par le cours de la Meuse. Des îlots détachés du plateau qu'il forme se dressent dans la plaine oxfordienne comme des citadelles naturelles. Les places de Toul et de Verdun sont situées dans des vallées, l'une en avant, l'autre en arrière de ce plateau; elles ne peuvent devenir sérieuses qu'à la condition de fortifier quelques-unes des belles positions qu'il présente dans leurs environs.

Verdun, étant sur la route directe de Metz à Moronvilliers, doit nécessairement être transformé en camp retranché. Ce n'est pourtant pas le point où le plateau corallien est le plus avantageux. Mais beaucoup de voies aboutissent à cette ville; elle touche à l'Argonne; et d'ailleurs la disposition du sol y est encore assez belle pour qu'on puisse en faire une place formidable, si l'on construit des forts non-seulement sur les collines coralliennes de manière à balayer la plaine de la Woëvre et à commander la vallée de la Meuse, mais encore sur les hauteurs de la rive gauche formées par le calcaire à astartes et le calcaire portlandien, au sud de Landrecourt, au signal de Nixeville, au nord-ouest de Sivry-le-Perche, et au moulin d'Esne.

Le chaînon corallien ne s'arrête pas à Dun : il se prolonge à l'ouest dans les Ardennes et vient se terminer aux environs de Launois, à 19 kilom. de Mézières. Il se continue également au delà de Toul. Mais, quoiqu'il présente partout de belles positions, il n'a une importance considérable qu'entre Dun et Toul : 1° parce que c'est seulement entre ces deux villes qu'il est limité, d'un côté par une immense plaine, de l'autre par un cours d'eau considérable qui le rend facile à défendre ; 2° parce que c'est dans ces limites qu'il coupe les différentes routes allant de Metz à Paris ; 3° parce qu'il est la clef de l'Argonne et que c'est par Dun qu'on pourrait le relier à Montmédy et aux autres places de la frontière, en fortifiant la colline de Lion.

Malgré son importance incontestable et les fortes positions qu'il présente surtout entre Toul et Verdun, il faut rejeter l'idée de le protéger tout entier par des forts élevés entre ces villes. La ligne qu'il forme est parallèle à la frontière et elle en a les inconvénients, quoiqu'elle soit plus facile à fortifier. Elle est éloignée de Paris ; ses garnisons seraient immobilisées après la première défaite ; elle n'empêcherait pas qu'une armée française, réfugiée dans l'Argonne, où il y a maintenant de beaux chemins, ne fût forcée de se replier vers l'intérieur de la France, ou ne se trouvât réduite au rôle de l'armée de Metz en 1870, si elle préférait se jeter dans les forteresses. Gardons-nous des fautes d'autrefois. Ce n'est ni la frontière, ni une ligne parallèle à la frontière qu'il faut fortifier : c'est le chemin que suit l'envahisseur.

De Verdun à Moronvilliers, le tracé de la voie défensive doit suivre autant que possible celui du chemin de fer, en s'élevant sur les hauteurs qui dominent les vallées dans lesquelles il circule. Elle pourra se rattacher au camp retranché de Verdun en passant entre les collines portlandiennes voisines de Sivry et de Nixeville, qui devront, comme je l'ai dit, faire partie des défenses de cette place. De là elle se dirigera vers les coteaux crayeux de la Champagne, en traversant successivement le pays ondulé des marnes à gryphées virgules, du calcaire portlandien, et les étages inférieurs du terrain crétacé couverts de vastes forêts. Toute cette portion de son parcours est facile à défendre ; elle circule à travers des défilés qui peuvent être gardés par des corps peu nombreux. Il n'en est pas de même de la partie qui doit traverser le plateau champenois pour rejoindre Moronvilliers. Le bord de ce plateau présente à l'est un escarpement assez considérable qui forme une bonne défense naturelle. Deux forts élevés sur ses dentelures, au télégraphe de Valmy et à la pointe de Voilemont, assureront la possession des défilés de l'Argonne. Deux autres construits, l'un sur la voie romaine au sud-ouest d'Hurlus, l'autre sur la colline qui domine au nord le village de Sainte-Marie à Py, prêteront leur abri à nos armées cheminant dans la plaine de Champagne. Il sera très-facile de les relier par la construction d'un chemin de fer entre Dommartin et Moronvilliers. Les hauteurs situées entre Wargemoulin et Courtemont, sur la voie romaine, l'îlot qui s'élève entre Épense et Dommartin, les coteaux situés entre Croix en Champagne et le moulin d'Auve, le chaînon en forme de fer à cheval qui, partant de Poix, se dirige d'abord vers le nord-est, puis vers le nord-ouest et se termine au sud-est de Tilloy présentent aussi de bonnes positions.

Lorsqu'on chemine dans la plaine de la Champagne en se dirigeant vers Paris, on voit de loin se dresser devant soi les escarpements du plateau tertiaire dont les bords dentelés ressemblent à une série de bastions naturels. Ils dominent de 150 à 200 mèt. le pays crayeux, et décrivent à trente lieues de Paris un vaste demi-cercle dont les extrémités s'appuient sur la Seine et sur l'Oise. De nombreux mamelons détachés du plateau et non moins élevés que lui se dressent dans la plaine de la Champagne et pourraient être transformés, s'ils étaient fortifiés, en citadelles aussi imprenables que celle du mont Valérien. Ces mamelons et le massif aux pentes abruptes qui apparaît derrière eux sont maintenant la meilleure ligne défensive de la France. C'est sur cette ligne que l'on doit construire le second camp retranché destiné à servir de boulevard à notre grande ville.

De toutes les anfractuosités de ce plateau, il n'en est pas de plus saillante que la montagne de Reims. Placée entre la vallée de la Marne et celle de la Vesle, elle s'avance comme un cap dans la plaine de la Champagne. Ses pentes sont rapides. Son extrémité forme entre Trépail, Louvois, Mailly et Verzenay, un plateau presque isolé, relié à l'est au massif tertiaire par une langue de terre qui le met en communication avec de vastes forêts. Ce plateau, que j'appellerai le plateau de Verzy, a 6 kilom. de longueur et 4 de largeur. Situé à 11 kilom. de Reims, à 14 d'Épernay et à 21 de Châlons, il domine ces villes de 200 mèt. On ne pourrait songer à fortifier l'une d'elles sans le fortifier d'abord. C'est la clef de tout le pays environnant. Il doit donc nécessairement faire partie du camp retranché. Il est couvert de bois, mais on ne peut hésiter un seul instant à le déboiser en partie pour le rendre inexpugnable. Quatre forts élevés sur ses bords suffiront pour le transformer en une magnifique place de guerre, au centre de laquelle seront construits des magasins et des casernes. Leur feu balayera le chemin de fer d'Épernay à Reims, qui passe à 6 kilom., et les routes, ainsi que la voie ferrée de la vallée de la Vesle, éloignées de 4 kilom.; enfin, il atteindra les convois ennemis qui s'engageront dans la vallée de la Marne, à une distance de 9 kilom., et s'il ne les entrave pas complètement, il les rendra difficiles.

Ce petit plateau si important par sa position pourra croiser ses feux avec la forteresse de Moronvilliers, car il n'est distant des collines de Nauroy que de 11 kilom. Devant lui, à 10 kilom. au nord, se dresse, comme un géant, le mont Berru, vaste mamelon isolé dans la plaine de la Champagne, situé à 5 kilom. de Reims et à 8 de Nauroy. C'est une des positions les plus fortes que l'on puisse imaginer. Des routes et plusieurs chemins de fer, notamment celui de Mézières et celui de Laon, passent à ses pieds. On ne peut, sans imprudence, le laisser à la disposition de l'ennemi. Il faut donc le transformer aussi en forteresse.

Ainsi se trouvera formé un véritable camp retranché triangulaire, ayant ses angles à Berru, à Moronvilliers et au plateau de Verzy. Je le nommerai le camp retranché de la montagne de Reims. En communication avec trois villes importantes, desservi par de nombreuses voies qui suffiront largement à son approvisionnement, commandant cinq chemins de fer, deux canaux et une foule de routes, ayant des débouchés à la fois dans la Champagne, dans les forêts qui couvrent le plateau tertiaire, dans la vallée de la Suippe, dans celle de la Vesle, dans celle de la Marne, il sera certainement construit sur l'emplacement le plus fort et le plus avantageux que l'on puisse trouver sur la route de Metz à Paris.

Il est vrai qu'il n'enserrera aucune ville dans son intérieur ; mais cela n'est pas nécessaire. Les villes ne sont plus maintenant qu'un embarras pour les places fortes. Autrefois, c'était autour d'elles qu'on élevait les fortifications pour les protéger. Aujourd'hui, loin de les protéger, les fortifications attirent sur elles l'incendie, le meurtre et la destruction. Trop souvent, pendant la dernière guerre, l'horreur de la situation faite à la population civile par les canons à longue portée, a influé sur les résolutions des commandants de place et leur a fait arborer le drapeau de la capitulation. Il n'est donc aucunement nécessaire qu'un camp retranché englobe une population civile. Il y a là une de ces vieilles idées dont il faut encore nous débarrasser. Pourvu que de nombreuses voies aboutissant à l'endroit que l'on choisit en assurent l'approvisionnement, cet endroit peut devenir un lieu fortifié.

Le camp retranché de la montagne de Reims, tracé par la nature elle-même, sera construit à peu de frais. Ce ne sera qu'un groupe de forts qu'on reliera entre eux par de bonnes voies de communication. Pour tirer de sa position tout le parti qu'elle présente, il faudra lui donner une certaine extension. Afin de mieux assurer la possession des forêts situées à l'ouest de Mailly, et pour commander plus sûrement les différentes voies qui unissent Reims à Épernay, on construira deux forts, l'un sur la butte qui s'élève au sud de Rilly, et l'autre au pâtis d'Écueil. On interceptera la vallée de la Marne, en élevant des ouvrages sur le cap montueux qui domine Mutigny et sur la colline située au nord-ouest de Hautvillers. Ces deux derniers emplacements ne sont éloignés que de 4 kilom. du chemin de fer qui va de Paris à Châlons.

Tel est dans son ensemble le camp retranché de la montagne de Reims. Placé au bord du plateau tertiaire, sur la route directe de Metz à Paris, il n'aura pas moins de 36 kilom. de longueur et 18 de largeur. Malgré son étendue, il absorbera peu de troupes pour sa défense. Aussi nous n'avons pas besoin d'attendre que notre armée territoriale soit devenue sérieuse pour entreprendre sa construction. Il est urgent de le commencer de suite ; car si une nouvelle guerre avec la Prusse survenait inopinément (et dans un pays en révolution, guetté par un puissant voisin prêt à profiter des moments où il se désorganise, qui sait quand éclatera la guerre ?), si les Allemands s'empa-raient des fortes positions sur lesquelles il doit être assis, ils ne nous les rendraient probablement jamais, et désormais Paris serait sous le canon de la Prusse.

Le bord du plateau tertiaire présente à droite et à gauche de la montagne de Reims des coteaux si bien disposés qu'on peut regretter de ne fortifier qu'un si petit noyau. Faire plus en ce moment serait une imprudence. Certainement quand nous pourrons compter sur nos réserves et notre armée territoriale, nous devrons donner à ce camp une extension nouvelle ; car les bords du plateau tertiaire sont en réalité le bouclier de la France ; mais si nous les garnissions de forts actuellement, nous serions condamnés ou à les confier à des troupes sans instruction, incapables de les défendre, ou à diminuer, pour les garder, notre armée active dans des proportions considérables.

On a proposé de créer des camps retranchés à Châlons ou à Reims. Châlons est une ville dominée de toutes parts. On ne pourrait en faire une place tenable qu'en donnant à ses défenses un développement anormal. Il faudrait y englober le plateau de Verzy à l'ouest, les buttes de Moronvilliers au nord, les dentelures du bord de la plaine crayeuse à l'est, et une série de points médiocrement élevés au sud et au nord-est. Les avantages de ce camp retranché seraient de commander les défilés de l'Argonne et d'assurer un cheminement tranquille à nos armées dans la Champagne. Les forts de Valmy et ceux que l'on pourrait construire entre Valmy et Moronvilliers procureraient à moins de frais le même résultat. Les inconvénients de cette vaste place seraient de n'être pas très-forte du côté du nord-est et du sud, d'exiger pour sa défense toute une armée, de permettre à des ennemis victorieux de venir se placer entre elle et Paris, sur le bord du plateau tertiaire, dans des positions d'où l'on pourrait très-difficilement les déloger. Le mont Bernon, Épernay, les voies qui unissent cette ville à Reims, le mont Berru, pourraient tomber en leur pouvoir.

Si, pour obvier à ce danger, on rattache aux défenses de Châlons une partie du bord du plateau tertiaire, on arrive à donner au camp retranché des proportions qui ne sont nullement en rapport avec nos forces actuelles. Je pense qu'il faut abandonner le projet de fortifier cette ville.

Reims pourrait devenir une place beaucoup plus forte que Châlons ; mais pour la garder, il faudrait aussi beaucoup de soldats. Elle obstruerait la vallée de la Vesle et celle de l'Aisne et pourrait communiquer avec Soissons. Tous les ouvrages qui constituent le camp de la montagne de Reims devraient faire partie de sa ceinture de forts. Il faudrait en outre en élever sur la colline placée à 1 kilom. au sud de Fresne, sur le mont de Brimont, sur le coteau qui domine Pouillon, sur la hauteur du signal d'Aubeuf, sur la butte de Prouilly, sur la colline de Germigny et sur celle de Vrigny. Un fort placé sur le mont de Prouvais, assez loin du camp retranché, intercepterait la rive droite de la vallée de l'Aisne et servirait de point d'appui à des troupes qui voudraient se diriger vers Mézières, Rethel ou Laon. Le projet de fortifier Reims me paraît devoir être ajourné au moins jusqu'au temps où nous pourrons compter sur notre armée territoriale. Alors on examinera s'il y a utilité de l'exécuter en tout ou en partie.

Il sera beaucoup moins coûteux de fortifier Épernay. Tous les ouvrages du camp de la montagne de Reims devraient faire également partie de sa ceinture de forts, afin de la relier aux buttes de Moronvilliers. Le mont Bernon, qui commande l'entrée de la vallée de la Marne, présente une excellente assiette pour recevoir des ouvrages assez étendus. Mais il est dominé à la distance de 4 ou 5 kilom. par le monticule situé au nord de Cramant, par la colline de Cuys, par celle de Monthelon, par les coteaux boisés qui s'étendent à l'ouest d'Épernay, par ceux de Hautvillers, de Mutigny et de Champillon. Il a donc perdu beaucoup de sa valeur depuis l'invention des canons à longue portée. On peut dire qu'il était autrefois le maître de l'entrée de la vallée ; il n'en est plus maintenant que le concierge. Malgré cette subordination, il offre encore une position importante pour la défense. Les forts de Hautvillers, de Mutigny et du plateau de Verzy le protégeront au nord. Il sera nécessaire d'en élever un au sommet de la montagne boisée qui domine Épernay à l'ouest, de fortifier solidement la montagne de Cuys et d'établir un fortin sur celle de Cramant. Ainsi trois grands forts et un petit, ajoutés à ceux de la montagne de Reims, suffiront pour enclore Épernay dans le camp retranché. Ces travaux devront être faits dès que notre armée territoriale commencera à se constituer sérieusement. Quand elle sera complète, il y aura lieu de donner aux défenses du bord du plateau tertiaire une extension dont j'aurai à parler plus loin.

Le camp de la montagne de Reims devra être relié à Paris par une série d'ouvrages à l'abri desquels circulera une large route et une voie ferrée construites sur les plateaux.

Supposons un instant qu'entre la pointe de Trépail et la place de Paris, on élève, sur les coteaux qui séparent la vallée de la Marne de celles de l'Aisne et de l'Oise, une ligne de forts placés sur les points culminants, pouvant joindre leurs feux dans tous les endroits où ils ne sont pas à proximité de forêts peu praticables, interceptant les voies de communication qui traversent le plateau, reliés entre eux par un chemin de fer, une grande route, et communiquant à la fois par un télégraphe électrique souterrain et par un télégraphe aérien [1]. Supposons que cette ligne soit assez forte pour faire obstacle au passage d'un corps ennemi ou du moins pour le gêner considérablement. L'armée allemande, si elle est victorieuse, se trouvera certainement embarrassée, quand, après avoir replié nos légions et s'être rendue maîtresse de la plaine de la Champagne, elle arrivera devant le camp de la montagne de Reims. Ni ce camp, ni celui de Paris, reliés par une ligne de forts, ne pourront plus être bloqués sans que la voie fortifiée qui les unit soit rompue. Quel parti les Prussiens pourront-ils prendre? S'avancer en masse entre Reims et Mézières devenu camp retranché, et s'engager dans l'impasse formée par la voie stratégique et les places du département du Nord? Ce serait dangereux, car l'armée acculée dans le camp de la montagne de Reims, augmentée de l'armée de secours réunie à Paris, pourrait couper leurs communications et les prendre à revers. Marcher avec toutes leurs forces vers la Bourgogne et la ravager? Ce serait une guerre de pillage, mais sans résultat sérieux ; les Allemands laisseraient intactes les communications de Paris avec la mer ; et la résistance pourrait continuer à s'organiser dans le Nord, dans l'Ouest et dans le Midi. Diviser leurs armées et les lancer les unes à droite, les autres à gauche de notre voie fortifiée? Ce serait s'exposer à les voir attaquées isolément et battues sans qu'il leur soit possible de se porter secours. Faire le siége de Nancy, de Langres, de Belfort? Ce serait en revenir aux guerres de frontière. Le meilleur parti qu'ils pourront prendre, celui qu'ils prendront probablement, sera de faire un effort pour couper notre voie stratégique en s'emparant d'un fort. Selon toute apparence, ils essayeront de la rompre en un point rapproché de Reims, afin de ne pas avoir à faire

1 Les télégraphes aériens pourraient être de petites dimensions et renfermés dans une lucarne blindée qu'un mécanisme élèverait quand il faudrait les faire jouer et abaisserait sous un abri dès qu'ils ne seraient plus en activité. A un signal donné par une fusée ou par tout autre moyen, un employé en observation dans le fort voisin braquerait une lunette sur le télégraphe et en lirait les signaux.

une longue marche de flanc. Mais des forêts et des défilés la couvrent de ce côté et les forceront à attaquer assez loin à l'ouest. Dès lors nous aurons choisi notre champ de bataille. C'est à nous à le préparer pour la lutte suprême que nous aurons à y soutenir. Pour arriver à notre voie stratégique, les Prussiens, soit qu'ils s'engagent dans la vallée de la Marne, soit qu'ils pénètrent dans celles de l'Aisne, auront à franchir, sous le feu de notre armée, un canal et une rivière profonde qui pourront, en cas de revers, changer leur retraite en désastre; puis ils auront à escalader les falaises qui mènent au plateau sur lequel ils trouveront nos troupes appuyées sur des forts. Leur position sera très-difficile. S'ils remportent la victoire, ils seront obligés de faire le siége des forts. Quand même ils parviendraient à rompre notre ligne stratégique en un point, tout ne serait pas fini. Il faudrait qu'ils la rompissent encore près de Paris, pour pouvoir bloquer cette place.

Ainsi, au lieu de disperser nos places fortes défensives sur la frontière et dans toutes les directions à l'intérieur de la France, il faut les grouper entre la montagne de Reims et Paris, de manière à créer sur la ligne de faîte des coteaux qui séparent la Marne de l'Aisne, une véritable voie fortifiée. Ce projet n'est irréalisable ni au point de vue militaire, ni au point de vue financier. Cette ligne de faîte n'aura entre les deux camps que 127 kilom. de longueur. La portée extrême des gros canons est de 10 kilom. Mais à cette distance, le tir est très-irrégulier. La portée du tir précis est de 5 kilom. A 7 kilom., on obtient des résultats encore assez satisfaisants. Un fort placé dans une position dominante protége donc une étendue de terrain plat de 14 kilom. au moins. Neuf forts, placés à égale distance les uns des autres sur une ligne de 127 kilom., peuvent joindre leurs feux. Mais, entre cette conception théorique et son application sur le sol, il y a une grande différence. Les points culminants offrant une bonne assiette pour construire un fort, ne se trouvent pas juste à l'endroit où il faudrait qu'ils fussent pour partager la distance d'une manière régulière. Les inégalités de terrain et la nécessité de défendre les routes obligent à multiplier les fortifications. Inversement, les grandes forêts interceptant les voies de communication n'ont pas besoin d'être entièrement sous le feu des canons. Je pense qu'il faut quinze forts au plus entre les deux camps retranchés. Leur construction n'entraînerait pas une dépense de 45 millions. Elle rendrait inutiles beaucoup d'autres dépenses projetées. On n'aurait plus besoin de songer à fortifier Rouen. Tant qu'il y aura possibilité à l'armée de Paris de se transporter à Reims en une journée, il n'y aura pas à craindre que les Prussiens s'aventurent vers le cours inférieur de la Seine. Soissons, tel qu'il est actuellement, n'est qu'un nid à bombes. Il faudra ou le démanteler, ou l'entourer de forts. Si on l'entoure de forts, la voie stratégique pourra lui emprunter une partie de ses défenses, pendant une portion de son parcours, et il en résultera une économie. Si on le démantelle, elle servira de point d'appui à deux forts qu'on placera sur des hauteurs d'où ils pourront balayer la vallée de l'Aisne, et il y aura encore économie. La voie défensive, suivant la ligne des faîtes, se rapprochera en effet de Soissons vis à vis Fère en Tardenois, pour éviter la dépression formée par la vallée de l'Ourcq. Entre Hautvillers et Fère on trouve quatre collines présentant un bon emplacement pour construire des forts; ils sont situés au nord-ouest du bois Fleury, au signal d'Olizy, au signal Saint-Antoine, à la ferme de Beddy. A partir de ce point, le sort de Soissons doit influer sur la position des retranchements à faire. La ligne fortifiée doit ensuite se diriger vers Paris par les faîtes et la forêt de Villers-Cotterets. Une bonne route et une voie ferrée doivent joindre les uns aux autres tous les points fortifiés. Circulant sur un plateau, évitant de traverser la vallée de l'Ourcq, ne présentant pas d'ouvrages d'art, elle sera construite à peu de frais. Des locomotives, des vagons ordinaires, des vagons blindés, des rails, des équipages de ponts, seront remisés dans chaque fort qui pourra devenir tête de ligne, si la voie vient à être interceptée. Les troupes pourront voyager sûrement et rapidement de Paris à la plaine de la Champagne. Or, en guerre, c'est la rapidité des mouvements des armées qui permet de profiter des fautes de l'ennemi; c'est par les mouvements rapides qu'on peut concentrer à un moment donné les plus grandes masses de troupes sur le même point et que l'on décide la victoire, car la victoire est aux gros bataillons.

Quand les Romains voulaient occuper militairement un pays, ils commençaient par y créer sur les hauteurs des routes stratégiques, sans s'inquiéter des chemins préexistants. Ces routes aboutissaient d'étape en étape à des positions retranchées placées sur des crêtes d'où l'on dominait le pays. Depuis l'invention des canons à longue portée, les positions d'où l'on découvre une grande surface de terrain ont repris toute leur valeur. Il est temps que nous occupions militairement notre pays, ou du moins la portion de notre pays par laquelle se fait l'invasion. Nous avons fait mille chemins de fer pour les besoins du commerce. N'hésitons pas à en faire un pour notre défense. On objectera qu'il s'en trouve un dans la vallée de la Marne, et un autre dans la vallée de l'Aisne. Ces chemins ne sont pas suffisamment défendus. C'est un chemin fortifié qu'il nous faut. Dès lors, il est nécessaire qu'il suive les plateaux, car ce sont les plateaux et non les vallées qu'on peut fortifier. Sans doute il se pourra que le rail-way de la Marne ou celui de l'Aisne restent en notre pouvoir et puissent fonctionner avec celui des plateaux. Tant mieux, car nos mouvements de Paris à Reims pourront alors avoir une rapidité merveilleuse.

La voie stratégique commençant au camp retranché de Verdun, passant sous le feu d'un groupe de forts construits au bord de la plaine crayeuse, pénétrant près de Moronvilliers dans un second camp retranché que j'ai nommé camp de la montagne de Reims, devenant à partir de ce point jusqu'à Paris une voie fortifiée, est tout entière indispensable à notre défense. Telle que je l'ai indiquée, elle n'est en quelque sorte que le squelette de ce qu'elle sera quand nous aurons une armée territoriale véritable. Alors le camp retranché placé sur le bord du plateau tertiaire devra prendre une extension considérable. Quand cette armée commencera à se constituer fortement, on adjoindra Épernay et le mont de Prouvais au camp de la montagne de Reims. Puis on fortifiera les îlots tertiaires de Vertus, du mont Aimé, du mont Août. Ce sont des positions tellement belles, tellement importantes, que le manque de soldats peut seul faire ajourner leur transformation en forteresses. Peut-être même pourrait-on y élever des forts dès maintenant, en abandonnant le tracé de la voie fortifiée par les plateaux qui séparent la Marne de l'Aisne. Alors ce serait le bord du plateau tertiaire qui deviendrait lui-même au sud d'Épernay la voie fortifiée, ou plutôt ce serait un chemin de fer circulant au pied des forts construits sur ses dentelures. Il ne serait pas possible qu'un cavalier ennemi en approchât à deux ou trois lieues de distance, sans que du haut des coteaux on l'aperçût de suite. Jamais position n'a été ni plus forte, ni mieux choisie. Parmi les hauteurs qui pourraient recevoir des forts, je citerai, outre les îlots que je viens d'indiquer, le crochet du bois de la Houppe, la colline située entre Loisy et l'étang de Russon, l'îlot tertiaire de Toulon, le mont de Lallement, la colline de Broyes, celle qui est située entre les Essarts et Mœurs, sur la route de Montmirail, l'îlot tertiaire situé au nord de Vindey, la colline à l'ouest de Sézanne, celle de Chantemerle. De Mœurs la voie fortifiée se dirigerait sur Paris. Elle serait certainement plus longue par ce tracé que par celui du plateau qui domine l'Aisne et la Marne; le chemin de fer, traversant plusieurs rivières, présenterait des travaux d'art qui, malgré leur peu d'importance, en diminueraient la sécurité; et l'ennemi aurait le champ plus libre pour s'engager entre Mézières et Reims, dans nos départements du nord-ouest. Mais le relief du terrain rendrait les forts presque inattaquables; les nombreuses voies qui, partant de Paris, aboutissent à Reims, à Épernay, à Vertus, à Montmirail, à Sézanne, favoriseraient les mouvements de troupes et le ravitaillement des garnisons; les environs de Sézanne deviendraient une excellente base d'opération pour une armée française qui voudrait s'avancer vers Langres ou vers Belfort; enfin l'adoption de ce tracé permettrait de fortifier de suite la ligne du plateau tertiaire entre Prouvais et Barbonne, et cette ligne est le bouclier de la France.

On pourrait proposer, pour la voie fortifiée, un troisième tracé par le massif montueux qui sépare la Vesle de l'Aisne; il réunirait Reims à Soissons.

Le tracé par Sézanne, si on ne veut relier Paris au camp de la montagne de Reims que par une seule voie fortifiée, me paraît préférable aux deux autres. Mais il serait à désirer que deux rails-ways stratégiques, l'un au nord, dominant le cours de l'Aisne, l'autre au sud, pénétrant dans le massif tertiaire par la vallée du Grand-Morin, assurassent à nos armées une libre circulation entre Paris et le bord du plateau. La dépense sera minime, si on la compare aux avantages qui en résulteront.

Il s'agit d'une mesure de salut. Qu'est-ce que les cent cinquante millions que peuvent coûter nos fortifications défensives, en y comprenant celles de Paris, quand on pense aux milliards que, par notre faute et par notre imprévoyance, nous avons été contraints de donner à nos ennemis ? Que serait-ce même que deux cents ou trois cents millions pour créer de toute pièce notre nouveau système de fortifications offensives et défensives ? Répartie entre huit années la somme de trois cents millions ne grèverait nos budgets que de trente-sept millions par an. La France souffre encore des commotions terribles qui l'ont ébranlée, mais elle ne veut pas être vassalisée; elle veut être forte, parce qu'elle sent en elle une puissante vitalité; elle veut surtout être à l'abri d'un coup de main; et, malgré son épuisement, elle est résignée aux sacrifices nécessaires. C'est ce qui en fait encore, après ses défaites, une nation respectée. Un peuple qui hésiterait à faire une dépense indispensable à sa sécurité rayerait de sa main son nom de la carte de l'Europe.

2me Groupe

SCIENCES PHYSIQUES ET CHIMIQUES

5me & 7me Sections

PHYSIQUE, MÉTÉOROLOGIE & PHYSIQUE DU GLOBE

Président . . . . M. LALLEMAND Doyen de la Faculté des Sciences de Poitiers.

Secrétaire . . . . M. A. POTIER, Ingénieur des mines, Répétiteur à l'École polytechnique.

E. MERCADIER

Ingénieur des télégraphes

SUR L'ÉLECTRO-DIAPASON ET LES LOIS DU MOUVEMENT D'UN FIL ÉLASTIQUE DONT UNE EXTRÉMITÉ EST ANIMÉE D'UN MOUVEMENT VIBRATOIRE

(EXTRAIT)

— *Séance du 22 août 1873.* —

M. Mercadier a fait fonctionner sous les yeux de la section l'*Électro-Diapason* qu'il a décrit dans les *Comptes rendus de l'Académie des sciences* (12 et 19 mai 1873) et dans le *Journal de physique* de M. d'Almeida (t. II).

Il a indiqué en même temps les lois expérimentales du mouvement des styles fixés à cet instrument, et, plus généralement, les lois du *mouvement d'un fil élastique dont l'une des extrémités est animée d'un mouvement vibratoire*. Ces lois ont été publiées depuis, ainsi que la théorie mathématique de ce mouvement, dans les *Comptes rendus de l'Académie des sciences* (septembre et décembre 1873).

M. J. L. SORET

de Genève

SPECTROSCOPE A OCULAIRE FLUORESCENT

— *Séance du 22 août 1873.* —

On a employé deux méthodes principales pour l'observation de la partie ultra-violette du spectre. L'une est la méthode photographique, qui est très-délicate et très-précise, mais qui exige toujours une opération longue et compliquée. L'autre méthode consiste à projeter le spectre sur une substance fluorescente qui rend visible la partie ultra-violette; elle a l'inconvénient qu'il faut opérer dans une chambre complétement obscure, et elle se prête difficilement aux mesures angulaires.

Le procédé que je vais indiquer, et qui n'est au fond qu'une modification de cette seconde méthode, me paraît pouvoir être avantageusement employé dans certains cas.

Il consiste à adapter à la lunette d'un spectroscope ordinaire un dispositif que l'on peut appeler *oculaire fluorescent*, se composant d'une lame d'une substance transparente et fluorescente, placée au foyer de la lunette, et sur laquelle le spectre vient se projeter; puis d'un oculaire pouvant s'incliner sur la direction de l'axe de la lunette, de manière que les rayons directs n'arrivent plus à l'œil, qui perçoit seulement l'image du spectre développée par fluorescence sur la lame. — La lunette du spectroscope, pour permettre cet ajustement, doit être disposée de sorte que le tube qui porte l'oculaire puisse rentrer dans le tube qui porte l'objectif.

Comme lame fluorescente, on peut se servir soit du verre d'urane qui est d'un emploi très-commode, mais qui ne donne pas un spectre très-étendu, soit de liquides contenus entre deux lames de verre mince écartées de 1^{mm} à $1^{mm},5$. Le bisulfate de quinine et l'esculine en dissolutions peu concentrées donnent très-nettement à la lumière solaire le spectre depuis les raies H jusqu'aux raies N et même O. — On peut tracer au diamant, sur la lame fluorescente, deux traits fins se coupant à angle droit et jouant le rôle du réticule ordinaire de la lunette. — Il y a avantage à concentrer le faisceau incident sur la fente du spectroscope au moyen d'une lentille à long foyer et à intercepter les rayons les plus éclatants par un verre bleu de cobalt.

Cette méthode, qui paraît surtout applicable à la lumière solaire, n'exige pas que l'on opère dans une salle obscure et permet de prendre des mesures angulaires ; on pourra l'appliquer utilement à certaines déterminations telles que la mesure de l'indice de réfraction de diverses substances pour les rayons très-réfrangibles, l'absorption de ces radiations par différents milieux, etc.

Quant à l'observation des spectres ultra-violets des métaux, il n'a été fait qu'un petit nombre d'essais qui n'ont pas été complétement satisfaisants. En faisant passer les étincelles d'un appareil de Ruhmkorff entre des électrodes de divers métaux, on a bien réussi à distinguer quelques lignes, mais il faudrait des décharges très-puissantes, et perfectionner les procédés, particulièrement au point de vue de la concentration de la lumière, pour obtenir dans ce cas des résultats véritablement pratiques.

M. A. CORNU

Professeur à l'École polytechnique

SUR LA TRANSFORMATION DE L'ACHROMATISME OPTIQUE DES OBJECTIFS EN ACHROMATISME CHIMIQUE

— *Séance du 22 août 1873.* —

Je m'étais proposé le problème suivant à l'occasion des travaux préparatoires de la Commission du Passage de Vénus :

Transformer l'objectif d'une lunette astronomique, achromatisée pour les rayons visibles, de manière à obtenir au foyer principal des épreuves photographiques dont la netteté soit comparable à celle des images optiques directes.

Des études antérieures sur la photographie du spectre ultra-violet [1] m'avaient conduit à examiner la répartition des foyers des diverses raies du spectre dans une lunette de spectroscope, formée avec un objectif achromatique. Une graduation en millimètres, tracée sur le tube de tirage d'une semblable lunette permet d'observer les faits suivants : si l'on note successivement le tirage de la lunette après avoir mis *au point* avec beaucoup de soin l'image des principales raies du spectre projetées sur le réticule, on remarquera que le foyer diminue d'abord depuis la raie A jusqu'aux raies B, C, D : il y a un minimum

1 V. le *Compte rendu de l'Association française*, congrès de Bordeaux, t. I, p. 300.

de distance focale vers la raie b, puis augmentation à partir de cette région ; la raie F forme son foyer à peu près à la même distance que D, l'augmentation devient rapide à partir de G, si bien que le foyer des raies de l'extrémité visible du violet se forme en arrière du foyer de l'extrémité rouge. La photographie permet d'aller beaucoup plus loin et l'on peut suivre la marche très-rapidement croissante des distances focales des radiations ultra-violettes.

De ces faits résulte la remarque suivante : la répartition des foyers de l'objectif achromatisé pour les rayons les plus réfrangibles est précisément inverse de celle qu'aurait produit un objectif non achromatisé : en effet, les rayons violets ont une distance focale plus courte que les rayons rouges lorsqu'on les fait réfracter à travers une lentille convergente de crown-glass par exemple : l'addition d'une lentille divergente de flint-glass, qui tend à ramener les foyers de toutes les radiations dans un même plan produit donc une action plus énergique sur les rayons violets que sur les rayons rouges, puisqu'elle allonge le foyer des premiers d'une plus grande quantité que celui des derniers. Il en résulte que, si par un moyen ou par un autre, on diminue l'influence de la lentille divergente, on modifie la répartition des foyers des diverses radiations telle qu'elle a été décrite plus haut, dans un sens qu'on peut aisément prévoir. Le foyer des rayons violets étant relativement moins repoussé que celui des rayons rouges (relativement au cas ordinaire), les rayons dont la distance focale est minimum se rapprochent du côté violet ; l'achromatisme optique est alors altéré : en continuant à diminuer l'influence du verre divergent, on peut parvenir à placer la distance focale minimum dans la région comprise entre G et H. On obtient alors l'achromatisme chimique, car cette région est pour les radiations chimiques l'analogue de la région du spectre visible comprise entre D et F, par l'énergie des impressions qu'elle produit sur les substances photographiques : autrement dit le *centre de gravité* des radiations actiniques est situé vers le milieu de l'intervalle G et H, comme dans le spectre visible ce point tombe aux environs de la raie b.

Quant au moyen de diminuer l'influence du verre divergent de flint-glass, le plus facile consiste simplement à l'écarter du verre convergent de crown-glass. On se rend compte aisément de cet effet en poussant la condition à l'extrême; en effet, si l'on plaçait le verre divergent au foyer même du verre convergent, son influence serait nulle ; c'est en le rapprochant que son action augmente, jusqu'au moment où les deux verres sont en contact. Évidemment, dans une position intermédiaire, l'effet du flint-glass sera intermédiaire : on est donc assuré par un écartement convenable des verres d'arriver à l'achromatisme chimique, car on peut parcourir tous les degrés de répartition relative des foyers depuis l'achromatisme optique qu'on peut considérer comme un achromatisme chimique *dépassé*, jusqu'au *non-achromatisme*.

J'ai vérifié expérimentalement toutes ces déductions à l'aide d'un appareil assez simple : on dispose un objectif dont les verres peuvent être écartés à des distances variables (jusqu'à 2 ou 3 0/0 de la distance focale principale) ; en avant de cet objectif on place un prisme dont l'angle est de 8 à 12°, suivant la réfrangibilité de la matière, et dont l'une des faces est argentée, de manière à fonctionner à la fois comme prisme d'angle double et de miroir renvoyant les rayons dans la même direction. En arrière de l'objectif on place un oculaire positif et un réticule portés par un tirage avec graduation : l'axe de cet oculaire est légèrement incliné sur l'axe principal de l'objectif, de manière à laisser place à une fente, éclairée par la lumière du soleil ou d'une étincelle d'induction. Il est facile maintenant de se rendre compte du fonctionnement de l'appareil. La fente étant disposée verticalement au-dessous de l'oculaire, dans le plan focal principal de l'objectif, les rayons émanés de cette fente sont rendus parallèles après leur passage à travers l'objectif, sont réfractés par la première face du prisme, réfléchis par la seconde, réfractés une seconde fois (dans le sens de la duplication de la dispersion), puis ramenés sur l'objectif : le prisme n'altérant nullement le parallélisme des rayons si ses faces sont bien planes, les rayons vont converger dans le plan focal principal en un point situé au-dessus de la fente : c'est là qu'on place le réticule, entraîné par le mouvement commun du tube de tirage et de l'oculaire. En donnant au prisme un mouvement de rotation autour de son arête, on peut amener chaque raie sous le fil vertical du réticule et la mettre exactement au point sur ce fil ; on peut donc ainsi mesurer la position relative des foyers de toutes les raies. On répète la même série d'observations pour des distances convenablement choisies des deux verres et on vérifie les modifications successives d'achromatisme prévues par l'exposé précédent.

Il n'est pas inutile d'ajouter que l'écartement des verres produit une diminution notable de la distance focale principale ; avec les verres usités d'ordinaire, la variation de distance focale est sept à huit fois plus grande que la variation de la distance des verres.

On peut donner une démonstration tout à fait élémentaire de cette méthode d'achromatisme chimique par écartement des verres en supposant les lentilles sans épaisseur.

Soient p et p' les distances de deux foyers conjugués d'une lentille convergente formée d'un verre dont l'indice soit n pour un rayon donné, on a la formule bien connue

$$(1) \qquad \frac{1}{p}+\frac{1}{p'}=(n-1)\left(\frac{1}{R}+\frac{1}{R'}\right)=(n-1)\,P$$

en désignant pour abréger la somme des courbures par P.

La formule analogue pour une lentille divergente sera

$$(2) \qquad \frac{1}{q}-\frac{1}{q'}=(n'-1)\,Q$$

Si ces deux lentilles sont accouplées au contact (comme dans les objectifs ordinaires), on calculera la distance focale principale φ système en faisant $p=\infty$, $q=p'$, $q'=\varphi$.

Si les deux verres sont écartés à la distance a il faudra substituer $p=\infty$, $p'-a=q$, $q'=\varphi$.

Ou en remplaçant la lettre p' par f pour rappeler que p' est la distance focale principale du verre convergent, on aura

$$(3) \qquad \frac{1}{f-a}-\frac{1}{\varphi'}=(n'-1)\,Q$$

$$(4) \qquad \text{avec } \frac{1}{f}=(n-1)\,P$$

L'écartement des verres devant rester dans des limites très-étroites (1 à 1 1/2 0/0 de la distance focale totale, environ $0{,}02f$ $0{,}03f$), on peut développer ainsi le terme

$$\frac{1}{f-a}=\frac{1}{f\left(1-\frac{a}{f}\right)}=\frac{1}{f}\left(1+\frac{a}{f}+\frac{a^2}{f^2}+\ldots..\right)$$

et limiter le développement aux deux premiers termes :

la formule (3) devient après substitution de la valeur de f (4)

$$(5) \qquad \frac{1}{\varphi'}=\left(1+\frac{a}{f}\right)P\,(n-1)-Q\,(n'-1).$$

Pour interpréter cette équation d'une manière toute géométrique, nous aurons recours à la considération d'une courbe qui joue un grand rôle dans la représentation graphique des conditions d'achromatisme et que pour cette raison j'appellerai *courbe d'achromatisme* (*fig.* 10).

On l'obtient en construisant les points dont l'abscisse $x=n-1$ et l'ordonnée $y=n'-1$ ont respectivement pour valeurs les indices diminués de l'unité des deux verres, indices correspondant à la même couleur, ou mieux à la même raie.

Ainsi les points A, b, G, H de la courbe ci-jointe ont été formés en prenant pour abscisses les indices moins l'unité, du crown-glass correspondant aux raies A, b, G, H, et pour ordonnées les indices moins l'unité du flint-glass correspondant aux mêmes raies. La substitution des valeurs numériques montre qu'avec ces genres de verres la courbe tourne sa convexité vers l'axe des x (crown-glass) et que la direction moyenne de l'arc de courbe passe au-dessous de l'origine et qu'elle fait un angle d'environ 60° avec l'axe des x.

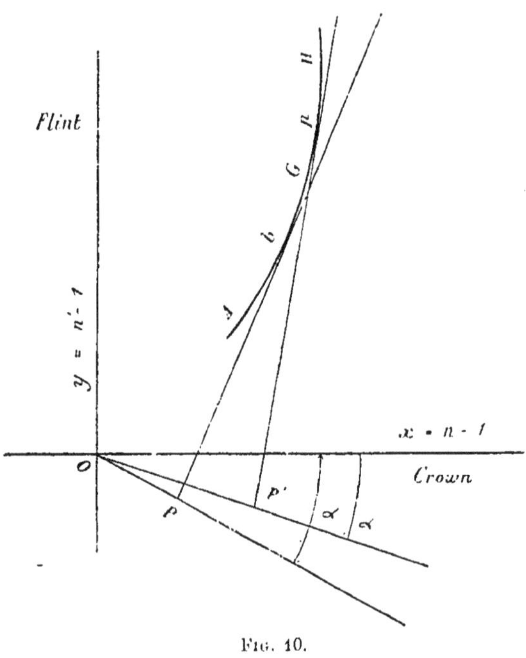

Fig. 10.

La condition d'achromatisme considérée sur l'équation (5) est que pour toutes les valeurs correspondantes de x et n', la variation de φ soit aussi petite que possible. Substituant $x = n - 1$, $y = n' - 1$ il vient

$$\frac{1}{\varphi'} = \left(1 + \frac{a}{f}\right) \mathrm{P}x - \mathrm{Q}y$$

expression de la forme

$$x \cos \alpha - y \sin \alpha$$

ce qui conduit par identification à

$$\frac{\cos \alpha}{\left(1 + \frac{a}{f}\right)\mathrm{P}} = \frac{\sin \alpha}{\mathrm{Q}} \quad \text{ou} \quad \tan \alpha = \frac{\mathrm{Q}}{\mathrm{P}}\left(1 - \frac{a}{f}\right)$$

en rétablissant $1 - \frac{a}{f}$ au lieu de l'inverse de $1 + \frac{a}{f}$, ce qui rend inutile la limitation de la série développée plus haut.

On conclut de cette identification que l'inverse de la distance focale résultante φ' est proportionnel à la projection du rayon vecteur de la *courbe d'achromatisme*, sur une droite faisant avec l'axe des x un angle égal à $-\alpha$. Géométriquement, la condition d'achromatisme devient celle-ci : déterminer la direction telle que la projection de l'arc de courbe, considérée dans toute l'étendue qui correspond aux indices des rayons utiles, soit minimum.

Il est évident que cette condition sera remplie si l'on projette suivant la droite qui joint les deux extrémités de la courbe : ou même si l'on projette l'arc suivant la tangente au point b qui dans les rayons visibles représente ce que symboliquement j'ai appelé le *centre de gravité* du spectre visible.

Pour l'achromatisme des rayons chimiques la direction de la projetante est celle de la tangente en un point μ situé vers le milieu de l'intervalle GH. Comme la courbe est convexe, cette tangente fait un angle plus grand que le précédent avec l'axe des x : donc α doit diminuer.

L'équation (6) montre qu'en effet pour diminuer α il faut augmenter a. Donc l'écartement des verres transforme bien l'achromatisme des rayons visibles en achromatisme chimique. La règle expérimentale définie plus haut est donc démontrée.

Le raccourcissement correspondant du foyer est également évident; car la distance OP' inverse de φ' est plus grande que OP.

En résumé étant donnée une lunette astronomique achromatique dont l'objectif est formé d'une lentille convergente de crown-glass et d'une lentille divergente de flint-glass, on la transformera en un objectif susceptible de donner des images photographiques d'une netteté aussi satisfaisante que possible, en écartant les deux lentilles d'une quantité dépendant de la nature de ces deux verres. Avec les verres usités en optique, un écartement de 1 1/2 0/0 de la distance focale principale de l'objectif est suffisant, et le foyer chimique est très-voisin du foyer optique.

Quant aux aberrations produites par cet écartement des verre, je me suis assuré par expérience qu'elles sont entièrement négligeables. J'ai étudié à ce point de vue plusieurs lunettes de différents foyers, en particulier une excellente lunette de 100 millim. d'ouverture et de 1 mèt. 40 de distance focale. Avec un écartement de 15 millim. des deux verres, j'ai réussi à photographier une échelle divisée en millimètres, placée à 40 mèt. de distance : les traits étant parfaitement distincts ; le rapport des pleins aux vides était bien reconnaissable et l'on pouvait, au microscope, mesurer avec un micromètre la trentième partie des intervalles. Un relevé micrométrique, d'une épreuve très-soignée, fait sur plaque d'argent, d'après le procédé de Daguerre, m'a permis de constater que, sur toute l'étendue de l'échelle qui comprenait près de 600 traits et qui sous-tendait un angle de 45′ il n'y avait aucune déformation systématique.

En terminant, je dirai que la méthode de transformation d'achromatisme est générale et qu'elle peut s'appliquer à la solution de bien des questions de physique, d'astronomie et de micrographie.

M. BEEKENSTEINER

de Lyon

SUR L'ÉLECTRICITÉ DÉVELOPPÉE PAR LES PLUMES EN FER

(EXTRAIT DU PROCÈS-VERBAL)

— *Séance du 22 août 1873.* —

M. Beekensteiner a constaté que les plumes en fer emmanchées dans du laiton produisent, lorsqu'on écrit, des courants par l'action de l'encre sur le métal : il attribue à ces courants la fatigue des écrivains.

M. A. LALLEMAND

Doyen de la Faculté des Sciences de Poitiers

SUR QUELQUES PHÉNOMÈNES D'ILLUMINATION

(EXTRAIT DU PROCÈS-VERBAL [1])

— *Séance du 22 août 1873.* —

M. Lallemand a continué ses recherches sur l'illumination et la fluorescence ; lorsqu'un faisceau lumineux intense traverse un corps transparent, celui-ci émet de la lumière dans toutes les directions ; l'analyse polariscopique de la lumière émise normalement au faisceau incident montre que cette lumière se compose de deux parties ; l'une blanche polarisée dans un plan passant par le faisceau incident, l'autre généralement colorée, non polarisée, qui est due à la fluorescence ; cette dernière est d'autant plus

[1] V. *Comptes rendus de l'Académie des Sciences*, t. LXXVII, 24 novembre 1873, p. 1216.

marquée que le corps soumis à l'expérience absorbe davantage les rayons chimiques. Ainsi, le spath présente une couleur d'un beau rouge, tandis que le quartz ne donne presque rien.

La lumière blanche émise dans une direction oblique au faisceau incident est partiellement polarisée, et M. Lallemand a été amené à penser que l'enveloppe des vibrations qui constituent cette lumière est la projection sur le plan normal au rayon émis du cercle enveloppe de la vibration incidente, de sorte que le rapport des deux composantes polarisées à angle droit dans la vibration émise est proportionnel au cosinus de l'angle du faisceau incident et du faisceau émis; des considérations analogues s'appliquent au cas où la lumière incidente est polarisée.

La présence de la lumière émise par fluorescence complique un peu les lois numériques du phénomène ; cependant, en combinant les mesures photométriques et polarimétriques, M. Lallemand a pu vérifier l'exactitude des formules déduites de ces hypothèses,

---

M. MERGET

RECHERCHES SUR LA DIFFUSION DES VAPEURS MERCURIELLES

(EXTRAIT DU PROCÈS-VERBAL) [1]

— *Séance du 25 août 1873.* —

L'examen de la formule de M. Regnault, qui lie la tension de la vapeur mercurielle à la température, et des formules théoriques de M. Clausius sur la vitesse moléculaire ont conduit M. Merget à penser que, comme les autres liquides, le mercure émet des vapeurs susceptibles d'une diffusion indéfinie; et il a mis ce fait en évidence par l'emploi de réactifs sensibles (chlore, iode, papier imprégné d'azotate d'argent ammoniacal, sels des métaux précieux).

Ces réactifs montrent que le mercure, même congelé, émet des vapeurs, que les vapeurs mercurielles pénètrent à travers les corps poreux et peuvent servir, par exemple, à suivre la marche des vaisseaux dans les végétaux.

La vapeur mercurielle peut être condensée par certains corps, le charbon, le platine, le palladium, l'or et l'argent, de sorte qu'un cliché (positif), étant recouvert dans certaines parties de sa surface d'argent pulvérulent, et exposé au-dessus d'une plaque amalgamée pendant quelque temps, devient apte à produire des images par simple application sur un papier imbibé d'un des réactifs ci-dessus.

Ces images peuvent être virées et fixées.

[1] V. *Comptes rendus de l'Académie des Sciences*, séance du 16 juin 1873.

M. MERGET

EMPLOI DES GAZ COMME RÉVÉLATEURS

(EXTRAIT DU PROCÈS-VERBAL) [1]

— *Séance du 25 août 1873.* —

Les sels des métaux précieux ne sont réduits par les vapeurs mercurielles qu'en présence d'une certaine humidité ; si donc on fait agir la lumière à travers un négatif sur une feuille de papier imprégnée d'un mélange de chlorure de platine et de liqueur Poitevin (mélange de perchlorure de fer et d'acide tartrique), les parties atteintes par la lumière deviennent hygrométriques et sont susceptibles d'être réduites par la vapeur de mercure, l'iode et le chlore ; l'hydrogène sulfuré peut être aussi employé comme révélateur, avec une feuille de papier imprégnée de bichlorure de cuivre et de liqueur Poitevin. Enfin, la vapeur d'eau révélera de même des images sur un papier imprégné de chlorure de palladium et de liqueur Poitevin préalablement exposé à la lumière.

M. MERGET

INFLUENCE DE L'ÉTAT MOLÉCULAIRE DES CORPS SUR LA SENSIBILITÉ QU'ILS MANIFESTENT SOUS L'ACTION DE LA LUMIÈRE

(EXTRAIT DU PROCÈS-VERBAL) [2]

— *Séance du 25 août 1873.* —

Si l'on étend sur une feuille de papier un mélange de chlorure d'or et de chlorure de calcium, tant que l'humidité est forte, l'or réduit par l'action de la lumière est d'un jaune très-clair et presque transparent ; lorsque l'humidité a presque disparu, l'or réduit est opaque et plus foncé ; par suite, si l'on place derrière une gravure cirée un papier préparé comme ci-dessus, en l'exposant quelque temps au soleil, puis qu'on retire la gravure, en continuant l'exposition, les noirs de la gravure apparaîtront en jaune brillant.

Le grain a également une influence marquée : ainsi, tandis que le papier imprégné de nitrate d'argent est à peine sensible à l'action de la lumière,

[1] V. *Comptes rendus de l'Académie des Sciences*, séance du 16 juin 1873, t. LXXVI, p. 1470.

[2] V. *Comptes rendus de l'Académie des Sciences*, séance du 16 juin 1873, t. LXXVI.

il y a, au contraire, action immédiate sur un mélange d'oxyde de zinc et de nitrate d'argent étendu sur le même papier ; d'autres poudres inertes comme l'oxyde de zinc conduisent au même résultat ; des corps inertes donnent également de la sensibilité au mélange de chlorure de platine et de liqueur Poitevin, qui est par lui-même insensible.

De plus, l'action de l'hydrogène peut compléter et achever l'action commencée par la lumière.

M. Merget a observé enfin que les circonstances qui exaltent la sensibilité d'une substance augmentent la facilité avec laquelle les agents chimiques (hydrogène, vapeurs mercurielles, etc.) agissent sur elle.

La plupart des expériences décrites sont en même temps exécutées sous les yeux de la section.

M. DUFOUR

Professeur de physique à Lausanne

VARIATIONS DE TEMPÉRATURE QUI ACCOMPAGNENT LA DIFFUSION DES GAZ

(EXTRAIT DU PROCÈS-VERBAL) [1]

— *Séance du 25 août 1873.* —

M. Dufour (de Lausanne) a étudié les variations de la température qui accompagnent la diffusion des gaz. Son appareil consiste essentiellement en un vase poreux, dans l'intérieur duquel se trouve un thermomètre, et dont les deux faces peuvent être baignées par des gaz différents. Il est très-important que les gaz employés soient parfaitement secs ; la présence de vapeur d'eau (et de tout autre liquide) pouvant à elle seule amener des écarts de 1° 1/2. Dans les circonstances où a opéré M. Dufour, pour l'hydrogène et l'air, la température du thermomètre baissait de 3 à 4° lorsque l'hydrogène pénétrait dans le vase poreux, montait de la même quantité lorsque l'hydrogène en sortait ; tout obstacle apporté à la diffusion diminuait les variations de température ; lorsque la diffusion a lieu sous l'influence d'une différence de pression sur les deux faces du vase poreux, le premier mouvement thermométrique (dans le premier cas) est une hausse légère suivie ensuite d'une baisse.

Les résultats observés proviennent de causes complexes, et, dans le cas le plus simple, sont la différence des effets dus aux deux diffusions, en sens inverse, qui s'accompagnent nécessairement.

[1] Voir *Bulletin de la Société vaudoise des sciences naturelles*, t. XII.

M. A. CORNU

Ingénieur des mines, Professeur à l'École polytechnique

ET

J. BAILLE

Répétiteur à l'École polytechnique

DÉTERMINATION NOUVELLE DE L'ATTRACTION ET DE LA DENSITÉ MOYENNE DE LA TERRE

— *Séance du 25 août 1873.* —

M. A. Cornu donne quelques renseignements intéressants sur une détermination nouvelle de l'attraction et de la densité moyenne de la terre, qu'il exécute en collaboration avec M. J. Baille. La méthode est au fond celle de la balance de Cawendish; mais de sérieux perfectionnements y ont été apportés et les résulats obtenus sont satisfaisants.

Les principaux renseignements fournis par M. Cornu se trouvent dans une note publiée dans les *Comptes rendus de l'Académie des Sciences*, 1873, t. LXXVI, p. 954.

M. MERGET

LE MUSÉE TECHNIQUE DE LYON
PRÉSENTATION D'APPAREILS DE DÉMONSTRATION CONSTRUITS PAR M. BÉNÉVOLO

(EXTRAIT DU PROCÈS-VERBAL)

— *Séance du 25 août 1873.* —

M. Merget a donné, dans un rapide exposé, quelques détails sur les laboratoires du musée technique, institution analogue au Conservatoire des arts et métiers de Paris et due à l'initiative de la municipalité lyonnaise.

Il n'est pas nécessaire de faire ressortir l'importance de ces laboratoires, où l'on se propose de réunir des collections d'appareils scientifiques spécialement construits pour être mis à la portée des ouvriers, pour être au besoin expérimentés par eux, et qui devraient être par conséquent aussi simplement conçus que solidement établis en vue de cette destination.

Comme spécimens des types qui seront affectés à l'enseignement tout pratique du musée technique, M. Merget a présenté aux membres de l'Association quelques appareils sur lesquels leur attention s'est portée avec un évident intérêt.

On a remarqué surtout un télégraphe électrique, de proportions imposantes, d'une construction tout à la fois élégante et solide, réunissant pour la démonstration les organes essentiels des trois systèmes Bréguet, Morse et Hugues, et réalisant, grâce à d'ingénieuses combinaisons mécaniques, des perfectionnements considérables, tels que celui de la suppression du mouvement d'horlogerie employé jusqu'à présent pour le déroulement de la bande de papier sans fin sur laquelle s'imprime la dépêche.

C'est, en un mot, l'appareil de télégraphie démonstrative le plus complet et le plus parfait que nous connaissions.

Ce remarquable instrument est l'œuvre de M. Bénévolo, préparateur aux cours municipaux de mécanique et de physique, et il ne semble pas douteux qu'il ne fasse à cet intelligent et habile constructeur autant d'honneur que ses précédents travaux.

Ce qui distingue les appareils de M. Bénévolo, c'est principalement la parfaite corrélation des formes et des dimensions avec la densité et la force de résistance des matières employées. Ces qualités se retrouvent dans un électro-moteur d'une grande puissance dynamique. Ce dernier appareil se recommande par une innovation très-ingénieuse : grâce à un mécanisme des plus simples, on modifie, on peut renverser à volonté la direction du courant, et on évite le magnétisme rémanent.

On a aussi vu et admiré un appareil électrique pour sonnerie dans le vide, d'après un système tout à fait nouveau, ainsi qu'un tableau porte-tube Geissler avec commutateur.

Le musée technique possède aussi la collection complète des diverses applications de la galvanoplastie, et bien qu'il ne soit qu'à son début, il présente un ensemble d'appareils scientifiques des plus précieux et des plus utiles, qui a vivement éveillé l'intérêt de MM. les membres de l'*Association française pour l'avancement des science.*

A la suite de l'examen de ces appareils, la section de physique a émis le vœu suivant :

La Section de physique,

Après avoir examiné les appareils construits par M. Bénévolo pour le Musée technique de la ville de Lyon ;

Considérant que ces appareils sont à la fois solides et élégamment construits, bien disposés pour la démonstration expérimentale des principes sur lesquels sont fondées la télégraphie, la galvanoplastie, les machines électro-magnétiques, la photographie ;

Considérant que l'Association a pour devoir de soutenir les œuvres destinées à répandre la science et ses applications à tous les degrés ;

Émet le vœu que les séries d'appareils en voie d'exécution soient complétées, que leur nombre soit augmenté, que ces appareils, expliqués dans des conférences, soient mis sous les yeux du public et puissent être maniés par lui, et que la ville de Lyon assigne dans ce but un local convenable.

M. ANDRÉ

Capitaine au 23ᵉ régiment d'artillerie

DU ROLE DE LA SCIENCE DANS L'ARTILLERIE

— RÉSUMÉ —

— *Séance du 27 août 1873.* —

Messieurs,

Je ne me propose pas, en prenant la parole devant vous, de vous faire connaître les derniers travaux exécutés par l'artillerie, ni de vous exposer les résultats pratiques auxquels nous sommes récemment parvenus. Trop de motifs, et des meilleurs, nous recommandent la discrétion sur ce point, pour que je puisse être tenté de m'en écarter. Je laisserai donc entièrement de côté les détails, et je vais me borner à examiner avec vous, dans son ensemble, le problème de l'artillerie, tel qu'il se pose aujourd'hui ; je rechercherai de quel secours la science générale peut être pour nous dans son état actuel, quelles sont les théories qui nous sont nécessaires, quelles sont les expériences que nous attendons de vous, quels sont les instruments qui nous font encore défaut.

Le problème que nous avons à résoudre est, comme vous le savez, dans son expression la plus générale, de faire parvenir, *sur un point donné*, un projectile animé de la *plus grande vitesse possible.* J'apporte immédiatement une restriction ; je laisse de côté les solutions qui peuvent reposer sur des combinaisons proprement mécaniques ; je passe même sous silence celles qui, comme les fusées de guerre, n'utilisent pas la force explosive de la poudre, et je ne vais examiner le problème proposé que quant à la solution qui comporte l'emploi du canon, de la poudre explosive et du projectile.

En ramenant la question à ces termes et en se maintenant dans les conditions des dernières découvertes, le problème général se décompose en études qui peuvent être poursuivies directement et d'une manière indépendante. Ainsi, d'après les données mêmes, on est conduit à examiner, d'une part, ce qui est relatif à la vitesse du projectile à son arrivée au but, et, d'autre part, ce qui est relatif à sa justesse : j'ajoute un troisième ordre de considérations implicitement compris dans l'énoncé du problème, c'est l'examen de la résistance du canon.

Chacune de ces études va embrasser un certain nombre d'éléments. La vitesse au point de chute dépend de la vitesse initiale et de la perte de vitesse dans l'air ; — la justesse dépend principalement du centrage du projectile à sa sortie de la bouche à feu et de la régularité de sa position relativement à sa trajectoire durant son trajet ; enfin, l'étude de la conservation de la pièce nécessite la connaissance de la loi des actions des gaz de la poudre et celle de la résistance du métal employé.

Notre rôle, à nous, artilleurs, doit consister à partir de la connaissance des relations qui existent entre ces éléments, pour parvenir à la détermination des conditions pratiques les plus avantageuses, — en d'autres termes, nous devons, en nous laissant guider par les théories de la science générale, concevoir et combiner au mieux les différentes parties des bouches à feu et des projectiles, puis organiser des expériences méthodiques pour reconnaître, par le tir effectif, la valeur réelle de nos combinaisons.

Quelles sont les données, quelles sont les théories que nous offre actuellement la science générale ? Quels sont les renseignements qui nous sont nécessaires ? — C'est ce que je vais examiner avec vous, en analysant les questions dont je viens de parler.

Il résulte de ce que nous avons dit tout à l'heure que les choses qu'il nous importe principalement d'étudier sont : 1° *pour la poudre*, la vitesse initiale qu'elle peut communiquer au projectile, et la nature des actions qu'elle exerce sur la pièce ; 2° *pour le projectile*, les dispositions qui permettent d'obtenir un centrage plus ou moins parfait à sa sortie de la bouche à feu ; la régularité de sa position relativement à sa trajectoire pendant la durée de son trajet ; et enfin la perte de vitesse qui résulte de la résistance de l'air ; 3° *pour la bouche à feu*, la nature de la résistance des métaux et l'influence de la répartition des masses.

L'influence de ces éléments est tellement évidente pour vous que je considère comme futile d'entrer ici dans aucun développement à cet égard ; je passe, sans autre digression, à l'examen de l'état dans lequel nous nous trouvons actuellement pour en poursuivre l'étude.

La poudre. — Pour comparer les poudres entre elles, pour apprécier la valeur des poudres nouvelles que les chimistes peuvent nous proposer, il nous faut des procédés et des appareils permettant de déterminer facilement la vitesse initiale du projectile et les actions sur la bouche à feu. La première partie du problème a reçu des solutions à peu près satisfaisantes. Sans parler de l'ancien pendule balistique, je dois vous rappeler les appareils de MM. Navez, Martin de Brettes, Le Boulanger..., qui sont d'un emploi facile et qui nous offrent une approximation presque toujours suffisante. J'ajouterai que la description du diapason électrique, qui nous a été faite vendredi dernier par mon ami M. Mercadier, peut nous permettre d'espérer que cet ingénieur réalisera facilement un appareil dont la précision ne laisse rien à désirer.

Mais il n'en est pas de même de la deuxième partie du problème. Il s'agit de relever et de mesurer les valeurs successives d'une force dont les intensités sont considérables et dont la rapidité de variation est extrême. Sur ce point, la mécanique et la physique ne nous offrent que des secours très-précaires. Nous ne manquons pas de dynamomètres pour mesurer des forces constantes, ni d'appareils pour enregistrer des travaux totaux, mais nous n'avons rien pour le cas général qui nous occupe ici. Rien, car, remarquez-le bien, il ne s'agit pas seulement pour nous de connaître la force maxima, ni d'évaluer le travail total; il nous faut connaître la suite des valeurs de la force en fonction du temps, ou, autrement dit, la courbe des travaux élémentaires.

Il serait oiseux de s'appesantir sur l'impuissance de l'analyse pure à résoudre une pareille question; de magnifiques travaux ont été faits dans ce sens; mais ils n'ont pu avoir de valeur que dans les cas particuliers pour lesquels certains coefficients empiriques avaient été déterminés. — La mécanique ne nous offre qu'un seul procédé, c'est de relever le mouvement d'une masse donnée sous l'influence de cette force variable et de conclure de là les intensités successives; — mais comment relever ce mouvement? quelle confiance attacher à l'évaluation des coefficients angulaires qui entreront nécessairement dans nos formules?

N'est-il pas naturel que, dans ces conditions, nous tournions nos regards du côté de la physique, et ne sommes-nous pas excusables s'il nous arrive parfois d'en médire quelque peu dans nos polygones? — Les physiciens, nous le reconnaissons, font de très-beaux travaux dans leurs cabinets; à voir l'usage qu'ils en font, on peut penser que le calcul intégral a été spécialement inventé pour eux; c'est vrai, mais vous me permettrez de rappeler ici que l'expérimentation est leur méthode fondamentale et qu'on peut attribuer pour but à votre science la détermination indirecte de la valeur des forces qui ne peuvent être mesurées directement. Or, la question qui nous arrête est précisément ce problème général. — Comment peut-il être résolu? — je l'ignore, bien entendu; mais il me semble manifeste que c'est à vous, et non à des soldats, qu'incombe la solution d'un problème aussi fondamental pour la science.

Le projectile. — Si le centre de gravité d'un projectile ne se trouve pas exactement sur son axe de rotation, ce centre de gravité va décrire une hélice à l'intérieur du canon et le projectile, au lieu d'être projeté dans la direction de l'axe de la pièce, partira suivant la tangente à cette courbe. D'où irrégularité dans le tir, c'est-à-dire défaut de justesse. Comment centrer le projectile? — Tout en apportant le plus grand soin dans sa fabrication, tout en usant des procédés les plus ingénieux pour amener nos projectiles à occuper toujours une position initiale identique, nous ne pouvons compter sur une exactitude absolue. Sur ce point, la mécanique rationnelle aurait bien des choses à nous apprendre. L'étude des rotations est loin d'être terminée : Poinsot nous en a enseigné les lois pour le cas d'un solide invariable; mais que se passe-t-il pour les solides dans lesquels on imagine des liaisons? Ne peut-on parvenir par telle ou telle combinaison à ramener le centre de gravité d'un semblable corps sur son axe de rotation? — La question ne nous semble pas absurde *a priori;* mais la réponse appartient certainement à la partie la plus élevée et la plus complexe de la mécanique rationnelle.

C'est à la mécanique que je viens de m'adresser ; c'est à votre science que je reviens en parlant de la résistance de l'air. C'est bien là un problème de physique et de physique générale. Il vous a préoccupés, et j'aurais bien des noms à vous citer, Newton, Hutton, Borda... Je ne veux infirmer en rien la valeur de leurs expériences ; mais de quelle ressource peut être pour nous la connaissance de l'intensité de cette résistance quand elle ne nous est fournie que pour des vitesses qui s'élèvent à une dizaine ou une vingtaine de mètres? — De quelle valeur, l'hypothèse qui identifie la résistance sur une surface quelconque à la résistance sur sa projection plane? — De tels points de départ peuvent donner lieu à de remarquables développements algébriques ; nous venons d'en avoir la preuve encore récemment ; mais c'est tout. Et lorsque, dans la fameuse question de la navigation aérienne, on a senti le besoin de s'appuyer sur quelques chiffres précis, ce ne sont pas les mémoires des physiciens qu'on a dû consulter, mais bien les rapports de nos commissions de tir.

Cette étude de l'intensité de la résistance des milieux, que la physique n'a fait qu'ébaucher, n'en est pas moins en avance sur celle de la direction de cette résistance. Un corps de forme donnée se meut dans l'air en tournant sur lui-même ; quelle est la direction, à chaque instant, de la résistance de ce fluide? — Nous avons sur ce point quelques expériences de Magnus, les plus élémentaires, les plus insuffisantes ; — comment pourrons-nous prévoir la direction de ce projectile quand vous ne nous indiquez ni l'intensité ni la direction des forces qui agissent sur lui? — Nous en sommes donc réduits à un examen direct, à des essais successifs, à des tâtonnements sans limites ; nous tirons, et nous adoptons celui des projectiles essayés qui porte le plus loin, qui offre la plus grande justesse moyenne. C'est de l'empirisme, c'est vrai ; mais est-ce à nous ou aux savants de résoudre les problèmes de science générale ?

Bouche à feu. — Nous nous trouvons ici encore en présence d'une question générale dont un point particulier a seul été étudié. Que savons-nous de la résistance des métaux ? — Vous nous donnez des coefficients de rupture pour le cas d'une charge constante ; c'est très-bien pour les constructeurs des ponts métalliques ; mais vous voyez que cela ne nous apprend rien pour le cas où nous sommes placés. Nous aurions beau connaître la loi des intensités des pressions exercées par une certaine poudre, que nous n'en pourrions rien conclure quant à la rupture de tel métal, quant à la forme qu'il convient de donner au canon. La méthode empirique nous reste seule ; nous en tirons parti ; c'est bien pour nous ; mais ne penserez-vous pas qu'ici encore cette partie de la physique demande à être complétée et qu'il pourrait être utile de laisser momentanément de côté les séduisantes suppositions qui servent de base à l'étude analytique de l'élasticité, pour les remplacer par des expériences dans lesquelles on tiendrait compte non-seulement des forces, mais aussi du travail et du temps ?

Vous le voyez, Messieurs, je n'ai fait qu'indiquer bien superficiellement les différents problèmes qui se posent aujourd'hui à l'artillerie ; j'ai passé sous silence les solutions plus ou moins satisfaisantes que nous avons su leur donner, pour insister principalement sur les questions de science générale qui sont ainsi soulevées. — C'est donc pour vous demander de nous aider dans nos travaux que j'ai pris ici la parole ; il m'a semblé que vous présenter des sujets de recherches était la meilleure manière qu'il fût en moi de vous offrir des remerciements pour l'aimable invitation qui nous a été transmise par votre honorable président. J'ajoute que, pour notre part, nos efforts ne feront jamais défaut pour tirer de vos travaux le parti pratique qu'ils comporteront ; je rappelle, à l'appui, que c'est en 1852 que l'illustre Poinsot complétait par sa théorie des rotations la science de d'Alembert et que, comme conséquence, l'artillerie française se montrait, pendant la campagne d'Italie, incomparable à toutes les autres. — Nous sommes quelque temps restés stationnaires comme tout inventeur après une découverte ; mais nous reprenons notre marche en avant et je suis certain que vous nous y aiderez, puisque vos travaux auront un double but, la science et la patrie.

M. C. FRIEDEL

Maître de conférences à l'École normale supérieure, Conservateur des Collections de minéralogie à l'école nationale des Mines

SUR LES RELATIONS POUVANT EXISTER ENTRE LES PROPRIÉTÉS THERMOÉLECTRIQUES ET LA FORME CRISTALLINE

— *Séance du 27 août 1878.* —

M. Marbach a communiqué, en 1857, à l'Académie des sciences, une observation remarquable et inattendue : ayant étudié les propriétés thermoélectriques de la pyrite de fer, il a reconnu que ce corps présente deux variétés, qui ne se distinguent en rien extérieurement, et qui possèdent des propriétés thermoélectriques opposées, de telle sorte qu'avec deux fragments convenablement choisis on peut former un couple thermoélectrique ayant un pouvoir électromoteur plus grand qu'un couple bismuth antimoine. Il a signalé la même propriété dans un autre minéral, la cobaltine ou cobalt gris, dont la forme cristalline est identique avec celle de la pyrite [1].

La pyrite et la cobaltine, se rencontrant toutes deux en formes hémiédriques à faces parallèles, on devait être porté à chercher une relation entre leur mode d'hémiédrie et l'existence de cette propriété si curieuse, restée jusqu'ici sans autre exemple.

M. Marbach, auquel on doit encore la découverte du pouvoir rotatoire dans le chlorate de sodium, — pouvoir rotatoire dont il a montré la connexion dans ce corps avec l'existence de l'hémiédrie non superposable, comme M. Pasteur l'avait établi en principe après ses expériences sur les tartrates, — M. Marbach avait supposé que « l'hémiédrie non superposable pouvait exister dans la structure intérieure de la pyrite, sans que cette forme se manifestât dans les combinaisons extérieures des faces. »

Porté de même à supposer l'existence d'une relation entre l'hémiédrie de la pyrite et ses propriétés thermoélectriques, j'ai soumis à un examen attentif de nombreux échantillons de cette substance. Les premiers résultats de mes recherches ont été publiés dans le journal *L'Institut*, 28e année, numéro 1408, après avoir été présentés à la Société philomathique, le 1er décembre 1860. Ils consistaient en ce fait qu'aucune différence cristallographique n'existe entre la variété positive et la variété négative de la pyrite. Le seul indice extérieur des

[1] *Comptes rendus des séances de l'Académie des Sciences,* t. XLV, p. 707.

différences de propriétés thermoélectriques se trouve sur certains cristaux sur lesquels sont réunies les variétés positive et négative. Sur ces échantillons, on voit parfois, au milieu de faces brillantes et relativement unies, des plages finement striées, qui sont assez nettement limitées, et qui sont toujours d'un signe thermoélectrique opposé à celui des parties brillantes qui les environnent. Les parties lisses et les parties striées sont indifféremment positives ou négatives, la seule chose constante est l'opposition de signe des unes et des autres.

J'ai fait remarquer l'analogie qui existe entre ces cristaux mâclés avec leurs parties striées, et les cristaux de quartz, sur lesquels fréquemment aussi les parties droites et les parties gauches se révèlent extérieurement par une différence d'éclat, sans que pourtant on puisse dire que les parties mates appartiennent de préférence au quartz droit ou au quartz gauche. Il n'y a de constant ici encore que l'opposition de signe des deux parties.

Il m'avait semblé naturel d'induire de là une liaison probable entre l'hémiédrie de la pyrite et ses propriétés thermoélectriques ; de telle sorte que la variété positive, par exemple, représenterait les cristaux hémièdres de droite et la variété négative les cristaux hémièdres de gauche, sans toutefois que la variété gauche puisse en rien se distinguer de la droite, vu la nature de l'hémiédrie, qui est à faces parallèles et dans laquelle par conséquent le solide hémièdre droit et le solide hémièdre gauche sont superposables, Cette induction ne pouvait être vérifiée que par la découverte simultanée de l'hémiédrie à faces parallèles et de l'existence de deux variétés de signe thermoélectrique opposé, sur un assez grand nombre de substances diverses : malheureusement on n'en connaît que deux, celles précisément qui ont été étudiées par M. Marbach, qui possèdent à la fois l'hémiédrie à faces parallèles et la conductibilité électrique nécessaire pour permettre de les étudier au point de vue thermoélectrique.

J'ai donc dû me borner à cette supposition et continuer mon travail dans une autre direction, en cherchant à mettre en évidence dans plusieurs substances bonnes conductrices de l'électricité, et affectées de l'hémiédrie à faces inclinées, la propriété pyroélectrique [1], qui, comme on sait, accompagne ce mode d'hémiédrie dans les cristaux conduisant mal l'électricité. J'y ai réussi pour la panabase et pour la chalcopyrite.

Dans un mémoire étendu, publié dans les *Annales de Poggendorff* [2], G. Rose, le minéralogiste illustre dont la science déplore la perte

[1] *Annales de chimie et de phys.* [4], t. XVI, p. 14. 1869.
[2] T. CXLII, p. 1. 1871.

récente, a repris l'étude comparée des formes cristallines de la pyrite et de ses propriétés thermoélectriques. Il annonce avoir trouvé une relation constante entre la forme des cristaux de pyrite et leur signe thermoélectrique; il formule ainsi, page 13, cette loi : *Les cristaux de pyrite et de cobalt gris peuvent d'une manière certaine se distinguer en cristaux de première et de deuxième position* [1], *dont les uns sont positifs et les autres négatifs, de telle façon que la manière d'être thermoélectriques de la pyrite et du cobalt gris est en relation directe avec l'hémiédrie des cristaux.*

A l'appui de cette proposition, le savant auteur passe en revue un grand nombre de cristaux de pyrite. Il signale avec beaucoup de soin les formes et les combinaisons de formes qui, d'après ses observations, appartiennent de préférence à la variété positive ou à la variété négative : quelques formes simples n'ont été rencontrées que sur des cristaux positifs, d'autres seulement sur des cristaux négatifs. Comme on pouvait s'y attendre, ce sont des formes assez rares.

Vient ensuite l'étude de la nature des faces, des stries, des empreintes que l'on peut y observer. G. Rose indique également des différences qu'il a trouvées entre les faces positives et les faces négatives; nous ne pouvons résumer ici ces descriptions minutieuses, desquelles ne nous semble résulter aucun caractère bien tranché pour les deux variétés qu'il distingue.

Il passe ensuite à l'examen des cristaux mâclés. — Il sépare les mâcles en deux espèces : la première renferme des cristaux de même nature thermoélectrique, dont l'un a tourné, par rapport à l'autre, de 90°; dans la deuxième, des cristaux de nature thermoélectrique opposée sont groupés, soit par une mâcle analogue à la précédente, c'est-à-dire avec rotation de 90° de l'un des cristaux, soit dans une position parallèle. G. Rose considère comme étant en position de mâcle, c'est-à-dire réunis avec rotation de 90° d'une des parties, les cristaux dont la nature double n'a été révélée que par les différences de propriétés électriques et dans lesquels le cristal droit et le cristal gauche sont compris sous une même enveloppe de faces ne présentant aucun angle rentrant. Cela résulte naturellement de ce qu'il assimile les cristaux droits avec les cristaux positifs, les cristaux gauches avec les cristaux négatifs; pour les amener dans une situation telle que leurs faces se confondent, il faut faire tourner l'un des deux de 90°. C'est là le mode d'union constant des deux variétés électriques de la pyrite quand elles se rencontrent sur un même cristal.

M. Rose retrouve sur ces mâcles les portions striées indiquant à la

1 Cristaux droits et gauches.

surface la nature différente des cristaux groupés ; il décrit un certain nombre de cristaux dans lesquels se remarque l'enchevêtrement extrême des deux variétés.

Enfin, il passe aux mâcles, dans lesquelles il considère les cristaux comme en situation parallèle. Il place dans cette catégorie tous les cristaux d'ailleurs rares dans lesquels on a observé des formes hémiédriques dans deux positions contraires, car, dit-il, il y a lieu d'admettre que les formes de l'une des positions sont positives et les autres négatives. Les échantillons qu'il a examinés lui ont paru décisifs. Nous résumerons ici ses observations : il cite d'abord des cristaux trop petits pour avoir pu fournir un résultat certain, mais qui présentaient des parties positives et d'autres négatives. Un autre cristal, trop petit, fut trouvé entièrement négatif, malgré la présence d'une face d'un dodécaèdre pentagonal de deuxième position. Un groupe de cristaux, décrit par M. Strüver[1] dans son mémoire sur les pyrites italiennes, offrait le cube modifié par les faces du dodécaèdre rhomboïdal, des deux pyritoèdres droit et gauche, d'un dodécaèdre pentagonal b^3, de l'octaèdre et de l'icositétraèdre a^2. D'après les expériences de M. Rose, le pyritoèdre, auquel les faces b^3 étaient contiguës, était négatif, et celui où b^3 manquait était positif ; sur quelques-unes des faces, les résultats étaient décisifs ; sur d'autres pourtant on a eu des courants en sens contraire indiquant que b^2, non contigu à b^3, aurait été négatif ; dans ce cas, suivant M. Rose, évidemment dans la mâcle, la masse négative était prépondérante et se trouvait cachée par la croûte positive, dont l'effet électrique disparaissait par rapport à la partie négative. Les limites entre les individus positifs et négatifs ne sont pas visibles sur les trois cristaux.

Nous n'ajoutons pas la description d'autres cristaux donnant des résultats encore moins nets. Mais nous citerons une remarque de l'auteur, p. 43, que nous traduisons textuellement : « Si la manière d'être analogue du quartz sert ainsi à la confirmation des observations faites sur les cristaux mâclés de pyrite, et si, dans ces cristaux, l'examen optique et thermoélectrique prouve que, lorsque l'on rencontre sur un même cristal des formes hémiédriques des deux positions dans leur situation parallèle, on a affaire avec des mâcles régulières de cristaux de première et de deuxième position, il semble qu'on est forcé d'admettre la même chose pour les cristaux tétraédriques, pour lesquels l'existence simultanée de formes de première et de deuxième position est très-fréquente, par exemple, dans la boracite, la panabase et la blende. Les moyens nous manquent pour résoudre la question... Des

[1] *Studi sulla mineralogia italiana, pirite del Piemonte et dell' Elba*. Torino, 1869.

essais faits sur la chalcopyrite ont montré que les deux tétraèdres sont tous deux négatifs. »

G. Rose termine en faisant remarquer que les faits précédents sont une preuve de l'hypothèse de Naumann, qui, dans un cristal formé de faces homoèdres et hémièdres, considère les faces homoèdres comme affectées d'hémiédrie, ce à quoi il arrive en regardant ces formes homoèdres comme des limites de formes plus compliquées, et leurs faces étant formées par la réunion de plusieurs autres qui se confondent, ce qui permet à un certain nombre d'entre elles de disparaître, par hémiédrie, sans que le plan disparaisse lui-même. Ainsi, dans le cas qui nous occupe, le cube, l'octaèdre, le dodécaèdre, l'icositétraèdre, le trioctaèdre, sont véritablement des formes hémiédriques, car ils se comportent comme les dodécaèdres pentagonaux et les hémihexoctaèdres à faces parallèles, et sont comme ces derniers positifs ou négatifs.

Nous avons cherché à donner une idée aussi nette que possible de l'état de la question et du mémoire important de M. Rose. Qu'il nous soit permis maintenant d'exposer les expériences que nous avons faites pour contrôler nos anciennes conclusions et celles du savant allemand, en joignant à cet exposé la discussion des divers points du mémoire que nous venons de résumer.

Les différences dans les combinaisons de faces, si soigneusement décrites, et celles signalées dans la nature des faces, dans les empreintes qu'elles portent, etc., ne nous paraissent pas, comme nous l'avons déjà dit, suffisantes pour fournir un caractère tranché : ce sont généralement des différences du plus au moins, comme état ou comme fréquence. Il nous semble qu'il y a une raison très-forte pour prouver qu'elles ne peuvent avoir d'importance : c'est que des cristaux qui ne portent aucun signe extérieur particulier renferment le plus souvent des parties positives et négatives ; les combinaisons de face sont les mêmes sur toutes les parties, et, quant aux différences d'aspect, elles permettent rarement de reconnaître les mâcles. Quant aux faces spéciales à l'une ou à l'autre des variétés, d'après les indications de G. Rose, elles sont fort rares. L'une d'elles $b\,\frac{3}{2}$, que nous avons observée sur un échantillon de localité inconnue, appartenant à la collection de l'École des Mines, peut-être de Brozzo (Piémont), combinée avec b^2 et b^1, et qui est indiquée comme essentiellement positive, a été trouvée positive sur un cristal, négative sur trois autres du même groupe (voir fig. 11). Nous devons ajouter que la détermination de $b\,\frac{3}{2}$ n'est pas d'une entière certitude ; elle n'a

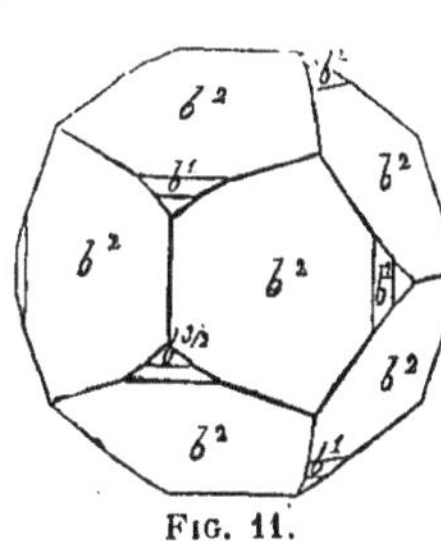

Fig. 11.

pu être faite qu'au goniomètre d'application, les faces étant mates ; elles sont de plus très-peu étendues. Mais nous pouvons faire observer que, pour que cette distinction en faces appartenant uniquement à la variété positive et faces appartenant uniquement à la variété négative eût une importance réelle et fût fondée avec quelque certitude, il faudrait qu'elle s'appliquât à des formes simples fréquentes.

Nous arrivons maintenant à un point plus important, l'examen des mâcles formées de cristaux positifs et négatifs. Pour les mâcles ordinaires, dans lesquelles une même enveloppe de faces limite extérieurement les portions groupées à l'intérieur de la manière la plus irrégulière, le grand nombre d'expériences que nous avons faites n'a ajouté que fort peu de chose à ce que nous avions indiqué dans notre mémoire. Nous avons retrouvé, surtout sur les cristaux de Traverselle (Piémont) et sur ceux de Modane (Savoie), l'opposition de signe entre les parties finement striées et les parties environnantes lisses. Pour les échantillons des deux dernières localités, nous avons trouvé que le plus souvent les parties lisses sont négatives et les striées positives. Nous avons pu nous assurer aussi que sur certains cristaux les parties positives et négatives alternent par couches parfois très-minces, ce qui, comme nous l'avions indiqué déjà, peut donner lieu à des indications contradictoires du galvanomètre et ce qui explique aussi l'indifférence thermoélectrique de quelques échantillons. Nous ajouterons que les indices extérieurs permettant de prévoir l'existence des mâcles ne se rencontrent que dans un nombre relativement restreint de cas, et pour certaines localités particulières.

Quant aux cristaux dans lesquels G. Rose admet l'existence de mâcles parallèles, c'est-à-dire ceux où existent des faces de certains dodécaèdres pentagonaux ou hémihexoctaèdres à faces parallèles (diploèdres de Rose), dans la position opposée à la position ordinaire, nous ne pensons pas qu'on puisse les considérer avec lui comme des mâcles. Nous avons trouvé un certain nombre de ces faces rares, principalement sur des cristaux de Brozzo : quelques-uns de ces cristaux, examinés avec soin au point de vue thermoélectrique, se sont trouvés être partout de même signe ; un groupe de cristaux b^2, b^1, avec un b^x gauche indéterminable a été trouvé entièrement positif. Sur d'autres, où il y avait réellement réunion des deux variétés thermoélectriques, les faces de position gauche donnaient avec celles de droite, qui les environnaient, les mêmes indications galvanométriques sur un angle du cristal, et toutes ensemble les indications opposées sur un autre angle ou sur un autre cristal du même échantillon. C'est ce que nous avons vu sur l'échantillon cité plus haut et montrant b^2 dans la position ordinaire, b^1 et $b^{\frac{3}{2}}$, ce dernier dans la position inverse (voir la figure). Comme nous l'avons dit, $b\frac{3}{2}$ et les faces environnantes étaient positifs sur un cristal et négatifs sur trois autres du même groupe. Sur un autre groupe de Brozzo, portant les faces b^2 dominantes, p, b^1 et $b\frac{5}{2}$ lisse, et en position inverse, à l'une des extrémités de la face p qui est rectangulaire et allongée, celle-ci, et $b\frac{5}{2}$, b^1 et b^2 adjacents étaient positifs, à l'autre extrémité toutes les mêmes faces étaient négatives. D'autres cristaux du même groupe ont également donné des indications galvanométriques tantôt positives, tantôt négatives sur les faces $b\frac{5}{2}$.

Ces expériences répétées un grand nombre de fois nous semblent suffire pour conclure que l'existence des faces de position inverse n'est pas un indice de mâcle dans les cristaux de pyrite, et de plus que ces faces de situation inverse ne sont pas liées non plus avec l'une des variétés thermoélectriques, de telle sorte qu'elles soient toujours négatives.

Il y a d'ailleurs quelque chose de contradictoire dans l'opinion de M. Rose, qui admet qu'il en est ainsi pour certaines faces très-peu fréquentes et qui considère alors le cristal comme étant une mâcle dont les deux parties sont en position parallèle. Si cela était, les faces b^2 avoisinantes devraient tourner de 90° et prendre la position analogue à celle des faces b^x, puisque, thermoélectriquement, elles sont de même signe qu'elles. D'ailleurs la manière d'être constante des mâcles de la pyrite ne permet pas d'admettre qu'une face seule sur un cristal représente la portion mâclée ; celle-ci est en général irrégulière et elle s'étend à toute une portion du cristal, comprenant en général plusieurs faces ou portions de faces ; elle pénètre de plus à l'intérieur et l'on comprendrait difficilement la structure d'un cristal positif portant un certain nombre de facettes négatives disposées régulièrement.

L'existence de facettes qui seraient négatives dans toute leur étendue et isolées les unes des autres sur un cristal positif ne pourrait, il semble, se comprendre que si le phénomène thermoélectrique était purement de surface, ce qui n'est pas le cas dans la réalité.

Un rapprochement bien naturel nous paraît conduire à une interprétation exacte du phénomène qui nous occupe.

Le quartz, parmi ses nombreuses facettes, en offre un certain nombre et des plus fréquentes, qui sont comme on sait en rapport avec le pouvoir rotatoire du cristal : ce sont, avant tout, la face rhombe et les faces plagièdres de la zone $e\frac{1}{2}\ s\ e^2$ (s = rhombe = $b\frac{1}{2}d^1d\frac{1}{4}$), et de la zone $p\ s\ e^2$. Dans les cristaux droits, la face p étant en face de l'observateur à la partie supérieure du cristal, la face s et les plagièdres de la zone $e\frac{1}{2}\ s\ e^2$ sont situés à droite de l'observateur et forment une hélice dextrorsum ; les faces de la zone $p\ s\ e^2$, d'ailleurs moins fréquentes, situées également à droite, forment une hélice sinistrorsum.

Mais indépendamment de ces facettes, on en rencontre parfois d'autres, hémièdres elles aussi et placées de telle façon que si on les considérait comme indicatrices du pouvoir rotatoire, elles induiraient en erreur. M. Des Cloizeaux en cite plusieurs, dans son beau mémoire sur la forme cristalline du quartz : par exemple, la face $v = b^{\frac{1}{2}} d^1 d^{\frac{2}{3}}$, $\tau_2 = d^{\frac{1}{2}} d^{\frac{2}{3}} b^1$, $\tau_3 = d^{\frac{1}{2}} d^{\frac{7}{11}} b^1$, etc. Certaines facettes peuvent donc échapper à la loi générale qui régit l'hémiédrie du quartz : sur des cristaux homogènes, ayant le pouvoir rotatoire à droite, et sur lesquels on ne devrait trouver que des facettes hémiédriques de même sens, que l'on peut considérer comme droites, on en rencontre de sens opposé. Il importe de remarquer tout de suite que, d'après les observations faites, elles ne sont pas indifférentes de sens, mais toujours opposées au sens de la rotation, de sorte qu'elles seront droites sur un cristal gauche, et gauches sur un cristal droit. La propriété physique corrélative de l'hémiédrie n'est donc pas liée d'une manière absolue au sens de cette hémiédrie (même en supposant un choix arbitraire fait d'abord dans la manière dont on considère le droit et le gauche, afin d'établir l'accord) ; d'accord dans le plus grand nombre de cas, dans d'autres elle est liée aux formes hémièdres par une loi précisément inverse, de sorte que la loi qui régit la liaison, pour conserver toute sa généralité, nous semble devoir être formulée ainsi : si, dans un cristal doué du pouvoir rotatoire dans un sens, on rencontre une forme hémièdre, un cristal de la même substance doué du pouvoir rotatoire en sens contraire, et offrant la même forme hémièdre, la présentera gauche si la première la présentait droite, et réciproquement.

Il résulte de là que les facettes hémièdres sortant de la loi ordinaire, dont nous venons de parler, et qui sont d'un certain sens cristallographiquement, sont de sens contraire optiquement.

La même chose existe dans les cristaux de pyrite, si l'on suppose la thermoélectricité liée à l'hémiédrie, avec cette différence qu'ici l'hémiédrie étant superposable, le droit et le gauche ne se distinguent pas l'un de l'autre. Pour les cristaux présentant les formes ordinaires hémièdres, b^2, par exemple, on en trouvera de positifs et de négatifs, et l'on pourra supposer que les uns sont les cristaux hémièdres droits et les autres les hémièdres gauches. Dans les cristaux présentant outre les hémièdres ordinaires des facettes qui sont par rapport à ceux-ci en position inverse, rien ne nous empêche d'admettre que pour ces facettes-là, à l'inverse de ce qui a lieu pour les hémièdres ordinaires, c'est la forme gauche qui est électriquement positive et la forme droite électriquement négative. L'analogie nous paraît complète avec ce qui se présente dans le quartz.

M. Rose fournit lui-même un argument contre son opinion, en

cherchant l'opposition de signe thermoélectrique sur les faces inégales de l'octaèdre de la chalcopyrite. Nous n'en avons pas trouvé indice non plus, ni dans cette substance, ni dans la panabase, et l'hémiédrie, qui se dévoile dans ces substances, tantôt par l'absence, tantôt seulement par la diminution de quatre des faces de l'octaèdre, n'est liée qu'à la pyroélectricité, ainsi que nous vous l'avons fait voir. Contrairement à la pensée du cristallographe allemand, les cristaux qui présentent à la fois les faces que nous désignons comme droites et gauches, ne sont pas des mâcles, mais des cristaux simples et homogènes.

Loin de trouver dans les observations précédentes une preuve en faveur de l'ingénieuse théorie de Naumann relative à l'hémiédrie dans les formes homoèdres, il nous semble que ces observations fournissent, au contraire, des objections graves à lui opposer. La théorie de Naumann avait pour objet surtout de ramener toutes les formes d'un cristal à être de même nature, homoèdres ou hémièdres. S'il est démontré, et c'est ce que les faits nous paraissent rendre incontestable, que des formes hémièdres gauches peuvent coexister dans des cristaux simples avec des formes droites, nous ne voyons plus aucun avantage à considérer les formes homoèdres elles-mêmes comme hémièdres. Si tout l'ensemble des formes ne rentre pas sous une même loi, autant vaut prendre les faits tels qu'ils sont, sans interprétation, et admettre que des formes homoèdres peuvent exister comme telles, à côté de formes hémièdres droites et gauches.

Nous ajouterons en terminant que la liaison entre l'hémiédrie de la pyrite et du cobalt gris et leurs propriétés électriques, que nous avons énoncée le premier comme une hypothèse et que M. Rose considère comme démontrée à la suite de son mémoire, ne nous paraît pas encore établie. Il y a plus, elle ne nous semble pas pouvoir être établie par l'examen cristallographique et électrique des cristaux du pyrite : si réellement l'opposition de signe électrique correspond à l'existence des cristaux hémièdres droits et gauches, comme dans l'hémiédrie à faces parallèles, les cristaux droits et gauches ne se distinguent en rien ; si les cristaux de pyrite positifs et négatifs présentaient une différence quelconque cristallographique, ils ne seraient plus l'image l'un de l'autre, et il faudrait chercher ailleurs que dans l'hémiédrie la raison de leurs propriétés physiques.

La seule manière, pensons-nous toujours, de démontrer cette corrélation supposée, c'est d'étudier d'autres cristaux hémièdres à faces parallèles et d'y retrouver des propriétés analogues à celles de la pyrite et de la cobaltine. Malheureusement les cristaux hémièdres et bons conducteurs de l'électricité font défaut pour ces recherches.

M. A. MANNHEIM

Chef d'escadron d'artillerie, Professeur à l'École polytechnique

SUR LE VERNIER DE VERNIER

— *Séance du 28 août 1873.* —

M. Mannheim donne à la section la théorie d'un nouvel appareil de mesure destiné à remplacer le vernier et présente quelques détails à ce sujet.

Les *Comptes rendus de l'Académie des Sciences*, 1872, (t. LXXV, p. 1495) et le *Journal de Physique* (t. II, p. 392) ont déjà inséré du même auteur des notes complètes sur ce sujet.

M. CHAYAUX

APPAREILS ENREGISTREURS

— *Séance du 28 août 1873.* —

M. Chayaux décrit un baromètre, un thermomètre et un hygromètre enregistreurs, très-simples de construction et qui présenteraient quelque utilité s'ils pouvaient être construits à bas prix.

M. A. CHAUVEAU

Professeur de physiologie à l'École vétérinaire de Lyon

UTILISATION DE LA TENSION ÉLECTROSCOPIQUE DES CIRCUITS VOLTAIQUES POUR OBTENIR DES EXCITATIONS ÉLECTROPHYSIOLOGIQUES FACILEMENT ET RIGOUREUSEMENT GRADUÉES ET MESURÉES

— *Séance du 28 août 1873.* —

Dans les laboratoires de physiologie, les études ou les démonstrations portant sur les variations d'activité des excitations électriques, en rapport avec les variations d'intensité de l'agent excitateur, ne sont guère entreprises qu'avec l'aide des courants continus fournis par les piles. C'est par l'emploi de ces courants, en effet, que l'expérimentateur réalise le plus sûrement la condition fondamentale qui permet de comparer ces faibles excitations, je veux dire leur graduation exacte et la détermination rigoureuse de leur intensité. Avec un rhéocorde convenable et un galvanomètre dans le circuit de dérivation dont l'organe excité fait partie, ce résultat peut toujours être obtenu; mais ce n'est pas sans de grandes difficultés et de longs tâtonnements, qui, dans beaucoup de circonstances, rendent tout à fait illusoire l'utilisation du procédé. D'un autre côté, l'emploi du courant continu entraîne des inconvénients, au moins comme méthode générale ou exclusive d'excitation, à cause des effets électrolytiques relativement puissants que le plus faible est capable d'exercer sur les tissus excités. Les modifications d'excitabilité et les polarités secondaires créées par cette action électrolytique sont de nature à influencer plus ou moins énergiquement la manifestation des effets produits par l'excitation proprement dite. L'étude de ces influences perturbatrices est, en elle-même, très-importante, il est vrai. Mais quand on n'a point en vue précisément cette étude, on a tout à gagner à produire l'excitation électrique par des procédés qui réduisent ces influences au plus faible minimum.

J'ai eu l'occasion de démontrer que ce résultat est atteint de la manière la plus satisfaisante, quand, au lieu d'employer les courants continus pour exciter les tissus animaux, on se sert des courants dits instantanés, créés par l'induction électrodynamique et surtout par les décharges d'électricité statique. L'électrolyse est alors assez faible pour ne pas troubler d'une manière sensible les effets propres de l'excitation électrique, et les lois de cette excitation se manifestent avec plus de régularité qu'avec les courants continus, quelquefois même sous un jour tout à fait nouveau. J'ajoute qu'il est possible d'obtenir la graduation régulière de ces courants instantanés avec autant d'exactitude que celle des courants continus directement mesurés par le galvanomètre, et avec une promptitude et une facilité qui laissent ces derniers bien en arrière. Aussi, depuis plus de dix ans, ce mode d'excitation est-il usuel dans mon laboratoire.

Autrefois, j'employais surtout les courants d'induction, dont je réglais l'intensité en graduant le courant inducteur au moyen d'un rhéostat et d'un rhéomètre, placés dans le circuit de la bobine inductrice. Aujourd'hui, pour obtenir les courants dits instantanés, j'en suis arrivé à utiliser, d'une manière à peu près exclusive, la tension électroscopique des circuits voltaïques fermés.

Ma communication actuelle a pour but de faire connaître les conditions dans lesquelles l'instrumentation doit être installée pour que la méthode donne ses meilleurs résultats.

Il me paraît indispensable de rappeler d'abord un certain nombre de faits fondamentaux bien connus, qu'il faut nécessairement avoir présents à l'esprit pour comprendre les principes de la méthode.

Soit une pile à tension forte et à courant constant, fermée par un fil métallique interpolaire très-long, très-fin et tout à fait homogène. Représentons-nous cette pile parfaitement isolée, et admettons qu'un point quelconque du fil qui complète le circuit soit en communication avec le sol. D'après la théorie générale de Ohm, la tension électroscopique de ce point étant à zéro, celle des autres points du circuit interpolaire croît par progression arithmétique parfaitement régulière, au fur et à mesure qu'on s'éloigne du zéro, et en affectant le signe + ou le signe —, suivant qu'on se rapproche du pôle positif ou du pôle négatif de la pile. Pour rendre sensible par un exemple le mode de distribution des tensions dans le cas que je suis obligé de rappeler ici, je supposerai qu'en un point A, situé à 1 mèt. du zéro, la tension électroscopique soit égale à 1, elle sera égale à 2 en un deuxième point B situé à la distance de 2 mèt., et continuera de croître, de mètre en mètre, aux points C, D, E, F, etc., comme les nombres : 3, 4, 5, 6, etc., jusqu'aux pôles de la pile, c'est-à-dire tant que le circuit conservera son homogénéité. Cette distribution des tensions est absolument symétrique des deux côtés du zéro. Ainsi, dans le cas où, d'un côté, en un point donné, un électromètre marque une tension positive égale à 10, de l'autre côté, dans le point correspondant, c'est-à-dire exactement à la même distance du point en communication avec le sol, l'électromètre marquera une tension négative exactement égale à 10.

Il va sans dire que tout déplacement du zéro, sur le circuit, s'accompagne d'un déplacement équivalent des tensions respectives de ces différents points. Ainsi, un point ayant primitivement une tension égale à + 10 tombera à zéro si, déplaçant le fil de communication avec le sol, on l'amène à ce point. Mais le point primitivement à zéro prendra une tension égale à — 10, en sorte que la différence algébrique des tensions des deux points sera la même qu'auparavant.

Considérons maintenant le cas où des masses conductrices sont surajoutées au circuit, et supposons, en poursuivant l'exemple cité tout à l'heure, que, de mètre en mètre, des sphères à surface métallique, de volume parfaitement uniforme, soient fixées au conducteur interpolaire. Ces sphères, se mettant en équilibre de tension avec les points auxquels elles se trouvent rattachées, prendront une charge positive ou négative exactement proportionnelle aux nombres 1, 2, 3, 4, 5, 6, etc. Rappelons encore que, si les sphères, au lieu d'être parfaitement égales, présentaient une surface inversement proportionnelle à leur tension, la charge électrique s'égaliserait dans toutes uniformément. J'ajouterai, pour terminer ce rappel préliminaire des considérations sur lesquelles repose la méthode que je viens préconiser, que l'adjonction de ces masses conductrices, toujours d'après la théorie de Ohm, n'influence en rien la tension dynamique incessamment entretenue dans le circuit par la force électromotrice de la pile. La hauteur de pente, c'est-à-dire l'intensité du courant, reste donc constante, quelles que soient les dispositions ou le volume de ces masses surajoutées, quelle que soit aussi la position du point du circuit dont la tension est amenée à zéro par sa mise en communication avec le sol.

C'est un point tout à fait fondamental, dans notre sujet, que cette propriété des circuits voltaïques de conserver exactement la même distribution et la même valeur des tensions après avoir été chargés de masses additionnelles, *quand ils sont, par un point, en communication avec le sol*, c'est-à-dire quand le réservoir commun fait ainsi partie du circuit et que la surface des masses additionnelles ne représente plus qu'un infiniment petit, par rapport à la surface totale de ce circuit. Aussi me paraît-il important de reproduire ici la démonstration de Ohm : « Appelons r l'espace sur lequel l'électricité se trouve répandue dans un circuit galvanique donné, u la tension d'un point du circuit qui se trouve en communication immédiate avec un corps M indépendant du circuit, u' la tension que possédait le même point du circuit avant qu'il eût été mis en contact avec le corps M, $u' - u$ sera évidemment la variation de tension éprouvée par le point, et comme tous les autres points du circuit subissent uniformément la même variation, $r(u'-u)$ représentera la quantité d'électricité disparue dans toute l'étendue du circuit, par suite du changement de tension, et par conséquent aussi la quantité d'électricité reçue par le corps M. Supposons maintenant que, dans l'état d'équilibre, la tension soit la même dans tous les points du corps M sur lesquels l'électricité se trouve répandue, et désignons par R l'espace qu'elle occupe dans le corps M, sa tension sera visiblement $\frac{r(u'-u)}{R}$. Mais, dans l'état d'équilibre, cette tension est égale à la tension u que possède le point du circuit mis en contact avec le corps M, quand ce contact ne développe pas de nouvelle force électromotrice ; dans cette supposition l'on a donc

$$u = \frac{r(u'-u)}{R},$$

d'où l'on tire

$$u = \frac{ru'}{r+R}.$$

Il résulte de cette équation que la tension du corps M est toujours plus petite que celle qui existait avant le contact, au point touché du circuit, et aussi que ces deux tensions se rapprochent d'autant plus de l'égalité que r est plus grand par rapport à R. Si nous considérons R comme une grandeur invariable, le rapport des tensions u et u' dépend exclusivement de l'espace que l'électricité occupe dans le circuit. Il faut donc, pour donner à la tension du corps M sa plus grande valeur, augmenter la capacité du circuit, soit en agrandissant généralement ses dimensions, soit en le rattachant par quelque point à des masses étrangères ; l'effet de ces masses paraît dépendre exclusivement de leurs volumes et nullement de la nature des corps qui les composent ; il faut seulement que ces corps soient conducteurs de l'électricité et ne développent pas de nouvelles forces électromotrices. Si nous supposons que les masses mises en communication avec le circuit aient un volume infiniment grand, comme cela arrive quand une dérivation vient anéantir complétement la tension en un point quelconque du circuit, alors la tension du corps M est toujours égale à celle que possédait le point de circuit qu'il touche. » (*Théorie mathématique des courants électriques*, trad. de Gaugain, p. 113.)

Il est facile de deviner quel parti on peut tirer de cette propriété des circuits voltaïques pour obtenir des flux instantanés d'électricité, gradués avec la plus grande exactitude et dont l'intensité relative soit rigoureusement déterminée. Supposons, d'une part, la pile isolée, avec son fil interpolaire touchant le sol en un de ses points ; d'autre part, une sphère conductrice, également isolée, mais pouvant être reliée instantanément au circuit par un fil métallique plus ou moins fin. Il est évident que ce fil, au moment du contact, sera parcouru par un flux d'électricité dont l'intensité sera exactement proportionnelle à la charge statique que prendra le conducteur sphérique. Il est évident encore que ce flux se répétera avec une intensité constamment égale, chaque fois que la sphère, après avoir été isolée de nouveau et ramenée à l'état neutre par une communication avec le sol, sera mise en contact avec le même point du circuit, quelle que soit, du reste, la rapidité avec laquelle se succèdent les interruptions et les contacts de la sphère avec le circuit. A chaque contact, le circuit perd une quantité déterminée d'électricité positive ou négative, qui est enlevée par la sphère, et une quantité égale d'électricité de nom contraire s'écoulant dans le réservoir commun par le point du circuit qui est en communication avec le sol. Mais la force électromotrice de la pile fournit instantanément cette double quantité d'électricité et la tension du point de contact de la sphère avec le circuit reste tout aussi constante que si le conducteur était en communication permanente avec le circuit. Il en est ainsi, même quand les interruptions se succèdent avec une très-grande rapidité et que la déperdition d'électricité qui en résulte est assez considérable pour influencer l'aiguille d'un galvanomètre, par les deux flux qui se produisent au moment des contacts, le flux du fil de la sphère additionnelle et celui du fil qui établit la communication du circuit avec le sol.

Ainsi, rien de plus facile que de tirer d'un point d'un circuit voltaïque, à l'aide d'une sphère additionnelle, des flux instantanés d'électricité d'intensité toujours égale. Il est non moins facile d'obtenir des flux d'intensité régulièrement croissante ou décroissante, en faisant varier la charge du conducteur additionnel. On sait, d'après les considérations exposées ci-devant, que ce résultat peut être obtenu par deux procédés, en modifiant soit la tension de la source, soit l'étendue de la surface du conducteur.

Considérons d'abord le premier cas. Le volume de la sphère additionnelle reste constant, mais celle-ci est mise successivement en contact, par le fil intermédiaire, avec des points différents du circuit. Si ces points, A, B, C, D, E, F, etc. (toujours en poursuivant l'exemple cité tout à l'heure), sont placés, à partir du point zéro, à des distances qui varient comme les nombres 1, 2, 3, 4, 5, 6, etc., le même rapport différentiel existera entre les tensions des différents points, c'est-à-dire que la raison de la progression des tensions sera 1, comme celle de la progression des distances. La sphère additionnelle, mise en contact successivement avec ces différents points, se chargera donc d'une quantité d'électricité proportionnelle aux nombres 1, 2, 3, 4, 5, 6, etc. Le flux qui traverse le fil intermédiaire dans l'instant, *très-court*, employé à la charge du conducteur additionnel, a donc une intensité proportionnelle aux nombres 1, 2, 3, 4, 5, 6, etc., suivant que ce flux est soutiré aux points A, B, C, D, E, F, etc.

En signalant cette intensité proportionnelle, je ne veux pas dire seulement que la *quantité* d'électricité qui constitue le flux est en rapport exact avec les nombres cités. J'entends encore que la vitesse du flux est elle-même exactement proportionnelle à ces nombres. Ici, en effet, nous sommes en présence d'un de ces cas où la durée de la propagation est très-nettement indépendante de la tension de la source du flux. Quelle que soit cette tension, la sphère conductrice se chargera toujours dans le même temps. Or, si, dans ce même temps, très-court, le fil intermédiaire laisse passer des quantités d'électricité égales aux nombres 1, 2, 3, 4, 5, 6, etc., la vitesse du flux créé par le passage de l'électricité est elle-même exactement proportionnelle à ces nombres. C'est là une condition très-précieuse, parce qu'elle permet d'obtenir la graduation de l'intensité du flux électrique dans le sens le plus complet et le plus absolu, l'intensité exprimant alors à la fois la quantité d'électricité qui circule dans le fil conducteur, et la vitesse, — ou la hauteur de pente, — ou la différence des tensions, — sous laquelle s'effectue cette circulation.

Des considérations très-simples, spéciales à notre cas particulier, permettent de se rendre compte de l'exactitude de la loi qui tient sous sa dépendance cette précieuse condition. Il n'est pas inutile de les exposer en quelques mots et de démontrer ainsi que la durée de la charge des conducteurs additionnels mis en rapport avec un circuit voltaïque est indépendante de la tension du point de contact.

Les tensions différentes des points A, B, C, D, E, F, etc., ne résultent pas de l'intervention de forces électromotrices distinctes et indépendantes. Toutes ces tensions dépendent de la résultante des forces électromotrices de la pile qui fait partie du circuit. C'est cette force résultante qui est la vraie source des flux produits par la charge des conducteurs isolés ajoutés à ce circuit. Or cette force ne peut pas agir plus vite dans un point du circuit que dans un autre, pour entretenir, à l'état permanent, la valeur respective des tensions. Cet état permanent s'établit ou se perd simultanément dans tous les points du circuit à la fois. Supposons que la force électromotrice s'accroisse subitement, la différence algébrique des tensions du circuit va augmenter aussi subitement; leur valeur absolue ne pouvant être modifiée aux environs immédiats du point qui est en communication avec le sol, point qui reste nécessairement à zéro, cette valeur subira une augmentation régulièrement progressive dans les points qui s'éloignent de plus en plus du zéro. Or, cette augmentation de la valeur absolue des tensions, nulle ou très-faible près de ce dernier point, pourra être ainsi très-forte dans les points plus éloignés; et cet inégal accroissement de la tension des différents points du circuit se sera nécessairement accompli dans le même temps. Comme toutes les masses additionnelles surajoutées au circuit participent aux propriétés des points auxquels elles se trouvent rattachées, il s'ensuit que la durée de la charge des conducteurs additionnels est complétement indépendante de la tension de leurs points de contact, c'est-à-dire de la tension de la source immédiate d'où ces masses tirent leur électricité.

Il est plus facile encore de se représenter cette indépendance en prenant à l'état neutre le circuit et ses masses additionnelles et en supposant qu'ils acquièrent intégralement, d'un seul coup, leur charge dynamique. Le cas est des plus simples. Pour en réaliser les conditions, il suffit que le fil interpolaire, isolé à l'une de ses extrémités, soit en communication, par l'autre extrémité, à la fois avec le sol et avec l'un des pôles de la pile. La tension est alors nulle dans tous les points du fil. Que l'on ferme le circuit en faisant communiquer l'extrémité isolée avec l'autre pôle de la pile, immédiatement la ligne des tensions s'établit dans le fil, avec une pente plus ou moins accusée en rapport avec la résistance de ce fil. Dans les masses additionnelles rattachées au conducteur par l'extrémité en communication avec le sol, la tension ou la charge est à un minimum qui est presque l'équivalent du zéro. A l'autre extrémité, la tension atteint au contraire un maximum qui peut être très-élevé. Quant aux masses espacées sur la partie moyenne du circuit, elles prennent une série de charges intermédiaires. Mais ces diverses charges sont toutes acquises exactement dans le même temps. Si le circuit est court et sa surface peu étendue, cette durée est très-courte, probablement inappréciable. Si le circuit est très-long et présente une surface considérable, la durée de la propagation augmente beaucoup et devient facilement appréciable. Mais, dans les deux cas, elle est *la même*, pour les différentes masses rattachées aux différents points du circuit, quelles que soient la valeur absolue des tensions de ces différents points et celle de la charge qu'ils communiquent aux conducteurs additionnels [1].

D'après l'ensemble des considérations qui viennent d'être exposées, un organe excitable, nerf ou muscle, faisant partie du conducteur qui relie une sphère additionnelle à un circuit voltaïque, se trouve placé ainsi sur le trajet du flux électrique engendré par la charge de cette sphère. L'organe pourra donc, dans les circonstances sus-indiquées, subir, de la part de ce flux, des excitations dont l'intensité sera très-

[1] Cette égalité dans la durée de la charge des masses additionnelles reliées aux circuits voltaïques, en des points doués de tensions très-différentes, est tout à fait indépendante de la conductibilité des fils intermédiaires qui rattachent ces masses aux circuits, quand la charge s'effectue *simultanément* dans les différents conducteurs. Si les fils intermédiaires ont une grande résistance, la durée de cette charge peut être prolongée ; mais elle l'est nécessairement d'une quantité égale pour tous les conducteurs, puisque l'état permanent des tensions s'établit alors simultanément dans tous les points du circuit, aussi bien que quand la résistance des fils est nulle ou négligeable. Mais dans le cas où *un seul* et même conducteur, relié au circuit par un fil intermédiaire très-résistant, serait mis *successivement* en rapport avec les différents points de ce circuit, est-ce que la tension des points de contact serait encore sans influence sur la durée de l'état variable ? Cette durée resterait-elle toujours la même dans toutes les positions de la masse additionnelle ? La question est importante au point de vue des applications actuelles, puisqu'il s'agit de savoir comment des conducteurs animaux placés sur le trajet du flux de charge agiront, par leur résistance, sur la durée ce flux. Y aura-t-il prolongation plus grande de cette durée avec les flux à tension faible qu'avec ceux à tension forte ? Si je pose la question, ce n'est pas que la solution en soit douteuse au point de vue de la théorie pure, mais parce que certaines données expérimentales ne sont pas en accord parfait avec les données théoriques. C'est un point à examiner de plus près. En attendant, je me bornerai à dire que, dans les conditions des expériences physiologiques pour lesquelles j'utilise les flux d'électricité statique soutirés aux circuits voltaïques, la tension de la source ne paraît pas exercer plus d'influence sur la durée de ce flux que dans le cas où le conducteur additionnel est relié au circuit par un fil à résistance nulle ou négligeable.

exactement proportionnelle aux nombres 1, 2, 3, 4, 5, 6, etc. Et comme la graduation du flux s'obtient sans tâtonnements, avec une rapidité qui ne cède rien à la précision, on se trouve ainsi en possession d'un moyen vraiment irréprochable (sauf les réserves dont il est question dans la note) de comparer les effets d'un grand nombre d'excitations d'intensités différentes, de valeur déterminée, sur la grenouille galvanoscopique, sans laisser à la sensibilité de celle-ci le temps de se modifier d'une manière appréciable.

Il nous faut examiner maintenant le cas où l'on fait varier la charge du conducteur en modifiant l'étendue de sa surface. Ce conducteur additionnel reste en contact toujours avec le même point du circuit; mais on lui donne une surface double, triple, quadruple, quintuple, sextuple, etc., en rattachant au fil qui établit le contact avec le circuit, une, deux, trois, quatre, cinq, etc., sphères semblables à la première. Il est évident qu'au moment du contact le flux engendré par la charge du conducteur mettra en mouvement des quantités d'électricité proportionnelles au nombre des sphères, c'est-à-dire aux chiffres 1, 2, 3, 4, 5, 6, etc. Considérée au point de vue de ces quantités d'électricité mises en mouvement, l'intensité relative des différents flux sera donc, comme dans le cas précédent, représentée très-exactement par ces différents chiffres. Mais en sera-t-il de même si l'on envisage l'intensité du flux sous le rapport de la vitesse? Théoriquement, non. La masse additionnelle doit se mettre en équilibre de tension avec le circuit d'autant moins vite qu'elle est plus volumineuse; car si cette masse était infiniment grande, la durée de la charge deviendrait infinie. L'équilibre de tension ne pourrait jamais être atteint. Ou, pour parler plus exactement, il serait satisfait en sens inverse; en se partageant proportionnellement aux surfaces, entre le circuit, qui, relativement, représente une masse infiniment petite, et la masse additionnelle infiniment grande, la tension électrique du point du circuit en rapport avec cette masse se trouverait incessamment ramenée à zéro.

Mais, en cherchant à se rendre compte de ce qui arrive dans le cas où il s'agit de la charge de conducteurs de grandeur finie, on arrive à cette conclusion : que les différences de durée de cette charge, quand les conducteurs sont très-petits, sont parfaitement négligeables, eu égard à la petitesse extraordinaire des chiffres sur lesquels portent alors ces différences. Si l'on songe, en effet, qu'un fil télégraphique, toujours mal isolé, présentant une surface d'environ 6,000 mèt. carrés ne met pas plus de 0,025 de seconde pour acquérir sa charge dynamique; si l'on considère que le développement en longueur de cette surface (500 kilom. environ) retarde d'une manière vraiment colossale le moment où la charge atteint l'état permanent, puisque la durée de la propagation électrique, dans les conducteurs linéaires, est, d'après la théorie, proportionnelle aux carrés des longueurs ; si l'on ramène la longueur de la surface du conducteur de 500,000 mèt. à 20 mèt. (en nombres ronds) en donnant à cette surface la forme sphérique ; si l'on considère enfin que le conducteur devra se charger alors 625,000,000 fois plus vite, ce chiffre étant le quotient du carré de 500,000, par le carré de 20, on arrive à constater qu'une sphère de 6,000 mèt. de superficie, rattachée à un circuit voltaïque très-court, en un point capable de communiquer à cette sphère une charge permanente égale à la charge dynamique du fil télégraphique, ne mettra pas plus de 0,00000000004 de seconde pour acquérir cette charge ! C'est là un calcul tout à fait élémentaire, qui n'est que grossièrement approximatif, parce qu'on laisse à dessein de côté un certain nombre d'éléments accessoires du problème. Mais ce calcul suffit à prouver qu'on peut négliger les différences de durée qui existent entre les flux d'électricité produits par la charge de conducteurs additionnels très-petits, dont la surface, je le dis tout de suite, n'est pas appelée à varier en dehors des limites contenues entre 2 et 8 mèt.

En résumé, dans le cas qui est maintenant examiné, c'est-à-dire quand on cherche à obtenir des flux électriques régulièrement croissants ou décroissants, en faisant varier la charge d'un conducteur additionnel par la variation de l'étendue de sa surface, on peut considérer l'intensité des flux comme étant proportionnelle à la charge, aussi bien que dans le cas où la variation de la charge s'obtient en variant la tension de la source électrique. Seulement l'exactitude rigoureuse du rapport n'est plus vraie qu'en ce qui regarde l'élément quantité de l'électricité mise en mouvement. Au point de vue de l'élément vitesse du flux, cette exactitude rigoureuse est théoriquement impossible, la durée du flux variant nécessairement avec l'étendue de la surface du conducteur sur lequel la charge se répand. Mais comme les différences de durée portent alors sur des nombres extraordinairement petits, ces différences peuvent être négligées. Donc, avec les flux électriques obtenus par ce procédé, il sera encore possible de faire agir sur les nerfs ou les muscles de la grenouille galvanoscopique des excitations dont l'intensité, proportionnelle à la charge des conducteurs, se graduera avec autant de rapidité que de précision.

Il ne me reste plus qu'à indiquer comment, dans la pratique, j'ai réalisé l'application des principes qui viennent d'être exposés. Je signalerai successivement ce qui se rapporte aux dispositions à donner à la pile, au fil interpolaire, aux masses additionnelles dont la charge doit servir à engendrer le flux excitateur.

Jusqu'à présent je me suis servi exclusivement d'une pile de Daniell, et j'ai obtenu de si bons résultats de son emploi que je n'ai pas eu l'idée d'essayer d'une autre pile. Les couples, de petites dimensions, sont renfermés dans des vases de verre de 15 cent. de hauteur, sur 10 de diamètre. J'en emploie 20, associés en tension. La principale indication à remplir à l'égard de cette pile, c'est d'en réaliser l'isolement absolu. Il ne faut pas croire que le défaut de conductibilité de la substance des vases extérieurs suffise pour assurer cet isolement. Posée sur une table de sapin, cette pile de 20 couples lui communique une partie de sa tension électroscopique, pour peu que la surface du verre des vases extérieurs soit humide. On ne peut obtenir d'isolement complet et permanent qu'en suspendant les couples de la pile au moyen de cordonnets de soie. La constance d'une pile de Daniell installée dans ces conditions est vraiment remarquable, quand on a soin de l'alimenter régulièrement de sulfate de cuivre. On peut la tenir fermée pendant huit, dix semaines, au moyen d'un fil qui communique avec le sol par un point, sans qu'un rhéomètre placé en permanence dans le circuit indique une modification sensible dans l'intensité du courant. Donc, pendant tout ce temps, les valeurs relative et absolue des tensions restent les mêmes dans les différents points du circuit. C'est une condition très-précieuse, en ce sens qu'elle permet, quand on prend les mêmes points sur le fil interpolaire, comme sources des flux excitateurs, d'obtenir ces flux avec une intensité toujours égale dans une longue série d'expériences.

Si une bonne installation de la pile importe beaucoup au fonctionnement régulier de l'appareil instrumental, on peut dire que cette bonne installation est tout à fait indispensable en ce qui regarde le fil interpolaire dont le contact avec les conducteurs additionnels doit fournir les flux électriques. J'emploie communément un fil capillaire de platine, tiré aussi fin que possible, de 20 mèt. de longueur. Il est tendu en zigzags réguliers sur un léger cadre de bois, par l'intermédiaire de fils en cordonnets de soie qui isolent cette partie du circuit aussi complétement que la pile elle-même. La résistance de ce fil interpolaire est très-grande, à cause de la petitesse de la section. Aussi, quand une des extrémités est mise à la tension zéro, par la communication avec le sol, l'autre extrémité possède une tension élevée; et la ligne de distribution des tensions intermédiaires présente une pente assez considérable. Cette condition permet d'obtenir, par la charge du même conducteur additionnel mis en rapport avec les différents points du circuit, la plus grande somme de variations d'intensité des flux électriques.

J'ai dit que le fil interpolaire forme des zigzags réguliers (V. *fig.* 12). Cette disposition a pour principal avantage de réduire l'espace occupé

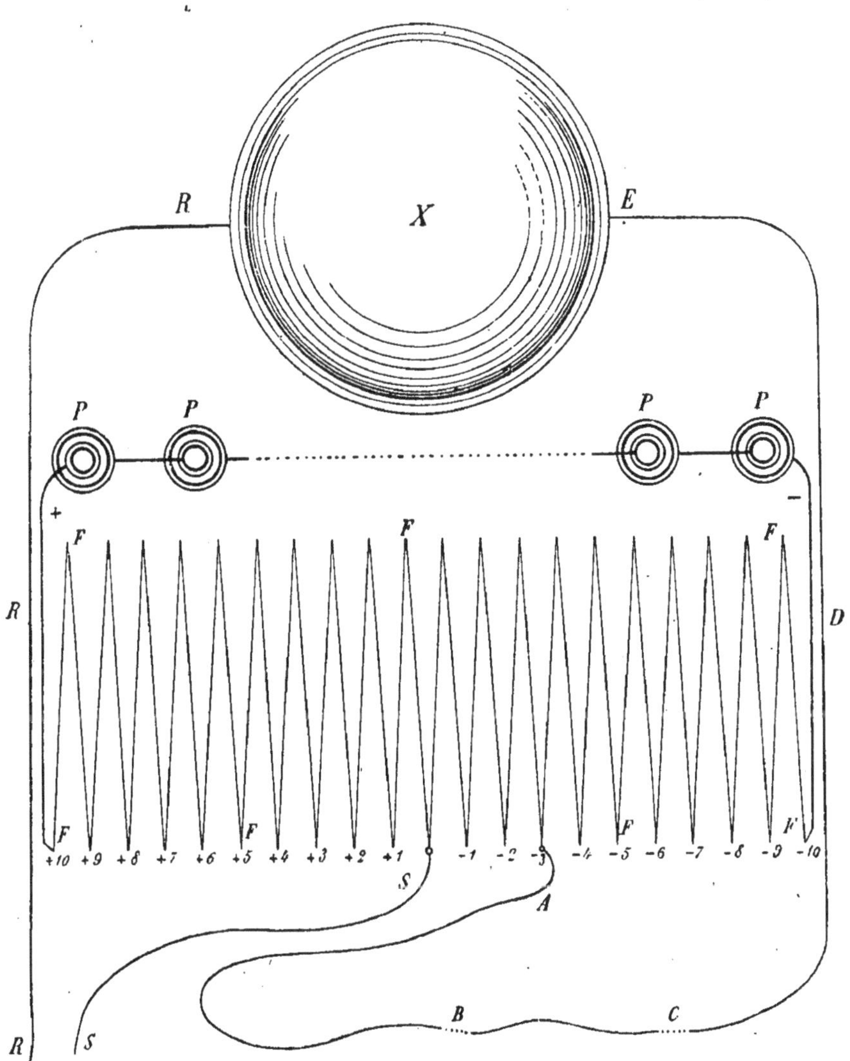

Fig. 12. — Représentation schématique de l'ensemble de l'appareil.

P,...,P. — Pile.
F,...,F. — Fil interpolaire disposé en zigzags.
S. — Fil qui établit la communication du circuit avec le sol. Ce fil touche ici le milieu du fil interpolaire. Il le divise donc en deux parties égales, dont l'une présente 10 contacts positifs, et l'autre 10 contacts négatifs.
X — Sphère additionnelle.
A, B, C, D, E. — Fil intermédiaire entre le circuit et la sphère additionnelle. B indique la place du rhéotome ; C, celle de la grenouille galvanoscopique et du myographe.
R. — Fil par lequel la sphère additionnelle peut être mise en communication avec le sol, pour opérer la décharge.

par cette partie fondamentale de l'appareil. Un autre avantage, c'est de diviser la longueur du fil en parties égales parfaitement fixes. Les sommets des angles servant de points de contact avec le conducteur additionnel; il en résulte un espacement régulier de ces points de contact, ce qui permet de choisir et d'obtenir presque instantanément la tension nécessaire pour engendrer avec l'intensité voulue le flux excitateur. Je donne 50 cent. à la longueur de fil comprise entre les angles. Pour un fil de 20 mèt., cela fait 39 angles sur le trajet du fil. Je ne me sers que de ceux qui sont tournés du même côté que les extrémités du fil, et je puis obtenir ainsi 20 contacts espacés de mètre en mètre (sans compter celui qui établit la communication avec le sol), c'est-à-dire 20 tensions différentes régulièrement graduées. C'est beaucoup plus que suffisant pour faire naître, soit avec un seul conducteur additionnel, soit avec des conducteurs multiples, tous les flux dont on peut avoir besoin. Si la communication avec le sol est établie par le milieu du fil, on a 10 contacts positifs d'un côté et, de l'autre, 10 contacts négatifs symétriquement disposés. Quand c'est l'une des extrémités du fil qui communique avec le sol, tous les contacts sont exclusivement positifs ou négatifs, et la tension du contact extrême se double. Mais, dans tous les cas, les tensions des points de contact pris sur le fil, à la même distance les uns des autres, conservent toujours entre elles la même différence.

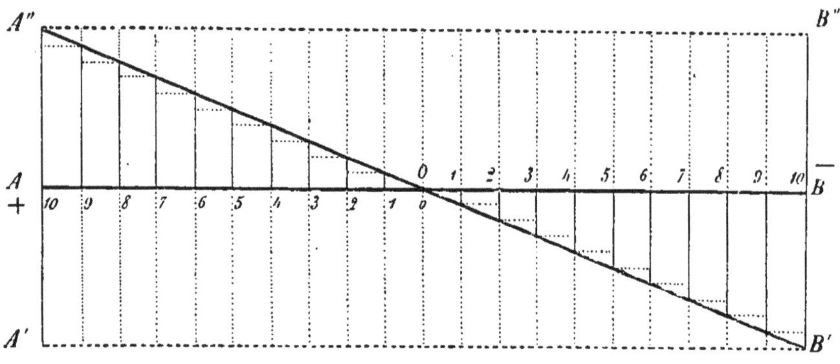

Fig. 13.

Un simple coup d'œil jeté sur la *fig.* 13, représentant le schéma de la distribution comparative des tensions du conducteur interpolaire dans les trois cas signalés, permettra de saisir immédiatement les lois de cette distribution et les changements de valeur qui atteignent la charge des conducteurs additionnels quand on change les points de contact avec le fil interpolaire. Soit AB ce fil interpolaire, mis en rapport avec le pôle positif de la pile par son extrémité A, et avec le pôle négatif par son extrémité B. Soit O, le milieu du conducteur, communiquant en ce point avec le sol. Soit enfin la ligne A″OB′, coupant obliquement le conducteur au point O, et dont la pente indique l'intensité du courant entretenu dans ce conducteur, par la différence constante des tensions aux deux extrémités. Espaçons régulièrement sur la ligne AB, représentant le conducteur, les 10 contacts positifs (à gauche de O) et les 10 contacts négatifs (à droite de O) formés par le sommet des angles inférieurs et les extrémités du fil interpolaire. Si, de chacun de ces points, nous conduisons une perpendiculaire aboutissant à la ligne A″OB′, nous construisons, sur l'axe des abscisses AB, 20 ordonnées dont la hauteur est exactement proportionnelle à la tension électroscopique des points correspondants du conducteur, tension positive à gauche de O, tension négative à droite.

Figurons-nous maintenant que le fil communique avec le sol, non plus par le milieu du conducteur, mais par l'extrémité B, et que le zéro de l'échelle des tensions, toutes positives alors, soit ainsi transporté en ce dernier point. L'axe des abscisses va être déplacé et reporté en A′B′. Mais la ligne de pente du courant, c'est-à-dire la distribution des tensions, ne sera pas modifiée ; elle reste A″OB′, et forme alors l'hypothénuse du triangle rectangle A′B′A″. Il en est tout à fait de même avec un changement inverse, c'est-à-dire quand l'extrémité A du fil est amenée à zéro. La charge du conducteur devient tout entière négative ; mais la pente du courant ne variant pas, A″OB′ reste toujours la ligne indicative de la distribution des tensions ; les ordonnées qui partent de l'axe des abscisses, reporté en A″B″, viennent, comme dans les deux autres cas, aboutir encore à cette ligne A″OB′, devenue l'hypothénuse du triangle rectangle A″B″B′.

Cherchons maintenant à nous représenter, toujours d'après notre schéma, la valeur de la différence constante qui existe entre les tensions voisines. Nous connaîtrons alors la limite et la mesure exactes des variations qu'on peut imprimer à la charge d'un conducteur mis en rapport avec les 20 contacts de notre fil interpolaire. Il ne s'agit que de déterminer la hauteur respective des ordonnées construites sur l'axe des abscisses AB, ou A′B′, ou A″B″. Or, ces ordonnées diffèrent entre elles d'une quantité égale à la hauteur totale de la première (la plus rapprochée de zéro). La tension électroscopique est donc doublée au 2e contact, triplée au 3e, décuplée au 10e, etc., et cette même différence de tension existe nécessairement entre tous les points du circuit, quels qu'ils soient, qui sont séparés par un même intervalle. Ainsi, en prenant le 3e contact pour point de départ, sur un fil dont la charge est exclusivement positive ou négative, la tension est doublée au 6e contact, triplée au 9e, quadruplée au 12e, etc. Que si l'on commence par agir avec le 20e contact, et qu'on descende ensuite progressivement vers le point zéro, la tension diminuera successivement de $\frac{1}{20}$, $\frac{2}{20}$, $\frac{3}{20}$, etc., aux 19e, 18e, 17e contacts, etc. On imagine aisément toutes les combinaisons qu'il est possible de faire, pour varier ces progressions croissantes ou décroissantes. Je n'ai pas besoin d'insister davantage sur ce point.

Je n'ajouterai plus qu'un mot au sujet de l'installation du fil interpolaire. Une règle graduée, munie d'un curseur, est placée en regard de la ligne des contacts et permet ainsi de déterminer exactement la position de ceux qui sont mis à contribution comme sources d'électricité. Grâce au curseur, dont on se sert comme point de repère, on est toujours sûr d'éviter les erreurs dans les déplacements qu'il convient de faire subir au conducteur additionnel, pour donner aux flux excitateurs l'intensité convenable.

Il ne me reste plus qu'à parler des dispositions relatives à l'installation de ce conducteur additionnel.

Jusqu'à présent, je n'ai guère employé qu'un conducteur unique pour obtenir les flux excitateurs nécessaires à mes recherches ou à mes démonstrations expérimentales. Ce conducteur unique a suffi amplement à toutes les nécessités. C'est une sphère côtelée, en carton couvert d'une lame d'étain. Elle présente une surface équivalente à 3 mèt. carrés environ. Suspendue au plafond par un cordon de soie, loin de tout corps capable de l'influencer, cette sphère est munie d'un fil métallique au moyen duquel elle se charge et se décharge, quand on met le fil en communication, soit avec le circuit voltaïque, soit avec la terre. Les seuls points importants à débattre, au sujet de ce conducteur, se rapportent exclusivement à la manière d'établir ses relations avec le fil interpolaire et avec la grenouille galvanoscopique qui doit être traversée par le flux de charge.

La grenouille galvanoscopique est fixée, avec ceux des organes du myographe qu'il est nécessaire d'isoler, sur un plateau suspendu par des cordonnets de soie fortement tendus entre quatre supports. Préparée avec les précautions et suivant les procédés usuels, cette grenouille interrompt le fil qui rattache la sphère au circuit et se trouve ainsi placée sur le passage du flux électrique engendré par la charge de la sphère.

Il importe beaucoup que le contact qui produit ce flux soit toujours effectué dans des conditions identiques, et surtout avec la même rapidité. Pour cela, je me sers d'un rhéotome à pendule, qui, lui aussi, doit être parfaitement isolé, et par conséquent supporté par un plateau suspendu au moyen de cordonnets de soie [1]. Je place généralement ce rhéotome sur le trajet du conducteur intermédiaire entre la grenouille et le point de contact avec le circuit voltaïque. L'une des bornes du rhéotome est donc en communication avec une partie du conducteur intermédiaire comprenant la grenouille et se rendant à la sphère additionnelle. A l'autre borne est fixée la partie du conducteur qui aboutit au circuit voltaïque. Celle-ci est disposée à son extrémité de manière à pouvoir se déplacer facilement et se fixer indifféremment à chacun des 20 contacts du circuit. Pour cela, cette extrémité, alourdie par une petite masse de plomb, porte un anneau en platine bien poli, et les angles du circuit voltaïque sont munis d'un petit crochet également en platine bien poli. L'extrémité du conducteur étant, par son anneau, suspendue à ce crochet, et le contact étant assuré par la pression qu'exerce le poids de la petite masse de plomb, si, par une oscillation du pendule, on rétablit la continuité dans le conducteur, la grenouille qui en fait partie sera traversée par un flux électrique instantané. Si ensuite, la continuité du conducteur étant interrompue, la sphère additionnelle est déchargée et mise alors en rapport avec un autre point du circuit voltaïque, au moment où la continuité du conducteur sera rétablie par une seconde oscillation du rhéotome, un second flux, d'intensité proportionnelle à la tension de la nouvelle source électrique, traversera la grenouille pour aller se répandre sur la sphère.

Au lieu de déplacer le fil du conducteur additionnel pour faire varier la charge de ce conducteur, on peut faire subir les déplacements au fil qui établit la communication du circuit voltaïque avec le sol. Ainsi, je suppose qu'après avoir obtenu un certain flux positif, avec le conducteur additionnel fixé au 2e contact, j'en veuille obtenir un autre d'une intensité double, alors je reporterai le fil de communication avec le sol au 2e contact négatif. A ce point, la tension s'annulera et elle se doublera au 2e contact positif, puisque ce 2e contact deviendra le 4e.

J'ai eu souvent recours à ces déplacements du fil de communication avec le sol pour obtenir des flux d'égale intensité, alternativement positifs ou négatifs. Il suffit de placer ce fil sur le circuit, alternativement à droite ou à gauche du conducteur additionnel et à la même distance.

Ces flux égaux, alternativement positifs ou négatifs, peuvent encore être obtenus sans rien changer à la position respective des fils de communication avec le sol ou avec le conducteur additionnel. C'est en

1 Ce plateau, de même que celui qui supporte la grenouille galvanoscopique, pourrait être sans grand inconvénient isolé par des pieds de verre parfaitement vernis. Mais on est toujours plus sûr d'obtenir un isolement permanent avec la soie, sans compter qu'on évite sûrement toute cause de condensation accidentelle.

changeant le sens du courant voltaïque, par une commutation au moyen d'un bon appareil bien isolant relié aux extrémités du fil interpolaire.

Pour comparer ces flux positifs et négatifs, il est souvent nécessaire de les faire passer dans le même sens à travers la grenouille galvanoscopique. Un commutateur sur le trajet du fil du conducteur additionnel est alors indispensable.

J'ai dit que, jusqu'à présent, je ne m'étais guère servi que d'une seule sphère, toujours la même, comme conducteur additionnel. Il est bon cependant d'en avoir plusieurs à sa disposition, pour augmenter, au besoin, en les réunissant, la valeur de la charge. Mais je n'ai jamais cherché à utiliser, comme moyen usuel de graduation des flux excitateurs, les changements de surface du conducteur additionnel, quoique les considérations dans lesquelles je suis entré précédemment prouvent que ce moyen ne doit pas le céder beaucoup, sous le rapport de la parfaite exactitude, à celui qui consiste à graduer les flux excitateurs en faisant varier la tension de la source.

Citons encore, mais pour mémoire seulement, la substitution d'un condensateur au conducteur sphérique, comme moyen de provoquer la naissance des flux excitateurs. Mais ce moyen, moins embarrassant que celui auquel je me suis arrêté, a un inconvénient grave, qui résulte de ce que le condensateur retient toujours, après la décharge, une certaine quantité d'électricité, variable suivant diverses conditions et surtout suivant le temps écoulé. Cet inconvénient n'existe pas avec la sphère conductrice à surface métallique. Son électricité s'écoule instantanément, tout entière, dans le réservoir commun, quand le conducteur est mis en communication avec le sol. On est donc sûr que ce conducteur prend une charge pleine chaque fois qu'il touche le circuit voltaïque.

Enfin, j'indiquerai une dernière modification qu'on peut faire subir aux procédés par lesquels les flux excitateurs sont soutirés au circuit voltaïque. Cette modification s'applique indifféremment à tous les cas précédents et porte sur la position du rhéotome. Au lieu de le placer sur le trajet du fil intermédiaire entre le circuit et la sphère additionnelle, on peut le mettre dans le circuit voltaïque lui-même, entre un des pôles de la pile et l'extrémité correspondante du fil interpolaire. L'autre extrémité étant en communication avec le sol, si le circuit se trouve ouvert, la charge électrique est nulle sur le fil. Si, par une oscillation du rhéotome, on ferme le circuit, le fil interpolaire prend instantanément sa charge dynamique, positive ou négative, suivant la position du point de contact avec le réservoir commun. Naturellement, chaque fermeture du circuit engendrera, dans le fil intermédiaire qui relie au circuit la masse additionnelle, un flux d'une intensité proportionnelle à la tension du point de contact. Ce procédé a l'avantage de ne pas laisser la pile constamment fermée. Il m'a donné de bons résultats. Mais je ne l'ai pas assez expérimenté pour porter un jugement définitif sur sa valeur.

J'aurais voulu, en terminant, montrer les beaux résultats qu'on peut obtenir avec cette méthode, par l'exhibition de quelques tracés myographiques. J'en ai recueilli un grand nombre, il y a huit à neuf ans. Malheureusement, ils ont été presque tous détruits accidentellement. Parmi ceux que j'ai pu retrouver, je reproduirai les trois suivants :

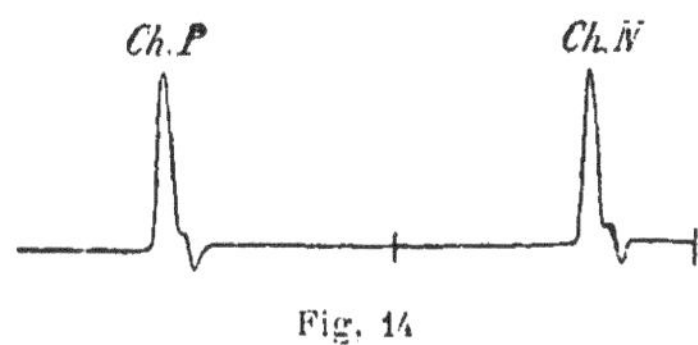

Fig. 14

1° Le tracé (*fig.* 14) représente la contraction qu'excitent un flux positif et un flux négatif de même intensité, obtenus par le contact du conducteur additionnel avec le circuit voltaïque, en deux points placés symétriquement de chaque côté du zéro. Une commutation a fait passer les deux flux dans le même sens. Le tracé montre que ces deux excitations ont été exactement égales [1].

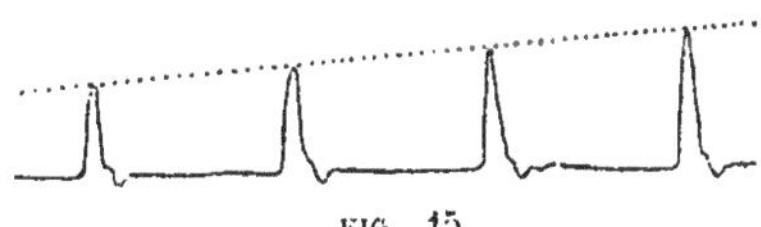
FIG. 15

2° Sur le 2e tracé (*fig.* 15), quatre contractions sont représentées. La ligne des sommets monte progressivement et régulièrement. C'est que les quatre flux qui ont produit ces contractions ont été engendrés par le contact du conducteur additionnel avec des points également espacés entre eux, et dont la tension croissait avec régularité. Le premier flux a été pris assez loin du point à zéro.

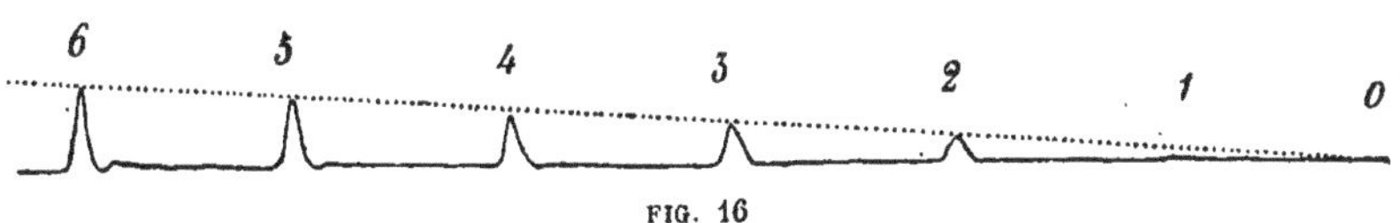

FIG. 16

3° Avec la *fig.* 16, on constate le phénomène inverse. On avait eu

1 Ces tracés ont été recueillis sur un cylindre marchant avec une grande lenteur.

recours, pour faire naître l'excitation, à des flux produits par le contact du conducteur additionnel avec des points se rapprochant de plus en plus du zéro. Ces points étant tous placés à la même distance les uns des autres, leur tension était régulièrement décroissante. Aussi les contractions engendrées par le flux excitateur offrent-elles, avec une approximation parfaitement suffisante, la même progression décroissante, comme le montre la ligne ponctuée qui réunit les sommets des ondulations du tracé.

En examinant les deux dernières figures, il est impossible de ne pas être frappé des analogies qui existent entre les tracés qu'elles représentent et le schéma de la distribution et de la valeur des tensions, dans les circuits voltaïques, tel qu'il doit être établi, d'après les vues théoriques de Ohm et les démonstrations expérimentales de Kohlrausch. A cette occasion, je dirai que la contraction de la grenouille galvanoscopique pourrait être employée avec avantage comme moyen de démonstration du mode de distribution des tensions dans les circuits voltaïques. Ce moyen, très-commode, est suffisamment exact. C'est vrai, au moins, quand la contraction produite reste dans les limites moyennes où le myographe en enregistre exactement l'étendue, et où cette étendue peut être considérée comme rigoureusement proportionnelle à l'intensité de la cause excitatrice qui agit sur le nerf. Ayant été frappé de ce rapport, qui, dans les limites signalées, se montre toujours entre la hauteur du tracé de la contraction et la valeur de la tension électroscopique qui en est la source, j'ai voulu voir si le fait se reproduirait dans toutes circonstances, si, par exemple, il permettrait de vérifier l'influence de la différence des sections et des résistances du fil interpolaire sur cette tension électroscopique des circuits voltaïques. C'est, en effet, ce qui a lieu. J'ai constaté que, dans le cas où un circuit est formé par deux fils de section ou de résistance différente, les contractions produites par les flux qu'engendre le contact du conducteur additionnel avec des points également éloignés du zéro sont inversement proportionnelles à la section du fil et en rapport direct avec la résistance de ce fil. J'ajoute que toutes les vérifications analogues, faites sur la tension électroscopique des conducteurs interpolaires liquides, donnent des résultats semblables, quand ils ne sont pas troublés par l'intervention des effets de la résistance au passage.

Telle est la méthode d'excitation électrophysiologique sur laquelle j'ai cru bon d'appeler l'attention. On en connaît maintenant tous les avantages. A-t-elle des inconvénients? Je ne lui en sais pas d'autre que d'exiger une installation assez encombrante. J'ajouterai, si l'on veut, la dépense que nécessite l'entretien de la pile quand l'installation est permanente, comme il est bon qu'elle soit, pour répondre à tous les besoins qui peuvent surgir inopinément dans le cours des travaux du laboratoire. Mais il n'y a pas même lieu de discuter si les inconvénients balancent les avantages. Ceux-ci l'emportent incontestablement.

Pour épuiser le sujet, il n'est peut-être pas sans intérêt de faire remarquer que des modifications peuvent être apportées à la méthode, suivant les conditions matérielles dans lesquelles on se trouve. Toutes ces modifications sont désavantageuses, soit sous le rapport de l'exactitude, soit au point de vue du nombre et de l'étendue des variations qu'elles permettent de faire subir aux flux excitateurs. Je crois cependant devoir signaler deux de ces modifications, qui sont d'une grande simplicité.

La première consiste à déterminer la charge des conducteurs additionnels en utilisant la tension des piles ouvertes. On fait communiquer l'un des pôles avec le sol, d'une manière permanente. L'autre pôle, mis en rapport avec une, deux, trois, quatre, etc., sphères, produit, en chargeant ces conducteurs, des flux instantanés dont l'intensité proportionnelle est égale aux chiffres 1, 2, 3, 4, etc. Ou bien, si la tension de la pile le permet, on n'emploie qu'une seule sphère, reliée à l'un des pôles, et le fil de communication avec le sol est promené le long de la pile de manière à faire varier la position du point dont la tension est amenée à 0. Ainsi, avec une pile de 20 couples, si le fil est fixé entre le 10ᵉ et le 11ᵉ, c'est-à-dire juste au milieu de l'appareil, la tension de la charge du conducteur additionnel est égale à la moitié de la tension totale de la pile, autrement dit proportionnelle au chiffre 10. Le fil étant placé entre le 5ᵉ couple et le 6ᵉ, la tension de la charge du conducteur devient 15 ; tandis qu'elle est abaissée à 5, si le fil touche la pile entre les 15ᵉ et 16ᵉ couples. Cette dernière disposition est la plus simple et la plus facile à mettre en œuvre.

Dans cette première modification de la méthode, on simplifie l'instrumentation, en supprimant le fil interpolaire. La deuxième, dont je vais parler maintenant, fait disparaître à la fois le fil interpolaire et le conducteur additionnel. La pile est alors tout l'appareil, la pile sans rhéocorde, ni galvanomètre, c'est-à-dire dans des conditions incomparablement plus simples que quand on veut produire directement l'excitation avec le courant continu. L'instrumentation est donc réduite à sa plus simple expression. Voici comment j'ai été amené à imaginer cette modification.

Dans tous les cas dont il a été question jusqu'à présent, au moment de la charge du conducteur additionnel, le fil de communication avec le sol est invariablement parcouru par un flux de signe contraire à celui de cette charge, mais parfaitement équivalent. Le fait, indiqué par la théorie, se vérifie facilement par l'expérience, quand une grenouille galvanoscopique, placée sur le trajet de ce fil de communication, subit l'excitation des flux qui s'écoulent ainsi dans le réservoir commun. Il m'a paru alors qu'en utilisant, pour provoquer cet écoulement d'électricité à travers le fil de communication avec le sol, la charge et la décharge d'une pile alternativement ouverte et fermée sur elle-même, on pourrait obtenir des flux excitateurs d'intensité variable et gradués avec une approximation encore suffisante. Et en effet, prenons notre pile de 20 couples, que nous supposerons parfaitement égaux en puissance électromotrice, comme sous le rapport de la résistance, et donnons à ces couples les numéros 1, 2, 3..., 19, 20, en commençant par le pôle positif. Mettons en communication avec le sol le milieu de la pile, c'est-à-dire l'intervalle compris entre les 10e et 11e couples, les deux moitiés de la pile prennent alors une charge égale et de nom contraire, variable suivant la distance au point zéro, mais dont la valeur moyenne est représentée par le chiffre 5, la tension aux extrémités étant + 10 et — 10. Si l'on réunit alors les deux pôles de la pile, soit directement, soit par l'intermédiaire d'un fil très-gros et très-court, c'est-à-dire si la pile est fermée sur elle-même, il y aura chute instantanée des tensions et disparition de la plus grande partie de la double charge statique de la pile. Mais, comme les quantités d'électricité qui se neutralisent alors sur la pile sont parfaitement égales, le fil de communication avec le sol n'est le siége d'aucun flux électrique. Supposons maintenant que, le circuit de la pile étant ouvert de nouveau, le fil de communication touche l'un des intervalles voisins, celui des 9e et 10e couples, par exemple. La différence algébrique des tensions n'est point changée entre les deux extrémités de la pile. Mais elle se formule par + 9 au pôle positif et par — 11 au pôle négatif, c'est-à-dire que la moyenne de la charge est 4,5 sur la partie positive de la pile, et 5,5 sur la partie négative. Quand la pile aura été fermée, après la neutralisation des électricités du nom contraire, il y aura donc un excédant d'électricité négative qui se chiffre par 1. Cette électricité rendue libre s'écoulera dans le sol, en produisant un flux négatif proportionnel à 1.

Il suffit d'ouvrir la pile, sans toucher au fil de communication, pour que la force électromotrice la charge de nouveau et rétablisse instantanément la différence primitive des tensions. L'extrémité positive recouvrera la valeur + 9 et la négative la valeur — 11, c'est-à-dire que la partie positive de la pile prendra une charge moyenne égale à 4,5, tandis que la charge de la partie négative sera 5,5. Or, la force électromotrice, incapable d'agir asymétriquement, a engendré autant d'électricité positive que d'électricité négative, au moment de l'ouverture de la pile, il y a donc eu une quantité d'électricité positive égale à 1 qui a disparu, en s'écoulant dans le sol et en produisant un flux instantané strictement équivalent au flux négatif provoqué par la fermeture de la pile.

Poursuivons la série des opérations, en plaçant le fil de communication avec le sol entre le 8e couple et le 9e. La tension est alors + 8 à l'extrémité positive et — 12 à l'extrémité négative, ce qui équivaut à une charge moyenne égale à 4 sur la partie positive de la pile, à 6 sur la partie négative. Différence : 2, représentant la quantité d'électricité négative ou positive mise en liberté, quand on ferme la pile sur elle-même ou qu'on l'ouvre. En s'écoulant dans le sol, cet excédant d'électricité engendre deux flux successifs, parfaitement égaux, l'un négatif. l'autre positif, tous deux d'une intensité proportionnelle à 2. Même chose arrivera nécessairement dans toutes les positions du fil de communication avec le sol, en sorte que ce fil, étant approché de plus en plus de l'extrémité de la pile, la fermeture ou l'ouverture de celle-ci produira des flux négatifs ou positifs, qui croîtront comme les nombres 1, 2, 3, 4, 5, 6, 7, 8, 9, 10. Naturellement les choses se passeront de même, si le fil de communication avec le sol est rapproché graduellement de l'extrémité négative de la pile. Il y aura seulement inversion dans la production des flux négatifs et positifs ; ceux-ci seront engendrés au moment de la fermeture de la pile, ceux-là, au moment de l'ouverture.

Évidemment ces deux modifications, la dernière surtout, simplifient beaucoup la méthode et peuvent rendre de grands services. Mais, je l'ai déjà dit, celle-ci ne comporte plus alors la même exactitude que dans les conditions types, c'est-à-dire avec la pile fermée par un conducteur interpolaire. On est absolûment sûr, en effet, qu'à des intervalles égaux correspondent, sur celui-ci, des différences égales de tension, à cause de l'homogénéité du conducteur. Pour la pile elle-même, cette certitude absolue manque, parce qu'il est difficile d'obtenir, et surtout de conserver, dans les couples, l'égalité idéale que nous avons dû supposer pour notre dernière démonstration.

6me Section

CHIMIE

Président. . . . . M. LOIR, Professeur à la Faculté des Sciences de Lyon.
Vice-Président. . . . . M. GLÉNARD, Directeur de l'École de médecine de Lyon.
Secrétaire . . . . M. GRIMAUX, Professeur agrégé à la Faculté de médecine de Paris.

M. Ch. GIRARD

SUR QUELQUES MATIÈRES COLORANTES DÉRIVÉES DE LA HOUILLE

— *Séance du 22 août 1873.* —

M. Ch. Girard présente à la section des échantillons de quelques couleurs dérivées de la houille, *rosanaphtylamine*, *safranine*, *violet de Paris*, etc., indique leur mode de préparation et expose l'historique de leur découverte.

M. Arm. GAUTIER

Professeur agrégé à la Faculté de Médecine de Paris

SUR UN NOUVEL ISOMÈRE DE LA SACCHAROSE

— *Séance du 22 août 1873.* —

On connaît aujourd'hui un assez grand nombre de corps qui ont la composition du sucre de canne sans en avoir les propriétés ; ce sont la *lactose* ou sucre de lait, la *parasaccharose*, la *mellitose*, la *melezitose*, la *mycose*, la *tréhalose* et les *gommes* elles-mêmes. J'ai obtenu, par la déshydratation ménagée du glucose dextrogyre, un nouveau composé ayant comme tous ceux qui précèdent la composition $C^{12}H^{22}O^{11}$, mais ne se confondant pas avec eux.

On l'obtient en enlevant une molécule d'eau à deux molécules de glucose au moyen de l'acide chlorhydrique. Pour cela, du glucose anhydre, extrait du miel par lavage à l'alcool, compressions répétées, décoloration par le noir animal et dessication dans le vide, est dissous à saturation dans de l'alcool presque absolu. Cette solution étant placée dans de la glace et mise à l'abri de la lumière, on y fait passer bulle à bulle un courant d'acide chlorhydrique gazeux et sec. Lorsque l'alcool en est saturé, on laisse se réchauffer peu à peu le mélange, puis on l'évapore dans le vide au-dessus d'un vase à acide sulfurique et d'un bocal rempli de chaux à demi éteinte. Il reste une liqueur un peu colorée, sirupeuse, très-acide, qu'on sature avec précaution par du carbonate de baryte pur, puis par une trace d'hydrate de baryte en poudre, jusqu'à ce qu'elle soit devenue à peine sensiblement alcaline. On enlève ainsi l'acide chlorhydrique en excès sous forme de chlorure de baryum ainsi qu'un peu de glucose qui a pu échapper à la réaction. En reprenant alors par une bonne quantité d'alcool absolu, on sépare presque entièrement le sel barytique, on évapore à basse pression et au bain-marie la liqueur devenue presque incolore, on reprend une seconde fois par de l'alcool absolu, on sèche à 50 ou 60°, on lave plusieurs fois à l'éther qui enlève des traces d'une chlorhydrine douée d'amertume, et on enlève enfin les dernières traces, *très-persistantes*, d'humidité dans le vide chaud et sec.

Le produit ainsi obtenu est un corps incolore, non cristallin, d'un goût analogue à celui de la dextrine ou de la gomme à peine légèrement amer, très-soluble dans l'eau, très-hygroscopique, et que l'on ne peut sécher qu'en le traitant plusieurs heures à 130°, par un courant d'acide carbonique sec. Il conserve en effet, avec persistance, un vingtième de son poids d'eau qui lui permet de fondre vers 100°. Mais lorsqu'il est parfaitement sec, il durcit à cette température et devient transparent et comme gommeux.

Soumis à l'analyse, ce composé répond à la composition $C^{12}H^{22}O^{11}$, qui en fait un isomère du sucre de canne.

La réaction qui lui donne naissance répond à l'équation :

$$2\,C^{6}H^{12}O^{6} = H^{2}O + C^{12}H^{22}O^{11}.$$

Le composé que nous avons ainsi obtenu par la déshydratation du glucose ne saurait être confondu avec la saccharose ni avec ses isomères plus haut cités. Il est entièrement exempt de goût sucré, très-hygrométrique, non cristallin ; il ne précipite pas par le sous-acétate de plomb ammoniacal, ce qui est un bon caractère pour s'assurer de sa pureté et de l'absence du glucose. Il réduit difficilement le réactif cupro-potassique tout à fait à la façon du sucre de canne. Il est dextrogyre.

Ce corps, soumis à l'action de la levure de bière, ne fermente pas. Ce n'est qu'au bout de quelques jours qu'une trace à peine d'acide carbonique se dégage ; mais, même en se plaçant dans les conditions les meilleures, on ne peut obtenir une fermentation franche.

Lorsqu'on chauffe plusieurs heures une solution aqueuse du composé précédent à 160°, on parvient à l'hydrater et à le transformer de nouveau en un glucose $C^6H^{12}O^6$, de goût sucré, et que l'on croirait devoir être identique avec le dextroglucose primitif. Il n'en est rien ; car, soumis à l'action du ferment, ce glucose ne paraît pas apte à se dédoubler en alcool et acide carbonique. C'est un glucose nouveau, réduisant bien le réactif cupro-potassique, de saveur sucrée, mais à peu près infermentescible et sous ce dernier rapport comparable à l'inosite.

En faisant réagir l'acide acétique anhydre sur le glucose, M. Schutzenberger a remarqué qu'en poussant la réaction jusqu'à sa limite extrême, on obtient un dérivé dans lequel 8 radicaux acétyliques $[C^2H^3O]'$ se substituent à 8 atomes d'hydrogène dans 2 molécules de glucose moins une molécule d'eau. Ce composé $C^{12}H^{14}(C^2H^3O)^8O^{11}$ semble être l'éther octoacétylique du corps que je viens de décrire et se produire à la suite d'un phénomène de déshydratation provoqué par l'acide acétique anhydre qui, agissant, comme dans notre réaction, à la façon de l'acide chlorhydrique, produit d'abord, aux dépens de deux molécules de glucose, ce premier anhydride $C^{12}H^{22}O^{11}$, que nous avons isolé, dans lequel vient, dans la réaction de M. Schutzenberger, se substituer ensuite 8 fois le radical $(C^2H^3O)'$. On rappellera aussi que M. Riban a observé que les aldéhydes de la série grasse peuvent se doubler avec perte d'une molécule d'eau et donner des corps tels que

$$C^{10}H^{18}O \text{ ou } 2\ C^5H^{10}O - H^2O$$

auxquels ce chimiste a donné le nom d'*aldanes*. Les glucoses, on le sait, jouissent des fonctions aldéhydiques et le composé que nous venons de décrire paraît dériver de l'*aldéhyde glucose* de la même manière que la valeraldane de M. Riban dérive de l'aldéhyde valérique.

M. Adolphe CARNOT

Ingénieur des mines, Professeur à l'École des mines de Paris

DÉCOUVERTE D'UN GISEMENT DE BISMUTH EN FRANCE

— *Séance du 22 août 1873.* —

Messieurs,

Je viens vous dire quelques mots de la découverte récente d'un gisement de bismuth en France. L'extrême rareté du métal donne à cette découverte un intérêt particulier. Jamais, en effet, on n'avait encore signalé l'existence de minerais de bismuth sur le sol français, même à l'état de curiosité minéralogique. A l'étranger, ils ne sont connus que dans un petit nombre de localités et en quantités fort restreintes. La Saxe a eu pendant longtemps le monopole à peu près exclusif de leur exploitation. Aussi le prix du métal a-t-il été soumis à des fluctuations énormes : il s'est élevé, dans l'espace de quelques années, depuis 11 fr. le kilogramme jusqu'à 55 fr. en 1869 : pendant la guerre de 1870, il était devenu presque inabordable, même pour les usages médicaux. Le retour de semblables crises est peut-être moins à redouter aujourd'hui, grâce à la mise en exploitation de mines de bismuth en Bolivie (Amérique du Sud). Mais il n'en serait pas moins bien désirable que notre pays à son tour vînt prendre part à la production de ce métal, dont la rareté met obstacle aux diverses applications industrielles dont il serait susceptible.

Le gisement dont j'ai à vous entretenir est situé dans la Corrèze, près de Meymac, au sud et sur l'une des ramifications de la chaîne granitique qui sépare les bassins de la Vienne et de la Creuse du versant de la Dordogne et de ses affluents. Le sol de la montagne est formé d'un granite porphyroïde à mica noir et à grands cristaux de feldspath, renfermant des nids de tourmaline radiée, — granite peu consistant et profondément raviné par les eaux.

Une masse de quartz faisait saillie à la surface du sol ; M. Vény, conducteur des ponts et chaussées à Meymac, entreprit, en 1867, de l'exploiter pour l'empierrement de la route voisine et y remarqua un minerai lourd et noir, à cassure brillante, qui n'était autre que du wolfram. Une occasion me conduisit à cette époque dans le voisinage ; je visitai la fouille ; la nature du quartz et la présence du wolfram avec du mispickel et quelques minéraux arséniatés et phosphatés que je recueillis, me parurent être des indices favorables pour un gisement métallique. Je conseillai à M. Vény d'y faire des recherches, que je ne cessai depuis lors d'aider et d'encourager et qui aboutirent heureusement, en 1869, à la découverte d'échantillons renfermant du bismuth. Après la constatation de la nature du minerai, il restait à examiner s'il se trouvait en quantité suffisante pour motiver une exploitation sérieuse et durable. A cet égard, tout n'est pas dit encore ; mais les travaux, plusieurs fois interrompus et toujours repris avec persévérance, donnent aujourd'hui d'assez grandes espérances de succès.

Je me propose de vous indiquer d'abord la nature des minéraux qui ont été trouvés dans les fouilles ; puis je vous ferai connaître la méthode de traitement qui a été suivie pour l'extraction du bismuth.

Plusieurs espèces minérales différentes renferment du bismuth ; ce sont principalement le métal natif, l'oxyde, l'hydrocarbonate et le sulfure.

Le *bismuth sulfuré* présente une texture à la fois lamelleuse et fibreuse, souvent rayonnée ; il possède un éclat métallique assez vif ; sa couleur, d'un gris de plomb légèrement bleuâtre, le distingue du sulfure de bismuth ordinaire et lui donne un peu l'apparence de l'antimoine sulfuré. Il renferme, avec 75 pour 100 environ de bismuth et du soufre, de petites quantités d'arsenic, d'antimoine, de plomb, de cuivre et de fer.

Le *bismuth hydrocarbonaté* est certainement le produit de la transformation sur place du bismuth sulfuré ; en effet, il a conservé en partie les clivages du minéral primitif et sa texture fibreuse parfaitement visible. Sa couleur varie du gris plus ou moins foncé au blanc verdâtre ou un peu jaunâtre ; elle est souvent différente sur des points assez rapprochés. La composition est également variable, surtout au point de vue des proportions relatives d'eau et d'acide carbonique ; l'oxyde de bismuth contenu s'élève à 85 et même jusqu'à 90 pour 100, correspondant à 76 ou 80 pour 100 de métal. L'analyse révèle en outre la présence de très-petites quantités d'oxydes de plomb, de fer et quelquefois de cuivre, de chaux, de magnésie, de chlore et d'acides arsénique, antimonique et sulfurique. Le bismuth hydrocarbonaté est l'espèce minérale qui s'est montrée jusqu'à présent la plus abondante dans les fouilles ; mais les travaux ne sont encore descendus qu'à une dizaine de mètres de la surface, et on comprend aisément que les parties supérieures du filon aient dû être altérées par les agents atmosphériques. Il est à supposer qu'à une profondeur plus grande c'est le sulfure de bismuth qui, à son tour, se trouvera en proportion dominante.

Le *bismuth natif* ne s'est présenté qu'en échantillons peu nombreux : il est sous forme de noyaux très-pesants, dont la cassure est cristalline, lamelleuse, douée d'un très-vif éclat métallique, d'une couleur blanche ou légèrement rougeâtre après exposition à l'air. Le métal est complétement enveloppé d'une substance semi-vitreuse, opaque, à cassure conchoïdale, d'un vert jaunâtre clair. Cette substance n'est autre chose que de l'*oxyde de bismuth* presque pur, dont la densité est à peine inférieure à celle du bismuth natif.

On remarque, presque constamment associé au sulfure de bismuth, une sorte de *mispickel*, d'un blanc métallique légèrement rosé, qui renferme, avec les éléments fondamentaux de l'arséniosulfure de fer, quelques centièmes d'antimoine, de bismuth et de cobalt. Je ne saurais affirmer encore si le bismuth fait réellement partie intégrante du minéral, ou si sa présence doit être expliquée par une très-fine dissémination de bismuth sulfuré. Il n'est pas sans intérêt de remarquer la présence du *cobalt* dans ce minéral ; mais il s'y trouve en proportion si faible, que l'on ne saurait, quand à présent, songer à en tirer parti.

A côté des espèces précédentes, renfermant du bismuth, se rencontrent quelques minéraux de plomb :

Le *carbonate* et le *sulfate de plomb*, en petites quantités ;

Le *molybdate de plomb*, en petits cristaux tabulaires, tantôt avec une teinte de miel et un éclat gras assez vif, tantôt recouverts d'un enduit ferrugineux, qui les rend bruns et ternes;

Le *chlorophosphate de plomb* ou pyromorphite, sous forme d'une agglomération cristalline d'un jaune verdâtre ;

Je me borne à mentionner en passant la présence de *pyrite de fer*, de *fer oxydé hydraté* et de *bioxide de manganèse*, et j'achève en appelant l'attention sur quelques minéraux du *tungstène* : le wolfram, le schéelin calcaire et l'acide tungstique hydraté.

Le *wolfram* (tungstate de fer et de manganèse) s'est montré fort abondant près de la surface du sol ; il est en masses noires lamelleuses, à clivage facile et brillant, donnant une poussière brune. Sa composition est assez remarquable par la proportion d'*acide tantalique* contenu, proportion qui atteint 5 pour 100, tandis qu'elle dépasse à peine 1 pour 100 dans les échantillons de wolfram tantalifère analysés précédemment.

Le *schéelin calcaire* ou tungstate de chaux possède l'éclat gras, un peu adamantin, qui est ordinaire à cette espèce. Sa coloration varie du blanc grisâtre au brunâtre. Il a été trouvé en morceaux assez volumineux.

L'*acide tungstique hydraté* paraît résulter de l'altération du schéelin calcaire par les eaux vitrioliques acides provenant de la décomposition des pyrites ; il est d'un jaune tantôt assez franc, tantôt verdâtre ou brunâtre ; il a un éclat gras particulier qui lui donne un peu l'apparence de la cire ou de la résine. Il renferme environ 12 pour 100 d'eau et une certaine quantité de chaux et d'oxyde de fer. La composition des échantillons est d'ailleurs variable selon le degré d'altération subi par le schéelin calcaire. Ce minéral diffère assez notablement de toutes les espèces qui ont été décrites jusqu'ici par les minéralogistes.

Plusieurs minéraux dont je viens de parler peuvent être utilisés dans les arts ; je ne m'arrêterai pas à ceux, qui n'ont été trouvés qu'à l'état d'échantillons isolés, comme le bioxyde de manganèse, le phosphate et le molybdate de plomb, etc ; mais je dois citer les divers minéraux du tungstène, rencontrés en quantités plus importantes. Le wolfram en effet est employé avec succès dans la fabrication de l'acier pour quelques usages spéciaux ; il lui donne une finesse de grain et une dureté que l'on recherche pour divers outils. On n'est pas encore aussi bien fixé sur l'avantage qu'il pourrait y avoir à introduire le tungstène dans les fontes ; divers essais faits sur les fontes de l'artillerie de marine n'ont pas été bien concluants, et la question ne semble pas définitivement résolue. Le tungstate de chaux et l'acide tungstique peuvent servir dans la préparation des couleurs.

Les minéraux de bismuth doivent naturellement être consacrés à l'extraction du précieux métal. Parmi eux, l'hydrocarbonate seul s'est trouvé jusqu'à présent en quantité suffisante pour être considéré comme un véritable minerai et mériter les frais d'un traitement industriel.

Une installation modeste a été faite dans ce but à Meymac et elle a donné de bons résultats. Je vais la décrire en peu de mots.

Le minerai, sorti de la mine et séparé des morceaux stériles par un triage à la main, renferme, avec le bismuth, une faible quantité d'arsenic, d'antimoine, de plomb, de fer et de chaux ; il est, de plus, mêlé de gangues pierreuses, quartz et silicates divers, en proportions encore considérables. Après quelques expériences de laboratoire, j'ai cru devoir renoncer entièrement aux procédés de réduction directe par voie sèche, qui me paraissaient donner lieu à des pertes beaucoup trop grandes, et je me suis arrêté à la méthode suivante :

On attaque par l'acide chlorhydrique le minerai cassé au marteau et réduit en sable très-grossier. Le résidu inattaqué est soumis à une seconde opération semblable, puis à une troisième, d'où il sort complétement épuisé. Dans la marche régulière du traitement, l'acide est employé d'abord à cette dernière attaque, puis à la seconde, et enfin à la première sur le minerai brut. On favorise son action en remuant la matière avec une spatule de bois et en chauffant très-doucement dans des vases de terre. Il arrive à être presque saturé par les oxydes métalliques qu'il dissout, tandis que, de l'autre côté, après cet épuisement méthodique, le résidu à rejeter ne renferme plus une proportion appréciable de bismuth, ni sous la forme d'oxyde inattaqué, ni sous celle de dissolution retenue entre les fragments du sable stérile.

On filtre la liqueur de chlorure, qui est à peine légèrement acide, puis on y introduit des barreaux de fer, qui précipitent la totalité du bismuth à l'état de poudre noire et pesante. On le sépare de la dissolution, chargée de sels de fer, sans laisser à ceux-ci le temps de se peroxyder par l'action de l'air et de produire un dépôt. On le lave avec de l'eau pure, on le reçoit et on le comprime dans un linge sous forme de boudins, qu'on sèche rapidement dans une étuve, afin d'éviter que le métal humide et très-divisé, tel qu'il est obtenu par précipitation, subisse une oxydation notable.

La poudre sèche est ensuite très-fortement tassée au moyen d'un pilon de fer dans un creuset de plombagine, qu'on achève de remplir avec du charbon grossièrement pilé ; on couvre le creuset, puis on le chauffe progressivement dans un four de calcination pendant trois quarts d'heure, sans dépasser le rouge, pour ne pas produire une volatilisation sensible du métal. Le bismuth fondu est alors coulé dans un moule, où il se prend en lingots, qui peuvent être livrés au commerce.

Le métal ainsi obtenu peut retenir une très-faible quantité de plomb, d'arsenic et d'antimoine. On achève de le purifier par les procédés ordinaires, lorsqu'il doit être employé à la préparation du sous-nitrate de bismuth pour la pharmacie.

Ce mode de traitement, qui s'éloigne beaucoup des procédés suivis ailleurs pour l'extraction du bismuth, m'a paru bien approprié à la nature actuelle du minerai et en même temps aux conditions particulières de son exploitation. Il est économique, et surtout il ne laisse perdre aucune partie du métal précieux, tandis que, par les opérations de voie sèche, on ne pourrait éviter des pertes importantes sur un métal si facilement volatil et qui passe si aisément dans les scories à l'état d'oxyde et de silicate. Il fournit un métal assez pur et permet ainsi d'atténuer les dépenses et les pertes dans la purification qui doit suivre. Il n'a d'ailleurs exigé que des frais minimes d'installation, au voisinage de la mine, et un court apprentissage de la part des personnes qui devaient le mettre en œuvre. Appliqué aux minerais oxydés de Meymac, depuis qu'ils ont été trouvés en quantité suffisante pour que l'on pût songer à leur utilisation, ce traitement a fourni jusqu'à présent environ 250 kilogr. de bismuth métallique, qui a été, pour la plus grande partie, expédié à la Pharmacie centrale de France et employé à la fabrication de sous-nitrate.

Je termine ici, Messieurs, ce que j'avais à vous dire du gisement de bismuth de la Corrèze. Les recherches ont conduit, comme vous venez de le voir, à des résultats fort intéressants ; mais il reste encore pour l'avenir un important sujet d'études. Que donneront les travaux poussés à une grande profondeur et sur une plus grande étendue? Quelle pourra être l'importance de la mine? Lui sera-t-il donné de contribuer d'une manière durable à la production d'un métal que la France a si longtemps emprunté aux Allemands? Permettez-moi d'ajourner ma réponse à de semblables questions, jusqu'à ce que je puisse vous apporter mieux que des présomptions et des espérances.

M. C. FRIEDEL

Maître de conférences à l'École normale supérieure, Conservateur des collections de géologie à l'École nationale des mines

ANALYSE DE MINERAIS DE TELLURE

— *Séance du 22 août 1873.* —

M. Friedel a étudié deux échantillons de minerais riches en tellure et provenant de l'Asie mineure; l'un est un tellurure d'or et d'argent, renfermant 21 pour 100 d'or et 37 pour 100 d'argent; l'autre est un tellurure de plomb.

M. E. GRIMAUX

Professeur agrégé à la Faculté de Médecine de Paris

SUR DES COMPOSÉS DE LA SÉRIE AROMATIQUE [1]

— *Séance du 22 août 1873.* —

M. E. Grimaux rappelle l'action du brome sur la diméthylbenzine ou oxylène $C^6H^4(CH^3)^2$ à la température de 140°. Il a montré qu'en fournissant le dérivé bibromé, le brome se substitue dans les deux groupes CH^3 de manière à donner un éther dibromhydrique de glycol. L'auteur annonce qu'il a observé la même réaction avec l'éthylbenzine C^6H^5-CH^2-CH^3, qui fournit un dérivé C^6H^5-CHBr-CH^2Br identique avec le bromure de cinnamène. Ce bromure, par l'ébullition avec l'eau, perd tout son brome à l'état d'acide bromhydrique et donne un corps cristallisé très-soluble dans l'eau, et qui constitue probablement le glycol cinnaménique. Le même procédé, appliqué à la triméthylbenzine ou à l'éthylméthylbenzine, permettrait sans doute d'arriver à une tribromhydrine de glycérine aromatique, mais l'auteur a eu recours, pour réaliser la production de cette dernière, à une autre réaction.

L'alcool cinnamique ou styrone $C^9H^{10}O$ doit être considéré comme l'alcool phénylallylique. De même que l'alcool allylique, il fixe deux atomes de brome et donne une dibromhydrine $C^9H^{10}Br^2O$ cristallisée.

M. Grimaux a obtenu, en outre, la tribromhydrine, l'acétodibromhydrine, la chlorodibromhydrine, tous corps cristallisés. La triacétine est sirupeuse. La glycérine $C^9H^{12}O^3$, obtenue par l'action de la dibromhydrine, est un corps mou, transparent, gommeux d'une saveur amère, très-soluble dans l'eau, et qui se comporte avec l'acide formique comme le font les alcools polyatomiques en mettant de l'acide carbonique en liberté. L'auteur donne à cette glycérine le nom de *stycérine*.

1 Voir *Bulletin de la Société de Chimie*, t. XX, p. 118.

M. Ch. BLONDEAU

de Villefranche (Rhône)

DE L'EXISTENCE DE L'ALCOOL NORMAL DANS LE SANG ET DANS LES PRINCIPALES HUMEURS DE L'ÉCONOMIE

— *Séance du 25 août 1873.* —

Ce n'est pas sans un vif sentiment de satisfaction que je viens exposer devant vous les résultats de trente années d'études que j'ai poursuivies au milieu des difficultés que doit s'attendre à trouver sur sa route celui qui est à la recherche de la vérité. Ces obstacles qu'il rencontre à chaque pas seraient bien capables de le jeter dans le découragement si une voix intérieure ne lui criait : Marche toujours en avant, la récompense est lente à venir, mais elle est certaine. Cette récompense si longtemps attendue consiste dans la satisfaction que l'on éprouve à pouvoir dire : Nos recherches ne seront pas inutiles à l'humanité, elles contribueront peut-être au soulagement des maux qui l'accablent ; elles serviront sans doute à améliorer le sort du plus grand nombre, mais, dans tous les cas, elles auront essayé de soulever un des coins du voile dont le Créateur a voulu recouvrir ses œuvres, afin d'exercer la sagacité de l'homme et lui apprendre que c'est par le travail seul qu'il peut espérer de pénétrer dans le sanctuaire où il tient tant de vérités cachées.

Oh ! que M. Jules Simon a bien rendu la pensée qui soutient les travailleurs de l'intelligence, lorsqu'il a dit, dans le discours qu'il a prononcé à la Sorbonne en présence des membres des sociétés savantes, les paroles suivantes : « Entrer dans un monde jusque-là solitaire, où l'on cherche le premier à apporter la lumière, et entraîner à sa suite le reste de l'humanité agrandie par cette découverte », voilà, Messieurs, le but que les savants se proposent, le véritable motif du zèle et de l'amour qui les transporte vers l'étude des sciences.

Mais, d'un autre côté, le sentiment qui nous porte à penser que nous avons fait une découverte utile à l'humanité est bien souvent combattu par la pensée qu'il n'y a rien de nouveau sous le soleil et que nous sommes, la plupart du temps, victimes de notre amour-propre ou le jouet d'une chimère de notre imagination. Le doute qui vient assaillir notre esprit pendant le cours de nos recherches et qui l'envahit complétement au moment où il veut en faire connaître le résultat peut, à la vérité, être dissipé en exposant la suite de ses travaux et les idées qui les ont dirigés, devant une assemblée composée de savants illustres, tous amis de la vérité, indépendants par caractère et par position, et qui ne demandent que la preuve de ce qu'on avance.

Voilà, Messieurs, pourquoi j'éprouve un véritable bonheur à venir exposer devant vous le résultat de recherches qui m'ont conduit à la découverte d'un fait qui me paraît avoir une grande importance pour le progrès de la science, je veux parler de l'existence de l'alcool dans le sang. Si je me suis trompé sur la valeur de mes travaux, si je suis victime de quelque illusion, soyez assez bons pour m'avertir de mon erreur, et croyez bien que j'accepterai sans murmurer la sentence de l'illustre aréopage qui me fait l'honneur de m'écouter : et il me restera toujours pour consolation le souvenir des heureux moments que j'ai passés dans mon laboratoire, occupé à la recherche d'un fait que je croyais important et d'un but que je pensais devoir être utile à l'avancement de la science, et que j'ai poursuivi avec une constance que rien n'a pu lasser.

Mais, me dira-t-on, quelle est donc cette idée que vous avez poursuivie pendant une si longue suite d'années et à laquelle vous paraissez attacher une si grande importance ? Cette idée la voici : j'ai toujours été porté à croire que les phénomènes chimiques qui s'accomplissent dans les êtres organisés et sous l'influence de la force vitale diffèrent essentiellement de ceux qui se produisent dans nos laboratoires, et que la nature met en œuvre des procédés d'analyse et de synthèse qui lui sont particuliers, et dont les phénomènes que présentent les fermentations nous offrent un exemple. — Notre idée, c'est qu'il existe une chimie des corps organisés, qui diffère de la chimie inorganique par les procédés qu'elle met en œuvre et par les résultats auxquels elle parvient.

C'était donc dans le but de connaître la nature des réactions qui se produisent dans les corps organisés et vivants que nous entreprîmes l'étude des fermentations, et cela à une époque où l'on était bien loin de posséder les connaissances que l'on a acquises à ce sujet.

Ce fut en 1840 que je commençai mes recherches sur les fermentations. On ignorait alors complètement la cause déterminante de ces phénomènes. La seule substance que l'on regardait comme susceptible d'éprouver la fermentation était le sucre, dont on attribuait la décomposition à l'action d'un ferment dont on ne précisait pas la nature, mais auquel on attribuait la faculté de dédoubler le sucre en ses deux éléments, alcool et acide carbonique, à une force que l'on nommait *force catalytique*, par suite de l'analogie que présentent certains faits de décomposition observés dans la chimie minérale.

Vers le même temps une autre théorie fut proposée par un chimiste illustre de l'Allemagne, par M. Liebig. Elle consistait à admettre que la décomposition du sucre, qui se produit dans l'acte de la fermentation, est due à un mouvement moléculaire qui a lieu dans toute substance qui se décompose, lequel, en se transmettant au sucre, détermine la séparation de ses éléments. Le point de départ du mouvement fermentescif est dû, d'après M. Liebig, à un commencement de putréfaction qu'éprouve une matière albumineuse que l'on rencontre dans la plupart des jus sucrés et qui entraîne dans son mouvement de décomposition le sucre avec lequel elle se trouve associée.

Ces deux théories, les seules qui fussent enseignées à l'époque où nous commençâmes nos recherches étaient loin de nous satisfaire. La force de contact n'avait été admise par les chimistes que dans le but de parvenir à expliquer certaines réactions de la chimie minérale qui semblent se soustraire aux lois qui régissent les faits dans cette partie de la science. On avait mis un mot à la place d'une explication, et ce mot ayant été accepté, on crut également pouvoir s'en servir pour parvenir à rendre compte de ce qui se passe dans la fermentation.

Quant à la théorie de M. Liebig, elle nous paraissait tout à fait inacceptable. En effet, nous n'avions jamais eu l'occasion d'observer qu'une matière organique en décomposition fût capable de déterminer la fermentation de l'eau sucrée, et d'ailleurs cette théorie, qui nous semblait avoir pour point de départ une erreur physiologique, ne rendait nullement compte de la multiplication du ferment, ainsi que d'une foule de circonstances qui se produisent dans l'acte de la fermentation. Nous dûmes donc chercher ailleurs la cause déterminante de cet important phénomène.

Une théorie qui nous paraissait bien plus rationnelle que celles que l'on enseignait à l'époque que nous venons de rappeler consistait à admettre que le ferment, cause première de la fermentation, était un être organisé, et que la transformation qu'éprouve le sucre n'était que le résultat du développement de cet être au sein d'un liquide fermentescible, de telle sorte que la fermentation serait due, non à une action chimique, mais bien à une action physiologique.

Cette opinion, que deux savants français, MM. Cagniard-Latour et Turpin, avaient cherché à introduire dans la science, fut combattue en Allemagne et ne fut pas adoptée en France. On se rend compte ainsi du discrédit et par suite de l'oubli dans lequel elle était tombée en considérant que cette théorie ne faisait nullement avancer la question. En attribuant la fermentation au développement d'un être organisé, on déplaçait la difficulté, mais on ne parvenait pas à la résoudre.

Cependant, en réfléchissant à la théorie proposée par MM. Cagniard-Latour et Turpin, elle nous parut renfermer le germe d'une interprétation rationnelle qui ne demandait qu'à être développée pour conduire à une explication complète d'un phénomène que tous les systèmes proposés jusqu'alors laissaient dans le vague le plus absolu. C'est par suite de cette conviction que nous conçûmes la série d'expériences que nous avons continuées jusqu'à ce jour et qui devait nous servir à prouver que l'idée mère, émise par les savants français que nous venons de nommer, était l'expression de la vérité, et que les faits observés dans la fermentation des jus sucrés étaient la manifestation la plus évidente des forces que la nature vivante a à sa disposition, et à l'aide desquelles elle parvient à modifier les substances avec lesquelles elle se trouve en rapport, pour les approprier à ses besoins.

Nos premières recherches ont eu pour résultat de constater que les ferments étaient des êtres organisés et vivants, jouissant de toutes les facultés qui servent à caractériser la vitalité, c'est-à-dire qu'ils naissent, se développent et se reproduisent dans tous les milieux favorables à leur existence, et qu'ils périssent au contraire lorsqu'ils sont placés dans des conditions où généralement les êtres organisés trouvent la mort.

Quant à la naissance et au mode de reproduction des globules du ferment, ils avaient déjà été observés par un savant allemand, M. Mitscherlich, qui avait constaté que les globules qui la composent, alors qu'ils ont atteint un certain degré de développement, émettent de petits bourgeons formant une hernie à leur surface, lesquels, après quelque temps, se détachent de l'utricule mère pour aller vivre d'une existence indépendante, pendant la durée de laquelle ils reproduisent les mêmes phénomènes auxquels avaient donné naissance les utricules primitifs.

Nous cherchâmes encore à nous convaincre de la vitalité de ces globules, en introduisant dans des vases contenant des jus sucrés en pleine fermentation des agents toxiques, tels que de la morphine, de la strychine, de l'acide sulfureux, des sels de mercure, de cuivre, des arséniates, et nous pûmes constater que, sous l'influence de ces poisons, la fermentation était suspendue et que les ferments étaient frappés de mort.

Dès ce moment, il n'y eut plus de doute dans notre esprit. Le ferment était incontestablement un corps organisé jouissant de toutes les propriétés qui servent à caractériser cette classe d'êtres. C'était, comme l'avaient pensé MM. Cagniard-Latour et Turpin, un végétal cryptogamique, auquel ils avaient donné le nom de *Torula cerevisiæ*. Pour que ce végétal puisse croître et se multiplier, il est nécessaire qu'il se nourrisse, et pour accomplir ses différentes fonctions, il faut qu'il emprunte le soutien de son existence au milieu qui l'environne, qu'il modifie suivant les besoins de son organisation.

Mais ici se présente une question : le sucre est-il l'aliment que réclame le ferment ? Est-ce pour l'approprier à sa nourriture qu'il lui fait subir la transformation qu'il éprouve dans l'acte de la fermentation ? En un mot, le ferment a-t-il besoin, pour se nourrir, d'acide carbonique et d'alcool, de même que l'animal a besoin que des matières sucrées et féculentes entrent dans la composition de ses aliments ?

La réponse à cette question nous est fournie par l'expérience. Non évidemment, le ferment ne se nourrit pas de sucre, et ce qui le prouve d'une manière incontestable, c'est que la levure de bière, mise en rapport avec de l'eau sucrée, peut bien déterminer un commencement de fermentation, mais cette action s'épuise bientôt, et le ferment, ne pouvant puiser sa nourriture dans le milieu où il est plongé, meurt d'inanition sans avoir pu se reproduire. Il manque donc à la solution sucrée quelque chose pour qu'elle puisse servir à l'accomplissement des fonctions du ferment. Ce qui lui fait défaut, c'est l'albumine, qui est le véritable aliment du ferment ainsi que nous l'a encore appris l'expérience. En effet, si à la dissolution sucrée on ajoute une matière albumineuse, telle que du sérum, et si on vient à y introduire une certaine quantité de globules de la levure de bière, non-seulement la fermentation s'établit dans l'intérieur de cette dissolution, mais encore elle s'y achève, c'est-à-dire que le sucre est transformé complétement en acide carbonique et en alcool; et de plus, le ferment se multiplie, azotée qui entre dans la constitution du ferment et en une matière grasse qui peut elle-même se transformer en glycérine et en acide gras, que l'on retrouve également parmi les produits de la fermentation.

Nous eûmes, en 1845, l'occasion de reconnaître l'exactitude de l'opinion que nous venons de développer au sujet des modifications que font éprouver les végétations cryptogamiques aux substances sur lesquelles elles se développent, en étudiant le changement que subit le caséum dans les caves de Roquefort (Aveyron). Nous fûmes invinciblement conduit à considérer la transformation qui a lieu dans cette circonstance comme due au développement d'un végétal analogue au ferment et qui puise sa nourriture dans le caséum.

Nous avions entendu dire dans le pays que le fromage qui avait séjourné pendant quelque temps dans les caves de Roquefort y acquiert des qualités précieuses qui le font rechercher des consommateurs, sans qu'il fût possible de dire à quelle cause on devait attribuer ce changement. Cependant, d'après quelques détails qui me furent donnés, je ne doutai pas un seul instant qu'ils ne fussent dus aux végétations cryptogamiques qui se développent en si grande abondance dans des caves réunissant toutes les conditions propres à favoriser leur multiplication. Pour nous en assurer, nous nous rendîmes sur les lieux, afin d'étudier de près tous les détails d'une fabrication qui nous présentait le plus vif intérêt. Là nous vîmes que le caséum obtenu par la coagulation du lait de brebis était malaxé avec les germes d'un végétal cryptogamique (le *penicillium glaucum*) que l'on faisait développer rapidement sur du pain placé dans l'intérieur des caves. Le caséum, après avoir été ainsi ensemencé et additionné d'une quantité suffisante de sel, est moulé en pains de dimensions variables, lesquels sont placés sur des étagères établies dans des caves obscures, froides et humides. Dans ces conditions, les germes qu'on a introduits dans le fromage se développent avec rapidité et viennent former à sa surface des houppes soyeuses qui finissent par le recouvrir complétement. Cette végétation mycodermique, qui a demandé huit jours pour se développer, est enlevée à la surface du fromage au moyen d'un racloir. Mais elle ne tarde pas à se reproduire, et on la traite comme la précédente. Après avoir pratiqué six à sept fois la même opération, à huit jours environ d'intervalles, on dit que le fromage est *mûr*, et on peut le livrer à la consommation.

Que s'est-il passé dans ce caséum qui a servi de milieu dans lequel s'est développé avec tant d'abondance une végétation cryptogamique? En l'examinant avec soin on trouve qu'il a complétement changé de nature, et que, de matière insipide, il est devenu une substance onctueuse, agréable au goût, et qu'il doit ce changement à une matière grasse que l'on parvient avec la plus grande facilité à extraire de son intérieur en le traitant par l'alcool ou par l'éther. Le caséum, qui, au moment de son introduction dans les caves, ne contenait qu'une très-faible quantité de matière grasse, en renferme à sa sortie de 40 à 45 pour 100. D'où peut provenir cette matière grasse si ce n'est du caséum, dont la masse a diminué et a éprouvé une modification dans sa nature par le fait du développement du végétal mycodermique.

Quelle est la nature de la matière grasse qui s'est formée dans ces circonstances? L'étude de ses propriétés chimiques et de sa composition nous a appris qu'elle n'était autre que l'*adipocire* que Fourcroy avait découvert dans les cadavres qui ont séjourné quelque temps sous terre et qu'on a appelé après lui *gras de cadavre*, lequel prend naissance aux dépens de la chair musculaire et sous les mêmes influences où nous avons vu le caséum se transformer en cette matière. C'est à cette transformation produite par le développement d'un végétal cryptogamique, le *penicillium glaucum*, que nous avons donné le nom de *fermentation caséeuse*, assimilant ainsi la cause qui produit l'alcool dans la fermentation alcoolique à celle qui produit dans cette circonstance l'*adipocire*.

Ce titre de fermentation, appliqué à la transformation qu'éprouve le caséum en matière grasse, ne paraissait pas suffisamment justifié aux yeux de ceux qui ne croyaient devoir donner ce nom qu'à une réaction en quelque sorte spontanée, s'accomplissant au sein d'une matière organique et caractérisée par un dégagement d'acide carbonique et la formation d'alcool. La fermentation devenait pour nous un phénomène plus général; elle consistait dans toute transformation qu'éprouve la matière organique sous l'influence des végétations cryptogamiques, et, si, dans la fermentation alcoolique, on observe un dégagement d'acide carbonique, c'est que le ferment a besoin pour vivre de constituer un milieu qui convienne à son développement. Nous fûmes ainsi conduit à considérer la fermentation comme le moyen mis en œuvre par la nature pour ramener la matière organisée à des formes de plus en plus simples, afin de parvenir ainsi à la restituer au règne minéral, après avoir accompli le rôle auquel elle était destinée dans l'organisme. Voilà pourquoi le sucre se transforme en alcool et le caséum en adipocire, car ces deux substances, pouvant être brûlées au contact de l'air, se changent en acide carbonique et en eau et restituent ainsi à la nature morte les matériaux qu'emploie la force vitale pour constituer de la matière vivante.

On voit d'après cet exposé que, tout en partageant l'opinion de MM. Cagniard-Latour et Turpin au sujet de la nature organisée et végétale du ferment, nous avons été plus loin qu'eux dans la voie qu'ils avaient ouverte, en disant que les changements qu'éprouvent les substances organiques sous l'influence de ce qu'on appelait les ferments, n'était que la conséquence du développement d'un être organisé qui vit aux dépens des milieux dans lesquels il se trouve placé et qu'il transforme suivant les besoins de son existence.

Cette manière générale d'envisager la fermentation et la découverte d'un fait aussi nouveau et aussi extraordinaire que celui résultant de l'action des végétations cryptogamiques, qui, en se développant sur les matières organiques azotées, peut les transformer en une matière dont l'existence même avait été contestée, furent consignées par nous dans un mémoire qui porte la date de 1847, et qui fut soumis par nous à l'appréciation de M. Milne-Edwards, juge si compétent en ces sortes de matières, que nous priâmes de communiquer à l'Académie des sciences, dans le cas où il aurait obtenu son approbation. M. Milne-Edwards nous accueillit avec une bonté dont le souvenir ne s'effacera jamais de notre mémoire. Ce souvenir nous est d'autant plus précieux que, dans le cours de notre longue carrière scientifique, c'est à peu près le seul encouragement que nous ayons reçu de la part de ceux dont la mission devrait être de prêter leur appui à ceux qui s'engagent dans la carrière la plus ingrate et la plus pénible, nous voulons parler de la carrière scientifique. Ce souvenir nous est encore précieux sous un autre rapport, en ce qu'il nous permet de fixer d'une manière précise l'époque à laquelle nous avons rendu publiques nos recherches sur les fermentations.

M. Milne-Edwards, ayant reconnu toute l'importance de nos travaux au point de vue de la physiologie générale, nous pria de les exposer devant une assemblée de savants qu'il avait réunis chez lui à l'occasion du séjour à Paris de M. Robert Owen, un des plus illustres physiologistes de l'Angleterre. Nous nous empressâmes de nous rendre à cette gracieuse invitation, et, dans une soirée qui eut lieu dans les premiers jours de septembre 1847, nous fîmes connaître à cette docte assemblée les résultats de nos recherches sur les fermentations que nous attribuâmes à l'action de la force vitale résidant dans les végétaux cryptogamiques, laquelle était capable de donner naissance aux modifications que l'on constate dans les matières organisées sur lesquelles ils se développent. Peu de jours après, notre mémoire fut présenté par M. Milne-Edwards à l'Académie des sciences, et les journaux scientifiques de l'époque s'occupèrent de l'importante question que nous y traitions.

Nous avons tenu à préciser l'époque à laquelle nous avons rendu publiques nos recherches sur les fermentations, car ce n'est que quelques années plus tard que nos idées ayant été reproduites par un chimiste en grand renom, M. Pasteur, elles ont fait beaucoup de bruit, à tel point qu'un savant distingué, M. Boussingault, membre de l'Académie des sciences, a cru pouvoir formuler son opinion en disant qu'il les considérait comme la plus importante découverte qui ait été faite au dix-neuvième siècle. C'est cette découverte dont nous réclamons la priorité, et nous allons nous efforcer de faire ressortir toutes les conséquences qui en découlent.

Nous avons été un des premiers à constater la vitalité des ferments et à démontrer que ces êtres organisés ont besoin, pour vivre, d'emprunter aux substances organiques avec lesquelles ils se trouvent en rapport l'élément nécessaire à leur développement, auquel ils font subir différentes modifications et dont les résidus forment les produits de la fermentation. Dans la fermentation alcoolique, les produits de la fermentation sont l'alcool et l'acide carbonique, et la substance qui a concouru à les former, c'est-à-dire le sucre, doit encore passer par une série d'états intermédiaires avant d'atteindre le degré de simplicité qui sert à caractériser les substances minérales. En effet, le ferment peut prendre une autre forme et constituer ce qu'on appelle *la mère du vinaigre*, sous laquelle il détermine la combustion de l'alcool et sa transformation en acide acétique, puis ultérieurement la transformation de ce dernier en acide carbonique et en eau. De telle sorte qu'on peut, en dernière analyse, assimiler la fermentation à une combustion lente qui a pour but de détruire le sucre dans les matières organisées en le transformant en alcool, qui lui-même brûle et développe la chaleur qui peut être utilisée par l'organisme.

Ce nouveau point de vue, sous lequel nous considérions les fermentations, nous conduisit immédiatement à nous demander si, dans l'organisme vivant, il ne se produisait pas des phénomènes analogues à ceux que nous avions observés dans les produits de l'organisation, et si la chaleur, à l'aide de laquelle la vie s'entretient, ne serait pas elle-même le résultat d'une action ayant la plus grande analogie avec les faits que nous avons précédemment étudiés.

A peine eûmes-nous posé cette question que nous cherchâmes à la résoudre expérimentalement. Mais avant de faire connaître les recherches que nous avons entreprises à ce sujet, nous devons revenir sur les faits qui nous ont déterminé à nous engager dans cette voie encore inexplorée.

Lorsque M. Boussingault vint déclarer en pleine Académie qu'il considérait la découverte de l'action cryptogamique sur les matières organisées comme le fait le plus important qui eût été signalé depuis le commencement du dix-neuvième siècle, nous devions être de son avis, puisque c'était nous qui le premier avions fait connaître les faits sur lesquels se basait l'opinion du savant académicien. Aussi crûmes-nous devoir chercher à justifier les prévisions de l'illustre agronome, en établissant d'une matière certaine que la plupart des réactions qui ont lieu dans l'économie animale et végétale sont dues aux mêmes causes que celles qui s'accomplissent dans l'acte de la fermentation. Pour cela il fallait commencer par faire voir que la force vitale qui anime ces petits êtres que l'on a désignés sous le nom de ferments, et que nous n'avions vus, jusqu'alors agir que comme force divellente ou analytique, capable seulement de séparer les éléments des corps, pouvait également les réunir et donner ainsi naissance à des composés nouveaux, en un mot, que cette force que nous n'avions considérée jusqu'ici que comme un agent de destruction, pouvait également servir comme force synthétique et donner naissance aux combinaisons les plus variées.

A la vérité, il existait déjà un fait, bien connu dans la science, et qui pouvait servir à prouver que les ferments sont capables d'opérer des combinaisons. On savait que le sucre de cannes, ou *saccharose*, avant d'entrer en fermentation et de se dédoubler en alcool et en acide carbonique, se transforme en sucre de raisin ou *glycose*. Pour que ce changement pût se produire, il fallait que le ferment eût déterminé la combinaison d'un équivalent d'eau avec un équivalent de saccharose. Mais ce fait, qui se produit également dans l'économie animale, avait besoin d'être étayé par de nouvelles observations. Il était donc nécessaire d'apporter des preuves à l'appui de notre opinion, laquelle consiste à regarder la force vitale comme un agent de combinaison aussi efficace que nous l'avions trouvé un moyen de décomposition énergique. Pour cela, nous avons dû chercher à établir que le ferment est susceptible de constituer de l'albumine, une des substances les plus complexes qui entrent dans la composition des êtres organisés, en réunissant les éléments qui font partie de ce composé.

Nous avons eu l'occasion de dire que des globules de ferment introduits dans de l'eau sucrée pouvaient y déterminer un commencement de fermentation qui ne tarde pas à s'arrêter, parce que le ferment, ne trouvant pas dans ce liquide tous les éléments qui entrent dans sa constitution, ne peut pas se reproduire. En ajoutant à l'eau sucrée une matière azotée telle que l'urée, non-seulement quelques globules de ferment introduits dans la dissolution peuvent la faire fermenter, mais encore ces derniers sont susceptibles de se reproduire avec une grande facilité. Le ferment a donc pu, avec du sucre et de l'urée, fabriquer l'albumine nécessaire à sa constitution, et, par suite, se multiplier avec une grande rapidité.

Par cet exemple et par une foule d'autres que nous avons eu

également l'occasion de constater, nous pouvons sans crainte annoncer que la force vitale qui réside dans les globules du ferment est capable de donner naissance à tous les composés que l'on retrouve dans les produits de la fermentation.

De là à admettre que la force vitale résidant dans un être organisé est capable de produire les mêmes effets d'analyse et de synthèse, il n'y avait qu'un pas, et ce pas, nous l'avons franchi, en considérant toutes les réactions qui s'accomplissent sous l'influence de la force vitale comme le résultat de fermentations ayant lieu dans l'organisme, en sorte que la vie elle-même doit être considérée comme une fermentation qui n'a besoin pour se continuer que de l'intervention d'une température suffisamment élevée. De là, la nécessité de la chaleur animale, dont nous avons cherché à expliquer la production d'une manière différente de celle qui a été admise par les savants qui nous ont précédé et dont les théories avaient toujours laissé quelque chose à désirer.

Lavoisier a été un des premiers à rechercher la source à laquelle la chaleur animale vient s'alimenter. Il admettait qu'une substance hydrocarbonée, qui tire son origine du sang, traversait les membranes qui forment les vaisseaux pour pénétrer dans les cellules du poumon, et que, se trouvant là, en rapport avec l'oxygène de l'air, servait de combustible à cet agent en se transformant en eau et acide carbonique. De là, il résultait que la chaleur produite dans le poumon, se transmettait au reste de l'économie par l'intermédiaire du sang, qui y entretenait ainsi la température nécessaire au fonctionnement des divers organes.

La théorie de Lavoisier repose sur une hypothèse que rien ne peut justifier, et elle est en opposition avec les faits les mieux constatés. Si le poumon est le foyer auquel s'entretient la chaleur animale, il est de toute évidence que cet organe doit posséder une température plus élevée que les autres parties du corps ; et l'expérience démontre le contraire, car elle nous apprend que quelle que soit la partie dans laquelle on fait pénétrer un thermomètre, cet instrument indique sensiblement la même température que celle que possède le poumon. On dut donc renoncer à la théorie de Lavoisier pour en adopter une autre qui pût mieux s'adapter aux faits observés.

Une nouvelle théorie fut proposée par M. William Edwards ; elle consiste à admettre que la chaleur animale n'est pas produite par la combustion d'une matière spéciale, mais bien par les éléments du sang qui, étant brûlés par l'oxygène de l'air introduit dans les différents points de l'organisme, produit la chaleur nécessaire à son fonctionnement. En admettant que la combustion ait lieu dans toutes les parties de l'économie, on rend compte de l'uniformité de température qu'on y observe, mais on ne répond pas à plusieurs difficultés qui rendent cette théorie tout à fait inacceptable. D'abord, elle suppose que les éléments du sang peuvent se combiner directement à l'oxygène de l'air, et cela à la température du corps de l'animal, ce qui m'a été démontré inexact d'après les résultats obtenus par différents expérimentateurs, lesquels ont constaté qu'en faisant passer de l'oxygène pur dans du sang amené à la température du corps des animaux d'où on l'avait extrait, les éléments de ce liquide ne se combinent pas avec l'oxygène, et qu'il n'y a ni production d'eau, ni formation d'acide carbonique. Il est d'ailleurs facile de prouver qu'à la température du corps humain, l'hydrogène même à l'état de liberté ne se combine pas avec l'oxygène. En effet, si on place un animal dans une atmosphère artificielle formée d'oxygène et d'hydrogène, la vie peut se continuer dans ces conditions, et l'on retrouve dans les produits de la respiration toute la quantité d'hydrogène qui faisait partie du milieu artificiel dans lequel l'animal a séjourné pendant quelque temps. Cette expérience démontre bien clairement qu'il n'a pu se former de l'eau dans l'acte de la respiration par suite de la combinaison de l'oxygène et de l'hydrogène.

Ainsi se trouve renversée une hypothèse à laquelle on avait été forcé de recourir pour expliquer un fait fort embarrassant pour les savants qui avaient cherché à déterminer expérimentalement la quantité de chaleur développée dans l'économie par le fait de la respiration, et qui admettaient que l'hydrogène devait être brûlé en même temps que le carbone, pour pouvoir parvenir à se rendre compte de la quantité de chaleur développée dans nos organes. On sait que l'oxygène, en se transformant en acide carbonique, ne change pas de volume : or, en examinant les produits de la respiration, on avait trouvé que le volume d'acide carbonique expiré était toujours plus considérable que celui de l'oxygène introduit dans les poumons, et on en avait conclu que cette différence ne pouvait provenir que de ce qu'une partie de l'oxygène avait été employée à brûler l'hydrogène du sang et avait disparu dans cette combinaison.

En admettant l'exactitude de cette supposition, en admettant même que les éléments combustibles qui entrent dans la composition du sang développent autant de chaleur que s'ils y restaient à l'état de liberté, les savants qui se sont occupés de ce sujet n'ont pu rendre compte de toute la chaleur qui se développe dans le corps d'un animal, ce qui tend à prouver que les hypothèses sur lesquelles ils s'appuyent n'ont aucun fondement.

C'est qu'en effet la respiration est un acte plus compliqué qu'on ne l'avait supposé, et que l'oxygène, au lieu de s'attaquer aux éléments du sang, exerce son action sur un liquide plus combustible, l'alcool, lequel prend naissance aux dépens du sucre contenu dans l'organisme, à la suite d'une fermentation qui y est provoquée par les globules du sang, lesquels, dans cette circonstance, jouent le rôle de ferment.

Pour démontrer la réalité de notre hypothèse, nous allons faire connaître les moyens par lesquels nous sommes parvenu à constater la présence de l'alcool dans le sang, puis nous ferons voir que ce liquide disparaît après avoir été brûlé dans l'économie, et qu'il a ainsi contribué, en majeure partie, au développement de la chaleur nécessaire à l'existence.

On savait depuis longtemps que du sucre existait dans le sang, mais ce n'est que tout récemment que M. Cl. Bernard nous a appris que cette substance prend naissance dans le foie, et qu'après être passée dans le sang, elle disparait dans le cours de la circulation. Le sang, au moment de pénétrer dans le foie par la veine porte, ne contient presqu'aucune trace de matière sucrée, tandis qu'il en renferme de grandes quantités lorsqu'il sort du foie par les veines sus-hépatiques. Qu'est devenu le sucre qui a disparu du sang pendant le passage de ce liquide au travers de l'économie? Ceux qui admettent la combustion des éléments du sang pour expliquer la production de la chaleur animale ont eu bientôt fait de changer la nature du combustible et se sont empressés de dire : Ce ne sont pas les éléments du sang qui sont brûlés dans l'acte de la respiration, mais bien ceux du sucre. C'est ainsi qu'ils furent amenés à considérer les matières féculentes et sucrées comme des aliments combustibles destinés à produire la chaleur nécessaire à l'entretien de la vie.

A la vérité, une difficulté bien grave se présente pour qu'il soit possible d'admettre *a priori* cette explication. L'expérience nous apprend, en effet, que les éléments du sucre, pas plus que ceux du sang, ne se combinent à l'oxygène de l'air, à la température du corps de l'animal.

Mais il pourrait se faire que le sucre éprouvât dans l'économie une transformation qui rendît cette combinaison possible. Si, par exemple, le sucre s'y transformait en alcool et en acide carbonique à la suite d'une fermentation, comme nous savons, d'après ce qui se produit dans l'acétification, que l'alcool est brûlé par l'oxygène de l'air, même à une basse température, il n'y avait rien d'impossible à ce que cette combinaison s'effectuât dans l'intérieur des vaisseaux sanguins, et que de cette combustion dérivât la chaleur animale. La confirmation de cette hypothèse devait être demandée à l'expérience, et voici ce qu'elle nous a répondu.

D'abord le sucre peut-il fermenter dans l'économie animale et quel est le ferment capable de déterminer cette action? La température à laquelle se trouve généralement porté le corps des animaux est une circonstance favorable à la fermentation, et en outre les globules du sang présentent tant d'analogie sous le rapport de leur forme, de leur composition et de leur mode de reproduction, avec les globules de la levure de bière, qu'on est conduit à penser qu'ils doivent être capables de déterminer également la fermentation alcoolique. Mais encore, bien que l'analogie soit frappante, était-il nécessaire de s'assurer expérimentalement que l'une et l'autre espèce de globules était susceptible de jouer le même rôle à l'égard des liqueurs sucrées. Pour nous en assurer, nous avons mis dans un flacon tubulé de l'eau sucrée, et nous y avons introduit une certaine quantité de sang d'un cochon qu'on venait d'égorger. Nous vîmes au bout de quelques instants se produire un dégagement d'acide carbonique, en même temps que nous pûmes recueillir dans le liquide une quantité d'alcool correspondante à celle du gaz dégagé.

D'après cette expérience il ne pouvait plus y avoir de doute, les globules du sang constituent un ferment aussi actif que les globules de la levure de bière, et la fermentation alcoolique peut aussi bien se déterminer sous l'influence des globules du sang que sous celle des globules de la levure.

Mais si cette fermentation se produit effectivement dans l'économie, on doit pouvoir retrouver de l'alcool dans le liquide sanguin au milieu duquel elle s'accomplit. Pour le constater, nous avons pris du sang de porc, et après avoir déterminé sa coagulation au moyen de quelques cristaux de sulfate de soude, nous avons lavé le caillot avec de l'eau distillée, puis ayant filtré le mélange, nous avons soumis à la distillation le liquide qui avait traversé le filtre et dont les premières parties passées à la distillation nous ont donné de l'alcool reconnaissable à son odeur, à sa saveur, à son inflammabilité et à son action sur le permanganate de potasse.

Il était facile de prévoir que, si l'alcool se trouve dans le sang, on doit le rencontrer dans toutes les humeurs qui tirent leur origine de ce liquide. En soumettant ces humeurs aux mêmes traitements que nous avions fait subir au liquide sanguin, il nous a été possible de découvrir la présence de l'alcool dans le lait, dans la bile et même dans l'urine. D'après cela, l'alcool se trouve répandu dans toutes les parties de l'économie, et si c'est à sa combustion qu'on doit attribuer la chaleur animale, on se rend facilement compte pourquoi cette chaleur est répartie d'une manière uniforme dans toutes les parties de l'économie, puisque la combustion se produit dans tous les points et que le sang, dans son mouvement circulaire, préside à l'égale répartition de cette chaleur.

Il n'est guère permis de douter, en connaissant l'action qu'exerce l'air sur l'alcool, qui peut brûler, même à une température peu élevée, en se transformant successivement en acide acétique, en eau et en acide carbonique, que ce même genre de réaction ne se produise dans l'économie, et qu'il ne faille lui attribuer le calorique qui entretient la chaleur animale, ainsi qu'une partie de l'acide carbonique produit dans l'acte de la respiration.

Examinons actuellement si la cause à laquelle nous attribuons la production de la chaleur animale, suffit à interpréter toutes les particularités que présente le phénomène de la respiration. D'abord, cette circonstance du dégagement d'un volume d'acide carbonique plus considérable que celui qui correspond à la quantité d'oxygène qui a pénétré dans le poumon, trouve une explication toute naturelle par ce fait que l'acide carbonique ne provient pas seulement de la combustion du carbone par l'oxygène, mais encore de la transformation qu'éprouve le sucre qui, par la fermentation, se convertit en alcool et acide carbonique, ce dernier venant se joindre à celui qui résulte de la combustion de l'acide acétique.

Il nous reste actuellement à établir que la quantité d'acide carbonique dégagé dans l'acte de la respiration, et que la quantité de chaleur développée dans l'exercice de cette fonction, sont précisément celles qui résultent de la transformation qu'éprouve le sucre dans l'économie par suite de son changement en acide carbonique et alcool, et de la combustion de ce dernier par l'oxygène de l'air.

Nous serons guidé dans cette recherche par les travaux que M. Cl. Bernard a entrepris dans le but de constater la présence du sucre dans le sang, et de déterminer la quantité de cette substance qu'on y rencontre à l'état normal. Ce savant physiologiste y a constaté l'existence constante du sucre, et il a évalué la quantité de cette substance qui est contenue dans le sang artériel à 0,0015 du poids de ce liquide. Il a d'ailleurs été conduit par le résultat de ses expériences à admettre que cette quantité de sucre diminue pendant la circulation, qu'elle est moindre dans les veines, et qu'elle a disparu à peu près complétement du sang au moment où ce liquide pénètre dans le foie par la veine porte.

Nous inclinons à penser que la destruction du sucre est loin d'être complète pendant la circulation du sang au travers du corps, et voici la raison de notre opinion. La quantité du sang contenu dans les vaisseaux d'un homme ordinaire peut être évalué moyennement à 16 kilog., il en résulterait que la quantité de sucre contenue dans le sang et qui disparaîtrait à chaque circonvolution de ce liquide, serait de 16 kilog. $\times$ 0,0015 = 24 grammes. Or, comme d'après Hartig, le temps que le sang met à parcourir les vaisseaux est de 27 secondes, et par conséquent parcourt 133 fois son circuit dans une heure, il en résulterait donc qu'il se détruit et se régénère 3 kilog. 192 de sucre par heure ou 76 kilog. 608 toutes les 24 heures.

Or ce résultat, évidemment exagéré, nous prouve qu'à chaque révolution du sang, le sucre ne disparaît pas complétement, et d'après la quantité d'acide carbonique produit dans la respiration, nous admettons que la quantité qui disparaît et par conséquent celle qui se régénère n'est que 1/10 de celle qui a été trouvée dans le sang artificiel par M. Bernard, c'est-à-dire 15 centig. par kilogramme de sang ou 0,240 pour la totalité du sang contenu dans les vaisseaux. Or, comme le sang fait 133 révolutions par heure, la quantité de sucre détruite dans l'organisme pendant cet intervalle de temps sera de 31 gr. 92 ou de 766 gr. 08 pendant 24 heures, quantité très-admissible et qui s'accorde du reste avec le résultat des expériences.

Nous admettons donc qu'il arrive journellement 766 gr. de sucre dans le sang, et que ce sucre est fabriqué dans l'économie au moyen des aliments féculents qui y sont introduits. Nous allons chercher à faire voir que cette quantité de sucre rend compte d'une manière satisfaisante des différentes circonstances que présente le phénomène de la respiration. En effet, ce sucre, en se dédoublant sous l'influence du ferment hémétique, donne naissance à :

391 gr. alcool.
375 gr. acide carbonique.

Les 391 gr. d'alcool, en brûlant, produisent 748 gr. d'acide carbonique, en sorte que le poids total de ce gaz, qui sort du poumon toutes les 24 heures, doit être de 1122 gr. qui représentent un volume de 562 litres de ce gaz, lesquels renferment un poids de 306 gr. de charbon. Or, d'après les évaluations les plus dignes de confiance, l'homme produit par jour, dans l'acte de la respiration, 550 litres d'acide carbonique pesant 1100 gr. ; et M. Scharling, qui, dans ces derniers temps, a publié un mémoire fort remarquable sur ce sujet, est venu confirmer ces résultats, car il a trouvé que la quantité d'acide carbonique exhalée par l'homme toutes les 24 heures pouvait varier entre 1063 et 1220 gr.

Quant à la disparition de l'oxygène qui doit avoir lieu par le fait de la combustion de l'alcool, et qui a été signalé par la plupart des savants qui se sont occupés de cette question, elle doit être le tiers de celui qui a été employé à la combustion de cette substance, ainsi que le démontre la formule suivante :

$$O^{12} + C^4 H^6 O^2 = 4 (CO^2) + 4 (HO) + 2 (HO).$$

D'après cela, il n'y aurait que les 2/3 de l'oxygène qui seraient employés à former de l'acide carbonique, 1/3 entrerait dans la composition de l'eau. Les expériences de M. Despretz sont venues confirmer ce résultat, puisqu'il a trouvé que le gaz acide carbonique produit ne faisait que les 2/3 de l'oxygène disparu.

Il nous reste à faire voir que la quantité de chaleur produite par la combustion de l'alcool qui a pris naissance dans l'économie, rend compte d'une manière assez satisfaisante de la chaleur nécessaire pour entretenir le corps à une température constante.

Nous avons dit qu'il se produisait dans notre organisation 391 gr. d'alcool par 24 heures : or, comme on sait qu'un gramme d'alcool produit, en brûlant, 7160 unités de chaleur, par conséquent le calorique développé par la combustion de l'alcool produit dans l'économie sera représenté par 2,799,560 unités de chaleur, ou en d'autres termes par la quantité de chaleur nécessaire pour élever d'un degré 2,799 kilog. d'eau, ou pour porter de 0° à l'ébullition 27 kilog. 995, résultat qui tendrait à prouver que la combustion de l'alcool est la principale source à laquelle la chaleur animale vient s'alimenter, mais que ce n'est pas la seule. En effet, les physiciens ont trouvé que la somme de chaleur nécessaire à la vie de l'homme était de 3,250 calories par jour et qu'il doit se produire dans l'économie une foule de réactions qui doivent contribuer pour une part à fournir cette somme de chaleur.

Tous ces faits prouvent l'exactitude de l'hypothèse d'où nous sommes parti, laquelle consiste à admettre qu'il se forme dans l'économie humaine, en 24 heures, 766 gr. de sucre, qui, par la fermentation, donnent 391 gr. d'alcool, lesquels, par leur combustion, fournissent la majeure partie de la chaleur nécessaire à l'entretien de la vie.

Il résulte de nos expériences que le flambeau de la vie est une véritable lampe à alcool, dont le combustible n'est fourni, ni par le sang, ni par les éléments qui entrent dans la constitution de nos organes, mais bien par une substance combustible qui n'a aucun rapport avec les éléments plastiques qui entrent dans notre organisation. Si nous voulions assimiler les faits qui se passent dans notre organisme à ceux qui se produisent en dehors de nous, nous ne dirions pas que la vie est le résultat d'une combustion continuelle s'effectuant aux dépens de nos tissus, qui auraient besoin à chaque instant d'être renouvelés, mais nous dirions que la vie résulte d'une fermentation qui s'exerce sur le sucre introduit par les aliments, et que cette fermentation ne peut être un instant suspendue sans que la mort ne soit la conséquence de cette suspension.

Les nouveaux points de vue sous lesquels nous envisageons les phénomènes de la respiration et du développement de la chaleur animale, peuvent avoir la plus grande influence en physiologie et en médecine. Ils pourront servir à diriger le praticien dans la détermination des aliments nécessaires à l'homme pour le maintenir dans son état normal, ils lui feront connaître le rôle que jouent les boissons alcooliques introduites dans son alimentation, ils pourront également le guider dans les moyens curatifs auxquels il devra avoir recours dans le cas où le sucre n'éprouve pas la fermentation alcoolique, et n'étant pas brûlé dans l'organisme, apparaît dans les produits de la sécrétion, et constitue alors cette grave maladie à laquelle on a donné le nom de diabète.

Permettez-moi, Messieurs, en finissant, de vous exprimer ma gratitude pour l'attention bienveillante que vous avez prêtée à mes études sur les fermentations. Si la théorie nouvelle de la respiration, que je viens de vous exposer, parvient à être adoptée, si un jour elle rend à la science médicale les services que je me plais à en attendre, ce sera à vous que je serai redevable de la publicité qu'elle ne peut manquer d'acquérir, lorsqu'elle sera placée sous votre haute protection. Les encouragements m'ont manqué jusqu'ici. Les académies sont placées trop haut pour que le bruit que font les découvertes d'un travailleur isolé en province puisse parvenir jusqu'à elles. Heureusement que notre Association est venue combler une lacune qui existait dans notre organisation scientifique, en servant d'intermédiaire entre le public et celui qui est à la recherche de la vérité. Aujourd'hui on n'aura plus besoin d'être patronné par des savants officiels pour parvenir à se faire connaître. Tout homme ayant une idée généreuse à transmettre, une pensée féconde à produire, trouvera auprès de vous la même attention et la même bienveillance que j'y ai rencontrées et dont je vous exprime en ce moment toute ma reconnaissance.

DISCUSSION

Sans vouloir rien préjuger sur la valeur de la communication précédente, M, BALARD fait remarquer que les caractères invoqués par M. Blondeau pour reconnaître l'alcool sont tout à fait insuffisants et que l'odeur, la saveur signalées par l'auteur peuvent aisément tromper ; que même, l'action du permanganate de potasse n'est pas suffisante pour permettre l'affirmation.

S'associant à ces idées, M. WURTZ regrette que M. Blondeau n'ait pas cru devoir donner de la présence de l'alcool une démonstration plus évidente ; il aurait pu, par exemple, employer la méthode de Gay-Lussac (distillations répétées sur du carbonate de potasse), qui permet d'isoler de petites quantités d'alcool et de reconnaitre la nature de ce corps d'une façon certaine en le transformant en iodure d'éthyle.

MM. C. FRIEDEL

Maître de conférences à l'École normale supérieure,
Conservateur des collections de minéralogie à l'École nationale des Mines

ET

R. D. SILVA

SUR LA PINACONE ET SES DÉRIVÉS

— *Séance du 25 août 1873.* —

M. Friedel expose les recherches qu'il a faites en commun avec M. R. D. Silva sur la pinacone et sur ses dérivés. Il rend compte d'abord de l'action de l'oxychlorure de phosphore sur la pinacone et du perchlorure sur la pinacoline, actions qui donnent lieu à la formation d'un même chlorure $C^6H^{12}Cl^2$ cristallisant en dodécaèdres rhomboïdaux. Il indique ensuite la formation d'un nouvel alcool, isomérique avec l'acool hexylique, que M. Silva et lui considèrent comme tertiaire, et qui se produit par l'hydrogénation de la pinacoline. L'oxydation de la pinacoline fournit un acide isomérique avec l'acide valérianique, cristallisable, faible à 30° et qui est peut-être identique avec l'acide triméthylacétique de M. Boutlerow. Les travaux ayant été en grande partie publiés dans les *Comptes rendus de l'Académie des sciences*, t. LXXVI, p. 226 et t. LXXVII, p. 48, ne seront pas reproduits ici.

M. Donato TOMMASI

ACTION DU CHLORURE DE CHLORACÉTYLE SUR LES AMINES PRIMAIRES DE LA SÉRIE AROMATIQUE. SUR UNE COMBINAISON DE L'URÉE AVEC L'ACÉTYLE CHLORÉ

— *Séance du 25 août 1873.* —

L'aniline, la toluidine et la naphtylamine peuvent, sous l'influence du chlorure d'acétyle monochloré, échanger un atome d'hydrogène contre un atome d'acétyle chloré $(C^2H^2\,Cl\,O)'$, et donner naissance à trois nouveaux produits cristallisés, qui sont :

la *phényle-chloracétamide* $\left.\begin{matrix}(C^2H^2\,Cl\,O)'\\ H\\ (C^6H^5)'\end{matrix}\right\}Az$

la *crésyle-chloracétamide* $\left.\begin{matrix}(C^2H^2\,Cl\,O)'\\ H\\ (C^7H^7)'\end{matrix}\right\}Az$

et la *naphtyle-chloracétamide* $\left.\begin{matrix} C^{10}H^7 \\ H \\ H \end{matrix}\right\} Az$

On obtient ces composés par un procédé tout à fait analogue à celui que j'ai indiqué pour la préparation de la chloracétylurée. La seule précaution à prendre, c'est de n'introduire l'aniline, la toluidine ou la naphtylamine que par petites quantités à la fois dans le chlorure d'acétyle monochloré refroidi. On emploie pour une molécule d'aniline, de toluidine ou de naphtylamine un peu plus d'une molécule de chlorure de chloracétyle.

Les réactions qui donnent naissance à la phényle-chloracétamide, à la crésyle-chloracétamide et à la naphtyle-chloracétamide peuvent être représentées par les équations suivantes :

$$\left.\begin{matrix} C^6H^5 \\ H \\ H \end{matrix}\right\} Az + \left.\begin{matrix} (C^2H^2\,Cl\,O)' \\ Cl \end{matrix}\right\} = \left.\begin{matrix} H \\ Cl \end{matrix}\right\} + \left.\begin{matrix} (C^2H^2\,Cl\,O)' \\ H \\ (C^6H^5)' \end{matrix}\right\} Az$$

$$\left.\begin{matrix} C^7H^7 \\ H \\ H \end{matrix}\right\} Az + \left.\begin{matrix} (C^2H^2\,Cl\,O)' \\ Cl \end{matrix}\right\} = \left.\begin{matrix} H \\ Cl \end{matrix}\right\} + \left.\begin{matrix} (C^2H^2\,Cl\,O)' \\ H \\ (C^7H^7) \end{matrix}\right\} Az$$

$$\left.\begin{matrix} C^{10}H^7 \\ H \\ H \end{matrix}\right\} Az + \left.\begin{matrix} (C^2H^2\,Cl\,O)' \\ Cl \end{matrix}\right\} = \left.\begin{matrix} H \\ Cl \end{matrix}\right\} + \left.\begin{matrix} (C^2H^2\,Cl\,O)' \\ H \\ (C^{10}H^7)' \end{matrix}\right\} Az$$

La *phényle-chloracétamide* cristallise en aiguilles fines du sein de sa solution aqueuse ; elle se dépose, de l'alcool, sous forme de tables mamelonnées. Elle fond à 97° ; à une température élevée, elle se sublime. L'éther et l'acide acétique la dissolvent à froid en assez grande proportion. Les acides sulfurique et chlorhydrique la dissolvent aisément à chaud. L'acide nitrique bouillant transforme la phényle-chloracétamide en un nouveau composé nitré qui n'a pas encore été analysé.

L'analyse de la phényle-chloracétamide a donné les résultats suivants :

	CALCULÉ ($C^8H^8\,Cl\,O\,Az$)	TROUVÉ I	TROUVÉ II
Carbone	50 73	50 41	50 08
Hydrogène	4 71	4 83	5 13
Chlore	20 94	21 25	20 95
Azote	8 26	8 01	8 42
Oxygène	15 36	—	—

Lorsqu'on fait réagir à chaud une solution alcoolique d'ammoniaque sur de la phényle-chloracétamide, il se produit du chlorure d'ammonium et une nouvelle substance isomérique du phényle-glycocolle ayant la composition suivante :

$$\left.\begin{matrix} C^2H^2(OH)O \\ H \\ C^6H^5 \end{matrix}\right\} Az$$

et qui doit probablement prendre naissance d'après cette équation :

$$\left.\begin{matrix} C^2H^2\,Cl\,O \\ H \\ C^6H^5 \end{matrix}\right\} Az + \left.\begin{matrix} Az\,H^4 \\ H \end{matrix}\right\} O = \left.\begin{matrix} C^2H^2\,(OH)\,O \\ H \\ C^6H^5 \end{matrix}\right\} Az + \begin{matrix} Az\,H^4 \\ Cl \end{matrix}$$

La *crésyle-chloracétamide* cristallise en aiguilles prismatiques qui se subliment à 110° et fondent à 162°. Elle est insoluble dans l'eau froide, très-peu soluble dans l'eau bouillante. Les acides sulfurique et acétique la dissolvent faiblement à froid, en quantité assez notable à chaud. Elle est insoluble dans l'acide chlorhydrique. La crésyle-chloracétamide, sous l'influence de l'acide nitrique, paraît se convertir en un dérivé nitré.

La crésyle-chloracétamide a fourni à l'analyse les nombres suivants :

	CALCULÉ (C^9H^{10} Cl O Az)	TROUVÉ I	TROUVÉ II
Carbone	58 85	58 83	59 07
Hydrogène	5 44	5 62	5 59
Chlore	19 34	19 26	19 14
Azote	7 62	7 23	7 31
Oxygène	—	—	—

La *naphtyle-chloracétamide* se dépose du sein de l'alcool bouillant en aiguilles soyeuses, incolores, inaltérables à la lumière, fusibles et sublimables à 161° ; insolubles dans l'eau, solubles à chaud dans l'alcool, l'acide acétique, etc.

Le chlorure de chaux ne donne aucune coloration avec la naphtyle-chloracétamide ; il en est de même d'un mélange de bichromate de potassium et d'acide sulfurique.

L'analyse de la naphtyle-chloracétamide a donné les résultats suivants :

	CALCULÉ ($C^{12}H^{10}$ Cl O Az)	TROUVÉ I	TROUVÉ II
Carbone	65 60	65 42	65 22
Hydrogène	4 55	4 95	4 93
Azote	6 37	6 41	—
Chlore	16 17	16 38	16 31
Oxygène	7 31	—	—

Ces recherches ont été faites à la Sorbonne au laboratoire de chimie de M. Schützenberger.

M. Tommasi décrit ensuite la chloracétylurée ; il indique ses propriétés principales ainsi que son mode de préparation (V. *Comptes rendus de l'Ac. des Sc.*, t. LXXVI, p. 640, et *Bulletin de la Soc. Chim.*, t. XIX, p. 243).

M. A. HENNINGER

SUR LA RÉDUCTION DES ALCOOLS POLYATOMIQUES PAR L'ACIDE FORMIQUE

— *Séance du 25 août 1873.* —

L'acide formique possède un pouvoir réducteur très-énergique ; il réduit facilement l'oxyde mercurique et l'oxyde d'argent en mettant du mercure et de l'argent en liberté. La réduction des oxydes des autres métaux lourds est moins facile, elle a cependant lieu lorsqu'on chauffe les formiates de ces métaux à une température plus ou moins élevée ; il reste alors du métal comme résidu, tandis que l'acide formique passe à l'état d'anhydride carbonique.

Ces propriétés réductrices s'étendent aussi aux alcools polyatomiques. Il y a quelques années déjà, nous avons montré, M. Tollens et moi [1], que l'acide formique, dans certaines conditions, est capable de transformer la glycérine (alcool triatomique) en alcool allylique monatomique. Cette réaction, qui est une véritable réduction, est précédée de la formation d'une formine de la glycérine dont le dédoublement donne naissance à de l'alcool allylique, à de l'anhydride carbonique et à de l'eau.

Depuis cette époque, j'ai appliqué cette réaction à d'autres alcools polyatomiques, et j'ai observé que, dans tous les cas, il se produit d'abord des éthers formiques qui, par leur décomposition ultérieure, fournissent les produits de réduction de ces alcools.

I. — GLYCOL ÉTHYLÉNIQUE

Le glycol éthylénique $\begin{matrix} CH^2.OH \\ \vert \\ CH^2.OH \end{matrix}$ chauffé avec de l'acide formique

[1] *Comptes rendus*, t. LXVIII, p. 266, et *Bulletin de la Société chimique*, 1869, t. XI, p. 394.

concentré s'éthérifie directement et se convertit en éther diformique ou *diformine* du glycol

$$\begin{array}{l} CH^2.OCHO \\ | \\ CH^2.OCHO \end{array}$$

Pour préparer cette dernière on soumet à la distillation un mélange d'une partie de glycol pur avec 4 parties d'acide formique à 70 ou 80 p. c.; il passe d'abord vers 100-110° de l'acide formique plus faible, peu à peu la température monte et l'on recueille à part la partie distillant entre 160 et 180°. C'est un mélange de di – et de monoformine qu'on traite de nouveau par l'acide formique pour le transformer entièrement en éther diformique. Il est bon d'employer de l'acide formique cristallisable pour cette nouvelle opération. Finalement, on soumet le produit à plusieurs rectifications, et l'on parvient facilement à isoler la diformine bouillant à 174–175°.

La diformine constitue un liquide incolore, mobile, d'une odeur particulière faible, volatil sans la moindre décomposition. Son analyse et le dosage de l'acide formique par une solution titrée de potasse ont donné des chiffres correspondant à la formule $C^2H^4(OCHO)^2$.

Elle résiste à une température de 200° sans s'altérer, mais vient-on à la chauffer vers 240–250° dans un tube résistant, fermé à la lampe, elle se dédouble en éthylène, anhydride carbonique, oxyde de carbone et eau, d'après l'équation :

$$\begin{array}{l} CH^2.OCHO \\ | \\ CH^2.OCHO \end{array} = \begin{array}{l} CH^2 \\ \| \\ CH^2 \end{array} + CO^2 + CO + H^2O.$$

A l'ouverture du tube on constate une forte pression et l'on peut recueillir de grandes quantités d'un gaz qui, d'après l'analyse, est sensiblement un mélange de volumes égaux d'éthylène, d'anhydride carbonique et d'oxyde de carbone.

II — GLYCÉRINE

Cet alcool triatomique chauffé avec de l'acide formique concentré donne, comme M. Tollens et moi l'avons démontré, un éther monoformique qu'on peut distiller dans le vide, où il passe vers 165°, mais qui, à la pression ordinaire, se dédouble vers 220–240° en alcool allylique, anhydride carbonique et eau.

$$\underset{\text{Monoformine de la glycérine.}}{\begin{array}{l} CH^2.OCHO \\ | \\ CH.OH \\ | \\ CH^2.OH \end{array}} = \underset{\text{Alcool allylique.}}{\begin{array}{l} CH^2 \\ \| \\ CH \\ | \\ CH^2.OH \end{array}} + CO^2 + H^2O.$$

Si l'on emploie un grand excès d'acide formique, il paraît se former un éther diformique de la glycérine, car le produit donne, outre l'acide carbonique, une certaine proportion d'oxyde de carbone lorsqu'on le décompose par la chaleur.

J'entrerai dans quelques détails sur la réduction de la glycérine par l'acide formique, car ce mode opératoire est celui que j'emploie pour tous les alcools polyatomiques dont les éthers formiques ne distillent pas à la pression ordinaire.

On introduit dans une cornue tubulée, en communication avec un réfrigérant ascendant, un mélange d'une partie de glycérine, avec 3 à 4 parties d'acide formique contenant 60 à 80 p. c. d'acide. La tubulure de la cornue porte un thermomètre plongeant dans le liquide. On fait bouillir pendant une ou deux heures, puis on renverse le réfrigérant; on distille l'acide formique en excès et l'on continue la distillation jusqu'à 170-180°. A ce moment on change de récipient et l'on effectue la décomposition de l'éther formique qui a pris naissance, en élevant la température graduellement, jusqu'à ce que le dégagement de gaz, qui est très-vif vers 230-240°, ait presque cessé. A la fin de l'expérience la température atteint environ 260°.

Le gaz dégagé est un mélange de beaucoup d'acide carbonique avec une proportion d'oxyde de carbone variable, mais généralement faible[1].

Le liquide distillé renferme les produits de réduction de l'alcool polyatomique, à l'état libre ou en combinaison avec l'acide formique, et en outre de l'eau et de l'acide formique.

Dans le cas de la glycérine, on le rectifie et l'on sépare l'alcool allylique et le formiate d'allyle, qui passent avec les premières portions en saturant celles-ci par du carbonate de potassium. La purification de l'alcool brut s'opère ensuite facilement au moyen de la potasse et par des distillations sur de la chaux caustique.

Dans le cas des autres alcools polyatomiques (érythrite, mannite), on sépare d'abord par distillation la majeure partie de l'eau et de l'acide formique, et l'on sature le résidu par une dissolution chaude d'hydrate de baryum. On ajoute de l'alcool absolu pour précipiter le formiate barytique formé, on filtre, on distille l'alcool au bain-marie et l'on rectifie le résidu au bain d'huile.

La réduction de la glycérine par l'acide formique offre un certain intérêt pratique, car elle a permis pour la première fois de préparer l'alcool allylique en grande quantité. Cet alcool était à peine étudié, quoique des questions théoriques d'une grande importance s'y ratta-

[1] Si l'alcool polyatomique, l'érythrite par exemple, fournit un produit de réduction très-volatil, celui-ci est entraîné par les gaz et peut être condensé soit par le froid, soit au moyen du brome.

chassent. Depuis que nous avons, M. Tollens et moi, indiqué ce procédé de préparation facile, de nombreuses recherches sur la série allylique ont été publiées et ont déjà élucidé certains points très-intéressants relatifs à la constitution des corps non saturés.

D'un autre côté, l'industrie chimique a commencé à fabriquer cet alcool en grand, pour l'obtention du sulfocyanate d'allyle ou essence de moutarde artificielle.

Sans insister plus longtemps sur la réduction de la glycérine par l'acide formique, j'ajouterai qu'on peut remplacer avantageusement l'acide formique par l'acide oxalique.

La découverte de l'éther monoformique de la glycérine conduit également à donner une explication rationnelle de la préparation de l'acide formique au moyen de la glycérine et de l'acide oxalique.

Comme M. Lorin l'a montré, l'acide oxalique éthérifie la glycérine et la convertit en éther oxalique ou *oxaline glycérique*. Cette oxaline, à une température assez basse, dégage de l'acide carbonique et devient éther formique de la glycérine,

Lorsque alors, suivant la méthode de M. Berthelot, on ajoute de l'eau au contenu du ballon et qu'on distille, la formine se saponifie et l'acide formique mis en liberté passe avec la vapeur d'eau.

Si, au contraire, on suit la modification indiquée par M. Lorin, qui consiste à ajouter successivement au résidu de nouvelles quantités d'acide oxalique cristallisé, c'est l'eau de cristallisation de l'acide et l'eau formée par la nouvelle éthérification de la glycérine sous l'influence de l'acide oxalique, qui déterminent la saponification de la formine. La quantité d'eau étant relativement faible, la décomposition ne sera active qu'après la transformation presque complète de la glycérine en formine.

Ce qui vient à l'appui de cette manière de voir, c'est la décomposition de l'acide oxalique déshydraté par la glycérine saturée d'acide formique. Dans ce cas, tout l'acide oxalique ne peut se combiner avec la glycérine et l'excès se décompose, absolument comme si la glycérine n'était pas présente, en donnant de l'acide carbonique, de l'oxyde de carbone, de l'eau et seulement peu d'acide formique.

III. — ÉRYTHRITE

Cette matière sucrée $C^4H^6(OH)^4$, découverte par Stenhouse dans les lichens et étudiée surtout par M. de Luynes, qui a établi nettement sa fonction d'alcool tétratomique, donne avec l'acide formique une monoformine

$$C^4H^6(OH)^3(OCHO).$$

Celle-ci se comporte à la distillation comme l'éther formique de la glycérine et se dédouble en un alcool diatomique

$$C^4H^6 \left\{ \begin{array}{l} OH \\ OH \end{array} \right.$$

en anhydride carbonique et en eau. L'équation suivante représente cette décomposition :

$$C^4H^6 \left\{ \begin{array}{l} OCHO \\ OH \\ OH \\ OH \end{array} \right. = C^4H^6 \left\{ \begin{array}{l} OH \\ OH \end{array} \right. + CO^2 + H^2O$$

A côté de la monoformine, surtout lorsqu'on emploie un excès d'acide formique, il se produit une diformine $C^4H^6(OH)^2(OCHO)^2$ qui à la distillation fournit un hydrocarbure C^4H^6, de l'anhydride carbonique et de l'eau :

$$C^4H^6 \left\{ \begin{array}{l} OCHO \\ OH \\ OCHO \\ OH \end{array} \right. = C^4H^6 + 2CO^2 + 2H^2O$$

L'alcool diatomique $C^4H^6(OH)^2$, l'érythrol, constitue un liquide incolore, un peu visqueux, bouillant vers 202°, et possède la propriété caractéristique du glycol de donner des éthers avec les acides. J'ai obtenu la monoformine, la diacétine et l'éther benzoïque. D'autre part, il se combine directement avec le brome sans dégagement d'acide bromhydrique, car c'est un corps non saturé qui peut fixer deux atomes d'un radical monatomique pour retourner au type saturé C^4X^{10}.

Le carbure d'hydrogène C^4H^6, l'*érythrène*, peut être condensé dans un mélange réfrigérant et forme alors un liquide incolore, très-volatil, d'une odeur particulière, très-intense. C'est un corps non saturé qui se combine avec violence avec 4 atomes de brome. Le tétrabromure

$$C^4H^6Br^4$$

forme de grandes lames rhombiques allongées, fusibles à 115-116.

Ce composé est très-probablement identique avec la tétra-bromhydrine de l'érythrite.

IV. — MANNITE

La mannite, alcool hexatomique, se comporte avec l'acide formique d'une manière un peu différente des alcools polyatomiques précédents.

On sait avec quelle facilité la mannite perd de l'eau sous l'influence des acides et se convertit en mannitane, premier anhydride de la mannite. L'acide formique produit la même déshydratation, et les produits de réduction de la mannite dérivent donc de la mannitane.

Le liquide qui distille dans l'opération possède une couleur brune et offre une odeur forte et désagréable ; il est de nature complexe et paraît contenir trois produits, dont j'ai obtenu l'un à l'état de pureté. Il paraît représenter le premier produit de réduction de la mannitane

$$C^6H^8 \left\{ \begin{array}{l} O \\ OH \\ OH \end{array} \right.$$

et serait par conséquent en même temps alcool diatomique et anhydride; ce serait le premier anhydride d'un alcool tétratomique.

Ce corps forme un liquide incolore, un peu visqueux, soluble dans l'eau, bouillant vers 155–160°, sous une pression de 15 millim.; il fixe directement du brome.

Quant aux deux autres produits de réduction qui sont beaucoup plus volatils, je n'ai pas encore pu les isoler à l'état de pureté ; ils paraissent constituer les produits de réduction plus avancés, l'oxyde

$$C^6H^8O,$$

ou anhydride du glycol $C^6H^8(OH)^2$, et le carbure d'hydrogène C^6H^8.

La mannitane, traitée par l'acide formique, fournit les mêmes composés que la mannite, seulement la réaction est ici plus nette et donne moins de produits noirs.

Avant de terminer, j'apporterai encore une preuve pour la formation d'éthers formiques dans l'action de l'acide formique sur les alcools polyatomiques. Lorsque, au lieu d'opérer dans une cornue, on chauffe à 240° dans un tube fermé à la lampe un alcool polyatomique (glycol, glycérine ou érythrite) avec de l'acide formique, on constate, à l'ouverture du tube, la formation d'une très-grande quantité d'oxyde de carbone et à peine des traces d'anhydride carbonique; d'autre part, l'alcool polyatomique n'a subi aucune réduction.

Ce résultat, surprenant à première vue, s'explique facilement : l'acide formique produit d'abord un éther formique de l'alcool, mais à mesure que la température s'élève, l'eau formée par cette éthérification, n'ayant pas pu se dégager, saponifie de nouveau la formine, de telle sorte qu'à la température où les éthers formiques commencent à se décomposer, il n'existe plus de formine dans le tube, mais bien un mélange d'alcool et d'acide formique libres. Ce dernier se décompose alors seul en eau et en oxyde de carbone

$$CH^2O^2 = H^2O + CO,$$

tandis que l'alcool polyatomique reste non altéré.

Ces expériences montrent que les réductions par l'acide formique sont précédées de la formation d'une formine et ne sont pas dues à l'acide formique retenu mécaniquement par l'alcool polyatomique.

J'ai aussi fait quelques expériences sur le dédoublement des formines des alcools monatomiques, et j'ai observé que ces éthers formiques sont plus stables ; les recherches sur ce sujet ne sont pas encore terminées, mais j'ai constaté qu'à une température élevée les formines monatomiques donnent également de l'acide carbonique et probablement des carbures d'hydrogène.

En résumé, il résulte des faits précédents que l'acide formique, en agissant sur les alcools polyatomiques, les fait descendre successivement de deux rangs dans l'atomicité ; c'est ainsi que le glycol éthylénique

$$C^2H^4 \left\{ \begin{matrix} OH \\ OH \end{matrix} \right.$$

devient éthylène C^2H^4, que l'alcool triatomique, la glycérine

$$C^3H^5 \left\{ \begin{matrix} OH \\ OH \\ OH \end{matrix} \right.$$

passe à l'état d'alcool allylique monatomique $C^3H^5.OH$; que l'alcool tétratomique, l'érythrite

$$C^4H^6 \left\{ \begin{matrix} (OH)^2 \\ (OH)^2 \end{matrix} \right.$$

donne d'abord le glycol non saturé

$$C^4H^6 \left\{ \begin{matrix} OH \\ OH \end{matrix} \right.$$

et finalement l'hydrocarbure tétratomique C^4H^6.

La décomposition des formiates organiques est donc, comme je l'ai indiqué au commencement, en tout point semblable à celle des formiates métalliques ; elle donne une nouvelle preuve de l'alliance de la chimie organique et de la chimie minérale et de l'analogie des radicaux organiques et des métaux, qu'avait si complétement exposées M. Wurtz dans ses *Leçons de philosophie chimique.*

M. P. SCHUTZENBERGER

Directeur du laboratoire de la Sorbonne

ET

M. Ch. RISLER

SUR L'EMPLOI ANALYTIQUE DE L'HYDROSULFITE DE SOUDE DANS LA RECHERCHE ET LE DOSAGE DE L'OXYGÈNE DISSOUS

— *Séance du 25 août 1873.* —

On sait, d'après les recherches antérieures de l'un de nous, que, par l'action d'une solution concentrée de bisulfite de soude sur le zinc et d'autres métaux susceptibles de décomposer l'eau à froid, sous l'influence des acides, il se forme un sel de soude d'un acide particulier du soufre, l'*acide hydrosulfureux* [1].

La réaction qui donne naissance à l'hydrosulfite de soude est représentée par l'équation suivante :

$$3\,(SO.NaO.\,HO) + Zn^2 = SO(Zn.O)^2 + SO(NaO)^2 + SOH.NaO + H^2O.$$

Bisulfite de soude. — Sulfite de zinc. — Sulfite de soude. — Hydrosulfite de soude.

Nous rappellerons en quelques mots le mode de préparation et les principales propriétés de ce sel.

Une solution concentrée de bisulfite de soude, marquant 30 à 35° à l'aréomètre de Baumé, est agitée pendant quelques minutes avec six à sept fois son poids de zinc en poudre. L'expérience réussit aussi en employant des lames ou des copeaux de zinc, mais elle exige plus de temps ; il faut avoir soin d'éviter l'accès de l'air. Le liquide est ensuite versé dans trois à quatre fois son volume d'alcool concentré ; on agite vivement pendant quelques secondes ; il se forme de suite un premier dépôt cristallin, adhérent aux parois du vase, en grande partie formé de sulfite double de zinc et de sodium. En décantant le liquide clair aussitôt après, et en le conservant dans des flacons bien bouchés, on le voit se prendre au bout de peu de temps en une masse cristalline, composée de fines aiguilles incolores, qu'il suffit de filtrer et d'exprimer

[1] V. *Annales de physique et de chimie*, 4ᵉ série, t. XX, p. 351.

rapidement pour avoir l'hydrosulfite à peu près pur. Pour la plupart des applications, il suffit d'agiter le liquide provenant de l'action du bisulfite de soude sur le zinc, avec une quantité convenable de lait de chaux, qui précipite l'oxyde de zinc, et d'exprimer; on obtient ainsi une solution légèrement alcaline, contenant du sulfite et de l'hydrosulfite de soude.

La propriété caractéristique de l'hydrosulfite, celle sur laquelle sont fondées les applications qui font l'objet de cette note, c'est l'énergie avec laquelle il absorbe l'oxygène libre ou combiné. Au contact de l'air, il s'échauffe rapidement et se convertit en bisulfite

$$\text{SOH,NaO} + \text{O} = \text{SOHO.NaO}.$$

Il réduit à froid les sels d'argent, d'or, d'antimoine, de bismuth, de cuivre, en précipitant le métal. Lorsque le métal offre deux degrés d'oxydation, comme le cuivre et le mercure, la réduction suit deux phases. L'hydrosulfite de soude décolore à froid l'acide sulfindigotique, et en présence des alcalis il convertit l'indigotine en indigo blanc. Cette dernière propriété a reçu des applications industrielles dans la teinture et l'impression des tissus, grâce aux travaux de MM. de Lalande et Schützenberger.

Comme nous venons de l'indiquer, l'hydrosulfite de soude possède une puissance réductrice très-notable ; nous avons cherché à utiliser cette propriété pour doser l'oxygène dissous. Nous employons, à cet effet : 1° une solution très-étendue d'hydrosulfite de soude dont on a précipité l'oxyde de zinc au moyen d'un lait de chaux, comme nous l'avons indiqué plus haut ; 2° une solution de carmin d'indigo contenant environ 10 à 15 grammes de carmin en pâte par litre ; 3° une solution de sulfate de cuivre pur et cristallisé, contenant 4 gr. 46 de sel par litre et rendue ammoniacale ; 10 cent. cubes de cette solution cèdent 1 cent. cube d'oxygène, lorsqu'on fait passer l'oxyde cuivrique à l'état d'oxyde cuivreux ; ce terme est annoncé par la décoloration complète du liquide. Nous n'entrerons pas dans les détails du mode opératoire que l'on trouvera décrit au long dans les *Bulletins de la Société chimique* (année 1873).

Nous nous bornerons à indiquer la méthode suivie dans le dosage de l'oxygène dissous, en prévenant toutefois le lecteur que toutes les opérations se font dans une atmosphère d'hydrogène pur, exempt d'oxygène.

On commence par déterminer le volume d'un même hydrosulfite nécessaire pour décolorer 20 cent. cubes de la solution ammoniacale de sulfate de cuivre et 20 cent. de la solution de carmin d'indigo. On arrive ainsi, par une simple proportion, à établir la valeur en oxygène de 1 cent. cube de carmin d'indigo. Cette valeur peut varier de 1 à 2 millim. cubes.

Pour doser l'oxygène dissous dans l'eau, on introduit dans le flacon à dosage (fig. 12) :

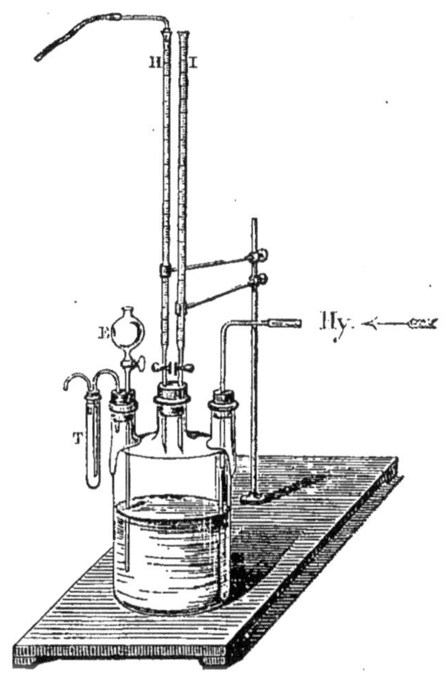

Fig. 12.

1° 100 cent. cubes de carmin d'indigo ; 2° 250 cent. cubes d'eau ordinaire, chauffée à 50 ou 60° centigr. Le liquide bleu est décoloré au moyen d'une quantité suffisante d'hydrosulfite, puis on remplace l'air du flacon par de l'hydrogène ; à ce moment, en laissant couler dans le flacon soit de l'indigo (carmin), au moyen de la burette I, soit de l'hydrosulfite au moyen de la burette H, on amène le liquide du flacon à une teinte jaune pur, mais susceptible de bleuir sous l'influence de la moindre trace d'oxygène. On verse alors, au moyen de l'entonnoir E, 100 ou 50 cent. cubes de l'eau à titrer. Le liquide du flacon bleuit d'autant plus que la dose d'oxygène dissous est plus grande. On laisse couler l'hydrosulfite jusqu'à décoloration et on note le volume employé. En ajoutant dans le flacon 20 cent. cubes d'indigo et en décolorant à nouveau l'hydrosulfite, on détermine la valeur en oxygène de l'hydrosulfite employé et l'on dispose de toutes les données nécessaires pour la mesure de l'oxygène dissous.

Ce même procédé s'applique au dosage de l'oxygène dissous dans le sang ; l'opération est en tous points la même que celle que nous venons de décrire, sauf qu'au début nous ajoutons dans le flacon 50 cent. cubes d'eau contenant 10 0/0 de kaolin destiné à enlever au liquide sa transparence. Le terme de l'essai est moins facile à saisir que dans un liquide incolore et clair, mais avec un peu d'habitude on arrive à une précision d'au moins 1/2 0/0.

En opérant avec l'eau on obtient des résultats qui correspondent exactement à ceux que fournit la pompe à mercure. Pour le sang, les nombres trouvés sont généralement un peu plus élevés (2 à 3 cent. cubes pour 100 cent. cubes de sang).

Cette différence peut s'expliquer par les imperfections du procédé d'extraction à la pompe ; il n'est nullement prouvé, en effet, que dans le vide, même à 40 ou 50°, l'hémoglobine cède tout son oxygène ; une portion de cet oxygène peut de plus se porter sur les éléments du sang et les brûler pendant l'opération d'extraction, tandis qu'avec le dosage oxymétrique par l'hydrosulfite, l'oxygène du sang est employé instantanément.

Si au lieu d'opérer le dosage de l'oxygène dissous comme nous venons de l'indiquer, nous procédons inversement, c'est-à-dire si nous introduisons d'abord dans le flacon rempli d'hydrogène un volume déterminé d'hydrosulfite, puis l'eau dont on veut doser l'oxygène, et si nous mesurons ensuite au moyen du carmin le volume d'hydrosulfite non oxydé par l'oxygène dissous, nous trouvons que le volume de l'hydrosulfite oxydé correspond à la moitié seulement et exactement à la moitié de l'oxygène dissous ; l'autre moitié de l'oxygène reste dans le liquide sous une forme où elle n'agit plus sur l'hydrosulfite, au moins dans les conditions de l'expérience. Les expériences suivantes prouvent, en effet, que, dans certaines circonstances, cet oxygène, inactif sur l'hydrosulfite, peut porter son action sur d'autres réducteurs.

1° De l'eau aérée, colorée au carmin d'indigo, étant placée dans une atmosphère d'hydrogène pur, si l'on ajoute assez d'hydrosulfite pour amener la décoloration, on voit au bout de quelques minutes le liquide reprendre sa teinte bleue primitive. Cet effet se produit en même temps dans toute la masse et non à la surface. En décolorant une seconde fois à l'hydrosulfite, on voit le même phénomène se reproduire. On arrive, après trois ou quatre décolorations successives, à une limite où le liquide se maintient jaune. On trouve ainsi que le volume d'hydrosulfite employé depuis la première décoloration jusqu'au résultat définitif est à peu de chose près égal au volume employé pour arriver en une fois à la première décoloration. Les choses se passent comme si l'indigo réduit servait d'intermédiaire entre l'oxygène inactif par rapport à l'hydrosulfite et ce dernier corps. Il se forme de l'indigo bleu que l'hydrosulfite ramène au blanc et ainsi de suite jusqu'à épuisement de l'oxygène. C'est précisément sur ce fait qu'est fondé notre procédé de titrage de l'oxygène décrit plus haut.

L'hydrosulfite de soude n'est pas le seul corps qui partage ainsi l'oxygène dissous en deux moitiés, dont l'une se porte sur le réducteur pour l'oxyder, et dont l'autre reste dissimulée ou inactive par rapport à ce réducteur. L'oxyde cuivreux ammoniacal, versé en excès dans l'eau aérée, n'enlève, pour passer à l'état d'oxyde cuivrique, que la moitié de l'oxygène dissous. Le phosphore, mis en présence de l'eau aérée, n'agit pas sur l'oxygène dissous dans l'obscurité; à la lumière diffuse ou directe, il enlève la moitié de cet oxygène. D'autres réducteurs, au contraire, s'emparent immédiatement de la totalité de l'oxygène; tels sont : le stannite de soude, le zinc en poudre, le carmin d'indigo décoloré.

Il reste à déterminer sous quelle forme l'oxygène dissimulé est contenu dans le liquide. Bien que nous n'ayons pas pu déceler directement la présence de l'eau oxygénée, il nous semble probable que c'est sous cette forme qu'il peut échapper à l'action d'un réducteur aussi puissant que l'hydrosulfite de soude. Quoi qu'il en soit, il est bien certain que cette moitié d'oxygène dissimulée par rapport à l'hydrosulfite peut encore agir sur d'autres réducteurs, tels que le carmin d'indigo blanc, le stannite de soude, etc.

MM. Schutzenberger et Quinquaud ont utilisé le procédé de dosage de l'oxygène dissous pour suivre pour ainsi dire pas à pas les phénomènes de dégagement et d'absorption d'oxygène que présentent les végétaux immergés. Les résultats qu'ils ont obtenus se trouvent consignés dans les *Comptes rendus de l'Académie des sciences* (année 1873).

M. le docteur Quinquaud, en dosant par l'hydrosulfite la quantité maxima d'oxygène qu'un sang peut absorber par l'agitation à l'air, est arrivé à déterminer, par un calcul très-simple, la richesse de ce sang en hémoglobine. Ce savant a, en effet, prouvé, par la comparaison des résultats obtenus, que la dose maxima d'oxygène absorbable par le sang est proportionnelle à la quantité d'hémoglobine qu'il renferme; il a également publié d'intéressants résultats sur les variations de l'hémoglobine dans les maladies et dans la série animale (*Comptes rendus de l'Académie des sciences*, 1873).

M. Ad. WURTZ

Membre de l'Institut

SUR LA DENSITÉ DE VAPEUR DU SEL AMMONIAC

— Séance du 27 août 1873. —

Mes recherches sur ce sujet se rattachent à celles que j'ai exposées l'an dernier, au Congrès de Bordeaux, sur la densité de vapeur du perchlorure de phosphore [1]. J'ai démontré que cette densité se rapproche de la densité normale lorsqu'on fait diffuser la vapeur du perchlorure dans plusieurs fois son volume d'air, et qu'elle se confond sensiblement avec elle lorsqu'on fait diffuser cette vapeur dans un des produits de sa dissociation, le protochlorure de phosphore.

Ces expériences, en restituant à la vapeur de ce corps sa densité normale, ont fait disparaître une exception à la loi d'Avogadro en vertu de laquelle volumes égaux des gaz et des vapeurs renferment le même nombre de molécules. On peut interpréter ces expériences en disant que le point d'ébullition, ou, si l'on veut, de vaporisation du perchlorure de phosphore, à la pression ordinaire de l'atmosphère, étant situé au-dessus du point où commence la dissociation de la vapeur, on a réussi à la fois à abaisser le point de vaporisation en diminuant la pression et à élever le point de dissociation en faisant diffuser la vapeur dans celle du protochlorure.

Je me suis demandé si l'on réussirait, en se plaçant dans les mêmes conditions, à obtenir les densités de vapeurs normales pour d'autres corps, qu'on a signalés comme faisant exception à la loi d'Avogadro. Parmi ces corps, le sel ammoniac et les composés analogues sont les plus connus. J'ai donc essayé de prendre la densité de vapeur du chlorhydrate d'ammoniaque, à une pression réduite et en faisant diffuser sa vapeur dans une atmosphère de gaz chlorhydrique.

Les expériences ont été exécutées de la manière suivante : un ballon à densité, nettoyé avec soin et rempli d'air sec, a été étiré en une pointe assez large. Pendant le refroidissement, on a eu soin d'y adapter un tube à chlorure de calcium, de manière à n'y laisser pénétrer que de l'air sec. Le ballon ainsi préparé, ayant été taré avec soin, on y a introduit une petite quantité de sel ammoniac purifié par cristallisation dans l'eau, puis pulvérisé et séché avec soin. On a ensuite fait pénétrer

[1] *Comptes rendus de la session de Bordeaux*, p. 426.

par la pointe effilée du ballon la pointe plus fine d'un tube capillaire allant jusqu'au fond, et par laquelle on a fait arriver dans le ballon un courant de gaz chlorhydrique parfaitement sec. Cette opération a dû être effectuée en plaçant le ballon dans une grande conserve renfermant du chlorure de calcium et fermée par un obturateur percé au milieu d'un petit trou par lequel on a fait passer le tube effilé amenant le gaz chlorhydrique. De cette façon, le ballon et sa pointe étaient plongés dans une atmosphère sèche. En négligeant cette précaution, on voit les vapeurs qui sortent abondamment du ballon attirer l'humidité et la solution chlorhydrique se condenser à la surface du tube capillaire et s'introduire dans le ballon lui-même par la pointe qui livre passage à ce tube.

Le ballon taré renfermant le sel ammoniac et rempli de gaz chlorhydrique était placé dans une bouteille à mercure disposée pour la détermination des densités de vapeurs dans les vapeurs mercurielles, selon les indications de M. H. Sainte-Claire-Deville. L'obturateur, ainsi que le trou qui livrait passage à la pointe, ayant été lutés avec soin, on a chauffé graduellement jusqu'à l'ébullition du mercure, on a fait bouillir celui-ci pendant quelque temps, en ayant soin de ne chauffer que le fond de la cornue, de peur de surchauffer la vapeur. On a fermé la pointe après avoir recueilli une quantité suffisante de mercure distillé.

Après le refroidissement, le ballon a été nettoyé et pesé de nouveau. On a constaté une diminution de poids. Puis le ballon a été ouvert sur la cuve à mercure. Il est resté de l'acide chlorhydrique qui a été mesuré dans des tubes gradués étroits, puis absorbé par l'eau. On a obtenu pour dernier résidu une quantité insignifiante d'air humide, dont le volume a été déterminé. Ces données permettaient de calculer la densité de vapeur du sel ammoniac. L'air resté ayant été défalqué, on calculait, d'après les données de l'expérience, le volume et le poids du mélange de la vapeur de sel ammoniac et de gaz chlorhydrique. Le volume et le poids de ce dernier étant défalqués à leur tour, on avait le volume et le poids de la vapeur de sel ammoniac.

Voici les détails de trois expériences qui ont été faites à l'aide de cette méthode :

I. Perte de poids du ballon rempli de vapeur de sel ammoniac. . . . 0gr. 2235
Température de la balance. . . . . 23°
Pression. 0m 761
Température de la vapeur. . . . . 360°
Pression au moment de la fermeture. 0m 760
Capacité du ballon 344cc 5
Gaz restant. . . . . 29cc 7 } t = 24° p = 0m 760
Air restant humide. . . . . . 1cc 7 }

Ces données indiquent, pour la densité de vapeur cherchée, le chiffre 0,903.

Une seconde expérience a été faite dans des conditions semblables : elle a donné lieu à un petit accident dont a pu tenir compte par une correction. Au moment où l'on a fermé la pointe on a remarqué qu'il s'y était formé un petit sublimé de sel ammoniac qui ne l'avait pas obstruée, mais qu'il n'a pas été possible de chasser. On a pu déterminer le poids de ce sublimé, après avoir cassé la pointe sous le mercure. Ce poids a été défalqué du poids total du sel ammoniac condensé.

Cela dit, voici les données de cette seconde expérience :

II.	Perte de poids du ballon	0gr 1575
	Température de la balance	21° 5
	Pression pendant toute la durée de l'expérience	0m 7655
	Anneau de sel ammoniac condensé dans la pointe	0gr 0315
	Capacité du ballon	302cc
	Gaz restant	42cc à 25°
	Air humide à 20° après l'absorption de HCl	1cc 8

Ces résultats donnent, pour la densité de vapeur cherchée, le chiffre 0,930.

La troisième expérience a donné un chiffre un peu plus fort et qui se rapproche de celui qu'ont indiqué MM. Deville et Troost.

En voici les données numériques :

III.	Perte de poids du ballon	0gr 1759
	Température de la balance	9°
	Pression pendant toute la durée de l'expérience	0m 7585
	Capacité du ballon	289cc 5
	Gaz restant	50 cc 7 à 11°
	Air humide à 7° après l'absorption de HCl	1cc 8

Ces résultats donnent, pour la densité de vapeur cherchée, le chiffre 1,059.

Les trois expériences décrites ont donc donné, pour la densité du sel ammoniac, des chiffres qui sont sensiblement la moitié du chiffre théorique déduit du poids moléculaire de ce sel, en supposant que la molécule gazeuse occupe 2 volumes de vapeur, l'atome d'hydrogène occupant 1 volume.

Cela résulte de la comparaison des chiffres suivants :

	DENSITÉ DE VAPEUR THÉORIQUE DU SEL AMMONIAC	DENSITÉ DE VAPEUR DANS UNE ATMOSPHÈRE DE GAZ CHLORHYDRIQUE		
		I	II	III
Rapportée à l'air	1,852	0,903	0,930	1,059
Rapportée à l'hydrogène .	26,746	13,03	13,43	15,29

Ainsi, à la température de l'ébullition du mercure, la vapeur du sel ammoniac, soit qu'elle se diffuse dans l'acide chlorhydrique, soit qu'elle se forme dans les conditions ordinaires, comme dans les expériences de MM. Deville et Troost[1], cette vapeur présenterait une condensation en 4 volumes, si l'on pouvait supposer que ses éléments, gaz chlorhydrique et ammoniaque, y existent réellement à l'état de combinaison, ou, en d'autres termes, que la molécule du sel ammoniac n'éprouve aucune décomposition à la haute température à laquelle elle a été exposée. Mais il n'en est pas ainsi. Selon moi, la vraie interprétation qu'il convient de donner aux résultats des expériences relatives à la densité de vapeur du sel ammoniac est celle-ci : à la température de l'ébullition du mercure, les éléments gaz chlorhydrique et ammoniac sont déjà séparés l'un de l'autre, cette température étant supérieure à celle qui correspond à la dissociation complète de cette vapeur ; de plus, il y a, entre ces deux températures, un tel écart que la dissociation ne peut être retardée par la présence d'un des éléments, c'est-à-dire de l'acide chlorhydrique, dans l'atmosphère où la molécule solide vient se diffuser à l'état de vapeur.

Cette conclusion est fortifiée, en premier lieu, par les expériences de M. Marignac sur la chaleur de volatilisation du sel ammoniac. Cet éminent observateur a trouvé, en effet, que la chaleur qu'il est nécessaire de fournir au sel ammoniac pour le volatiliser est sensiblement égale à celle que dégagent le gaz chlorhydrique et l'ammoniaque en se combinant [2]. Pour qu'ils se séparent de nouveau, il suffit qu'on leur restitue cette chaleur de volatilisation, et l'expérience démontre qu'en vaporisant le sel ammoniac on la leur restitue en effet.

Ainsi, à la température où le sel ammoniac se volatilise, ses composants gazeux ont repris possession de cette chaleur de combinaison qui n'existe pas dans le composé tout formé et que les composants ne sauraient perdre à la température dont il s'agit, puisque la source de chaleur la leur restituerait immédiatement. Cela revient à dire qu'à cette température l'affinité réciproque de l'acide chlorhydrique et de l'ammoniaque

[1] Le nombre que j'ai trouvé pour la densité de vapeur du sel ammoniac s'accorde sensiblement avec celui qui a été donné par MM. H. Deville et Troost.

Voici les données de mon expérience :

Perte de poids du ballon	0gr,178
Température de la balance	7°,5
Pression	0m,7505
Pression au moment de la fermeture	0m,750
Capacité du ballon	272cc,5
Air restant	0cc5
On en tire pour la densité de vapeur cherchée	1,058

[2] Marignac, *Bulletin de la Société chimique*, t. XI, p. 226, 1867. La chaleur latente de volatilisation du sel ammoniac a été trouvée égale à 706, alors que la chaleur de combinaison des gaz chlorhydrique et ammoniac est de 715,5, d'après MM. Favre et Silbermann.

est nulle. A plus forte raison doit-il en être ainsi à 360°, température supérieure à celle où le sel ammoniac se volatilise. De tout cela il faut donc conclure que le sel ammoniac ne saurait être volatilisé sans décomposition, ou, en d'autres termes, que le point d'ébullition de sa molécule est supérieur à la température qui correspond à sa décomposition totale. Et, de fait, pourquoi n'en serait-il pas ainsi? Parmi tant de combinaisons chimiques qui ne résistent pas à l'action d'une température élevée, il s'en trouve un grand nombre qui peuvent se volatiliser avant de se décomposer ; d'autres se décomposent avant de se volatiliser : il n'existe aucune relation entre la stabilité chimique et le degré de fixité des molécules. Ce dernier dépend de la complication moléculaire et de la nature des éléments et non pas de l'énergie des affinités qui les unissent.

A 360° la vapeur du sel ammoniac est donc complétement dissociée, même lorsqu'elle s'est formée dans une atmosphère d'acide chlorhydrique. Parviendrait-on à diffuser cette vapeur dans une telle atmosphère à des températures sensiblement plus basses? L'expérience peut être tentée, mais elle ne paraît pas pouvoir réussir dans les conditions où l'on s'est placé pour le perchlorure de phosphore, dont la tension de vapeur, au-dessous du point d'ébullition, est certainement plus forte que celle du sel ammoniac. Cette circonstance a permis de faire diffuser la vapeur du perchlorure à des températures relativement basses, d'abord dans l'air, puis dans la vapeur du protochlorure. Selon moi, la présence de cette dernière vapeur a exercé une influence sur la marche de la dissociation. Mon opinion a été contestée récemment par M. H. Debray. Dans une note sur la dissociation de l'oxyde rouge de mercure [1], ce chimiste distingué s'exprime ainsi : « Si M. Wurtz a trouvé pour le perchlorure de phosphore une densité plus grande que la densité habituelle, cela peut tenir à ce que la rapidité avec laquelle un composé se dissocie dans un gaz inerte est moindre que lorsqu'il est seul. » Cela est possible, en effet, et la rapidité de la dissociation a pu exercer une influence dans les expériences où l'on faisait diffuser la vapeur dans l'air, sans compter cette autre influence qu'a exercée ce gaz « inerte, » savoir de permettre la vaporisation sous basse pression et d'abaisser ainsi la température où la vapeur s'est formée.

Mais la preuve qu'il y avait autre chose que cette double influence d'un gaz inerte, dans les expériences où la vapeur de protochlorure de phosphore a été substituée à l'air, c'est que les chiffres obtenus dans ces dernières expériences étaient plus forts que les autres. La vapeur de protochlorure de phosphore n'était donc pas un gaz inerte.

1 *Comptes rendus*, t. XXVII, p. 123.

De fait, une simple considération montre qu'il ne peut pas en être ainsi. Supposons qu'on ait chauffé dans l'air le perchlorure de phosphore jusqu'au moment où sa vapeur commence à se dissocier, il se répandra dans cet air, indépendamment de la vapeur de perchlorure, une très-petite quantité de chlore et de protochlorure, dont les tensions seront égales mais très-faibles. Dans ces conditions, la tendance à la recomposition sera nulle.

Maintenant que cette petite quantité de chlore se trouve en présence d'un grand excès de protochlorure, ou que cette petite quantité de protochlorure se trouve en présence d'un grand excès de chlore, croyez-vous que dans le premier cas la petite quantité de chlore enveloppée de protochlorure ne soit pas, au moins en partie, saisie pour former du perchlorure, et que dans le second cas, la petite quantité de protochlorure, enveloppée de chlore, ne soit pas saisie de même pour former du perchlorure? Nier qu'il en soit ainsi, ce serait méconnaître l'influence des masses. Il en résulte que si l'on chauffe du perchlorure de phosphore dans une atmosphère de protochlorure à la même température que précédemment, la dissociation n'aura pas lieu ou sera amoindrie, puisque la petite quantité de chlore mise en liberté irait reconstituer du perchlorure avec l'excès de protochlorure. Telle est, selon moi, l'influence exercée par la vapeur de ce dernier corps sur la marche de la dissociation.

Je maintiens cette interprétation malgré les observations de M. Debray sur la dissociation de l'oxyde de mercure.

Un mot encore sur une expérience de M. Myers [1] sur le même sujet. Ce chimiste ayant constaté que la tension de l'oxygène augmentait, dans l'appareil qu'il a employé, avec la durée de l'expérience, admet que cette tension n'a pas de limite supérieure. Je ferai remarquer que la durée des expériences ne me paraît pas avoir été suffisante pour admettre une telle conclusion. Ainsi M. Myers dit qu'à 400° la tension de l'oxygène atteint successivement 16 millim. après cinq heures de chauffe, et 373 millim. à 500°, après sept heures de chauffe. Ces tensions, la première surtout, sont relativement faibles. Peut-on soutenir qu'elles se seraient accrues indéfiniment et qu'elles n'auraient pas eu de limite si les expériences avaient été prolongées assez longtemps pour que ces tensions devinssent très-supérieures à la pression atmosphérique. Ne peut-on pas concevoir qu'une très-forte pression soit une condition propre à déterminer l'union de l'oxygène et du mercure, à des températures supérieures à celles où il se dissocie sous de faibles pressions?

C'est précisément dans ces conditions de forte pression que s'est placé M. Debray quand il a réalisé la combinaison du mercure avec

[1] *Berichte der Deutschen Chem.* Gesellsch. Zu Berlin, t. VI, p. 11, et *Bulletin de la Société chimique*, t. XIX, p. 450.

l'oxygène, en chauffant les deux corps en tubes scellés à 440°. L'oxyde rouge de mercure a pu se former, dans ce cas, à une température supérieure à 400° et à une forte pression, alors qu'à une faible pression il semble se dissocier indéfiniment à cette même température (Myers).

J'ai invoqué plus haut l'influence des masses pour établir qu'une petite quantité de chlore pouvait être fixée par un grand excès de protochlorure en vapeur, alors qu'elle échapperait à l'action d'une quantité de protochlorure équivalente au chlore. Cette influence des masses est trop bien établie, dans les cas les plus divers, pour qu'il soit possible de la nier ici. Sans remonter aux expériences classiques de Berthollet sur la décomposition du carbonate de baryte par la vapeur d'eau, je rappellerai celles de M. Malaguti[1] sur les conditions d'équilibre de deux systèmes de sels pouvant réagir les uns sur les autres par double décomposition, et l'influence qu'un excès de l'un des sels exerce sur la marche de la décomposition, dans le cas où le libre jeu des affinités n'est pas gêné par les conditions d'insolubilité ou de volatilité. Qui ne voit que ces réactions offrent un point de contact avec les phénomènes de dissociation? Ne sait-on pas, en effet, que lorsqu'on mélange deux sels capables de produire, par échange de bases et d'acides, deux nouveaux sels solubles, la décomposition, la dissociation, pourrions-nous dire, sera limitée par la réaction inverse entre les nouveaux sels qui tendent à reproduire leurs générateurs?

De même, les expériences de MM. Berthelot et Péan de Saint-Gilles ont démontré que la formation des éthers par l'action réciproque des acides et des alcools est limitée, dans chaque cas, par la réaction inverse entre l'eau et l'éther formés. Et dans ces belles expériences l'influence des masses a été mise hors de doute : la quantité d'éther formée va croissant avec le nombre des équivalents d'acide que l'on chauffe avec 1 équivalent d'alcool, ou avec le nombre d'équivalents d'alcool que l'on chauffe avec 1 équivalent d'acide. La proportion d'alcool qui sera entrée en combinaison aura été d'autant plus grande que l'excès d'acide aura été plus considérable, ou encore la proportion d'acide qui sera entrée en combinaison aura été d'autant plus considérable que l'excès d'alcool aura été plus grand.

Dans tous les phénomènes que nous venons d'analyser nous voyons se produire, dans des conditions données, un état d'équilibre entre deux systèmes de corps :

Deux sels qui échangent leurs bases et leurs acides jusqu'au moment où l'échange inverse se produirait entre les nouveaux sels formés ;

Un acide et un alcool, qui forment un éther et de l'eau, jusqu'au moment où ceux-ci iraient régénérer l'acide et l'alcool;

[1] Malaguti, *Leçons élémentaires de Chimie*, 2e édition, t. I, p. 490.

De l'oxyde de mercure qui se résout, à une température donnée, en mercure et en oxygène, jusqu'au point où ceux-ci sont dans les conditions nécessaires pour se combiner de nouveau ;

Du perchlorure de phosphore qui se dédouble en protochlorure et en chlore, jusqu'à ce que ces derniers aient acquis la tension nécessaire pour régénérer le perchlorure.

Quel que soit l'état physique des corps qui réagissent, à travers la diversité de ces réactions on aperçoit un point de contact. Dans les deux dernières réactions, il arrive un moment où, la température s'élevant, les réactions inverses ne peuvent plus se produire. Alors les décompositions s'achèvent, l'oxyde de mercure et le perchlorure de phosphore se dédoublent complétement.

Il en est de même dans les doubles décompositions entre sels, lorsque les réactions inverses ne peuvent plus se produire par suite de circonstances physiques : l'insolubilité où la volatilité des sels qui se dérobent. On sait que dans ce cas aussi les décompositions sont complètes.

M. J. RIBAN

Chef des travaux chimiques des hautes études au Collége de France

SUR L'ISOMÉRIE DES CARBURES $C^{10}H^{16}$ ET DE LEURS CHLORHYDRATES

— *Séance du 27 août 1873* —

Je me bornerai dans la première partie de ce travail à étudier l'isomérie du térébenthène et du térébène que j'ai isolé à l'état de pureté et celle des composés chlorhydriques que l'on dérive de ces corps, ainsi que des camphènes et des bornéols.

Du Térébenthène. — Ce carbure a été isolé à l'état de pureté par M. Berthelot, en distillant dans le vide la térébenthine brute après saturation préalable des acides qu'elle contenait. Je me suis borné au fractionnement plus commode de l'essence de térébenthine du commerce. Cette substance bout pour la majeure partie vers 160° et laisse un résidu notable de produits supérieurs. Par des distillations fractionnées toujours fort longues, on constate que le point d'ébullition s'abaisse de plus en plus pour devenir fixe (toutes corrections faites) vers 156°,5. C'est là, d'après mes expériences effectuées avec grand soin, le point d'ébullition du térébenthène pur ; il est inférieur à celui de 160° donné autrefois par divers expérimentateurs. Si l'on examine alors au polarimètre les diverses parties du fractionnement définitif, on observe que ce sont les produits passant à 156°,5 qui possèdent le pouvoir rotatoire maximum; ce pouvoir va en décroissant de plus en plus dans les portions recueillies au-dessus de cette température. C'est ce carbure ainsi défini qui fut considéré comme pur et propre aux déterminations ultérieures.

Les combinaisons du térébenthène ont été étudiées par divers chimistes, aussi nous nous sommes bornés à déterminer ses constances physiques que l'on trouvera plus loin mises en parallèle avec celles du térébène, et à examiner l'action de l'eau sur son chlorhydrate comme devant fournir les résultats nécessaires à l'établissement de l'isomérie des composés chlorhydriques de même formule.

Chlorhydrate de térébenthène. — On l'a préparé par la méthode connue. Après plusieurs cristallisations dans l'alcool, son point de fusion est situé à 128–129° au lieu de 115° donné par les auteurs et qui a été obtenu sans doute avec des corps encore mélangés de chlorhydrate liquide.

Traité à 100° par vingt fois son poids d'eau le chlorhydrate de térébenthène n'abandonne pas d'acide chlorhydrique ou du moins n'en fournit-il que des traces. Chauffé avec ce même liquide, en vase clos, à la température de 200°, il perd complètement son acide chlorhydrique, si l'on a soin toutefois de remplacer l'eau chargée de ce gaz jusqu'à ce que celle-ci ne contienne plus d'acide chlorhydrique libre. On trouve alors le chlorhydrate de térébenthène transformé en un liquide constitué pour la majeure partie par un carbure $C^{10}H^{16}$, possédant les caractères que l'on va décrire plus loin comme appartenant au térébène pur.

Tétra-térébenthène. — C'est un polymère solide de l'essence de térébenthine que j'ai obtenu par l'action du protochlorure d'antimoine sec $SbCl^3$, sur l'essence de térébenthine. On constate au contact des deux corps une forte élévation de température que l'on doit modérer. On cesse d'ajouter de nouvelles portions de protochlorure quand la masse ne s'échauffe plus que faiblement ; on projette alors dans l'alcool absolu qui dissout les produits non polymérisés et laisse le corps polymère insoluble. On l'épuise par l'aloool absolu, puis on le chauffe à 235–240° dans le vide.

On obtient alors par refroidissement une masse solide cassante, presque incolore, parfaitement transparente, à cassure conchoïdale, se réduisant en une poussière blanche par l'écrasement, comme le ferait de la colophane dont elle possède d'ailleurs l'aspect. Sa composition est la même que çelle de l'essence de térébenthine génératrice et sa formule doit être $C^{40}H^{64}$ ou tétra-térébenthène. Cette substance est dextrogyre, quoique dérivant du térébenthène lévogyre. Traitée par le gaz chlorhydrique ou bromhydrique dans des conditions convenables, elle donne naissance aux composés solides et amorphes $C^{40}H^{64},2HCl$ et $C^{40}H^{64},2HBr$.

Distillée dans le vide, elle se résout en carbures plus simples, moins condensés, comme cela a lieu pour d'autres polymères. Ex. : transformation du méta-styrolène en styrolène, de la benzine en acétylène.

Elle fournit alors du colophène ou di-térébène et un carbure $C^{10}H^{16}$ bouillant vers 175°, qui possède le point d'ébullition, la composition et l'odeur de l'iso-térébenthène.

Cette décomposition a lieu en vertu de l'équation suivante :

$$C^{40}H^{64} = C^{20}H^{32} + 2C^{10}H^{16}.$$

La préparation du tétra-térébenthène par le protochlorure d'antimoine est accompagnée de la production d'une matière colorée en rouge orangé tout à fait caractéristique. J'ai pensé à tirer parti de ce phénomène pour déceler l'essence de térébenthine et les carbures analogues. Pour cela, on n'a qu'à former à l'extrémité bouclée d'un fil de platine une perle de protochlorure d'antimoine, que l'on expose à la température ordinaire, à la vapeur de l'essence de térébenthine. La perle se colore en rouge orangé, rappelant le sulfure d'antimoine. Je considère cette coloration comme caractéristique du térébenthène et des corps analogues ; elle ne se produit pas avec les autres carbures d'hydrogène. Elle est très-sensible et permet de déceler l'essence de térébenthine dans une atmosphère ne contenant que $\frac{1}{400}$ de son volume de vapeur de ce corps.

Du Térébène. — Suivant des expériences déjà anciennes, lorsqu'on traite l'essence de térébenthine par 1/20 d'acide sulfurique et que l'on distille après vingt-quatre heures, on obtient un liquide inactif sur la lumière polarisée, de même composition que le térébenthène générateur, auquel on a donné le nom de térébène, qui entrerait en ébullition vers 160°, posséderait une odeur citronnée et se combinerait avec l'acide chlorhydrique pour donner naissance à un sous-chlorhydrate de térébène $(C^{10}H^{16})^2$, HCl. — Nos expériences prouvent que telles ne sont pas les propriétés du térébène et que le corps ainsi obtenu n'est qu'un mélange de cymène et de véritable térébène, que je suis parvenu à isoler, et ne possédant point à l'état pur les caractères précités.

On a eu recours pour la transformation du térébenthène en térébène à l'action de l'acide sulfurique signalée par M. Deville. Chaque distillation est accompagnée d'un dégagement abondant d'acide sulfureux, avec formation d'une quantité correspondante d'eau, phénomène qui nous permettra d'expliquer la présence du cymène dans les produits de la réaction. Par des fractionnements toujours fort longs les liquides se résolvent : 1° en térébène pur bouillant à 156° ; 2° en cymène de 174-176° ; 3° en une matière camphrée passant vers 200° ; 4° en colophène bouillant de 318-320° ; 5° en produits supérieurs au colophène.

Le térébène pur est un liquide incolore non solidifiable à 270°, d'une odeur faible, difficile à définir ; il est bien moins oxydable que son isomère le térébenthène. Il bout, toutes corrections faites, vers 156° ; son pouvoir rotatoire est nul.

Traité par un mélange d'alcool et d'acide nitrique, il ne fournit pas d'hydrate cristallisé ; soumis à l'action du gaz chlorhydrique sec, il se prend en une masse cristalline de mono-chlorhydrate $C^{10}H^{16},HCl$. Placé dans les conditions ou l'essence de térébenthine donne un bi-chlorhydrate, il ne fournit jamais que du mono-chlorhydrate de térébène cristallisé.

Transformation du térébène en polymères. — Elle a été effectuée soit avec l'acide sulfurique à 66°, soit avec le protochlorure d'antimoine. Dans le premier cas, le produit principal de la réaction est du colophène ou ditérébène ($C^{20}H^{32}$) bouillant de 318-320°, corrigé, accompagné d'un peu de carbure inaltéré et d'une quantité notable de cymène. Dans le second cas, au contraire, on obtient par l'action du protochlorure (en se plaçant dans les conditions précédemment indiquées pour le térébenthène) un corps solide, rappelant par tous ses caractères extérieurs le tétra-térébenthène : je le désignerai par analogie sous le nom de tétra-térébène.

Transformation du térébène en cymène. — On l'a réalisée en distillant à plusieurs reprises du térébène avec 1/20 de son poids d'acide sulfurique concentré ; il se dégage de l'acide sulfureux en abondance et l'on recueille de l'eau, du carbure inaltéré, du cymène et enfin du colophène. Le cymène obtenu a été transformé en sulfocyménate de baryte cristallisé.

Mais les rendements sont faibles, car la majeure partie du térébène est transformée en colophène. Une équation très-simple rend compte de cette transformation :

$$C^{10}H^{16} + SO^4H^2 = C^{10}H^{14} + SO^2 + 2\,H^2O.$$

Elle montre que l'oxygène de l'acide sulfurique brûle l'hydrogène du térébène pour le transformer en cymène. C'est pourquoi ce dernier carbure s'obtient en assez grande quantité dans la transformation du térébenthène en térébène par l'acide sulfurique. Cette circonstance nous a permis d'examiner ce cymène convenablement purifié et de constater qu'il bout de 174-176°, qu'il fournit un sulfocyménate de baryte contenant $2H^2O$ de cristallisation identique à celui que Delalande a dérivé du cymène du camphre et peut-être isomérique avec celui de l'essence de cumin qui ne contiendrait, d'après MM. Gehrardt et Cahours, que H^2O de cristallisation. Il ressort de plus, de nos expériences, que la soustraction de H^2 dans la molécule du térébène élève le point d'ébullition de 20°.

Mono-chlorhydrate de térébène. — On obtient ce corps par l'action d'un courant lent et prolongé d'acide chlorhydrique sur le térébène qui ne tarde pas à se prendre en une masse cristalline de mono-chlorhydrate. Par un traitement convenable on transforme la presque totalité du carbure en composé cristallisé. La masse exprimée est alors blanche, friable et même pulvérisable (ce qui la distingue à première vue du chlorhydrate isomérique de térébenthène qui est mou et cireux); elle contient 17 à 18 0/0 de chlore au lieu de 20,57 exigé par la théorie. C'est en étudiant les causes d'une telle divergence que je suis arrivé à établir une des propriétés les plus singulières du chlorhydrate de térébène, sa dissociation à froid en camphène et acide chlorhydrique et sa décomposition rapide en ces mêmes éléments sous l'influence de l'eau. On ne peut obtenir ce corps à l'état de pureté qu'en introduisant la masse précédente dans des ballons spacieux, pleins de gaz chlorhydrique, et la sublimant à basse température au sein même de cette atmosphère.

Le chlorhydrate de térébène pur est complétement inactif sur la lumière polarisée; il se présente en cristaux pennés, d'une odeur camphrée, et rappelle à certains égards les chlorhydrates de térébenthène et de camphène. Il fond à 125° et correspond à la formule $C^{10}H^{16},HCl$. Abandonné à lui-même dans une atmosphère sèche et illimitée, il perd rapidement d'abord, lentement ensuite, de l'acide chlorhydrique avec mise à nu d'une quantité équivalente de carbure cristallisé, $C^{10}H^{16}$ (camphène).

Le chlorhydrate de térébène est rapidement décomposé par l'eau. Vient-on en effet à laver les cristaux de ce corps avec de l'eau froide, on constate que la majeure partie de l'acide chlorhydrique passe peu à peu dans les eaux de lavage et, sans que rien dans l'aspect de la matière ait pu faire soupçonner un changement, on la trouve transformée en un mélange de chlorhydrate inaltéré et de carbure cristallisé $C^{10}H^{16}$, que j'appellerai B.-camphène pour réserver la question de son isomérie.

L'eau à 100° produit l'élimination totale et rapide de l'acide chlorhydrique, mais il ne se forme que des produits liquides dont je poursuis l'étude. L'alcool absolu chaud le dissout et l'abandonne sous forme de belles lames transparentes, si l'on n'a pas dépassé la température de 55 à 60°; le corps a encore perdu par ce traitement de l'acide chlorhydrique. Chauffé à l'ébullition, avec de l'alcool à 75 ou 80° centésimaux, le chlorhydrate de térébène est rapidement décomposé, et l'on obtient un liquide volatil qui me paraît avoir une formule analogue à celle du terpinol et serait l'éther d'un hydrate de camphène ou de térébène.

Isomérie des chlorhydrates de formule $C^{10}H^{16},HCl$. — Parmi les corps nombreux de cette formule, on connaît notamment le chlorhydrate de térébenthène obtenu par l'action de l'acide chlorhydrique sur l'essence de térébenthine, les chlorhydrates de camphène actif et inactif, ainsi que l'éther chlorhydrique du bornéol naturel et artificiel signalés par M. Berthelot, enfin le chlorhydrate de térébène que l'on vient de faire connaître. Certes, l'isomérie n'est pas douteuse pour ce dernier. J'ai pensé que l'action de l'eau sur les chlorhydrates conduirait à élucider la question de l'isomérie délicate de tous ces composés. Mes expériences à ce sujet permettent d'établir :

1° Que le chlorhydrate de térébenthène, ainsi qu'on l'a vu plus haut, est indécomposable par l'eau froide et qu'il ne fournit que des traces d'acide chlorhydrique à 100° ; 2° que les chlorhydrates de camphène sont lentement décomposables par l'eau froide et par ce même liquide à 100°, avec régénération du camphène primitif cristallisé, ce qui démontre d'une façon péremptoire que ce carbure ne saurait être considéré comme la base du chlorhydrate de térébenthène ; 3° que les éthers chlorhydriques des deux bornéols éprouvent, dans les mêmes conditions, une décomposition analogue, mais avec moins d'intensité ; 4° que le chlorhydrate de térébène se dissocie déjà à la température ordinaire, se décompose le plus rapidement de tous par l'action de l'eau froide et ne fournit sous la même influence à 100° que des composés liquides, contrairement à ce que l'on observe avec les combinaisons chlorhydriques des camphènes et des bornéols.

Enfin, en traitant à 100° tous ces chlorhydrates par vingt-cinq fois leur poids d'eau et toutes les autres conditions d'expérience étant égales d'ailleurs, j'ai pu construire des courbes qui expriment leur décomposition en fonction du temps ; elles montrent également l'isomérie de ces corps.

Isomérie du térébenthène et du térébène au point de vue physique. — Une partie des expériences de ce mémoire ont eu pour but d'établir l'isomérie du térébenthène et du térébène. Ces deux corps ont un caractère commun : l'état liquide. On pouvait se demander si une telle dissemblance dans les propriétés chimiques entraînerait nécessairement une différence capitale dans les propriétés physiques de ces deux isomères. C'est pour résoudre cette question que l'on a procédé avec soin à la détermination de leurs constantes physiques.

1° *Pouvoir rotatoire :*

Du térébenthène : $[\alpha]j = -40°,32$.
Du térébène . . . . . . Nul.

2° *Point d'ébullition :*

Le point d'ébullition du térébenthène pur est situé vers 156°,5 ; celui du térébène vers 156°. Une si minime différence est de l'ordre des erreurs d'expérimentation, surtout pour des carbures d'un fractionnement si difficile.

3° *Densités aux diverses températures.* — Elles ont été obtenues à l'aide du dilatomètre de M. Regnault. On ne rapportera pas pour abréger les chiffres expérimentaux déterminés de 20 en 20° environ pour des températures comprises entre 0 et 80°.

Les résultats de l'expérience correspondent aux équations des lignes droites ci-dessous :

Pour le térébenthène $D^t = 0{,}8767 - 0{,}0008277.t.$

Pour le térébène $D^t = 0{,}8767 - 0{,}0008339.t.$

L'interpolation donne pour la densité de 20 en 20° entre 0 et 100° :

TEMPÉRATURES	DENSITÉS : TÉRÉBENTHÈNE	DENSITÉS : TÉRÉBÈNE
0°.	0,8767	0,8767
20°.	0,8601	0,8600
40°.	0,8436	0,8433
60°.	0,8270	0,8267
80°.	0,8105	0,8100
100°.	0,7939	0,7933

Ces résultats se confondent comme on le voit sensiblement et permettent de conclure avec une grande probabilité à l'identité des coefficients de dilatation du térébenthène et du térébène.

4° *Indices de réfraction.* — Ces indices ont été déterminés pour quatre raies très-brillantes (d'un pointé très-facile même dans une pièce éclairée), que l'on obtient en faisant jaillir l'étincelle d'induction entre deux électrodes de magnésium chargés d'une trace de sel marin [1].

RAIES	LONGUEURS D'ONDE D'APRÈS THALEN	INDICES. TÉRÉBENTHÈNE	INDICES. TÉRÉBÈNE
Rouge.	0,00065618	1,4665	1,4645
Jaune	0,00058920	1,4697	1,4674
Verte	0,00051739	1,4740	1,4717
Bleue	0,00044810	1,4808	1,4784

Ces résultats se confondent sensiblement pour les deux carbures.

En résumé, il résulte de l'ensemble des déterminations ci-dessus que le térébenthène et le térébène, si dissemblables au point de vue chimique, ne diffèrent au point de vue purement physique que par le pouvoir rotatoire qui est relativement considérable pour le térébenthène, nul pour le térébène, si toutefois ce dernier a été convenablement préparé.

[1] La raie rouge est celle de l'hydrogène de la vapeur d'eau atmosphérique, la jaune celle du sodium, les deux autres appartiennent en propre au magnésium.

La détermination de la chaleur spécifique eût présenté quelque intérêt. Je l'ai tentée avec un appareil nouveau qui conduirait à admettre que la chaleur spécifique du térébenthène serait un peu plus forte que celle du térébène; mais l'étude prolongée de l'appareil m'a fait découvrir quelques causes d'erreur dans le mode d'opérer, ce qui m'engage à ne donner ce dernier résultat que sous toutes réserves.

M. Camille GOURDON

Professeur de Chimie à l'École Industrielle La Martinière, à Lyon

DE L'INFLUENCE DES DÉPOTS MÉTALLIQUES SUR LE ZINC MIS EN PRÉSENCE DES ACIDES ET DES ALCALIS
NOUVEAUX PROCÉDÉS DE GRAVURE ET D'HÉLIOGRAVURE

Les travaux de M. Merget ont montré que le zinc, recouvert par précipitation d'un métal des trois dernières sections, n'est attaqué par l'acide azotique étendu qu'aux points restés à découvert, tandis que mis en présence des acides sulfurique, chlorhydrique, acétique, étendus, il l'est, au contraire, aux seuls points où le métal étranger le recouvre.

A ces phénomènes véritablement remarquables par la netteté avec laquelle ils se produisent, ne se borne pas la liste des faits que l'on peut observer en suivant la voie où, le premier, est entré M. Merget. Je ne crois pas inutile d'appeler l'attention de la section de chimie sur de nouvelles observations très-faciles à vérifier et de nature à compléter celles déjà formulées par l'honorable professeur de Lyon.

J'ai essayé d'abord de me rendre compte de l'intensité de l'action que déterminent différents métaux déposés sur le zinc, et j'ai reconnu qu'en recouvrant par places une lame de ce métal d'une légère couche de platine pulvérulent, couche qu'on peut produire en écrivant simplement sur la lame avec une solution de bichlorure de platine, il est possible de déterminer l'attaque du zinc aux points où se trouve le platine avec de l'acide sulfurique étendu de 7,000 fois son volume d'eau. Si l'on remplace le platine par l'or, on pourra dissoudre le zinc en étendant l'acide sulfurique de 5,000 vol. d'eau. Le cuivre agit encore avec un acide étendu de 4,000 vol.; puis viennent l'argent (3,500 vol.); l'étain (1,500 vol.); l'antimoine (700 vol.); le bismuth (500 vol.); le plomb (400 vol.). Ces quantités d'eau ne peuvent être qu'approximatives; elles représentent jusqu'à quelles limites peut avoir lieu la dissolution du zinc lorsque toutes les conditions qui la favorisent sont réunies, et nous verrons tout à l'heure que ces conditions sont assez complexes et qu'elles ne dépendent pas seulement de la nature du métal précipité.

Le mercure, bien que placé parmi les métaux des dernières sections, est loin de donner lieu à des réactions identiques à celles que ces métaux produisent. Le zinc, en présence de l'eau acidulée, est d'abord attaqué sur les bords de la tache qu'a produite ce nouveau métal ; puis cette tache s'élargissant d'instant en instant, les points d'où partaient les bulles d'hydrogène et qui, dans ces expériences, paraissent correspondre exactement aux points entrant en dissolution, sont ensuite protégés, tandis que de nouveaux points, situés à côté des précédents, fournissent à leur tour un dégagement gazeux pour être protégés peu après, et l'action continue jusqu'à ce que la tache mercurielle ait cessé de s'élargir.

Les arsénites, arséniates, antimoniates solubles donnent des taches variables d'aspect, mais qui favorisent encore la dissolution du zinc. Cependant, avec ces nouveaux produits, l'action est relativement peu vive.

Aux métaux des trois dernières sections cités par M. Merget, j'ajouterai le nickel, le cobalt et le fer. Ces trois métaux doivent être comparés au platine, quant à l'intensité de l'action qu'ils déterminent. L'un d'eux même, le cobalt, peut arriver à provoquer l'attaque du zinc par de l'acide sulfurique étendu de 10,000 vol. d'eau.

Le nickel, le cobalt et le fer ne paraissant pas toujours se précipiter sur le zinc à l'état libre, il est, je crois, utile de rechercher si le dépôt sensibilisateur est toujours un métal ou si parfois il ne saurait être un oxyde.

On sait qu'en plongeant une lame de zinc dans une solution d'un sel de peroxyde de fer il se forme sur la lame un dépôt d'oxyde de fer. Or, dans beaucoup de cas, ce dépôt favorise l'action d'un acide sur le zinc ; on est donc tenté de croire qu'un dépôt d'oxyde peut produire les mêmes effets qu'un dépôt de métal. Et cela paraîtrait d'autant plus facilement admissible qu'on connaît déjà plusieurs phénomènes analogues : le fer taché de rouille, par exemple, est bien plus altérable que le fer dont la surface est entièrement exempte de traces d'oxyde.

Cependant, il est facile de se convaincre que l'oxyde étranger seul ne recouvre pas le zinc, et que, sous cette couche d'oxyde, se trouve une couche de métal. Pour cela, on n'a simplement qu'à frotter la surface de la lame de façon à enlever l'oxyde ; il reste une tache noire qui ne peut être attribuée qu'au métal libre. En outre, on peut voir que le zinc en présence de certains oxydes métalliques, agit comme il agirait sur les sels métalliques eux-mêmes : il précipite le métal qu'ils renferment. Ainsi, qu'on traite une solution aqueuse de sulfate ferreux par une base soluble, il se forme un précipité qui, placé sur le zinc, donne un dépôt noirâtre de fer. On est donc autorisé à conclure que le dépôt sensibilisateur, quelque soit son aspect, est toujours formé par un métal.

La nature du métal de la base du sel que l'on emploie n'est pas seule à avoir une influence sur la dissolution du zinc. J'ai remarqué que les sels de même base, à acides différents, ne se comportent pas d'une façon identique. Les chlorures donnent des dépôts plus énergiques que les sulfates et ces derniers en produisent de plus énergiques que les azotates.

On peut, jusqu'à un certain point, se rendre compte du peu d'énergie des dépôts fournis par les azotates, si l'on se rappelle que l'acide azotique et l'acide sulfurique agissent d'une manière tout à fait opposée sur le zinc recouvert d'un métal : l'acide azotique est sans action sur les points qu'attaquerait l'acide sulfurique et réciproquement. Lors d'un dépôt donné par un azotate, ces deux acides existant en réalité dans le liquide corrosif, l'action de l'acide sulfurique doit se trouver considérablement amoindrie, ou même complétement détruite par la présence de l'autre acide.

En modifiant les conditions dans lesquelles se produit la dissolution du zinc, je suis arrivé à employer certaines liqueurs alcalines, ce qui m'a permis de constater des réactions non moins singulières que les précédentes.

Les sels alcalinisés par l'addition d'une petite quantité d'ammoniaque donnent lieu à des dépôts plus actifs que ces mêmes sels employés seuls. Une solution de chlorure de nickel ordinaire produit une tache qui donne lieu à un dégagement gazeux avec de l'acide sulfurique étendu de 3,000 vol. d'eau; la même solution additionnée d'ammoniaque n'exige que de l'acide étendu de 7,000 vol. Le chlorure de cobalt ordinaire exige de l'acide étendu de 5,000 vol.; le chlorure de cobalt ammoniacal n'exige plus qu'un acide contenant une quantité d'eau deux fois plus considérable.

Il y a plus, certains sels, qui, employés purs, ne produiraient aucun dépôt, en produisent au contraire un des plus actifs s'ils ont été préalablement additionnés d'ammoniaque. Comme exemple de sels de cette catégorie, je citerai le sulfate ferreux.

En comparant entre eux les résultats obtenus dans ces diverses expériences, j'ai été conduit à faire une remarque qui serait, je crois, à prendre en sérieuse considération, s'il s'agissait de donner la théorie de tous ces phénomènes. Les métaux qui agissent sur le zinc avec le plus d'intensité sont précisément ceux dont les solutions salines ne donnent pas avec l'ammoniaque en excès de précipité persistant, et même il n'est pas utile, pour constater que ces derniers métaux l'emportent sur les autres, d'alcaliniser les solutions aqueuses de leurs sels.

Évidemment, ces derniers faits prouvent que l'état de dissolution d'un oxyde dans l'ammoniaque paraît favorable à la précipitation du métal de l'oxyde sur le zinc, et dans le cas du non emploi de cet alcali on pourrait dire que le dépôt sur le zinc des premières parcelles d'un métal étranger donne lieu, par suite de phénomènes connus, à une production d'ammoniaque, laquelle ammoniaque dissolvant une certaine quantité d'oxyde métallique amène la formation d'un dépôt éminemment actif.

Quoi qu'il en soit, le tableau suivant permettra de constater facilement la coïncidence au moins singulière que je viens de signaler.

MÉTAUX	VOLUMES D'EAU QU'ON PEUT AJOUTER A UN VOLUME D'ACIDE SULFURIQUE A 66° SANS CESSER DE PRODUIRE L'ATTAQUE DU ZINC	EFFETS PRODUITS PAR L'AMMONIAQUE
Cobalt	10,000	Précipité soluble dans un excès de réactif.
Nickel	7,000	— —
Platine	7,000	Précipité soluble à chaud.
Fer au minimum d'oxydation	7,000	Précipité soluble dans un grand excès.
Fer au maximum	7,000	Précipité insoluble.
Or	5,000	Rien ou précipité insoluble.
Cuivre	4,000	Précipité soluble.
Argent	3,500	—
Étain au maximum	1,500	—
Étain au minimum	1,500	Précipité insoluble.
Antimoine	700	—
Bismuth	500	—
Plomb	400	—

D'après ce tableau, les sels d'or, ainsi que les sels de fer et d'étain au maximum d'oxydation, paraissent faire exception à ce que je viens de dire. Sauf pour les sels d'or, qui cependant ne donnent pas toujours de précipité par l'ammoniaque, cette exception n'est qu'apparente.

En effet, un sel ferrique, mis en présence du zinc, passe, dans les premiers moments du contact, à l'état de sel ferreux, ainsi qu'on peut s'en assurer en touchant une goutte de sel déposée sur une lame de ce métal, avec une baguette de verre plongée préalablement dans l'ammoniaque. Le précipité qui se forme n'est pas uniformément couleur rouille; en certains points il est verdâtre. La réduction du sel ferrique est donc nettement accusée.

Quant aux sels d'étain au maximum qui ne sont pas plus actifs que les sels d'étain au minimum, bien qu'ils ne donnent pas de précipité persistant par l'ammoniaque, on peut admettre qu'ils éprouvent de la part du zinc une réduction analogue à celle qu'éprouvent les sels ferriques.

Il n'y a pas lieu, en conséquence, de considérer les particularités relatives au fer et à l'étain comme constituant une exception à la remarque faite plus haut.

Enfin, pour terminer la série des quelques faits que j'ai pu observer, j'ajouterai que le zinc, recouvert de dépôts métalliques est rendu très-attaquable non-seulement par les acides mais encore par les alcalis dissous. Les réactions seront des plus vives en employant le cobalt, le nickel, le platine et le fer précipités, c'est-à-dire les métaux qui déterminent avec le plus d'énergie la dissolution du zinc dans les acides.

Ce que l'on sait de l'action produite lorsque des métaux convenablement choisis sont placés par couples dans de l'eau acidulée, permet très-bien de comprendre que le zinc recouvert de platine, de cuivre, etc., se dissolve très-facilement dans un liquide acide. Mais que la dissolution du métal se limite *rigoureusement* aux points recouverts, voilà ce que la seule intervention de l'électricité me paraît insuffisante à expliquer. Sans prétendre formuler de théorie à cet égard, je ferai remarquer qu'indépendamment de cette première cause il en existe une autre qu'on ne peut passer sous silence : c'est la rugosité du zinc, rugosité que l'on produit forcément aux points où l'on place sur ce métal un sel actif. Pour bien s'en rendre compte, du reste, on n'a qu'à toucher une lame de zinc en certains points avec de l'acide chlorhydrique pur. On la lave ensuite et on la plonge dans de l'eau acidulée. On voit alors que le dégagement gazeux se fait de préférence aux points où le poli du métal a été détruit par l'acide chlorhydrique. Il est moins abondant, il est vrai, que celui qu'on obtiendrait en ayant recours à un sel métallique pour tacher le zinc, mais il est suffisamment apparent pour démontrer ce que j'avais avancé.

Parmi les applications que l'on peut tirer des faits ci-dessus la gravure en creux est celle qui se présente la première à l'esprit. Seulement, sauf dans des cas spéciaux, elle n'est guère possible avec les métaux des trois dernières sections, et cela : 1° parce que les plumes que l'on emploierait sont en acier et qu'elles s'émousseraient très-rapidement au contact des sels formés par ces métaux ; 2° parce que ces métaux, à part le platine, n'agissent plus avec une intensité suffisante. Il faut remarquer que cette intensité est encore diminuée par la présence de la matière épaississante que l'on doit ajouter au liquide salin. On augmentera la dose d'acide, dira-t-on, mais alors on attaquera le zinc, — il s'agit du zinc commercial bien entendu, — rendu plus facilement attaquable encore, par suite du *grain* qu'on aura été obligé de lui donner pour faciliter l'écriture,

On emploiera pour graver en creux le chlorure de cobalt, de préférence à tout autre sel. La fluidité de la solution devra avoir été légèrement affaiblie par l'adjonction de matières employées habituellement à cet effet : gomme arabique, sucre, matière grasse, etc. J'ai employé avec succès une solution aqueuse de chlorure de cobalt dans laquelle j'avais délayé de l'encre de Chine ordinaire.

On peut encore se servir de plusieurs sels d'intensité différente en réservant les plus actifs pour les premiers plans et les moins actifs pour les teintes les plus faibles.

Je signalerai brièvement un autre genre de gravure en creux qui peut être appelé à rendre des services réels aux naturalistes, aux botanistes notamment. Il consiste à appliquer sur une plaque de zinc un objet, une plante, par exemple, imprégnée d'une solution métallique. On obtiendra ainsi une empreinte immédiate, susceptible de se graver en creux, par immersion dans un acide étendu.

En se servant d'une encre ou d'un crayon préparés, on pourrait écrire ou dessiner sur papier, transporter ensuite sur métal et graver comme ci-dessus.

On peut utiliser quelques-unes des réactions que nous venons de voir pour arriver à un nouveau genre de gravure héliographique.

Dans les images photographiques, les noirs, abstraction faite du virage au sel d'or, sont produits par de l'argent métallique. Supposons qu'une épreuve photographique soit appliquée sur une plaque de zinc ; on conçoit sans peine que l'argent, s'il pouvait être transporté du papier sur la plaque, produirait sur celle-ci une couche déterminant la morsure du zinc par un liquide acidulé. Il suffirait alors d'une simple épreuve positive sur papier, pour obtenir une planche gravée en creux qui, par l'impression en taille-douce, fournirait de nouvelles épreuves positives. Il reste à trouver une substance pouvant produire l'espèce de décalque dont je viens de parler. En définitive, on voit qu'il s'agit d'une substance dissolvant l'argent sans attaquer le zinc. J'ai songé au cyanure de potassium. Il ne réalise pas tout à fait la double condition voulue, car il n'est pas absolument sans action sur le zinc, mais il permet néanmoins d'atteindre assez bien le but qu'on se propose, vu la facilité avec laquelle il dissout l'argent provenant de l'action de la lumière sur le sel argentique.

L'épreuve positive sur papier est au sortir du châssis plongée dans une solution d'hyposulfite de soude où on la laisse pendant un temps variable, vingt-cinq minutes en moyenne. On la lave ensuite à grande eau. Ces deux opérations exigent plus de temps et de soin que celles analogues pratiquées en photographie quand il s'agit de *fixer* une image sur papier.

L'épreuve lavée est ensuite appliquée du côté de l'image sur une plaque de zinc, puis humectée d'abord avec de l'ammoniaque, et quelques instants après avec une solution de cyanure de potassium pur et un mélange de carbonate de soude. On renouvelle plusieurs fois cette dernière opération, en ayant soin de ne laisser jamais le papier se dessécher. Après un laps de temps qui varie suivant la concentration des liqueurs, mais qui est généralement de moins d'une heure, l'argent se trouve entièrement transporté du papier sur le zinc, et cela d'une manière tellement régulière que l'on aura sur ce métal une image absolument identique à celle fixée primitivement sur papier. Or cet argent produira l'action que l'on connaît et cette action sera d'autant plus nette que le zinc sera plus pur. Si l'on veut obtenir un bon résultat, on devra se servir d'un papier renfermant une forte proportion de sel d'argent.

Je ne saurais affirmer que cette manière d'opérer soit applicable à la reproduction de toutes espèces de photographies, car la reproduction des demi-teintes est toujours l'écueil de ce genre de procédés, mais elle permettra au moins d'arriver à des reproductions de gravures, de cartes de géographie et autres dessins qui ne se composent que de traits noirs plus ou moins rapprochés.

A ce premier procédé de gravure héliographique, j'en joindrai un deuxième moins dangereux, moins coûteux et susceptible cependant de fournir de bons résultats. Ce procédé est basé, en ce qui concerne les opérations préliminaires qu'il nécessite, sur la propriété que possèdent certains enduits employés dans la photographie au charbon de se dessécher seulement aux rayons du soleil, ou encore de rester secs dans l'obscurité et de devenir humides, *poisseux* à la lumière.

Les parties de ces enduits préalablement appliqués au papier, restées ou devenues humides après une exposition à la lumière derrière un cliché positif ou négatif, sont seules aptes à retenir les poudres que, à l'aide d'un blaireau très-fin, on promène à leur surface.

Dans la photographie au charbon, cette poudre n'est autre chose que du charbon finement pulvérisé; dans le procédé que j'indique cette poudre est formée par un sel métallique porphyrisé et tamisé, et pour le choix duquel on se guidera sur ce que j'ai établi dans la partie théorique de cette note.

En appliquant ensuite l'image ainsi recouverte d'une poudre saline sur une plaque de zinc décapée et polie, il sera facile, en employant de l'ammoniaque gazeuse ou dissoute, ou parfois simplement de l'eau, d'en avoir un décalque exact. La plaque exposée à l'action de l'acide sulfurique étendu donnera, comme précédemment, une planche gravée en creux.

Comme on a dû le voir, tous ces différents procédés ne conduisent qu'à un seul résultat : la gravure en creux. Quant à la gravure en relief, qui, obtenue dans les mêmes conditions de rapidité et de simplicité, rendrait à l'art de l'imprimerie d'incontestables services, je la crois à peu près impossible à réaliser par des procédés analogues à ceux qui viennent d'être décrits, si l'on se base uniquement sur les indications fournies jusqu'à ce jour. Elle nécessite donc de nouvelles recherches.

M. L. VIDAL

de Marseille

SUR LA POLYCHROMIE PHOTOGRAPHIQUE

(EXTRAIT DU PROCÈS-VERBAL)

— *Séance du 27 août 1873.* —

M. L. Vidal (de Marseille) présente un procédé de polychromie photographique, à l'aide duquel on peut, sans le secours de la peinture appliquée au pinceau, mais seulement par des manipulations purement chimiques, obtenir tous les effets de coloration désirables.

Ce procédé est une extension des procédés photographiques dits au charbon, qui n'ont fourni jusqu'à présent que des images monochromes.

On applique le cliché sur un papier mince imprégné de gélatine, de bichromate de potasse et de la matière colorante qu'on veut fixer. A l'aide d'un papier noir collé sur le cliché, on réserve les parties dans lesquelles on ne veut pas impressionner le papier gélatiné. Quand celui-ci est impressionné, on le lave à l'eau, et il ne garde de matière colorante qu'en l'endroit où la lumière a pu traverser le cliché.

Quand on a ainsi obtenu sur papier une couleur, on porte le cliché sur un papier autrement coloré en faisant de nouvelles réserves pour déterminer les productions d'une autre couleur. On obtient ainsi successivement sur divers papiers toutes les couleurs du modèle, et il suffit d'appliquer ces papiers les uns sur les autres et de les coller pour avoir une image ayant tout le modèle de l'épreuve photographique en même temps que la reproduction des couleurs aussi exactement que par la chromolithographie.

Ce procédé, d'après l'auteur, s'apprend rapidement et est d'une facile exécution. M. Vidal met sous les yeux des membres de la section de chimie des portraits, des vues de paysages et de monuments qui sont d'un excellent effet. Non-seulement ce procédé permet l'obtention d'images polychromes sur toutes surfaces solides et opaques, mais encore il sert à la produetion d'images stéréoscopiques sur verre. destinées à être vues par transparence.

M. L. VIGNON

DE LA MANNITANE

— *Séance du 27 août 1873.* —

La mannitane a été obtenue pour la première fois par M. Berthelot, comme produit de décomposition des composés mannitiques. Certains éthers dérivés de la mannite, saponifiés par l'eau ou les alcalis, donnent en effet de la mannitane. La mannite, par l'action de l'acide chlorhydrique concentré, prolongée pendant cinquante-neuf heures à l'ébullition, ou par le fait d'une température de 200° donne également naissance à ce composé.

Toutes ces méthodes de préparation sont longues ; la plus expéditive de toutes, celle qui consiste à chauffer la mannite à 200° ne donne qu'une très-faible quantité de mannite relativement au poids de la mannite employée. J'ai obtenu la mannitane par un procédé très-simple, permettant de préparer rapidement de grandes quantités de ce corps : l'étude du mécanisme de cette réaction demande a être exposée avec quelque détail.

La mannite, traitée par l'acide sulfurique concentré, se change en mannitane à la température de 120° à 130°. Voici comment l'opération doit être conduite : on mélange intimement de la mannite en poudre avec la moitié de son poids d'acide sulfurique concentré : on chauffe à l'étuve à huile, en portant peu à peu la température à 125°, où elle doit rester fixe jusqu'à la fin de l'opération. Le mélange brunit, puis devient liquide ; au bout d'une heure environ, on sature peu à peu avec du carbonate de baryte en poudre, jusqu'à neutralisation complète, en ayant soin de maintenir toujours le mélange à 125°. Après refroidissement, on épuise la masse par de l'alcool absolu, on filtre, on évapore la solution alcoolique au bain-marie, on reprend par l'eau, on filtre sur du noir animal, on évapore de nouveau la solution au bain-marie et on dessèche à 120°.

On obtient ainsi une masse très-visqueuse colorée légèrement en brun, très-soluble dans l'eau et dans l'alcool absolu, insoluble dans l'éther, possédant une saveur sucrée et légèrement caramélique.

Ce produit a été analysé ; 685 milligr. de matière ont donné 1 gr. 09

d'acide carbonique et 491 milligr. d'eau ; la composition en centième est donc :

$$C = 43,39$$
$$H = 7,96$$
la formule $C^{12} H^{12} O^{10}$ exige
$$C = 43,90$$
$$H = 7,30$$

Cette mannitane est neutre, dévie à droite le plan de polarisation, tombe en déliquescence dans l'air humide, n'est pas fermentescible au contact de la levûre de bière et ne réduit pas le tartrate cupropotastique. Bouillie pendant deux heures avec de l'eau de baryte elle ne régénère pas sensiblement de mannite.

La transformation de la mannite en mannitane est facile à suivre à cause du pouvoir rotatoire de cette dernière substance. En chauffant pendant quelques minutes à 100° le mélange d'acide sulfurique et de mannite, on peut constater qu'il y a déjà formation de mannitane, mais la réaction n'est bien tranchée qu'à 125°. En opérant à cette température, et dans les conditions que j'ai indiquées plus haut, 20 gr. de mannite donnent 12 ou 15 gr. de mannitane. Si l'on chauffe au delà de 125°, le mélange noircit, une partie de la mannite se charbonne et l'on n'obtient plus que de la mannitane impure et très-fortement colorée.

L'acide sulfurique agit-il comme déshydratant vis-à-vis de la mannite, ou se combine-t-il à elle en donnant de l'acide sulfomannitique, qui se résout ensuite, par l'action de la chaleur, en manitanne et acide sulfurique ?

Pour élucider cette question, j'ai préparé directement du sulfomannitate de baryte, en faisant réagir pendant quelques instants à 100° un équivalent de mannite ($C^{12} H^{14} O^{12}$) et un équivalent d'acide sulfurique ($S^2 H^2 O^8$).

La masse dissoute dans l'eau a été saturée par le carbonate de baryte : la liqueur filtrée contient du sulfomannitate de baryte, une petite quantité de mannite non combinée et des traces de mannitane.

Le sulfomannitate ainsi obtenu est incristallisable, très-lentement décomposable à la température ordinaire et assez rapidement à 100°. Il est insoluble dans l'alcool qui le précipite de sa solution aqueuse.

Précipité par l'alcool il se rassemble sous forme d'une masse gommeuse déliquescente, dont les solutions n'agissent pas sur la lumière polarisée.

Si l'on chauffe pendant deux ou trois heures à 125° le sulfomannitate ainsi formé, il devient rapidement acide et se colore en brun. Si après deux heures de réaction, on sature, à la même température, par le carbonate de baryte, on obtient comme termes de décomposition du sulfate de baryte et de la mannitane. Il subsiste toujours, même à cette température, un peu de sulfomannitate de baryte.

En répétant la même opération, mais après avoir mélangé le sulfomannitate à un excès de carbonate de baryte, de manière à ce que le mélange soit constamment neutre, l'acide sulfurique étant saturé à mesure de sa mise en liberté, on n'obtient plus que du sulfate de baryte, de la mannite, et un peu de sulfomannitate.

Il est évident que la mannitane formée dans la première expérience provient de la réaction consécutive de l'acide sulfurique et de la mannite résultant de la décomposition du sulfomannitate de baryte par la chaleur. L'acide sulfurique agit donc sur la mannite par voie de simple déshydratation.

J'ajouterai que le sulfomannitate de baryte, préparé comme je l'ai indiqué, est décomposé par l'eau à l'ébullition, en donnant de l'acide sulfurique, de l'eau et de la mannite. Cet acide sulfomannitique est donc un composé dérivé de la mannite et non pas de la mannitane, et il appartient à cette classe d'acides sulfoconjugués dont l'acide sulfovinique est le type et qui, sous l'influence de l'eau ou des alcalis, se décomposent en mettant en liberté l'alcool et l'acide générateurs.

Mais que l'on traite le sulfomannitate de baryte ainsi préparé, par l'eau à l'ébullition ou la chaleur seule à 140°, la décomposition n'est jamais complète, il reste toujours une certaine quantité de sel non attaqué. Il est donc probable qu'il existe une modification plus stable de cet acide sulfomannitique, qui se formerait sous l'influence de la chaleur avec ou sans le concours de l'eau. Cette transformation serait analogue à celle de l'éthylsulfate de baryte en parathionate par l'action de l'eau à l'ébullition.

M. L. VIGNON

ACTION DE L'AMALGAME DE SODIUM SUR LES SELS AMMONIACAUX

— Séance du 27 août 1873. —

On doit à Seebeck la découverte de l'amalgame d'ammonium, découverte qui conduisit Davy à celle de l'amalgame d'ammonium et de potassium. Ces composés, ont été étudiés notamment par Tromsdorff, Berzélius et Pontin, Gay-Lussac et Thénard.

On sait, en effet, que l'amalgame de potassium, mis au contact d'une solution concentrée d'ammoniaque ou d'un sel ammoniacal, donne lieu à la formation d'un hydrure ammoniacal de mercure et de potassium. Cet hydrure a été considéré comme un véritable alliage d'ammonium, et la réaction qui lui donne naissance a fourni aux partisans de la théorie de l'ammonium un de leurs principaux arguments.

Je m'étais tout d'abord proposé d'étudier l'action de l'amalgame de sodium sur les sels des ammoniaques composées. On pouvait en effet espérer d'obtenir des alliages de méthyl, d'éthyl ammonium, etc.

Les expériences que j'ai entreprises dans ce but ne m'ont donné aucun résultat. Je me bornerai donc à exposer ici des recherches touchant l'action de l'amalgame de sodium sur les sels ammoniacaux.

J'ai cherché à déterminer quelles étaient les conditions les plus favorables à la formation de l'ammoniure, comment variait la proportion d'ammoniure avec la nature de l'amalgame, la nature de l'acide du sel ammoniacal employé, etc.

L'amalgame de sodium que j'ai employé était un amalgame liquide contenant un excès d'amalgame solide; c'était donc, de tous les amalgames de sodium liquides à la température ambiante, le plus riche en métal alcalin.

J'ai examiné l'action de cet amalgame sur le sulfate, le chlorhydrate, l'azotate, le carbonate, le phosphate, l'oxalate, l'iodhydrate, le bromhydrate, le sulfite, le sulfhydrate d'ammoniaque et l'alun ammoniacal. Chacun de ces sels a été employé à l'état neutre, à l'état de sel acide, ou avec un excès d'ammoniaque.

Tous les sels à l'état neutre ont donné lieu à la formation d'ammonium, à l'exception pourtant de l'azotate dont j'examinerai le cas à part.

La présence d'un acide libre entrave la réaction, et d'autant plus que l'acide est plus énergique et en plus grand excès. C'est ainsi que le sulfate neutre d'ammoniaque donne un ammoniure très-abondant, plus léger que l'eau, tandis que ce sel, avec un léger excès d'acide sulfurique, ne donne qu'un ammoniure peu stable et peu abondant. Le bisulfate d'ammoniaque ne produit, au contact de l'amalgame de sodium, qu'une vive effervescence avec dégagement d'ammoniaque.

Les acides organiques ont sur l'amalgame de sodium et d'ammonium une action destructive bien moins prononcée : le bioxalate d'ammoniaque peut donner naissance à un peu d'ammoniure qui subsiste quelque temps. Un excès d'ammoniaque ne nuit pas à la réaction.

J'ai dit que l'azotate d'ammoniaque se comportait, vis-à-vis de l'amalgame de sodium, d'une manière toute particulière : il produit une effervescence extrêmement vive et un dégagement de chaleur considérable, la réaction est instantanée et cesse presque immédiatement.

L'acide azotique étendu et les azotates présentent les mêmes phénomènes.

J'ai pris le cas de l'azotate de potasse, pour observer s'il y avait réduction d'acide azotique à l'état d'ammoniaque. On constate, dans ce cas, qu'il y a dégagement d'azote et formation d'acide nitreux : il n'y a pas trace de formation d'ammoniaque; en même temps l'amalgame a perdu instantanément tout son sodium. L'action réductrice exercée sur l'acide azotique a été aussi complète que rapide.

L'urée en solution aqueuse produit avec l'amalgame de sodium une vive effervescence et dégage beaucoup de gaz : il ne se forme pas d'ammoniure.

La proportion d'amalgame de sodium employé et sa richesse en sodium sont loin d'être sans influence sur la réaction.

En général, un excès d'amalgame de sodium entrave la formation de l'ammoniure. Des expériences nombreuses montrent qu'en employant des volumes constants de sel ammoniac au même degré de concentration, et des poids croissants d'amalgame de sodium, la proportion d'ammoniure augmente d'abord, atteint un maximum, et décroît ensuite de plus en plus.

Les amalgames solides, très-riches en sodium, sont d'un emploi moins avantageux que les amalgames liquides. Du reste, à volumes égaux de solutions salines ammoniacales, et à poids égaux d'amalgames, c'est l'amalgame liquide le plus riche en sodium qui donne les meilleurs résultats.

Enfin, j'ai cherché à déterminer quelle était l'influence de la dilution des solutions des sels ammoniacaux employés sur la formation de l'amalgame d'ammonium et de sodium.

En employant une quantité convenable d'amalgame, il est possible de développer par l'agitation un ammoniure surnageant sur l'eau, avec une solution de sel ammoniac au 1/500. Au delà de cette limite il est à peu près impossible d'obtenir de l'alliage d'ammonium.

Il semble que ces faits peuvent trouver leur application dans l'analyse.

Les sels de propylammine ou plutôt de triméthylammine, le chlorhydrate en particulier, sont employés en thérapeutique. Ce médicament atteint un prix assez élevé à cause de sa préparation longue et difficile. D'autre part, il est rarement pur ; on l'isole du chlorhydrate d'ammoniaque qu'il contient au moyen de traitements par l'alcool absolu : mais le sel ammoniac est loin d'être complétement insoluble dans ce véhicule : il s'ensuit que presque tous les échantillons de chlorhydrate de triméthylammine pharmaceutiques contiennent du sel ammoniac en proportions plus ou moins notables.

Il n'existe pas, croyons-nous, de procédés rapides permettant de constater la présence du sel ammoniac dans le chlorhydrate d'une ammoniaque composée. L'action de l'amalgame de sodium nous offre un moyen de contrôle très-expéditif et très-facile à mettre en pratique.

Il semble même que ce procédé puisse donner des notions approximatives sur la teneur d'un sel d'une ammoniaque composée, en sel ammoniacal simple.

Que l'on prépare, en effet, par exemple, des solutions normales, bien dosées, de chlorhydrate de triméthylammine contenant 0, 5, 10, 15, 20 0/0 de sel ammoniac, que pour chacune de ses solutions on note exactement à quelle limite de dilution la formation d'ammoniure cesse, avec un poids constant d'un amalgame de sodium de composition fixe ;

Il sera facile, en faisant subir les mêmes épreuves à un chlorhydrate de propylammine, dont on voudra contrôler la pureté, de trouver de quelle solution normale il se rapproche le plus.

On aura donc un moyen approximatif, je le répète, de déterminer rapidement la quantité de sel ammoniac qu'il contient.

M. L. GRUNER

Inspecteur général des mines

NOTE SUR LES QUANTITÉS DE CHALEUR POSSÉDÉES PAR LES FONTES, LES FERS ET LES LAITIERS AUX TEMPÉRATURES ÉLEVÉES

— *Séance du 27 août 1873.* —

Le but que je me suis proposé est essentiellement pratique ; je désirais connaître les quantités de chaleur que les fontes et les laitiers emportent à leur sortie des hauts fourneaux.

Je me suis servi, à cet effet, d'un calorimètre ordinaire à eau. Le vase est en cuivre rouge et peut contenir 20 litres d'eau. Il est à section carré de $0^m,30$ de côté sur $0^m,24$ de hauteur. Pour diminuer la perte de chaleur, je l'ai placé dans une caisse en bois garnie de flanelle. Dans le vase même, j'ai disposé une sorte de capsule en cuivre rouge, montée sur quatre pieds, de $0^m,05$ de hauteur ; elle est également à section carrée, de $0^m,20$ de côté sur $0^m,06$ de profondeur ; mais le fond en est légèrement concave. C'est dans ce vase intérieur que l'on projette la matière chaude; elle se refroidit ainsi au sein de l'eau, sans toucher nulle part les parois mêmes du calorimètre.

Un agitateur en cuivre, avec poignée en verre, permet de rendre la température de l'eau parfaitement uniforme.

Dans toutes les expériences, on s'arrangeait de façon à avoir au maximum des variations de température de 5 à 6°. On opérait, à cette fin, sur environ 18 litres d'eau, et sur 400 à 500 gr. au maximum de matière incandescente. Je me suis assuré que, dans ces conditions, la température de l'eau perdait à peine 0°,05, pendant la courte durée d'une expérience.

Sous ce rapport donc, la méthode adoptée offre des garanties suffisantes d'exactitude. La perte de chaleur, due au transport de la matière chaude depuis le fourneau jusqu'à l'appareil, est, en tout cas, supérieure à celle due au calorimètre lui-même; mais, en se plaçant aussi près que possible du four en question, une trop grande proximité eût pu, d'autre part, occasionner des erreurs en sens inverse, par suite de l'action directe des parois du fourneau sur le calorimètre.

Au reste, il ne peut être question ici de précision absolue; il s'agit seulement d'arriver à des chiffres suffisamment exacts pour les calculs pratiques auxquels doit se livrer tout industriel, s'il veut se rendre compte de la marche de ses appareils.

Les thermomètres à mercure, dont je me suis servi, sont gradués en dixièmes de degrés et permettent d'apprécier facilement la cinquantième partie d'un degré. J'ai comparé ces thermomètres, construits par Fastré aîné, à un thermomètre étalon, que M. H. Sainte-Claire-Deville a eu la bonté de me prêter.

Lorsqu'on opère sur du fer très-chaud, il se dégage, au premier instant, un peu d'hydrogène; c'est une cause d'erreur qui tend à abaisser le nombre des calories. Pour amoindrir la perte, il faut verser le métal fondu en filet mince, de façon à le diviser en globules isolés. J'ai au reste constaté, dans mes expériences, que l'oxyde de fer formé ne s'est jamais élevé à 1 gramme, lorsqu'on opérait sur un poids de métal fondu compris entre 300 et 500 grammes. Or, 1 gramme de protoxyde tient $\frac{8}{36}$ grammes d'oxygène, qui se trouvent unis, dans l'eau, à $\frac{1}{36}$ de gramme d'hydrogène. Mais le dégagement de ce poids d'hydrogène exige $\frac{34462}{36} = 957$ calories, ce qui donne, par gramme de métal, au plus 3 calories, lorsqu'on opère sur 350 grammes. Et ce chiffre est au-dessus de la réalité, puisque, le plus souvent, il ne s'est formé que quelques faibles bulles d'hydrogène, et que l'oxyde de fer formé est toujours resté fort au-dessous de 1 gramme.

On voit donc, en résumé, que les chiffres trouvés doivent être considérés comme un peu faibles, surtout à cause des pertes de chaleur inévitables, dues au transport de la matière chaude, depuis le fourneau jusqu'au calorimètre.

Le calorimètre vide pèse, avec le cuivre de l'agitateur, $3^k,873$, soit en eau $0^k,368$, en prenant 0,095 comme chaleur spécifique du cuivre rouge. L'eau, contenue dans le calorimètre jusqu'au repère tracé, pesait, à 15° cent., $18^k,417$; soit, avec le cuivre réduit en eau, $18^k,785$. Lorsque la température différait de 15°, on en tenait compte d'après la densité variable de l'eau.

Si l'on désigne ce poids par m, l'accroissement de température de l'eau par θ, et le poids du corps chaud par p, on aura, pour le nombre de calories possédées par l'unité de poids du corps,

$$\frac{m\,\theta}{p}$$

Pour déterminer la chaleur, enlevée au haut fourneau par les fontes et les laitiers, j'ai dû opérer dans les usines mêmes.

J'ai fait ainsi quelques expériences, en octobre 1872, dans les forges de Terrenoire, l'Horme et Givors, mais le plus grand nombre des essais ont été exécutés dans le laboratoire de l'École des mines. J'ai fait établir, dans ce but, deux fourneaux différents, un four Perrot-Wiesneg, alimenté au gaz, et un four à pétrole, système Audoin-Deville. Dans le premier, on arrive facilement à fondre la fonte, mais non les aciers, ni les laitiers. Dans le second, j'ai pu liquéfier sans peine, en deux ou trois heures, plusieurs centaines de grammes de l'acier le plus doux, à l'aide de 10 à 12 litres de pétrole, surtout en garnissant les parois intérieures du four de plaquettes minces de charbon de cornue.

Les essais propres à fixer les chaleurs *latentes* ont tous été exécutés au laboratoire. A cet effet, on jetait, lors d'une première expérience, la matière fondue dans le calorimètre, au moment où déjà une fraction venait de se figer, puis on opérait sur la même matière dès qu'elle se trouvait figée dans le têt où on l'avait coulée. Ces expériences sont faciles à faire dans le cas de fontes blanches pures, qui passent *brusquement* de l'état fluide à l'état solide. Elles deviennent difficiles ou impossibles dès que les fontes sont *impures*, siliceuses ou phosphoreuses, car alors elles se désagrégent avant de fondre, et restent friables après s'être figées. Dans ce cas, la véritable chaleur latente est impossible à déterminer. Il y a passage *graduel* de l'état solide à l'état fluide.

Il en est de même des *laitiers*. Lorsqu'ils sont *basiques*, ils se figent brusquement ; on peut alors déterminer leur chaleur latente. Mais dès qu'ils deviennent plus ou moins siliceux, on les voit se ramollir et se solidifier peu à peu ; ils sont plastiques et peuvent se filer comme le verre ; il n'y a plus dès lors, à vrai dire, de *chaleur latente* proprement dite, ou, du moins, la chaleur se transforme *graduellement* en travail mécanique par le ramollissement progressif de la matière.

Passons maintenant aux expériences proprement dites.

I. — EXPÉRIENCES FAITES, DANS LES FORGES, SUR LA FONTE SORTANT DES HAUTS FOURNEAUX ET DES CUBILOTS

A l'Horme, près de Saint-Chamond, j'ai fait quelques expériences sur la fonte grise de moulage, prise à tour de rôle dans le haut et dans le bas de l'avant-creuset :

Le haut fourneau avait une allure chaude ;

La fonte était graphiteuse, presque noire.

Le laitier était blanc, très-basique, à 48 0/0 de chaux.

N° 1. — La fonte prise dans le *haut* de l'avant-creuset a donné :

$$p = 285^{grs} \text{ et } \theta = 4°,40 \text{ ; on a d'ailleurs } m = 18785^{grs} \text{ ;}$$

$$\text{d'où } \frac{m\ \theta}{p} = 292 \text{ calories.}$$

N° 2. — La même fonte, prise au trou de coulée vers le *bas* du creuset, a donné :

$$p = 324^{grs} ;\ \theta = 4°,80 ;\ \text{d'où } \frac{m\ \theta}{p} = 278 \text{ calories.}$$

On voit que la fonte se refroidit, sous l'action des parois, par son séjour prolongé dans le creuset.

N° 3. — La même fonte, refondue au cubilot, a conduit, dans deux expériences successives, aux chiffres suivants :

$$p = 180^{grs} ;\ \theta = 2°,60 ;\ \text{d'où } \frac{m\ \theta}{p} = 270 \quad \text{calories,}$$

$$\text{et } p = 348^{grs} ;\ \theta = 5°,1 ;\ \text{d'où } \frac{m\ \theta}{p} = 275 \quad \text{—}$$

Soit, comme moyenne, 272,5 calories.

Dans ces quatre expériences, la fonte se trouvait assez noire pour rester grise, même après le refroidissement brusque par l'eau. On voit d'ailleurs, d'accord avec ce que savent tous les fondeurs, que la fonte, refondue au cubilot, n'est pas aussi chaude que celle qui provient directement des hauts fourneaux.

N° 4. — Fonte de Terrenoire, prise au haut fourneau, au moment où elle se rendait dans la cornue Bessemer.

Elle est aussi très-grise, et la scorie basique.

On a trouvé :

$$p = 452^{g},8 ; \theta = 6^{o},7 ; \text{d'où } \frac{m\ \theta}{p} = 278 \text{ calories.}$$

A Givors, chez MM. Petin et Gaudet, j'ai essayé les fontes de deux fourneaux différents, l'un en allure chaude pour Bessemer, l'autre, donnant de la fonte blanche de forge.

J'ai obtenu les chiffres suivants :

N° 5. — Pour la fonte grise Bessemer : 280 calories.

N° 6. — Pour la fonte blanche de forge : 258 calories.

Ces premières expériences montrent que les fontes de forge sont moins chaudes que les fontes grises. Celles-ci retiennent 250 à 300 calories, à leur *arrivée* dans le creuset du haut fourneau, et au plus 280 à 285 au moment de la coulée, après un séjour plus ou moins prolongé dans le creuset du haut fourneau.

Les fontes blanches retiennent, dans les mêmes conditions, environ 20 calories de moins.

II. — EXPÉRIENCES SUR LES FONTES REFONDUES AU LABORATOIRE

Ces premières expériences ont eu simplement pour but de comparer les températures, que l'on peut réaliser dans les fours à pétrole ou à gaz, aux températures des hauts fourneaux.

N° 7. — La fonte Bessemer de Givors (le n° 5 ci-dessus), refondue au four Perrot, à une température peu supérieure à celle du point de fusion, m'a donné :

$$p = 158^{grs} ; \theta^{o} = 2^{o},17 ; \text{ d'où } \frac{m\ \theta}{p} = 258 \text{ calories.}$$

N° 8. — Un échantillon de fonte grise n° 3, de Clay-Lane (Cleveland), refondue au four à pétrole à marche peu chaude, m'a fourni :

$$p = 275^{grs},1 ; \theta = 3^{o},9 ; \text{ d'où } \frac{m\ \theta}{p} = 260 \text{ calories.}$$

N° 9. — Fonte spéculaire, manganésifère, d'Eisenerz en Styrie. —

Fondue au four à gaz, elle devient aussi fluide que l'eau, et reflète alors les objets comme l'argent pur en fusion.

Chauffée *au-dessus* du point de fusion proprement dit, elle a donné :

$$p = 417^{grs} ; \theta = 5^{o},89 ; \text{ d'où } \frac{m \ \theta}{p} = 265 \text{ calories.}$$

N° 10. — Une fonte blanche de forge du Châtelet, près Charleroi, a donné au four à pétrole, marchant bien :

$$p = 161^{grs},5 ; \theta = 2^{o},4 ; \text{ d'où } \frac{m \ \theta}{p} = 273 \text{ calories.}$$

C'est l'équivalent de la chaleur possédée par la fonte grise de moulage sortant du cubilot.

III. — EXPÉRIENCES PROPRES A FIXER LES CHALEURS LATENTES DES FONTES

En appliquant la méthode, développée au début de cette note, j'ai trouvé, pour les fontes *grises sur le point de se figer*, après refonte au four à gaz.

N° 11. — Fonte grise du Cleveland :

$$p = 245^{grs} ; \theta = 3^{o},15 ; \text{ d'où } \frac{m \ \theta}{p} = 241,5 \text{ calories.}$$

N° 12. — Fonte truitée grise :

$$p = 280^{grs} ; \theta = 3^{o},75 ; \text{ d'ou } \frac{m \ \theta}{p} = 245,7 \quad —$$

N° 13. — Fonte grise d'Auclain (Cleveland) :

$$p = 183^{g} ; \theta = 2^{o},40 : \text{ d'où } \frac{m \ \theta}{p} = 246,3 \quad —$$

Moyenne 244,5 calories.

Les mêmes fontes grises ont donné, *après leur solidification :*

N° 14. — Fonte grise d'Auclain (Cleveland) :

$$p = 196^{grs} ; \theta = 2^{o},31 ; \text{ d'où } \frac{m \ \theta}{p} = 221,4 \text{ calories.}$$

N° 15. — Fonte grise très-tenace au bois :

$$p = 146^{grs},7 ; \theta = 1^{o},75 ; \text{ d'où } \frac{m \ \theta}{p} = 222,0 \quad —$$

Moyenne 221,7 calories.

D'après cela, la chaleur latente des fontes *grises* serait égale à 244,5 — 221,7 = 22,8 calories. Mais le chiffre réel est évidemment plus élevé Les fontes grises, comme je l'ai dit, passent *graduellement* de l'état solide à l'état fluide. Leur chaleur latente doit donc être pour le moins de 25 calories.

Des expériences pareilles, faites sur les fontes *blanches*, m'ont donné, pour le métal *sur le point de se figer :*

N° 16. — Fonte blanche spéculaire d'Eisenerz (Styrie) :

$$p = 365^{grs}\,;\ \theta = 4^{\circ},46\,;\ \text{d'où}\ \frac{m\,\theta}{p} = 228\quad \text{calories.}$$

N° 17. — Fonte blanche phosphoreuse de Longwy :

$$p = 156^{grs}\,;\ \theta = 1^{\circ},88\,;\ \text{d'où}\ \frac{m\,\theta}{p} = 226\quad —$$

N° 18. — Même fonte de Longwy, refondue une seconde fois, et probablement un peu affinée :

$$p = 120^{grs}\,;\ \theta = 1^{\circ},50\,;\ \text{d'où}\ \frac{m\,\theta}{p} = 235\quad —$$

Moyenne 229,7 calories.

Les mêmes fontes blanches, immédiatement *après leur solidification*, ont donné :

N° 19. — Fonte blanche spéculaire d'Eisenerz :

$$p = 132^{grs}\,;\ \theta = 1^{\circ},35\,;\ \text{d'où}\ \frac{m\,\theta}{p} = 192,1\ \text{calories.}$$

N° 20. — Même fonte d'Eisenerz :

$$p = 99^{grs}\,;\ \theta = 1^{\circ},02\,;\ \text{d'où}\ \frac{m\,\theta}{p} = 192,0\quad —$$

N° 21. — Fonte blanche du Châtelet, près Charleroi, passant moins brusquement à l'état solide,

$$p = 168^{grs}\,;\ \theta = 1^{\circ},82\,;\ \text{d'où}\ \frac{m\,\theta}{p} = 203\quad \text{calories}^{1}.$$

Moyenne 195,7 calories.

[1] Ce chiffre, relativement élevé, est dû à l'incomplète solidification de la fonte du Châtelet qu'n'est pas aussi pure que celle d'Eisenerz.

Cette double série d'expériences conduit, pour la chaleur latente des fontes *blanches*, au chiffre :

$$229,7 - 195,7 = 34 \text{ calories.}$$

Ce chiffre est plus élevé que celui des fontes grises, ou du moins que le nombre 22,8 calories, fourni par l'expérience, mais qui ne saurait en réalité représenter la vraie valeur, puisque les fontes grises restent encore molles après leur solidification.

IV. — CHALEUR DE FUSION ET CHALEUR LATENTE DES LAITIERS

Je n'ai pu déterminer la chaleur gardée par les laitiers basiques des fontes grises à leur sortie des hauts fourneaux. Versés dans le calorimètre, ils surnagent en partie, sous forme de pierre ponce incandescente. Il s'en dégage des gaz, et beaucoup de chaleur se perd. Ce sont les sulfures de calcium et de manganèse, en dissolution dans les laitiers basiques, qui sont décomposés par l'eau avec dégagement d'hydrogène sulfuré.

Le même accident ne se produit pas avec les laitiers plus siliceux, ni avec les laitiers basiques *refondus* au four à pétrole. Les sulfures sont alors oxydés par l'air, au moment de la fusion même ; et les laitiers se grenaillent tranquillement, dans l'eau, en globules vitreux, sans la moindre apparence ponceuse.

Le laitier *peu basique* de la fonte de forge de Givors (n° 6) m'a donné à l'usine même :

N° 22.

$$p = 256^{grs},10 ; \theta = 5^{\circ},2 ; \text{ d'où } \frac{m\,\theta}{p} = 421 \text{ calories.}$$

Ce laitier tient 47,5 0/0 de silice et seulement 31,5 0/0 de chaux.

Après grenaillage, dans le calorimètre, il est sous forme de globules vitreux d'un noir de jais.

Ne pouvant essayer directement le laitier de la fonte grise Bessemer de Givors, j'en ai refondu un certain poids dans un creuset de platine, placé pendant deux heures dans le four à pétrole. Deux expériences successives m'ont donné :

N° 23.

$$p = 84^{grs},0 ; \theta = 1^{\circ},81 ; \text{ d'où } \frac{m\,\theta}{p} = 405 \text{ calories.}$$

N° 24.

$$p = 67^{grs},5 \; ; \; \theta = 1°,44 \; ; \text{ d'où } \frac{m\,\theta}{p} = 401 \quad —$$

Moyenne, 403 calories.

Le laitier grenaillé est sous forme de globules vitreux d'un beau jaune doré. Ce chiffre de 403 calories est moins élevé que celui de 421 calories, trouvé pour la fonte de forge de Givors, sortant du haut fourneau, et cependant ce dernier laitier correspond à une allure moins chaude que le premier ; on en doit conclure que le four à pétrole était, dans cette expérience, moins chaud que le haut fourneau, et que les laitiers, comme les fontes, sont chauffés dans les hauts fourneaux bien au-dessus de leur point de fusion ; et, en effet, il est certain que le laitier basique, n°s 23 et 24, quoique bien fondu, était moins fluide en coulant du creuset de platine dans le calorimètre qu'à la sortie du creuset du haut fourneau.

Au reste, le four à pétrole peut développer aussi une chaleur plus élevée. Dans une autre expérience, j'ai refondu un laitier blanc cristallin de *Swartnäss*, en Suède, qui est magnésien et bisilicaté. Il coulait facilement, s'étirait en longs fils, et a donné dans l'eau des larmes transparentes d'un beau vert émeraude.

Les résultats sont :

N° 25.

$$p = 115^{grs},5 \; ; \; \theta = 2°,67 \; ; \text{ d'où } \frac{m\,\theta}{p} = 434 \text{ calories.}$$

Ce chiffre ne doit pas être fort éloigné de celui qui correspond à la température des hauts fourneaux au bois, car M. *Rinman*, métallurgiste suédois, a trouvé, pour un laitier analogue, 430 calories, et seulement 441 calories pour la chaleur la plus élevée, constatée dans ses expériences sur les hauts fourneaux suédois.

Quant aux hauts fourneaux au coke, marchant en allure basique, leur température est certainement plus élevée ; cependant, il n'est guère probable que la chaleur des laitiers y dépasse beaucoup 500 calories.

MM. Dulait et Boulanger ont constaté, à Charleroi, 433 calories pour un laitier de fonte d'affinage, et 492 calories pour un laitier de fonte de moulage.

En tout cas, de nouvelles expériences sont encore nécessaires pour être complétement fixé sur ce point.

J'ai signalé les difficultés, et même l'impossibilité, de la détermination de la chaleur latente des laitiers ; le passage de l'état fluide à l'état solide est trop graduel. J'ai cependant tenté une expérience dans cette voie.

Le laitier de Swartnäss, dont je viens de parler, a été chauffé jusqu'à ramollissement dans le four à gaz, et précipité en cet état dans le calorimètre.

On a eu :

N° 26

$$p = 142^{grs},5\ ;\ \theta = 2^{\circ},58\ ;\ \text{d'où}\ \frac{m\,\theta}{p} = 340\ \text{calories.}$$

Or, la chaleur de fusion trouvée ci-dessus est de 434 calories ; d'où la différence = 94 calories. Mais ce chiffre est bien supérieur à la vraie chaleur latente ; car, dans l'expérience n° 25, on avait notablement dépassé le point de fusion ; et, dans l'essai n° 26, le laitier commençait à peine à se ramollir le long des arêtes tranchantes du fragment chauffé. Puisque le laitier n° 24, quoique chauffé de même au-dessus du point de fusion réel, n'a donné que 401 calories, et que d'ailleurs le ramollissement *total*, dans l'expérience n° 26, aurait certainement donné pour le moins 350 calories ; on voit que la chaleur latente des laitiers ne doit pas dépasser 50 calories. Ce chiffre me paraît même plutôt un *maximum*.

A l'appui de cette assertion, je mentionnerai deux expériences faites sur les chaleurs de fusion des scories bisilicatées, obtenues, dans l'usine Verdié, de Firminy, au four Siemens-Martin. Ces scories, riches en manganèse, proviennent du traitement ordinaire pour acier doux, procédé qui consiste à faire réagir du fer puddlé et de l'oxyde de manganèse sur un bain de fonte.

La scorie est cristalline, couleur chocolat ; jetée dans le calorimètre, sur le point de se figer, elle a donné :

N° 27.

$$p = 89^{grs}\ ;\ \theta = 1^{\circ},96\ ;\ \text{d'où}\ \frac{m\,\theta}{p} = 413,7\ \text{calories.}$$

Et la même scorie, simplement ramollie, a produit :

N° 28.

$$p = 107^{grs}\ ;\ \theta = 2^{\circ},27\ ;\ \text{d'où}\ \frac{m\,\theta}{p} = 368\ \ —$$

D'où différence, 45,7 calories,

comme valeur approximative de la chaleur latente de la scorie en question.

On voit par le chiffre de 413 calories, rapproché de ceux des expériences n°s 22 à 25, que les scories peu calcaires du four Martin ne sont guère plus fusibles que les laitiers des hauts fourneaux, malgré leur teneur assez élevée en oxydes de manganèse et de fer [1].

Par contre, les scories des fours de réchauffage des forges à fer, tenant 30 à 35 0/0 de silice, sont beaucoup plus fusibles. Une pareille scorie a fondu facilement au four Perrot; comme tous les silicates basiques, elle passe brusquement de l'état fluide à l'état solide. Avant la refonte, elle se présente sous forme de masse lamellaire d'un gris-noir métallique. Après refonte et grenaillage dans l'eau, elle est vitreuse, couleur noir de jais.

Une première expérience m'a donné, pour la chaleur de la scorie près de se figer :

N° 29.

$$p = 142^{grs},5\ ;\ \theta = 2°,40\ ;\ \text{d'où}\ \frac{m\,\theta}{p} = 316\ \text{calories.}$$

Une seconde, dans les mêmes conditions :

N° 30.

$$p = 104^{grs}\ ;\ \theta = 1°.76\ ;\ \text{d'où}\ \frac{m\,\theta}{p} = 319\ —$$

Moyenne, 317,5 calories.

On voit que cette scorie exige moins de chaleur, pour se fondre, que les laitiers, mais que sa chaleur spécifique, comme celle des laitiers, doit être néanmoins plus élevée que celle des fontes. Cela est, du reste, vrai pour les matières silicatées en général. Une brique réfractaire de Choisy-le-Roi, chauffée au four à gaz jusqu'à la chaleur de fusion de la fonte blanche, m'a donné :

N° 31.

$$p = 353^{grs},5\ ;\ \theta = 5°,4\ ;\ \text{d'où}\ \frac{m\,\theta}{p} = 287\ \text{calories.}$$

[1] D'après une analyse que je fis faire au bureau d'essai de l'École des mines, la scorie se compose de :

Silice	53,90
Alumine	3.33
Protoxyde de fer	11,80
Protoxyde de manganèse	26,65
Chaux, magnésie, etc. (Par différence)	4,31
	100,00

En estimant, d'après Pouillet, la température de fusion des fontes blanches à 1100°, on aurait pour la chaleur spécifique moyenne de l'argile $\frac{287}{1100} = 0,26$, tandis que celle du fer est, d'après M. Person, de 0,171 entre 0° et 1000°.

Le laitier de Swartnäss, dans l'expérience n° 26, a été chauffé jusqu'à la température de fusion des fontes grises, c'est-à-dire jusqu'à 1200° environ. Sa chaleur spécifique moyenne serait, par suite, de $\frac{340}{1200} = 0,28$. C'est un peu plus que celle de la brique, par le double motif de la température plus élevée et du ramollissement partiel de la matière.

V. — EXPÉRIENCES RELATIVES A L'ACIER

A Terrenoire, en octobre 1872, j'ai cherché à déterminer les chaleurs de fusion des aciers Bessemer et Martin. L'acier Bessemer, chaud et doux, avait été obtenu avec addition de ferro-manganèse, jeté froid, à la fin de l'opération, dans la cornue. On a pris l'acier au moment de la coulée. Les éléments de l'expérience sont :

N° 32.

$$p = 243^{grs},8 \; ; \; \theta = 4^\circ,0 \; ; \text{ d'où } \frac{m\,\theta}{p} = 308 \text{ calories.}$$

L'acier Martin, destiné comme le précédent pour rails, a donné :

N° 33.

$$p = 560^{grs},7 \; ; \; \theta = 8^\circ,6 \; ; \text{ d'où } \frac{m\,\theta}{p} = 288 \text{ calories.}$$

Ce dernier chiffre me paraît cependant un peu faible. On a opéré sur un poids trop fort, ce qui donne pour θ une valeur trop élevée et un abondant dégagement d'hydrogène ; de là des pertes de chaleur.

L'expérience suivante semble montrer que l'acier fondu doit retenir bien près de 300 calories, même lorsque la température ne dépasse guère celle du point de fusion.

J'ai fondu au four à pétrole de l'acier en barres, préparé sous mes yeux à Langley-Mill par le procédé Heaton [1], et contenant 0,0035 de carbone et 0,0025 de phosphore.

[1] C'est l'acier fait avec de la fonte de Longwy (4° opération), V. *Annales des mines*, 1869, t. XVI, p. 212.

Les éléments de l'essai sont :

N° 34.

$$p = 305^{grs} ; \theta = 4^{\circ},85 ; \text{d'où } \frac{m\,\theta}{p} = 299 \text{ calories.}$$

Ces essais sur la fusion de l'acier sont encore insuffisants ; je compte les multiplier ; mais déjà on en peut conclure que si l'acier, à l'état fondu, retient plus de chaleur que la fonte simplement refondue, il n'est cependant guère plus chaud que la fonte grise sortant d'un haut fourneau à allure très-chaude.

Lorsqu'on compare les 308 calories de l'acier Bessemer aux 278 calories de la fonte de Terrenoire (n° 4), prise au haut du creuset du fourneau pour le travail du convertisseur, on voit que l'affinage a fait gagner au métal 30 calories, ce qui correspond à peu près à un accroissement de température de 150°, car la chaleur spécifique de l'acier en fusion est à peu près de 0,20.

Dans une dernière série d'expériences, j'ai cherché à déterminer le nombre de calories qui correspondent aux degrés de température, que l'on désigne dans les ateliers par les termes de rouge *cerise*, rouge *orange*, rouge *blanc*.

Un fragment d'acier étiré, chauffé au four à gaz jusqu'au rouge *cerise*, a donné :

N° 35.

$$p = 225^{gr} ; \theta = 2^{\circ},00 ; \text{d'où } \frac{m\,\theta}{p} = 167 \text{ calories.}$$

Le même acier, chauffé au rouge *orange*, a fourni :

N° 36.

$$p = 225^{grs} ; \theta = 2^{\circ},32 ; \text{d'où } \frac{m\,\theta}{p} = 194 \text{ calories.}$$

Enfin un autre fragment, chauffé à la température la plus élevée du four à gaz, c'est-à-dire à l'*orangé clair* passant au *blanc* :

N° 37.

$$p = 411^{grs} ; \theta = 4^{\circ},63 ; \text{d'où } \frac{m\,\theta}{p} = 211,6 \text{ calories.}$$

Une fonte *blanche, partiellement affinée*, c'est-à-dire une sorte d'*acier sauvage*, a été fondue au four à pétrole, puis jetée dans le calorimètre au moment où elle venait de se figer. Les éléments sont :

N° 38.

$$p = 62,5^{grs} ; \theta = 0^{\circ},78 ; \text{d'où } \frac{m\,\theta}{p} = 233 \text{ calories.}$$

C'est 11 calories de plus que les fontes grises figées, d'après les expériences n°s 14 et 15.

Si l'on compare ces chiffres aux températures admises par Pouillet, nous pourrons en déduire les chaleurs spécifiques moyennes de l'acier.

Le rouge *cerise franc* serait compris, selon ce physicien, entre 900 et 1000°. Admettons 950°.

Nous aurons, en prenant les données de l'expérience n° 35, pour la chaleur spécifique dudit acier :

$$\frac{167}{950} = 0,176,$$

chiffre qui s'accorde assez bien avec celui trouvé par Person, puisque, d'après M. Regnault, la chaleur spécifique croît quelque peu avec le degré de carburation.

L'expérience n° 36 correspond à l'*orange*, ou, d'après Pouillet, à la température de 1100°.

La chaleur spécifique serait, par suite, de :

$$\frac{194}{1100} = 0,176.$$

Comparé au précédent, ce chiffre est un peu faible ; il paraît donc probable que la température de l'expérience n° 36 a dû être plus voisine de 1050° que de 1100°.

Enfin la température de l'*orange clair*, passant au *blanc*, ne saurait atteindre 1200°, puisque l'expérience nous donne encore le même quotient, en partant de ce chiffre de 1200°. On a, en effet,

$$\frac{211,6}{1200} = 0,176.$$

Par contre, l'expérience n° 38 doit correspondre à plus de 1200°, puisque la chaleur du métal figé excède de 11 calories celle de la fonte grise qui vient de se solidifier (n°s 14 et 15), fonte dont le point de fusion est estimé à 1200° par Pouillet.

CONCLUSIONS

En résumé, ce premier travail, que nous nous proposons de poursuivre, permet de conclure :

1° Que les fontes *grises* emportent, en quittant le haut fourneau, 280 à 285 calories, après avoir absorbé, dans la région de fusion, jusqu'à 300, si ce n'est même 310 calories ;

2° Que les fontes *blanches* possèdent, dans les mêmes conditions, 20 calories de moins.

3° Que les fontes *grises*, *sur le point de se figer*, retiennent encore . . . . 244 à 245 calories.
et *immédiatement après leur solidification*. 221 à 222 —

4° Que les fontes *blanches*, *sur le point de se figer*, gardent. . . . . 226 à 235 —
et *après leur solidification* . . . . 192 à 203 —

Ce qui donne comme chaleur *latente* des fontes blanches . . . . 34 à 32 calories,
tandis que celle des fontes grises est de. . . 23 calories seulement.

Cette différence résulte de ce simple fait que les fontes grises, plus ou moins impures, restent *molles* et à demi *désagrégées* après leur solidification, tandis que les fontes pures, simplement carburées, se figent brusquement ;

6° Que la fonte grise, soumise à l'affinage Bessemer, gagne 30 calories sur la chaleur qu'elle possédait à l'origine de l'opération ;

7° Que les quantités de chaleur, trouvées dans les aciers au rouge *cerise*, au rouge *orange* et au rouge *blanc*, coïncident assez bien avec les températures, déterminées par Pouillet, et la chaleur spécifique moyenne du fer entre 0° et 1000°, d'après M. Person.

M. L. GRUNER

Inspecteur général des mines

SUR L'ORIGINE DU CARBONE FERRUGINEUX QUE L'ON RENCONTRE LE LONG DES PAROIS INTERNES DE CERTAINS HAUTS FOURNEAUX

— *Séance du 27 août 1873.* —

Dans un mémoire, que j'ai eu l'honneur de soumettre à l'Académie des sciences en juillet 1871, j'ai montré que l'oxyde de carbone se *dédouble* et dépose du carbone, dès que, par son action sur un minerai de fer quelconque, à une température *au-dessous du rouge*, il a réduit complétement une faible fraction de l'oxyde ferreux. L'affinité du fer métallique pour le carbone est la cause déterminante de cette transformation de 2 CO en $CO^2 + C$, car le carbone déposé est entièrement attirable à l'aimant et retient toujours au moins 5 à 7 0/0 de fer métallique. On y trouve, de plus, une certaine proportion d'oxyde magnétique, simplement mêlé au composé charbonneux [1]. La dose en est d'autant moindre que l'action de l'oxyde de carbone a duré plus longtemps.

A la *chaleur rouge* l'action est différente : la réduction se fait alors *sans dépôt* de charbon ; et même, lorsqu'on expose au rouge vif le mélange de carbone ferrugineux et d'oxyde non réduit, le charbon précédemment déposé disparaît de nouveau, en réagissant sur l'oxyde restant, qui se trouve ainsi réduit également, de façon que tout se passe, en dernière analyse, comme s'il n'y avait pas eu de carbone régénéré.

Ainsi donc, lorsqu'un minerai de fer, placé dans une atmosphère d'oxyde de carbone, passe *graduellement* et *lentement* de la température ordinaire à la chaleur rouge, la réduction se fait en *deux temps;* il se produit d'abord un peu de fer métallique, mêlé à une forte proportion de *charbon floconneux;* puis, au rouge, ce charbon est de nouveau brûlé, en CO et CO^2, par sa réaction sur l'oxyde de fer non encore réduit.

Par contre, lorsque le même minerai est exposé *brusquement* à une température élevée, la réduction s'opère directement, par l'oxyde de carbone, sans dépôt momentané de charbon floconneux.

Ce double mode d'action de l'oxyde de carbone peut se produire, dans les hauts fourneaux, soit isolément, soit simultanément; tout dépend de leur marche et de la région que l'on considère. Dans les fourneaux à *marche rapide*, le minerai arrive trop vite dans la zone chaude, pour qu'une partie de l'oxyde de fer ait le temps de se réduire à basse température et de provoquer la formation du charbon floconneux; tandis que, dans les fourneaux à *marche lente*, et là surtout où le gueulard est froid, le dédoublement de l'oxyde de carbone est inévitable vers les régions hautes. Il y a plus : les gaz se répartissent souvent d'une façon très-inégale dans la masse qui remplit ces hauts fourneaux. Lorsque la charge est friable ou terreuse, celle-ci se tasse vers le centre, en un massif peu perméable, ce qui force alors les gaz à longer les parois. Dans ce cas, la production du charbon floconneux doit se continuer, dans cette colonne centrale et compacte, jusqu'à une profondeur assez grande. D'un autre côté, si, par une cause quelconque, le pourtour se refroidit, l'oxyde de carbone devra, là aussi, s'y dédoubler et y déposer du charbon floconneux.

Il y avait donc un certain intérêt à constater le fait par des expériences directes. C'est le but des essais dont je vais rendre compte;

[1] *Mémoires des savants étrangers*, t. XXII, numéro 5 ; et *Annales de physique et de chimie*, 1872.

mais, auparavant, il convient de rappeler que, de tout temps, on a signalé des dépôts charbonneux pulvérulents, lors de la mise hors, dans les cavités provenant de la chute de briques, au ventre et le long des étalages, et parfois même jusqu'auprès des tuyères. On a trouvé aussi de pareils dépôts contre les marâtres et sur les armatures en fer, passant au voisinage de la chemise extérieure. On a constaté le noircissement des briques rouges du massif extérieur, là où les gaz du fourneau avaient pu les atteindre et les chauffer jusqu'à la température de 300 à 400 degrés. Généralement on expliquait ces faits en admettant, dans les gaz, la présence d'une certaine dose d'hydrogène carboné qui se serait décomposé dans ces circonstances.

Or, l'existence même de l'hydrogène carboné est plus que problématique dans les hauts fourneaux au coke, et l'on sait d'ailleurs que si les hydrocarbures déposent du carbone, c'est sous l'influence d'une température *élevée*, tandis que les dépôts en question se rencontrent sur des points où la température est précisément *au-dessous* du rouge, c'est-à-dire là où l'*oxyde de carbone* seul semble pouvoir les produire par voie de dédoublement.

Pour entreprendre des essais sérieux sur des hauts fourneaux en marche, il fallait choisir des appareils sans massif extérieur, c'est-à-dire des fours du système *Büttgenbach*. J'ai donc prié le directeur des hauts fourneaux d'Anzin, M. Mercier, ancien élève de l'École des mines de Paris, de me prêter son concours à cet effet. Il eut la bonté de faire forer horizontalement à divers niveaux, au travers des briques réfractaires de l'un des fours de cette usine, des trous de $0^m,02$ à $0^m,03$ de diamètre, afin de constater, contre la paroi interne, la présence ou l'absence du dépôt en question, et d'en déterminer, en outre, l'épaisseur exacte. Le charbon floconneux, tendre et pulvérulent, est facile à distinguer de la charge ordinaire, dure et fragmentaire. En outre, pour avoir l'épaisseur du dépôt, il suffit de pousser le foret, une fois qu'il a traversé la brique dure, au travers de la masse sans consistance, jusqu'à la charge de coke et de minerai, ou jusqu'au point où paraît le rouge vif, car, là où il y a incandescence réelle, le dépôt charbonneux ne peut plus subsister.

Ces trous ont été percés à tous les niveaux, depuis les étalages jusqu'au gueulard.

Vers le haut, on n'a rien trouvé, même dans les parties où la température permet le dédoublement de l'oxyde de carbone. Le mouvement des matières et le surplomb des parois tendent sans cesse à éloigner le dépôt charbonneux, à mesure qu'il tend à se former, et à le mêler à la charge proprement dite. Il ne peut s'accumuler contre les parois de la cuve. Il n'en est plus de même vers l'*encoignure* du ventre, qui représente une sorte de point *mort* sans mouvement. Plus l'angle de la cuve avec les étalages est petit, et moins les matières qui garnissent cet espace se laisseront entraîner par le mouvement général de la charge. Celle-ci descend verticalement, en laissant intact l'espace annulaire *a b c*, formé par l'angle en question (voir la fig. 13, plus bas).

D'autre part, les gaz chauds, en quittant l'ouvrage, montent plus ou moins verticalement; ils parcourent forcément, d'une façon très-incomplète, l'espace *a b c*, qui se trouve ainsi réduit, à un double point de vue, en un vrai point *mort*. Cet espace est, par ce motif, relativement *froid*, et par suite favorable à la formation du charbon *floconneux*. Or, en effet, les sondages, dont je viens de parler, ont précisément constaté, dans cette région, un abondant dépôt de matière pulvérulente, ferro-charbonneuse, non incandescente.

Les premiers trous ont été percés dans la quatrième assise de briques, précédant le ventre *b b*, c'est-à-dire vers $0^m,60$ à $0^m,65$ *au-dessous* de la partie la plus élargie du fourneau. On a foré six trous qui ont donné, comme épaisseur du dépôt charbonneux, les nombres suivants :

	$0^m,56$
	0 22
	0 49
	0 00
	0 67
	0 25
d'où épaisseur moyenne. .	$0^m,365$

Dans la troisième assise, vers $0^m,45$ sous le ventre, on a percé huit trous auxquels correspondent les épaisseurs :

	$0^m,86$
	1 20
	0 00
	0 00
	0 00
	0 10
	0 35
	0 04
Épaisseur moyenne. . . .	$0^m,32$

Dans la deuxième assise, entre $0^m,25$ et $0^m,30$ sous le ventre, deux trous ont fourni les chiffres :

	$0^m,10$
	0 00
Épaisseur moyenne. . . .	$0^m,05$

Dans l'assise la plus élevée des étalages qui précède le ventre, trois trous ont donné :

	0m,13
	0 00
	0 16
Épaisseur moyenne . . .	0m,097

L'assise suivante, la première de la cuve, a été percée sur sept points, où l'on a trouvé :

	0m,10
	0 00
	0 00
	0 02
	0 00
	0 05
	0 00
Épaisseur moyenne. . . .	0m,024

La seconde assise, au-dessus du ventre, a été sondée par cinq trous, qui ont fourni, comme épaisseurs, les chiffres :

	0m,16
	0 00
	0 00
	0 10
	0 00
Épaisseur moyenne. . . .	0m,052

Les assises plus élevées n'ont plus rien donné, soit que la température s'y trouve déjà trop élevée, par le fait de l'affluence plus grande des gaz chauds; soit, comme je l'ai dit plus haut, que le mouvement incessant des matières entraîne et éloigne le dépôt, grâce au surplomb des parois.

En tout cas, on voit que, dans la partie la plus renflée du fourneau, et plus encore à la *surface* des étalages, dont les parois sont peu chauffées par les gaz, il existe un cordon plus ou moins continu de matière pulvérulente, ferro-charbonneuse, non incandescente, dont l'épaisseur est cépendant fort inégale. Elle atteint 0m,50 à 0m,60 sur quelques points, même 1m,20 d'une façon exceptionnelle, tandis qu'elle est complétement réduite à 0 sur d'autres. Mais cette inégalité est dans la nature même des choses. Dans tout haut fourneau, la descente des charges est plus ou moins saccadée; à la suite d'engorgements ou d'arrêts momentanés, il se produit des chutes locales brusques. Si pareille chose a lieu vers les étalages, le dépôt charbonneux sera partiellement entraîné vers l'ouvrage et ne pourra se reformer que peu à peu. A mesure que l'ouvrage s'élargit par corrosion, le bas des étalages disparaîtra aussi, ce qui réduira d'autant la largeur du cordon inerte; mais, à part cela, la surface entière des étalages proprement dits est plus ou moins couverte de charbon ferrugineux. On en rencontre même plus bas encore, jusqu'auprès des tuyères, dans les cavités des parois et des masses figées, dont la température est suffisamment abaissée par l'eau des tuyères et celle des bâches extérieures. M. Mercier l'a même vu couler, à certains moments, avec la fluidité d'un liquide, entre la brique et la tympe en fonte. Sur certains points, la poudre charbonneuse est même au-dessous de 100°, et alors plus ou moins humide, soit que la vapeur d'eau intérieure s'y condense, soit même que l'eau extérieure y arrive par capillarité au travers des briques.

Au moment de la *mise hors* des fourneaux, on voit très-bien cette matière noire couvrir les étalages; j'en ai recueilli moi-même, tout récemment, dans de pareilles circonstances, aux hauts fourneaux de M. le baron d'Adelsward, à Longwy. On la voit alors se fuser et brûler lentement comme de l'amadou. J'en ai trouvé aussi dans les cavités d'un *loup* titanifère, provenant d'un haut-fourneau des environs de Saint-Dizier.

La composition de ce dépôt charbonneux est tout à fait pareille à celle du charbon floconneux, obtenu au laboratoire par la réaction prolongée de l'oxyde de carbone sur du minerai de fer au-dessous du rouge sombre.

Deux échantillons, recueillis par M. Mercier à Anzin, en 1871 et 1872, par des trous percés au niveau du ventre, m'ont donné à l'analyse :

	DÉPÔT DE 1871	DÉPÔT DE 1872
Carbone.	0,412	0,339
Fer métallique.	0,154	0,120
Oxyde magnétique non dissous par l'acide nitrique faible . .	0,020	0,020
Gangue argilo-quartzeuse. . .	0,320	0,453
Carbonate de chaux.	0,076	0,056
	0,982	0,988

La perte de l'analyse provient en partie de ce que le fer dissous figure en entier comme fer *métallique*, tandis qu'en réalité il se trouve toujours en faible partie partiellement réoxydé, par suite de la longue exposition à l'air depuis le moment où il fut recueilli.

Au laboratoire, en opérant sur de l'oxyde de fer presque pur, j'avais trouvé dans deux expériences différentes[1] :

Carbone	0,2943	0,3340
Fer métallique.	0,6468	0,6119
Oxyde magnétique.	0,0395	0,0375
Argile.	0,0065	0,0061
Oxygène uni à une partie de fer dissous.	0,0129	0,0105
	1,0000	1,0000

On voit qu'à part la gangue pierreuse, la matière charbonneuse est tout à fait identique, car les proportions *relatives* de carbone et de fer dépendent uniquement de la durée de l'expérience. Plus elle est longue et plus le carbone sera abondant. Si donc le carbone provient, au laboratoire, du dédoublement de l'oxyde de carbone, sous l'influence du fer réduit, il doit en être de même au haut fourneau. On peut, du reste, le constater directement; il suffit de placer quelques fragments de minerai dans l'un des trous percés au travers de la paroi réfractaire. Au bout de peu d'heures, on verra ces fragments foisonner, tomber en poussière et finalement se transformer en un abondant dépôt de charbon ferrugineux.

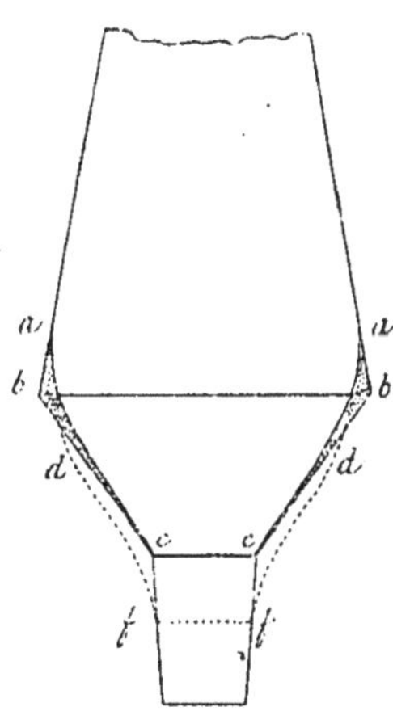

FIG. 13 [2].

La conclusion que l'on peut tirer des faits que je viens de relater, c'est que la partie des hauts fourneaux, où ces dépôts peuvent s'accumuler, est en réalité un espace *inerte* et même *nuisible*, qu'il faut

[1] V. *Mémoires des savants étrangers*, reproduit dans les *Annales de physique et de chimie* de 1872.

[2] Sur la figure, le point *d* devrait correspondre à un point d'inflexion de la courbe *a b f*.

supprimer. Il est *nuisible* parce que le dépôt tombe alors, par intervalles, dans l'ouvrage et y occasionne une marche irrégulière. Or, pour supprimer ces dépôts, il suffit de modifier le profil du fourneau. Au lieu de l'angle saillant *c* (fig. 13) de l'encoignure *b*, et d'étalages peu inclinés *c b*, il faudrait adopter le profil *a d b*, à double courbure et à point d'inflexion en *d*, qui permettrait aux gaz de s'élever plus également et à la charge solide de descendre d'une façon moins saccadée. Il faut, de plus, pour éviter les parois bosselées et les cavités trop froides dans le bas, raffraîchir l'ouvrage *uniformément*, et non par un système de bâches isolées.

Dans la partie haute des fourneaux, partout où la température est au-dessous de 600°, et la proportion d'oxyde de carbone assez considérable pour opérer la réduction, le charbon floconneux se formera lui aussi; mais il ne peut s'accumuler nulle part; il est entraîné par la charge, à mesure qu'il est produit; et, arrivant peu après dans une région plus chaude, il facilitera la réduction finale du minerai, par suite de son intime mélange avec l'oxyde à réduire, et de son extrême état de division. Dans cette région donc, le carbone fait d'une façon fort utile le mouvement de *navette*. L'oxyde de carbone, venant du bas, se dédouble vers le haut, en déposant du carbone et laissant dégager de l'acide carbonique; puis, ce carbone redescend avec la charge, reforme de l'oxyde de carbone, qui se dédouble de nouveau dans les régions supérieures, etc.

Remarquons maintenant, en terminant, que la formation des dépôts charbonneux, que l'on constate quelquefois dans les fissures des parois, et jusque dans le revêtement extérieur, s'explique aisément. Partout où il y aura un peu de fer, oxydé ou métallique, et un courant d'oxyde de carbone pouvant chauffer le fer vers 300 à 600°, ce gaz se trouvera dédoublé en déposant du charbon floconneux sur le fer. Le noircissement des briques rouges du massif extérieur n'a pas d'autre cause; l'oxyde de fer de ces briques est partiellement réduit, puis noirci par le carbone déposé.

Il en est de même du carbone qui se dépose contre les *marâtres* et le *fer de tympe;* on conçoit aussi la carburation graduelle des tirants en fer et des pièces de fonte que l'on plaçait autrefois entre les deux massifs, interne et externe, de certains fourneaux. Toutes ces armatures *intérieures* se détruisent rapidement et devraient être supprimées. On voit, en résumé, que les faits dont je viens de parler conduisent à corriger les profils vicieux de certains hauts fourneaux et rendent raison de certains faits jusque-là inexpliqués.

B. MASSON

Pharmacien, Membre de l'Académie nationale, à Lyon

PURIFICATION ET USAGES DES HUILES MINÉRALES

— *Séance du 28 août 1873.* —

Le règne minéral fournit des quantités considérables de divers hydrocarbures, et surtout les huiles minérales de pétrole et de schiste qui ont été l'objet de tant de recherches dans presque toutes les parties du globe, et particulièrement en Amérique, en Angteterre, etc., où ces huiles sont en quantité inépuisable.

L'Amérique du Nord a une surface de terrains houillers de 500,000 kilomètres carrés.

En Europe la surface occupée par les terrains houillers ne dépasse pas 23,000 kilomètres carrés qui se répartissent de la manière suivante :

Angleterre	13,500	kilom.	carrés.
France	2,500	—	—
Prusse rhénane	2,400	—	—
Belgique	1,275	—	—
Bohême	1,000	—	—
Westphalie	900	—	—
Les Asturies	500	—	—
Russie (au plus)	250	—	—
Saxe	75	—	—

qui sont divisés en trois principaux terrains :

1° Terrains de transition ;

2° Terrains secondaires ;

3° Terrains tertiaires.

Malgré les nombreux travaux appliqués à l'épuration de ces nouveaux produits, qui ont permis de les livrer à la consommation de l'éclairage, ainsi qu'à beaucoup d'autres industries qui, aujourd'hui, sont d'une très-grande importance et rendent des services considérables, ils possèdent encore une odeur infecte et désagréable qui les prive d'un grand nombre d'applications. Trouver un nouveau procédé de désinfecter les huiles minérales : voilà quel a été le but de mes recherches, qui m'ont donné de bons résultats.

Ce procédé fort simple et économique consiste à soumettre ces huiles à un mélange de :

Alcool à 93°	500 grammes.
Acide sulfurique	60 —
Acide azotique	60 —
Pour pétrole	100,000 —

On commence par introduire les acides séparément, à l'aide d'un entonnoir en verre muni d'un tube assez long pour atteindre la partie inférieure de l'appareil; ensuite on verse à la surface du liquide la quantité d'alcool voulue qui se précipite assez lentement au fond du liquide et y rejoint les acides. A ce moment une chaleur et une effervescence se développent dans la masse de manière à opérer la distillation d'une petite quantité de nitrate d'éthyle ou éther azotique

$$= A\ 703\ (C^2H^5)$$

plusléger que le liquide soumis à cette opération. Ces nouveaux produits sont d'une odeur très-agréable et les substances traitées par ce procédé jaunissent légèrement, et acquièrent elles-mêmes une odeur analogue.

L'opération dure une heure environ, après quoi on pratique un lavage avec une certaine quantité d'eau en ayant soin d'agiter fortement pendant quelques minutes et on abandonne le mélange au repos de 8 à 10 heures. On décante la couche supérieure qui est du pétrole désinfecté. Le reste est un mélange d'acide sulfurique et azotique, d'eau et d'alcool. Ce dernier est employé ensuite à la désinfection des huiles dites huiles lourdes, qui possèdent une odeur des plus désagréables. Pour faire cette opération, il suffit, d'agiter fortement ce mélange pendant vingt minutes et le laisser reposer 12 heures ; traiter ensuite la masse par deux laits de chaux successifs, qui débarassent le mélange des acides qui s'y trouvent, et de divers autres produits. Ces derniers acquièrent la même odeur que les premiers ; mais cependant moins marquée, alors on les emploie avec grand avantage pour préparer la graisse de 4ᵉ qualité, dite graisse à graisser les machines.

Je ne veux pas m'occuper des avantages que l'industrie peut retirer de cette nouvelle épuration ; je me bornerai seulement à traiter ce qui a rapport à la pharmacie.

Le pétrole ainsi purifié, est appelé à remplacer l'alcool dans un grand nombre de préparations. Toutes les teintures, d'un usage externe, peuvent être préparées avec le pétrole purifié. Ainsi, d'après mes expériences j'ai constaté que les teintures d'arnica, orcanette, les solutés camphrés, éthérés, chloroformés à base de pétrole m'ont donné les mêmes résultats que ces préparations à base d'alcool.

Avec les corps gras, il forme de nouvelles préparations dont j'ai pu apprécier l'utilité tant au point de vue thérapeutique qu'économique.

Mes premières expériences ont été faites sur les races chevaline ou canine.

Les renseignements que j'ai pu obtenir sur la somme d'alcool employé pour l'usage externe par la pharmacie française, s'élève au moins à 2 millions de francs par année; d'un autre côté, comme d'après mes calculs, il y a économie de 70 0/0 à remplacer l'alcool par le pétrole purifié, on obtient une économie totale de 1,400,000 francs, sur la dépense annuelle.

Le temps ne m'a pas permis de faire d'autres épreuves, mais il est certain qu'une fois ces produits utilisés, ils donneront lieu à de nouvelles découvertes.

M. PERRET

de Lyon

PRÉSENTATION DE PRODUITS CHIMIQUES

— *Séance du 28 août 1873.* —

M. Perret présente plusieurs produits de sa fabrique parmi lesquels nous citerons le chlorhydrate de triméthylamine provenant de la saumure de hareng; de l'anthracène; et particulièrement du valérianate de quinine cristallisé, obtenu par double décomposition entre le sulfate de quinine et le valérianate de baryum légèrement alcalin, cette dernière condition étant indispensable pour la réussite de l'opération.

M. MACÉ

Professeur à l'École de médecine de Rennes

DES GERMES FERMENTS EXISTENT DANS L'ORGANISME DES ÊTRES

— *Séance du 28 août 1873.* —

Il y a déjà plusieurs années que par l'observation de certains phénomènes qui m'ont paru constants, par le raisonnement et par l'expérimentation, j'ai acquis la conviction profonde que les germes ferments découverts par M. Pasteur, à l'état invisible dans l'air, se trouvent aussi dans l'organisme.

Cette idée, je l'ai établie dans un travail qui a été mentionné au

Congrès pharmacologique de Marseille, en 1868 ; et tout récemment, dans un manuscrit assez étendu, traitant des fermentations en général, que j'ai adressé lors du Congrès de Bordeaux, et dont un extrait a paru dans les *Comptes rendus* de ce Congrès [1], j'ai développé la même idée en m'appuyant sur maintes considérations et expériences.

Je pars de ce principe qu'aucun être organisé n'étant éternel, doit posséder dans son économie végétale ou animale, à coté des éléments propre à la continuité de son existence et à sa reproduction, les éléments propres à sa désorganisation : c'est-à-dire les germes ferments. Quant à l'origine de ces germes, je conçois qu'ils puissent pénétrer de l'air dans l'organisme, ou bien qu'ils soient élaborés par des lois spéciales et particulières à la force vitale des êtres. Je comptais garder pour moi cette idée, n'en soupçonnant pas toute l'importance. Mais puisqu'il arrive qu'aujourd'hui elle exerce la sagacité des savants et que tout dernièrement, dans une séance de l'Académie, M. Pasteur s'insurgeant contre ceux qui la partagent, a cherché à établir que seul l'air était le réceptable des germes ferments, je crois devoir sortir un instant de mes humbles attributions de pharmacien pour essayer de soutenir une conviction qui m'est acquise depuis longues années.

Je pourrais à l'appui de ma manière de voir répéter les considérations, l'examen de certains faits et les expériences que j'ai notifiées au Congrès de Bordeaux, parce que toutes me paraissent posséder une sérieuse importance et concorder vers la même conclusion; néanmoins j'ai pensé qu'il me suffisait de décrire celle qui est, sans aucun doute, la plus décisive. J'invite les savants à la répéter eux-mêmes ; et je ne doute pas qu'ils ne soient amenés à en tirer la même déduction.

Expérience. — Plusieurs mois avant d'expérimenter, remplir aux 3/4 avec de l'acide sulfurique concentré deux ou trois flacons, bouchant à l'émeri et de la capacité de 15 à 30 grammes. Les tenir constamment fermés et les agiter de temps en temps dans le but de saturer l'air intérieur de vapeurs acides et par suite de détruire tout germe organisé que le gaz peut contenir.

Quand le jour d'expérimenter est arrivé, cueillir délicatement des groseilles en les laissant attachées à leurs rameaux. Puis, se tranportant au laboratoire, commencer par faire bouillir tout le mercure de la cuve à expérience. On y parvient facilement en fractionnant la masse dans 3 ou 4 capsules en porcelaine. Reverser le métal bouillant dans sa cuve.

Cette première manipulation a pour but de chasser l'air et d'anéantir les germes ferments qui pourraient se trouver adhérents au métal.

1 V. *Comptes rendus du Congrès de Bordeaux*, 1872, p. 459.

Chauffer ensuite assez fortement une certaine quantité de tubes à expérience, résistants, assez courts, et d'un diamètre de 2 à 3 centimètres d'ouverture ; les remplir un à un avec le mercure encore très-chaud de la cuve ; puis les y tenir immergés complétement pendant un quart d'heure environ au moyen d'une grosse tige de verre préalablement chauffée. Après ce temps les retourner sur eux-mêmes de façon à former baromètre. A cet effet se servir d'une pince en fer chauffée d'avance. Toutes ces dernières précautions ont pour but d'éliminer l'air et tout germe ferment des tubes.

Cette seconde opération terminée, détacher délicatement de leurs rameaux les grappes intactes de groseilles, en remplir au tiers plusieurs petits verres de table de la capacité de 100 grammes environ. *(Pour manœuvrer facilement, il serait convenable que le fond de ces verres fût taillé en biseau.)* Achever de faire le plein avec de l'alcool fort, laisser en macération pendant deux heures.

Après ce temps, et lorsque le mercure de la cuve ne dépasse pas 40°, fixer sur chaque verre au moyen d'un fil de fer chauffé une toile métallique à mailles spacieuses et que l'on a préalablement passée au feu. Plonger ensuite doucement chacun de ces appareils dans la cuve, les y maintenir, complétement immergés pendant quelques minutes ; puis les retournant sur eux-mêmes les mettre au repos et enlever leur couvercle. Par cette dernière manipulation, l'on se propose encore de détruire les germes ferments adhérents aux fruits. On conçoit, en effet, que l'alcool, mis en contact pendant quelques instants avec les groseilles, anéantisse tout germe organisé; et que chassé ensuite par le mercure qui le remplace dans le vase, il ne puisse étendre son action à l'intérieur du fruit.

Maintenant, pour continuer facilement l'expérience, il est nécessaire d'employer deux aides : l'un maintient un à un et légèrement inclinés les verres qui contiennent les fruits pendant que l'opérateur les extrait soit avec les doigts préalablement lavés à l'alcool, soit et mieux avec une pince métallique recourbée, chauffée d'avance et refroidie dans le mercure même de la cuve. L'autre présente les tubes à expérience dans la position verticale. Les grappes de groseilles sont ainsi conduites assez facilement des verres sous les tubes à l'intérieur desquels elles pénètrent. En remplir ces derniers au tiers, puis les mettre au repos.

Enfin, au moyen d'une grosse baguette en verre préalablement chauffée au-dessus de 100° et refroidie subitement dans le mercure, où on la tient plongée soigneusement jusqu'à la fin de l'opération, écraser les fruits que renferment les tubes.

Cette manipulation terminée, abandonner l'expérience à elle-même pendant au moins un mois et demi.

Si celle-ci a été conduite avec toutes les précautions que j'indique, les sucs se maintiendront parfaitement intacts. Néanmoins pour acquérir toute certitude touchant leur conservation indéfinie, mettre de côté deux ou trois de ces tubes, et les abandonner au repos sur le mercure. Avec les autres, et quand il est bien constaté que le suc intérieur n'a subi aucune altération, continuer l'expérience.

A cet effet, disposer les flacons qui contiennent l'acide sulfurique et l'air, chacun dans un petit verre ordinaire rempli d'alcool fort ; les y laisser à peu près deux heures, puis plonger un à un ces verres avec leur contenu dans la cuve à mercure, en s'y prenant comme précédemment pour les groseilles. Puis les sortant à l'intérieur du mercure, les conduire sous les tubes soumis à l'expérimentation. Déboucher faiblement et doucement de façon à ce que quelques bulles de l'air intérieur s'échappent ; enfin abandonner l'expérience à elle-même.

En observant, l'on constatera après quelques jours que la couleur de la pulpe de groseilles pâlit peu à peu et de proche en proche, et que la quantité de gaz augmente au sommet des tubes. Lente d'abord, la fermentation s'activera bientôt ; et ce qui est aussi à remarquer, c'est que plus la quantité d'air qui aura pénétré à l'intérieur du suc sera considérable, plus prompte sera l'altération, la fermentation du milieu sucré.

Ce résultat m'a paru exactement acquis dans l'expérience que j'ai faite l'été dernier au laboratoire de l'école de médecine de Rennes ; néanmoins parce que je n'ai pu apporter dans l'exécution toutes les précautions que j'indique à cause surtout de la faible quantité de mercure au milieu duquel j'opérais, je sens qu'il est nécessaire de la reproduire, afin d'obtenir une démonstration presque mathématique. Mais en admettant que le résultat soit le même, et plus sensible encore, il sera certes bien permis d'admettre l'existence de germes ferments dans l'organisme, puisque dans tout le cours de l'opération, l'air a été constamment éliminé et ses dépôts organisés anéantis par la chaleur ou empoisonnés par l'alcool.

Il resterait maintenant à expliquer la fermentation dans cette circonstance. Je ne puis mieux faire que de reproduire la théorie qui est inscrite dans mon travail au Congrès scientifique de Bordeaux :

« Étant admise l'idée de l'existence des germes ferments dans l'organisme, il convient de rechercher les causes qui déterminent leur germination au milieu de la matière organisée.

« Pendant la vie, lorsque les circonstances favorables ou nécessaires au développement de ces germes font défaut, ceux-ci demeurent accolés aux organes, sous un état passif, qui est du reste commun à toute espèce de semences dont les conditions indispensables à la germination ne sont pas remplies.

« Lorsque l'individu subit des accidents : maladies, plaies, entailles, qui mettent les germes ferments en communication avec l'air, ceux-ci entrent immédiatement en activité dans la région malade et livrent combat à la force vitale. Si celle-ci l'emporte, la désorganisation de l'être se localise et s'arrête, la plaie se ferme ou la maladie disparaît.

« Mais si la force vitale succombe, la désorganisation déjà commencée pendant la vie s'accentue sous l'action de divers agents, se complète jusqu'à l'entière destruction de la matière organisée.

« Deux agents principaux concourent à appeler à l'existence de leur vie les germes ferments de l'organisme, lorsque la force vitale s'est éteinte. Ce sont : l'*oxygène*, et probablement l'*azote*.

« Le rôle que joue l'oxygène, dans cette circonstance, est complexe. Ce gaz s'attaque particulièrement aux éléments de la matière morte, pour lesquels il a le plus d'affinité. Ainsi, il forme, par sa combinaison avec le carbone, l'hydrogène, l'azote, *de l'acide carbonique*, *de l'eau*, *de l'acide azotique*, qui, en totalité ou en partie, se transforme en *ammoniaque*.

« Au point de vue qui m'occupe, le résultat de ces phénomènes de combustion lente est de communiquer aux germes de l'organisme l'impression qui ressort de l'ébranlement moléculaire dont est saisie toute la substance; de mettre à nu ces germes, de façon à ce que le contact de l'azote et peut-être l'influence de la lumière viennent les surexciter. Par suite de cette impression et de cette surexcitation qui les éveillent, ces germes ferments sont appelés à la vie, passant ainsi de la passivité à l'activité.

« L'azote, en éveillant par son contact les propriétés destructives des germes ferments de l'organisme, se comporterait donc de la même façon que la lumière solaire vis-à-vis d'un mélange de chlore et d'hydrogène, quand elle anime, exalte les propriétés endormies du chlore. Du reste, ce rôle que je suppose exercé par l'azote ne doit être évidemment considéré que comme hypothétique. Néanmoins, quand je réfléchis que ce gaz occupe les quatre cinquièmes de l'air atmosphérique, tandis que l'oxygène ne s'y trouve compris que pour un cinquième, il m'est difficile de n'accorder au premier que le rôle secondaire de tempérer, dans les phénomènes vitaux, l'action trop vive du second.

« Chaque chose, chaque élément a sa raison d'être dans la nature, et il me semble que leur importance doit être proportionnelle à leur masse. Or l'oxygène est l'élément principal de la vie des êtres appartenant aux règnes supérieurs; pourquoi l'azote ne serait-il pas véritablement l'élément principal de la vie des êtres appartenant aux règnes inférieurs, c'est-à-dire l'élément de la mort?

« Si, au lieu d'expérimenter avec de l'air froid et privé de germes, l'on avait expérimenté avec de l'air calciné, d'après M. Pasteur la fermentation alcoolique n'eût pu se produire dans le suc de groseilles. Cette apparente anomalie peut être expliquée de la manière suivante. L'oxygène et l'azote de l'air calciné existent sous un état passif particulier et provenant de l'action de la chaleur; l'oxygène *(ozone)* et l'azote de l'air froid, au contraire, ayant conservé leurs propriétés électives, ont pu agir immédiatement selon leurs affinités chimiques sur le suc du fruit et produire dans la composition de celui-ci l'ébranlement moléculaire, et vis-à-vis des germes ferments la surexcitation que j'ai mentionnée. »

D'après cet exposé, on le voit, je ne peux accepter la conclusion que M. Pasteur, devant l'Académie des sciences, a tiré de ses dernières expériences. Du reste, à mon avis, ces expériences supportent facilement la critique.

1° Ainsi, il me semble qu'il y a exagération à admettre que l'air se dépouille de tout germe ferment quand il circule à travers de longs tubes capillaires. Car enfin, si l'on accepte que ces germes sont imperceptibles et presque inpondérables, c'est-à-dire possédant une ténuité incomparable, il est tout aussi facile d'admettre que le gaz, en circulant, ne les dépose pas tous sur les parois des tubes qu'il traverse. En tout cas, le fait paraît fort douteux.

L'air ainsi épuré de poussière ferment, affirme M. Pasteur, arrivant au contact de sucs de raisins préalablement bouillis, n'y détermine pas la fermentation alcoolique : celle-ci du moins ne s'y développe que si le ballon récipient est retourné de telle façon que le liquide sucré pénètre dans les tubes et s'empare des germes ferments qui y ont été déposés.

Je dirais d'abord que tout suc de fruits qu'on a porté un instant à l'ébullition aussitôt qu'il a été exprimé, se conserve pendant plusieurs mois intact de la fermentation alcoolique, lorsqu'on l'abandonne au repos dans un flacon bouché ou non et incomplètement rempli. Moi aussi j'en ai acquis la conviction en expérimentant sur plusieurs litres de sucs de groseilles que je versais, encore chauds, dans plusieurs flacons incomplètement remplis, et que j'abandonnais tranquilles au contact de l'air. (Voir la première expérience de mon travail sur les fermentations, travail adressé au secrétaire du Congrès scientifique de Bordeaux.)

Mais j'ai ensuite constaté qu'à la suite d'une légère agitation imprimée aux flacons, les effets de la fermentation alcoolique apparaissaient, tandis que le suc qui était abandonné au repos complet se maintenait fort longtemps exempt de cette même fermentation.

J'ai remarqué en outre que dans les deux cas, après un certain temps (un mois, par exemple), d'autres espèces de fermentations s'établissaient dans les milieux sucrés. Ainsi je reconnaissais sensiblement la fermentation visqueuse, et très-visiblement à la surface des sucs, des mousses épaisses, qui augmentaient considérablement de volume avec le temps.

Si donc M. Pasteur surveille plus longuement son expérience, si surtout il n'attend pas que le ballon soit parfaitement refroidi pour y faire pénétrer, à travers les tubes capillaires, l'air qu'il suppose complétement épuré de poussière ferment, je ne doute pas qu'il arrive à constater l'altération du liquide. Le genre d'altération, dans cette circonstance, peut même être prévu : il sera complexe, tenant à la présence, dans les milieux sucrés, et du ferment visqueux, et du ferment levure, et surtout des moisissures. La fermentation visqueuse est néanmoins incertaine.

2° D'après le même savant, du suc frais de raisin qu'on introduit sans qu'il prenne l'air, dans du suc de raisin qui a bouilli n'y détermine pas la fermentation alcoolique (Pasteur).

Je propose au savant chimiste de faire arriver dans ce même milieu de l'air épuré de germes ferments à froid, au moyen de l'acide sulfurique ou de la potasse, par exemple, ou encore par le mode des tubes recourbés, d'abandonner l'expérience à elle-même pendant deux mois seulement, et l'on verra si les trois espèces de fermentations que j'ai mentionnées plus haut ne s'y établiront pas très-visiblement.

Enfin, qu'il me soit permis d'établir cette dernière considération :

Je suppose deux individus décédés à la même époque : l'un à la suite d'une longue maladie, l'autre à la suite d'un accident. Le premier sent déjà le cadavre, c'est-à-dire la décomposition, même avant le trépas, et la putréfaction s'accentue rapidement dans les jours qui suivent. Le second se conserve beaucoup mieux pendant les quelques jours qui suivent la mort. N'est-il pas présumable que, dans ce cas, et en dehors des phénomènes de décomposition que l'on rapporte à la gangrène, la putréfaction des deux sujets est particulièrement due à la germination, au développement, à l'action et à la reproduction des germes ferments de l'organisme.

Tous les deux ont eu le contact de l'air. Mais, chez le premier sujet, les agents intérieurs de la mort *(les germes ferments de l'organisme)* s'étant développés par une cause quelconque, ont livré combat à la force vitale ; ce qui a amené la maladie. La vie vaincue et éteinte, ils ont pu sans résistance accentuer l'œuvre désorganisatrice.

Chez le second, au contraire, les mêmes germes intérieurs étaient dominés, maintenus passifs par la puissance de la vie au moment même où la mort a frappé. Avant d'agir sur le cadavre et produire la putréfaction, il leur a fallu d'abord germer, puis se développer. Ce qui explique suffisamment la conservation plus prolongée de celui-ci.

Et il n'y a pas que les viscères, au milieu desquels l'on peut admettre l'infiltration de l'air et conséquemment le dépôt de poussière ferment provenant de ce gaz, qui laissent apercevoir dans ce cas les symptômes de la décomposition, car si avec le scalpel l'on pratique une incision dans une partie quelconque du cadavre, les mêmes symptômes de désorganisation, dus aux ferments putrides, sont mis en évidence. Or l'air n'a certes pas pénétré dans les tissus graisseux par exemple. Les choses ne se passent pas différemment chez les végétaux. Que de fois, en effet, en tranchant une poire mûre par son milieu, n'a-t-on pas aperçu un mouvement de décomposition (pourriture due à un germe) sortir de l'intérieur du fruit? Et cependant il n'y a pas lieu d'admettre, dans ce cas, que l'air ait pénétré dans la substance intérieure du fruit.

La cerise mûre, dont la pulpe est dévorée par un ver, a dû conserver intact, depuis l'époque de la floraison jusqu'à la maturité, le germe ou l'ovule qui a engendré ce ver. Ce qui prouve que des germes ferments quelconques peuvent exister pendant un certain temps passivement dans l'organisme.

M. E. JACQUEMIN

Professeur de chimie à l'École supérieure de pharmacie de Nancy

RECHERCHE ANALYTIQUE ET TOXICOLOGIQUE DE L'ACIDE PHÉNIQUE

— *Séance du 27 août 1873.* —

L'acide phénique, dont les applications ont été si bien étudiées et indiquées par le docteur Lemaire, est entré largement aujourd'hui dans la pratique chirurgicale, et d'une façon plus timide dans la pratique médicale. Certes, sa vogue, si bien justifiée d'avance par la théorie, permet d'affirmer que, s'il a rendu d'importants services, il est appelé à en rendre d'immenses à la santé publique, du jour où il pénétrera dans la vie de chacun, du jour où sa valeur réelle sera comprise et lui vaudra sa place dans le régime hygiénique de tous.

Ces considérations conduisent à accorder dès lors plus d'importance à la recherche analytique et toxicologique du phénol, puisque l'expert.

tôt ou tard, sera dans le cas d'en constater plus souvent la présence.

Sans doute, il semble difficile d'admettre que l'on puisse s'empoisonner par inadvertance à l'aide d'un tel composé, dont l'odeur et la saveur le rangent parmi les substances désagréablement douées au point de vue des propriétés organoleptiques. On ne saurait toutefois être absolu quand on songe aux accidents arrivés par l'ingestion malencontreuse d'acide azotique ou d'acide sulfurique, si fréquemment suivie de mort.

Des erreurs enfin dans l'administration d'un médicament ne peuvent-elles être commises, bien que, *a priori*, elles paraissent improbables? Voici un fait dont j'ai été témoin et que je crois devoir citer à l'appui, bien qu'à la vérité il ait été fort heureusement sans conséquences fâcheuses.

Pendant le siége de Strasbourg, un blessé, légèrement du reste, reçut à l'ambulance du lycée quelques gouttes d'acide phénique au lieu de laudanum. La sœur qui avait commis la méprise s'en aperçut presque aussitôt et prévint l'interne de garde. La dose était faible, et son degré de dilution ne pouvait pas amener d'inflammation grave du tube digestif. De l'eau albumineuse, puis un vomitif firent disparaître toute crainte d'accidents ultérieurs.

Il est certainement difficile de croire que l'on tentera d'administrer l'acide phénique à quelqu'un dans une intention criminelle. Cependant Scheerer cite un cas où l'on employa la force pour le faire avaler à un enfant, et l'on comprend d'ailleurs la possibilité de son introduction *per anum* au lieu du remède prescrit.

En dehors du crime, on admettra sans peine que des tentatives de suicide puissent se produire. Ainsi, il est à ma connaissance le fait parfaitement authentique d'un homme, fils de bonne famille, qui, dans un état de ramollissement cérébral fort avancé, soit par absence d'esprit, soit qu'il cherchât la fin de ses jours par ce moyen, avala le contenu d'une fiole d'acide phénique des pharmacies (solution alcoolique), environ 30 grammes, et fut trouvé peu d'instants ensuite sur son canapé, dans un état cadavéreux qui devait amener la mort, sans la promptitude des secours. Un vomitif, puis des boissons albumineuses et le traitement des maladies inflammatoires, rétablirent la santé sur ce point au bout de quelques jours.

Il est d'autres circonstances encore où le chimiste peut être consulté, car la présence de l'acide phénique, ignorée dans tel produit par celui qui s'en sert, cause parfois des accidents que l'on éviterait si l'on était renseigné. Ainsi, en 1866, j'ai reçu d'un grand industriel de la vallée de la Bruche, de Lutzelhausen (Bas-Rhin), un échantillon d'huile à graisser les machines, vendue comme possédant la propriété de ne pas former cambouis, plus un échantillon d'une substance employée comme clarificateur des huiles, et fus chargé de déterminer dans la dite huile et dans le clarificateur, sur la demande du médecin des établissements, la substance qui produisait des escarres sur les mains et sur les bras de jeunes ouvriers chargés du graissage. La lettre d'envoi déclarait « qu'un certain nombre de jeunes ouvriers, ceux qui, par leur genre de travail, ont souvent ou presque toujours les mains imprégnées d'huile, contractent des éruptions qui se manifestent aux bras jusqu'au coude, aussi à la figure à laquelle ils portent les mains, et même sur certaines autres parties du corps, mais plus faiblement. »

Ce fut pour moi l'occasion de trouver un procédé nouveau de recherche de l'acide phénique, que j'ai l'honneur de présenter aujourd'hui à l'Association. Je constatai donc : 1° que le clarificateur n'était que de l'huile lourde de goudron de houille chargée d'acide phénique ; 2° que l'huile à graisser les machines était formée d'une dissolution dans le pétrole d'un savon potassique d'huile de colza, mélangée d'huile de colza débarrassée des matières albuminoïdes, causes d'altération, par l'action de l'acide phénique du clarificateur, et d'un excès d'acide phénique par suite d'une dose exagérée du clarificateur.

D'autres occasions de recherche analytique du phénol peuvent encore surgir. Que la médecine, par exemple, étende le cercle de ses applications et vienne à le conseiller pour l'hygiène, et les pharmaciens aussitôt de venir avec empressement en aide aux médecins, en cherchant à dissimuler l'odeur et la saveur de l'acide phénique, en s'attachant à réaliser le *jucunde* que l'on doit tenter d'atteindre dans les préparations pharmaceutiques. Ce problème est loin d'offrir les difficultés que l'on y soupçonne tout d'abord : cela est si vrai que je me propose, vu l'approche du choléra et dans l'espoir d'être utile, de soumettre à la haute appréciation de l'Académie de médecine deux formules, l'une d'un liquide destiné à l'usage interne dans les cas d'épidémie de choléra, renfermant deux grammes d'acide phénique dissimulé par litre, et l'autre d'un savon, contenant 10 grammes de ce même acide par kilogramme. Or, si l'Académie venait à approuver ces formules ou celles de tout autre auteur, les fabricants de produits pharmaceutiques ne manqueraient pas de s'en emparer, puisqu'elles seraient mises dans le domaine public, et de livrer aux pharmaciens des produits dans lesquels ceux-ci devraient constater chimiquement la présence du phénol, puisque la saveur ou l'odeur de ce corps seraient dissimulées.

L'importance de la recherche analytique et toxicologique du phénol étant bien évidente, examinons les procédés qui sont conseillés en pareil cas et la modification que je propose.

On recommande avec raison de distiller les matières organiques, liquides ou solides, urine, sang ou organes riches en sang, avec un peu d'acide sulfurique ou phosphorique. Si le liquide distillé présente l'odeur caractéristique, on l'agite avec de l'éther et l'on abandonne à l'évaporation spontanée le liquide décanté, pour en soumettre le résidu aux réactifs habituels.

Mais lorsque aucun indice ne vient renseigner sur la nature de la substance, cause de l'accident soumis à l'expertise, il convient de suivre le procédé général, publié par le professeur de Dorpat. « Les matières à examiner, dit M. Dragendorff, après parfaite division, sont délayées avec de l'eau distillée, de manière à rendre la masse très-fluide ; on ajoute pour 100 centimètres cubes du mélange, 10 centimètres cubes d'acide sulfurique dilué au cinquième, et on laisse digérer le liquide, dont on a constaté l'acidité, pendant quelques heures à 50° ; on exprime et l'on recommence le même traitement avec un même volume d'eau distillée acidulée. Les liquides réunis et filtrés sont évaporés à consistance légèrement sirupeuse ; le résidu, additionné de trois ou quatre fois son volume d'alcool, est filtré après vingt-quatre heures de digestion, et le filtre lavé avec de l'alcool à 70°.

La liqueur alcoolique distillée dans une cornue laisse un liquide aqueux, que l'on filtre après refroidissement dans un grand flacon, où on l'agite à la température ordinaire avec de l'essence de pétrole rectifiée bouillant à 60°. Le pétrole ayant été décanté, on recommence un traitement semblable pour épuiser, puis on abandonne la solution de pétrole à l'évaporation spontanée dans un certain nombre de verres de montre.

L'odeur du résidu, sa propriété de colorer la peau en blanc et de précipiter la gélatine et l'albumine appartiennent également à la créosote et au phénol cressylique. Il en est de même de cette coloration bleu foncé que prend un copeau de sapin imprégné d'acide phénique, lorsqu'après l'avoir plongé dans de l'acide chlorhydrique on l'expose à l'air, réaction d'ailleurs sujette à caution, suivant mon honorable collègue de la faculté de médecine de Nancy, le professeur Ritter, qui a vu plus d'un copeau devenir bleu ou vert par l'action de l'acide chlorhydrique seul.

L'eau bromée, qui précipite en blanc jaunâtre des solutions très-diluées d'acide phénique, est certainement une réaction très-sensible ; mais, bien que le précipité, qui s'obtient très-lentement dans des liqueurs étendues, prenne une structure cristalline, ce n'en est pas moins une réaction plutôt complémentaire que caractéristique.

La propriété que possèdent les sels ferriques de colorer en bleu l'acide phénique constitue une réaction caractéristique ; elle est suffisamment sensible lorsque le phénol a été séparé par l'un des modes indiqués, car, d'après Dragendorff, le sulfate ferrique colore en lilas une solution d'un demi-milligramme par centimètre cube.

La réaction que j'ai découverte, objet de cette communication, repose sur l'extrême facilité avec laquelle on peut transformer le phénol en érythrophénate de soude [1], sel bleu qui possède un pouvoir colorant très-considérable.

J'ai constaté que l'acide phénique, additionné de son poids d'aniline, puis d'hypochlorite de soude, donnait une liqueur d'un bleu foncé, érythrophénate de soude, remarquable par la pureté et la persistance de sa teinte ; que cette couleur virait au rouge sous l'influence des acide par suite de la mise en liberté de l'acide érythrophénique, et que le bleu reparaissait dès que l'on saturait l'acide rouge par un alcali.

On arrive au même résultat par l'hypochlorite de chaux, mais avec moins de netteté, parce qu'il se forme en même temps un précipité qui trouble la transparence. Aussi je conseille l'emploi de l'hypochlorite de soude, que l'on prépare si rapidement par l'action d'un léger excès de carbonate de soude sur l'hypochlorite de chaux et filtration, attendu qu'il se prête mieux à tous les cas de recherche.

Une seule goutte de phénol, diluée dans 500 centim. cubes d'eau, que l'on traite par une goutte d'aniline, puis par de l'hypochlorite de soude, donne une liqueur bleue très-foncée. Qu'à une goutte d'acide phénique on ajoute une goutte d'aniline, puis deux litres d'eau et enfin l'hypochlorite de soude, la réaction peut tarder pendant une minute, puis le bleu reparaît, se développe d'une façon très nette et acquiert en une heure ou deux une intensité surprenante et telle qu'en ajoutant deux nouveaux litres d'eau, la teinte bleue est encore si bien marquée, que l'on se sent encore assez éloigné de la limite de sensibilité.

Je n'ai pas cherché l'extrême limite de sensibilité de cette réaction, mais c'est incontestablement l'une des plus sensibles de la chimie Elle est au moins trente fois plus sensible que celle au sulfate ferrique qu'a mesurée Dragendorff. En effet, d'après le chimiste russe, un gramme d'acide phénique dans deux litres d'eau est encore coloré en lilas par le sulfate ferrique, tandis qu'en admettant 0,066 pour le poids de ma goutte de phénol, il s'en suivrait qu'un gramme d'acide phénique, additionné d'autant d'aniline, colorerait encore en bleu

1 *Comptes rendus de l'Académie des sciences*, 30 juin 1873.

sous l'influence de l'hypochlorite soixante litres d'eau. Ainsi dans le premier cas la coloration lilas se produit dans des solutions au 1/2000, et dans le cas de ma réaction le bleu se manifeste encore dans des solutions au 1/60000.

Cette sensibilité supérieure m'a permis de simplifier le mode de recherche, d'autant plus aisément que la présence des matières organiques telles qu'alcool, savon, matières grasses, etc., pourvu qu'elles soient incolores, ne fait pas obstacle à la production du bleu. Je me suis placé dans les conditions d'un pharmacien qui n'a pas de laboratoire, et dont tout l'outillage se réduit à des entonnoirs, à des vases à précipiter, à des tubes. J'ai évité la distillation pour la majeure partie des cas et réduit en 1866 mon procédé à quelques opérations simples qui permettent en deux ou trois heures d'affirmer la présence de l'acide phénique.

Recherche de l'acide phénique dans le sang, ou dans divers organes. — Supposons le cas d'un chimiste, attaché à une faculté de médecine, chargé d'examiner la saignée pratiquée à un malade soumis à un traitement interne ou externe à l'acide phénique.

Admettons que 100 grammes de sang renferment 0,01 de cette substance, mes expériences ayant été faites dans ces conditions. Je les traite par 2 gram. d'acide sulfurique étendus de 98 gram. d'eau. Le sang recueilli au sortir de la veine dans une capsule chaude et tarée d'avance, se mélange fort bien par agitation avec le liquide acide ; mais lorsqu'on reçoit un *coagulum* au laboratoire, il faut le diviser dans un mortier de porcelaine avec un certain volume de sable qui déchire le réseau fibrineux, et faire ensuite le mélange. Après une heure de contact, on jette sur toile mouillée ; les matières albuminoïdes qui ont traversé la toile au début s'attachent au fond du vase, ce qui permet de décanter la majeure partie du liquide. On additionne celui-ci de son volume d'alcool, à 90° et l'on jette sur filtre.

Ces additions successives d'eau acidulée et d'alcool conduisent à n'avoir plus par centimètre cube que vingt cinq millièmes de milligramme, ou vingt cinq millioniémes de gramme. Lorsque l'on a recueilli environ 30 centimètres cubes, on sature l'acidité par le carbonate de soude, on ajoute à l'aide d'une baguette de verre une fraction de goutte d'aniline, et enfin la dissolution d'hypochlorite de soude, qui plus dense traverse le liquide et se diffuse imparfaitement à la partie inférieure. Des stries jaunes se manifestent sur le passage du réactif, et la base du verre se teint de même en jaune, qui ne tarde pas à virer au vert, pour passer ensuite au bleu verdâtre. On agite seulement alors, et tout le liquide prend une couleur bleu verdâtre. Il importe d'ajouter suffisamment d'hypochlorite : on acquiert d'ailleurs très-vite le coup de main nécessaire pour la réussite de ces opérations.

Dans un cas d'expertise médicolégale on opère soit sur le sang ou sur les organes, le cœur, les poumons ou le foie, ou dans certains cas sur le tissu musculaire. On incise, on divise aussi bien que possible un poids donné de ces matières, 100 grammes environ, et l'on parfait la division en triturant dans un mortier avec du sable pur. On commence comme je viens de l'indiquer, et soit que l'essai préliminaire ait donné un résultat positif ou négatif, on exprime ce qui reste sur toile, et on traite le résidu pour l'épuiser par la moitié du poids précédent d'eau acidulée à 2 0/0 d'acide sulfurique ; après un contact d'une heure on jette de nouveau sur toile, on soumet à la presse, et les liquides réunis, additionnés de leur volume d'alcool à 90°, sont après contact de quelques heures filtrés au papier dans l'après midi. Le lendemain, le liquide alcoolique est évaporé au bain-marie dans une cornue munie de son récipient, et si, après le départ de l'alcool, le liquide est quelque peu trouble, ce qui arrive d'ordinaire, on le filtre dans un flacon d'un litre bouchant à l'émeri.

Si l'essai préliminaire, effectué comme je l'ai dit sur une trentaine de grammes de liquide, a démontré la présence de l'acide phénique, on verse dans le flacon de l'éther rectifié, on agite vivement, et, après séparation en deux couches, on décante le liquide éthéré, pour reprendre une seconde fois par le même véhicule. L'évaporation spontanée livre l'acide phénique dans un état de concentration telle que l'on pourra répéter sur ces traces toutes les réactions connues et conserver une fraction de goutte en dissolution alcoolique comme pièce à conviction. Toutefois il ne faut pas oublier pour reproduire la réaction bleue de l'érythrophénate de soude la nécessité de saturer au carbonate de soude la portion de résidu sur laquelle on opère, si l'acidité en a été constatée.

Quand l'essai préliminaire n'a donné qu'un résultat négatif, ce qui peut tenir à des quantités si faibles d'acide phénique dans ces 30 grammes qu'elles n'atteignaient pas la limite de sensibilité de la réaction, il est plus convenable dans le doute de continuer par le procédé Dragendorff et de reprendre le liquide non plus par de l'éther, mais par du pétrole rectifié bouillant à 60°. Le résidu de cette opération, s'il y en a un, fournira ma réaction, s'il y a lieu, ou sera formé par l'une ou l'autre des substances que ce véhicule est susceptible de dissoudre en présence de l'acide sulfurique.

Le procédé du chimiste russe offre la ressource, dans la négative absolue, de reprendre le liquide aqueux par un autre précieux dissolvant, la benzine.

Recherche dans l'urine. — On emploie environ 200 grammes d'urine que l'on traite par 4 grammes d'acide sulfurique préalablement étendu de 16 grammes d'eau, et l'on maintient à 50° pendant une heure. On ajoute après refroidissement un volume égal d'alcool, et, après un certain temps de contact, on filtre et l'on agit comme je viens de l'indiquer.

Recherche dans le lait. — 200 grammes de lait sont chauffés et maintenus à une température voisine de l'ébullition, après avoir été additionnés du mélange ci-dessus d'eau et d'acide sulfurique, jusqu'à séparation entière de la caséine; on filtre le liquide refroidi, on le soumet à l'action de l'alcool, et l'on continue comme précédemment.

J'ai eu par hasard l'occasion d'examiner le lait d'une vache qui, s'étant affreusement blessée au pâturage, avait été pansée à l'acide phénique. Il m'a suffi d'ajouter directement au lait une goutte d'aniline et de l'hypochlorite pour produire la coloration bleue de l'érythophénate de soude au bout d'une minute.

Recherche dans un savon au phénate de soude. — 1 gramme de savon râpé et dissous dans peu d'eau distillée fournit en peu d'instants la réaction caractéristique par l'aniline et l'hypochlorite de soude.

Bien que 1 gramme de savon puisse renfermer 0,01 d'acide phénique, quantité relativement élevée, la réaction au sulfate ferrique serait inapplicable, parce qu'il se formerait un précipité de savon de fer; l'hypochlorite de chaux ne vaudrait pas mieux par la même raison.

Recherche dans une huile a graisser les machines. — Je me contente de l'émulsionner avec un volume égal d'une dissolution d'hydrate de soude au vingtième et de jeter sur filtre mouillé. Le liquide laiteux qui passe donne très-nettement la réaction, tandis que la partie plus épaisse, restée sur filtre, ne fait que l'accuser légèrement.

A la suite de cette communication, plusieurs membres font remarquer que l'aniline même seule se colore en bleu sous l'influence des hypochlorites alcalins et que la réaction indiquée semble perdre dès lors une partie de son intérêt.

M. Jacquemin complète sa communication par les renseignements suivants :

Il n'y a aucune analogie entre la réaction des hypochlorites sur l'aniline, qui donne une coloration d'un violet fugace dix-neuf fois sur vingt, et une coloration violet bleu une fois sur vingt, matière sensible seulement au $\frac{1}{6000}$, et une réaction de l'hypochlorite de soude sur le phénate d'aniline d'un bleu persistant et sensible au $\frac{1}{60000}$.

Ces indications ont été présentées à l'Académie des sciences (30 juin 1873) dans une note intitulée : *Acide érytrophénique, réaction nouvelle du phénol et de l'aniline.*

5me 6me & 7me Sections réunies

PHYSIQUE, CHIMIE, MÉTÉOROLOGIE & PHYSIQUE DU GLOBE

Mme Clémence ROYER

THÉORIE DE LA GRAVITATION, DE LA COHÉSION ET DE L'AFFINITÉ CHIMIQUE

— *Séance du 27 août 1873.* —

Mme Clémence Royer, en partant de l'hypothèse d'atomes possédant des propriétés qu'on ne leur avait pas attribuées jusqu'à présent, cherche à expliquer rationnellement les phénomènes de la gravitation, de la cohésion et de l'affinité chimique.

3me Groupe

SCIENCES NATURELLES

8me Section

GÉOLOGIE ET MINÉRALOGIE

PRÉSIDENT.	M. DUMORTIER, Membre de l'Académie de Lyon.
VICE-PRÉSIDENT.	M. A. GAUDRY, Professeur au Muséum d'histoire naturelle de Paris.
SECRÉTAIRE	M. BAYAN, Ingénieur des ponts et chaussées.

M. Victor DESHAYES

Ingénieur civil des Mines

SUR LE GISEMENT DE CUIVRE DU CHARRIER, PRÈS LA PRUGNE (ALLIER)

— *Séance du 22 août 1873.* —

HISTORIQUE. — Les mines du cuivre du Charrier sont connues depuis peu de temps, mais les travaux d'exploitation exécutés jusqu'à ce jour ont déjà montré l'importance de ce gîte au point de vue de sa richesse en cuivre. Voici dans quelles circonstances ces mines ont été découvertes. Il y a quelques années, on avait trouvé dans ces parages des minerais de manganèse et M. Ducrozan s'était déjà préoccupé de cette découverte, lorsque, peu de temps après, un paysan du Charrier vint lui présenter un échantillon de carbonate de cuivre, sans que, jusqu'alors, on ait eu aucune espérance de trouver un gisement de cuivre dans ce village. Après quelques explications au sujet de la provenance de cet échantillon tout à fait exceptionnel, M. Ducrozan fit faire des recherches et trouva, vers le mois d'août 1870, un gisement de phillipsite fort altérée à la surface du sol. Sur ces simples constatations, une demande en concession fut faite par une société de Paris, mais les événements du moment retardèrent longtemps la réalisation des projets.

C'est vers la fin de 1871 que furent reprises les recherches, et ces dernières ayant amené d'excellents résultats, la Compagnie devint plus forte et la demande en concession fut réitérée après la découverte d'un deuxième amas.

Les minerais extraits à cette époque furent en quantité assez grande et d'une richesse telle (15 à 20 °/$_{o}$) de cuivre que l'on ne pouvait hésiter à entreprendre une exploitation régulière. La concession fut enfin accordée par le Conseil des mines au mois de juin 1872, époque à laquelle on fit à l'École des mines des analyses des minerais envoyés par la société Amaud, Piret et Cie.

SITUATION GÉOGRAPHIQUE ET LIMITES DE LA CONCESSION. — Les mines sont situées sur la rive droite de la rivière de Besbre, qui descend du Puy de Montoncelle et coule dans une gorge escarpée et sauvage ; l'exploitation est loin de toute communication, car elle se trouve distante de la Palisse (station du chemin de fer la plus rapprochée) de 40 kilomètres et, de plus, le village du Charrier n'est relié à la Prugne que par un chemin presque inaccessible aux voitures[1]. La concession accordée comprend 700 hectares et est ainsi limitée :

Au nord, de la Côte au village Arnoux ; à l'ouest, par la Besbre ; au sud, par une ligne allant de la Gaillante à la Besbre, en suivant le ruisseau de la Bonière ; à l'est, du village Arnoux à la Gaillante. Les mines de la Prugne sont assez bien situées pour l'arrivage des bois que l'on trouve en effet dans les montagnes environnantes ; et d'un autre côté, les porphyres et les granites peuvent fournir toutes ces pierres de construction désirables.

GÉOLOGIE. — ALLURE DU GITE EXPLOITÉ. — En suivant la route de la Palisse au Mayet-de-Montagne, on rencontre des porphyres rouges quartzifères dans les montagnes environnantes, mais rien n'est bien caractérisé comme roches sur les bords de la route. On emploie pour l'entretien de cette route ces porphyres qui, étant généralement très-durs, donnent un entretien de route facile, peu de poussière et par suite peu de boue. Du Mayet-de-Montagne au village de la Prugne, on rencontre des granites plus ou moins porphyriques, et enfin de la Prugne au Charrier, dans la vallée de la Besbre, on trouve des granites et des schistes généralement très-compactes

1 Ce chemin a été amélioré pendant l'année 1873, et aujourd'hui, le transport entre le Charrier et la Prugne n'offre pas plus de difficultés qu'entre la Prugne et la Palisse. On peut voir en suivant le nouveau chemin une coupe géologique très-intéressante.

ressemblant aux schistes anciens de Boën, Champoly et Varennes; ils sont quelquefois magnésiens et serpentineux : je reviendrai du reste sur ces roches qui présentent un grand intérêt au point de vue géologique, tant pour le gisement que pour établir l'âge des minerais de cuivre qui se trouvent dans les porphyres de Roanne à la Palisse et, en particulier, outre ceux qui nous occupent, ceux de Saint-Just en Chevalet.

Direction du gite. — Le gisement de phillipsite du Charrier a une direction générale nord-sud obliquant un peu au nord-ouest; elle était exactement celle du méridien magnétique (lors de ma première visite, en 1872) soit nord 18° ouest. Elle coïncide à peu de chose près avec la vallée de la Besbre dont la direction est en relation évidente avec le soulèvement des montagnes du Forez. Ces directions semblent au moins nettement indiquées pour la portion du filon jusqu'alors reconnue et pour les schistes des terrains environnants[1].

Roches encaissantes. — Les roches encaissantes sont au toit et au mur du filon, c'est à dire aux limites est et ouest des granites (principalement à l'est), et à l'ouest d'abord des schistes verts et rouges souvent décomposés avec des argiles vertes (argilophyres, gabbros?) des feldspaths plus ou moins kaolinisés; ce n'est que plus au nord que l'on trouve des porphyres granitiques, avec des paillettes de mica rares et disséminées dans la masse. L'encaissement est à peu près vertical avec des ondulations assez fortes qui donnent au filon la structure en chapelet bien caractérisée; les deux amas reconnus jusqu'alors sont probablement deux grains de ce chapelet; on pense en retrouver d'autres du même genre au sud; mais une galerie poussée au nord n'a point donné de résultat; elle a dû être faite un peu trop à l'ouest.

Affleurements. — Ces deux amas semblent affleurer à la surface du sol sur une petite longueur et former coin (la tête du coin étant en profondeur) mais ils y sont très-décomposés et par suite les minerais de qualité inférieure à la phillipsite du centre des amas.

Premier amas. — Le premier amas reconnu est de forme amygdaloïde et a en direction une longueur de 25 mèt. et au point le plus large, une largeur de 13 mèt., mais il est rétréci fortement aux deux extrémités nord et sud et l'on peut dire en moyenne qu'il a une puissance de 5 mèt. On l'a trouvé d'abord jusqu'à 22 mèt., puis un faux

[1] Une nouvelle visite faite au Charrier en 1873, avec la Société géologique, confirme les hypothèses admises dans ce rapport. (Voir *Compte rendu de la session extraordinaire de la Société géologique de France*, tenue à Roanne en septembre 1873.)

puits creusé à une profondeur de 8 mèt. environ a rencontré encore le gîte, ce qui porte à croire qu'il se continue intérieurement comme le ferait un filon véritable en s'éloignant en profondeur comme ceux de Sain-Bel, de Monte-Catini, etc... Ceux de Monte-Catini se trouvent en effet sous forme d'amas comme à la Prugne. Le cube du premier amas peut donc être évalué pour la partie connue à $5 \times 25 \times 26 = 3{,}250$ mèt. cubes.

Deuxième amas. — Le deuxième amas, plus récemment découvert, est en relation évidente avec le premier, duquel il est séparé par un travers-banc peu schisteux contenant du porphyre granitique ; il a du toit au mur une largeur de 9 mèt. 50 et a comme forme générale celle d'un parallélipipède dont la plus grande dimension a une direction nord-sud un peu au nord-ouest ; c'est pour l'ensemble des deux amas que les ingénieurs du Charrier prennent la direction du méridien magnétique. En direction, la longueur du deuxième amas est de 21 mèt. ; il a été reconnu sur une vingtaine de mètres en profondeur ce qui permet d'en faire le cube approximatif, 9 mèt. $50 \times 20 \times 21 = 3{,}990$ mèt. cubes soit, pour l'ensemble des deux amas reconnus jusqu'à présent, un cube total d'au moins 7,000 mèt. cubes, — nombre qui n'est évidemment qu'approximatif, mais en dessous de la vérité plutôt qu'en dessus, puisque l'on pense que le filon se prolonge en profondeur.

Dernières recherches exécutées en 1872. — La galerie, dite à travers-banc, qui rejoint les deux gîtes ne peut guère être appelée à travers-banc, car le sens de schistosité et de fissilité des roches, quoiqu'en général peu marqué, est plutôt dans la direction même de la galerie que dans le sens perpendiculaire ; c'est une galerie en direction et le froissement des roches contre les parois au moment du remplissage du filon semble avoir orienté ces roches du nord au sud dans la direction même du filon ; c'est là un fait à signaler car il peut acquérir une importance très-grande dans l'étude des directions des éruptions serpentineuses [1].

Roches vertes contenant du fer. — En continuant les recherches du côté du sud après avoir trouvé le deuxième amas, on tombe sur des schistes verts cuivreux et ferrugineux qui sont assez compactes sans direction bien marquée et qui font penser que l'on trouve plus loin un nouvel amas. Le fer dans ces roches est à l'état de fer oxydulé ou de fer titané analogue à ceux que l'on trouve dans les roches serpentineuses et chloriteuses du nord de l'Italie.

[1] Les nouveaux travaux exécutés en 1873 ont montré que le filon se prolongeait en s'élargissant en profondeur.

Remplissage. — Étant donné l'encaissement de roches granito-porphyriques, il nous reste à examiner le mode de remplissage de ce filon. La masse principale qui remplit le filon est une sorte de schiste vert sans orientation apparente et analogue à celui dont j'ai parlé ci-dessus. C'est un schiste doux au toucher, argilo-magnésien et même dans certains endroits serpentineux, il happe à la langue et répand à l'humidité du souffle une odeur argileuse comme cela a lieu avec les gabbros d'Italie. Quoique paraissant se rapprocher des schistes des environs de Boën, les schistes du Charrier ont surtout de l'analogie avec les roches serpentineuses qui auraient été métamorphisées au contact du porphyre au moment de leur éruption. De plus, on trouve, comme je l'ai dit plus haut, des sortes d'argilophyres (ou de gabbros) souvent décomposés dans la partie occidentale du gîte. Les gabbros verts et les gabbros rossos d'Italie ne sont-ils pas les analogues des roches vertes de la Prugne? Je le crois d'autant plus aisément que le gisement qui nous occupe doit être rangé dans la classe des filons de contact comme ceux de Monte-Catini. Ce serait un gisement analogues à certaines stocwerkens d'étain; il semble que le cuivre des roches serpentineuses ait en quelque sorte suinté de cette roche et s'y soit accumulé en certains points. Les filons de métaux électro-négatifs, tels que l'étain dont les oxydes sont acides, sont comme on sait en relation avec les formations granitiques acides et avec les porphyres passant au granite; l'elvan de l'Anglais est une roche acide et guide dans la recherche des gisements d'étain. Par analogie, on peut dire que les filons de métaux électro-positifs sont en relation avec les roches éruptives basiques; d'après cela, il serait très-naturel d'admettre que les gisements de la Prugne (cuivre dont les oxydes sont basiques) sont en relation avec les roches serpentineuses qui sont basiques, et de là il faudrait conclure que les roches vertes, dont j'ai parlé, sont des roches serpentineuses métamorphisées au contact des porphyres.

Quelle que soit leur origine, ces roches sont dans la mine du Charrier imprégnées de cuivre panaché (phillipsite) en quantité très-variables; mais dans la rencontre des deux amas on en a trouvé des masses compactes et très-riches contenant parfois jusqu'à 15 ou 20 % de cuivre. La phillipsite est très-compacte, dure à abattre et se trouve le plus souvent concentré en un rognon plus ou moins riche ; quelquefois, au contraire, des veinules se trouvent intercalées dans cette roche verte, mais alors la phillipsite est plus rosée, tandis que la teinte bleue violacée domine dans les grands amas de concentration de matières cuivreuses. Aucun de ces amas ou rognons n'est nettement limité, et il semble, comme je l'ai dit plus haut, qu'il y ait eu suintement du cuivre, ce qui expliquerait les irrégularités de richesse que l'on a rencontrées en faisant les recherches du deuxième amas.

Un fait intéressant à rappeler ici est la présence fréquente de cristaux noirs qui paraissent être du fer oxydulé ou titané, attirables à l'aimant : ils sont disséminés dans la roche comme le sont ordinairement les cristaux de magnétite dans les schistes serpentineux et chloriteux. Il serait intéressant de connaître le gîte du Charrier sur une plus grande étendue pour connaître la loi de répartition du fer et du cuivre. Cette question ne peut être encore résolue, vu le peu d'étendue du champ d'exploitation actuel : toutefois, on trouve des rognons de phillipsite exempts de fer et des parties ferrugineuses exemptes de phillipsites, mais ils succèdent jusqu'à présent dans un ordre tout à fait irrégulier.

Les roches vertes riches en cuivre, quand on est dans le premier et le deuxième amas, deviennent assez brusquement pauvres en arrivant au sud, mais on rencontre toujours des imprégnations cuivreuses et ferrugineuses qui font espérer la découverte d'un autre gîte au sud. Dans cette partie sud, on a trouvé des porphyres plus ou moins granitiques, et c'est en circonscrivant le deuxième amas que l'on a trouvé principalement au toit (à l'est) des schistes verts serpentineux imprégnés de cuivre, tandis qu'au mur (à l'ouest) on en trouve peu.

CONCLUSIONS

Des faits observés jusqu'à présent dans le gîte cuivreux du Charrier nous devons conclure que ce gisement doit être considéré comme un filon de contact analogue à ceux de Monte-Catini. En comparant les échantillons de roches et de minerais rapportés du Charrier à ceux de Toscane, j'ai été frappé de leur analogie et j'ai cherché en conséquence les concordances qui pouvaient exister entre les divers gisements de cuivre. M. Fuchs, professeur à l'École des mines, qui a étudié récemment les gîtes de cuivre de la Corse[1], a eu la complaisance de mettre à ma dispositions les collections qu'il a rapportées de cette contrée et nous avons pu ainsi constater de très-grandes analogies entre les gisements de Mont-eCatini, de la Corse et de la Prugne et probablement aussi ceux de Saint-Just en Chevalet, non encore exploités.

L'étude des mines de la Prugne montre donc que le filon s'est ouvert dans le porphyre granitique et a été rempli par des éruptions serpentineuses (exactement comme les gisements de Corse), magnésiennes et chloriteuses, roches qui ont été métamorphisées au contact

1 Ponte alla leccia, pont de la Chèvre, route de Bastia à Ajaccio.

des porphyres. Le cuivre s'y trouve concentré dans les parties supérieures (moins serpentineuses) qui jouent ici le même rôle que les gabbros de Toscane et de Corse, et il est probable que lorsque les travaux seront poussés à une plus grande profondeur, on trouvera la serpentine noble bien caractérisée et à ce moment le cuivre disparaîtra comme dans les gîtes de même nature. Le cuivre a en effet une grande affinité pour les roches magnésiennes qui, contenant une assez forte proportion d'eau, ont été facilement émulsionnées pour donner naissance à des argilophyres, des gabbros, des serpentines et même des euphotides comme cela a lieu à Monte-Catini, en Corse, au Chili, le long de la Cordillera de la Costa. En Corse, en particulier, les plus beaux gîtes sont venus avec la roche elle-même et correspondent au soulèvement nord-sud de la Corse. Le gisement du Charrier semble, d'après ce que j'ai dit sur sa direction, en relation avec le soulèvement nord 15° ouest du Forez, qui s'est produit entre le grès houiller et le terrain permien, et correspond à des éruptions de porphyres feldspathique et curitique, et d'argilophyres quartzifères. Ce filon ouvert dans cette direction peut avoir été rempli par des éruptions serpentinéuses et cuivreuses, entre les dépôts du permien et du crétacé, mais il est propable que le remplissage date d'une époque plus récente, vu la grande analogie du gîte de la Prugne avec ceux de Corse dont les serpentines, les euphotides et les gabbros correspondent au soulèvement nord-sud de la Corse, qui en coupe la craie et s'est produit entre les dépôts des terrains tertiaires, moyens et inférieurs.

Je ne donne les conclusions précédentes que sous réserve d'une étude plus approfondie et comme résultat des premiers faits que j'ai observés dans le gisement du Charrier ; et en présentant cette note à l'Association française je n'ai eu qu'un but : montrer l'importance industrielle du gîte du Charrier, et en même temps son importance au point de vue d'une étude ultérieure pouvant amener à la connaissance de faits géologiques d'autant plus intéressants que la mine de cuivre de la Prugne est la seule de ce genre exploitée jusqu'à ce jour en France.

M. DE CHAMBRUN DE ROSEMONT

SUR LE DELTA DU VAR ET LA PÉRIODE GLACIAIRE

— *Séance du 22 août 1873.* —

M. de Chambrun de Rosemont expose les résultats de son travail intitulé : *Études géologiques sur le Var et le Rhône pendant les périodes tertiaire et quaternaire, leurs deltas, la période pluviaire, le déluge*[1], et donne quelques indications sur l'application de ces résultats aux environs de Lyon.

M. Carl VOGT

de Genève

SUR LA STRUCTURE MICROSCOPIQUE DES ROCHES VOLCANIQUES

— *Séance du 22 août 1873.* —

M. C. Vogt présente à la section une série nombreuse de coupes de roches très-minces et susceptibles d'être examinées au microscope par des grossissements allant jusqu'à 500 diamètres et au delà. Toutes ces coupes ont été faites sur des échantillons choisis dans le musée géologique de Genève par MM. Vogt et Hochgesang, mécaniciens à Gottingue, et dans des directions indiquées sur l'échantillon par M. Vogt.

Pour avoir un point de départ déterminé, M. Vogt a choisi en premier lieu des *laves* de volcans actuellement en activité et surtout du Vésuve, dont le musée possède une série assez complète. Ces coupes montrent que, dans toutes les laves, on peut distinguer plusieurs éléments : une masse générale vitrée, ayant été à l'état de fluidité ignée, des cristaux de différentes espèces (leucite, pyroxène etc.) préformés, et enfin des cristaux de fort petite dimension, appelé microlithes, qui se sont formés dans la substance vitrée pendant son refroidissement. Ces différents éléments peuvent se trouver en quantité très-variée dans le mélange solidifié qu'on appelle lave ; — la masse vitrée constitue quelquefois seule le tout (les obsidiennes), elle est quelquefois entièrement homogène comme du verre, tandis que, dans d'autres cas (résinites du Devonshire, lave du Kaïmeni à Santorin), elle semble entièrement obstruée par les microlithes et cristallisée presque en son entier. La quantité de grands cristaux préformés est également très-variable : — ils peuvent être assez rares (lave du Kaïmeni) ou se trouver en tel nombre, que la masse vitrée ne se laisse apercevoir que difficilement. M. Vogt fait voir des échantillons où ces gros cristaux sont brisés et où la masse vitrée, riche en microlithes, est entrée dans les fentes et les fissures en les remplissant entièrement, — preuve évidente que les gros cristaux étaient formés, solidifiés et brisés, pendant que la masse vitrée était encore fluide. D'autres échantillons montrent

[1] Paris, J.-B. Baillière, 1873.

les cristaux entiers, à angles et côtes parfaitement intacts, ce qui démontre que la masse vitrée et fluide ne peut s'être formée à leurs dépens. M. Vogt conclut de tous ces faits que M. Stoppani n'est point dans le vrai s'il prétend que la masse vitrée ne se forme qu'à la surface des courants de lave et par fusion secondaire aux dépens d'une masse entièrement composée de cristaux ; —les deux éléments, substance vitrée et gros cristaux, existent à la fois dans la lave. — M. Vogt combat aussi les observations de M. Vogelsang, qui a voulu trouver dans une structure particulière, dite *fluidale*, un caractère palpable de la fluidité ignée de certaines roches. Il montre que cette structure fluidale se voit en effet d'une manière distincte dans certaines laves (laves du Kaïmeni, résinites de Devonshire etc.) où l'on distingue, dans l'arrangement des microlithes, des traînées et des ondes suivant lesquelles la masse entière a coulé; — mais il présente en même temps des coupes, faites dans les couches siliceuses qui se déposent au bassin du grand Geysir d'Islande, et où cette même structure fluidale existe de la manière la plus évidente. M. Vogt attribue par conséquent cette structure à la nature ductile de la silice et des silicates en général, qui restent longtemps dans un état semi-fluide avant que de se solidifier complétement et obéissent dans cet état aux forces attractives qui les entraînent. Mais quoi qu'il en soit de cette explication, la substance siliceuse, déposée par les eaux du grand Geysir, prouve à l'évidence que la structure fluidale ne peut être invoquée lorsqu'il s'agit de décider si une roche, dont l'origine est litigieuse, s'est trouvée à l'état de fluidité ignée ou non. — En terminant, M. Vogt signale encore les services que le microscope peut rendre dans les études sur le métamorphisme des roches. Il montre des coupes faites sur les phonolithes du Laugarfjall, au pied duquel jaillit le grand Geysir en Islande. Ces roches sont plus ou moins profondément altérées par l'action des vapeurs d'eau qui les traversent et on peut suivre sous le microscope, dans les agrégations cristallines fort curieuses qui leur donnent une structure tout à fait exceptionnelle, la destruction graduelle de certains éléments constituants, l'oxydation du fer magnétique et l'invasion successive du fer oxydé vers l'intérieur de la roche.

M. DUMORTIER

Membre de l'Académie de Lyon

ÉTUDES PALÉONTOLOGIQUES SUR LES DÉPOTS JURASSIQUES DU BASSIN DU RHONE

— *Séance du 25 août 1873.* —

M. Dumortier met sous les yeux de la section les premières planches de la quatrième partie de ses études paléontologiques sur le bassin du Rhône. Ces planches sont consacrées au lias supérieur dans lequel M. Dumortier n'a séparé que deux groupes : zone à *A. bifrons* et zone à *A. opalinus*, tout en pensant que des études plus minutieuses conduiraient peut-être à en admettre davantage.

M. DUCARRE

Député du Rhône

QUESTIONS ADRESSÉES A LA SECTION DE GÉOLOGIE SUR LES RESSOURCES HOUILLÈRES DE LA FRANCE

M. GROSJEAN

RÉPONSES AUX QUESTIONS ADRESSÉES PAR M. DUCARRE

— *Séance du 25 août 1873.* —

Le président de la section de géologie donne lecture de la lettre suivante adressée par M. Ducarre, député du Rhône, au président et aux membres de l'Association française pour l'avancement des sciences :

Depuis deux ans, la production et le commerce de la houille ont subi, en France et en Europe, de graves perturbations.

Vous le savez, Messieurs, ce puissant agent de chaleur et de la force motrice est aujourd'hui indispensable : — au chauffage domestique, — à la fusion, au coulage, au forgeage des métaux, — à la verrerie, — à la céramique, — aux distilleries, — savonneries, — brasseries, — aux fabriques de produits chimiques, etc., il est l'agent moteur absolument nécessaire : — à l'épuisement des eaux dans les mines, — aux transports à vapeur par eau et voies ferrées, — à la filature, — au tissage, aux machines agricoles et bientôt au labourage à vapeur.

La houille sert à l'éclairage de nos villes par le gaz, et, dans ce cas, ses sous-produits sont : les hydrocarbures, le goudron, la parraffine, les huiles lubrifiantes, les engrais ammoniacaux, les couleurs tinctoriales, etc.

Énumérer les différents emplois de la houille, c'est faire le compte de presque tous les modes de l'activité et du travail moderne : l'idée de la suppression de la houille amène celle d'une éclipse de la civilisation actuelle, c'est-à-dire : nos manufactures privées de leur force motrice, les hauts fourneaux éteints, les trains de chemins de fer arrêtés, la navigation à vapeur remplacée par la navigation à voiles, nos rues livrées de nouveau au triste éclairage à l'huile, nos foyers vides et éteints...

En science économique, les questions de la houille (on l'a appelée le pain de l'industrie) viennent immédiatement après celles des céréales ; elles en ont l'importance et la gravité.

Sur la conclusion d'un rapport que j'ai eu l'honneur de lui présenter au nom d'une commission chargée de cet examen, l'Assemblée nationale vient d'ordonner une enquête parlementaire, pour rechercher les causes de la crise houillère que nous traversons, les moyens d'y pourvoir et d'en empêcher le retour.

La Commission d'enquête a formulé un questionnaire visant les causes immédiates : inexécution des actes de concession, — insuffisance d'extraction, — concessions non exploitées, — gisements non concédés, — insuffisance des moyens de transport, tarifs inégaux ou onéreux, inobservation de la loi des mines, — modifications à y apporter etc., tel est le résumé du questionnaire adressé à tous les consommateurs de houilles, concessionnaires, extracteurs, commerçants, manufacturiers, entrepreneurs de transports, ingénieurs des mines et des ponts et chaussées, etc.

Le rapport que j'ai eu l'honneur de présenter à l'Assemblée nationale, contenait un paragraphe spécialement adressé aux sociétés savantes ; je prends la liberté de le transcrire ici.

« En Angleterre, l'opinion publique, vivement surexcitée, place la question houillère au premier rang de ses préoccupations. On met à l'ordre du jour jusqu'à la grande question de la durée ou de l'épuisement des mines anglaises (trois ou quatre siècles suivant Edward Hull, cent dix ans selon Stanley Jevons), mais c'est là un grand problème de l'avenir, seule la science est dès aujourd'hui mise en demeure de l'aborder et d'en préparer la solution. »

Vous êtes de ceux auxquels cette question s'adresse, je viens vous demander pour elle une place dans les travaux de votre session.

Les précédents m'y autorisent, c'est dans une session de l'Association britannique pour l'avancement des sciences qu'à Newcastle, en 1863, sir William Armstrong a pour la première fois posé la question de l'épuisement des houillères.

Ce fut, en Angleterre, le point de départ de recherches scientifiques qui se continuent et permettront d'évaluer cette importante partie de la richesse nationale du Royaume-Uni.

La Commission d'enquête parlementaire française est chargée d'un semblable inventaire. Les résultats seraient de nature peu rassurante si elle devait s'en tenir aux faits acquis et constatés en 1868.

Un écrivain spécial, un professeur éminent, M. Amédée Burat, imprimait dans son livre *Les Houillères en 1867* (p. 183) : « Les conditions dans lesquelle se poursuivent nos exploitations houillères sont normales. Ces conditions peuvent être maintenues avec certitude pendant vingt ou trente années suivant les bassins, sans que l'appauvrissement des gîtes se fasse sentir par des aggravations de prix ; il est même des houillères où l'on a pu évaluer les charbons *dégagés* et *certains* à cinquante années, sans parler des charbons probables ou hypothétiques. L'élévation progressive du prix des charbons qui a été signalée dans quelques bassins résulte principalement de l'élévation du taux de la main-d'œuvre et des bois d'étais. » Ces lignes étaient écrites au lendemain de la crise houillère peu intense de 1866-1867.

Cinq années après, le prix de la houille était monté (dans le bassin du Nord pris pour exemple) de 12 fr. 50 à 27 fr. la tonne ; la hausse du salaire n'y figure pas pour 10 0/0 ; la dépense d'étais par tonne de houille extraite ne dépasse pas 1 fr. 50....

Mais la hausse du prix de la houille n'est qu'un des côtés de la question, nous avons à rechercher quelle est la masse de houille dont notre pays peut disposer.

Un Anglais, M. Edward Hull, a entrepris de calculer la masse totale de houille disponible en Angleterre ; il a mesuré la surface utile de chaque bassin, calculé, d'après les coupes, l'épaisseur moyenne du combustible exploitable ; il a déduit de la masse totale :

1° Une quantité représentant les pertes subies par les phénomènes de dénudation naturelle des couches supérieures ;

2° Une autre quantité représentant la houille déjà exploitée et les pertes probables de l'exploitation future.

En revanche, tenant compte de l'extension des gisements sous les formations récentes, la surface réelle des bassins a été comptée pour un tiers en plus.

Disons enfin que, dans cette estimation, ne sont entrées que les couches situées à une profondeur ne dépassant pas 4,000 pieds anglais (1,200 mèt.), l'exploitation au delà étant considérée jusqu'ici comme impossible, surtout en raison de la haute température (42° centig., chaleur du sang).

Edward Hull est arrivé à un résultat définitif de 83 milliards de tonnes représentant la réserve de charbon de toute l'Angleterre.

A ce moment, l'extraction annuelle était de 100 millions de tonnes; M. Hull a donc conclu en disant : « L'Angleterre a de la houille pour huit cent trente années. »

Ce qui était vrai en 1865 ne l'était plus en 1872, le chiffre de l'extraction s'était élevé à cent vingt trois millions de tonnes! Quand, comment et à quel chiffre s'arrêtera cette progression presque géométrique. Ici on n'est plus d'accord, ce qui permet aux savants anglais d'assurer à la durée des houillères anglaises des périodes variant entre huit cents, quatre cents, et trois cents et même cent dix ans !....

Pour la France, toute proportion gardée, la situation est la même.

Comparées aux mines anglaises (1,570,000 hectares carrés), nos houillères ne mesurent que 350,000 hectares carrés et sont loin de valoir les précédentes, pour la qualité, la puissance et l'horizontalité des couches.

Pendant que l'Angleterre suffit à sa consommation et exporte le dixième de sa production (12 millions de tonnes), la France, qui consomme 22 millions de tonnes de houille, n'en extrait de son sol que 14 millions et en demande 8 millions à l'étranger, dont 2 millions à l'Angleterre, 4,500,000 à la Belgique et 1,200,000 à l'Allemagne.

Des hommes autorisés pensent qu'en dix ans on peut doubler la production française!

Reste la question de durée de nos houillères.

Sommes-nous limités aux quantités de charbons *dégagés* et *certains* dont M. A. Burat évaluait la durée à vingt, trente et cinquante ans (en 1867, lorsque l'extraction française n'était que de 12 millions de tonnes) ?

Quelle est la somme de charbons *probable* ou *hypothétique* dont il parle ?

A combien évaluer les gisements encore inconnus sous les formations récentes que M. Edward Hull fait entrer pour un tiers dans l'inventaire des charbons anglais ?

Quelle est réellement la profondeur à laquelle une mine cesse d'être industriellement exploitable ? Tel est, Messieurs, le résumé des questions scientifiques que la commission d'enquête a éliminées de son questionnaire industriel et qui sont réservées à votre examen ?

Nous avions le devoir d'appeler sur elles votre attention.

Vous serez comme nous frappés de ce fait : la terre reproduit chaque jour ce que l'homme consomme ; seule, la houille extraite et consommée est à jamais détruite!

Un déposant dans la récente enquête anglaise a dit : « Toute tonne de houille consommée est un chèque tiré sur la banque de nos houillères. Le vide qu'il fait dans la caisse ne sera jamais comblé ! »

Après la lecture de la lettre de M. Ducarre, M. Grosjean a la parole pour répondre aux questions contenues dans cette lettre :

M. Ducarre demande : 1° quelle est la somme probable et hypothétique des charbons contenus dans les houillères de France ?

Il est impossible de répondre à cette question par des chiffres. Pour évaluer un volume il faut connaître ses trois dimensions, longueur, largeur et épaisseur, et, dans la plupart des gisements houillers français, ces trois données sont encore à l'état d'inconnu.

On ne pourrait donc faire que des calculs fort hypothétiques. Mais ce que l'on peut affirmer dès aujourd'hui, c'est que les houillères françaises sont assez riches pour que l'industrie n'ait point à se préoccuper de ses approvisionnements.

L'Association française pour l'avancement des sciences pourra jouer un rôle utile dans cette question en provoquant dans chaque bassin houiller des cubages et des évaluations et en centralisant ces documents qui pourront un jour servir à répondre à la question de M. Ducarre.

2° Quelle est réellement la profondeur à laquelle une mine cesse d'être industriellement exploitable ?

Comme l'avait fort bien dit M. le Président, à l'ouverture de la séance, la science a fait depuis quelques années des progrès tels que bien des difficultés, regardées comme importantes, ne sont plus rien aujourd'hui. M. Grosjean a exploité lui-même une mine où il y avait 43° dans les chantiers ; il existe en Allemagne des puits de 700 à 800 mèt. ; tout le monde a pu voir à l'exposition de Lyon en 1872 l'appareil Blanchet, destiné à monter les bennes de 1,200 mèt. de profondeur. Il croit que, en résumé, quelle que soit la profondeur où sera le charbon les ingénieurs sauront l'extraire. Ce sera une question de ventilateurs et de machines.

La crise actuelle tient à ce que la consommation et la demande l'emportent sur la production de la houille.

La consommation a augmenté parce que les grèves de 1869 ont épuisé les stocks, parce que l'industrie, le commerce et la métallurgie ayant subi une stagnation pendant la guerre et les années 1870 et 1871, il y a eu réaction dans les besoins et les demandes en 1872 ; parce que les machines à vapeur sont maintenant à bon marché et que partout on tend à remplacer le travail de l'ouvrier (qui devient rare) par le travail de la machine, et surtout parce que l'extension des chemins de fer a répandu la houille partout et a généralisé son emploi dans des contrées où elle était inconnue il y a bien peu de temps encore.

Quant à la production, elle n'a pu suivre ce mouvement rapide de hausse, uniquement à cause du manque d'ouvriers. Car, dans le bassin de la Loire, notre voisin, les mines sont développées et préparées de manière à pouvoir augmenter leur production dans une proportion considérable et dans un délai des plus rapprochés si les ouvriers ne leur manquaient pas. Malheureusement on n'improvise pas une population de mineurs en quelques jours. Et il faut un certain temps et des conditions de travail favorables pour attirer des ouvriers et les fixer dans les exploitations houillères.

Il pense donc que l'honorable M. Ducarre pourra lui-même être très-utile à la question houillère en appuyant de toute son autorité dans l'Assemblée pour obtenir des mesures propres à venir en aide à la production de la houille.

Parmi ces mesures, les plus importantes seraient d'abord celles qui pourraient faire augmenter la population ouvrière, telles que congés temporaires ou exemptions partielles accordées aux jeunes ouvriers mineurs pendant leur service militaire; assimilation de ceux-ci aux ouvriers de la marine et des chemins de fer ; toutes mesures éminemment propres à attirer dans les houillères les jeunes gens, qui sont toujours les ouvriers qui manquent le plus, et à les y fixer.

En second lieu, la révision de la loi sur les mines, qui, faite en 1810, époque où les mines étaient à peine connues, n'est plus en rapport avec la matière qu'elle régit et renferme diverses dispositions de nature à gêner et à restreindre le creusement et l'exploitation des puits.

Et en dernier lieu, favoriser par tous les moyens possible le développement de toutes les voies de transports, chemins de fer, routes, canaux, de manière à rendre facilement accessibles beaucoup de mines qui ne pouvaient être exploitées fructueusement jusqu'alors, à cause de leur situation dans des lieux inaccessibles et éloignés de toutes voies de communications.

M. le comte de SAPORTA

SUR LA FLORE DES TUFS PLIOCÈNES DE MEXIMIEUX

— *Séance du 25 août 1873.* —

Ce mémoire, qui a été lu également à la section de botanique, se trouve *in extenso* parmi les travaux présentés à cette section (V. 9e section, séance du 25 août 1873).

MM. DUMORTIER et FALSAN

Membres de l'Académie de Lyon

PRÉSENTATION DE LA 2e LIVRAISON DE LA DESCRIPTION DES POISSONS FOSSILES DU BUGEY, PAR FEU VICTOR THIOLLIÈRE

— *Séance du 25 août 1873.* —

MM. Dumortier et Falsan présentent aux membres de la section de géologie la seconde livraison in-folio de la *Description des poissons fossiles des gisements coralliens du Jura dans le Bugey*, par feu Victor Thiollière, qu'ils viennent de publier avec le concours de la *Société d'Agriculture, Sciences et Arts utiles de Lyon.*

M. Dumortier résume en quelques mots les faits qui se rattachent à la publication de cette œuvre posthume. En 1859, après une maladie de quelques heures, Victor Thiollière fut enlevé par une mort prématurée, sans avoir eu le temps de publier la seconde livraison de son ouvrage sur les poissons fossiles du Bugey. Au milieu du trouble et des émotions douloureuses qu'avait fait naître une séparation si imprévue, le manuscrit achevé disparut et on perdit la trace des planches qui pourtant étaient toutes tirées; il fut donc impossible aux amis du regretté géologue lyonnais de le suppléer dans l'accomplisssement de cette œuvre.

Dix ans plus tard, grâce à une indication de M. le Dr Gérard, M. Falsan put découvrir les planches égarées ; il gardait un trop cher souvenir de son ancien maître pour ne pas saisir cette occasion de rendre hommage à sa mémoire, et il s'empressa de s'associer avec M. Dumortier, pour remettre en lumière une œuvre restée si longtemps dans l'oubli. Afin de réparer autant que possible la perte du manuscrit, ces messieurs prièrent M. le professeur P. Gervais de mettre en ordre et de compléter les notes de Victor Thiollière, et demandèrent à M. le comte de Saporta de vouloir bien décrire les empreintes végétales du niveau des couches à poissons de Cerin, de Creys, d'Armaille et d'Orbagnoux, pour en déterminer le niveau. Il s'agissait en effet de résoudre une question de stratigraphie et de fixer l'âge des calcaires lithographiques de Cerin, qui était resté controversé. MM. Falsan et Dumortier, pour contribuer d'une manière personnelle à cette publication, essayèrent de compléter les études géologiques du maître et de l'ami qu'ils avaient perdu, en joignant à ces deux mémoires une note sur les terrains subordonnés aux couches à poissons du Bugey.

Pour la classification de ces couches, on est revenu au système proposé par M. Jules Itier en 1839 et, d'après les études récentes de ces géologues, on peut regarder les calcaires lithographiques de Cerin, les schistes d'Armaille, d'Orbagnoux et de Creys, comme une dépendance de l'étage kimméridgien.

M. le comte de SAPORTA

SUR LA FLORE CONTEMPORAINE DES POISSONS FOSSILES DU BUGEY

M. le comte de Saporta donne quelques indications sur la flore de l'horizon des poissons fossiles, flore assez pauvre comme toutes celles de l'époque jurassique ; cependant vers le milieu de l'oolithe on observe quelques changements : la végétation devait présenter alors un caractère imposant, mais triste, monotone et sans fraîcheur.

M. FALSAN

COUPE DES TERRAINS DU BAS-BUGEY

— *Séance du 25 août 1873.* —

M. Falsan présente à la section une grande coupe coloriée du Bas-Bugey ; cette coupe traverse les gisements de Cerin, d'Armaille, de la montagne de Parves, et permet de voir simultanément les relations des différentes formations géologique du Bugey. D'après M. Falsan, ce pays offre d'excellentes stations pour étudier les couches jurassiques supérieures et leurs rapports avec les premiers étages crétacés. Toutes ces formations s'y développent avec une grande puissance et une régularité parfaite, et ce géologue espère que la monographie qu'il vient de tracer avec M. Dumortier pourra faciliter l'étude de plusieurs des questions géologiques discutées de nos jours.

Le lias, le bajocien, le bathonien, le callovien n'offrent aucun caractère particulier. L'oxfordien inférieur et moyen ressemble à celui qui est décrit dans les contrées voisines, mais les couches qui terminent cet étage et le surmontent présentent un certain intérêt, car, dans ces assises, au-dessous des calcaires que M. Falsan regarde comme les représentants du corallien, apparaît la faune des couches à *Am. tenuilobatus* des Allemands. Les échantillons sont assez nombreux et bien conservés: *Am. polyplocus*, Rein, *Am. iphicerus*, Oppel, *Am. Schilleri*, Oppel, *Ter. insignis*, Schubler, *Rhync. inconstans*, d'Orbigny. Le véritable oxfordien se terminerait par des calcaires marneux en lits minces remplis d'empreintes de fucoïdes et renfermant des échantillons de myaires. Les couches à *Am. tenuilobatus* seraient dans le Bugey des *couches de passage* entre l'oxfordien et le corallien. M. Falsan est donc arrivé aux mêmes conclusions que M. Hébert, et ses études stratigraphiques l'ont conduit à reconnaître la superposition du corallien au-dessus des couches en question. D'après le même géologue, le corallien se compose, dans le pays qu'il a étudié, du calcaire à chailles, du calcaire à polypiers et des couches à *Nerinea Mandelslohi* et à *Diceras Lucii*. Cependant, il fait remarquer que les calcaires à polypiers, qui formaient de véritables récifs, manquent parfois et que les autres subdivisions de l'étage se trouvent aussi atrophiées, comme près du lac d'Armaille. Au-dessus de ce corallien se développent les calcaires lithographiques ou les schistes bitumineux du kimméridgien, enfin les calcaires portlandiens, analogues à ceux de Nanthuy (Haut-Bugey) dont les fossiles ont été étudiés et décrits par M. E. Pellat, et des calcaires dolomitiques finement grenus.

Les derniers lits du portlandien passent à une brèche peu épaisse à ciment calcaire. Cette brèche apparaît dans tout le pays jusqu'à Saint-Claude, au même niveau. M. Falsan croit qu'elle termine la série jurassique et qu'elle offre une grande analogie avec celle de la Savoie, du Dauphiné et du Vivarais. Elle supporte les marnes du purbeck, puis les calcaires du valangien, du néocomien, de l'urgonien, qui constituent, à eux seuls, en Bas-Bugey, les formations crétacées.

Les terrains tertiaires n'y sont représentés que par la mollasse marine souvent remplie de fossiles (Saint-Martin de Bavel), mais ne possédant aucun caractère particulier.

Toutes les formations secondaires et tertiaires sont pour ainsi dire recouvertes par une vaste couche de terrain erratique qui s'élève jusqu'à l'altitude de 1,200 mèt. et qui, en abaissant successivement son niveau, s'étend jusque vers Bourg, Lyon et Vienne. M. Falsan, se proposant de faire sur ce terrain une communication spéciale, à une des prochaines séances, se contente de signaler la présence de la boue glaciaire et des blocs erratiques alpins sur toutes les montagnes et dans toutes les vallées du Bugey.

M. BAYAN

Ingénieur des Ponts et Chaussées

OBSERVATIONS SUR LA COUPE DES TERRAINS DU BAS-BUGEY DONNÉE PAR M. FALSAN

— *Séance du 25 août 1873.* —

La coupe mise sous les yéux de la section par notre savant confrère M. Falsan est doublement intéressante, d'abord parce qu'elle fixe d'une manière définitive la place des couches à plantes de Morestel, et ensuite parce qu'elle me paraît conduire à des conclusions utiles pour l'étude du jura supérieur de l'est de la France ; ce sont ces conclusions, qui diffèrent notablement de celles que M. Falsan a déjà publiées [1], que je demande à développer brièvement.

Ce n'est point que j'aie l'intention de contester en quoi que ce soit les coupes que nous avons sous les yeux : l'exactitude de M. Falsan est trop connue pour cela ; il me semble seulement qu'étant donnée la succession des couches, telle qu'il l'a établie, l'on est forcément conduit à modifier quelques-unes de ses appréciations, notamment celles qui ont trait à l'oxfordien et au corallien.

Tout d'abord il est important de remarquer un fait que l'on ne devra pas perdre de vue quand on étudiera à fond la répartition en France de la mer de l'époque jurassique supérieure, c'est qu'au-dessous du purbeck le mieux caractérisé, découvert autrefois par MM. Lory et Coquand, et si semblable par sa position et sa faune à celui de Villers-le-Lac (Doubs) décrit par MM. de Loriol et Jaccard, il existe dans le Bugey une brèche, exactement à la position qu'occupent les brèches d'Aizy et celles de Chomérac dans l'Ardèche. Celles du Bugey, M. Falsan l'a montré, sont incontestablement jurassiques, et, de même qu'on n'en peut tirer argument pour placer le purbeck dans le terrain crétacé, de même, la présence de celles d'Aizy et du midi de la France ne peut plus servir comme délimitant absolument le terrain néocomien. C'est une première analogie entre le Bugey et la région dauphinoise, analogie qui se continue dans les dépôts plus récents.

M. Falsan a reconnu l'existence dans le pays qu'il a étudié de la zone à *Ammonites tenuilobatus*, caractérisée par ses principaux fossiles. Il range encore cette assise dans le terrain oxfordien, sans doute parce qu'elle est recouverte d'une assise corallifère qu'il rap-

[1] *Bulletin Soc. géol. Fr.*, 3e série, t. I, p. 170.

porte au terrain corallien. Or, il est constant que partout ailleurs la zone à *A. tenuilobatus* appartient à la base du terrain kimméridgien, aux groupes astartien et ptérocèrien. Les dernières recherches d'Oppel, celles de ses continuateurs, les travaux des géologues suisses ne laissent aucun doute à cet égard. Je ne citerai que deux points où cette équivalence ne peut laisser aucun doute : 1° dans la coupe classique qu'il a donnée de la montagne du Crussol [1], Oppel a établit que la zone à *A. tennuilobatus* est supérieure à la zone à *A. bimammatus* : or, les travaux de M. Tombeck pour le département de la Haute-Marne[2], et d'autres recherches encore inédites d'un autre de nos confrères, montrent d'une manière incontestable que la zone à *A. bimammatus* est placée en plein terrain corallien entre des couches à *Diceras arietinum* et un calcaire à *Cidaris florigemma ;* 2° dans l'Argovie, à Oberbuchsiten, M. Zittel [3] a prouvé que la zone à *A. tenuilobatus* équivaut à l'astartien, dont elle contient de nombreux fossiles, et repose sur des terrains coralliens renfermant la faune bien caractérisée de la Caquerelle et des autres localités typiques du Jura bernois. Je ne veux pas insister davantage sur ce fait, qui ne saurait être inconnu aux membres de la section, et qui a été vérifié avec éclat dans une réunion d'un assez grand nombre de géologues français et suisses [4].

Il est donc prouvé que la zone à *A. tenuilobatus* est supérieure au corallien. Le Bugey ferait-il une exception, ou bien les couches que M. Falsan a rapportées au corallien occupent-elles en réalité ce niveau plus élevé dans la série? C'est cette dernière solution qui me paraît la plus vraisemblable, et je vais essayer de l'établir, en montrant que ni la position stratigraphique, ni la faune ne permettent d'en faire un terrain corallien.

En effet, dans les pays voisins le corallien est recouvert par des couches puissantes, constituant, sous des noms divers, kimméridgien inférieur, séquanien, astartien, ptérocérien, un groupe intermédiaire entre le corallien et le kimméridgien proprement dit, qui débute par les couches à *Exogyra virgula*. Or, d'après la coupe de M. Falsan, cette espèce se trouve à Armaille dans des calcaires marneux immédiatement supérieurs aux couches corallifères et inférieurs aux couches à plantes et à poissons.

Il faudrait donc admettre que là manque absolument le groupe kimméridgien inférieur. Pour ma part, je crois qu'on ne doit jamais supposer une lacune quand on a devant les yeux une série régulière

1 *Bulletin Soc. géol. Fr.*, 3e série, t. I, p. 15.
2 *Palaeont. Mittheil*, p. 315.
3 *Verhandl. K. K, geol. Reichs.*, 2 avril 1872.
4 Neumayr, *Verhandl. K. K. geol. Reichs.*, 15 avril 1873. — E. Favre, *Revue géol. suisse* pour 1872 (Archives de Genève), p. 42. — Lory, *Bulletin Soc. géol. Fr.*, 3e série, t. I, p. 281.

comme celle que M. Falsan a fait connaître. Au surplus cette difficulté n'a pas échappé à notre savant collègue, qui indique que peut-être dans le haut du calcaire corallien quelques bancs correspondent au calcaire à astartes qui serait alors rudimendaire. Je ne pense pas que ce soit là la solution de l'anomalie apparente.

En effet si l'on jette les yeux sur le tableau du jura blanc donné par le professeur Quenstedt[1], on verra que, dans le Würtemberg comme dans le Bugey, les couches de calcaire lithographique reposent immédiatement sur les assises corallifères, qui sont celles que l'on désigne sous le nom de Coral-rag de Nattheim. L'*Exogyra virgula* paraît y être rare, cependant le paléontologiste allemand indique[2] qu'elle se trouve parfois, quoique rarement, à la limite entre le jura blanc ε et ζ; enfin au-dessous du coral-rag de Nattheim existe un ensemble d'autres couches (δ et γ) qui, comme je le montrerai bientôt, paraissent correspondre exactement à celles du Bugey.

La probabilité d'une lacune est notablement diminuée par l'analogie de la succession des assises dans ces deux contrées relativement assez éloignées; elle diminue encore quand on tient compte des faits analogues que l'on peut observer ailleurs. Les couches du Bugey sont le prolongement stratigraphique du récif de l'Échaillon et du Salève, d'une part, et de l'autre, de celui de Valfin, qui, d'après les recherches de M. Lory et de M. Guirand, repose aussi sur la zone à *A. tenuilobatus*. A Valfin, d'après M. Jaccard[3], manquent complétement l'astartien et le ptérocérien; à l'Échaillon, suivant M. Lory[4], le calcaire corallifère est recouvert par le calcaire valanginien du Fontanil; ce sont des faits qu'il faut rapprocher de celui que je viens d'indiquer. Il ne faudrait pas d'ailleurs en tirer la conséquence qu'il existe, soit à Valfin, soit à l'Échaillon, une lacune après le dépôt des couches corallifères. En ces deux points, on a sous les yeux de véritables récifs en place, et les récifs madréporiques de leur nature s'élèvent plus rapidement que les dépôts normaux environnants. Il faut donc admettre qu'un récif peut directement être recouvert par des dépôts notablement plus jeunes, et cela sans avoir cessé d'être immergé, et alors que les assises intermédiaires que l'on ne retrouve pas sur ce récif se sont déposées régulièrement autour de lui.

Au contraire, les couches du Bugey étudiées par M. Falsan ne semblent pas avoir les caractères d'un récif en place, et l'on doit penser que la zone de l'*Exogyra virgula* est bien celle qui leur a normalement succédé dans le temps.

1 Quenstedt, *Der Jura*, p. 818.
2 *Ibid*, p. 753.
3 Jaccard, *Mém. sur le Jura vaudois et neuchâtelois*, p. 230.
4 *Coupes géologiques du massif de la Chartreuse*, p. 2 (1869).

Il faut donc considérer les couches corallifères du Bugey comme représentant un facies oolithique du terrain kimméridgien inférieur, qui, au contraire, se montrera dans les localités citées plus haut de France, de Suisse et d'Allemagne, sous un facies madréporique.

Et maintenant la faune de cette assise contredit-elle cette assimilation? Je ne le crois pas. Il faut en effet remarquer que des circonstances analogues ont dû amener des faunes analogues. Tous les dépôts coralliens, à quelque étage qu'ils appartiennent, qu'ils soient le calcaire à polypiers de l'oolithe inférieure, ou l'oolithe corallienne proprement dite, ou les couches à madrépores de Gy-l'Évêque (Yonne) si bien connues grâce aux recherches de M. Cotteau, renferment toujours la même association d'animaux parmi lesquels abondent les chamacés et les cidaridés. C'est ce qui explique comment on a confondu si longtemps le coral-rag de Nattheim avec le vrai coral-rag; il y a là, en effet, un grand nombre de types dont on admet l'identité; on sera peut-être conduit à en distinguer quelques-uns quand on se sera affranchi de l'idée préconçue de l'équivalence de ces dépôts; mais il n'en restera pas moins probablement un certain nombre d'espèces communes, ce qui n'a rien d'étonnant dans deux facies identiques de terrains en somme si rapprochés [1]. Mais au milieu de ces types communs, il en est d'autres qui sont propres à l'époque kimméridgienne inférieure. Les dicéras, en particulier, offrent alors ces espèces qui ont leurs deux muscles placés dans le plan de la charnière, tels que le *D. Münsteri* et le *D. Luci* qui existent au Salève, qui ont été cités à l'Échaillon et indiqués dans le Bugey par M. Falsan; avec ces espèces s'en voient d'autres du type ordinaire, comme le *D. speciosum*, qui est généralement confondu avec le *D. sinistrum*. C'est l'ère du genre *Columbellaria* : MM. Étallon, Guirand et Ogérien en ont décrit plusieurs espèces de Valfin; le Dr Quenstedt en a figuré une de Nattheim, sous le nom de *Casis corallina*, M. le Dr Bleicher en a retrouvé récemment dans des couches synchroniques des environs de Montpellier, et M. Chaper à l'Échaillon. J'ai fait remarquer déjà [2] que le *Cardium corallinum* cité à Valfin devrait plutôt, d'après un échantillon que j'ai eu entre les mains, être rapporté au *C. cochleatum*.

Je n'ai jamais examiné les espèces des terrains du Bugey; mais je suis persuadé qu'une étude approfondie les éloignerait des types coralliens pour les rapprocher de ceux de Nattheim et des localités syn-

[1] Je dois à l'appui de ces considérations citer un fait remarquable de persistance d'un type assez original. MM. Guirand et Ogérien ont figuré sous le nom de *Monodonta Caretti* une curieuse espèce du Valfin qui appartient au genre *Olivia*, Cantraine. M. Cotteau a trouvé à Gy-l'Évêque une coquille extrêmement voisine, dont il a bien voulu donner quelques échantillons à l'École des mines et que je me propose de faire connaître sous le nom d'*Olivia Cotteaui*.

[2] *Bulletin Soc. géol. Fr.*, 3e série, t. I, p. 66.

chroniques. Et déjà, dans la liste de M. Falsan, je trouve l'*Hemicidaris Cartierri*, l'*Acropeltis æquituberculata*. La première de ces espèces se trouve assez abondamment à Tonnerre dans des couches superposées au terrain corallien supérieur. La seconde n'est citée qu'à Angoulin, Valfin, Nattheim et Sirchingen, et jamais dans les localités du coral-rag proprement dit. J'ai déjà cité le *Diceras Luci* qui ne descend pas dans le corallien, et je vois encore dans la liste donnée par notre savant confrère d'autres espèces comme les *Nerinea Nogreti*, Guir. et Ogér., et *N. Salevensis*, Favre, qui sont encore de la même époque, l'une de Valfin, l'autre du Salève.

Si la zone à *A. tenuilobatus* et les calcaires oolithiques qui la recouvrent appartiennent à la base du terrain kimméridgien, et je pense que cela ne peut faire l'ombre d'un doute, qu'est donc devenu le terrain corallien? J'ai déjà dit combien il me paraît invraisemblable qu'il y ait une lacune dans la série qui a été mise au jour par M. Falsan, et je n'aurais pas pris la parole pour la déplacer. M. Tombek a dû beaucoup insister, et il y a lieu de s'en étonner, pour faire admettre (y a-t-il réussi?) qu'un terrain qui, en un point, renferme des coraux, doit quelque part ailleurs être à l'état de calcaire compacte, et, joignant la preuve à la théorie, il a montré dans la Haute-Marne des récifs coralliens enclavés dans le terrain corallien compacte. Cette dernière forme du terrain corallien me semble se retrouver dans le Bugey : le calcaire à scyphies de M. Falsan, avec ses *Eugeniacrinus nutans* et sa *Terebratella reticulata*, pourrait déjà appartenir à la zone à *A. bimammatus*, et en effet les assises qui viennent ensuite, et dans lesquelles abondent d'abord les *polygyrati*, puis les myaires, sont pour moi le corallien compacte sous sa forme ordinaire.

Et c'est là précisément la succession analogue à celle donnée par le professeur Quenstedt.

En effet [1] au-dessous du *Weisser Jura* ε qui répond aux couches de Valfin, de l'Échaillon, etc., se trouvent des terrains dont le Dr Quenstedt fait deux assises δ et γ, qui répondent à la fois à la zone à *A. tenuilobatus*, et au terrain corallien proprement dit. En effet, le *Weisser Jura* γ n'est pas un terrain homogène : il est regrettable que M. Quenstedt n'ait pas plus souvent indiqué la répartition des espèces qu'il a recueillies dans cette assise. Le tableau cité ne permet qu'en partie de combler cette lacune. On y voit cependant que c'est à la partie supérieure que se rencontre l'*A. pictus*, dont une des variétés, l'*A. pictus costatus*, est devenue l'*A. tenuilobatus*. Dans la région moyenne du γ, avec des *planulati* existent d'autres céphalopodes

[1] *Loc. cit.*

figurés sous le nom d'*A. inflatus, corona, falcula*, etc., qui se retrouvent en France dans le corallien compacte. A la base sont les couches du Lochen qui, d'après Oppel, contiennent l'*A. bimammatus* dont M. Quenstedt ne précise pas le niveau, en sorte que l'équivalence du jura würtembergeois avec le jura français serait indiquée par le tableau suivant :

Weisser Jura ε.	. . . .	Valfin, l'Échaillon	Couches à facies corallien. Zone à *A. tenuilobatus.*	Kimméridgien inférieur.
Weisser Jura δ.	. . . .	Couches d'Armaille		
Weisser Jura γ.	partie supérᵉ			
	partie moyenne et inférieure.		Zone à *A. bimammatus.*	Corallien.
Weisser Jura β.				

Le terrain corallien serait donc peut-être un peu moins développé dans le Wurtemberg et dans le Bugey que dans certaines régions du bassin parisien. C'est là un fait qui ne doit point arrêter; il est bien certain en effet que l'on ne doit point s'attendre à retrouver partout les mêmes couches avec les mêmes épaisseurs, et, s'il en fallait un exemple, je le trouverais encore dans les coupes de M. Quenstedt, qui montrent que, dans le Würtemberg comme dans le jura français, le terrain callovien est loin de présenter la puissance et la richesse qu'il atteint, par exemple, dans les régions S. et O. du bassin parisien. Il n'y a pas lieu de s'étonner que le savant géologue allemand n'ait pas cru devoir subdiviser son jura γ. Les considérations que j'ai développées sur l'analogie des faunes des facies coralliens du corallien et du kimméridgien s'appliquent avec autant de vérité aux facies marneux des mêmes assises, et il y a longtemps qu'Oppel a appelé l'attention sur les nombreuses espèces communes entre ces diverses assises. Plus récemment encore, dans l'*Échinologie helvétique*, M. de Loriol a montré qu'un certain nombre d'oursins se trouvent à la fois dans la zone à *A. transversarius* et dans la zone à *A. tenuilobatus*. La séparation que M. Quenstedt n'a pas faite, Oppel a été conduit à la faire par la connaissance d'autres régions, tant il est vrai que le géologue ne saurait s'affranchir de l'étude d'autres pays que le sien ; et les recherches de MM. Moesch, Jaccard, Tombeck et de bien d'autres sont venues donner aux découvertes d'Oppel une généralité qui ne fera que s'accroître de plus en plus.

M. F. GONNARD

Professeur de minéralogie et de géologie à l'École Centrale lyonnaise

DES ASSOCIATIONS ZÉOLITHIQUES DANS LES LAVES ANCIENNES DE L'AUVERGNE
(PUY-DE-DOME)

— EXTRAIT —

— *Séance du 25 août 1873.* —

Les zéolithes et leurs associations dans les laves anciennes de l'Auvergne (département du Puy-de-Dôme) sont beaucoup plus répandues qu'on ne se le figurerait d'après les anciennes monographies locales de A. Bouillet (voir sa *Topographie minéralogique du département du Puy-de-Dôme*, 2e édition, Clermont-Ferrand, 1854) et même d'après un des derniers ouvrages de M. Lecoq, *Les Époques géologiques de l'Auvergne*, dont les cinq gros volumes in-8° ont paru en 1867.

Ces savants, plutôt géologues que minéralogistes, n'avaient guère, de même que leurs devanciers, reconnu, en fait de zéolithes, que la mésotype, dont les gisements du puy de Marman, du puy de la Piquette et de la Tour-de-Boulade, sont en quelque sorte classiques.

Ils adjoignaient à ce chef de file de la famille des zéolithes l'analcime, reconnue au puy de Marman, à la Tour-de-Boulade, et dans quelques basaltes des monts Dore, mais toujours très-rare à ces divers gisements. Ils en désignaient même encore deux autres, la stilbite et la chabasie. Mais ils ne semblent pas avoir très-bien connu ces dernières ; car tous les échantillons de stilbite et de chabasie que j'ai eu occasion de voir dans les anciennes collections (collection de M. Lecoq, la plus riche des collections d'Auvergne ; collection de la faculté des sciences, à l'époque où M. Lecoq était professeur d'histoire naturelle; collection de M. V. Fouilhoux, le marchand naturaliste, etc.) étaient dénommés inexactement. C'était ou de l'apophyllite du puy de la Piquette, ou de la chaux carbonatée en rhomboèdres contournés et recouverts d'une couche légère de limonite irisée, de Montgrely, près de Mezel, ou même de la chaux carbonatée spathique sur basalte, du puy de Marman ou du puy de Montaudou, près de Clermont.

La mésotype a été l'objet de semblables erreurs et on a pris parfois pour ce minéral de petites gerbes d'aragonite aciculaire, que l'on rencontre dans les vacuoles des laves bulleuses des puys de Côme et de Louchadières.

J'ai vu, entre autres, un échantillon ainsi étiqueté dans la collection de M. Fournet, à la faculté des sciences de Lyon. Le contact d'une simple goutte d'acide, en produisant, sur cette prétendue mésotype, une vive effervescence, en révèle aisément la nature.

On a parfois aussi désigné, sous le nom de mésotype aciculaire, une opale fibreuse blanche, qui se trouve dans les scories pyroxéniques jaunies du puy de Lassolas et qui rappelle la michaélite des Açores.

En outre, il est, même *a priori*, admissible que tous les minéraux zéolithiques que l'on trouve en nodules fibreux dans les basaltes de l'Auvergne et leurs congénères, et que l'on désigne sous le nom uniforme de mésotype, n'appartiennent pas, du moins pour la majeure partie, à cette espèce.

L'analyse d'une mésotype d'Auvergne, faite par Guillemin dès 1820 (V, *Journal des mines*, t. XII, p. 390) et citée par M. Bouillet, se rapporte entièrement à la scolésite. De plus, la mésotype du puy de la Piquette, formée au sein de rognons calcaires, est essentiellement calcaire. Le type mésolithe doit donc exister également et probablement être le plus fréquent des trois.

En faisant dans le département du Puy-de-Dôme des excursions multipliées aux divers gisements zéolithiques qu'il renferme, j'ai eu le bonheur de rencontrer plusieurs membres de la famille des zéolithes qui n'étaient pas connus en France et d'étendre ainsi la liste des espèces minérales de l'Auvergne. Parfois, ces excursions ont été faites en commun avec mon ami, M. E. Laval, dont j'ai reçu d'utiles indications; parfois aussi, ce dernier a bien voulu en faire seul quelques-unes, à ma prière, dans des localités où je pensais qu'il serait utile d'aller, lorsque je ne pouvais le faire moi-même.

Je dois aussi remercier MM. Damour et Pisani, dont l'obligeance ne m'a jamais fait défaut, toutes les fois que j'ai eu besoin d'y recourir.

Les zéolithes que j'ai surtout rencontrées, outre la mésotype et l'analcime déjà connues, sont la christianite, le mésole et la phacolite; j'ai également, mais accidentellement, trouvé la mésolithe et la laumonite. Si à ces cinq minéraux on ajoute les deux premiers et la scolésite, on arrive à un total de huit espèces de la famille des zéolithes.

Quant à la stilbite, je suis autorisé à penser que cette espèce n'a pas été rencontrée dans le Puy-de-Dôme et qu'elle résulte de déterminations fausses. Je ne la cataloguerai donc pas dans le tableau des minéraux de ce pays.

J'ai trouvé, pour la première fois, la christianite associée à la mésotype du puy de Marman; dans le même lot que m'avaient vendu des ouvriers carriers, qui extrayaient du basalte pour l'entretien de la route, il y avait aussi de la phacolite, également associée à la mésotype.

Les cristaux de christianite, de même que ceux de phacolite, formaient comme un petit semis sur ceux de mésotype, ternes et paraissant altérés. S'étaient-ils produits, partiellement du moins, aux dépens de la mésotype ? C'est qu'on était tenté de supposer.

Je retrouvai plus tard, au plateau doléritique de la chaux de Bergonne, près d'Issoire, la christianite associée à la phacolite et au mésole dans les vacuoles d'une amygdaloïde (V. les *Comptes rendus de l'Institut*, 13 déc. 1871). M. Pisani a bien voulu faire l'analyse de ce mésole [1].

J'ai rencontré encore la même christianite dans une amygdaloïde du puy de la Velle, près de Champeix; elle y était associée à la mésolithe; cette dernière sous forme de globules blancs, à cassure fibreuse. Dans une excursion ultérieure, M. E. Laval a observé de petites druses de christianite dans le basalte compacte de ce puy.

M. E. Laval a aussi constaté l'existence de cette zéolithe dans un basalte compacte des Côtes, près de Clermont.

Dans celui de Gergovia, près du Petit-Pérignat, elle se montre parfois en très-petits cristaux limpides; et je l'y ai reconnue une fois nettement.

Une amygdaloïde des environs d'Aubière, près de Clermont, et dont j'ai trouvé un échantillon dans la collection Lecoq, recèle une association de christianite et d'aragonite; je n'ai d'ailleurs pas vu la roche en place.

Enfin, un des plus remarquables gisements de christianite, soit pour l'abondance du minéral, soit pour la netteté, la grosseur et la limpidité des cristaux, est le basalte compacte du Cap-de-Prudelles, près de Clermont, et sur la route du Puy-de-Dôme. M. Pisani a bien voulu faire également l'analyse de cette christianite.

Nous y avons trouvé, M. Laval et moi, de très-beaux cristaux de christianite associés à une substance compacte et verdâtre, que M. Pisani rapporte à la laumonite.

Plus tard, mon frère, L. Gonnard, a découvert au même gisement

1 ANALYSES FAITES PAR M. PISANI

	MÉSOLE DE LA CHAUX-DE-BERGONNE	CHRISTIANITE DU CAP-DE-PRUDELLES
Silice	42,30	45,10
Alumine	28,10	24,20
Chaux	10,00	7,80
Soude	6,70	0,64
Potasse	Traces	7,00
Eau	14,10	16,34
	101,20	101,08

le mésole, en globules nombreux associés à des cristaux nets et limpides de christianite.

Cette constance de l'existence de ce dernier minéral dans les basaltes ou dolérites du Puy-de-Dôme me semble digne de remarque, alors que, malgré cette constance, elle n'avait jamais été signalée par les nombreux minéralogistes et géologues qui, chaque année, visitent ce beau pays.

Outre les gisements précédents, il s'en présente un dernier, qui n'est pas le moins curieux à visiter. C'est la petite butte qu'on désigne sous le nom de puy de la Poix, et que l'on confond souvent avec le puy de Crouel. Dès 1866, M. A. Julien y avait constaté dans la wacke bitumineuse de petits cristaux d'apparence octaédrique, qu'il rapportait à l'apophyllite. M. Damour a reconnu que leur substance se composait d'un carbonate de magnésie, avec un peu de carbonate de chaux et de carbonate de fer ; les cristaux sont en réalité des rhomboèdres basés.

M. A. Julien a trouvé plus tard au même puy de petits cristaux nets de mésotype dans les fissures de la roche, qui contient aussi des globules de calcédoine.

Les associations zéolithiques de l'Auvergne comprennent donc les minéraux suivants : mésotype, mésolithe, scolésite, analcime, phacolite, laumonite, christianite, mésole, apophyllite, spath calcaire, aragonite, giobertite, calcédoine, bitume, etc. Des études suivies en accroîtront sans doute encore le nombre.

M. TARDY

Membre de la Société géologique de France

COUPE DE LA BRESSE, A PROPOS DE LA COMMUNICATION DE M. SAPORTA SUR LES TUFS DE MEXIMIEUX

— *Séance du 25 août 1873.* —

M. Benoît, qui doit publier la carte géologique du département de l'Ain, a donné, dans le tome XV des *Bulletins de la Société géologique de France*, une coupe de la Bresse et des profils de cette région.

Une étude de détail des assises représentées dans la légende des profils de M. Benoît par les lettres A, D, E, C, L m'a permis de subdiviser les couches E et C en plusieurs zones assez distinctes que j'ai aussi désignées par des lettres.

Sur les points les plus élevés du plateau entre Bourg et le Rhône, il y a une assise argileuse D (ces lettres ne correspondent pas à celles de M. Benoît). Cette argile est ordinairement transformée par les eaux d'infiltration en un lœss, lehm, limon ou terre (comme on préfèrera l'appeler), jaune vers la surface du sol et rouge avec pisolithes de fer au-dessous. Cette couche D repose sur une masse C de cailloux alpins quelquefois jurassiques, souvent striés. Cette masse C, étalée en cône diluvien par les torrents qui descendaient des premiers glaciers quaternaires, repose sur une argile R identique à D.

L'assise R, ainsi que le cône K de cailloux alpins, rarement striés, qu'elle recouvre, s'étendent sous le cône postérieur C D.

Sous ces formations se trouve, dans toute la Bresse, une zone Z marneuse, ou argilo-sableuse, ou tufacée, reposant sur des sables S qui passent quelquefois à des dépôts fluviaux torrentiels de cailloux durs, alpins et jurassiques.

Sous cette assise, il y a d'abord des marnes M et au-dessous une zone T renfermant au nord du département de l'Ain des concrétions noduleuses de calcaire, et au sud, près de Meximieux, des blocs de tuf identique à celui dont M. de Saporta a étudié les végétaux fossiles.

Il résulte de ces derniers faits que ces tufs sont antérieurs à la série des couches M ; S, Z ; K, R ; C, D. de ma coupe.

Il est aussi probable qu'ils appartiennent à un horizon fluviatile postérieur au dépôt lacustre des argiles à lignites de la Bresse (L de M. Benoît).

M. de Saporta a, en outre, montré que la flore de ces tufs est contemporaine de celle découverte par M. Rames au milieu des cendres trachytiques du Cantal. L'une et l'autre sont postérieures à une longue période lacustre et fluviale. Elles sont aussi antérieures au régime qui a creusé les vallées et qui a formé les dépôts erratiques de la fin du pliocène et du quaternaire.

M. REBOUX

SUR LE DILUVIUM ROUGE

— Séance du 27 août 1873. —

M. Reboux, dans une communication écrite, donne des détails sur le diluvium rouge qu'il a étudié dans les environs de Paris et qui existe sur une grande partie de la France et même de la Belgique et avec une épaisseur à peu près constante revêt le sol en se modelant sur ses accidents. L'origine de cette couche est très-controversée ; aux explications déjà données M. Reboux en vient ajouter une nouvelle : le diluvium rouge serait le résidu des glaciers et des neiges qui, après avoir duré plusieurs siècles, ont dû laisser en fondant un amas de détritus, tout comme la neige dans le nord de l'Europe laisse à la fonte un dépôt plus ou moins considérable. M. Reboux explique ainsi la grande fécondité du diluvium rouge comparée à l'infertilité absolue du lœss ou diluvium gris, différence qu'il a établie de la manière la plus concluante par une série d'expériences.

Dans toute l'épaisseur du diluvium rouge M. Reboux n'a jamais trouvé aucune trace végétale, ni animale, cette couche ne peut donc provenir, ainsi qu'il a été dit, des alluvions du fleuve, puisqu'elle ne renferme aucunes coquilles fluviatiles, et comme elle existe également à toutes les altitudes, elle ne peut non plus avoir été formée par les dépôts marins ou par celui de sources ferrugineuses qui se seraient seulement faits dans les vallées et non sur les hauteurs.

M. C. FRIEDEL

Maître de conférences à l'École normale supérieure, Conservateur des collections de minéralogie à l'École nationale des mines

SUR LA DELAFOSSITE

— *Séance du 27 août 1873.* —

J'ai décrit, il y a quelque temps[1], une espèce minérale nouvelle, à laquelle j'ai donné le nom de Delafossite. Cette substance, qui est une combinaison de sequioxyde de fer et de protoxyde de cuivre, $Fe^2 O^3 Cu^2 O$, ayant une formule analogue à celle des spinelles, ressemble au graphite par sa couleur grise, son peu de dureté et par la propriété qu'elle a de tacher les doigts et de tracer sur le papier. Elle s'en distingue par un éclat un peu plus vif, une facilité plus grande du clivage unique qu'elle possède comme le graphite, et surtout par sa solubilité dans l'acide chlorhydrique. Sur les échantillons connus, elle se rencontre en lames appliquées sur une argile lithomarge d'un blanc grisâtre, ou en veinules traversant cette argile. Ces échantillons sont encore fort peu nombreux; outre les quatre appartenant à l'École des mines et au Muséum, on en connaît maintenant deux qui ont été reconnus par MM. Daubrée et Lawrence Smith, dans la collection de l'École des mines de Saint-Pétersbourg, pendant un récent voyage de ces deux savants éminents. Les deux échantillons ont exactement l'apparence de ceux des collections de Paris. Ils portaient

1 *Comptes rendus de l'Acad. des sciences*, juillet 1873.

sur leur étiquette comme lieu de provenance *Cumnock* et venaient ainsi, au lieu d'apporter un renseignement décisif sur la localité du nouveau minéral, augmenter encore la confusion existant déjà dans les indications d'origine des divers fragments connus. En appréciant la plus ou moins grande authenticité des étiquettes, je m'étais prononcé en faveur de celles indiquant que la Delafossite venait de Catherinebourg, gouvernement de Perm, Russie. L'indication d'une localité du Cumberland, connue pour les échantillons de graphite qu'elle a fournis, rencontrée dans la collection de Saint-Pétersbourg, pourrait faire douter de l'exactitude de ma supposition. Néanmoins M. L. Smith ayant bien voulu, à ma demande, examiner la série des graphites de la collection du British Museum, n'y a pas trouvé un seul fragment de Delafossite. Il n'est donc guère probable que ce minéral vienne du Cumberland. On peut supposer plutôt que les échantillons de Saint-Pétersbourg ont perdu leur étiquette d'origine (comme il est arrivé maintes fois dans les anciennes collections, dans lesquelles on attachait peu d'importance aux localités exactes) et que leur étiquette actuelle a été complétée par une indication de localité jugée probable.

Quoi qu'il en soit, il y a là une question intéressante à résoudre, et je désire, par les lignes qui précèdent, attirer sur elle l'attention des propriétaires et des conservateurs de collections minéralogiques.

Le Frère ONÉSIME

Professeur au Pensionnat des Frères des Écoles chrétiennes de Lyon

NOTE SUR UNE VARIÉTÉ NOUVELLE DE FER OXYDULÉ

— *Séance du 27 août 1873.* —

L'observation que je présente à la Société aurait dû être faite par M. A. Locard, ingénieur, qui a fourni les échantillons déposés dans la galerie minéralogique du Muséum de Lyon et dans la collection du pensionnat des frères; l'absence de ce membre distingué de la Société m'oblige à signaler moi-même les remarques faites sur une nouvelle variété de fer oxydulé.

L'aimant, comme le savent tous les minéralogistes, se rencontre cristallisé en octaèdres plus ou moins modifiés, en dodécaèdres rhomboïdaux, etc. ; on le trouve aussi en masses compactes, grenues ou lamellaires, et en dépôts arénacés souvent titanifères; mais aucun des nombreux traités de minéralogie que j'ai consultés n'indique la variété concrétionnée.

Cette variété existe en assez grande abondance dans le minerai magnétique de Saint-Léon en Sardaigne. Les échantillons de cette localité présentent au premier coup d'œil l'aspect et la structure de la psilomélane : des concrétions noires fibro-rayonnantes variant de quelques millimètres à un centimètre de diamètre.

Ces concrétions recouvrent non-seulement quelques échantillons, mais forment plusieurs couches dans l'intérieur du minerai ; elles sont souvent dissimulées par une druse de quartz hyalin plus ou moins cristallisé et ce n'est qu'en brisant cette croûte qu'on les aperçoit très-bien.

L'existence des concrétions étant admise, il pouvait s'élever des doutes sur leur nature chimique ; ne renfermaient-elles pas du manganèse ou du fer hématite? Plusieurs mamelons pulvérisés ont donné une poussière noire complétement attirable au bareau aimanté ; l'hématite ne s'y trouvait donc pas ; les colorations si délicates obtenues au chalumeau n'indiquent aucune trace de manganèse.

Les concrétions de l'aimant de Saint-Léon paraissent donc formées uniquement de fer oxydulé et constituent une variété nouvelle.

La masse du minerai n'est pas aussi pure que les mamelons essayés ; on y rencontre un peu de limonite, des cristaux et des mouchetures de pyrite et surtout de la chlorite pulvérulente.

M. FALSAN

SUR UNE CARTE DU TERRAIN ERRATIQUE ET DES ANCIENS GLACIERS DE LA PARTIE MOYENNE DU BASSIN DU RHONE DRESSÉE PAR MM. CHANTRE ET FALSAN

LA CARTE DONT IL S'AGIT COMPREND SIX FEUILLES DE LA CARTE DE L'ÉTAT-MAJOR SE RAPPORTANT A LA PARTIE MOYENNE DU BASSIN DU RHÔNE

— *Séance du 27 août 1873.* —

Afin de mieux faire saisir la topographie de la contrée et l'allure des anciens glaciers au milieu de ce pays accidenté, une carte amplifiée, manuscrite, de 12 mètres carrés de superficie, est mise sous les yeux des membres de la section. M. Anselmier, un des ingénieurs géographes qui ont dressé la carte fédérale suisse, a bien voulu prêter son concours et donner l'appui de son expérience pour l'exécution de ce travail.

Pour représenter l'allure des anciens glaciers et du terrain erratique de la vallée du Rhône et de ses dépendances, MM. Falsan et Chantre ont fait l'application d'un système de lignes et de flèches analogue à celui qui a été adopté pour figurer sur les cartes hydrographiques les courants marins. Chaque groupe de glaciers a une couleur spéciale; on a donc pu, par ce procédé, figurer les entrecroisements et la superposition des courants de glace; d'autres signes conventionnels complètent ce mode de représentation.

Les grandes cassures et les plissements de terrains qui se sont produits à la fin de la période crétacée ont imprimé à la partie moyenne du bassin du Rhône ses principaux caractères orographiques.

A cette époque, des refoulements latéraux et des failles creusèrent entre les montagnes du Beaujolais et du Lyonnais et les premiers contreforts des Alpes et du Jura cette longue dépression N. S. dans laquelle s'écoulent, près de Lyon, la Saône et le Rhône. C'est bien l'accident topographique le plus important de notre contrée. Après s'être écoulé du lac de Genève et avant d'arriver dans cette belle vallée qu'il suit jusqu'à la mer, le Rhône franchit plusieurs défilés, plusieurs cassures transversales qui lui livrent passage au milieu des chaînes de montagnes du Bugey, de la Savoie et du Dauphiné. Ces cluses ou vallées d'écartement sont antérieures au dépôt de la mollasse; mais, dans les environs de Lyon, depuis le dépôt des premiers terrains tertiaires, le sol n'a été soumis à aucune de ces perturbations violentes qui ont disloqué la mollasse et qui l'ont emportée à plus de 1,235 mètres de hauteur, au Crêt-de-Chalam, au nord de la Michaille, sur les limites des départements de l'Ain et du Jura. Il ne s'est fait sentir que des mouvements généraux d'oscillation qui ont puissamment contribué à modifier les conditions climatologiques de la contrée. Ainsi, à la douce température qui favorisait à Meximieux le développement d'une flore canarienne luxuriante succéda un climat assez froid pour donner à nos vallées, à nos plaines, un aspect presque sibérien. Les glaciers des Alpes s'avancèrent alors jusqu'aux sommets des collines lyonnaises et envahirent progressivement ces contrées que M. le comte de Saporta vient de nous faire connaître avec leurs magnifiques forêts où croissaient des lauriers roses, des grenadiers, des bambous et des formes végétales réfugiées aujourd'hui en Amérique ou en Asie. Ces plaines chaudes où avaient erré des *Mastodon dissimilis*, des *Elephas meridionalis* et de nombreux troupeaux d'autres grands mammifères, furent recouvertes d'un immense linceul de glace; la vie avait fui pour faire place au silence et à la mort. Elle s'était concentrée en dehors des moraines frontales des anciens glaciers. Nous le savons maintenant, les fouilles de Solutré ne nous permettent plus d'en douter, l'homme a vécu au pied de ces masses immenses de glace, leur disputant le sol pas à pas pour conquérir son domaine et pour nourrir ses troupeaux de rennes et de chevaux.

L'extension des glaciers alpins dans les vallées du Rhône et de la Saône est le dernier grand phénomène géologique dont le pays a été le témoin, et sur toute la surface du sol on trouve les traces de son existence. Les naturalistes suisses ont été tellement frappés de l'importance du terrain glaciaire qu'ils ont voulu en faire une étude spéciale ; ils ont même regardé comme une œuvre patriotique leurs efforts pour préserver d'une destruction rapide les blocs erratiques dont l'observation leur avait permis d'écrire une page nouvelle de leur histoire nationale.

Dans le Bugey, dans le Dauphiné, sur le plateau des Dombes, comme sur les collines de Fourvières, de la Croix-Rousse et de Sathonay, les anciens glaciers ont laissé, aussi visiblement que dans les Alpes, les marques de leur passage et les débris de leurs moraines. M. Favre, le savant professeur de l'académie de Genève, nous a donc engagés à poursuivre au-delà de la frontière les travaux qu'il avait commencés en Suisse avec tant de géologues expérimentés. Nous avons essayé de remplir cette mission scientifique et nous avons l'honneur de vous présenter la carte géologique sur laquelle nous avons résumé nos recherches.

Avant de vous expliquer notre travail graphique et d'aborder devant vous l'étude du terrain erratique de la partie moyenne du bassin du Rhône, nous vous prions, Messieurs, de vouloir bien nous permettre de vous exposer la disposition stratigraphique des terrains subordonnés aux débris des anciennes moraines, afin d'apporter plus de précision dans cette monographie en indiquant la place de chaque étage ainsi que ses relations avec les couches voisines.

Dans la grande vallée du Rhône et de la Saône se sont accumulés successivement les terrains tertiaires et quaternaires. Des brèches, généralement ferrugineuses, placardées le long des lignes de fracture, représentent les terrains éocènes ; et les sables marins qui occupent le fond du bassin et qui affleurent à Saint-Fons, à Gorge-de-Loup, etc., appartiennent au miocène supérieur dont ils renferment de nombreux fossiles. On connaît ces sables agglomérés sous le nom de mollasse marine. Enfin, au-dessus de ces terrains, d'autres sables, ou des lignites, ou des tufs, contiennent les débris d'une faune terrestre ou fluviatile et d'une riche flore qu'on peut classer avec certitude dans l'étage pliocène. Sans doute la série de couches qui composent la succession idéale des terrains tertiaires de la France n'est pas complète près de Lyon ; l'observation y laisse découvrir de grandes lacunes, mais les terrains que nous venons d'énumérer et dont la détermination est pour ainsi dire certaine offrent aux géologues de précieux points de repère. Ainsi, ils peuvent conclure des dispositions stratigraphiques que nous venons d'exposer que les graviers, les poudingues, qui recouvrent les tufs de Meximieux, les sables ferrugineux de Trévoux et les lignites de Mollon, de Priay, de Hauterives, doivent déjà être séparés des terrains tertiaires qu'ils surmontent pour être rangés avec les terrains quaternaires dont ils sont près de nous le premier terme. Ces sables, ces graviers, ces conglomérats occupent une vaste surface depuis les montagnes du Lyonnais jusqu'à celles du Bugey et du Dauphiné, et quoiqu'ils renferment des débris de fossiles des terrains inférieurs, sans doute remaniés, nous ne les regardons seulement que comme des *alluvions anciennes*, qui ont précédé la progression des anciens glaciers dont elles étaient les conséquences, que comme des *nappes de comblement* analogues à celles qu'a décrites M. Hogard. Du reste ces *alluvions anciennes* ou *glaciaires* se lient d'une manière intime avec le terrain erratique proprement dit, si bien caractérisé près de Lyon et à Lyon même par ses blocs énormes et ses cailloux striés. Pour compléter cette nomenclature, il nous reste à mentionner le *lehm* ou *terre à pisé* qui est une dépendance du terrain erratique et des argiles grises qui occupent le fond du bassin de la Saône et de l'Ain. Nous n'avons pas à parler de la terre végétale ni des alluvions modernes.

Ce groupement de terrain paraît très-simple ; pourtant il a fallu de longues recherches, des efforts soutenus pour déterminer clairement les caractères de ces diverses formations et pour établir leurs rapports relatifs. Tous ces terrains sont généralement détritiques, stratifiés souvent d'une manière confuse et parfois même simplement placardés les uns contre les autres plutôt que régulièrement superposés. Leur observation était donc remplie de difficultés.

Avant l'arrivée à Lyon de MM. Leymerie et Fournet, l'étude de nos terrains tertiaire et quaternaire ne fut entreprise avec méthode qu'en 1830, par M. Elie de Beaumont, qui sépara de cette masse de sable et de graviers les mollasses de la Provence et du Dauphiné et leur assigna un âge dans ses *Recherches sur quelques-unes des révolutions du globe*. Cette classification est encore la plus vraie ; c'est elle qui a servi de point de départ à toutes les études subséquentes. Quant à la théorie du transport du terrain erratique par suite de débâcles de lacs situés dans les hautes vallées de la Suisse, elle a dû faire place à d'autres systèmes, mais elle eut l'influence la plus marquée sur les études des géologues lyonnais.

La mollasse de Saint-Fons, une fois classée, il restait à déterminer l'âge des terrains qui lui étaient postérieurs. Nous ne pouvons, dans cette simple note rédigée dans un but différent, analyser les travaux, les discussions des géologues lyonnais, Leymerie, Fournet, Drian, Thiollière, Jourdan, Dumortier, qui ont pris part à ces recherches, mais nous devons dire qu'il a fallu attendre les travaux du laborieux et savant paléophytologue d'Aix, M. le comte de Saporta, sur la flore des sables ferrugineux de Trévoux et des tufs de Meximieux, pour arriver à la solution de ce problème stratigraphique et déterminer l'importance des terrains pliocènes près de Lyon.

M. Fournet, si souvent en opposition avec les idées de M. E. de Beaumont, s'était laissé séduire par ses théories diluviennes pour expliquer le transport du terrain erratique avec ses gros blocs, et les géologues lyonnais s'empressèrent de se conformer aux leçons de leur excellent et bien-aimé professeur. Du reste, la crainte des ravages causés par les débordements terribles de nos deux grands fleuves avait toujours prédisposé les géologues et le public lyonnais à attribuer une grande importance aux efforts torrentiels et diluviens, qu'ils étaient même tentés d'exagérer facilement. Leur imagination, au contraire, repoussait l'idée de l'extension des phénomènes glaciaires qu'ils n'avaient souvent entrevus que de très-loin et qui étaient si familiers aux habitants des régions alpestres. Certainement, c'était bien la vue constante des glaciers et de leurs moraines qui avait inspiré à Perraudin, simple chasseur de chamois, la magnifique théorie qu'il a communiquée à de Charpentier et qui a fait le tour du monde.

Les théories diluviennes régnaient donc pour ainsi dire sans partage à Lyon, lorsque M. Ed. Collomb, qui avait déjà fait de si belles études sur le terrain erratique des Vosges, vint, en 1851, visiter avec M. Fournet les collines de Fourvière et de Montessuy. Après s'être rendu compte des travaux de son guide et des autres géologues lyonnais sur le *diluvium alpin*, il sépara les couches qui renfermaient de gros blocs avec des cailloux striés et n'hésita pas à les considérer comme d'origine glaciaire, comme des restes de moraines ; les autres terrains lui parurent n'être que les produits d'un transport aqueux, torrentiel ou fluviatile. Les anciens glaciers des Alpes avaient donc poussé leurs moraines frontales jusque sur les plateaux de la Croix-Rousse et de Fourvière. C'était la première fois qu'on formulait pour notre terrain erratique une théorie en opposition avec celles de M. Élie de Beaumont, et on ne pouvait le faire avec plus de netteté, plus de vigueur.

Cette démonstration ne trouva pas d'écho à Lyon ; ce furent des étrangers qui lui donnèrent le développement qu'elle méritait, MM. Blanchet, Sc. Gras et surtout MM. Benoît et Lory se chargèrent de cette tâche, et nous nous réservons de faire ressortir dans un ouvrage à part la valeur de leurs travaux.

Après ces considérations générales stratigraphiques et historiques, nous allons aborder directement l'explication de notre carte des anciens glaciers et du terrain erratique de la partie moyenne du bassin du Rhône, mais auparavant nous avons un devoir à remplir et c'est avec plaisir que nous nous en acquittons ; nous sommes heureux de remercier publiquement MM. Belgrand, E. Benoît et Lory, ainsi que toutes les personnes [1] qui nous ont prêté leur concours, de l'obligeance avec laquelle ils nous ont fourni les renseignements ou les moyens d'étude qui ont facilité notre tâche.

Le grand glacier du Rhône, qui a laissé à Lyon même des traces si positives de sa présence, avait plusieurs bassins d'alimentation situés dans les hautes vallées des Alpes dont on reconnaît les roches caractéristiques jusque sur nos collines. Les principaux bassins étaient le Valais, la vallée de l'Arve, la Tarentaise, la Maurienne. Les glaces des vallées du Drac et de la Romanche, s'unissant à une partie de celles qui suivaient le cours de la Haute-Isère, s'écoulèrent au midi de Lyon, mais en s'épanouissant sur les plateaux et les plaines du Dauphiné au sortir du défilé de Voreppe, elles finirent par rejoindre le bord méridional du glacier du Rhône combiné avec une branche de celui de l'Isère venue par les cols de la montagne de l'Épine et de la Dent-du-Chat et ne formèrent avec lui qu'une nappe à l'est de Lyon.

De tous ces bassins d'alimentation le plus important était celui du Valais, et comme il était le point d'origine du glacier du Rhône, nous devons l'étudier le premier.

Ce grand glacier, après être descendu des cimes de l'Oberland bernois et des hauteurs des chaînes du mont Rose et du Cervin, nivela le fond du Valais par une grande nappe de comblement et remplit d'un énorme culot de glace la dépression restée ouverte du lac de Genève ; puis, progressant toujours et venant frapper devant lui le flanc de la chaîne du Jura, il se divisa en deux courants. L'un s'épancha au nord, dans la grande vallée de la Suisse, pour venir rejoindre le glacier de l'Aar et s'étendre avec lui jusque dans la vallée du Rhin ; l'autre, suivant presque le cours du Rhône, s'unit, chemin faisant, avec les glaciers de la vallée de l'Arve et des environs d'Annecy, pour pénétrer ensuite dans les vallées du Bugey. Enfin, après avoir pivoté autour du Molard-de-Don, il est allé abandonner ses moraines profondes et frontales sur les plaines du Dauphiné et des Dombes jusque vers

1 MM. Audoyer, Carillon, Fortier, conducteurs des ponts et chaussées, à Belley (Ain) ; M. Chanel, conducteur des ponts et chaussées, à Nantua (Ain) ; M. Grisard, conducteur principal, et M. Barbot, conducteur au service de la voirie de Lyon ; M. Lavigne, conducteur des ponts et chaussées, à Hauteville (Ain).

Bourg et Seillon, ainsi que sur les collines du Lyonnais. Ces deux courants de glace, issus de la même origine et entraînés vers deux directions si opposées ont continué à marcher avec un ensemble prodigieux, après s'être séparés sur la ligne de partage des bassins du Rhin et du Rhône. Ainsi le grand cirque de Belley, que M. Benoît a décrit comme un immense réceptacle de débris de moraines et de blocs erratiques, se trouve à la même distance que Soleure du débouché du Valais, point de bifurcation des deux courants, et près de ces deux villes les blocs sont nombreux et atteignent les mêmes altitudes. C'est près de Soleure que sònt accumulés les blocs du Steinoff, entre autres le fameux bloc d'Arkesine de 60,000 pieds cubes; et M. Lang a signalé à Herbertsvyl des blocs erratiques à la même altitude que celle du plateau d'Inimont, à l'ouest de Belley. En outre, le terrain erratique découvert par M. Benoît au Colombier, près de la Grange-de-Fivole, à 1,200 mètres, correspond à celui du Chaumont au-dessus de Neuchâtel, placé dans une position symétrique à la cote 1,220 mètres. Ce niveau, d'environ 1,200 mètres, nous le trouvons sur une grande ligne qui traversait tout le glacier du nord au sud, et en l'observant sur les flancs de la chaîne de la Dent-du-Chat et du massif de la Chartreuse, nous constatons la solidarité qui existait dans cette immense nappe de glace dont toutes les masses finissaient par s'équilibrer.

Le glacier du Rhône, après avoir franchi le Vuache et le mont de Sion, n'était pas arrivé seul pour remplir la vaste dépression dont Belley occupe le centre ; nous avons déjà dit qu'il s'était combiné avec les glaciers de l'Arve et des environs d'Annecy, qui avaient suivi la vallée de Rumilly et d'Albens. Nous devons ajouter qu'au-dessus des marais de la Chautagne, près du lac du Bourget et de Châtillon, il dut rencontrer une branche du glacier de l'Isère qui avait déposé près de Chambéry et qui avait transporté, au-dessus du culot de glace immobile du lac du Bourget, de puissantes masses de débris de roches de la Maurienne et de la Tarentaise. Toute la vallée d'Aix fut donc encombrée par des glaces, et celles-ci se déversèrent dans le cirque de Belley ou sur les plaines du Dauphiné par toutes les échancrures de la chaîne du Mont-du-Chat, depuis Vions jusqu'au passage des Échelles.

Cette branche du glacier de l'Isère, rencontrée par les glaciers de la Haute-Savoie et du Rhône, avait son point de départ près de Montmeillan, contre les flancs du mont Granier.

En effet, dans cette station, il s'était passé, pour les glaciers réunis de la Tarentaise et de la Maurienne, un phénomène analogue à celui que nous avons décrit à propos de la division du glacier du Rhône en deux courants, lorsqu'il vint heurter la chaîne du Jura. Le glacier de l'Isère se bifurqua, et si une branche remonta vers le nord, vers Aix et Chambéry, l'autre se dirigea lentement vers Grenoble à travers la vallée du Graisivaudan, en partie encombrée par les glaces descendues des sommités de la chaîne de Belledone. Cette branche méridionale doit garder le nom de glacier de l'Isère, puisqu'elle a suivi le cours de ce fleuve. A Grenoble, elle rencontra les glaciers de la Romanche et du Drac, avec lesquels elle envahit le Bas-Graisivaudan et les vallées latérales, ainsi que les plateaux et les plaines du Dauphiné jusqu'au Rhône.

Pendant que ces phénomènes se passaient dans les hautes vallées des Alpes et dans les régions qui en dépendent directement, les mêmes conditions atmosphériques avaient produit des effets semblables dans les vallées du Jura, du Lyonnais et du Beaujolais. Les neiges accumulées sur les hauteurs de ces pays montagneux se transformèrent en nevés, puis en glaciers.

Nous allons d'abord nous occuper de l'étude des glaciers jurassiens qui se sont trouvés les premiers en contact avec le grand glacier du Rhône, et nous prendrons pour guide M. E. Benoît, qui a étudié avec beaucoup de talent le terrain erratique du département de l'Ain. Bien souvent nous ne ferons que répéter le résumé de ses observations, toujours faites avec tant d'exactitude.

Ces glaciers, qui avaient eu primitivement une existence indépendante, laissent encore reconnaître les traces de leur existence par l'examen de leurs moraines uniquement composées de débris de roches calcaires et de provenance voisine, tandis que les débris charriés par le glacier du Rhône et les autres glaciers alpins appartiennent à des roches calcaires ou de cristallisation d'origines diverses et souvent très-éloignées. Il est donc possible, même à leur point de contact, de différencier les anciennes moraines de ces deux groupes de glaciers.

M. E. Benoît et nous après lui, nous avons reconnu dans toutes les grandes vallées du Bugey les vestiges des ces glaciers jurassiens, et nous allons essayer de décrire les phénomènes qui se sont passés à leur contact avec les glaciers alpins. Arrivé à la hauteur de Bellegarde, le glacier du Rhône rencontra les moraines frontales d'un glacier jurassien, celui de la Valserine, un des plus puissants de tous et qui était alimenté par les névés accumulés sur les hautes cimes du Sorgia, du Reculet, de la Dôle, du Crêt-de-Chalam. Ce glacier débouchait dans la vallée du Rhône par la vaste ouverture de la Michaille. Ses moraines terminales et son front de glace ne tardèrent pas à se heurter contre la masse du glacier alpin qui suivait le cours du Rhône. Il y eut des accumulations énormes de matériaux erratiques au pied des éperons qui séparaient encore les fleuves de glaces. Une sorte de lutte s'engagea entre les deux glaciers. A mesure que le glacier du Rhône devenait plus puissant et relevait sa surface, celui de la Valserine se grossissait davantage par l'amoncellement des produits des névés supérieurs. Pendant cette lutte, ces arrêts, il se forma de petits lacs temporaires au point de jonction de ces glaciers, et on devine l'existence de ces lacs par l'étude des terrains lavés et stratifiés qui se trouvent au milieu de la boue glaciaire qui recouvre les pentes du Credo depuis Bellegarde jusqu'à Leaz; mais en définitive, le glacier de la Valserine a pu garder son indépendance et n'a pas été envahi par le glacier du Rhône. En effet, on ne trouve presque aucun débris alpin dans la vallée de la Valserine et à l'entrée de la cluse de Nantua, près de Châtillon-de-Michaille.

Il n'en fut pas de même pour le glacier du Valromey, qui occupait cette belle vallée creusée le long du Colombier.

Comme à Bellegarde, il y eut lutte entre les deux glaciers, mais le glacier jurassien alimenté par des sources restreintes ne put garder son existence individuelle. Le glacier du Rhône le recouvrit de ses moraines. Il déposa même au-dessus de Virieu-le-Petit des blocs alpins à 1,200 mètres d'altitude et en tapissa les flancs de la chaîne du Colombier comme de celle qui lui est parallèle. Dans le fond de la vallée les deux systèmes de moraines sont donc superposés l'un au-dessus de l'autre. On trouve encore des débris alpins dans la prolongation du Valromey au nord, au Poizat, à Laleyriat et jusque vers Charix au-delà de la cluse de Silan, limite de cette branche du glacier ou plutôt de celle venue par la Michaille.

Non-seulement le glacier du Rhône a envahi celui du Valromey, mais il s'est répandu sur le plateau d'Hauteville en franchissant le col de la Lèbe, celui de Mazières et plusieurs autres, ainsi que la gorge de Saint-Sulpice. La crevasse de Saint-Rambert et des Hôpitaux, était comblée par des glaces jurassiennes. Les branches du glacier du Rhône, qui s'étaient élevées jusque sur le plateau d'Inimont et qui en avaient nivelé presque toutes les ondulations, purent donc facilement pénétrer dans les vallées du Haut-Bugey et se réunir aux courants qui s'étaient épanouis sur le plateau de Hauteville et de Champdor en venant du Valromey. Toutes ces masses réunies se rencontrèrent alors avec un autre glacier jurassien qui était encore resté isolé, c'était le glacier de la Combe-du-Val. Au lieu de l'aborder de front comme ceux du Valromey et de la Valserine, elles l'attaquèrent par derrière, à son point de départ, pour progresser dans le même sens que lui. Il n'y eut pas de lutte et le glacier jurassien transporta à son tour, comme l'a dit M. E. Benoit, les matériaux alpins jusque sur les bords de la rivière d'Ain, à Thoirette. Augmenté par l'apport du glacier du Rhône, le glacier de la Combe-du-Val acquit une grande importance, et près de Volognat au bois de Senoy, il put déposer des quartzites, des grès anthracifères, des talcschistes, à la hauteur de 800 mètres.

Nous ne pouvons, dans cette simple note, multiplier les exemples : ceux que nous venons de citer peuvent suffire, mais nous pouvons dire que les faits se sont passés d'une manière analogue dans tout le Bugey et dans le massif de la Chartreuse, où ils ont été étudiés par MM. Lory, Chantre et l'abbé Valet, près du Col-du-Frêne, dans la vallée de Provesieux, etc., etc.

Lorsque nous indiquons ainsi la marche des glaciers de la partie moyenne du bassin du Rhône, nous n'énonçons pas de simples hypothèses : MM. Benoît et Lory, à l'exemple de M. Guyot, ont pu décrire le sens de la progression des glaciers en suivant à la piste les blocs et les débris de roches qu'ils avaient transportés, et nous sommes arrivés aux mêmes résultats par un moyen différent et peut-être plus sûr. Nous avons vu gravées sur le sol les directions prises par les divers courants de glaces, nous avons retrouvé sur le roches dures de ces contrées les traces visibles du mode de cette dispersion d'éléments alpins. Ces raies nous ont paru si nombreuses, si nettes, toujours si régulièrement disposées que, pour tracer notre carte, nous n'avons fait qu'en relever les directions sur des feuilles de la carte de l'état-major et que les relier les unes avec les autres, comme si la disposition et la nature du sol nous avaient permis de les voir sans discontinuité. On a souvent comparé les glaciers à des fleuves solides ; pourquoi ne pas employer pour les représenter le moyen adopté pour figurer les courants marins sur les planisphères, sur les cartes géographiques?

Aujourd'hui nous ne pouvons citer tous les points qui nous ont offert des raies, nous prendrons seulement nos exemples dans les environs de Belley.

Au sud-ouest de Culoz, au nord de Ceyzérieux, entre ce village et la Grange-des-Roches, il y a un vaste affleurement de roches urgoniennes dont la surface, sur une espace d'environ 1 kilomètre, est entièrement sillonnée de raies ou plutôt de cannelures rectilignes parallèles, toutes dirigées vers le nord-ouest, c'est-à-dire vers le Valromey et les échancrures de Thézillieu et de Saint-Rambert. Près de cette station, à Ardosset, un second affleurement d'urgonien présente des stries, des sillons, dans la même direction. Ces deux points ne sont éloignés que de 4 à 5 kilomètres du pied du Colombier, et ces raies, dont la prolongation à l'est viendrait presque croiser à angle droit la direction normale du glacier du Rhône, nous démontrent d'une manière palpable les effets de l'extension latérale des glaces envahissant le Valromey. Du reste, dans cette vallée on retrouve des raies dirigées du sud au nord, dans le sens de la marche du glacier qui le remplissait. Au col de la Lèbe, ou celui de Mazière, des stries tracées vers l'ouest indiquent clairement que le glacier s'est déversé sur le plateau de Hauteville.

Au château de Lavours les stries ne se dirigent plus au nord-ouest ni au sud comme dans la vallée du Rhône, mais au sud-ouest vers les cols du Tantainé, où M. Benoît a reconnu le principal passage du glacier du Rhône pour s'échapper du cirque de Belley et franchir la chaîne du Molard-de-Don afin de se déverser dans les plaines du Dauphiné et de la Dombes. Cette direction sud-ouest imprimée au glacier du Rhône par les courants qui ont laissé des stries transversales à la chaîne du Mont-du-Chat à Chanaz, à la Charve, au col de la route de Chambéry, se retrouve dans tous les environs de Belley chaque fois qu'il s'y rencontre des conditions favorables pour l'observation, à Parves, à Marignieu, à Armaille, à Collomieu, à Conzieu, mais au-delà de l'arête de la chaîne du Molard-de-Don, cette direction se modifie complétement, elle suit le sens de la vallée du Rhône et se redresse au nord-ouest. Vers le Tantainé et près d'Inimont nous avons reconnu sur plusieurs points les traces de ce changement dans la marche de l'ancien glacier du Rhône.

C'est à Grattet, près Villebois, et surtout, comme l'a annoncé M. Lory, sur les plateaux d'Amblagnieux, de Parmilieu, de Charette en Dauphiné, que cette nouvelle direction se trouve gravée avec le plus de régularité sur les magnifiques dalles du choin; parfois ce sont de véritables sillons de 20 à 30 centimètres de profondeur, toujours parallèles et rectilignes malgré les diverses ondulations de la roche. On voit souvent les grains de quartz ou les fragments de pierre dure qui ont servi de burins pour tracer ces cannelures. Ces raies vont toujours en s'approfondissant dans le sens de la marche du glacier jusqu'à ce que la résistance de la roche soit devenue supérieure aux efforts exercés sur elle. Ce fait toujours constant permet à lui seul de déterminer le sens de la progression des anciens glaciers.

L'étude des raies du massif de la Chartreuse conduit à des résultats analogues. Au col de Crusilles, à celui du Frêne, dans le Graisivaudan, partout les stries abondent et deviennent comme en Bugey la preuve irrécusable de l'ancienne extension des glaciers.

Si le temps ne nous pressait, nous trouverions encore de nouvelles preuves du système glaciaire dans la dispersion des blocs erratiques, souvent volumineux, à toutes les hauteurs, et dans leur groupement dans certaines localités, d'après leur nature et leur origine. Ainsi, près de Belley, les plus gros blocs, des blocs de près de 400 mètres cubes, comme celui de Montarfier, sont tous composés d'une espèce de phyllade noirâtre. Dans la vallée de Peyrieux, ce sont des granites porphyroïdes qui dominent, dans d'autres stations, ce sont des poudingues de Valorsine ou des brèches triasiques.

Nous ne pouvons passer sous silence un caractère imprimé à de vastes contrées par le passage des anciens glaciers, caractère qui est très-visible dans les environs de Belley. En dessous de la limite supérieure des courants des glaces quaternaires toutes les collines sont moutonnées et présentent des contours arrondis comme le Molard-de-Vions, celui de Lavours, les collines du Jan, de Saint-Pierre de Curtil, d'Ontex, des bords du Furans. Au-dessus de cette limite on voit se dresser fièrement les cimes dentelées de la Dent-du-Chat, de la Croix-de-Nivolet, de la chaîne du Haut-du-Seuil, etc.

Le terrain erratique, comme on le sait, a des caractères particuliers qui permettent de le reconnaître facilement. Ses éléments sont disposés sans ordre, ses cailloux sont striés, et la boue qui les renferme jouit d'une grande imperméabilité. C'est elle qui forme la cuvette de tous les petits lacs situés à toutes les hauteurs et sur tous les terrains dans l'arrondissement de Belley. Ces lacs offrent la plus parfaite analogie avec les tourbières, les marais, que M. Ch. Martins a étudiés dans le Jura neuchâtelois et dans lesquels il a reconnu une flore de l'époque glaciaire.

Ce même terrain, qu'on trouve jusqu'à Lyon et qui a recouvert toutes les Dombes, conserve partout la même imperméabilité. Sans cette propriété spéciale de cette formation, il serait impossible d'expliquer la présence des étangs sur la plateau sablonneux de la Bresse. En dehors de la boue glaciaire on ne rencontre plus d'étangs. La limite de la Dombes et des étangs se confond donc avec le tracé des anciennes moraines frontales des glaciers.

C'est encore cette boue imperméable qui a préservé les raies creusées sur les roches calcaires; dès que la boue est enlevée par une cause quelconque, le poli et les raies ne tardent pas à disparaître et les roches perdent promptement ce facies si caractéristique.

En dehors des montagnes calcaires du Dauphiné et du Bugey, nous ne voyons que des terrains détritiques, et il ne nous est plus possible de retrouver des raies pour nous indiquer la marche des glaciers. Les traces de leur présence ne peuvent se révéler que par la disposition de la boue à cailloux striés et des blocs erratiques. Heureusement ces études sont faciles à faire et elles permettent de reconnaître surement le développement et l'unité du grand phénomène glaciaire, qui a couvert nos montagnes comme nos plaines de débris arrachés aux Alpes et les a transportés souvent sans émousser leurs arêtes. Sans la théorie de l'extension des glaciers, comment expliquer près de Trévoux la présence de cette *Pierre noire de Rancé*, de cet énorme bloc de granite porphyroïde des Alpes, cubant encore près de 80 mètres cubes et depuis longtemps déjà exploité comme une véritable carrière ? Sans cette théorie, quel mode de transport invoquer pour ces blocs énormes et de toutes natures dispersés près de Bourg, de Lyon, de Vienne ? Serait-ce plus facile de dire comment ces petits cailloux ont été transportés jusqu'à nous de montagnes éloignées sans que leurs stries soient effacées, sans que leurs angles soient émoussés ?

N'oublions pas de signaler un fait important. Dans les vastes plaines où ils ont pu s'épanouir, les anciens glaciers ont déposé leurs moraines suivant des lignes concentriques et disposées perpendiculairement au sens de leur direction, telle qu'elle est indiquée par les stries gravées sur les roches dures qu'ils ont rencontrées à leur sortie des chaînes de montagnes. Ainsi les moraines de Seillon et du pourtour des Dombes forment un quart de cercle dont le centre serait placé près de Cordon. Ces moraines terminales se maintiennent dans les Dombes à une hauteur moyenne de 270 mètres. Au-delà de cette zone le niveau du sol s'abaisse et sa nature se modifie ; il devient perméable et les étangs disparaissent ; la boue glaciaire est remplacée par des alluvions, des sables, des graviers.

Il serait bien difficile d'expliquer cette disposition particulière si l'on n'invoquait pour le transport du terrain erratique que des courants d'eau diluviens ou marins !

La régularité de la courbe décrite par ces moraines terminales ne se trouve interrompue que vers le Mont-d'Or, qui a pour ainsi dire forcé ces moraines à reculer vers l'est près du camp de Sathonay, du fort Montessuy, de la redoute des Mercières, où elles sont encore si bien constituées.

En face de Vienne, il s'est produit un phénomène semblable. Sur le prolongement des moraines qui couronnent les collines de la rive droite du Rhône depuis Sainte-Foy jusqu'à Givors, nous n'avons trouvé au pied du Pilat pas un seul cailloux strié. Cette absence de terrain erratique alpin dans cette localité ne peut s'expliquer qu'en supposant sur le massif élevé du Pilat un glacier particulier qui aurait repoussé les débris étrangers et ne leur aurait pas permis de dépasser les hauteurs de Vienne.

Nous verrons bientôt que cette supposition n'a rien d'invraisemblable et que ce glacier du Pilat devait dépendre d'un groupe de glaciers dont nous avons constaté la présence dans les montagnes du Lyonnais et du Beaujolais.

Dans le vaste espace compris entre ces moraines terminales et les montagnes du Bugey et du Dauphiné, il s'est déposé d'autres bourrelets de terrain erratique ; on en retrouve des débris à Chalamont, à Meximieux, à Lagnieu, à Voiron, à Thodure. Le temps nous manque pour les citer tous et essayer de relier les uns avec les autres leurs lambeaux séparés par les eaux sous-glaciaires ou fluviatiles. Nous pensons que ces moraines ont été formées pendant le retrait des glaciers et doivent se rattacher, comme mode d'origine, à celles de Massignieux-de-Rives et de Rochefort en Bas-Bugey, qui barrent presque la vallée du Rhône, en face de la Charve, et qui, certainement, auraient été emportées si le glacier s'était avancé au-dessus d'elles ou si le Rhône avait eu après leur formation le volume que ce fleuve sous-glaciaire devait avoir au moment de la plus grande extension des glaces, lorsque celles-ci s'élevaient au-dessus de ce point à près de 1,000 mètres (1,200 mètres — 227 mètres), et que les sommets du Colombier, de la Dent-du-Chat, du Molard-de-Don dépassaient seuls cet océan glacé.

Pendant que les conditions atmosphériques favorisaient, dans les hautes vallées alpines et dans les chaînes secondaires, le développement de ces immenses névés qui alimentaient les glaciers que nous venons de décrire, les montagnes du Lyonnais et du Beaujolais ne pouvaient être soustraites à la même influence, et la neige devait s'accumuler près de leurs sommets pour engendrer un autre système de glaciers locaux, analogues à ceux du Bugey avant leur envahissement par ceux des Alpes.

Nous avons parcouru quelques vallées du Beaujolais et nous avons reconnu dans certains terrains de transport superficiel, placardés sur le dos ou sur les flancs des montagnes, la plupart des caractères du terrain erratique. Malheureusement nous ne pouvons dire que la plupart des caractères, car il y manque probablement un des plus importants, celui de la présence des raies; mais l'absence d'un caractère ne nous semble pas devoir infirmer notre détermination de ces terrains. En effet, dans cette partie du Beaujolais, les roches ne se composent que de grès, de mélaphyre, de granite porphyroïde friable, de schistes métamorphiques. Ces roches prennent mal le poli et conservent d'autant plus difficilement les traces des stries que leurs fragments, emballés dans une espèce d'arène plutôt que dans une véritable argile, ont leurs surfaces, ou même leur masse, entièrement kaolinisées. Du reste, dans les glaciers actuels, lorsqu'ils cheminent au milieu de roches de cristallisation, les éléments des moraines sont rarement striés.

M. Fournet et M. S. Gras ont depuis longtemps reconnu dans le Lyonnais et le Beaujolais la présence d'un terrain spécial auquel ils ont donné le nom de *Diluvium contemporain du Diluvium alpin*, pour se conformer aux théories qu'ils avaient admises. Comme exemples de localités où l'on peut étudier ce terrain, ils citaient la vallée du Gier, les environs de Montagny (Rhône), la vallée de l'Azergues, le plateau de Charnay, les vallées qui découpent les flancs est de la chaîne beaujolaise. Ces observations sont très-justes, seulement il faut substituer le nom de *terrain erratique glaciaire* à celui de *diluvium*, car si l'on n'admet pas la théorie du transport par les glaciers pour expliquer la formation et le dépôt avec gros blocs et sans triage, de quelques terrains qui tapissent les pentes de plusieurs vallées du Lyonnais et du Beaujolais, entre autres celle de l'Ardière, on se trouve en face de difficultés insurmontables. Il faudrait alors avoir recours à de grands courants diluviens capables de transporter sur la crête de la colline de Durette des blocs de grès deux fois métriques; mais, puisque cette vallée, que nous avons choisie pour exemple, vient aboutir au-dessus des Ardillats, au point de partage des vallées divergentes de l'Azergues, de la Grône et de celles des affluents de la Loire, il devient impossible d'indiquer sur ce sommet étroit et isolé les sources de ces immenses masses d'eau courante qui devaient se diffuser de toutes parts et néanmoins avoir la force de charrier de gros blocs de rochers à de grandes hauteurs. Au contraire, avec la théorie glaciaire, tout s'explique facilement par l'accumulation séculaire des névés, ainsi que par la progression lente et la puissance de transport de la glace.

A leur limite inférieure extrême, les glaciers du Lyonnais se sont parfois trouvés en contact avec les moraines frontales du grand glacier du Rhône épanoui dans le Bas-Dauphiné et venant butter contre les premiers contreforts de la chaîne de l'Izeron; les alluvions glaciaires alpines se confondaient avec les alluvions glaciaires lyonnaises. M. Gras a décrit, dans le *Bulletin de la Société géologique*, ces mélanges de terrains qu'il a vus près de Givors et de Montagny. M. Leymerie a même tracé une carte inédite où sont représentées les limites des alluvions alpines le long des montagnes du Lyonnais.

Ces moraines de roches granitoïdes ou de cristallisation, sans calcaire strié, complètent la série des analogies qui existent entre le terrain erratique des environs de Lyon et celui qui est en voie de formation dans les Alpes. En effet, elles rappellent, par leur composition, les moraines des glaciers d'Argentière et du massif cristallin du mont Blanc.

Les anciennes moraines calcaires du Bugey, presque sans stries, sont identiques à celles des petits glaciers qui entourent le col de la Gemmi, tandis que le terrain erratique de Sathonay, des Dombes, du Dauphiné, avec ses débris de roches cristallines et ses fragments de calcaires parfaitement striés, offrent une composition semblable à celle des bourrelets concentriques que les glaciers de Grindelwald ont laissés devant eux après en avoir emprunté les éléments aux roches calcaires ou de cristallisation qui constituent l'énorme massif au milieu duquel ils progressent.

Que se passait-il alors au-delà des glaciers?

De même que de nos jours on voit des villages près des moraines terminales, vers certains grands glaciers de la Suisse ou de la Savoie, en face et au pied des anciens glaciers dont nous venons d'indiquer l'énorme extension, se groupaient les abris des premiers habitants de nos contrées. Ces hommes avaient les usages et les mœurs des peuplades sauvages des régions polaires; autour d'eux s'étaient développées des séries d'animaux adaptés à ce climat froid et rigoureux, des mammouths, des ours, des rennes, des marmottes, des renards, des chevaux, des bœufs, des antilopes Saiga. Quelques-uns de ces animaux devaient être réduits à l'état de domesticité; mais, Messieurs, vous avez déjà visité la station de Solutré, d'autres plus habiles que moi vous ont déjà fait connaître leurs recherches relatives à l'étude des premiers développements de la civilisation chez nos ancêtres les plus lointains. Nous n'avons donc pas à vous parler de ces questions préhistoriques qui sortent presque du domaine de la géologie; nous devons en abandonner les solutions aux paléoethnologues. Il nous suffit de dire que les découvertes de l'archéologie préhistorique viennent nous prêter leur appui, lorsque nous soutenons que les glaciers des Alpes se sont étendus près de nous et que notre pays, si fertile aujourd'hui, avait à cette époque un aspect hyperboréen.

L'étude de ces grands phénomènes géologiques, de ces perturbations de climats qui se lient aux origines des premiers habitants du bassin du Rhône, amène invinciblement nos esprits à s'occuper des questions d'âge; mais en présence des difficultés qui se multiplient alors et deviennent presque insolubles, nous ne pouvons qu'essayer d'établir une chronologie relative sans qu'il nous soit permis de retrouver des périodes absolues dans la succession des temps. Un seul fait paraît évident, c'est la longueur immense de cette série de siècles qui nous séparent de l'apparition des glaciers dans nos belles vallées[1].

[1] A propos de la durée de la période quaternaire, M. Ch. Martins nous a communiqué la note suivante : « D'après M. Vivian, on a trouvé dans la caverne de Kent (Devonshire), sous la couche de terreau noir de la surface, des poteries romaines qui nous reportent à deux mille ans : puis s'est présentée une couche stalagmitique épaisse de trois quarts de pouce; au-dessous, de nouveau des poteries, mais plus grossières; là aussi on a rencontré un collier d'ambre et un peigne en os, objets considérés comme très-antérieurs aux Romains, ce qui nous reporterait à quatre mille ans avant J. C. Au-dessous se trouve un plancher stalagmitique épais de trois pieds. Supposant qu'il se soit formé à raison d'un dixième de pouce en mille ans, cela nous amène à l'*époque glaciaire* dont la caverne offrait des traces évidentes, ainsi que de l'existence de l'homme à cette

Du reste, nous craignons d'avoir déjà depuis longtemps abusé de votre obligeance et nous avons hâte de vous dire que le souvenir de l'attention que vous avez daigné nous prêter sera notre meilleur encouragement pour continuer nos recherches et achever d'écrire cette page de l'histoire primitive de notre pays.

DISCUSSION

A la suite de la communication de M. Falsan, M. C. de Rosemont demande la parole : il pense qu'il faut absolument faire intervenir l'action des eaux pour expliquer la venue des glaces à Lyon ; il croit qu'à la suite de la période glaciaire, il s'est produit une période de grandes crues qu'il a appelée période pluviaire.

M. Dausse fait remarquer que la pente qui s'étend entre la Grande-Chartreuse et Lyon, par exemple, est suffisante pour admettre qu'un glacier a pu s'étendre entre ces deux points. Les glaciers sont d'ailleurs beaucoup plus fluides qu'on ne le pense, et, à l'appui de cette opinion, M. Dausse cite les blocs qui couvrent le bassin de Saint-Pierre de Chartreuse et qui n'ont pu provenir que d'un remous du glacier passant par Voreppe et Saint-Laurent du Pont.

M. Eugène DESLONGCHAMPS

PRÉSENTATION DE PLANCHES DE LA PALÉONTOLOGIE FRANÇAISE

— *Séance du 28 août 1873.* —

M. Eugène Deslongchamps envoie les planches 86, 90, 91, 92, 94, 95, des brachiopodes de la *Paléontologie française* représentant des espèces de la Voulte.

époque, puisqu'on y a trouvé des instruments très-parfaits sous une masse d'argile rouge à côté des os de pachydermes éteints. Un dépôt au-dessus, ayant de un à trois pieds d'épaisseur renfermait des os travaillés, des silex taillés de main d'homme. » (*Report of the meeting of the British Association, Dundee Advertiser*, 11 septembre 1867.)

M. Ernest CHANTRE

LES FAUNES MAMMALOGIQUES TERTIAIRE ET QUATERNAIRE DU BASSIN DU RHONE

— *Séance du 28 août 1873.* —

Les faunes mammalogiques tertiaire et quaternaire du bassin du Rhône sont aussi remarquables par leur richesse que par la variété des genres et des espèces qui les composent.

On a recueilli dans cette région des représentants de presque tous les groupes de mammifères fossiles que l'on rencontre plus ou moins disséminés dans un grand nombre de gisements de l'Europe, et la diversité des formes que l'on a trouvées dans certaines localités permet d'étudier d'une façon complète les anciennes populations animales qui s'y sont multipliées.

Depuis la fin de la période secondaire, les continents du bassin du Rhône ont continué leur mouvement d'émersion et ils ont été constamment sillonnés par de grands fleuves aux bords desquels ont vécu la plupart des animaux de ces époques. Les couches épaisses d'alluvions de ces cours d'eau, les dépôts des anciens lacs et des nombreux marécages de la vallée du Rhône ont conservé des débris d'une bonne portion des faunes tertiaire et quaternaire. Dans le sud du bassin, les lignites de la localité bien connue des Gargas offrent la faune éocène desgypses de Paris, avec les *Paleotherium*, les *Anoploterium*, les *Xiphodon*, les *Dichobune*, les *Hyenodon*, les *Pterodon*, etc...; dans le Dauphiné, à la Grive-Saint-Alban, on trouve réuni sur un seul point le même ensemble que celui de Simorre avec le *Dinotherium giganteum*. Au mont Léberon comme à Pikermi, l'*Hipparion* se rencontre en abondance associé aux Antilopes, au Rhinocéros, à l'Helladothérium et à plusieurs autres espèces intéressantes. Les sables à *Mastodon Arvernensis* des collines lyonnaises, du Dauphiné, du Velay, de l'Ardèche et de la Bresse rappellent les gisements de Montpellier et de Perrier. Quelques stations enfin semblent offrir des représentants de ces faunes d'un âge intermédiaire entre la période tertiaire et la période quaternaire dont la faune de Cromer semble être le type ; les principales sont : la grotte de Beaume (Jura), les fentes de carrières de Chagny, différentes de celles qui ont fourni des ossements de Mastodonte, et plusieurs crevasses de rochers au Mont-d'Or lyonnais ; dans ces localités on a recueilli des débris du *Machœrodus cultridens*, de l'*Elephas meridionalis*, de l'*Elephas antiquus*, du *Rhinoceros megarhinus*, de l'*Hippopotamus major*, etc.

Pendant la période quaternaire, les animaux qui peuplaient le bassin du Rhône n'étaient pas moins nombreux et variés que pendant la période précédente. Comme celles du bassin pyrénéen, les grottes du Jura, de la Haute-Saône, du Gard et de l'Ardèche ont servi d'asiles à un grand nombre d'Ours dont on retrouve actuellement les squelettes en quantité considérable ; les grands *Felis* y sont fréquemment associés à l'*Hyena spelæa* et à de nombreux ruminants. Les alluvions et le lehm fournissent un type complet de la faune qui, dans le bassin du Rhin, a suivi plus ou moins de près la marche de la grande extension des glaciers des Alpes. Le Renne, le Rhinocéros à narines cloisonnées et le Mammouth se rencontrent en très-grande abondance surtout dans les environs de Lyon, notamment à Saint-Germain au Mont-d'Or et à Solutré.

Le bassin du Rhône a fourni les éléments des premières études paléontologiques française, pour les mammifères au moins, car c'est en Dauphiné qu'ont été faites les premières découvertes d'ossements fossiles qui attirèrent d'abord l'attention des hommes instruits. Dès le xve siècle, Falgose [1] rapporte qu'en 1456, le Rhône mit à découvert près de Saint-Péray, non loin de Valence, de très-grands ossements dont une partie fut portée à Bourges et suspendue dans la sainte chapelle de cette ville. Cassanion [2] mentionne une découverte analogue faite en 1564 dans une localité voisine. C'est également en Dauphiné et près de Valence que furent exhumé en 1613 les fameux ossements attribués au roi géant Teutobochus et qui furent le sujet de longues et laborieuses dissertations entre Habicot [3] et Riolan, de 1613 à 1618 ; ce dernier fut le premier à reconnaître dans ces ossements ceux d'un Éléphant. Cassanion [4] et de la Tourette ont indiqués, le premier en 1667 et le second en 1760, des ossements d'Éléphant dans les terrains meubles de Tain et de Vienne.

A partir de cette époque, on a vu successivement les naturalistes les plus distingués s'occuper de l'étude des mammifères fossiles du bassin du Rhône. Antérieurement à Cuvier, on peut citer Réaumur, l'abbé Rozier, Giraud-Soulary, Faujas, de Jussieu; depuis les leçons du créateur de la paléontologie, de Blainville, Lartet et plusieurs autres professeurs ont formé de nouveaux adeptes dont le nombre s'est cons-

1 Fulgose, *De dictis factisque memor*, lib. I, c. VI, p. 14.
2 Cassanion, *De Gigantibus* auct. Cassanione Monostroliense. Basil, p. 61, 1580. Cuvier, *Recherches*, etc., t. XI, p. 51.
3 Cuvier, *Recherches*, etc., t. XXI, p. 56.
4 Cassanion, *De Gigantibus*, p. 64.

tamment accru et qui ont suivi glorieusement la voie qui leur avait été si bien tracée.

Les mammifères fossiles du Languedoc et de la Provence ont été décrits en partie par MM. de Cristol, Tournal, Marcel de Serres, Émilien Dumas, Gervais, etc..., ceux des brèches du mont Léberon ont été recherchés par un très-grand nombre de paléontologues : M. Gaudry vient de publier la description de la plupart des formes qu'il a rencontrées dans ce beau gisement.

Les faunes des couches tertiaires du Velay et de Gargas ont été tour à tour observées par MM. de Blainville, Bravard, Pomel, Gervais et bien d'autres ; M. Aymard s'est adonné depuis longtemps à l'étude de celles du Vivarais et des environs du Puy qu'il a plus spécialement fait connaître. Les grottes de la Haute-Saône et du Doubs ont été étudiées surtout par Thiria[1].

Outre ces savants, à qui la science est redevable de travaux si importants, on doit citer M. le Dr Jourdan, ancien directeur du Muséum de Lyon.

M. Jourdan a consacré quarante ans de sa vie à des recherches paléontologiques de la région comprise entre les Alpes, le plateau central et les Cévennes.

L'étude des fossiles de tous les terrains l'avaient occupé, mais il avait plus particulièrement porté ses investigations sur les mammifères tertiaires et quaternaires ; aussi en a-t-il réuni une très-belle collection au Muséum de Lyon, dont il a été le directeur de 1835 à 1869.

C'est à Lyon que se trouve la plus riche série d'ossements de vertébrés fossiles du bassin du Rhône.

Parmi les faunes que M. Jourdan a découvertes et le plus étudiées, il faut citer celles de la Grive-Saint-Alban (Isère), et les nombreux ossements de Dinothériums, de Mastodontes et d'Éléphants qu'il avait pu recueillir dans la Bourgogne, la Bresse, le Dauphiné, le Vivarais, le Velay et le Lyonnais, avaient captivé vivement son attention.

Comme la plupart des directeurs de musées, c'est au préjudice de ses propres publications qu'il est parvenu à enrichir les collections de la ville. Espérant plus tard trouver le temps de faire connaître les résultats de ses observations, il n'en a publié qu'un très-petit nombre ; les documents que possédait M. Jourdan devaient être cependant considérables. On doit à ce savant la dénomination de plusieurs genres de carnassiers et de quelques espèces de pachydermes, mais l'absence ou l'insuffisance des descriptions de plusieurs d'entre elles forceront malheureusement les paléontologues à les étudier encore.

[1] Cuvier, *Recherches*, t. II, p. 60.

Un grand nombre de formes très différentes, du reste, les unes des autres, ont été séparées soigneusement par M. Jourdan dans plusieurs autres séries, mais il n'a presque pas laissé de documents indiquant les caractères différentiels de ces formes et les raisons qui l'ont engagé à les séparer et à leur assigner de nouvelles dénominations.

Le désir cependant de M. Jourdan était de publier les descriptions de ces fossiles qu'il avait si minutieusement étudiés, car il avait fait lithographier une grande quantité de planches représentant les pièces qu'il voulait faire connaître.

Une publication dans laquelle devront paraître ces planches a été commencée sous le titre d'*Archives du Muséum de Lyon*. Le concours de savants spécialistes permet d'espérer que cet ouvrage rendra de bons services à la science.

D'après l'étude des documents que l'on possède actuellement sur les faunes mammalogiques tertiaire et quaternaire du bassin du Rhône, on peut déjà entrevoir la possibilité de se rendre compte, dans cette région plus rapidement qu'ailleurs, de quelques faits intéressant la géologie et la zoologie. Ainsi, par exemple, ne pourrons-nous pas rechercher la marche des déplacements de faunes qui ont dû se produire plus ou moins lentement, par suite des divers changements climatologiques qui se sont opérés dans la région rhodanienne pendant les époques qui ont immédiatement précédé et suivi le grand mouvement de la chaîne des Alpes.

Les faunes n'ont pas, ainsi qu'on l'a cru longtemps, changé brusquement à la suite des divers phénomènes physiques qu'a éprouvés le globe; ce n'est qu'insensiblement que se sont produites ces modifications.

La richesse enfin de plusieurs gisements de mammifères fossiles du bassin du Rhône permet d'étudier plus facilement qu'on n'a pu le faire jusqu'à ce jour la filiation de ces êtres dont nous recueillons les débris et permet aussi de retrouver les traits-d'union entre certaines formes qui paraissent plus distinctes qu'elles ne le sont en réalité. Ces observations ont déjà été faites par M. Gaudry pour les ruminants et quelques autres familles dans le gisement du mont Léberon qu'il assimile à Pikermi.

Dans l'étude des faunes de plusieurs localités différentes, notamment dans celles de Gargas et de la Grive-Saint-Alban, on pourra encore retrouver la certitude de la marche lente et continue du développement du monde organique.

En dehors de ces considérations, un des faits les plus importants à rappeler c'est que, dans un espace relativement aussi restreint que le bassin du Rhône, on retrouve, avec les faunes qui sont considérées comme leur étant spéciales, la plupart des principales zones des terrains tertiaires et quaternaires qui se rencontrent disséminées dans un grand nombre d'autres pays.

Le tableau suivant indique un résumé de ces synchronismes probables d'après lesquels les collections du Muséum de Lyon ont été classées. Les savantes observations de M. Gaudry et les nombreuses recherches de M. Jourdan m'ont surtout guidé dans ce travail que je ne présente toutefois, qu'à titre de renseignements susceptibles encore de nombreuses modifications :

PÉRIODES	ÉTAGES	FAUNES TYPES	CARACTÈRES PÉTROGRAPHIQUES ET PALÉONTOLOGIQUES	LOCALITÉS
PÉRIODE QUATERNAIRE	ALLUVIONS ET LEHM	DILUVIUM DU BASSIN DE LA SEINE. ALLUVIONS ET LEHM DU BASSIN DU RHIN.	Argiles lacustres et tourbes de la vallée de la Saône. Alluvions et limon jaune ou lehm des vallées de la Saône et du Rhône, du plateau bressan, des collines lyonnaises et de la plaine du Dauphiné à *Ursus spelæus*, *Hyena spelæa*, *Canis lupus*, *Elephas primigenius*, *E. intermedius*, *E. antiquus*. *Rhinoceros tichorhinus*, *Cervus tarandus*, *C. capreolus*, *C. elaphus*, *C. Canadensis*, *Antilope saiga*, *Bos primigenius*, *Sus scropha*, *Equus caballus*, etc.	Cuisery, Louhans, Mâcon (Saône-et-Loire); la Caille, Rochecardon (Rhône); Pesme, Gray (Hte-Saône); Auxonne, Pontaillier, Maxilly, Genlis, et Bruy-lès-Cîteaux (Côte-d'Or); Verdun, Châlon, Solutré (Saône-et-Loire); Sathonay (Ain); Saint-Germain, Saint-Didier au Mont-d'Or; La Pape, Lyon-Croix-Rousse, Lyon-Quarantaine; Ste-Foy, Tassin (Rhône). Graviers de la Saône et du Rhône. Tullins (Isère); St-Vallier (Drôme); Mouchard, Salins, Lons-le-Saulnier, Colligny (Jura), etc.
	CAVERNES ET BRÈCHES OSSEUSES	CAVERNES DU JURA ET DES PYRÉNÉES.	Brèches osseuses et cavernes de la Haute-Saône, du Doubs, du Jura, du Dauphiné, de l'Ardèche, du Gard et du littoral de la Méditerranée à *Ursus spelæus*. *Hyena spelæa*, *Felis spelæa*, *Elephas primigenius*, *Rhinoceros tichorhinus*, *Cervus elaphus*, *C. alces*, *C. tarandus*, *Bos*, *Equus*, *Sus*, etc., souvent mélangés à des débris de l'industrie de l'âge de la pierre taillée.	Grottes d'Échenos et de Fouvent (Hte-Saône); Gondenans-les-Moulins (Doubs); Santenay et Vergisson (Saône-et-Loire); Nolay et Drambon (Côte-d'Or); Polcymieu (Rhône); la Balme et Béthenas (Isère); Soyons (Ardèche); Pont-du-Gard (Gard), etc.
FAUNE DE TRANSITION		SAINT-PREST ET CROMER.	Dépôts sidérolitiques des crevasses calcaires à *Machærodus cultridens*, *Hyena antiqua*, *Ursus Arvernensis*, *Felis? Elephas meridionalis*, *E. antiquus*, *Bos longifrons*, *Cervus*, *Equus*, *Hippopotamus major*, *Rhinoceros megarhinus*, *R. emithecus*, *Lepus*, *Castor*, etc. Tufs et lignites à *Elephas antiquus*, *E. meridionalis*, *Cervus*, etc.	Chagny, Fontaine et Chintré (Saône-et-Loire); Crevasses du Mt Narcel et de St-Germain au Mt-d'Or lyonnais (Rhône); Grotte de Beaume (Jura); Durfort (Gard); la Viste, près Marseille (Bouches-du-Rhône); Chambéry (Savoie); Annecy (Haute-Savoie, etc.

PÉRIODES	ÉTAGES	FAUNES TYPES	CARACTÈRES PÉTROGRAPHIQUES ET PALÉONTOLOGIQUES	LOCALITÉS
PÉRIODE TERTIAIRE	PLIOCÈNE SUPÉRIEUR	PERRIER ET CRAG DE NORWICH.	Argiles et minerais de fer de la Haute-Saône et de la Bourgogne à *Elephas meridionalis*, *Mastodon Arvernensis* ou *dissimilis* (Jourdan), *M. Borsoni*, *Tapirus*, *Rhinoceros*, etc. Sables et graviers supérieurs de la Bresse, du Lyonnais et du Bas-Dauphiné, à *Mastodon Arvernensis* ou *dissimilis* (Jourdan), *Cervus*, *Tapirus*, *Rhinoceros megarrhinus*. Sables et graviers sous-basaltiques du Velay et de l'Ardèche à *Mastodon Borsoni*, à *Machærodus cultridens*, *Rhinoceros*, *Tapirus vialetti*, *Cervus Pardinensis*, etc.	Autray, Gray, Pesme, Poyans, etc. (Hte-Saône); Auxonne (Cte-d'Or); Tournus, Prety, Cheilly (Saône-et-Loire); Chevigny, Fontaine-Française. Fauverney (Cte-d'Or); Montmerle, Trévoux, Colligny, Donsure (Ain); Lucenay, collines lyonnaises (Rhône); Saint-Jean de Bournay, Sermérieux, St-Laurent de Mure (Isère); Montmirail et Moras (Drôme); Vialette (Hte-Loire); Darbres et Mirabel (Ardèche).
	MIOCÈNE SUPÉRIEUR	PIKERMI	Brèche osseuse contenant *Hyena eximia*, *Ictitherium*, *hipparion*, *Machærodus cultridens*, *Dinotherium giganteum*, *Rhinoceros Schleiermacheri*, *Acerotherium*, *Sus major*, *Helladotherium Duvernoyi*, *Cervus Matheronis*, *Gazella deperdita*, etc.	Mont Léberon (Vaucluse).
		EPPELSHEIM	Argiles blanches lacustres supérieures aux sables marins, lignites de la Bresse et du Dauphiné à *Mastodon affinis*, *M. insignis*, *M. longirostris*, *Hippotherium gracile*, *Hipparion*, *Dicroceros*, *Rhinoceros*, etc.	Tranchée du chemin de fer de la Croix-Rousse à Lyon; Soblay (Ain); Villars de Lans, Pommier (Isère), etc.
	MIOCÈNE MOYEN	SIMORRE	Fente de carrière avec argile sidérolitique contenant : *Pithecus*, *Ichneugales*, *Dinocyon*, *Lutra*, *Mustella*, *Hypalurus*, *Machærodus*, *Prionadon*, *Dinotherium lævius*, *Anchitherium*, *Rhinoceros Aurelianensis*, *Miochærus*, *Chæromorus*, *Calicotherium*, *Listriodon*, *Dicroceros*, etc.	La Grive-St-Alban (Isère).
		SABLES DE L'ORLÉANAIS.	Sables et molasses de la Bresse, des collines lyonnaises et du Bas-Dauphiné à *Dinotherium giganteum* et *D. Cuvieri*, *Hippotherium*, etc.	Collines de Fourvière, de St-Fons et de St-Clair à Lyon; St-Jean de Bournay et Vienne (Isère); Oussiat (Ain); Crépole, St-Donat, Roman et Montmirail (Drôme); etc.
	MIOCÈNE INFÉRIEUR	CALCAIRES À INDUSIES DE L'ALLIER ET MARNES DE RONZON	Calcaires et argiles lacustres compactes à *Bothryodon*, *Antelodon*, *Gelochus*, *Anthracotherium*, etc. Brèche à *Anthracotherium* et à *Acerotherium incisivum*, *Cainotherium*, etc.	Ronzon (Hte-Loire); Digoin (Saône-et-Loire); St-Menoux (Allier); Challonge (Hte-Savoie).

PÉRIODES	ÉTAGES		FAUNES TYPES	CARACTÈRES PÉTROGRAPHIQUES ET PALÉONTOLOGIQUES	LOCALITÉS
PÉRIODE TERTIAIRE	ÉOCÈNE	SUPÉRIEUR	GYPSES DU BASSIN DE LA SEINE.	Lignites à *Paleotherium*, *Anoplotherium*, *Xiphodon*, *Dichobune*, *Chœropotamus*, *Hyænodon*, *Pterodon*, etc.	Gargas (Vaucluse); Sᵗ-Hippolyte du Gard (Gard).
	ÉOCÈNE	MOYEN	SABLES DE BEAUCHAMP.	Dépôt sidérolitique avec *Hyænodon* et *Cynodon*, *Paleotherium*, *Cainotherium*, *Dichobune*, *Ragotherium*, *Theridomys*, *Emidosauriens* et *Sauriens*, etc.	Mauremont (Suisse).

DISCUSSION

M. Gaudry, après avoir constaté toute la reconnaissance que la science doit aux recherches persévérantes de M. Chantre, appelle l'attention sur le *Rhinoceros* de Saint-Germain au Mont-d'Or. La dentition est bien celle du *R. tichorhinus*; mais la cloison nasale ne paraît pas complète et l'occipital est moins incliné de manière à rappeler le *R. megarrhinus*. Cet animal mérite une attention particulière.

M. Collomb rappelle que M. Lartet considérait l'*Elephas intermedius* comme identique avec l'*E. antiquus*.

M Gaudry partage cette opinion. Il fait remarquer que quelques échantillons de l'*E. intermedius* ou *antiquus* se rapprochent de l'*E. Indicus*, dont cette espèce semble être la souche, tandis que l'*E. primigenius* n'a pas laissé de postérité.

M. A. F. NOGUÈS

Ingénieur civil, Professeur de Géologie, à Lyon

LES OSCILLATIONS DE LA MER NUMMULITIQUE

— Séance du 28 août 1873. —

I. — INTRODUCTION

Les terrains tertiaires se coordonnent au relief du sol émergé beaucoup mieux que ceux qui les ont précédés dans l'ordre chronologique de la sédimentation. Ils occupent les grandes vallées ou les bassins hydrographiques de nos fleuves actuels, ou bien entourent les bassins des mers intérieures ; ils s'étendent sur les parties littorales des continents, dont les anfractuosités représentent les golfes, les fiords et les baies des anciennes mers.

Ces terrains, relativement récents, soumis, pendant une moindre durée, à l'action des causes qui agissent constamment pour modifier l'état initial du sol, sont capables, mieux que les anciens sédiments, de nous fournir une mesure des oscillations de l'écorce minérale de notre planète.

Il est incontestable que les climats de nos contrées ont varié avec les mouvements séculaires du sol. Les variations de la température, dans le temps et dans l'espace, nous sont indiquées par la faune et particulièrement par les plantes qui ont vécu autrefois en Europe. Les *Palmiers*, les *Pendanés*, les *Fougères arborescentes*, les *Laurinés*, etc., qui ont disparu pour faire place aux végétaux actuels, entre les mains d'observateurs habiles, sont devenus des instruments de précision : ces plantes de l'ancien monde sont autant de thermomètres délicats et sensibles, qui nous décèlent encore aujourd'hui la température des époques passées. La diminution de la chaleur, l'abaissement successif ou alternatif de la température est accusé par l'élimination de nos contrées de types qui n'y vivent plus.

Il serait donc d'une haute importance de pouvoir préciser avec une certaine rigueur l'amplitude et l'époque d'un mouvement oscillatoire déterminé. Ce serait une *unité géologique* à laquelle les autres mouvements du sol seraient comparés.

Le problème, une fois posé, quoique les données qu'il exige soient nombreuses et complexes, résolu pour le terrain tertiaire, la solution sera poursuivie à travers les autres membres de la série sédimentaire.

Cependant, en prenant pour point de départ de cette étude, le terrain tertiaire le plus ancien du pourtour méditerranéen, nous ferons remarquer l'impropriété du nom de *terrain nummulitique*. Les *Nummulites* se trouvent, en effet, depuis les dépôts tertiaires marins les plus anciens jusqu'aux couches *tongriennes*, (Désert en Savoie, bassin de l'Adour).

Le terrain tertiaire inférieur à Nummulites du grand bassin asiatico-méditerranéen se distingue de la Craie par un ensemble de caractères tranchés et constants ; d'ailleurs, on distingue très-nettement, entre les couches crétacées supérieures et les premières assises tertiaires marines, un dépôt lacustre ou fluvio-lacustre et quelquefois même marin, qui est un excellent point de repère. La mer Méditerranée, avant cette période, communiquait à l'Océan par l'Espagne, au moyen d'un bras de mer ou canal qui suivait la direction des Pyrénées. Au nord de la chaîne près de Tarbes, un plateau interceptait la communication entre le bassin de l'Adour et celui de la Garonne. La mer nummulitique, dont les couches, dans les Pyrénées ont été relevées à plus de 3,000 mètres d'altitude, pénétrait dans les Corbières, la montagne Noire, les Alpes, mais n'empiétait pas sur le bassin lacustre de la Provence, qui n'a reçu aucun de ses dépôts de sédiments. Entre la Gironde et l'Adour un bombement crétacé isolait ces deux bassins; les Nummulites, interrompues entre Dax et Bordeaux, réapparaissent à Royan.

Quand on considère les mouvements du sol, qui ont eu lieu pendant la période de la formation des terrains tertiaires les plus anciens ou qui les ont précédés ou suivis immédiatement, l'esprit se pose une foule de questions importantes.

1° Les couches à *Nummulites* de la mer asiatico-méditerranéenne sont-elles contemporaines des couches suessoniennes du bassin anglo-parisien ?

2° Les couches nummulitiques du bassin de l'Adour sont-elles contemporaines de celles du Languedoc pyrénéo-méditerranéen?

3° Quand les dépôts lacustres du bassin pyrénéo-provençal se déposaient, qu'était le bassin de l'Adour ?

4° Quelle était alors aussi la situation du bassin anglo-parisien, quand les dépôts nummulitiques pyrénéens se déposaient ?

5° Quelle était la situation de la mer nummulitique dans les Alpes?

6° Les dépôts à *Nummulites* alpins sont-ils comtemporains de ceux des Pyrénées?

7° Y a-t-il dans les deux chaînes des dépôts à Nummulites *éocènes* et *miocènes ?*

8° Les dépôts nummulitiques de l'Asie et de l'Afrique sont-ils contemporains de ceux du bassin méditerranéen.

Au moyen des données de l'observation, qu'ont appelées ces questions, on a pu déterminer les mouvements du sol, pendant la période tertiaire inférieure, et en déduire les oscillations postérieures, leur amplitude, leur direction ainsi que les limites probables de la mer nummulitique asiatico-méditerranéenne, à partir de sa formation, avec ses variations et ses oscillations.

En face de l'incertitude que présente la paléontologie, il importe que les géologues trouvent une méthode approximative pour déterminer les synchronismes, les âges des sédiments. A la suite de la découverte de types vivants que l'on croyait disparus de la faune depuis des époques reculées, aujourd'hui, on ne peut plus affirmer que deux terrains qui renferment les mêmes fossiles soient contemporains, surtout s'ils sont situés à une grande distance l'un de l'autre.

II. — OSCILLATIONS DU SOL

L'architecture générale des continents, des îles, enfin des parties émergées de la terre, n'a cessé de varier depuis le commencement des âges : les océans se sont graduellement exhaussés et les anciens fonds, recouverts par les eaux marines, ont émergé. On peut, pour chaque période de l'histoire de la terre, tracer approximativement les contours des terres émergées et celui des océans anciens, c'est-à-dire dresser des cartes d'un monde qui n'est plus. Encore ces tracés de contours d'une écorce modifiée ne peuvent être que des cartes partielles, car une partie du sol souterrain échappe à l'investigation du géologue. Mais ce qui est incontestable, ce que l'observation a vérifié, c'est que le plan général des continents n'a cessé de se modifier pendant la succession des âges. L'Attique a fait partie d'un continent africain offrant de vastes plaines et de vastes prairies propre à nourrir une faune de grands herbivores. L'union ou la soudure de la France et de l'Angleterre, de l'Afrique et de l'Espagne, de l'Irlande et de l'Angleterre, de l'Irlande et de l'Espagne, se déduit d'un ensemble de preuves qui laissent peu de doutes à l'esprit.

Durant la période tertiaire moyenne, les massifs ou les îles qui formaient alors les rudiments de notre Europe se rattachaient probablement au continent américain, par un isthme qui séparait les eaux de l'Atlantique de la mer Glaciale. Cette terre océanique ne serait-elle pas l'Atlantide, dont la tradition serait arrivée jusqu'à Platon? Les Guanches des Canaries ne seraient-ils pas les descendants des Atlantes ?

Pendant la période jurassique, l'Atlantique était très étendue ; elle comprenait les deux Amériques, l'Afrique, les Indes, l'Australie et la Nouvelle-Zélande. Ce grand continent recouvrait à peu près, comme les terres actuellement émergées, un tiers de notre surface planétaire. L'Europe était alors une mer intérieure où la vaste masse continentale de l'époque jurassique projetait une large péninsule en croissant à l'origine de laquelle débouchait un grand fleuve, qui déversait dans la mer d'Europe les eaux et les sédiments du grand continent. D'ailleurs, durant la période de la mer nummulitique, une grande partie des terrains primaires et secondaires formaient, des terres émergées dont la surface totale exondée devait être peu différente de celle de nos continents actuels.

Ces âges géologiques ont eu une immense durée; l'esprit se refuse à calculer la série de siècles qu'a exigée la formation des dépôts de sédiments. On n'a aucune mesure exacte pour faire cette évaluation ; en supposant 1 mètre de dépôt par siècle, on arrive à des nombres surprenants. Par des considérations d'un autre ordre Haughton a cherché à établir qu'un abaissement de température de 25° antérieurement à l'époque actuelle a exigé environ 1,800 millions d'années.

Mais ces sédiments, dont les épaisseurs pour la seule période nummulitique, s'élèvent à 2,000 mètres, d'où viennent-ils ? De la destruction d'autres continents préexistants. La puissance sédimentaire d'une époque nous indique l'étendue continentale de ses terres émergées et la force des courants.

Pendant ces oscillations du sol, il s'est opéré des changements dans la température de l'atmosphère et dans les climats. Les sédiments et la flore des périodes houillères, permiennes, triasiques, indiquent un climat pluvieux ; pendant la période primaire la température est élevée, le climat chaud et uniforme; pendant la période carboniférienne, le climat est chaud et humide, partant froid, relativement à la période précédente.

Avec le Trias, la température s'abaisse, à cause de la grande extension des continents vers les pôles, tandis que, pendant la période jurassique, le climat est chaud et sec. Si nous en jugeons par la faune coraligène, la température était, dans nos contrées, de plus de 20° centigrades au-dessus de celle d'aujourd'hui.

Avec la Craie, la température s'abaisse, les coraux disparaissent, le climat est relativement tempéré et sec. Pendant la grande période tertiaire la température est aussi en relation avec les oscillations du sol. A l'époque *Éocène*, les palmiers vivent aux environs de Paris et dans l'Europe centrale, la faune des mollusques *miocènes* est analogue à celle des pays chauds, tels que le Sénégal, la Guinée ; enfin, pendant l'époque *Pliocène*, les palmiers ont quitté les latitudes boréales ; ils ne se trouvent que dans la partie méridionale du continent. Le climat de nos contrées était alors plus chaud que de nos jours ; les mollusques pliocènes ont leurs espèces vivantes dans les mers tropicales de l'Afrique et des Indes.

A partir de l'époque Pliocène, la température a diminué, il s'est opéré un continuel refroidissement du climat, le froid a atteint son maximum à la période glaciaire, pour diminuer ensuite et prendre la position d'équilibre instable que nous lui connaissons aujourd'hui.

Ces variations dans la température de l'atmosphère, ces climats des différentes époques géologiques ne sont pas dus à une cause unique, comme, par exemple, le refoidissement lent de la terre ou la position de notre globe dans une région de l'espace où la température a varié avec les siècles. Les oscillations séculaires du sol, l'exhaussement et l'extension des masses continentales ont été une des causes qui ont contribué aux variations de la température terrestre.

Le sol est dans un état d'oscillation constante ; l'écorce terrestre n'a cessé d'onduler depuis son premier refroidissement ; aussi les limites de la terre et de la mer n'ont jamais été fixes et immuables. La terre modifie sans cesse la forme de ses mers et de ses rivages ; les surfaces continentales se redressent et puis s'abîment sous les eaux; partout le relief et les contours du sol se modifient lentement.

On a cherché à déterminer l'amplitude et la durée de ces mouvements oscillatoires. Mais les calculs sur lesquels sont basés les résultats de ces mouvements doivent être regardés comme des essais de mesures, plutôt que comme des évaluations rigoureuses. D'ailleurs, la vitesse du déplacement du sol n'a probablement pas été uniforme, et sa direction n'a pas été toujours ascensionnelle ; en outre, il y a eu sans doute des périodes de calme et d'immobilité relative.

Les mouvements du sol ont eu de longues périodes de durée ; ils se sont produits sur des contrées très-étendues, en abaissant et relevant successivement la croûte minérale.

Ces oscillations ont eu pour résultat de chasser l'Océan de ses rivages pour le rappeler ensuite, ce qui s'est traduit physiquement par des périodes d'émergement et d'immersion, par une orographie variable, par des climats et des températures inconstantes.

Ces mouvements d'oscillation sont lents et presque continus, tandis que les mouvements orogéniques se sont produits d'une manière rapide. Ces derniers se manifestent par des impulsions qui affectent des lignes ; ils tracent à la surface de la terre les grandes failles et les fractures générales de l'écorce terrestre, les rivages des mers, la directions des vallées, des cours d'eaux, les chaînes des montagnes et les parois des anciens bassins maritimes.

Ces mouvements du sol n'ont cessé, depuis les périodes les plus anciennes de l'histoire de la terre, de modifier la géographie physique et la climatologie. Mais à mesure que l'on remonte les temps, les traces des oscillations d'une même période sont de plus en plus difficiles à suivre et à indiquer. Les mouvements sont d'autant plus faciles à saisir qu'ils sont plus récents. C'est donc en remontant les âges géologiques que l'observateur pourra indiquer les oscillations du sol dont chacun d'eux a été affecté.

Actuellement, la Scandinavie, l'Écosse, l'ouest de la France, l'Algérie, le Groënland, Terre-Neuve, les côtes du Chili, du Pérou, les Antilles, les îles Sandwich, les îles Tonga, Salomon, Mariannes, les côtes de Zanzibar, de Ceylan, sont sous l'influence de causes qui produisent un mouvement d'exhaussement.

Tandis que ces contrées se soulèvent lentement, certains pays s'affaissent; tels sont les bords de la Manche en France, l'Angleterre, le sud de la Baltique, les îles de Candie, du Cap-Vert, l'isthme de Suez, les îles Maldives, de Chagos, les Carolines, les îles Basses, les Nouvelles-Hébrides, les côtes nord-est de l'Australie, le sud du Groënland, les bords de l'Adriatique.

L'observation a montré que, du pays de Galles au Spitzberg et aux côtes de la Sibérie, l'extension des terres n'a cessé d'augmenter durant une partie de la période glaciaire et pendant la période actuelle. L'aire d'élévation comprend un espace qui n'est pas moindre de 160° en longitude.

Les contrées du sud de l'Europe sont aussi soumises à un mouvement d'exhaussement qui se manifeste aux pourtours de la Méditerranée. Les régions méditerranéennes constituent une grande surface d'élévation, qui s'étend des déserts sahariens à la France centrale et des côtes de l'Espagne aux steppes de la Tartarie. La longue dépression de la Méditerranée est tracée, comme une ride immense, au milieu des vastes pays qui s'exhaussent graduellement au sud de l'Europe et au nord de l'Afrique.

Ces oscillations séculaires du sol se retrouvent durant toute la longue série des temps tertiaires. Pendant la période Pliocène, l'exhaussement des Alpes a fait émerger le bassin ligérien et le bassin pyrénéen; cependant, la mer pénètre encore dans quelques parties des Landes. Dans le bassin méditerranéen, les eaux marines ont leurs limites assez en avant dans les terres actuelles; dans les Pyrénées-Orientales, elles arrivent au pied du Canigou, à Millas, Néfiach, le Boulou, et dans l'Hérault au-delà de Montpellier. En Italie, une grande partie de la Péninsule et tout l'Astesan étaient sous les eaux.

Les sédiments subapennins du littoral de la Méditerranée en France, en Espagne, ceux de l'Italie, de la Sicile, ne sont pas recouverts par les eaux marines qui les ont jadis déposés. Il y a donc eu un exhaussement du sol qui les a fait émerger. Durant la période Pliocène, l'écorce terrestre a donc été soumise à un mouvement d'oscillation qui a porté en dehors des eaux une partie de notre littoral méditerranéen; le sud de l'Europe et le nord de l'Afrique ont éprouvé un exhaussement; mais, depuis la fin de la période quaternaire, le mouvement se produit en sens opposé.

Pendant la période Miocène, les mouvements du sol ont encore une plus grande amplitude. Les mers du bassin anglo-parisien se rétrécissent par l'exhaussement de l'écorce terrestre; en France, elles se retirent vers le nord-ouest, en Belgique et en Angleterre vers le nord-est. Le long des Pyrénées, la mer miocène s'étend de l'est à l'ouest; elle se rétrécit constamment par un exhaussement continuel du sol, depuis l'époque tongrienne jusqu'à l'époque falunienne. Dans le bassin méditerranéen, elle est beaucoup plus étendue; elle remonte, à partir de la Provence, la vallée du Rhône et s'étend de là en Savoie, en Suisse, jusqu'aux Dombes, et par la Provence dans le Var, le

Piémont et la Ligurie. Plus encore vers l'est, en Grèce, dans la Crimée et l'Inde.

La période Miocène offre un phénomène d'affaissement du sol très-remarquable, puisqu'il a donné naissance à une nouvelle mer française, le *bassin ligérien*, dont les dépôts sédimentaires s'étendent de Pontlevoy jusqu'à la Manche, en couvrant une partie des départements de Loir-et-Cher, d'Indre-et-Loire, des Deux-Sèvres, de Maine-et-Loire, de la Mayenne, de la Loire-Inférieure, d'Ille-et-Vilaine et des Côtes-du-Nord. Vers le milieu de la période Miocène un léger exhaussement du sol a déterminé l'émergement des contrées où les bassins marins avaient peu de profondeur. D'ailleurs, la succession des dépôts marins et des dépôts lacustres exige des oscillations de l'écorce terrestre qui ont amené des changements de niveau.

En remontant les temps, pendant la période Éocène, nous pouvons constater l'existence des mouvements du sol qui ont disloqué les terrains tertiaires.

Au début du monde tertiaire, les mers et les continents diffèrent peu de ceux de la période crétacée. Dans le sud du bassin *anglo-parisien*, se produit un exhaussement du sol qui diminue les limites de la mer de ce côté-là. La mer *suessonnienne*, très-élargie au nord-est, était bornée au nord-ouest par le continent anglais, et au sud par le massif breton, qui était réuni au plateau central et aux Vosges.

Au midi, dans la région actuelle des Pyrénées, une mer très-restreinte s'étend de l'embouchure de la Gironde jusqu'à la Méditerranée, en recouvrant la chaîne actuelle des Pyrénées. Durant cette période, la Méditerranée recouvre une partie de l'Espagne, de la Haute-Garonne, de l'Ariége, des Basses-Pyrénées, des Landes, de l'Aude, du Var, des Alpes-Maritimes, des Basses-Alpes; elle se prolonge à l'est de l'Europe, pénètre dans la chaîne des Alpes, de là en Italie, dans les Carpathes, la Dalmatie, la Chine, l'Asie-Mineure, la Perse et l'Inde. Ce grand bassin asiatico-méditerranéen fera le sujet des chapitres suivants.

Pendant la longue période *Éocène*, se produisent plusieurs mouvements du sol qui changent les limites des mers et de leurs rivages. Les Pyrénées, d'abord sous les eaux, se relèvent; le pays de Bray, une partie du Sussex, du Surrey, certains points des Alpes, de l'Italie, des Carpathes, de la Grèce, etc., s'exhaussent et émergent. Les mers changent de circonscription; elles sont refoulées; la mer parisienne, dans le bassin anglo-parisien, qui s'étend du Cotentin à la Seine jusqu'à Épernay, est repoussée vers le sud-ouest et le nord-est; au sud, elle est très-réduite, dans le bassin de la Gironde, les Alpes françaises et la Savoie.

Ces différentes oscillations du sol, qui ont alternativement relevé et abaissé les dépôts sédimentaires, ont imprimé à l'orographie des contrées des caractères qui tiennent à la puissance et aux dislocations de ces dépôts. Le terrain tertiaire inférieur *suessonnien* ou *nummulitique* a été relevé sur les sommets des Pyrénées et des Alpes ; il contribue par conséquent au relief de nos plus hautes montagnes. Mais l'*Éocène moyen* ou *Parisien*, dans les Pyrénées, ne se trouve que dans les chaînons secondaires, sur les flancs de ces montagnes, à des hauteurs relativement peu élevées. L'*Éocène moyen* a contribué fort peu au relief des Pyrénées, il n'entre que pour une très-petite part dans l'architecture de ces montagnes ; mais il se trouve sur quelques points des chaînes intérieures des Alpes.

Dans les bassins pyrénéen, méditerranéen, parisien, le *Miocène* accidente peu le sol ; il atteint à des hauteurs assez faibles. Mais, dans les Alpes, ce terrain contribue à donner à certaines parties de la chaîne son relief et ses caractères orographiques ; il s'y trouve à de grandes hauteurs. Dans les plaines subalpines, il forme des collines recouvertes par des dépôts postérieurs ; en certains points, la Molasse a été érodée et dénudée par l'action glaciaire.

Les dépôts tertiaires sont coordonnés à un certain nombre d'axes ou de lignes orographiques. Le terrain tertiaire inférieur du nord de la France s'appuie au pied du versant septentrional de l'*axe de Mellerault*, ouest-nord, dont l'hydrographie actuelle délimite la ligne de partage du bassin de la Seine et de la Loire. Le *bombement de l'Artois*, qui fait la ligne de partage des eaux de l'Artois et de la France, dirigé ouest 34° nord, sépare aussi le bassin tertiaire de la Belgique de celui de la Seine ; son prolongement infléchi, qui forme l'*axe de la vallée de Weald*, sépare aussi le bassin de Londres de celui du Hampshire.

On peut suivre sur une bonne carte ces portions du sol qui ont été témoins des dépôts tertiaires, ces roches émergées, pendant que la mer tertiaire baignait leurs pieds.

Tous les géologues savent que le *calcaire grossier et les sables inférieurs* s'arrêtent à la chaîne de collines qui s'étend de Noyon à Villequier-Aumont (Aisne). *Les sables moyens et le calcaire grossier* ne dépassent pas à l'ouest la ligne de partage des eaux de l'Oise et de la Somme, prolongement de celle de la Sambre et de l'Escaut.

Le relèvement des couches des deux côtés de la Manche fait supposer qu'à partir des *lignites tertiaires inférieurs*, dont les dépôts sont comparables en France et en Angleterre, il a existé pendant l'époque tertiaire, comme avant, un bombement sous-marin, dirigé nord-est sud-ouest. Ce *bombement* ou *ligne de la Manche* est la cause de la différence que l'on observe entre les dépôts tertiaires d'Angleterre d'une part, et ceux du nord de la France et de la Belgique de l'autre. Il a déterminé deux bassins distincts ayant chacun leur faune et des eaux chargées de sédiments différents.

L'abaissement ou le relèvement de ces axes de bombement a uni ou séparé les bassins voisins. Lorsque le *terrain Miocène* commença à se déposer, la *ligne de Mellerault*, cessant de manifester son influence, permit aux poudingues, aux sables, aux grès marins supérieurs, aux marnes et aux calcaires lacustres qui leur ont succédé chronologiquement, de s'étendre depuis le nord de la France jusqu'au pied du plateau central et des plaines de la Champagne jusqu'aux terrains anciens de la Bretagne (d'Archiac).

Il y a donc une certaine relation entre les caractères orographiques et hydrographiques du sol actuel et les terrains antérieurs à notre époque. Les terrains tertiaires de la France sont coordonnées à deux lignes parallèles ou dont les directions ne diffèrent entre elles que de 3°, et à deux autres lignes également arallèles entre elles et presque perpendiculaires aux précédentes.

Les lignes de l'hydrographie actuelle traduisent à nos regards l'orographie du sol émergé pendant le temps d'une période déterminée.

Les terrains tertiaires de l'Europe occidentale sont coordonnés à une ligne orographique bien définie. Au nord de la France et au S. E. de l'Angleterre, ils sont placés des deux côtés de l'*axe* ou *bombement crétacé* que nous avons déjà désigné sous le nom d'*axe de l'Artois*, dirigé de l'ouest des Ardennes à Warminster.

Sur le continent, cet axe est peu accusé à l'œil; cependant, il forme la ligne de partage des eaux de la Manche et de la mer du Nord. Il sépare les terrains tertiaires du nord en deux bassins distincts, celui de la *Seine* et celui de la *Belgique*.

En Angleterre, l'axe de l'Artois est plus prononcé que sur le continent; il forme une ligne saillante qui partage les eaux en deux bassins, savoir le *bassin de la Tamise* et le *bassin du Hampshire* ou de l'*île de Wight* qui reçoit les eaux qui se rendent directement à la mer.

Le détroit sépare actuellement les bassins tertiaires de la *Seine* et de la *Belgique* de ceux du *Hampshire* et de la *Tamise*.

De part et d'autre de l'*axe de l'Artois*, sur le continent comme en Angleterre, les divers groupes tertiaires s'abaissent en sens contraire; ceux de la Belgique disparaissent au nord sous les alluvions de la Hollande; en France, ils s'inclinent en sens opposé.

Lorsqu'on se dirige du nord au sud ou des environs de Laon vers Paris, toutes les couches tertiaires s'abaissent vers le midi en se superposant comme les tuiles d'un toit. Le bombement crétacé de l'Artois a donc formé pendant la période tertiaire une ligne orographique qui a délimité les rivages des mers du bassin anglo-parisien.

Les alternances des dépôts marins, fluvio-marins et lacustres de nos divers bassins tertiaires, prouvent la fréquence des oscillations du sol pendant la période tertiaire.

Au nord, en Belgique et dans le bassin de la Tamise, les dépôts marins prédominent; les dépôts lacustres ou fluvio-marins y sont rares ou inconnus. Au contraire, dans le bassin de la Seine, dans le Hampshire, l'île de Wight, les sédiments marins et lacustres alternent. Ces alternances ou les empiètements successifs de la mer sont une démonstration incontestable des mouvements du sol.

Dans le bassin *pyrénéo-méditerranéen*, le voisinage des montagnes a donné lieu à d'énormes assises de dépôts clastiques (poudingues) qui manquent au nord. En outre, des dislocations énergiques ont séparé le tertiaire inférieur du tertiaire moyen. Dans le bassin de la Belgique et de la Tamise, les dépôts marins du *crag* ont succédé aux dépôts marins de l'*argile de Londres* et à ceux de *Boom;* comme au sud, du bassin de la Seine et dans celui de la Loire, les *faluns marins* se sont accumulés dans des dépressions du *calcaire lacustre*, sans qu'on remarque des lignes de dislocations tranchées comme dans le bassin pyrénéo-méditerranéen. En outre, il semble qu'il y ait toujours eu au sud des alternances tertiaires des dépôts marins et d'eau douce, tandis qu'au nord ce n'est qu'aux époques les plus voisines de la période quaternaire qu'on en trouve.

Ces résultats de l'observation démontrent d'une manière certaine qu'au sud de l'axe crétacé de l'Artois, il y a eu des oscillations, en quelque sorte périodiques, au fond de la mer. Ces oscillations ont eu des amplitudes considérables, si on en juge par la profondeur du lac où se déposaient les marnes et gypses à *Paleotherium*, ou le calcaire lacustre moyen du bassin de la Seine.

Les mouvements du sol de la période tertiaire sont écrits en traits apparents dans tous les bassins. Dans le bassin de la Tamise, il existe une grande lacune entre les *sables de Bagshot et le crag blanc* inférieur à Bryosoaires, tandis que dans celui du Hampshire et de l'île de Wight, cette lacune est comblée par une série de couches lacustres de 150 à 170 mètres d'épaisseur. En Belgique, les lambeaux isolés de couches tertiaires les plus basses sont épars à la surface de la craie sur l'*axe de l'Artois*, ils forment des bandes irrégulières dirigées généralement de l'ouest à l'est.

Dans le bassin de la Seine, les points les plus élevés des dépôts tertiaires, en deçà de l'axe de l'Artois, forment une ligne discontinue qui, de Virzy à l'extrémité orientale de la montagne de Rheims, à 280 mètres, se dirige à l'ouest-nord-ouest, par la forêt de Villers-Cotterets et de Hallate en se maintenant à des hauteurs de 255, 240 et 220 mètres. La ligne de partage des bassins de la Seine et de la Loire, insensible à l'œil, entre le canal de Briare et la Loupe, où elle ne dépasse pas 150 mètres, atteint dans son prolongement nord-ouest 321 mètres, au signal de Champ-Haut (Orne).

Dans la Normandie, la Picardie, l'Artois, la Flandre, se montrent en maint endroit des lambeaux du terrain *Éocène*, tandis que dans le Perche, le Maine, la Bretagne, l'Anjou, la Touraine et l'Orléanais, dominent les dépôts *Miocènes*. Il y a donc eu un mouvement du sol d'une certaine étendue entre ces deux époques tertiaires.

On reconnaît, sur plusieurs points du bassin de la Loire, des dépôts contemporains de ceux du bassin de la Seine, ce qui tendrait à prouver cependant qu'à certains moments il y a eu des communications entre ces deux régions, par conséquent que le sol a oscillé entre les deux époques tertiaires.

Les dépôts tertiaires du midi de la France, occupent la vaste dépression comprise entre le plateau central et les Pyrénées, la Méditerranée et l'Océan.

Les deux bassins méditerranéens ou de l'Est, savoir, le *bassin du Languedoc pyrénéo-méditerranéen* et le *bassin alpino-rhodanien* comprennent toutes les parties basses du Languedoc entre les Pyrénées et les Cévennes, les plaines et les plateaux inférieurs de la Provence et du Dauphiné.

Les deux bassins océaniques ou de l'Ouest, comprenant le *bassin de la Garonne* et celui de *l'Adour*, renferment les dépôts tertiaires de l'Aquitaine et d'une partie des provinces situées sur le cours de la Garonne et de l'Adour.

On remarque une différence prononcée entre les dépôts et les faunes de ces quatre bassins du midi; ces différences sont en rapport avec d'anciennes dispositions orographiques. Le bassin inférieur de la Garonne était séparé de celui de l'Adour, à la période tertiaire, par un haut fond crétacé que traduisent à la surface quelques pointements des roches crétacées courant parallèlement à la ligne de partage actuelle des deux bassins hydrographiques.

III. — OSCILLATIONS DE LA MER NUMMULITIQUE

Le terrain tertiaire du midi de la France, qui s'étend des dernières ramifications alpines dont les pieds se baignent dans la Méditerranée jusqu'aux rivages de l'océan Atlantique, est plus complet, mais aussi plus complexe que celui du bassin anglo-parisien. Le terrain tertiaire inférieur ou Éocène est formé d'un ensemble de couches très-différentes d'origine et de composition; cependant on y reconnaît trois systèmes de couches et de faunes, qui sont, du plus ancien au plus récent: 1° *le système sous-nummulitique* ou lacustre inférieur (groupe d'Alet de M. d'Archiac), alaricien, ou garumnien (Leymerie) lacustre, rarement marin, composé de grès quartzeux, d'argiles rouges, de poudingues, de calcaires, etc.; 2° *le système nummulitique*, marnes calcaires, grès marin; 3° *le système lacustre supérieur*, grès, calcaires, marnes, argiles, gypses, poudingues, grès de Carcassonne (formation *carcassienne*, Leymerie, ou *carcœsonienne*, de Rouville).

Dans la région méditerranéenne, la série tertiaire est plus complète que dans le bassin de l'Adour ; le système supérieur ou lacustre y est largement développé ; le système inférieur, comprend en partie tout ce qui dans le nord de la France est placé entre les couches coquillières de Soissons et la Craie, mais aussi des assises qui ne sont pas représentées dans les sables du Soissonnais ni dans l'argile plastique.

Ces différences entre les caractères des deux bassins pyrénéens tient probablement à l'existence d'une séparation plus ou moins complète, qui existait déjà à cette époque à la hauteur du plateau de Lannemezan et se dirigeait au Nord-Est. Ce plateau divisait le grand bassin en deux bassins distincts, émergés cependant à deux époques différentes. Quand le bassin du Languedoc *pyrénéo-méditerranéen* recevait les dépôts tertiaires inférieurs, le bassin de l'Adour était émergé, car il n'a reçu aucun sédiment correspondant entre la craie et le système nummulitique.

Dans le bassin *Alpino-rhodanien* (Dauphiné, Provence, Savoie), et principalement dans la Provence, le système inférieur est représenté par un ensemble considérable de couches fluviatiles ou lacustres, ou d'eau saumâtre : grès, marnes, argiles, lignites, calcaires ; les marnes et les lignites de Fuveau dans les Bouches-du-Rhône appartiennent à ce type. Plus vers l'ouest, le système se retrouve principalement dans la vallée de Vallemagne et beaucoup plus complet dans l'Aude et les Pyrénées.

Les deux parties contiguës du Languedoc et de la Provence présentent, dans leurs terrains tertiaires, des différences très-prononcées. Tandis que dans l'Aude, l'Ariége, la Haute-Garonne, le système nummulitique marin est très-développé, il n'y en a aucune trace au sud de la Durance. Des limites des départements de l'Aude et de l'Hérault (montagne Noire) jusqu'à la vallée du Var, près de Nice, nulle part, on ne trouve le système nummulitique au voisinage de la Méditerranée: il faut remonter vers les Alpes pour en trouver des traces. Le *système inférieur lacustre* n'est pas représenté dans la région des Alpes; le *système nummulitique* repose sur les roches secondaires ; au-dessus se trouve le *flysch* et le *grès macigno* représentants du système supérieur lacustre. La série tertiaire de la Suisse alpine commence par un poudingue, peut-être lacustre? surmonté du système nummulitique avec *Nummulites complanata*, *N. distans*, *N. perforata*, *N. Ramondi*, *Biarritzensis*, le tout recouvert par le *flysch* et les *schistes à fucoïdes* des calcaires siliceux avec *Paléothères*.

L'*Éocène* est puissamment développé dans les chaînes extérieures des Alpes ; aux environs de Lucerne, M. Kauffmann a distingué : 1° *Couches du Pilate* avec *N. complanata*, *N. Ramondi* ; 2° flysch inférieur : *couches du Righi*, *N. complanata*, *N. distans*, *N. Ramondi* ; 3° flysch supérieur : *couches d'Obwald*, grès à fucoïdes, avec quelques nummulites de très-petites dimensions.

Dans les Alpes de la Savoie, le nummulitique inférieur n'appartient qu'à la zone orientale, tandis que le nummulitique supérieur se trouve dans les deux ; dans l'une, il repose presque partout immédiatement sur l'Urgonien, tandis que, dans l'autre, il en est séparé par l'étage inférieur, la Craie et le Gault.

Les sédiments tertiaires les plus anciens qui bordent la Méditerranée, s'appuient à l'intérieur sur la pente nord des Pyrénées de la Haute-Garonne et de l'Ariége ; puis ils contournent, après y avoir pénétré, le massif des Corbières dont ils forment les pentes qui regardent l'Aude, des environs des Bains-de-Rennes jusqu'au delà du mont Alaric. Ils circonscrivent également les pentes O., S. et E. de la montagne Noire. Ils reposent tantôt sur des schistes primaires, tantôt sur des roches jurassiques ou crétacées. D'ailleurs, ces terrains se coordonnent assez bien aux contours très-découpés de la base des Pyrénées au sud et de la montagne Noire au nord.

Mes recherches personnelles dans les Corbières, les Pyrénées, les Apennins et les Alpes, publiées en partie par M. d'Archiac (*Les Corbières*), m'ont fait connaître le terrain tertiaire inférieur du grand versant océano-méditerranéen. J'ai vu et visité tous les points dont il est question dans ce travail, à l'exception des localités de l'Asie et de l'Afrique. D'après M. d'Archiac, le système nummulitique correspond à la fois aux sables moyens, au calcaire grossier et aux premières assises des sables du Soissonnais, comme le *groupe d'Alet ou système sous-nummulitique* à tout ce qui est au-dessous, c'est-à-dire aux sables, grès, lignites, calcaires lacustres de Rilly et à la glauconie inférieure.

Le *système inférieur* ou *sous-nummulitique* (groupe d'Alet), aux environs d'Alet (Aude), a une puissance d'environ 300 mètres ; il se compose de grès quartzeux, de marnes rouges et poudingues, de calcaires compactes surmontés de marnes rouges. Plus au sud, aux environs des Bains-de-Rennes, dans la vallée de la Sals, les grès quartzeux prennent un grand développement et recouvrent directement la craie supérieure du pays. A Couiza, le deuxième système recouvre les grès et calcaires inférieurs.

Dans la région centrale des Corbières, autour de la Grasse, au pied du mont Alaric, le *système sous-nummulitique* prend un grand développement. Le calcaire lacustre fossilifère apparaît nettement. Dans les gorges des moulins de Fonjoncouse, dans la région orientale de Saint-Victor, à Thézan, à la crête de Montseret, j'ai découvert partout les calcaires avec fossiles d'eau douce. Les marnes rutilantes de cette région des Corbières se continuent avec une certaine constance dans les départements voisins où le système inférieur pénètre. Les fossiles sont assez rares; aux gorges des moulins de Fonjoncouse, ils se trouvent dans un calcaire bitumineux schistoïde ou en minces bancs.

Au nord de Carcassonne, le long de la montagne Noire, aux environs de Montolieu, de Conques, le *système sous-nummulitique* lacustre est très-atténué. Les couches de calcaire avec *physa prisca*, *lymnea Leymerii* (Noulet), *L. Rollandi* (Noulet), *L. atacica* (Noulet), *planorbis primævus* (Noulet), etc., ont une faible épaisseur. Sur ce rivage du grand lac méditerranéen, des sources apportèrent les matériaux chimiques nécessaires à la confection de ces assises d'un calcaire lacustre blanc sub-cristallin. La montagne Noire formait donc déjà à cette époque une bordure de rivage; mais depuis, elle a subi un affaissement, puisque la mer nummulitique a pénétré dans le grand lac et a déposé des sédiments qui ont dépassé les limites des dépôts lacustres inférieurs. Plus tard, le système lacustre supérieur (grès de Carcassonne) a recouvert le terrain nummulitique sur les flancs de la montagne Noire, ce qui indique un changement de niveau.

Il y a donc eu une oscillation de l'écorce minérale qui s'est fait sentir à la montagne Noire et aux Corbières, entre l'époque du grand lac qui a déposé les sédiments lacustres des environs de la Grasse, de Montseret, de Montolieu, et la formation de la mer nummulitique. Il y a eu une deuxième oscillation qui a permis à la mer de se retirer et aux eaux douces de déposer les sédiments lacustres supérieurs.

Cependant le mouvement n'a pas eu une grande amplitude, car presque partout les sédiments nummulitiques sont concordants avec ceux du système lacustre inférieur. La mer a pénétré dans le grand lac, en laissant certaines parties du bassin sans être inondées par les eaux marines. Dans les Pyrénées comme dans la Provence, on trouve des lambeaux du système sous-nummulitique qui n'ont pas reçu les eaux de la mer nummulitique. Il y a donc eu un mouvement du sol qui a fait émerger certaines portions du grand lac sous-nummulitique.

MM. Matheron, Leymerie, de Rouville, ont signalé le système sous-nummulitique en remontant au nord-est, le long des pentes de la montagne Noire; il se trouve partout dans cette région avec les mêmes caractères pétrographiques que dans les Corbières et la même pauvreté de fossiles. Il forme une bande à peu près continue entre Bize et Saint-Chinian, passe dans la vallée de Vallemagne, de là en Provence jusqu'à Fuveau.

Dans le département de l'Ariége, le système sous-nummulitique forme une ligne continue de Quillan à Bellesta et à Foix; il pénètre dans la Haute-Garonne et se développe surtout à Ausseing; en sorte qu'on peut suivre le système rutilant, de cette dernière localité jusqu'à Alet.

M. Leymerie reconnaît dans la Haute-Garonne un facies marin commençant à Saint-Marcet, pour finir près d'Ausseing. Le type lacustre est très-développé dans l'Aude, en Provence et en Asie; le type marin dans les Pyrénées centrales. A l'ouest du plateau de Lannemezan, dans le bassin de l'Adour, le système sous-nummulitique manque : la craie supérieure est recouverte par le système nummulitique marin.

Durant la période comprise entre le système lacustre sous-nummulitique et le système lacustre supra-nummulitique, une vaste mer se développait depuis le centre de l'Espagne jusqu'aux confins de l'Asie. Cette mer asiatico-méditerranéenne baignait le versant méridional d'un continent comprenant, en France, le plateau central soudé au massif breton, augmenté au midi et à l'est des régions vosgienne, jurassique et provençale. Au milieu de cette mer surgissaient plusieurs îles ou presqu'îles reconnaissables aujourd'hui en ce qu'elles ne portent aucune trace de sédiments marins de la période nummulitique; les Pyrénées orientales comprises entre Céret et la mer, une partie du massif alpin étaient parmi elles. Un long détroit partait de la mer qui recouvrait l'Italie, contournait les Alpes vers le nord-est, passait par la Brianza et allait rejoindre le bassin nummulitique de Vienne. La mer, dans notre région, occupait la vaste dépression qui était limitée au nord par les montagnes du pays de Galles et de Cornouailles, le massif ancien de la Bretagne, le plateau central, les Vosges et les Ardennes. Dans ce grand bassin de sédimentation se sont déposés des matériaux de diverses natures, mais tous d'origine marine. Dans le nord de l'Europe cependant, les sédiments de cette période sont alternativement marins et lacustres, tandis que, dans le bassin provençal, ils sont exclusivement lacustres.

Les dépôts de la région asiatico-méditerranéenne ont un facies qui les rapproche des roches anciennes jurassiques ou crétacées; ce sont, en général, des calcaires compactes, des marnes, des grès.

Au sud, la mer occupait une partie de l'emplacement des Alpes; elle s'étendait depuis les environs de Bordeaux jusqu'en Catalogne, en passant à travers les Pyrénées; elle envoyait vers les Corbières, sous forme de golfe, un prolongement qui atteignait la montagne Noire. Les deux bassins étaient séparés par la région à dépôts lacustres de la Provence et du Languedoc.

Le *système nummulitique* des départements de la Haute-Garonne, de l'Ariége, de l'Aude, forme une zone qui longe le pied des Pyrénées, en s'élargissant de l'ouest à l'est. Dans les Corbières et la montagne Noire, le système nummulitique marin repose sur le *groupe d'Alet* sans discontinuité. On y distingue trois étages distincts: 1° *étage inférieur*, calcaire rempli de milliolites avec *Nummulites planulata, N. Lucasana, N. Ramondi, Alveolina sphæroidea, Nerita Schmideliana;* 2° *étage moyen*, marnes et calcaires marneux : *Operculina ammonea, O. granulosa, N. Leymerii, N. Ramondi;* 3° *étage supérieur*, calcaires, grès, *N. Ramondi, N. Leymerii, N. Biarritzensis.*

Dans l'Ariége, la Haute-Garonne, le système nummulitique marin repose aussi sur le groupe d'Alet. Il accompagne la chaîne sur ses deux versants et pénètre même dans son intérieur. Il constitue tout le mont Perdu, les falaises de Biarritz; il s'étend dans les Landes jusqu'en Chalosse. Dans la région occidentale des Pyrénées, on y distingue aussi trois étages : 1° *marnes à térébratules;* 2° *calcaires à nummulites* avec *N. perforata, N. complanata, Serpula spirulæa;* 3° *calcaire à Eupatagus ornatus, N. Biarritzensis.*

Ce système paraît encore plus récent que celui qui se développe plus à l'est, dans l'Ariége et l'Aude. La mer nummulitique n'a pénétré dans les régions occidentales des Pyrénées qu'après avoir d'abord occupé les parties orientales.

Dans la vallée de la Muga, au sud de Saint-Laurent de Cerdans, au sommet de la montagne de Bességude, en Espagne, le terrain nummulitique recouvre le terrain de Craie sans interposition du système lacustre inférieur.

Le terrain nummulitique se montre dans le bassin alpin ; aux environs de Nice, il s'enchevêtre avec les roches secondaires ; il en est de même, lorsqu'on le suit au nord, par la vallée de l'Esteron, du Var, en passant par Entrevaux et Annot, dans les Basses-Alpes, puis par les Hautes-Alpes, par Colmars, Allos, Embrun et Mont-Dauphin.

Le terrain nummulitique constitue entre Gap et Monestier un massif important qui occupe tout le plan sud-est du mont Pelvoux. Il se rencontre dans le Dévaluy sur la rive gauche du Drac, à la montagne de Chaillot, au-dessus de Saint-Bonnet, au mont Faudon.

Les couches tertiaires inférieures reparaissent sur la rive droite de l'Isère, près des Échelles, puis dans la chaîne au nord est de Chambéry, à partir des *Déserts*, traversent la vallée de l'Arve, pour aboutir au massif de la dent du Midi. Enfin, depuis les environs de Nice, jusqu'à la Tarentaise et la Maurienne, elles forment des bandes allongées, d'abord du sud-est au nord-ouest et ensuite au-delà de Chambéry, courant au nord-est jusqu'à la vallée du Rhône supérieur, pour se continuer encore dans les Alpes suisses de Berne, Lucerne, Glaris et dans celles de l'Allemagne.

Au *Désert*, les nummulites, *N. variolaria*, avec la *Natica crassatina* indiquent certainement un niveau supérieur au système nummulique des Corbières et des Pyrénées centrales.

De ce côté-ci des Alpes, il y a eu deux niveaux de fossiles dans les couches à nummulites ; de l'autre côté, sur le versant italien, dans la Ligurie, il y a un troisième niveau encore plus récent, essentiellement Miocène. Le macigno, le flysch, représentent, dans les Alpes, le groupe lacustre du système supérieur du département de l'Aude (carcassien).

M. Garnier, distingue dans les couches à nummulites de *Branchaï* et d'*Allons* (Basses-Alpes) :

A. *couches supérieures* avec *operculines*, *Spirula spirulæa*, *Operculina ammonea*, Nummulites.

B. *couches inférieures sans Nummulites* avec *Natices*, *Cerithes*, *Cythérées*, reposant sur un poudingue.

A Barrême, les calcaires à Nummulites sont recouverts de marnes bleues, de schistes gréseux et d'argile avec *Natica crassatina*, comme d'ailleurs aux *Déserts*.

D'après M. Tournouër la faune de *Branchaï* est celle de *Gap* et des *Diablerets;* celle d'Allons, qui lui est superposée, est identique à celle des couches à *spirula spirulæa* de Biarritz. La faune supérieure de Barrême est la même que celle de Gaas et de Castel-Gomberto : ces couches à *Natica crassatina*, *N. angustata* sont certainement tongriennes,

Dans les Pyrénées, les Alpes, les Apennins, le bassin de la Seine, les assises inférieures de l'Éocène renferment de petites espèces de Nummulites ; les assises moyennes, au contraire, contiennent les espèces à grandes dimensions ; enfin, les assises supérieures sont plus spécialement caractérisées par des espèces de petite taille.

Il y a dans les Alpes deux couches à Nummulites renfermant de grosses natices : celle de *Branchaï* et des *Diablerets* et celle de *Barrême ;* elles sont séparées l'un de l'autre par des calcaires à *Nummulites striata*, des couches à *Operculina ammonea*, *Spirula spirulæa*, le flysch et le calcaire à fucoïdes.

De ces faits nous concluons que toutes les couches à Nummulites des Alpes et des Pyrénées ne sont pas contemporaines ; que la mer nummulitique a étendu son domaine, en commençant par la région pyrénéo-méditerranéenne et en pénétrant successivement de plus en plus dans les Alpes. Ces horizons différents, ces faunes diverses indiquent une suite de mouvements du sol, qui portent à croire que les plus anciens sédiments à Nummulites de la région alpine sont plus récents que ceux des Pyrénées.

LISTE DES NUMMULITES QUI ONT SERVI DE DOCUMENTS PALÉONTOLOGIQUES POUR LA RÉDACTION DE CE MÉMOIRE

Grandes espèces :

N. Biarritzensis (d'Arch.). — Mont Trélord en Savoie, Corbières, Montolieu (montagne Noire), Biarritz.
N. Dufrenoyi (d'Arch.). — Asie mineure.
N. exponens (Sow.). — Siegdrif.
N. Deshayesi (d'Arch.). — Carpathes.
N. Lyelli (d'Arch.). — Égypte.
N. lævigata (Lam.). — V. grande, Pyrénées.
N. perforata (d'Orb.). — Asie mineure, Malaga, Santander.
N. granulosa (d'Arch.). — Malaga, Montolieu.
N. atacicus (Leymerie). — Corbières; c'est une variété de la *N. Biarritzensis*.
N. Tchihatcheffi (d'Arch.). — Thrace.
N. lævigata. — Variété, Cassel, une autre variété, calcaire grossier de Grignon.
N. Guettardi (d'Arch.). — Corbières.
N. Scabra (Lam.). — Asie mineure, et calcaire grossier de Laon.
N. Brongnardti (d'Arch.). — Vicentin.
N. lævigata (de Terquem). — Variété plate, Pyrénées, Oise.

Petites espèces :

N. Lucasana (Defrance). — Montagne Noire et Pyrénées, Égypte.
N. intermedia (d'Arch.). — Biarritz; une variété plus grande à Santander.
N. globulus (Tallavi). — Pau, variété du *N. Ramondi*.
N. Ramondi (Defrance). — Montagne Noire, Pyrénées.
N. placentula (Desh.). — *N. granulosa* (d'Arch.), montagne Noire.
N. Leymeriei (d'Orb.). — Montagne Noire, Corbières.

N. variolaria (Lam.) — Sables moyens, Valmondois, Déserts.
N. placentata (d'Orb.). — Sables inférieurs, Soissonnais [1].

Vers 1856, je fus engagé par M. d'Archiac à étudier certaines parties litigieuses des Corbières, entre autres, la formation d'eau douce qui est au-dessous des dépôts marins à Nummulites. Cette formation lacustre bien apparente à Montolieu, dans la montagne Noire et à la montagne de Saint-Victor, la Grasse, Alet, dans les Corbières, repose tantôt sur le terrain primaire ou primordial, tantôt sur le terrain secondaire. Elle est recouverte sur beaucoup de points par de puissants dépôts de sédiments à Nummulites.

A la suite de ces études, je fus naturellement conduit à poursuivre mes recherches dans le bassin de l'Agly et de la Têt dans les Pyrénées-Orientales. Mais là je ne trouvai rien d'analogue au terrain nummulitique; partout la Craie était émergée et à découvert avant le dépôt du terrain à Nummulites.

En 1862, visitant le cloître de la petite ville d'Arles-sur-Tech (bâti en 778, mais ruiné par les Normands et rebâti au neuvième siècle par un frère du comte de Barcelonne), le marbre gris qui a servi à la construction des colonnes me frappa. En l'examinant de près, j'y distinguai parfaitement la *Nummulites Biarritzensis* d'Archiac, si commune dans les Corbières et les Pyrénées. J'en conclus, par un raisonnement bien simple, que la carrière qui, au neuvième siècle, avait donné ce marbre ne devait pas être éloigné d'Arles. En effet, en parcourant les montagnes situées au sud, je ne tardai pas à rencontrer le terrain à Nummulites.

Les couches à Nummulites sont placées à la partie supérieure et orientale de la montagne de Bességude, en face du village de Costoja. Elles reposent sur la *craie à Hippurites et à Caprines*, sans l'intermédiaire du dépôt d'eau douce que j'ai signalé à la base du terrain tertiaire des Pyrénées et des Corbières. L'espèce la plus abondante de la montagne de Bességude est la *Nummulites Lucasana* (Defrance).

La montagne de Bességude est orientée à l'est-ouest, à peu près dans la direction de la chaîne des Pyrénées. Sur son versant nord, elle est bordée d'une double ceinture de grès rouge pyrénéen et de craie. Son gisement de Nummulites présente un facies plutôt méditerranéen que pyrénéen. Dans les îles de la Méditerranée, Sicile, Sardaigne et dans la Brianza (bords du lac de Côme), les Nummulites sont directement associées aux dépôts crétacés, tandis qu'au nord de la chaîne, dans sa partie centrale et dans la Catalogne, les Nummulites reposent directement sur une épaise formation d'eau douce qui les sépare de la Craie.

1 Nous possédons ces espèces dans notre collection.

Dans les Pyrénées, les Nummulites étaient inconnues à un niveau supérieur à l'Éocène inférieur ; mais depuis mes premières recherches de 1856 à 1858, M. Tournouër en a signalé une espèce aux environs de Dax, au niveau de la *Natica crassatina.* Avant même d'avoir eu connaissance de l'observation de M. Tournouër, au mois d'août 1863, j'ai trouvé aux environs de Chambéry (Savoie), aux *Déserts*, en compagnie de MM. Lory, Matheron et l'abbé Vallet, une petite Nummulite d'un horizon supérieur à la *Natica crassatina.*

On est donc amené à considérer deux étages nummulitiques : 1° l'un correspondant à la partie inférieure des terrains tertiaires ; 2° l'autre à la partie moyenne ou à la partie inférieure du Miocène. Dès lors, ce nom de terrain nummulitique, ne pouvant plus s'appliquer à un horizon paléontologique bien tranché, doit être rejeté du langage de la science.

Le terrain dit nummulitique est incontestablement une dépendance du terrain tertiaire. Quoique les caractères physiques et orographiques de celui des Alpes soient différents de ce que l'on remarque dans les Pyrénées, les terrains à Nummulites des Alpes et des Pyrénées appartiennent à la période tertiaire, quelques parties des Alpes sont même contemporaines des sédiments nummulitiques des Pyrénées centrales et surtout occidentales. En effet, les Nummulites de la Maurienne (mont Richet) et du mont Trélord etc., sont les mêmes espèces que l'on trouve dans les Pyrénées ; en outre, avec ces Nummulites, dans les Alpes comme dans les Pyrénées, se trouvent associées *l'Ostrea multicostata* (Lam.) et d'autres espèces de mollusques qui accompagnent toujours les Nummulites.

MM. Renevier et Hébert, dès 1854, avaient appelé *supérieur* le nummulitique des *Diablerets.*

Mon opinion est aujourd'hui bien arrêtée sur l'existence de plusieurs horizons de Nummulites dans les Alpes et les Pyrénées, correspondant aux diverses oscillations que la mer a éprouvées en pénétrant de plus en plus dans les terres.

Aux *Déserts*, le terrain tertiaire repose, comme nous l'avons déjà dit, sur le *Néocomien supérieur ou Urgonien* avec Orbitolites. A la base de ce terrain tertiaire se trouve un grès micacé avec débris de coquilles lacustres, sur celui-ci un grès plus fin ou flysch avec écailles de poisson; puis vient la couche calcaire avec *Natica crassatina, N. angustata;* enfin, recouvrant celui-ci, un grès sableux avec de petites Nummulites qui paraissent la *Nummulites variolaria* (Lam.) des grès et sables moyens du Vermandois.

Dans les Alpes qui avoisinent la mer, l'espèce dominante est le *Nummulites perforata*, commune à Nice, Menton, qui se trouve aussi abondamment en Égypte.

Dès 1856, j'avais parfaitement distingué le système lacustre inférieur ou sous-nummulitique des Corbières, à la fois de la Craie sous-jacente et des sédiments marins à Nummulites. J'étais disposé à ranger les couches inférieures de ce système dans les parties les plus récentes de la craie du pays ; M. d'Archiac ne fut pas de cet avis. Plus tard, M. Leymerie, sous le nom de *Garumnien*, a séparé les assises les plus basses de cet ensemble lacustre et parfois marin et en a fait un membre de passage entre la Craie et le tertiaire inférieur.

M. Matheron incline, lui aussi, à faire descendre dans les assises supérieures de la Craie de la Provence les couches lacustres de Fuveau.

IV. — MER NUMMULITIQUE ASIATICO-MÉDITERRANÉENNE

Nous avons déjà fait remarquer l'impropriété de la dénomination de *terrain nummulitique*. L'expression consacrée, et dont nous nous sommes servi dans ce mémoire, est mauvaise ; en effet : 1° les Nummulites se trouvent dans la partie marine et moyenne; 2° dans quelques localités, bassin de l'Adour, de la Bormida, Déserts, de l'Inde, certaines espèces remontent dans les premières assises du terrain Miocène ; 3° dans les Alpes et les Pyrénées occidentales, il y a deux niveaux de Nummulites, l'un Éocène et l'autre Miocène ; 4° au-dessus des Nummulites inférieures, dans les Alpes et les Apennins, calcaires et grès à fucoïdes (flysch et macignos). Dans le bassin de l'Adour, on trouve le *Nummulites intermedia* dans les argiles bleues miocènes inférieures de Gaas ; dans la Ligurie (bassin de la Bormida), les couches à fucoïdes renferment aussi le *N. intermedia*, aux *Déserts*, la *N. variolaria*.

Ces faits exposés, les mouvements de la mer nummulitique constatés, nous allons tracer les limites probables de cette grande mer asiatico-méditerranéenne. Partout où nous constaterons l'existence de sédiments tertiaires avec Nummulites, nous avons la preuve de la présence de la grande Méditerranée de l'époque Éocène et du commencement du Miocène.

On peut suivre le système nummulitique de la Suisse sur le pourtour des Alpes avec une grande constance dans ses caractères paléontologiques et stratigraphiques, dans la Bavière, l'Autriche, les provinces illyriennes. On le trouve aussi sur le versant méridional de la chaîne alpine, dans les provinces vénitiennes, le Véronais, le Vicentin. Dans l'Istrie, le groupe lacustre inférieur est représenté par les couches à lignites de Cosina. Dans la péninsule italique, outre les gisements cités plus haut et ceux de la Brianza, aux environs du lac de Côme, on trouve aussi les sédiments tertiaires à Nummulites dans les Abruzzes, la Toscane, le Bolonais, en Sicile, en Sardaigne, en Corse. En sorte que l'Italie, du nord au sud, a été recouverte par la mer nummulitique.

Sur le versant septentrional des Pyrénées, la mer nummulitique a été très-profonde, les sédiments qu'elle a déposés ont plus de 1,000 mètres d'épaisseur; sur le versant méridional, les dépôts marins de plus de 1,800 mètres de puissance indiquent un long séjour de cette mer.

Sur le pied méridional ou espagnol des Pyrénées, le terrain nummulitique suit la chaîne sur une longueur de 500 kilomètres et sur une largeur de 50 à 120 kilomètres; au lieu de rester sur les flancs de la chaîne, comme au nord, il atteint de grandes élévations, plus de 3,000 mètres.

Le terrain nummulitique se ramifie à partir des Pyrénées, en s'étendant vers le sud et le sud-ouest; il se dilate vers Castillon de la Plana; interrompu dans le royaume de Valence, il reparaît dans les provinces d'Alicante, de Murcie, de Malaga, de Cadix jusqu'à Tarifa : par là, il se rattache à celui de l'Afrique et de la Sicile. La portion du continent africain du pourtour méditerranéen renferme les terrains tertiaires du périmètre européen.

Ce terrain, sur le versant espagnol, tantôt repose sur le système lacustre inférieur, comme à *Montserrat*, tantôt sur les roches secondaires, comme d'ailleurs au pied nord des Pyrénées. La mer nummulitique pénétrait dans les Carpathes, dans la Transylvanie, le Siebenbüngen et la Thrace.

Du versant méridional des Alpes, les couches à Nummulites se prolongent au sud-est par les Alpes Dinariques, le long de l'Adriatique, dans la Dalmatie, et à travers la Bosnie, la Servie, l'Albanie et l'Épire. Ces sédiments nous tracent les limites de la mer nummulitique à l'ouest de l'Europe actuelle.

Cette mer pénétrait en Crimée, où les couches à Nummulites reposent sur la *Craie blanche* sans interposition du système lacustre inférieur, ce qui indique que le grand lac infra-nummulitique n'avait pas recouvert de ses eaux l'ancienne Tauride. La Craie a été émergée dans cette contrée pendant que nos Pyrénées centrales et les Corbières se trouvaient sous les eaux. Le *Miocène* bien caractérisé y recouvre le terrain tertiaire inférieur à Nummulites, comme d'ailleurs dans l'Inde.

La mer nummulitique a recouvert l'Égypte et l'Asie; les sédiments qu'elle a déposés sont particulièrement développés au nord de l'Asie-Mineure. Le terrain nummulitique se trouve, en effet, dans le Taurus méridional, la Haute-Syrie, le Liban, dans l'Arménie, jusque dans le bassin d'Akhaltzikhe; au sud, autour de Meden, de Kharput et dans une partie du Kurdistan.

La mer nummulitique pénétrait encore plus à l'est, au nord de Téhéran, dans la montagne de Kiolanek, au-delà de l'axe central de l'Elbourz, enfin, sur l'emplacement actuel du versant de la chaîne qui borde la Caspienne. On trouve le terrain nummulitique, en effet, sur les montagnes de Zagros ou de Louristan, qui se prolongent au sud-est entre la Perse et le bassin de l'Euphrate, jusqu'au nord du golfe Persique.

La mer nummulitique a occupé une partie de l'Inde; elle s'étendait de l'ouest à l'est sur une surface de 25 à 26°, depuis le Belouchistan jusque dans le Bengale oriental, et sur 45° du sud au nord, depuis l'embouchure de la Nerbuddah jusqu'aux montagnes qui entourent la haute vallée de Cachemire, où elles atteignent des altitudes supérieures à celles du sommet du mont Blanc.

Les dépôts du système lacustre inférieur ou sous-nummulitique existent dans beaucoup de régions de l'Inde; ils supportent les sédiments marins avec Nummulites. Cette superposition, analogue à ce que nous avons remarqué dans les Pyrénées centrales, les Corbières, la montagne noire, nous donne l'étendue du grand lac qui a précédé la période de la mer Nummulitique. Quoique beaucoup plus restreint dans ses limites que cette mer, il n'en constituait pas moins une immense nappe d'eau discontinue depuis les Pyrénées jusqu'à l'Himalaya. Ce système lacustre repose sur les roches jurassiques ou plus anciennes de l'Inde; en général, les couches crétacées sont éloignées du terrain tertiaire. Les roches superficielles de cette période ont donc été émergées durant l'époque nummulitique. Il y a donc eu dans l'Inde un grand mouvement du sol, qui a précédé le tertiaire inférieur. Cependant, dans le Bengale oriental, la Craie supporte le système tertiaire inférieur.

La mer nummulitique asiatico-méditerranéenne s'étendait encore plus loin, car on trouve le terrain à Nummulites au Japon, aux îles Philippines, à Bornéo. Le tracé de cette grande mer asiatico-méditerranéenne, tel que nous venons de le faire, nous fait connaître le sol émergé pendant la période nummulitique.

CONCLUSION

Maintenant que nous possédons toutes les données qu'exigeait la solution de notre problème, nous pouvons répondre aux diverses questions que nous nous sommes posées au début de ce travail.

1° Les couches à Nummulites de la mer asiatico-méditerranéenne sont-elles contemporaines des couches suessoniennes du bassin anglo-parisien?

Les couches les plus inférieures des sédiments à Nummulites des

Pyrénées et de l'Inde nous paraissent antérieures aux couches sucssoniennes du bassin anglo-parisien. Les couches moyennes semblent correspondre à ce niveau.

2° Les couches nummulitiques du bassin de l'Adour sont-elles contemporaines de celles du Languedoc pyrénéo-méditerranéen?

Les couches les plus basses du bassin de l'Adour nous paraissent contemporaines des couches moyennes du bassin pyrénéo-méditerranéen.

En outre, dans le bassin de l'Adour, il y a un niveau à Nummulites tongriennes.

Le bassin de l'Adour n'a pas reçu les sédiments du système lacustre inférieur. Il était émergé quand les Pyrénées centrales, les Corbières et l'Inde étaient recouvertes par les eaux du grand lac infra-nummulitique.

3° Quand les dépôts du bassin pyrénéo-provençal se déposaient, qu'était le bassin de l'Adour?

Lorsque les sédiments lacustres inférieurs de la Provence, des Corbières, de la Montagne-Noire, de l'Ariége, de la Haute-Garonne, se formaient dans le grand lac qui bordait la Méditerranée, le bassin de l'Adour ne recevait aucun sédiment tertiaire, pas plus que les Alpes centrales de la Savoie.

4° Les dépôts à Nummulites alpins sont-ils contemporains de ceux des Pyrénées? Y a-t-il, dans les deux chaînes, des dépôts à Nummulites éocènes et miocènes?

La mer nummulitique a commencé à déposer ses sédiments d'abord dans la région des Pyrénées et du Midi; elle s'est successivement étendue dans la région des Alpes. Les sédiments à nummulites des Alpes-Maritimes, du Var, sont contemporains de ceux des Pyrénées et des Corbières; mais ceux des Alpes centrales, de la Suisse et de la Savoie, semblent correspondre au nummulitique moyen des Pyrénées et des Corbières ou à celui du bassin de l'Adour. Dans les Alpes de la Savoie, en Ligurie, dans le bassin de l'Adour, il y a certainement des Nummulites de la période Éocène et des espèces de la période Miocène.

Nous terminons ici notre travail, laissant au lecteur le soin de répondre lui-même aux autres questions dont la solution se trouve dans ce mémoire.

M. Carl VOGT

de Genève

SUR LA DÉTERMINATION DE L'AGE RELATIF DES COUCHES AU MOYEN DES FOSSILES

— *Séance du 28 août 1873.* —

M. C. Vogt, rattache à la communication de M. Noguès quelques considérations générales sur les principes qui nous guident actuellement dans la détermination de l'âge relatif des couches au moyen des fossiles. On admet en général, dit-il, que deux couches appartiennent à la même époque, lorsque leurs fossiles sont identiques et qu'elles ont été déposées à des époques différentes, lorsque les pétrifications qu'on y rencontre sont entièrement différentes. On a également l'habitude de paralléliser les couches suivant la proportion plus ou moins grande d'espèces identiques ou même voisines qu'on y rencontre. Il est vrai qu'on fait entrer en ligne de compte aussi le *facies* des couches et qu'on apprécie autant que possible, pour les couches marines par exemple, la nature du sol, le niveau de la profondeur, dans laquelle la couche s'est déposée, etc. Mais, abstraction faite de ces influences particulières, qui modifient la faune et la flore dans une localité donnée, on applique en général la règle, devenue axiome : fossiles identiques, époque identique.

Il s'agit d'examiner si cette règle ne sera pas sérieusement ébranlée par les recherches récentes sur la constitution des fonds de mers à de grandes profondeurs. Les recherches de M. Pourtalès dans le Gulfstream, de MM. Carpenter et Wyville Thompson dans l'Océan et la Méditerranée et les nouvelles qui nous parviennent déjà sur l'expédition du *Challenger*, frété exprès par l'amirauté anglaise pour des sondages, qui doivent être exécutés pendant une circumnavigation de notre globe, prouvent, en effet, que des dépôts de fossiles entièrement différents peuvent se faire au fond de la même mer et pendant la même époque sous l'influence des courants sous-marins seuls, sans qu'une différence de niveau ou une autre cause appréciable puisse expliquer la nature entièrement opposée de ces dépôts. C'est ainsi que dans le domaine du Gulfstream autour de la Floride, comme dans l'océan Atlantique, au nord-ouest de l'Angleterre, se trouvent, à proximité presque immédiate, des dépôts dont les uns ne contiennent que des espèces appartenant aux eaux froides des régions septentrionales, tandis que les autres sont peuplées de formes méridionales et même d'espèces appartenant à des types qu'on pouvait croire éteints depuis longtemps. Il est clair que les animaux marins, même les plus sessiles en apparence, voyagent avec ces courants sous-marins, émigrent et se déplacent avec eux et continuent à vivre, pendant des périodes presque indéfinies, dans certaines localités, tandis qu'ils disparaissent dans d'autres, où ils étaient domiciliés primitivement et où ils ne trouvent plus leurs conditions d'existence. Au fond de l'océan Atlantique se déposent aujourd'hui des masses semblables à la craie et contenant les mêmes Rhizopodes (*Globigerina*, etc.), tandis qu'à côté et à la distance de quelques mètres seulement vivent et se déposent des animaux appartenant aux mers glaciales de l'époque actuelle. Si aujourd'hui ce fond de mer fût mis à sec et que la continuation immédiate de ces dépôts fût cachée par un de ces accidents si communs en géologie, on devrait conclure nécessairement, en appliquant la règle aujourd'hui consacrée, que ces deux dépôts appartiennent à des époques différentes. M. Wyville Thompson démontre, par ses draguages autour du Portugal, qu'il y existe, à une profondeur très-considérable, une véritable forêt de Crinoïdes au milieu d'un dépôt de vase argileuse qui sans doute se transformerait en schiste argileux et présenterait la plus grande analogie avec les schistes liasiques, remplis souvent presque exclusivement de Pentacrines.

Si l'on rapproche ces faits, en tenant compte de la lenteur avec laquelle doivent se faire les déplacements des animaux marins par suite des changements de direction des courants sous-marins, ainsi que de l'adaptation aux milieux ambiants modifiés, ce qui doit entraîner nécessairement des modifications dans les caractères zoologiques des espèces, on arrive presque forcément à la conclusion que l'axiome aujourd'hui généralement adopté pour la détermination de l'âge des couches par les fossiles doit être renversé dans bien des cas et que l'on doit au contraire admettre que des couches déposées dans des contrées éloignées les unes des autres et qui contiennent des fossiles identiques ou étroitement analogues doivent appartenir à des époques différentes. C'est ainsi par exemple que la craie du Texas ou les couches nummulitiques de l'Himalaya devraient être considérées comme non contemporaines des couches en Europe, auxquelles on les a parallélisées jusqu'à présent et justement par la raison qu'on a invoquée pour cette parallélisation, savoir : l'étroite analogie de leurs fossiles. L'une de ces faunes, l'européenne ou l'étrangère, serait la continuation émigrée de l'autre, continuée à travers une période postérieure.

M. Vogt reconnaît que ces conclusions seraient prématurées dans le moment actuel, les faits recueillis par les sondages exécutés jusqu'à présent étant trop peu nombreux et trop restreints quant à leur étendue. Mais il croit devoir signaler ces faits à l'attention des géologues, car, tels qu'ils se présentent jusqu'à présent, ils font pressentir une modification considérable dans notre manière de comprendre le système des roches stratifiées.

M. BAYAN

Ingénieur des Ponts et Chaussées

OBSERVATIONS SUR LA COMMUNICATION DE M. NOGUÈS ET LES REMARQUES DE M. C. VOGT

— *Séance du 28 août 1873.* —

Je suis heureux de voir M. Noguès soutenir et développer par tant d'excellentes raisons une opinion que j'ai aussi défendue, celle de la complication et de l'hétérogénéité des terrains dits nummulitiques [1]. Comme M. Noguès, je crois hors de doute que les couches nummulitiques de Biarritz sont notablement plus récentes que les couches à *Velates Schmideli* des Corbières, des environs de Nice et de l'Italie septentrionale. Les travaux de M. Suess et la note citée plus haut ont établi en effet que des horizons identiques à ceux de Biarritz et caractérisés par un grand nombre de fossiles, notamment la *Rotularia spirulœa* Lamsp., etc., existent dans le Vicentin et le Véronais au-dessus d'assises renfermant abondamment la *Velates Schmideli*. En faut-il conclure que le bassin de l'Adour n'était pas encore émergé à l'époque où se déposaient les couches de Couiza? Je n'oserais l'affirmer. Toutes les coupes qui ont été données des falaises de Biarritz, montrent en effet que la partie inférieure du système est masquée. Sans cela, au-dessous des couches à *Rotularia spirulœa*, on verrait, sans aucun doute, d'autres assises inférieures.

En tout cas, je ne pense plus qu'aujourd'hui personne admette encore que les couches de Biarritz appartiennent au terrain suessonien, alors surtout que la faune de Bos-d'Arros y a été retrouvée par MM. Pellat et Jacquot, faune que dès sa découverte on s'est accordé à placer plus haut. Encore bien moins pourrait-on ranger dans le suessonien des dépôts tels que ceux de Castel Gomberto, de Barrême, etc., qui contiennent tant de fossiles de l'oligocène. Déjà MM. Jolly et Leymerie avaient figuré une espèce de nummulites de Garanx; M. Tournouër en a retrouvé abondamment à Gaas ; M. le docteur Bezançon en a recueilli quelques échantillons dans les *Natica crassatina* de Jenres.

[1] *Bulletin de la Société géologique de France*, 2e série, t. XXVII, p. 444.

Ainsi, même dans le bassin de Paris, le genre *Nummulites* a persisté jusque dans l'oligocène, ce qui prouve une fois de plus l'impossibilité de s'appuyer pour la détermination des terrains sur des déterminations génériques. L'étude des nummulites est à reprendre avec une connaissance exacte des niveaux, aujourd'hui que l'attention a été appelée sur ces faits. Pour ma part, j'ai remarqué, partout où j'ai pu étudier les terrains à facies nummulitique, que les espèces de ce genre ne sont pas réparties au hasard, qu'elles ne sont pas toutes contemporaines : les petites nummulites abondantes avant la *Velates Schmideli*, font place, à l'époque de cette coquille, à de grandes espèces et à d'autres très-épaisses, tandis que les petites espèces redeviennent communes dans les niveaux supérieurs jusqu'à l'oligocène inclusivement. Les espèces de Gaas et d'Étampes ne contredisent par cette observation.

M. Noguès nous a dit que la paléontologie était un guide insuffisant pour l'étude des terrains, et M. Vogt, allant plus loin, croit que, quand on trouve en des points éloignés la même faune, on peut en conclure le non-synchronisme des terrains qui la renferment. Qu'il y ait dans la distribution des faunes tertiaires des faits inexpliqués, je l'ai fait remarquer déjà et à plusieurs reprises, en signalant l'anomalie du *Fusus subcarinatus* et du *Velates Schmideli*, dont les relations sont inverses à Rôncà de ce qu'elles sont à Paris ; mais je ne pense pas que cela puisse justifier les opinions soutenues par M. Noguès et surtout par M. Vogt. Les sondages nous ont révélé qu'il se dépose en même temps en des lieux différents des faunes diverses : on pouvait s'y attendre, et j'ai, dans une précédente séance de la section, rapporté à l'étage corallien des terrains ne contenant pas les fossiles habituels du coral-rag typique. Personne n'hésite à mettre certaines assises du terrain crétacé du sud-ouest de la France au niveau de la craie blanche du bassin de Paris, bien que l'on n'y trouve ni *Belemnitella mucronata*, ni *Terebratula carnea*, ni *Rhynchonella limbata*. A peu d'exceptions près, les géologues s'accordent aujourd'hui à placer les couches à *Terebratula janitor* sur le niveau du jura supérieur du bassin anglo-parisien, bien qu'en aucune localité de cette région on n'ait encore recueilli de térébratules perforées. Il ne faut donc pas craindre d'assimiler des couches qui parfois ne renferment pas les mêmes fossiles, quand des considérations stratigraphiques démontrent leur contemporanéité. C'est là le seul point que l'on puisse déduire des faits cités de M. Vogt. Aller plus loin, c'est passer des faits aux théories. Si la valeur de la paléontologie pour l'étude des terrains avait été établie par voie théorique, il y aurait peut-être lieu de voir si les nouvelles théories, encore qu'elles soient loin d'être généralement acceptées, doivent modifier les idées généralement reçues. Mais il n'en est rien : c'est l'expérience qui a montré la vérité des documents fournis par la paléontologie ; les exemples sont sous les yeux de tous, et je croirais faire injure à la section en voulant lu démontrer ce fait encore une fois.

En tous cas, si, comme je le disais plus haut, il peut y avoir quelques incertitudes pour les terrains tertiaires (ce qui tient à des causes complexes, et qui sont assez connues pour que je n'aie pas à entrer dans ce détail), plus on recule dans la série des âges, plus les influences relativement récentes diminuent d'importance, et plus les anomalies particulières disparaissent dans la parfaite régularité de l'ensemble.

Je ne veux pas dire pour cela que, sur bien des questions, à leur début surtout, la solution paléontologique n'ait pu notablement différer de celle donnée par la stratigraphie ; mais, à coup sûr, la suite l'a montré, la faute en était au paléontologiste ou au géologue, et non pas à la paléontologie ou à la géologie, que des observations plus attentives ont mises d'accord.

M. A. F. NOGUÈS
Ingénieur civil, Professeur de Géologie, à Lyon

PALÉONTOLOGIE DU MIOCÈNE MARIN DU LANGUEDOC

— *Séance du 28 août 1873.* —

M. Noguès décrit, en quelques mots, les terrains qui existent dans tout le Languedoc entre les couches à *Ostrea nudata* et le calcaire d'eau douce, terrains auxquels l'*Ostrea crassissima* peut servir de caractéristique. Il se propose d'étudier ultérieurement la faune malacologique et de décrire quelques espèces nouvelles ou peu connues.

M. GUYERDET
Conservateur des Collections de la Carte géologique détaillée de la France, attaché à l'École des mines

SUR LA CORRÉLATION DES PHÉNOMÈNES QUI ONT AMENÉ LA FORMATION DES SABLES ÉRUPTIFS ET DE CEUX QUI ONT PRODUIT LA TRANSFORMATION DE CERTAINS CALCAIRES EN DOLOMIE DANS LES FORMATIONS CRÉTACÉES ET TERTIAIRES

— *Séance du 28 août 1873.* —

Ayant eu récemment l'occasion de visiter quelques-uns des gisements si intéressants de sables granitiques ou éruptifs des formations tertiaires, mentionnés l'année dernière par M. Potier à la réunion à Bordeaux de l'Association française [1], j'ai pensé qu'il y aurait encore un certain intérêt à en parler cette année, si surtout on veut bien me permettre d'ajouter quelques remarques et quelques faits que j'ai pu observer à propos de ces gisements.

Dans cette exploration, j'ai cru reconnaître qu'il avait pu exister une certaine corrélation entre les phénomènes qui ont amené la formation des sables éruptifs et ceux qui ont produit, quoique antérieurement, la transformation d'une partie des calcaires, qui se trouvent dans leur voisinage, en calcaires dolomitiques et même en dolomie sableuse, les premiers phénomènes ayant pu être, pour ainsi dire, les précurseurs des seconds.

Ces phénomènes remarquables, qui m'ont paru être le résultat immédiat des grandes dislocations qui se sont produites principalement dans les formations crétacées et tertiaires, sont dus surtout aux émanations puissantes qui ont pu se produire par les nombreuses fentes ou fissures de ces terrains et opérer ainsi ces transformations et ces changements dans la nature des roches des formations géologiques alors existantes, comme les calcaires crayeux ou grossiers devenus dolomitiques ou simplement durcis et siliceux.

De même, ces dislocations ont fait aussi surgir d'immenses sources qui ont produit ces dépôts abondants de calcaires conglomérés comme ceux du calcaire pisolithique ou du travertin bien connu de Cézanne dans la Marne, si justement célèbre par les restes de la flore qu'il renferme, et qui sont venus terminer ainsi une grande série de formations calcaires.

Des analyses de roches viennent encore à l'appui de ces faits, qui sont très-manifestes d'eux-mêmes, si surtout l'on considère l'allure et la disposition un peu anormales de ces différents gisements de roches ou la différence très-tranchée de leur aspect, au milieu des formations sédimentaires.

Je ne citerai que deux exemples où ces phénomènes de transformation m'ont paru très-nets et très-frappants. C'est celui de la vallée de la Maudre près Beynes et celui de la vallée de l'Oise près Pont-Sainte-Maxence.

C'est dans la vallée de la Maudre, petite vallée latérale à celle de la Seine, commençant près Montfort l'Amaury pour aboutir à la Seine près Épone, entre Mantes et Meulan, que se trouve le petit village de Beynes, déjà célèbre depuis longtemps par son gisement exceptionnel de craie dolomitique et de dolomie sableuse, dont la découverte est due, je crois, à M. Élie de Beaumont. Si l'on examine avec attention

[1] Voir *Comptes rendus du Congrès de Bordeaux*, 1872, p. 495.

cette région, on trouve d'abord, à une très-faible distance au nord du village de Beynes, près du sommet de la côte qui conduit à la Maladrerie, dans un petit bois, une sablière très-importante, quoique peu exploitée, qui rappelle par son allure et sa composition les gisements les mieux décrits de sables granitiques ou éruptifs. Les éléments principaux des échantillons que j'ai recueillis dans cette sablière étaient le quartz grossier gris, analogue à celui des granites à l'état arénoïde, du sable fin blanc et jaune, des argiles fines blanches, roses, parfois jaunâtres, onctueuses, ayant l'aspect de certains kaolins impurs. Cette sablière semble reposer sur la craie blanche à silex qui, dans son voisinage, est transformée par places en calcaire dolomitique dur, spathique, puis en dolomie sableuse, et cela insensiblement, sans transition entre la dolomie sableuse et la craie blanche. Ce qui est surtout à remarquer dans cet amas de calcaires dolomitiques, c'est la rareté des fossiles et les surfaces attaquées et cariées du silex qui, eux aussi, sont moins nombreux que dans la craie blanche. Cela viendrait encore prouver que ce sont bien plutôt des phénomènes puissants d'émanations que de simples sources qui ont opéré ces transformations et réductions partielles.

Ces faits sont encore plus faciles à observer dans une petite tranchée de la nouvelle route, au sud de Beynes, qui mène à Neauphle-le-Château, où une coupe que j'ai pu relever montre très-nettement la craie blanche à silex, au milieu de deux lambeaux de calcaire dolomitique; c'est là surtout que l'on voit que ce calcaire dolomitique forme, pour ainsi dire, des taches plus ou moins étendues dans la formation crétacée et que l'action qui a transformé ainsi certaines parties de la craie n'a pas dû être continue, mais intermittente.

Un fait encore très-digne de remarque et incontestable dans la région de Beynes, c'est le relèvement général des formations crétacées, et ce relèvement est tel qu'il est presque impossible de ne pas admettre qu'il existe au moins une faille qui serait peut-être de la dépendance de la grande faille de la vallée de la Seine, qui se voit de Mantes à Vernon, et sur laquelle sont placés différents gisements de sables éruptifs. C'est aussi sur cette faille, pour ainsi dire secondaire de la vallée de la Maudre, qui peut avoir pour direction celle de cette même vallée, que se trouvent précisément alignés et la sablière, au nord de de Beynes, et les amas de calcaire dolomitique et de dolomie sableuse, au nord et au sud de ce village.

L'analyse chimique des roches recueillies dans la région de Beynes a donné, pour une analyse anciennement faite au laboratoire de l'École normale d'un échantillon de craie dolomitique, les résultats suivants :

Carbonate de chaux.	57,4
Carbonate de magnésie.	40,7
Perte.	1,9
	100 »

Deux autres analyses, faites récemment au laboratoire de l'École des mines sur des échantillons que j'ai choisis, ont donné les résultats suivants :

	I	II	
Chaux.	48, »	28, »	
Magnésie.	4,60	20, »	
Peroxyde de fer	3, »	1, »	
Argile.	1,30	4,60	
Perte par calcination. . / Acide carbonique . . .	43, »	46, »	avec traces de matières organiques bitumineuses.

Le premier échantillon était un calcaire spathique, dur, jaunâtre, avec traces d'oxyde de fer qui semble être devenu seulement magnésifère, quoiqu'il ait perdu tout à fait l'aspect crayeux de la craie blanche, non loin de laquelle il se trouvait.

Le second, au contraire, ressemblant à une véritable dolomie, était sableux, jaunâtre, pulvérulent, et par sa composition, qui est celle d'une roche, renfermant presque autant de chaux que de magnésie ; ce qui prouve qu'il a subi entièrement l'action des émanations magnésiennes et qu'il y a eu une véritable transformation de la craie.

La présence de traces de matières organiques bitumineuses, matières essentiellement d'émanations qui, souvent dans d'autres régions, ont imprégné tellement certains calcaires qu'ils sont devenus de vrais minerais de bitume, semblerait prouver encore que ces phénomènes de transformation étaient complexes et que ces matières venaient peut-être faciliter cette opération, en faisant intervenir certains gaz réducteurs comme des hydrogènes carbonés.

En parcourant la vallée de l'Oise, près Pont-Sainte-Maxence, on rencontre aussi un autre exemple très-remarquable de transformation de calcaire en dolomie. Seulement, ce sont les assises inférieures du calcaire grossier qui sont encore, par places, transformées en dolomie sableuse pulvérulente. Ce phénomène est surtout très-net et bien visible au sud de Pont-Sainte-Maxence, le long de la route qui mène à Fleurines. Dans cette région même, les gisements de calcaire dolomitique, sableux et pulvérulent, ont été assez abondants pour donner lieu anciennement à un commencement d'exploitation d'où l'on tirait la magnésie.

Une analyse déjà ancienne, mais très-exacte, faite par M. Damour[1] d'un échantillon de calcaire dolomitique pulvérulent, recueilli dans cet endroit même, a donné les résultats suivants :

[1] *Bulletin de la société géologique de France*, t. XIII (2e série), 1855.

	Grammes.
Carbonate de chaux	0,5535
Carbonate de magnésie	0,3724
Oxyde ferrique	0,0065
Alumine	0,0035
Matières bitumineuses	0,0060
Quartz en fragments anguleux	0,0610

Ce qui permettrait, suivant M. Damour, de considérer ce calcaire dolomitique pulvérulent comme une vraie dolomie, c'est qu'il contient en millièmes,

		OXYGÈNE	RAPPORT
Carbonate de chaux.	0 5978	0 2861	5
Carbonate de magnésie	0 4022	0 2278	4

On peut encore remarquer dans cette analyse la présence, en quantité notable, de matières bitumineuses, produit toujours favorable aux phénomènes d'émanations.

Quoiqu'il n'y ait plus dans le voisinage immédiat de ces gisements de calcaire dolomitique de Pont-Sainte-Maxence, à proprement parler, de sables granitiques ou éruptifs, il y a cependant deux exploitations non loin de là, à Fleurines et à Saint-Christophe, d'où l'on tire du sable blanc d'une pureté telle qu'on en rencontre rarement dans les dépôts sédimentaires.

Serait-il si inadmissible, par exemple, que ces sables, qui sont cristallins et si purs, soient éruptifs, si surtout on se se souvient qu'anciennement déjà on avait été tenté d'admettre une origine éruptive au gisement exceptionnel de sables cristallisés de la formation de Fontainebleau. Ces deux sablières de Fleurines et de Saint-Christophe sont voisines; l'une appartient à la formation de Beauchamp et l'autre à celle de Fontainebleau, il est vrai; mais ceci prouverait seulement qu'il y a eu deux époques d'éruptions dans cette région et que ce sont deux centres qui ont fourni une partie des éléments de ces formations; si on ne veut pas dire que ces formations sont exclusivemt éruptives, on peut admettre que des phénomènes d'éruptions ont contribué puissamment à leur formation sédimentaire.

Quant à des fentes ou des fissures qui permettent l'arrivée ou la venue de ces sables ou des matières d'émanations capables de transformer des calcaires en dolomie, il suffit de voir que ces gisements se trouvent dans le voisinage de la grande faille qui résulte du soulèvement puissant du pays de Bray, et qui, passant près de Beauvais, Creil, s'étend jusqu'à Senlis, qui est très-rapproché de Fleurines, Saint-Christophe et Pont-Sainte-Maxence.

J'ai été amené à donner ainsi une interprétation à ces faits de dolomitisation parce qu'anciennement déjà je m'étais occupé de l'importante question de la formation des dolomies, à propos d'une note que j'ai publiée sur des expériences faites en commun avec feu M. Saemann pour donner une explication et prouver même la formation du sulfate de magnésie en quantité notable dans la vallée de la Maurienne (Savoie)[1].

Dès cette époque, nous avions cherché à transformer certains calcaires en dolomie, en employant des méthodes indiquées du reste par M. Mitscherlich en Allemagne et M. Sterry Hunt en Amérique, qui se servaient de dissolutions magnésiennes ou soit de l'eau de la mer, soit d'eaux minérales énergiques sous la pression de l'acide carbonique ou du chlore, et nous étions arrivés à quelques résultats que nous nous proposions de publier après avoir recherché si, dans la nature, nous ne trouverions pas des exemples frappants de ces transformations de calcaires en dolomies, et c'est ce que je crois avoir pu observer aujourd'hui.

M. H. E. SAUVAGE

SUR LA FAUNE ICHTHYOLOGIQUE DE L'ÉPOQUE TERTIAIRE[2]

Si l'on étudie les poissons de l'époque tertiaire, en les mettant en regard des espèces et des genres les plus voisins de nos mers actuelles, on est tout d'abord frappé de ce fait, que les types de la mer des Indes et du Pacifique, qui donnaient à la faune ichthyologique crétacée un aspect tropical, perdent peu à peu de leur importance et que la faune ichthyologique tertiaire revêt dès lors de plus en plus un cachet actuel.

C'est ainsi qu'à Monte-Bolca, qui appartient à la base de l'époque tertiaire, on doit remarquer la prédominance des types tropicaux, pacifiques et indiens, avec mélange de quelques formes de la Méditerranée et des régions de l'océan Atlantique voisines. Il en est de même à Monte-Postale, situé sur le même horizon que Monte-Bolca.

Plusieurs des genres trouvés dans cette dernière localité ne vivent plus aujourd'hui que dans les régions les plus chaudes du globe ; nous citerons, entre autres, les *Myripristis*, les *Holocentres*, les *Doules*, les *Therapon*, les *Synagris*, les *Éphippus*, les *Toxotes*, les *Menes*, les *Equula*. Les genres éteints sont surtout voisins de genres vivant actuellement dans les parties tropicales de l'océan Pacifique. Les espèces ou genres similaires de cet océan sont au nombre de 50 0/0 à Bolca ; les espèces voisines de celles de la mer Rouge se rencontrent dans la proportion de 10 0/0 ; celles de la

1 *Bulletin de la Société géologique de France*, t. XIX, (2e série) 1862.

2 Par suite d'une erreur de destination, ce travail n'a pu être présenté en temps utile à la Section de géologie : le comité de publication a décidé que malgré cette circonstance il ferait partie des *Comptes Rendus du Congrès de Lyon*.

Méditerranée sont dans un rapport un peu plus élevé, 15 0/0; les autres types sont de l'océan Atlantique, surtout des parties chaudes, quoique quelques types tempérés puissent s'y trouver, comme le *Pagellus microdon*, voisin du *Pagellus centrodontus*, qui vit depuis les Canaries jusqu'aux côtes anglaises, comme le *Trachinotus tenuiceps*, dont l'analogue actuel, le *Pammelas*, vit à New-York.

Les gisements de Salsedo et de Chiavon, appartenant à l'époque tongrienne, sont aussi caractérisés par la prédominance des types de la mer des Indes ; on peut citer le *Gerres Massalongii*, voisin du *Gerres lucidus*, le *Caranx ovalis*, rappelant le *Caranx hebulus*, les *Smerdis*, alliés aux *Lates*, les *Chanos*, apparentés aux *Albula*, etc.

De tous ces faits il semble permis de conclure que pendant les temps tertiaires, éocène et miocène, il existait une communication entre la Méditerranée et l'océan Indien. Cette communication paraît avoir persisté jusqu'à l'époque du miocène moyen et avoir cessé vers cette époque. Aux derniers temps de l'ère miocène, à Licata en Sicile, on retrouve bien encore, il est vrai, quelques genres, comme les *Equula*, spéciaux à la mer des Indes, mais la grande majorité des types n'en présente pas moins un caractère méditerranéen et atlantique.

Si l'étude de la faune ichthyologique marine semble prouver, durant les temps tertiaires, la communication entre la Méditerranée et la mer des Indes par l'Érythrée, l'examen de la faune ichthyologique d'eau douce paraît démontrer la jonction entre l'Europe et l'Amérique, jusqu'à une époque relativement récente; elle vient ajouter une preuve de plus à l'appui de la croyance à une Atlantide tertiaire, peut-être même quaternaire.

Les poissons les plus abondamment répandus dans les premières couches de l'époque tertiaire sont les *Lebias*, dont les analogues actuels vivent surtout dans l'Amérique centrale. Les *Perches* tertiaires appartiennent au sous-genre des *Percichthys*, aujourd'hui cantonné dans la Patagonie et le Chili, sous-genre qui a pu se répandre en Europe alors que la chaîne des Andes n'était pas soulevée. Œningen, relativement récent, a fourni à côté de beaucoup de types européens, comme les Leucisques, les Goujons, les Tanches, des types actuellement américains; l'on peut citer la *Pœcilia œningensis*, voisine de l'*Hydrargyra Swimpana* de Surinam, le genre *Percichthys*, le genre *Cyclurus*, que l'on doit à peine distinguer des *Amia*, ces derniers aujourd'hui confinés dans les eaux douces de l'Amérique septentrionale qui parcourent la grande vallée limitée, à l'est, par les monts Alleghany, à l'ouest, par les montagnes Rocheuses.

Ces faits concordent, en partie, avec ceux que MM. Heer et de Saporta ont pu tirer de l'étude de la flore; il en est de même, d'après MM. Heer et Oustalet, de ceux fournis par l'examen des insectes de l'époque tertiaire.

La faune ichthyologique actuelle vient, du reste, confirmer entièrement ces déductions. On voit, suivant Forbes, que les mollusques et les poissons que l'Amérique a en commun avec l'Europe sont surtout des espèces *littorales* et non des espèces *pélagiques*, comme si ces espèces s'étaient répandues le long d'une côte. Il y a plus, un poisson d'eau douce, la *Lota vulgaris* vivrait à la fois dans les rivières de Suède, d'Angleterre, de France, de Suisse et du Canada; beaucoup d'espèces des eaux douces, les *Épinoches*, par exemple, se retrouvent presque identiques des deux côtés de l'Atlantique, et sont certainement dérivées d'une même forme commune; légèrement modifiée suivant l'habitat.

De l'étude comparée de la faune paléontologique et de la faune ichthyologique de l'époque actuelle, l'auteur croit, dès lors, pouvoir formuler les conclusions suivantes :

1° A l'époque de la craie, ce sont les types de la mer des Indes et du Pacifique qui prédominent; il s'y mêle toutefois quelques types de l'océan Atlantique, surtout des parties les plus chaudes de cet océan ;

2° Les types méditerranéens et atlantiques gagnent en importance à l'époque tertiaire; la faune ichthyologique revêt peu à peu son cachet actuel;

3° Il y a eu, pendant les temps tertiaires, communication entre l'océan Indien et la Méditerranée, grâce à laquelle de nombreux types indiens se sont répandus dans les mers tertiaires et persistent encore aujourd'hui dans nos mers ;

4° Un certain nombre de ces types se sont, à la même époque, répandus de la Méditerranée dans l'Atlantique, tandis que d'autres types ont passé directement de l'océan Indien dans l'Atlantique et de l'Atlantique dans la mer des Indes ;

5° Il existe aujourd'hui un certain nombre de genres communs à la mer des Indes et à la Méditerranée ; la présence de ces genres prouve qu'une communication relativement récente a dû avoir lieu entre la Méditerranée et la mer Rouge. Ces genres n'ont pu émigrer de l'Érythrée dans la Méditerranée par l'Atlantique, puisqu'ils n'ont laissé aucune trace de leur passage sur toute la côte ouest d'Afrique ;

6° Il existe un certain nombre d'espèces et de genre de haute mer vivant à la fois dans la mer des Indes et dans la partie de l'Atlantique voisine de la Méditerranée, qui ne se retrouvent pas dans cette dernière mer ; elles se sont donc répandues, la communication par l'Égypte ayant cessé ;

7° Parmi ces espèces et ces genres, quelques-uns se sont répandus de l'océan Indien dans l'Atlantique, tandis que d'autres ont émigré en sens inverse ;

8° Grâce à une communication directe entre l'ancien et le nouveau continent, quelques types, comme celui des *Pœcilies* et des *Amia*, ont pu se répandre en Europe à l'époque tertiaire ;

9° Et par suite de cette communication, quelques espèces, comme la *Lota vulgaris*, sont encore aujourd'hui semblables dans les eaux douces des deux côtés de l'Atlantique ;

10° Cette communication paraît avoir persisté bien plus longtemps par le Nord ;

11° Enfin les côtes de ce continent disparu ont facilité la dispersion des espèces sédentaires que l'on retrouve depuis l'Europe et l'Afrique jusqu'à l'Amérique.

9me Section

BOTANIQUE

Président . . . . M. BAILLON, Professeur à la Faculté de médecine de Paris.

Secrétaire . . . . M. DE SEYNES, Professeur agrégé à la Faculté de médecine de Paris.

M. MERGET

Professeur à la Faculté des sciences de Lyon

LE ROLE DES STOMATES DANS LES ÉCHANGES GAZEUX ENTRE LES PLANTES ET L'ATMOSPHÈRE

(EXTRAIT)

— Séance du 22 août 1873. —

M. Merget fait une communication sur le rôle des stomates dans les échanges gazeux entre les plantes et l'atmosphère. M. Merget s'est assuré que les vapeurs mercurielles ne sont jamais dialysées par les colloïdes, et qu'à cet égard la cuticule des plantes se comporte comme les colloïdes. Une expérience très-simple démontre ce fait : en plaçant sur un papier blanc imprégné d'azotate d'argent ammoniacal une feuille qui ne présente de stomates que sur une de ses surfaces, en appliquant sur cette feuille quelques doubles de papier buvard et plaçant sur le tout une lame de cuivre amalgamé, les vapeurs mercurielles dégagées par cette lame traversent le papier buvard, noircissent le papier sensible tout autour de la feuille qui laisse une empreinte blanche. Si la feuille a des stomates sur ses deux surfaces, l'empreinte de la feuille présente des points noirs plus ou moins nombreux correspondant aux stomates. Après avoir ainsi montré que la cuticule ne se laisse point pénétrer par les vapeurs mercurielles, M. Merget met des plantes sous une clocle où l'air circule librement : deux lames de cuivre amalgamé produisent sous cette cloche des vapeurs mercurielles qui s'introduisent dans les parties vertes et les noircissent ; mais si, par des procédés variés, on a fait des réserves et obturé les stomates d'une partie de la surface inférieure d'une feuille qui n'en présente pas sur la surface supérieure, on voit que la partie correspondante de la feuille reste verte, tandis que si la réserve est faite à la surface supérieure, toute la feuille noircit; les stomates sont donc les seules voies d'entrée des vapeurs mercurielles. Par des expériences analogues avec des agents et des gaz de diverse nature, M. Merget arrive aussi à montrer que les stomates sont la seule voie de sortie des gaz et des vapeurs. Après avoir répété ces expériences dans les conditions les plus diverses, M. Merget croit pouvoir se prononcer contre l'hypothèse d'occlusions momentanées des stomates.

M. H. BAILLON

Professeur à la Faculté de médecine de Paris

RECHERCHES SUR LE DÉVELOPPEMENT ET LA GERMINATION DES GRAINES BULBIFORMES DES AMARYLLIDÉES

— Séance du 22 août 1873. —

Je croyais cette question riche en faits intéressants lorsqu'en 1857, j'eus malheureusement l'idée de communiquer à la Société botanique de France [1] le résultat de quelques-unes de mes observations. Un savant haut placé et dont la parole faisait loi affirma que la chose était connue depuis longtemps et qu'il n'y avait là rien de nouveau à trouver. J'eus le tort de me laisser décourager, car tous auteurs qui ont abordé cette question [2] y ont observé des faits d'une certaine valeur. Je n'insisterai donc ici que sur ceux qui n'ont pas été signalés ou qui ne l'ont pas été avec une entière exactitude.

L'opinion, déjà ancienne [3], que ces corps représenteraient, non des graines, mais des bulbilles développés dans l'intérieur du gynécée, de la même façon qu'il peut s'en produire à la surface d'un grand nombre d'autres organes végétaux, surtout dans les Monocotylédones, cette opinion, dis-je, semble avoir été abandonnée. Les botanistes admettent actuellement que ce sont des graines dont diverses portions, principalement les plus extérieures, se sont hypertrophiées et sont devenues charnues pour servir à la nourriture de l'embryon, en même temps que les parois du péricarpe perdaient graduellement leur épaisseur et leur consistance. Il en est sans doute ainsi dans le plus grand nombre de cas, dans les *Crinum*, *Hymenocallis*, etc, Mais il y a cer-

1 *Organogénie des graines charnues de l'Hymenocallis speciosa*, in *Bull. Soc. bot.*, IV 1020.

2 Hofmeister, *Ueb. neu Beob, der Befr. und Embr. der Phaner.*, 94; in *Ann. Pringhs.*, I, 160. — Prillieux, in *Ann. sc. nat.*, sér. 4, IX, 97.

3 A. Richard, *Obs. sur les prétendus bulbilles qui se développent dans l'interieur des corps de quelques espèces de Crinum*, in *Ann. sc nat.*, sér. 1, II, 12.

tainement aussi des plantes de cette famille où les corps intraovariens sont des bulbilles ou du moins le deviennent par suite des plus curieuses transformations; tel peut être en particulier le *Calostemma Cunninghami*, qui a plusieurs fois fleuri et fructifié dans nos serres. Dans cette plante, si analogue d'ailleurs aux genres cités plus haut, chaque loge ovarienne renferme deux ovules anatropes dont l'évolution est d'abord parfaitement normale, le nucelle se recouvrant de deux enveloppes et se creusant suivant son axe d'une cavité embryonaire. Ultérieurement, la graine se transforme en bulbille ou bourgeon, et cela de la façon suivante. On voit extérieurement, et mieux sur une coupe longitudinale, la chalaze s'épaissir, surtout vers sa périphérie, de façon à prendre bientôt la forme d'une lentille biconvexe. Sur celle des faces de cette lentille qui est extérieure, on aperçoit ensuite un petit soulèvement central; c'est le premier rudiment d'une racine adventive qui s'allongera ensuite beaucoup, même dans l'intérieur du péricarpe, se repliant dans la cavité qui sépare la paroi des graines, et qui, au contact du sol humide, pourra ensuite se comporter comme une racine quelconque et servir à nourrir la jeune plante pendant la germination. Dans le sac embryonaire, ce n'est pas, au moins dans certaine graines, un embryon normal qui se développe, mais bien un bourgeon conique, étroit et allongé, qui, parti de la face supérieure de la chalaze, dirige selon l'axe du sac son sommet vers le micropyle, pour le traverser et s'allonger dans l'air pendant la germination; après quoi ses feuilles se développent et se succèdent, comme celles d'un gemmule quelconque d'Amaryllidée. Quant aux tuniques périphériques de cette sorte de bulbe, elles sont représentées par les téguments ovulaires et par les restes du nucelle irrégulièrement fendu, puis détruit pendant la germination.

C'est précisément par les phénomènes qui se produisent pendant leur germination que les graines charnues des Amaryllidées ont le plus attiré l'attention des botanistes. R. Brown, dans le premier travail qu'on ait publié sur cette question [1], avait établi que : « une conséquence curieuse de l'évolution de l'embryon, lequel, dans certains cas, ne devient visible qu'alors que la semence est placée dans des conditions favorables à la germination, c'est que l'extrémité radiculaire peut prendre des directions très-différentes suivant les circonstances dont on dispose pour déterminer sa germination. » Au lieu de s'en tenir à ces prudentes assertions, M. Decaisne [2] va plus loin et attribue à R. Brown : « un fait des plus remarquables, et que j'ai moi-même, assure-t-il, constaté en 1838, à savoir la germination de ces graines et la saillie de la

[1] *Prodr. Nov.-Holl.*, 297.
[2] *Bull. Soc. bot.*, V (1858), 18.

radicule, soit par le flanc, soit par la chalaze, lorsque les graines ont été placées de manière à mettre l'un ou l'autre de ces points en contact avec le sol. » M. Decaisne peut bien avoir constaté en 1838 un fait découvert par R. Brown avant 1810; mais ce qu'il avance au delà est encore une erreur, comme l'expérience le démontre.

Sans doute, quand les jardiniers abandonnent au hasard les graines charnues d'un *Hymenocallis* sur la terre d'une caisse ou d'un pot, ou de la bâche d'une serre où la température est suffisante, ils constatent que la radicule sort par le point de la surface qui est en contact avec le sol, et qui est ou le flanc, ou le bord, ou la région de la chalaze, ou celle du hile et du micropyle. Mais est-ce bien parce que l'on a mis « l'un ou l'autre de ces points en contact avec le sol? » Nullement; car si l'on dispose les graines, dans toutes les directions possibles, au fond d'une caisse criblée de trous et recouvertes de terre ou d'éponges mouillées seulement dans leur portion supérieure, c'est cependant inférieurement que se produit l'issue de la radicule. La chalaze, par exemple, étant seule dans ce cas en contact avec le sol, c'est vers le micropyle et le hile qu'on voit sortir la plantule. Cette expérience peut être variée à l'infini, toujours avec le même résultat. Si, de plus, on suspend les graines, avec toutes les directions possibles, dans l'air humide et chaud de la terre, aucun point n'étant en contact avec un sol quelconque, la radicule sort toujours par le bas, se dirigeant ensuite invariablement vers la surface de la terre. Nous avons d'ailleurs profité de cette constante tendance pour produire des résultats quelquefois les plus bizarres. A l'époque où les embryons commencent à s'allonger dans la graine (pourvu que celle-ci en renferme un), si l'on place la semence debout, soit dans l'air, soit sur le sol, la région chalazique en bas, l'extrémité radiculaire de l'embryon se réfléchit sur le corps même de celui-ci, s'applique étroitement contre lui dans toute sa longueur et vient définitivement sortir par son sommet, au voisinage de la chalaze. En retournant deux ou trois fois la graine, au lieu d'une seule, avant l'issue de la radicule, on obtient un embryon replié de la sorte trois ou quatre fois sur lui-même. En changeant constamment la graine de direction, on obtient un cordon blanc plus ou moins irrégulièrement intriqué; et, en l'inclinant graduellement suivant tous les azimuts, mais toujours dans un même sens, de manière à faire décrire à un point tel que la chalaze une circonférence ou une spirale continue, l'embryon étiré en forme de ver finit par ressembler à un fil enroulé en peloton, logé dans une sorte de coque formée par la substance charnue de la graine dans laquelle l'embryon trouve, comme dans un véritable sol, des aliments et une humidité constante. Il y a un moment enfin où l'on voit, au point le plus déclive de la surface, saillir le sommet aminci de la radicule qui va perforer l'épiderme. Souvent alors on peut, en retournant totalement la graine, faire ramper la radicule sous cette mince membrane, qui finit cependant, on le conçoit, par éclater. En tous cas, ce n'est qu'après que la portion de l'embryon qui porte la fente cotylédonaire s'est dégagée de l'intérieur de la graine, que nous avons vu la gemmule sortir pour développer dans l'atmosphère sa première feuille, puis, bien plus tard, les suivantes.

Les directions très-diverses que prend la radicule dans la germination ne sauraient être dans tous les cas, comme l'avance R. Brown, une conséquence de l'évolution tardive de l'embryon, lequel ne deviendrait visible qu'alors que la graine est dans des conditions favorables à la germination, Nous avons vu plusieurs fois un jeune embryon, parfaitement distinct, vers le sommet du sac embryonaire, dans des graines jeunes dont le nucelle avait encore une certaine épaisseur et dont le sac commençait seulement à produire à la surface de sa paroi interne un commencement de tissu périspermique. Nous avons vu aussi, avant tout commencement de germination, des graines complètes, renfermant suivant leur axe un embryon rectiligne, égal en longueur à la moitié environ de celle de la graine et présentant des régions bien distinctes telles qu'une radicule conique, une fente cotylédonaire latérale et un limbe cotylédonaire claviforme, encore coiffé d'un reste de cupule ou calotte chalazique. A ce moment, ou même un peu après l'issue de l'embryon, il nous est arrivé plusieurs fois de séparer celui-ci du reste de la graine et de le semer isolément. Nous avons alors, quand les conditions de température et d'humidité étaient satisfaisantes, observé ce qui suit. L'embryon rectiligne, semé la radicule en bas dans un trou vertical, s'allongeait rapidement et soulevait bientôt au-dessus du sol sa région cotylédonaire, jusqu'à ce que la première feuille sortît de sa fente cotylédonaire. De plus, quand la direction donné au grand axe de l'embryon était horizontale ou oblique, il se coudait toujours, de même que lorsqu'il était entouré du reste de la graine, de façon à ce que le sommet de sa radicule gagnât le point le plus déclive ; faits qui prouve que la présence de la substance charnue périphérique n'est pas indispensable à la germination et n'en modifie pas les lois caractéristiques. C'est comme une graine de Rosacée, par exemple, dont l'embryon apérispermé germe de la même façon, qu'on la sème isolée ou entourée encore de son péricarpe charnu. Nous avons vu beaucoup de graines mûres, dépourvues d'embryon à l'époque où on les cueille, et ce sont celles-là sans doute, qui ne germent jamais ; après plus d'un an, elles ne renfermaient encore aucune plantule. ..

EXPLICATION DES FIGURES

Planche III

Hymenocallis speciosa

Fig. 1. Graine bulbiforme, placée verticalement sous terre, le hile et le micropyle dirigés en bas, sans contact avec le sol qui entoure le reste de la graine. La racine sort néanmoins par la portion inférieure, au voisinage du hile et descend verticalement dans l'air.

Fig. 2. Graine couchée horizontalement et en contact avec le sol par toute sa surface, sauf par le bord inférieur qui est plongé dans l'air et suivant un point duquel se fait la sortie de la racine. Celle-ci est couverte à une certaine hauteur, comme celle de la figure précédente, de poils radiculaires. Plus haut se voit la fente cotylédonaire. La portion verticale supérieure à cette fente appartient donc au cotylédon dont le sommet est encore inclus dans la graine.

Fig. 3. Une graine placée verticalement sur le sol, de façon à ce que le sommet ombilical et micropylaire soit dirigé en haut. L'issue de la radicule se fait néanmoins par le bas, vers la région chalazique, laquelle est seule au-dessous de la surface du sol.

Fig. 4. Coupe longitudinale d'une graine dirigée verticalement, la région chalazique en bas et au-dessous de la surface du sol. L'extrémité radiculaire de l'embryon, au lieu de sortir au voisinage du hile et du micropyle (qui sont dirigés en haut), s'est recourbée sur le corps de l'embryon pour sortir inférieurement au voisinage de la chalaze. Le sommet organique du cotylédon est coiffé des restes de la capule chalazique et nucellaire.

Fig. 5. Graine dont la portion charnue a été enlevée en partie pour laisser voir les directions différentes prises par le radicule quand la semence a été successivement retournée. Elle avait d'abord été placée la chalaze en bas, comme les graines représentées dans la figure 4. Puis, avant l'issue de la radicule, la semence a été retournée quelques jours le micropyle en bas. La radicule s'est de nouveau repliée vers le micropyle. Après un nouveau retournement qui a amené le sommet de la radicule tout contre l'épiderme de la graine, celle-ci a été renversée de nouveau, le hile en-bas ; et le sommet radiculaire, au lieu de faire issue, s'est replié sous l'épiderme qu'on le voit soulever à gauche.

Fig. 6. Même graine, retournée pour montrer la saillie sous-épidermique de la radicule.

Fig. 7. Graine retournée sept ou huit fois sur elle-même, toujours dans le même sens, pour empêcher l'issue de l'embryon qui s'est pelotonné sur lui-même, comme un long cordon vermiforme.

Fig. 8. Graine dont le sac embryonaire est presque vide, ayant seulement produit sur ses parois une mince couche de parenchyme endospermique et dont le sommet est déjà cependant occupé par un très-petit embryon ovoïde.

Calostemma Cunninghami

Fig. 9. Deux ovules d'une même loge, anatropes, descendants, avec le micropyle tourné en dehors et en haut et montrant distinctement le sommet du nucelle et l'ouverture des deux enveloppes. Au dessus d'eux, un obturateur celluleux.

Fig. 10. Coupe longitudinale d'un de ces ovules, montrant distinctement les deux téguments et le nucelle creusé suivant son axe d'un sac embryonaire.

Fig. 11. Deux graines d'une même loge, comprimées et déplacées par leur pression réciproque. Sur l'inférieure, plus volumineuse, on voit au bas la région chalazique, dilatée en un petit plateau au centre duquel commence à se produire une saillie radiculaire.

Fig. 12. Coupe longitudinale de la plus grosse des graines de la figure précédente, coiffée de son obturateur, avec sa région chalazique dilatée en plateau, présentant inférieurement une saillie radiculaire, supérieurement un bourgeon étroit et allongé qui traverse toute la hauteur du sac embryonaire.

Fig. 13. Coupe longitudinale d'une graine plus âgée. En dedans des deux enveloppes se voit le nucelle, dont la cavité centrale est occupée par un bourgeon allongé, implanté sur la face supérieure du plateau chalazique, dont la face inférieure porte une longue racine à peu près centrale.

M. H. BAILLON

Professeur à la Faculté de médecine de Paris

SUR LA CULTURE INDIGÈNE DES CONVOLVULACÉES PURGATIVES

— *Séance du 22 août 1873.* —

Le Jalap tubéreux ou véritable Jalap officinal, généralement décrit sous le nom d'*Exogonium Purga*, a été plusieurs fois cultivé en Europe. Il a fleuri en Angleterre où il a donné des récoltes de tubercules, ainsi que l'a relaté M. D. Hanbury, et dans quelques jardins botaniques de France. Des tubercules, dus à M. Hanbury lui-même, ont prospéré plusieurs années dans le jardin de la Faculté de médecine de Paris, jusqu'au jour où un jardinier infidèle les fit disparaître, croyant sans doute tirer grand parti du commerce de ce végétal. La plante qui donne la Scammonée d'Alep, le *Convolvulus Scammonia* L., existe depuis longtemps dans nos jardins botaniques. On l'y conservait difficilement dans des pots, qui, l'hiver étaient rentrés dans des orangeries, et elle n'y prenait guère de développements. M. Hanbury la cultive tout autrement depuis quelques années en pleine terre et au midi, au pied d'un mur, dans son jardin de Clapham. M. Naudin agit de même dans ses cultures de Collioure, et il y récolte des graines dont il nous a envoyé un petit nombre en 1872. Semées en pleine terre à la fin de l'été, elles ont germé presque toutes. Abritées pendant l'hiver, relativement très-doux de cette année, elles ont vigoureusement végété au retour de la belle saison et se sont tous les jours couvertes de fleurs à partir du mois de juillet.

Nous pouvons donc maintenant décrire sur le frais ces plantes utiles et en obtenir des figures exactes qui pourront être substituées à celles, plus ou moins imparfaites, qui se trouvent dans les ouvrages de matière médicale ou de botanique appliquée. Pour le *Convolvulus Scammonia*, la portion souterraine n'a pu encore être étudiée. Quant aux organes aériens, la tige herbacée se partage vite en un grand nombre de branches grêles et volubiles. Elles peuvent non-seulement s'étaler sur le sol, mais aussi, quand on leur fournit un support, s'enrouler, en s'élevant à une grande hauteur, trois ou quatre mètres par exemple. On peut dire de cette plante qu'elle est très-analogue à notre vulgaire *C. arvensis*, dont elle a presque les feuilles et les fleurs. Les premières sont encore plus nettement triangulaires et sagittées; le sommet de leur limbe et celui des deux ailes de la base et très-aigu, et le bord interne de chaque aile, au lieu de figurer une ligne droite qui converge directement du côté de l'insertion pétiolaire vers l'autre bord, est lui-même ordinairement formé de deux lignes qui se coupent suivant un angle obtus, peu proéminent. La couleur du limbe est d'un vert légèrement sombre et terne. Les fleurs sont chaque jour assez nombreuses et ne durent guère qu'une demi-journée. Épanouies de quatre à huit heures du matin, elles ont de nouveau leur corolle enroulée vers quatre ou cinq heures du soir; après quoi, elles s'altèrent et tombent. Il n'en reste que le pistil, étroitement enveloppé par le calice. Celui-ci a des sépales libres et inégaux. Leur imbrication étant quinconciale, les sépales 4 et 5 sont les plus grands et les plus membraneux; les sépales 1 et 2, courts et épais. Ils sont tous symétriques, avec un sommet tronqué ou découpé en court apicule terminal; tandis que, dans le sépale 3, intermédiaire par sa taille, les deux côtés de l'angle apiculaire sont inégaux et inégalement obliques. Je ne sais quel est le but de ce mouvement de constriction des sépales qui, ici comme dans tant d'autres plantes, rapproche étroitement les sépales du gynécée en expulsant la corolle. Celle-ci, un peu plus grande que celle du *C. arvensis* et à limbe un peu plus évasé, est d'un blanc crémeux, avec une très-légère nuance jaune. Les cinq zones étroites dont elle est parcourue et qui seules sont à découvert pendant la torsion de la corolle sont extérieurement d'une couleur pâle, mélangé de rosé et de jaune. Les étamines sont blanches, et leur anthère est le siége d'un phénomène non décrit, je pense, et qui se produit à divers degrés dans plusieurs autres espèces du genre. Les deux loges sont étroites, allongées, adnées aux bords d'un connectif qui présente une ligne longitudinale médiane, et très-nettement introrses dans le bouton, jusqu'à la veille même de l'épanouissement. Comment se fait-il donc que leurs fentes longitudinales de déhiscence se trouvent dans l'anthèse parfaitement extrorses? C'est qu'à cette époque, le connectif, de plan qu'il était, devient concave en dehors, ses deux moitiés s'inclinant l'une sur l'autre, suivant la strie longitudinale, et que ses bords repliés vers la corolle reportent du côté de celle-ci les loges et leurs lignes de déhiscence. Le gynécée est entouré à sa base d'un disque glanduleux, circulaire, de couleur jaune. L'ovaire est surmonté d'un style grêle, cylindrique, partagé supérieurement en deux branches divergentes, subclaviformes, chargées de papilles stigmatiques blanches. Il y a quatre ovules presque basilaires, anatropes, construits et dirigés comme ceux des *Convolvulus* en général; mais les deux loges de l'ovaire sont extrêmement incomplètes et séparées seulement vers les parois par deux rudiments de cloisons. Le fruit de la Scammonée est tout à fait celui de nos petits liserons indigènes, et il renferme de une à trois graines brunes, également semblables à celles de nos *Convolvulus*.

Les inflorescences sont axillaires, et, à partir d'une certaine hauteur, il y en a une dans l'aisselle de chaque feuille des rameaux. Le pédoncule, ordinairement plus long que la feuille, porte à son sommet une fleur solitaire, ou bien une petite cyme de deux ou trois fleurs.

La plante au vrai Jalap ou J. tubéreux végète bien dans nos jardins, et ses rameaux herbacés y présentent un beau développement; mais sa floraison est tardive, et si l'on veut obtenir l'épanouissement d'un grand nombre de fleurs, il faut protéger les boutons contre les premières gelées. Ils sont aussi disposés en cymes, ordinairement triflores, au sommet d'un pédoncule commun axillaire. Chaque fleur est à l'aisselle d'une bractée, et les fleurs latérales ont sur leur pédicelle deux bractéoles presque opposées, mais stériles. Le calice est aussi formé de folioles inégales et imbriquées en quinconce, d'autant plus grandes qu'elles sont plus inférieures dans le bouton. Les sépales 1 et 2 sont herbacés, épais. Les sépales 4 et 5, bien plus grands, sont pétaloïdes et rougeâtres sur les bords, tandis que leur zone moyenne est herbacée. Le sépale 3 est pétaloïde d'un seul côté et développé de ce côté en une sorte d'auricule colorée. Tous ont au sommet un petit apicule, d'autant plus saillant que la foliole est plus pétaloïde. La corolle, quoique moins caractérisée que celle de plusieurs autres *Exogonium*, est pourtant bien celle qui appartient à ce genre, en ce sens que son tube est presque cylindrique, droit, et que le limbe pentagonal qui le surmonte présente un plan sensiblement perpendiculaire à l'axe du tube, au moment de l'anthèse. La couleur de la corolle n'est pas tout à fait celle qu'on décrit dans les ouvrages classiques; elle est d'un carmin vineux, avec un reflet violacé dans les cinq aires, en forme de triangle étroit et allongé, qui se trouvent visibles à l'extérieur du bouton quand la préfloraison de celui-ci est encore étroitement tordue. Les étamines sont inégales; il y en a deux grandes, deux petites et une moyenne. Leurs filets, portés par la corolle, s'atténuent supérieurement, et leur sommet subulé vient s'insérer dans une petite cavité conique dont est creusé inférieurement le dos du connectif. Les anthères sont exsertes, oblongues et introrses, et l'on voit par transparence les grains de pollen volumineux que renferment leurs loges. Celles-ci se touchent en dedans dans le bouton, parce que la bandelette que représente le connectif est à peu près canaliculée en dedans et les rapproche l'une de l'autre; mais elles s'écartent et se déjettent en dehors quand le connectif devient plan, puis légèrement concave en dehors. Inférieurement, les filets staminaux adhèrent au tube de la corolle par une portion dilatée, aplatie, dont les bords arrivent au contact des bords correspondants des filets voisins. Le gynécée est celui de la plupart des Convolvulacées. L'ovaire a deux loges, de forme conique et est entouré d'un gros disque entier, épais, glanduleux, ellipsoïde; il s'atténue supérieurement en un long style dont l'extrémité stigmatifère, un peu inclinée, est partagée en deux gros lobes à peu près sphériques, décomposés en un grand nombre de lobules mamelonnés et papilleux, d'un blanc éclatant. Il y a dans chaque loge deux ovules collatéraux, dressés, à micropyle extérieur et inférieur.

Quant aux organes de végétation aériens, les rameaux sont de la grosseur d'un cordon ordinaire, longs de 2 à 4 mètres, glabres, cylindriques, tordus et couverts de stries fines spiralées, en forme de plis à peu près parallèles. Ils sont d'une couleur vineuse sombre, de même que les pétioles, un peu plus grêles et cylindriques. Cette teinte s'atténue au sommet du pétiole et s'éteint sur la nervure principale. Le pétiole forme à sa base un croc dû à la direction que prend le limbe sagitté. Dans l'aisselle de la feuille il y a : un petit bourgeon, un rameau feuillé; plus, dans certains cas, un pédoncule floral qui semble né tout à fait sur la base du rameau feuillé. Il en est peut-être de même du petit bourgeon; dans ce cas, il n'y aurait dans l'aisselle de la feuille qu'un seul rameau axillaire qui, très-près de sa base, donnerait naissance à l'inflorescence et au petit bourgeon qui se trouve de l'autre côté.

Quant aux portions souterraines, les plus importantes au point de vue pratique, elles sont de deux sortes : les tubercules et de nombreux cordons grêles, un peu noueux, qui ressemblent à des racines et qui sont bien les analogues des organes de même forme qui, dans le Chiendent par exemple, reçoivent vulgairement ce nom. Ce sont en effet des rameaux souterrains, ramifiés et portant çà et là des petites feuilles alternes, squamiformes. Un bourgeon situé dans leur aisselle se développe lui-même en un rameau qui demeure sous terre ou bien se porte dans l'air et devient volubile et chargé de larges feuilles vertes, puis de fleurs. C'est principalement au niveau de leurs nœuds que les portions souterraines de ces rameaux donnent naissance pendant la période de végétation à des racines adventives. Toutes sont au début filiformes, grêles, blanchâtres ; bientôt, elles se ramifient et atteignent jusqu'à trois ou quatre décimètres de longueur, parfois même davantage. En même temps, plusieurs d'entre elles, ou quelquefois toutes, commencent à s'épaissir dans leur portion supérieure, de sorte que leur base se renfle graduellement en un cône renversé. C'est surtout la portion corticale qui se gorge de sucs pour donner à ces bases de racines une apparence napiforme. Les petites racines secondaires qui naissent au niveau de de cette portion renflée se détruisent et ne laissent plus à la surface que des cicatrices, circulaires d'abord, mais bientôt allongées en travers à mesure que le tubercule s'épaissit. On les prendrait alors pour des cicatrices de feuilles ou d'écailles ; et l'on a pu d'après leur forme songer que le tubercule du vrai Jalap était une tige souterraine ; mais elles n'ont pas normalement de bourgeon au-dessus d'elles. Très souvent, surtout dans les tubercules du commerce, on voit la base creusée d'une sorte de rigole dans laquelle est couchée et comme incrustée une portion horizontale de rameau souterrain ; c'est que dans cette région le tubercule a fini par s'hypertrophier à droite et à gauche de ce fragment d'axe sur lequel il était sessile. C'est aussi fréquement que sur ce point les rameaux portent des bourgeons dont le développement rapide sera plus tard assuré par la masse alimentaire située dans le tubercule sous-jacent. Les plus gros de ces tubercules que nous ayons récoltés à Paris, atteignaient la longueur d'un demi centimètre, et la portion grêle, plus dure, à ramifications persistantes, qui les termine, était trois ou quatre fois aussi longue.

Il reste à savoir quel nom on doit appliquer à la plante au vrai Jalap. C'est un *Exogonium ;* genre qui semble devoir être conservé. Le premier nom spécifique qui lui ait été donné est celui de *Ipomœa Jalapa*, qui est de Nuttall et qui date de février 1830, époque à laquelle il a été publié dans l'*American Journal of the medical sciences* (V. 300, t. I, II)[1]. C'est aussi le *Convolvulus Jalapa* de Schiede. Il va sans dire que ce n'est pas le *C. Jalapa* de Desfontaines, ni l'*Ipomœa Jalapa*, de Michaux, plante tout à fait différente et qui ne donne pas le Jalap tubéreux des pharmacies.

C'est bien la même année (1830), mais à une époque plus avancée que Wenderoth (*in Pharm. centralb.*, I, 457) nomma la même plante *Ipomœa Purga*. Le nom d'*I. Schiedeana* Zucc. n'a paru que dans le *Flora* de 1831 (p. 801), et celui de *Convolvulus officinalis*, dû à G. Pelletán [2], est seulement de 1834.

L'espèce, au lieu de prendre le nom d'*Exogonium Purga* que M. Bentham lui a donné dans ses *Plantæ Hartwegianæ* (p. 46), et qui a été conservé depuis (Hayne, *Arz. Gew.*, XII, 33, 34. — Nees, *Duss.*, Suppl., 61. — *Bot. Reg.*, XXXII, t. 49, — *Bot. Mag.*, t.

1 J. Redman Coxe, *Some observ. on the plant that produces the offic. Jalap, as established by its cult. dur. the success. seasons.* La description de l'*I. Jalapa* (p. 305) est due à Nuttall.

2 Note sur les deux espèces de Jalap du commerce (*in Journ. de chim. méd., de pharm. et de toxicol.*, sér. 1, IX, 1, t. I.)

4280. — Choisy, *in DC. Prodr.*, IX, 374. — Pereira, *Elem. Mat. med.*, ed. 4, II, p. I, 614. — Berg et Schmidt, *Darst... d. offic. Gew.*, I, V, a, b), devra donc recevoir celui d'*Exogonium Jalapa.*

EXPLICATION DES FIGURES

Planche IV

Vrai Jalap (*Exogonium Jalapa*). Rameau florifère dessiné d'après la plante vivante (2/3 de la grandeur naturelle).

Planche V

Vrai Jalap (*Exogonium Jalapa*). Tiges souterraines et tubercules (racines adventives hypertrophiées) dessinés d'après la plante vivante (2/3 de la grandeur naturelle).

Planche VI

Scammonée (*Convolvulus Scammonia*), dessinée d'après la plante vivante.
Fig. 1. Port (environ 1/5 de la grandeur naturelle).
Fig. 2. Fleur, coupe longitudinale.
Fig. 3. Gynécée.

M. le comte de SAPORTA

SUR LA FLORE DES TUFS PLIOCÈNES DE MEXIMIEUX

— *Séance du 25 août 1873.* —

Les masses de tufs ou de calcaires concrétionnés, qui renferment les débris de cette flore, sont situés au nord-est de Lyon, dans la partie du département de l'Ain attenante à celui du Rhône, près des petites villes de Montluel (26 kilom.) et de Meximieux (39 kilom.). Les empreintes végétales proviennent exclusivement de la dernière de ces localités; elles seront décrites et figurées dans un mémoire en voie de publication, entrepris de concert avec M. le docteur A. F. Marion, chargé de cours à la Faculté des sciences de Marseille. Il ne saurait donc être ici question d'entrer dans des détails circonstanciés qui trouveront ailleurs leur place, ni d'apprécier chaque espèce en particulier, mais seulement d'exposer les résultats obtenus jusqu'ici et surtout d'insister auprès des paléontologues et des botanistes sur l'importance des découvertes relatives aux plantes fossiles pliocènes. Pour plus de clarté, je disposerai l'examen qui va suivre en paragraphes successifs, ayant chacun pour objet une ou plusieurs séries de considérations.

Nature du dépot. — Il comprend des roches concrétionnées, caverneuses, ordonnées en masses irrégulières, en nappes, en nids, en carrière, tantôt compactes et presque cristallines, tantôt mêlées de parties arénacées ou argileuses, associées à des amas confus et détritiques. Les carrières exploitées au-dessus de Meximieux sont riches en empreintes végétales ; ce sont des feuilles, des fruits, des tiges, des débris de toute sorte amoncelés dans le plus grand désordre et moulés par la substance calcaire incrustante déposée par les anciennes eaux, sans doute coulant en cascade et recouvrant d'une croûte plus ou moins épaisse tous les objets, même les plus fragiles, mis à leur portée. D'innombrables tubulures résultant de la présence des larves de phryganides, qui vivent sous l'influence des eaux aérées, limpides et bouillonnantes, remplissent tous les blocs et en relient les diverses parties ; les empreintes sont rarement entières par suite de la difficulté de les extraire des blocs qui s'ouvrent ordinairement en fragments irréguliers; elles reproduisent en outre presque toujours d'innombrables répétitions de mêmes espèces. Ces espèces sont celles évidemment qui croissaient en plus grande abondance dans le voisinage des eaux tertiaires. Il faut observer encore que les empreintes fossiles, malgré leur beauté, résultent nécessairement d'un moulage des anciens organes, dont les seules parties en relief ont été rendues fidèlement. Tous les caractères qui proviennent uniquement de l'aspect des tissus et de leur structure intérieure sont tout à fait invisibles, circonstance qui ne laisse pas que de rendre les déterminations plus pénibles et plus incertaines. On peut, il est vrai, au moyen du plâtre et de l'argile, rendre aux organes ainsi moulés leur relief et leur aspect originaires, mais toute tentative d'analyse de la structure est devenue absolument impraticable. On se trouve toujours en présence d'un vide qui tient la place de l'objet primitif. Mais, quand il s'agit simplement de feuilles, on peut, dans une foule de cas, reconstituer les deux surfaces, au moyen d'un double moulage, circonstance favorable qui permet de les décrire plus sûrement.

Historique et premiers explorateurs. — Les végétaux fossiles des tufs de Meximieux sont connus depuis longtemps; mais ils ont été d'abord considérés comme tout à fait modernes et insignifiants. MM. Fournet et Thiollière, entre autres, ne portèrent sur eux que des jugements superficiels. M. A. Falsan fut le premier qui les explora avec la pensée de rechercher leur âge et de déterminer les plantes qu'ils renferment. Ce jeune savant m'en fit passer des échantillons qui furent communiqués par moi au regrettable M. Ch. Théodore Gaudin, de Lausanne, et par lui à M. Gustave Planchon, actuellement professeur à l'École supérieure de pharmacie de Paris. M. Gaudin avait acquis une juste notoriété en décrivant les plantes fossiles du Val d'Arno; il ne manqua pas de reconnaître l'existence à Meximieux de plusieurs espèces caractéristiques du tertiaire supérieur de Toscane, entre autres du *Glyptostrobus europæus* Heer et de l'*Oreodaphne Heerii* Gaud.

M. Gustave Planchon, auteur d'une savante monographie des tufs quaternaires des environs de Montpellier, entreprit une étude des plantes de Meximieux, plus tard interrompue; il recueillit sur les lieux une collection importante qu'il a bien voulu depuis me confier. L'assistance de M. A. Falsan a mis successivement à ma portée de riches matériaux que j'ai pu enfin utiliser en terminant, de concert avec mon ami M. le professeur Marion, un travail monographique aussi complet que possible. La bienveillance de MM. Locard et Dumortier, en dernier lieu le patronage de la ville de Lyon et de son délégué M. le professeur Lortet, nous ont permis de mener à bonne fin cette œuvre vraiment considérable.

Position stratigraphique et age présumé. — Les incertitudes soulevées à plusieurs reprises relativement à l'horizon précis du dépôt de Meximieux disparaissent lorsque l'on constate qu'il s'appuie sur la mollasse marine miocène et qu'il est recouvert par la puissante formation des boues détritiques, avec graviers de blocs erratiques ou *alluvions glaciaires* qui s'étendent sur le plateau bressan et dont M. A. Falsan a si bien déterminé la vraie nature. Les alluvions glaciaires correspondant à la fin du pliocène et à la partie ancienne du quaternaire, l'âge des calcaires concrétionnés de Meximieux se trouve reporté dans un pliocène plus ou moins ancien, c'est-à-dire à une époque postérieure au retrait de la mer de mollasse et antérieure à l'extension des glaciers. Les indices tirés de la présence des fossiles, soit animaux, soit végétaux, confirment cette donnée purement stratigraphique. La fréquence de la *Clausilia Terveri* Mich., coquille caractéristique, que l'on retrouve dans les lignites de la Tour-du-Pin et de Hauterives, et dans les sables de Trévoux, certainement pliocènes, les débris nombreux de mammifères recueillis dans ces derniers terrains, conduisent à des résultats identiques, et l'étude des plantes démontre une étroite affinité de la flore de Meximieux avec celles des Cinérites du Cantal, des sables supérieurs de Montpellier et du Val d'Arno, localités certainement pliocènes. Les *Mastodon arvernensis* Croiz. et Job. et *dissimilis* Jourd., un tapir *(T. arvernensis)*, un Rhinocéros voisin du *R. megarhinus*, l'*Elephas meridionalis*, le *Machairodus latidens*, les genres *Hyœna*, *Equus*, *Sus*, plusieurs cerfs particuliers paraissent avoir caractérisé ce niveau dont M. A. Gaudry compare la faune à celle de Perrier près d'Issoire, en la rapportant sans hésitation au pliocène.

Importance et caractères généraux de la flore pliocène. — Les tufs de Meximieux renferment donc les débris d'une flore pliocène ou tout au moins subpliocène. On ne saurait insister assez sur l'immense intérêt que présente l'étude de cette période encore très-peu connue au point de vue des végétaux ; rien de complet ni même d'un peu suivi n'a été encore entrepris dans le but de réunir et d'analyser les éléments de la végétation pliocène. Aux premiers pas tentés dans cette voie, elle se révèle sous un jour que l'on était loin de soupçonner. Il semble d'abord que la période elle-même ait été plus longue que la puissance et le nombre des formations inscrites par les géologues ne le feraient supposer. On pourrait croire que l'émersion des dépôts appartenant à cet âge n'a été encore que partielle, à raison justement de leur origine récente. Au lieu d'avoir sous les yeux une série complète de couches, nous ne posséderions que des lambeaux discontinus, principalement vers le haut. Il est certain que la végétation pliocène, d'abord presque semblable à celle des derniers temps miocènes, s'est transformée lentement et à plusieurs reprises, avant de revêtir une physionomie entièrement moderne. L'histoire de la période consiste dans l'ensemble de ces mutations partielles et successives dont nous ne pouvons signaler qu'une partie, l'autre nous échappant encore. Nous savons bien ce qu'était la flore européenne vers le milieu du pliocène, mais entre ce milieu et la terminaison de la période, il a dû s'écouler un espace de temps considérable, et au moment où nous cessons de pouvoir la considérer, la flore s'éloigne encore très-sensiblement de ce qu'elle est enfin devenue. Au contraire, lorsque l'on aborde le quaternaire, on trouve la flore presque semblable à ce qu'elle est maintenant, sauf que le climat accuse une plus grande humidité, surtout dans le midi de l'Europe, où la région méditerranéenne n'est pas encore en possession de ses formes locales les plus caractéristiques, comme le pin d'Alep et le chêne vert. La végétation pliocène, dont je veux tâcher de définir les caractères, est celle, non pas de la fin, mais de la première moitié de la période. A ce moment là, la flore du centre et du midi de l'Europe, du quarantième au quarante-sixième degré, présentait la physionomie et les traits suivants : elle était pleine de vigueur et de puissance, riche en essences forestières de grande taille, moins féconde pourtant et moins variée que dans l'âge antérieur. Cette moindre fécondité est facile à prouver en considérant le nombre des espèces recueillies en plus de dix années de fouilles à Meximieux (32) et le comparant à celui qu'ont fourni les travertins éocènes de Sézanne (80 à 90) et en remarquant la richesse de la plupart des flores locales de l'éocène supérieur, du tongrien et du miocène proprement dit (250 espèces à Aix, 180 à Armissan, 100 à Manosque, 4 à 500 à Œningen). Mais si la variété était moindre que dans le tertiaire moyen ou inférieur, elle était cependant plus grande que dans le quaternaire et surtout que dans les temps actuels, où l'on ne réussirait jamais à collectionner dans des conditions semblables, plus de 15 à 20 espèces à l'état d'empreintes sur un seul point. La flore européenne pliocène comprenait bien plus de genres que maintenant; et chacun d'eux était plus riche en espèces. Elle présentait pourtant un caractère d'uniformité très-marqué, et les environs de Bologne, la Toscane, le territoire de Lyon et celui du Cantal étaient peuplés des mêmes essences, comme si de vastes forêts eussent recouvert de grands espaces, occupé les plaines, le bord des fleuves et remonté à travers les vallées jusque sous la croupe des montagnes, sans beaucoup changer de caractère. Le hêtre, le platane, le liquidambar, divers érables, plusieurs noyers; des ormes, des charmes, des Laurinées, les unes à feuilles persistantes et parmi celles-ci le laurier des Canaries, les autres à feuilles caduques, entre autres le sassafras, se montrent dans l'Italie centrale aussi bien qu'au cœur de la France. C'était une végétation plantureuse, touffue, composée en majorité de grands arbres; quatre caractères généraux s'y font plus particulièrement remarquer : 1° la persistance de certains types miocènes encore vivants, mais depuis lors entièrement éliminés; 2° l'existence d'une proportion notable de genres maintenant devenus exotiques, alors représentés en Europe par des formes spéciales; 3° la présence sur notre continent d'espèces actuellement indigènes de contrées plus méridionales ou même très-reculées dans le sens des longitudes; 4° enfin, comme corollaire du fait qui précède, la présence constatée d'espèces identiques ou subidentiques avec les nôtres, par conséquent demeurées depuis indigènes. De là des liens de toutes sortes, complexes et variables par eux-mêmes, rattachant la végétation pliocène avec le passé d'une part, avec l'état européen actuel de l'autre, et en dernier lieu avec la flore de régions éloignées, soit dans la direction du sud, soit vers l'extrême orient, soit séparées par des mers, comme le sont effectivement l'Amérique, les îles Canaries, l'Asie orientale, le Japon et la Chine.

La végétation européenne, sous le rapport du climat, comme sous celui de la distribution géographique des plantes, de leur mode de groupement, de leurs émigrations, a donc subi depuis l'âge pliocène de grandes vicissitudes, qui n'ont pu se réaliser brusquement, mais qui ont dû exiger au contraire un temps très-long pour que leur accomplissement ait été possible. D'ailleurs ces changements se trouvent en rapport direct avec l'état contemporain. Parmi les espèces anciennes ou les types émigrés plus tard de notre sol, plusieurs ne l'ont pas quitté sans laisser çà et là des vestiges de leur retrait. Ces étapes successives sont marquées par des colonies éparses; c'est une exode accomplie graduellement, dont les traces se rencontrent encore et jalonnent dans bien des cas la route qu'ont dû suivre les végétaux partiellement ou totalement éliminés. De là une étude des plus curieuses qui vient à peine d'être inaugurée, mais qui se poursuit à mesure que les découvertes se multiplient. Avant de toucher successivement aux divers points que nous venons de poser et qui méritent un examen détaillé, il convient de donner un tableau de l'ensemble de la flore de Meximieux, tel qu'il résulte de nos plus récentes investigations.

Flore de Meximieux ; sa composition. — La liste qui suit diffère à quelques égards de celle que j'ai donnée dans ma première notice [1] : elle diffère même quelque peu d'une liste postérieure, insérée dans les *Comptes rendus de l'Académie des siences* (séance du 3 février 1873), ainsi que de celle que j'ai fait figurer dans une communication sur les *caractères propres à la végétation pliocène*, adressée à la Société géologique de France (*Bull.*, 3e série, t. I, p. 217). Les différences tiennent uniquement à des corrections et à des adjonctions donc j'ai dû tenir compte, mais qui malgré l'importance de certaines d'entre elles ne changent rien aux résultats généraux ni au point de vue adoptés en premier lieu. Quelques-unes des espèces supprimées seront indiquées, pour plus de clarté, en marge et entre parenthèses, à côté de celles dont elles deviennent de simples synonymes, et auxquelles elles ont été par conséquent réunies. Les autres disparaissent entièrement comme trop incertaines.

LISTE GÉNÉRALE DES ESPÈCES DE LA FLORE DE MEXIMIEUX

CRYPTOGAMES

1. — *Adiantum reniforme* L.
2. — *Woodwardia radicans* Cav.

GYMNOSPERMES

3. — *Torreya mucifera* Sieb. et Zucc., var. *brevifolia*.
4. — *Glyptostrobus Europæus* Heer.

MONOCOTYLÉDONES

5. — *Bambusa Lugdunensis* Sap.

DICOTYLÉDONES

6. — *Quercus præcursor* Sap.
7. — *Populus alba* L., *pliocenica*.
8. — *Platanus aceroides cuneifolia* Goepp.
9. — *Liquidambar Europæum* Al. Br.
10. — *Apollonias Canariensis* Nees.
11. — *Persea amplifolia* Sap.
12. — *Persea Carolinensis* Nees, var. *assimilis*.
13. — *Oreodaphne Heerii* Gaud.
14. — *Laurus Canariensis* Webb, *pliocenica*.
15. — *Daphne princeps* Sap. et Mar.
16. — *Nerium oleander* S., *pliocenicum*.
17. — *Diospyros protolotus* Sap. et Mar.
18. — *Viburnum pseudotinus* Sap.
19. — *Viburnum rugosum* Pers., *pliocenicum*.
20. — *Cocculus* (*Menispermum*) *latifolius* Sap. et Mar. (*Cercis inæqualis* Sap.).
21. — *Magnolia fraterna* Sap.
22. — *Liriodendron Procaccinii* Ung. (*Populus anodonta* Sap.).
23. — *Anona Lortcti* Sap. et Mar.
24. — *Buxus pliocenica* Sap. et Mar.
25. — *Tilia expansa* Sap. (*Vitis subintegra* Sap.).
26. — *Acer lætum* C. A. Mey (*Acer subpictum* Sap.).

1 Voy. *Bull. Soc. géol. de France*, 2e série, t. XXVI, p. 752 et suiv., séance du 5 avril 1869.

27. — *Acer latifolium* Sap.
28. — *Acer opulifolium* Vill., *pliocenicum* (*Acer opulifolium granatense*, *A. campestre pliocenicum* Sap.).
29. — *Ilex Falsani* Sap.
30. — *Ilex Canariensis* Web. et Berth.
31. — *Juglans minor* Sap. et Mar. (*Carya minor* Sap., *Carya massalongi* Sap.).
32. — *Punica Planchoni* Sap. et Mar. (*Punica granatum*, var. *Planchoni* Sap., *P. granatum pliocenica* Sap.

Liens avec la végétation miocène antérieure. — Quatre espèces constituent un lien direct et irrécusable entre la flore de Meximieux et celle du miocène proprement dit, ce sont les suivantes : *Glyptostrobus europæus Heer*, *Platamus aecroides Goepp.*, *Liquidambar europæum Al. Br.*, *Liriodendron Procaccinii Ung.* Les trois premières se rencontrent sur un grand nombre de points, la quatrième, beaucoup plus rare, a été cependant observée à Eriz (Suisse). Ces espèces répondent à autant de types, qui ne remontaient pas très haut dans le passé européen. Elles ne se montrent pas effectivement en Europe, avant le miocène moyen. Inconnus dans l'éocène et même dans le tongrien, elles paraissent s'être avancées du nord au sud, pendant la durée de l'aquitanien. L'interposition de la mer de mollasse a même empêché le *Liquidambar Europæum* et le *Platanus aceroides* de pénétrer en Provence d'aussi bonne heure qu'en Suisse. Ces espèces existent au contraire dans le miocène inférieur de la région arctique qui pourrait bien être leur véritable patrie d'origine. Le genre Tilleul et quelques autres, comme le *Sassafras*, que l'on ne rencontre pas à Meximieux, mais qui est fréquent dans les cinérites du Cantal, paraissent être dans le même cas et s'être avancé en Europe par la direction du nord.

Ce sont là les liens directs de la végétation de Meximieux avec celle qui l'a précédée ; mais ces liens ne sont pas les seuls : la plupart des espèces encore existantes que l'on observe dans cette localité, loin d'être isolées, se rattachent à des formes miocènes prototypiques dont elles paraissent descendre, et dont, en tout cas, elles se distinguent très-peu. On peut même dire que bien souvent il aurait été aussi naturel de chercher à réunir l'espèce pliocène à son homologue tertiaire qu'à son similaire vivant, tellement les liens analogiques se trouvent étroits dans l'une et l'autre direction. C'est ainsi que l'on peut établir le parallélisme suivant qui montre la filiation probable de la forme pliocène par celle des temps antérieurs qui s'en rapproche d'une façon incontestable.

ESPÈCES PLIOCÈNES	ESPÈCES MIOCÈNES HOMOLOGUES
Adiantum reniforme S.	*Adiantum renatum* Ung.
Wodwardia radicans Cav.	*Wodwardia Rœsneriana* Ung.
Populus alba pliocenica.	*Populus leucophylla* Ung.

ESPÈCES PLIOCÈNES	ESPÈCES MIOCÈNES HOMOLOGUES
Persea amplifolia Sap.	*Persea typica* Sap.
Persea Carolinensis assimilis. . . .	*Persea superba* Sap.
Nerium oleander pliocenicum. . .	*Nerium Gaudryanum* Brongn.
Magnolia fraterna Sap.	*Magnolia primigenia* Ung.
Diospyros protolotus Sap. et Mar. . .	*Diospyros brachysepala* Heer.
Acer lœtum C. A. Mey.	*Acer quinquelobum* Sap.
Acer opulifolium pliocenicum . . .	*Acer opuloides* Heer. *Acer recognitum* Sap.
Juglans minor Sap. et Mar.	*Juglans bilinica* Ung.
Punica Planchoni Sap. et Mar. . . .	*Punica Hesperidum* O. Webb.

Flore de Meximieux considérée en elle-même et dans ses rapports avec les flores locales contemporaines. — La flore de Meximieux est marquée d'un cachet méridional qui frappe d'autant plus, qu'elle appartient à une localité située vers le 46e degré lat. Cette flore nous transporte vers l'entrée ou même dans l'intérieur d'une grande forêt fort semblable à celles de la région *laurifère* des Canaries, avec une moyenne annuelle probable d'environ 18° cent. Il faudrait maintenant descendre de 10° plus au sud pour rencontrer un climat et une végétation analogues, sinon tout à fait semblables, car si la flore de Meximieux rappelle surtout celle des Canaries et de Madère, elles réunit de plus des traits maintenant épars, empruntés à l'Amérique, à la région méditerranéenne, à celle du Caucase et à l'extrémité orientale de l'Asie. Si les Laurinées, un grand bambou, une Anonacée, le laurier-rose, le houx et la viorne des Canaries, un grenadier spécial dénotent une station chaude, abritée, et une nature méridionale, d'autre part, les tilleuls, divers érables, un noyer, un buis peu différent du nôtre, le peuplier blanc, le platane et le liquidambar accusent la fraîcheur et l'humidité. Plusieurs des espèces de Meximieux possédaient certainement une grande extension : *l'Acer laetum* C. A. Mey., *pliocenicum (A. subpictum* Sap.), reparaît dans les marnes à tripoli de la Haute-Loire, ainsi que dans les cinérites du Cantal ; il a été aussi signalé dans le val d'Arno et plus loin dans la flore de l'étage à congéries du bassin de Vienne. Le *Bambusa Lugdunensis* abonde dans le Cantal aussi bien qu'à Meximieux ; *l'Oreodaphne Heerii* et le *Laurus Canariensis* ont été observés dans le val d'Arno, avant d'avoir été rencontrés à Meximieux. Il en est de même du platane et du liquidambar, et ces remarques se multiplieront sans doute, à mesure que la végétation de cette période deviendra mieux connue. Un des indices les plus frappants de l'humidité régnante à ce moment de l'âge tertiaire nous est fourni par le hêtre, *Fagus sylvatica pliocenica* qui n'est qu'une forme du nôtre et qui présentait sans doute les mêmes aptitudes. Le hêtre n'a pas été trouvé à Meximieux, mais à très-peu de distance, dans les sables contemporains de Trévoux, et plus loin dans les lignites de Hauterives, il abonde dans les cinérites du Cantal, dans le val d'Arno et même à Sinigaglia. Cette extension, en même temps qu'elle révèle les conditions tempérées et humides du climat d'alors, explique très-bien la distribution actuelle du hêtre, présent dans tout le midi de l'Europe, mais réfugié sur la croupe des montagnes; la sécheresse, suivant la remarque de M. A. de Candolle, lui fermant l'accès des plaines inférieures et des pentes tournées à l'exposition du sud.

Liens avec la végétation actuelle. — Ces liens sont de beaucoup les plus curieux à rechercher et à analyser; d'autant plus que l'état actuel, parfaitement connu, nous fournit une base et un point d'appui qui nous permettent de suivre la marche de l'ancienne espèce dans son passage de l'âge pliocène jusque dans le nôtre. Du reste il n'existe à cet égard aucune uniformité. La nature et la force des liens varient suivant les types et les espèces que l'on considère; ils vont jusqu'à l'identité absolue ou se relâchent de manière à exprimer tous les degrés de parenté, depuis le plus proche, jusqu'à l'analogie plus ou moins lointaine. Le point de vue change également selon que l'on s'attache aux genres et à leur aire d'extension actuelle comparée à celle d'autrefois, ou simplement à l'étude des affinités individuelles de chaque espèce. Il importe de ne pas confondre les deux procédés d'investigation, qui demeurent distincts, bien qu'ils ramènent en fin de compte à des conclusions pareilles.

Types demeurés indigènes ou devenus exotiques. — Les 32 espèces de Meximieux se distribuent en 27 genres dont 10 au plus (*Adiantum*, *Quercus*, *Populus*, *Daphne*, *Virburum*, *Buxus*, *Tilia*, *Acer*, *Ilex*, *Juglans*) sont spontanés auprès de Lyon; 14 environ, c'est-à-dire à peu près la moitié, habitent encore l'Europe méridionale et spécialement la région méditerranéenne; 13 sont extra-européens, mais quelques-uns, comme les platane et liquidambar se rencontrent vers les limites de notre continent. Les genres suivants : *Torreya*, *Glyptostrobus*, *Apollonias*, *Persea*, *Oreodaphne*, *Cocculus*, *Magnolia*, *Liriodendron*, *Anona*, sont franchement exotiques, mais il est infiniment curieux de remarquer qu'ils se retrouvent sur une ligne frontière, susceptible d'être tracée avec régularité et qui part de la partie sud des États-Unis, passe aux Açores, Canaries et Madère, puis au Cap-Vert pour longer ensuite les plages australes de la Méditerranée, se diriger de là vers l'Asie mineure et aboutir à l'Asie orientale et finalement au Japon. Il y a donc eu élimination de ces types et des formes qui les représentaient jadis sur notre continent.

Mais cette élimination n'a pas été sans doute générale; une partie au moins des anciens types et par suite un certain nombre de formes pliocènes ou des formes alliées de très-près à celles-ci ont dû survivre dans des régions situées à une assez grande distance de l'Europe. Ces types et ces formes sont ceux que nous rencontrons de nos jours, non pas disséminés au hasard, mais distribués selon une certaine règle qui nous est révélée par le tracé indiqué ci-dessus.

Espèces plus ou moins liées, mais non identiques, a celles de nos jours. — Ces sortes d'analogies, comme je l'ai dit, offrent plusieurs degrés, depuis une ressemblance lointaine, jusqu'à l'affinité la plus évidente, mais qui n'entraîne pas une identification absolue. Le *Cocculus latifolius*, l'*Anona Lorteti*, le *Glyptostrobus europæus* diffèrent réellement de leurs homologues actuels. Cependant il n'existe guère de divergence entre le *G. europæus* et le *G. heretophyllus* de Chine que par l'absence de feuilles dimorphes sur les rameaux de de l'ancienne espèce ; la forme du fruit se trouve à peu près la même des deux parts. Le *Liquidambar Europæum*, le *Platanus aceroides*, le *Liriodendron Procaccinii*, le *Punica Planchoni* s'écartent, il est vrai, des espèces correspondantes : *Liquidambar styracifluum*, *Platanus occidentalis*, *Liriodendron tulipiferum*, *Punica granatum*, mais par des nuances trop faibles pour qu'il soit possible de ne pas assigner une origine commune aux deux catégories d'espèces. Il en est à peu près de même du *Q. præcursor* Sap., par rapport au *Q.* ilex S. de l'*Oreodaphne Heerii* Gaud., vis-à-vis du *til* actuel des Canaries, de l'*Ilex Falsani*, comparé à l'I. *Dahoon* Pers. du *Diospyros protolotus* Sap. et Mar. rapproché du *Diospiros lotu* L., du *Juglans minor* Sap. et Mar. mis en parallèle du *J. nigra* L. Ce sont là des races plutôt que des espèces réellement distinctes, tellement les deux séries paraissent jetées dans le même moule, sauf certains détails différentiels peu saillants et d'une importance secondaire.

Espèces identiques ou subidentiques a celles de nos jours. — Cette catégorie se rattache à la précédente par l'existence de races alliées trop intimement à des formes encore vivantes pour en être séparées, mais trop sensiblement divergentes pour autoriser une réunion absolue. Elle comprend une douzaine d'espèces, les unes devenues exotiques ou ayant émigré vers le sud, les autres demeurées indigènes ; mais ces dernières sont les plus rares. Le plus grand nombre de ces espèces se retrouve aujourd'hui dans l'archipel des Canaries, ce sont les suivantes : *Adiantum reniforme*, *Woodwardia radicans*, *Apollonias Canariensis*, *Viburnum rugosum*, *Ilex canariensis*, *Aurus canariensis*. D'autres sont propres à la région méditerranéenne : *Nerium oleander ;* enfin, deux espèces : *Populus alba*, *Acer opulifolium*, auxquels il faut joindre le *Buxus pliocenica*, qui n'est qu'une forme du nôtre, sont demeurées indigènes dans l'Europe centrale ; mais il est à remarquer que ces dernières espèces habitent également la région méditerranéenne et, parmi les espèces citées comme canariennes, une au moins, le *Woodwardia radicans*, se retrouve çà et là en Espagne et en Italie, tandis que le *Laurus Canariensis* ne constitue guère qu'une race archaïque, alliée de fort près au type de notre laurier indigène.

Parmi les espèces devenues entièrement exotiques, les plus curieuses sont, d'une part, le *Persea Carolinensis* var. *assimilis*, et de l'autre, le *Torreya nucifera* var. *brevifolia* et l'*Acer lætum* C. A. Mey., qui reproduisent, avec des diversités secondaires tout à fait insignifiantes, les traits distinctifs d'espèces maintenant reléguées, la première dans le sud des États-Unis, les deux autres au fond de l'Asie. Il faut observer, à propos de l'*Acer lætum* C. A. Mey., qu'il existe tout un groupe d'*Acer* asiatiques : *A. pictum* Thb. (Japon), *A. cultratum* Wall. (Himalaya), *A. colchicum* Hort. (Asie occid.), A. *lætum* C. A. Mey. (Mandtchourie), dont l'affinité réciproque est si étroite que bien des botanistes les réunissent à titre de simples variétés locales du même type spécifique; or, l'*Acer* fossile de Meximieux (*Acer subpictum* Sap. *olim*), que l'on retrouve dans les cinérites du Cantal et dans la Haute-Loire, se confond entièrement avec l'*Acer lætum* de Mantchourie, auquel, dans tous les cas, il ressemble bien plus que les formes du groupe asiatique actuel ne se ressemblent entre elles. Le *Torreya nucifera* et le *Persea varolinensis* pliocènes représentent, il est vrai, des races particulières, mais les divergences qui se font voir en eux ne sont guères sensibles qu'à l'œil exercé du botaniste et surtout des auteurs du mémoire sur Meximieux, dont le but a été un scrupuleux examen des moindres caractères appréciables. Quant aux espèces demeurées indigènes près de Lyon, leur physionomie ancienne les rapprocherait plutôt des variétés de ces mêmes espèces, aujourd'hui confinées hors d'Europe. Ainsi, les feuilles du *Populus alba* ressemblent assez à des spécimens rapportés de Cachemire ; l'*Acer latifolium* Sap. reproduit l'aspect de l'*A. Neapolitanum* Ten., qui constitue plutôt une race de l'*A. opulifolium* Vil., qu'une espèce réelle. On peut donc affirmer que malgré la persistance singulière de certaines formes pliocènes, elles ne sont pas restées complétement stationnaires et que la trace des modifications éprouvées par elles, ou mieux encore des oscillations de formes qu'elles auraient présentées dans leur passage de l'état ancien à l'état actuel, est toujours visible, bien qu'elle se traduise par des résultats aussi inégaux que les aptitudes même inhérentes à chaque espèce prise en particulier.

Retrait par étapes successives des espèces pliocènes. — La marche imprimée à celles des espèces de Meximieux qui n'ont pas péri est parfaitement claire. Elle implique en premier lieu une communauté originaire de formes végétales entre l'Europe et des contrées aujourd'hui séparées de ce continent par des espaces maritimes ou continentaux très-considérables. Elle implique en second lieu un abaissement graduel de la température primitive et un changement notable dans le climat, puisque, sauf un très-petit nombre restées sur place, toutes les espèces de Meximieux encore vivantes se sont retirées vers le sud; les unes sans quitter le sol de la France, les autres en persistant sur quelques points de la lisière la plus méridionale de cette contrée, les autres enfin en allant plus loin en arrière et ne trouvant qu'à Madère ou aux Canaries un dernier lieu de refuge. D'après des données tirées de la présence caractéristique de certaines essences réunies autrefois près des eaux incrustantes de Meximieux, on peut évaluer à 17 ou 18 degrés centigrades la moyenne annuelle de la température qui régnait à ce moment aux environs de Lyon. Quant au climat, il était sans doute à la fois doux et humide. Les indices que nous devons à la flore des cinérites du Cantal amènent aux mêmes résultats, si l'on a soin de tenir compte de l'altitude des localités explorées dans ce pays, qui permettent du reste de connaître la nature de la végétation forestière qui recouvrait les pentes montagneuses et sous-alpines de la même époque, entre 800 et 1,200 mètres d'élévation.

Existence ancienne de races aujourd'hui perdues, comprises dans les limites des espèces survivantes. — L'existence de races d'inégale valeur, plus nombreuses et plus variées que de nos jours, constituant les unes des sous-espèces, les autres de simples variétés locales plus ou moins permanentes, cette existence ressort de l'examen de la flore pliocène considérée non pas seulement à Meximieux, mais aussi dans la Haute-Loire, le Cantal, le Val d'Arno, etc. Les formes que nous avons sous les yeux ne sont bien souvent que les descendants plus ou moins modifiés ou même demeurés à peu près exempts de changements de ces anciennes races. Il y a là des nuances imperceptibles dont l'étude exigera un temps très-long et dont la relation, au moins partielle avec ce qui fait le fond de nos races locales, sera peut-être susceptible d'être un jour déterminée avec précision. La nouveauté et l'imperfection des éléments dont dispose la science, par-dessus tout la connaissance encore incomplète de l'ensemble des races qui se groupent autour de la plupart de nos types spécifiques, comme autant de formes secondaires auprès d'une forme dominante, s'opposent à ce que les questions que soulève inévitablement la végétation pliocène puissent être encore résolues. On n'y parviendra qu'en mettant en contact, d'une part, les notions relatives à la distribution géographique des espèces, et de l'autre, les observations paléophytologiques. On avancera ainsi peu à peu dans une voie nouvelle, vers des découvertes dont la richesse et la fécondité peuvent être, pour ainsi dire, prévues à coup sûr. Les plantes fossiles recueillies dans une seule localité seraient insuffisantes, mais en faisant converger vers un but unique toutes les tentatives d'exploration poursuivies sur des points distants et cependant contemporains, on posera certainement une base solide pour l'édifice futur des origines de notre végétation.

Conclusions. — La flore pliocène est trop liée à celle qui la précède et à la flore moderne qui la suit, pour qu'il y ait place dans l'intervalle à un renouvellement même partiel. Elle est sortie peu à peu de la végétation miocène, modifiée par une réunion de causes combinées. On peut deviner quelques-unes de ces causes : le climat est devenu graduellement moins chaud, sans cesser pour cela d'être aussi humide ou même en le devenant davantage ; des changements corrélatifs se sont effectués dans la configuration des terres, surtout par suite du retrait de la mer de mollasse. De là, l'introduction, puis la prépondérance d'espèces plus vigoureuses et finalement la substitution d'une végétation moins riche, moins originale, mais encore très-puissante, aux flores d'aspect presque tropical qui occupaient notre sol vers l'éocène supérieur et qui persistèrent avec des changements partiels jusque dans le miocène avancé. L'élimination des palmiers et de beaucoup de types, désormais incompatibles avec les conditions climatériques établies en Europe, a constitué la végétation pliocène de ce continent, de même que la végétation indigène actuelle résulte de l'élimination d'une foule de types relégués plus loin vers le sud ou tout à fait éteints. Il y a eu élimination, extinction, remaniement des éléments préexistants, mais non création, dans l'acception ordinaire du mot, et l'ensemble d'espèces que nous possédons maintenant n'est en réalité qu'un prolongement amoindri de l'ordre végétal antérieur.

M. CHANEL

Conducteur des Ponts et Chaussées

SUR LA CONSERVATION DES COLLECTIONS D'HISTOIRE NATURELLE

(EXTRAIT)

— *Séance du 25 août 1873.* —

M. Chanel montre quelques appareils au moyen desquels il pense assurer la conservation des objets d'histoire naturelle : les objets, une fois empoisonnés, sont placés dans des boîtes à rainures doublées de caoutchouc ou d'une composition élastique dans laquelle entre à frottement une lame fixée tout autour du couvercle; cette fermeture hermétique offre un obstacle infranchissable aux insectes.

M. François HUOT

Président de la Société polytechnique de Nemours (Seine-et-Marne)

PROPOSITION D'ÉTABLISSEMENT D'UN CONCOURS SOUS LE PATRONAGE DE L'ASSOCIATION ET RELATIF A UN TRAITÉ PRATIQUE ET RATIONNEL DE BOTANIQUE MÉDICALE

— *Séance du 25 août 1873.* —

J'ai l'honneur d'exprimer à la section de botanique le vœu de mettre au concours, sous le patronage de l'Association française pour l'avancement des sciences, un livre sur l'étude des simples et des plantes vulgaires, sous le format in-8°, de 150 pages environ, dont l'enseignement serait obligatoire dans toutes les écoles primaires des communes de France.

Ce livre devrait comprendre l'organisation et les classifications des végétaux, les caractères des familles, la description (restreinte), les propriétés et l'emploi des plantes médicinales et usuelles ; son prix doit être modique afin qu'il puisse être lu et étudié dans les chaumières.

La science est sans contredit la plus grande conquête sur la nature, puisqu'elle surprend tous les jours ses secrets les plus cachés ; mais il est du devoir des savants de la rendre plus pratique, en la faisant pénétrer autant que possible dans toutes les classes et en la présentant sous des formes restreintes, au lieu de ne travailler que pour les érudits, ou ceux qui aspirent à le devenir.

Ce livre, mis à la portée de toutes les intelligences, tout en donnant les développements suffisants, permettrait d'enseigner aux jeunes écoliers la connaissance des simples et de leur faire apprécier les soulagements qu'offre leur emploi dans les maladies ; les gens de la campagne y ont parfois recours, non sans danger, ignorant la plupart du temps, dans quelles circonstances et dans quelle proportion il est prudent d'en faire usage.

Ce petit livre serait alors appelé à rendre de véritables et sensibles services à l'humanité, aux habitants des campagnes surtout qui, dès leur jeune âge, s'initieraient sans effort à la connaissance des plantes utiles, qu'ils ont sans cesse sous la main, et seraient moins souvent victimes de leur hésitation à appeler le médecin, dont les visites sont lourdes pour eux, et ce à quoi ils ne se décident que quand la maladie a fait des progrès tels, que le plus souvent il n'est plus possible de l'arrêter.

Dans nombre de cas, l'emploi des plantes médicinales, fait avec connaissance et avec discernement, peut apporter de grands soulagements aux souffrances et même conserver à la vie.

Par la rencontre constante des plantes, dont elles connaîtraient les noms et les propriétés, les populations rurales auraient promptement acquis les connaissances suffisantes en botanique et en médecine usuelle, qui seraient une précieuse garantie de la santé publique par l'application du remède à la naissance du mal. Elles pourraient alors attendre patiemment et les études et les projets en perspective relatifs à l'organisation du service médical dans toutes les communes.

La dernière guerre a mis à jour notre ignorance sur la géographie : les dirigeants de l'instruction publique s'en sont émus, partout ils prescrivent cet enseignement dans nos écoles ; mais le premier soin de l'instituteur devrait consister à faire connaître à ses élèves la configuration de la commune qu'il habite et de ses environs, c'est-à-dire leur faire étudier la topographie du pays, ce qui ne peut avoir lieu qu'en le parcourant avec eux.

L'instituteur pourrait donc mettre à profit ces excursions pour initier ses élèves à la connaissances des plantes utiles qu'il ne manquerait pas de rencontrer presque à chaque pas, leur enseigner leur utilité, leurs vertus, signaler leurs dangers en leur apprenant à distinguer les plantes inertes des plantes actives et vénéneuses, et il s'attacherait à leur en faire aimer l'étude.

Ce programme serait d'une exécution facile s'il plaisait à M. le ministre de l'instruction publique d'assigner à ces études une après-midi par semaine, après avoir accepté, à l'usage des écoles primaires, le livre qui aurait obtenu le prix du concours de la commission nommée par le conseil d'administration de l'Association française.

M. H. BAILLON

Professeur à la Faculté de médecine de Paris

RECHERCHES SUR LE GROUPE DES CHAILLÉTIÉES

— *Séance du 25 août 1873.* —

C'est à propos d'études nouvelles sur la famille entière de Euphorbiacées que je me suis vu amené à analyser de près tous les représentants que comprennent nos collections de ce qu'on a appelé la famille des Chaillétiacées. On connaît de l'organisation de ce petit groupe un grand nombre de faits, faciles à observer et au sujet desquels il n'y a pas d'erreur possible, notamment la structure des fleurs des types réguliers et hypogynes qui appartiennent aux espèces les plus communes du genre *Chailletia*. Mais il n'en est pas de même de la symétrie florale des types irréguliers dans lesquels l'union des pièces de la corolle est un fait constant, les divisions du limbe étant inégales entre elles et le nombre des étamines fertiles étant moindre que celui des lobes de la corolle. On ne semble pas avoir étudié la symétrie de ces fleurs à périanthe et à androcée irréguliers ; on n'a pas établi qu'il y a des types à androcée régulier avec irrégularité du périanthe ; que dans les fleurs monopétales, l'union des pièces de la corolle peut être poussée extrêmement loin, que des variations énormes dans la forme du réceptacle floral entraînent dans ce groupe tous les modes d'insertion possible de la corolle et de l'androcée, que la famille des Chaillétiacées ne peut être conservée comme autonome, et qu'au point de vue de la nomenclature, le nom même des *Chailletia* ne saurait être maintenu ; tels sont les points qui vont être successivement examinés.

Depuis l'époque où le genre *Chailletia* fut connu, la famille qui a pris son nom a été considérée comme distincte ; mais les opinions ont quelque peu varié quant à la place à lui donner dans la classification naturelle. Pour les uns, les Célastracées, Ilicinées et Rhamnacées ; pour les autres, les Olacacées, Stackousiacées et Euphorbiacées ; pour d'autres encore, les Méliacées, les Burséracées, etc., sont les groupes les plus étroitement rapprochés de celui-ci. C'est aux botanistes anglais qui, dans l'Inde, ont le mieux étudié le genre *Moacurra* de Roxburgh, et notamment à Royle (*Ill. himal.*, I, 326), que l'on doit la détermination la plus exacte, selon nous, des affinités de ce genre avec les Euphorbiacées ; mais on n'était pas alors fixé sur l'identité complète des genres *Moacurra* et *Chailletia*, établie définitivement en 1862 par MM. Bentham et J. Hooker (*Gen.*, I, 341). J'avais en 1858 (*Et. gén. du groupe des Euphorb.*, 587) complétement confondu les *Moacurra* avec les Euphorbiacées, quoique leurs caractères ne me fussent pas entièrement connus. M. Mueller d'Argovie (*Prodr.*, XV, sect. I, 227) adopta sans restrictions cette manière de voir et plaça le *Moacurra* entre les *Payeria* et les *Secretania* [1]. Cela ne semblait point faire difficulté, parce que le *Moacurra* appartient à la diclinie ; mais cela

1 Il me semble d'ailleurs que les matériaux de l'herbier De Candolle, sur lesquels a été faite la description du *Prodromus*, consistent en un mélange de deux plantes dont l'une doit sans doute être rapportée au genre *Cyclostemon* (*Drypetes*), un certain nombre seulement des rameaux envoyés par Wallich sous le nom de *Celastrus ? acuminatus* (*Cat.*, n. 4342) se rapportant certainement au *Moacurra gelonioides* de Roxburgh.

eût soulevé sans doute bien des discussions s'il avait été connu alors que la plante indienne est, avec quelques autres, exceptionnelle dans le genre *Chailletia* auquel elle appartient, et dont la plupart des espèces asiatiques ou africaines, ont, au contraire, les fleurs parfaitement hermaphrodites. Il y avait alors une opinion solidement établie *a priori*, et comme une sorte de parti pris, que les Euphorbiacées ne sauraient avoir des fleurs hermaphrodites. On écartait donc d'abord de cette famille les *Chailletia* proprement dits avec leurs fleurs hermaphrodites, et le *Moacurra* seul trouvait grâce, même devant les esprits les plus prévenus et les plus amoureux de routine, à cause de sa diclinie. Aujourd'hui, si l'on accorde qu'il appartient à la famille des Euphorbiacées, il faudra bien y faire rentrer tous les *Chailletia* et même tout l'ordre des Chaillétiacées.

Je ne crois pas toutefois qu'on se décide à prendre ce parti avant de nouvelles difficultés et des objections nouvelles tirées de la monopétalie et des cas bien nets d'insertions périgynique et même épigynique qu'on observe parmi les Chaillétiacées. Quant à la monopétalie franche et même extrêmement prononcée de certains *Tapura* et *Stephanopodium*, elle n'arrêtera pas ceux qui savent que les *Curcas* sont simplement des *Jatropha* à corolle gamopétale et qu'on peut même laisser ces deux derniers types dans un seul et même genre. De Candolle, ne consultant que les faits et l'observation directe, a bien pu placer dans un même genre son *Chailletia pedunculata* et son *C. sessiliflora* dont l'étroite affinité est d'une évidence éclatante pour celui qui se borne à comparer ces deux plantes. Mais est-il bien certain qu'imbu des idées régnantes sur les principes de la classification naturelle, il eût consenti à proposer cet étroit rapprochement s'il eût su alors que son *C. sessiliflora* était précisément ce *Tapura guianensis*, décrit et figuré depuis près de quarante ans par Aublet (*Pl. guian.*, 126, t. 48) comme une plante à corolle monopétale, ringente et presque bilabiée, avec un androcée irrégulier et méiostémoné, porté sur la corolle et qui rappelle tant aussi celui des Labiées et des Scrofulariées? Bien audacieux cependant, ou au moins bien léger serait aujourd'hui celui qui affirmerait qu'on doit définitivement considérer comme distincts les deux genres *Chailletia* et *Tapura!* Il y a déjà, nous le verrons, des faits connus d'organisation intermédiaire entre ces deux types, au premier abord si tranchés ; on en connaîtra d'autres encore, et le plus sage est, si contrairement aux données de De Candolle on conserve la distinction générique, de ne point l'adopter sans retour.

Quant au deuxième fait, celui de l'insertion, il surprendra davantage encore les botanistes enchaînés par cette terrible » servitude de la coutume. » Puisque le premier *Chailletia* décrit comme tel, le

C. pedunculata, a un réceptacle convexe et une insertion hypogynique, on accordera sans doute sans difficulté que toutes les espèces dont l'insertion est la même pourront être adjointes à ce genre ; mais quoiqu'en ait fait, non sans hésitation, le professeur Olivier dans sa *Flora of tropical Africa* (I, 340), en laissant dans le genre *Chailletia* des espèces à insertions périgynique et hypogynique, voudra-t-on, comme nous le ferons, le suivre entièrement dans cette voie? Voudra-t-on aussi se rappeler que, malgré l'hypogynie évidente d'un grand nombre d'Euphorbiacées, il y a maintenant bien des types appartenant incontestablement à cette famille et dans lesquels l'insertion périgynique est parfaitement évidente? Il nous faut maintenant examiner d'un peu près ces questions.

Rien n'est mieux connu que l'organisation d'une fleur-type, hermaphrodite, régulière, polypétale, de *Chailletia* américain. Son réceptacle convexe, en forme de cône surbaissé, porte un calice imbriqué, quinconcial, et cinq pétales égaux, plus ou moins émarginés ou fendus au sommet, libres et insérés sous l'ovaire aussi bien que les cinq glandes, de forme variable, qui leur sont superposées, et les cinq étamines, égales et fertiles, avec lesquelles ils alternent. Le gynécée supère est, comme celui de la plupart des Euphorbiacées, formé d'un ovaire à deux ou trois loges, surmonté d'un style plus ou moins profondément partagé en deux ou trois branches stigmatifères. Le fruit, di ou trimère, est très-analogue extérieurement à celui des Euphorbiacées; il en diffère sans doute plus qu'on ne l'avait cru, alors qu'on le décrivait comme se séparant en deux ou trois coques, et qu'on avait pris pour une production arillaire de ses graines une couche profonde, colorée, du péricarpe qui n'apparaît que par suite d'une déhiscence incomplète. Mais nous savons très-bien aujourd'hui que la consistance, la composition et le mode de déhiscence du péricarpe ne sont pas, parmi les Euphorbiacées, des caractères d'une valeur constante et absolue. Il y a, non loin des *Chailletia*, des Euphorbiacées à loges biovulées, telles que les *Drypetes* et les *Putranjiva*, dont le fruit indéhiscent présente les plus grandes analogies avec celui des *Moacurra*. Il y a, au nombre des Euphorbiacées que nous considérons comme étant les plus voisins des Chaillétiées, c'est-à-dire les *Amanoa*, des espèces, comme les *Bridelia*, dont le péricarpe, plus ou moins épais et charnu, ne s'ouvre pas, et d'autres, comme les *Amanoa* américains en général, dont le péricarpe, plus dur ou plus coriace, ne s'ouvre pas ou ne le fait que tardivement et incomplétement, il y en a d'autres encore où l'endocarpe est épais, élastique, tout à fait sec à sa maturité. D'ailleurs ce genre, dont la place parmi les Euphorbiacées biovulées ne saurait être, je pense, contestée, a presque toujours, quoique non constamment, des graines à embryon épais et charnu, dépourvu d'albumen et à tégument non épaissi en arille, absolument comme dans les *Chailletia.* Tout cela confirme ce que nous avons dit de l'impossibilité de trouver entre ces divers types des dissemblances constituant des caractères de familles. J'en puis dire autant de l'obturateur coiffant le sommet micropylaire des deux ovules collatéraux et descendants. Cet organe, qui prend un si grand développement dans un grand nombre d'Euphorbiacées et qui souvent même dépasse en dimensions les ovules, peut, on le sait, demeurer très-petit dans bien des espèces à loges biovulées. Il arrive de même dans les *Chailletia* où il est souvent nul ou minime, mais où il peut grandir davantage et coiffer à la fois le micropyle supérieur et extérieur des deux ovules collatéraux, comme, par exemple, dans une espèce de l'Afrique tropicale occidentale, le *C. oblonga.*

Dans toutes les espèces du genre, de quelque provenance qu'elles soient, les organes appendiculaires de la fleur présentent les mêmes caractères, et le plus souvent il n'y a entre ces divers organes aucune différence spécifique. On ne saurait en dire autant du support axile de ces parties, quoiqu'il soit bien rare que, dans un genre donné, la forme du réceptacle puisse présenter de grandes variations d'une espèce à une autre. Quelques-unes de ces variations sont considérables parmi les espèces africaines; elles n'ont pas échappé à M. Olivier dans certaines espèces occidentales. Mais quoique, en comparant celles-ci avec les espèces continentales et insulaires de l'est de l'Afrique, on trouve en somme tous les passages possibles entre un réceptacle tout à fait convexe et un réceptacle complétement creux, nous ne prendrons ici, comme exemple, que quelques termes très-nettement accentués, choisis parmi des plantes si semblables entre elles par le port, le feuillage, la forme et les dimensions du limbe, le mode d'inflorescence, la forme de toutes les pièces des verticilles floraux, que, sauf les fruits, généralement inconnus et le plus ou moins grand développement des poils dont les rameaux, les calices, les ovaires sont chargés, on aurait beaucoup de peine, en dehors de l'analyse du gynécée, à séparer les échantillons de ces différentes plantes autrement que comme des formes ou des variétés d'une seule et unique espèce. Ainsi, dans le type même du genre que Dupetit-Thouars avait nommé *Dichapetalum* ou encore dans le *Chailletia toxicaria* de Don, si commun à Sierra-Leone, en Sénégambie, au Gabon, etc., le réceptacle est tout à fait convexe, et l'ovaire tout à fait supère, comme dans les espèces américaines. Mais dans le *C. Heudelotii,* espèce tantôt presque glabre, tantôt chargée de poils plus ou moins longs, le réceptacle prend la forme d'une coupe à cavité obconique, et l'ovaire, inséré au fond de cette coupe, devient de ceux qu'on appelle « adhérents, » et cela jusqu'au milieu environ de sa hauteur. Comme c'est à ce niveau que le réceptacle donne insertion au périanthe, à l'androcée et au disque, ces organes méritent à bon droit le nom de périgynes. Dans le *C. hirsuta*, de l'Afrique occidentale, dont, malgré son nom spécifique, le revêtement pileux n'est parfois qu'à peine plus développé que celui du *C. Heudelotii* (et cela suivant les localités), avec même feuilles, même périanthe et mêmes organes sexuels, le réceptacle devient si profond que, non-seulement l'ovaire occupe tout entier le fond de cette sorte de sac, mais qu'encore le bord de l'ouverture réceptaculaire, auquel correspond l'insertion du disque, de l'androcée et du périanthe, se trouve situé bien plus haut que le sommet de l'ovaire. Celui-ci est surmonté encore d'une cupule profonde que traverse la base du style. Dans l'ancien langage, l'ovaire de cette espèce eût été, ainsi que celui de la plupart des Ombellifères, Rubiacées, Myrtacées, etc., décrit comme totalement « adhérent », et l'insertion comme absolument épigyne. De sorte que voilà un genre indissociable, dont les espèces cependant devraient, suivant les anciens errements de la classification, être rapportées à l'épigynie, à la périgynie et à l'hypogynie[1].

Ces faits s'accorderaient difficilement avec les principes de la classification de Jussieu. On peut en dire autant de ceux qui concernent la corolle. On sait en effet que les deux genres rapprochés dans ce groupe des *Chailletia* polypétales ont une corolle franchement gamopétale, et, comme conséquence, donnant insertion aux étamines. Dans les *Tapura*, cette corolle est franchement irrégulière; dans les *Stephanopodium* d'Endlicher, elle est sensiblement régulière. Jusqu'ici l'on ne connaissait de ce dernier genre que des espèces où le tube de la corolle allait en s'élargissant graduellement de bas en haut, pour se continuer presque sans interruption avec la portion dilatée du limbe. M. Engler vient d'en découvrir au Brésil une nouvelle espèce qui doit constituer une section spéciale dans le genre et qui présente une corolle bien différente de forme. C'est un long tube cylindrique et dressé, tout d'une venue, en haut duquel s'insèrent les cinq étamines. Cette gorge est surmontée de cinq petits lobes à peu près orbiculaires, égaux ou à peu près, qui ne tiennent au tube que par un point d'insertion un peu rétréci[2]. Les organes de la végétation sont d'ailleurs semblables à ceux

1 Nous ne citons, bien entendu, que des exemples très-tranchés, entre lesquels il y a, parmi les espèces africaines, beaucoup d'intermédiaires; ainsi le réceptacle du *C. rufipilis* Oliv. est légèrement concave, intermédiaire à cet égard au *C. toxicaria* et au *C. hirsuta*. L'insertion du *C. pallida* est presque hypogyne, mais non complétement, et ainsi de suite.

2 Il y a de jeunes boutons dans les échantillons de M. Engler, et l'on y voit facilement qu'à un certain moment la corolle est tout à fait polypétale, les cinq petits lobes du sommet existant seuls. Un peu plus tard, on les voit implantés sur un petit anneau commun qui n'a presque pas

des autres *Stephanopodium* et des *Tapura*, dans cette espèce dont voici la description sommaire :

STEPHANOPODIUM (ORTHOSIPHON) ENGLERI. — « *Arbuscula v. interdum fere frutex* » *glaber; summis ramulis inflorescentiisque parce setulosis. Rami graciles teretes ad folia subannulati ibique cicatricibus stipularum occasarum notati. Folia alterna* « *obscure viridia* » *lanceolata (ad 8 cent. longa; 2,3 cent. lata), basi et apice acutata integra submembranacea penninervia venosa, supra lucida, subtus paulo opaciora costa nervorumque rete ibi prominulis notata. Petioli supra canaliculati* ($\frac{1}{2}$—$\frac{2}{3}$ *cent. longi*) *Stipulæ lineares petiolo multo breviores, deciduæ. Flores axillares cymosi plus minus alte petiolo adnati; calycis valde imbricati foliolis basi connatis, valde imbricatis inæqualibus; interioribus multo majoribus. Corolla gamopetala tubulosa (ad* $\frac{1}{2}$ *cent. longa); summo tubo lobos 5 breviter orbiculares basi constricta sessiles antherasque totidem alternas gerente; loculis introrsis linearibus rimosis; connectivo oblongo crasso subglanduloso. Germen liberum, basi disci glandulis 5, inæqualibus suborbicularibus et inferne connatis cinctum; loculis 2, 2-ovulatis; ovulis collateraliter descendentibus ; micropyle extrorsum supera, obturatore parvo carnosulo obtecta; stylo gracili erecto, mox in ramos 2, lineares, apice vix dilatato stigmatosos fisso. Fructus...? — Oritur in ditione brasiliana, ubi ad* Lagoa santa *inter sylvas legit* Engler *(Exs., n. 1092), aprili et decembre floriferum (Herb.* Warming).

D'ailleurs les *Stephanopodium* ont un nombre égal d'étamines et de lobes à la corolle. Dans les *Tapura*, il n'en est pas généralement ainsi. Les étamines fertiles sont en nombre moindre que les divisions de la corolle, deux ou plus rarement trois, et elles affectent une position déterminée relativement aux grands lobes de la corolle.

Cette symétrie florale des *Tapura* mérite d'être étudiée d'une façon toute spéciale. Le calice est gamosépale, à cinq divisions profondes, et, de plus, il est uni, dans une très-faible étendue, il est vrai, avec la corolle. Les divisions calicinales sont disposées dans le bouton en préfloraison quinconciale, et sont d'autant plus courtes, plus épaisses et plus chargées de duvet qu'elles sont plus extérieures. Ainsi les sépales 1 et 2 sont les moins minces, et les sépales 4 et 5 sont les plus pétaloïdes, et glabres ou peu s'en faut. La corolle est nettement gamopétale dans une grande étendue ; et l'on voit sur la surface intérieure de son tube cinq nervures longitudinales saillantes, qui répondent aux

d'épaisseur ; et c'est lui qui, en peu de temps, s'allonge en ce long tube qui constitue la majeure portion de la corolle. A l'époque où ce tube n'existe pas, les anthères sont plus longues que les lobes de la corolle.

filets staminaux. Le limbe se partage en cinq lobes qui sont inégaux et fort dissemblables. Trois d'entre eux sont étroits, aplatis, entiers en général au sommet. Ils répondent à l'intervalle des sépales 2 et 5, 2 et 4, 5 et 1. Et souvent encore, le médian, c'est-à-dire celui qu' alterne avec les sépales 2 et 5, est plus étroit que les deux autres ; appelons-le : le plus petit de tous les lobes de la corolle. Les deux autres, lobes de cet organe forment souvent une sorte de lèvre, bien distincte de celle que constituent les trois pièces dont nous venons de parler. Ils sont pareils entre eux, de même taille, bien plus grands que les trois autres et, de plus, leur limbe est partagé, par une crête saillante qui résulte de l'inflexion de son sommet, en deux sortes de capuchons dont la concavité regarde en dedans. Ces deux lobes à double capuchon alternent constamment avec le sépale 3. Il en résulte que le périanthe des *Tapura* a deux plans de symétrie ; l'un pour le calice, qui coupe en deux le sépale 2 et passe entre les sépales 1 et 3 ; l'autre pour la corolle, qui coupe en deux le plus petit de tous ses lobes, et qui passe entre les deux grands lobes à double capuchon. Coupant en deux, en même temps, le sépale 3, il forme avec le plan de symétrie du calice un angle de 36°, comme dans les *Cassia*, les Cuspariées irrégulières, ainsi que nous l'avons récemment démontré, et comme il arrive encore dans plusieurs autres types irréguliers tout différents. Or l'androcée, qui est irrégulier, n'a également qu'un plan de symétrie, et ce plan est le même que celui de la corolle, encore comme dans les Casses. Les étamines sont au nombre de cinq. Leurs filets deviennent libres à peu près au même niveau que les divisions de la corolle. Ils représentent seuls les étamines alternes avec le petit lobe de la corolle, c'est-à-dire superposées aux sépales 2 et 4 ; tandis que les étamines superposées aux sépales impairs, 1, 2, 3, c'est-à-dire alternes avec les deux grands pétales à double capuchon, sont pourvues d'une anthère fertile, introrse, biloculaire, déhiscente par deux fentes longitudinales, et dont le connectif est épais, glanduleux et coloré. Le plan qui passerait entre les deux loges de la médiane de ces trois anthères, serait donc bien celui qui passerait en même temps dans l'intervalle des deux grands lobes de la corolle.

Mais outre les types à corolle régulière avec androcée isostémoné (*Stephanopodium*) et ceux à corolle irrégulière avec inégalité dans le nombre des étamines, il peut y avoir, comme types de transition, des fleurs à androcée isostémoné, avec corolle très-irrégulière comme celle des véritables *Tapura*. Aucune plante n'est plus intéressante à cet égard que celle qui, dans les collections brésiliennes de M. Spruce, porte le n. 3188, avec le nom manuscrit de *Chailletia capitulifera*. Elle s'éloigne cependant des *Chailletia* par ses fleurs sessiles vers le sommet du pétiole de la feuille axillante, et surtout par sa corolle gamopétale, complètement irrégulière. Des cinq divisions de cette dernière, trois sont étroites et entières, et les deux autres, plus larges et bilobées. L'androcée, au contraire, est celui d'un *Chailletia* en ce sens qu'il est isostémoné et que ses cinq pièces sont fertiles. Toutefois, par le mode d'insertion des étamines sur la corolle et par ses organes de végétation, la plante se rapproche plus encore des *Tapura* que des *Chailletia;* ce qui nous aide à sortir du doute où nous laisse son étude et qui aboutit à cette sorte d'alternative : ou bien il est possible d'accorder plus d'importance à l'isostémonie qu'à tout autre caractère, et dans ce cas, la plante deviendrait le type d'une section dans le genre *Dichapetalum*, ou bien la monopétalie et l'irrégularité de la corolle, plus la nature de l'inflorescence, seront considérées comme ayant une valeur plus considérable, et, sous le nom de *Dischizolæna*, ce végétal rentrerait comme section dans le genre *Tapura* pour lequel l'irrégularité de l'androcée cesserait de constituer un caractère absolu. C'est à cette dernière alternative que nous nous arrêterons et nous décrirons l'espèce sous le nom de *T. (Dischizolæna) capitulifera*[1]; mais nous nous demanderons en même temps si De Candolle n'était pas plus sage en décrivant autrefois comme une espèce du genre *Chailletia* le plus connu des *Tapura* (dont l'organisation, il est vrai, semble lui avoir en grande partie échappée), et s'il ne serait pas possible de ne voir, dans toutes les Chaillétiées aujourd'hui connues qu'un seul ensemble générique dont les sous-genres deviendraient les *Chailletia*, *Stephanopodium*, *Dischizolæna* et *Tapura*.

Mais alors, et il en est de même d'ailleurs avec tout autre mode de groupement, il surgirait des difficultés bien graves dans la conception d'un genre qui renfermait à la fois (sans parler des diversités de l'in-

1 TAPURA (DISCHIZOLÆNA) CAPITULIFERA. — *Chailletia capitulifera* SPRUCE, *mss.* — Frutex volubilis ramosissimus (*Spruce*). Rami subteretes; cortice fuscato v. cinerascente longitudinaliter striato. Ramuli juniores (in sicco valde striati) puberuli. Folia breviter (4-8 millim.) petiolata, elliptico-lanceolata (ad 8 cent. longa, 2-4 cent. lata), basi acuta, ad apicem breviter acuminata; summo apice obtusiusculo ; integra glabra subcoriacea penninervia reticulato-venosa, subtus pallidiora ad nervos parce pubescentia, tenuissime pellucido-punctulata. Flores parvi (ad 3 millim. longi) « eburnei odorati » summo petiolo supra adnati capitato-glomerati crebri ; singulis bractea 1 bracteolisque 2 lateralibus obtusis, uti sepala dense albido-puberulis, suffultis. Calyx 5-foliolatus ; foliolis basi connatis, valde inæqualibus, apice rotundatis, extus tomentoso-puberulis, pellucido-punctulatis, valde imbricatis. Corolla calyce longior, gamopetala; tubo subcylindrico ; limbo sub-2-labio; lobis 5, valde dissimilibus imbricatis ; majoribus 2 suberectis, apice 2-cucullatis obovato-subcordatis, intus carinatis ; minoribus 2 integris, apice leviter inflexis ; quinto minimo, vix incurvo basi angustato ; tubo corollæ intus longe villoso et, sub lobis 2 majoribus leviter incrassato-glanduloso. Stamina 5, fertilia, cum lobis summo tubo corollæ insertis ; filamentis compresso-subulatis inæqualibus ; uno maximo inter lobos 2 majores inserto ; minoribus 2 lobis iisdem exterioribus ; minimis 2 cum corollæ lobo minimo alternantibus ; antheris omnium ovatis ; connectivo crasso subglanduloso (accrescente) ; loculis 2, interorum linearibus, longitudinaliter rimosis. Germen depresso-turbinatum, glandulis parvis inæqualibus disci basi arcte cinctum, 3-loculare ; loculis 2-ovulatis ; stylis gracilibus 3, in columnam erectam coalitis, paulo sub apice liberis, reflexis v. subbrevolutis, apice haud incrassatis stigmatosis. Fructus ...? — Hab. in Brasilia boreali ubi legit *R. Spruce* (exs., n. 3188) ad ripas fl. Casiquiari, supra Vasivæ ortum (Herb. kew., Mart. et Mus. par.(.

sertion) des corolles gamopétales et dialypétales, régulières et irrégulières, un androcée isostémoné et meiostémoné, inséré sur le réceptacle ou sur la corolle. Est-ce bien d'ailleurs sous le nom de *Chailletia* que, conformément à tous les principes de la nomenclature, ce genre devrait être désigné? Nous ne le pensons pas.

Lorsque De Candolle, en 1812, décrivait comme nouveau un genre de plantes américaines auquel il donnait le nom de son ami, le capitaine Chaillet (*in Ann. Mus.*, XVI, 153), il ne savait certainement pas que ce genre eût été autrefois nommé *Symphyllanthus* par Vahl (*in Nat. Selsk.*, VI, 86). Mais il n'y a rien d'étonnant que ce travail posthume de Vahl, publié seulement en 1870 par son ami Lunel, ait échappé alors aux botanistes de l'Europe occidentale. Au contraire, De Candolle devait certainement connaître les *Nova genera madagascariensia* de Dupetit-Thouars, publiés en 1806, et il est probable qu'il n'a pas songé à comparer un genre de la Guiane, qu'il croyait nouveau, avec deux genres africains caractérisés depuis six ans, mais dont l'identité avec son *Chailletia* lui échappait. Ce n'est pas une raison pour dépouiller, comme l'ont fait tous les botanistes de notre siècle, notre laborieux compatriote d'une priorité que lui assurent toutes les lois de la nomenclature botanique. S'il était exact que, comme l'a avancé R. Brown (*Obs. Congo*, 443 ; *Misc Works*, ed. Benn., I, 125), le nom de *Dichapetalum* répondît à une organisation des pièces de la corolle qui n'est pas constante, encore faudrait-il revendiquer l'antériorité du nom de *Leucosia* publié à une page d'intervalle de *Dichapetalum*. Mais comme, en somme, je ne vois pas un seul cas où ce mot constitue un contre-sens, on ne saurait éviter de le conserver ; et désormais tout nous fait une loi d'énumérer sous le titre de *Dichapetalum* toutes les espèces de *Chailletia* et de *Moacurra* qui ont été décrites depuis soixante ans.

Donc, il est juste que le mot de *Chailletia* disparaisse de la nomenclature, et il convient aussi que la famille des Chaillétiacées cesse d'avoir une existence autonome. Les Dichapétalées (ou Chaillétiées) ne devront plus être considérées, dans la famille des Euphorbiacées, que comme une série ou tribu, remarquable par la fréquence, mais non la constance, de son insertion hypogynique et de son hermaphroditisme. Par le dernier de ces traits, elle rappellera celles des Euphorbiacées à loges uniovulées que plusieurs auteurs ont considérées comme ayant des fleurs hermaphrodites, c'est-à-dire les Euphorbiées, parmi lesquelles les *Euphorbia* seraient les analogues des *Chailletia* dont la fleur est régulière ; les *Pedilanthus* représentant la forme irrégulière dont les *Tapura* sont les représentants parmi les types biovulés. Par la variabilité de l'insertion, les Dichapétalées se rapprochent d'un petit groupe d'Euphorbiacées qui a pour prototype l'*Amanoa* et qui, comme nous le ferons voir, renferme à la fois des espèces à insertion hypogynique ou à peu près, et des espèces plus nombreuses à insertion plus ou moins périgynique, mais qui, très-analogue d'ailleurs aux Chaillétiées par ses organes de végétation, son inflorescence, l'organisation de son fruit, l'absence fréquente d'albumen dans ses semences, et beaucoup d'autres traits, doit leur être considéré comme inférieur par la constante diclinie de ses fleurs.

EXPLICATION DES FIGURES

Planche VII.

FIG. 1. *Dichapetalum pedunculatum.* Fleur, coupe longitudinale.
FIG. 2. *Dichapetalum Heudelotii.* Fleur, coupe longitudinale.
FIG. 3. *Dichapetalum hispidum.* Fleur, coupe longitudinale.
FIG. 4. *Stephanopodium Engleri.* Fleur, coupe longitudinale.
FIG. 5. *Tapura Guianensis.* Fleur, coupe longitudinale.
FIG. 6. *Tapura Guianensis.* Diagramme floral.

M. MERGET

Professeur à la Faculté des sciences de Lyon

SUR LA SÉVE ET SES VOIES DE COMMUNICATION

(EXTRAIT)

— *Séance du 26 août 1873.* —

M. Merget fait une communication sur la séve et ses voies de communication, dans laquelle il fait à cette question l'application de la diffusion des vapeurs mercurielles dont il a décrit le procédé dans une précédente séance. M. Merget repousse la théorie d'une circulation analogue à celle des animaux, et n'admet pas l'existence d'une séve unique chargée de toutes les substances nécessaires à la vie du végétal.

M. Ch. MARTINS

Professeur à la Faculté de médecine de Montpellier

SUR LES LIMITES ALTITUDINALES DES VÉGÉTAUX SPONTANÉS ET DES CHAMPS CULTIVÉS DANS LES PYRÉNÉES-ORIENTALES

(EXTRAIT)

— *Séance du 26 août 1873.* —

M. Martins fait une communication sur les limites altitudinales des végétaux spontanés et des champs cultivés dans les Pyrénées-Orientales. A partir de Perpignan, où l'on voit végéter les dattiers, les orangers, les *Eucalyptus*, *Agave*, etc..., on voit, en s'élevant, le *Coriaria myrtifolia* s'arrêter à Prades, puis l'*Agave* et l'olivier disparaître au-dessus de Poucey (590 mètres) et d'Olette (685 mètres). A 810 mètres, les grenadiers finissent ; les vignes s'élèvent jusqu'à 1,000 mètres, mais en espaliers, et, au-dessus, on ne renconre plus le *Lavendulavera*.

M. Martins signale ensuite l'apparition progressive des plantes des hauts sommets, et tire de ces faits d'intéressantes considérations sur l'influence de la température sur les végétaux, notamment de la température du sol, beaucoup plus élevée sur les hautes montagnes que dans les altitudes inférieures.

M. Gabriel ROUX

SUR LES MOUVEMENTS CARPELLAIRES DE L'ERODIUM CICONIUM, VILLD[1]

(EXTRAIT)

— *Séance du 26 août 1873.* —

Ce travail divisé en trois parties peut se résumer dans les propositions suivantes :

1° *Conditions dans lesquelles se produisent les mouvements :*

α. Sous l'influence de l'humidité, les carpelles de l'*Erodium* se déroulent ; sous l'influence de la sécheresse, ils s'enroulent au contraire en spirale.

β. La présence ou l'absence de la lumière modifie considérablement ces mouvements ; c'est ainsi que soumis à la chaleur lumineuse, les carpelles plongés dans une atmosphère humide s'enroulent néanmoins, tandis qu'ils se déroulent dans les mêmes conditions, lorsqu'ils sont exposés à la chaleur obscure.

γ. L'acide sulfurique agissant sur les carpelles déroulés de l'*Erodium* les fait enrouler immédiatement, mais seulement à cause de son action dessicatrice, comme le prouvent les expériences comparatives faites avec l'acide azotique.

2° *Rôle physiologique de ces mouvements :*

α. Le mouvement en spirale des carpelles de l'*Erodium* a d'abord pour but de détacher le carpelle de l'axe central et de le projeter au loin ; mais son but spécial est d'aider à la germination de la graine au moyen d'un artifice particulier de conformation anatomique.

β. Une fois la graine enfoncée à la profondeur convenable, le prolongement stylaire se détache du fruit, et cela pour ne point nuire à la germination.

3° *Causes de ces mouvements :*

α L'examen histologique du prolongement stylaire donne à penser que le

1 Publié dans le premier numéro des *Annales de la Société botanique de Lyon*, 1872.

mécanisme qui agit ici est le même que celui signalé par Dutrochet, pour les gousses de pois et les *sépales* du *Xeranthemum lucidum*, et par Rodet, pour les cônes de pin.

M. Antoine MAGNIN

Interne des hôpitaux, Préparateur d'histoire naturelle à l'École de médecine, Secrétaire de la Société de botanique de Lyon

SUR LES URÉDINÉES

— *Séance du 28 août 1873.* —

§ 1er

Ne m'étant décidé qu'au dernier moment et sur les pressantes instances de plusieurs de mes collègues, à faire une communication à la section de botanique, je dois avouer tout de suite que j'ai été pris au dépourvu ; mais après la visite faite hier matin au Jardin botanique par plusieurs membres de la section, j'ai pensé qu'il serait peut-être de quelque intérêt de vous soumettre les observations mycologiques que j'ai eu l'occasion d'y faire en compagnie de mon collègue et ami M. Therry. Un Jardin botanique a cela de précieux de renfermer une quantité considérable de plantes placées à portée, sous la main, et qu'il faudrait souvent aller chercher fort loin ; de plus, ces plantes, se trouvant dans des conditions de végétation souvent différentes de celles qui leur sont habituelles, se trouvent par le fait même dans un état de réceptivité spécial qui favorise singulièrement le développement des parasites végétaux ; aussi n'est-il pas étonnant de voir quelques-unes de ces plantes littéralement couvertes de cryptogames.

J'ai surtout étudié au point de vue du parasitisme, l'intéressante famille des Urédinées : la première partie de cette note aura pour objet des observations sur deux ou trois espèces peu communes.

J'exposerai d'abord les observations que j'ai faites sur le développement de l'*Uredo* et du *Cronartium* de la Pivoine : cet *Uredo* et ce *Cronartium* signalés pour la première fois, dans sa notice sur des cryptogames des environs de Marseille, par Castagne (qui avait déjà remarqué le fait curieux de leur association sur la même plante), présente, autant qu'une observation attentive nous a permis de le constater, les mêmes phénomènes dans son développement que l'*Uredo* et le *Cronartium*, si bien observés par M. Tulasne sur le dompte-venin. Ce *Cronartium*, sorte de ligule pouvant atteindre 2 ou 3 millimètres de longueur, formée par des cellules puccinioïdes, a été regardé par Fries et Corda comme un *peridium* externe ; il a été rangé par

Willdenow et Duby avec les *Erineum*, par Albertini et Schweinitz dans les *Hypoxylées* : enfin, on a été très-longtemps incertain sur sa place et sa signification.

Tulasne, par ses patientes recherches, a démontré son analogie avec les *Pucciniées*, surtout les *Podisoma;* il a de plus prouvé que le *Cronartium Vincetoxici* n'est que l'*Uredo* de la même plante dans un état particulier, et il en donne pour preuves :

1° Que l'*Uredo* se développe quelquefois seul, au détriment de la ligule qui avorte ou reste imparfaite.

2° Que dans d'autres cas, la ligule acquiert une valeur prédominante, et exclut l'*Uredo* qui ne se développe presque pas.

J'ai été à même de vérifier les mêmes faits, la même marche de développement sur le *Cronartium* qui couvrait ces années précédentes les pieds de *Pœonia officinalis P. Moutan, etc.*, du Jardin botanique. Vous pouvez voir sur les échantillons que j'ai l'honneur de faire passer sous vos yeux des feuilles supportant des sores exclusivement formées d'*Uredo*, et d'autres, au contraire, sous lesquelles les ligules se sont développées, à l'exclusion des *Urédospores*. Seulement, j'ai cru remarquer que le *Cronartium* se développe parfois dans les mêmes groupes à la fin de la végétation de l'*Uredo*, de façon à le remplacer complétement; quoi qu'il en soit, il y a là un fait assez intéressant comme confirmation d'observations faites sur une espèce voisine.

Une autre plante du même jardin, le *Cacalia atriplicifolia* m'a fourni l'occasion de constater la présence sur les *Cacalia* de véritables *Coleosporium;* les *Coleosporium* sont des Urédinées caractérisées par la présence de deux sortes de spores dans les mêmes pulvinules : spores naissant en chapelet et rappelant celles des autres *Uredo*, et cellules cylindriques non cloisonnées, mais produisant des germes portés par des *Stérygmates* comme les cellules de puccinie en germination.

Jusqu'à présent on n'a pas signalé de *Coleosporium* sur le *Cacalia;* du moins je n'ai rencontré d'indications sur ce sujet dans aucun des auteurs qu'il m'a été possible de consulter, sauf dans une note publiée par Léveillé, dans les *Annales des sciences naturelles*, note dans laquelle il cite un *Col. Cacaliæ D. C.;* il y a évidemment là une erreur ; car D. C. n'a jamais décrit que l'*Uredo Cacaliæ;* or cet *Uredo* est un *Trichobasis*, caractérisé par des urédospores brunes, à pédicelle caduc, et, par conséquent, n'a rien de commun avec la plante en question.

(Voici l'échantillon ; vous voyez qu'il est très-voisin du *Col. petasitis:* du reste, je dois dire que le pied de *Cacalia* du Jardin botanique est placé très-près de celui du *Tussilago petasites.*)

Je ne ferai pas ici l'énumération de toutes les Urédinées que nous avons récoltées, M. Therry et moi, dans le Jardin; cette liste paraîtra dans le premier volume des *Annales de la Société botanique de Lyon;* je dirai seulement que nous y avons rencontré presque tous les *Coleosporium*, *C. campanulæ*, *rhinanthacearum*, *sonchi*, *etc.* Les *Lecythea* et *Phragmidium* qui leur correspondent; les trois *Cystopus*, *C. candidus*, *cubicus*, et *portulacearum;* les deux *Cronartium* connus, une quantité de *Puccinia*, de *Trichobasis*, d'*Uromyces*. Ces données suffisent pour montrer quelles ressources le Jardin offre aux cryptogamistes; si j'avais eu le temps de compléter cette étude pour les autres formes de cryptogames, vous auriez pu voir aussi quelle quantité d'espèces d'algues, de champignons surtout peut être étudiées soit au jardin, soit dans les serres. Quelques espèces même sont probablement nouvelles, ainsi que l'a reconnu M. de Seynes, qui a bien voulu nous donner hier matin d'utiles renseignements, avec une bienveillance dont je tenais à le remercier ici.

§ 2.

Une étude qui n'est pas sans intérêt et qui fait l'objet de cette seconde partie, ce sont les causes de l'apparition si fréquente des parasites dans les plantes cultivées et d'une façon générale, les circonstances qui influent sur le développement de ces organismes.

J'ai parlé au début de cette communication de l'état maladif dû aux conditions de végétation anormales dans lesquelles se trouvent souvent les plantes cultivées et qui les prédisposent à l'invasion parasitaire; l'influence de cet état morbide est tellement vrai que ce sont surtout les plantes étrangères, les plantes tout à fait dépaysées, les plantes alpestres, par exemple, qui sont envahies par les parasites; ces plantes alpines ou alpestres qu'il est si difficile de conserver en bonne santé dans les jardins botaniques. C'est ainsi qu'un pied de *Statice alpina*, venant des Pyrénées, s'est couvert aussitôt après son arrivée d'*Æcidium statices;* un autre pied de la même plante, cultivé aussi au jardin et de provenance inconnue, a vu se développer un bel *Uredo statices;* l'*Æcidium valerianacearum* a couvert entièrement de jeunes *Valeriana tuberosa* envoyés aussi d'un jardin étranger; je pourrais en citer davantage, si je ne tenais à abréger cette lecture.

Fait singulier : des plantes locales sur lesquelles on rencontre habituellement des parasites, en sont complétement dépourvues au jardin; ainsi jamais je n'ai pu en trouver sur les Clématites, Berberis, qui, cependant à deux pas de là, hors du parc, en sont couverts.

Voici un autre fait démontrant en outre la nécessité de cette prédisposition; il a trait aux relations qui existent entre l'*Æcidium berberidis* et la *Puccinia* ou rouille des graminées : c'est sans contredit un des plus beaux exemples de ce polymorphisme si bien étudié depuis quelques années ; ces deux champignons, considérés pendant longtemps comme deux espèces différentes, sont maintenant reconnus comme deux états différents de la même espèce ; sous le premier état (*Æcidium*), le champignon est formé par des spores en chapelet, renfermées dans un *peridium;* le deuxième état, qui se développe sur une plante différente que les *Æcidiospores*, par hétérocie, passe lui-même par deux phases sur la même plante, la forme *Uredo* et la forme parfaite (à téleutospores), dans lequel état il constitue la *Puccinie* ou rouille des graminées.

On soupçonnait depuis longtemps la relation qui existe entre l'*Æcidium* de l'épine-vinette et la rouille ; je ne parlerai ici ni des expériences faites dans des cultures, ni du procès survenu à ce sujet entre la compagnie P.-L.-M. et ses riverains, je ne citerai que les expériences de de Bary démontrant : 1° que les Æcidiospores mises en présence d'une feuille de seigle, par exemple, germent, poussent un prolongement qui pénètre par la stomate, d'où, production d'un *mycelium* donnant naissance aux spores de l'*Uredo*, etc. ; 2° que les sporidies des téleutospores de la rouille sont impuissantes à germer sur d'autres plantes que le *Berberis vulgaris*.

J'ai voulu voir si, dans la campagne, on pourrait assister à la confirmation pratique de ces expériences ; pour cela, en 1869, dans une commune des environs de Lyon, où j'ai l'occasion d'aller souvent, j'ai pris soin de noter au printemps, une certaine quantité de pieds de *Berberis* placés à proximité de champs de blé ; la plupart de ces pieds étaient couverts d'*Æcidium* depuis plusieurs années ; j'ai visité ensuite, à de cours intervalles et avec le plus grand soin les blés voisins ; eh bien ! je n'ai pu apercevoir le moindre *Uredo* ; il est vrai qu'il est difficile de faire une enquête ; on ne peut vérifier tous les pieds de blé d'un champ ; mais en interrogeant les moissonneurs j'ai acquis la certitude que ces blés placés à proximité du Berberis n'avaient pas été plus attaqués par la rouille que d'autres qui ne se trouvaient pas dans ces conditions ; j'ai fait ces observations pendant trois années consécutives, elles m'ont toujours donné les mêmes résultats. Une autre observation qui corrobore celle-ci : le plateau des Dombes, qui arrive jusqu'au nord de la même commune, ne renferme pas d'épine-vinette, du moins je ne l'y ai jamais rencontré ; et cependant, au dire des cultivateurs, les céréales y sont dans quelques endroits presque toujours attaquées par la rouille.

Comment concilier ces faits avec les observations et les expériences citées plus haut ? Ne semblent-ils pas en être la négation pratique ? Les quelques remarques suivantes permettent de les expliquer : d'abord il faut noter que les trois années pendant lesquelles j'ai fait mes observations ont été des années extraordinairement sèches ; il y a eu peu de pluie ; les blés ont été de belle venue. Dans les Dombes, au contraire, le sous-sol imperméable formé par la boue glaciaire, entretient une humidité constante dans les bas-fonds, reste des nombreux étangs qui couvraient et qui couvrent encore la surface de la Bresse ; les blés y sont souvent chétifs, et par conséquent plus disposés à recevoir les parasites : il y a donc là encore une prédisposition de la plante qu'on ne doit pas négliger.

Ainsi, en dehors de ces circonstances tout à fait exceptionelles de culture qui rendent la plante plus apte au parasitisme, ce sont les variations atmosphériques et surtout les saisons pluvieuses, qui ont une influence considérable sur le développement de ces petits organismes. C'est un fait d'observation que tous les cryptogamistes ont remarqué et sur lequel il n'y a rien à dire.

Mais on peut se demander de quelle façon agit cette humidité ; sur quelles parties de l'organisme végétal ces conditions climatologiquest exercent-elles leur influence ! Est-ce sur les stomates en facilitant l'ouverture de l'ostiole, ou bien simplement en favorisant la germination de la spore ? Bien que la dernière hypothèse soit celle généralement admise, il convient cependant d'examiner la première.

Plusieurs faits militent en faveur de l'entrée des parasites par les stomates ; c'est ainsi que tous les cryptogamistes ont remarqué la plus grande fréquence des parasites follicoles sur la face inférieure des feuilles ; or, c'est précisément à la face inférieure que les stomates sont plus nombreuses, si la feuille est bistomatée, ou bien existent seules, si elle est monostomatée. Il y a donc là tout au moins une coïncidence assez singulière.

Mais on peut faire les objections suivantes :

D'abord l'état de l'ouverture stomatique sous l'influence de l'humidité ou de la sécheresse est encore assez obscur ; des physiologistes admettent que les stomates se ferment, d'autres qu'elles s'ouvrent, et cela dans les mêmes conditions ; enfin, dernièrement M. Merget concluait d'après ses expériences que les stomates devaient être toujours ouvertes.

D'un autre côté, si MM. Corda et Bonorden affirment que l'entrée des germes a toujours lieu par les stomates, M. Fée et Leveillé soutiennent que cette entrée a lieu par les racines, et enfin, M. Tulasne, dont on ne peut récuser l'autorité en pareille matière, émet cette opinion que l'entrée des germes peut se faire par un point quelconque de la plante ; cet observateur a vu en effet les filaments mycéliaux de la spore mère, perforer les parois des cellules végétales et de là ramper dans le reste de la plante.

Il est donc probable que l'action de l'humidité se fait surtout sentir en favorisant la germination de la spore ; mais il n'en serait pas moins intéressant de rechercher d'une façon plus complète l'influence que la présence ou l'absence de stomates, leur nombre plus ou moins grand peuvent avoir sur l'apparition de ces parasites chez certaines plantes à l'exclusion d'autres, placées dans des conditions analogues.

En terminant, je tiens à dire que si je me suis hasardé à faire cette communication devant des botanistes éminents, des cryptogamistes de renom, ce n'est pas que je m'abuse sur sa valeur, mais j'ai voulu, en montrant qu'il y avait à Lyon de jeunes étudiants ayant au moins la bonne volonté à défaut de la science, solliciter pour la société qu'ils viennent de former, la bienveillance et les encouragements de l'Association française.

M. Alexis JORDAN

de Lyon

REMARQUES SUR LE FAIT DE L'EXISTENCE EN SOCIÉTÉ, A L'ÉTAT SAUVAGE, DES ESPÈCES VÉGÉTALES AFFINES ET SUR D'AUTRES FAITS RELATIFS A LA QUESTION DE L'ESPÈCE

— Séance du 28 août 1873. —

L'étude que j'ai faite des plantes de la France, pendant un grand nombre d'années, au point de vue tout spécial de la délimitation exacte des espèces, m'a mis dans le cas de constater l'existence de très-nombreuses espèces, c'est-à-dire de formes végétales distinctes et permanentes, qui jusque-là n'avaient pas été observées par les botanistes, ou avaient été méconnues et négligées par eux. J'ai pu les rassembler, pour la plupart, dans mes cultures, afin d'en relever les caractères sur le vif et de m'assurer de leur constance.

Quoique je n'aie signalé encore qu'une très-faible partie de ces nombreuses espèces, plusieurs botanistes, effrayés ou contrariés peut-être d'un résultat aussi inattendu pour eux, ont pris le parti, avant tout examen, de rejeter ces distinctions nouvelles et, sans s'être livrés à aucun contrôle des expériences indiquées, à aucune vérification des faits signalés ou des faits analogues, ils ont prétendu qu'on ne pouvait admettre au rang d'espèces ces formes végétales, parce qu'elles n'offraient pas des caractères équivalents à ceux des anciens types de nos flores, qui seuls, pour eux, constituaient les vraies espèces.

Il faut convenir que si les espèces de nos flores, connues sous le nom de types linnéens, sont effectivement de vrais types spécifiques et nous donnent la mesure exacte de ce que doit être une espèce, les formes végétales nouvelles, présentées avec le titre d'espèces comme un démembrement des types linnéens, sont loin d'offrir une valeur égale à celle de ces derniers et ne peuvent être placées sur le même rang. Mais il reste la question de savoir si ces formes secondaires distinctes, permanentes, héréditaires, irréductibles entre elles, ne seraient pas au contraire les seules vraies et légitimes espèces ; tandis que les types établis arbitrairement par Linné ou par ses sectateurs ne seraient autre chose que des espèces purement idéales ou factices, n'ayant d'existence réelle nulle part, devant être considérées comme un assemblage de formes spécifiques et pouvant constituer ultérieurement des sous-genres ou des genres, dans une classification nouvelle et plus scientifique.

Mon but n'est pas d'entrer ici dans l'examen approfondi de cette question. Je veux simplement appeler l'attention sur un fait qui s'y rattache et dont l'importance est capitale à mes yeux. Car ce fait, étant bien constaté et placé dans tout son jour, suffit, à lui seul, pour mettre fin aux controverses qui existent à ce sujet, parmi les botanistes, et préparer une solution complète et définitive de la question qui les divise. Le fait dont je veux parler est celui de l'existence en société, de la sociabilité (si je puis employer cette expression) des formes végétales similaires établies aux dépens des anciens types de nos flores, de ceux qu'on nomme les types linnéens.

Ayant observé dans leurs stations diverses, pendant plus de trente années, une foule de végétaux de toutes les familles et de toutes les catégories, des plantes annuelles ou vivaces, bulbeuses ou aquatiques, des arbres ou des arbustes, j'ai pu constater presque partout que lorsqu'un type linnéen, vraiment indigène dans une contrée, y était commun à ce point qu'on pouvait le citer parmi les plantes caractéristiques de la végétation d'une certaine étendue du territoire, ce type y était presque toujours représenté par des formes diverses, plus ou moins nombreuses, croissant en société et pêle-mêle. L'observateur superficiel, qui parcourt le terrain, n'est frappé que des ressemblances de ces diverses formes ; il n'aperçoit pas leurs différences, ou, n'y attachant aucune importance, il ne s'arrête pas à les considérer attentivement ; il croit n'avoir affaire qu'à un type unique, susceptible de quelques modifications accidentelles et sans valeur. Tandis que celui qui observe avec attention, peut aisément se convaincre, sur les lieux, que ces modifications apparentes se retrouvent sur des individus divers, tous parfaitement semblables entre eux. Si, pour pouvoir continuer et compléter son observation, il arrache des pieds vivants de chacune des formes qu'il a pu distinguer et les replante ensuite, dans un même lieu, afin de les suivre dans tous leurs développements, il se convaincra bientôt qu'elles présentent des différences appréciables, dans tous leurs organes. S'il sème leurs graines, il les verra se reproduire avec une parfaite identité de caractères.

Voilà le fait que j'ai pu constater moi-même mille fois, que j'ai fait constater dans les lieux que je ne pouvais visiter, en France, en Corse et en Algérie ou ailleurs, par divers botanistes qui m'ont envoyé soit des graines, soit des pieds vivants de formes nombreuses, recueillies dans les mêmes stations et appartenant aux mêmes types linnéens. Je ne dis pas que les plantes communes soient toutes également et partout diversifiées. Il y a, sous ce rapport, de grandes différences entre elles. Je dis seulement que le cas où elles présentent diverses formes croissant en société est le cas le plus ordinaire, et je crois que ce fait paraîtra clair, patent, indiscutable, à quiconque prendra la peine de le vérifier sérieusement.

Il y a aussi des plantes peu communes, qui sont cependant plus variées de formes que d'autres beaucoup plus répandues. Ce ne sont pas uniquement les plantes dites polymorphes, auxquelles les floristes ont attribué un tempérament variable, qui présentent des formes très-nombreuses. Il y a des espèces réputées monotypes dont on n'a signalé aucune variété, qui n'en sont pas moins représentées par plusieurs formes distinctes. Ainsi je pourrai citer le *Convallaria maialis* qui est représenté, à Lyon seulement, par plusieurs formes très-bien caractérisées surtout par leurs fruits, et qui est d'ailleurs diversifié dans toutes les contrées de l'Europe ; le *Polygonatum vulgare* qui l'est encore bien d'avantage ; le *Sorbus aria* qui offre, seulement dans les bois du Mont-d'Or lyonnais, sept à huit formes, dont quelques-unes sont admirablement caractérisées par leurs fruits ainsi que par leurs feuilles, et diffèrent plus entres elles qu'elles ne diffèrent d'autres formes du même *Sorbus aria* des Vosges, des Alpes, du Cantal et des Pyrénées, que j'ai pu comparer avec elles, à l'état frais. Je citerai le *Ramondia pyrenaica*, les *Saxifraga oppositifolia*, *rotundifolia*, *hirsuta*, *umbrosa*, *aizoides* et presque toutes nos Saxifrages. Il n'est pas possible d'aborder un des rochers de l'Ardèche, où abonde le *Saxifraga hypnoides*, sans y rencontrer plusieurs formes distinctes croissant en société et appartenant à ce même type. Le *Corydalis solida*, le *Ficaria ranunculoides*, le *Ranunculus chærophyllos*, le *Scilla bifolia*, les *Scilla autumnalis*, *obtusifolia* et *maritima*, l'*Ornithogalum arabicum*, le *Gladiolus communis* ou *segetum*, le *Narcissus poeticus*, l'*Ajax pseudo-narcissus*, le *Vinceloxicum officinale* et tant d'autres qu'il est inutile de citer, ne sont autre chose que de vastes groupes de formes similaires.

Parmi les plantes vraiment rares ou même rarissimes, à station unique, il s'en trouve aussi, ce qui paraîtra plus étonnant, qui présentent des formes similaires distinctes. Je puis citer quelques exemples assez curieux de ce fait. Chacun sait que l'*Alyssum pyrenaicum* est une des plantes les plus rares de l'Europe; car il n'a été rencontré jusqu'ici, avec certitude, que sur un seul et unique rocher inaccessible, dans les Pyrénées-Orientales, où on ne peut l'atteindre qu'avec de grands frais et de grands efforts, au moyen de cordes et d'échelles, en exposant sa vie. Eh bien ! dans cette seule et unique station, il existe deux formes de cette plante, dont j'ai pu me procurer un certain nombre de beaux exemplaire et que j'ai tout lieu de croire distinctes, quoique je n'aie pu encore soumettre à la culture que l'une d'elles.

Le *Genista horrida*, qui est indiqué seulement à Couzon, près de Lyon, et à Gavarnie, dans les Hautes-Pyrénées, est une plante fort rare en France. Il existait encore, il y a quinze ou vingt ans, à Couzon, dans un pâturage boisé fort restreint, où je l'ai souvent observé; mais, depuis, les défrichements l'ont fait, je crois, presque entièrement disparaître. Cependant il en reste encore d'énormes touffes et même des pieds fort nombreux, sur un rocher d'un accès très-difficile et que je n'avais jamais osé aborder, dans le temps où l'on pouvait recueillir ce genêt dans le pâturage boisé. Tout dernièrement, un jeune botaniste lyonnais, M. Bernardin, qui avait pu atteindre la station du rocher, y avait remarqué, parmi de nombreux individus, un pied unique tout à fait différent des autres de port et d'aspect et offrant même divers caractères assez saillants. Ayant appris qu'il avait imposé un nom à sa plante et qu'il se proposait de la décrire comme une nouvelle espèce, je l'ai prié de me la montrer et, après l'avoir confrontée avec les échantillons conservés dans mon herbier et récoltés autrefois dans le pâturage défriché, j'ai constaté avec lui qu'elle était parfaitement identique avec celle que j'ai décrite dans mon *Pugillus plantarum novarum*, sous le nom de *Genista lugdunensis* et qui m'avait parue distincte du vrai *Genista horrida* signalé par Wahl., à Jacca, en Aragon, dont j'avais pu examiner des échantillons authentiques.

Ainsi il est bien certain qu'il a existé, à Couzon, dans une même station fort restreinte, deux formes distinctes, dont l'une, je crois, a disparu presque totalement et dont l'autre disparaîtra bientôt sans doute, par suite de l'exploitation du rocher qu'elle habite. J'ai reçu de M. Bordère, de la station pyrénéenne, également deux formes dont je possède plusieurs pieds vivants dans mes cultures et qui paraissent toutes deux distinctes de celles qu'on trouve à Couzon.

Je citerai encore un troisième fait, analogue aux deux précédents, qui est venu tout dernièrement à ma connaissance. M. Revelière m'a adressé, il y a quelques mois, de très-beaux exemplaires d'une plante corse rarissime, que je nomme *Brassica corsica* et qui a été mentionnée dans la flore de France de MM. Grenier et Godron sous le nom de *Brassica insularis Moris*, ces auteurs l'ayant rapportée mal à propos, selon moi, à l'espèce de Sardaigne, qui est pareillement à fleurs blanches, mais qui a les fleurs bien plus petites et les pétales marqués de veines purpurines très-saillantes, comme le dit Moris; tandis que, dans la plante de Corse, les fleurs sont toujours d'un blanc très-pur. Celle-ci offre aussi d'autres différences : les siliques sont de forme inégale et un peu toruleuses, tandis qu'elles sont régulièrement cylindracées dans l'espèce de Sardaigne. Ce *Brassica corsica* se trouve à Caporalino, sur un vaste rocher, où il est assez abondant. M. Revelière, en le récoltant, a remarqué, sur un point du rocher d'un accès très-difficile, un certain nombre de touffes d'une forme paraissant voisine du *B. corsica*, mais à fleurs entièrement jaunes. Il n'a pu malheureusement se procurer des échantillons de cette forme; mais il n'est pas possible de douter que ce ne soit encore là une espèce particulière, croissant en société avec l'espèce à fleurs blanches.

On voit, par ces exemples, que l'existence en société des formes similaires est un fait d'une telle généralité et d'une vérification si facile qu'il est impossible de le mettre en doute. De même que les diverses familles végétales, ainsi que la plupart des grands genres, ont comme un centre de végétation, sur certains points du globe où ils offrent des représentants plus nombreux qu'ailleurs, les types linnéens, qui sont en quelque sorte des genres d'un ordre inférieur, ont aussi des centres de végétation où les formes similaires qui les constituent sont plus nombreuses que partout ailleurs et croissent en société. En s'éloignant de leur centre, les formes se présentent toujours avec des différences spécifiques notables; mais leur nombre paraît aller en diminuant. En un mot, on peut dire que les groupes de formes similaires sont soumis, sous le rapport de leur distribution, à une loi tout à fait analogue à celle dont on constate les effets dans l'étude des familles et des grands genres.

Indépendamment du fait de l'existence en société des espèces similaires, il en est un autre qu'il importe de faire remarquer ici; c'est que ces espèces n'ont aucune tendance à s'hybrider entre elles spontanément. On sait, d'après la remarque depiusleeurs observateurs, qu les hybridations spontanées s'opèrent presque toujours entre des types relativement tranchés, plutôt qu'entre des espèces offrant beaucoup d'affinité. Je puis citer, à l'appui de cette observation, un exemple qui me paraît très-concluant. Ayant cultivé, pendant un grand nombre d'années, une quinzaine de formes de l'*Aegilops ovata* de Linné, plusieurs pendant quinze ou vingt ans, les ayant cultivées toujours ensemble et très-rapprochées les unes des autres, resemant chaque année leurs nouvelles graines et les laissant de plus se resemer d'elles-mêmes, je les ai vues se reproduire toujours intactes, sans offrir jamais aucune modification qui pût être attribuée à l'hybridité. Elles sont encore aujourd'hui exactement ce qu'elles étaient à l'époque de leur introduction dans mes cultures. Toutes les fois, au contraire, que j'ai semé de l'*Aegilops ovata* ou du *triaristata*, à côté de blés de diverses sortes, et que le terrain où avaient crû les *Aegilops* restait inculte l'année suivante, j'ai vu se produire quelques pieds d'*Aegilops* hybrides, ayant une apparence de blé, quant à la forme extérieure, mais d'ailleurs complétement stériles, à anthères privés de pollen et continuant à végéter longtemps après la maturation des autres formes de blés ou d'*Aegilops*. Or, il est très-clair et très-évident que l'affinité qui rapproche les formes similaires toutes comprises dans le type linnéen de l'*Aegilops ovata* est bien plus grande que celle qui existe entre un blé et un vrai *Aegilops*. Cependant l'hybridation spontanée n'a pas lieu entre elles, lorsqu'elles se trouvent réunies dans un même lieu, tandis qu'elle s'opère entre l'*Aegilops* et le blé placés dans les mêmes conditions, comme je l'ai constaté et comme d'autres l'ont constaté pareillement.

A propos d'*Aegilops*, je puis dire que j'ai vu l'*Aegilops triaristata* produire un hybride stérile, ayant été fécondé spontanément par l'*Aegilops speltæformis*, cette curieuse et paradoxale espèce qui a mis quelque temps en émoi le monde savant, parce que les transformistes prétendaient trouver en elle l'origine du blé. Elle était, disaient-ils, issue d'un *Aegilops* et avait fini par devenir un blé véritable. On sait que M. Godron, qui cependant ne s'avoue pas transformiste, a fait des efforts inouïs, mais infructueux, pour justifier diverses assertions très-hasardées qu'il avait émises au sujet de cette plante. M. Decaisne, qui partageait au début l'opinion de M. Godron, a reconnu lui-même, dans le *Bulletin de la Société botanique de France*, que l'*Aegilops speltæformis* était une bonne et légitime espèce. M. Grenier, l'ami de M. Godron, est convenu que les faits me donnaient raison. Cependant M. Godron, dans un travail assez récent, forcé de reconnaître que la plante en question se reproduit invariablement de ses graines, a émis cette opinion qu'il ne fallait pas voir en elle une espèce véritable, parce que son épi, en tombant à terre, ne s'y enfonçait pas ensuite par la base, comme ceux des vrais *Aegilops*, et que, la graine restant ainsi dans ses enveloppes, il lui fallait le secours et la main de l'homme pour pouvoir germer et se reproduire; ce qu'il avait constaté à Nancy, ayant laissé tomber à terre les épis de la plante et ne les ayant pas vus se reproduire à la place où ils étaient restés sur le sol.

On pourrait s'étonner d'une aberration aussi forte de la part d'un esprit distingué, si l'on ne savait jusqu'à quel point on peut être aveuglé par le parti pris ou par des idées systématiques. Comment est-il possible de supposer en effet que M. Godron ignore ce que tous les botanistes savent, qu'il y a une multitude immense d'espèces de diverses familles dont les graines ne sortent jamais de leurs enveloppes, dont les fruits, en tombant à terre, ne s'y enterrent nullement à la façon des *Aegilops*, et qui cependant germent et se reproduisent fort bien, sans le secours et la main de l'homme? Comment peut-il ignorer qu'il suffit d'une pluie un peu forte pour qu'un épi s'enterre plus ou moins, ou simplement adhère au sol et que, dans ces conditions, la germination s'opère parfaitement, malgré les enveloppes? N'arrive-t-il pas même que, au commencement de l'automne, lorsque l'air se trouve saturé d'humidité, des graines même enveloppées, même hors de terre, germent très-bien et que leurs racines vont ensuite chercher le sol et s'y enfoncent, si elles en sont rapprochées? Dans le cas dont parle M. Godron, il peut très-bien être arrivé que l'automne ait été sec, cette année-là, à Nancy, et que les épis de son *Aegilops* aient été simplement détruits par les rats ou par les moineaux. Son observation, on le voit, est sans portée aucune. Mais je puis opposer à son assertion une affirmation toute contraire et dire que j'ai toujours vu les épis d'*Aegilops speltæformis*, tombés à terre, germer très-facilement, après les fortes pluies, et reproduire la plante, l'année suivante; ce que chacun d'ailleurs peut vérifier. Cette plante singulière, qui tient des *Aegilops* par la fragilité de ses épis, qui tient aussi des *Spelta* et des *Triticum*, n'est en réalité ni un *Aegilops*, ni un *Spelta* ni un *Triticum;* elle n'est bien à sa place dans aucun de ces genres et devra, à mon avis, constituer un nouveau genre que je désigne sous le nom de *Piptopyrum*, pour rappeler son caractère distinctif.

Un autre fait d'hybridité spontanée, très-remarquable, m'a été offert, dans mes cultures de blés, entre le *Triticum Polonicum* et le *Triticum turgidum L.*, deux types tout à fait tranchés, le *Triticum Polonicum* tenant des *Secale*, à certains égards, et pouvant très-bien constituer un genre à part, d'après ses caractères et son facies caractéristique. J'ai trouvé, dans un semis du *T. turgidum*, un pied très-différent des autres et pourvu de bonnes graines. Ayant semé ces graines, chacune d'elles a produit des épis de forme différente, les uns ressemblant beaucoup au *Triticum Polonicum*, d'autres, au contraire, rappelant le *T. turgidum*, d'autres plus ou moins différents des deux. Ayant resemé les graines de cet hybride, pendant plusieurs années, j'en ai obtenu toute une série de formes dont j'ai conservé les plus curieuses, une trentaine environ. Mais, dans chaque nouveau semis, je n'ai jamais pu parvenir à trouver deux pieds qui fussent parfaitement semblables entre eux, comme le sont ceux des blés non hybridés, et ne pouvant isoler chaque pied de la plante hybride, de manière à l'abriter contre une hybridation nouvelle, j'ai fini par abandonner l'expérience, qui n'aboutissait à aucun autre résultat que celui d'une variabilité indéfinie. Ceux qui voudraient la répéter auraient, je crois, beaucoup de chances d'obtenir le même hybride, en cultivant ensemble, comme je l'ai fait, le *Triticum Polonicum* ordinaire et la forme du *Triticum turgidum* connue sous le nom de blé miracle, qui paraît être le *Triticum compositum L. f.*, de laquelle est sortie mon hybride fertile.

Quoique l'hybridité s'opère presque toujours entre des types tranchés, je suis loin d'affirmer qu'il n'y ait pas des cas, dans certaines familles surtout, où elle n'ait une action plus générale sur des plantes nombreuses réunies dans un jardin. Une seule espèce peut d'ailleurs en féconder plusieurs autres et jeter le désordre dans toute une collection. Pour les fleuristes marchands, c'est là quelquefois un précieux avantage; mais, pour le botaniste qui cherche à délimiter les espèces, c'est un véritable fléau; car l'hybridité introduit la confusion et le chaos là où elle joue un rôle et donne des produits fertiles. Ce qu'on a de mieux à faire, dans ce cas, c'est de détruire les sujets hybrides et de jeter leurs graines. Pour recommencer l'étude, il faut de nouvelles graines et de nouveaux sujets.

Les produits de l'hybridité, quand ils sont fertiles, étant caractérisés par une variabilité indéfinie, il devient facile d'opérer, dans les cultures, le triage des sujets qui sont issus de l'hybridité. Il suffit, pour cela, de semer des graines de diverses sortes de plantes ou d'arbres, en ayant soin de recueillir toujours les graines à semer sur un pied unique, après s'être assuré que ces graines ne peuvent pas être le produit d'une nouvelle fécondation hybride accidentelle. Si le semis offre un mélange de formes, on pourra en conclure infailliblement que les graines proviennent d'un sujet hybride; tandis que, dans le cas contraire, le semis se montrant parfaitement pur, on sera sûr d'avoir obtenu une véritable espèce. Ce triage pourra se faire, avec une entière certitude, dès la première ou la seconde année du semis, lorsque les jeunes plants seront encore dans des pots ou des terrines. Ceux qui ont l'habitude des semis savent qu'il est très facile de voir si un jeune semis est pur ou s'il contient des mélanges.

C'est pour avoir méconnu les effets de l'hybridité que beaucoup d'observateurs se sont mépris complétement sur les résultats de leurs expériences. Je citerai seulement l'expérience de M. Decaisne sur des graines de poirier. Ce savant ayant obtenu, dans le semis d'une même sorte de poirier, plusieurs individus complétement distincts les uns des autres, dans tous leurs organes, par des caractères analogues à ceux qui séparent les diverses sortes connues, en a conclu que le poirier avait naturellement la faculté de varier. Le célèbre Flourens, rappelant cette expérience dans son mémoire sur le Darwinisme, dit que M. Decaisne a établi par des preuves de fait la variabilité indéfinie du poirier cultivé et lui adresse à ce sujet des félicitations; tandis que, s'il avait mieux connu le rôle de l'hybridité chez les végétaux, il aurait au contraire reconnu la parfaite nullité de cette expérience, au point de vue indiqué. Il en résulte en effet, tout simplement, que les graines semées provenaient d'un sujet hybride ou qu'elles étaient le produit d'une hybridation accidentelle. Ce fait établirait tout juste le contraire de ce qu'on a cru avoir démontré par l'expérience : savoir la pluralité et non l'unité de type spécifique, chez les poiriers des cultures.

Les espèces affines ou similaires établies aux dépens des types linnéens ne sont pas seulement sociales, elles sont de plus héréditaires, et ce second fait, qui n'est pas moins capital que le premier, est également certain, également facile à constater.

J'ai signalé, il y a déjà un grand nombre d'années, cinquante-trois espèces d'*Erophila*, toutes établies aux dépens du seul *Draba verna* de Linné. Depuis, ma collection s'étant accrue par des acquisitions successives, ce n'est plus seulement cinquante-trois, mais deux cents espèces environ d'*Erophila* que je reproduis par semis, chaque année. Toutes, sans exception, se conservent parfaitement identiques, sans hybridation, sans modification aucune, les individus d'une même forme n'offrant jamais d'autre différence que celle de la taille, suivant qu'ils sont plus ou moins nombreux dans un même espace de terrain, ou que le sol est plus ou moins fertile. En faisant connaître les espèces d'*Erophila*, j'ai montré combien il était facile de cultiver ces petites plantes et de s'assurer de la constance de leurs caractères; j'ai indiqué seulement quelques précautions à prendre pour se mettre à l'abri des chances d'erreur. Six mois environ suffisent, du 15 septembre au 15 mars ou au 15 avril, pour une expérience complète. On peut, à volonté, reproduire chaque espèce d'*Erophila* par centaines, par milliers ou par millions d'individus, suivant l'espace de terrain qu'on leur destine. Ces *Erophila* se retrouvent presque partout; elles sont partout plus ou moins variées. Qui donc est venu contredire ou réfuter mes expériences à ce sujet? Personne que je sache. Les faits, dans la science, s'imposent nécessairement. Du moment qu'un fait existe, on ne peut faire qu'il n'existe pas. Ce qui est vrai ici sera vrai partout ; car il est impossible de mettre en doute la constance et la généralité des lois de la nature.

Les diverses espèces d'*Eròphila* sont donc héréditaires. Je puis dire que c'est là un fait acquis à la science. Ceux qui seront tentés de le nier, se trouveront toujours dans l'impossibilité d'apporter des preuves à l'appui de leur négation. Les espèces d'*Erophila* sont héréditaires et en même temps permanentes. J'en ai cultivé qui provenaient de l'Angleterre, de l'Autriche, de l'Italie, de la Corse, du mont Liban ; toutes se reproduisent héréditairement avec les mêmes caractères distinctifs qu'elles présentent dans leur lieu natal. Or, il est bien certain que les nombreuses formes d'*Erophila*, qui ont été le sujet de mes expériences, appartiennent à la catégorie des espèces les plus affines, les plus similaires qu'on puisse rencontrer. Si donc elles se comportent de la manière que je viens d'indiquer, quand on les soumet à l'épreuve du semis, par masses d'individus, si elles se montrent toujours invariables et parfaitement irréductibles les unes aux autres, peut-on s'étonner qu'il en soit de même pour une foule d'autres espèces également affines, appartenant aux familles les plus diverses ? Il en est ainsi en effet, et il me serait facile d'en citer des milliers d'exemples, d'après les expériences nombreuses que j'ai pu faire. Mais je m'en tiens ici au seul fait des *Erophila*, qui me paraît suffisant et qui, je n'en doute pas, sera trouvé décisif par tout esprit sincère.

Les espèces dites affines, croissant ordinairement en société, que devient, en présence de ce fait constaté, l'objection des botanistes réducteurs, partisans exclusifs des types linnéens, qui ne voient en elles que de simples formes stationnelles d'un même type ? Cette objection tombe ; il n'en reste rien, absolument rien. Que leur sert en effet de soutenir que ces formes qu'ils n'ont jamais étudiées sont dues à des causes accidentelles, à l'influence des milieux, à des conditions diverses de sol, d'humidité, de climat, d'altitude, lorsque le contraire est établi clairement par les faits et lorsque ces formes, loin d'être *stationnelles*, comme il leur plaît de le supposer, se montrent, au contraire, partout *sociales ?* Elles n'ont pas de tendance à s'hybrider entre elles, d'où il résulte qu'elles n'ont pas de tendance à se rapprocher, à se confondre et qu'elles demeurent invariablement distinctes. Enfin, elles sont héréditaires et permanentes, d'où l'on doit conclure qu'elles ne peuvent être considérées comme des variétés et qu'elles doivent être prises pour des espèces ou pour des races. Il faut nécessairement choisir entre l'une ou l'autre de ces appellations. Dans le langage de la science, il n'y en a pas d'autre qui leur soit applicable.

Je crois qu'elles doivent être regardées comme des espèces et même comme les seules vraies espèces, parce que je crois à l'espèce, comme l'humanité entière y a toujours cru, comme les savants de tous les temps et de tous les pays y ont cru jusqu'à Lamark, inventeur de la théorie du transformisme, qui a été restaurée et réduite en formules, de nos jours, par Darwin et par ses sectateurs. Partout et toujours, jusqu'à ces modernes théoriciens, on a cru à la diversité originelle des types spécifiques et on a pris pour criterium de la distinction des espèces l'hérédité et l'invariabilité des caractères qui les font reconnaître. Or, nier l'hérédité et la permanence d'une foule d'espèces affines, c'est nier des faits évidents et palpables ; rejeter le criterium de la permanence héréditaire, c'est s'ôter complétement la possibilité d'établir des distinctions solides, c'est tout réduire à de simples hypothèses, à l'arbitraire, à la fantaisie des appréciations individuelles, c'est en un mot, donner pour fondement à la science le scepticisme : ce qui revient à la détruire.

Lorsque, sur des points essentiels, deux solutions contradictoires sont proposées, dont l'une doit être nécessairement vraie, tandis que l'autre est fausse, il y a certains esprits paresseux, indécis ou partisans en toutes choses de compromis, d'opinions mitigées, qui se croient sages et modérés et qui font consister leur sagesse à prendre un milieu entre ce qu'ils appellent des opinions extrêmes, sans faire aucun effort pour arriver à la connaissance de la vérité par le procédé rationnel et scientifique, c'est-à-dire par l'étude et l'investigation des faits. Ceux-là, dans la question dont il s'agit, se disent adversaires des théories transformistes et partisans de la fixité des espèces ; mais ils ne veulent admettre que certaines espèces, celles qu'ils sont habitués à distinguer ou qu'ils voient inscrites dans les livres à leur usage. Ne voulant pas s'imposer un nouveau travail, pour en distinguer d'autres, ils prennent tout simplement le parti de nier ce qu'ils ignorent et cherchent ensuite des raisons pour justifier leur ignorance. Ils s'efforcent aussi de détourner les autres de l'étude des faits, de l'expérimentation la plus simple. On les voit souvent, dans ce but, proposer un mode d'observation très-compliqué et très-difficile, ou bien réclamer des expériences impraticables, d'une durée presque illimitée. Par le fait, ce sont eux qui sont les plus grands ennemis du progrès scientifique ; car ils font beaucoup plus de tort à la science que les partisans déclarés et actifs de l'erreur. Ces derniers, en effet, par leurs travaux qui en provoquent d'autres, par leurs affirmations qui sont contredites, préparent, sans le vouloir, le triomphe de la vérité et contribuent à le rendre plus complet et plus durable.

Si les espèces affines n'étaient pas de vraies espèces, elles ne pourraient recevoir d'autre qualification que celle de races, puisqu'on entend par races des variétés d'un même type qui sont devenues fixes et héréditaires. Mais l'opinion qui tendrait à voir en elles des races plutôt que des espèces paraît insoutenable, puisqu'elles offrent tous les attributs de l'espèce. Si l'on admet, par hypothèse, qu'elles proviennent originairement d'un type commun, qui d'un qu'il était d'abord est devenu ensuite multiple, on peut aussi bien admettre qu'un type linnéen quelconque a pu être démembré d'un type plus large, ce dernier d'un autre et ainsi de suite, jusqu'à l'identification originelle de toutes choses ; ce qui revient à donner pleinement gain de cause aux transformistes.

Les savants, depuis Linné surtout, ont généralement donné le nom de races à toute une catégorie de végétaux des cultures que le vulgaire prend souvent pour des espèces, dont les caractères sont fixes et invariables, mais beaucoup moins tranchés que ceux des types linnéens. On a supposé que leur existence était due à l'action de l'homme, à l'influence prolongée de la culture, et qu'ils étaient issus de types primitifs actuellement perdus. Cette hypothèse a été suggérée par l'analogie qu'ils semblent offrir avec les races des animaux domestiques, qui sont pareillement soumis à l'action de l'homme. On n'a pas pris garde que cette analogie n'est qu'apparente ; car les races des animaux domestiques, lesquelles sont en effet de vraies races, n'ont qu'une fixité purement relative, puisqu'elles disparaissent par les croisements, comme on le sait, et qu'ainsi elles cesseraient très-promptement d'exister, si la volonté de l'homme ne les maintenait dans l'isolement.

Il en est tout autrement des végétaux des cultures appelées races, dont la fixité est au contraire absolue et qui ont leurs analogues exactement, sous le rapport des caractères, dans les végétaux sauvages que je viens de désigner sous le nom d'espèces affines ou vraies espèces, par opposition aux espèces linnéennes, qui sont des types de convention. Or, ces espèces sauvages, parfaitement analogues aux races des cultures, n'étant certainement pas le produit de l'action de l'homme puisque leur existence même a été presque ignorée jusqu'à ce jour, n'étant pas dues à l'influence des milieux divers, puisqu'elles croissent le plus souvent en société, dans une même station, il en résulte clairement que l'hypothèse qui attribue à l'action de l'homme l'existence des végétaux des cultures appelés races, est sans fondement aucun et que ces prétendues races ne sont autre chose que des espèces affines, tout à fait semblables à celles qui remplissent les bois, les champs, les prairies, les montagnes, en un mot toutes les parties incultes du sol.

Je ne m'arrêterai pas à réfuter ce qu'on appelle l'hypothèse de la sélection naturelle, si on la fait consister dans une action attribuée aux milieux divers, pour produire, chez certains individus d'une même espèce, des déviations de leur type susceptibles de devenir héréditaires ; puisqu'elle est détruite par le seul fait de la sociabilité des formes qu'on suppose avoir été ainsi produites. Si l'on entend que la sélection naturelle ou sélection inconsciente de la nature, comme disent les Darwinistes, s'opère indépendamment des causes extérieures, il suffira de faire remarquer que cette sélection n'existe pas. La sélection ou choix suppose la connaissance, le discernement, l'intelligence. Parler de sélection inconsciente de la nature, cela revient exactement à dire que la nature choisit sans choisir ; ce qui est une contradiction dans les termes. La sélection naturelle, entendue dans ce dernier sens, n'est donc rien par elle-même. De la part de ses prôneurs, elle consisterait à prétendre que le néant produit l'être, que la partie contient ce qui n'est pas dans le tout, l'effet ce qui n'est pas dans la cause, qu'il y a en un mot des effets sans causes, que le oui et le non sont identiques. Elle aboutirait donc à nier les bases même de la raison. Dès lors, il n'y a plus de discussion possible. Il suffit d'exposer une semblable théorie et de montrer qu'elle est, à proprement parler, la théorie de l'absurde. On pourrait s'étonner du crédit qu'obtiennent quelque temps de semblables hypothèses, si l'on ne savait quel est l'empire de l'appareil scientifique et de formules habilement choisies sur beaucoup d'esprits irréfléchis ou superficiels.

Si, persistant à considérer la question d'origine comme douteuse, on se complaît dans cette hypothèse toute gratuite que les formes végétales affines seraient démembrées de types primitifs qui auraient disparu, et que ce démembrement s'est opéré par suite de causes ignorées qui échappent à tous les moyens d'investigation connus, on pourra, si l'on veut, les appeler races. Pourvu en effet que chaque forme distincte soit distinguée de ses congénères, qu'elle soit dénommée, que son signalement exact soit donné, que partout les faits existants soient constatés et bien connus, la science y trouvera également son profit et la question de mots perdra beaucoup de son importance, au point de vue pratique, sinon au point de vue des principes. Que les formes établies aux dépens de types linnéens soient considérées comme des espèces ou qu'elles soient prises pour des races sauvages, elles n'en devront pas moins nécessairement prendre rang dans nos flores ; car la science consistant dans la connaissance des faits existants, toute œuvre qui néglige ou travestit les faits n'est plus une œuvre de science ; elle perd même, dès lors, tout caractère scientifique. Mais les flores, qui, pour la plupart, n'ont fait mention jusqu'ici que des types linnéens, devront, par suite de l'admission des espèces affines sous un titre ou sous un autre, subir une réforme complète. On peut dire même qu'elles sont entièrement à refaire, au point de vue de la nomenclature et de la spécification. Les nouvelles espèces étant très-nombreuses et exigeant des recherches multipliées et des comparaisons minutieuses, la reconfection d'une flore, celle d'un petit pays, deviendra une œuvre très-vaste, qui exigera le travail de presque toute une vie d'homme, au lieu d'être, comme maintenant, une simple compilation, d'une utilité fort restreinte, à la portée du premier venu qui se trouve avoir sous la main quelques livres de botanique et, à sa disposition, un herbier renfermant les plantes du territoire dont il veut écrire la flore. On peut en effet, sans études préalables, suffire à une tâche qui consiste à indiquer les localités d'un certain nombre de plantes que l'on suppose toutes parfaitement connues et sur lesquelles on n'a rien à dire.

J'ai dit que les espèces affines sont très-nombreuses. D'après les données que j'ai pu recueillir et qui sont encore bien incomplètes, relativement à la végétation française, je ne crois pas faire une évaluation exagérée, en admettant que le nombre des espèces actuellement décrites dans nos flores pourra être décuplé ultérieurement. J'ai déjà pu constater qu'il existe, en France, un assez grand nombre de centres de végétation, où chaque type linnéen est représenté par une ou plusieurs formes similaires, distinctes de celles des autres centres. J'ai pu comparer quelques centaines d'espèces reçues vivantes des environs de Paris et j'ai reconnu, en les cultivant, qu'elles étaient, pour la plupart, différentes de celles des environs de Lyon, qui portent le même nom linnéen. La comparaison des plantes de l'Ouest, de celles des Vosges, du Cantal, des Pyrénées, m'ont offert des résultats analogues. A Lyon même, les plantes du Lyonnais proprement dit sont presque toutes spécifiquement distinctes de celles de la région jurassienne, qui avoisine Lyon. Je dirai plus : je suis presque certain, d'après le résultat de mes recherches, qu'il n'y a pas, je ne dirai pas de province ou de département, mais même de petit territoire d'un caractère plus ou moins original, qui ne puisse offrir un certain nombre d'espèces qui lui soient spéciales, qui ne se trouvent que là uniquement et point ailleurs. Malheureusement, les défrichements et les travaux incessants de l'homme font disparaître chaque jour beaucoup d'espèces qu'on ne retrouvera peut-être plus nulle part. Les types linnéens se perdent assez rarement; mais leurs représentants si divers et si nombreux, dont plusieurs sont très-localisés, sont détruits bien souvent par des causes accidentelles; ce qui est, pour le naturaliste, un vrai sujet de tristesse. Il faut donc que l'on se hâte dans les investigations qui restent à faire, si l'on ne veut pas que l'œuvre scientifique n'offre plus tard des lacunes irréparables.

Si l'on est ainsi en retard, sous ce rapport, si la connaissance des espèces fait généralement défaut, parmi les botanistes, c'est que, la voie n'ayant pas été indiquée, les observateurs n'ont pas dirigé leurs efforts de ce côté. Si l'étude des espèces est restée stationnaire, c'est surtout, il faut bien le dire, à l'influence des écrits et des travaux de Linné qu'on doit en rapporter la cause.

Linné, n'ayant pas appelé à son aide l'expérimentation, n'ayant pour base de ses travaux que des données insuffisantes, qu'une analyse très-imparfaite, et voulant cependant présenter des solutions complètes sur tous les points, afin de frapper davantage les esprits et de se poser en législateur de la science, a eu recours au procédé d'intuition, qui n'est qu'une forme de l'arbitraire. Or, ce procédé n'est ni légitime, ni scientifique. La science ne pouvant avoir d'autre fondement que la connaissance des faits, qui s'acquiert par l'analyse seule, il en résulte que toute généralisation n'a de valeur qu'en raison même de celle de l'analyse qui la précède. La cause première de toutes les erreurs provient de ce que l'on ne fait pas de revues assez exactes, assez complètes des faits et de toutes les circonstances des faits qui doivent être soumis à l'analyse; la seconde cause consiste dans cette précipitation du jugement qui nous fait désirer et chercher une solution définitive, sans attendre le complément d'analyse indispensable, qui fait défaut. Celui donc qui veut obtenir une solution que les faits connus ne peuvent encore donner, a recours au procédé d'intuition, sort par là même de la voie scientifique. S'il ne se contente pas de donner le résultat acquis de cette façon comme provisoire, comme un simple temps d'arrêt, une halte dans la route qui reste à parcourir, celui-là se fait illusion à lui-même, il se trompe nécessairement et trompe ainsi tous ceux qui acceptent ses jugements sans contrôle.

Tel est le tort qu'on doit reprocher à Linné, ainsi qu'à beaucoup de ses modernes sectateurs. Combien n'en voit-on pas, de nos jours, qui sont acceptés pour des maîtres et qui présentent comme des résultats acquis à la science des décisions purement arbitraires, sur des questions d'espèces, de genres, de familles. La foule des disciples les croit sur parole; car l'esprit de l'homme est ainsi fait, qu'il cherche avidement la vérité, laquelle est son aliment naturel. Il se trouve mal à l'aise dans le doute ou l'incertitude. Quand donc on lui présente la vérité, il l'accepte avec bonheur, avec admiration, et se montre reconnaissant pour celui qui lui évite ainsi la peine et le travail qu'il aurait fallu s'imposer pour l'acquérir. Mais, lorsque celui à qui l'on reconnaît la mission de diriger et d'éclairer les autres est sorti de la véritable voie scientifique, par l'abus du procédé d'intuition, ce qu'il fait ainsi accepter de tous n'est pas la vérité, ce n'en est que l'apparence; au fond, ce n'est que l'illusion et l'erreur. Plus tard, quand on voudra recommencer l'analyse et soumettre à un contrôle sérieux ces jugements reçus sans examen, on reconnaîtra qu'ils sont des erreurs et qu'ainsi tout est à recommencer, sur un point où l'on croyait tout fini. Le progrès de la science aura été nul.

On doit donc, plus que jamais, se tenir en garde contre toutes ces décisions arbitraires et prématurées de beaucoup d'auteurs, contre ces jugements qui n'ont pas pour base une analyse sérieuse et offrant toutes les garanties désirables. Il y en a qui se plaisent trop souvent à confondre, sous une même dénomination, les choses les plus disparates, favorisant ainsi cette disposition trop commune qui porte à tout confondre, pour s'éviter le travail de l'analyse; tandis qu'il serait plus rationnel de séparer au contraire tout ce qui peut l'être, en indiquant les rapprochements, les affinités probables, afin de provoquer ainsi de nouvelles recherches qui permettront d'arriver plus tard à une solution vraiment satisfaisante.

En ce qui concerne la distinction des espèces, l'analyse a pour objet essentiel l'examen des caractères extérieurs, de ceux qu'on peut reconnaître à la vue simple ou avec l'aide de la loupe, en étudiant la plante à l'état de vie, dans ses divers organes et aux diverses époques de son existence. On a prétendu dernièrement que l'étude au microsope de l'organisation intime des plantes pouvait seule nous révéler les véritables caractères spécifiques, ceux-là du moins qui nous permettent d'établir avec certitude les distinctions d'espèces, et que tous les caractères extérieurs de forme n'avaient qu'une importance très-secondaire. Cette opinion, bien faite pour provoquer le sourire chez tous les botanistes praticiens, a été cependant exposée sérieusement par un homme de mérite, quoiqu'elle soit tout juste, sous le rapport de l'excentricité, le pendant de celle attribuée à Chaubard, qui prétendait, tout au contraire, que les plantes ne devaient pas être regardées comme de vraies espèces, lorsqu'il fallait employer la loupe pour s'assurer de leurs caractères distinctifs. Cette seconde opinion, qui est certainement fausse, paraît cependant moins insoutenable que la première. Prétendre en effet que les caractères microscopiques ont seuls de la valeur, une valeur décisive, c'est soutenir une pure hypothèse, contredite par tous les faits d'observation les plus clairs et les plus concluants. Prétendre de plus que les caractères microscopiques sont faciles à constater et qu'on se mettra plus aisément d'accord dans leur appréciation, c'est soutenir exactement le contraire de ce qu'on a toujours remarqué jusqu'à présent.

Pour se convaincre du peu d'utilité de l'étude des caractères microscopiques, lorsqu'il s'agit d'établir des distinctions purement spécifiques, il suffit de la remarque suivante, qui est toute simple : s'il n'y a rien de saillant, rien d'appréciable, soit dans le détail, soit dans l'ensemble des caractères extérieurs d'une plante qu'on veut comparer avec une autre, il n'y aura à plus forte raison rien de saillant, rien de nettement appréciable, dans les caractères qui dépendent de son organisation. Personne en effet n'a vu de plantes complétement semblables entre elles, d'après l'aspect extérieur de leurs divers organes, présenter en même temps des différences essentielles, dans leur structure intime; tandis qu'on en rencontre au contraire une foule dont les différences extérieures sont très-manifestes, très-nettes, très-constantes et dont cependant toute l'organisation paraît à peu près la même, lorsqu'on l'étudie au microscope.

A la vérité, ce sont bien là les plantes dont on voudrait se débarrasser, en introduisant dans la spécification le procédé en question, qui permettrait de les rayer de la catégorie des espèces légitimes et d'opérer même de nouvelles réductions dans les types dits linnéens. Tout en repoussant de telles tendances, qui paraissent résulter d'un point de vue erroné et peu scientifique, je crois qu'il y a lieu de ne pas repousser l'emploi du procédé en lui-même; car il faut convenir que, sous le rapport de la classification, les caractères microscopiques sont souvent très-utiles. Ils peuvent quelquefois servir à trouver la vraie place, dans la série naturelle, de certaines espèces à caractéres extérieurs ambigus, pour l'établissement des coupes génériques nouvelles.

On comprend aisément que les types linnéens étant en réalité un assemblage d'espèces et correspondant exactement à l'idée qu'on doit se faire du genre, puisque, comme le genre, ils comprennent dans leur unité une série de formes végétales distinctes, irréductibles les unes aux autres et susceptibles de se reproduire héréditairement dans un nombre indéterminé d'individus, ils devront, pour la plupart, être érigés en genres ou en sections de genres, suivant l'importance des caractères ou l'utilité pratique. Il reste donc à opérer une révision parmi tous ces types. Que cette révision soit faite en vue d'établir solidement les bases d'un nouveau *Genera* ou dans le simple but de démolir les espèces dont les caractères seraient moins tranchés que ceux des autres, peu importe. Pourvu qu'une exactitude consciencieuse préside à ce travail, la science y trouvera également son profit. Aussi, je crois que, sous ce rapport, on ne peut que se réjouir de l'initiative qui a été prise et en féliciter son auteur, qui, par le fait, aura rendu à la science, ainsi qu'à l'opinion qu'il prétend combattre, un service signalé.

La science, ai-je dit, ne pouvant avoir d'autre base solide que les faits qui constituent son domaine propre, l'étude des faits par l'emploi de la méthode d'analyse sera donc la vraie source du progrès scientifique. Cependant, je ne suis pas de ceux qui prétendent réduire la science à un grossier empirisme. L'observateur qui étudie les faits a besoin d'une lumière pour éclairer sa voie; sans cela, il marche comme un aveugle et à tâtons. Cette lumière ne lui viendra pas des faits purement matériels, puisqu'il en a besoin pour les connaître et les juger. Elle ne pourra lui venir que des sciences métaphysiques. Selon moi, l'observateur qui veut marcher d'un pas assuré, dans la route qu'il doit parcourir, doit prendre toujours la philosophie pour guide et la théologie pour boussole.

Je me borne ici à cette simple indication, ne voulant pas entrer, à ce sujet, dans des considérations et des développements qui seront l'objet d'un autre travail.

M. FAIVRE

Doyen de la Faculté des sciences de Lyon

SUR L'EFFEUILLEMENT

— *Séance du 28 août 1873.* —

M. Faivre fait une communication sur l'effeuillement. L'enlèvement des feuilles chez les végétaux produit sur la végétation des effets qu'il est utile de connaître, soit au point de vue de l'étude de la physiologie, soit au point de vue des applications à l'agriculture ; un de ces effets les plus constants est le raccourcissement des entre-nœuds, puis la production plus abondante des bourgeons. L'auteur a suivi les effets de l'effeuillement jusque sur les racines et dans les changements qui peuvent se produire au sein des éléments histologiques.

M. H. BAILLON

Professeur à la Faculté de médecine de Paris

SUR L'ORGANOGÉNIE FLORALE DES PODOCARPUS

— *Séance du 28 août 1873.* —

Il y a lieu de penser que certains caractères extérieurs des Conifères du genre *Podocarpus* ont fourni aux créateurs de la théorie de la *Gymnospermie* des arguments qu'ils ont supposés décisifs en faveur de cette doctrine. Comme la fleur femelle a tout à fait dans ce genre la configuration extérieure d'un ovule anatrope, on a pu, avec quelque apparence de logique, se dire que, dans cette famille naturelle, comme dans plusieurs autres, l'ovule, orthotrope dans la plupart des genres, devenait anatrope dans certains autres, sans que sa véritable signification fût différente dans les deux cas. On ne savait sans doute pas alors qu'il y a de véritables ovaires qui peuvent se réfléchir comme des ovules anatropes ou se recourber comme des ovules campylotropes. On ne savait pas surtout, et l'étude organogénique pouvait seule le démontrer, que les fleurs femelles d'un *Podocarpus* ne présentent rien de semblable dans leur évolution à ce qui s'observe dans celle, si bien connue, d'un véritable ovule anatrope.

C'est sur le *P. chinensis* que nous avons pu suivre plusieurs fois le développement des fleurs femelles, plus instructif d'ailleurs que celui des autres Conifères en ce sens que le prétendu ovule est ici pourvu de deux enveloppes dont il était intéressant d'observer l'ordre d'apparition. Dans cette plante, la fleur occupe le sommet d'un petit rameau qui, né dans l'aisselle d'une bractée-mère, porte un peu plus haut deux bractées latérales, puis trois autres bractéoles qui naissent dans l'intervalle de ces dernières, deux d'un côté et la troisième de l'autre ; après quoi elles deviennent imbriquées, et l'axe se continue au-dessus d'elles dans une courte étendue. Ce sommet de l'axe n'a pas la forme régulière d'un nucelle ; il est obtus à son extrémité, mais légèrement comprimé en palette, de façon à présenter en dessus et en dessous une surface à peu près plane. C'est sur une de ces faces lisses qu'après quelque temps se produisent les premières modifications perceptibles. Deux très-légers sillons courbes se dessinent, par suite de l'inégal accroissement des tissus, à quelque distance des bords auxquels ils sont presque parallèles et aussi de la ligne médiane de cette face. Les deux sillons, se regardant par leur concavité, séparent alors de la portion centrale ce que nous considérons comme les rudiments marginaux des feuilles carpellaires. Celles-ci se rejoignent promptement en haut et en bas, les deux sillons se confondant par leurs extrémités et limitant alors un îlot central qui va devenir le siége de phénomènes remarquables. Sa surface, qui était plane, s'épaissit au centre en un mamelon, parfaitement régulier, hémisphérique, puis légèrement conique, semblable en tous points au nucelle d'un ovule quelconque. Quand cette saillie nucellaire s'est bien prononcée, entre elle et le sillon circulaire qui limite sa base, se produit, en dernier lieu et également sur toute la circonférence, un petit bourrelet annulaire qui, plus tard, s'élève en sac tout autour du nucelle et finalement le recouvre d'une enveloppe conique ouverte à son sommet. Cette ouverture représente donc le micropyle, car le sac conique se comporte absolument comme un tégument ovulaire.

Il est à remarquer que ce n'est pas sur le sommet de cette sorte de palette qui seule existait au début, que se montrent le nucelle, puis l'enveloppe ovulaire, mais bien latéralement, sur une de ses faces ; de sorte qu'il y a rien dans l'évolution de ces parties qui ressemble à celle d'un ovule anatrope. L'ovule anatrope est, on le sait, orthotrope au début ; ce n'est que tardivement qu'il se renverse, se réfléchit ; tandis qu'ici le prétendu ovule anatrope naîtrait tel ; ce dont, croyons-nous, il n'y a pas d'exemple dans le règne végétal.

En second lieu, dans un ovule constitué par un nucelle et deux téguments, comme serait supposé celui d'un *Podocarpus*, l'ordre d'évolution (auquel jusqu'ici on ne connaît pas d'exception) serait et que le nucelle se montrerait le premier, puis le tégument intérieur (secondine), et enfin le sac extérieur (primine). Ici, au contraire, l'ordre d'évolution n'est pas uniformément centrifuge, et n'est pas non plus régulièrement centripète. Des trois portions du prétendu ovule, c'est la « primine » qui préexisterait aux deux autres. Le nucelle se montre en second lieu, et finalement l'enveloppe qui se trouve interposée aux deux autres parties.

Il existe un groupe naturel de végétaux dont l'organisation doit servir à expliquer celle des Conifères ; ce sont les Casuarinées, si bien dénommés par B. Mirbel, « les Conifères des régions australes. » Elles ont beaucoup des caractères extérieurs des Cupressinées et n'ont jamais pu être considérées comme gymnospermes, parce qu'il est de règle que leur cavité ovarienne renferme plus d'un ovule. De plus, les espèces jusqu'ici analysées ont un ovaire dicarpellé, et leurs ovules, attachés plus au moins haut sur un placenta quelquefois très-étiré, sont en grande partie anatropes et ont une direction descendante. Cependant, dans quelques-unes des espèces qui viennent d'être découvertes à la Nouvelle-Calédonie, il arrive, comme on le verra mieux bientôt dans un travail spécial que prépare sur ces plantes M. Poisson, que la disposition des parties est un peu différente. Dans ces espèces, que toutefois on ne songera pas à séparer génériquement des autres *Casuarina*, un placenta peu élevé naît du fond d'une loge ovarienne unique et porte de deux à quatre ovules dont le micropyle ne cesse pas d'être directement tourné vers le sommet de l'ovaire. D'autre part, les ovules insérés non loin du sommet de ce cône placentaire, s'attachent un peu latéralement par leur hile oblique sur sa surface convexe ; et il en résulte qu'au lieu d'être descendants et plus ou moins anatropes, ils deviennent presque complétement orthotropes, comme les véritables ovules de certaines Conifères. Leur nombre dans la cavité ovarienne fait cependant qu'on ne saurait méconnaître la signification de la paroi de cette cavité.

Dans les *Podocarpus*, ainsi que dans beaucoup d'autres Conifères, on observe une apparente adhérence (dans une étendue souvent assez considérable) du nucelle aux membranes enveloppantes, et l'on pourrait être tenté de comparer cette union à ce que, dans une graine, on a parfois décrit comme la soudure de l'amande avec les téguments. Mais on ne s'est peut-être pas rendu compte de ce fait que, dans les Conifères, il s'agit, non de l'union tardive de deux corps d'abord indépendants, mais bien de deux organes (nucelle et enveloppe) toujours libres, implantés sur un support commun, de nature réceptaculaire, qui, d'abord peu élevé, n'a cessé avec l'âge de s'accroître en hauteur. Si l'on admettait l'assimilation que nous combattons, il faudrait aussi forcément faire rentrer dans la Gymnospermie celles des Loranthacées à ovaire infère dans lesquelles le sac embryonaire s'avance bien plus bas que la portion libre du nucelle dans la portion dite « adhérente » du gynécée. Si donc les partisans de la Gymnospermie des Conifères persistent dans leur doctrine, ne devra-t-on par les réduire à l'admettre aussi pour les Loranthacées ?

Quant aux *Podocarpus*, en résumé, leur corps reproducteur femelle n'est pas un ovule anatrope :

1° Parce que l'ordre d'évolution de ses trois parties n'est pas celui que présente un ovule anatrope ;

2° Parce que, contrairement aux ovules anatropes, il ne naît pas orthotrope pour devenir ultérieurement réfléchi.

EXPLICATION DES FIGURES

Planche VIII

PODOCARPUS CHINENSIS *Wall.*

FIG. 1. Jeune fleur femelle, grossie. Dans l'aisselle d'une bractée *b* se trouve un pédoncule *p*, qui porte supérieurement deux bractées latérales *b l*, puis se renfle et s'épaissit en même temps que les tractées supérieures, courtes et trapues qui accompagnent la fleur *f*. Celle-ci a tout à fait l'aparence extérieure d'un ovule anatrope, et elle présente du côté droit une fente longitudinale, celle du péricarpe (qui est une enveloppe ovalaire extérieure pour les gymnospermistées). Au milieu de cette fente, un orifice *o* (micropyle des gymn.), entouré d'un petit bourrelet circulaire.

FIG. 2. Section longitudinale de la même fleur femelle. Le cone nucellaire ***n*** y est entouré de deux sacs béants dont l'orifice est tourné en bas et à droite (et qui sont les enveloppes ovulaires des gymn.).

FIG. 3. Bouton très-jeune ; on n'aperçoit que le sommet *f* de la fleur femelle, entourée de bractées inégales, dont deux latérales *b l*.

FIG. 4. Très-jeune fleur femelle, dont la bractée axillante *b* a été coupée. Cette fleur consiste en un manchon réceptaculaire *r*, accompagné de deux bractées latérales *b l*.

FIG. 5. Fleur un peu plus âgée. Son réceptacle *r* est accompagné, outre les bractées latérales *bl*, d'une autre bractée *b*, qui est située d'un côté du réceptacle, mais non en face de sa ligne médiane.

FIG. 6. Fleur plus âgée encore. Outre les bractées latérales *b l*, *b l*, il existe trois bractées formant quinconce avec elles. L'une d'elles, *b*, a été coupée ; les deux autres, *b'* et *b''*, situées de l'autre côté, sont d'âge inégal.

FIG. 7. Le réceptacle floral, à peine plus âgé que dans la figure précédente. Il n'est plus conique ou hémisphérique, mais il commence à être comprimé d'une face à l'autre.

FIG. 8. Sur une des faces du réceptacle comprimé, deux petits bourrelets marginaux, *c*, *c*, commencent à être séparés du reste de la surface par deux très-légers sillons qui se regardent par leur concavité. L'autre face de la palette réceptaculaire demeure absolument lisse.

FIG. 9. Les deux bourrelets marginaux se sont rejoints pour constituer une enceinte carpellaire *cc*, séparée du mamelon central qui est le nucelle *n*, par un sillon presque circulaire.

FIG. 10. Fleur plus âgée encore. Entre l'enceinte carpellaire *c* et le nucelle *n*, très-saillant, se montre, dans le sillon circulaire, un petit anneau continu *e*, qui est l'enveloppe ovulaire.

FIG. 11. Calque de la figure précédente, montrant par des numéros l'ordre d'apparition des trois parties de la fleur femelle. S'il s'agissait d'un ovule, la partie 2 porterait le numéro 1, 3 porterait le numéro 2, et 1 le numéro 3.

FIG. 12. Disposition régulière (quoiqu'elle s'observe rarement) des fleurs femelles géminées sur un axe commun, avec des bractées symétriquement disposées et les deux sommets nucellaires regardant latéralement et en bas, comme ils sont nés (disposition qui est tout à fait identique à celle des fleurs géminées et renversées d'une écaille d'Abiétinée).

FIG. 13. Coupe longitudinale, suivant l'axe du nucelle, d'une jeune fleur, pourvue de ses trois parties; l'anneau qui entoure le nucelle étant la moins développée des trois et n'ayant paru le dernier que depuis peu de jours.

FIG. 14 et 15. États successifs de la fleur femelle, simulant parfaitement un ovule anatrope.

FIG. 16. Fleur, coupe longitudinale, au moment de la fécondation. Le nucelle, à sommet déprimé, renferme un sac embryonaire; il est entouré de deux sacs renversés, l'orifice en bas, et son pédoncule s'est épaissi, ainsi que la base des bractées qui entourent la fleur. Il y a apparence de soudure entre le nucelle et son enveloppe immédiate (ces organes n'ont jamais été disjoints), et un cordon vasculaire, qui longe le pédoncule et qui s'incline pour pénétrer dans la base de la fleur, simule exactement un raphé d'ovule anatrope.

CASUARINA QUADRIVALVIS (Cult.).

FIG. 17. Jeune fruit; sa cavité ouverte laisse voir un placenta conique presque basilaire qui supérieurement, du côté de la bractée axillante, porte deux jeunes graines, à micropyle supérieur. L'autre côté de la colonne placentaire (le postérieur) ne portait pas d'ovules.

FIG. 18. Ovaire de la même espèce, à un âge moins avancé.

CASUARINA (nouv. (?) esp. néo-calédonienne).

FIG. 19. Jeune ovaire, uniloculaire, dicarpellé. Son placenta basilaire porte deux ovules collatéraux, orthotropes.

FIG. 20. Ovaire de la même espèce, un peu plus âgé.

CASUARINA (nouv. (?) esp. néo-calédonienne, « *angulata.* »)

FIG. 21. Ovaire ouvert, dont le placenta basilaire supporte quatre ovules, orthotropes et dressés, ou peu s'en faut, à micropyle supérieur.

FIG. 22. Ovaire d'une autre fleur de la même plante, avec deux ovules seulement, répondant chacun à une feuille carpellaire.

M. H. BAILLON

Professeur à la Faculté de médecine de Paris

SUR LES TOLUIFERA ET SUR L'ORIGINE DES BAUMES DE TOLU ET DU PÉROU

— *Séance du 28 août 1873.* —

Le suc balsamique connu sous le nom de Baume de Tolu était employé depuis longtemps et bien connu en Europe, lorsque G. Bauhin, dans son *Pinax theatri botanici*, publié à Bâle en 1623, désigna (p. 401) l'arbre qui le produit sous le nom de *Balsamum tolutanum*.

C'est la même plante qu'en 1735, Miller nommait *Toluifera Balsamum;* il n'y a jamais eu de doute à cet égard.

Dans son *Materia medica* (p. 201), Linné adopta le nom proposé par Miller. Comme il lui assigne positivement pour synonyme *Balsamum tolutanum* C. Bauh., et comme l'ouvrage date de 1749, c'est-à dire d'une époque où la nomenclature binaire linnéenne était parfaitement en vigueur, puisque le *Critica botanica*, le *Genera plantarum*, etc., ne sont pas postérieurs à 1737, la dénomination linnéenne, parfaitement adaptée aux lois de cette nomenclature, demeure tout à fait valable, ne peut être négligée, comme on l'a fait de nos jours, et elle doit être complétement préférée à celles de *Myrospermum toluiferum* et de *Myroxylon toluiferum*, qui sont généralement adoptées et employées depuis un demi-siècle environ et auxquelles toutefois nous avons définitivement renoncé dans notre *Histoire des plantes* (II, 231, 383), publiée en 1870, nous fondant sur une règle impérieuse à laquelle il ne saurait être dérogé sans danger pour l'ordre et la clarté scientifiques.

La plante qui donne le Baume de Tolu est donc le *Toluifera Balsamum* L. Elle est caractérisée par des fleurs hermaphrodites et un peu irrégulières comme celles d'un grand nombre d'autres Sophorées, groupe de la famille des Légumineuses auquel se rapporte le genre *Toluifera*. Leur réceptacle a la forme d'une coupe peu profonde et à parois assez épaisses, insérée obliquement sur le pédicelle floral et à monture coupée un peu obliquement. Elle est doublée d'une couche mince de tissu glanduleux. Sur ses bords s'insèrent un double périanthe et l'androcée. Le calice (ou portion libre du calice pour plusieurs auteurs) a la forme d'un court cylindre d'une seule pièce, parcouru par dix côtes longitudinales équidistantes, peu prononcées, et son orifice supérieur est découpé en cinq dents un peu inégales. Les pétales, insérés au même niveau que le tube calicinal, et alternes avec ses dents, sont libres. Quatre d'entre eux sont à peu près égaux, en forme de languettes subspathulées, atténuées à leur base en un onglet aplati, et avec un limbe lancéolé. Le cinquième pétale, beaucoup plus grand, et qui recouvre les autres dans la préfloraison, a un onglet semblable à celui des autres pétales et un limbe élargi, suborbiculaire ou obovale, à deux lobes latéraux plus ou moins saillants, séparés par une échancrure plus ou moins profonde dont le fond est souvent occupé par une petite languette apicale, quelquefois assez aiguë. Les étamines, insérées avec les pétales, leur sont par moitié superposées et par moitié alternes, avec un filet semblable à l'onglet des pétales et une anthère biloculaire, introrse, allongée, apiculée, égale en longueur au filet ou plus longue que lui dans la plupart des cas. Le gynécée est inséré au fond du réceptale, mais excentriquement, plus en arrière qu'en avant, de sorte que le pied cylindrique, un peu comprimé, qui supporte l'ovaire, semble adné au réceptale dans une légère étendu de sa paroi postérieure. L'ovaire, oblong, aplati bilatéralement, continue insensiblement ce pied et se termine par une petite pointe légèrement arquée qui est le style et dont le sommet stigmatifère n'est point renflé. Sur la paroi postérieure de la loge ovarienne se trouve un placenta qui supporte un ou deux ovules, descendants, incomplétement anatropes, avec le micropyle dirigé en haut et en dehors.

Cette organisation florale étant une fois constatée, et sur des centaines de fleurs de cette espèce, analysées à tous les âges, nous devons tout d'abord déclarer qu'il est impossible de distinguer de celle-ci toutes les autres espèces admises dans le genre par des caractères empruntés à la fleur. Dans une seule et même espèce, suivant l'âge des boutons ou des fleurs ; ou, l'âge étant le même, sur des portions différentes d'une même inflorescence, on voit varier : la profondeur de la coupe réceptaculaire; l'obliquité de l'insertion du calice; la taille et la forme des dents de celui-ci, qui peuvent être très-obtuses et même disparaître presque totalement; la forme du grand pétale (étendard), dont le limbe est plus ou moins large (souvent plus large que long), plus ou moins développé relativement à la longueur de l'onglet, plus ou moins échancré à son sommet; la configuration des quatre petits pétales latéraux qui ont quelquefois un limbe distinct, lancéolé (mais qui souvent aussi ne forme qu'un tout continu depuis la base de l'onglet jusqu'au sommet lancéolé de l'organe), si bien que leur forme générale est à peu près celle d'un filet staminal subulé et aplati; la longueur des anthères qui sont plus ou moins apiculées au sommet; le point plus ou moins voisin du fond du réceptacle où se voit l'insertion du gynécée, de sorte qu'elle est presque centrale ou plus ou moins excentrique; la longueur du pied de l'ovaire, et celle du style qui est tantôt conique et droit, et tantôt plus ou moins sinueux; enfin la direction des ovules qui, au début, sont bien tous les deux descendants, avec le micropyle dirigé en haut et en dehors, mais qui se déplacent ensuite l'un l'autre d'une quantité variable ; si bien que, la situation de leur sommet organique ne variant pas, l'un d'eux peut cependant finir par devenir presque complétement orthotrope et ascendant, tandis que l'autre est demeuré descendant et anatrope. C'est donc dans d'autres caractères qu'il faudra chercher des différences spécifiques absolues.

Le fruit du *Toluifera Balsamum* est sec, indéhiscent, ellipsoïde-semi-lunaire, monosperme, rarement disperme, comprimé bilatéralement, terminé en haut et en dedans par un petit apicule, vestige du style, sur lequel nous reviendrons ultérieurement, et atténué inférieurement en un grand pied ligneux, comprimé, d'autant plus grêle qu'il se rapproche davantage du lieu d'insertion du périanthe. Là, ce pied est cylindrique, pédicelliforme ; mais à partir d'une certaine hauteur, il se dilate en deux ailes, l'une antérieure, et l'autre postérieure, minces, submembraneuses, subligneuses, qui font ressembler l'ensemble du fruit à une grande samare dont la loge séminifère occuperait l'extrémité supérieure. D'une manière générale, l'aile postérieure est plus large que l'antérieure et elle remonte plus haut qu'elle sur le bord postérieur de la loge séminifère dont elle vient remplir de ce côté la concavité jusque vers le point où se trouve l'apicule dont il a été question tout à l'heure.

La paroi du péricarpe, au niveau de la cavité séminifère, est assez épaisse, subéreuse, presque ligneuse, présentant trois couches peu distinctes : l'une intermédiaire, sèche, à peu près subéreuse; les deux autres, d'un tissu un peu plus dense, limitant la première en dehors et en dedans et formant une sorte d'épiderme un peu épaissi et presque ligneux. Elles représentent, en effet, comme nous allons le voir, les feuillets épicarpique et endocarpique du fruit. En dedans de ce dernier se trouve un dépôt plus ou moins épais, suivant les gousses qu'on examine, d'une résine blonde, qui a tout à fait les caractères physiques de certains Baumes de Tolu qu'on trouvait dans le commerce; et cette zone résineuse est doublée intérieurement, sur les fruits secs qui viennent en Europe, d'une membrane assez épaisse, mais très-distincte, à coupe blanchâtre et à contours très-nets. Dans la cavité centrale du fruit, qui est limitée en dehors par cette membrane, on voit flotter un ou, plus rarement, deux corps réniformes, qui sont libres de toutes parts, et qu'on serait, au premier abord, porté à considérer comme la graine ou les graines. Tous les observateurs ont émis jusqu'à présent cette opinion ; ils ont dû admettre, comme conséquence immédiate, que la couche mince à coupe blanche, qui est en dedans du dépôt résineux, représente l'endocarpe, et, par suite, que c'est en dehors de celui-ci et entre lui et le mésocarpe que se trouve la substance résineuse. Or, le corps ou les deux corps réniformes, à surface lisse, de consistance amygdaline, qu'ont décrit les auteurs comme la semence ou les semences, n'en est qu'une portion : l'embryon. Celui-ci, pendant la dessication du fruit, se sépare, en effet des téguments séminaux et flotte dans l'intérieur de leur cavité. En l'analysant, on n'y trouve absolument que deux cotylédons épais, plans-convexes, arqués, étroitement appliqués l'un sur l'autre par leur surface plane et intimement rapprochés par l'intermédiaire de la tigelle, courte, cylindrique, dilatée d'un côté en une radicule plus courte encore, obconique, surmontée à l'autre extrémité d'une petite plumule à feuilles déjà composée de folioles pennées distinctes. Quant aux téguments séminaux, comme c'est à leur surface extérieure que se trouve le dépôt résineux, celui-ci les a maintenus dans presque toute leur étendue collés contre la paroi interne de l'endocarpe. Mais la couche résineuse est intérieure à celui-ci et immédiatement appliquée contre la graine. Grâce à cet agglutinatif, celle-ci n'a pas quitté, dans sa portion tégumentaire, sa position naturelle ; et l'on retrouve, avec un peu d'attention, son ombilic, répondant à sa concavité, adhérent au placenta et à peu près sessile. On peut donc supposer que, dans le fruit mûr et encore frais, on verrait successivement, de dehors en dedans, et en contact les unes avec les autres, les couches suivantes : 1° l'épicarpe, peu distinct ; 2° le mésocarpe, plus mou ; 3° l'endocarpe, aussi peu distinct que l'épicarpe ; 4° le dépôt résineux ; 5° l'épisperme ; 6° l'embryon. Il est nécessaire de tenir compte de ces caractères, parce qu'ils sont des plus importants pour distinguer spécifiquement le *Toluifera Balsamum* de Linné d'une seconde espèce du même genre dont nous allons maintenant nous occuper.

Si Linné croyait connaître le Baume de Tolu, c'est-à-dire son *Toluifera Balsamum,* il admettait aussi que le Baume du Pérou provenait d'une tout autre espèce, de lui inconnue. La solution de ce problème l'intéressait particulièrement, à ce que nous apprend son fils, en 1781, dans le *Supplementum : Nil majus desideravit beatus parens*, dit-il (p. 233), en donnant pour la première fois une caractéristique de cette plante que Mutis venait de lui envoyer en fleurs et en feuilles et qu'il nomme *Myroxylon peruiferum*. Il remarque, entre autres faits, que, sur l'échantillon qu'il décrit, les feuilles ont deux paires de folioles, et que celles-ci sont parsemées de petites stries glanduleuses : « *punctis linearibus translucentibus resinosis, ut folia* Citri. » Mais, en même temps, il donne comme synonymes à son *M. peruiferum*, l'*Hoitziloxitl* d'Hernandez, auquel Ruiz avait assimilé son Myrosperme, et le *Cabureiba* de Pison, sur lequel nous reviendrons ultérieurement. Quand Mutis vit Bonpland, en 1823, il lui donna aussi des échantillons du *M. peruiferum*, c'est-à-dire, sans doute, de la plante même qu'il avait autrefois adressée à Linné fils, et cette plante servit à cette époque à la description du *M. peruiferum*, dans le *Nova genera et species plantarum æquinoctialium* (VI, 374, n. 1). Kunth nous apprend, à ce propos, que la plante porte en Colombie le nom vulgaire de *Tache*.

En 1819, Bertoloni, dans ses *Amœnitates italicæ* (p. 25, t. I), décrivit comme une seule et même espèce le *Myroxylon peruiferum* de Linné fils et le *Myrospermum pedicellatum* de Poiret, et donna du fruit de cette plante une figure qui semble avoir été dessinée d'après un fruit des échantillons de la plante de Ruiz, dont il va maintenant être question.

En 1821, A. B. Lambert, dans un mémoire de Ruiz très-souvent cité et placé à la suite de son *Illustration of the genus* Cinchona (p. 192), sous le titre de : « *Description of the tree known in the kingdom of Peru under the name of* Quinquino *and of its bark called* Quinquina *which is distinct from the* Quina *or* Cascarilla, » donne la description du port, des feuilles, des fleurs et des fruits d'un arbre péruvien qu'il confondit à tort avec le *Myroxylum peruiferum* L. f. Il lui donne encore comme synonymes *M. peruiferum* R. et Pav. *Fl. per*, mss. cum icon., et *Hoitziloxitl* Hernand., *Mex.*, 51, (ed. matrit., I, 373). Malgré les confusions commises par l'auteur, cette description est très-précieuse parce qu'elle est accompagnée d'une planche qui représente très-exactement les échantillons de *Myroxylon* qui ont été récoltés par Ruiz et Pavon.

La plante pousse « dans les montagnes de Panatahuas, dans les forêts de Puzuzu, Muna, Cuchero, Paxaten, Pampahermosa et dans beaucoup d'autres localités voisines de la rivière Marañon, dans les endroits bas, chauds et exposés au soleil ; elle fleurit en août, septembre et octobre. Les naturels nomment l'arbre *Quinquino*, et son fruit et son écorce *Quinquina*... D'autres appellent aussi l'arbre lui-même *Quinquina*, mais il est plus connu sous le nom de *Quinquino*. Les Indiens de Puzuzu et des pays ci-dessus mentionnés ne récoltent pas de baume sur cet arbre, soit parce qu'ils ignorent le moyen de l'obtenir et son prix, soit parce que peu d'arbres se trouvent au voisinage de leurs villes. Les seules parties qu'ils recueillent sont l'écorce, gorgée de résine, condensée en gouttes, et les fruits, afin de les vendre dans les provinces voisines, où l'une et les autres servent à parfumer les étoffes et les appartements. On les appelle *Parfum de Quinquina*, pour les distinguer du vrai parfum qui est une composition de benjoin, de storax et d'ambre gris. »

La poudre du fruit et de l'écorce sert encore à traiter plusieurs maladies.

L'espèce décrite et représentée dans le mémoire publié par Lambert passe pour n'avoir jamais été récoltée que par Ruiz; elle était très-abondante dans l'herbier de ce dernier et dans celui de Pavon; car depuis le commencement de ce siècle, elle est parvenue dans l'herbier du Muséum de Paris en assez grande quantité pour couvrir quatre feuilles [1]. Des fruits, de même provenance, font en outre partie de la collection carpologique du Jardin des Plantes. Les mêmes fruits et les mêmes échantillons en feuilles et en fleurs se voient dans les collections du *British Museum* et de l'Herbier de Berlin, la provenance étant toujours la même; et ils représentent très-exactement les deux rameaux qui sont figurés dans la planche du mémoire de Lambert. Il est bien possible même que les échantillons qui ont servi à faire ce dessin soient précisément deux de ceux qui se trouvent réunis sur une même feuille dans l'herbier du Muséum : l'un, avec des feuilles plus allongées, plus développées; il porte des fruits mûrs; l'autre, avec des feuilles plus petites, bien plus courtes; c'est un rameau cueilli pendant la floraison. Or, tous les autres caractères étant les mêmes, l'écorce identique sur les deux sortes de rameaux, la coloration, la consistance des feuilles étant semblables, si l'on regarde par transparence les feuilles courtes, on voit qu'elles sont parsemées de points et de taches pellucides linéaires; tandis que les feuilles plus longues des rameaux fructifères sont principalement ponctuées. C'est ce dernier caractère qui a déterminé Klotzsch, dans son travail particulier sur les *Myroxylon* (*in Hayne Arzeneigew.*, XIV, t. 11, 12; *in Bonplandia*, V 275; *in Walp. Repert. bot. syst.*, I, 805), à décrire la plante de Ruiz et de Lambert comme une espèce distincte, sous le nom de *M. punctatum*. Mais ce caractère étant variable, comme nous venons de le dire, suivant l'âge des rameaux, suivant aussi diverses conditions de la végétation, il n'y a rien qui doive nous empêcher d'assimiler spécifiquement le *Myroxylon* de Ruiz au *M. toluiferum* des auteurs. M. Bentham, qui a fait une étude si particulière et si suivie du groupe des Légumineuses, et qui a pu examiner les échantillons authentiques du *M. punctatum*, n'a pas hésité, dans la description des Papilionacées du *Flora brasiliensis* de Martius, à donner cette plante comme synonyme du *M. toluiferum*; et nous adoptons pleinement cette manière de voir.

En rapprochant les uns des autres tous les échantillons connus du *M. toluiferum* type, nous avons vu des différences considérables dans

1 Ces échantillons viennent, les uns de De Candolle, les autres, de M. Boissier, qui les a donnés comme doubles de l'herbier de Pavon; d'autres encore ont été envoyés par l'herbier royal de Berlin.

la forme et la taille des folioles, dans leur consistance et leur épaisseur; ce qui dépend sans doute des conditions diverses dans lesquelles les arbres avaient végété, de l'époque de l'année où les échantillons ont été récoltés, etc. Sur les branches de l'arbre abattu sous ses yeux vers les bords du Rio Magdalena, et dont parle M. Weir dans son intéressante relation, les folioles sont très-petites et assez épaisses. Sur les feuilles d'arbres qui paraissent végéter vigoureusement au Brésil, où ils fleurissent, dit-on, rarement, les folioles sont semblables de forme à celles des échantillons de M. Weir, mais plus grandes, plus vertes, avec des taches pellucides plus visibles. Sur les célèbres échantillons de Humbold et Bonpland, récoltés à Saint-Jean de Bracamoros et dans quelques localités voisines, les folioles sont plus étroites, plus allongées, moins épaisses, moins rigides, à taches pellucides plus longues, linéaires; et c'est sur ces caractères que Klotzsch a fondé une espèce distincte, son *M. Hanburyanum*. Mais il faut y remarquer que Humboldt et Bonpland affirment que cette plante est le *M. toluiferum*, qu'elle vient bien des localités type où il pousse, et qu'ils ont dit n'avoir vu jamais l'arbre en fleurs et en fruit. Ce qui est probable, d'après l'apparence de leurs échantillons, c'est qu'ils ont eu sous les yeux des arbres, autrefois exploités peut-être, abattus ou récépés, et qui avaient poussé du pied de longs jets non florifères, à feuilles et à folioles elles-mêmes étirées et végétant vigoureusement. Mais si l'on compare ces échantillons à certains autres provenant de la collection de Ruiz, on peut trouver dans les uns et les autres des folioles ayant exactement des deux côtés la même forme et les mêmes dimensions, et c'est là encore ce qui nous porte à assimiler la plante de Humboldt au *M. toluiferum* des auteurs et au *M. peruiferum* de Lambert.

Quand Hernandez décrivait l'arbre des régions chaudes du Mexique, qui est aujourd'hui reconnu de tous les auteurs comme donnant le Baume de San Salvador ou de *Sonsonate*, on ne connaissait, à ce qu'il semble, en Europe qu'une seule de ces substances balsamiques, car il intitula le chapitre qui y est relatif (*Rer. medic. Nov. Hispan. Thes.* (1551, p. 51) « *De* Hoitziloxitl, *seu de arbore Balsami indici* » Ce *Balsamum indicum*, qui coule à une certaine époque de l'année de l'écorce incisée et dont la couleur est « *e fulvo nigrum inclinans*, » semble bien avoir les caractères du Baume de Tolu tel qu'il se présente quand il a été obtenu par l'incision du tronc. Quant à la plante mexicaine de Hernandez, elle ne peut être que celle dont Pereira a dit que le commerce européen retire tous les baumes qui viennent de la *Côte du Baume*, c'est-à-dire de l'État de San Salvador et des États voisins. C'est à cette plante qu'il avait donné le nom de *Myrospermum of Sonsonate* et c'est elle que Royle a nommé depuis lors *Myroxylon Pereiræ*.

Elle figure dans l'herbier de Berlin, communiquée par Pereira lui-même, sous le nom de *M. sonsonatense* Kl. Je l'ai vue à Kew provenant de Sonsonate et récoltée par M. Finck (exs., n. 1665) à Matlaluca, près de Cordova, c'est-à-dire d'une localité bien voisine de celles d'où avait pu la recevoir Hernandez. Dans la collection de l'École de pharmacie de Paris, il y a aussi un échantillon authentique, donné par Pereira lui-même, comme venant « *from the Balsam Coast, San Salvador* » et comme produisant le Baume du Pérou. Enfin, je tiens de la libéralité bien connue de M. D. Hanbury (auquel nous devrons bientôt, j'espère, la publication d'une Monographie des *Myroxylon*, qu'il est plus capable que personne de mener à bien) de très-précieux échantillons du *M. Pereiræ*, qu'il a reçus de Sonsonate, notamment de beaux fruits, dont plusieurs n'offrent absolument aucune différence avec certains de ceux du *M. toluiferum* vrai, récoltés par M. Gœring au Venezuela, et qui ont été aussi déterminés spécifiquement par M. Hanbury. Il y a aussi de bons échantillons du *M. Pereiræ* dans l'herbier du Muséum de Paris. Leur fruit peut être tout à fait le même que celui du *M. toluiferum*. Ils en diffèrent parfois par la vigueur de leurs rameaux, la taille des folioles, leur consistance, le nombre et la forme plus ou moins allongée des taches pellucides des feuilles; mais la graine ou les deux graines (car il y en a assez souvent deux dans tous les *Myroxylon* connus) sont semblables, à surface lisse, collée à l'endocarpe par l'extérieur de leur enveloppe dont l'embryon entier s'est séparé; et il m'est impossible, en somme, de considérer les deux plantes comme autre chose que deux formes, plus ou moins variables, d'une seule et même espèce, le *Toluifera Balsamum* de Linné.

Quant aux graines du *M. peruiferum*, elles sont tout à fait différentes de celles du *M. toluiferum*, et c'est par M. Hanbury que j'ai pour la première fois entendu signaler cette dissemblance. Il a remarqué qu'au lieu d'être lisse, la surface de ces semences est rugueuse et parcourue par des sillons inégaux et très-irrégulièrement reliés les uns aux autres. C'est toute la surface de ces sillons et des saillies interposées qui, dans cette espèce, se trouve enduite de la substance balsamique. L'apparence de cette surface tient d'ailleurs à la configuration même des cotylédons, qui sont extérieurement cérébriformes, ruminés même, et à ce que les enveloppes séminales, peu épaisses, se moulent exactement sur leur convexité. Comme ici l'endocarpe est assez éloigné de la graine, la substance balsamique ne contracte pas d'adhérence avec le péricarpe, ainsi qu'il arrive, comme on l'a vu, à la graine à surface lisse du *M. toluiferum*, et il en résulte entre les deux espèces une distinction très-facile à établir et qui peut se résumer ainsi pour le *M. peruiferum :* non adhérence de la graine au péricarpe ; état sillonné de la surface séminale.

Le *M. peruiferum* n'est pas spécifiquement distinct du *M. pubescens* H. B. K., qui peut présenter toutes les variations possibles dans la quantité de poils dont ses parties sont chargées, mais dont les graines ont strictement la même organisation. De même aussi le *M. pedicellatum* de Lamarck, qui depuis longtemps n'est plus considéré comme une espèce distincte, quoique, dans l'échantillon dû à Joseph de Jussieu, les fruits soient quelque peu différents de la plupart de ceux de la Colombie, quant à la taille et à la forme des ailes, et quoique les formes des taches pellucides des folioles présentent çà et là quelques modifications.

On ne peut, nous l'avons vu, distinguer du *M. toluiferum* aucune de ces formes du *M. peruiferum* par quelque caractère que ce soit tiré de l'organisation florale. Celui de la graine est seul absolu. Nous nous sommes demandé s'il n'y aurait pas dans la configuration extérieure du fruit quelque chose qui pût traduire au dehors cette grande dissemblance des semences, et nous sommes arrivé à conclure que ces caractères existent fréquemment, quoiqu'ils ne soient pas absolument constants. Le fruit est, on le sait, dans les *Toluifera*, surmonté d'un petit apicule qui représente un reste de style. C'est un cône minuscule, durci, plus ou moins proéminent. Si l'on mène (comme on le voit dans les figures qui accompagnent ce travail) une ligne qui représente la hauteur géométrique de ce cône, elle coupe une autre ligne droite menée suivant l'axe de la longueur du fruit du *M. toluiferum* ou à angle droit, ou obliquement et de telle façon que, des deux angles formés par leur intersection qui se trouvent du côté de l'apicule, le supérieur est le plus ouvert, tandis que, dans le *M. peruiferum*, il est le plus aigu. Cela tient, en somme, à ce que l'apicule a, de sa base à son sommet, une direction généralement ascendante dans le *M. peruiferum* et ses variétés, et descendante, au contraire, dans les diverses formes du *M. toluiferum*: Si bien que, dans ce dernier, le petit cône, au lieu d'être à peu près apical, a sa base d'insertion au-dessous d'une portion assez étendue du bord dorsal de la gousse, lequel, après avoir contourné le sommet de figure de celle-ci, revient sur lui-même comme en se recourbant à la façon d'un cimier et parcourt encore sur le bord ventral une certaine étendue avant de supporter la base du petit apicule.

Nous insistons, au contraire, sur ce point qu'il n'y a rien de constant dans tous autres caractères tirés de la longueur et de la largeur de la gousse, de la direction droite ou arquée dans un sens ou dans l'autre de son grand axe, de la largeur et de la longueur absolue et relative de ses deux ailes, de la façon dont elles viennent supérieurement s'unir à la portion séminifère du fruit et inférieurement au pied grêle de la gousse, de la comparaison entre elles des ailes dorsale et ventrale comme configuration et nervation. Au lieu d'avoir une valeur spécifique, tous ces détails d'organisation sont essentiellement variables dans une seule et même espèce et souvent dans un même individu. Les nombreux exemplaires que nous avons pu examiner dans les principales collections de l'Europe et ceux, en nombre également considérable, que nous devons à la libéralité de M. Hanbury, ne peuvent à cet égard laisser aucun doute. Nous n'y insisterons pas ; il suffira de jeter un coup d'œil sur la planche jointe à ce travail pour se convaincre que, dans les fruits du *M. toluiferum*, représentés avec une exactitude servile dans la portion supérieure de cette planche, et dans ceux du *M. peruiferum*, figurés dans la moitié inférieure, il y a non-seulement toutes les variations dans une espèce, mais encore, dans chacune d'elles, il y a, comme taille et comme forme, des types qui se correspondent, de façon qu'avec un grand nombre d'échantillons bien choisis, il est possible de suivre parallèlement dans une espèce toutes les dimensions et configurations qu'on aura constatées dans l'autre.

Au point de vue des produits utiles, il y a aussi une grande différence entre les deux espèces. Nous ne sommes plus au temps où l'on pouvait croire que le *M. peruiferum* donnait le Baume du Pérou, et il y a longtemps qu'on a fait justice de cette erreur. Dans la plupart des localités, le *M. peruiferum* ne produit rien autre d'utile que son bois, très-beau, très-dur, d'une couleur charmante. M. Triana nous affirme qu'en Colombie, le *M. pubescens* qui, nous l'avons vu, appartient à la même espèce, ne sert à l'extraction d'aucun baume. Nous avons vu quelques petites masses de résine balsamique qui provenaient de cette plante ; elles pourraient être utilisées sans doute ; elles ne le sont pas. Le bois est imprégné d'une certaine quantité de cette matière odorante ; on l'a brûlé quelquefois dans les temples ; il y répand un parfum agréable, mais il ne fournit pas de médicament.

L'autre espèce, le *M. toluiferum*, donne sur les bords du Rio Magdalena beaucoup de Baume de Tolu, de couleur pâle et d'une odeur suave. M. Weir, qui l'a vu exploiter, nous a décrit ses qualités et aussi la façon dont on l'extrait. Le tronc de l'arbre est incisé à diverses hauteurs et de différents côtés, et l'on se borne à recevoir dans des vases particuliers le liquide qui s'en écoule. Monardes, qui l'un des premiers en Europe a mentionné le Baume du Pérou, a fait connaître deux modes d'extraction : la simple incision de l'écorce de l'arbre, et la décoction des fragments du tronc et des branches dans l'eau bouillante. Le premier procédé donne, dit-il, du Baume blanc et liquide ; il correspond au procédé qu'a vu employer M. Weir en Colombie. L'autre, dit Monardes, donne un liquide d'un rouge noirâtre. Je ne parle pas ici de l'extraction du Baume de fruit ; il me paraît certain qu'elle est possible, surtout par l'action de l'eau chaude. Mécaniquement, j'ai séparé du péricarpe d'assez notables masses de Baume solide ; il était d'une belle couleur blonde, d'un parfum exquis et d'une qualité tout à fait supérieure. Mais à la Côte-du-Baume, d'où nous vient aujourd'hui le Baume de Pérou foncé et noirâtre du commerce, le mode d'extraction est encore tout à fait différent des précédents. On enlève des plaques d'écorce assez larges ; on les remplace par des cardes de coton. Puis on allume autour du tronc un feu dont la chaleur liquéfie le baume et permet au coton de s'en imprégner, mais dont, sans doute aussi, la fumée doit contribuer à l'épaissir et à lui donner une teinte plus foncée, noirâtre. Les plaques de coton, saturées de baume, sont ensuite traitées par l'eau bouillante, dont on sépare la substance commerciale par le refroidissement. N'est-il pas permis de supposer que, comme pour tant d'autres arbres à substance résineuse ou balsamique, on obtient des différentes formes ou variétés d'une même espèce, des produits commerciaux divers, dont les qualités variables tiennent, et au mode d'extraction, et aussi aux différences de sol et de climat dans lesquels croissent les arbres ?.

Les conclusions de notre travail sont les suivantes :

Les *Myroxylon* doivent prendre le nom générique de *Toluifera*.

Il n'y a probablement que deux espèces de *Toluifera* proprement dits.

L'un est le *T. Balsamum* de Linné. Nous lui rattachons, comme simples variétés, formes, ou même comme variations accidentelles, les *Myroxylon balsamiferum* Pav., *punctatum* Kl., *sonsonatense* Kl., *Pereiræ* Royl., *Hanburyanum* Kl.

L'autre sera le *T. peruifera*, qui a pour synonymes : *M. peruiferum* L. f. (nec Lamb.), *M. pedicellatum* Lam.

Ces deux espèces ne diffèrent d'une façon constante l'une de l'autre que par les caractères tirés de la graine.

Les seules plantes dont les produits utiles nous viennent en Europe appartiennent, comme formes, variétés, etc., au seul *T. Balsamum* L.

Le siége de la substance balsamique est le même dans les deux espèces ; mais dans le *T. Balsamum* elle recouvre une graine à surface lisse et dont les téguments se séparent facilement de l'embryon pour aller se coller à la face interne de l'endocarpe ; tandis que, dans le *T. peruifera*, la graine demeure éloignée du péricarpe et porte la substance balsamique sur toute la surface sillonnée, corruguée et ruminée d'un tégument qui n'abandonne pas l'embryon et ne va pas s'agglutiner avec la paroi du fruit.

EXPLICATION DES FIGURES

Planche IX

TOLUIFERA BALSAMUM *L.*

(Gravures de l'*Histoire des Plantes.*)

FIG. 1. Rameau florifère (1/3 de grandeur naturelle).
FIG. 2. Fleur entière (1/2).
FIG. 3. Fleur, coupe longitudinale.
FIG. 4. Fruit de la var. *punctatum* (1/2).

Planche X

TOLUIFERA BALSAMUM

FIG. 1. Fruit à aile petite et arquée du *Myroxylon Pereiræ* (d'un échant. de Sonsonate, Côte-du-Baume à San Salvador, donné par M. Hanbury).

FIG. 2. Fruit à aile presque rectiligne et étroite du *M. toluiferum* de Colombie (d'un échant. de l'arbre que fit abattre M. Weir, sur les bords du Rio Magdalena).

FIG. 3. Fruit à aile rectiligne et triangulaire, de même provenance que celui qui est représenté par la fig. 1.

FIG. 4. Fruit à aile légèrement convexe sur le dos d'un *M. toluiferum* proprement dit, récolté au Venezuela en 1868, par M. A. Gœring (de la coll. de M. Hanbury).

FIG. 5. Fruit du *M. punctatum* KL. (d'un échant. de Pavon.). La ligne qui prolonge l'axe de l'apicule stylaire est oblique de bas en haut et de dehors en dedans (*M. balsamiferum* PAV.).

FIG. 6. Embryon (pris pour une graine lisse) abandonné de ses enveloppes séminales qui sont collées au péricarpe par la couche de substance balsamique.

TOLUIFERA PERUIFERA

FIG. 7. Fruit d'un *M. pubescens* récolté à Ibague (Colombie) et donné par M. Hanbury.

FIG. 8. Fruit envoyé du même pays par M. Goudot (*M. peruiferum* L. F.).

FIG. 9. Fruit, à aile plus courte et plus étroite, d'un *M. peruiferum* croissant au Brésil (Coll. de M. Hanbury).

FIG. 10. Fruit, à aile petite et arquée du *M. pubescens*, récolté dans les Andes de l'Équateur (Coll. R. Spruce, n. 5075).

FIG. 11. Fruit du *M. pedicellatum* LAM. (de l'échant. de J. de Jussieu). La ligne qui prolonge l'axe de l'apicule stylaire est oblique de haut en bas et de dehors en dedans.

FIG. 12. Graine à surface corruguée, enduite de la substance balsamique et non adhérente au péricarpe.

8me Section

ZOOLOGIE ET ZOOTECHNIE

PRÉSIDENT. . . . . M. CH. MARTINS, Professeur à la Faculté de Médecine de Montpellier.
SECRÉTAIRE . . . . M. E. KŒCHLIN.

M. Carl VOGT
de Genève

DÉVELOPPEMENT DE CERTAINS CRUSTACÉS INFÉRIEURS [1]

— *Séance du 22 août 1873.* —

J'avais commencé, il y a bientôt trente ans, une série de recherches sur les Crustacés inférieurs de nos eaux douces, surtout les Cyclops et les Daphnies. Ces recherches, souvent interrompues, ont reçu une impulsion nouvelle lorsqu'on m'apporta, en 1871, des échantillons du *Branchipus diaphanus* (*Chirocéphalus* de Prévost) recueillis par quelques-uns de mes élèves près du sommet du Reculet (Jura), à une altitude de plus de 1,000 mètres, dans une mare servant d'abreuvoir aux bestiaux. C'est, si je ne me trompe, l'altitude la plus considérable où l'on ait observé jusqu'à présent des Branchipides. Ayant élevé, dans un aquarium, plusieurs générations successives de cette espèce et suivi le développement depuis l'œuf, je voulus comparer des genres et espèces voisines. M. Charles Martins, m'envoya, de Montpellier, des *Artemia salina* vivants, recueillis dans les marais salans près Cette. Cette espèce a prospéré depuis dans mes aquariums de telle sorte, que je puis aujourd'hui présenter à la section des larves vivantes, écloses dans l'eau douce, où cependant ces animaux ne parviennent jamais à maturité. J'ai pu également envoyer à M. de Siebold des individus vivants, qui avaient passé trois fois vingt-quatre heures en un bocal clos, rempli seulement d'eau aux deux tiers. L'année passée M. Ferdinand Brauer, de Vienne, eût la bonté de m'envoyer des terres recueillies dans des mares près de Pesth et de Prague, dans lesquelles

[1] A l'appui de cette communication, M. Vogt présente à la section un portefeuille contenant trente planches in-folio avec plusieurs centaines de figures et des larves d'*Artemia* vivantes apportées de Genève.

devaient se trouver des œufs de différents Phyllopodes. L'éducation de ces œufs ayant parfaitement réussi, je pus observer encore le développement de deux espèces de *Branchipus*, de l'*Apus cancriformis* et de l'*Estheria dahalacencis*, dont des générations ultérieures vivent encore dans mes aquariums.

Mes observations ont donc porté sur les espèces suivantes :

Cyclops quadricornis et espèces voisines ;

Daphnia sima, pulex, brachiata ;

Branchipus diaphanus, stagnalis, torvicornis ;

Artemia salina ;

Estheria Dahalacensis ;

Apus cancriformis.

Je réserve la discussion du développement des Daphnides, qui diffère de celui des autres genres, parce que les différentes périodes larvaires sont parcourues dans l'œuf même, tandis que chez les autres elles se passent à l'état libre. Je rappellerai seulement que les Daphnides ont deux formes d'œufs ; les œufs dit d'été, couvés dans un espace incubateur situé entre le corps et les valves, et les œufs dits d'hiver qui sont déposés dans une formation particulière dépendante des valves et appelée l'éphippium ou la selle. On ne savait pas encore comment se développent ces derniers œufs. J'ai réussi d'en élever à maturité et j'ai vu en sortir des jeunes Daphnides femelles absolument semblables à celles qui sortent des œufs d'été. L'éphippium n'est donc qu'un simple appareil protecteur, qui ne change en rien la genèse des Daphnides.

L'œuf de toutes les espèces a toujours une *double enveloppe*, une coque extérieure chitineuse, souvent pourvue de sculptures particulières et une enveloppe interne mince, sans structure apparente.

Mon but principal était la recherche des homologies qui pourraient exister entre les organes des formes si différentes représentées par les espèces mentionnées. J'ai eu la satisfaction de voir que toutes ces formes, avec ou sans boucliers ou valves dérivent d'une forme primitive, simple et commune à toutes ; qu'il n'y a pas de types différents dans ces formes primitives, peu variées dans leur constitution, et que les différences ultérieures résultent du développement inégal des parties et de leur adaptation à des fonctions différentes.

Les Cyclopides, les Branchipides, les Estheria, les Apus parcourent, après leur sortie de l'œuf, des phases analogues avant d'arriver à l'âge adulte. On peut désigner sous le nom de *Nauplius* (nom générique donné par O. F. Muller aux jeunes Cyclops) la forme sortant de l'œuf et sous celui de *Larve* la forme subséquente.

Première forme. — *Nauplius*. Cette forme a *toujours* trois paires de membres. (Zaddach s'est trompé, lorsqu'il n'accordait au Nauplius de l'*Apus* que deux paires.) Elle a toujours un œil médian ordinairement coloré et composé de deux moitiés primitives soudées, une bouche infère, couverte par un prolongement du corps (lèvre supérieure), un intestin droit et médian s'ouvrant à l'extrémité du corps, et ne montre aucune segmentation transversale du corps formé par une seule gibbosité en avant et le plus souvent un appendice (abdomen) non segmenté.

Forme générale du corps. — Chez les Cyclopides, seul le Nauplius sortant de l'œuf présente un corps en bouclier ovalaire, relevé au milieu du dos, garni de deux pointes à l'extrémité anale et sans trace aucune de division. La bouche se trouve à la surface inférieure au premier tiers de la longueur ; elle est surmontée par la lèvre supérieure courte. Chez tous les autres, cette partie en bouclier existe de même, portant les membres, l'œil et la lèvre, et souvent relevée sur le milieu du dos d'une manière tellement considérable que les Nauplius, vus de profil, paraissent comme bossus. Mais à cette partie qu'on peut appeler céphalothorax, ou bouclier céphalique s'ajoute un abdomen plus ou moins allongé, primitivement non segmenté et terminé en deux prolongements tantôt pointus, tantôt obtus, entre lesquels se trouve l'anus. C'est sur cette partie que se développeront plus tard, avec une segmentation prononcée, les pieds natatoires de la larve et de l'animal adulte. Évidemment, la forme du Nauplius des Cyclops est la primitive et développée d'abord dans l'œuf ; l'abdomen s'ajoute au céphalothorax originaire déjà dans l'œuf chez les Phyllopodes observés, tandis que, dans les Cyclopes, il apparaît seulement après la première mue.

Première paire des membres. — Elle est toujours simple, dirigée en avant et toujours tactile, garnie, le plus souvent à l'extrémité, de baguettes microscopiques d'apparence vitrée et boutonnées. Chez les *Estheria* seuls, cette paire d'appendices est représentée par un mamelon, sur lequel est placée une soie simple courbée en forme de sabre. Mais, dès la première mue, les baguettes vitrées se développent autour de la base de la soie et le mamelon s'allonge pour devenir l'*antenne tactile* courbée et hérissée de mamelons à baguettes tactiles, que portent les *Estheria* au-dessous du bec. Chez tous les autres, cette paire forme les antennes antérieures qui restent toujours tactiles et ne sont jamais motrices.

La *seconde paire des membres*, placée plus en arrière, est dans les Nauplius, essentiellement motrice, toujours bifide à l'extrémité, garnie de soies pennées natatoires et portant des appendices particuliers à la base. Elle reste motrice chez tous les genres à coque ou à bouclier thoracique *(Apus, Estheria, Daphnia, Cyclops)*, où elle forme, à l'âge adulte, les bras ou *antennes natatoires*. Chez les Branchipides *(Branchipus et Artemia)*, au contraire, cette paire perd entièrement sa signification motrice et devient, chez les mâles, l'appareil de préhension qui a valu à l'espèce décrite par Prévost le nom de Lhirocépale. Chez la femelle, cette paire se réduit aux lobes céphaliques, homologues aux appareils de préhension et ne servant à rien du tout. L'acheminement vers cette transformation se trouve chez les Cyclops, où les antennes natatoires du mâle (*Cyclops castor*) servent en même temps à la préhension et à la natation.

Troisième paire des membres. — Postérieure, toujours plus petite que la précédente et plus rapprochée de la ligne médiane. Elle est primitivement à la fois motrice par son extrémité simple et toujours recourbée et masticatrice par sa base, garnie, du côté de la bouche, de petites dentelures ou de surfaces triturantes. Cette paire présente donc primitivement la structure des pieds des Pœcilopodes, qui servent également pour les deux fonctions. Elle garde chez les Cyclops, son appendice moteur, qui sert surtout à nettoyer les environs de la bouche ; mais chez tous les autres, les Daphnides comprises, cet appendice se perd entièrement et successivement, et cette paire devient la *mandibule triturante* des Phyllopodes, suspendue au corps sur le côté en haut et se recourbant vers la bouche, au devant de laquelle les deux surfaces crénelées et hérissées de petites dentelures travaillent l'une contre l'autre comme deux meulières.

Œil médian. — Primitivement composé de deux moitiés qui se fondent ordinairement déjà avant la sortie de l'œuf, il reste tel quel et seul chez les Cyclops, forme l'œil médian des Apus et devient rudimentaire chez tous les autres, où il se réduit quelquefois à une traînée de pigment (Daphnides). Je dois cependant faire observer, que j'ai trouvé à Champéry (Val d'Illier, canton du Valais en Suisse), dans un ruisseau, un Nauplius de Cyclopide, chez lequel, malgré l'examen le plus attentif à tous les grossissements, je n'ai pu découvrir aucune trace d'un œil. N'ayant pu suivre le développement de ce Nauplius, je ne puis dire, si cette absence de toute trace d'un œil était une anomalie ou un caractère d'espèce.

La *lèvre supérieure* n'est à proprement parler, qu'un prolongement en forme de semelle ou de palette élargie, de la surface inférieure du corps dans sa partie antérieure. Elle couvre d'en bas l'entrée de la bouche et les mandibules triturantes, sur lesquelles elle s'abat comme un couvercle souvent rigide ou peu mobile (Nauplius des Cyclops), elle est au contraire très-mobile chez les Branchipides et garnie, à son pourtour, de fines soies rigides. Elle contient toujours, des deux côtés et outre de grandes cellules sous-cutanées particulières, un prolongement ganglionnaire considérable du système nerveux. Elle est énorme chez les Nauplius des *Estheria* et leur donne une apparence tout à fait fantastique.

Intestin. — Chez tous, l'œsophage monte depuis la bouche verticalement en haut pour s'ouvrir dans l'intestin moyen, vivement coloré en jaune chez les Phyllopodes par des gouttelettes de graisse et par des cellules glandulaires qui le tapissent. Cette partie de l'intestin est ordinairement plus élargie et s'avance au delà de l'œsophage, dans la partie antérieure de la tête, où elle formera plus tard des cœcums, simples et courbés chez les Daphnides, très-compliqués chez les autres. Dans la partie postérieure de l'abdomen, se trouve l'intestin terminal, séparé du moyen par un rétrécissement garni d'une valvule, dépourvu de glandes colorées et retenu à son extrémité anale par des brides musculaires obliques. Cette partie rectale se gonfle et se rétrécit souvent de manière à faire croire qu'elle fait entrer et sortir de l'eau. Je n'ai cependant jamais vu attirer de cette manière dans l'intestin des parties colorantes (indigo ou carmin) répandues dans l'eau. Chez les Cyclops seuls se trouvent, des deux côtés de l'intestin moyen et à l'endroit où celui-ci s'ouvre dans l'intestin terminal, deux élargissements en forme de poche, qu'on a voulu comparer aux reins. Chez tous les autres, l'intestin ne présente aucuns élargissements latéraux, sauf les deux cœcums céphaliques mentionnés.

Les *tissus* du Nauplius sont très-difficiles à reconnaître. On distingue un épiderme plus solide, sans structure apparente, à la face interne duquel se montrent des cellules à noyaux et à prolongements étoilés. Les masses internes cellulaires sont obstruées par des quantités de gouttelettes graisseuses, qui se trouvent aussi dans les fibres musculaires naissantes, dont on peut distinguer les traînées dans les extrémités. Ces masses internes s'accumulent là où doivent surgir de nouvelles formations.

Le Nauplius passe par des mues successives à la seconde forme : *larve*. Celle-ci se caractérise avant tout par les segmentations de l'abdomen, par la formation de zonites ou de métamères, qui se développent d'avant en arrière et de telle sorte que le dernier segment bifurqué, où se trouve l'anus, est toujours poussé plus en arrière. La partie de l'abdomen située entre le bouclier du céphalothorax et l'extrémité anale paraît d'abord unie et sans segmentation ; les segments s'accusent en même temps que les pattes bourgeonnent à la face abdominale. Tout progrès est toujours combiné avec une nouvelle mue, où l'épiderme transparent est rejeté en entier.

Les formations nouvelles qui distinguent les larves sont les suivantes :

Bourgeonnement de carapaces, boucliers, valves simples et non élargies chez les Cyclops, simples et élargies chez les Apus, doubles valves chez les Estheria (et les Daphnies). Ce bourgeonnement part toujours depuis la partie latérale et postérieure du bouclier céphalo-thoracique et ce dernier reste toujours reconnaissable, même chez l'animal adulte, quelle que soit la forme de l'enveloppe. Chez les Branchipus et les Artémia, il n'y a pas de trace d'une formation semblable. On remarque seulement pendant le premier temps de la période larvaire une accumulation cellulaire plus considérable à l'endroit où, chez les autres, bourgeonne la carapace.

Apparition successive, mais presque simultanée, de *deux paires de pattes-mâchoires*, situées derrière les mandibules et sur les confins du céphalo-thorax. La première paire de ces pattes-mâchoires, munies de brosses courbées, a déjà été signalée par les autres observateurs ; la seconde est surtout développée d'une façon remarquable chez le *Branchipus torvicornis*, où d'un manchon très-court sort une longue soie rameuse et pennée.

Bourgeonnement successif des *pattes natatoires*, en nombre variable, comme on sait, suivant les genres. La forme en est très-diverse, mais cependant construite sur le même plan. Il s'y trouve toujours une extrémité bifide et une palette, dite respiratoire, mais qui ne se distingue en aucune façon, par sa richesse en sang circulant, des autres parties. Les animaux respirent évidemment, non pas par ces palettes, mais par toutes les surfaces du corps. Tout en se développant de manière que la patte la plus rapprochée du bouclier céphalo-thoracique soit la plus avancée, on remarque cependant une certaine division par groupes dans le bourgeonnement, de manière qu'un premier groupe de quatre à cinq paires se trouve, dans son ensemble, beaucoup plus développé que le suivant. Les derniers segments ne se garnissant pas de pattes natatoires, la région abdominale se trouve composée, à la fin du bourgeonnement, de deux parties : l'abdomen portant des pattes et le postabdomen, qui en est dépourvu.

Apparition des *yeux composés* chez tous, sauf les Cyclops, qui, sous ce rapport, restent à l'état de Nauplius. Ils naissent toujours dans le voisinage de l'œil impair, dont ils restent rapprochés chez les Apus et les Estheria, tandis qu'ils s'en éloignent successivement chez les autres, pour se confondre en un seul grand œil médian et supérieur chez les Daphnides et pour se placer sur des tiges latérales mobiles chez les Artémia et Branchipus. Ces tiges naissent et s'allongent successivement dans l'époque larvaire et ne peuvent donc pas être comptées comme des membres primitifs, ainsi qu'on a voulu le faire chez les Podophthalmes supérieurs. La théorie qui fait naître ces yeux composés de baguettes visuelles qui se formeraient, par dédoublement de l'œil primitif central, est également erronée. On voit apparaître les baguettes isolément dans les tissus, chacune accompagnée d'une cellule pigmentaire, et augmenter rapidement en nombre en se soudant ensemble.

Formation du *cœur et du sang*. — Il n'y a aucune trace de circulation chez le Nauplius, et ce n'est qu'après le bourgeonnement des premières pattes natatoires qu'on voit se différencier le cœur à la face dorsale et en premier lieu à l'extrémité postérieure du bouclier céphalothoracique. Il manque complétement chez les Cyclops[1], reste à l'état primitif chez les Daphnides, augmente de longueur à mesure que l'abdomen se développe chez les Estheria, où il possède quatre chambres et devient extrêmement long chez les Branchipus et Artemia.

Le nombre des fentes correspond, en général, avec le nombre des segments occupés par le cœur, qui finit toujours en avant par une chambre plus étroite et allongée, par laquelle le sang s'échappe par ondées successives pour se répandre, suivant des trajets dépourvus de membranes, dans le corps. Les corpuscules sanguins sont de petites cellules ovalaires et granulées sans noyaux. On trouve des individus, dont le sang est très-riche en corpuscules, tandis que d'autres, de la même espèce et de la même nichée et conservés dans le même bocal, n'en contiennent presque pas du tout. Je ne sais à quelle cause attribuer cette différence.

Développement de la *glande du test*. Cet organe énigmatique se rencontre chez tous et apparaît de très-bonne heure, par différenciation dans la partie postérieure du bouclier céphalo-thoracique, de manière qu'il se trouve placé, dans la larve, immédiatement derrière l'attache de la mandibule, dans le segment correspondant à la première patte-mâchoire. Il conserve cette place chez les Branchipides, mais, chez les autres, il s'avance dans la carapace ou les valves, à mesure que ces parties se forment, et en occupe la partie antérieure et supérieure sur une étendue plus au moins considérable. J'ai cru quelquefois apercevoir un orifice interne de son canal tortueux, qui s'ouvrirait dans la base de la première paire des pattes-mâchoires, mais j'avoue que je n'ai pu rendre entièrement évident cet orifice.

Différenciation du *système nerveux central* et *périphérique*. Il

1 *Note ajoutée depuis la communication.* — J'ai pu m'assurer en septembre et de concert avec mon préparateur, M. Monnier, que le *Cyclops castor* a effectivement un cœur, très-bien décrit déjà par Jurine dans sa *Monographie des Monocles*. On avait oublié, à ce qu'il paraît, cette observation de Jurine, que je n'ai pu vérifier, pas plus que lui, sur les autres espèces de Cyclops.

m'a été impossible de distinguer, au milieu des masses cellulaires plastiques qui remplissent le corps des Nauplius, des formations pouvant se rapporter avec certitude au système nerveux. On ne voit aucune trace de différenciation autour de l'œil central. Le système nerveux ne se délimite qu'au moment où les yeux composés commencent à poindre et on peut l'étudier, au moins dans sa partie céphalique, avec beaucoup de précision chez les larves un peu plus âgées, où les tissus se sont clarifiés par l'absorption des gouttelettes graisseuses du Nauplius. Il y a deux masses ganglionnaires supérieures, souvent lobées, qui se continuent en s'amincissant et en devenant fibreuses, dans les nerfs des antennes tactiles, dans les tronçons oculaires et vers les organes nerveux passagers, et sont en outre en connexion avec une masse ganglionnaire impaire qui s'applique immédiatement à la partie postérieure de l'œil médian. Les ganglions supérieurs (cerveau) communiquent par deux commissures larges à deux ganglions lobés inférieurs qui sont réunis par un pont au devant de l'œsophage et envoient deux larges parties, à contours denticulés, dans les parties latérales de la lèvre supérieure. En plaçant une larve sur le dos, de manière à embrasser toute la surface inférieure de la lèvre d'un coup d'œil, on voit ces masses ganglionnaires labiales former, avec le pont qui réunit les ganglions inférieurs, une espèce de fer à cheval. J'ai constaté ces dispositions chez les Branchipus, Artémia, Estheria et Apus, et M. Mecznikoff, auquel je montrai mes dessins, m'a fait voir des croquis pris sur des larves d'Apus, qui laissaient voir la même chose. Quant à la chaîne ganglionnaire ventrale, on la constate facilement chez les Apus ; parmi les autres, je ne l'ai vue et dessinée que chez le *Branchipus torvicornis*, où l'extrême transparence du corps aide à l'apercevoir. Chez les autres, le mouvement continuel des pattes et l'épaisseur des téguments empêche la constatation. Je n'ai pu voir nulle part exactement comment la chaîne centrale se relie à la partie céphalique, l'épaisseur et l'opacité des tissus autour de la bouche empêchant l'observation par transparence. Quant aux différents réactifs, aucun ne m'a rendu le moindre service.

Je dois mentionner ici des *organes nerveux passagers* que j'ai observé chez les larves des Branchipides et des Apus. Chez les premières se trouvent, sur la partie antérieure de la tête, des deux côtés de l'œil impair, deux organes vésiculaires, très-clairs, qui se remplissent de cellules nerveuses et sont en connexion avec des filets nerveux partant des ganglions céphaliques. Sur ces organes se voient des tubercules épidermiques saillants, semblables, par l'aspect, aux tubercules qui terminent les baguettes cristallines des antennes tactiles, avec cette différence qu'ils sont parfaitement sessiles. — Chez les larves d'Apus on voit deux petites cornes courbées et placées près de la ligne médiane sur le contour du bouclier céphalique, qui sont en rapport avec une masse nerveuse située dans une échancrure qui subsiste encore quelque temps après la disparition des cornes. Ces organes probablement sensitifs (odorat ? ouïe ?) disparaissent complètement même avant la fin de la vie larvaire. — Enfin chez tous se voit un organe singulier, passager aussi, contourné en lacet et placé dans la base de la grande antenne natatoire. C'est peut-être une *glande en boyau*, car on voit distinctement des parois et une lumière interne avec des granules.

Les *mamelons de l'extrémité caudale* deviennent, pendant la période larvaire, chez les Branchipides, des appendices en fourchette garnis de soies natatoires et ornés de vives couleurs rouges et jaunes ; chez les Apus et les Cyclops, ils seront transformés en longues soies, tandis que chez les Esthéria et les Daphnides, ils forment de fortes épines terminales, avec lesquelles ces animaux nettoyent leurs pattes natatoires.

L'*intestin* conserve les mêmes formes en s'allongeant à mesure. Les diverses couches qui le composent, glandulaires à l'intérieur, musculaires à l'extérieur, deviennent toujours plus différenciées et ce sont surtout les fibres musculaires annulaires qui se montrent distinctement et paraissent souvent, chez les Branchipus, colorées en bleu. Ce n'est que dans la portion céphalique, que se montrent des changements considérables de forme par le développement des *cœcums*, qui, chez les Branchipides, deviennent des convolutions en forme de choux-fleurs et finissent par cacher entièrement les autres organes intérieurs.

C'est aussi chez les Branchipides que se développe, pendant la vie larvaire, un *organe d'attache*, placé au sommet du bouclier céphalique et marqué par des rugosités de la couche épidermoïdale. C'est l'analogue de l'organe fonctionnant chez les Daphnides, mais qui est parfaitement inutile aux Branchipes qui ne s'en servent jamais.

Enfin, en dernier lieu, apparaissent les *organes génitaux* dans les formes connues. Ils ne se différencient que lorsque tous les autres organes ont acquis leurs formes définitives. Ils marquent ainsi le passage de la vie larvaire à la forme adulte. Ils se différencient en entier sur toute leur longueur ; ce sont seulement les parties externes lorsqu'elles existent, qui croissent petit à petit en commençant par un petit bourgeon situé, chez les Branchipides, à la suite des pattes natatoires.

Parmi les *transformations* d'organes existants chez le Nauplius, j'appelle surtout l'attention sur celle des antennes natatoires (seconde paires des membres primitifs du Nauplius), en organes de préhension chez les Branchipides, et celle de la troisième paire, chez tous, en mandibules. On voit diminuer à chaque mue l'appendice natatoire de ce dernier membre jusqu'à ce qu'il se perde complétement, de manière à ne laisser subsister que la base du membre, laquelle acquiert une fonction complétement différente.

Troisième forme : Adulte. — Je ne m'étendrais pas sur l'anatomie des adultes, que j'ai étudiée autant que possible dans tous ces détails. J'ajoute seulement quelques observations sur leur vie.

Les sexes sont toujours différents, mais les mâles n'apparaissent en général que plus rarement et seulement à des époques déterminées souvent fort courtes. Chez les Branchipus cependant, le nombre des mâles et des femelles est presque égal pendant toute la durée de leur apparition.

Il est fort probable que toutes les femelles peuvent engendrer des œufs viables, sans accouplement. Chez les Artémia de Cette, j'ai élevé trois générations successives, sans avoir jamais trouvé un mâle. Des Branchipus femelles isolées ont donné des œufs et des larves. Les œufs d'été des Daphnides se développent sans concours du mâle et donnent des mâles et des femelles, les premiers seulement dans l'arrière saison. Les œufs d'hiver des Daphnides, couvés dans l'éphippium, ne donnent que des femelles. Des femelles de Branchipides (*Artemia* et *Branchipus*) ont quelquefois dans leur poche incubatrice des œufs sans coque, pourvus seulement de l'enveloppe interne, qui se développent dans la poche même et fournissent des petits Nauplius vivants. J'ai pu élever de ces petits, délivrés par une opération césarienne. Chez moi, dans des aquariums plus spacieux, le fait ne s'est présenté que très-rarement. M. de Siebold, qui l'a observé plus souvent sur des Artémia, que je lui avais envoyées, l'attribue à l'épuisement des glandes situées dans la poche et qui fournissent la coque.

Les œufs, qu'ils soient libres (Branchipides, Apus, Estheria) ou enfermés dans des organes de protection (*éphippium* des Daphnides) tombent toujours au fond des eaux dans la vase et ne se développent bien que lorsque la vase a été mise à sec pendant un certain temps. Autrement, il ne s'en développe qu'un petit nombre.

Le temps de l'éclosion est très-varié pour la même espèce.

J'ai infusé, en mai, des œufs d'Artémia séchés depuis octobre, et j'ai eu des éclosions successives jusqu'à la fin d'août. (Même jusqu'en octobre. — Note postérieure.)

La vitalité est très-différente. Les Apus ne supportent pas le transport ; les Artémia très-bien (4 jours en vase clos, 1/3 d'air) ; les Artemia adultes supportent les eaux douces ; les larves y meurent; les œufs éclosent mais ne se développent pas au delà de l'apparition des yeux composés. Les Estheria et les Apus fouillent la terre ; les premiers restent en vie dans des eaux pourries et dans des vases presque desséchées. Toutes les espèces observées par moi ne mangent que des substances végétales, spores d'algues, oscillaires, etc., sauf les Apus qui dévorent volontiers des Naïdes et des Tubifex. Je n'ai jamais vu que les Branchipus eussent attaqué les Cyclops, Daphnides ou Cypris, qui pullulaient dans les mêmes bocaux, et encore moins leur propre progéniture.

Quant aux résultats généraux de mes recherches, je dirai d'abord que la séparation en deux genres des Artémia et des Branchipus n'est nullement justifiée, et que les Artémia ne se distinguent pas autant des autres Branchipides que les espèces de ce genre ne diffèrent entre elles.

Si la dérivation de formes si différentes que celles présentées par les genres et espèces examinées, d'une seule forme primitive et fondamentale, ne peut plus étonner après les nombreuses recherches de mes devanciers, je crois cependant qu'il est intéressant de pouvoir suivre pas à pas les adaptations différentes par lesquelles cette forme primitive du Nauplius se modifie. Chacune des formes adultes garde, dans son développement extrême, des particularités de la forme Nauplius, qui se perdent chez d'autres, et pour chacune on peut indiquer le point depuis lequel son type a commencé à dévier de la route suivie par d'autres dans leur développement. En même temps se revèlent des affinités considérables malgré des différences non moins importantes. C'est ainsi que les Esthéria, avec leurs coquilles bivalves à stries d'accroissement semblables à celles des mollusques, se placent, par les valves, par la forme du postabdomen et de la tête, dans le voisinage des Daphnies, dont elles diffèrent cependant par la structure des yeux, des antennes tactiles et surtout par le mode de développement, les phases Nauplius et larvaire se passant chez les Daphnies dans l'œuf et d'une façon rapetissée et raccourcie, quant au temps nécessaire pour le développement. Les différences des formes adultes résultent : de l'accroissement différent des parties, dont les unes se développent d'une manière spéciale, tandis que d'autres deviennent rudimentaires ; de l'augmentation plus au moins considérable des segments (zonites ou métamères) avec leurs appendices ; de la formation de nouvelles parties, laquelle cependant pourrait être illusoire en tant que ces nouvelles parties (carapaces, coques etc,,) ne sont probablement produites que par un développement excessif de parties, qui chez les autres ne sont que rudimentaires, et enfin de l'adaptation de certaines parties à d'autres fonctions entièrement différentes. C'est surtout ce dernier fait, démontré par plusieurs transformations suivies pas à pas, qui prouve que toute recherche d'homologie d'organes différents en apparence ne peut être basée que sur l'embryogénie, que les conclusions basées sur la fonction, le rapprochement des organes, leur situation etc., n'ont aucune valeur, lorsqu'elles ne sont pas en accord avec l'embryogénie, laquelle, en définitive, peut seule fournir les bases d'une zoologie raisonnée et d'une classification naturelle fondée sur les affinités et les parentés des êtres organisés.

M. Charles MARTINS

Professeur d'histoire naturelle à la Faculté de médecine de Montpellier

SUR L'OSTÉOLOGIE DES MEMBRES ANTÉRIEURS DE L'ORNITHORHYNQUE ET DE L'ÉCHIDNÉ COMPARÉE A CELLE DES MEMBRES CORRESPONDANTS DANS LES REPTILES LES OISEAUX ET LES MAMMIFÈRES

— Séance du 22 août 1873. —

Tous les zoologistes connaissent les nombreuses analogies signalées par sir Everard Home, de Blainville, Meckel, Geoffroy Saint-Hilaire, Cuvier et Owen, entre les Monotrèmes d'un côté, les Reptiles et les Oiseaux de l'autre. Cette note a pour but d'en faire connaître une nouvelle, celle qui existe entre l'ostéologie des membres antérieurs de l'Ornithorhynque et de l'Échidné comparée à la charpente osseuse de l'aile d'un Oiseau ou de la patte antérieure d'un Reptile[1]. Pour démontrer cette analogie je procède de la manière suivante : je place un squelette d'Oiseau quelconque, Poule, Faisan, Pélican, à côté d'un squelette d'Ornithorhynque ou d'Échidné dans la position de l'oiseau qui vole, de façon que les sternum des deux animaux soient sensiblement dans un même plan horizontal. L'humérus du Monotrème étant lui-même dirigé horizontalement et perpendiculaire au plan vertébro-sternal, j'étends l'humérus de l'Oiseau comme il le fait lui-même quand son aile s'abaisse, de façon à ce que l'os prenne la même position que le bras du Mammifère; je fléchis ensuite à angle droit l'avant-bras de l'Oiseau sur son humérus, comme l'est celui de l'Ornithorhynque et de l'Échidné. Les membres de ces animaux étant dans la même position, je procède à la comparaison des os qui les composent. Je constate d'abord que l'humérus du Monotrème n'est pas tordu de 180° ou de deux

[1] Avoir pour l'intelligence de ce qui suit deux squelettes sous les yeux, ou consulter pour les Monotrèmes Cuvier, *Ossements fossiles*, pl. 214 et 215, ou Owen, *Monotremata in Todd's Cyclopedia*.

angles droits comme celui des Mammifères terrestres et aquatiques [1]. Owen avait déjà remarqué cette torsion, mais l'estimait approximativement à une demi-circonférence [2] : elle est de moins de 90°; ce qui le démontre dans les deux Monotrèmes, c'est la direction de la crête de torsion qui partant de l'épicondyle de l'humérus vient aboutir au-dessous de la tête humérale, sans avoir, comme dans les autres mammifères dont l'humérus est tordu de 180° environ, contourné en hélice la moitié de l'épaisseur du corps de l'humérus. Voilà déjà un caractère important commun aux Monotrèmes, aux Oiseaux et à leurs ancêtres les Reptiles.

Quoique l'humérus des Monotrèmes soit court, difforme, aplati horizontalement et par conséquent bien différent de celui de l'Oiseau, cependant, en comparant toujours la même face supérieure, je remarque la ressemblance des deux têtes humérales : toutes deux elliptiques avec le grand diamètre dirigé d'arrière en avant et l'axe du col de l'humérus oblique de bas en haut, et de dehors en dedans au lieu de l'être d'avant en arrière comme dans les autres quadrupèdes. Je constate ensuite la ressemblance des deux tubérosités bicipitales transformées en crêtes latérales et la présence d'un osselet capsulaire articulé avec l'humérus et l'os coracoïdien existant chez certains Oiseaux et découvert par le professeur Nitzch dans l'Ornithorhynque adulte [3]. A l'extrémité inférieure ou plutôt externe de l'humérus la ressemblance cesse. L'extrémité humérale des Monotrèmes est divisée en deux apophyses d'égale largeur, séparées par une échancrure : l'antérieure correspondant à la trochlée et l'épicondyle de l'humérus s'articule avec le radius et le cubitus, la postérieure, aussi volumineuse et percée d'un trou, représente l'épitrochlée, elle donne insertion à des muscles puissants. Au contraire, l'extrémité inférieure de l'humérus de l'Oiseau n'est pas divisée et s'articule en entier avec les os de l'avant-bras. L'épicondyle et l'épitrochlée sont peu marqués.

Étudions maintenant l'avant-bras. Quand on considère celui de l'Ornithorhynque ou de l'Échidné dans sa position normale, on remarque deux choses : 1° le radius et le cubitus ne se croisent pas, l'avant-bras n'est pas en pronation comme dans les autres quadrupèdes ; 2° le cubitus paralèlle au radius est *en dehors*, non en dedans et en arrière comme chez l'homme et les autres Mammifères. Dans l'Oiseau nous voyons également que les deux os ne se croisent pas : le radius est en

[1] Voyez à ce sujet deux mémoires sur la torsion de l'humérus et les articulations du coude et du genou. *Mém. de l'Acad. de Montpellier* (Médecine), t. II, p. 471, et *Ann. Sc. nat.*, 4e série, t. VIII, p. 45, et *Mém. Acad. de Montpellier* (Sciences), t. III, p. 335.

[2] *The humerus is a short and strong bone expanded at both extremities and as it were twisted half round upon itself.* — *Todd's Cyclopedia*, art. Monotremata, p. 337.

[3] *On the os humero-capsulare of the Ornithorhynchus* by prof. Owen, *Report of the British Association*, 1848. Transactions of the sections, p. 79.

dedans, le cubitus *en dehors* comme dans les Monotrêmes. Il en résulte que dans les deux classes, Oiseaux et Monotrêmes, les deux os de l'avant-bras comme ceux de la jambe sont parallèles entre eux et occupent la même position relative. Le cubitus homologue du péroné est comme lui placé en dehors; le radius homologue du tibia en dedans. C'est le contraire dans les autres Mammifères quand l'avant-bras est en supination[1]. Quand il est en pronation les deux os ne sont plus parallèles entre eux : l'extrémité supérieure du radius est en dehors, l'inférieure en dedans. Il y a plus : dans les Monotrêmes comme dans les Oiseaux, le péroné s'articule avec le fémur. Mais ceux-ci n'ont point, comme l'Ornithorhynque et l'Échidné, une apophyse péronéale qui s'élève au-dessus de l'articulation péronéo-fémorale, ni une rotule tibiale mobile, qui représentent à elles deux l'olécrane bifurqué du membre antérieur.

Si au lieu d'un Oiseau nous avions placé à côté d'un squelette d'Ornithorhynque ou d'Échidné celui d'un Reptile, d'un Lézard, par exemple, nous aurions trouvé les mêmes analogies, car l'humérus du Reptile tordu de 90° ressemble singulièrement à celui d'un Oiseau; mais l'avant-bras du Reptile étant en pronation, les deux os se croisent, la tête du cubitus est en dedans et en arrière, celle du radius, en avant et en dehors. L'avant-bras de l'Oiseau est donc plus semblable à celui du Monotrême, mais la main de celui-ci a plus d'analogie avec celle d'un Lézard que les doigts réduits et avortés de l'aile de l'Oiseau. Il y a plus : quoique les Monotrêmes soient les plus inférieurs de tous les Mammifères, leurs pieds et leurs mains ressemblent à ceux des Mammifères supérieurs, tels que les Carnivores et les Insectivores. La main de l'Ornithorhynque, animal amphibie, est celle d'une loutre ; celle de l'Échidné, animal fouisseur, ne diffère que par la grandeur et l'absence du crochet falciforme de la main d'une taupe.

Pour compléter ce sujet, il me reste à indiquer les analogies signalées déjà par les zoologistes entre l'appareil sternal des Monotrêmes et celui des Reptiles et des Oiseaux, en y ajoutant quelques remarques personnelles.

L'omoplate de l'Ornithorhynque et de l'Échidné est comme celui de l'Oiseau qui vole et du Reptile qui rampe, dirigé directement en haut et un peu en arrière, mais sa forme générale se rapproche beaucoup plus de celle des Reptiles que de celle des Oiseaux. Comme celui des ovipares, il semble dépourvu d'épine suivant Meckel et Cuvier[2], mais je pense avec Owen[3] que cette crête se confond dans les Monotrêmes et dans les

1 M. Durand de Gros (*Origines animales de l'homme*, p. 102) compare à tort l'avant-bras de l'Echidné à celui de l'homme placé en supination, car, dans cette position, le cubitus est en dedans et non en dehors comme dans l'Echidné.

2 *Ossements fossiles*, t. VIII, p. 283, et pl. 214 et 215, fig. 6.

3 *Monotremata in Todd's Cyclopedia*, p. 276.

Lézards avec le bord antérieur de l'omoplate, car celui-ci se termine en avant par une apophyse distincte, véritable acromion qui s'articule avec l'os de la fourchette représentant partiellement chez les Oiseaux et chez les Reptiles les deux clavicules des Mammifères.

La cavité glénoïdale des Monotrèmes est peu profonde, oblique, et ressemble à celle des Reptiles lacertiens. Suivant M. Kitchin Parker[1] elle ne présente plus dans l'animal adulte la suture coraco-scapulaire qui la traverse ; celle-ci est complètement ossifiée comme dans les Autruches. L'os coracoïdien caractéristique des Oiseaux et des Reptiles est massif surtout dans l'Échidné : il s'articule supérieurement avec l'omoplate, inférieurement avec deux facettes latérales d'un os spécial qui prolonge le sternum en avant, c'est l'*épisternal* de Geoffroy[2], le *présternal* de M. Parquer, os trapézoïde qui porte latéralement la première paire de côtes. A leur base, au-dessus et en avant du sternum, les deux os coracoïdiens sont surmontés de deux autres os quadrilatères qui s'avancent en avant et en haut pour rejoindre l'os de la fourchette, dont nous parlerons tout à l'heure. Le coracoïde, l'épicoracoïde, l'échancrure sous-acromiale de l'omoplate et la clavicule circonscrivent un trou ovalaire. Dans l'Ornithorhynque, les épicoracoïdiens sont plus larges et plus minces, dans l'Échidné, plus étroits et plus massifs. Le coracoïde est constant dans les Oiseaux et les Reptiles et l'épicoracoïde s'y trouve à l'état plus ou moins rudimentaire, mais c'est à la fois la première et la dernière apparition de ces deux os dans la classe des Mammifères ; le coracoïdien se réduit à une simple apophyse, et l'épicoracoïdien disparaît complètement.

En avant du sternum et immédiatement sous la peau des Monotrèmes se trouve un second appareil appartenant au dermo-squelette. Il double pour ainsi dire le système coracoïdien, et les différentes pièces qui le composent ont été différemment interprétées et dénommées par les anatomistes. L'ensemble a été désigné par Cuvier[3], sous le nom *d'os en* Y ; par Geoffroy, sous celui *d'os furculaire*[4] ; par Owen[5], sous celui *d'os en* T. Ces trois anatomistes, d'accord avec de Blainville le considéraient comme étant l'homologue de l'os de la fourchette des Oiseaux. Des recherches plus récentes, dues principalement à M. Kitchin Parker[6], ont montré que cet os, en apparence unique, se composait en réalité de deux os. En effet, on remarque une fissure longitudinale qui règne le long de chacune des deux branches de l'Y.

1 *A Monograph on the structure and development of the shoulder-girdle and sternum in the Vertebrata*, 1823.
2 *Philosophie anatomique*, pl. II, fig. 19, lettre o.
3 *Ossements fossiles*, t. VIII, p. 284.
4 *Philosophie anatomique*, p. 112 et pl. II, fig. 19, lettre f.
5 Article Monotremata (*Todd's Cyclopedia*, p. 375.)
6 Voy. loc. cit., pl. XVIII, fig. 4 à 14.

Cette fissure divise les deux clavicules en deux moitiés, l'une antérieure, l'autre postérieure. L'antérieure est la *vraie clavicule* marquée *c l* dans les figures 4 à 14 de la planche XVIII de l'ouvrage de M. Kitchin Parker. Les deux extrémités internes, fort rapprochées l'une de l'autre, ne se soudent pas, comme dans les Oiseaux, pour constituer l'os de la fourchette. Les extrémités externes s'articulent avec les deux acromions des omoplates. La moitié postérieure ou pleurale des branches horizontales de l'os en Y est l'*os interclaviculaire* marqué *i c l* dans les figures de M. Parker, c'est cette portion qui se continue avec le jambage de l'Y, articulé sur le sternum. Dans l'Ornithorhynque et l'Échidné, les deux branches horizontales de l'interclaviculaire ne rejoignent pas l'acromion. C'est donc bien la moitié antérieure des deux branches de l'Y qui représente les clavicules des Oiseaux et des Mammifères. Rudimentaire dans la plupart des Reptiles et des Oiseaux, l'interclaviculaire est très-développé dans les Stellions, les Lézards, les Iguanes, les *Lemnanctus*, etc. [1]

Si l'on se demande d'une manière générale quel est l'appareil sternal qui, dans le règne animal, a le plus d'analogie avec celui des Monotrèmes, on trouve que c'est celui de l'Ichthyosaure [2]. Je suis heureux de me rencontrer sur ce point avec M. Kitchin Parker. Ainsi, voilà un appareil qui apparaît pour la première fois dans les Reptiles ichthyoïdes des mers liasiques, se propage partiellement à travers la classe des Reptiles vivants et fossiles, mais reparaît dans son intégrité dans les plus inférieurs des Mammifères, et disparaît dans le reste de la classe, où il n'est plus représenté que par l'apophyse coracoïde et la clavicule. Pour les naturalistes qui sont partisans de la doctrine de l'évolution, ces faits n'ont rien de surprenant et montrent, ajoutés à beaucoup d'autres, que les Reptiles, les Oiseaux et les Mammifères ont une origine commune qui explique leurs analogies. La découverte récente dans l'argile de Londres d'un nouvel Oiseau muni de dents (*Odontopterix toliapicus, Owen*) et de l'*Ichtyornis dispar* trouvé par M. Marsh dans les couches supérieures des terrains crétacés du Kansas, aux États-Unis, en 1872, est un nouvel et puissant argument en faveur de cette idée [3].

Examinons maintenant les membres antérieurs des Monotrèmes, sous le point de vue fonctionnel. L'Ornithorhynque est un fouisseur aquatique, car il creuse des galeries longues souvent de six à sept mètres, pour y abriter ses petits. L'Échidné est un fouisseur terrestre, démolissant

[1] Kitchin Parker, pl. IX, XI, lettre *i, cl.*

[2] Cuvier, *Ossements fossiles*, pl. 258, fig. 6, et pl. 268, fig. 7.

[3] Voy. R. Owen, *Description of the skull of a dentiferous bird from the London clay of Sheppey* (*Procedings of the geological Society of London*. November 1873, p. 511, et février 1874, p. 10).

les nids des Termites dont il fait sa nourriture. Leur appareil sternal est singulièrement adapté à cette fonction, car ses diverses parties, fortement unies entre elles, fournissent un point d'appui résistant aux membres antérieurs. Leur humérus court, aplati, hérissé d'apophyses, le développement extraordinaire de l'épitrochlée, point d'attache des fléchisseurs de la main, la force et la longueur de leurs ongles, remarquables surtout dans l'Échidné, tout concourt à donner la force à ces animaux de fouir le sol le plus résistant. Examinons comparativement l'animal fouisseur par excellence, la Taupe. L'analogie des membres antérieurs est frappante. L'omoplate, plus étroit, est relativement plus long, l'humérus court, aplati de haut en bas, ressemble beaucoup à celui des Monotrèmes ; il est également muni d'apophyses et l'épitrochlée en est très-développée. Les os de l'avant-bras sont parallèles entre eux, et, comme dans les Monotrèmes, le cubitus est situé en dehors. La structure de la main est celle de l'Échidné et les ongles sont semblables. L'appareil sternal est différent : à un os aussi long que le sternum lui-même s'articule à l'extrémité antérieure du *manubrium;* c'est l'*épisternal* de Geoffroy, *présternal* des auteurs modernes. Cet os porte une crête qui rappelle le bréchet des Oiseaux : inférieurement, il s'articule encore avec la première côte, et supérieurement avec deux clavicules courtes et fortes, dans la composition desquelles M. Kitchin Parker croit distinguer trois segments coracoïdes [1]. Comme les Monotrèmes, la Taupe présente donc un appareil supplémentaire de renforcement articulé avec l'extrémité antérieure du sternum. Mais sa composition est bien plus simple et se réduit au présternal et aux deux clavicules. Les coracoïdiens, les épicoracoïdiens et l'interclaviculaire ou os en Y manquent complétement. Ainsi, la fonction de fouir s'exerce avec des organes réduits, et le sternum des Monotrèmes n'est point un appareil construit en vue de cette fonction. Comment le serait-il, puisque chez l'Ichthyosaure, il n'était qu'un point d'appui des palettes natatoires de l'animal qui était exclusivement pélagique.

Allons plus loin, jetons un coup d'œil sur l'appareil sternal d'autres Mammifères fouisseurs, et voyons si leurs membres antérieurs en général et leur sternum en particulier nous présentent des dispositions spéciales en rapport avec la fonction qu'ils remplissent. Quelques-uns : *Barthyergus*, *Arctomys*, *Arvicola agrestis*, Oryctérope, ont une clavicule plus ou moins forte qui s'articule avec le présternum. Dans le Lapin, le présternum existe, mais la clavicule, très-grêle, n'est ossifiée que dans sa moitié interne et par conséquent sans usage ; dans les Tatous, elle est très-faible, et enfin, elle est nulle dans les Pan-

[1] Loc. cit., pl. XXVII, fig. 15.

golins et les Blaireaux, quoique le présternum subsiste toujours. On voit donc que dans les animaux fouisseurs appartenant à divers ordres de la classe des Mammifères, l'acte de fouir ne correspond pas à un appareil déterminé dont toutes les parties soient combinées de façon à ce que l'animal puisse creuser rapidement le sol. Les Monotrèmes seuls ont des os coracoïdiens, épicoracoïdiens et interclaviculaires. Le présternum seul persiste, comme dans beaucoup d'animaux non fouisseurs, tels que le Phoque, le Tapir, le Cochon, le Daman et les espèces du genre *Felis*. La clavicule dont le rôle est si essentiel pour fortifier la ceinture thoracique existe encore dans la Taupe, quelques Rongeurs et dans l'Orycterope, devient grêle dans le Tatou, incomplète dans le Lapin, et disparaît enfin complétement dans les Pangolins et dans le Blaireau. Ces animaux n'en fouissent pas moins, quoique moins rapidement que la Taupe, qui semble nager dans la terre. Mais il est évident que le sternum des Monotrèmes n'a pas un but fonctionnel ; c'est un héritage des Reptiles ichthyoïdes, de même que tous les caractères, les uns propres aux Reptiles, les autres aux Oiseaux, quelques-uns communs à tous deux, qui se trouvant réunis dans les Monotrèmes à des caractères mammalogiques importants, leur assignent une place à la limite extrême de la classe des Mammifères. Seule, la doctrine de l'évolution rend compte de ces faits que l'on considérait autrefois comme une preuve sans réplique d'un plan préconçu dans l'ensemble systématique du Règne animal.

M. YARROW

Docteur en médecine, membre de l'Académie des sciences naturelles de Philadelphie,
Collaborateur du « Smithsonian Institut, » de Washington, et membre de la Commission de pisciculture des États-Unis

LA PISCICULTURE AUX ÉTATS-UNIS

— *Séance du 22 août 1878.* —

Il y a plus de dix ans, peut-être même plus de quinze, que la pisciculture est connue aux États-Unis ; mais alors, les personnes qui s'en occupaient ne le faisaient qu'à titre d'expériences curieuses, de délassement scientifique ; le fait en lui-même était acquis, mais nul n'aurait osé émettre l'idée qu'une application pratique de cette production artificielle pût être tentée pour repeupler les cours d'eau.

Il en a été de même du reste pour la mise en œuvre de toutes les grandes découvertes, emploi de la vapeur, éclairage par le gaz, télégraphie électrique, etc., etc.

Quelques hommes éclairés et prévoyants signalaient déjà, cependant, combien était à redouter le dépeuplement des rivières et des lacs dont la pêche, non encore réglementée, épuisait rapidement la richesse naturelle. Leurs prévisions ne furent que trop bien justifiées, et, bientôt, la rareté du poisson devint telle, que, malgré l'augmentation des prix de vente, la pêche n'offrit plus une rémunération suffisante pour le travail qu'elle nécessite.

Parmi les hommes qui s'étaient occupés de cette question il faut citer plus particulièrement Baird, Morris, Comfort, Green, Rosevelt et Lymann, qui ne cessaient de signaler le mal croissant et s'efforçaient en vain d'obtenir du gouvernement la nomination d'une commission, qui étudiât non-seulement les moyens de réglementer la pêche de manière a remédier à la diminution toujours croissante du poisson, mais encore l'application de la pisciculture au repeuplement des lieux de pêche.

Ce fut seulement après que plusieurs des hommes que j'ai nommés plus haut, animés de l'amour du bien public, eurent à leurs frais créé des viviers et démontré ainsi d'une manière indiscutable que, non-seulement l'élevage artificiel du poisson était pratique, mais encore que, commercialement parlant, ces créations de viviers étaient des affaires fructueuses ; ce fut seulement alors, dis-je, que l'attention publique fut éveillée et que les États de New-York, Connecticut, Pensylvanie, Californie et quelques autres, établirent des commissions de pêche.

M. Seth Green fut chargé de la constitution de cette commission pour l'État de New-York ; il eut à supporter toute espèce de désappointements et d'injures, mais rien ne put le rebuter, et l'on peut dire qu'après votre compatriote, M. Coste, c'est M. Green qui a fait le plus pour la propagation de la pisciculture pratique dans le monde entier.

Les résultats dépassèrent toutes les espérances, non-seulement M. Green put approvisionner de *Truites* toutes les provinces des États-Unis, mais il introduisit dans les lacs des quantités du délicieux poisson blanc « Corregone. »

L'Hudson et la rivière du Connecticut, dans lesquelles la pêche était devenue presque illusoire, ont été repeuplées par l'*Alose (Alosa prastibilis* de de Kay), un des poissons les plus estimés aux États-Unis, et la pêche semble déjà, pour 1874, devoir donner des résultats rémunérateurs ; nous espérons même être bientôt en mesure de procéder au repeuplement de tous les cours d'eaux que l'*Alose* fréquente habituellement.

L'année dernière, M. Green partit avec 15,000 jeunes *Aloses* destinées à la rivière de Sacramento (Californie); à son arrivée, malgré ce long voyage exécuté pendant les chaleurs de l'été, 10 à 12,000 élèves vivaient encore, et, cette année, ceux de ces jeunes poissons qui ont été pris étaient en bonne santé et de grosseur normale pour leur âge; cependant l'*Alose* n'avait jamais jusqu'alors existé dans le Sacramento.

Le gouvernement, en présence du succès toujours croissant des essais entrepris par les États, nomma enfin une Commission de pisciculture à laquelle il alloua une modique somme annuelle, avec la faculté de choisir et nommer ses membres; il désigna pour présider cette Commission le professeur Spencer F. Baird du Smithsonian Institut, que chacun de vous connaît.

La Commission avait pour mission de faire des enquêtes sur la diminution du poisson dans les rivières et les lacs, et de prendre les mesures nécessaires pour arrêter ce mouvement de dépeuplement qui enlevait une grande ressource à l'alimentation du pays ; elle devait aussi s'occuper des moyens pratiques de procéder au repeuplement des cours d'eau et des lacs des États-Unis.

La première partie de ce programme a été accomplie pour la côte de la Nouvelle-Angleterre par le professeur Baird, Vivill et quelques personnes qu'ils s'adjoignirent, pour les grands lacs par M. Milner, et pour les côtes du sud par l'auteur de cette communication.

Il fut acquis par ces enquêtes que sur les côtes de la Nouvelle-Angleterre la pêche avait diminué de près de 50 p. 0/0, et continuait toujours à décroître, il en était de même de la pêche des grands lacs; mais sur la côte sud, le poisson au contraire s'était accru par suite sans doute du manque presque complet d'exploitation pendant la période de notre dernière guerre; les rivières des États du Sud n'avaient point, elles, vu s'accroître leur pêche, et l'*Alose* qui y abondait ordinairement et fournissait même un appoint considérable à la consommation des autres États, avait presque complètement disparu, à ce point que ce poisson qui, primitivement se vendait en moyenne 15 cents (75 centimes) la pièce, se vend couramment maintenant de 75 cents (3 fr. 75) à 1 dollars (5 fr.), et par ce fait devient inabordable pour les classes laborieuses.

En avril dernier, je fis un voyage pour visiter les viviers du Sud, et choisir, sous la direction du professeur Baird, les emplacements propres à l'établissement de grands centres d'approvisionnements qui furent placés sous la surveillance de M. Green.

Les résultats de nos travaux désintéressés (aucune rémunération n'est attachée à nos emplois) ont dépassés tout ce qu'on pouvait attendre, puisque, au moment où j'ai quitté Washington, M. Green faisait éclore, chaque jour, plus de 100,000 Aloses à la station de la rivière du Potomac, station qui doit pourvoir au repeuplement des rivières et lacs des États du Sud et de l'Ouest.

L'hiver dernier le Congrès (Sénat) nous a alloué une somme de

20,000 dollars (100,000 fr.), et nous nous proposons avec cette somme non-seulement de repeupler les rivières des espèces qui les peuplaient anciennement, mais d'y introduire de nouveaux poissons, tels que le *Saumon*, l'*Ombre-Chevalier* et telles autres espèces qui pourront convenir à nos rivières de l'Ouest.

Le gouvernement, maintenant complétement édifié sur l'importance de la pisciculture, vient de mettre à la disposition du professeur Baird, un *steamer de l'État* pour faciliter à la Commission la continuation du travail énorme dont elle s'est chargé.

J'aurais pu, si je n'avais craint d'abuser de votre temps, m'étendre encore sur cet intéressant sujet, mais j'ai pu, je crois, vous donner dans ces quelques mots un aperçu suffisant de nos travaux en pisciculture.

En terminant, messieurs, je dois vous remercier de votre bienveillante attention et sous peu, j'espère, je pourrai transmettre à l'Association le compte rendu des travaux de notre Commission et vous pourrez juger alors de la somme de travail que nous aurons accompli et de l'immensité des résultats obtenus déjà.

Soyez assurés, messieurs, que les États-Unis n'oublient pas la reconnaissance qu'ils doivent à la France pour ses grandes découvertes scientifiques, et que les noms de Cuvier, de Lacépède, de Milne-Edwards, de Saint-Hilaire, d'Arago et de tant d'autres hommes illustres, sont familiers à tous les savants américains.

M. F. QUIVOGNE

Vétérinaire à Lyon

EXPOSÉ D'UN NOUVEAU SYSTÈME DE REMONTE DU CHEVAL DE GUERRE

— *Séance du 25 août 1873.* —

Notre nouvelle organisation militaire soulève une série de questions qu'il est urgent d'étudier le plus promptement possible et qui méritent d'attirer l'attention de tous ceux, surtout, qui, pendant et après nos désastres, n'ont jamais désespéré de l'avenir de notre malheureux pays.

Sans avoir aucune prétention à l'art militaire, — que j'ignore, — mais simplement guidé par ce sentiment national qui nous rappelle, à tous, la tâche que nous devons accomplir, c'est une de ces questions spéciales que je me suis proposé d'étudier aujourd'hui.

La remonte du cheval de guerre prend une importance qu'il me suffira de signaler ici ; car, d'après les déclarations des orateurs qui ont pris part à la discussion du budget de 1873, dans les séances des 4 et 5 décembre 1872, l'effectif de la cavalerie de nos diverses armées, sur le pied de guerre, comprendrait dorénavant plus de 200,000 chevaux.

C'est donc cette remonte colossale qu'il faut assurer ; car personne ne conteste aujourd'hui le rôle important et peut-être décisif que la cavalerie est appelée à jouer dans les guerres futures.

D'un autre côté, — et c'est ce que j'espère prouver dans un instant, — l'administration actuelle des remontes étant matériellement incapable d'accomplir une pareille tâche, il nous faut donc chercher la solution de ce problème important en dehors et sans le secours de cette institution.

C'est précisément en vue de cette réforme nécessaire que je viens proposer un système de remonte que je crois plus économique, plus rationnel et plus sûr, pour nous, que tous les systèmes similaires appliqués en France et dans les pays voisins.

Mais avant de faire l'exposé de mes idées à ce sujet, je crois indispensable de bien établir, tout d'abord, les points suivants :

1° Que l'industrie chevaline de la France peut, facilement, fournir à l'État tous les chevaux de guerre qui lui seront nécessaires ;

2° Que l'administration des remontes est incapable de pouvoir assurer le service de nos remontes futures et qu'il serait ruineux pour nos finances de le lui confier.

1° Que l'industrie chevaline de la France peut, facilement, fournir à l'État les chevaux de guerre qui lui seront nécessaires.

Sur cette première question, il y a deux points à considérer : le *nombre* et la *qualité* des chevaux de guerre que notre pays peut produire.

D'après les statistiques les plus récentes, la population chevaline de la France s'élève à 3 millions de têtes environ. Ce chiffre indique nécessairement la présence de 14 à 1,500,000 juments. En supposant que la moitié seulement de ces 1,500,000 juments, c'est-à-dire 750,000 soient livrées à la reproduction et que, sur ce nombre, on en élimine encore 250,000, comme appartenant à des races ou à des types qui ne conviennent pas pour le cheval d'arme, il nous resterait encore, dans l'état actuel de notre industrie chevaline, 500,000 juments qui pourraient être destinées à la production du cheval de guerre.

En admettant, en outre, que la fécondation n'ait lieu que pour la moitié de ces 500,000 juments, il n'en résulterait pas moins une production annuelle de 250,000 chevaux, c'est-à-dire de beaucoup supérieure au chiffre que la remonte de nos armées pourra jamais nécessiter.

Comme nombre, comme quantité de chevaux à produire, l'industrie chevaline du pays nous offre donc toutes les garanties désirables. Et j'estime qu'il n'est guère possible de m'opposer une seule objection sérieuse sur ce premier point, qui a bien son importance.

Mais c'est à propos des qualités de nos chevaux français, relativement au service de la guerre, que l'on tient en suspicion les ressources chevalines du pays. C'est à l'administration des haras que nous devons cette doctrine funeste, que je crois erronée, et dans tous les cas fort peu patriotique. Depuis plus de cinquante ans, en effet, cette institution célèbre s'impose la mission de diriger, à sa fantaisie, l'industrie chevaline du pays, sous prétexte d'améliorer nos races, spécialement en vue du cheval de guerre. Son omnipotente volonté s'étendait même, sous le dernier règne, jusque sur l'administration des remontes de l'armée, qui ne devait et ne pouvait fonctionner que selon les idées et les vues de la direction des haras.

J'ai établi ailleurs combien de millions coûtait au pays cette ruineuse expérience [1]. Mais la dernière guerre nous a fait connaître, mieux que tous les raisonnements possibles, dans quel état précaire et inattendu la cavalerie de notre armée se trouvait au début des hostilités.

Cette situation douloureuse n'a pas été suffisante, à ce qu'il paraît, pour éclairer l'esprit de nos hommes de guerre sur la ruineuse impuissance des deux administrations des haras et des remontes; car, ces institutions trouvent encore aujourd'hui des partisans et des défenseurs de leur doctrine, concernant l'incapacité de nos races chevalines, jusque dans les rangs les plus élevés de la hiérarchie militaire. Voici, en effet, les paroles que prononçait M. le général de Cissey, alors ministre de la guerre, dans la séance du 4 décembre 1872, à l'Assemblée nationale :

« Que voulez-vous que l'armée fasse de chevaux lourds, qui n'ont « point de sang, qui n'ont point d'âme? Que voulez-vous que la France « en fasse en temps de guerre? »

« Il nous faut, — ajoutait M. le ministre, — des chevaux comme les « chevaux de dragons. C'est le type du cheval français; il trotte, il est « vigoureux, il porte son cavalier à de grandes distances et charge « à fond; il agit par sa masse en même temps que par sa vitesse. De « plus, c'est le vrai cheval d'artillerie. »

Ces idées ne sont absolument que la réédition de celles que développait à ce sujet, chaque année, M. le général Fleury, dans l'*Exposé*

1 *De la suppression de l'administration des haras.* Paris. Librairie agricole de la Maison rustique, 26, rue Jacob.

général de l'empire, et elles tendent à établir ce principe qui me paraît étrange, — et que je laisserai discuter aux hommes spéciaux, — que la cavalerie française ne devra plus se remonter qu'avec un seul type de cheval : le cheval de dragons, c'est-à-dire l'anglo-normand. Ce principe étant admis, il n'est pas possible d'en tirer d'autres conséquences que celles-ci : ou bien la Normandie devra pouvoir alimenter, *à elle seule*, les remontes de l'armée, ou bien la production du type anglo-normand devra se répandre dans toutes les autres provinces de la France.

La première supposition, relative à la production chevaline de la Normandie, n'est guère admissible lorsque l'on considère, surtout, l'importance de nos remontes futures. D'ailleurs, les ressources chevalines de cette riche province nous sont à peu près connues, et l'administration actuelle des remontes peut facilement éclairer M. le ministre de la guerre à ce sujet.

Quant à l'idée de vouloir étendre, *partout*, la production du type de cheval anglo-normand, M. le ministre me permettra de lui faire observer que la création d'un type, d'une race chevaline, dans une contrée quelconque, est strictement soumise à des causes générales, qui ne dépendent ni d'un décret, ni d'ordonnances ministérielles, car ces causes tiennent au climat, au sol et à ses productions.

Il ne peut donc pas être question de faire produire, sérieusement, le type du cheval anglo-normand, c'est-à-dire « de dragons, » dans les plaines de Tarbes, dans les montagnes de l'Auvergne ou du Cantal, par exemple. C'est, je le répète, le climat, la constitution géologique du sol, la nature des productions de ces diverses provinces qui ont formé, qui ont créé les types de chevaux qui s'y trouvent. Soyons fiers de ces races diverses, améliorons-les, approprions leurs aptitudes ; mais ne commettons plus la faute, toujours grave et quelquefois même irréparable, — grâce à l'administration des haras, la race Limousine nous en offre un exemple, — de vouloir créer dans un pays une race de chevaux qu'il ne peut pas produire.

Mais je demande, en outre, si ce même type de « cheval de dragons » est bien, comme l'affirme M. le ministre, le « vrai cheval d'artillerie? » On me permettra d'en douter ; car il est parfaitement acquis, par tous les hommes spéciaux, que le cheval anglo-normand, comme cheval de trait, est loin de posséder toutes les qualités nécessaires à la bonne exécution de ce genre de service. Sa conformation, son tempérament et son caractère se prêtent, généralement, fort mal aux nombreuses exigences qu'impose l'exercice du trait, lorsqu'il s'agit, surtout, de poids sérieux à transporter à distance et aux allures les plus diverses. Nos chevaux bretons, ardennais, champenois, franc-comtois et nivernais, sont évidemment, sous ce rapport, bien supérieurs au cheval anglo-normand ; car ils ont plus de douceur, plus de souplesse, plus de force et pour le moins autant « d'âme » que ce dernier. Toutes ces races sont anciennes, éminemment françaises, d'une fixité à toute épreuve et représentent une partie très-importante de la population chevaline du pays ; les ressources qu'elles nous offrent sont donc considérables et dépassent de beaucoup les besoins que la remonte de notre artillerie pourra jamais nécessiter. Mais nous possédons, en outre, pour ce service de l'artillerie et du train, un animal précieux dont le monopole de la production appartient presque exclusivement à la France. Je veux parler du mulet, de cet esclave, de ce paria de l'espèce chevaline, dont la force, la résistance et la sobriété incomparables sont en quelque sorte légendaires. L'expérience a été décisive, pendant la dernière guerre, en faveur de cet animal considéré au point de vue du service de l'armée. Pourquoi donc l'État ne voudrait-il pas profiter de cette ressource importante que lui offre l'industrie du pays?

De ce côté, et ce n'est pas le moins important, puisqu'il s'agit de l'artillerie, la remonte sera donc toujours assurée.

Quant à celle de notre cavalerie légère, — car je ne veux pas m'arrêter à cette idée qui lui imposerait le type « du cheval de dragons, » — j'ai encore moins de craintes pour sa bonne et facile exécution.

En ce qui concerne les chevaux de cavalerie légère, il est en effet peu de pays qui possèdent des ressources pareilles à celles que nous offre la France. Sous ce rapport, nos possessions algériennes sont en quelque sorte inépuisables ; et si j'y ajoute nos races de Tarbes, du Limousin, d'Auvergne et du Morvan, je suis en droit d'affirmer que, pour cette arme spéciale, la France peut constituer encore aujourd'hui et sans rien demander à ses voisins, la première cavalerie du monde.

Telles sont, au point de vue de la guerre, les ressources chevalines du pays. Je signalerai dans un instant quel parti l'administration des haras et celle des remontes de l'armée ont su en tirer, pendant les dix années qui viennent de s'écouler ; mais il était utile, je dirai même indispensable, de bien établir ce premier point : *que l'industrie chevaline de la France peut, facilement, fournir à l'État tous les chevaux de guerre qui lui seront nécessaires.*

L'étude du second point n'est pas moins utile, car elle servira surtout à motiver les réformes que je propose.

2° Que l'administration actuelle des remontes est incapable de pouvoir assurer le service de nos remontes futures; et qu'il serait ruineux pour nos finances de le lui confier.

Le recrutement des chevaux de guerre est actuellement confié, en France, à une administration spéciale, désignée sous le nom d'*Admi-*

nistration des remontes. Cette administration fut instituée par un décret royal de 1831 ; son fonctionnement fut ensuite modifié par les ordonnances ministérielles du 23 mars 1837 et du 12 décembre 1859, et son organisation repose sur les bases que je vais indiquer.

Nous possédons, en ce moment, 24 dépôts de remonte, dont 21 en France et 3 en Algérie. Ces 24 dépôts forment 5 circonscriptions de remonte, et le personnel qui s'y trouve attaché se compose de :

Colonels, commandant les circonscriptions.	5
Chefs d'escadron, commandant les principaux dépôts	11
Capitaines, commandant en 2ᵉ.	62
Vétérinaires en 1ᵉʳ	25
Lieutenants en 1ᵉʳ et en 2ᵉ	39

Ce qui donne un premier total de 142 officiers, auquel il faut ajouter huit compagnies de remonte avec un effectif de 928 hommes, c'est-à-dire un total de 1,070 hommes, tant officiers, sous-officiers que soldats, qui sont distraits de l'armée pour le service spécial de l'administration des remontes.

Il est institué dans chaque dépôt une commission spéciale, composée d'officiers de remonte, qui a pour mission de parcourir, à époques déterminées, la région qui lui est réservée, afin de procéder à la statistique des chevaux qui s'y trouvent et de traiter, directement, avec les propriétaires, de l'achat des animaux qui lui sont présentés, dans les localités signalées d'avance. Chaque dépôt possède, en outre, des écuries assez vastes pour le logement et l'entretien de tous les chevaux achetés qui n'ont pas encore atteint l'âge réglementaire de cinq ans, fixé pour leur incorporation. Dans quelques-uns de ces établissements, tels que ceux de Montrouge, à Paris, de Caen et de Mâcon, on a ordre de faire procéder au dressage des chevaux de différentes armes.

Telle est, brièvement, l'organisation de l'administration actuelle des remontes de l'armée.

Pour apprécier exactement l'importance des services que peut nous rendre cette institution, il suffit d'établir quelle est la somme des opérations d'achats effectués par elle, pendant une période déterminée. C'est cette statistique que j'ai essayé d'établir, et voici les documents que j'ai pu recueillir à ce sujet :

Pendant une période indiquée dans le tableau ci-dessous, le relevé des achats effectués par nos vingt-quatre dépôts de remonte se décompose pour chaque année ainsi qu'il suit :

En 1857.	6,931 chevaux	En 1862.	5,083 chevaux.
En 1858.	6,851 »	En 1863.	6,413 »
En 1860.	5,261 »	En 1864.	6,502 »
En 1861.	6,941 »	En 1865.	5,105 »

C'est-à-dire que, pendant cette période de huit années, la moyenne des achats ne s'élève qu'au chiffre de 6,261 chevaux par an, pour nos vingt-quatre dépôts de remonte. La somme de services que peut rendre à l'État le nombreux personnel de *chaque dépôt*, s'exprime donc par l'achat annuel de 231 chevaux, ce qui veut dire, un peu plus de 4 chevaux par semaine !

Et la preuve que ce chiffre est bien l'expression exacte du travail que peut fournir l'administration actuelle des remontes, c'est que, dans toutes les circonstances extraordinaires, comme en 1855, en 1859, pour la campagne d'Italie, et en 1870, pour la dernière guerre, on a dû créer, immédiatement, des *commissions éventuelles de remonte*, afin de suppléer à l'insuffisance des commissions permanentes.

Ces quelques explications suffiraient peut-être pour prouver qu'il n'est pas possible, avec notre nouvelle organisation militaire, d'adopter un pareil système de remonte ; mais, pour affirmer davantage la nécessité d'une réforme immédiate dans ce service si important, je vais essayer de rechercher quel prix l'administration des remontes nous fait payer les services qu'elle nous rend.

D'après les recherches auxquelles je me suis livré et les renseignements qui m'ont été fournis, — recherches et renseignements qu'il m'est impossible de détailler ici, — le budget des dépenses relatives au personnel de l'administration des remontes se décompose de la manière suivante :

1° Solde des 142 officiers de remonte, indemnités et frais de bureaux	631,660 fr.
2° Solde des 928 hommes. sous-officiers et soldats composant l'effectif des huit compagnies de remonte	895,000
3° Solde supplémentaire des troupes détachées temporairement dans les dépôts	30,000
TOTAL	1,556,660 fr. [1]

[1] TABLEAU CONCERNANT LE DÉTAIL DES DÉPENSES DU PERSONNEL.

Solde des officiers, y compris le supplément du cinquième et l'indemnité de logement et d'ameublement :

1° 5 colonels, à 9,600 fr. l'un, ci	48,000 fr.
2° 11 chefs d'escadron, à 6,240 fr. l'un, ci	68,640
3° 62 capitaines, à 4.080 fr., ci	252,960
4° 25 vétérinaires en 1er, à 3,720 fr., ci	93,000
5° 39 lieutenants, à 2,940 fr. l'un, ci	104,660
6° Frais de solde, d'entretien, de masses individuelles des sous-officiers et soldats comprenant les huit compagnies de remonte (928 hommes)	895,000
7° Frais de tournées des commissions de remonte. Pour 80 officiers et 5 colonels, à une moyenne de 10 fr. par jour, et 60 journées par an, environ	50,000
8° Supplément de solde, alloué aux officiers, sous-officiers et soldats détachés temporairement dans les dépôts de remonte	30,000
9° Frais de bureaux, à raison de 600 fr. par dépôt	14,400
TOTAL	1,556,660 fr.

Mais à ce premier budget, qui ne comprend absolument que les dépenses relatives au personnel de nos vingt-quatre dépôts, il faut nécessairement ajouter les frais qu'entraîne la nourriture des chevaux qui séjournent dans les écuries des dépôts, ainsi que les dépenses d'entretien et l'intérêt de la valeur immobilière de ces établissements.

J'ai dit, il n'y a qu'un instant, que les ordonnances ministérielles interdisaient d'une façon formelle l'incorporation régimentaire de tout cheval âgé de moins de cinq ans.

Les recherches statistiques auxquelles j'ai dû me livrer m'ont permis de constater ce fait que, sur le nombre des chevaux achetés annuellement par l'administration des remontes, *les deux tiers sont âgés de moins de cinq ans.*

Puisque, sur une période de huit années signalées plus haut, la moyenne des achats annuels a été de 6,261 chevaux, on doit en conclure rigoureusement que les deux tiers, c'est-à-dire 4,174 chevaux, ont dû être nourris, chaque année, dans les écuries des dépôts, jusqu'à l'époque réglementairement fixée pour leur incorporation.

L'administration de la guerre doit savoir depuis longtemps, et mes confrères de l'armée sont là pour le lui affirmer, que cet âge de quatre ans est, en quelque sorte, pour le cheval, l'âge critique, c'est-à-dire le plus dangereux pour sa santé, surtout lorsque l'agglomération vient y joindre son influence toujours dangereuse et souvent terrible.

J'admets que les chevaux âgés de moins de cinq ans, achetés par l'administration des remontes, ne séjournent pas, tous, pendant une année entière, dans les écuries des dépôts ; mais j'estime que la différence de frais qu'il faudrait déduire de ce fait est largement compensée par les pertes résultant de la mortalité qui frappe ces jeunes chevaux. Si je fixe à 2 fr. par jour les frais de nourriture et d'entretien de chaque cheval, dans les écuries des dépôts, le séjour de 4,174 chevaux pendant une année occasionnera une dépense annuelle de 3,047,020 fr.

En outre, nos 24 dépôts de remonte sont des établissenents importants, parfaitement aménagés et d'une installation fort coûteuse. J'estime donc que les frais d'entretien et l'intérêt de la valeur immobilière de chacun de ces dépôts peuvent facilement être fixés à la somme de 20,000 fr. par an. Pour les 24 dépôts, nous aurons donc une dépense annuelle de 480,000 fr. à ajouter aux précédentes.

En résumé, le budget des dépenses de l'administration des remontes de la guerre, doit être établi de la manière suivante :

1° Frais de personnel.	1,556,660 fr.
2° Frais relatifs à l'entretien des dépôts et des chevaux qui y séjournent réglementairement.	3,047,020
TOTAL.	5,083,680 fr.

Il résulte de ces faits que les services de l'administration des remontes coûtent chaque année à l'État la somme considérable de 5,083,680 fr. !

Et si j'ajoute que, pendant la même période de huit années, le prix moyen de chaque cheval acheté par l'administration n'a guère dépassé 650 fr., j'arrive à éclairer complétement la situation par le simple exposé des chiffres ci-dessous :

1° Prix de 6,261 chevaux, à 650 fr. l'un	3,808,775 fr.
2° Frais de l'administration des remontes pour l'achat de ces 6,261 chevaux.	5,083,680
TOTAL.	8,892,455 fr.

Le prix total des 6,261 chevaux s'élève donc à la somme de 8,892,455 fr., c'est-à-dire que, grâce à l'administration des remontes, le cheval acheté 650 fr. est bien réellement payé 1,420 fr. !

En face d'une situation pareille, les commentaires deviennent absolument inutiles, car chacun saura bien tirer les conséquences qui en découlent immédiatement.

EXPOSÉ D'UN NOUVEAU SYSTÈME DE REMONTE

La réforme que je viens proposer pour la remonte de notre cavalerie doit nécessairement viser les deux vices fondamentaux de l'administration actuelle, c'est-à-dire que, pour être rationnellement applicable, le système que je vais avoir l'honneur de développer doit être plus économique et plus sûr que le précédent.

Pour faciliter mon raisonnement et donner plus de clarté aux explications qui vont suivre, je vais admettre que le chiffre de 200,000 chevaux représente, comme je le disais au début de ce travail, l'effectif de la cavalerie de toutes nos armées, sur le pied de guerre.

Mais, comme conséquence de notre réorganisation militaire, la remonte de ces 200,000 chevaux, qu'il nous faut trouver, comprendra nécessairement deux opérations absolument distinctes et qu'il est essentiel de signaler.

Les besoins de notre armée active seront, en effet, incessants, permanents comme elle. La remonte de sa cavalerie aura donc le caractère particulier et tout spécial de la *permanence*.

L'armée territoriale et celle de réserve, que je confonds ici, ne devant être soumises qu'à des mobilisations intermittentes, la remonte de leur cavalerie n'aura pas le caractère de continuité, de permanence des remontes de l'armée active ; c'est-à-dire que les remontes de cette armée devront être intermittentes comme elle ; qu'elles ne coïncideront qu'avec les époques des mobilisations ; car il serait absurde de vouloir faire entretenir et emmagasiner d'avance, par l'État, les chevaux nécessaires à cette nouvelle cavalerie.

De là, deux remontes parfaitement distinctes et desquelles je vais m'occuper successivement, en supposant que chacune d'elles répondent à un effectif de 100,000 chevaux.

1° Des remontes de l'armée active. — Le système que je propose d'adopter pour les remontes de l'armée active consiste simplement à n'entretenir les chevaux de guerre que dans certaines conditions d'âge et à remplacer, pour les achats, l'intermédiaire de l'administration des remontes par des commissions régimentaires.

De l'exposé des faits relatifs aux dépenses de l'administration actuelle des remontes, et en m'appuyant sur des principes indiscutables, je crois pouvoir rigoureusement affirmer que, en France, *l'administration de la guerre ne doit accepter et entretenir, dans ses écuries, ni chevaux trop jeunes ni chevaux trop âgés.*

En effet, l'État ne doit à aucun prix se constituer l'éleveur des chevaux de guerre dont il a besoin. Cette pratique peut avoir sa raison d'être en Allemagne et en Autriche, car la constitution de la propriété foncière de ces deux pays la rend parfaitement applicable; mais l'organisation territoriale de la France ne permet pas à l'État de pouvoir disposer d'exploitations agricoles pareilles à celles qui constituent en quelque sorte les dépôts de remontes allemands. D'ailleurs, les chiffres que j'ai fournis précédemment, ont un langage significatif, car ils prouvent qu'avec le système actuel, et sur une simple remonte de 6,000 chevaux, le nombre des chevaux de quatre ans, qui doivent réglementairement séjourner dans les dépôts, est assez considérable pour entraîner une dépense annuelle de plus de trois millions de francs.

Je sais que l'on ne manquera pas de me faire observer qu'un cheval coûte moins cher à l'âge de quatre ans qu'à cinq ans ; et que cette différence de prix constitue une économie sérieuse pour l'État. Mais cette objection me touche fort peu ; car cette différence de prix entre les deux âges de quatre et de cinq ans ne dépassera jamais 100 ou 200 fr. au maximum. Nous serons donc encore loin des 730 fr. de frais que nécessite l'entretien d'un cheval de quatre ans dans les écuries des dépôts pendant une année. D'après le système actuel, un cheval acheté 650 fr. à l'âge de quatre ans est augmenté de 730 fr. de frais, le jour de son incorporation à cinq ans ; c'est-à-dire que cette année d'entretien a élevé le prix du cheval de 650 fr., à 1,380 fr.; tandis que, le même cheval ne coûterait que 850 fr., au maximum, si l'administration de la guerre consentait à ne l'acheter qu'à l'âge réglementaire de cinq ans.

Il est bon d'ajouter qu'en refusant tous les chevaux âgés de moins de cinq ans, l'État se mettrait à l'abri des pertes considérables qui résultent des affections souvent si terribles qui sévissent, pour ainsi dire en permanence, sur les chevaux de cet âge, dans les écuries des dépôts de remonte. C'est l'éleveur qui assumerait cette responsabilité, beaucoup moins grave pour lui ; et les 200 fr. qu'il gagnerait en conservant son cheval une année de plus lui paraîtraient certainement une compensation suffisante.

Chacun bénéficierait donc de l'application de cette première mesure, mais c'est encore pour l'État que l'avantage serait le plus considérable.

Et pour compléter ma pensée, je vais démontrer que l'État a tout autant d'intérêt à ne pas entretenir et conserver dans ses écuries des chevaux trop âgés.

Lorsqu'il s'agit du service de la guerre, il faut bien retenir ceci : c'est que, en passant aux mains de l'État, le cheval cesse, immédiatement, d'être un animal producteur. Il devient une machine, — indispensable, je le sais, — mais fort coûteuse, qu'il faut entretenir avec soin et à grands frais en attendant le moment, toujours incertain, où l'État a besoin d'utiliser ses services pour la défense du pays.

Je comprends qu'un agriculteur, un entrepreneur de transports ou un industriel quelconque conserve dans son écurie et jusqu'à usure complète un cheval qui lui rend des services journaliers. La somme de travail produit permet non-seulement d'amortir le prix d'achat de cet animal, mais encore de réaliser des bénéfices que la durée du service ne fait évidemment qu'augmenter.

Mais, je le répète, la situation est tout autre pour l'État. Le cheval de guerre ne peut fournir entre ses mains aucun travail utile et vraiment rémunérateur. Ce n'est plus qu'un instrument de défense, une force vive qui reste et doit malheureusement rester improductive. L'intérêt commande donc de ne pas se servir de cet instrument coûteux jusqu'à usure complète, c'est-à-dire de savoir le remplacer, le réformer au moment où il a véritablement encore de la valeur. En procédant ainsi, la revente des chevaux de guerre serait toujours facile, avantageuse, et les prix ne s'éloigneraient souvent que fort peu des prix d'achat. Les pertes supportées par l'État, dans cette circonstance, seraient insignifiantes, comparativement à celles qu'il doit subir aujourd'hui et que nous font apprécier, tous les jours, les nombreuses ventes de chevaux réformés.

Je proposerais donc de fixer à neuf ans la limite d'âge du cheval, pour le service de l'armée active.

De cette façon, la cavalerie de l'armée active ne serait remontée que par des chevaux de cinq à neuf ans ; c'est-à-dire que le cheval serait soumis, dans l'armée active, à une durée de service qui varierait de quatre à un an, puisqu'il ne pourrait être accepté qu'à la condition de se trouver dans la limite d'âge comprise entre cinq et neuf ans.

Cette combinaison aurait, tout d'abord, l'avantage incontestable de constituer une cavalerie vraiment puissante et de premier ordre. Mais en répandant le cheval de guerre dans le pays, elle deviendrait, comme je vais le démonter, le pivot des remontes de l'armée territoriale tout en assurant, beaucoup plus économiquement, celles de l'armée active.

En effet, d'après mon système, tous les chevaux de l'armée active, seraient, à partir de l'âge de neuf ans, considérés comme *chevaux libérés* et rentreraient, à ce titre, chaque année dans l'industrie privée.

Si nous admettons que l'effectif de la cavalerie de l'armée active soit de 100,000 chevaux âgés de cinq à neuf ans, là remonte annuelle serait de 30,000 têtes environ, puisque la durée de service ne serait pas exactement de quatre années pour chaque cheval.

Le nombre des chevaux libérés annuellement, — c'est-à-dire ayant atteint neuf ans, — serait à peu près dans la même proportion ; mais, en tenant compte de la mortalité et des accidents imprévus, je veux bien fixer ce chiffre annuel des chevaux libérés à 25,000 seulement.

Si les chevaux achetés chaque année nous coûtent en moyenne, je suppose, 800 fr., la remonte de 30,000 chevaux nécessitera une dépense de 24 millions de francs.

Mais en admettant que les chevaux libérés perdent à la revente, en moyenne et par tête, 200 francs sur le prix d'achat, la vente annuelle de 25,000 chevaux libérés fera rentrer dans les caisses de l'État une somme égale à 25,000 fois 600 francs, c'est-à-dire à 15 millions de francs, qui serviront à payer la plus grande partie des 24 millions dépensés pour la remonte de 30,000 chevaux. De sorte que, grâce à cette combinaison, l'administration de la guerre pourrait faire des remontes annuelles de 30,000 chevaux âgés de cinq à huit ans, pour la somme de 9 millions de francs, c'est-à-dire que des chevaux de 800 francs ne lui coûteraient en réalité que 300 francs !

C'est le cas, plus que jamais, de rappeler ici que le système actuel de remonte fait plus que doubler la valeur du cheval de guerre, tandis que le mien la diminue au contraire de plus de moitié.

Je formulerai donc de la manière suivante cette première réforme, qui constitue, en définitive, la base de mon système :

ON NE DEVRA ACCEPTER, POUR LE SERVICE DE LA GUERRE, QUE DES CHEVAUX AGÉS DE CINQ ANS AU MOINS ET DE NEUF ANS AU PLUS.

Quant aux voies et moyens à employer pour assurer le service des remontes ainsi réorganisées, j'ai fait pressentir, au commencement de ce chapitre, quelles étaient mes vues à ce sujet. Je propose, en effet, de remplacer l'administration actuelle des remontes, — dont la suppression nécessaire est suffisamment prouvée, — par de simples *commissions régimentaires*, c'est-à-dire que je voudrais voir imposer à chaque corps de cavalerie le devoir d'effectuer la remonte des chevaux dont il a besoin, aussi bien que le licenciement de ceux qui devraient être libérés.

Étant admis que la revente des chevaux libérés s'effectuera, comme aujourd'hui, par les soins des intendances militaires et de l'administration des domaines, la tâche des commissions régimentaires se bornerait donc à l'achat des chevaux nécessaires à la remonte de chaque corps.

Je ne saisis pas, tout d'abord, les objections qui pourront être faites contre la création de ces commissions spéciales; car les commissions de remonte actuelles sont précisément composées d'officiers de cavalerie choisis dans les différents corps. La compétence des unes équivaudra donc à celle des autres.

Mais, à mon avis, les commissions régimentaires auraient du moins l'avantage important de n'avoir à choisir que des chevaux destinés à une arme spéciale, qui serait la leur, et dont elles connaîtraient parfaitement les exigences et les besoins. Les officiers de dragons n'auraient plus à recevoir que des chevaux de dragons; ceux des hussards, que des chevaux de cavalerie légère; la remonte de l'artillerie et du train ne serait plus confiée à des officiers de chasseurs ou de cuirassiers; chaque commission régimentaire opérerait avec une complète connaissance de causes, et l'administration de la guerre éviterait ainsi les pertes si nombreuses qui résultent des fausses destinations données aux chevaux à l'époque de leur classement dans les dépôts de remonte. En outre, le travail des commissions régimentaires de remonte servirait à répandre, parmi les officiers de cavalerie, des connaissances en hippologie beaucoup plus étendues, plus sérieuses et surtout plus pratiques, que celles qu'ils possèdent généralement aujourd'hui.

Mais l'avantage le plus considérable et le plus immédiat qui résulterait de cette nouvelle création serait de supprimer l'administration actuelle des remontes, et de faire conséquemment une économie annuelle de 5,083,680 fr. sur le budget de la guerre, qui équivaudrait presque aux deux tiers de la somme nécessaire à la remonte des 30,000 chevaux de l'année active.

Quant à la question relative à l'exécution des achats par les commissions régimentaires, rien ne me semble plus facile que d'en assurer la marche prompte et certaine. Il suffit, pour cela, que l'administration de la guerre veuille bien se considérer, dans ce cas, comme un acheteur ordinaire et demander purement et simplement, à l'industrie chevaline du pays, sans s'inquiéter si c'est un intermédiaire ou non qui vient les lui offrir, tous les chevaux dont elle juge avoir besoin. Je réponds que ses demandes seront satisfaites à l'instant même et que dix chevaux pour un seront présentés aux commissions régimentaires, au jour, à l'heure et dans le lieu qu'il leur plaira de désigner. C'est la suppression des achats directs : mais cette manière de faire susciterait une concurrence qui ne pourrait être que favorable aux intérêts de l'État. Le mouvement commercial qui en serait la conséquence donnerait une impulsion considérable à l'industrie chevaline du pays et deviendrait, pour cette dernière, un stimulant bien autrement puissant que ces récompenses insignifiantes qui lui sont offertes aujourd'hui avec tant de fracas et à titre d'encouragements.

D'ailleurs, le système des achats directs pratiqué par l'administration des remontes, n'a jamais eu qu'un succès fort médiocre. Le chiffre des achats effectués, avant 1870, par les commissions de remonte, dans nos meilleurs pays d'élevage, prouve mieux que tous les raisonnements le vice radical de ce système d'achats. Je trouve, en effet, dans un excellent travail qu'un de mes confrères, M. Poncet, vétérinaire en premier, a publié en 1872, dans le *Moniteur de l'élevage*, que, avant 1870, les commissions de remonte n'ont acheté, année moyenne, que :

75 chevaux dans l'Ille-et-Vilaine, — 70 dans le Gers, — 60 dans le Lot-et-Garonne, — 50 dans la Haute-Saône, — 40 dans la Haute-Vienne, — 30 dans la Haute-Marne, — 25 dans le Morbihan, — 20 dans le Cantal, et 15 dans l'Ariège !!!

Sans même m'arrêter au système que je développe ici, je demande si l'on peut admettre qu'il soit possible d'obtenir un résultat plus déplorable que celui-ci ?

Cette statistique nous donne bien la mesure du travail effectué par le personnel des dépôts de remontes qui se trouvent dans ces diverses régions : sous ce rapport l'édification est complète ; mais ces chiffres ne sauraient servir de base pour fixer l'importance de la production chevaline de ces divers départements. Si le département du Morbihan, la pleine Bretagne, le pays légendaire des chevaux et des courses, ne pouvait produire que vingt-cinq chevaux de guerre par an ; si nous ne pouvions en trouver que vingt dans le Cantal et quinze dans l'Ariège ; si l'industrie chevaline du pays était malheureusement tombée dans un pareil état de décadence, il n'y aurait pas à discuter davantage, car ce serait à désespérer de l'avenir militaire de la France !

Mais les choses n'en sont fort heureusement pas là. Et le jour où l'administration de la guerre voudra bien, comme je le lui propose, laisser à l'industrie privée le soin de rechercher les chevaux dont elle a besoin, l'industrie privée, c'est-à-dire les tiers, trouveront cinquante chevaux là où les commissions de remonte ne pouvaient en découvrir qu'un.

Quant à la composition des commissions régimentaires que je propose d'instituer, c'est une question de détail et d'organisation qu'il est inutile de discuter ici et qui serait, dans tous les cas, facilement résolue.

2° DES REMONTES DE L'ARMÉE TERRITORIALE. — J'ai dit précédemment ce que seraient les remontes de l'armée territoriale : une série d'opérations intermittentes, ayant pour but de mobiliser, pour un temps restreint, une quantité de chevaux de guerre, fixée d'avance par l'administration.

Il ne peut plus être question, ici, ni d'achats, ni de reventes de chevaux par l'État qui, dans cette circonstance, ne doit rationnellement être que le locataire des chevaux dont il peut avoir besoin.

Il s'agit donc de trouver une combinaison qui permette de tenir, dans le pays et constamment à la disposition de l'État, la quantité de chevaux nécessaires à la remonte de l'armée territoriale.

Voici la combinaison que je propose pour atteindre ce but important.

Si le pays se trouvait dans des conditions normales d'existence; si nous n'avions rien à redouter et rien à venger, les 25,000 chevaux de neuf ans que l'armée active livrerait, chaque année, à l'industrie privée, suffiraient seuls et avant peu, au recrutement de la cavalerie de l'armée territoriale. Mais les conditions politiques de la France sont loin d'être aussi favorables, et des circonstances, que je crois inutile de signaler ici, peuvent nécessiter, d'un moment à l'autre, la mobilisation de cette dernière armée. C'est une situation qu'il faut prévoir et à laquelle nous devons absolument nous préparer.

J'estime que, dans le cas spécial qui nous occupe, l'intervention souveraine du gouvernement devient indispensable. Son devoir serait, à mon avis, de soumettre toute notre population chevaline à un recrutement particulier, que le pays saurait d'ailleurs supporter patriotiquement.

Loin de moi la pensée de faire revivre le triste et déplorable système des réquisitions de chevaux, qu'il nous a été donné de voir fonctionner pendant la guerre de 1870. Ces mesures d'exception, aussi illégales que profondément vexatoires, ne sauraient s'adapter à mon projet, et quoiqu'elles aient trouvé des défenseurs, — bien inattendus, je dois le dire, — jusqu'à la tribune de l'Assemblée nationale, je n'y suis pas encore converti.

Lorsque je propose de décréter cette nouvelle loi de recrutement sur l'espèce chevaline du pays, je pars de ce principe que, quelle que soit la gravité des circonstances, l'État ne doit s'emparer de la chose privée qu'à la condition d'indemniser loyalement et de payer intégralement, à celui qui cède cette chose, ce qui lui est légitimement dû. Ce n'est que de la saine justice ; et l'État, plus que tout autre, doit s'attacher à en respecter les règles.

Ce recrutement des chevaux de guerre ne pourrait s'effectuer sérieusement qu'après avoir fait dresser la statistique exacte de la population chevaline de la France, au point de vue de ce service particulier. Et afin de mettre nos chevaux de luxe, de races distinguées, à l'abri de cette nouvelle loi, il serait bien entendu qu'un cheval pourrait toujours être remplacé par un autre cheval de même arme.

Un pareil travail de statistique ne serait, il me semble, ni long ni difficile à exécuter, car le classement des *chevaux libérés* de l'armée active étant tout établi, il ne s'agirait plus que de grouper les autres chevaux du pays dans les catégories répondant aux trois types principaux généralement admis pour le service de la guerre : 1° cavalerie de ligne ; 2° cavalerie légère, et 3° chevaux d'artillerie et du train.

Pour rendre l'exécution de ce travail tout à fait économique, il conviendrait de le confier aux officiers de cavalerie de l'armée territoriale et de transformer cette mission en un ordre de service. Un officier par canton suffirait, il me semble, à cette besogne; et en exigeant que les opérations ne puissent s'effectuer qu'en présence d'un représentant de la municipalité de chaque commune, les intérêts de chacun seraient suffisamment sauvegardés.

Le système fonctionnant ainsi, l'administration de la guerre serait toujours immédiatement renseignée sur les ressources chevalines du pays. Elle n'aurait plus qu'à indiquer chaque année le chiffre du contingent de chevaux de telle et telle arme, que chaque commune ou chaque canton, si on le préfère, devrait fournir, aux époques qu'il lui plairait de désigner, tout en fixant le chiffre de l'indemnité qui serait accordée à chaque cheval, par journée de service.

Au jour fixé, le contingent de chaque commune devrait être rendu, sous la responsabilité de l'autorité municipale, sur la place publique du chef-lieu de canton. Là, il serait procédé à l'examen, au classement définitif et à l'estimation des chevaux acceptés. Cette dernière opération n'aurait pour but, on doit le comprendre, que de fixer la somme qui devrait être payée au propriétaire, dans le cas où le cheval qui lui serait réclamé viendrait à succomber au service de l'État.

Ces dernières opérations d'examen, de classement et d'estimation, seraient nécessairement confiées à des commissions spéciales que je désirerais voir constituer de la manière suivante, afin de garantir tous les intérêts engagés : 1° un officier de cavalerie de l'armée active ;

2° l'officier chargé de la statistique cantonale ; 3° un vétérinaire militaire ; 4° un vétérinaire civil. Le président désigné par ces différents membres ayant voix prépondérante.

Les travaux de chaque commission seraient centralisés au commandement de la circonscription militaire de laquelle elle ressortirait.

Toutes les questions d'indemnités à accorder, par l'État, aux cessionnaires de chevaux seraient d'abord jugées et appréciées par les commissions cantonales. Mais une *commission de révision* que l'on pourra appeler *divisionnaire*, si on le désire, et constituée dans le même esprit que la précédente, existerait en permanence au siége du commandement de la circonscription militaire. Cette commission n'aurait à apprécier que les cas spéciaux où les décisions des commissions cantonales seraient contestées. Elle jugerait en dernier ressort et ses appréciations seraient définitives.

Tel est l'ensemble des mesures que je proposerais d'appliquer à la remonte de l'armée territoriale. Ce système n'est d'ailleurs pas nouveau, car il est adopté depuis longtemps par cette *grande* petite république suisse, qui n'a pas d'autres remontes à entretenir que celles du genre qui nous occupe en ce moment.

Les avantages du système que je propose d'adopter pour la remonte de nos deux armées peuvent donc se résumer ainsi :

1° *Assurer, économiquement, et quel qu'en soit le chiffre, les remontes de l'armée active, aussi bien que celles de l'armée territoriale ;*

2° *Ne plus avoir que des chevaux de guerre possédant toute leur énergie et leur puissance, c'est-à-dire rendre à la cavalerie française la valeur et la renommée qu'elle possédait autrefois ;*

3° *Pousser au développement de l'industrie chevaline du pays, c'est-à-dire de la fortune publique, si gravement atteinte aujourd'hui ;*

4° *Économiser, enfin, par la suppression de l'administration actuelle des remontes, une somme annuelle qui s'élève à plus de cinq millions de francs, et à l'aide de laquelle nous pourrions acheter, chaque année, près de 20,000 chevaux de guerre de premier ordre.*

L'exposé de certains détails techniques aurait peut-être pu donner à cette étude, assez ingrate d'ailleurs, un attrait que, malgré tous mes efforts, je crains de n'avoir pu lui communiquer.

Mais que ce soit par la parole ou par la plume, il est difficile aujourd'hui, pour le soldat, de dire librement ce qu'il sait et de communiquer aux autres ce qu'il peut avoir appris.

En face du silence qui continuait à se faire autour de cette question si importante; songeant à tous les nouveaux régiments de cavalerie que l'on va former, au nombre de canons qui doivent être fondus, j'ai pensé qu'il était peut-être opportun de rappeler qu'il fallait trouver des chevaux pour traîner les uns et remonter les autres.

M. MONNIER

Préparateur à l'Université de Genève

ANATOMIE DES SANGSUES

— *Séance du 25 août 1873.* —

M. D. Monnier a entretenu la section d'un travail sur l'anatomie de la sangsue médicinale, travail qu'il a entrepris au laboratoire de microscopie et d'anatomie comparée de l'université de Genève, à l'instigation de M. le professeur C. Vogt.

Cette étude, qui n'est encore qu'à son début et qui doit s'étendre aux autres genres de la famille des Hirudinées, consiste à établir l'anatomie de ces vers, en comparant successivement une longue série de coupes non interrompues, faites dans trois plans différents. Ainsi, de la partie antérieure de la ventouse orale, au commencement de l'œsophage, il a montré trente-quatre coupes transversales, autant de coupes longitudinales et verticales, et un nombre égal de coupes longitudinales et horizontales; dans les organes génitaux, du pénis au vagin, en tout 192, soit 64 dans chaque direction; ainsi de suite pour les régions les plus importantes du corps. Ces coupes, conservées en préparation dans la glycérine, sont ensuite photographiées.

Ces préparations ont été faites avec un microtome rabot, qui vient de la fabrique de M. Leyser, de Leipsick. Cet instrument présente quelques dispositions nouvelles; ainsi, l'ajustement du rasoir permet à l'opérateur de changer à volonté l'inclinaison de la lame.

Le chariot de la pince porte un vernier qui permet de faire des coupes de 1/100 de millim. d'épaisseur, sur une surface relativement grande. Avec le secours d'un aide qui enlève la coupe en notant son épaisseur, on peut, en quelques instants, obtenir une longue série continue de préparations.

Il faut naturellement, pour la réussite de l'opération, des sangsues convenablement durcies. Le procédé qui a le mieux réussi est de les plonger vivantes, pendant deux minutes, dans de l'eau à 80°; de les redresser ensuite sur une plaque de liége, en les fixant avec des épingles dans les régions où l'on ne doit pas pratiquer de coupes; d'immerger le tout dans de l'alcool d'abord faible, puis de plus en plus concentré, de façon à ce que le cinquième jour elles soient baignées dans de l'alcool absolu; le sixième jour on peut pratiquer d'excellentes coupes; si l'on attend plus longtemps, elles deviennent moins bonnes, et au bout de quinze jours, le durcissement est déjà trop considérable pour trancher de grandes surfaces.

M. Monnier se sert aussi, pour fixer la portion qu'il veut tenir dans la pince, d'une moelle particulière, qui lui a été donnée par M. le Dr Reverdin, de Genève. C'est la moelle du *Ferdinanda*, plante d'agrément, que l'on cultive maintenant dans les jardins publics. C'est une moelle assez résistante, très-fine, et dont le diamètre atteint plusieurs centimètres.

L'auteur aurait voulu pouvoir présenter, dans la séance de ce jour, une ou deux séries complètes de photographies de ses préparations, mais des circonstances imprévues l'ont forcément éloigné de son travail pendant quelques semaines, et l'ont ainsi empêché de profiter des beaux jours de soleil dont il aurait pu disposer avant la réunion du Congrès. Il ne peut donc montrer, à son grand regret, ni des séries de photographies, ni des positifs sur verre, qui produisent des effets stéréoscopiques remarquables, lorsqu'on superpose un certain nombre de glaces représentant une série de coupes successives faites avec un même grossissement. Il suffit, pour produire ces effets, de donner à chaque glace une épaisseur représentant exactement l'épaisseur que la coupe photographiée aurait, en tenant compte de son amplification.

Cette disposition nouvelle est appelée à rendre des services. M. Monnier se contentera de présenter à la section des épreuves prises dans la région antérieure du corps, pour montrer que la structure des mâchoires n'avait pas encore été décrite d'une manière satisfaisante.

Parmi les différents organes du système digestif, ce sont les mâchoires dont la description laisse le plus à désirer. En effet, la charpente de la mâchoire est entièrement formée d'un tissu qui a de l'analogie avec le tissu conjonctif tendineux (pl. XI, fig. 1, *ch.*); — pl. XII, *ch.*). Ce tissu, très-condensé à la partie antérieure, au niveau des denticules, se divise postérieurement en plusieurs faisceaux, qui s'intercalent entre les fibres annulaires et longitudinales [1], et vont se perdre au delà du sphincter postérieur de l'œsophage; cette disposition assure aux mâchoires une grande solidité.

En examinant, dans l'excellente *Monographie des Hirudinées* de

[1] Leydig (*Tafeln zur Vergleichenden Anatomie*, pl. I, fig. 6, *i*) a pris ces faisceaux pour les conduits des glandes salivaires. L'auteur a montré à la section les véritables conduits de ces glandes, sur des coupes transversales passant par le plan *xx* de la fig. 1.

Moquin-Tandon, la pl. 9, qui représente l'organisation des mâchoires des sangsues, il est impossible de s'expliquer le mouvement de scie; ces mâchoires, groupées autour de l'œsophage, articulées comme des lames à un manche de couteau, peuvent bien, avec la disposition des muscles, rapprocher leurs dentelures tranchantes et au besoin s'écarter, mais la forme arrondie de ces lames ne suffit pas pour expliquer le mouvement de rotation indispensable pour entamer la peau.

Nos coupes représentent, au contraire, la crête dentelée comme l'arc d'un long secteur dont l'articulation occuperait le centre géométrique du cercle, et non pas une des extrémités de la corde. Le mouvement de scie, communiqué aux mâchoires, du dedans au dehors, est produit par les muscles qui se rendent de la mâchoire à la périphérie du corps (pl. XI, fig. 1, *fs.*); — pl. XII, *fs.*)

Les muscles opposés, destinés à ramener les mâchoires du dehors au dedans, forment un système compliqué, qui occupe toute la région œsophagienne. La muqueuse, dans cette région, repose sur une couche de fibres longitudinales que j'appelle *motrice interne*, et qui occupe toute la partie comprise entre la muqueuse et la couche des fibres annulaires internes. A la partie antérieure, ces muscles se subdivisent en trois faisceaux qui s'attachent directement aux extrémités des mâchoires, dans les parties les plus voisines de l'axe de l'animal (fig. 1, *Fli*, pl. XI). A la partie postérieure, ces muscles concourent à former le sphincter, puis s'élargissent en suivant l'intestin.

Les puissants faisceaux de fibres rayonnantes, qui dominent dans cette région, traversent les fibres annulaires internes et les fibres longitudinales motrices, et en s'enchevêtrant avec elles forment un feutrage compact.

On conçoit aisément que, pour produire la succion, l'œsophage, en se dilatant par la contraction simultanée des fibres rayonnantes, doit nécessairement diminuer la longueur des fibres motrices et par suite abaisser les mâchoires.

EXPLICATION DES PLANCHES

ch XI

Fig. 1

Coupe longitudinale et verticale de la partie antérieure de la sangsue médicinale; elle représente le profil de la mâchoire supérieure (*ch*) avec ses denticules (*de*).

(*O*) œil. — (*L. s.*) Lèvre supérieure. — (*L. in*) Lèvre inférieure. — (*F. a*) Fibres annulaires. — (*Fli*) Insertion des fibres longitudinales internes, avec les mâchoires. — (*G*) Ganglion sous-œsophagien. — (*G'*) Sus-œsophagien. — (*Fs*) Muscles donnant un mouvement alternatif de scie aux mâchoires avec les fibres longitudinales internes. — (*Hp*) Hypoderme. — (*F. l. ex*) Fibres longitudinales externes. — (*F. r.*) Fibres rayonnantes. — (*Œ*) Œsophage. — (*I*) Intestin. — (*G. s.*) Glandes salivaires.

Fig. 2

(Œ) La cavité de l'œsophage. — (*F.l. i*) Fibres longitudinales internes (motrices). — (*F.a.in.* Fibres annulaires internes. — (*F. r.*) Fibres rayonnantes.

Planche XII

Représente une coupe transversale passant par la ligne (*y y*) de la fig. 1; elle montre la disposition des trois mâchoires (*Ch*). Cette figure, comparée à un grand nombre de préparations faites dans la même région, ou dans des régions un peu différentes, indique que les denticules ne sont pas dans le même plan, en d'autres termes, que la mâchoire supérieure est plus antérieure que les deux latérales, et la mâchoire droite, qui est à gauche sur la figure, est plus antérieure encore que la troisième. Le bourrelet qui fait saillie entre les deux mâchoires latérales et qui fait face à la supérieure, pourrait bien indiquer une quatrième mâchoire rudimentaire. L'étude comparée de la famille des Hirudinées pourra seule éclaircir ce fait que j'ai trouvé constant dans la sangsue médicinale. — (*Fs*) Muscles moteurs des mâchoires (voir fig. 1). — (*F. l. i.*) Fibres longitudinales internes, également motrices des mâchoires.—(*F. t.*) Fibres transversales.— (*F. l. ex*) Fibres longitudinales externes.— (*G. s.*) Glandes salivaires. — (*R. p.*) Réseau pigmenté. — (*V. l.*) Vaisseau latéral. —(*G. m*· Glandes mucipares. — (*N. o.*) Nerf optique. — (*G. a.*) Gaîne des mâchoires.

M. SCHLUMBERGER

Ingénieur de la marine

STRUCTURE INTIME DES FORAMINIFÈRES

— *Séance du 25 août 1873.* —

Les marnes miocènes des environs de Cannes sont très-riches en foraminifères et renferment presque toute la faune du bassin de Vienne, décrite par d'Orbigny.

On y trouve surtout de fort beaux échantillons de la *Nodasaria bacillum*, Defr., qui atteignent jusqu'à 15 millimètres de longueur.

En examinant à la loupe un fragment brisé de cette coquille, on remarque une différence de coloration très-apparente entre le corps de la loge et les côtes extérieurs qui l'ornent dans toute la longueur.

Lorsqu'une de ces sections transversales a été réduite par l'usure en lamelle mince et transparente, l'examen au microscope fait apparaître cette différence de coloration d'une manière beaucoup plus sensible et l'image, fort élégante, révèle une structure toute particulière du test de certains foraminifères.

L'enveloppe principale de la loge, fig. 14, est composée d'une matière fibreuse, colorée en jaune verdâtre, disposée par couches concentriques marquées par des raies noires.

Cette enveloppe est interrompue par les côtes de la coquille qui s'encastrent en biseau jusqu'au pourtour intérieur de l'enveloppe et sont composées d'une matière tout à fait transparente.

L'éclairage oblique y fait apparaître quelques ombres sous forme de plis aigus parallèles à la forme extérieure de la côte, mais cet effet n'est dû sans doute qu'à la légère obliquité presque inévitable de la section.

Dans une coupe longitudinale de la même coquille, fig. 15, on voit en outre que toutes les parties avoisinantes de chacune des bouches succes-

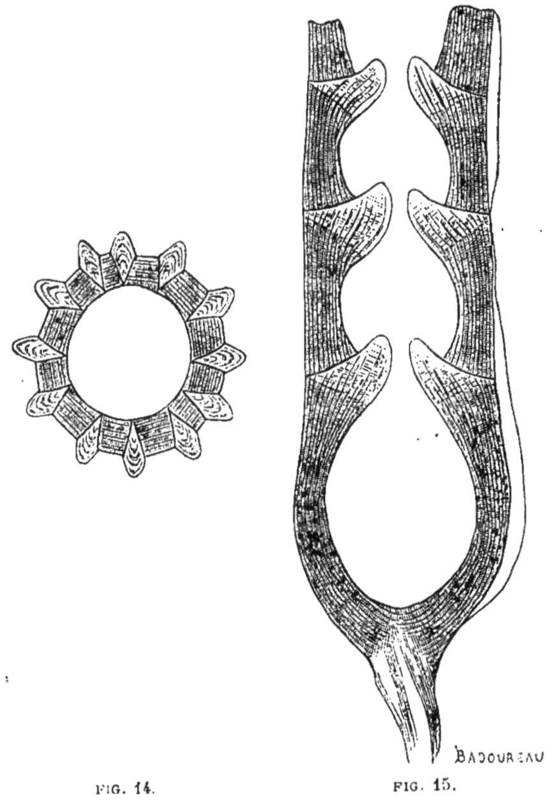

FIG. 14. FIG. 15.

sives sont formées aussi de matière compacte et transparente, et elle montre, ce que l'on savait déjà, qu'en ajoutant une nouvelle loge à sa coquille, l'animal l'emboîte sur la précédente sans jamais résorber aucune partie de la coquille déjà construite.

Ces caractères sont communs aux Nodosaires, aux Dentalines, aux Cristellaires, Frondiculaires, Marginulines..., probablement à tous les foraminifères à test compacte, et pourront servir de base à une des grandes divisions de la classification de ces petits êtres.

Dr ROUGET

Professeur à la Faculté de médecine de Montpellier

DÉVELOPPEMENT ET STRUCTURE DES VAISSEAUX LYMPHATIQUES ET SANGUINS

— *Séance du 27 août 1873.* —

Dr Armand MOREAU

Membre de l'Académie de médecine

SUR LE ROLE DU FILET SYMPATHIQUE CERVICAL ET DU NERF GRAND AURICULAIRE

— *Séance du 27 août 1873.* —

M. Armand Moreau expose ses recherches sur le rôle du filet sympathique cervical et du nerf grand auriculaire dans la vascularisation de l'oreille du lapin, recherches sur lesquelles il a publié récemment un mémoire dans les *Archives de Physiologie normale et pathologique*, nº 6. 1872.

Drs E. MAGITOT et Ch. LEGROS

DE LA CHRONOLOGIE DU FOLLICULE DENTAIRE CHEZ L'HOMME

— *Séance du 27 août 1873.* —

Le problème du mode de genèse et de développement du follicule dentaire des mammifères est l'un des plus difficiles et encore l'un des plus obscurs de l'embryogénie. Il a suscité parmi les naturalistes de tous les pays un très-grand nombre de travaux ; il a provoqué diverses théories, et, si aujourd'hui la question est entrée, grâce aux recherches les plus modernes, dans une phase plus rigoureuse ; si quelques-uns des points peuvent être exactement démontrés, il faut avouer qu'il subsiste encore un certain nombre d'obscurités qui appellent de nouvelles études.

Sans remonter aux théories anciennes, purement spéculatives, sur la nature de l'organe dentaire et son mode de production ; sans rappeler les assertions d'Herissant[1] qui, dès le milieu du siècle dernier, avança théoriquement que le follicule dentaire devait être considéré comme une dépendance de la muqueuse, nous nous arrêterons seulement à une période importante dans cette histoire, c'est-à-dire à l'époque à laquelle Arnold Goodsir d'Edimbourg vint, dans une séance de l'Association britannique, en 1839, produire cette fameuse théorie qui faisait dériver le follicule dentaire d'un simple renversement de la muqueuse buccale. Cette explication fut depuis lors, .sans contestation comme sans contrôle, universellement adoptée par les anatomistes : Richard Owen, Tomes, Lessing, Czermak, Todd, Bowmann, Lent, Hannover et Kölliker lui-même, dans la première édition de sa *Mikroskopische anatomie*, s'y rallièrent unanimement. Huxley[2] cependant en 1857, entraîné par certains aperçus théoriques, voulut faire dériver le follicule, non d'un renversement de la muqueuse, mais d'une dépendance de son épithélium isolément. Plusieurs travaux publiés en France vers le même temps[3] combattirent les idées de Goodsir et cherchèrent à établir une tout autre origine au follicule dentaire qui naîtrait d'après eux de la profondeur des gouttières dentaires et par l'apparition du *bulbe* comme première partie constituante.

La question était dans cet état, lorsqu'en 1863, Kölliker[4] découvrit dans le bord alvéolaire de l'embryon un organe nouveau qu'il appela *organe de l'émail*. C'est une sorte de bande ou de lame de nature épithéliale, dépendant du bourrelet gingival et s'étendant d'une manière continue dans la profondeur des mâchoires. Cette découverte fut un trait de lumière, et depuis lors, les recherches de Waldeyer[5], de Hertz[6], de Leydig[7], de Kollmann[8] et nos études personnelles mirent hors de doute la nature purement épithéliale de l'organe de l'émail[9], première partie de l'organe folliculaire qui apparaisse chez l'embryon.

Le mécanisme de la genèse du follicule dentaire était dès lors établi

1 Nouvelles recherches sur la formation de l'émail des dents et sur celle des gencives. *Mémoires de l'Académie de Paris*. 1754.

2 *Quarterly Journal of microscopical science*. 1854, 1855, 1857.

3 N. Guillot, Recherches sur la genèse et l'évolution des dents et des mâchoires. *Annales des sciences naturelles* (zool.), sér. IV, t. IX. 1858. — Ch. Robin et E. Magitot, Mémoire sur la genèse et le développement des follicules dentaires. *Journal de physiologie* de Brown-Séquard. 1860-61.

4 Die entwicklung der zahnsäcken der Wlederkaüer. *Zeitsehr. f. wiss.*, zool. 1863, Gewebelehre IV aufl..

5 *Untersuch. ueber die entwicklung der Zähne* : I abth. Konigsberger und Yahrbücher IV Bd., 1864; II abth. Zeitschr f. zat. med; III R. 24 Bd. 1865; IV Bau und entwicklung der Zähne in stricker : Handbuch der lehre von der Geweben. Leipzig, p. 333 et suiv.

6 *Untersuech. ueber den feineren bau und die entwicklung der Zähne*. Arch f. pathologisch anat. und physiol., von R. Virchow, november, p. 272. Berlin, 1866.

7 *Ueber die molche der Wurtembergischen fauna. Trochel's arch ,. naturgesch.* 1867, p. 163 (entwicklung der Zäne der Salamandrinen).

8 *Entwicklung des milk und ersatz Zähne beim Menschen*. Zeitschr. für Wissenschaftliche zoologie. Zwanzigster band, zweites Heft, p. 145. Leipzig, 1870.

9 Origine et formation du follicule dentaire des mammifères. *Journal d'Anatomie* de Ch. Robin, numéro de septembre 1873.

d'une manière incontestable. Restaient toutefois un certain nombre de questions à résoudre, et parmi elles se présente le problème de l'époque à laquelle apparaît chez l'embryon ou pendant l'enfance la série des parties composantes du follicule, non-seulement pour les dents temporaires, mais pour les permanentes. C'est ce problème comprenant la *chronologie du follicule dentaire* que nous avons cherché à résoudre. Nous présentons aujourd'hui nos résultats devant le Congrès de l'*Association*. Cette recherche, toute limitée qu'elle paraisse au premier abord, a nécessité de notre part de nombreuses et difficiles investigations. Nous les avons poursuivies non-seulement chez l'homme, mais encore chez divers mammifères domestiques. Notre intention toutefois est de limiter aujourd'hui les considérations à l'homme.

C'est chez un embryon humain de trois centimètres de longueur totale, ce qui correspond à la septième semaine, que nous avons pu fixer l'époque immédiatement antérieure à la première apparition du follicule. Chez cet embryon, dont nous avons étudié des coupes passant verticalement par la totalité de la tête, on ne rencontre encore de points d'ossification sur aucune partie de la face ou du crâne; seule, la mâchoire inférieure présente quelques traces osseuses rudimentaires. Au voisinage du *cartilage de Meckel*, on n'observe, au point de vue de l'évolution folliculaire, que l'existence du bourrelet épithélial identique aux deux mâchoires ; la lame épithéliale et l'organe de l'émail ne sont pas encore apparus.

C'est lorsque l'embryon humain a *cinq* centimètres de longueur qu'on aperçoit la lame épithéliale et les cordons qui en naissent, représentant autant d'organes de l'émail que de dents futures de première dentition.

A *cinq centimètres et demi*, les cordons sont très-nettement détachés et déjà l'on observe un bulbe rudimentaire né à la rencontre de l'organe de l'émail. Cette évolution est au même degré aux deux mâchoires et pour tous les follicules des dents temporaires, c'est-à-dire pour les vingt dents de première dentition. Cette identité du développement ne s'observe toutefois que pendant les premières phases, car lorsque débute la formation de l'ivoire, on constate que ce phénomène est plus précoce pour certains follicules que chez d'autres.

Les différentes phases du développement de ces vingt premiers follicules ont été suivies ainsi sur des embryons dont les dimensions s'étendaient depuis *cinq* centimètres jusqu'à *vingt* centimètres.

A cette dernière époque se fixe une date importante : c'est celle de l'apparition des cordons épithéliaux émanant du cordon primitif des vingt follicules temporaires et destinés à devenir le point de départ d'un nombre égal de follicules de dents permanentes.

Cette nouvelle période d'évolution des cordons secondaires a été suivie alors, depuis cette date où l'embryon mesurant vingt centimètres répond au commencement du quatrième mois, jusqu'à la naissance et au delà. Les phases successives de l'organisation du follicule des dents permanentes ont pu être ainsi rigoureusement fixées.

Arrivés en ce point du problème, nous avions établi la chronologie de tous les follicules de la première dentition et de ceux qui leur succèdent exactement. Il nous restait à recueillir les mêmes déterminations relativement à une autre série de follicules très-distincte de la précédente, au double point de vue des époques de genèse et des dates d'éruption des dents qu'ils produisent, nous voulons parler des *molaires permanentes*, au nombre de douze chez l'homme, et qui apparaissent, comme on sait, à la partie la plus reculée des bords alvéolaires et sans être précédées sur le lieu de leur évolution d'aucune dent caduque correspondante.

Nos recherches antérieures nous ont déjà permis de démontrer un point jusqu'ici resté inconnu [1]. C'est que ces molaires, qui font partie, dans le système dentaire de l'homme, de la dentition permanente, ne proviennent pas, comme toutes les autres, du cordon des dents temporaires. D'autres lois président à leur genèse, et tandis que la première de ces molaires, celle qui fait son éruption vers la sixième année, naît directement de la lame épithéliale, la seconde prend son origine par un cordon dérivant du cordon épithélial de la précédente, de telle sorte que la première de ces dents joue, par rapport à l'autre, le rôle d'une dent temporaire.

Quant à la troisième molaire ou dent de sagesse, elle provient à son tour d'un bourgeon émanant du cordon épithélial de la deuxième molaire. La dent de sagesse est donc encore à la seconde molaire comme une dent permanente à une temporaire correspondante.

Les trois molaires de l'adulte ont ainsi une évolution complète et spéciale, sans connexion aucune, ni avec la série des autres dents permanentes, ni avec la série des follicules temporaires. Le groupe des molaires qui continue et complète le système dentaire résulte originairement de la lame épithéliale qui fournit la première d'entre elles ; de sorte que l'absence ou la destruction précoce de celle-ci entraînerait la disparition des deux autres et de toute la série qu'elles représentent.

La chronologie folliculaire relative à ces trois molaires a pu être fixée par l'examen d'une série de pièces dont les âges s'échelonnent

1 V. *Journal d'anatomie* de Ch. Robin, numéro de septembre 1873, p. 478.

entre la dix-septième semaine et les premières années de l'enfance. C'est en effet à la dix-septième semaine, alors que l'embryon a vingt centimètres de longueur, qu'on constate la genèse du cordon épithélial ou germe de l'émail de la première molaire. Les autres phénomènes suivent avec une grande lenteur, car cette dent, nous venons de le dire, ne fait son éruption que dans la sixième année.

Vers le troisième mois de la vie, ce follicule ne renferme pas encore trace de chapeau de dentine, bien que les organes formateurs soient très-nettement accusés ; le cordon épithélial subsiste et c'est à ce moment qu'on voit s'en détacher latéralement le cordon destiné à la seconde molaire. Celle-ci, à son tour, n'évolue que très-lentement, son éruption répondant, comme on sait, à la douzième année. Ce n'est, en effet, que vers la fin de la quatrième année qu'on voit apparaître la première trace du chapeau de dentine.

La dent de sagesse enfin effectue son apparition : c'est vers la quatrième année qu'on distingue le bourgeonnement du cordon de la seconde molaire, destiné à représenter le début du follicule futur. L'évolution marche encore ici avec une très-grande lenteur, car ce n'est que vers la dixième année qu'on aperçoit le début du chapeau de dentine. Cette dent, on le sait, fait son éruption entre dix-huit et vingt-cinq ans.

Avec la dernière molaire ou dent de sagesse, dont nous venons de fixer les périodes d'évolution, s'achèvent les considérations chronologiques que nous voulions présenter, Nous les avons résumées dans un tableau d'ensemble qui permet d'envisager d'un seul coup d'œil, pour chaque follicule isolément, aussi bien que pour toute la série, les dates successives de leur développement.

CHRONOLOGIE DES PARTIES CONSTITUANTES DU FOLLICULE DENTAIRE

DÉSIGNATION DES FOLLICULES	LIEU DE LA GENÈSE DU CORDON ÉPITHÉLIAL	DÉBUT DE L'ORGANE DE L'ÉMAIL	APPARITION DU BULBE	APPARITION DE LA PAROI FOLLICULAIRE	CLOTURE DU FOLLICULE ET RUPTURE DU CORDON	APPARITION DU CHAPEAU DE DENTINE	ÉPOQUE D'ÉRUPTION DE LA DENT	ÉPOQUE DE LA CHUTE SPONTANÉE
A. DENTITION TEMPORAIRE CHEZ L'HOMME								
Incisives centrales inférieures. . . .	. . .	. . .	. . .	. . .	. . .	. . (1)	6e mois.	7e année
— supérieures. . .	. . .	. . .	. . .	. . .	. . .	. . .	10e mois.	7 ans ½
Incisives latérales inférieures.	. . .	. . .	. . .	. . .	. . .	16e sem.	16e mois.	8e année
— supérieures. . .	. . .	. . .	. . .	. . .	. . .	. . .	20e mois.	
Canines inférieures.	lame épithéliale	de la 7e à la 8e sem.	9e sem.	10e sem.	commencement du 4e mois	. . .	du 30e au 32e mois.	12e année
— supérieures. . .						. . .		
Premières molaires inférieures. . . .	. . .	. . .	. . .	. . .	. . .	. . .	24e mois.	10e année
— supérieures. . .	. . .	. . .	. . .	. . .	. . .	17e sem.	26e mois.	10 ans ½
Secondes molaires inférieures. . . .	. . .	. . .	. . .	. . .	. . .	. . .	28e mois.	11e année
— supérieures. . .	. . .	. . .	. . .	. . .	. . .	. . .	30e mois.	11 ans ½
B. DENTITION PERMANENTE CHEZ L'HOMME								
Incisives centrales inférieures. . . .	Cordon des dents temporaires correspondantes.	. . .	. . .	. . .	. . .	. . .	7e année	
— supérieures. . .		. . .	. . .	. . .	. . .	. . .		
Incisives latérales inférieures.		. . .	. . .	. . .	. . .	. . .	8 ans ½	
— supérieures. . .		. . .	. . .	. . .	. . .	. . .		
Canines inférieures.		. . .	. . .	. . .	. . .	. . .	de 11 à 12 ans	
— supérieures. . .		. . .	. . .	. . .	. . .	. . .		
Premières petites molaires inférieures	cordon des molaires tempores correspondantes.	Vers la 16e sem.	20e sem.	21e sem.	9e mois	1er mois de la naissance.	de 9 à 10 ans	
— supérieures. . .								
Deuxièmes pet. molaires inférieures		. . .	. . .	. . .	. . .	. . .	11e année	
— supérieures. . .		. . .	. . .	. . .	. . .	. . .		
Premières molaires inférieures. . . .	lame épithéliale	15e sem.	17e sem.	18e sem.	2[illegible]e sem.	6e mois de la vie fœtale	de 5 à 6 ans	
— supérieures. . .								
Deuxièmes molaires inférieures. . . .	cordon de la 1re molaire précédente	3e mois après la naissance.	6e mois.	.0e mois	1e année	fin de la 3e année	de 12 à 13 ans	
-- supérieures. . .								
Troisièmes molaires inférieures. . . .	cordon de la 2e molaire précédente	6e année	7e année	7e année	8 ans	12 ans	de 18 à 25 ans	
— supérieures. . .								

[1] L'apparition du chapeau de dentine, désignée dans ce tableau comme s'effectuant la 16e semaine, n'a pas lieu toutefois simultanément pour les divers follicules des incisives et des canines. On les voit naître successivement et à quelques jours d'intervalle pour ces différentes dents, et suivant l'ordre de leur désignation. La même remarque s'applique aux incisives, canines et prémolaires permanentes, dont le chapeau de dentine est désigné comme apparaissant dans le cours du premier mois de la naissance.

11e Section

ANTHROPOLOGIE

Président. . . . . M. le Dr BROCA, Professeur à la Faculté de médecine de Paris.
Vice-Président. . . . . . . M. le Dr PRUNIÈRES.
Secrétaires. . . . . MM. CARTAILHAC, directeur de la *Revue des matériaux de l'homme*.
Dr S. POZZI, aide d'anatomie à la Faculté de Médecine de Paris.

M. Gustave LAGNEAU

RECHERCHES ETHNOLOGIQUES SUR LES POPULATIONS DU BASSIN DE LA SAONE ET DES AUTRES AFFLUENTS DU COURS MOYEN DU RHONE

— *Séance du 22 août 1873.* —

Dès les temps paléontologiques l'homme a habité les pays baignés par la Saône et les autres affluents du cours moyen du Rhône; de nombreux objets de l'industrie primitive, recueillis par divers archéologues le démontrent suffisamment. Lorsqu'on remarque qu'en dehors, mais non loin de cette région, d'une part, au nord-est, à Eguisheim, près de Colmar, d'autre part, au sud-ouest, à Denise, près du Puy-en-Velay, dans le département de la Haute-Loire, des crânes humains remarquablement dolichocéphales, au coronal très-oblique, aux arcs sourciliers saillants, aux sutures simples et peu denticulées, ont été recueillis, soit dans le lehm avec des ossements de mammouth, par M. Faudel[1], soit dans des couches volcaniques contemporaines du *Rhinoceros megarrhinus* par MM. Aymard, Pichot-Dumazel[2], on est amené à penser que cette race humaine très-ancienne, étudiée par MM. Broca[3], Sauvage[4], devait également avoir des représentants dans le bassin de la Saône et du Rhône.

A Solutré, parmi les crânes humains trouvés par MM. Ferry, Arcelin

1 Faudel, Crâne quaternaire humain d'Éguisheim, *Bull. de la Soc. d'anthrop.* 2e sér. t. III, p. 405, et *Soc. géologique*, janvier 1867.

2 Aymard, *Annonciateur de la Haute-Loire*, 23 novembre 1844. — *Soc. géologique*, t. IV, 1847. p. 412, t. V, p. 49. — V. aussi : *Congrès scientifique de France*, 22e session tenue au Puy en 1855, t. I, p. 277 à 313.

3 Broca, *Congrès international d'anthrop. et d'archéol., préhist. de Paris*, 1867, p. 395.

4 Sauvage, *L'Homme fossile de Denise*, *Revue d'anthrop.* t. I, p. 289, 1872. — V. aussi de Quatrefages et Hamy, *Crania Ethnica*, 1re livraison, p. 15, 1873.

et Ducrost, au milieu de nombreux ossements de Rennes et de Chevaux, selon MM. Pruner-Bey, Broca [1], Lortet [2] et moi, la plupart seraient des dolichocéphales et mésaticéphales, tandis que quelques-uns seulement proviendraient de brachycéphales.

M. Hamy croit également devoir rapporter à la race dolichocéphale qu'il appelle néolithique, caractérisée par un développement antéro-postérieur considérable de l'écaille frontale, et une étroitesse notable de la face orthognathe, le crâne de Béthenas découvert par M. Chantre, et la tête trouvée par M. Bruzard sous le tumulus de Genay, près de Semur dans la Côte-d'Or [3].

Il semble donc que, dans les temps préhistoriques, au moins trois races distinctes aient existé dans la région orientale moyenne de notre pays ; l'une très-ancienne, très-dolichocéphale, au front très-déprimé, aux arcs sourciliers saillants ; une autre au crâne globuleux, brachycéphale, à la face large et courte ; la troisième dolichocéphale, au crâne moins allongé que la première, aux arcades sourcilières peu saillantes, à la face orthognathe et étroite.

Depuis les temps historiques, cette région, entièrement comprise dans la Celtique, qui, selon la plupart des auteurs anciens, César, Pline [4], Diodore de Sicile, s'étendait de la Garonne à la Seine, de l'Océan aux Alpes, était habitée par de nombreux peuples, les Éduens, les Séquanes, les Ambarres, les Aulercs Brannovics, les Insubres, les Ségusiens ou Ségusiaves, les Allobroges, les Centrons, etc.

L'ethnogénie de ces peuples paraît avoir été principalement, mais non pas uniquement celtique. César, en faisant remarquer que les habitants de la Gaule celtique se donnaient à eux-mêmes le nom de Celtes, *Celtæ*, alors que les Romains les appelaient Gaëls, *Galli* [5], semble révéler le mélange des Celtes et des Gaëls que Diodore de Sicile a soin de distinguer ; les Celtes, Κελτοί, habitant au-dessus de Marseille, dans l'intérieur des terres jusqu'aux Alpes ; les Gaëls ou Galates, Γαλάται, habitant, au delà de la Celtique, les pays maritimes s'étendant de l'Océan aux monts Hercyniens, actuellement les montagnes du Hartz [6].

Lorsqu'on remarque que pour se rendre de ces régions septentrionales dans le sud-est de notre pays et au sud des Alpes, ces Gaëls, *Galli*, Γαλάται, d'abord si redoutés de Rome, dûrent remonter le bassin de la

1 Pruner-Bey, Broca, *Cong. int. d'anthrop. et d'archéol. préhist. de Paris*, p. 350, 384. *Bull. de la Soc. d'anthrop.*, 2e série, t. III, p. 423, 585, etc., t. IV, p. 168. — Broca, Lagneau, *Association pour l'avancement des sciences*, 2e session. Lyon, 25 août 1873.

2 Ducrost et Lortet, Études sur la station préhistorique de Solutré, *Archives du Muséum d'hist. nat. de Lyon*, 1872.

3 Chantre, Bruzard, Hamy, *Bull. de la Soc. d'anthrop.*, 2e série, t. III, p. 263, 599, t. IV, p. 80, 9[illegible]-98.

4 Pline, l. IV, cap. XXXI.

5 César, *De Bell. Gall.*, l. I, cap. I.

6 Diodore de Sicile, *Hist. univ.*, l. V, cap. XXXII.

Seine, et arriver par celui de la Saône et du Rhône jusqu'aux différents passages leur permettant de franchir cette chaîne de montagnes, on s'explique facilement comment, dans ce dernier bassin faisant partie de la Celtique, la race celtique doit se trouver largement mêlée à la race des émigrants gaëliques.

Sans prétendre établir des liens ethniques entre les *Ædui*, qui, selon John Hughes [1], auraient anciennement occupé le comté de Sommerset, et les *Ædui*, Αἰδουοί, Éduens dont la capitale était Βίϐρακτα, Bibracte, ou Αὐγουστόδουνον, *Augustodunum*, actuellement Autun, mais dont le territoire, selon César [2], Strabon [3] et Ptolémée [4], s'étendait bien au sud-est de la Saône *Arar*, et de Καϐύλλινον, *Cabillonum*, Chalon, jusque et y compris *Matisco*, Mâcon, et voire même au delà ; je rappellerai que les Séquanes, *Sequani*, Σηκοάνοι, ainsi que l'indique George Altmann [5] et d'autres auteurs, paraissent avoir habité anciennement les bords de la Seine, *Sequana*, Σηκοάνα. Strabon [6], Artemidore et Stéphane de Bizance [7] disent que ce fleuve porte le même nom que le peuple dont il traverse le pays. Ces Séquanes auraient donc été refoulés, ou se seraient spontanément portés plus au sud-est, car, lors de la conquête romaine, ils occupaient à l'est de la Saône toute la vaste et riche région dont *Vesontio*, Οὐισόντιον, Besançon, était la capitale.

Quant aux Aulercs Brannovics, *Aulerci Brannovici* ou *Brannovii*, petite peuplade citée par César [8], paraissant avoir habité au sud-ouest des Éduens, ils ne constituaient qu'une des quatre fractions du peuple Aulerc, dont les trois autres, les Aulercs Eburovics, *Aulerci Eburovices* ou *Eburonii*, les Aulercs Cenomans, *Aulerci Cœnomanni*, et les Diablindes, *Diablindi*, mentionnés par César [9], Pline [10], Ptolémée [11], étaient en grande partie restées au nord de la Loire, dans les régions dont Μεδιολάνιον, *Mediolanum*, *Suindinum* et *Nœodunum*, actuellement Évreux, le Mans et Jublains, étaient les capitales.

Non loin des Aulercs Brannovics, sur les deux rives de la Basse-Saône, principalement sur la rive orientale, correspondant à une partie des Dombes, de la Bresse et du Bas-Bugey, région où s'élèvent les villes et villages d'Ambérieux, d'Ambronay, d'Ambutrix, habitaient

1 John Hughes, *Horæ maritimæ on studies in ancient Bristish history*, p. 39. London, 1839.
2 César, *De Bell. Gall.*, l. VII, cap. XC.
3 Strabon, *Géogr.*, l. IV, cap. III, § 2. p. 160, coll. Didot.
4 C. Ptolémée, *Géographie*, l. II, cap. VII, p. 139; éd. *grecque-latine* de Guill. Wilberg. 1838.
5 George Altmann, *Dissertatio litteraria de origine nominis Sequanorum, eorum moribus numinum cultu, Regiminis forma atque limitibus, antequam Cesar Galliam subegisset*, p. 8. Bernæ, 1754.
6 Strabon, l. IV, cap. III, § 2.
7 Stephane, éd. de Jacob Gronovius, in-fol. Amstelodami, 1678.
8 César, *De Bell. Gall.*, l VII, cap. LXXV.
9 César, *De Bell. Gall.*, l. VII, cap. LXXV.
10 Pline, *Hist. nat.*, l. IV, cap. XXXII, éd. Littré.
11 Ptolémée, *Géogr.*, l. II, ch. VII, p. 138.

les Ambarres, *Ambarri*, que César[1] et Tite-Live[2] mentionnent à côté des Éduens, et vraisemblement aussi les Ambivaretes, *Ambivareti*, également indiqués par César comme des clients des Éduens[3], entre les Ségusiens et les Aulercs Brannovics ; de même, dans les contrées situées au nord de la Loire, non loin des Aulercs Eburovics, César signale des Ambibares, *Ambibari*, anciens habitants du pays d'Avranches[4], et bien au delà, sur les bords de l'Escaut, les Ambivarites, *Ambivaritii*[5], non loin des *Eburones*[6]. Ces Ambivarites de la Gaule Belgique habitaient plus au nord encore que les clients des fiers Nerviens, les Centrons, *Centrones*[7], dont le nom se retrouve également porté par les Centrons, *Centrones*, Κέντρωνες, dont César[8], Strabon[9], Pline[10] et plusieurs autres auteurs nous indiquent la présence dans les Hautes-Alpes, dans la région dont les villes principales étaient *Forum Claudii* ou *Centrones*, Centron, et *Durantasia*, Moutiers, c'est-à-dire dans la Tarentaise actuelle, et dans le Haut-Faucigny, *Fauces Centronum*[11].

Les migrations des peuples du nord des Gaules à travers la partie orientale de la Celtique, correspondant au bassin de la Saône et des affluents du cours moyen du Rhône, non-seulement expliquent la présence dans ces deux régions de peuples portant les mêmes noms, mais ces migrations, en se continuant vers les passages des Alpes et le nord de l'Italie, d'où parfois certaines peuplades sembleraient avoir reflué en Gaules, expliquent également certaine conformité de noms portés par des peuples ou des localités de la Celtique et du bassin du Pô, *Padus*.

En effet, tandis que, selon Tite-Live[12], au moins à deux reprises, des Aulercs, précédemment mentionnés, auraient franchi les Alpes sous la conduite d'abord de Bellovèse, puis d'Elitove, pour aller se fixer principalement dans la région où *Brixia*, Brescia, et *Verona*, Vérone, devinrent les villes les plus importantes des Cénomans ; les Insubres Éduens des bords de la Saône, *Insubres pagi Æduorum*, dont, suivant ce même historien, les compagnons de Bellovèse retrouvèrent le nom porté par la plaine, *Agrum Insubrium*, où ils élevèrent *Mediolanum*, actuellement Milan[13], ainsi que les Insubres exilés chez les Caturiges des Hautes-

1 César, *De Bell. Gall.*, l. I, cap. XIV.
2 Tite-Live, *Hist.*, l. V, cap. XXXIV.
3 César, *De Bell. Gall.*, l. VII, cap. LXXV.
4 César, *De Bell. Gall.*, l. VII, cap. LXXV.
5 César, *De Bell. Gall.*, l. IV, cap. IX.
6 César, *De Bell. Gall.*, l. V, cap. XXIV, etc.
7 César, *De Bell. Gall.*, l. V, cap XXXIX, coll. Nisard.
8 César, *De Bell. Gall.*, l. I, cap. X.
9 Strabon, l. IV, cap. VI, § 6.
10 Pline, l. III, cap. XXIV, p. 177.
11 V. Fréd. de Gingins la Sarra, *Mémoires pour servir à l'histoire des royaumes de Provence et de Bourgogne, Jurane*, p. 3. Lausanne, 1851.
12 Tite-Live, l. V, cap. XXXIV et XXXV.
13 Tite-Live, l. V, cap. XXXIV.

Alpes, signalés par Pline [1], auraient été, selon Amédée Thierry [2], les descendants des Ombres, Insubres, Ἴσομβρες, très-ancien peuple de l'Italie dont parlent de nombreux auteurs, Pline[3], Scylax[4], Polybe[5], et dont, en particulier, Ptolémée [6] indique les villes principales, Νουαριά, *Novara*, Novare, Κῶμον, *Comum*, Côme, etc. Que ces Insubres Éduens et Caturiges soient des réfugiés d'Italie, comme peut le faire supposer du moins pour ceux des Alpes la qualification d'*exules*, ou bien qu'ils soient considérés comme occupant l'ancienne demeure de leur nation avant son passage en Italie, des liens ethniques semblent en tous cas avoir existé entre ces Insubres des bords de la Saône, des Alpes, et des rives du Tessin.

Les Ségusiens, *Segusiani*, Σεγουσιανοί, ou Ségusiaves, *Segusiavi*, comme les dénomme Pline [7], et comme l'indiqueraient diverses inscriptions locales suivant M. Auguste Bernard [8], peuple habitant principalement à l'ouest du confluent de la Saône et du Rhône, mais aussi au nord-est de ce confluent, la région dont, selon Ptolémée [9] et Pline, les villes principales étaient Ῥοδουμνα, *Rhodumna*, Roanne, Φορος Ἐγουσιανων, *Forum Segusianorum*, Feurs, et Λούγδουνον, *Lugdunum*, Lyon, paraissent également avoir envoyé quelques émigrants dans les Alpes, sur la route d'Italie. *Segusio*, Σεγούσιον Σεγουσιανων [10], actuellement Suse, semblerait leur devoir sa fondation.

Quant aux Allobroges, Allobriges, *Allobroges*, Ἀλλοβρίγοι (ALL-BROG, habitants des hauts lieux ou montagnards selon Am. Thierry [11]), ce peuple nombreux et puissant que Strabon[12] dit avoir Οὐίεννα, *Vienna*, Vienne, pour métropole d'un territoire s'étendant entre les Alpes, l'Isère et le Rhône, voire même un peu au nord de ce fleuve, selon MM. de Lateyssonnière[13] et Monnier[14], ne paraît avoir laissé aucune trace de migrations importantes.

Du court exposé des peuplades précédentes, dont plusieurs semblent immigrées de pays plus septentrionaux, il paraît ressortir qu'au moins deux races, à des époques et en des proportions indéterminées, se sont mêlées dans la région baignée par la Saône et les autres affluents du cours moyen du Rhône.

1 Pline, l. III, cap. XXI.
2 Amédé Thierry, *Histoire des Gaulois*, l. I, ch. I, p. 128; éd. 1862.
3 Pline, l. III, cap. XXI.
4 Scylax, *Périple*, § 16.
5 Polybe, *Hist.*, l. II, cap. XVII.
6 Cl. Ptolémée, *Géogr.* l. III, cap. I, p. 178 à 182; éd. de Wilberg.
7 Pline, l. IV, cap. XXXII, p. 203; éd. de Littré.
8 Auguste Bernard, *Description des pays des Ségusiaves pour servir d'introduction à l'histoire du Lyonnais (Rhône et Loire)*, ch. II. Paris-Lyon, 1858.
9 Ptolémée, l. II, cap. VII, p. 139.
10 Ptolémée, l. III, cap. I, p. 179.
11 Am. Thierry, *Hist. des Gaulois*, l. IV, ch. I, p. 445.
12 Strabon, l. IV, cap. I, § 2.
13 De Lateyssonnière, *Recherches historiques sur le département de l'Ain*, t. I, p. 32, 1838.
14 Monnier, *Études archéologiques sur le Bugey*, p. 76. Bourg, 1841.

L'une, la race celtique, occupant anciennement le pays, race à laquelle il est peut-être permis de rapporter certains crânes plus ou moins brachycéphales ou mésaticéphales des temps préhistoriques, si l'on s'en rapporte à quelques passages de Tacite [1], de Suétone [2], qui montrent les habitants de notre pays moins grands et moins blonds que les Germains, et si surtout l'on observe les populations actuelles les moins mêlées des départements qui correspondent à l'ancienne Celtique, ainsi que l'a fait William Edwards [3], paraît avoir dû être caractérisée par une tête plus ou moins globuleuse, une taille peu élevée, des cheveux bruns, conformément à la description qu'en donnent Bory de Saint-Vincent [4] et Desmoulins [5].

L'autre race, celle des conquérants Gaëls ou Galates, occupant anciennement les régions maritimes du nord-ouest de l'Europe, mais envoyant des migrations successives vers le Midi ; race à laquelle vraisemblablement devraient être rapportés certains crânes dolichocéphales, certains ossements de grandes dimensions des temps préhistoriques, d'après les descriptions de Tite-Live [6], de Diodore de Sicile [7], d'Ammien Marcellin [8] et beaucoup d'autres auteurs anciens, présentait des cheveux blancs dans l'enfance, blonds à l'âge adulte, la peau blanche, la carnation molle, une taille élevée ; caractères anthropologiques identiques à ceux assignés par Tacite [9] aux Germains, qui d'ailleurs, selon Strabon, ne différaient en rien sous le rapport physique et ethnologique [10].

Ce mélange de ces deux races différentes, en proportions diverses, explique donc comment jusque dans les Alpes, au milieu de nombreux habitants au teint peu clair, aux cheveux de couleur foncée, des observateurs, entre autres M. Pont, dans la Tarentaise, l'ancien pays des Centrons, ont pu remarquer la stature forte et élevée, les cheveux blonds ou plus ou moins roux, des paysans présentant le type teutonique ou germain [11].

D'ailleurs à cette même race germanique septentrionale paraît devoir être rapporté un peuple nombreux, immigré dans la région orientale des Gaules vers le commencement du cinquième siècle. En effet, les Burgundes ou Burgundions, *Burgundiones*, Βουργούνδοι, dont les migra-

1 Tacite, *Agricolæ vita*, XI.
2 Suétone, *Caligula*, LXII.
3 W. Edwards, Fragments d'un mémoire sur les Gaëls, *Mémoires de la Soc. ethnologique*, 1re partie, t. II, p. 13-18. Paris, 1845.
4 Bory de Saint-Vincent, *L'Homme, ou Essai zoologique sur le genre humain*, t. I, p. 120. Paris, 1827.
5 Desmoulins, *Histoire naturelle des Races humaines*, p. 136, § 1. Paris.
6 Tite-Live, l. XXXVIII, cap. XVII et XXI.
7 Diodore de Sicile, l. V, cap. XXVIII et XXXII.
8 Ammien Marcellin, l. XV, cap. XII.
9 Tacite, *De Moribus Germanorum*, IV.
10 Strabon, l. IV, cap. IV, § 2, p. 163 ; coll. Didot.
11 L'abbé Pont, *Les Kentrons de la Tarentaise et de la Belgique*, p. 7. Moutiers, 1864.

tions ont été étudiées par divers auteurs, entre autres, D. Schœpflin [1], Urbain Plancher [2], Roget, baron de Belloguet [3], et M. Valentin Smith [4], paraissent être venus du nord-est de la Germanie, où Pline [5] les indique dès le premier siècle de notre ère comme habitant près des Goths, *Guttones*, et étant de la même famille. Or ces Goths, suivant Jornandès [6], étaient sortis de la *Scanzia*, Scandinavie, sous la conduite de Berig, en même temps que les Gépides, qui après s'être fixés dans une île, vraisemblablement le delta de la *Viscla*, actuellement la Vistule, après avoir défait les Burgundes, les repoussèrent vers le centre de la Germanie ; d'où successivement, ces derniers s'avancèrent vers l'ouest, et en 413, selon saint Proper d'Aquitaine [7], pénétrèrent en Gaules, d'abord entre le Rhin, la Moselle et les Vosges, puis plus au midi dans la *Sabaudia*, la Savoie, enfin, dans les environs de *Lugdunum*, Lyon, et dans la vaste région depuis appelée Bourgogne.

Au point de vue anthropologique, ces Burgundes, que Pline dit être de la même famille que les Goths, devaient présenter les caractères ethniques que Procope assigne aux peuples de race gothique, γετικὰ ἔθνη, qui tous avaient la peau blanche, les cheveux blonds, étaient grands et beaux [8]. Selon Sidoine Apollinaire, ces conquérants débonnaires, à la chevelure graissée de beurre rance, étaient gigantesques [9]. Dans son langage poétique il leur donne sept pieds romains de haut, c'est-à-dire 2 mètres 07 cent. Il est vraisemblable que ces Burgundions étaient dolichocéphales, car, d'après And. Retzius [10] et M. J. Beddoe [11], tels seraient les habitants de la Suède, dont la partie méridionale, par les noms de Gothland, Ostrogothland et Westrogothland rappelle encore l'origine gothique de la population. Peut-être donc devrait-on rapporter à des descendants de Burgundes les quelques crânes à dolichocéphalie occipitale remarquable recueillis à Dijon par M. Brullé [12].

Les Burgundes paraissent généralement s'être disséminés au milieu des populations occupant antérieurement la partie orientale des Gaules

1 Daniel Schœpflin, *Dissertatio historica de Burgundia cis et transjurana*. In-4°. 1723.

2 Urbain Plancher, *Histoire générale et particulière de Bourgogne*. 4 vol. in-fol. 1739-1781.

3 Roget, baron de Belloguet, *Questions bourguignones, ou Mémoire critique sur l'origine et les migrations des anciens Bourguignons*. Broch. 1847.

4 Valentin Smith, Notions sur l'origine et le nom des Burgondes et sur leur premier établissement dans la Germanie, *Mém. de l'Acad. des sciences, belles-lettres et arts de Lyon*, t. VIII, p. 145-200, 1859-60, et t. IX, p. 65-100.

5 Pline, l. IV, cap. XXVIII.

6 Jornandes, *De Getarum sive Gothorum origine*, cap. IV et XVII.

7 *Prosperi Aquitani chronicon*, an. ch. 413, dans *Rerum Gallicarum scriptores* de dom Bouquet, t. I, p. 627. In-fol. Paris, 1738.

8 Procope, *Guerre des Vandales*, l. I, § 2; éd. de Niebuhr, t. I, p. 313. Bonne

9 Apollinaris Sidonius, l. VIII, epist. IX, et carmen XII, vers 11, p. 202 du t. III du texte, et trad. de Grégoire et Collombet.

10 A. Retzius, Sur les crânes des habitants du Nord, *Annales des sciences naturelles*, 3e série, zoologie; t. VI, p. 133, etc. 1846.

11 Beddoe, Sur les têtes de Finnois et de Suédois, *Bull. de la Soc. d'anthrop.*, t. VI, p. 454 ; 20 juillet 1865.

12 Brullé, *Bull. de la Soc. d'anthrop.*, t. III, p. 511 ; voir aussi p. 540, etc.

envahie par eux. Cependant, suivant MM. Dunod, Droz et Bourgon[1], les cantons de Warasch et de Scoding, aux noms germaniques, près de de Pontarlier, auraient été particulièrement habités par ces immigrants.

Non-seulement M. Aubertin remarquait récemment la haute taille, la vigueur, la robuste apparence, la tournure martiale des jeunes mobilisés du Jura [2], mais MM. Boudin et Broca, par leurs recherches statistiques, ont permis de reconnaître que le Doubs, le Jura et la Côte-d'Or sont au nombre des départements de France présentant le moins d'exemptés du service militaire pour défaut de taille, et le plus de recrues de haute stature, supérieure à 1 mètre 732 millim., taille des cuirassiers[3]. Ces faits suffisent pour démontrer que les immigrants de race germanique septentrionale, en particulier les Burgundes, ont encore de nombreux descendants dans ces départements, où d'ailleurs se trouvent également de nombreux descendants des Séquanes, des Éduens, et autres peuples occupant antérieurement le pays. Cette dualité ethnique est mise en évidence par la remarque suivante de M. Bertillon[4]. Tandis qu'ordinairement, dans les divers départements, les jeunes hommes examinés lors des opérations du recrutement de l'armée, sont répartis sous le rapport de la taille suivant une série statistique assez régulièrement croissante jusqu'à un nombre maximum exprimant la taille la plus commune, et décroissante au delà ; dans le département du Doubs, cette série statistique présente deux nombres maxima, l'un correspondant à la taille de 1 mètre 732 millim., l'autre à la taille de 1 mètre 625 millim. Ces deux maxima montrent que malgré les nombreux siècles écoulés depuis l'arrivée des immigrants septentrionaux, leur mélange avec les populations antérieures est loin d'être complet et général. En outre, de ces deux maxima, il semble permis d'induire que la taille moyenne des deux principaux éléments ethniques constitutifs, était pour le plus ancien au-dessous de 1 mètre 62 centim. et pour celui immigré au-dessus de 1 mètre 73 centim. ; le croisement incessant devant tendre à égaliser ces tailles différentes.

Sans parler des Romains qui, malgré leur grande importance politique, commerciale et linguistique dans les Gaules, ne paraissent y avoir eu qu'une minime influence au point de vue anthropologique, vu le petit nombre d'individus de races sabellique et latine parmi ceux d'autres

1 Dunod, *Hist. du comté de Bourg*, I. — Droz, *Hist. de Pontarlier*, ch. III, p. 25. — Bourgon, *Recherches historiques sur la ville et l'arrondissement de Pontarlier*, p. 17-27. 1841.

2 Ch. Aubertin, Les Allemands en Bourgogne, *Revue des Deux Mondes*, p. 363 ; 15 mars 1871.

4 Broca, Recherches sur l'ethnologie de la France et Nouv. rech. sur l'anthropologie de la France, *Mém. de la Soc. d'anthropologie*, t. I, p. 156 et t. III, p. 147-209. — Boudin, De l'accroissement de la taille, *Mém. de la Soc. d'anthrop.*, t. II, p. 229.

4 Bertillon, Lagneau, *Bull. de la Soc. d'anthop.*, t. IV, p. 238 et 346.

races confondues sous la dénomination commune de Romains ; après avoir rappelé les principaux éléments celtique, gaëlique, burgonde, il importe de mentionner quelques faits ethnologiques d'importance moins générale, quoique néanmoins ne devant pas être négligés.

Dans les sépultures de l'époque helvéto-burgunde, MM. Gosse, M. Troyon, dans le Faucigny[1], à Villy, à Bel-Air, MM. Gindre et Moretin, à Voiteur, près de Lons-le-Saulnier[2], ont recueilli des crânes remarquablement déformés, présentant la forme acrocéphale ou en coin, le sommet se trouvant à la partie supérieure de l'écaille occipitale. Sachant d'une part que non-seulement les Huns, mais aussi les Hunnigours, Ouigours ou Hongrois, firent à plusieurs reprises, dans l'est de notre pays, des incursions bien décrites par M. L. Dussieux[3] ; sachant d'autre part que certains de ces peuples des bassins du *Tanaïs*, le Don, et de l'*Ister*, le Danube, en particulier ceux commandés par Hormidac, selon Sidoine Apollinaire[4], avaient l'étrange coutume d'appliquer circulairement dès l'enfance des bandelettes, sur la face et la tête, qui, par suite, présentait une masse ronde rétrécie à la partie supérieure ; enfin, sachant, par les travaux de MM. de Baer, Van der Hoeven et Pruner-Bey[5], que certains crânes trouvés dans les régions anciennement occupées par ces peuples, entre autres en Crimée, en Autriche, ont présenté une déformation macrocéphalique ; peut-être devrait-on rapporter les crânes déformés du Faucigny et de la Franche-Comté à quelques cavaliers de ces bandes dévastatrices ?

D'autres hordes étrangères auraient laissé dans notre pays des petits groupes de populations s'étant perpétuées jusqu'à nos jours. Suivant M. Riboud[6], dont d'ailleurs l'opinion paraît être assez généralement partagée, quoiqu'elle soit contestée par M. Sirand[7], les habitants d'Uchizy, de Boz, de Sermoyer, d'Arbigny, situés sur les bords de la Saône, dans le département de l'Ain, seraient des descendants de Sarrasins, qui, après s'être avancés jusqu'à Sens et au delà et avoir été repoussés par les Francs, auraient néanmoins laissé quelques-uns des leurs dans ces villages où, sous les noms de Chizerots et de Burhins, ils se feraient encore remarquer par leurs traits réguliers, leurs cheveux

1 H. J. Gosse, *Suite à la notice sur d'anciens cimetières trouvés soit en Savoie, soit dans le canton de Genève et principalement sur celui de la Balme en Faucigny*, planche ; Genève, 1657. Un de ces crânes est déposé dans la galerie d'anthropologie du Muséum d'histoire naturelle de Paris.

2 Moretin, Broca, Lagneau, *Bull. de la Soc. d'anthrop.*, t. V, p. 383, 885 et 421.

3 Dussieux, Essai historique sur les invasions des Hongrois en Europe et en France, *Mém. de la Soc. bibliophile historique*, 2e partie, § 3. Couronné par l'Institut en 1839.

4 Sidoine Apollinaire, *Panégyrique d'Anthemius*, t. III, p. 28.

5 De Baer, les Macrocéphales de la Crimée et de l'Autriche, *Mém. de l'Acad. des sciences de Saint-Pétersbourg*, n° 6. — Rapport de Pruner-Bey, *Bull. de la Soc. d'anthrop.*, t. II, p. 449-457.

6 Riboud, Sur l'origine, les mœurs et les usages de quelques communes de l'Ain voisines de la Saône, *Mém. de l'Acad. celtique*, t. V, p. 5. 1810.

7 Al. Sirand, *Antiquités générales de l'Ain*, p. 267, etc. Bourg, 1855.

épais, leurs sourcils bien fournis, leurs yeux vifs, leur nez mince, leur démarche assurée et leur tempérament nerveux. Ces Sarrasins auraient également laissé quelques descendants soit à Seillonas, Benonce, Ordonnas, dans le Bugey, ou, selon M. P. Guillemot[1], ils seraient reconnaissables à leur figure maigre, basanée, à leurs regards hardis, pénétrants, soit dans quelques vallées anciennement peu accessibles des Alpes, comme celles des Bauges et de l'Arc, ainsi que l'ont rappelé MM. Gosse[2], Beaulieu[3], Hudry-Menos[4].

Depuis le commencement du dix-huitième siècle existe à Montbéliard, dans le département du Doubs, des anabaptistes Menonistes, originaires de la Frise. Ces anabaptistes, attirés par un prince de Wurtemberg, souverain du comté de Montbéliard, la plupart fermiers et cultivateurs, selon M. Muston[5], se feraient remarquer par leur taille élevée, leur forte ossature, leur physionomie accentuée, leur manière de vivre, leur attachement à leurs vieilles coutumes.

Cet exposé d'ethnogénie des populations du bassin de la Saône et des affluents du cours moyen du Rhône est certainement très-incomplet. Peut-être néanmoins suffira-t-il pour montrer combien d'éléments ethniques divers ont concouru à la formation de ces populations et pour faire voir combien d'incertitudes règnent encore relativement à leur répartition géographique et à leur détermination anthropologique. Aux nombreux observateurs qui, vivant au milieu de ces populations, sont à même de les étudier avec soin, à rectifier et compléter ces minimes données ethnologiques.

DISCUSSION

M. ABEL HOVELACQUE a cru remarquer une omission dans la communication de M. Lagneau. Il ne paraît pas avoir entendu parler des Slaves qui, d'après certains auteurs, auraient pénétré jusqu'en Rouergue. Ne seraient-ils pas venus dans la vallée du Rhône.

M. BROCA. Des crânes dits Burgondes, trouvés par M. Brullé à Dijon, et très-dolichocéphales, ont été comparés par M. Lagneau aux crânes de Scanie en Suède, publiés par Retzius. Or, ces derniers crânes ne sont en réalité qu'à peine dolichocéphales (77 30), il ne faudrait donc pas les rapprocher de ceux de Dijon. A propos de crânes acrocéphales de la région de la Saône, M. Lagneau rappelle les contrées de l'orient de l'Europe où l'on en a trouvé. Pour moi, ces déformations artificielles du crâne constituent

1 Paul Guillemot, *Monographie historique du Bugey*, p. 49, Lyon, 1847.

2 Gosse, *Bull. de la Soc. d'anthrop.*, t. II, p. 409.

3 Beaulieu, Du Séjour des Sarrasins en Savoie; ext. du XVIII° vol. des *Mém. de la Soc. royale des antiquaires de France.*

4 Hudry-Menos, La Savoie depuis l'annexion, *Revue des Deux Mondes;* 15 novembre 1862, p. 395.

5 Muston, *Recherches anthropologiques sur le pays de Montbéliard*, 1re partie, p. 59. In-8.

un caractère ethnique, et la déformation du crâne de Voiteur n'est pas la même que celle des autres crânes cités qui sont macrocéphales. Ceux-ci ont été trouvés sur le Danube, en Crimée, au Caucase, et sont, sinon semblables, du moins analogues à ceux du Languedoc qui ont subi la déformation dite toulousaine. Il y aurait ainsi lieu de croire qu'une même peuplade a emporté avec elle du Caucase en Aquitaine ce mode de déformation. Il est donc très-utile de distinguer celle-ci de l'acrocéphalie qui provient d'un aplatissement du derrière du crâne.

M. GOSSE partage l'opinion de M. Broca. Au col de la Madeleine (Savoie) il a trouvé un crâne présentant une déformation acrocéphale. Cette déformation paraît avoir été usitée par les Sarrasins. On la retrouve en Kabylie. M. Gosse insiste sur la différence qu'il y a entre les tombeaux trouvés dans les Gaules et ceux du canton de Vaud. Le Rhône et le lac de Genève ont maintenu une séparation efficace entre ces deux régions.

GUSTAVE LAGNEAU. Ainsi que le remarque M. Hovelacque, je n'ai pas, en effet, parlé de Slaves immigrés dans notre pays. Je sais cependant que la notice des dignités de l'empire d'Occident mentionne les préfets de Sarmates tenant garnison dans les Gaules auprès d'Amiens, de Reims, de de Paris, de Langres, de Poitiers et de Roanne [1].

Je sais aussi que M. Sirand pense retrouver la résidence d'une colonie de militaires sarmates dans le village de Sermoyer ou *Sarmouyi*, situé dans le département de l'Ain, à l'embouchure de la Seille dans la Saône [2]. Mais je ne sache pas que ces Sarmates se soient fixés d'une manière durable dans ces localités.

Cependant quelques peuplades Slaves purent aussi pénétrer dans les Gaules au commencement du cinquième siècle après Jésus-Christ, lors de la grande invasion de peuples si divers. Outre les Goths, les Suèves, les Burgundes, au nombre des peuples qui prirent part à cette grande invasion, il y eut des Alains, que Prosper Tiron dit avoir occupé Valence sous leur chef Sambida [3]; il y eut des Vandales que Procope dit appartenir à la même famille ethnique que les Goths [4], généralement regardés comme étant de race germanique septentrionale. Or, contrairement à l'opinion de cet historien, ces Vandales ou Wendes, qui venaient du littoral sud-est de la Baltique, sont considérés comme des Slaves par la plupart des auteurs, entre autres par Jornandès [5], Martin Cromer et Alexandre Guagnin [6]. A ces Wendes restés auprès de cette mer, mais aussi s'étant portés plus à l'ouest jusque dans le Mecklembourg actuel, dont le grand duc porte encore le titre de prince des Wendes, paraissent se rattacher les Lutzices, les Wiltzes, les

1 *Notitia dignitatum et administrationum omnium tam civilium quam militarium in partibus occidentis*, cap. XL, 14-19, p. 122 du t. II de l'édit. d'Ed. Böcking, 1853.

2 A. Sirand, *Antiquités générales de l'Ain*, p. 71, 73, 310. In-8, 1855.

3 Prosper Tiron, *Chronicon*, XVII° ann., Théodosi, dans *Antiquæ lectiones*, Henrici Canisi, Ingostaldi, t. I, p. 172. 1601.

4 Procope, *Guerre des Vandales*, livre I, p. 92 de l'édit. de 1607. In-fol..

5 Jornandes, *De Getarum sive Gothorum origine*, cap. V, p. 428 et cap. XXII, p. 444. Coll. Nisard.

6 Martin Cromer, *Polonia;* Alexandre Guagnin, *Sauromatia Europæa, Respublica Poloniæ, Lithuaniæ, Prussiæ, Livoniæ*. Elzevir, Lugduni Batavorum; 1627; p. 37 et 241.

Rugies, les Obotrites et maints autres peuples Slaves ou Serbes. Les Francs eurent de fréquentes guerres avec ces Slaves d'Allemagne. Le mot esclave, synonyme de *servus*, paraîtrait même tenir en partie à l'origine slave de nombreux prisonniers faits par les Francs. Vers les onzième et douzième siècles, il existait au nord de l'Allemagne une Slavonie septentrionale.

La déformation crânienne toulousaine que M. Broca paraît faire remonter aux Volces Tectosages et Arecomics, d'origine belge, selon Am. Thierry [1], me semble différer notablement de celle présentée par les acrocéphales de l'époque helveto-burgunde, trouvés exceptionnellement dans le Faucigny et dans la Franche-Comté. Aussi serais-je assez disposé à regarder cette dernière déformation comme ayant été en usage chez certains peuples venus dans notre Occident par la vallée du Danube, et comme étant assez analogue à celle décrite par Sidoine Apollinaire : *Consurgit in arctum massa rotunda caput... (Panégyrique d'Anthemius*, l. c.).

M. G. CHAUVET

SUR LA GROTTE DE LA GÉLIE (CHARENTE)

— *Séance du 22 août 1873.* —

J'ai fait des recherches au mois de juillet dernier, dans une grotte située à la Gélie, sur la commune d'Edon (Charente), à proximité de deux dolmens et d'une station en plein air. C'est une petite excavation de forme triangulaire, large de 5 mètres à l'entrée, sur une profondeur de 4 mètres 50 centimètres ; elle est trop petite et trop basse pour servir d'habitation. Ouverte au midi, à peu de distance d'un ruisseau, elle est flanquée de deux petits abris sous roche.

Quand je commençai les fouilles, un mur récent en pierres sèches fermait l'entrée de la grotte, mais le sol intérieur, formé de poussière et de grosses pierres, était fortement remanié ; dès la première tranchée je recueillis, pêle-mêle, éclats de silex, débris de poteries et vertèbres humaines. Enfin, vers le milieu de l'excavation, je rencontrai le sol primitif, ayant l'aspect d'un ciment blanchâtre peu lié ; c'est là que se trouvaient de nombreux débris de squelettes humains, mêlés à des armes en pierre. Malheureusement, les renards avaient par place fait de larges trouées dans ce magma peu compacte, et je ne pus recueillir que quelques fragments de squelettes, entre autres deux mâchoires

[1] Amédée Thierry, *Histoire des Gaulois*, introduction, sect. II, § 2, p. 36 du t. I, 1862.

inférieures. L'état de désordre des débris ne m'a pas permis de déterminer la position exacte des corps; un seul ossement m'a paru en place, c'est un fémur dont la tête était dirigée au levant, ce qui semble indiquer la position d'un squelette étendu la tête à l'est.

Cette couche primitive contenait, en outre, dans les portions non remaniées :

1° Une hache triangulaire polie en pierre verte ;

2° Une autre hache en silex poli, sur laquelle on avait enlevé de nombreux éclats ;

3° Une pointe de flèche en silex, de forme ovale, sans barbelures ni pédoncule, analogue à celles de Solutré ;

4° Deux grattoirs retaillés à une extrémité, rappelant le type magdalénien ;

5° Enfin, une sphère polie en pierre d'un vert noir, de la grosseur d'une orange, très-fortement aplatie et percée d'un large trou dans le sens du petit axe. Cet objet, qui a l'aspect d'un gros anneau massif, a peut-être servi de casse-tête. Cependant, quand on le compare aux objets analogues trouvés dans les stations synchroniques, on hésite à prendre parti. Les musées de Lyon et de Saint-Germain possèdent de larges anneaux plats en serpentine et en jadeite, qui rappellent celui de la Gélie, et cependant, vu leur fragilité, ils ont dû servir plutôt d'ornement que d'armes de guerre ou de chasse.

Tous les os et les objets ci-dessus sont recouverts d'un enduit ou concrétion calcaire blanchâtre, de même nature que la couche d'où ils sont extraits.

Les parties remaniées de l'intérieur m'ont fourni :

1° Un poinçon plat en os, portant encore à la surface, comme les objets précités, une mince couche de concrétion calcaire ;

2° Des fragments de poterie, jaune rougeâtre sur les surfaces, noire à l'intérieur, débris d'un grand vase à boutons latéraux non percés, et à rebords droits ;

3° De la poterie grise faite à la main.

Voilà ce que m'a donné l'intérieur de la grotte ; à l'extérieur le problème se complique d'éléments nouveaux. Une tranchée profonde faite à l'air libre, en avant de la première, m'a donné les couches suivantes :

1° A la surface : des éclats de silex, quelques poteries, des os humains brisés, une hache polie triangulaire taillée à grands éclats, l'une et l'autre couvertes d'une épaisse patine blanche qui les distingue des objets similaires trouvés à l'intérieur de la grotte. Ces objets ont probablement été sortis de la cavité par les blaireaux, et un long séjour à l'air libre aura produit cette altération de leurs surfaces ;

2° Plus bas, une couche de terre brune contenait, au milieu de grosses pierres, des fragments de briques plates, une brique romaine à crochet, un morceau de fer et un couteau en fer, ainsi qu'une corne de bœuf, une mâchoire de porc et une dent de mouton ;

3° Enfin, la partie inférieure, reposant sur le rocher et formée d'une couche argileuse teintée en brun, était littéralement pétrie d'éclats de silex au milieu desquels il faut mentionner des galets roulés, des esquilles d'os indéterminables, des grattoirs retaillés à un bout, et un petit bloc de serpentine étranger au pays, venant probablement du Nontronais et qui était certainement destiné à faire une hache polie.

Il résulte des faits précédents que la grotte-abri de la Gélie fut habitée, comme l'indique la couche inférieure de la deuxième tranchée, à l'époque de la pierre polie. L'excavation du fond servit alors de sépulture et fut close en pierres sèches.

La population de l'âge de fer et les Romains vinrent ensuite s'établir dans le pays, l'abri fut occupé par eux, la cavité ouverte, mais comme elle était trop basse pour être habitée, on ne la vida pas.

Après le départ des Romains, qui laissèrent leurs traces sur la couche primitive, les blaireaux retirèrent du fond de la grotte, sur la couche romaine, les débris de la sépulture primitive et notamment les deux haches à patine blanche trouvées dehors, à la surface du sol. En sorte qu'aujourd'hui la couche romaine est intercalée entre deux couches contenant des débris de l'âge de pierre, mais dont l'inférieure seule est en place.

J'insiste sur ces observations, parce que des faits semblables mal interprétés sont souvent l'origine de grosses erreurs archéologiques. Bien des haches polies que l'on donne comme ayant été trouvées avec des débris romains, proviennent probablement de gisements analogues à celui de la Gélie.

Je conclus de ce qui précède :

1° Que les hommes de la pierre polie enterraient leurs morts, non-seulement dans les dolmens, mais encore dans les grottes ;

2° Qu'à une époque avancée de leur civilisation (indiquée par le gros anneau poli), ils fabriquaient encore des objets rappelant les anciens âges, tels que :

Les haches quadrangulaires taillées à grands éclats, comme celles de Spienne ;

La pointe de flèche ovale (solutréen) ;

Les grattoirs (magdalénien) ;

3° J'appelle l'attention des hommes spéciaux sur le magma calcaire, dans lequel les os et les armes en pierre des sépultures sont souvent enchâssés ; j'ai trouvé fréquemment cette sorte de ciment dans les tombeaux de la pierre polie, et je serais tenté de le prendre, non pour une concrétion naturelle, mais pour un ciment artificiel dans lequel les cadavres étaient placés. Je dépose du reste sur le bureau, avec les objets provenant de la Gélie, un fragment de ce magma contenant une mâchoire humaine, afin que cet échantillon soit examiné.

Tels sont, messieurs, les résultats de mes recherches : je garantis l'exactitude matérielle des faits que j'ai observés avec une scrupuleuse attention ; quant à leur interprétation scientifique, je ne me dissimule ni mon insuffisance personnelle, ni les difficultés des problèmes que soulève l'archéologie préhistorique. Aussi c'est avec plaisir que j'écouterai vos critiques éclairées.

DISCUSSION

M. DE LUBAC reconnaît qu'il y a certaines ressemblances entre les grattoirs exhibés par M. Chauvet et ceux de la Madeleine. Mais il ne faut pas oublier que l'industrie de la pierre polie et celle de la pierre taillée ont des pièces types différentes.

M. GOSSE, conservateur du Musée de Genève, n'admet pas toutes les idées de M. Chauvet. Le mortier dont il a été parlé n'est qu'un dépôt calcaire fait par l'eau. Peut-être au-dessus y avait-il une stalagmite. Quant aux objets, ils sont de plusieurs âges. La poterie appartient à trois époques. Puis nous avons la hache de Spienne, la hache triangulaire polie, plus récente. Il faut toujours se méfier des remaniements. Dans le centre de l'Europe, sur cent dix-huit grottes explorées, onze seulement n'ont pas donné des médailles, et, par conséquent, pourraient être intactes. C'est un exemple à méditer.

M. DE MORTILLET croit que l'on peut considérer les haches triangulaires polies et les haches de Spienne comme appartenant au même âge, c'est-à-dire à la grande période de la pierre polie. L'archéologie préhistorique n'est pas encore assez avancée pour subdiviser cette période en séries distinctes.

Quant aux concrétions calcaires entourant les squelettes et les objets trouvés à la Gélie, il croit qu'elles ont ont été produites naturellement par les eaux chargées de carbonate de chaux.

M. E. CARTAILHAC. M. Gosse a raison pour la concrétion calcaire, mais non pour le reste. Cette hache, taillée par éclats, est sans doute semblable à celles de Spienne, mais toutes les haches dans cet état peuvent être considérées comme des ébauches. Elles étaient destinées à être polies, et quelquefois elles ont pu être utilisées avant cette dernière opération. Les grattoirs que nous présente M. Chauvet sont absolument pareils à ceux de nos stations en plein air, de l'Oise, par exemple, où ils sont plus communs *jusqu'ici* que dans le reste de la France, mais cette hache, ces grattoirs, sont parfaitement contemporains des hachettes polies, du disque perforé, etc. Cet ensemble présente, si l'on veut, un caractère particulier que l'on remarque dans les gisements de la Charente plus qu'ailleurs.

M. Gosse, plus heureux que les savants français, a-t-il pu établir en Suisse des *divisions* dans l'âge de la pierre polie ?

M. le Dr Gosse. Certainement. Dans mon pays, où les stations de cette époque sont très-nombreuses, bien délimitées et infiniment riches, on a pu faire des observations dans ce cas. Il y a sans doute des réserves à faire pour les grattoirs, mais on ne trouve pas ensemble les haches taillées par éclat de cette forme, et les hachettes triangulaires polies. Je ne veux pas m'appesantir sur cette question, mais les archéologues suisses divisent en trois périodes l'âge de la pierre polie.

M. P. Cazalis de Fondouce fait observer à son tour, que la hache en question est une hache de l'époque néolithique ébauchée.

M. le Dr Prunières. Dans une sépulture, quand on ne trouve qu'un seul sujet, tous les objets qui l'accompagnent sont contemporains, mais lorsqu'il y a eu plusieurs inhumations, elles sont faites à des intervalles peut-être très-considérables, pendant lesquels l'industrie a pu changer.

M. E. Cartailhac. Cela est vrai. Mais nous avons, à l'âge de la pierre polie, les dolmens, les stations à l'entrée des cavernes et sur les plateaux, les ateliers en plein air, les sépultures variées ; jusqu'ici nous n'avons pu établir dans tout cela la moindre chronologie. J'en appelle à M. de Mortillet.

M. de Mortillet confirme cette opinion ; à l'époque néolithique, nous n'avons pas le secours de la géologie, de la paléontologie. La faune est la même, l'industrie ne forme qu'un grand tout. Même dans ma chronologie quaternaire, je n'envisage que les grandes périodes, on pourra, on peut déjà faire des subdivisions.

M. le Dr Broca fait observer que si des corps avaient été placés, peu de temps après la mort dans du mortier, pour en revenir à l'hypothèse de M. Chauvet, il y aurait dans le magma les vides produits par la disparition des chairs.

Plusieurs membres ajoutent que la présence de coquilles dans le bloc présenté par M. Chauvet ne permet pas de croire que ce soit un produit dû à l'homme.

M. Chauvet reconnaît la valeur des objections posées par MM. Gosse et Broca. Il pense notamment que les coquilles contenues dans le fragment placé sur le bureau doivent le faire considérer comme une concrétion naturelle. Cependant il a observé les mêmes faits dans un dolmen situé sur un terrain argileux et dont la table et les supports sont en grès tertiaires. Il réserve donc sa conclusion définitive après une nouvelle étude de la question.

Quant à la contemporanéité des divers objets en pierre et des ossements humains trouvés à la Gélie, M. Chauvet ne croit pas qu'il puisse y avoir de doute à ce sujet. Il y voit seulement une raison de croire que « le gouffre, » séparant la période paléolithique de la période néolithique est moins profond qu'on le suppose généralement.

M. de la Blanchère dit à ce sujet qu'il a trouvé dans un dolmen de l'Aveyron, à Saint-Geniès des Bois, une brèche solide dans laquelle étaient réunis deux squelettes dont les os avaient été déposés en tas. Au-dessus et autour du dolmen il a vainement cherché les traces de la source d'eau incrustante qui aurait produit ce dépôt ; cette brèche adhère à la table du dolmen qui s'est écroulé.

MM. H. TOUSSAINT
Professeur à l'École vétérinaire de Lyon
ET
l'abbé DUCROST

LE CHEVAL DANS LA STATION PRÉHISTORIQUE DE SOLUTRÉ

— *Séance du 22 août 1873.* —

Parmi les animaux de la faune préhistorique ayant servi de nourriture aux Troglodytes, il n'en est pas dont les débris se rencontrent d'une façon plus constante que ceux de l'espèce *Equus caballus.* On découvre ses ossements dans la grande majorité des cavernes, stations à l'air libre ou abris habités par l'homme quaternaire.

Il a été le contemporain de l'*Ours spéléen*, de l'*Éléphant primitif*, du *Renne* dans nos contrées, et, comme ces animaux, chassé et mangé aux *âges* dits *du Mammouth* et *du Renne*. Il a subi le même sort dans la plupart des stations dites de la pierre polie ; les cités lacustres sont semées des débris de son squelette et il devient enfin de plus en plus abondant à mesure qu'on se rapproche des temps historiques.

Le Cheval a donc existé près de l'homme à toutes les époques et, à très-peu d'exceptions près, dans tous les lieux où l'on retrouve les traces de son maître actuel. Bien avant que la domestication en ait fait le plus actif et le plus indispensable de ses compagnons, il semble avoir déjà le sentiment de son importance, il vient s'offrir à ses coups, en attendant les liens qui l'attacheront plus tard indissolublement au service de notre espèce.

C'est, il nous semble, un des faits les plus remarquables de l'histoire des animaux que cette obstination du Cheval à venir constamment répondre à tous les besoins de l'Homme, que cette faculté qui lui permet de franchir des périodes si différentes et si longues pendant lesquelles un nombre considérable d'autres espèces se sont anéanties, pour se trouver constamment sur sa route et faire, pour ainsi dire, abnégation complète de lui-même, au grand bénéfice de son maître.

La plupart des Mammifères contemporains du Cheval : *Ursus spelæus*, *Hyena spelæa*, *Rhinoceros tichorhinus*, *Elephas primigenius*, *Cervus megaceros*, *Cervus tarandus*, *Capra primigenia*, etc., ont disparu de la faune actuelle ou bien ont été relégués dans certains climats spéciaux ; lui seul, depuis son apparition, a, de même que l'homme, résisté aux changements climatologiques qui ont été les corollaires des modifications géologiques de l'époque quaternaire ; il habite avec lui et comme lui les climats les plus divers et cependant, loin de se perdre ou même de dégénérer, le Cheval a victorieusement surmonté toutes les épreuves, il s'est amélioré, s'est agrandi, s'est soumis à un nombre considérable de variations répondant à des destinations spéciales, lorsqu'elles ont été jugées nécessaires par celui qui l'a réduit en servitude.

La domestication a établi entre l'Homme et le Cheval, dans les temps historiques, des rapports d'une telle importance qu'il serait à peu près impossible de faire l'histoire du premier sans y mêler celle du second dans une large proportion.

Durant la période quaternaire et surtout à l'âge de la pierre, les débris de cuisine montrent que dans toutes les grottes explorées jusqu'à ce jour et où il a été retrouvé, le Cheval était un animal sauvage, chassé et mangé ; sans aucun doute il avait le même genre de vie que les autres animaux ses contemporains, et il partageait fatalement leur sort. Partout le nombre très-limité des individus, l'état de fragmentation des os et l'absence d'un grand nombre de ceux-ci (toujours les mêmes), indiquent une provenance et un mode d'utilisation identiques.

Mais dans aucune de ces stations préhistoriques, il n'a été rencontré un nombre aussi considérable de sujets qu'à Solutré, et nulle part les amas n'ont présenté les caractères qu'ils revêtent dans cet immense ossuaire.

Or, à une époque où l'industrie et la façon de vivre de nos ancêtres se font partout remarquer par des caractères aussi frappants de similitude, des différences comme celles que nous montre la station de Solutré, indiquent évidemment une manière d'être particulière dans les rapports de ses habitants avec le Cheval de leur époque, et celui-ci a tenu dans leur vie une place assez large pour qu'il devienne intéressant de rechercher quelle a été exactement cette place.

C'est pourquoi nous avons voulu, messieurs, soumettre à votre appréciation les principaux faits que nous avons pu recueillir dans les nombreuses recherches dont cette importante station a été l'objet de notre part.

Nous avons divisé notre travail en deux parties :

La première est faite au point de vue de l'histoire naturelle pure et de ses déductions philosophiques ; nous y comparons le cheval des époques du Mammouth et du Renne avec ses descendants actuels, ou, si l'on veut, avec les représentants de son espèce qui vivent de nos jours. Cela nous est facile, car la quantité considérable d'ossements que nous possédons nous a fourni de nombreux termes de comparaison ; elle nous a en outre permis d'en reconstituer un squelette presque entier.

La seconde partie nous semble plus importante ; nous la traiterons au point de vue de l'anthropologie préhistorique. Nous aurons à nous demander, en face d'une aussi prodigieuse quantité d'ossements que celle qui a été mise à découvert par les fouilles de Solutré, si la chasse seule suffisait à pourvoir aussi abondamment les premiers habitants de cette partie de la Bourgogne et s'ils n'avaient pas déjà recours à la domestication pour satisfaire à leurs besoins.

I. — HISTOIRE NATURELLE

Le Cheval de Solutré était petit, ainsi qu'on peut s'en assurer par l'examen de son squelette. Sa hauteur, prise au garrot, devait être en moyenne de 1 mètre 36 à 1 mètre 38 centimètres. Les plus grands animaux ne dépassaient pas 1 mètre 45 centimètres.

La comparaison de ses ossements avec ceux des animaux actuels de même taille ne fait ressortir que des différences d'importance secondaire. Je vais les passer en revue très-sommairement.

On ne rencontre de la tête que le maxillaire inférieur, quelques fragments du maxillaire supérieur, les portions tubéreuses des temporaux et toutes les séries dentaires. A part quelques fragments très-petits du pariétal et du frontal, trop exigus pour faire juger de sa forme, le crâne manque complétement. Cette absence est extrêmement regrettable, chacun sait, en effet, qu'on tire des formes de la tête des caractères précieux pour le classement des races.

Les maxillaires inférieurs eux-mêmes sont toujours cassés et souvent pulvérulents, quoique beaucoup plus résistants que les os du crâne et de la face.

Malgré toutes ces lacunes, les parties restantes suffisent, à défaut de la forme, pour faire apprécier les dimensions de la tête. Elle était grosse, vu la petite taille de l'animal et, ce qui le prouve, c'est que les dents ont une force et une largeur qui pourraient les faire prendre à première vue pour celles d'animaux de grande taille. Leur longueur entraînait un développement considérable des alvéoles, aussi les branches du maxillaire inférieur sont-elles très-épaisses et très-larges. Les molaires ne présentent rien de particulier à noter, les plis des lames d'émail interne ressemblent tout à fait à ceux du cheval de nos jours.

Personne n'ignore que l'on tire du mode de remplacement des incisives, ainsi que de la forme de leur partie libre et de leur table, des renseignements certains pour la connaissance de l'âge. Or, il est très-remarquable que parmi toutes les incisives que nous avons pu rencontrer dans nos fouilles, et nous en avons vu certainement plusieurs milliers, nous n'en ayions pas trouvé qui eussent appartenu à des animaux âgés de plus de huit à neuf ans [1]. Le plus grand nombre provient de sujets de quatre à six ans, et les animaux jeunes et très-jeunes sont, sans être très-rares, bien moins nombreux que les adultes. Nous reviendrons plus loin sur cette particularité.

La forme de l'atlas vient nous convaincre une fois de plus du volume de la tête : le corps de cette vertèbre en effet a une épaisseur et une force non ordinaires chez des animaux aussi petits.

Les vertèbres cervicales sont petites ; chez quelques sujets elles étaient courtes, chez d'autres un peu plus longues, mais, d'une façon générale, le cou était court ; il était en même temps grêle, comme nous l'indiquent le peu de développement des apophyses transverses et articulaires, les saillies et dépressions musculaires peu accusées dans cette région, à l'encontre de ce que l'on observe dans toutes les autres parties du corps.

Les vertèbres dorsales ne présentent rien de bien particulier à signaler, l'apophyse épineuse manque à peu près partout, la cavité de la tête de la côte est prononcée pour loger une côte volumineuse. L'état de fragmentation dans lequel on trouve ces dernières ne permet pas de juger des formes du thorax. Aucune série complète de vertèbres n'ayant été découverte, nous ne pouvons dire non plus si le nombre des côtes diffère de celui du Cheval de notre époque.

Les vertèbres lombaires sont fortes, elles se retrouvent parfois en série avec les dernières dorsales, souvent isolées ou réunies au nombre de trois à quatre. Jamais les deux dernières ne sont soudées entre elles comme on le remarque presque toujours aujourd'hui sur les Chevaux de neuf ou dix ans.

Tous les os des membres antérieurs se rencontrent dans un état de conservation à peu près parfait. Il n'y a d'exeption que pour l'omoplate dont toute la partie supérieure est détruite par suite d'une désagrégation effectuée sur place.

Nous avons essayé, par des mensurations comparatives, de déterminer les rapports qui existent entre les dimensions longitudinales et transversales des os, mais cette recherche n'a pas donné de résultats bien concluants. Dans les races actuelles, des os possédant les mêmes dimensions en longueur montrent très-souvent des diamètres variables ; tel animal possède des muscles plus forts, des articulations plus larges que tel autre de même race et de même provenance.

Tout ce qu'il est possible de dire ici, c'est que les os du Cheval de Solutré sont généralement forts, les empreintes musculaires, saillies et

[1] Dans les fouilles considérables faites en vue de l'excursion du Congrès, nous avons trouvé, dans les magmas, quelques dents qui indiquent un âge avancé, environ douze ans, mais elles sont rares.

dépressions, les surfaces articulaires avec leurs attaches musculaires très-accusées. La différence est évidente avec le Cheval de notre époque.

Dans l'humérus, le trochanter et le trochantin sont plus saillants, l'empreinte deltoïdienne est légèrement descendue et plus proéminente. La tubérosité interne du corps (attache du grand rond et du grand dorsal) est située beaucoup plus bas, de telle sorte que sa limite inférieure arrive au niveau de la ligne médiane de l'os. Cette disposition est particulièrement remarquable, car elle ajoute considérablement à la force des muscles qui agissent sur l'extrémité du membre, en augmentant le bras de levier de leur puissance.

Le radius et le cubitus présentent à l'observation des considérations de même nature. L'olécrane particulièrement est très-développé, sa dimension en largeur est de un centimètre et demi plus considérable que celle du Cheval actuel. On comprend de quelle importance cette largeur devait être, surtout dans les allures rapides, pour des muscles aussi importants que ceux du triceps brachial.

On peut aussi remarquer que le radius possède deux courbures très-accusées, l'une à convexité antérieure, l'autre à concavité sur le bord externe.

Les os du carpe, à part leurs dimensions un peu plus grandes, ne paraissent pas différer d'une façon notable.

Considérés isolément, les os métacarpiens principal et rudimentaires, pas plus que ceux de la région correspondante du membre abdominal ne présentent rien de particulier. Mais il n'en est plus de même, si on envisage les rapports qu'ils entretiennent entre eux. On y trouve au contraire une disposition qui nous semble extrêmement remarquable : c'est la séparation constante de l'os principal et des os rudimentaires. Nous avons certainement vu plusieurs milliers de métacarpiens et de métatarsiens, et nous ne possédons qu'un seul cas de soudure et d'un seul côté, et encore, il est évident pour nous que cette soudure est le résultat d'une périostite survenue très-probablement à la suite d'un coup.

Chez notre Cheval actuel l'union des trois os du canon est un fait presque constant à partir de neuf ans et elle commence vers cinq ans, c'est-à-dire à l'époque ou disparaissent les derniers vestiges des cartilages épiphysaires, par l'ossification progressive du ligament interosseux. Après douze ans, les cas de non soudure sont tout à fait exceptionnels.

Nous avons déjà dit que les Chevaux de Solutré étaient tous jeunes, il ne serait donc pas étonnant de rencontrer un grand nombre de métacarpiens non soudés, mais cependant on trouve une notable quantité de mâchoires qui indiquent un âge déjà assez avancé, huit, neuf ou même douze ans. Or, à ce moment, si la soudure avait dû s'effectuer, comme dans nos races actuelles, elle eut déjà été complète. Nous nous croyons donc autorisé à dire que chez le Cheval de Solutré il n'y avait pas de soudure des os des canons entre eux, ou du moins que cette soudure était beaucoup plus tardive qu'aujourd'hui.

Mais le Cheval, malgré son doigt unique, peut être ramené au type pentadactyle. Nous possédons un certain nombre d'exemples de Chevaux à deux doigts : sans parler du fameux Bucéphale, les cas rapportés par MM. Joly et Lavocat, Goubaux, Arloing, qui ont fait le sujet de mémoires très-intéressants de la part de ces auteurs, nous montrent des faits de retour vers le type primitif. Ces cas tératologiques ne sont autre chose selon nous que de l'atavisme. Or, dans la série des êtres, plus un animal se rapproche du type pentadactyle et plus s'accentue la disposition qui nous occupe, plus il s'en éloigne et plus au contraire les os des extrémités ont de propension à se souder.

Dans l'hypothèse que notre Cheval actuel descend de l'*hipparion* il serait possible, je crois, de rencontrer dans le Cheval de l'époque quaternaire un terme intermédiaire entre ces deux types. A la vérité, le Cheval de Solutré se rapproche beaucoup plus du Cheval actuel que de l'Hipparion, mais il s'en éloigne quelque peu par la constance du fait que nous signalons.

L'Hipparion possédait trois métatarsiens et trois séries de phalanges, il est évident que les os latéraux devaient exécuter des mouvements très-limités sur l'os principal et cela à toutes les périodes de la vie de l'animal. Dans le Cheval de Solutré, les phalanges rudimentaires manquent, les os rudimentaires du métacarpe et du métatarse existent seuls, mais ils doivent aussi être susceptibles de quelques mouvements très-obscurs, puisque ces os ne sont réunis que par une membrane qui persiste pendant toute la durée de la vie de l'animal, tandis que chez le Cheval de nos jours, l'âge adulte est à peine arrivé, que nous voyons les fibro-cartilages situés entre les os rudimentaires et principal du canon s'ossifier et la synarthrose disparaître comme s'il y avait là plutôt deux noyaux d'ossification surajoutés à l'os principal que trois os véritables.

Nous croyons donc qu'il y a dans cette non soudure des métacarpiens et des métatarsiens un fait qui mérite attention et qui peut être invoqué en faveur du transformisme.

Revenons maintenant à nos caractères ostéologiques.

Les premières phalanges sont longues et fortes, ce qui indique une grande souplesse dans les réactions. Quant à la troisième, elle est de grandeur moyenne, moins volumineuse que chez les Chevaux tout à fait communs ; elle l'est plus que chez les Chevaux fins. Ici encore nous sommes en présence de la jeunesse de nos animaux. La troisième phalange du Cheval est surmontée en arrière d'un fibro-cartilage complémentaire qui s'ossifie par les progrès de l'âge ; il arrive presque toujours que, dans les derniers temps de la vie, les deux apophyses postérieures (apophyses rétrosale et basilaire) se soudent entre elles et transforment en un trou la scissure préplantaire. Or, nous n'avons jamais pu constater cette particularité. Toujours, au contraire, les apophyses sont séparées et même fort peu développées, comme il arrive chez les animaux jeunes ou à peu près adultes.

Quant aux troisièmes phalanges, petites et spongieuses, qui se rencontrent assez fréquemment et que quelques explorateurs ont pu prendre pour des phalanges d'Ane, il n'y a pas lieu de s'y arrêter : elles ont appartenu à des poulains.

Les membres postérieurs donnent lieu aux mêmes considérations générales que les antérieurs : même force dans les attaches musculaires, saillies et dépressions, même largeur d'articulation.

Le fémur nous a paru avoir un trochanter plus élevé. La fosse sus-condylienne, dans laquelle s'attachent le jumeau externe et le fléchisseur superficiel des phalanges, a une profondeur remarquable.

Le tibia ne nous a pas semblé différer ; le jarret est fort. Nous avons déjà parlé de l'extrémité inférieure du membre.

D'après cet examen rapide, nous pouvons conclure que tous les animaux appartiennent à une race unique dont tous les individus présentent des caractères extrêmement remarquables de similitude. Elle se rapprochent beaucoup de la race existant actuellement dans la Bresse ou même les plaines de la Bourgogne, mais elle était un peu moins grande.

Le Cheval de Solutré était petit; sa taille, nous l'avons déjà dit, était, en moyenne, de 1 m. 38 ; il avait des masses musculaires accentuées, une grosse tête, une encolure courte. Ses membres ne manquaient pas de finesse, ils étaient musculeux et forts, avec de larges articulations, mais le sabot était assez large. Malgré sa petite taille, il devait être rapide. Ajoutons aussi que la rigueur du climat devait nécessiter une fourrure épaisse et longue.

II. — ANTHROPOLOGIE

Il nous paraît indispensable, avant de rechercher quelles relations pouvaient exister entre l'Homme et le Cheval, dans la station de Solutré, de bien établir la position qu'occupent les amas de Chevaux et de montrer les différences considérables que nous révèlent les fouilles entre Solutré et les cavernes déjà explorées.

Le principal caractère, c'est celui sur lequel nous avons déjà appelé l'attention : l'abondance extraordinaire des ossements. A l'état de dispersion, ils couvrent une partie considérable de la pente qui s'étend du flanc oriental de la montagne au fond de la vallée, surface approximativement limitée par deux lignes dirigées, l'une du bas de l'escarpement principal vers le cimetière de création nouvelle, l'autre des amas pierreux situés au nord du Cros-Charnier, vers l'ancien cimetière et l'église. L'état actuel des fouilles ne permet pas de décider si ces débris se trouvent là par suite d'un glissement facilement explicable, ou à cause de la proximité de foyers. Remarquons seulement que plus on descend vers le fond de la vallée, plus ils deviennent rares. Leur gisement principal est au Cros-Charnier lui-même et ils s'y présentent sous deux aspects : 1° autour et au milieu des anciens foyers ; 2° en amas spéciaux et si considérables qu'on leur a donné le nom de murailles de Chevaux.

I. Autour et dans les foyers, le Cheval est associé à la faune de cette époque. Nous le trouvons avec l'*Elephas primigenius*, l'*Ursus spelæus*, l'*Hyena spelæa*, l'*Arctomys*, l'*Antilopa saïga*, le *Cervus tarandus*, *etc*. Dans quelques-uns, le Cheval occupe la première place, dans d'autres, le Renne domine, ailleurs ils sont en quantité égale. Les os longs, habituellement entiers, sont cependant assez souvent brisés comme ceux du Renne et portent, quelques-uns du moins, des stries produites par des instruments de silex. Plusieurs de ces os ont subi l'action du feu, le plus grand nombre est intact et conserve encore une grande partie de sa gélatine. De temps en temps on trouve des canons portant des traces nombreuses de percussion, ils ont servi incontestablement à briser des os de Renne pour l'extraction de la moelle. En résumé, le Cheval est là complétement mélangé avec le Renne et les autres représentants de la faune ; ici un fémur, là un humérus, des phalanges, des vertèbres ; en somme, complète dispersion de l'individu.

II. Mais ce qui étonne bien davantage et a soulevé dès le principe de nombreuses hypothèses, c'est l'entassement des mêmes os à une très-grande proximité des foyers explorés jusqu'à ce jour. C'est d'abord comme une immense muraille qui commence à l'entrée du Cros-Charnier et se dirige, en ligne droite et presque sans solution de continuité, vers l'extrémité de l'abrupt, le long du mur en pierres sèches qui sépare la propriété communale des vignes environnantes ; à gauche, sur la pente, tournant au midi, deux autres amas d'une grande puissance coupent le premier à angle droit, de manière à le diviser en trois parties à peu près égales. Enfin, une autre muraille, pour nous servir du terme adopté, part à peu près du même point que la première, forme avec elle un angle d'environ trente degrés et se dirige vers l'emplacement principal des foyers explorés par MM. de Ferry et Arcelin. Ces amoncellements avaient été mis au jour, à plusieurs reprises, soit en enlevant de la terre au Cros-Charnier, soit en pratiquant des minages dans les vignes environnantes. Nous nous rappelons fort bien avoir recueilli, il y a de longues années, plusieurs de ces dents de Chevaux dont les indigènes expliquaient la présence par des combats terribles livrés sous les murs du château qui couronnait le sommet de la montagne et par une station des Sarrazins à une époque dont ils ne s'inquiétaient point de fixer la date.

Les amas de Chevaux ne présentent pas un facies uniforme. Dans le plus grand nombre des cas, les os sont entiers, pêle-mêle ; nous avons, dans quelques cas, pu reconstituer un membre, à partir du carpe ou du tarse ; quelquefois, quatre ou cinq vertèbres se suivent, et ceci arrive pour toutes les régions. Comme dans les foyers, la tête est toujours brisée, les mâchoires sont mieux conservées et plus entières.

Le crâne a dû être, dans la grande majorité des cas, brisé pour l'extraction du cerveau, ainsi que le faisaient toutes les peuplades de cette époque ; néanmoins, nous croyons que son absence n'implique pas toujours forcément un pareil mode de destruction. Souvent, en effet, dans les amas, on rencontre, en arrière d'une série de molaires supérieures en place, les portions tubéreuses des temporaux, quelquefois même les condyles de l'occipital et l'atlas, mais presque toujours la mince lame osseuse qui limite les sinus et enveloppe les molaires, se désagrége complétement, lorsqu'on tente de l'enlever, quelquefois même elle n'est plus apercevable. Il est donc possible que, dans quelques cas au moins, la tête ait été jetée en arrière et qu'elle se soit effondrée sous la pression du terrain.

L'état de conservation varie selon la profondeur, l'humidité, la pente du terrain. Généralement très-friables lorsqu'on les produit à la lumière, ils se durcissent en séchant au soleil, deviennent blancs et sont très-avides d'eau. Ils n'ont nulle part subi l'action du feu. Dans plusieurs endroits, au contraire, les os sont fragmentés et reliés par un ciment composé lui-même d'os broyés et réduits à un état de ténuité extrême. Ils forment alors une sorte de magma assez semblable aux assises agglomérées des alluvions quaternaires que l'on rencontre aux environs de Lyon, aux Étroits et dans la vallée de l'Iseron, près de Bonant. Ces concrétions se durcissent et blanchissent au soleil. La plupart des os semblent avoir été calcinés, et c'est à cet état de calcination qu'est due la chaux qui a cimenté ces débris.

MM. de Ferry et Arcelin ont dit qu'on ne trouvait dans ces amas que du Cheval et rien que du Cheval. Nous-mêmes, dans un mémoire publié dans les *Archives du Muséum de Lyon*, étions arrivés à des conclusions identiques. Des fouilles considérables faites depuis cette époque ont démontré qu'on trouve associé au Cheval, en très-petite quantité il est vrai : le Renne, l'Ours spéléen, la Hyène, le Loup, l'Éléphant et le Bœuf primitifs.

Si maintenant nous cherchons à déterminer la quantité de sujets de l'espèce équine dont les débris se rencontrent à Solutré, nous nous trouvons en face d'évaluations assez différentes. MM. de Ferry et Arcelin, en se basant sur la quantité de canons extraits d'un mètre cube de magmas et sur le volume total des amas, admettent à peu près 2,200 Chevaux. M. Ducrost (*Archives du Muséum d'histoire naturelle de Lyon*, 1872) croit être strictement dans la vérité en portant le nombre à 10,000. Je m'éloigne, pour ma part, considérablement des estimations faites par ces savants. En me basant sur le poids d'un squelette aussi complet qu'il est possible de le construire avec des débris utilisables, et d'un autre côté sur la quantité en kilogrammes qui a déjà été extraite de la station, et celle qui, approximativement, peut encore s'y trouver, je crois rester bien au-dessous de la vérité en disant que plus de 40,000 Chevaux gisent au pied de la montagne[1]. Il est vrai de dire que M. Ducrost ne tient compte que des animaux enfouis au Cros-Charnier.

Il est temps de se demander ce qui a pu produire ces accumulations étranges. MM. de Ferry et Arcelin, dans un mémoire lu au Congrès international d'archéologie préhistorique, tenu à Norwich, en 1868, ont émis l'opinion, en l'absence d'une autre plus plausible, que les Chevaux avaient été immolés dans l'accomplissement de rites funéraires. Plusieurs des considérations apportées pour étayer cette assertion ont beaucoup perdu de leur valeur après des fouilles plus considérables. Les os des magmas ont subi seuls l'action du feu. On rencontre, nous l'avons déjà dit, des débris étrangers au Cheval, et, au milieu de ces amas, du silex de deux sortes : couteaux et grattoirs. Nous y avons recueilli des cailloux roulés de quartzite ayant servi de percuteurs. Si les amas avaient été le produit d'un certain nombre d'hécatombes, on retrouverait en entier l'animal; nous avons remarqué qu'il n'en était rien et qu'il existe une grande dispersion et un incroyable mélange.

[1] Ce nombre de quarante mille est donné ici pour fixer l'attention, c'est certainement un minimum; il y en a peut-être deux ou trois fois plus.

L'ossuaire des Chevaux de Solutré est exploité pour la fabrication des phosphates de chaux. Le terrassier (Pierre Buland), habituellement employé aux fouilles par MM. Ducrost, Arcelin, Chantre, recherche les os pour son propre compte dans des terrains à lui appartenant; or, il a déjà livré aux fabricants 60,000 kilog. environ, et j'estime qu'il en reste dix fois autant. Le squelette entier que je possède pèse 12 kilog. et il est formé des os les mieux conservés et les plus lourds. Je crois donc ne pas exagérer en portant mon estimation à quarante mille chevaux.

Pour nous, nous croyons tout simplement que ces entassements sont des débris de cuisine. Que le Cheval les compose presque à lui seul, quoi de plus naturel? L'absence presque complète d'os fendus pour en extraire la moelle s'explique très-facilement. Cette dernière ne présente en effet ni le parfum, ni la saveur de la moelle des ruminants, de plus les os longs du cheval ne contiennent véritablement de la moelle qu'à partir de huit à dix ans, et nous avons déjà dit que très-peu de chevaux dépassaient cet âge, et enfin la quantité vraiment prodigieuse de chevaux est une autre raison. N'est-il pas démontré par l'exemple de tous les âges et de tous les temps que la satiété des choses, même les meilleures, entraîne forcément l'abus?... Nos pères à demi sauvages n'étaient pas exempts, selon toute probabilité, des défauts qui se révèlent avec tant de force dans leurs petits enfants civilisés !... Il nous semble donc irréfutable que les hommes de Solutré ne recherchaient pas la moelle des os du cheval parce qu'ils trouvaient, en grande abondance, une chair savoureuse de beaucoup supérieure à l'extrait, d'ailleurs peu abondant, qu'ils pouvaient retirer de l'intérieur des os.

Quant à la grande infection que devait répandre auprès des foyers ces nombreux débris, nous savons que de nos jours les Lapons et les Esquimaux vivent près des restes de leur chasse et de leur cuisine, au milieu d'une odeur insupportable pour nous. « Autour de leurs huttes et dans toutes les directions, dit Parry dans ses *Voyages*, le sol était jonché d'innombrables ossements de morses et de veaux marins dont beaucoup gardaient encore des lambeaux de chair en putréfaction, qui exhalaient les miasmes les plus infects. »

Rien n'empêchait du reste ces populations de recouvrir les restes de leurs repas d'une légère couche de terre.

En résumé, les amas de Chevaux nous semblent avoir la disposition et la signification des kiökkenmöddings du Danemark.

Si nous nous demandons maintenant par quels moyens l'Homme de Solutré pouvait se procurer une aussi grande quantité de Chevaux, il se présente naturellement à l'esprit une question d'une importance majeure, c'est celle-ci : *Le Cheval de Solutré vivait-il à l'état sauvage ou bien était-il domestique?*

Après une suite de siècles aussi considérable que celle qui nous sépare de l'époque quaternaire, les traces évidentes de la domestication, si elle a existé, ont disparu, anéanties dans les mutations du terrain ; il ne nous reste donc, pour résoudre cet important problème, que la comparaison des amas de Chevaux de Solutré avec ceux des autres stations dans lesquelles le cheval était évidemment sauvage, chassé et mangé.

Or, voici ce que disent MM. Lartet et Christy à ce sujet : « Il y a complète absence des os du tronc (bock bones) du Bœuf et du Cheval dans les diverses stations, excepté à la Madeleine, où quelques vertèbres dorsales et lombaires d'un jeune Aurochs (?) ont été recueillies. Nous pouvons en conclure que les grands animaux (Bœufs et Chevaux), après avoir été tués par les chasseurs arborigènes, étaient dépecés sur place et que leurs extrémités seulement, avec les parties charnues et les os à moelle, étaient toujours transportés dans leurs demeures.

« Les os du tronc des animaux plus petits et spécialement du Renne sont en nombre considérable dans la caverne des Eyzies ; nous avons plusieurs fois observé que les vertèbres dorsales étaient restées en série. D'où nous pouvons présumer que ces animaux y étaient apportés entiers.

« La tête de toutes ces espèces a toujours été transportée dans le lieu de réunion, probablement par goût pour la cervelle. Elle est presque toujours brisée et les fragments seuls s'y retrouvent. » (Lartet et Christy, *Reliquiæ Aquitanicæ*, fasc. 1, p. 6.)

Ainsi donc, partout où le Cheval a été chassé d'une façon évidente, le volume de l'animal engageait le chasseur à abandonner une partie du cadavre sur le terrain de chasse. On ne retrouve autour des foyers que les portions qui ont pu être facilement transportées.

M. Dupont, au Congrès d'anthropologie préhistorique de Bruxelles, répète à peu près ce qu'ont dit MM. Lartet et Chrysty :

« Remarquons, dit-il, que les principales parties du squelette du Cheval, conservées dans les cavernes que l'Homme quaternaire habita, sont les mêmes que celles de l'Ours : les crânes, les os des membres et des extrémités ont été traités de même pour l'une et l'autre espèces et en sont les débris les plus abondants. Nous devons en déduire le même mode de dépècement pour le Cheval et pour l'Ours, par conséquent le dépècement loin de la caverne : en d'autres termes, que c'était par la chasse que les anciens naturels se procuraient les Chevaux qu'ils mangeaient. . . . .

« Il est évident que si le Cheval avait été domestique, il eût toujours été à proximité des Troglodytes, tant pour leur facilité que pour être protégés des carnassiers, Lions, Hyènes, Loups, etc..., qui remplissaient le pays. Dans ce cas, on ne comprendrait pas que quand l'Homme en tuait pour s'en nourrir, il en eût constamment rejeté une grande partie, conclusion qu'il faudrait admettre, puisque au milieu des innombrables débris de ses repas, il ne se trouve jamais que les mêmes parties du squelette du Cheval, à l'exclusion constante des autres. Or, comme ces parties conservées sont, dans l'ensemble, les mêmes que celles de l'Ours, nous sommes amenés à considérer les conditions d'existence du Cheval comme les mêmes que celles de l'Ours et à conclure qu'il était sauvage. »

Or, si l'on peut conclure d'après cela que le Cheval était sauvage, aurons-nous, dans le cas présent, le droit de dire qu'à Solutré le Cheval était domestique? Je crois que la réponse ne peut être douteuse.

Mais il y a plus, dans la discussion sur les kiökkenmöddings du Danemark comparés aux cavernes à ossements de la Belgique, dont je viens déjà de citer quelques passages. M. Steenstrupp, d'après des faits géologiques dont nous n'avons pas à examiner ici la valeur et d'après la similitude exacte qui existe entre les os des espèces Bœufs, Chèvre et Cheval des cavernes et ces mêmes animaux aujourd'hui, conclut que M. Dupont a trouvé les races primitives de nos animaux domestiques. Il est vrai que M. Dupont s'en défend, comme on vient de le voir, mais si M. Steenstrupp était à notre place, il n'hésiterait certainement pas à en dire autant du Cheval de Solutré. Nous avons démontré, dans la partie zoologique de ce travail, qu'il ne diffère du Cheval actuel que dans quelques points très-secondaires.

Ainsi voilà deux opinions qui, tout en étant en antagonisme, viennent à l'appui de notre manière de voir et suffisent, nous le croyons du moins, pour asseoir les convictions.

Mais, si l'on veut d'autres faits après ceux que nous venons de citer, il nous sera possible encore d'en donner quelques-uns qui se rattachent plus ou moins directement, il est vrai, à la question de la domestication, mais qui serviront à accentuer le caractère si particulier de la station de Solutré.

C'est d'abord le fait singulier de la jeunesse de tous les Chevaux des kiökkenmöddings; nous l'avons déjà dit, très-peu ont dépassé neuf ans. A quoi rapporter cette particularité?

Le Cheval vivait-il moins longtemps à cette époque que de nos jours? Rien ne le fait supposer. Tout, au contraire, nous porte à penser qu'il devait vivre un temps à peu près égal à celui que vit notre cheval actuel. Il a, en effet, le même mode de développement et il arrive à l'âge adulte comme aujourd'hui, de cinq à six áns; par conséquent sa vieillesse doit commencer en même temps.

Dans l'hypothèse du Cheval sauvage il faudrait admettre que les chasseurs s'attaquaient aux animaux adultes seulement, c'est-à-dire aux plus vigoureux et qu'ils dédaignaient les vieux et même les poulains, car on rencontre peu de très-jeunes os.

Si le Cheval était domestique au contraire, il était très-facile à son maître de le laisser grandir jusqu'à ce qu'il pût lui fournir une chair abondante et de bonne qualité, d'où la présence presque exclusive, dans les amas, d'animaux de quatre, cinq et six ans.

On a dit aussi que la station de Solutré n'était pas permanente. Malgré la présence de coquilles marines *(pecten jacobæus)* ayant servi d'ornements, nous croyons que si un certain nombre de ses membres faisaient des excursions jusqu'à l'Océan, une bonne partie devait rester pendant ce temps comme gardienne du lieu de campement. La quantité considérable d'os de Chevaux nous prouve déjà que la station a été habitée pendant de longues années, et, jusqu'à présent, nous n'avons rencontré aucun os rongé par des Carnassiers, ce qui serait infailliblement arrivé si le lieu de campement eût été abandonné à lui-même. L'Hyène, dont la présence dans la contrée est prouvée par de nombreux ossements, n'eut pas manqué de venir, attirée par son mets favori, la chair putréfiée, et elle eut laissé sur les os les traces habituelles de son passage.

Ceci nous amène à dire qu'on ne retrouve pas le Chien à Solutré.

D'après tous les voyageurs, les peuplades qui possédent des troupeaux de Chevaux à demi-sauvages, n'emploient jamais les Chiens pour la garde de ces troupeaux. Le Chien effraie le Cheval et le met en fuite au lieu de le ramener.

L'absence du Chien est peut-être aussi la raison pour laquelle le Renne n'était pas domestiqué à Solutré. On sait en effet que même de nos jours il est impossible de maintenir à l'état domestique les troupeaux de Rennes sans de nombreux chiens.

Les preuves de l'état sauvage du Renne à Solutré sont précisément celles que donnent MM. Lartet et Christy, Dupont, etc..., la présence des os de la tête et des premières vertèbres cervicales. Les autres parties du squelette comme les côtes, les vertèbres dorsales par exemple, sont, sans être rares, bien loin d'être en relation avec le nombre considérable des canons, par exemple.

J'opposerai donc encore ce fait à celui de la présence dans leur nombre normal de tous les os du Cheval.

Si enfin cela ne suffisait pas à prouver la domestication, j'ajouterais que, pour se procurer une quantité aussi considérable d'animaux sauvages, il a fallu les prendre au lasso ou au piége, puis les amener vivants sur le lieu du sacrifice. Or, lorsqu'on sait avec quelle facilité le Cheval supporte le joug de la domesticité et combien il faut peu de temps pour qu'il reconnaisse l'Homme pour son maître; nous en avons des preuves par les Chevaux sauvages de l'Amérique, qui sont domptés en quelques heures; on devrait s'étonner que ces animaux rendus ainsi captifs n'eussent pas attiré l'attention de leurs vainqueurs, surtout si ce qui devait certainement arriver quelquefois, ils n'étaient pas tués immédiatement.

Que si l'on veut voir dans les amas autre chose que des débris de cuisine, comme de grandes hécatombes faites à l'occasion de funérailles, par exemple, dans l'hypothèse du Cheval sauvage, il a fallu faire une réserve de plusieurs jours, de plusieurs mois peut-être, sur la prise de chaque jour, pour arriver à parfaire le nombre nécessaire ; de plus, il fallait parer à toute éventualité : il est probable qu'à cette époque pas plus qu'aujourd'hui on ne mourrait à jour nommé. Or, cette réserve est un commencement de domestication. Dans ce laps de temps des femelles pleines ont pu mettre bas, et leurs produits, peu expérimentés, ont du séduire les indigènes par leur gentillesse. Nés dans l'esclavage, ils y sont restés et ont produit des esclaves à leur tour, d'où les troupeaux domestiques.

Pour toutes ces raisons, nous croyons donc que l'Homme quaternaire de la station préhistorique de Solutré avait déjà domestiqué le Cheval.

M. le Dr Paul TOPINARD

Préparateur au laboratoire d'anthropologie de l'Ecole des Hautes études

CIMETIÈRE BURGONDE DE RAMASSE

— *Séance du 22 août 1873.* —

Une excursion, messieurs, vous est proposée à la fin de la session, à Ramasse, canton de Ceysériat, département de l'Ain, dans une vallée pittoresque et peu connue, située à 350 mètres d'altitude, entre les plaines de la Bresse et les hautes montagnes du Bugey ; vallée formée par deux chaînes parallèles du Reveremont, l'une de faible hauteur appelée le Mort-Chevellier et qui regarde la vallée du Furand, l'autre de 593 mètres d'altitude à l'endroit dit de la Roche-Cuiron et qui regarde Bourg et la Bresse : ses deux extrémités en sont fermées et son fond occupé par des sources souvent à sec en été, débordant en hiver et en communication avec une nappe d'eau souterraine à faible écoulement. Cette vallée est habitée par une population pauvre, mais intelligente, qui sait mettre à profit le peu de limon amassé dans les cuvettes qu'y forme çà et là le calcaire jurassique. C'est dans une de ces cuvettes circonscrites qu'est logé le cimetière antique dont j'ai à vous entretenir.

En somme, Ramasse est un lieu retiré, naturellement défendu et qui pouvait à la fois servir de refuge et, par ses montagnes dominant la vallée de la Saône, de poste d'observation. Certainement il a répondu à ces deux usages. La tradition raconte que jadis il était couvert de forêts sauvages. A l'ouest et au-dessus de Ramasse, sur la Roche-Cuiron, se voient encore des travaux considérables de terrassements auxquels on a donné, à tort sans doute, le nom de camp de César. A l'est, sur la montagne de Mort-Chevelier, on a trouvé des fours à pain en pierres et briques, dont l'existence peut bien se rattacher à celle du cimetière ancien qui est au-dessous. A 2 kilomètres au sud sont les ruines d'un village du moyen âge. A 3 kilomètres au nord se trouve au contraire une grotte profonde que j'ai commencé à fouiller et dans l'une des chambres de laquelle j'ai trouvé, à 1 mètre passé de profondeur, des foyers et de la poterie qui, par sa grossièreté et sa texture, rappelait celles de l'époque de la pierre polie.

Ce qui donne enfin un intérêt aux recherches archéologiques dans cette localité, c'est que la chaîne de la Roche-Cuiron constituait la ligne de séparation du territoire des Eduens d'avec celui des Sequanes, la vallée de Ramasse appartenant aux Sequanes.

Aujourd'hui, la vallée de Ramasse est traversée dans sa longueur par une route qui de Dron se rend à Villereversure. En sortant de Bas-Ramasse, elle se rapproche un peu de la montagne qui est à l'est et laisse entre elle et cette montagne une bande de terrain d'environ 140 mètres de largeur, dans laquelle se dessine visiblement un espace circonscrit au nord, à l'est et à l'ouest par l'affleurement de la roche, et au midi par un petit fossé ou douve. C'est dans cet espace que depuis longtemps les cultivateurs heurtaient du soc de la charrue des dalles qu'ils mettaient de côté ; le pays en étant couvert, on n'y portait aucune attention, lorsqu'en septembre 1872, le sieur Donin mit accidentellement à découvert des ossements humains, puis plusieurs corps gisant en désordre dans une sorte de fosse, et enfin des objets en métal, un grain de collier en ambre et des perles en verroteries grosses comme une petite noisette.

La Société d'émulation de l'Ain fut prévenue, et par l'intermédiaire de M. Ollivier, son président, et de MM. Camille Jayr, Edmond Chevrier et Brossard, etc., des fouilles furent commencées au mois de février suivant. Vingt-cinq tombes furent examinées, de nouveaux objets en bronze et en fer et des armes extraits, et il fut reconnu qu'il s'agissait d'un cimetière d'une certaine étendue. C'est alors que la Société jugea à propos de procéder plus méthodiquement et que je fus délégué, tant par elle que par le laboratoire d'anthropologie de M. Broca, à l'École des hautes études, pour diriger de nouvelles fouilles.

Du 30 juin au 8 juillet 1873, je m'attachai donc à déterminer les limites de ce cimetière en superficie et en profondeur, les divers modes de sépultures, l'orientation des tombes, etc., et à recueillir tous les objets, crânes et ossements pouvant contribuer à faire connaître la date et les usages des anciens habitants de cette localité. Le procès-verbal de nos opérations fut rédigé sur place. Nous en donnerons un résumé sommaire.

Indépendamment des fouilles fructueuses, plusieurs sondes et tranchées négatives nous ont permis de fixer assez exactement les limites du cimetière, tout au mois de la partie occupée par les tombes en pierre. Sa plus grande longueur du nord au sud était de 40 mètres, sa plus grande largeur de l'ouest à l'est de 16 à 18 mètres. Nous avons dit que la roche affleurait plus ou moins autour de cet emplacement. Le fond rocheux en était inégal et se rencontrait à 10, 20 centimètres, et 2 mètres au plus. Souvent on avait profité d'anfractuosités naturelles pour y loger une tombe.

La terre y était essentiellement argileuse, compacte, se desséchant à la surface au premier rayon de soleil et absorbant alors la moindre goutte d'eau avec un petit frémissement. À quelques 20 ou 30 centimètres de profondeur déjà, elle formait une pâte glaiseuse qui faisait corps avec les os ramollis et d'une friabilité dont rien n'approche. Je serais presque porté à croire que, dans les parties profondes, l'humidité pouvait dater des premiers temps mêmes de l'ensevelissement. Dans ces conditions le travail était laborieux et fort ingrat. Les os longs avaient perdu leur épiphyses, la terre s'étaient infiltrée jusque dans le canal médullaire des plus sains en apparence, beaucoup étaient comme émiettés ou corrodés, un grand nombre de crânes étaient déformés, effondrés ou fracturés, sans parler des déplacements en masse et des luxations que la pression des terres et le jeu des dalles avaient déterminés. Aussi ne puis-je accorder aucune attention aux indications que la tête regardait tel ou tel côté. J'ai trouvé, dans des tombes hermétiquement closes et entièrement pleines de terre, des os du thorax qui avaient voyagé jusqu'entre les pieds, le reste du corps conservant sa position.

Plusieurs fois j'ai constaté une coloration rouille ou verte dans des endroits circonscrits qui prouvait que là un objet en fer ou en cuivre avaient entièrement disparu. Nous n'avons pas trouvé un seul pot intact, ni un fragment d'une dimension passable et cependant dans les tombes les mieux cimentées nous en trouvions de petits fragments surtout auprès de la tête ou entre les jambes, d'où je concluais que la terre avait rongé et détruit le reste.

Les tombes étaient de quatre sortes : 1° en bois et même très-vraisemblablement en planches sciées, bien que nous n'ayons pu trouver de clous[1] ; nous avons eu sous les yeux des cercueils entiers : les deux planches parallèles des côtés, le plancher du dessus, le plancher du dehors,

[1] On en a trouvé depuis mon départ.

sont formés d'une sorte de lignite bleuâtre intimement combiné à l'argile et dont la structure était très-visible ; j'en ai montré des échantillons à la Société d'anthropologie ; 2° en dalles sur les six faces, verticales sur les côtés, horizontales dessus et dessous, le nombre de ces dalles variant de une à dix pour la principale paroi, celle de dessus ; 3° en dalles semblables à la paroi supérieure et inférieure seulement, les côtés étant constitués par un mur en pierres plates, soigneusement égalisées en dedans ; 4° en pleine terre sans aucune apparence de paroi. Dans aucun cas la brique n'intervenait, chaque pierre était cimentée d'une façon qui faisait l'admiration des ouvriers, avec une argile qu'on trouve sur une colline à 1,000 mètres de là. La forme de la cavité intérieure était elliptique, plus large au niveau du tronc et des épaules, se rétrécissant parfois brusquement pour loger la tête, qui très-souvent avait une pierre plate servant d'oreiller. Sa longueur répondait assez bien aux dimensions du corps, la plus longue étant de 2 mètres 20 centim. Sa profondeur variait de 20 à 60 centimètres. L'orientation, à cinq ou six exceptions près, était directement de l'ouest à l'est, la tête toujours à l'ouest ; deux fois elle était du nord au sud, la tête au nord ; et trois ou quatre fois obliquement, la tête au nord-ouest.

La profondeur des tombes intactes variait de dix à soixante centimètres et, sous ce rapport, il y avait une distinction à faire. Toutes les tombes en planches étaient, soit à une plus grande profondeur, soit au-dessous de celles en pierre. Par-dessus ces dernières il m'est arrivé de trouver d'autres corps en pleine terre, occupant une épaisseur d'une petitesse incompréhensible et qu'on s'étonnait de retrouver encore après le passage réitéré de la charrue. En un mot, il y avait deux, sinon trois cimetières superposés, ce qui prouve que l'emplacement avait servi pendant un temps considérable. Il y a plus, les individus qui construisaient les cercueils en pierre avaient totalement perdu le souvenir de l'endroit précis où avaient été enterrés leurs ancêtres aux cercueils de bois. Telle tombe de pierre, par exemple, avait l'une de ses dalles verticales placée directement sur la tête du squelette sous-jacent ou bien son mur latéral appuyé sur l'axe même du corps. Au fond de certaines tombes de pierre et après soulèvement de sa dalle inférieure, on trouvait, à quelques centimètres en terre, la moitié supérieure d'un corps, tandis que son autre moitié correspondait au fond de la tombe en pierre d'une rangée voisine.

Malgré cette différence dans le mode d'ensevelissement, ces deux époques, pour le moins, de tombes que nous distinguions en cimetière supérieur et cimetière inférieur, appartenaient à une même peuplade, ayant la même civilisation, les mêmes armes. Dans les tombes en bois, comme dans celles en pierre, comme celles à fleur de terre sans cercueil appréciable, nous avons trouvé des objets de métal ayant le même cachet, les mêmes formes; les poteries aussi étaient de la même pâte. Il y a même un endroit où les deux époques se touchaient, où l'on voyait l'usage se transformer : ce sont précisément les deux seules tombes qui fussent orientées du nord au sud, l'une était à dalles de pierre en entier, l'autre en planches.

La profondeur du cimetière inférieur, et surtout l'état de conservation encore plus déplorable de ses os, a fait que nous ne l'avons pas pourtant mis à découvert. Mais pour le cimetière supérieur en pierre, il en fut autrement. Nous eûmes toujours à montrer aux visiteurs de longues séries de tombes que vous verrez en partie à l'excursion de Ramasse. Elles étaient disposées selon cinq ou six rangées assez régulières ; l'alignement n'était qu'approximatif et courait du nord au sud. Là où la charrue ou tout autre cause n'avaient pas fait disparaître le cercueil et avec lui le corps, les tombes se touchaient presque. Quelques-unes empiétaient à la fois sur deux rangées. D'autres étaient légèrement à l'écart, par exemple, celle d'un individu de taille colossale, que n'accompagnait d'ailleurs aucun objet. J'ai cru un moment que les femmes et les enfants étaient groupés d'un certain côté. Les tombes les plus solidement construites, aux dalles les plus importantes ne renfermaient pas plus particulièrement d'objets en métal ou autre. On enterrait à la suite et sans choix d'emplacement comme si tous avaient été égaux. La surface du sol a dû plusieurs fois se modifier dans le cours des ensevelissements successifs. D'une génération à l'autre des terres descendues des montagnes voisines ont dû l'exhausser ; d'autres fois, à la suite d'orages torrentiels, des terres ont dû êtres entrainées dans une dépression qui existe à cent mètres de là. Certaine singularité dans la disposition des corps et la connaissance des lieux et du pays rendent ces faits certains.

J'estime environ à une centaine les portions différentes de squelettes que j'ai rencontrées. Ajoutons trente ou quarante autres dispersées avant moi, autant et davantage pour les parties de terrain que j'ai réservées pour l'excursion, puis un plus grand nombre pour les endroits où, ne trouvant rien, la terre indiquait positivement qu'on y avait enterré, et enfin ce que pouvaient contenir les parties du cimetière profond que je n'ai pas cru nécessaire d'atteindre. L'emplacement en question pouvait avoir contenu de cinq à six cents individus ; ce qui, en calculant trois générations d'adultes par siècle, porterait sa durée à deux siècles environ pour une population, je suppose, de cent individus, les jeunes enfants dont les squelettes ne se conservent pas, non compris.

Les objets recueillis consistaient en grains d'ambre, perles en verre noir émaillées, plaques de ceinturon, boucles et anneaux, les uns en fer, les autres en cuivre ou bronze. Deux armes seulement, des scramasaxes, furent rencontrées. Un enfant avait auprès de la tête un peigne en os formé de trois pièces et ornementé de lignes diagonales et d'incrustations. Toutes les tombes contenaient des fragments de poteries à pâte grossière, plus ou moins homogène et dure, à vernis impossible à constater et de trois couleurs : l'une noire ardoisée, les autres jaunâtre ou rougeâtre comme nos pots à fleurs. Nous avons dit qu'il n'y avait pas de fragment assez important pour indiquer la forme. Un seul offrait un rebord retourné comme celui des vases de nuit. Nous avons trouvé comme des fragments de brique, mais plus rouge et très-tendre. En somme m'en tenant aux objets que j'ai recueillis moi-même, et tout en admettant que certains ont dû disparaître rongés par le temps, il est incontestable que le nombre en est fort restreint. Sur cinquante-deux tombes que j'ai numérotées et fouillées moi-même, auxquelles il faut ajouter les sépultures en terre libre, huit fois seulement j'ai trouvé des métaux, six fois un seul objet, deux fois plusieurs à la fois.

Dans le cas le plus important, j'ai rencontré simultanément une perle en verroterie, une longue épingle en bronze, un anneau, les ornements d'un ceinturon, un objet indéterminé, qui était à la cheville droite, et, le long du corps, à gauche, une sorte de dague dont le manche devait être en bois, et dont la lame en fer et de forme lancéolée pouvait bien avoir été accompagnée d'une seconde arme, dont les fragments de rouille se mirent aussitôt en poussière.

Sur les vingt-cinq et quelques tombes, ouvertes avant moi par la Société, le nombre des objets paraît avoir été proportionnellement plus grand. Mais je suis disposé à croire que dans l'un des endroits, entre autres, on est tombé sur une fosse commune, creusée à la suite d'un petit combat. Je ne puis m'expliquer autrement cette circonstance qu'ils aient rencontré cinq ou six grandes plaques en fer, d'un type particulier, dont je n'ai trouvé, pour ma part, aucun autre échantillon.

J'ai fréquemment recueilli, spécialement auprès de la tête, de petits morceaux de charbon dont je n'ai pu m'expliquer le but. Était-ce des bois odorants qu'on avait brûlés ?

Il est un autre fait bizarre plus difficile à comprendre. Trois fois [1] il a été trouvé, dans des tombes bien closes, deux corps qui ont dû y être mis en même temps. Dans l'un des cas qui me sont personnels, la tête du second était entre les jambes de celui qui avait été placé le

[1] Il en a été trouvé un quatrième cas depuis.

premier, mais, la mâchoire de cette tête étant restée au bout supérieur de la tombe, il est probable que celle-ci se sera déplacée, bien après la mort. Dans l'autre cas, qui m'a demandé cinq heures d'un travail continu, l'un des corps avait certains de ses membres dans des attitudes que je ne puis comprendre que par l'hypothèse d'une désarticulation faite avec habileté avant l'introduction. Tous deux étaient du sexe masculin; l'un gisait naturellement et avait, en quelque sorte, la place d'honneur, l'autre avait une place comme sacrifiée, quoique les deux têtes fussent en contact. Il n'y avait aucun objet en métal dans cette tombe, quelques poteries seulement. Cette hypothèse d'une mutilation préalable de quelques cadavres m'est venue plusieurs fois sur place, mais considérant les déplacements inouis que subissent spontanément quelques parties du corps, sous l'influence des eaux souterraines, je n'ose m'y arrêter.

Tous les âges, tous les sexes étaient réunis en proportion à peu près égale dans ce cimetière : des vieillards édentés, un enfant de quatre ans, un de sept, etc. Il y avait des individus de taille moyenne et des individus démesurément grands, des os passablement frêles et des os énormes, aux puissantes insertions musculaires. Plusieurs des fémurs mesurent cinquante centimètres. Aucun os ne portait de traces de blessures ou de fractures anciennes ou récentes. Le seul cas de maladie était une ostéïte du tibia, selon toute apparence spontanée. A première vue, je les ai trouvé mésaticéphales, à front large et bien développé, à mâchoire inférieure forte, à menton pointu, et nullement prognathes. L'étude de ces os, au nombre d'une vingtaine de crânes assez complets, d'une quinzaine de fragments et d'une quantité considérable d'os longs, appartenant à une cinquantaine d'individus, réunis en ce moment au laboratoire d'anthropologie de M. Broca, pour y être raccommodés et mis en état, sera prochainement faite.

Quant aux objets et poteries, je les ai présentés à la Société d'anthropologie, où ils ont été l'objet d'une savante dissertation par M. Gabriel de Mortillet. En outre, je les ai comparés avec les objets analogues que possède le musée de Saint-Germain et avec les dessins qui accompagnent les relations des fouilles mérovingiennes pratiquées à Pincthum, près Boulogne-sur-Mer, à Charnay, dans la Côte-d'Or et à Cheseaux, près Lausanne. La moindre hésitation n'est pas permise, et ainsi que le déclare M. Gabriel de Mortillet, tous ces objets, du premier jusqu'au dernier, sont caractéristiques et absolument semblables à certains qu'on a trouvés dans des conditions de date irrécusable. La plaque de ceinturon représentant, découpée à jour, la bête de l'Apocalypse, celle où sont gravés deux personnages qui, sans doute, sont les deux prophètes légendaires, Daniel et Abaccuc, les grains d'ambre venant du nord, les verrotteries, le peigne en os, sont spécialement caractéristiques.

Il s'agit de l'époque mérovingienne, et pour plus de précision, de la civilisation, de l'occupation des Burgondes, après leur défaite sur les bords du Rhin, par Aétius, et leur retraite, du côté de Genève, en 413.

S'en suit-il que la peuplade chrétienne qui a enterré ses morts dans la vallée de Ramasse ait été de la même race que ceux dont elle avait adopté les usages et la civilisation ? Ce qui est certain, c'est qu'elle était pauvre et très-peu guerrière, et que plusieurs siècles ont dû s'écouler dans l'endroit où elle a laissé ses ossements. Quel contraste entre ces modestes, mais vigoureux montagnards qui, cinq fois sur six, étaient mis en terre sans le moindre appareil, et ces riches mérovingiens de Pincthum qui, sur quarante-neuf tombes, comptaient vingt hommes de guerre armés du scramasaxe, neuf, de lances, etc. ; seize femmes, dont six portaient des bijoux en or ; deux enfants, dont l'un aussi paré de bijoux, etc.

Il se pourrait donc que la peuplade locale de Ramasse se fût réfugiée précédemment dans ces montagnes où les usages et la civilisation du cinquième siècle seraient venus la trouver. Mais à quelle époque aurait-elle ainsi fui devant quelque invasion victorieuse ? Entre elle et les retranchements élevés à la Roche-Cuiron, y a-t-il relation ? Étaient-ce de véritables Francs-Burgundes, des Séquanes, ou quelque race plus ancienne encore dont on pourrait rechercher les traces sur l'autre versant montagneux de la vallée de la Saône, à Solutré, et au delà ? C'est ce que nous dira, j'espère, l'étude méthodique de leurs ossements.

En somme, messieurs, la découverte de cette station nouvelle de l'époque mérovingienne est une bonne fortune pour la zone archéologique dans laquelle se réunit cette année le second congrès de l'Association, et sa proximité de Lyon est faite pour vous engager à profiter d'une occasion qui vient si à propos. Je pense donc que bon nombre d'entre vous voudront s'adjoindre à l'excursion organisée pour Ramasse, par le Comité de l'Association.

M. G. de MORTILLET

Sous-directeur du Musée des antiquités nationales de Saint-Germain en Laye

LE PRÉCURSEUR DE L'HOMME

— *Séance du 22 août 1873.* —

La découverte de l'homme quaternaire, de l'homme contemporain de la dernière faune éteinte, de l'homme fossile en un mot, une des gloires de la science française, est un fait maintenant acquis, et généralement reconnu, malgré l'opposition jalouse de quelques savants allemands. Je n'ai donc pas à m'en occuper.

Comme le véritable esprit scientifique qui conduit au progrès n'est jamais satisfait, cette solution une fois obtenue, les investigateurs sont allés chercher au delà de l'époque quaternaire.

Le premier entré dans cette voie est le savant bibliothécaire du Muséum, M. Desnoyers. Il crut pouvoir signaler des traces humaines dans les carrières de graviers de Saint-Prest, près de Chartres. Tant d'audace de la part d'un homme de tant de savoir fut trouvée excessive. Et pourtant les graviers de Saint-Prest, bien que plus anciens que les alluvions des bassins de la Somme et de la Seine, se rapportent encore au quaternaire dont ils forment la base, ou tout au plus servent de couronnement au pliocène, partie supérieure du tertiaire.

C'est au Congrès d'archéologie et d'anthropologie préhistoriques, session de Paris, en 1867, que devait se poser largement la question de l'homme tertiaire. Deux géologues des plus distingués, M. l'abbé Bourgeois et M. l'abbé Delaunay arrivèrent, le premier avec des silex brûlés et taillés, le second avec des os incisés, provenant du miocène ou tertiaire moyen. L'habile directeur du Musée d'histoire naturelle de Gênes, M. Arthur Issel, présenta des ossements humains recueillis dans le tertiaire supérieur ou pliocène. Enfin, M. William S. Blake, professeur de minéralogie et de géologie en Amérique, montra des instruments divers, en pierre, extraits du tertiaire supérieur de Californie.

De toutes ces communications et de quelques autres qui ont été faites, soit avant, soit surtout après, que reste-t-il ? C'est ce que nous allons examiner.

Les ossements humains présentés par M. Issel ont bien été trouvés dans une couche incontestablement pliocène; mais ne proviennent-ils pas d'une inhumation bien postérieure à la formation de cette couche ? On ne saurait l'affirmer, M. Issel n'ayant pas recueilli lui-même ces os. Dans le doute, il faut s'abstenir.

Un crâne humain aurait été découvert en creusant un puits près du Camp-des-Anges, dans le comté de Calanines, en Californie, à 51 mètres environ de profondeur, dans une assise pliocène. M. Whitney, directeur du *Geological Survey* de la province, a signalé sommairement cette découverte, il y a plus de six ans, et depuis, malgré les plus pressantes sollicitations, n'a plus rien publié. Nous n'avons donc pas à nous occuper de la découverte des puisatiers du Camp-des-Anges. Il paraît que ce n'est pas encore de ce puits que sortira la vérité.

Puisque les débris de l'homme tertiaire bien constatés font défaut, voyons si nous pourrons tirer quelques conclusions de ses œuvres !...

M. l'abbé Delaunay, avons-nous dit, a présenté au Congrès de Paris des os profondément et diversement incisés. Ce sont des os d'Halithériums, animaux de la famille des Lamentins, recueillis par M. Delaunay lui-même dans les faluns de Pouancé (Maine-et-Loire.)

Plus tard, en 1871, M. Farge a montré à la Société géologique de France, un autre os, également d'Halithérium, portant des incisions encore plus nombreuses et plus profondes. Cet os provient des faluns de Chavagnes-les-Eaux (Maine-et-Loire.)

Ces divers os d'un animal marin, recueillis dans une formation marine du miocène ou tertiaire moyen, ont-ils été incisés par l'homme ? Ce n'est pas probable. Les couches à débris d'Halithérium de Pouancé et de Chavagnes contiennent aussi en abondance de grandes et fortes dents, très-aiguës, très-tranchantes, de poissons carnassiers de la famille des Requins, entre autres de Carcharodon. Ces poissons, enchantés de rencontrer des Halithériums échoués sur la côte, ont dû s'en repaître, en laissant sur les os de nombreuses marques de leur voracité et de la puissance de leurs dents.

En Angleterre, où les dents de poissons carnassiers sont aussi abondantes qu'en France, dans les dépôts tertiaires, on en a rencontré de percées, mais là aussi, c'est l'œuvre d'un animal marin sur les débris d'un autre animal marin. Les perforations ont probablement été faites par des mollusques lithophages.

A côté des os percés et incisés doivent se placer les os entaillés et impressionnés. Notre savant collègue, M. Laussédat, en 1868, a présenté, à l'Académie des sciences de Paris, une branche de mâchoire inférieure de *Rhinoceros pleuroceros*, portant des entailles profondes. Cette mâchoire avait été trouvée à Billy (Allier), dans les formations calcaires d'eau douce de la Limagne, appartenant au miocène. L'examen attentif de cette très-intéressante pièce m'a fait reconnaître que les entailles n'étaient autre chose qu'une ablation de matière, par suite de violents frottements, et que tout à côté de ces entailles existent des impressions plus ou moins profondes, dues à des pressions. Même explication s'applique à un os de Rhinocéros impressionné, du musée d'Orléans.

MM. Garrigou et de Ducker ont aussi cru reconnaître les traces de l'action humaine dans les cassures des os de deux célèbres gisements tertiaires : Sansan, dans le Gers, et Pikermi, en Grèce. Mais cette manière de voir n'a pas été admise par Édouard Lartet, l'explorateur de Sansan, par M. Gaudry, le monographe de Pikermi, et par tous les hommes spéciaux.

Passons aux objets en pierre.

M. Tardy a produit un silex incontestablement taillé, comme provenant des couches tertiaires d'Aurillac (Cantal). Il a été reconnu depuis que ce silex était tout au plus quaternaire.

M. Ribeiro, à la réunion de Bruxelles du Congrès d'archéologie et d'anthropologie préhistoriques, en 1872, a montré des silex provenant des terrains tertiaires de Portugal. Parmi ces silex, il y en avait de bien réellement taillés, mais comme le gisement n'a pu être discuté et vérifié, je ne crois pas devoir me prévaloir de cette observation.

Quant aux objets signalés par M. William P. Blake, dans le pliocène de Californie, ce sont, dit-il, « des mortiers et des pilons, des vases de stéatite, en forme de grandes cuillers, avec manche grossier, des pointes de lance et de flèche, des anneaux de pierre et autres objets. » Je les ai vus et je puis affirmer que c'est là tout un attirail analogue à ce que nous présentent les nations sauvages actuelles de l'Amérique, n'ayant aucun rapport avec les produits jusqu'à présent connus des gisements certainement quaternaires, et, au contraire, se rapprochant de l'industrie de la pierre polie. J'ai donc tout lieu de croire qu'il y a une erreur de gisement.

La même objection s'applique, et même à plus forte raison, à la nouvelle découverte, publiée comme ayant été faite dans l'Asie-Mineure, sur le bord des Dardanelles.

Après ce terrible déblaiement, il ne reste plus à examiner que l'observation de M. l'abbé Bourgeois. C'est avec intention que je l'ai conservée pour la dernière. Elle est de beaucoup la plus sérieuse et la plus importante.

M. l'abbé Bourgeois a recueilli, dans les couches marneuses de l'assise des calcaires de Beauce, à Thenay (Loir-et-Cher), des silex qu'il prétend taillés intentionnellement. Les calcaires de Beauce, et par conséquent les marnes à silex de Thenay, appartiennent au miocène inférieur ou partie inférieure du tertiaire moyen. M. l'abbé Bourgeois est même tenté de les vieillir davantage, en les plaçant dans l'oligocène, couronnement du tertiaire inférieur.

Ici deux questions se présentent :

1° Les silex sont-ils bien en place ?

2° Sont-ils réellement taillés ?

Les premières trouvailles de M. l'abbé Bourgeois ont été faites à l'affleurement des couches. On s'est tout naturellement demandé si ces silex étaient bien en place, n'avaient pas été remaniés, introduits là par quelques phénomènes postérieurs, non-seulement à la formation des couches, mais encore à la dénudation du terrain et au creusement des vallées ? M. l'abbé Bourgeois, poursuivant toujours ses recherches et s'approfondissant de plus en plus, l'objection perdait de jour en jour de sa valeur, sans pourtant être détruite complétement. Pour l'anéantir, M. Bourgeois, abandonnant les affleurements, fit percer un puits qui, partant du plateau, traversa toutes les couches, parfaitement régulières et intactes, sans la moindre fissure et le moindre dérangement. Il parvint ainsi aux marnes contenant des silex identiques à ceux des affleurements. La première question se trouva donc résolue de la manière la plus certaine, la plus positive. Les silex taillés de Thenay sont bien en place et appartiennent certainement aux assises miocènes dans lesquelles ils se trouvent.

Reste la seconde question : ces silex sont-ils réellement taillés ?

Au Congrès de Paris, la taille intentionnelle de ces silex ne fut admise que par un petit nombre de personnes. Depuis, par suite de visites aux riches collections de M. l'abbé Bourgeois, à Pontlevoy, et de l'étude de la série qu'il a bien voulu donner au Musée de Saint-Germain, les adhésions se multiplièrent. Fort désireux d'obtenir une solution complète et définitive de la question, M. Bourgeois la soumit, en 1872, à une Commission, nommée par le Congrès d'archéologie et d'anthropologie préhistoriques de Bruxelles. Sur quinze membres dont se composait cette Commission, l'un, M. Van Beneden, zoologue éminent, qui ne s'est pas occupé spécialement des questions préhistoriques, a déclaré ne pouvoir se prononcer; un autre, M. de Vibraye, a accepté la taille, avec réserve ; huit, plus de la moitié, ont reconnu, parmi les échantillons présentés, un certain nombre de silex taillés. Ce sont les membres les plus compétents : MM. d'Omalius d'Halloy, de Quatrefages, Cartailhac, Capellini, Worsaae, Engelhardt, Valdemar Schmidt et Franks. Cinq seulement, MM. Ste'enstrup, Virchow, Neirynck, Fraas et Desor, ont nié toute taille intentionnelle. Dans cette Commission, composée des hommes les plus éminents de l'Europe en fait de préhistorique, M. l'abbé Bourgeois et par suite l'homme tertiaire a donc eu la majorité.

Bien plus, si l'on pèse les témoignages contraires, plutôt que de les compter, on reconnaît qu'ils se réduisent à peu de chose. En effet, dans les cinq voix opposées se trouve celle de M. Fraas, de Stuttgard, qui même à propos des silex quaternaires n'a pas craint de dire en plein Congrès que c'était *une invention de l'amour-propre français*, puisqu'on n'en a point trouvé en Allemagne. M. Virchow, en bon Allemand, ne pouvait contredire son compatriote. Quant à M. Ste'enstrup, on sait qu'il ne partage pas volontiers l'opinion des autres savants de son pays.

Depuis le Congrès de Bruxelles et le jugement de la Commission, M. l'abbé Bourgeois a recommencé avec ardeur ses recherches. Elles ont été couronnées de succès. Il a découvert, parmi plusieurs autres, deux pièces bien plus concluantes que toutes celles recueillies antérieurement. C'est d'abord une espèce de racloir ovoïde ou disque garni de retailles tout au pourtour. C'est ensuite un grattoir bien plus nettement accentué que ceux déjà trouvés précédemment. Une des arêtes, sur environ trois centimètres de long, est garnie de petites retailles régulières, également espacées, toutes faites du même côté. Ces deux pièces paraissent ne plus pouvoir laisser aucun doute, même dans les esprits les plus prévenus, sur l'existence de silex taillés intentionnellement à l'époque miocène.

Mais, qui a taillé ces silex ?

M. l'abbé Bourgeois, et avec lui tous ceux qui ont admis la taille intentionnelle répondent : l'homme.

Les lois de la paléontologie ne permettent pas d'accepter cette réponse. Ces lois, déduites de l'observation directe, peuvent se résumer ainsi :

1° Les animaux varient d'une assise à l'autre, et la faune se renouvelle avec les divers terrains.

2° Les variations sont d'autant plus rapides que les animaux ont une organisation plus complexe, ou, en d'autres termes, l'existence d'une espèce est d'autant plus courte que cette espèce occupe un rang plus élevé dans l'échelle des êtres. Ainsi les mammifères, animaux bien plus compliqués que les mollusques, se modifient plus rapidement et plus complétement que ces derniers d'une assise à l'autre.

3° Les variations ne sont pas radicales, elles sont partielles et successives ; aussi les faunes sont d'autant plus distinctes et différentes que les assises qui les contiennent sont plus éloignées les unes des autres.

4° Enfin les variations se rapportent toutes à un plan général, de sorte que tous les animaux trouvent leur place naturelle dans des séries continues et régulières, bien que divergentes, comme s'il y avait filiation entre eux tous.

Eh bien ! depuis le dépôt des marnes à silex taillés de Thenay, depuis l'époque du calcaire de Beauce à laquelle appartiennent ces marnes, la faune mammalogique a changé au moins trois fois complétement.

Bien plus, les modifications, les variations qui séparent les mammifères actuels de ceux du calcaire de Beauce sont si profondes, si tranchées, que les zoologues les considèrent non-seulement comme déterminant des espèces distinctes, mais comme caractérisant des genres différents.

L'homme seul serait-il resté invariable, lui qui se place à la tête des animaux dont l'organisme est le plus compliqué ? Ce serait contraire à toutes les lois énumérées ci-dessus,

Et il n'est pas possible de réclamer pour l'homme une exception aux lois générales. Il suffit de jeter un simple coup d'œil sur les populations actuelles de diverses régions du globe, pour reconnaître que l'homme varie tout autant et même plus que les autres animaux.

Nous savons aussi d'une manière positive que l'homme a varié dans les temps géologiques. En effet, l'homme quaternaire ancien n'était pas le même que l'homme actuel, que l'homme qui lui a succédé du temps des cavernes, comme le prouvent les crânes de Néanderthal, d'Eguisheim, de Denise, de Brüx et la mâchoire de la Naulette. La différence, au commencement du quaternaire, c'est-à-dire géologiquement tout près de nous, est déjà si grande qu'on a parfois hésité si l'on rapporterait bien à l'homme les débris que je viens de citer.

Comme conclusion, il faut donc, je crois, admettre que les silex taillés intentionnellement, découverts par M. l'abbé Bourgeois dans les couches du miocène inférieur de Thenay, dénotent l'existence à cette époque d'un être intelligent qui a précédé l'homme, et qui doit être considéré comme son précurseur, comme son ancêtre!... Ce n'est pas là une simple hypothèse, c'est une déduction logique tirée de l'observation directe des faits.

M. Abel HOVELACQUE

Directeur de la *Revue de linguistique*

LA LINGUISTIQUE ET LE PRÉCURSEUR DE L'HOMME

— *Séance du 22 août 1873.* —

L'opinion émise par M. de Mortillet, relativement à l'existence d'une sorte d'*hommes* différents des races actuellement connues, — soit historiques, soit préhistoriques, — et qui durant la période tertiaire auraient travaillé le silex, cette opinion me paraît répondre sous le rapport de la vraisemblance à tout ce que l'on est en droit d'attendre d'une conjecture ; j'y reconnais, en un mot, une supposition scientifique.

J'ajouterai qu'elle concorde parfaitement avec la conception que suggère sur les origines humaines une autre science naturelle, la linguistique. Cette science, qui n'a rien de commun, ni par sa méthode, ni par son but, avec l'étymologie non plus qu'avec la philologie, mais qui étudie le langage uniquement au point de vue de ses éléments phoniques et de sa morphologie, ramène d'une façon positive, — et de strates en strates, — à une époque antique où les divers et très-nombreux systèmes glottiques, non-seulement étaient tous monosyllabiques, mais encore ne possédaient qu'un nombre fort restreint de racines, ou, pour parler plus exactement, d'éléments simples. Si haut cependant que nous puissions remonter par la pensée, l'être que nous rencontrons pourvu du langage articulé, était vraiment un être humain ; à nos yeux, en effet, cette faculté *seule* caractérise l'humanité, et l'homme, ainsi qu'on l'a dit, n'est homme que par le langage. Si nous ne pouvons admettre, sans tomber dans des conceptions métaphysiques, — c'est-à-dire anti-scientifiques et étrangères à la méthode expérimentale, — que cette faculté lui ait été acquise un beau jour sans cause, sans origine, *ex nihilo*, il nous faut bien croire alors qu'elle est le fruit d'un développement progressif, le produit d'un perfectionnement organique.

Or cela suppose avant l'homme, — c'est-à-dire avant l'être caractérisé par la faculté du langage articulé, — un autre être en train d'acquérir cette faculté, en voie de devenir homme. Un illustre linguiste, que la science a perdu il y a cinq ans, Schleicher, a soutenu cette hypothèse qu'un certain nombre seulement de ces êtres encore dépourvus de la faculté du langage articulé, mais bien près de l'acquérir, la gagnèrent en réalité, sous l'influence de conditions heureuses, et dès lors eurent réellement droit à la dénomination d'*hommes*, — mais que, par contre, un certain nombre d'entre eux, moins favorisés par les circonstances, échouèrent dans leur développement et tombèrent dans la métamorphose régressive : nous aurions à reconnaître leurs restes dans les anthopomorphes, Gorilles, Chimpanzés, Orangs, Gibbons.

Quoi qu'il en soit de cette supposition, quoi qu'il en soit également de l'être, homme ou non, qui a laissé sur des silex de l'époque tertiaire le témoignage d'un travail systématique, nous tenons à constater que l'une des branches spéciales des sciences naturelles, la linguistique, accueille avec faveur les suppositions scientifiques relatives à l'existence antique d'un être précurseur morphologique immédiat de l'homme, indiqué d'autre part par la paléontologie.

DISCUSSION

M. P. Cazalis de Fondouce déclare avoir écouté avec attention les lectures de MM. de Mortillet et Hovelacque ; mais il n'a pas compris. En effet, les silex taillés tertiaires seraient identiques à plusieurs de ceux des temps quaternaires ; aux deux époques l'industrie serait la même, preuve que l'homme est le même au point de vue intellectuel. Rien n'établit qu'il ne soit aussi le même au point de vue physique.

M. G. de Mortillet. Les objets des deux périodes sont loin d'être identiques. L'homme quaternaire a taillé le silex ; l'être tertiaire qui les a utilisés les a éclatés avec le feu. A Thenay le feu n'est pas causé par l'incendie.

C'est sur le bord d'un lac, où les empreintes végétales sont peu nombreuses, que des foyers ont été souvent allumés ; leurs traces se retrouvent dans des couches diverses ; tous les silex éclatés ont passé par le feu.

M. GRUNER. Comment reconnaître la trace du feu sur les silex et la distinguer de cette modification produite à leur surface par les agents atmosphériques ?

M. G. DE MORTILLET. Nous avons fait des expériences décisives. Des silex pris par nous dans la craie ont été mis dans le feu et nous avons obtenu des silex présentant tout à fait l'apparence de ceux de Thenay, le même *craquelage* que les agents atmosphériques ne produisent pas.

M. E. CARTAILHAC. J'avais l'honneur de faire partie de la Commission des silex tertiaires à Bruxelles et je tiens à dire qu'il ne faut pas attribuer à ses conclusions une importance décisive. Réunis quelques instants avant l'ouverture d'une séance générale, nous avons eu assez de temps pour voir les silex, mais pas assez pour discuter et, même plusieurs de nos collègues, dont l'opinion a été publiée avec la nôtre, avaient sans doute examiné en particulier et avec soin les pièces en litige, mais ils n'assistaient pas à la réunion. M. de Mortillet a donc raison de dire que le Congrès de Bruxelles n'a pas fait avancer la question. Pour ma part j'accepte un petit nombre de silex de Thenay comme portant les traces de la main de l'homme ; ils présentent des éclats enlevés, des retouches que ne nient pas les hommes les plus habitués à manier des silex taillés.

Cependant je ne puis m'empêcher de reconnaître que cet individu tertiaire qui fait de jolis grattoirs et travaille de petits silex dérange singulièrement mes idées. En remontant vers le commencement des temps quaternaires, je vois l'industrie de plus en plus pauvre, et l'homme devenir en même temps plus sauvage. On n'a pas trouvé une peuplade vivante aussi peu civilisée que devaient l'être les populations munies pour toute arme et pour tout instrument de la pierre tranchante et pointue de Saint-Acheul et de l'Infernet, de Madrid, d'Hoxne, de Madras. Nous avons une idée des luttes *corps à corps* de ces sauvages primitifs entre eux ou contre les redoutables carnassiers qui n'avaient pas encore cédé la place aux Rennes. L'industrie était réduite à ne travailler la pierre que pour arriver à produire un seul type et quelques formes dérivées très-simples. Ces pierres es tenaient à la main le plus souvent ; quelquefois emmanchées elles formaient alors des épieux, des massues... ; il n'y a rien de plus primitif que cela, si ce n'est le caillou brut et l'homme armé de la pierre non travaillée. C'était, au moins, la probabilité. Mais les faits sont contraires, puisque nous avons une industrie tertiaire moins pauvre que celle qui suivit, et que nous trouvons à Thenay des grattoirs que nous ne revoyons plus dans nos premiers gisements quaternaires, si postérieurs.

La question n'est donc pas aussi claire, aussi simple que l'on pourrait le croire, et l'inconnu dépasse de beaucoup nos faibles connaissances qui s'augmenteront avec le temps de faits nouveaux et peut-être bien imprévus. Sachons attendre !

Madame CLÉMENCE ROYER ne peut admettre, comme établies, les conclusions de M. de Mortillet au sujet des différences anatomiques que l'homme tertiaire doit présenter avec l'homme quaternaire.

Même en acceptant, pour bien fondée la loi de spécialité des fossiles à chaque époque géologique, elle croit que cette loi a pu se manifester chez l'homme par des résultats un peu différents. Elle pense, avec le Dr Wallace que, dès le moment où l'homme eut une organisation cérébrale assez développée pour réagir, à l'aide de ses aptitudes intellectuelles et industrielles, contre les conditions défavorables de son milieu, il dut échapper aux fatalités de la sélection naturelle. C'est-à-dire que dès qu'il sut se tailler des outils ou des armes de pierre, surtout dès qu'il sut se choisir ou se construire une demeure, un abri, des vêtements, ses aptitudes intellectuelles et industrielles, morales et sociales, c'est-à-dire son organisme cérébral seulement resta assujetti à cette loi transformatrice et seul put en conséquence continuer à se modifier.

C'est à cette époque aussi que l'homme dut bégayer ses premières paroles et que, comme l'a dit M. Hovelacque, chaque race esquissa les formes typiques de son langage qui, depuis, se sont développées en s'accentuant de plus en plus.

Mais il faut alors admettre, contrairement à ce que pense M. de Mortillet, que depuis l'époque où l'homme a commencé à tailler la pierre, son organisme physique doit être resté à peu près stationnaire et n'a pu manifester que ces variations que nous constatons, soit entre les races aujourd'hui vivantes, soit entre celles-ci et les races préhistoriques dont nous avons retrouvé les restes dans les dépôts quaternaires.

Ces différences seraient, du reste, assez profondes pour être considérées comme spécifiques, si, en vertu d'idées préconçues, l'on n'arguait de la faculté mutuelle de croisement que l'on constate entre les diverses races vivantes les plus tranchées. Cette faculté semble avoir existé également entre nos races fossiles connues qui présentent entre leurs types les plus accusés tous les types intermédiaires, et paraît être une aptitude, toute spéciale du genre *homo*, en rapport avec sa faculté de vivre sous tous les climats et d'être apte en toutes saisons à se reproduire.

Des différences, de même valeur au moins, ont dû exister également entre les races quaternaires et les races tertiaires; mais elles ont pu n'être pas plus profondes et ne pas atteindre une valeur générique, permettant de les séparer de nous par un nom distinct. Selon M. de Mortillet, le précurseur de l'homme à l'époque tertiaire semblerait devoir être séparé du genre *homo*, comme intermédiaire entre ce groupe et celui des anthropomorphes. C'est cette induction dont je conteste la rigueur, comme pouvant nous conduire par une fausse voie à des déceptions.

Il est très-possible, au contraire, que le jour où l'on découvrira les restes de l'homme qui a taillé les silex trouvés par M. l'abbé Bourgeois, il ne présente que des différences à peine de même valeur que celles que l'on constate entre l'homme de Néanderthal et de la Naulette et l'homme actuel, différences qui portent surtout sur le crâne et la face, mais qui sont presque nulles si l'on considère les autres parties du squelette.

En effet, pour arriver à ce degré d'intelligence et d'adresse consistant à tailler un caillou, dans un but donné d'utilité ou de défense, il faut déjà que l'homme tertiaire ait été un homme, au point de vue anatomique, c'est-à-dire un mammifère à station droite, ayant des pieds pour la marche et des mains *exclusivement* consacrées à la préhension; capable en conséquence de poursuivre ses ennemis ou sa proie à terre, sans chercher un refuge sur les arbres ou les rochers, d'y ramasser un caillou, de le tailler pour le lancer à son ennemi, ou pour en dépecer le produit de sa chasse, toutes choses qu'il n'eût jamais songé à faire, ni pu faire du haut d'un arbre. J'ai déjà eu l'occasion de dire [1] que le précurseur de l'homme n'a jamais dû vivre sur les arbres, parce qu'il n'en fût jamais descendu. Un anthropomorphe coureur et non grimpeur, avec des mains exclusivement préhensiles, a seul pu avoir assez d'adresse et de dextérité tactile pour tailler un silex. Or, quelle que soit la forme du crâne et de la face d'un tel être, c'est un homme et non un singe anatomiquement. Les autres primates ne sont des singes que parce que, dans la fuite ou la course, ils mettent les quatre membres à terre, ce qui exige une articulation différente du crâne sur l'atlas, et que leurs mains, perdant ainsi la délicatesse du toucher, deviennent incapables d'exercer ces industries qui caractérisent l'homme et sont alternativement l'effet et la cause des développements de son cerveau.

J'en conclus qu'aussi loin que nous trouvons des silex taillés, nous devons nous attendre à trouver l'homme sensiblement semblable, au point de vue anatomique, à ce qu'il était à l'époque quaternaire; sauf par son crâne et sa face, dont les variations ont dû être corrélatives. Si, dès la période miocène, nous trouvons des silex taillés bien authentiques, c'est qu'il faut chercher dans des couches d'une époque encore inférieure le précurseur physique de l'homme, génériquement différent de lui.

Quant aux caractères particuliers que présentent les silex de M. l'abbé Bourgeois, M. Cazalis de Fondouce a fait observer, avec raison, qu'ils semblent dénoter tantôt plus et tantôt moins d'intelligence et d'adresse que les silex des époques postérieures. Il ne semblent pas, comme ceux-ci, adaptés à des emplois spéciaux. L'être qui s'en servait avait-il donc assez d'adresse pour les faire servir à divers usages par la façon même de les employer? Leurs formes, très-variables, n'offrent ni la constance, ni la régularité presque géométrique des formes dites de Saint-Acheul ou du Moustier, mais se rapprochent plus de celles-ci que de celles-là par le travail.

Il paraît évident que l'homme de Saint-Acheul était déjà doué de l'habitude ethnique de tailler la pierre, qu'il la taillait en vertu d'un instinct spécifique fatal, comme l'abeille qui bâtit sa cellule. De là cette constance de formes, presque mathémathique, cette similitude du travail, cette identité de résultats impliquant l'identité des moyens, avec une sûreté de main et de coup d'œil que l'instinct ou la longue habitude héréditaire seulement peut arriver à produire, mais que l'intelligence n'atteint jamais.

Les silex de Thenay trahissent au contraire les efforts souvent vains,

1 *Origines de l'homme et des sociétés*, part. II, chap. V, p. 154, 168, 170. In-S. Paris, 1870, chez Victor Masson ou chez Guillaumin.

maladroits, inexpérimentés d'une espèce qui sent un besoin, cherche à le satisfaire du mieux qu'elle peut, mais n'a pas encore acquis les instincts qui en permettront la satisfaction complète. Ils nous font assister à l'enfantement d'un instinct par un effort intellectuel.

Pour être capable de cet essai, de cet effort, de cette lutte contre une difficulté qu'il sent la nécessité de vaincre, l'homme de Thenay a dû être un homme presque au même titre que celui de Saint-Acheul, et son crâne même était peut-être aussi bien conformé, au moins, que celui de Néanderthal où ceux que nous ont donné la mâchoire de la Naulette et de Moulin-Quignon.

Au contraire, l'époque du Moustier, l'époque du Renne, en général, semble nous montrer le triomphe définitif de l'intelligence, en voie de s'affranchir des fatalités instinctives, poursuivant un but et l'atteignant, grâce à une dextérité, à une adresse manuelle plus générale et moins étroitement spécialisée. L'homme de Saint-Acheul était l'ouvrier capable de faire à lui seul une épingle, mais de ne faire que cela et de la faire toujours de même; celui de l'époque du Renne c'était déjà l'ouvrier capable de s'appliquer aux travaux les plus divers, d'inventer, de créer du nouveau, tantôt par l'adaptation d'outils déjà anciens à de nouveaux emplois; tantôt par l'invention même de nouveaux outils adaptés à un travail tout spécial. De là ce caractère de recherche intelligente, que l'on constate depuis l'époque du Moustier, pendant toutes les époques postérieures, mais dont on semble trouver déjà la trace dans les silex de Thenay; tandis que ceux de Saint-Acheul paraissent le fait d'une routine, d'un travail tout mécanique, d'une fabrication en grand par des moteurs aveugles.

Mais il résulte de cela que c'est dans les caractères intellectuels de ces anciennes races humaines, et dans les produits industriels qui nous permettent de les constater, que nous trouverons les caractères typiques qui nous sont nécessaires pour tracer nos divisions taxonomiques entre les représentants de l'humanité à ces diverses époques, à défaut des différences anatomiques qui nous font défaut.

Dans la classification même des divers âges de la pierre par M. de Mortillet, nous trouvons donc l'équivalent d'autant d'espèces ou variétés humaines, au moins aussi distinctes entre elles que peuvent l'être les diverses espèces de Proboscidiens, de Rhinocéros, de Ruminants ou de Carnivores, qui caractérisent ces mêmes âges. Nous serions donc induits, même, à conclure que, conformément à la loi de spécialité des fossiles et de variations des types organiques, l'homme, c'est-à-dire l'être organisé supérieur, a plus et plus rapidement changé que tous les autres animaux pendant le cours des dernières périodes géologiques, et que l'homme de Thenay, celui de Saint-Acheul, celui du Moustier et celui de la Madeleine et enfin celui de l'âge de la pierre polie, de l'âge du bronze et de l'âge du fer, bien que différant très-peu au point de vue physique, constituent néanmoins aussi bien des espèces, ou tout au moins des variétés, que les espèces ou variétés successives des animaux qui, à chacune de ces époques, ont été ses contemporains et ses rivaux.

MM. le Dr JEANNIN et BERTHIER

NOUVELLES STATIONS PRÉHISTORIQUES DE SAONE-ET-LOIRE

— *Séance du 22 août 1873.* —

Depuis une dizaine d'années, le département de Saône-et-Loire a largement fourni son contingent de richesses préhistoriques. MM. de Ferry et Arcelin ont rendu célèbres la station de Vergisson, l'atelier de Charbonnières et surtout le magnifique gisement de Solutré, où MM. Lortet et Ducrost faisaient naguère les plus intéressantes découvertes.

Plus au nord, notre regretté Ernest Perrault de Rully donnait, en 1870, la description d'un foyer de l'âge de la pierre polie, mis au jour au camp de Chassey, et d'une grotte ou plutôt d'un abri très-riche, fouillé à l'ouest de Rully.

Les berges de la Saône, notamment à la Truchère, ont plus d'une fois récompensé par d'heureuses trouvailles la patience des chercheurs, et vers une autre extrémité du département, à Bourbon-Lancy, feu le le docteur Robert avait recueilli une collection de hachettes polies et silex taillés, dont malheureusement il n'a pas écrit l'histoire.

Aujourd'hui, nous appelons l'attention sur quelques stations récemment découvertes dans les lieux où personne ne les avait soupçonnées; au centre même et à l'ouest du département de Saône-et-Loire.

Les traces de l'homme préhistorique et les épaves de son industrie, dans notre département comme presque partout en France, ont, jusqu'à présent, été cherchées et trouvées dans trois catégories des gisements :

1° Débris préhistoriques exhumés de différents niveaux des dépôts quaternaires, non remaniés ;

2° Débris préhistoriques retirés des grottes ou cavernes ;

3° Débris préhistoriques recueillis sous les abris.

A ces trois gisements nous ajouterons un quatrième, auquel, en vue des causes qui le déterminèrent, semble convenir le nom de *stations de campement*.

Tout en se reliant d'une manière intime aux gisements reconnus et cités jusqu'aujourd'hui, les stations dont nous allons parler s'en distinguent par cela même qu'elles ne constituent pas de véritables gisements dans le sens propre du mot, c'est-à-dire qu'on ne les constate pas à une certaine profondeur, dans des couches non remaniées. Leur caractère, en effet, c'est d'*être essentiellement superficielles*. Nous n'y trouvons aucun ossement humain, aucun reste d'animal ; tout a disparu sous l'influence des nombreux agents qui concourent à la désorganisation des êtres vivants. Mais, l'inattaquable silex est resté comme preuve du passage de l'homme primitif dans nos contrés, et cette preuve est pour nous aussi patente que la présence d'ossements plus ou moins fossilisés.

Peu connues encore ou plutôt négligées, ces stations de campement n'ont pas leur chapitre spécial dans l'histoire de l'homme primitif. Elles sont d'un grand intérêt pourtant, parce qu'elles sont nombreuses et parce que tout document est bon à recueillir, surtout quand il s'agit de reconstituer page par page la chronique oubliée des premiers âges.

Du reste, il ne faut pas s'étonner du silence que les auteurs spéciaux gardent au sujet de ces stations : elles n'auraient été d'aucune importance dans la grande question qu'il s'agissait de résoudre à l'époque où naissait la science des temps préhistoriques. Il fallait alors démontrer la coexistence de l'homme et des animaux éteints de la période quaternaire, et puisque nos campements ne fournissent aucun débris de ce qui jadis a vécu, on les aurait rejetés à bon droit de la question.

Mais aujourd'hui, la marche rapide de la science et l'habitude de procéder par analogie ont rendu moins sévère sur les preuves à donner, et comme les silex si longtemps discutés ont enfin pris rang de *fossiles*, nous n'avons qu'à constater l'existence des stations de campements, à les décrire, à en démontrer l'authenticité et à leur restituer la place qu'elles méritent dans la paléontologie humaine.

Dès maintenant se posent à nous deux questions : tout d'abord, les nombreux silex que nous ramassons en pleins champs ont-ils été travaillés de main d'homme? — Ensuite, constituent-ils de véritables stations ?

La première question sera vite résolue par l'examen des collections que nous exposons. La plupart des pièces qui les composent présentent les caractères essentiels de la taille telle que l'ont décrite tous les auteurs, et bon nombre d'elles sont similaires des types bien connus qu'on a créés et multipliés. Tel de nos silex rappelle le travail du Moustier ou des Eyzies, tel autre ne serait pas renié dans le champ de Solutré.

A la seconde question : ces silex constituent-ils de véritables stations? nous répondrons d'abord, qu'ils ont été trouvés pour l'immense majorité sur un sol qui, géologiquement, ne contient pas de silex, et que par conséquent ils y ont été apportés; — en second lieu, qu'ils gisaient presque toujours en nombre considérable dans un espace de terrain assez restreint et généralement bien circonscrit, enfin, ces stations se rencontrent dans des conditions topographiques tellement comparables ou même tellement identiques, que de cette ressemblance même on est en droit de tirer une preuve d'authenticité. C'est ce que nous allons essayer d'établir en décrivant succintement les nombreuses stations que nous avons cru reconnaitre. Nous les avons divisées en plusieurs groupes.

PREMIER GROUPE

Première station. — Au centre même du département, sur la ligne de partage des eaux qui descendent d'un côté à la Saône et de l'autre à la Loire, au point où se terminent les montagnes du Charollais, s'élève une suite de hautes collines granitiques, qui domine, à six cents mètres au-dessus du niveau de la mer, le plateau rétréci du mont Saint-Vincent. Au flanc nord-ouest de la montagne, sur une éminence, est bâti le village de Gourdon ; plus loin, et dans la même direction, d'autres montagnes secondaires vont, en s'abaissant par le plateau des Bois-Francs, se perdre dans la vallée de la Bourbince. C'est sur un contrefort de Gourdon, au lieu dit la Croix-Racho, entre les communes de Saint-Romain et de Saint-Vallier, que nous avons découvert notre première et l'une des principales stations de campement. Là se dresse un monticule assez aride, quoique cultivé partout, excepté du côté du nord où croît un bois de mélèzes, et à l'extrême sommet, garni de roches de grès arkose, comme presque toutes les montagnes de cette région. A l'est, du côté de Saint-Vallier, s'étend un plateau irrégulier, large de quelques centaines de mètres et long d'environ un kilomètre. Presque toute cette surface, montagne ou plateau, est cultivée, et partout, annuellement, la charrue du laboureur met au jour un nombre considérable de silex, débris ou instruments intacts. Plus loin, ces débris se retrouvent encore, mais d'autant plus rares qu'on s'éloigne davantage de la Croix-Racho, qui paraît être, sinon le centre géométrique, du moins le foyer de la station. C'est en effet au sommet de la petite montagne et sur ses flancs, surtout au sud que, sans fouiller le terrain bien mince du reste, aidés seulement par la pioche du cultivateur ou le sillon tracé par la charrue, nous avons recueilli plus de deux cents instruments de silex, caractérisés tous par une taille évidente, la plupart par une patine très-marquée et quelques-uns par un très-beau travail de retouche. C'étaient des couteaux, des grattoirs, des poinçons, des pointes de flèches et de lances, des disques, etc.

Deuxième station. — A l'est de la Croix-Racho, et séparée de cette montagne par une vallée assez profonde où coule la rivière du Plain-Joly, s'élève, à trois kilomètres environ, une suite de hautes collines sur le flanc desquelles est bâti le hameau du Mont-Cuchot, commune de Gourdon. Au sommet de ces collines, sur une assez grande étendue d'un terrain granitique très-mince et disputé pied à pied par la culture aux forêts et aux roches d'arkose, nous avons, dans une seule excursion, ramassé un certain nombre de silex, éclats, débris et instruments se rapprochant assez pour la forme, la taille et la patine, de ceux de la Croix-Racho, et dans cette région doit se trouver une station dont le centre principale est encore perdu dans les bois [1].

TROISIÈME STATION. — A l'est, et séparée aussi de la Croix-Racho par une vallée accidentée qu'arrose le ruisseau de la Limasse, sur les communes de Saint-Vallier et de Saint-Romain, se dresse la colline boisée de la Vernée. Ici, comme à Mont-Cuchot, la forêt laisse peu d'espace aux recherches archéologiques, et les quelques débris, une trentaine environ, recueillis sur le flanc nord de la montagne, indiquent sans doute une station, mais une station dont on ne peut explorer que le bord. Les silex y sont aussi analogues à ceux de la Croix-Racho [2].

Tel est le premier groupe de nos stations de campement.

DEUXIÈME GROUPE

Le second groupe est une large répétition du premier, il contient cinq stations qui toutes sont d'un accès facile et dans lesquelles, par conséquent, nous avons pu récolter un grand nombre de pièces complètes.

PREMIÈRE STATION. — Au sud-ouest de Toulon-sur-Arroux, entre cette ville et le canton d'Issy-l'Évêque, on aperçoit au loin le sommet presque dénudé et la croupe arrondie de la montagne granitique du Dardon. Cette montagne se relie au sud aux collines d'Uxeau et au nord, par une succession de monticules, à la chaîne du Morvan. Sur le flanc oriental du Dardon, au-dessus du village de Sainte-Radegonde, on remarque une sorte de col large et élevé, sur le terrain duquel s'étend, à quelques centaines de mètres à la ronde, le gisement de la première station. Cette station, aussi riche peut-être que celle de la Croix-Racho, renferme des silex assez comparables, comme forme et comme travail, mais d'une patine moins prononcée et en outre d'une diversité de nature moins variée. Là, tout abonde, depuis la hachette jusqu'au poinçon.

DEUXIÈME, TROISIÈME ET QUATRIÈME STATIONS. — Ces trois stations sont situées aux Brayes et aux Roches, commune de Sainte-Radegonde

1 De nouvelles recherches à Mont-Cuchot nous ont fait découvrir, dans une terre cultivée, au milieu du bois, le point capital de la station. — Les silex y sont abondants, presque tous brisés, et si quelques-uns sont d'un beau travail, la plupart sont bien inférieurs, jusqu'à présent, à ceux de la Croix-Racho.

2 A la Vernée, nous avons pu aussi découvrir l'endroit qui paraît être le centre du campement. Le sol, sur une assez grande étendue, est jonché de débris de silex, parmi lesquels nous avons recueilli cent cinquante pièces bien conservées, quelques-unes fort belles.

et à Pierre-Creuse, commune d'Issy-l'Évêque. Toutes les trois sont établies sur des plateaux, au sommet des contreforts du Dardon, toujours dans un sol granitique dépourvu d'arkose, et où la terre labourable recouvre la roche de quelques centimètres à peine. Ces trois stations, semblables sous tous les rapports, ont fourni un nombre de silex bien suffisant pour déterminer un gisement.

La cinquième station de ce groupe diffère des quatre premières par ses conditions topographiques. Elle est située dans la commune de Toulon, sur la rive droite de l'Arroux, au hameau du Sac. Le terrain granitique et en pente douce est à peine recouvert par un diluvium de 20 centimètres d'épaisseur, au plus. Malgré sa position; à côté d'une rivière et au fond d'une vallée, cette station ne diffère pas des précédentes ; aussi riche que celles du Dardon, les pièces qu'elle a fournies sont analogues ; c'est pourquoi nous la rattachons au même groupe.

En suite de cette description, ou plutôt de cette énumération succincte de huit gisements, divisés en deux groupes, très-éloignés l'un de l'autre et pourtant analogues, nous pouvons répondre à la seconde question et conclure que nos silex constituent de véritables stations. Mais on peut encore tirer quelques conséquences générales : 1° elles sont presque toutes situées sur des hauteurs, toutes plus ou moins orientées à l'est et au sud ; toutes établies à proximité de ruisseaux ou possédant des sources saines et intarissables, et enfin, presque toutes sont parsemées, dans leur étendue, de quelque roche élevée, de quelque monticule suffisant pour qu'on puisse s'y défendre contre le vent du nord. Mais, en dehors de ce dernier fait, aucune de ces stations ne présente d'abri naturel complet contre les intempéries ou les ennemis de tous genres : aucune grotte pour se garantir, aucun lac pour se réfugier, comme en Suisse, au milieu des eaux. En conséquence, le mode d'habitation devait être tout artificiel et les hommes du temps vivaient sous la tente ou dans des huttes. C'est pourquoi nous avons donné à leurs gîtes le nom de *stations de campement.*

Les caractères généraux que nous venons d'exposer sont si tranchés et si sûrs que leur application, quand elle est possible, nous permet aujourd'hui de trouver de nouvelles stations, non plus au hasard, mais théoriquement, pour ainsi dire ; c'est ainsi que, de prime abord, nous indiquions, l'année dernière, le plateau du Baronnet, à Martigny-le-Comte, comme très-propice à une station, et que, cette année, les recherches d'un de nos amis, M. A. Dubois, mettaient au jour quelques belles pièces qui, sans doute, seront suivies d'un bon nombre d'autres.

Quoique dans toutes ces stations, abstraction faite des variétés du silex primitif, nous retrouvions à peu près les mêmes instruments, chacune, cependant, semble se distinguer, par la prédominance d'un outil quelconque, d'un travail particulier. Ce fait aura une grande importance, lorsque nos collections seront assez richement pourvues, pour que nous puissions, par la comparaison des instruments similaires, tirer quelques conclusions sur les rapports des tribus entre elles.

Un autre fait notable, c'est la multitude, non pas de débris, mais d'éclats qu'on rencontre à la Croix-Racho, comme au Dardon, à la Vernée, comme à Pierre-Creuse. On doit en conclure qu'une certaine quantité de silex était travaillée pendant chaque campement. Les tribus nomades dont nous nous occupons devaient assurément emporter avec elles le plus grand nombre possible d'ustensiles indispensables à leur genre de vie ; mais, la perte quotidienne qu'ils en faisaient, par suite de la fragilité des silex et de leur emploi fréquent, jointe à l'impossibilité de se procurer sur place la matière première de leur outillage, les forçait d'emporter aussi quelques blocs déjà dégrossis sur l'emplacement naturel du silex. — Ainsi s'explique la présence, dans toutes nos stations, des enclumes, percuteurs, noyaux, ébauches, éclats et rebuts, qui, sans cela, ferait supposer que chaque station était plutôt une fabrique qu'un campement.

La fabrique réelle n'était peut-être pas fort éloignée, et ceci nous amène à parler d'un troisième groupe.

TROISIÈME GROUPE

Première station. — Au mois de mai dernier, M. Moraillon, conducteur des ponts et chaussées à Génelard, nous indiquait un gisement de silex taillés sur le territoire de Digoin. En sa compagnie, nous nous rendîmes à deux kilomètres de cette ville, au nord-ouest, au lieu dit Neuzy, près de l'embouchure de la Bourbince dans l'Arroux et près du lieu où la première de ces deux rivières est traversée par le nouveau canal de Digoin, à Gueugnon. En cet endroit, sur un sol stérile, sablonneux, formé d'alluvions anciennes et contenant géologiquement une très-grande quantité de silex, nous avons, en quelques heures, ramassé plus de cent instruments de pierre taillée, la plupart de petite dimension, mais soignés comme travail et d'une belle conservation. Le sol, en outre, est jonché d'éclats, de blocs ébauchés et de rebuts. En comparant ces silex avec ceux du Dardon, on est étonné de leur ressemblance et l'on se demande naturellement si Neuzy n'était pas la carrière qui fournissait la matière première à nos stations des environs de Toulon [1].

1 C'est près de cette station de Neuzy, au mois de février dernier, que furent découverts, dans la tranchée du canal de Gueugnon, les fameux silex de Volgu. A un mètre de profondeur, les ou-

Deuxième station. — Il y a quelques jours, M. Moraillon trouvait encore, non loin des bords de la Bourbince, à Palinges, et sur un sol complétement analogue à celui de Neuzy, une seconde station, aussi marquée que la première. Toutefois, elle semble moins riche ; qu'elle le soit réellement, ou que sa pauvreté ne soit qu'apparente, en raison des difficultés que présente aux recherches un terrain privé de culture depuis de longues années.

Troisième station. — Plus au nord, et toujours sur la Bourbince, au hameau des Allouettes, commune de Montceau-les-Mines, se trouve un banc de sable de plusieurs centaines de mètres d'étendue, exploité jusqu'à 4 mètres de profondeur pour servir de ballast aux chemins de fer. Dans cette puissante couche de sable se trouvent géologiquement des silex bruts plus rares qu'à Neuzy et, en même temps, on y recueille près de la surface des outils, des débris, des ébauches, des éclats, qui pourraient se rapprocher parfaitement de tout ce qui a été trouvé à la Croix-Racho. Peut-être n'est-il pas déplacé de dire qu'aux Allouettes se trouvait la carrière et la fabrique de notre premier groupe de stations ; malheureusement le terrain a été trop bouleversé par l'exploitation de sable pour qu'on puisse se rendre compte de la richesse du gisement.

A la suite de cette esquisse, et après une énumération aussi longue de stations, une objection, la même qu'on jetait naguère à la face des novateurs en anthropologie, se pose d'elle-même : où est et quel est l'habitant de ces campements ? Avez-vous quelques débris, non plus de son industrie, mais de lui-même ? Hélas ! nous l'avons dit au commencement de ce mémoire, il ne nous reste que l'inattaquable silex. La raison de l'absence complète jusqu'ici, non-seulement des restes humains, mais encore d'ossements d'animaux contemporains, nous semble facile à donner. Une première cause de disparition, c'est le peu d'épaisseur du terrain meuble qui recouvre le granit ; ce manque de densité du sol a laissé le champ libre à toutes les causes de désorganisation naturelles ou artificielles, elle a permis aux os de se dissocier jusqu'à disparition complète. Une seconde cause, c'est la nature même du sol : en supposant que son épaisseur fût suffisante pour protéger les restes d'animaux contre tous les accidents naturels ou autres, elle ne les aurait pas empêché de disparaître, croyons-nous, car les conditions où se trouve un ossement enfoui dans le terrain granitique diffèrent

vriers mirent à jour un paquet de onze ou douze lances, collées sur champ les unes contre les autres. Elles sont toutes en silex pyromaque transparent ; leur longueur varie de 24 à 35 centimètres, leur largeur de 8 à 10, leur épaisseur de 5 à 7 millimètres ; taillées à grands éclats sur les deux faces, à petites retouches sur leur tranchant, leur régularité est parfaite, leur conservation entière. On a beaucoup discuté et l'on discutera longtemps encore sur ces armes, qui n'ont pas trouvé jusqu'alors leurs semblables en France, et devant lesquelles pâlissent, comme exécution, tout ce que le Danemark avait présenté de plus beau.

complétement, au point de vue physique, de celles où ce même ossement peut se trouver dans un terrain calcaire ; en effet, dans le calcaire, les eaux de filtration pluviale ou autres, en traversant une certaine épaisseur de terrain, se chargent par solution, d'une quantité variable de sels, et, quand elles arrivent à l'ossement qui est calcaire lui-même, elles sont déjà saturées, elles ne l'attaquent ni ne le dissolvent, elles l'incrustent plutôt, le fossilisent, le pétrifient.

Faites passer la même eau à travers une couche même épaisse de roches granitiques dissociées, rien, dans cette filtration, ne lui fera perdre quelque chose de ses propriétés dissolvantes ; elle arrivera à l'ossement sinon pure, capable du moins de se charger de ses principes et de le dissoudre à la longue. Veut-on une preuve géologique de ce fait ? Elle est facile à donner... A Génelard, à égale distance de nos deux premiers groupes de stations, on exploite actuellement de magnifiques carrières de pierres à chaux, — étage moyen du lias. Dans ces carrières, on remarque de distance en distance, et perpendiculairement aux assises, des fentes ou brèches d'une largeur moyenne de 50 centimètres à 1 mètre, et d'une profondeur de 4 à 6 mètres. Les siècles, aidés des eaux, ont comblé complétement ces brèches avec le terrain de la surface du sol et, en même temps, ils y ont enfoui à toutes les profondeurs une grande quantité d'ossements variés, qu'on retrouve aujourd'hui bien conservés et revêtus de tous les caractères de la fossilisation.

Transportons-nous maintenant sur un autre terrain. Au Plessis, commune de Blanzy, sur l'emplacement même d'une station dont nous ne tarderons pas à dire un mot, on exploite depuis de longues années les énormes blocs de grès arkose qui recouvrent la colline. Entre ces blocs se trouvent aussi des fentes assez larges, parfaitement comparables aux brèches de Génelard, aussi profondes qu'elles et comme elles comblées par le terrain de la superficie du sol. Bien souvent nous y avons cherché quelques débris animaux, nous y avons trouvé des silex, mais pas le moindre ossement. Veut-on maintenant une preuve pratique, qu'on nous pardonne l'expression, de la disparition rapide des os dans nos terrains granitiques ? — La voici : que l'on questionne les fossoyeurs des cimetières des villages qui entourent le Dardon, et ils affirmeront que, lorsqu'ils relèvent les fosses au bout d'un certain nombre d'années, ils ne retrouvent rien ou presque rien des corps enfouis.

Il est néanmoins une objection que peuvent nous faire ceux qui connaissent les environs de Toulon-sur-Arroux, c'est que, dans le territoire de cette commune, il existe un certain nombre de *tumuli*, que ces *tumuli* ont été fouillés il y a quelques années et qu'on y a trouvé des ossements. C'est vrai, mais ces ossements étaient enfouis dans une épaisse couche de chaux, et ce fait, loin d'infirmer notre opinion, lui fournit un nouvel argument.

La conclusion de cette discussion un peu prolixe, peut-être, c'est que, à moins de conditions exceptionnelles, nous désespérons de trouver dans nos stations les restes des hommes qui les habitèrent et des animaux qui vécurent en même temps qu'eux. Il serait important, cependant, et surtout intéressant de déterminer l'époque approximative de tous ces campements. Qu'on nous permette à cet égard une sage réserve jusqu'à ce que nous ayons entre les mains un plus grand nombre de pièces à l'appui. Tout ce que nous pouvons dire aujourd'hui, c'est que ces stations ne nous paraissent pas remonter très-haut dans les temps. Nous n'y avons trouvé qu'accidentellement la pierre polie, mais nos campements sont de bien peu antérieurs à cet âge avec lequel ils sont en rapport de contiguité au Plessis, à Sanvigne et au Baronnet.

STATION DE LA PIERRE POLIE

Au Plessis, commune de Blanzy, et surtout au champ du Semart, commune de Montceau-les-Mines, dans des bruyères incultes, où depuis longtemps on exploite en carrière les grès arkose, nous avons trouvé des instruments de silex peu différents de ceux de la Croix-Racho, qui en est peu éloignée, d'autres silex caractéristiques, d'une taille bien supérieure à celle des premiers, quelques belles hachettes polies, et un polissoir en grès, tous instruments en nombre suffisant et dans un espace assez restreint pour constituer une station.

A Sanvigne, au hameau de la Tour-Vat, nous avons ramassé également quelques silex admirablement taillés et des hachettes polies ; toutefois, les silex diffèrent assez de ceux du Plessis [1].

Enfin, au Baronnet, commune de Martigny-le-Comte, nous avons encore trouvé des débris de l'âge de la pierre polie, et une hachette de silex remarquable par son travail achevé et ses dimensions [2].

Ailleurs encore, dans les environs de Toulon, de Cuzy, d'Armecy, on nous a apporté des silex d'un travail fort beau et qui semble établir un âge autre que celui de nos principales stations.

Nos recherches datent de moins de deux ans ; elles nous ont permis de découvrir au moins douze stations préhistoriques. Si de la région que nous étudions on supprime tous les champs accessibles et encore

1 Quelques pièces nouvelles de cette station ne confirment pas l'opinion qu'elle doive appartenir à l'âge de la pierre polie; le plus grand nombre, en effet, doit être rattaché à l'époque du Renne.

2 Nous avons trouvé encore plusieurs hachettes dans ce gisement avec une quantité notable d'autres instruments, et, loin d'être attribuée au dernier âge de la pierre, cette station se rapproche au contraire d'une époque bien plus ancienne, celle d'Abbeville.

non explorés, les forêts étendues et les prairies où il est impossible de faire la moindre découverte, on demeurera convaincu qu'entre les stations indiquées il en est bon nombre d'autres que nous foulons chaque jour et que nous ne cesserons d'ignorer. Si ces stations sont aussi nombreuses, les tribus qui les fréquentaient furent nombreuses également, et de tout ces faits on arrive à conclure naturellement que la population de ces premiers âges était beaucoup plus dense qu'on ne le croirait de prime abord.

Il ne faudrait pas pourtant s'illusionner à cet égard : rien ne prouve qu'il y ait eu autant de tribus que de stations ; il est plus logique de supposer que ces peuples nomades rayonnaient dans la même contrée, d'un campement à l'autre, suivant que le réclamaient les exigences de leur vie de chasse et de pêche ; de cette façon, une même tribu peut avoir occupé plusieurs stations, c'est ce qui nous a engagé à les diviser par groupes artificiels peut-être, mais utiles pour simplifier les descriptions.

Cette courte notice ne doit être considérée que comme une esquisse imparfaite, une ébauche qui n'a d'autre but que de signaler une phase nouvelle, inaperçue ou dédaignée de la vie des premiers habitants de notre pays. Le Congrès s'est ouvert trop tôt pour nous, et avant que nous possédions les documents nécessaires à un travail approfondi. Mais, depuis quelque mois, grâce au concours d'hommes instruits et de cultivateurs intelligents, les pièces justificatives abondent de plus en plus, et, dans un prochain congrès, nous espérons venir vous annoncer qu'en fouillant notre vieille terre de Bourgogne nous avons surpris quelqu'un de ses secrets.

P. S. — Depuis le jour où fut lue cette notice au Congrès de Lyon, nous avons sans relâche continué nos recherches. — Les stations déjà énumérées ont fourni un bon nombre d'instruments, qui, par leur quantité et leur valeur, affirment de plus en plus que nous n'avons pas collectionné seulement quelques pièces sporadiques, mais que nous avons exhumé les vestiges de véritables stations. — D'autre part, le nombre de ces stations s'est agrandi avec le rayon de nos investigations, et nous pouvons, dès à présent, annoncer quatre gisements de plus. Ils auront à leur tour leur description mieux détaillée et plus précise que celle que nous publions aujourd'hui. (28 avril 1874.)

M. l'abbé DUCROST

SUR LA STATION PRÉHISTORIQUE DE SOLUTRÉ [1]

— *Séance générale du 22 août 1873.* —

Messieurs,

Ayant été chargé, par le comité local, de faire des fouilles à Solutré, je viens appeler l'attention du Congrès sur cette station préhistorique, contemporaine du Mammouth, de l'*Ursus spelæus* et du Renne. Quelques-unes des cavernes du Périgord qui lui sont synchroniques ont, l'année dernière, fait pressentir à la plupart d'entre vous l'intérêt qui s'y rattache.

Cette station est située dans la vallée de la Saône, au pied d'un abrupt formé par la dislocation des collines jurassiques qui s'étendent du nord au sud et viennent se rattacher au Mont-d'Or lyonnais. Je n'entrerai point dans de plus amples détails topographiques, puisque vous pourrez demain contempler à votre aise ce splendide paysage.

L'honneur d'avoir découvert cette station revient à MM. Arcelin et de Ferry. Qu'il me soit permis de donner à ce dernier nom un souvenir de regret et de saluer devant vous, messieurs, un véritable martyr de la science. Ils ont publié, sur les fouilles exécutées par leurs soins, de remarquables travaux. Accueilli par eux avec une grande bienveillance, aidé de leur expérience et de leurs conseils, j'ai commencé, en 1868, et j'ai poursuivi sans relâche des fouilles méthodiques sur des terrains avoisinant les leurs. Les résultats de mes travaux ne diffèrent pas essentiellement de ceux de MM. Arcelin et de Ferry. Laissant de côté toute question en litige, je vais chercher à exposer, le plus brièvement possible, ce que cette station offre de plus remarquable. Nous y trouvons des *foyers*, — des *amoncellements prodigieux* d'ossements de Chevaux, — des sépultures.

Les foyers contiennent, avec les cendres, des débris considérables de la faune de cette époque, des armes, pointes de lances et pointes de flèches, divers instruments d'utilité ou de luxe.

Les cendres sont généralement composées d'os brûlés; le charbon de bois a presque totalement disparu. Dans les foyers et autour des

[1] Ce travail a été lu dans la séance générale du 22 août 1873 (voir p. 19); mais, comme il est le point de départ d'une importante discussion dans la section d'anthropologie, le comité de publication a pensé qu'il y aurait utilité à l'insérer en tête de la séance du 25 août dans laquelle a eu lieu cette discussion.

foyers nous trouvons, comme représentant la faune de cette époque, le Cheval, le Renne, le *Bos primigenius*, l'*Elephas primigenius*, le *Cervus canadensis*, l'*Ursus arctus*, l'*Ursus spelæus*, le *Canis vulpes* et le *Canis lupus*, le *Felis spelœa*, le *Felis lynx*, la *Hyena spelœa*, l'Antilope *saïga*, plusieurs Mustelidés, le Blaireau d'Europe, le *Lepus timidus*, l'*Arctomys primigenius*, quelques Échassiers et Rapaces. La présence du Renne et de l'Arctomys sembleraient indiquer pour cette époque un certain abaissement de température.

Les armes rencontrées dans les foyers se composent surtout de pointes de lances et de pointes de flèches en silex, et d'une petite hachette discoïdale, dont j'ai retrouvé l'analogue sur les bords de la Saône, dans les stations de la pierre polie. Les lances et pointes de flèches affectent diverses formes : quelquefois très-élargies dans la partie inférieure, comme les hachettes de la vallée de la Somme, le plus souvent en losange, très-rarement avec pédoncule. Quelques-unes, trouvées cependant dans les mêmes foyers, semblent, d'après la forme et la taille, former comme une transition entre les armes de la pierre taillée et celles de la pierre polie.

A côté de ces armes, très-souvent entières, mais le plus souvent brisées, nous trouvons des grattoirs de toutes formes, de très-beaux couteaux, des poinçons en os, mais point d'aiguilles proprement dites, des os ou bois de Rennes, couverts de stries ou barrés dans plusieurs sens, plusieurs petites statuettes, représentant grossièrement un Renne, une gravure à la pointe d'un animal dont la tête manque, et une foule d'objets de curiosité ou de luxe, recueillis dans des courses lointaines, cristal de roche, manganèse, ocre jaune, des fossiles de l'époque miocène, une perle en pergodite, des rondelles en serpentine, percées d'un trou de suspension, des dents de Loup, de Renard et d'Ours, évidées ou percées, pour être également suspendues.

Dans le plus grand nombre des foyers, le Renne prédomine ; quelques-uns cependant nous présentent en quantité égale le Cheval et le Renne, les instruments y semblent moins perfectionnés, on n'y rencontre pas de pointes de flèches, mais une quantité plus considérable de couteaux et de grattoirs ; les os sont brûlés plus grossièrement et se sont, pour ainsi dire, rouillés en se recouvrant des plus fines parties de la terre environnante. La faune, cependant, n'est point différente, mais on y trouve plus fréquemment l'*Elephas primigenius*, l'*Ursus spelæus* et le *Canis lupus*. Nous avons lieu de croire que ces foyers sont plus anciens.

Autour des foyers sont les amas de Chevaux.

En vue de l'excursion de l'Association française, nous en avons fait découvrir une partie considérable. Ces amas en forme de murailles se croisent dans tous les sens et établissent comme un retranchement autour des foyers. D'après des calculs que nous avons bien des raisons de croire exacts, il y aurait, dans la partie découverte, de trente à quarante mille Chevaux. Là encore, nous avons deux facies entièrement différents. Ici, les os paraissent avoir été calcinés, brisés et même triturés. Sous l'influence des agents atmosphériques, ils se sont agglomérés et présentent l'aspect d'une sorte de *magma* fort dur.— Ailleurs, ils sont à l'état libre, plus ou moins brisés, mais toujours dans un état de conservation assez complet. Au milieu de ces entassements formidables, des fouilles plus complètes nous ont fait découvrir, en petite quantité, il est vrai, à peu près toute la faune contenue dans les foyers, ainsi que des couteaux et débris de silex. — Nous n'hésitons pas à regarder ces amoncellements comme des débris de cuisine, de véritables *kiökkenmöddings*. On rejetait le Cheval hors des huttes, pour éviter l'encombrement. Quant au Renne, on en brisait les os pour extraire la moelle, et les éclats servaient à alimenter la flamme du foyer.

Nous appelons, d'une manière toute spéciale, l'attention du Congrès sur ce phénomène étrange de trente à quarante mille Chevaux dévorés ou immolés par ces peuplades primitives.

Parmi les nombreux squelettes humains mis au jour depuis le commencement des fouilles, sept à huit environ reposaient directement sur les foyers. — Un de ces foyers, le plus remarquable par la quantité et la beauté des armes qu'il contenait, était entouré d'une rangée de dalles circulaires.

Mais le plus grand nombre des sépultures ont été faites dans la terre libre et d'une manière toujours constante.— Le cadavre est dirigé de l'est à l'ouest, de manière à ce que les premiers rayons du soleil viennent frapper les yeux du mort. Était-ce en vertu d'une idée religieuse, adoration de l'antique *Helias*, ou bien un ressouvenir de la patrie des ancêtres? En pareille matière le doute est bien permis. Autour du squelette et au-dessous de lui, quelques silex.—Nous avons été assez heureux pour découvrir un assez grand nombre de ces squelettes et les soumettre à l'appréciation de l'Association française.— Le docteur Pruner-Bey rapporte la plupart des crânes exhumés par MM. de Ferry et Arcelin à une race mongoloïde voisine des Lapons et des Finnois. Plusieurs squelettes découverts dans mes fouilles et placés sur les foyers eux-mêmes ont été soumis à l'examen de M. Lortet, qui leur reconnaît une taille au-dessus de la moyenne, une boîte crânienne plus longue que large, les pommettes des joues saillantes, le front bas et les mâchoires projetées en avant.

Tous les débris dont nous venons de parler ont été recouverts par les éboulis de la montagne, peut-être par les hommes eux-mêmes, et il faut quelquefois creuser à de grandes profondeurs pour retrouver le sol sur lequel ces peuplades primitives avaient placé leurs habitations.

A la surface du sol, ou à une très-minime profondeur, nous trouvons dans les vignes environnantes, des flèches à ailerons, des fragments de poterie grossière, quelques hachettes polies indiquant un changement de fabrication et d'industrie.

Quelques débris romains et mérovingiens se retrouvent çà et là.

Enfin, sur la pointe de l'abrupt, dont l'accès est très-facile par la croupe, on retrouve les restes d'un antique château fort, élevé par les ducs de Bourgogne.

La vue est très-vaste, très-variée et vraiment splendide.

Je demande la permission au Congrès de lui citer, en terminant, quelques paroles naïves d'un historien mâconnais du dernier siècle; elles s'adressent comme une invitation irrésistible à ceux surtout qui ne s'occupent qu'accidentellement d'études préhistoriques : « Jamais situation plus heureuse et plus imposante! Quels horizons s'y développent aux regards! Comme j'aime l'aspect de ces montagnes et de ces collines! Les yeux se fixent tantôt sur leurs cônes parés de bois, tantôt sur leur base enrichie de vignobles, plus loin, sur des plaines fertiles, à côté de quelques ruisseaux dont les murmures semblent reprocher aux cailloux qu'ils lavent l'obstacle apporté à leur cours... »

DISCUSSION

— *Séance du 25 août 1873.* —

M. Arcelin. Il y a à Solutré quatre groupes de faits à étudier : 1° la position géologique de la station; 2° les gisements archéologiques particulièrement désignés sous le nom de foyers, et leur contenu ; 3° les sépultures; 4° les amas d'ossements de Chevaux.

La position géologique de la station est des plus simples et ne peut donner lieu à aucune équivoque. Elle a pour gisement un éboulis détritique formé par la désagrégation atmosphérique de la haute falaise bajocienne qui le domine. Cet éboulis repose sur les marnes supérieures du lias qui, détrempées à leur surface par de grandes pluies, ont déterminé des glissements assez fréquents dont il est facile de constater les effets.

La plupart des membres de la section d'anthropologie ayant fait partie de l'excursion de Solutré, je n'insisterai pas sur ces faits, dont ils ont pu se rendre compte par eux-mêmes. Je me contenterai de rappeler brièvement que nous sommes là en présence d'une station à ciel ouvert, dont tous les débris ont été plus ou moins déplacés par des glissements dans le sens général de la pente du terrain, plus ou moins enfouis par suite de l'accroissement séculaire de l'éboulis, mais dont le gisement est, géologiquement parlant, tout à fait superficiel et sans rapport stratigraphique avec les terrains quaternaires du fond de la vallée. Les grandes actions diluviennes n'entrent pour rien dans sa formation, qui est certainement postérieure au maximum d'intensité de la période quaternaire dans la vallée de la Saône. Sa cote d'altitude est d'environ 420 mètres.

En l'absence de renseignements stratigraphiques, la faune alimentaire recueillie dans les débris de la station ne laisse aucun doute sur son âge géologique et paléontologique. On y trouve : l'Homme, l'Ours (*U. arctos*, *U. spelœus*), le Mammouth (*Elephas primigenius*), le Cheval, l'Ane (?), le Cerf (*C. elaphus*, *C. canadensis*), le Renne, l'Antilope saïga, le Bœuf (*B. primigenius*), l'Aurochs, le Blaireau, la Fouine, le Lièvre, la Marmotte (*Arctomis primigenia*), de petits Rongeurs et quelques rares Oiseaux indéterminés. Ces espèces recueillies, soit par M. de Ferry et par moi, soit par M. l'abbé Ducrost, forment un ensemble bien défini et bien connu, qu'on retrouve généralement associé aux silex taillés suivant les types paléolithiques. Elles caractérisent cette longue période qu'on appelle quaternaire.

Nous avons donné, M. de Ferry et moi, le nom de *foyers* à des amas consistant en débris de cuisine, en os plus ou moins brisés ou fragmentés, mêlés de cendres, d'éclats de silex et d'objets de toute sorte, en pierre ou en os, provenant, soit de l'outillage, soit de l'armement d'une peuplade primitive. Ces foyers, plus ou moins enfouis, sont ovales ou circulaires et de grandeur variable. Ils paraissent former le fond de huttes creusées dans le sol, autant qu'on en peut juger par la disposition des débris dans les coupes de terrain. J'en ai observé un grand nombre, qui forment comme des lentilles dont les bords seraient relevés suivant la pente des parois primitives.

De grandes dalles brutes, détachées de la roche voisine, servaient d'âtres. Elles gisent à plat dans les débris de foyers ou les recouvrent. Souvent de gros blocs de pierres brutes sont rangés plus ou moins irrégulièrement autour des foyers.

Ces foyers étaient concentrés dans la partie du plan que j'ai l'honneur de mettre sous vos yeux (fig. 16), comprise entre les lettres A B C D. Ils remplissent à des niveaux variables une sorte de dépression ou de fossé, qui devait se diriger du nord au sud suivant la pente du terrain ; ce fossé, large d'environ 20 ou 30 mètres, devait avoir 4 ou 5 mètres de profondeur à son extrémité méridionale. Enfouis à plus de 2 mètres dans la coupe, suivant la ligne E F, les foyers apparaissent à 1 mètre seulement dans la coupe suivant la ligne L M. Les coupes I K et G H en montrent plusieurs superposés, ce qui explique comment ils ont pu tenir en aussi grand nombre sur un aussi petit espace. Ce sont les traces d'établissements successifs, pendant une période peut-être longue ; car il ne me paraît pas possible que des glissements aient pu les amener dans ces positions relatives.

Tandis que l'on retrouve dans les foyers des ossements appartenant à un grand nombre d'espèces, il existe en dehors des foyers des amas d'ossements brisés et mêlés ensemble, où le Cheval est presque seul représenté. Tantôt ces ossements forment une couche plus ou moins épaisse, où chaque fragment d'os demeure à l'état libre et peut être facilement détaché de la

1
2
3
Chemin
Mur en Ruines
Sentier
LE CROT-DU-CHARNIER
A
B
C
D
E
F
G
H
I
K
L
M
N
X
Terre Sève
Sentier
Mur en Ruines
Chemin
A LA COLONNE
FOUILLES DU CROT-DU-CHARNIER
(DE FERRY ET ARCELIN)
Foyers
Tranchées ouvertes à l'occasion du 23 Août
Magma de Cheval
Sépultures
N Sépulture et Foyer explorés le 23 Août
123 Monticules de pierres
Mètres
0 10 20 30 40 50 60 70

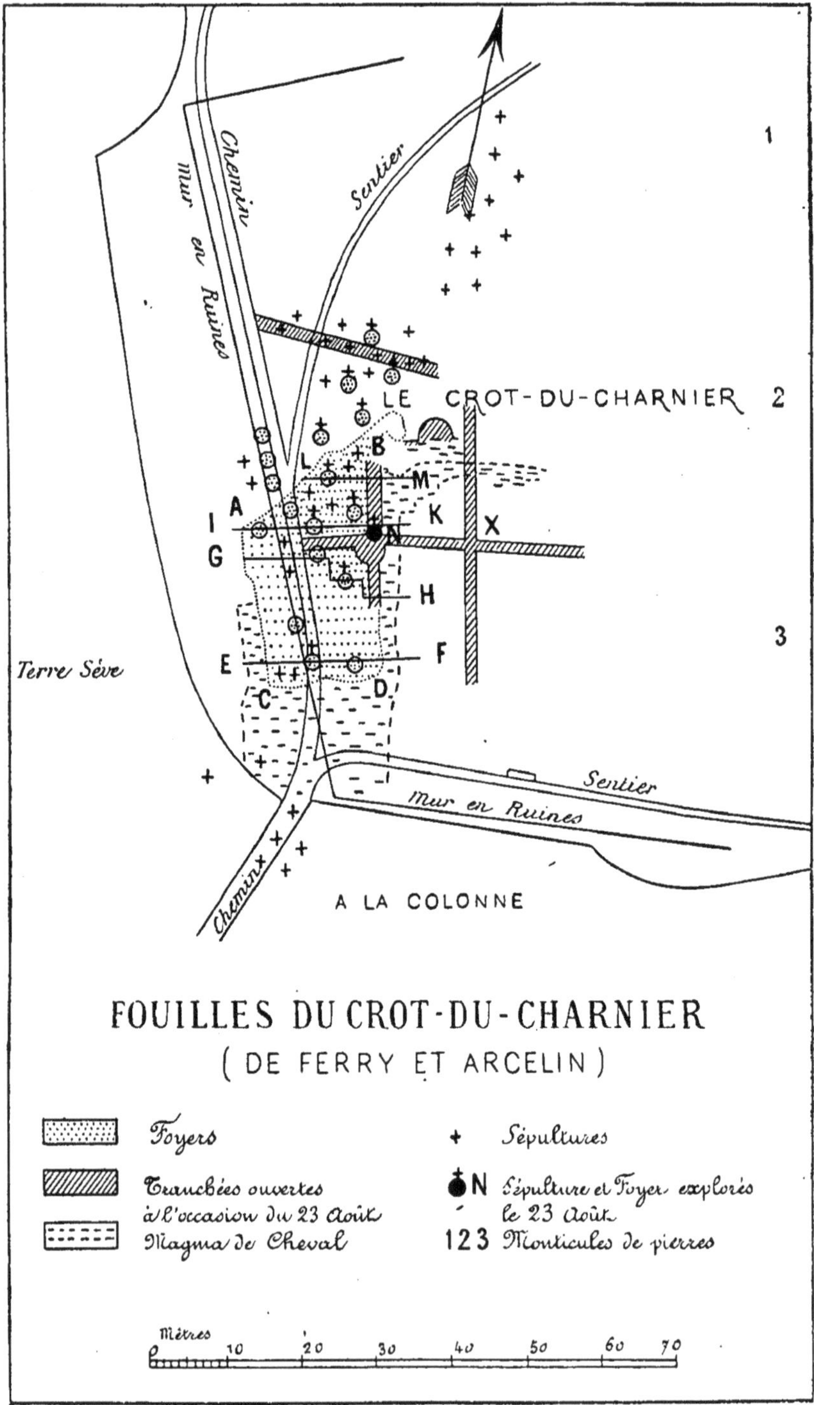

FIG. 16.

masse ; tantôt ils sont agglutinés ensemble par un ciment calcaire et forment un béton excessivement dur. C'est ce que nous avons appelé le *magma de cheval*. Sur certains points, ces os paraissent amoncelés sous la forme de murs entourant l'espace occupé par des foyers, comme l'a constaté M. l'abbé Ducrost dans ses fouilles ; sur d'autres points, et notamment dans les lieux que j'ai explorés, ce sont de larges couches que l'on retrouve dans le sous-sol à des profondeurs variables et diversement inclinées.

J'arrive aux sépultures.

Il y en a de plusieurs époques au Crot-du-Charnier, ainsi qu'il est facile de le constater par les objets qui les accompagnent.

Un squelette de jeune fille, portant au doigt un anneau de bronze marqué d'une croix et de deux lettres, et au cou un collier en verroterie, appartient très-vraisemblablement à l'epoque burgonde ou mérovingienne. Plusieurs squelettes ont présenté les mêmes caractères. Un fragment d'inscription et la présence de tuiles à rebords dans les murs d'un petit caveau funéraire de forme quadrangulaire sont peut-être les indices d'une sépulture contemporaine de l'ère gallo-romaine. L'époque du bronze n'est pas sans avoir laissé des traces. L'époque de la pierre polie est probablement représentée par des squelettes accompagnés de vases et de tessons d'aspect néolithique ; enfin un grand nombre de sépultures, soit dans la terre libre, soit entre des dalles brutes formant un grossier caisson autour du corps, restent indéterminées.

Toutes les sépultures dont je viens de parler reposent dans les couches superficielles du sol et présentent un caractère constant. Elles sont toutes orientées, c'est-à-dire que les pieds des morts sont tournés vers le soleil levant.

Il existe une dernière catégorie de sépultures qui, par leurs caractères, se distinguent manifestement des précédentes. D'abord elles ne sont pas orientées. Ensuite elles reposent toujours sur, dans ou sous des foyers de l'âge du Renne. Les squelettes et les foyers sont dans une relation constante. Le foyer est-il à 2 mètres de profondeur? le squelette gît à 2 mètres. Le foyer n'est-il qu'à 1 mètre? le squelette se trouve à 1 mètre. Aux grands et larges foyers les corps de vieillards et de jeunes hommes ; aux petits foyers des corps de femmes ou d'enfants. Cette relation constante nous a paru, après de nombreuses observations, suffisante pour servir à coup sûr de caractéristique aux sépultures de l'âge du Renne, sauf le cas, qui ne s'est jamais encore présenté, où un squelette trouvé dans un foyer présenterait des indices manifestes d'un autre âge. Il faudrait alors, admettre un remaniement postérieur. Parfois le foyer funéraire est réduit à une simple couche de cendres, d'ossements et de silex qui périmètre le corps exactement et suffit pour le dater.

M. de Ferry a observé deux tombes formées de caissons en dalles brutes, qu'il a rapportées à l'âge du Renne. Ce mode de sépulture, que l'on n'a pas rencontré depuis, a inspiré des doutes sérieux et provoqué, entre l'auteur de la trouvaille et M. de Mortillet, une longue discussion reproduite dans les *Matériaux pour l'histoire primitive et naturelle de l'homme*, année

1868. Le principal argument de M. de Ferry consistait dans ce fait qu'il avait recueilli des ossements de Renne, de Cheval et des outils de silex déposés auprès des morts. L'habile explorateur s'était assuré qu'aucun de ces objets n'avait pu pénétrer accidentellement dans les caissons de dalles, où la terre même n'était point entrée. Les squelettes reposaient sur une couche d'os brûlés. M. de Mortillet opposait à M. de Ferry la nouveauté du fait et la difficulté pour les sauvages de Solutré d'équarrir des dalles sans outils de métal. Mais il vint sur les lieux, reconnut la facilité avec laquelle la roche bajocienne se délite sans grands efforts en larges dalles, et, en définitive, accepta la détermination de M. de Ferry. Il est impossible de reprendre cette discussion aujourd'hui. La mort a enlevé M. de Ferry à ses travaux et à la science et nous n'avons aucun moyen de vérifier ou de contrôler le point en question. Tout ce que je puis vous dire, c'est que, les deux parties entendues, j'ai partagé la conviction inspirée à M. de Mortillet; mais réservons, si vous le voulez, la question.

Le but principal de l'excursion de Solutré était de vous permettre de juger les choses par vous-mêmes et de contrôler nos conclusions. Je suis heureux d'avoir pu vous en fournir, pour ma part, une démonstration expérimentale aussi satisfaisante que possible. J'ai eu l'honneur de faire explorer devant vous, au Crot-du-Charnier, un foyer funéraire, dont la disposition ne peut laisser, je crois, aucun doute dans les esprits, et je me félicite de pouvoir invoquer, désormais, le témoignage des savants éminents qui ont procédé à l'opération ou qui y ont assisté.

Permettez-moi de vous en rappeler les circonstances.

J'avais, dans mes travaux préparatoires, quelques jours avant votre visite, rencontré la partie inférieure d'un squelette humain. Espérant que cette sépulture pourrait vous fournir des observations intéressantes, je la fis ménager avec soin dans la tranchée ouverte et c'est devant vous seulement qu'elle fut fouillée le 23 août. Le hasard m'a bien servi et j'avoue que la réussite a dépassé toutes mes espérances. Vous avez vu M. le Dr Broca, avec le concours de notre éminent président, M. de Quatrefages, enlever pièce par pièce tous les os d'un squelette reposant directement dans les couches supérieures d'un épais foyer. Ce squelette avait exceptionnellement les pieds tournés vers l'orient; les mains étaient croisées sur l'abdomen. J'ai fait constater par nos confrères présents à l'opération que les ossements reposaient directement et sans intermédiaire sur le foyer dont ils portaient la trace cendreuse. A la demande de M. de Mortillet, ce foyer a été enlevé méthodiquement jusqu'à une profondeur de 50 centimètres, afin de s'assurer qu'il régnait sur tout l'espace occupé par le corps et qu'il n'avait point été remanié. On en a extrait tous les objets caractéristiques des foyers de l'âge du Renne : ossements et silex taillés, etc. Ce n'est pas une fois, mais vingt fois que pareille rencontre s'est produite sous mes yeux ; et M. l'abbé Ducrost peut vous dire qu'il a exploré lui-même plusieurs foyers dans les mêmes conditions.

Voici, au surplus, la coupe de la tranchée où s'est rencontré le squelette exhumé le 23 août. Elle est particulièrement intéressante et nous montre la position relative des foyers, des sépultures et des amas d'ossements de Chevaux.

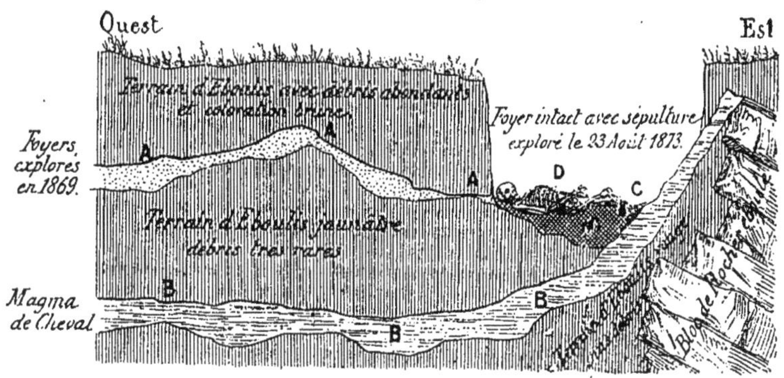

FIG. 17.

La tranchée est orientée de l'est à l'ouest. Une suite de foyers anciennement explorés apparaît à des profondeurs variables, suivant la ligne AAA. Le foyer C restait intact ; c'est le foyer funéraire surmonté d'un squelette D qu'a exploré l'Association. Par-dessous apparaît une sorte de cuvette encaissante en magma de Cheval BB, laquelle se relève à l'ouest sous forme de placage ou de mur de revêtement contre une paroi rocheuse formée d'assises bajociennes tombées de la falaise. Une épaisse couche de terrain d'éboulis jaunâtre, où l'on ne rencontre aucun débris archéologique sépare les foyers AAA du magma de Cheval sous-jacent. Le foyer C rencontre la paroi de magma, contre laquelle il est en partie appuyé. Je ne crois pas, malgré cet ordre de superposition et l'intercallation d'une couche de terrain d'éboulis, que les foyers et le magma représentent deux époques différentes. Il est bien démontré par cette coupe que les amoncellements d'ossements de Chevaux ne sont pas plus récents que les foyers ; j'ai lieu de croire, à en juger par les débris qu'ils renferment, qu'ils doivent être à peu près contemporains.

M. DE MORTILLET adresse différentes questions à M. Arcelin concernant les amas d'ossements de Chevaux : de quelle époque sont-ils ? Comment et pourquoi se trouvent-ils là ?

M. BROCA pose les limites dans lesquelles devra se développer la discussion : quatre points seront successivement traités : 1° le gisement ; 2° les Chevaux ; 3° les silex ; 4° la race humaine.

M. ARCELIN. J'ai terminé l'exposé sommaire que je me proposais de vous faire des conditions générales du gisement. Je puis donc, en suivant l'ordre que vient de nous tracer M. le président, répondre aux questions qui m'ont été posées par M. de Mortillet relativement aux amas d'ossements de Chevaux.

Je ne doute pas que ces amas de Chevaux ne soient contemporains des foyers eux-mêmes. En effet, on y retrouve non-seulement des spécimens de toute la faune des débris de cuisine, mais aussi des silex taillés suivant les types ordinaires des foyers. Comme je l'ai dit précédemment, le Cheval y domine dans des proportions énormes. L'ensemble des explorations faites jusqu'à ce jour permet de porter à plus de quarante mille le nombre des individus de cette espèce exhumés pendant le cours des travaux, et ce n'est là qu'une faible partie de ce qui existe. La plupart de ces os sont brisés, broyés et mêlés dans le plus complet désordre. Beaucoup sont carbonisés et même calcinés ; dans ce cas ils forment magma et j'attribue à leur calcination la chaux qui les agglutine. Dans tous les cas, il est impossible de méconnaître la main de l'homme dans cet ensemble de faits.

On a pensé que ces hécatombes de Chevaux pouvaient provenir des cérémonies funéraires. J'ai même proposé jadis cette hypothèse. Mais j'incline plutôt à croire maintenant que ce sont simplement des débris de cuisine et que l'on a entassé tous ces os de Chevaux en dehors des huttes pour s'en débarrasser. C'est ce que font encore aujourd'hui les Esquimaux du détroit de Behring qui, avec les grands os des Bisons qu'ils ont dépecés, construisent de véritables murs autour de leurs demeures : tandis qu'ils laissent pêle-mêle dans le fond des cabanes les os moins encombrants des petits animaux. Mais j'avoue que cette hypothèse n'explique qu'imparfaitement les vastes amas par couches larges et continues qu'on retrouve jusque sous les foyers à plus de 4 mètres de profondeur. Il y a là un fait obscur que des explorations ultérieures nous permettront peut-être un jour d'élucider. Vous avez pu observer cette disposition particulière dans le foyer fouillé pendant l'excursion. Je ne crois pas qu'on puisse l'expliquer par un glissement qui aurait amené accidentellement les choses dans l'état où vous les avez vues. Je ne connais, en effet, qu'un plan de glissement constitué par les marnes du lias. Or, ces marnes étant tout à fait à la base de l'éboulis, les glissements ont dû s'opérer à la fois sur toute la masse de ce dernier, sans bouleverser l'ordre de ses parties. Il me semble donc que nous retrouvons les foyers et le magma de Cheval dans la position relative où l'Homme les avait mis. C'est cette disposition qu'il reste à expliquer.

M. l'abbé Ducrost. Depuis cinq ans je fais des fouilles à Solutré et j'ai constaté que les amas de Chevaux forment autour des foyers des murailles et ne se retrouvent au-dessous des foyers que par suite des glissements. Le magma contient beaucoup de silex et, entre autres, de beaux couteaux venant d'une fabrique éloignée, peut-être de Charbonnières, car, on n'a pas trouvé de grands *nuclei* à Solutré. Il n'est pas vrai, contrairement à ce que j'ai dit, qu'il n'y ait que du Cheval dans les amas ; il y a réellement des spécimens du reste de la faune, quelques débris arrachés aux foyers, mais jamais un foyer entier. Il y a de l'*Ursus spelæus*, de l'Éléphant, du Renne, etc. Les amas d'ossements de Chevaux à l'état libre sont en relation directe avec le magma. Sur un point, j'ai pu constater une véritable *muraille* d'ossements et au bas le *magma* se glissant sous un foyer très-remarquable entouré de pierres. Je crois que tout cela constitue des rebuts de cuisine. Je n'admet pas qu'il faille invoquer comme explication l'idée d'une hécatombe. Jamais nous n'y avons trouvé de crâne entier, ni une portion un peu considérable d'un squelette.

M. E. CARTAILHAC. N'y aurait-il pas possibilité d'admettre que l'occupation de Solutré a commencé à une époque ou le Renne ne prédominait pas comme le Cheval dans la faune de nos pays. Je suis persuadé que la proportion des animaux contenus dans les stations préhistoriques ne donne pas toujours une idée exacte de l'abondance relative des espèces vivant autour de l'Homme. Celui-ci évitait les Carnassiers et s'emparait des animaux d'une capture facile. Le Cheval et le Renne rentraient tous deux dans cette dernière condition, et la proportion de leurs débris dans les foyers et rejets de cuisine doit montrer lequel des deux prédominait en réalité. Si l'on se rappelle que plusieurs gisements de l'époque de la Madeleine (Bruniquel et autres) ont donné *à leur base* du Cheval presque exclusivement, il faudra bien croire que le Pachyderme fut un certain moment choisi presque seul par l'Homme de Solutré, qui le rencontrait toujours dans la contrée.

M. GOSSE. La proportion des animaux est-elle égale dans le magma et les amas à l'état libre ?

MM. A. ARCELIN et l'abbé DUCROST sont d'accord pour répondre qu'il y a la même quantité de silex dans les deux gisements ; mais que la faune est plus variée dans les amas que dans le magma. La Marmotte n'a été trouvée qu'une seule fois, dans un foyer.

M. BROCA résume la discussion et fait observer que, s'il reste des points douteux, il est au moins démontré que certains squelettes humains sont contemporains des foyers, et par conséquent du Renne. On nous avait annoncé que le squelette se trouverait en relation avec un foyer sous-jacent : c'était parfaitement juste, le point contesté est donc définitivement acquis.

M. CAZALIS DE FONDOUCE. Je ne veux pas élever des doutes sur la contemporanéité du squelette et des foyers ; mais je voudrais savoir si ces foyers ne peuvent pas être considérés comme des fonds de huttes. Cette idée, mise en avant par MM. de Ferry et Arcelin, ne paraît pas être acceptée par M. l'abbé Ducrost.

M. l'abbé DUCROST. Dans un terrain contigu à celui où M. Arcelin a pratiqué ses fouilles, j'ai rencontré un foyer complétement distinct et isolé. Il était à une certaine distance des autres et se composait d'un monceau de cendres ayant 40 centimètres d'épaisseur ; tout autour était un cercle de pierres ; au centre se trouvait un squelette. (Voir la description dans les *Archives du Muséum de Lyon.)*

M. CAZALIS DE FONDOUCE. Les foyers que nous avons examinés hier sont peu considérables. Ils ne semblent pas indiquer un séjour prolongé.

M. l'abbé DUCROST. Soit ; mais ce qui est exposé en ce moment au Muséum de Lyon vient du seul foyer dont je parlais plus haut.

M. ARCELIN. C'est par vingtaine que se comptent les faits suivants : petits foyers circonscrits, soit superposés, soit adjacents ; dans tous, on trouve des outils, des *nuclei* (la pierre a donc été taillée sur place), des objets de parure, habitation, foyer, sépulture se succèdent et se confondent.

M. le Dr PRUNIÈRES a vu dans la Lozère de tels effets produits par des glissements de terrain qu'il ne regarderait pas comme impossible que quelqu'une des sépultures sans orientation ait glissé sur des foyers plus anciens.

M. E. Cartailhac. Cette discussion est de la plus haute gravité et restera célèbre dans l'histoire de la science anthropologique. Il faut donc éclaircir tous les doutes, les faire disparaître. Qu'il y ait eu des glissements et des remaniements, peu importe. Mais ce qui est certain c'est que plus de dix fois un squelette humain s'est trouvé sur un foyer quaternaire, et pas un fait ne vient s'opposer à ce qu'on admette la contemporanéité. Dans ces conditions, en effet, il n'y a pas de hasard qu'il soit possible d'invoquer.

M. Broca partage cette opinion et déclare ouverte la discussion sur le deuxième problème : *les Chevaux.*

M. Toussaint montre les pièces relatives aux Chevaux de Solutré, qui viennent à l'appui de la théorie de l'évolution. Ce sont des métacarpes où l'on voit les métacarpiens latéraux relativement plus grands que chez le Cheval moderne, en outre leur soudure est plus tardive, car M. Toussaint ne l'a observée *qu'une seule fois* sur l'énorme quantité d'ossemens qu'il a examinés et qu'il évalue à plusieurs milliers. Or, dans ce fait unique, la soudure est évidemment pathologique. Sur la pièce que M. Toussaint montre aux membres de la section, on voit très-nettement des concrétions périostiques, qui réunissent les diverses pièces du métacarpe en produisant une déformation évidemment anormale. Cette soudure tardive des métacarpiens latéraux rapproche le Cheval de Solutré de l'*Hipparion*, où ils demeurent libres d'une façon permanente.

M. Toussaint a en outre trouvé, depuis sa dernière communication, une dent de Cheval d'environ dix ans, en sorte qu'il faut reculer la limite d'âge qu'il avait donnée comme constante.

M. de Mortillet. La contemporanéité des Chevaux et des hommes paraît démontrée. Mais la domestication du Cheval ne l'est pas. En effet, on n'a pas retrouvé de débris de Chiens, et sans eux la domestication et la garde de Chevaux est presque impossible. Je ne doute pas, du reste, que la station de Solutré n'ait été très-longtemps habitée.

M. Toussaint. Le Cheval se dompte sans le Chien en quelques heures, ainsi qu'on l'observe encore dans les pampas. On sait que, pour le Renne, nous constatons à Solutré un choix des os, preuve qu'il était tué et dépecé sur le terrain de chasse. Mais nous trouvons tous les os du squelette du Cheval, qui était donc amené sur le lieu de campement.

M. de Mortillet. Il y a deux chasses différentes pour le Renne ou le Cheval. Le Cheval pris au lasso *tombe* et se *soumet.* Il est abattu moralement et se laisse conduire. Voilà ce qui se voit dans les pampas. Plusieurs de mes amis m'en ont parlé en détail. Mais le Cheval ainsi capturé n'est pas le moins du monde domestique. Ajoutez à cela que le Cheval américain descend d'une souche de Chevaux domestiques introduits par les Européens, ce qui est bien différent que d'avoir affaire à des Chevaux qui ont toujours été sauvages.

Quoi qu'il en soit, on peut admettre que le Cheval était dompté et amené vivant à Solutré pour y être dépecé, sans pour cela qu'il y eût domestication.

M. le Dr Broca. Ne faut-il pas être à Cheval pour en prendre d'autres avec le lasso ?

M. de Mortillet. Non; il suffit d'être à l'affût. Mais la prise du Renne offre bien d'autres difficultés. En vain vous l'arrêtez avec le lasso ; il résiste et se débat : il faut trois ou quatre jours pour vaincre sa résistance et l'entraîner. Voilà pourquoi les hommes de Solutré tuaient et dépeçaient les Rennes loin du campement et y amenaient, au contraire, les Chevaux.

M. de Lubac donne lecture d'un récit par Georges Catlin, de la manière dont les Cheyennes du *Far-West* américain chassent à pied le Cheval et parviennent à s'en emparer vivant, non sans fatigue énorme.

M. Arcelin. L'homme sauvage ou barbare ne se donne jamais une peine inutile. A quoi bon domestiquer, pour le manger, un animal dont il peut s'emparer facilement? Domestiquer et garder de nombreux troupeaux suppose une peine bien plus grande que celle occasionnée par la chasse. On n'a domestiqué le Cheval que pour l'employer comme bête de trait ou de charge, pour les besoins de l'agriculture ou de l'industrie. La question d'alimentation ne fut que secondaire. Or, à Solutré, il n'y avait ni agriculture, ni industrie. Rien n'autorise donc à supposer que le Cheval quaternaire de Solutré ait été plus domestiqué que celui des pampas d'Amérique ne l'est aujourd'hui.

M. le Dr Gosse. Les observations de M. Toussaint m'ont converti. Des chasseurs en campagne ne devaient pas négliger de prendre les jeunes Chevaux, les poulains de deux ou trois ans. On a cité des voyageurs américains. Différents voyages dans le centre de l'Asie donnent des renseignements analogues, qui sont en faveur des idées de M. Toussaint. Les Kirghis cosaques ne sont pas des peuples pasteurs, ni agriculteurs. Ils voyagent constamment, et, de nos jours, à la mort de chacun d'eux, il y a des hécatombes proportionnelles au rang du défunt. M. de Meyendorff, qui est resté quatorze ans gouverneur dans le Caucase, a pu lire des rapports officiels écrits depuis cent ans; ce qu'il a vu les confirme ; plusieurs fois, il a assisté à des repas funéraires : 200 ou 250 Chevaux, 3,000 ou 4,000 Moutons, selon la fortune, étaient immolés dans le repas des funérailles. L'année écoulée, à l'anniversaire, on revenait auprès des tombeaux et on recommençait. Ces peuplades ont des animaux domestiques, et, quand l'herbe manque, ils lâchent leurs Chevaux qui deviennent la souche de troupeaux sauvages. Pour expliquer l'absence à Solutré des individus jeunes ou vieux, on peut dire que les peuplades non agricoles ne se donnaient pas la peine de garder leurs Chevaux au delà d'une certaine limite et les mangeaient au bon moment. Si le Cheval n'a pas été domestiqué, ce fait serait tout à fait incompréhensible. Le Chien n'est pas nécessaire pour la domestication du Cheval.

M. de Mortillet. Le jeune Cheval ne se soumet pas comme l'adulte ; sa chair est aussi moins bonne que celle du second, et les hommes de Solutré devaient en avoir fait l'expérience ; ils agissaient, sans doute, comme nos chasseurs, qui ne tuent pas les vieux faisans, les vieux lapins... Ce n'est pas à Solutré même que l'on aurait pu parquer des Chevaux. Ceux-ci étaient en liberté dans la vaste plaine qui commence un peu plus loin. Je répète qu'il aurait été impossible de les y garder.

M. CARL VOGT. Le choix des individus, jeunes ou vieux, pour la nourriture est une affaire d'appréciation. Le goût a varié selon les temps et les pays. Homère, parlant surtout des Cochons, dit toujours que les jeunes étaient servis aux domestiques. Près du fleuve Amour, on ne nous servait que du lard ou du beurre rance, le bon était livré aux serviteurs.

M. E. CARTAILHAC fait observer combien il serait intéressant de faire partout, à l'imitation de M. Toussaint, une étude sérieuse des ossements de Chevaux. En général, tous les débris des animaux, dans nos stations préhistoriques, devraient être examinée plus qu'on ne le fait. C'est à ce point de vue que les fouilles de M. E. Dupont, en Belgique, sont remarquables.

M. BROCA, revenant sur la non soudure des métatarsiens et des métacarpiens, fait observer que cette particularité peut être expliquée à la fois par la théorie du transformisme et par le jeune âge des individus.

M. TOUSSAINT répond que, de nos jours, à l'âge des Chevaux de Solutré, la soudure est faite.

M. BROCA annonce qu'on va passer à la troisième question relative aux caractères spéciaux des silex.

M. DE MORTILLET développe son système de chronologie [1]. Il montre, parmi les objets exposés par M. l'abbé Ducrost, quels sont les silex qui relient Solutré à l'époque plus ancienne du Moustier, et quelles différences existent entre l'industrie de ce gisement et celle des stations de la dernière époque des cavernes. Il signale, dans la collection de M. l'abbé Ducrost, quelques pièces qui ne doivent pas être contemporaines de l'ensemble du dépôt. Ce sont des haches du type de Saint-Acheul de la plus ancienne époque de la pierre éclatée, et des pointes de flèches à pédoncules, avec barbes, qui sont caractéristiques de l'âge de la pierre polie.

M. l'abbé DUCROST. J'ai dit précédemment, dans une étude sur Solutré publiée avec la collaboration du Dr Lortet dans les *Archives du Muséum de Lyon*, que la station de Solutré présentait des caractères de transition, j'ai dit devant la section d'anthropologie que certains types de Solutré avaient quelques rapports avec ceux de la pierre polie, mais je déclare bien haut que je n'ai jamais rencontré dans les foyers des pointes de flèche à pédoncule avec barbes, et que je n'ai, en aucune circonstance, rien affirmé de semblable. Ceci posé, voici quel est aujourd'hui le résumé de mes appréciations sur Solutré, sauf à les modifier plus tard si des découvertes plus nombreuses l'exigent, ce qui me paraît *a priori* fort improbable. Il résulte d'un examen attentif et poursuivi pendant plusieurs années qu'une partie des foyers est plus ancienne que l'autre. Ces foyers que je considère comme plus anciens sont généralement situés à une plus grande profondeur, la faune quaternaire est nombreuse et plus variée que dans les autres. On n'y trouve aucune pointe de lance du *type solutréen*, mais bien des hachettes, des pointes et des racloirs du *type moustiérien*, seuls les grattoirs ont subi de

[1] Voir *Comptes rendus du Congrès de Bordeaux*, 1872, p. 768.

fines retouches, ils ont la forme et toute la perfection de ceux qu'on retrouve dans les foyers plus modernes. Les cendres sont moins vives et bien plus mélangées au sol. J'attribue cette circonstance à ce que les foyers étaient en plein air, abrités peut-être par un mouvement de terrain, mais *sub dio*. Des fragments de serpentine, des débris de roches carbonifères taillées intentionnellement sur toutes les faces, ont la partie supérieure détériorée, tandis que la partie inférieure tournée vers la terre brille encore d'un éclat aussi vif que si la cassure était récente, ce qui semblerait indiquer que ces objets sont restés longtemps exposés à l'air et à la pluie. Dans les foyers de l'âge du Renne, les cendres et les débris de cuisine ont conservé une telle fraîcheur, une telle cohésion, une absence si complète de matières étrangères, qu'on ne peut raisonnablement expliquer cet état sans une hutte protectrice ou un éboulement subit, qui aurait recouvert entièrement la station. Le Renne domine dans ces foyers, et c'est au milieu des débris de cet âge qu'on retrouve ces belles lances, ces pointes de flèche aux plus fines retouches, ces grattoirs de toute forme, mais toujours travaillés avec soin; ces essais de gravure et de sculpture dont il a été parlé ailleurs. C'est dans ces foyers que j'ai recueilli moi-même cette pointe de lance que j'ai présentée au Congrès et qui rappelle si parfaitement le type *acheuléen*. On ne prouve rien, en affirmant comme l'a fait M. de Mortillet, qu'elle a pu être recueillie à Charbonnières, car cette pièce n'est point unique en son genre, et un grand nombre de flèches fabriquées sur la station elle-même offrent le même type. Peut-on induire, sans trop de présomption, que les habitants de Solutré avaient eu par leurs ancêtres des relations avec les tribus de la vallée de la Somme ou même qu'ils étaient les restes d'un courant *acheuléen* qui aurait traversé nos contrées? Je laisse à d'autres le soin de trancher la question.

Quoi qu'il en soit, c'est également au milieu de ces foyers que gisent, en nombre relativement plus considérable, ces pointes en forme de losange, qui donnent à la station son caractère et qui forment le type *solutréen*. Cette forme a atteint la dernière perfection de la taille, perfection qui n'a point été surpassée par les plus belles flèches de l'époque néolithique. Nous avons pu comparer ensemble deux de ces flèches, l'une losangique, sortant de Solutré, l'autre à ailerons provenant des bords de la Saône; c'était la même finesse de retouche, les mêmes dentelures en forme de scie sur le tranchant de la lame, les mêmes procédés de fabrication; tout était ressemblant, sauf la forme. Mais voici qu'à côté de la forme losangique nous rencontrons une première modification, nous avons le type *acheuléen* renversé, la partie inférieure est allongée en forme de pédoncule, et c'est la partie supérieure qui reste la plus large. Cette forme n'est point rare dans les foyers de l'âge du Renne et j'en possède pour ma part de fort beaux types; puis enfin l'on voit apparaître des rudiments d'ailerons. Qu'on veuille bien remarquer que tous ces types ont été recueillis par moi-même dans les mêmes foyers, à la même profondeur, au milieu des mêmes débris. D'un autre côté, dans la station néolithique des bords de la Saône, j'ai retrouvé la flèche en losange, et la hachette discoïdale si nombreuse à Solutré. Outre un type *moustiérien*, qui paraît plus ancien, nous trouvons donc à Solutré : 1° un type dérivé du type *acheuléen ;* 2° le type *solutréen ;* 3° une transformation de ce type et un acheminement vers la forme caractéristique de la pierre polie ; 4° une perfection de taille complétement identique ; 5° des intruments communs à ces deux époques.

Une preuve incontestable que c'est bien là le facies de la station de Solutré, c'est que M. de Ferry, dans son travail intitulé : *L'homme préhistorique en Mâconnais*, avait émis des appréciations analogues. « Les gens de Solutré, dit-il (p. 14), savaient certainement polir au besoin et à dessein les pierres les plus dures. La taille de quelques-unes de leurs armes est semblable par sa perfection à celle des fameuses dagues du Danemark, et si, dans leurs arsenaux, il se trouve encore des formes qui rappellent les types plus anciens de Charbonnières, d'autres au contraire bien plus nombreuses annoncent l'aurore de la pierre polie. » Je n'avais aucune connaissance de ce passage, lorsque je disais, dans les *Archives du Muséum*, que Solutré offrait des caractères de transition ; d'où peut venir cette rencontre dans les idées, sinon du langage des choses ? C'est ici qu'il est vrai de dire que les pierres parlent. D'ailleurs, si cette transition n'existe pas, nous aurons pour la première fois sous les yeux l'exemple d'une civilisation arrivée subitement et sans précédents à la plus grande perfection. Où sont les ancêtres des hommes néolithiques ? Où a-t-on découvert les débris de leurs campements ? Ainsi, d'un côté, les peuplades solutréennes ne seraient arrivées à la perfection de la taille qu'après de longs efforts et ceux de la pierre polie auraient atteint du premier coup la perfection du genre !

M. Arcelin a présenté une objection tirée de la *stratigraphie* des bords de la Saône, où l'on trouve les débris de l'âge néolithique à une grande distance des objets de l'âge du Renne. Or, je ne sache pas qu'on ait découvert jusqu'à ce jour des traces bien authentiques de la présence du Renne dans les berges de la Saône. On y rencontre et assez fréquemment l'*Elephas primigenius*, mais, comme depuis l'apparition de ce dernier jusqu'à l'époque proprement dite du Renne, de longues années ont dû s'écouler, on ne doit point trouver étrange qu'il y ait une lacune entre les débris de l'*Elephas primigenius* et ceux de l'époque néolithique.

M. Arcelin. Si les produits archéologiques de Solutré donnent lieu à des appréciations différentes, cela tient à ce qu'à côté de types dominants très-caractérisés, on rencontre des formes accidentelles et douteuses. Le type dominant des pointes de lances ou de flèches, par exemple, dérive invariablement du losange et se rapproche plus ou moins de la forme d'une feuille de saule ou d'une feuille de laurier. Ce type abonde par centaines. Mais nous avons rencontré çà et là quelques spécimens identiques à ceux de l'époque du Moustier, hachettes, disques ou racloirs, et aussi quelques flèches pourvues de barbelures rudimentaires ou de pédoncules. D'après M. l'abbé Ducrost, ce sont là des caractères de transition vers l'époque de la pierre polie d'une part et vers celle du Moustier de l'autre. Je n'attache pas la même importance à ces indices que je considère comme accidentels. Il est possible qu'il y ait eu à Solutré des établissements plus anciens que ceux qui constituent la station de l'âge du Renne proprement dite. On a rencontré par exemple des gisements localisés offrant un aspect particulièrement archaïque, où les pointes de flèches et de lance font tout à fait défaut tandis que la faune des grands carnivores y est plus au complet qu'ailleurs. Mais il est certain que quelques types anciens ont été apportés de Charbonnières, où les gens de Solutré allaient s'approvisionner de silex dans des couches quaternaires où abondent les hachettes types du Moustier et toute l'industrie correspondante. M. l'abbé Ducrost nous présente par exemple une de ces hachettes, que je n'hésite pas à reconnaître, à sa patine, pour un produit de Charbonnières. Quant aux barbelures, elles ne me paraissent ni assez fréquentes, ni assez caractérisées pour qu'il ne soit pas permis d'y voir un simple accident de taille. Dans tous les cas, ce seraient avec les flèches pédonculées les indices d'une tendance et d'un effort vers des types nouveaux et perfectionnés. Mais je ne crois pas qu'on en puisse rien conclure de plus. Il faut en matière de classification s'en tenir aux types généraux et dominants, et le type dominant à Solutré n'est pas douteux. Je regrette de ne pouvoir mettre sous vos yeux les séries que j'ai recueillies moi-même : vous verriez que le type *solutréen*, tel que l'a créé M. de Mortillet, n'est pas une fiction. Nous ne rencontrons rien dans cette station qui annonce les formes si caractéristiques de l'époque de la pierre polie : la flèche à ailerons, par exemple, ou la hachette polie. Nous n'avons pas un outil tranchant aiguisé à la meule. Je ne considère pas comme un acheminement vers l'industrie néolithique quelques galets ou quelques fragments de roches dures polies par frottement à force d'usage.

Je trouve ailleurs que dans l'armement la confirmation des vues que j'ai l'honneur de vous soumettre. Un certain nombre d'os, et particulièrement des bois de Rennes, portent des entailles dont l'examen révèle l'emploi de deux instruments différents. Les unes sont faites en sciant; les autres en frappant avec un outil tranchant. Des éclats acérés ont pu à la rigueur servir à ces deux opérations. Cependant des coins hachettiformes, d'un type particulier, ont pu être employés comme hachettes. La scie proprement dite, c'est-à-dire à dents régulièrement retaillées comme celles que l'on trouve à des époques postérieures, n'était pas usitée à Solutré ; et en réalité un simple éclat est la meilleure scie que l'on puisse avoir. En résumé, on peut dire, sauf les exceptions, qu'il n'y avait ni scies, ni hachettes à Solutré. Les couteaux, les éclats et les grattoirs qui, joints aux *nuclei*, abondent par milliers, représentent toutes les formes connues. Les *nuclei* sont généralement de petit volume : d'où tirait-on donc ces beaux et grands couteaux qu'on retrouve abondamment ? C'est encore à Charbonnières qu'il faut aller chercher les beaux blocs matrices d'où ils avaient été détachés.

L'os n'a été employé que pour la fabrication des poinçons, des manches d'outils ou des polissoirs. On ne trouve ni flèches, ni harpons, ni aiguilles, ni bâtons de commandement ornés dans le goût de ceux de Laugerie-Basse ou de la Madeleine. Quelques bois de Rennes ou de Cerfs ont été percés de trous analogues à ceux des prétendus bâtons de commandement; mais la plupart sont de simples trous de suspension. Des fragments d'os portent des entailles semblables à des marques de numération. On a retrouvé plusieurs dents percées à la racine pour être pendues en colliers ou en amulettes; une olive en ivoire, des fragments de roches dures, des coquilles fossiles ou vivantes, également percées, ont pu servir dans le même but.

Deux ou trois tessons, trouvés en contact avec des foyers, m'avaient fait croire à l'emploi de la poterie à Solutré. Mais j'ai dû, après un examen attentif, abandonner cette manière de voir et considérer ces débris comme adventices. On ne saurait être trop circonspect chaque fois qu'un fait exceptionnel vient à se produire. En effet, des glissements ou des cheminements lents dans le sol peuvent rapprocher accidentellement des objets tout à fait disparates. J'ai recueilli, par exemple, à deux mètres de profondeur, entre des assises de roches qui ne paraissaient nullement déplacées, des silex taillés associés à un individu de l'espèce *Helix pomatia*. Or, l'étude des alluvions de la Saône m'a démontré que l'*Helix pomatia* est arrivée dans nos contrées à peu près en même temps que l'invasion romaine. Le spécimen rencontré à Solutré avait donc cheminé dans le sol à une époque relativement moderne et il s'en faut qu'il fût du même temps que les silex auxquels il se trouvait associé. Le trou fait par un animal fouisseur ou la place laissée vide d'une racine consumée peuvent suffire à occasionner de tels anachronismes, contre lesquels il est le plus souvent facile de se mettre en garde, mais qui ont amené plus d'une méprise par défaut de soins ou d'expérience.

Les objets d'art, à proprement parler, sont extrêmement rares à Solutré. Trois ou quatre figurines d'animaux, probablement de Rennes, taillées grossièrement en ronde-bosse dans des rognons de pierre tendre, ont été retrouvés dans les fouilles. M. l'abbé Ducrost possède un os gravé sur lequel est représenté le train postérieur d'un animal, dont la tête manque, et c'est tout.

En résumé, si l'on s'en tient aux caractères généraux, le travail du silex à Solutré indique une industrie plus avancée que celle du Moustier, tandis que les figurines et les instruments en os représentent un art moins développé que celui de la Madeleine ou des Eyzies, par exemple. Il me paraît donc logique, en se plaçant à un point de vue purement archéologique, de classer Solutré entre le Moustier et la Madeleine, comme l'a fait M. de Mortillet. Mais il est une autre preuve, rappelée tout à l'heure par M. de Mortillet, qui me semble beaucoup plus décisive : c'est la preuve stratigraphique fournie par le gisement de Laugerie-Haute, où l'on voit la superposition de trois époques distinctes et les couches de l'âge des Eyzies ou de la Madeleine intercalées entre celles de l'âge de Laugerie-Haute ou de Solutré, d'une part, et celles de la pierre polie qui occupent le niveau supérieur. Cette preuve stratigraphique est la seule qui, à mon avis, puisse servir à établir solidement la classification préhistorique. Les rapprochements archéologiques basés sur les types, les procédés industriels, le style, n'auront de valeur absolue que le jour où nous connaîtrons exactement les rapports stratigraphiques de ces différents caractères. Si nous ne connaissions pas par l'histoire, qui est aussi une manière de stratigraphie, la place chronologique de la Renaissance, qui imaginerait de classer ses monuments, en ne tenant compte que du style, à la suite de ceux que nous ont légués le quatorzième et le quinzième siècle ?

M. l'abbé Ducrost invité à soutenir sa thèse le fait en peu de mots. Il déclare ne pas s'insurger contre le type dit solutréen ; mais il le croit accompagné d'objets que l'on déclare caractéristiques de l'âge de la pierre polie : par exemple, deux pierres-meules et deux pointes de flèches avec un pédoncule distinct entre les barbelures. Il n'admet pas le reproche qu'avait formulé M. de Mortillet : la fouille a été constamment suivie avec attention, et c'est lui-même qui dans le talus et dans le foyer a trouvé ces objets.

M. E. Cartailhac. Je suis persuadé que si M. l'abbé Ducrost se dégageait un peu de la préoccupation exclusive de Solutré et voulait examiner avec soin les autres gisements contemporains et tout l'ensemble des stations préhistoriques, il ne tarderait pas à reconnaître que sa théorie n'est pas fondée. En effet, en matière de classification, il ne faut jamais considérer une petite partie de l'industrie, un petit nombre de gisements. Je crois que M. de Mortillet s'est trop avancé quand il a dit qu'il était persuadé que deux ou trois pièces de la superbe collection de M. l'abbé Ducrost n'étaient pas contemporaines du gisement quaternaire et devaient provenir de la surface des terres. On voit en effet dans les grandes collections formées à Solutré et parmi la multitude de pointes ovales quelques spécimens qui annoncent par leur retrécissement à la base une véritable tendance à la pointe à soie avec barbelures. Je ne vois pas pourquoi ces chasseurs qui taillaient si bien le silex et le cristal de roche ne seraient pas arrivés quelquefois à un système perfectionné de pointe de flèche. On ne l'avait pas constaté jusqu'ici, soit. Mais à mon humble avis, je crois le fait aujourd'hui démontré. Dans le courant de cette année, j'ai fait, en compagnie de M. le capitaine Raymond Pottier, une fouille très-fructueuse non loin de Dax, dans une station que M. de Mortillet et moi nous regardons comme similaire de Solutré. Le silex y était difficile à tailler, aussi les pointes sont-elles massives, grossières, mais néanmoins bien déterminées. J'ai trouvé là une grande tête de lance avec pédoncule très-accusé au bas de la flèche triangulaire. J'ai recueilli une pièce identique, mais un peu moins grossière, dans la station de Badegol également synchronique de Solutré. Il ne faut pas oublier que Laugerie-Haute, Badegol, Saint-Martin d'Excideuil et autres gisements de cette époque ont donné des pointes pédonculées d'un type tout particulier, d'un travail admirable et que l'on ne retrouvera plus à l'âge de la pierre polie. De sorte que si d'un côté on trouve erratiquement dans ces gisements des types bien clairsemés qui rappellent ou plutôt semblent annoncer l'âge de la pierre polie et s'expliquent facilement, on y trouve d'autre part un nombre considérable de pointes spéciales que l'on n'a encore jamais vues dans l'industrie de l'âge de la pierre polie.

Quant aux pierres molettes que présente M. l'abbé Ducrost, je crois qu'une d'entre elles ne présente aucune trace du travail de l'homme. L'autre n'offre rien qui oblige à ne pas la considérer comme l'œuvre des anciens habitants de Solutré.

Il en est de même de quelques perles, une entre autres en pierre. Bruniquel au moins et Laugerie, si je ne me trompe, en ont livré d'analogues.

Encore une fois c'est l'*ensemble* de l'industrie qu'il faut voir dans l'*ensemble* de stations semblables, et il est vrai de dire que la transition avec l'époque quaternaire ancienne est aussi nette et démontrée que l'est peu la transition avec l'époque néolithique.

L'industrie ne doit pas être étudiée seule, la faune a dans cette question une importance égale. Or, à Laugerie, à Saint-Martin d'Excideuil, à Badegol, à Crot-Magnon, à Solutré, nous ne voyons que les espèces caractéristiques des temps quaternaires ; rien, *absolument rien*, ne vient annoncer les animaux domestiques de la période actuelle. C'est là une démonstration si claire que je ne pense pas utile d'insister.

Où donc maintenant M. l'abbé Ducrost voudrait-il placer les stations si nombreuses, si riches de Laugerie-Basse, de la Madeleine, des Eyzies, de Bruniquel, etc. ? Est-ce avant Laugerie-Haute et Solutré ?

Mais au bord de la Vézère les foyers de Laugerie-Haute passent, je l'ai vu, sous les foyers de Laugerie-Basse : y a-t-il démonstration plus complète ?

Non, la chronologie due à M. de Mortillet est vraie ; elle est très-simple, et l'on doit être surtout frappé de ce qu'elle montre constant et régulier le progrès dans l'industrie quaternaire : la pierre, d'abord seule, constitue les armes et les outils ; sa *taille* est perfectionnée peu à peu ; puis l'os est utilisé à son tour ; la pierre prend toutes les formes d'outils pour transformer l'os en mille objets variés.

En même temps, l'art fait son apparition d'une façon magistrale, on peut le dire. Et ces stations où se trouvent par centaines des sculptures, des gravures au trait, ombrées même avec soin, empreintes du plus vrai sentiment, sont bien placées à l'apogée de l'industrie quaternaire, au moment où vont bientôt disparaître un peu mystérieusement de nos pays ces animaux divers dont l'homme lui-même nous a ainsi laissé l'image.

On parle à tort de transition entre les deux grandes périodes de la pierre ! A mon avis, je l'ai soutenu le premier, je crois, il n'y a pas de transition chez nous, *il y a un intervalle*. Tout le monde admet que le commencement de la période néolithique coïncide avec l'arrivée de populations nouvelles.

Ce serait, il faut l'avouer, un étrange hasard à maints égards que l'exacte rencontre de ces peuplades, juste au moment où la faune ancienne disparaît complétement. Il ne s'agit plus ici de notre discussion au sujet de la place de Solutré dans la série des gisements : Solutré disparaît au milieu des stations de l'âge de la pierre taillée ; *il n'en est pas une seule* parmi elles que l'on puisse regarder comme la plus récente et qui ne présente une faune nettement quaternaire. Il n'y a pas de doute, pendant que l'homme contemporain du Renne allumait ses derniers foyers, le Renne était abondant depuis le Wurtemberg et la Belgique jusqu'aux Pyrénées. Dans les mêmes pays, les derniers débris de cuisine quaternaires le contiennent dans leurs couches puissantes que souvent recouvrent exactement les couches des foyers néolithiques où on ne rencontre plus sa trace. — Nulle part les deux faunes ne se trouvent ensemble. Pas un débris de Renne, ou d'Éléphant, ne se trouve associé au Chien, au Bœuf, au Mouton domestique introduits par les populations nouvelles. — Nulle part on ne voit entre les deux industries cette fusion que l'on devrait constater s'il y avait eu le moindre mélange entre les populations.

Dans le pays où est la France, les Hommes de l'âge de la pierre taillée n'ont pas tué le dernier Renne. Les Hommes de l'âge de la pierre polie n'ont pas trouvé cet animal caractéristique ; quand ils arrivent, il n'y a plus *aucune* trace des espèces quaternaires et cette disparition absolue ne s'est pas accomplie en quelques mois, elle ne peut être que l'œuvre du temps.

De nos jours, sans être nécessaires à notre alimentation, quelques espèces sauvages sont poursuivies avec acharnement, les chasseurs sont innombrables, les armes portent juste et loin ; et pourtant le Loup, le Renard, le Bouquetin, l'Izard, le Sanglier, traqués depuis des siècles dans leurs derniers refuges, se rencontrent encore.

Quel temps a-t-il donc fallu au Renne pour émigrer tout à fait ? Les causes naturelles ont agi sans doute au moins autant que l'Homme, mais il me paraît très-difficile de ne pas admettre que la diminution de la faune quaternaire pendant la période archéologique appelée par nous âge du Renne a été suivie de sa disparition plus ou moins rapide pendant cet *intervalle* que j'admets comme explication des faits.

Il a donc fallu dans nos contrées qu'un certain temps se soit écoulé entre la disparition de l'Homme de l'âge du Renne et l'arrivée des nouveaux venus, et pendant cette période indécise la faune s'est réduite de plus en plus. Elle a perdu pour toujours certaines espèces qui la caractérisaient et dont les Hommes nouveaux n'ont plus trouvé même un seul représentant.

M. le Dr Bertillon ajoute que pour lui une preuve considérable de la lacune qui a dû se produire dans l'histoire de l'humanité dans nos contrées est la disparition absolue, à l'âge de la pierre polie, de l'art remarquable qui distingue l'époque de la Madeleine : il y a là deux civilisations bien tranchées, entre lesquelles il est jusqu'à présent impossible de discerner le passage.

M. Cazalis de Fondouce déclare qu'il n'est pas décidé en faveur de l'une ou l'autre des opinions que l'on a présentées. Il est frappé par l'identité du mode de taille du silex à Solutré et à l'âge de la pierre polie. Il croit que, dans certains gisements de la région plus spécialement explorée par lui (le Gard), M. Cartailhac trouverait des indices de transition.

M. Gosse, persuadé que la station de Solutré n'est pas plus récente que les stations synchroniques de la Madeleine et de Veyrier, dit que la transition serait plus facile à trouver entre ces derniers gisements et les vestiges néolithiques.

M. Cartailhac. Notre savant confrère a cité Veyrier ; là le Renne abonde. Où donc est la cité lacustre la plus ancienne, ou, si l'on veut, qui ait livré un seul os de Renne ?

M. Arcelin. J'ai eu l'occasion de publier, il y a plusieurs années déjà, mes observations sur les niveaux stratigraphiques auquels apparaissent les stations archéologiques des différentes époques dans les berges de la Saône. Tandis que les gisements romains sont enfouis à 1 mètre de profondeur moyenne sous les alluvions modernes, on ne rencontre ceux du bronze qu'à 1 mètre 50 et ceux de la pierre polie à 2 mètres. D'autres observateurs, et notamment MM. de Ferry, Legrand de Mercey et Chabas, ont contrôlé ces résultats par leurs propres investigations. Nos moyennes varient un peu ; mais nous sommes tous d'accord sur ce point qu'on ne rencontre pas de gisement de la pierre polie au delà de 2 mètres.

Or, l'ensemble des alluvions modernes de la Saône a une puissance d'environ 4 mètres 50 ou 5 mètres. Ces alluvions sont formées d'un limon argileux jaunâtre, parfaitement homogène, ce qui indique que le régime des eaux n'a pas varié depuis que ce limon se dépose. Au-dessous du limon moderne, soit à 4 mètres 50 ou 5 mètres au-dessous de la prairie actuelle, apparaissent ces dépôts marneux grisâtres, remplis de coquilles fluviatiles. J'y ai recueilli un grand nombre de débris de végétaux provenant des essences qui existent encore dans la contrée, beaucoup d'ossements appartenant à des espèces vivantes, mais on y a signalé aussi l'*Élephas primigenius* et le Rhinocéros, qui ne passent pas dans le limon supérieur ; en un mot, ces marnes représentent vraisemblablement le niveau supérieur de la série quaternaire et ne sont pas plus anciennes que les gisements de Solutré si franchement quaternaires. Elles peuvent être plus récentes. Quoi qu'il en soit, ces marnes quaternaires sont séparées des couches néolitiques par trois mètres d'alluvion, où aucun des observateurs précités n'a rencontré de traces de l'industrie humaine ni de la faune quaternaire. Il y a donc là une lacune, un hiatus représentant un espace de temps assez considérable, plus grand que celui qui nous sépare de l'époque de la pierre polie et pendant lequel l'homme ne fréquentait pas les bords de la Saône. On peut mesurer par là l'intervalle qui sépare l'âge solutréen de l'âge néolithique. Il est certainement trop considérable pour conclure qu'il y ait continuité de l'une à l'autre des deux industries. Si cette continuité existe, c'est ailleurs qu'il faut aller chercher les traces de l'évolution qui transforma l'industrie paléolithique. Des observations faites sur d'autres points de l'Europe ont conduit au même résultat. M. Forel a tiré les mêmes conclusions de ses études sur les alluvions récentes de la Suisse. D'après lui une lacune très-appréciable sépare l'âge du Renne de Schussenried, par exemple, des temps néolithiques ; mais cette lacune n'est pas immense. Sur ce point encore nous sommes d'accord. L'échelle chronométrique des alluvions de la Saône, me donne 3 à 4,000 ans. Je n'ai pas la prétention d'attribuer à ce chiffre une précision absolue. Je ne le cite que pour fixer l'esprit à quelque chose et pour montrer qu'on n'arrive pas, par cette voie, à une date énorme.

Il me reste à répondre à une allégation de M. l'abbé Ducrost, sur laquelle je suis loin de partager son avis. D'après lui, entre l'âge du Renne et celui de l'*Élephas primigenius* de *longues années auraient dû s'écouler*. Ni la stratigraphie, ni la paléontologie ne nous permettent d'établir cette distinction entre un âge du Renne et un âge de l'*Elephas primigenius*. Le prétendu âge du Renne correspond à une certaine phase archéologique, mais il ne représente pas une époque paléontologique distincte dans la série quaternaire. C'est du moins l'avis d'un grand nombre de géologues.

M. P. BROCA

SUR LES CRANES DE SOLUTRÉ

— *Séance du 25 août 1873.* —

Notre collègue M. de Mortillet, sachant que la question de Solutré devait être étudiée dans cette session, et désirant que les résultats de l'examen des crânes nous fussent présentés, a écrit il y a quelques mois à M. Arcelin pour l'engager à envoyer à Paris ceux de ces crânes qui font partie de sa collection.

Non-seulement M. Arcelin a accepté, pour ce qui le concerne, la proposition de M. de Mortillet, mais encore il l'a fait agréer par Mme de Ferry, propriétaire de la riche collection laissée par son mari, et aussi par M. de Fréminville, qui possède également quelques-uns des crânes de Solutré. Grâce à cet heureux concours de circonstances, j'ai reçu à Paris, dans le laboratoire d'anthropologie de l'École des hautes études, tous les crânes extraits des sépultures de Solutré par les archéologues mâconnais, c'est-à-dire tous les crânes recueillis jusqu'ici dans cette station célèbre, à l'exception des trois qui proviennent des fouilles de M. l'abbé Ducrost, et qui sont actuellement déposées dans le musée de Lyon.

M. Arcelin a joint à ses envois un certain nombre d'os longs, qui ne manquent pas d'intérêt et dont je dirai quelques mots en terminant; mais je dois avant tout vous parler des crânes.

Quelques-uns sont en très-bon état de conservation; d'autres, plus ou moins altérés sont encore bons pour l'étude. Quelques-uns enfin sont tellement incomplets ou détériorés que j'ai dû les laisser de côté. Malgré cette élimination, mes études ont pu porter sur vingt-cinq crânes.

Ce chiffre serait suffisant pour donner lieu à des conclusions solides s'il s'agissait d'une série homogène; mais la série se décompose tout d'abord en deux séries partielles, l'une relativement moderne, puisque quelques-uns des crânes qu'elle comprend ne datent que de l'époque burgonde, l'autre beaucoup plus ancienne et incontestablement préhistorique, mais dont la détermination archéologique a donné lieu à des contestations.

La série que j'appellerai moderne se compose de sept crânes ; les dix-huit autres crânes forment la série que je désignerai sous le nom vague de préhistorique, pour ne rien préjuger d'une question dont la solution appartient à l'archéologie et non à la craniologie.

Je considère comme mal informés ceux qui méconnaissent la haute valeur des faits craniologiques. Il existe une craniologie parfaitement scientifique qui ne le cède en précision et en certitude à aucune autre partie de l'anatomie et de l'histoire naturelle, mais à la condition, toutefois, qu'elle suive la méthode universelle des sciences, en procédant du connu à l'inconnu.

Étant donné un crâne quelconque, la craniologie le décrit et en détermine les caractères par des procédés rigoureux.

Étant donné deux crânes, elle détermine avec non moins de rigueur les analogies ou les différences qui existent entre eux.

Étant donnés un certain nombre de crânes provenant d'une race ou d'une population connue, elle détermine, et toujours avec certitude, chacun des caractères de cette série, leur état moyen et l'étendue de leurs écarts ; si la population est de race pure et si la série est nombreuse, les moyennes craniométriques permettent de déterminer, presque sans aucune chance d'erreur, le type craniologique de la population étudiée, alors même que cette population serait éteinte depuis longtemps, alors même qu'on n'en connaîtrait l'existence que par les révélations de l'archéologie préhistorique.

Étant données enfin deux séries de crânes de provenances géographiques ou chronologiques différentes, la craniologie établit entre elles des comparaisons, des rapprochements ou des distinctions qui sont souvent difficiles, qui exigent toujours beaucoup de prudence, mais qui conduisent ordinairement un observateur patient et attentif à des conclusions solides.

Ainsi dirigée, la craniologie donne des faits positifs, dont l'anthropologie tire le plus grand profit; non-seulement elle complète les notions qui lui ont été fournies par l'ethnologie ou par l'archéologie, mais encore elle permet souvent de les contrôler, soit en les confirmant, soit en les infirmant. Elle rend donc des services considérables, qu'on n'aurait jamais sans doute songé à contester, si quelques adeptes trop fervents n'avaient essayé de l'affranchir de la méthode *a posteriori*, qui l'enchaîne à la réalité, pour la lancer dans les voies libres et faciles, mais incertaines, de la méthode *a priori*. Ceux-là se font fort de retrouver sur un crâne l'empreinte de son origine et de reconnaître à ce seul signe, quelles que soient les vraisemblances géographiques, archéologiques ou ethnologiques, le passage de telle ou telle race en tel ou tel lieu. C'est ainsi qu'un savant, d'ailleurs éminent, a pu retrouver dans les sépultures préhistoriques de Solutré, des Esquimaux, des Lapons, des Finnois, des Tartares, des Celtes, ainsi que leur divers métis et même leur quarterons. La hardiesse de ces diagnostics a pu plaire à quelques personnes, mais a éveillé chez d'autres des méfiances qui ont rejailli sur la crâniologie tout entière.

Le jour viendra, je l'espère, où les caractères de toutes les races et de toutes leurs subdivisions seront assez connus pour que l'étude d'une série de crânes puisse suffire à en faire connaître l'origine ethnique. Ce jour est même venu, jusqu'à un certain point, pour ce qui concerne le diagnostic de certaines races très-bien caractérisées et très-différentes les unes des autres. Par exemple, on peut le plus souvent distinguer à première vue, et à plus forte raison avec le secours des instruments, le crâne d'un nègre de celui d'un Européen. Il est rare toutefois que l'exacte détermination de la race puisse se faire d'après l'examen d'un seul crâne, parce que, dans toute race, la plupart des caractères présentent des variations individuelles assez étendues pour empiéter sur les limites que ces mêmes variations affectent dans les autres races. Lorsque, au lieu d'un seul crâne, on dispose d'une série assez nombreuse, les chances du diagnotic deviennent moins incertaines, mais je me hâte de déclarer que, dans l'état actuel de nos connaissances, la crâniologie ne peut avoir la prétention de voler de ses propres ailes et de substituer ses diagnostics aux notions fournies par l'ethnologie et par l'archéologie. Son rôle, pour être plus modeste, n'en est pas moins utile, et son utilité se manifeste surtout lorsque elle est appelée à déterminer les caractères physiques d'anciennes populations dont l'histoire est oubliée et dont l'archéologie préhistorique a pu seule révéler l'existence.

Pénétré de ces principes, j'éprouve un certain embarras à vous entretenir, au point de vue craniologique, de la question de Solutré. Vous savez en effet que la détermination archéologique des crânes de cette station est encore en discussion. Il y a un fait qui n'est plus mis en doute et dont la constatation a été faite une fois de plus, il y a deux jours en présence de la plupart d'entre nous : c'est qu'une partie des sépultures de Solutré remontent à l'âge du Renne. Ce sont les sépultures dites *sur foyer*. L'une d'elles a été explorée par nous avec le plus grand soin ; nous y avons reconnu, de la manière la plus évidente, l'exactitude de la description donnée depuis plusieurs années par MM. de Ferry et Arcelin, exactitude vérifiée d'ailleurs dans les fouilles récentes de M. l'abbé Ducrost.

Mais il y a à Solutré d'autres sépultures préhistoriques qui présentent des caractères tout différents ; les corps, accompagnés de silex qui en établissent la haute antiquité, ne reposent pas sur des dalles ; ils n'ont aucun rapport avec les foyers de l'époque du Renne, et aucun caractère décisif ne prouve qu'ils datent de cette époque. Aussi M. l'abbé Ducrost pense-t-il qu'une partie des crânes préhistoriques de Solutré ne remontent pas au delà de l'époque de la pierre polie. Ces crânes, relativement récents, seraient d'après lui beaucoup plus nombreux que les autres ; il n'admet comme paléolithiques que les crânes des sépultures sur foyer, et il estime que sept seulement des crânes de Solutré ont été trouvés dans ces conditions, y compris les trois crânes qu'il a déposés dans le musée de Lyon et qui ne figurent pas dans ma série.

Je dois naturellement me préoccuper de l'opinion d'un homme aussi compétent, mais M. Arcelin, dont la compétence n'est pas moindre, et qui peut invoquer en outre l'autorité de son regretté maître, M. de Ferry, M. Arcelin, dis-je, ne partage pas cette opinion, et maintient l'authenticité de la date qu'il a assignée à la plupart des crânes préhistoriques de Solutré.

J'ai dû vous signaler cette dissidence avant de vous transmettre les résultats de mes recherches craniométriques. La série de ving-cinq crânes que les archéologues mâconnais ont soumise à mon examen comprend dix-huit crânes qu'ils rapportent à l'âge du Renne. C'est d'après cette donnée que je les ai étudiés avant de connaître les objections de M. l'abbé Ducrost. Si ces objections sont fondées, si la série de mes dix-huit crânes préhistoriques comprend des crânes des deux époques, mes relevés perdent une grande partie de leur valeur ; ils pourront toutefois servir encore à distinguer les populations préhistoriques de celles qui leur ont succédé et à élucider en outre quelques autres questions.

La série des dix-huit crânes préhistoriques présente de grandes variétés de formes, incompatibles avec l'idée d'une race pure et unique. Le plus faible indice céphalique descend à 68,34, le plus fort s'élève à 88,26. Cet écart de 20 unités ne s'observe jamais dans une race pure. Les oscillations de l'indice céphalique, dans une race non mélangée, dépassent rarement 10 à 12 unités et ne vont jamais au delà de 15. Sept crânes, dont les indices sont plus petits que 75, sont franchement dolichocéphales ; six crânes, dont les indices sont supérieurs à 80, sont au contraire sous-brachycéphales, ou brachycéphales ; deux d'entre eux sont même très-brachycéphales (indices : 87,35 et 88,26). Parmi les cinq autres crânes, dont les indices sont compris entre 75 et 80, se trouvent quatre mésaticéphales et un seul sous-dolichocéphale.

Une pareille répartition des indices céphaliques montre que deux types bien distincts, l'un nettement dolichocéphale, l'autre brachycéphale ou sous-brachycéphale, sont réunis dans notre série préhistorique. Il semble au premier abord que ce fait donne raison à M. l'abbé Ducrost ; on conçoit en effet aisément que, si les crânes en question proviennent de deux époques très-différentes, ils peuvent présenter deux types très-différents. Mais si l'on songe que l'homme existait déjà bien longtemps avant l'époque solutréenne, on reconnaîtra qu'il pouvait s'être produit, dès l'âge du Renne, des croisements de races ; l'opinion de M. Arcelin est donc parfaitement compatible avec les faits craniologiques.

Si la série était plus nombreuse, si elle s'élevait, par exemple, à une centaine de crânes, elle pourrait fournir un argument presque décisif en faveur de l'une ou l'autre des deux opinions qui se trouvent en présence, car la répartition des indices céphaliques dans une race croisée de brachycéphales et de dolichocéphales présente certaines particularités qu'on n'a aucune chance de retrouver dans une série artificielle, obtenue en mêlant sur une table deux séries étrangères l'une à l'autre. Sous ce rapport, je dois dire que notre série préhistorique, disposée en colonne par ordre croissant d'indices céphaliques affecte précisément la forme d'une série provenant d'un croisement. Mais je me hâte d'ajouter qu'elle est trop peu nombreuse pour que cette observation ait une portée bien sérieuse.

Il y a une autre circonstance qui est peu favorable à l'opinion de M. l'abbé Ducrost : c'est la fréquence à peu près égale des deux types dans notre série. Notre savant collègue pense que les hommes de l'âge du Renne y sont en très-faible minorité ; il n'y en aurait que quatre, suivant lui, si je compte bien ; si donc les deux types correspondaient à deux époques différentes, si l'un était paléolithique et l'autre néolithique, le premier devrait être numériquement beaucoup plus faible que le second. Ils sont au contraire voisins de l'égalité.

D'un autre côté, cependant, les faits déjà connus ne s'accordent guère avec l'idée que la série entière soit paléolithique ; je vous rappelle en effet que, dans les gisements les plus anciens de l'Europe occidentale, tous les crânes sont dolichocéphales et que dans les gisements moins anciens, qui ne remontent qu'à l'âge du Renne, la dolichocéphalie est encore la règle la plus générale ; quelques faits, il est vrai, établissent qu'à cette dernière époque, il y avait en outre une race au crâne plus arrondi, et qu'on a distinguée des autres en disant qu'elle était brachycéphale ; mais partout, si ce n'est à Solutré, ces crânes arrondis de l'âge du Renne ne sont pas vraiment brachycéphales ; ils sont seulement sous-brachycéphales ou même mésaticéphales, leurs indices ne dépassant guère le chiffre de 80 à 81. Or, je suis frappé de cette circonstance que deux des crânes de Solutré, avec leurs indices de 87 et de 88, sont non-seulement brachycéphales, mais encore très-brachycéphales. Aucune station paléolithique n'a jusqu'ici fourni, dans notre pays, de crânes de cette forme, et j'avoue que, sans aller aussi loin que M. l'abbé Ducrost, sans admettre avec lui que la très-grande majorité des crânes de Solutré soient néolithiques, j'incline fort à penser que quelques-uns au moins de ces crânes sont postérieurs à l'âge du Renne. Il me semble très-probable, néanmoins, que la plus grande partie de la série est réellement paléolithique.

D'après cela, les caractères moyens que j'ai constatés dans cette série ne seraient pas exactement ceux de l'ancienne race de Solutré, puisqu'ils seraient atténués par l'intervention de quelques crânes plus modernes, et le fait que l'indice céphalique moyen de la série (77,24) n'est que sous-dolichocéphale n'exclurait pas l'idée que les chasseurs de Renne, à Solutré, fussent réellement dolichocéphales.

CRANES DE SOLUTRÉ, MOYENNES DES DEUX SÉRIES

	CRANES PRÉHISTORIQUES	CRANES PLUS MODERNES
NOMBRE.	18	7
A Diamètre antéro-postérieur.	1.84^{mm} 44	180^{mm} 57
B Diamètre transversal max.	143 38	144 »
Indice céphalique (100 B : A). . .	**77 24**	**79 24**
C Longueur de la région nasale. . . .	49 63	51 50
D Largeur maxima des narines.	24 13	24 58
Indice nasal (100 D : C).	**48 62**	**47 73**
E Largeur de l'orbite.	39 27	38 »
F Hauteur de l'orbite.	32 54	33 16
Indice orbitaire (100 F : E) . . .	**82 87**	**87 28**

Je vous présente un petit tableau sur lequel j'ai inscrit trois des principaux caractères craniométriques des deux séries de Solutré. Ces chiffres se rapportent aux éléments de l'indice céphalique, de l'indice nasal et de l'indice orbitaire. La seconde série, composée seulement de sept crânes, qui paraissent tous postérieurs à l'époque romaine, n'aurait par elle-même aucune signification. Elle ne figure ici que pour donner un aperçu très-vague, je le reconnais, des changements qui ont pu se produire dans la population de Solutré au bout d'un grand nombre de siècles et d'un grand nombre de migrations et de croisements de races.

J'ai déjà parlé de l'indice céphalique des crânes de la série préhistorique ; il est en moyenne de 77,24 ; celui des crânes de la série plus moderne s'élève à 79,74. La différence est sensible ; elle tend à faire croire qu'entre ces deux époques une race brachycéphale est venue se mêler à l'ancienne population. Ce ne sont pas les Burgondes, peuple de race dolichocéphale, qui ont pu produire cette modification ; il faut donc, pour en trouver la cause, remonter au moins jusqu'à l'époque gauloise, peut-être beaucoup plus haut, et il ne serait pas impossible qu'elle fût la conséquence d'un mélange de races effectué à l'époque de la pierre polie.

L'indice nasal de la série préhistorique est assez élevé. Il atteint le chiffre de 48,62 ; il dépasse par conséquent la limite de 48 qui sépare les races leptorhiniennes des races mésorhiniennes. Je rappelle que les races de l'Europe occidentales sont aujourd'hui leptorhiniennes, et que leur indice nasal est presque toujours compris entre 46 et 47. Les races mésorhiniennes actuelles appartiennent au type mongolique. On pourrait donc supposer qu'une race de ce type avait pris part à la formation de l'ancienne population de Solutré, et on pourrait y voir un argument en faveur de la théorie ethnogénique de Retzius, qui considérait comme finnoises, ou tout au moins comme mongoliques, toutes les races préaryennes de l'Europe. Mais, d'une part, cette théorie reposait sur l'hypothèse que ces mêmes races étaient brachycéphales, comme le sont aujourd'hui les Finnois, dont l'indice céphalique moyen dépasse 83, tandis qu'elles étaient pour la plupart très-dolichocéphales ; d'une autre part, si toutes les races actuelles de l'Europe, à l'exception des Finnois et des Lapons, sont leptorhiniennes, il n'en a pas toujours été de même dans le passé, car les Francs, qui étaient de race germanique et qui appartenaient par conséquent au type caucasique, étaient mésorhiniens, avec un indice nasal de 48,87. Le fait que les anciens habitants de Solutré étaient mésorhiniens ne prouve donc nullement qu'ils fussent issus, avec ou sans croisement, d'une race mongolique.

Dans la seconde série des crânes de Solutré, série qui, je le rappelle, descend presqu'à l'époque burgonde (ou mérovingienne), l'indice nasal est encore de 47,73 ; il est supérieur d'environ une unité à celui des Français modernes. Ainsi, quoique les croisements postérieurs à l'ancienne époque de Solutré eussent atténué notablement ce caractère, ils n'avaient pas encore suffi pour le ramener au degré où il est venu aujourd'hui.

L'indice orbitaire est loin d'avoir, dans la classification des races humaines, la même valeur que l'indice nasal, car il présente souvent le même degré dans des races qui n'ont entre elles aucune affinité. Ce caractère, néanmoins, est un de ceux qui frappent le plus aisément l'œil de l'observateur, un de ceux qui influent le plus sur la physionomie des crânes (car les crânes aussi ont leur physionomie) ; il a donc beaucoup d'importance comme élément de description et de comparaison.

L'indice orbitaire est le rapport centésimal de la hauteur de l'orbite à sa largeur. Quand l'ouverture orbitaire est large et basse, l'indice est petit; quand elle est haute et peu développée en largeur, l'indice devient très-grand. Chez les Français actuels, cet indice présente des moyennes qui varient, suivant les lieux, entre 86 et 88. Dans la seconde série de Solutré, il est de 87,28 et n'offre par conséquent rien de remarquable; mais, dans la série des dix-huit crânes préhistoriques, il n'est que de 82,87, chiffre notablement inférieur à toutes les moyennes que j'ai obtenues sur les races modernes de l'Europe.

Pour expliquer ce phénomène, nous ne pouvons nous retourner vers l'hypothèse de l'influence d'une race mongolique, car les races de ce type ont au contraire un grand indice orbitaire. Mais souvenons-nous que les deux crânes paléolithiques des Eyzies ont les orbites très-larges eu égard à leur hauteur; leur indice orbitaire descend à 71,25 sur la femme, et à 61,36 chez l'homme. (Ce dernier indice est le plus faible que j'aie rencontré jusqu'ici.) Les Troglodytes de la caverne de l'Homme-Mort (Lozère), qui vivaient au commencement de l'époque néolithique, mais qui descendaient, je crois l'avoir établi, des la race des chasseurs de Renne, ont l'indice orbitaire de 81,91 en moyenne, chiffre supérieur à celui des Eyzies, mais bien inférieur à celui de nos races actuelles. Nous devons donc admettre que l'une au moins des races paléolithiques était remarquable par la petitesse de l'indice orbitaire et se distinguait par là des races modernes. Dès lors nous ne saurions nous étonner de trouver à Solutré un indice orbitaire très-faible, caractère légèrement atténué, il est vrai, mais encore très-significatif. Cette atténuation s'explique tout naturellement, si l'on admet que quelques crânes néolithiques se sont glissés au milieu des crânes paléolithiques dans notre série de Solutré.

Je ne pousserai pas plus loin l'exposé de mes recherches craniométriques sur cette précieuse série. Mais je crois devoir ajouter quelques remarques plus générales.

Les crânes préhistoriques de Solutré sont trop fragiles et beaucoup, d'ailleurs, sont trop incomplets pour qu'il ait été possible de les soumettre à l'opération du cubage; mais, d'après l'examen de leurs diamètres, je puis dire que ces crânes ont une capacité moyenne assez grande, au moins égale à celle des crânes des Parisiens modernes. Ils ne sont point prognathes; la région frontale n'est nullement fuyante et présente une assez belle courbe; néanmoins, la comparaison des éléments respectifs du crâne postérieur et du crâne antérieur montre que celui-ci est relativement moins développé qu'il ne l'est dans nos races actuelles, de sorte que le progrès qui s'est accompli depuis lors porte moins sur le volume total de l'encéphale que sur l'accroissement des parties antérieures du cerveau. Sous ce rapport, la race de Solutré se trouve dans le même cas que la race de l'Homme-Mort et que la plupart des races préhistoriques. L'état des sutures donne lieu au même rapprochement. Les sutures du crâne antérieur sont relativement plus simples que celles du crâne postérieur et leur soudure est en général plus hâtive. Ce caractère d'infériorité a été signalé par Gratiolet chez les races sauvages, et il répond bien à l'idée que nous devons nous faire de l'état social de la population de Solutré.

Quelques mots enfin sur les os des membres. L'état des ossements des Troglodytes de la Vézère m'a permis de constater que le squelette des chasseurs de Renne du Périgord différait par plusieurs caractères de celui des races modernes. On a trouvé dans cette célèbre station des tibias platycnémiques, des fémurs à colonne, des péronés cannelés et des cubitus arqués. J'ai retrouvé ces divers caractères tantôt parfaitement nets, tantôt atténués, sur un assez grand nombre d'ossements de la caverne de l'Homme-Mort, où beaucoup d'ossements, d'ailleurs, présentent déjà les formes actuelles.

Je n'ai eu à ma disposition qu'un assez petit nombre d'ossements des squelettes préhistoriques de Solutré : mais cela m'a suffi pour constater qu'il y a dans cette station des tibias platycnémiques, des fémurs à colonne et des péronés cannelés. L'un de ces péronés, qui provient du squelette exhumé avant-hier en votre présence, présente une cannelure longitudinale profonde, aussi prononcée que celles des péronés de la Vézère. Mais d'autres os datant de la même époque sont conformés comme les os des races actuelles. Ces faits, comme ceux qui résultent de l'étude du crâne, tendent donc à établir une certaine affinité entre la population de Solutré et la race dolichocéphale à laquelle appartenaient les populations troglodytiques du Périgord et de la Lozère. Mais il faut admettre en même temps que les caractères de cette race ont été atténués à Solutré par un croisement avec une autre race, par exemple avec celle dont M. Dupont a retrouvé les restes en Belgique, dans les cavernes de la vallée de la Lesse, et qui était caractérisée par un crâne mésaticéphale, par une taille médiocre et par des tibias triangulaires comme les nôtres.

DISCUSSION

M. Gustave Lagneau. Lorsqu'en 1867, un de nos distingués collègues du Congrès anthropologique de Paris vint à parler pour la première fois de crânes trouvés à Solutré par M. de Ferry, il crut devoir les rapprocher de plusieurs autres débris de squelettes brachycéphales des temps préhistoriques, considérés par lui comme appartenant à une race mongoloïde, qu'il caractérisa, alors et depuis, par la forme pyramidale du crâne, par la simplicité des sutures crâniennes, par la forme losangique de la face aplatie, par la saillie ou le prognathisme des mâchoires, par la perforation relativement fréquente de la fosse olécranienne de l'humérus, etc.[1]. Dès cette même époque, M. Broca fit remarquer que l'un des deux crânes alors connus de Solutré, était plutôt mésaticéphale que brachycéphale; et je fis observer que les brachycéphales préhistoriques de notre pays, ainsi que nos brachycéphales actuels, par leur front globuleux, non pyramidal, par leur face arrondie, non losangique, semblaient différer notablement des races mongoloïdes [2].

Récemment M. Lortet [3], et aujourd'hui M. Broca, sur des crânes actuellement plus nombreux, ont pu étudier plus complétement les caractères anthropologiques de cette ancienne peuplade de Solutré. Notre Président, par ses mensurations céphalométriques, vient de nous montrer que cette peuplade, dès l'âge du Renne, par sa conformation, témoignait du mélange de deux races différentes, l'une dolichocéphale plus nombreuse, l'autre brachycéphale moins nombreuse.

Je n'ai pu examiner que huit à dix de ces crânes de Solutré, dont un d'enfant, mais conformément à l'opinion de ce dernier anthropologiste, six au moins de ces crânes m'ont paru se rapporter à la forme allongée mésaticéphale et dolichocéphale, un ou deux crânes d'adultes seulement se rapportant à une race brachycéphale. Ces crânes ont un coronal plus ou moins bas, plus ou moins élevé, mais toujours plus ou moins globuleux, et nullement rétréci supérieurement, comme dans la forme pyramidale.

Les sutures crâniennes, loin d'être simples, sont assez compliquées, assez denticulées, principalement les sutures bipariétale et lambdoïde. Plusieurs crânes, et en particulier le crâne d'enfant, présentent des os wormiens assez nombreux. L'un de ces crânes offre une suture médio-frontale.

En général, la face n'est pas losangique. Sur l'une de ces têtes les os malaires semblent assez écartés, mais, chez la plupart des autres, le diamètre bimalaire paraît ordinaire, sinon peu considérable.

Le prognathisme est exceptionnel. L'une de ces têtes toutefois présente un prognathisme maxillaire inférieur. Chez quelques dolichocéphales et mésaticéphales, la face paraît haute par suite du développement vertical des maxillaires.

La fosse olécranienne n'est pas perforée sur les deux humérus d'un squelette assez complet qui est déposé au musée de Lyon.

Quant aux tibias de ce squelette, sans être aussi platycnémiques, c'est-à-dire comprimés bilatéralement, que ceux observés par M. Busk chez les fossiles trouvés à Gibraltar, par M. Broca chez les Troglodytes de Cro-Magnon, par MM. Broca et moi, chez les débris humains de l'allée couverte de Chamant près de Senlis, ils sont peu épais, mais se font surtout remarquer par leur

[1] *Congrès international d'anthropologie et d'archéologie préhistoriques de Paris*; p. 347; 350, etc. 1867; *Bull. de la Soc. d'anthrop.*, t. VI, p. 190, 446; 2e sér., t. I, p. 449, etc.

[2] *Congrès int. d'anthrop. et d'arch. de 1867*; Broca, p. 384; Lagneau, p. 424.

[3] Ducrost et Lortet : Études sur la station préhistorique de Solutré; *Archives du Muséum d'histoire naturelle de Lyon*, 1872.

incurvation en dedans. Le tibia droit présente à la partie saillante de cette incurvation une sorte d'hyperostose. Cette saillie osseuse est-elle la suite d'un traumatisme, d'un coup violent? Ainsi que voulait bien me le faire remarquer un des conservateurs du Muséum, certaines saillies ou excroissances, peut-être également attribuables à des contusions, se montrent aussi aux membres supérieurs, principalement aux os des mains. Cette incurvation en dedans des deux tibias avec hyperostose de l'un d'eux doit-elle être attribuée au rachitisme? Malgré la prédominance de la malléole interne du tibia droit, la symétrie relative de l'incurvation en dedans présentée par les deux tibias, sans écarter la vraisemblance d'un état morbide, doit engager à rechercher sur les autres tibias qu'on pourrait trouver à Solutré, si cette conformation incurvée n'avait pas été fréquente, ou plus ou moins propre à l'un des deux types des anciens habitants de cette localité.

En terminant ces quelques remarques, je dirai que la plupart des anciens crânes de Solutré, loin d'être des brachycéphales mongoloïdes, sembleraient plutôt se rapprocher du type dolichocéphale désigné par M. Hamy sous la dénomination de race dolichocéphale néolithique ou de l'âge de la pierre polie [1], pour la distinguer de la race dolichocéphale à front déprimé, à arcades sourcilières saillantes, qu'il désigne sous la dénomination de race dolichocéphale paléolithique ou de l'âge de la pierre taillée. Toutefois, si MM. de Ferry, Arcelin, Ducrost et autres archéologues ayant étudié les fouilles de Solutré croient pouvoir rapporter les crânes humains qui y ont été trouvés à l'âge paléontologique du Renne, à l'âge archéologique paléolithique, cette race dolichocéphale de Solutré, très-ancienne dans notre Europe occidentale, aurait existé dans notre pays avant l'âge archéologique néolithique.

M. Arcelin. M. Broca vient de déclarer qu'il ne peut donner ses conclusions que sous toutes réserves, attendu que les archéologues sont en désaccord sur la valeur et l'authenticité des documents qu'il vient d'étudier : « M. Arcelin, a-t-il dit, m'a envoyé dix-huit crânes étiquetés *Age du Renne*. Or, M. l'abbé Ducrost m'affirmait l'autre jour à Solutré, dans une conversation particulière, que M. Arcelin n'avait réellement en sa possession que sept crânes de l'âge du Renne bien authentiques. »

Pour répondre à ces allégations, je prierai M. l'abbé Ducrost de vouloir bien expliquer à l'assemblée sur quels faits sont appuyés ses affirmations.

M. l'abbé Ducrost. M. Arcelin, dont je ne suspecte nullement la bonne foi, a pu être trompé par des indications incomplètes de M. de Ferry, qui possédait en effet un certain nombre de crânes de Solutré, mais ne provenant point tous des foyers explorés ; en outre, dans son discours de réception à l'Académie de Mâcon, prononcé peu de temps avant sa mort, M. de Ferry n'avait parlé que de deux crânes authentiques, moi-même je n'en possède que trois dont je pourrais répondre.

M. Arcelin. Je dirai à M. l'abbé Ducrost que le discours de réception de M. de Ferry fut déposé à l'Académie au mois de novembre 1867 ; que

1 Hamy, *Bull. de la Soc. d'anthrop.*, 2e série, t. IV, p. 92.

depuis cette époque jusqu'à la mort de M. de Ferry, qui arriva vers la fin de 1869, des fouilles poussées très-activement portèrent à *douze* le nombre des sépultures de l'âge du Renne, comme on peut le voir dans le *Mâconnais préhistorique*, imprimé seulement en 1870. De plus, six crânes ont été retrouvés depuis, par moi, dans les fouilles que je fis avec M. de Fréminville; lesquels six crânes ajoutés aux trois que possède M. l'abbé Ducrost, forment un total de 21 (vingt et un) crânes de l'âge du Renne, exhumés des fouilles du Crot-Charnier.

M. L'ABBÉ DUCROST. Je dois faire remarquer : 1° que MM. Ferry et Arcelin, dans un mémoire publié en 1868 sur l'âge du Renne en Mâconnais, divisent les sépultures par eux découvertes en deux catégories qu'ils rapportent à la même époque : sépultures en dalles brutes, sépultures dans la terre libre. Or, les premières ne sont point, selon moi, de l'âge du Renne; quand aux secondes, il ne paraît pas que celles qui sont dans le sous-sol ordinaire puissent être attribuées à cette même époque du Renne ; une foule de raisons me les font regarder comme plus récentes. Les sépultures sur les foyers et dans les foyers sont rares, et encore quelques-unes de ces dernières ont été pratiquées postérieurement ; probablement par les hommes de la pierre polie. Il faudrait donc retrancher des crânes trouvés un certain nombre qui n'appartiennent point à l'âge du Renne. 2° M. de Ferry, dans un travail publié en 1868, à Dijon, chez Rabutot, « *L'Homme préhistorique en Mâconnais* ; » travail lu à l'Académie de Mâcon en 1868, n'indique encore que deux crânes (voir *L'Homme préhistorique en Mâconnais*, p. 14).

M. ARCELIN. Deux mots seulement de réponse à M. Ducrost. Dans notre mémoire, publié en juillet 1868, nous avions déjà, M. de Ferry et moi, fixé le critérium dont vous avez pu contrôler l'exactitude l'autre jour à Solutré. Tous les crânes produits par nous, comme étant de l'âge du Renne, ont été retrouvés sur ou dans des foyers analogues à celui que vous avez exploré samedi, sauf toutefois les deux crânes recueillis par M. de Ferry dans des tombes en dalles (les seules que nous ayons observées), sur lesquelles j'ai déjà fait mes réserves. Ainsi, sur ce point, pas de confusion possible. De plus, si M. de Ferry, dans un travail lu *au mois de janvier* 1868 (*L'Homme préhistorique en Mâconnais*), ne parle encore que de deux crânes, c'est qu'il n'en possédait en effet que deux à cette époque, provenant des tombes en dalles. Je venais de découvrir (novembre 1867) le premier crâne rencontré sur foyer, et ce n'est que pendant l'été de 1868 que nous recueillîmes la majeure partie des documents étudiés et décrits par M. Pruner-Bey dans le *Mâconnais préhistorique* (supplém. Anthrop., 1r série).

M. de LUBAC

ÉTUDE SUR L'ÉPOQUE DU MOUSTIER, D'APRÈS LES FOUILLES FAITES DANS LES CAVERNES DE SOYONS (ARDÈCHE)

(EXTRAIT)

— *Séance du 27 août 1873.* —

M. DE LUBAC expose les résultats de ses fouilles dans la caverne de Néron, à Soyons. A la surface du sol on trouve des objets appartenant à l'âge de la pierre polie, mais dans l'intérieur du terrain on ne rencontre plus que des objets de la période paléolithique, époque du Moustier. Cette grotte est fort belle et creusée de façon à démontrer que l'Homme a habité la vallée du Rhône après le creusement de cette vallée et les grandes inondations glaciaires. Il y a deux gisements paléolithiques dans la caverne de Néron, l'un inférieur à l'autre, mais tous deux de la même époque. La faune d'alors y est représentée par des ossements de deux espèces de Cheval, l'une plus grande que le Cheval de Solutré, l'autre très-petite et comparable au Poney des Orcades ; ces animaux étaient sauvages, et l'on peut constater que leurs métatarsiens et métacarpiens n'étaient pas plus soudés que chez le Cheval de Solutré ; on trouve encore des os de Renne, de *Bos urus*, d'Auroch, de Cerf ordinaire, de *Cervus megaceros*, de Cerf corse, de Chevreuil, de Bouquetin, d'Hyène (ce Carnassier pénétrait dans la caverne en l'absence de l'Homme et y rongeait les os, débris de repas), d'*Ursus spelæus*, de Loup, de Chien non domestique ; les restes de Mammouth y sont très-rares, ceux de *Felis spelæa* très-rares, ceux de *Rhinoceros tichorinus* encore plus rares ; on a retrouvé aussi des os de petits Rongeurs. Les outils de silex sont tous du type du Moustier, des racloirs en majeure partie, parmi lesquels il s'en trouve quelques-uns qui possèdent un angle aigu pour servir de poinçon. Il y a encore des couteaux ou éclats longs, mais ceux-ci paraissent être d'une date plus récente, Aucun de ces objets ne semble avoir été emmanché. Certains galets entaillés ont pu servir de casse-tête. Il n'y avait aucun bijou, aucune poterie ; pas un animal domestique, et l'état de certains os humains pourrait faire supposer l'anthropophagie. Malheureusement, aucune sépulture n'a pu livrer à la recherche des restes humains qui permissent de déterminer la race qui habitait Soyons. M. de Lubac termine par des considérations générales sur l'état social des Hommes de la période paléolithique.

M. GOSSE prie M. de Lubac de faire examiner par un zoologiste compétent les os qu'il attribue au Chien.

M. BROCA fait ses réserves à l'endroit de la mâchoire dite de Chien qui est présentée, et qui lui semble être plutôt celle d'un Loup.

M. J. OLLIER de MARICHARD

Inspecteur d'archéologie et membre de la Société d'anthropologie de Paris

NOTICE SUR LA CARTE ARCHÉOLOGIQUE DU VIVARAIS

— *Séance du 27 août 1873.* —

Lors du dernier Congrès de Bordeaux, M. le Dr Prunières de Marvejols, après une intéressante communication sur les dolmens de la Lozère, fit appel aux souvenirs et aux recherches de tous les explorateurs qui s'occupent des mêmes études. « Il serait heureux, dit-il, de voir quelques-uns de nos collègues des départements limitrophes de la Lozère suivre mon exemple, et dresser la carte archéologique de leurs départements, sur laquelle figureraient les emplacements occupés par les monuments mégalithiques, les Joyandes, et tout ce qui a trait à l'existence du peuple à dolmens.

Depuis plusieurs années, je consacre une grande partie de mes loisirs à étudier les questions de l'archéologie préhistorique dans le département de l'Ardèche. Mes recherches ont eu principalement pour but d'établir l'ancienneté de l'Homme dans le Vivarais et à quelle race devaient se reporter tous les antiques vestiges que ces populations primitives y ont laissés. Je crois être particulièrement agréable à M. le Dr Prunières en répondant aujourd'hui à son appel et en soumettant au Congrès de Lyon l'essai d'une carte archéologique du Vivarais.

J'aurais pu présenter la carte générale du département de l'Ardèche, mais, pour le moment, j'ai cru plus opportun de m'en tenir à la partie méridionale du département, à cause de la quantité prodigieuse de monuments préhistoriques qu'elle renferme et qui se trouvent disséminés dans cette région, sur une étendue de 50 kilomètres carrés. D'ailleurs, tous les renseignements que je me suis procurés sur l'arrondissement de Tournon et la partie nord de celui de Privas ne me signalent nulle part l'existence d'aucun monument mégalithique.

Pendant les deux premières époques paléolithique et néolithique, la province de l'Helvie, dont il est ici question, n'avait pas de limites déterminées ni de géographie propre. Le pays, d'un relief très-accidenté, était presque entièrement couvert d'immenses forêts peuplées d'animaux féroces. Ce relief accidenté n'est que le résultat du soulèvement de la chaîne granitique des Cévennes qui le traverse du sud-ouest au nord-est, et de la chaîne volcanique des Coirons et du Mezenc, qui coupe la première chaîne à angle droit, du nord-ouest au sud-est.

Le plateau cévénique et celui des Coirons, avec une partie de leurs versants entre la Lozère, la Haute-Loire et la Loire, sont occupés par les terrains ignés et s'y montrent plus ou moins développés, depuis les granites et gneiss, jusqu'aux basaltes modernes. Les granites et les micaschistes forment plus de la moitié du Vivarais. Tirez une ligne partant de la Voulte et passant par Privas, le col de l'Escrinet, la Bégude-de-Vals, Rocles, avec un retour du village de Gravières sur les Vans et Saint-Ambroix, dans le Gard; toute la partie située au nord de cette ligne appartient aux terrains primitifs; toute la partie située au sud appartient aux terrains sédimentaires. Les diverses couches des terrains sédimentaires suivent, par des bandes de terrains plus ou moins larges et irrégulières, cette ligne séparative, depuis la Voulte jusqu'à Saint-Ambroix. Les dépôts du trias, du lias, de l'oolithe et de l'oxfordien, forment des bandes successives de peu d'étendue, proportionnellement au dépôt crétacé qui s'étend depuis Ruoms jusqu'au Rhône et occupe une étendue de 40 kilomètres.

Tous les dolmens, les *tumuli* et les grottes à habitations préhistoriques, se trouvent ici dans le Vivarais, comme l'a constaté M. le Dr Prunières dans la Lozère, disséminés dans les terrains calcaires; de très-rares dolmens et autres monuments s'élèvent dans les terrains de formation primitive. En général, tous sont formés de roches calcaires, plus ou moins volumineuses, et présentent la même disposition intérieure et extérieure que ceux signalés et décrits dans le Gard, la Lozère et l'Aveyron. Par tous les débris d'industrie et ossements humains recueillis dans leurs dépôts intérieurs, ils sont tous de la même époque que ceux de nos départements voisins et ont été l'œuvre du même peuple.

La région des dolmens occupe toute la partie méridionale du Vivarais; elle comprend les cantons du Bourg-Saint-Andéol, de Vallon, de Villeneuve-de-Berg, une pointe de celui de Largentière, par la petite rivière de Landes jusqu'au village de Prunet, les cantons de Joyeuse et des Vans, en entier. Elle s'étend, au sud, dans le département du Gard, depuis l'embouchure de la Cèze et, suivant cette rivière, jusque dans les communes de Portes, et se continue dans la Lozère, par le collet de Dèze. J'ai même, dans une récente exploration, fouillé des dolmens et des *tumuli*, au nord du département du Gard, aux confins de la Lozère, dans la commune de Mialet.

D'après les renseignements qui m'ont été fournis et que j'ai lieu de croire exacts, il se trouve quelques dolmens dans les terrains primitifs, granites ou micaschistes du nord-ouest du Vivarais, faisant suite à ceux des mêmes terrains de la Lozère, entre La Bastide et Langogne. Ils sont situés à Monselgues, canton de Valgorge, à Saint-Alban en

Montagne, canton de Saint-Étienne de Lugdares, et à Lesperon, canton de Coucouron.

Les cavernes à ossements et les grottes à habitations préhistoriques, toutes creusées dans les terrains calcaires, s'ouvrent sur les deux rives de l'Ardèche depuis son embouchure jusqu'à Vogué, sur tout le parcours de Chassezac aux Vans, ainsi que de quelques affluents de ces deux rivières, tels qu'Ibie, Beaume, Auzon et les cours d'eau qui suivent les vallées du versant méridional des Coirons. On ne peut guère évaluer leur nombre au-dessous de deux cents. J'ai visité et fouillé une grande partie de ces grottes, mais le plus grand nombre a été exploré avant moi par M. de Malbosc, il y a une trentaine d'années. Ce savant géologue a même pressenti à cette époque, suivant les notes qu'il a laissées et d'après les débris d'industrie qu'il avait recueillis dans ses fouilles, que l'Homme avait habité ces cavernes dès l'époque quaternaire et qu'il était contemporain du Mammouth et du grand Ours.

J'ai pu, moi-même, confirmer son opinion par la récente découverte de la grotte de Néron, près Soyons, où nous avons trouvé les débris d'industrie humaine associés aux ossements du Mammouth, du grand Ours et du Renne. Toutes les grottes du Vivarais ont été habitées pendant les trois grandes périodes de la pierre taillée, de la pierre polie et du bronze. Je l'ai déjà mentionné dans ma petite brochure : *Recherches sur l'ancienneté de l'Homme dans le Vivarais* [1].

La région des dolmens, telle que je viens de l'indiquer, occupe toute la région sud-ouest du Vivarais, depuis le Bourg-Saint-Andéol jusqu'à Langogne, dans la Lozère. Au delà de cette ligne, tout ce que l'on signale comme monument préhistorique ne doit être accepté qu'avec méfiance, à cause du peu de leur assimilation.

Dans le Vivarais, les dolmens, désignés sous le nom d'*houstaou de las Fades*, se présentent sous plusieurs formes de construction que je reporte à des époques successives ; suivant les débris d'industrie recueillis dans ces anciennes sépultures, nous avons en première ligne le grand dolmen, le dolmen type ; c'est un carré long, formé par des pierres brutes, généralement fichées en terre de champ et recouvertes par une pierre posée à plat, de la plus forte dimension, suivant la nature du calcaire employé à sa construction ; leur orientation est toujours de l'est à l'ouest, rarement du nord au sud. Un espace de 60 centimètres est ménagé entre les deux dalles au sud, qui sert d'entrée à la sépulture. Ce type est toujours construit sur un immense gal-

[1] *Recherches sur l'ancienneté de l'Homme dans les grottes et monuments mégalithiques du Vivarais.* Coulet, libraire. Montpellier, 1870.

gall de pierres, symétriquement amoncelées circulairement; tout à l'entour règne un cercle de pierres droites, espacées de 3 mètres en

FIG. 18. — Dolmen de l'Ardèche.

3 mètres, fichées dans le galgall à 2 mètres environ du monument; on donne à ces pierres levées le nom de *Plourousos:* ces diverses dénominations entraînent avec elles des idées supertitieuses et attribuent à des fées mystérieuses la construction de ces monuments de plus, elles semblent fixer à ces pierres levées la place que devaient occuper le groupe des pleureuses dans les cérémonies des sacrifices humains auxquels on croit généralement dans nos montagnes.

Un autre type se compose de quatre pierres d'égale longueur, un intervalle de 60 à 80 centimètres est ménagé entre chaque dalle; les intervalles au nord-ouest, nord-est et sud-est sont remplis par un mur demi-circulaire en petites dalles plates et unies; l'intervalle au sud-ouest reste ouvert et sert d'entrée. Ce type, comme le premier, est élevé très-haut sur l'éminence du galgall.

FIG. 19. — Dolmen de l'Ardèche sur tumulus.

Le deuxième type, qui est le véritable *tumulus dolmen*, est un carré long plein. Le sarcophage est formé de quatre pierres brutes d'inégales longueur, inclinées les unes vers les autres d'un angle de 45°, et

FIG. 20. — Coupe d'un tumulus dolmen de l'Ardèche.

recouvertes par une pierre. Ce type, au lieu d'être élevé sur le galgall, est au contraire entièrement enseveli au centre, et les dalles ne dépassent la surface convexe du tumulus que de 10 à 12 centimètres. Le plafond intérieur de tous ces sarcophages est pavé de gros moellons fichés dans le sol.

Les fouilles exécutées dans les dolmens de la première catégorie ne nous ont fourni que de grosses perles en pierre calcaire blanche, des pointes de flèches finement retouchées en forme de feuilles de saule; quelques coquillages percés genre cardium et des ossements humains en très-mauvais état, tous brisés et entièrement corrodés. Dans quelques-uns de ces sarcophages, nous avons aussi recueilli quelques belles armes en silex, surtout des couteaux de 10 à 15 centimètres de longueur, généralement de forme convexe.

Dans les dolmens de la seconde catégorie, nous avons trouvé, outre de beaux ornements en coquillages, plus volumineux et travaillés, une riche collection de magnifiques poignards en silex, de 20 à 35 centimètres de longueur ; des ossements humains très-bien conservés et très-volumineux ; deux poignards en bronze identiques de forme avec les poignards en silex et portant encore les goupilles pour les fixer sur un manche en bois ou en os.

Les dolmens de la première catégorie appartiennent évidemment à l'époque de la pierre polie, ceux de la seconde, à la période intermédiaire entre l'âge de la pierre polie et celui du bronze.

Les innombrables *tumuli* creusés sur nos coteaux et au milieu de nos bois taillés se présentent sous quatre formes de constructions. Ils appartiennent tous à l'époque du bronze : 1° sarcophage non couvert d'une dalle, mais simplement enseveli sous un immense tas de pierres

Fig. 21. — Tumulus dolmen de l'Ardèche.

brutes circulairement entassées, formé de deux grandes dalles latérales de 2 mètres de longueur ; 2° sarcophage de quatre dalles fichées de champ recouvert de gazon ; 3° sarcophage de deux dalles très-minces de 2 mètres de longueur, abouchées l'une contre l'autre par leur sommet, creusé dans le sol et presque entièrement enfoui sous le terrain ; 4° celui enfin composé de huit dalles, trois latérales, deux aux extrémités, et recouvert de trois grandes dalles de 60 centimètres chacune.

Dans les premiers, ornements en pierre, en os, coquillages (cyprées), perles et ornements en bronze : dans les seconds, fibules et anneaux

FIG. 22. —Allée couverte sous-tumulaire (Ardèche).

en bronze aux bras et aux jambes : dans les deux autres, peu de débris d'industrie, mais, en revanche, de beaux squelettes entiers et parfaitement conservés.

FIG. 23. — Monument mégalithique de l'Ardèche.

Si l'on jette les yeux sur la carte (pl. XIII), on peut voir que le peuple à dolmen et à *tumuli* s'est constamment tenu très-éloigné des montagnes volcaniques. Ne pourrait-on pas conclure de cette observation que les volcans étaient encore en ignition pendant le séjour de l'Homme dans l'Helvie, et que nos volcans sont contemporains de ceux de la Haute-Loire, où l'on a découvert les débris humains à Denise? Je croyais être sur la voie pour vider cette question, mais le crâne que l'on m'avait envoyé comme recueilli dans une coulée volcanique, à Miribel, se trouve, après une exploration des lieux, être le débris d'une sépulture au pied de la roche volcanique. Je crois toutefois ce crâne très-ancien, à cause des caractères de race inférieure qu'il présente, et il doit remonter à l'époque du Mammouth.

Le pays des Helviens, pendant les époques paléolithique et néolithique ne renfermait aucun grand centre de population ; quelques tribus éparses et nomades s'étaient établies sur de hautes collines dans des refuges entourés d'enceintes de pierres brutes et protégées contre toute surprise par de profondes vallées. Le plus important de ces refuges est celui de la Dent de Retz. Il se compose de trois campements distants l'un de l'autre de 4 à 5 kilomètres. Ils renferment encore des vestiges de plusieurs groupes de petites huttes séparées par de larges rues. Une remarque assez importante que je dois mentionner ici, c'est que toutes les stations ou camps dits camps de César, marqués sur ma carte comme appartenant à l'époque romaine, ont été dès le principe établis et choisis par les populations préceltiques et celtiques, et occupés plus tard par les Romains.

L'archéologie, aidée de l'anthropologie, nous apprend que les premières populations qui sont venues habiter cette partie de la Gaule étaient composées d'Ibères et de Ligures, qu'elles s'allièrent avec les Celtes et que de cette alliance sortit le peuple helvien, qui n'est qu'un peuple métis de race croisée de Celtes, d'Ibères et de Ligures. C'est le peuple devenu très-puissant qu'eurent à combattre les Romains, lors de leur descente dans les Gaules, et que l'histoire mentionne et qu'elle place au nombre de ces petits peuples groupés dans la Gaule celtique, qui s'étendait alors de l'Océan aux Alpes, de la Marne à la Garonne et à la Méditerranée.

ÉPOQUE HISTORIQUE

Le pays des Helviens, devenu évêché d'Albe, puis de Viviers, sous le nom de Vivarais, n'occupait pas la surface actuelle du département de l'Ardèche. La plus grande partie de l'arrondissement de Tournon dépendait alors de l'Église de Vienne ; la partie comprise entre Tournon et la Voulte dépendait de l'évêché de Valence, tandis que l'évêché de Viviers comprenait seulement la partie méridionale du département, dont la chaîne des montagnes des Coirons traçait la limite depuis le mont Mezenc jusqu'à l'embouchure au Rhône de la rivière de l'Érieux. Ce pays était limité au nord par les Vellaviens et les Ségusiens ; à l'est, par les Ségalauniens et les Tricastins, dont il était séparé par le cours du Rhône ; à l'ouest par les Arvernes et les Gabales, et au sud par les Volces arécomiques.

Alba Augusta, aujourd'hui Aps, sur les bords de l'Escoutay, entre Viviers et Saint-Jean-le-Centenier, était la capitale de l'Helvie. Cette puissante cité, pendant la domination romaine, était en communication avec les capitales des provinces voisines par cinq voies pavées et munies de pierres milliaires. La première, conduisant à Lyon par Valence, descendait dans la gorge de Fagol, passait à Melaz, suivait les bords du Rhône par Cruas, Baix-sur-Baix, le Pouzin, Soyons, et franchissait le fleuve sur le pont de Valence, dont les fondements apparaissent dans les basses eaux au point nommé la Tour de Constance, pour se rattacher à la voie d'Arles à Lyon.

La deuxième voie, conduisant par la vallée de Valvignières au Bourg Saint-Andéol, d'où, suivant les bords du Rhône, elle se rattachait à la voie de Nîmes, au pont de Saint-Just.

La troisième voie, conduisant à Gergovie, passait à Saint-Jean-le-Centenier, le Pradel, Lussas, descendait par l'Échelette dans la vallée de l'Ardèche jusqu'au débouché de la gorge d'Ucel, remontait la rive gauche de l'Ardèche, jusqu'à Niargues, d'où elle descendait au pont de la Baume : de ce point, elle se bifurquait en deux voies : l'une traversait l'Alignon, sur le pont romain encore debout, puis l'Ardèche, sur celui de Barutel, près de Nérac ; remontait la vallée jusqu'au col de la Chavade, pour descendre de là au sud-ouest dans la vallée de l'Allier et rejoindre, par Langogne, la voie de Gaballum. L'autre se dirigeait, vers Montpezac, où elle se divisait en deux parties au pied de la montagne, l'une par le Chemin du Roi, le Pal, Rieutord ; abordait la frontière, par le Beage ; l'autre part suivait la vallée de Fontaulières, le Roux, gravissait le plateau de Faujan, de Lanarce, pour arriver à Pradelles.

La quatrième voie se détachait de la précédente, entre Mongol et le Pradel, suivait la vallée de la rivière d'Auzon, qu'elle traversait à Saint-Germain, longeait l'Ardèche jusqu'à Ruoms, traversait la plaine de Vallon, et, par Salavas et Vagnas, se rendait à Nîmes.

La cinquième, qui m'a été indiquée par M. Gleizal, avocat à Privas, et qu'on connaît dans le pays sous le nom de Voie de César, et qui aurait été suivie par ce grand conquérant de la Gaule pour aller attaquer les Arvernes, part de Meysse, sur les bords du Rhône, s'élève rapidement, par Saint-Martin-l'Inférieur, sur les hauts plateaux des Coirons, suit jusqu'à Mézilhac ces régions volcaniques, passe dans le mont Charais, sous le grand camp de César, près Mézilhac, descend vers la Champ-Raphaël et remonte vers Saint-Andéol-de-Fourchade, d'où elle communique à la frontière, par Saint-Martial et Borée.

M. de Saint-Andéol a signalé une autre voie qui, partant d'Alba, remontait le mont Juliau et, suivant la vallée d'Ibie, venait se joindre à la quatrième voie, à Salavas, par Lagorce et la plaine de Vallon. Malgré les quelques vestiges de stations mis à jour dans la partie comprise entre Vallon et Lagorce, rien ne fait supposer l'existence de cette voie qui, d'ailleurs, n'a pas de raison d'être, la quatrième voie étant plus que suffisante pour desservir les communications entre Alba et Nîmes, soit par Valvignières, soit par la vallée d'Auzon et de l'Ardèche.

Sur tout le parcours de ces grandes voies, les pierres milliaires sont presque en place ; elles servent de piédestal à des croix rustiques. De nombreux *oppida* sont élevés sur les collines que suivent ces voies. Ces camps ont servi de jalons pour reconstituer la carte de l'Helvie ancienne. Ils n'ont pas de noms propres, on ne les désigne que sous le nom des localités voisines.

J'ai minutieusement noté sur ma carte l'emplacement, aussi exact que me l'a permis la carte dressée par M. Montrond, de toutes ces stations stratégiques. J'en ai fait de même de toutes les villas, mentions, temples et monuments divers reconnus romains ou gallo-romains, que nous avons successivement rencontrés dans nos explorations ou qui ont été signalés par mes devanciers.

Dans plusieurs cantons de l'arrondissement de Largentière et principalement dans les communes de Vinezac, Chaziers, et Saint-Étienne de Lugdarès, nous avons découvert certains monuments, si toutefois on peut donner ce nom à des pierres creusées en forme de grandes auges, qui se trouvent dans ces localités. On serait tenté de les désigner sous le nom de pierres à bassins ou pierres à sacrifices, mais, depuis les intéressantes communications insérées dans les journaux scientifiques sur ces débris d'industrie, on ne doit voir dans ces pierres creusées que des ustensiles domestiques et agricoles, et, ici, comme dans l'Aveyron, ce ne sont que des pressoirs primitifs pour le vin. On sait que la culture de la vigne remonte dans le Vivarais à la plus haute antiquité, la découverte de ces cuves primitives ne serait-elle pas la preuve de cette haute antiquité ? Quant à savoir à quelle population attribuer l'introduction de la culture de la vigne dans nos pays, soit aux Gaulois, aux Phéniciens, aux Grecs ou aux Romains, nous ne pouvons qu'attendre que cette question soit plus entièrement étudiée, pour nous prononcer affirmativement. Le recueil des *Matériaux pour l'Histoire primitive de l'homme*, qui traite en ce moment cette question, nous en donnera sans doute bientôt la solution.

Non content de noter sur la carte tous les monuments des époques préhistoriques et anciennes, j'ai voulu aussi signaler tous ceux qui intéressent notre histoire locale.

Nous avons dans notre Vivarais de vieilles églises et abbayes dont la construction remonte du sixième au quinzième siècle. Quelques-uns sont en parfaite conservation, mais sont à la veille d'être démolis, à cause de leur petitesse et sous le prétexte frivole d'une restauration. J'appelle l'attention des archéologues sur ces beaux types, qui méritent d'être classés parmi les monuments historiques. Quant à tous les vieux châteaux en ruines aujourd'hui, mais qui ont joué un grand rôle dans le temps de leur splendeur, on est en ce moment occupé à recueillir tous les documents et archives de ces antiques débris de l'époque féodale, que nous nous proposons de faire paraître dans le *Bulletin de la Société des sciences naturelles et historiques de l'Ardèche.*

M. GOSSE

de Genève

RAPPORT SUR L'EXCURSION DE RAMASSE

(EXTRAIT)

— Séance du 27 août 1873. —

M. GOSSE (de Genève) fait un rapport sur l'excursion anthropologique au cimetière mérovingien de Ramasse. M. Gosse, à qui de nombreuses fouilles dans la même région donne une compétence indiscutable, décrit la localité et fait remarquer entre autres choses que généralement les tombeaux de l'époque mérovingienne sont situés sur des hauteurs et dans un terrain sablonneux, tandis qu'à Ramasse les sépultures sont creusées dans un fond et dans un sol argileux. Le seul objet qu'on ait trouvé le 24 est une plaque de ceinturon en fer, et ce fut dans la tombe d'une femme, comme il appert de l'examen du squelette; avec cette plaque il y avait aussi des débris d'une poterie grise, dans d'autres sépultures il y avait des fragments de poterie grossière.

DISCUSSION

M. BELIME ajoute qu'on trouvait dans la terre des granules rouges et noirs, très-probablement débris de poteries rouges et de charbon. Les tombes paraissent avoir été construites expressément pour l'individu qui y a été enterré ; à l'extrémité supérieure on trouve toujours une pierre plate en guise de chevet pour la tête du cadavre.

M. ARCELIN. Dans le Mâconnais et la Bresse nous avons deux espèces de tombes ; les unes munies de dalles de pierre, les autres formées de petits murs, et analogues à celles de Ramasse. Les débris rougeâtres, les granules trouvés dans la terre étaient-ils des débris de poterie? Cela paraît douteux.

M. Gosse. Ces tombes sont très-bien faites, elles ne présentent pas de fentes, d'interstices par où la terre ait pu y pénétrer en entraînant des cailloux ou des fragments. Donc, le morceau de poterie et le morceau de silex trouvés dans la tombe n'y ont pas été entraînés, mais y ont été déposés.

M. Broca. La remarque que vient de faire M. Arcelin est importante. Il vient de nous dire qu'il y avait de ces tombes là aux environs de Solutré. Eh bien, si ces tombes sont mérovingiennes, ce qui paraît certain, il faut avouer qu'elles diffèrent beaucoup des tombes mérovingiennes proprement dites, qui sont formées par des auges de pierre. Pour ma part, j'en ai fouillé plusieurs centaines, et je les ai toujours rencontrées avec ce caractère distinctif.

Il y aurait donc ici une modification dans le mode de sépulture qui, d'après ce que M. Arcelin vient de dire, aurait été générale dans le pays des Burgundes.

M. Arcelin. Il faut tenir compte dans cette question des sépultures, non-seulement des différences ethniques, inhérentes aux populations, mais encore des matériaux qu'elles ont pu avoir à leur service, et qui ont pu contrarier ou modifier les habitudes. C'est ainsi que les anciennes races ont rencontré dans nos contrées des calcaires feuilletés facilement découpés en longues dalles, et se sont trouvées naturellement invitées à s'en servir.

Quant à l'âge des petits caveaux servant de sépulture, M. Arcelin les rapporte au quatrième siècle, au moment précis où l'on a commencé à ensevelir les morts au lieu de les brûler.

M. Prunières. Dans la Lozère on trouve ces trois sortes de sépultures : auges, petits murs, dalles plantées. Enfin, M. Prunières a vu dans un cas une tombe faite avec des briques à rebords.

M. GOSSE

de Genève

LA STATION PRÉHISTORIQUE DE VEYRIER ET L'AGE DU RENNE EN SUISSE

(EXTRAIT)

— *Séance du 27 août 1873.* —

Veyrier est située au pied du Salève et aux bords de l'Arve, sur une terrasse glaciaire. Des silex travaillés, des os et des charbons se rencontrent là entre l'ancien sol et le nouveau formé par les déblais des carrières que l'on exploite dans cette localité de temps immémorial. Entre des rochers amoncelés était le gisement exploré par M. Gosse, et qui pour lui était une sépulture autour de laquelle on avait fait le repas funéraire dont les débris furent rejetés dans la tombe. Les objets recueillis sont de ces instruments à usage inconnu, communément nommés bâtons de commandement, des plaques d'or avec des dessins au trait dont l'un semble représenter un poisson, des pointes de flèche d'os et de bois de renne ; les objets de silex sont généralement petits et laids à cause de l'éloignement où est Veyrier des localités pourvues de silex. On remarque encore un curieux caillou taillé avec un anneau médian formé par la gangue, et un autre caillou de la molasse en forme de disque et percé d'un trou. La faune de cette station se compose : de l'Homme, du Cheval, du Renne, du Chamois, de l'Ours, du Chevreuil, du Loup, de divers Oiseaux tels que le Tétras, le Lagopède, la Cigogne, et peut-être la Poule.

M. Ernest CHANTRE

CARTE ARCHÉOLOGIQUE D'UNE PARTIE DU BASSIN DU RHONE POUR LES TEMPS PRÉHISTORIQUES PRÉSENTATION DE CRANES

— *Séance du 27 août 1873.* —

Les recherches préhistoriques dans le bassin du Rhône, quoique ne datant que de dix ans à peine, ont produit déjà d'assez beaux résultats pour que l'on puisse affirmer que cette partie de la Gaule est l'une de celles qui ont été le plus habitées dans ces temps reculés. On rencontre un nombre considérable des vestiges de l'âge de la pierre la plus rudimentaire dans les cavernes, dans les alluvions et dans des foyers en plein air, dont la fameuse station de Solutré est le type.

Les stations de l'âge de la pierre polie sont très-nombreuses dans la vallée de la Saône et la plaine dauphinoise, ce sont des foyers à l'air libre, des dolmens, des palafittes, des cavernes sépulcrales, des tombeaux, etc.

Les débris de l'industrie de l'âge de bronze se trouvent très-fréquemment dans le sol, mais c'est surtout dans les palafittes de la Suisse et de la Savoie et dans les tombeaux qu'il faut les chercher.

La civilisation Gauloise ou du premier âge du fer se retrouve à chaque pas dans cette région dont la beauté et la fertilité a tant de fois excité la convoitise des peuples voisins. Ce sont principalement les tumulus de la Bourgogne et de la Franche-Comté, puis les cimetières des Alpes qui fournissent les dépouilles riches et variées de ces populations belliqueuses.

La plupart des découvertes préhistoriques faites dans le bassin du Rhône ont été décrites isolément; plusieurs sont en ce moment même en voie de publication. Aucun recueil spécial de ces documents n'ayant été entrepris, j'ai pensé qu'une carte sur laquelle seraient représentées, par des signes conventionnels, les diverses stations connues jusqu'à ce jour, pourrait rendre quelques services aux anthropologistes et aux archéologues.

J'ai choisi la carte de l'état-major français à l'échelle de $\frac{1}{80000}$, mais, pour la publication, j'ai du condenser mes matériaux déjà nombreux sur la carte du génie militaire à l'échelle de $\frac{1}{864000}$.

La surface de pays dont je présente les stations préhistoriques est comprise entre Dijon au nord, les montagnes beaujolaises et lyonnaises à l'ouest, les Alpes de la Savoie et du Dauphiné à l'est, et Grenoble au sud.

La partie inférieure du bassin fera l'objet d'un autre travail.

Pour construire ma légende, j'ai dû étudier les rares cartes archéologiques qui ont été publiées, mais ainsi qu'on peut le voir par les quelques exemples que je cite, les systèmes qui ont été employés jusqu'à présent pour la représentation des gisements, sont ou trop compliqués ou insuffisants pour être adoptés universellemeni, j'ai donc dû en créer un nouveau.

Au congrès d'anthropologie et d'archéologie préhistoriques de Bologne, en 1871, M. le comte Przerdziecki avait, au nom de la Société scientifique de Cracovie, présenté un projet de légende générale pour la carte archéologique de la Pologne; dans cette légende, composée de vingt-deux signes mnémoniques, indiquant les monuments ou quelques-unes des pièces antiques trouvées dans les gisements; ces signes étaient de huit couleurs différentes [1].

Dans cette même réunion et au congrès de Copenhague, en 1869, j'avais présenté un premier essai de la carte que je publie aujourd'hui.

M. Ollier de Marichard, qui a publié en 1869 une carte archéologique fort intéressante du Vivarais méridional, a représenté les stations de cette région par cinq lettres grecques : δ, λ, Δ, θ, β [2].

Une nouvelle carte archéologique de la Suisse vient d'être publiée par M. Keller, pour la légende, il admet trois couleurs et le chiffre de ses signes conventionnels s'élève à trente-cinq [3].

M. de Bonsteten a fait paraître récemment une excellente carte archéologique générale du département du Var : il emploie dix-neuf signes différents et trois couleurs[4].

1 *Compte rendu du Cong. int. d'arch. et d'anthr. préhistoriques de Bologne.* p. 364, 1872.
2 *Recherches sur l'ancienneté de l'Homme dans le Vivarais.* Montpellier, 1869,
3 Carte archéologique de l'ouest suisse. Zurich, 1873.
4 Carte archéologique du département du Var. Toulon, 1873.

La Commission de la topographie des Gaules a enfin adopté des signes conventionnels fort simples pour la grande carte générale de la Gaule ; ils sont au nombre de douze et la couleur noire est la seule adoptée.

Il faut remarquer que la plupart des cartes que je viens de citer sont des cartes archéologiques générales. On trouvera dans les *Matériaux pour l'histoire naturelle de l'Homme*, de M. Cartailhac, un travail plus complet sur le même sujet et une étude critique sur les légendes des cartes archéologiques.

D'après le tableau ci-dessous, on verra que j'ai choisi quatre couleurs et seize signes conventionnels.

AGE DE LA PIERRE TAILLÉE	AGE DE LA PIERRE POLIE	AGE DU BRONZE	1er AGE DU FER ET ÉPOQUE GAULOISE
Rouge	**Bleu**	**Vert**	**Jaune**
Cavernes et Abris.	Palafittes.	Palafittes.	Palafittes,
Ateliers.	Ateliers.	Foyers.	Foyers.
Foyers et Kjökkenmöddings.	Camps.	Fonderies.	Camps.
Cavernes sépulcrales.	Foyers.	Trouvailles.	Fonderies.
Foyers-sépultures.	Cavernes sépulcrales.	Sépultures.	Trouvailles.
Sépultures.	Foyers-sépultures.	Tumulus.	Sépultures.
Pièces isolées (lehm et alluvions).	Sépultures.	Menhirs et Cromlech.	Tumulus.
Pièces isolées (tourbières).	Dolmens et Allées couvertes.	Pièces isolées (lehm et alluvions.)	Cimetières.
	Tumulus.	Pièces isolées (tourbières).	Pièces isolées (lehm et alluvions).
	Menhirs et Cromlech.		Pièces isolées (tourbières).
	Pièces isolées (lehm et alluvions).		
	Pièces isolées (tourbières).		

J'ai cherché, dans cette légende, à représenter, aussi complétement et aussi simplement que possible, tous les genres de gisements d'antiquités préhistoriques. Avec ce système de signes conventionnels de quatre couleurs, on peut très-rapidement reconnaître la disposition des débris industriels de telle ou telle époque dans une région donnée.

Si cette légende était adoptée par nos confrères, nous aurions en peu de temps beaucoup de cartes archéologiques, car ce qui a arrêté, jusqu'à présent, la construction et l'emploi de ces cartes, c'est en partie la difficulté que l'on rencontrait dans la représentation des gisements et le manque d'uniformité dans les rares travaux qui ont été exécutés en ce genre.

En jetant un coup d'œil sur ma carte, on se rend facilement compte de l'avantage de ce système. Ainsi, le signe jaune qui indique les tumulus, pour la plupart gaulois, que l'on remarque en très-grand nombre dans la Dombe, le Doubs et le Jura, démontre un ensemble des plus intéressants de ces monuments. Les groupements de signes verts, bleus et rouges, indiquent à première vue à quelle époque des temps préhistoriques telle ou telle contrée a été plus ou moins fréquentée par ces peuplades primitives.

Avec des cartes bien faites dans chaque pays, on pourra montrer les corrélations qui existent entre beaucoup de gisements d'une façon plus exacte qu'on n'a pu le faire jusqu'à ce jour. Les cartes archéologiques permettront encore de faire ressortir la marche de certaine civilisation et le choix constant des sites que les populations de chaque époque faisaient en arrivant sur un nouveau territoire. Ainsi, dans le bassin du Rhône' les débris de l'âge de la pierre polie se rencontrent surtout sur les plateaux ou même sur les montagnes ; ceux, au contraire, de l'âge du bronze ne se rencontrent presque jamais en dehors des anciennes voies de communication, c'est-à-dire que c'est toujours près des cols, dans les montagnes et près des fleuves, que ces antiquités se rencontrent le plus fréquemment.

Un grand nombre d'observations de ce genre seront plus facilement démontrées par les cartes archéologiques que par de gros volumes, si la simplicité de la légende vient en aide aux recherches et surtout si on parvient à l'adoption générale d'une légende internationale.

Je serais heureux si ce premier essai, le seul qui ait été tenté jusqu'à ce jour, à ce point de vue, pouvait aider les paléoethnologues à obtenir ce résultat. L'Association française pour l'avancement des sciences, en accueillant favorablement cette innovation, aura contribué à faire faire un grand pas à la paléoethnologie. Cette science serait la seule possédant un langage international.

A la suite de cette communication, M. Chantre présente un crâne et divers autres ossements humains qu'il a découverts en mars 1868 à Toussieux (Isère), à quelques kilomètres de Lyon, à la base du lehm et à la limite de la molasse marine, dans un terrain incontestablement non remanié.

Pour montrer les traces d'infériorité que plusieurs anthropologistes ont trouvées dans ces débris humains, surtout dans une portion de crâne que M. Chantre rapproche de celui d'Eguisheim (Haut-Rhin), il dépose sur le bureau le crâne qu'il a découvert en 1866 dans la caverne de Béthenas inférieur (Isère), dont l'époque est de celle de la Madeleine. Ce crâne, quoique offrant des caractères de haute antiquité, est très-beau pour l'époque; aussi cette infériorité que l'on croit rencontrer chez les ossements de Toussieux paraît-elle plus sensible.

M. Chantre s'en remet aux jugements des craniologistes, et, pour cette étude, il prie M. Broca, si compétent dans la matière, d'entretenir l'assemblée sur l'opinion qu'il a de ces restes humains.

M. Chantre n'avait pas cru devoir, jusqu'à ce jour, publier sa découverte de Toussieux, parce que les documents qu'il possédait, quoique d'une très-grande importance et d'une authenticité parfaite, ne lui avaient pas paru assez complets. Il désirait pouvoir affirmer davantage la haute antiquité de ces ossements par la rencontre de quelques traces de l'industrie humaine ou de quelques débris de la faune du lehm, à l'époque de laquelle on doit faire remonter ces fossiles humains.

M. Broca, après avoir examiné ces crânes, expose qu'un des crânes de Toussieux n'est autre que celui d'un individu atteint d'idiotisme et d'une époque relativement peu éloignée, l'autre est celui d'une femme et est très-dolichocéphale ; comme ces crânes ont été trouvés sans qu'aucun objet ne les datât, il ne faut pas y attacher trop d'importance. Le troisième crâne, celui de Béthenas, est plus remarquable. Bien qu'il soit très-certainement sorti d'une caverne de l'âge du Renne, il présente tous les caractères d'un beau crâne moderne. Parmi les signes qui distinguent les races supérieures, il faut compter la complication des sutures crâniennes, et c'est le cas du crâne de Béthenas. Il a dû appartenir à un homme de quarante-cinq à cinquante ans au plus ; ses dents sont en parfait état ; la courbe frontale est fort belle ; il est enfin très-dolichocéphale. Pour expliquer cet exemple de supériorité à la période de la pierre taillée, il faut supposer que l'on a devant les yeux un individu exceptionnel et qui avait atteint le maximum de développement d'alors, comparable à la moyenne des crânes actuels.

M. Chantre ajoute que la station de Béthenas appartient à l'époque de la Madeleine, c'est-à-dire à la fin de l'âge paléolithique.

M. DE CHAMBRUN DE ROSEMONT

LES DELTAS DU VAR ET DU RHONE PENDANT LES PÉRIODES TERTIAIRE ET QUATERNAIRE

(EXTRAIT)

— *Séance du 27 août 1873.* —

M. de Chambrun de Rosemont fait à la section une communication déjà présentée à la section de géologie. C'est le résumé d'un ouvrage qu'il vient de publier [1] et qui heurte toutes les idées admises actuellement par les plus éminents géologues. Ce que, dans tous les cas, on ne peut pas reprocher à M. de Chambrun c'est d'avoir évité la discussion : il l'appelle de tous ses vœux. Son livre lui a demandé certainement beaucoup de temps et de travail. Il soutient que la pluie et *la pluie seule* a causé les inondations diluviennes. Comme preuve il décrit les phases de l'existence géologique du Var et du Rhône.

DISCUSSION SUR LA LACUNE EXISTANT ENTRE L'AGE DE LA PIERRE TAILLÉE ET L'AGE DE LA PIERRE POLIE

— *Séance du 27 août 1873.* —

M. Cartailhac, à la fin de la séance, présente un résumé de ses observations sur la séparation qui existe entre la période de la pierre taillée et celle de la pierre polie. Il conclut en répétant que, dans notre pays, il y a eu là un grand *hiatus* historique.

M. Cazalis de Fondouce revient sur la question de la lacune existant entre l'âge de la pierre taillée et l'âge de la pierre polie. Il ne croit pas cette lacune aussi profonde que le pense M. Cartailhac.

Au point de vue de l'industrie, on peut discerner comme une transition entre l'époque de Solutré et l'âge de la pierre polie. Au point de vue anthropologique, puisqu'on retrouve encore parfois aujourd'hui les types des anciennes races paléolithiques, on doit admettre qu'elles se sont perpétuées à travers l'âge de la pierre polie. Enfin, le *Bos cervifigura* des Romains pourrait bien avoir été le Renne, qui aurait ainsi existé dans l'Europe centrale jusque vers le commencement de notre ère. M. Fraas a émis sur ce sujet certaines idées assez curieuses. En allemand, on appelle le bœuf tantôt *Ochs*, tantôt *Rind ;* pour M. Fraas, *Ochs* serait le vrai nom du bœuf, tandis que *Rind*, qui signifie aussi « bête à cornes, gros bétail, » aurait autrefois désigné le Renne, et n'aurait qu'après la disparition de cet animal pris le sens de « bœuf.. »

Mme Clémence Royer, dans un travail d'ensemble fait, non d'après ses propres observations, mais d'après les observations de ceux d'entre nos géologues qui ont étudié nos divers bassins fluviaux, est arrivée à conclure également que, dans la durée de l'époque quaternaire, nos fleuves ont subi au moins deux séries de phases alternatives de soulèvement et d'affaissement qui, deux fois, changeant tout le régime de leurs eaux, la rapidité de leur pente et la hauteur de leurs crues, sinon leur cours lui-même, ont deux fois rendu leurs rives et peut-être toutes nos plaines de l'Europe occidentale inhabitables pour l'homme. Ces changements alternatifs de nos bassins fluviaux auraient eu ainsi pour conséquence de produire dans la

1 *Études géologiques sur le Var et le Rhône pendant les périodes tertiaire et quaternaire — leurs deltas, — la période pluviaire, — le Déluge*, par A. de Chambrun de Rosemont. Paris. 1873. J. B. Baillière et fils, 130 p. in-8, sept planches et carte coloriée. Prix : 5 fr.

série de nos documents archéologiques, non pas un, mais deux hiatus très-distincts et séparés par une longue période. L'un doit se placer, soit entre la période des hauts niveaux et celle des bas niveaux, soit en d'autres endroits entre l'époque de l'*Elephas meridionalis* et celle de l'*Elephas primigenius;* la seconde, beaucoup plus récente, entre l'époque du Renne et celle de la pierre polie.

Ce serait donc à cette cause qu'il faudrait attribuer le saut brusque que l'on constate entre l'industrie et les mœurs des hommes de ces deux époques. Ceux de l'époque du Renne ayant été chassés par l'envahissement de leurs campements par les eaux, ont dû émigrer, pendant qu'autre part, sans doute, se préparait la civilisation de la pierre polie, qui, lorsque nos plaines et nos rivages redevinrent habitables, s'y répandit soudain, paraissant y apporter, avec une race peut-être en effet différente, une industrie, des arts, des coutumes, que rien ne semble avoir préparés. Mais dans quelques cavernes situées à des altitudes supérieures, en certains massifs montagneux isolés, dans les plus hautes vallées de nos affluents secondaires, l'ancienne race du Renne avait pu se perpétuer. Elle dut en conséquence lutter contre l'invasion de la race nouvelle et se mélanger avec elle en s'absorbant en elle peu à peu.

Du reste, il serait besoin pour éclaircir ce problème du concours de la géologie. Une proposition faite sur l'initiative de Mme Royer par la Société d'anthropologie, à l'effet de nommer une commission mixte de géologues et d'archéologues pour étudier spécialement l'époque quaternaire, ayant malheureusement été repoussée par la *Société géologique de France*, l'*Association française* pourrait, par l'union de deux de ses groupes, lors de sa prochaine session, aider à résoudre un problème qui intéresse au plus haut point et les anthropologistes et les géologues, et qui ne peut être étudié avec fruit que par le concours des savants spéciaux de l'une et l'autre catégorie. Mme Royer demande donc que la question soit posée à la session de 1874 et débattue dans une séance commune aux deux sections de géologie et d'anthropologie.

M. Broca ne croit pas cette lacune très-considérable. Les couteaux en pierre des dolmens, c'est-à-dire de l'âge de la pierre polie, sont les mêmes que ceux de l'âge de la pierre taillée, et si les objets d'os et de bois de Renne ne se retrouvent plus, c'est que le Renne a disparu des forêts de l'Europe d'alors.

En outre, les types humains de la période de la pierre taillée se sont perpétués bien au delà de l'époque de la Madeleine. Tout le démontre ; et si la forme du crâne change peut-être avec le genre de vie, si la civilisatition modifie quelque peu la tête humaine, on trouve des caractères indélébiles de race dans d'autres parties du squelette, dans les os longs, par exemple, dans la perforation de la cavité olécranienne.

Les fémurs des races actuelles sont à peine plus épais que larges, et la crête longitudinale qu'on appelle la *ligne âpre* est légèrement courbe ; les fémurs de l'âge paléolithique présentent ces caractères excessivement accentués ; ils sont beaucoup plus épais que larges, et la *ligne âpre* est une véritable colonne osseuse, épaisse, saillante et très-courbée. Ce qui les distingue nettement des fémurs des singes anthropomorphes, plats, larges et sans *ligne âpre*. Or, ces caractères se retrouvent en partie dans les restes humains de l'âge de la pierre polie ; dans la caverne de l'*Homme-Mort* (Lozère), qui appartient à cette période, nous avons constaté qu'un tiers de fémurs recueillis par nous étaient du même type que ceux de l'âge de la pierre taillée.

Un deuxième caractère des races paléolithiques est l'aplatissement des tibias ou *platycnémie ;* or, on a rencontré des tibias de ce genre aussi bien à Chamant et à Gibraltar, stations de la pierre polie, qu'aux Eyzies, et dans le diluvium de Montmartre, stations tout à fait quaternaires.

On peut enfin reconnaître un troisième caractère dans la forme du péroné des hommes de l'âge de la pierre taillée. Le péroné des races actuelles est triangulaire, tandis qu'on remarque deux véritables gouttières sur ceux que l'on a recueillis à Cro-Magnon, à Solutré, à la Madeleine, ainsi que sur un certain nombre de ceux qui étaient dans la caverne de l'*Homme-Mort*. En conséquence, nous devons admettre que, parmi les races de la période quaternaire, une au moins, pourvue de caractères distinctifs dans son ossature, a persisté jusqu'à la période de la pierre polie, jusqu'à nos jours même. Le changement s'est fait lentement ; le climat, devenu peu à peu plus doux dans nos contrées, y a attiré de nouvelles races d'hommes, qui s'y sont insensiblement substituées aux anciennes en les absorbant, ainsi que le démontre le retour des caractères particuliers à celles-ci au milieu des restes des nouvelles collectivités ethniques.

MM. NOGUÈS et le Dr CLÉMENT

OSSUAIRE HUMAIN DES ENVIRONS D'HEYRIEUX

— *Séance du 27 août 1873.* —

MM. Noguès et le Dr Clément présentent à la section d'anthropologie plusieurs crânes humains accompagné de tibias, péronés, fémurs trouvés aux environs d'Heyrieux (station du chemin de fer du Dauphiné). Ces ossements humains recueillis dans le *lehm*, par conséquent au-dessus de la molasse marine de la localité, étaient enfouis à une profondeur de 40 à 50 centimètres.

Ces crânes plus ou moins arrondis, dont les sutures du devant sont peu prononcées, ne présentent rien qui les rapproche des crânes antéhistoriques. Ils sont médiocrement développés et n'offrent aucun caractère de noblesse intellectuelle ni d'antiquité. Un de ces cadavres semblait placé entre deux dalles de molasse et orienté d'une façon intentionnelle.

M. Broca ne trouve à ces crânes aucun caractère particulier qui puisse attirer l'attention sur eux.

Dr PRUNIÈRES

de Marvéjols

SUR LES OBJETS DE BRONZE, AMBRE, VERRE, ETC. MÊLÉS AUX SILEX, ET SUR LES RACES HUMAINES DONT ON TROUVE LES DÉBRIS DANS LES DOLMENS DE LA LOZÈRE

— *Séance du 28 août 1873.* —

L'année dernière, au Congrès de Bordeaux, j'eus l'honneur de présenter à la section d'anthropologie la *carte de la région des dolmens dans la Lozère*, avec un mémoire sur la distribution de ces monuments à la surface du département que j'habite. Ce mémoire et cette carte ont paru depuis dans un des derniers numéros de la *Revue d'anthropologie* publiée sous la direction de notre éminent président, M. le professeur Broca.

A la fin de ma communication, j'avais adressé un appel à tous ceux de nos collègues qui s'occupent des mêmes recherches. Je suis heureux de constater ici que cet appel a été entendu ; et j'adresse tous mes remerciments, d'un côté à M. Ph. Lalande, de Brives, qui a bien voulu me transmettre de précieux renseignements sur la distribution des dolmens dans le département du Cantal ; d'un autre côté, à notre excellent collègue, M. Ollier de Marichard, qui nous a lu hier une très-complète et très-intéressante notice sur les monuments préhistoriques du département de l'Ardèche, voisin de celui de la Lozère.

Aujourd'hui, j'aurai l'honneur de soumettre à la section d'anthropologie quelques observations nouvelles : 1° sur les objets de bronze, d'ambre, de verre, qu'on trouve intimement mêlés au silex, dans les dolmens lozériens ; 2° sur les races humaines dont ces monuments renferment les squelettes.

I. — LES DOLMENS LOZÉRIENS AU POINT DE VUE DE L'ARCHÉOLOGIE

Depuis déjà de longues années, de nombreux dolmens ont été explorés un peu partout, dans le nord de l'Europe, comme en France et en Afrique ; or, on sait que les divers explorateurs, qui ont fouillé ces monuments, n'ont pas trouvé la même industrie, les preuves de la même civilisation dans tous les mégalithes : c'est ainsi que les dolmens du Nord contiendraient seulement des objets de l'époque néolithique et notamment des haches polies ; ceux du Midi renfermeraient, avec des silex finement taillés, du bronze, de l'ambre, des verroteries, etc. Ceux de l'Afrique, du fer, et même quelquefois, a-t-on dit, des monnaies romaines.

De plus, on a recueilli, dans les dolmens, ici des crânes dolichocéphales, là des crânes brachycéphales.

On a généralement expliqué ces faits en disant, 1° que la marche des hommes des dolmens avait été très-lente à la surface des contrées qu'ils ont parcourues, 2° que des enterrements secondaires auraient produit, dans ces monuments, le mélange de diverses races et de plusieurs civilisations.

J'ai observé, dans la Lozère, des faits en rapport avec ceux qu'on a signalés ailleurs ; et, je dois le dire tout d'abord, je n'ai pas trouvé dans les explications données la réponse des faits que j'observais.

Cependant, depuis quinze ans, de très-nombreux mégalithiques ont été explorés par moi ; et ces monuments je les ai fouillés moi-même, couche par couche, souvent assis, agenouillé, étendu dans toutes les postures à l'intérieur de leurs étroits cellas ; j'ai opéré à l'aide de grattoirs particuliers que j'ai fait confectionner dans ce but, afin de ne pas briser les os, et aussi pour éviter les mélanges qu'amène l'usage des pioches ; n'employant les manœuvres que pour enlever les terres et les pierres que j'avais rendues mobiles. J'ai fait mes fouilles souvent seul, et quelquefois avec le concours d'amis dévoués, intelligents et instruits : c'est ainsi que, jadis, au commencement de ces recherches, je fus souvent accompagné dans mes excursions par un ancien élève de l'École polytechnique, M. Ferd. Trilhe, ingénieur des ponts et chaussées, qui levait, avec une exactitude mathématique, le plan des dolmens que je fouillais ; et, dans ces derniers temps, j'ai eu pour compagnon presque constant et pour aide un de mes anciens condisciples, curé sur les Causses, M. l'abbé Boudet, qui, après m'avoir aidé autrefois à explorer les bas-fonds du lac Saint-Andéol, a découvert et m'a signalé la plus grande partie des dolmens que j'ai fouillés depuis quinze ou seize mois.

De plus, j'ai formé, pour ce travail délicat, des ouvriers spéciaux ; et au lieu d'employer les terrassiers inexpérimentés qu'on rencontre partout, j'emmène mes fouilleurs avec moi, quelles que soient les distances à parcourir et les difficultés que je pourrai rencontrer pour les nourrir et les loger dans les solitudes des Causses.

J'ajoute que cette manière de procéder permet toujours de tamiser la terre extraite des dolmens, quand on l'a préalablement étudiée en place, et qu'on a recueilli intacts tous les os qui peuvent offrir quelque intérêt pour la science.

Quiconque suivra la même marche et fouillera longtemps, finira par reconnaître sûrement, je n'hésite pas à le dire, du moins en Lozère, si les mégalithes qu'il exploite ont été remaniés depuis le jour où les hommes des dolmens y enterrèrent le dernier des leurs.

En effet, dans la Lozère, le dolmen qui n'a pas été remanié pour des enterrements secondaires présente des caractères fixes qui sont toujours les mêmes. Ces caractères sont (fig. 23 et 24) :

1° A la surface, un dépôt considérable de pierraille analogue à celle dont les cantonniers se servent pour macadamiser les routes. Ce dépôt de pierraille est quelquefois recouvert par les débris de la table du dolmen que la gelée et les siècles ont réduite en fragments plus ou moins volumineux.

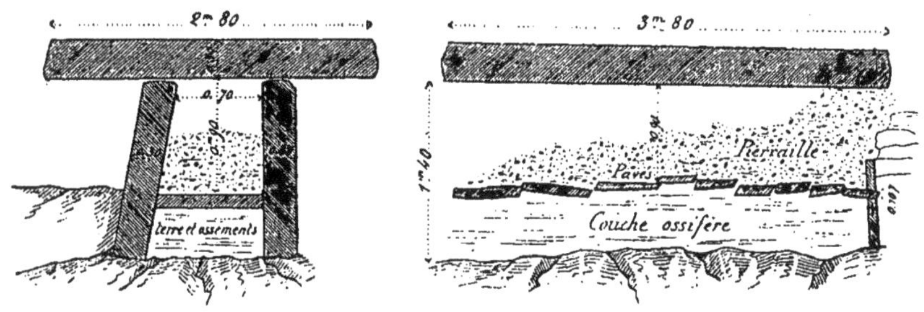

FIG. 23 et 24. — Dolmen non remanié de la Galline, près Banassac.

Quand la table existe, il est rare que la pierraille atteigne sa face inférieure, soit que le dolmen n'ait jamais été complétement rempli, soit que les cailloux se soient tassés, suivant dans son retrait la couche ossifère qui a dû diminuer de volume par la décomposition du dernier, ou des derniers cadavres déposés, soit que quelquefois les bergers en aient retiré une partie pour se faire un abri dans des solitudes où les mauvais jours sont fréquents et les cabanes absentes, soit pour toute autre cause. Cependant, j'ai rencontré quelques dolmens, ainsi au Sec et aux Aiguières, commune de Chanac, dans lesquels la pierraille touchait à la table du dolmen à tel point qu'un gros rat aurait eu de la peine à s'introduire dans l'intérieur du mégalithe ;

2° Plus bas, sous cette pierraille, entourées de terre, sont des pierres plates, de sortes de petites dalles qui n'ont pas ordinairement un pied carré de surface, et qui forment comme un véritable pavé au-dessus de la couche ossifère. Je ne saurais mieux comparer cette couche de petites dalles juxtaposées, ou chevauchant les unes sur les autres, qu'à cette espèce de pavé qui couvrait certaines tombes de Ramasse, que la section a explorées dimanche dernier.

3° Au-dessous de ces pierres plates sont les os mêlés à une certaine quantité de terre ordinaire qui contient tous les petits cailloux du sol environnant. C'est dans cette couche que sont, avec les débris du squelette, les divers objets qui ont accompagné le mort dans le tombeau.

Un dolmen est vierge pour moi et n'a pas été remanié depuis le jour où *les Géants* cessèrent d'y enterrer leurs morts, quand il présente intactes, dans l'ordre de superposition que j'ai indiqué, au-dessus des débris humains, les deux couches de pierraille et de pavés décrits précédemment, quel que soit d'ailleurs le nombre de cadavres dont on trouve les débris dans la partie inférieure du mégalithe.

Presque tous les dolmens de la Lozère ont reçu la dépouille d'un nombre plus ou moins considérable de sujets : j'ai cité, dans mon mémoire sur la *Distribution des dolmens dans le département de la Lozère (Rev. d'anthrop.*, 1873, n° 2), le grand dolmen du Monastier, qui recelait, au minimūm, les débris de soixante-deux squelettes, dont j'ai pu recueillir les humérus.

D'ailleurs, ce nombre quelque considérable qu'il soit, ne représente qu'une partie des sujets dont la cella du dolmen a dû recevoir la dépouille, et il en est de même pour tous les calculs établis de la même manière. Dans les dolmens qui ont reçu un grand nombre de cadavres les os des premiers enterrements peuvent avoir disparu en totalité : on comprend en effet que les os d'un sujet déposé dans le sol calcaire de nos Causses, puissent, s'ils ne sont plus remués, s'y conserver pour ainsi dire indéfiniment, et peut-être même comme s'y sont conservés les squelettes des grands sauriens de l'époque jurassique ; mais sous l'influence de déplacements successifs qui amènent la trituration des os, peut-être aussi de l'action de l'air et surtout du soleil qui fendille très-vite les fragments que j'en extrais, les os bouleversés se décomposent peu à peu et souvent très-vîte. J'ai pu m'assurer maintes fois que les os que je ne croyais pas devoir recueillir dans mes fouilles et que je recouvrais de terre dans l'intérieur des dolmens, s'y décomposaient très-rapidement dans l'espace de quelques années. Du reste, dans les cimetières relativement récents, qui entourent les églises de nos paroisses des Causses, on a cent fois, de génération en génération, bouleversé les tombes ; et quand on déplace aujourd'hui ces cimetières pour les transporter hors des villages, les os recueillis ne représentent plus qu'une petite partie des sujets que le cimetière a reçu pendant son existence de quelques siècles.

Or, pour peu qu'on ait fouillé dans les dolmens de nos Causses, on est vite convaincu que tous les cadavres n'ont pas été placés simultanément dans leurs cellas. Le plus souvent, on ne trouve qu'un seul squelette dont les os soient dans leurs rapports naturels : c'est celui du dernier sujet déposé dans le tombeau. Il m'est cependant quelquefois arrivé de rencontrer deux sujets, et, dans un cas encore unique, trois squelettes en position, avec leurs os placés bout à bout. Dans le dolmen qui présentait ces trois squelettes en position, les cadavres avaient été enterrés assis, les membres inférieurs allongés et le dos appuyé contre les trois dalles méridionale, occidentale et septentrionale du mégalithe.

Le squelette, ou les squelettes, dont les os ont conservé leurs rapports, c'est-à-dire ceux des derniers enterrements, sont entourés d'os cassés, de fragments osseux, brisés depuis longtemps, appartenant à des squelettes de tout âge et aux diverses parties du squelette : on trouve ainsi les côtes engagées dans les trous des vertèbres du cou ou des lombes, etc. Les os cassés n'ont plus leurs divers fragments bout à bout : ainsi, on trouvera à l'entrée du mégalithe la tête d'un fémur dont les autres fragments seront recueillis sur d'autres points. Les mâchoires inférieures, souvent cassées, sont recueillies un peu partout ; et il en est de même, ordinairement des mâchoires supérieures; les crânes des plus anciens enterrements et des sujets jeunes ont généralement perdu les os de la face, et ceux qui restent longtemps libres de soudure, les temporaux, par exemple.

Au milieu de ce tas d'os, qu'une longue suite de siècles a tassés les uns sur les autres, il n'est pas toujours facile de distinguer les diverses pièces du squelette appartenant au dernier sujet déposé dans le dolmen; mais je démontrerai plus tard que, dans certains cas, et peut-être à chaque enterrement, une place était préparée pour le nouveau mort; et que les crânes anciens étaient alors rangés à part, dans une partie du mégalithe. Du reste, quelque chose d'analogue se passe encore aujourd'hui sur nos Causses, quand on rouvre la tombe de famille pour y déposer un nouveau cadavre : en extrayant les terres, les fossoyeurs mettent à part tous les os anciens : les crânes, dont quelques pièces se détachent toujours, sont séparés des autres os ; et, quand la bière est descendue dans la tombe, tous ces débris des enterrements antérieurs, les crânes d'abord, les os longs ensuite, sont déposés sur la bière ou à côté de la bière, avant que les terres soient rejetées sur tous ces restes humains.

Quand on fouille un dolmen, on trouve ordinairement des fragments de vases en terre dans toutes les parties de la couche ossifère. Au commencement de mes recherches, je dus souvent me demander s'il fallait attribuer la fragmentation de ces vases à des rites funéraires ou à des accidents produits à chaque nouvel enterrement. Aujourd'hui, je croirais devoir accepter plutôt cette dernière manière de voir, car j'ai récemment découvert deux vases entiers d'une conservation parfaite, dans deux petits mégalithes qui ne renfermaient chacun qu'un seul squelette. Ces vases seraient-ils entiers si de nouveaux cadavres avaient successivement pris place dans les deux tombeaux ?

Mais les mégalithes à un seul squelette sont, dans nos contrées, une exception, et on peut dire que presque toujours nos dolmens ont vu de nombreux enterrements *successifs*, que je distingue des enterrements *secondaires*.

Pour moi, les enterrements *successifs* ont été faits par une même population, une même tribu ou une même famille ouvrant, à chaque deuil nouveau, le tombeau des ancêtres; et, le cadavre déposé, refermant la sépulture toujours de la même manière, en remettant, sur les restes humains, les couches de pavés et de pierraille dont j'ai donné la description.

Je n'appelle, au contraire, enterrements *secondaires*, que ceux qui ont eu lieu dans un dolmen, plus ou moins longtemps après que la population qui l'avait construit a cessé d'y enterrer ses morts. Peu m'importe, d'ailleurs, que ce soient des populations nouvelles; mais ce sont, dans tous les cas, des générations d'un autre âge qui ont bien pu, quelquefois, déposer un cadavre dans un tombeau antique, mais qui ne se sont pas plus préoccupées que ne le feraient les modernes Caussenards, de la manière de procéder des hommes des dolmens pour ouvrir et refermer leurs antiques sépulcres.

Ces explications préliminaires données sur ma manière de voir, je vais décrire rapidement les rares enterrements secondaires que j'ai constatés dans mes longues fouilles; et, avant tout, je me hâte de le déclarer, ces enterrements sont extrêmement rares sur nos Causses, car je n'en ai encore rencontré que deux qui soient incontestables, et un troisième qui est douteux.

1° Le premier exemple de ces sortes d'enterrements s'est présenté à moi sur le pic très-élevé de Ransas, dans un mégalithe qui m'avait été signalé par M. le curé de Laval du Tarn. Ce mégalithe est formé d'un magnifique tumulus de 20 mètres de diamètre, entourant de toutes parts un dolmen ordinaire, qu'il cachait complétement à la vue, avant mes fouilles (fig. 25).

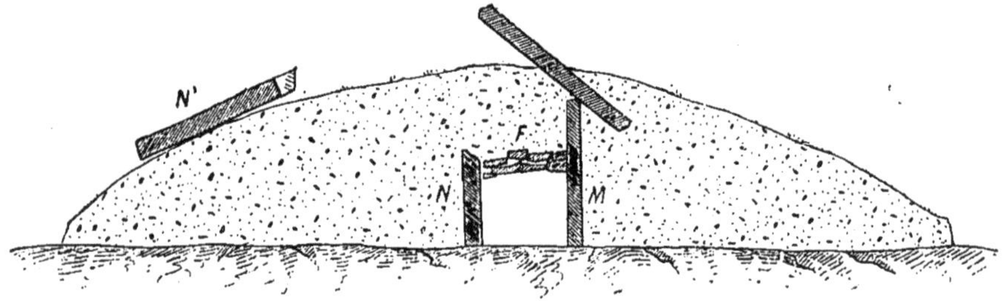

Fig. 25. — Tumulus dolmen du pic de Ransas (Lozère).

En arrivant sur ce grand tertre funéraire, du côté du nord, j'aperçus tout d'abord, déposée sur la pierraille du tumulus, une étroite et longue pierre qui me parut, au premier coup d'œil, devoir être la moitié longitudinale d'une des grandes dalles d'un dolmen.

Plus haut, au centre du monument, se montrait, dans une position très-inclinée, le bord d'une autre longue dalle, qu'un déblaiement immédiat fit seul reconnaître pour la table d'un dolmen intérieur. Cette table, placée de manière à faire avec l'horizon un angle de 45°, reposait, d'un côté, sur le bord supérieur de la dalle méridionale du mégalithe, et, par le reste de sa face inférieure, sur la pierraille qui entourait et recouvrait le dolmen de toutes parts.

Je pris quelques précautions afin de pouvoir fouiller sous cette dalle, sans courir le risque d'être écrasé, et je commençai mes recherches. Or, avant d'arriver aux pavés superposées à la couche ossifère, je trouvai, à demi assis dans la pierraille, le squelette d'un homme portant au bras droit un large bracelet de fer.

Ce squelette, un peu ramassé sur lui-même, la tête et les épaules hautes au milieu des cailloux, avec les membres inférieurs allongés, avait la position d'une personne à demi-assise sur son lit. Les pieds étaient à l'est et la tête à l'ouest, avec la face tournée vers l'orient. Au centre, d'autres tumuli, ainsi, au *Clapas de las mascos*, j'ai trouvé d'autres squelettes exactement dans la même position.

Une couche de pierrailles, d'une quinzaine de centimètres d'épaisseur, séparait le squelette au bracelet de fer des pavés sous-jacents.

Ces pavés enlevés, je recueillis, dans la cella du dolmen, vingt-huit humérus, dont sept à huit présentaient la perforation de la cavité olécranienne et quelques crânes, tous dolichocéphales, qui sont aujourd'hui à Paris, au laboratoire de l'École des hautes études.

La dalle méridionale du mégalithe qui, comme je l'ai dit, supportait la table, fut trouvée intacte; mais celle du nord ne présentait plus que la moitié de sa hauteur. Il était évident que cette dalle avait été cassée à un moment donné, pour faire place à l'homme au bracelet de fer, et il fut facile d'établir que la moitié qui manquait n'était autre que la longue pierre que j'ai signalée sur la croupe septentrionale du tumulus.

L'érection du tumulus est donc antérieure au dernier enterrement.

Le crâne du sujet au bracelet de fer a été envoyé au laboratoire de l'École des hautes études; il me suffira de dire qu'il est dolichocéphale, et que les os longs du squelette semblent, comme le crâne, appartenir à un individu de la même race que ceux qui l'avaient précédé dans le sépulcre.

Ne pourrait-on pas se demander si les populations qui ont fait ce dernier enterrement dans le dolmen tumulus de Ransas n'ont pas eu pour but de déposer dans le tombeau de ses ancêtres un dernier géant, un personnage resté fidèle aux mœurs et aux traditions antiques, quand tout a changé autour de lui ?

Il n'y avait aucun silex dans la cella du mégalithe de Ransas, mais seulement quatre pointes de flèches en bronze (fig. 26, 27, 28 et 29), faites sur le même type que les flèches en silex, qu'on trouve presque toujours dans nos dolmens, avec des grains de collier en jais, en ambre et en bronze. En présence de ces pointes de flèches en bronze, on pourrait peut-

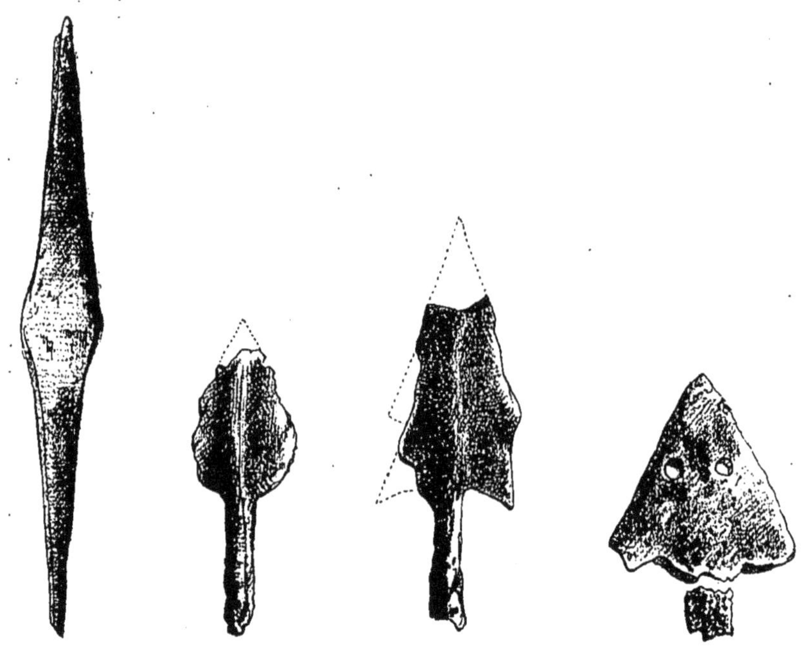

Fig. 26, 27, 28 et 29. — Pointes de flèches en bronze.

être se demander si les hommes qui ont élevé le dolmen tumulus de Ransas sont de la même race que ceux qui ont construit nos vrais dolmens. Je crois pouvoir dire que l'anthropologie permettra de faire une réponse affirmative. Du reste, les pointes de flèches en bronze ne sont pas très-rares dans nos grands dolmens : j'en ai vu plusieurs, avec des pointes de lances également en bronze, dans la collection d'un archéologue lozérien ; et, pour ma part, j'en ai recueilli encore quatre dans quatre des plus grands dolmens que j'ai fouillés ; une de ces flèches fut trouvée dans le beau dolmen de Recoules de l'Hon.

Je possède de même un très-beau couteau en bronze, trouvé par un cantonnier dans un dolmen du Causse de Chanac, à côté d'un magnifique couteau de silex.

2° Le deuxième mégalithe qui m'a présenté un *enterrement secondaire* bien caractérisé est sur le territoire du village du Tensonnieu, dans la commune du Recous. Il s'agit encore là d'un dolmen tumulus, mais la table manquait, et c'est à peine si les dalles latérales du dolmen montraient leurs bords au-dessus du tertre funéraire.

La pierraille du centre du monument enlevée, des os humains, réduits en fragments et noircis par le feu, mais peu brûlés et très-solides, comme solidifiés même et rendus plus compactes par l'action du feu, furent recueillis, avec deux bracelets en bronze, sur une couche noirâtre renfermant des charbons et des tessons de poterie. Dans nos contrées, les os humains brûlés que j'ai recueillis à l'intérieur de quelques sépultures mégalithiques, présentent toujours les caractères que je viens d'indiquer, ce qui les distingue complétement des os blancs, légers, poreux, incinérés ou calcinés que je recueille dans les urnes funéraires de l'époque gallo-romaine.

Au Tensonnieu, au-dessous de la couche qui renfermait les débris du squelette brûlé et les bracelets de bronze, étaient, comme toujours, les petites dalles qu'on trouve constamment sur la couche ossifère primitive ; et, sous ces dalles, dans la couche ossifère, de nombreux débris de squelettes non brûlés, accompagnés de beaux dards en silex, d'un poinçon en silex avec un manche en corne de cerf, de grains de collier en pierre et en jais, etc. Il n'y avait point de bronze dans la chambre du tumulus, mais j'y recueillis, pour la première fois depuis que je fouillais des dolmens, deux petites haches polies. Vers la même époque, j'en recueillis une troisième à côté d'un vase en terre d'une conservation parfaite, dans un petit tombeau qui ne renfermait qu'un seul squelette. J'ai déjà mentionné ce tombeau ; mais j'ajoute qu'à quelques mètres de cette première sépulture était encore un tombeau tout pareil, renfermant, au lieu de hachette, un simple éclat de silex exotique, également placé à côté d'un vase entier semblable au précédent. Dans les deux cas, les vases, le silex et la hachette avaient été placés près de la tête du mort.

Ces trois hachettes, si petites qu'elles me paraissent plutôt des simulacres que des armes utiles, sont les seules haches polies que j'ai jamais recueillies dans les sépultures préhistoriques de la Lozère. Il n'est d'ailleurs pas inutile de faire observer que les tombeaux qui m'ont donné ces hachettes ne sont pas de vrais dolmens ; il s'agit, dans un cas, d'une petite tombe sans caractères bien définis, et dans l'autre d'un dolmen tumulus qui ne renferme peut-être les mêmes silex que nos grands dolmens que parce que la période de la pierre polie a été extrêmement longue.

Plusieurs archéologues lozériens, avec lesquels j'ai eu l'occasion de m'entretenir sur la question des haches polies, ont été encore moins heureux que moi, car aucun d'eux n'a jusqu'ici recueilli de pareilles armes dans nos sépultures préhistoriques.

Tous les os brûlés du grand mégalithe du Tensonnieu ont été recueillis ; mais les os du crâne éclatés, cassés et en partie absents, ne permettent aucune restauration de la tête. Les os longs, aussi cassés et plus ou moins détruits, ne se présentent de même que par fragments peu importants ; je ne saurais donc dire si le sujet enterré à la surface du dolmen tumulus du Tensonnieu appartenait ou n'appartenait pas, comme à Ransas, à la même race que les crânes recueillis dans les couches profondes du monument.

A Ransas, une des dalles du dolmen avait été cassée et la table soulevée pour faire place à l'homme au bracelet de fer ; au Tensonnieu, il ne restait plus aucun vestige de la table du mégalithe ; aurait-elle été enlevée pour brûler le cadavre aux bracelets de bronze ?

3° La description que je viens de donner des enterrements superficiels observés dans les deux dolmens tumulus de Ransas et du Tensonnieu suffirait pour démontrer ce que j'entends par *enterrement secondaire*, et comment se présentent, en Lozère, ces sortes d'enterrements ; mais j'ai dit que ces deux enterrements secondaires *parfaitement sûrs*, n'étaient peut-être pas les seuls que j'eusse constatés, et qu'un troisième dolmen tumulus m'avait fourni une sépulture particulière sur laquelle je n'ose pas me prononcer d'une façon absolue. Dans ce troisième cas, il s'agit d'un squelette du type brachycéphale le plus pur, que j'ai pu extraire presque entier de l'intérieur d'un petit mégalithe. Ce squelette est aujourd'hui déposé au laboratoire de l'École des hautes études. Notre savant président nous dira un jour quels sont les caractères anthropologiques qu'il a constatés sur ce squelette ; mais, en attendant, je crois pouvoir dire ici qu'il a été pour moi le point de départ d'observations qui m'ont vivement intéressé *sur les relations que je trouve entre les crânes et les os longs de chacune des deux races brachycéphale et dolichocéphale*. C'est ainsi que, dans ce squelette à type brachycéphale pur, les fémurs sans ligne âpre saillante sont, comme le crâne, très-peu allongés d'avant en arrière, ou très-peu épais, mais très-larges vus de face ; de même les tibias, qui sont triangulaires, sont comme la tête encore très-larges latéralement et peu longs d'avant en arrière. C'est exactement le contraire dans les tibias plactycnémiques et dans les fémurs à forte ligne âpre de mes squelettes dolichocéphales qui sont, les uns et les autres, très-larges vus de côté.

Mon sujet brachycéphale, placé sur un plan incliné, la tête et le tronc plus élevés que les membres inférieurs, avait les pieds à l'ouest et la tête à l'est regardant vers l'occident. Je prie mes auditeurs de vouloir bien noter que cette direction du cadavre brachycéphale est tout l'opposé de celle du dolichocéphale au bracelet de fer du dolmen tumulus de

Ransas, et de celle que j'ai dit avoir observée dans d'autres sépultures préhistoriques.

Dans le cas actuel, le sujet, ramassé sur lui-même, était couché sur le côté droit, la joue droite reposant dans la main droite, le bras gauche ramené devant la poitrine, les cuisses fléchies sur l'abdomen et les jambes fléchies sur les cuisses.

Une très-fine pointe de flèche en silex, d'une forme rare, était placée à côté de la tête, tout près de la tempe gauche, à la place même qu'occupaient ailleurs, près de vases en terre, une hachette polie et un éclat de silex exotique dont j'ai parlé précédemment. La présence de ce petit silex, d'un travail très-délicat, semble bien indiquer l'époque des dolmens ; et sa position près de la tête du mort tend à établir qu'il appartenait au sujet brachycéphale ; mais le long des parois du petit dolmen étaient des os brisés appartenant évidemment à des ensevelissements plus anciens : de plus, au-dessus du squelette entier, entre le squelette et la pierraille superficielle, il n'y avait aucun vestige de ce pavé rudimentaire que j'ai trouvé partout ailleurs ; il est vrai que le dolmen étant de petite dimension et la couche de pierraille très-épaisse, il pourrait peut-être se faire qu'on eût jugé les pavés inutiles en pareil cas. En présence de tous ces faits, s'agit-il ici d'un enterrement secondaire, ou bien mon squelette brachycéphale appartiendrait-il à un de ces enterrements que j'ai appelés *enterrements successifs?* Cette dernière hypothèse me paraît la plus probable : dans le cas actuels, la série des enterrements, faits dans ce mégalithe, se serait terminée par un brachycéphale, comme elle s'est terminée ailleurs, au Sec par exemple, par un dolichocéphale.

Cette manière de voir, cette conclusion qui est loin d'être absolue, peut être contestée, et je suis le premier à le reconnaître, mais il n'en restera pas moins établi que, sur environ soixante et dix mégalithes fouillés par moi, je n'ai jamais trouvé que deux enterrements secondaires sûrs et un cas douteux.

Si on compare ces faits à ceux qu'on a observés ailleurs, on verra que l'homme au bracelet de fer du grand dolmen tumulus de Ransas et que le squelette brûlé avec bracelets de bronze du Tensonnieu peuvent bien être comparés à ces squelettes accompagnés d'armes de fer qu'on trouve quelquefois à la surface des *longs-barrows* anglais ; mais cela n'a pas ici une autre importance, car dans ces deux cas d'enterrements secondaires bien évidents, il n'avait pas été touché aux sépultures plus anciennes : même dans ces cas tout exceptionnels, le vrai dolmen n'avait pas été violé.

Et cependant si, sur le grand nombre de dolmens explorés par moi, j'en ai rencontré quelques-uns, comme au Poujoulet, près Marvejols, à Aigues-Vives, etc., c'est-à-dire sur les limites de la région des dolmens où je n'ai trouvé que des silex, ou même des pointes de flèches en pierres calcaires, exactement taillées comme les pointes en silex, partout ailleurs j'ai recueilli, mêlés aux silex, des grains de collier en bronze, en jais, en cardium, très-nombreux et plusieurs fois de l'ambre et des verroteries.

De plus, ces derniers objets étaient intimement confondus avec ceux de l'âge de la pierre jusque dans les couches les plus profondes du monument.

Peut-être même certains objets ainsi recueillis seraient-ils bien plus récents que l'âge du bronze ; c'est ainsi que j'ai recueilli entiers trois petits vases en terre rouge, mais sans engobe, témoins d'une civilisation très-avancée, dans un grand dolmen où chaque place occupée primitivement par un crâne entier, dont il restait encore des débris plus ou moins considérables, était marquée par un silex.

En résumé, il me paraît bien résulter des faits que je viens de décrire : 1° que les enterrements secondaires sont très-rares et très-faciles à reconnaître dans les mégalithes lozériens ; 2° que certains de nos dolmens ne renferment, comme ceux du Nord, que des objets de l'époque néolithique ; 3° enfin, que d'autres dolmens, qui se présentent exactement dans les mêmes conditions que les précédents, renferment en même temps que des silex, du bronze, de l'ambre, du jayet, des verroteries, et indiquent une civilisation plus avancée que celle de l'âge de la pierre.

II. — LES DOLMENS LOZÉRIENS AU POINT DE VUE DE L'ANTHROPOLOGIE

L'étude des débris osseux que renferment les dolmens lozériens m'a amené à des conclusions nouvelles qui ne me paraissent pas moins importantes que celles que j'avais formulées d'après des objets d'industrie recueillis dans ces monuments. En effet, en voyant les nombreux crânes extraits de leurs cellas, je n'ai pas tardé à reconnaître que si certains mégalithes renferment uniquement des crânes d'une grande dolichocéphalie, d'autres, au contraire, présentent, mêlés aux dolichocéphales, des crânes mésaticéphales ou même des brachycéphales purs.

D'ailleurs, dans certains dolmens où je trouvai ce mélange de types, il fut facile de constater, par les rapports naturels existant encore entre les diverses pièces du squelette, que le dernier sujet enterré appartenait à la race dolichocéphale.

L'anthropologie se montrait ainsi d'accord avec l'archéologie pour me faire rejeter la théorie des enterrements secondaires comme explication du mélange des races ; de même que l'exploration minutieuse de certains mégalithes ne renfermant que des objets en pierre m'avait fait repousser la théorie de l'arrivée tardive dans nos contrées des hommes des dolmens. Il est facile de comprendre dès lors combien, étant donnée la conservation quelquefois merveilleuse des dolmens que je fouillais, de pareils faits devaient m'embarrasser. Les nombreuses lettres que j'ai plusieurs fois écrites sur ce sujet à notre illustre président prouveraient au besoin mes longues perplexités.

Cependant, depuis le commencement de cet été, il m'a été donné de faire quelques observations du plus haut intérêt qui me paraissent destinées à jeter un grand jour sur cette question des dolmens lozériens.

Mes correspondants m'avaient signalé, depuis quelque temps, l'existence de dix-sept ou dix-huit dolmens magnifiques dans une contrée retirée où ces monuments avaient échappé jusqu'ici aux recherches des archéologues. Là, les dolmens ne portent plus le nom de « tombeaux des géants » comme sur le reste de nos Causses. La population actuelle de la contrée appelle les dolmens des « cibournios ; » et un « cibournio » est regardé par elle comme un sépulcre : c'est un « tombeau des Poulacres. »

Je n'ai pas trouvé ailleurs ces appellations, qui avaient peut-être sauvé jusqu'ici ces beaux dolmens des visites des archéologues.

Dès le mois de mai dernier j'allai étudier les « cibournios » que M. l'abbé Boudet avait bien voulu déjà visiter pour moi, et je me convainquis rapidement que si certains d'entre eux avaient été fouillés à une époque plus ou moins reculée, quelques-uns du moins étaient vierges de toute exploration.

La commune qui est au centre de ces beaux et grands dolmens est placée sur les frontières de l'Aveyron et de la Lozère.

Je demanderai à la section la permission de taire son nom pour le moment, et de ne pas déterminer plus clairement sa situation. J'ai décrit précédemment le procédé que je suis pour mes fouilles : on comprend qu'un pareil procédé demande beaucoup de temps, et mes nombreuses occupations ne me permettent pas toujours de terminer en une seule campagne la fouille d'un unique dolmen ; mon étude des cibournios est donc encore assez peu avancée, et si je faisais connaître leur gisement, il pourrait se faire, — une triste expérience ne me l'a que trop prouvé, — qu'on se jetât sur ces derniers dolmens, non-seulement pour *vider* ceux dont je n'ai pas encore commencé l'exploration, mais aussi pour dévaster ceux que j'ai à moitié fouillés, et ils seraient tous perdus pour mes observations.

Il m'est arrivé, et je le dis avec tristesse, de rencontrer de pareils procédés chez un homme que son caractère et son costume rendent presque sacré pour nos religieux paysans ; j'ajoute qu'on a même vu ce personnage, après en avoir agi ainsi, s'en aller racontant à de braves gens qui croient l'entendre prêcher qu'il est infaillible et fait merveille, ce que je me garderais bien de contester, et que les médecins ne fouillent les dolmens que pour démontrer que l'homme descend du singe, ce que je ne veux pas qualifier.

Les vrais archéologues, qui fouillent scientifiquement, prêtent le concours le plus utile à l'antrophologie ; mais les pseudo-archéologues, contre lesquels je m'élève, n'ont qu'une passion, *recueillir des silex, des grains de collier,* etc., et, pour remplir ce but, il est facile de faire de nombreuses fouilles en peu de temps; leur procédé, dans nos contrées du moins, consiste à faire vider le plus rapidement possible, pour l'exposer au soleil, tout le contenu d'un dolmen par des terrassiers qui brisent les os et mêlent toutes les couches ; pendant que le soleil darde ses rayons sur les débris étalés sur la pelouse, un premier triage est fait ; les pierres et les os sont jetés au loin, et quand la terre paraît assez sèche, on la jette sur un crible.

Il y a quelques jours à peine, des employés du chemin de fer me firent prévenir qu'autour d'un dolmen, récemment fouillé par le personnage auquel je faisais précédemment allusion, gisait une *charretée (sic)* d'os humains qui effrayaient les passants. J'envoyai immédiatement, pour recueillir tous ces os, deux personnes ayant l'habitude de mes fouilles, mais elles arrivèrent trop tard : les bergers des environs avaient réuni tous ces restes humains et les avaient brûlés pour se débarrasser de leur vue importune.

Aujourd'hui, tout le monde fouille des dolmens pour recueillir des objets en pierre, des silex, qui éparpillés un peu partout et sans certificat d'origine, ne seront bientôt plus que des *cailloux préhistoriques*, sans autre valeur que les haches polies qu'on a quelquefois trouvées chez des cordonniers, ou que ces dards en silex, dont certains Provençaux se servent, dit-on, en guise de briquet, pour allumer leurs pipes. Les intentions de la plupart de ces explorateurs, cantonniers, instituteurs, ecclésiastiques, etc., peuvent être excellentes, mais leurs recherches me paraissent généralement déplorables. Les dolmens sont avant tout des tombeaux qui peuvent nous donner les renseignements les plus intéressants sur d'antiques populations, et des fouilleurs, qui le plus souvent ne savent pas distinguer un os humain d'un os de mouton, ne sauraient évidemment jamais juger de l'importance de certains fragments osseux. Sans parler de certaines lésions curieuses qu'on voit sur quelques crânes antiques et dont je me réserve de parler plus tard, j'ai quelquefois recueilli dans les mégalithes des os qui ne manquent pas d'intérêt pour l'histoire de la chirurgie ; c'est ainsi, par exemple, que j'ai deux fémurs présentant une fracture consolidée du col, et le résultat est tel que notre illustre président, que le successeur de Nélaton à l'hôpital des cliniques pourrait en être fier.

L'année dernière, à Bordeaux, sur une motion de notre excellent collègue, M. Trutat, la section a émis un vœu en faveur de la conservation des dolmens. Je vous demanderai, messieurs, de renouveler ce vœu, et je reviens à la description de mes *cibournios*, qui m'ont déjà donné de magnifiques résultats et dont il me reste à vous entretenir.

J'ai dit précédemment que, dès le mois de mai dernier, je m'étais transporté dans la commune qui renferme les « tombeaux des Poulacres, » et après une inspection générale des dolmens de la contrée, je commençai mes fouilles par l'exploration d'un mégalithe magnifique situé sur la limite de la région des dolmens (fig. 30 et 31).

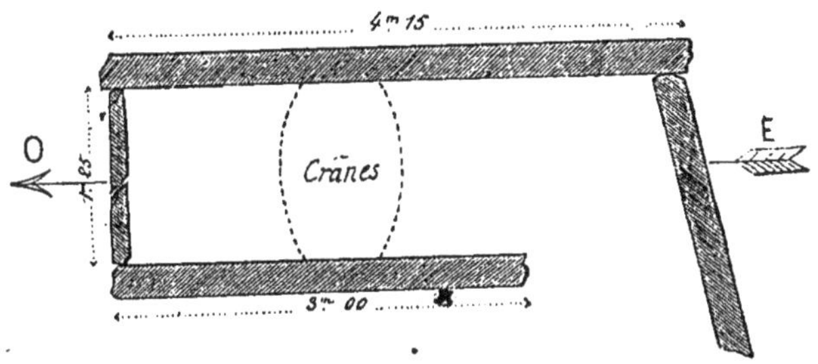

Fig. 30. — Plan d'un dolmen dit : *Tombeau des Poulacres.*

Cette fouille a été la plus fertile en crânes humains que j'ai encore faite jusqu'ici ; vingt-six crânes, plus ou moins complets, furent trouvés, réunis en tas, au centre du mégalithe. Un vingt-septième sujet, avec son crâne d'une conservation parfaite, était étendu entre le gisement central des crânes et l'entrée orientale du dolmen.

Tous ces crânes, dont toutefois quelques-uns sont encore entourés d'une partie de leur gangue, paraissent dolichocéphales.

Comme objets d'industrie, ce dolmen ne renfermait que des dards en silex, des grains de collier en pierre calcaire, une dent de sanglier polie et percée d'un trou central, quelques tessons de poterie.

Ma première excursion aux tombeaux des Poulacres m'avait, on le voit, donné de bien beaux résultats ; une deuxième campagne devait m'en donner peut-être de plus intéressants encore. Cette fois, je fouillai un autre très-beau dolmen qui contenait seulement onze crânes. Dix de ces crânes étaient disposés, cinq au nord et cinq au sud, le long des grandes dalles du mégalithe ; le onzième crâne, celui du dernier sujet déposé dans la sépulture, touchait par le vertex à la petite dalle qui ferme le dolmen à l'ouest ; le squelette était étendu entre les deux rangées de crânes des enterrements plus anciens. Dans ce dolmen, la table est anciennement cassée, ainsi que la longue dalle du nord ; la moitié occidentale de la table s'est d'abord détachée de la moitié orientale qui est restée en place, et puis s'est cassée en deux fragments, qui sont

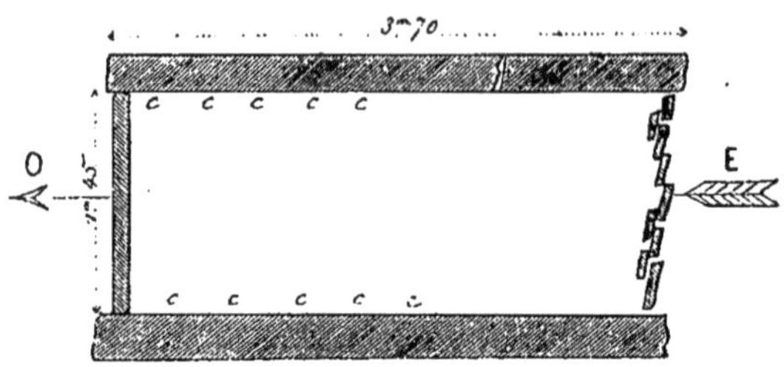

FIG. 31. — Plan d'un dolmen dit : *Tombeau des Poulacres.*

tombés l'un au nord et l'autre au sud, le long des grandes dalles du mégalithe, en laissant ainsi la sépulture complétement découverte dans sa moitié occidentale, dans la partie qui renfermait les crânes.

J'ai dit que la longue dalle du nord est aussi cassée à l'union du tiers oriental avec les deux tiers occidentaux ; le fragment antérieur s'est renversé sur l'entrée du dolmen, et l'obstrue à tel point que je n'ai pu achever de le fouiller — Ne pourrait-on pas trouver dans tous ces faits l'explication des enterrements continués à l'occident, où le dolmen est resté découvert et les dalles parfaitement verticales ?

Quoi qu'il en soit, les onze crânes recueillis à l'ouest de ce « cibournio » sont encore dolichocéphales, et très-semblables à ceux du dolmen précédent ; mais le premier ne contenait que des objets de l'époque néolithique, tandis que j'ai recueilli dans le second, mêlés aux silex, deux bracelets en bronze, des graines de collier en bronze, de l'ambre, du jais.

C'est bien la même population dans l'un et dans l'autre dolmen, mais avec deux degrés différents de civilisation, répondant à deux époques distinctes : le premier de ces dolmens correspond à l'époque de la pierre polie, peut-être même au commencement de cette époque ; le deuxième, qui, par ses silex taillés, semble remonter à la même époque que le premier, semble toucher par les objets de métal qu'il m'a donnés aux derniers temps de l'époque du bronze.

De plus, ces deux dolmens ont apporté à mes recherches des éléments nouveaux importants : la théorie des enterrements *successifs* que j'avais entrevue depuis longtemps, trouvait ici sa démonstration la plus complète, pendant que le procédé suivi pour leurs inhumations, par les hommes des dolmens, était très-bien dévoilé. Précédemment, j'avais, plusieurs fois déjà, trouvé de nombreux débris crâniens entassés tantôt à l'entrée du dolmen, comme à la *Cave des fées*, tantôt le long d'une des dalles, comme à Inos, à Ransas, etc. Mais la fragmentation des os était trop grande, la décomposition trop avancée, et je n'aurais jamais osé en tirer une conclusion rigoureuse.

J'ai dit que les nombreux crânes extraits de mes deux dernières fouilles étaient dolichocéphales ; je ferai remarquer, à cette occasion, que je n'ai pas encore rencontré un seul dolmen n'ayant que des crânes brachycéphales ou mésaticéphales ; et que, dans les mégalithes où je rencontre des crânes de ces types, ces crânes sont toujours en minorité.

D'ailleurs, si les crânes de mes cibournios sont plus noirs, plus terreux que les beaux crânes extraits du sable blanc de la caverne de l'Homme-Mort, beaucoup d'entre eux se prêteront encore comme ceux des Troglodytes à tous les genres d'études.

Postérieurement à la fouille du deuxième cibournio, dont je viens de donner la description, et seulement quelques jours avant le Congrès de Lyon, j'ai fait une nouvelle excursion aux tombeaux des Poulacres. Sans être, aux mêmes points de vue, aussi fructueuse que les deux précédentes, cette excursion n'en a pas moins eu des résultats qui, pour être différents, ne me paraissent pas moins dignes d'attention.

En arrivant au chef-lieu de la commune, au village où je vais ordinairement chercher un asile quelconque pour mes fouilleurs et pour moi, j'eus la bonne fortune de rencontrer sur la route, faisant leurs journées de prestation, à peu près tous les hommes valides de la localité. A la vue de cette population, j'éprouvai une certaine impression, et de nombreuses réflexions vinrent m'assaillir. J'avais, depuis quelques jours, étudié avec un intérêt facile à comprendre, les nombreux crânes que m'avaient donnés mes deux dernières fouilles. Toutes les lignes de ces crânes étaient présentes à ma mémoire, et il me sembla que je les retrouvais à peu près toutes dans les traits de la population que j'avais sous les yeux. La plupart de ces hommes étaient très-dolichocéphales ; certaines figures très-orthognates, très-allongées, étroites vues de face et larges de profil, me rappelaient plusieurs de mes crânes d'une façon frappante ; jamais je n'avais vu une population qui, sans examen, à première vue, m'eût paru différer autant des figures plus rondes, très-larges vues de face et étroites vues de profil, des populations généralement très-brachycéphales de nos montagnes.

Plus je regardais les hommes que le hasard avait placés sous mes yeux, et plus il fut évident pour moi qu'il y avait là de très-purs descendants de la nombreuse population qui repose dans les *cibournios*, si grands et si rapprochés les uns des autres, qu'on voit près du village. J'aurais voulu, sans désemparer, pousser plus loin et compléter mon examen. Mais, étranger au pays, je dus m'éloigner pour ne pas devenir impoli ou même suspect, et j'allai commencer une nouvelle fouille.

Cette fois, j'avais résolu d'étudier un magnifique dolmen, dont un des derniers maires de la commune avait fait débiter, pour faire un pont, l'immense table, une dalle de 7 mètres de longueur et large en proportion.

Comme il avait plu la nuit précédente, la terre était très-grasse dans le dolmen découvert ; je n'en pus fouiller que la moitié, probablement celle où l'on avait entassé les os ordinaires, car je n'y trouvai qu'un seul crâne, et encore était-il au milieu du monument, à l'endroit où je dus cesser ma fouille, et fortement engagé sous la dalle du nord. Cette dalle, penchée vers l'intérieur du dolmen, avait garanti de la pluie et le crâne et la terre sous-jacente qu'elle comprime assurément depuis de longs siècles ; par suite, ma fouille fut très-longue et très-pénible ; je mis de longues heures, assis ou agenouillé dans la boue, pour disséquer dans sa gangue, presque aussi dure que la pierre, le crâne qui se montrait à moi. J'eus ainsi le temps de l'étudier dans tous les sens. Ce crâne, avec un front étroit, présente des saillies sourcillères très-développées et est très-dolichocéphale. (Diamètre antéro-postérieur max., 189 mill.; transverse, id., 129 mill.; indice, 70.)

Le temps n'étant pas propice pour mes recherches, je dus me déterminer au retour sans terminer ma fouille, ce dont quelque amateur de bijoux de l'âge de la pierre se chargera peut-être ; mais cette fois du moins, je ne m'en retournais pas complétement bredouille, comme cela m'est arrivé tant de fois, où, après avoir passé la nuit pour me transporter péniblement sur un point à fouiller, j'ai rencontré au matin la pluie et la tempête.

J'allai coucher sur le Causse voisin, chez mon ami, M. Boudet, qui avait bien voulu m'accompagner dans mon excursion ; et là, je fus fortuitement abordé par un paysan qui venait solliciter de moi une consultation médicale. La vue de cet homme me rappela toutes les pensées, toutes les réflexions qui m'avaient assailli la veille, à la vue des terrassiers de la route et pendant ma pénible fouille. Il me semblait que le Caussenard portait sur ses épaules le crâne caractéristique que j'avais si péniblement disséqué : les saillies sourcilières, la forme des orbites, l'étroitesse du front et de la face étaient les mêmes dans les deux cas. Cet homme, quoique déjà âgé, avait des dents magnifiques.

Sans être médecin, ni versé dans les études anthropologiques, mon hôte eut la même idée que moi, et nous engageâmes le paysan à dîner avec nous.

Le Caussenard n'ignorait pas qu'il a la tête longue et que la plupart des membres de sa famille présentent la même conformation. Toutefois, il ajoutait qu'un de ses frères, un de ses oncles et sa grand'mère avaient ou avaient eu la tête arrondie. Je n'avais avec moi ni cercle à maxima, ni compas d'épaisseur, mais je pus disposer d'un chapeau qui, bien mesuré, avait 202 millimètres de longueur sur 170 millimètres de largeur maximum. Placé sur la tête du Caussenard, ce chapeau le coiffait très-bien, quant à la longueur ; mais sur les côtés, au devant et au-dessus des oreilles, entre la tête et le chapeau, je pouvais introduire simultanément, à droite et à gauche, l'extrémité des quatre longs doigts de mes deux mains.

Cette expérience, malgré son peu de précision, indiquait une grande dolichocéphalie et me faisait vivement regretter de ne pouvoir prendre des mesures précises. Ces mesures, j'ai pu, depuis ce jour, les prendre déjà un petit nombre de fois avec les instruments et d'après les règles ordinaires sur les membres de plusieurs familles, qui m'ont présenté le même mélange des deux types brachycéphale et dolichocéphale. Du reste, les paysans de la région des dolmens lozériens savent généralement que certains d'entre eux ont la tête longue et que d'autres l'ont arrondie : et il semblerait que c'est surtout par les chapeaux qu'ils ont fait cette observation ; un Caussenard âgé, que j'interrogeai à ce sujet, me répondit : « — Jadis, quand on ne nous vendait que des chapeaux de feutre à forme fixe, ceux qui, comme moi, avaient la tête longue, éprouvaient beaucoup de difficulté à se coiffer ; les gros bonnets de laine rouge et les casquettes étaient plus répandus que les chapeaux. L'invention des chapeaux mous a été un bienfait pour nous. »

On comprendra facilement que ces observations diverses m'aient fait entrevoir, pour la question des dolmens lozériens, un nouvel élément d'études, un nouveau champ de recherches. Les antiques populations qui ont élevé les grands et beaux *cibournios* que j'étudie en ce moment, n'ont certainement pas complétement disparu de la contrée qui renferme les « tombeaux des Poulacres ; » mais celles qui, à la même époque, peuplaient les autres parties de la région des dolmens lozériens et les couvraient de mégalithes, ne vivraient-elles pas encore dans de nombreux descendants? Les faits déjà acquis tendent à prouver que cette population a encore sur nos Causses beaucoup de représentants qui offrent toujours, plus ou moins purs, les caractères anthropologiques de leurs ancêtres.

Du reste, quel conquérant eût pu trouver un intérêt à aller s'établir sur les Causses, pour enlever des terres arides aux pauvres populations qui ont su s'en contenter?

Toutefois, les têtes rondes sont aussi très-nombreuses, sur plusieurs points, même en majorité peut-être dans la région des dolmens, et leur introduction remonte à une époque très-éloignée, comme le prouvent les crânes brachycéphales que j'ai recueillis dans un certain nombre de mégalithes. J'ignore si les dolichocéphales ont ici précédé les brachycéphales, quoique je sois très-porté à le croire, mais l'introduction de ces derniers est facile à expliquer sans envahissement violent : de tout temps, comme dans la famille de mon Caussenard de la Tieule, les hommes des dolmens ont bien pu contracter des alliances avec les femmes de la race à tête ronde, dont l'existence, au moins sur la partie du département qui n'a pas de dolmens, doit remonter à une très-haute antiquité ; et de là, dans les dolmens, des mélanges de types analogues à ceux que j'ai déjà rencontrés dans quelques familles actuelles des Causses.

Faut-il que j'ajoute que la population de la commune à « cibournios, » qui a été le point de départ des observations dont je viens d'entretenir la section, passe aujourd'hui encore, dans toute la contrée environnante, pour querelleuse, violente, redoutable.., que, comme conséquence de ses mœurs brutales, elle a toujours de nombreuses rixes avec les populations environnantes et qu'elle a la réputation de fournir, plus qu'aucune autre commune du département, de nombreuses affaires pour coups et blessures aux tribunaux de police correctionnelle.

Les faits énoncés dans cette communication ne se rapportent qu'à une imperceptible partie de la France ; ne peut-on pas toutefois se demander s'ils n'auraient pas leur application dans d'autres lieux qui ont de nombreux dolmens et où on a observé des populations dolichocéphales vivant intimement mélangées à des populations d'un type tout différent ? *A priori*, je serais porté à croire qu'il y aura, dans d'autres contrées comme dans la Lozère, à étudier parallèlement aux crânes qu'on extrait des dolmens ceux de la population actuelle. Cette étude, je vais essayer de la faire sur les Causses lozériens, et j'ajoute que j'ai déjà pu, depuis ma dernière fouille des dolmens, recueillir dans cette région, trois crânes modernes et que ces trois crânes sont dolichocéphales. Mais ces recherches, à peine ébauchées aujourd'hui, devront faire le sujet d'un mémoire subséquent, et en attendant qu'une étude complète de la question vienne les confirmer ou les modifier, je terminerai ma communication, déjà trop longue, par les conclusions suivantes.

III. — CONCLUSIONS

1° La race des dolmens a dressé ses premiers mégalithes sur les Causses de la Lozère à une époque où elle ne connaissait pas les métaux et taillait finement la pierre : nos plus anciens dolmens ne renferment pas de bronze, mais seulement des objets en pierre et en os. Les haches polies sont encore inconnues dans nos vrais dolmens ; et il me paraît au moins curieux à noter que j'ai jusqu'ici rencontré mes plus belles haches polies sur le plateau granitique, dans les environs de Nasbinals, c'est-à-dire dans une contrée qui n'a pas de dolmens, et dont la race est plus spécialement brachycéphale.

2° Cette population, qui n'a laissé aucune trace dans certaines contrées, soit qu'elle ne les ait jamais abordées, soit qu'elle n'ait fait que les traverser, dont les sépultures ne semblent accuser ailleurs que des établissements passagers qu'elle aurait abandonnés avant de connaître les métaux, a fait au contraire des établissements définitifs dans d'autres régions. Là, les hommes des dolmens ont prospéré, se sont multipliés et leurs descendants, conservant plus ou moins purs les caractères de leur race, vivent encore sur le même sol.

3° Là, pendant de longs siècles, cette population a continué d'enterrer ses morts dans les tombeaux des ancêtres et a successivement élevé de nouveaux dolmens, dont elle a pu progressivement modifier la forme, ajoutant peu à peu, aux objets de pierre des premiers ensevelissements, les produits des arts nouveaux ou étrangers, le bronze, le verre, etc.

Et peut-être, dans certaines contrées isolées de partout et arides, qui ne pouvaient exciter les convoitises d'aucun conquérant, en ferait-elle de même encore aujourd'hui, sans la conquête romaine et sans l'établissement du christianisme ; ainsi s'expliqueraient, pour moi, et les objets d'une industrie perfectionnée que j'ai recueillis dans certains dolmens lozériens, et le fer qu'on a trouvé dans ceux de l'Afrique, et peut-être même certains édits de Charlemagne défendant d'enterrer les chrétiens dans les sépultures des païens.

4° Les hommes des dolmens lozériens étaient dolichocéphales ; mais ils durent plus d'une fois, soit par les droits de la force, soit autrement, contracter des alliances avec les femmes de la race brachycéphale, formant la base de la population du plateau granitique qui touche le pays des Arvernes, et ce fait expliquerait la présence des crânes mésaticéphales et brachycéphales que j'ai recueillis dans certains mégalithes.

5° Enfin, les nombreux crânes que j'ai extraits des dolmens de nos Causses, et dont une première série est déjà déposée au laboratoire de l'École des hautes études, nous donneront bientôt les caractères anthropologiques des diverses races.

A la suite de sa communication, M. Prunières présente à la section une pièce très-curieuse. C'est une rondelle osseuse qui est un peu plus grande qu'une pièce de cinq francs et qui a été taillée dans un pariétal humain. Cet objet a été trouvé dans l'intérieur d'un crâne entier qui présente une très-grande ouverture à bords polis, digne aussi d'être étudiée avec soin. Les bords de la rondelle osseuse, qui a été présentée à MM. de Quatrefages, Broca, Carl Vogt, de Mortillet, Cartailhac et à la plupart des membres du Congrès, ont une forme et un poli qui n'ont pu être expliqués jusqu'ici. Cette pièce remarquable sera étudiée et décrite plus tard, ainsi que le crâne qui la contenait et qui est actuellement déposé au laboratoire de l'École des hautes études. L'épaisseur de la rondelle est d'ailleurs plus forte que celle des os correspondant du crâne dans lequel on l'a trouvée.

Les membres de la section qui ont examiné la rondelle présentée par M. Prunières n'ont pas cru devoir émettre une opinion sur la destination de cette curieuse pièce. M. Prunières serait, quant à lui, assez porté à y voir une amulette, et cela en se basant sur d'autres pièces plus ou moins identiques qu'il a dans ses grandes collections : c'est ainsi qu'un autre fragment crânien, de forme trapézoïdale, présente, sur les deux bords parallèles, deux fortes entailles réunies par un sillon circulaire qui paraît destiné à recevoir un lien suspenseur. Du reste, M. Prunières compte publier un mémoire et sur les curieuses pièces recueillies, tant dans la caverne de l'Homme-Mort que dans les dolmens, et sur les crânes qui présentent des pertes de substance à bords polis, ou incisés et sciés; mais il désire préalablement terminer les fouilles qu'il poursuit en ce moment. Aussi, n'est-ce qu'incidemment, et pour donner une démonstration *de visu* du soin qu'on doit apporter dans l'étude des fragments osseux qui remplissent les dolmens, qu'il a exhibé une pièce qui lui a paru devoir appeler toute l'attention des membres de la section.

DISCUSSION

M. Cartailhac. Rarement les explorateurs de dolmens ont pu exhumer des ossements aussi intacts et faire des observations aussi précises.

Les dolmens ont servi de sépultures à des époques très-différentes, et il est souvent difficile de reconnaître quels objets sont contemporains de la construction du monument et quels autres sont beaucoup plus récents. De là une source notable d'erreurs. Ainsi, on a toute raison de croire que les dolmens africains sont antérieurs aux quelques antiquités romaines qu'ils ont livrées à des explorateurs pressés ou inexpérimentés. Les dolmens de l'Afrique comme ceux de l'Orient ne sont pas encore étudiés sérieusement. Les dolmens de France ont été en général fouillés sans méthode et sans attention. Mais ce qu'il faut déplorer surtout, c'est que pour le plaisir puéril de se procurer des pointes de flèches ou des perles, certaines personnes ne craignent pas d'envoyer au loin des ouvriers pour vider brutalement ces tombeaux, passer au crible le contenu au détriment de toute observation instructive.

Une discussion s'engage ensuite au sujet de la conservation de dolmens dont la Commission des monuments historiques dédaigne de s'occuper; l'Association française n'est pas encore assez puissante pour intervenir efficacement en leur faveur.

12e Section

SCIENCES MÉDICALES

Président d'honneur. . . . . M. le Dr Claude BERNARD, Membre de l'Institut.

Vice-Présidents . . . . . . M. le Dr VERNEUIL, Membre de l'Académie de médecine.
M. le Dr DIDAY, Ex-chirurgien en chef de l'Antiquaille.
M. le Dr COURTY, Professeur à la Faculté de médecine de Montpellier.
M. le Dr OLLIER, Chirurgien titulaire de l'Hôtel-Dieu de Lyon.

Secrétaires . . . . M. le Dr COLRAT, de Lyon.
M. le Dr MARDUEL, de Lyon.

Dr OLLIER

Chirurgien titulaire de l'Hôtel-Dieu de Lyon

DE L'ACCROISSEMENT PATHOLOGIQUE DES OS ET DES MOYENS CHIRURGICAUX D'ACTIVER OU D'ARRÊTER L'ACCROISSEMENT DE CES ORGANES

— *Séance du 22 août 1873.* —

L'an dernier, à notre réunion de Bordeaux, j'ai eu l'honneur de vous exposer mes expériences sur l'accroissement normal des os et de formuler la théorie de cet accroissement. Je viens aujourd'hui compléter mon sujet en vous exposant d'abord les perturbations que les diverses lésions ou maladies des os apportent à l'accroissement de ces organes, et ensuite, en vous entretenant des moyens chirurgicaux auxquels nous pouvons recourir pour modifier, dans un but thérapeutique, la croissance de diverses portions du squelette, dans certaines difformités des membres.

C'est là un sujet à peu près neuf, car personne ne s'en était occupé avant moi ; et, depuis la publication de mes expériences (1861-1867), je ne pourrais signaler qu'un petit nombre de travaux publiés dans ce but. Le plus important est celui de Langenbeck [1], qui parut en 1869, c'est-à-dire deux ans après la publication des expériences qui m'ont permis d'établir des propositions et de tirer des conclusions auxquelles je n'aurai guère à changer aujourd'hui. J'apporterai seulement des faits nouveaux qui rendront ma démonstration plus complète, et auront, je l'espère, pour résultat d'attirer sur cet intéressant sujet l'attention des chirurgiens, en leur faisant entrevoir de nouvelles applications à la médecine opératoire.

Dans ma communication de l'an dernier j'avais établi, contrairement à certains expérimentateurs (J. Wolf, entre autres), que les os longs s'accroissent en longueur par le moyen des cartilages de conjugaison, et que l'accroissement interstitiel du tissu osseux ne joue qu'un rôle insignifiant et même contestable. Je me rattachai ainsi sur ce point à la théorie de Flourens, et j'appuyai cette théorie par de nouvelles expériences qui ont été publiées avec plus de détails depuis dans les *Archives de physiologie* (janvier 1873). Je rappelai ensuite les expériences qui, en démontrant que l'accroissement se fait inégalement aux deux extrémités d'un os long, m'avaient permis de formuler la loi d'accroissement des os des membres, et je donnai quelques détails sur ce fait singulier que j'avais signalé il y a plusieurs années, l'*allongement atrophique*, c'est-à-dire l'excès d'allongement en longueur, malgré une certaine diminution d'épaisseur, des os qui se trouvent au-dessus ou au-dessous d'une partie réséquée.

Je ne reviendrai pas sur les propositions que j'ai déduites de ces diverses séries d'expériences, malgré l'intérêt nouveau qui s'attache à certaines questions récemment discutées et diversement résolues, surtout en Allemagne. Je renvoie à ce que j'ai écrit à ce sujet, il y a six ans, dans mon livre sur la régénération des os. Indépendamment de la relation de mes expériences, on y trouvera des documents qui ne seront peut-être pas sans intérêt pour ceux qui voudront faire l'historique de la question. Je vais seulement rappeler quelques faits physiologiques, nécessaires à l'intelligence de mon sujet et directement applicables à la pratique chirurgicale.

A l'état normal, les os longs s'accroissent en longueur par la formation de nouvelles couches osseuses aux deux extrémités de leur diaphyse. Le mot couche n'est pas ici rigoureux, car on ne délimite pas de couches distinctes; il se fait une formation continue d'ostéo-

1 *Ueber Krankhaftes Laügenwachstum der Röhrenknochen und eine Verwerthung fur die chirurgische Praxis*. Berlin, 1869.

plastes aux dépens des cellules contenues dans les cavités cartilagineuses. Ces cellules se transforment d'abord en moelle et secondairement en tissu osseux, comme l'ont démontré H. Muller et Ranvier. L'accroissement interstitiel, c'est-à-dire celui qui s'opère par l'élongation propre du tissu déjà formé, par l'interposition de molécules nouvelles entre les éléments anciens, est insignifiant, et, même chez les très-jeunes animaux, il ne joue qu'un rôle secondaire. Je me rattache toujours sur ce point fondamental à l'opinion partagée par la plupart des anatomistes et soutenue, il y a trente ans, par les expériences de Flourens, plus tard par celles de Humphry (de Cambridge), (1862), et récemment (1871) par celles de Philippeaux et Vulpian. Je ne puis donc admettre l'opinion de Wolf et Wolkman qui ont, dans ces dernières années, prétendu que la théorie de l'accroissement par le cartilage de conjugaison, contraire aux faits expérimentaux et cliniques, devait être abandonnée et faire place à celle de l'accroissement interstitiel.

Mais si beaucoup d'expérimentateurs se sont occupés avant moi de l'accroissement normal, je ne trouve personne à citer pour l'accroissement pathologique. Je crois être le premier qui se soit occupé expérimentalement de la question. Je ne connais rien d'antérieur à mes expériences publiées de 1860 à 1867 et résumées dans mon *Traité de la régénération des os*.

En étudiant les effets de l'irritation traumatique sur les divers éléments de l'os pendant la période de croissance, j'ai reconnu qu'on pouvait à volonté augmenter ou diminuer la longueur de l'os, selon les points sur lesquels on fait porter l'irritation.

Si l'on fait porter l'irritation sur la partie centrale de l'os, sur la diaphyse elle-même, il en résulte un allongement exagéré de l'os. Si, au contraire, on fait porter l'irritation sur le cartilage de conjugaison, on ralentit son accroissement. Au premier abord, on a quelque peine à comprendre le résultat de cette expérience qui paraît en contradiction avec les faits que nous venons d'indiquer. On se demande pourquoi l'irritation du tissu qui est l'agent immédiat de l'accroissement en longueur, est cause du raccourcissement de l'os.

Cela tient à ce que l'irritation traumatique agit différemment sur les divers tissus. Elle provoque chez les uns une prolifération en excès de leurs éléments, sans apporter dans la structure de ces éléments des modifications profondes ; chez les autres, au contraire, elle provoque des processus irritatifs qui aboutissent à des régressions, et finalement se traduisent par un arrêt de développement de l'organe. Mais, pour le cas présent, il y a encore une autre explication.

L'irritation directe du cartilage de conjugaison, celle qui s'exerce au moyen de piqûres répétées, de dilacérations, d'incisions multiples, etc., arrête son évolution, tout en hâtant son ossification le plus souvent, mais sans que cette ossification hâtive soit absolument nécessaire. Au contraire, l'irritation indirecte de son tissu, celle qui lui est transmise par le périoste et l'os qui lui sont contigus, produit dans ses éléments cellulaires une prolifération en excès et qui devient féconde au point de vue de l'ossification. C'est ainsi qu'en irritant le périoste et la moelle, on provoque une activité plus grande du cartilage de conjugaison situé sur les limites de la partie irritée. Car il faut bien le faire remarquer, et c'est là un point que je dois mettre en lumière, les os qui atteignent une longueur exagérée ne s'accroissent pas par un autre mécanisme que les os normaux ; c'est par le cartilage de conjugaison qu'ils s'allongent.

Si l'irritation du périoste et de la moelle produit un allongement en excès, ce n'est donc que par l'exagération des propriétés physiologiques du cartilage de conjugaison. L'accroissement interstitiel[1] est très-rare à la suite des ostéites, ou du moins on le constate rarement d'une manière exacte. Chez les jeunes sujets, il peut contribuer sans doute, mais dans une moindre proportion que l'hyperplasie du cartilage de conjugaison, à augmenter la longueur de l'os. Mais chez l'adulte, une fois la soudure des apophyses effectuée, alors qu'on ne peut pas invoquer la prolifération des éléments du cartilage de conjugaison, on constate rarement cet accroissement interstitiel. J'ai mesuré un très-grand nombre d'os atteints d'ostéite traumatique ou spontanée après la vingt-cinquième année, et ce n'est que dans trois cas (deux d'ostéite syphilitique) que j'ai pu constater un allongement de l'os enflammé. Ce sont là des exceptions, je le répète ; la règle est qu'un os ne s'allonge plus d'une manière sensible après la soudure des épiphyses, quelque persistante que soit la cause d'irritation.

Ces quelques détails suffisent pour faire comprendre le principe physiologique sur lequel nous pourrons nous appuyer pour faire allonger artificiellement les os, mais ils nous montrent aussi dans quelles limites ce principe sera applicable.

En irritant la diaphyse d'un os long, nous activerons son accroissement, mais ce n'est que dans l'enfance et l'adolescence, c'est-à-dire avant la fin de la période de croissance, que nous pourrons intervenir activement.

Quant à l'arrêt d'accroissement que nous pourrons produire, l'irri-

[1] Je renvoie à un mémoire que M. Poncet, interne des hôpitaux de Lyon, a publié sur ce sujet dans la *Gazette hebdomadaire* (1873). Dans ce mémoire sont exposées les mensurations que j'ai prises sur un grand nombre de malades atteints d'ostéite. Ces cas pathologiques démontrent aussi nettement que les faits expérimentaux l'importance du siége de l'ostéite, au point de vue de l'accroissement de l'os.

tation directe, intense du cartilage de conjugaison nous fournit, chez les animaux, un moyen de troubler son évolution, mais nous ne pouvons pas mettre en question de pareilles manœuvres chez l'homme, à cause du danger qu'elles entraîneraient. Il y a, du reste, quelque chose de mieux que cette irritation, perturbatrice de son évolution, c'est la destruction du cartilage de conjugaison lui-même par une excision plus ou moins complète. En l'irritant par des piqûres, des broiements, des perforations multiples, des incisions sous-cutanées, on pourra déranger son accroissement et obtenir d'abord un ralentissement, et finalement un arrêt plus ou moins marqué de l'accroissement de l'os. Mais ce n'est là qu'un moyen de démonstration expérimentale, et nous avons besoin pour la chirurgie d'un moyen plus sûr dans ses effets, plus simple dans son exécution, et surtout moins dangereux au point de vue des inflammations consécutives. Ces conditions, nous les réalisons en retranchant méthodiquement la portion du cartilage la plus superficielle, la plus éloignée de l'articulation.

Je rappellerai à ce propos qu'en excisant d'une manière complète, en une rondelle régulière, le cartilage de conjugaison sur un jeune animal, on arrête d'une manière définitive l'accroissement en longueur de l'os par l'extrémité ainsi traitée. Si cette extrémité est celle qui prend la plus grande part à l'accroissement de l'os, comme l'extrémité inférieure du radius et du cubitus, on a des arrêts d'accroissement énormes, comme on peut le voir par les figures qui se trouvent, soit dans mon *Traité de la régénération des os*, soit dans le mémoire que j'ai publié dans les *Archives de physiologie* en janvier 1873. Vous voyez ici les pièces originales de ces figures et vous pouvez vérifier l'exactitude de cette proposition. Une fois le cartilage excisé, l'arrêt d'accroissement a été complet pour cette extrémité, et à peu près complet pour l'os, car l'extrémité supérieure du radius et du cubitus ne prend qu'une part très-faible à leur allongement.

Si maintenant, au lieu d'enlever la totalité du cartilage de conjugaison, on n'en excise qu'une portion, un coin par exemple, sur une des faces de l'os, on arrête l'accroissement de l'organe d'une manière imparfaite. L'os ne peut plus s'accroître sur le point où le cartilage a été enlevé ; il s'accroît seulement sur les points correspondants à la portion du cartilage conservée. Mais comme les surfaces de section, résultat de l'excision des fragments cartilagineux, se réunissent et qu'une fois réunies, elles empêchent la portion correspondante de l'os de suivre l'allongement de la portion contiguë laissée intacte, il en résulte des déformations de l'os, des courbures dont on peut jusqu'à un certain point calculer le degré ; de sorte que nous avons dans ces excisions du cartilage non-seulement un moyen de limiter l'accroissement des os, mais encore un moyen de changer leur forme, de les redresser ou de les courber, selon les cas.

Nous avons avons donc en notre pouvoir un moyen d'allonger les os (irritation du périoste) et un moyen d'arrêter leur accroissement (excision, destruction du cartilage de conjugaison). Ces moyens d'influencer l'accroissement du tissu osseux me paraissent ajouter une nouvelle ressource à la chirurgie, qui vous semblera peut-être d'autant plus digne d'intérêt, que nous avons été jusqu'ici absolument dépourvus sous ce rapport.

Je viens d'exposer le principe, voyons maintenant comment il est applicable, dans quelles limites il est rationnel, et par quels procédés on peut augmenter ou diminuer la longueur des os chez l'homme?

La première condition à remplir dans les tentatives sur l'homme, c'est l'innocuité de l'opération. Voilà pourquoi plusieurs des procédés dont nous nous sommes servi dans nos expériences sur les animaux doivent être mis de côté. On peut faire allonger les os en irritant le périoste ou la moelle, mais l'irritation artificielle de ces deux tissus a des conséquences bien différentes. L'une pourra être toujours innocente, l'autre exposerait aux plus graves accidents. Il suffit de se rappeler les dangers de l'ostéo-myélite suppurée, les accidents septicémiques ou pyoëmiques qui l'accompagnent, pour comprendre qu'on doit s'interdire de pénétrer jusque dans le canal médullaire, soit pour mettre la moelle à nu, soit pour le traverser par des corps étrangers.

Heureusement il n'est pas nécessaire d'aller jusque-là ; l'irritation du périoste et des couches superficielles de l'os nous suffit, et cette opération peut être pratiquée sans danger aucun, lorsqu'on opère sur des os superficiels comme le tibia, le péroné ou les os de l'avant-bras. Ce sont là, du reste, les os sur lesquels on aura presque exclusivement à intervenir, soit pour remédier à des déformations dues au défaut de parallélisme dans la croissance de ces os contigus, soit pour recouvrer une partie de la longueur du membre dans les cas d'arrêt de développement.

C'est sur le tibia que j'ai eu plusieurs fois l'occasion d'intervenir pour stimuler son accroissement en longueur et diminuer par là l'inégalité des membres inférieurs.

Je cherche à produire une irritation lente, modérée, portant sur une certaine étendue de la diaphyse ; mais si je ne cherche qu'une irritation lente et modérée, j'ai soin de l'entretenir assez longtemps pour qu'elle produise un excès d'allongement appréciable.

C'est une opération simple, facile, sans danger, et qui est d'autant plus acceptée qu'elle cadre avec certains préjugés populaires, car elle ressemble à l'application d'un cautère qu'on doit entretenir pendant un certain temps en guise d'exutoire.

Je fais le long de la face superficielle de la diaphyse du tibia une, deux et trois incisions de 2 centimètres chaque, allant du premier coup jusqu'à l'os ; j'en fais une ou plusieurs, selon le degré d'irritation que je veux obtenir. J'en fais une au milieu de la diaphyse, les deux autres à ses extrémités, à 3 centimètres environ du cartilage épiphysaire. Entre les lèvres de la plaie, j'introduis une boulette de charpie, que je laisse détacher par la suppuration, et que je remplace ensuite par un pois que l'on change tous les jours, comme s'il s'agissait d'un cautère ordinaire.

C'est, je le répète, une petite opération, rapidement faite, et sans danger.

Si j'opère à l'hôpital, dans un milieu exposé à l'érysipèle, je pénètre jusqu'à l'os au moyen de la pâte de Vienne et d'une bandelette de Canquoin, et dès que je suis sur l'os, je panse comme dans le cas précédent avec des pois à cautère.

En opérant ainsi sur de jeunes enfants de 6 à 12 ans, j'ai obtenu au bout de cinq, six et huit mois, un excès d'allongement de 1 centimètre et plus. L'os irrité s'était accru en hauteur et en épaisseur ; et en gagnant 1 centimètre en hauteur, il avait en apparence doublé d'épaisseur ; ce qui, dans les cas auxquels je fais allusion, avait une grande importance, car le tibia atrophié était resté grêle et paraissait n'avoir que les 3/5es de l'épaisseur du tibia du côté opposé.

Je préfère irriter le tibia par plusieurs points à la fois ; à cause de la petitesse des plaies, il n'en résulte qu'une irritation modérée. Dans un cas qui m'a été communiqué récemment, une seule cautérisation faite à la partie centrale de l'os avait agi plus profondément et occasionné l'exfolation de la couche superficielle, sur une étendue de 3 centimètres ; il en était résulté une hypertrophie très-considérable en épaisseur. L'os avait plus que doublé de volume dans ce sens ; mais il n'y avait pas, au bout de deux mois et demi, d'allongement appréciable. On n'a pu suivre l'enfant assez longtemps pour me donner le résultat définitif de cette opération. Mais, par contre, je signalerai le cas d'une fille de 7 ans, que j'ai gardée pendant plusieurs mois à la salle Sainte-Marguerite, et chez laquelle j'ai obtenu un excès d'allongement de 12 millimètres. Pendant que le tibia sain poussait de 10 millimètres, le tibia atrophié avait gagné 22 millimètres sous l'influence de l'irritation artificielle faite sur trois points différents. D'une manière générale, on doit compter sur six mois d'irritation permanente pour apprécier le résultat de cette petite opération. C'est de l'âge de 5 à 15 ans qu'on devra en attendre les meilleurs résultats.

Après 15 ans, l'os a trop peu à gagner en longueur; avant 5 ans, je fais quelques réserves sur les effets de l'irritation artificielle, car j'ai constaté qu'en implantant des clous dans le tibia des jeunes chats, le lendemain de leur naissance, j'obtenais plutôt un arrêt qu'un excès d'allongement, tandis que, sur des animaux plus âgés, cet excès d'allongement se produisait sous l'influence des causes les plus diverses d'irritation. Ce fait montre un fois de plus que les tissus réagissent différemment aux divers âges. L'expérience nous permettra seule plus tard d'être plus précis sur ce point; il faut s'attendre à des résultats variables selon les diverses conditions physiologiques de l'individu et selon l'état de la nutrition du membre.

Quant aux moyens d'arrêter l'accroissement d'un os, le plus simple, le plus pratique, consiste dans l'excision d'une partie de son cartilage de conjugaison ; c'est, comme nous l'avons vu plus haut et comme vous l'ont démontré les nombreuses pièces que j'ai fait passer sous vos yeux, par la destruction partielle ou totale de ce cartilage de conjugaison que nous pouvons ralentir ou arrêter l'accroissement de l'os en longueur. Ici je dois renouveler les réserves que j'ai faites déjà sur l'application à la chirurgie humaine de mes diverses expériences. Si, pour l'irritation de la diaphyse, j'ai absolument repoussé comme trop dangereuses les opérations portant directement sur la moelle, je repousserai pour certaines régions toute excision du cartilage de conjugaison, car il est un certain nombre d'os qui, par leur situation profonde et par la disposition de leurs extrémités articulaires, se trouvent en dehors de notre champ d'application. Ce qu'il y a à redouter dans les excisions des cartilages de conjugaison, c'est l'ouverture des synoviales correspondantes et le développement d'une arthrite purulente à la suite de l'ouverture de l'articulation, et même sans que l'articulation soit ouverte, par le fait seul de la propagation de l'inflammation. Pour ces raisons, certains cartilages de conjugaison des grands os des membres, celui de l'extrémité supérieure du fémur, celui de l'extrémité supérieure du radius ou du cubitus, par exemple, ne peuvent être mis en question, puisqu'ils se trouvent dans l'articulation elle-même. Mais il en est d'autres sur lesquels nous pouvons agir à la condition de n'en exciser qu'une portion et d'opérer prudemment. Ce sont ceux du tibia, du péroné, à chaque extrémité de ces os, et ceux du radius et du cubitus, à leur extrémité inférieure.

Ces cartilages sont sous-cutanés dans une partie de leur étendue; on peut les mettre à nu sans faire de désordre dans les tissus voisins. Si on les excise de manière à n'enlever qu'une parcelle ou une tranche mince qui ne dépasse pas la moitié de l'épaisseur de l'os, on obtiendra le résultat cherché, sans faire courir de dangers à l'articulation voisine. Pour se mettre à l'abri de tout accident, il faut, après l'opération, placer le membre dans du coton, l'envelopper d'un appareil silicaté, et grâce à cette occlusion inamovible, que je considère comme indispensable, la petite opération passe pour ainsi dire inaperçue.

Mais dans quels cas aurons-nous à intervenir ainsi? Ce ne peut être que pour neutraliser dans un os les causes accidentelles qui pourraient amener un excès d'accroissement en longueur, et mieux encore pour régulariser l'accroissement de deux os parallèles, quand l'un d'eux se trouvant arrêté dans son développement par une cause ou par un autre, l'autre continue de s'accroître. Il résulte de cette inégalité d'accroissement de deux os parallèles, destinés à grandir ensemble, des déformations très-nuisibles au point de vue fonctionnel, et, dans tous les cas, gênantes et disgracieuses à la main et au pied.

Ce sont là des déformations sur lesquelles l'attention des chirurgiens n'a pas été appelée, et qui sont par conséquent restées au-dessus des ressources de l'art, ou du moins en dehors de la thérapeutique rationnelle. M. Parise (de Lille) et Malgaigne ont signalé la luxation en bas de la tête du péroné, due à l'allongement du tibia hypertrophié ; mais ces déformations sont beaucoup plus nombreuses et, indépendament de la luxation de l'extrémité supérieure du péroné en haut et de l'accroissement inégal de l'extrémité inférieure des os de la jambe, nous avons déjà fait connaître depuis longtemps des déformations analogues au membre supérieur.

Voici les fait généraux les plus intéressants qui se rapportent à ces déformations.

Un arrêt d'accroissement du radius, dû par exemple à la destruction du cartilage de conjugaison inférieur, par suppuration de la portion juxta-épiphysaire, amène une déformation caractéristique du membre supérieur. Le cubitus, continuant de s'accroître d'après les lois de son développement normal, grandit pendant que le radius reste stationnaire. Or, deux os parallèles et unis l'un à l'autre, ne peuvent croître inégalement sans s'abandonner ou sans se déformer. C'est ce qui arrive ; et le plus souvent on constate à la fois et la déformation du cubitus, qui se courbe de manière à faire un arc dont le radius serait la corde, et des changements de rapport du radius et du cubitus à leur extrémité inférieure. Le cubitus descend plus bas que le radius, et alors il glisse en arrière et en dedans du carpe, et repousse la main vers le bord radial de l'avant-bras.

Voici plusieurs pièces anatomiques démontrant chez l'homme ces déformations du squelette de l'avant-bras par inégalité d'accroissement des os qui le constituent [1]. Dans un cas, le radius arrêté dans son déve-

[1] Ces pièces ont été décrites dans un mémoire de M. Poncet, publié dans le *Lyon-Médical*,

loppement par une fracture júxta-épiphysaire ou bien par un décollement de son épiphyse inférieure[1], est resté en retard sur le cubitus qui se trouve plus long de 50 millimètres. Sur l'autre pièce c'est le cubitus qui est arrêté dans son développement par suite d'une nécrose de son extrémité inférieure. Le radius a continué de s'accroitre et la main est fortement déjetée sur le bord cubital de l'avant-bras.

Rien de plus facile que de reproduire ces déformations chez les animaux. On n'a qu'à retrancher le cartilage de conjugaison inférieure du radius ou du cubitus, et l'on voit alors l'os laissé intact se contourner, s'aplatir, se déformer, afin de loger sa diaphyse entre les points fixes constitués par les attaches ligamenteuses de ses extrémités. Sur cette pièce, appartenant à un lapin, vous voyez le radius arrêté dans son développement par l'excision de son cartilage de conjugaison inférieur. Après cette opération, le radius a complétement cessé de grandir (car, d'après la loi d'accroissement, on sait que l'extrémité supérieure ne prend qu'une part insignifiante à l'allongement de l'os). Il mesure 45 millimètres, il en mesurait 42 au moment de l'opération. Pendant ce temps, le radius, du côté opposé, a gagné plus de 3 centimètres ; il mesure 75 millimètres. Pendant que le radius était ainsi arrêté dans son développement, le cubitus continuait de s'accroître ; mais fixé par ses deux extrémités : à l'humérus surtout, par son extrémité supérieure, au radius, par son extrémité inférieure, il ne pouvait utiliser ses matériaux d'accroissement, sans déplacer ces extrémités. Mais ces extrémités étant solidement fixées, la substance osseuse nouvelle a dû se contourner, s'aplatir, et a constitué un os difforme, aplati, demi-circulaire, formant un arc dont le radius forme la corde.

Voici une pièce en sens inverse. C'est le cubitus qui a été arrêté dans son développement, par l'excision de son cartilage de conjugaison, et vous constatez que le radius a continué de croître, s'est contourné, déformé, comme le cubitus de la pièce précédente.

Si nous pouvons produire ces déformations, il nous est tout aussi facile de les guérir à un moment donné. Après avoir excisé le cartilage de conjugaison du radius, par exemple, vous pouvez arrêter la déformation du cubitus, en procédant, quelques jours ou quelques semaines après, à l'excision du cartilage de ce dernier os. La patte de l'animal qui s'inclinait vers le bord radial, par suite de l'arrêt d'accroissement

— 22 décembre 1872; — *Des déformations produites par l'arrêt d'accroissement d'un des os de l'avant-bras et des causes de cet arrêt de développement.*

1 Je me sers ici du terme de décollement épiphysaire pour me conformer au langage vulgaire ; mais il vaut mieux se servir du mot *décollement diaphysaire*, car c'est la diaphyse qui se détache du cartilage de conjugaison, lequel reste attaché à l'épiphyse. (Voy. *Traité expérim. et clin. de la régénération des os*, t. I, ch. VI.)

du radius, revient d'elle-même dans sa situation normale, quand l'accroissement du cubitus a été arrêté à son tour.

J'appelle votre attention sur les déviations de la patte dans toutes les pièces où cette partie du squelette a été conservée. C'est la reproduction exacte de la difformité que j'ai voulu corriger chez l'homme. Rien n'est si facile, je le répète, que de changer l'inclinaison de la patte, de la faire dévier en dedans ou en dehors, c'est-à-dire vers le bord radial ou vers le bord cubital. Il s'agit d'exciser soit le cartilage du radius, soit celui du cubitus ; et, de plus, quand une déviation est commencée, on peut l'arrêter par l'excision de l'autre cartilage de conjugaison. Il en résulte seulement un raccourcissement général de l'avant-bras; mais la patte est droite et peut parfaitement fonctionner.

C'est absolument ce que nous allons vérifier sur l'homme, dans le cas dont je vais exposer les traits principaux, et auquel se rapportent les moules en plâtre que vous avez sous les yeux. En appliquant, d'après les données physiologiques que je viens de vous exposer, l'excision du cartilage de conjugaison à la chirurgie humaine, j'ai obtenu un résultat aussi net, aussi concluant que ceux que vous venez de constater chez les animaux.

Un jeune homme, âgé aujourd'hui de 17 ans, eut, il y a six ans, une ostéo-périostite aiguë du radius gauche, occupant presque toute l'étendue de la diaphyse, depuis la tubérosité bicipitale en haut, jusqu'au cartilage de conjugaison en bas. La suppuration n'envahit pas les épiphyses ; l'articulation du coude resta intacte ; celle du poignet devint le siége de quelques phénomènes inflammatoires de voisinage qui amenèrent de l'hydarthrose et plus tard une ankylose incomplète. — Abcès répétés ayant nécessité des ouvertures multiples le long de l'avant-bras. — Au bout de six mois, les accidents inflammatoires se calmèrent, mais la main commençait à se dévier sur le bord radial de l'avant-bras.

Je vis le malade pour la première fois en janvier 1869 ; la main était déjà inclinée sur le bord radial suivant un angle de 30 à 40°, selon la position du membre. Malgré l'emploi des appareils, difficiles à supporter à cause de l'inflammation de la région, cette déviation augmentait toujours et, au mois de juillet, l'axe de la main faisait avec l'axe de l'avant-bras un angle de 50 à 55°.

Cette déviation de plus en plus prononcée de la main vers le bord radial était due à l'accroissement du cubitus qui s'allongeait toujours, pendant que le radius était stationnaire, par suite du trouble que l'inflammation apportait dans l'évolution de son cartilage de conjugaison. Voyant que cet accroissement du cubitus était la seule cause de la déviation de la main, je pris le parti d'y remédier en employant un des procédés auxquels j'avais eu recours dans mes expériences sur les animaux, pour arrêter l'accroissement des os longs. La destruction du cartilage de conjugaison inférieur du cubitus me paraissait devoir être d'autant plus suivie de succès que c'est, comme je l'ai déjà rappelé plus haut, par son extrémité inférieure que cet os s'accroît surtout.

Je pratiquai l'opération le 3 juillet 1869. Ayant mis à nu le cartilage de conjugaison inférieur du cubitus, je détruisis partiellement ce cartilage en en excisant un fragment et en broyant les parties voisines avec un poinçon. Aujourd'hui je rejette le broiement et me contente de l'excision d'une tranche mince. Je respectai la partie profonde pour ne pas occasionner d'inflammation dans les articulations voisines. Trois jours après, le malade souffrit un peu à ce niveau. Il s'y forma un petit abcès qui s'ouvrit le huitième jour. Il n'y eut pas d'autres accidents, pas de propagation de l'inflammation à l'articulation du poignet. A partir de ce moment, l'accroissement du cubitus a été arrêté, non pas cependant d'une manière absolue, car j'avais laissée intacte la partie profonde de son cartilage, mais d'une manière tellement sensible que la main a cessé de s'incliner sur le bord radial, et s'est redressée peu à peu ensuite, à mesure que le radius s'est accru.

Depuis le début de la maladie, le radius, s'accroissant moins vite que le cubitus, était resté en retard de deux centimètres ; à partir de l'opération, c'est l'inverse qui a eu lieu. Il s'est accru en trois ans et neuf mois de 2 centimètres (tandis que le cubitus n'a gagné que 4 ou 5 millimètres) et il a pu reprendre ainsi les rapports qu'il avait perdus.

Au moment de l'opération, l'apophyse styloïde du cubitus dépassait de 15 millimètres le point le plus inférieur du rebord articulaire du radius. Aujourd'hui ces deux points sont sensiblement au même niveau.

Depuis l'opération, le cubitus s'est accru à peine d'un demi-centimètre ; il mesurait alors 232 millimètres ; il mesure aujourd'hui 237. Le radius, autant qu'on peut en juger à travers la peau et les tissus épaissis qui masquent ses limites, s'est accru de 18 à 20 millimètres. Pendant ce temps-là, le cubitus du côté opposé a continué de s'accroître ; il mesure aujourd'hui 278 millimètres, soit 4 centimètres de plus que celui du côté malade ; il s'est accru de 2 centimètres 1/2 depuis l'opération.

Du reste, messieurs, pour apprécier le résultat de l'opération, vous n'avez qu'à comparer les deux plâtres que je fais passer sous vos yeux. Vous pourrez vérifier les trois points principaux de cette observation : le redressement de la main, l'arrêt d'accroissement du cubitus, et la continuation de l'allongement du radius. L'avant-bras est nécessairement plus court que celui du côté opposé, mais la main est dans l'axe de l'avant-bras, et c'est là le fait le plus important au point de vue fonctionnel.

En résumé, messieurs, nous avons, dans l'application des données expérimentales sur l'accroissement des os, une nouvelle ressource thérapeutique contre certaines variétés de déviations qui étaient jusqu'ici réputées incurables par la chirurgie rationnelle. On ne pouvait leur opposer que la résection de l'os ou l'usage des appareils permanents. Or, de ces deux moyens, le premier était plus dangereux que celui que je propose, et l'autre beaucoup moins efficace, bien que j'admette que la compression permanente exercée sur un cartilage par la pression réciproque de la diaphyse sur l'épiphyse ralentisse son développement [1]. La question est posée aujourd'hui; je n'ai pu l'envisager sous toutes ses faces, mais j'ai tâché de faire entrevoir quelques-unes de ses applications. Il faut toutefois s'y engager avec la plus grande réserve, et je ne saurais mieux faire que de rappeler, en terminant, combien nous devons être prudents dans les tentatives de ce genre. Limitées à certains os, exécutées avec une connaissance parfaite de la région sur laquelle on opère, entreprises pour certains cas déterminés, elles constituent des opérations rationnelles, simples et peu dangereuses.

Pour moi, je n'ai pas observé le moindre accident dans les tentatives que j'ai faites jusqu'ici et tout me fait croire qu'il en sera de même à l'avenir, si l'on se maintient dans les limites que j'ai indiquées, et si l'on a recours, après l'opération, aux systèmes de pansements les plus propres à prévenir les complications traumatiques et, en particulier, à l'occlusion inamovible.

M. A. CHAUVEAU

Professeur de physiologie à l'École vétérinaire de Lyon

TRANSMISSION DE LA TUBERCULOSE PAR LES VOIES DIGESTIVES. EXPÉRIENCES NOUVELLES

— *Séance du 22 août 1873.* —

Je n'ai pas l'intention de faire une communication détaillée sur le grave sujet de la transmissibité de la tuberculose. Je veux seulement prier mes collègues de la section de prendre part à une expérience

[1] J'ai démontré, t. I, chap. XIII, que la diminution de pression était la cause de l'allongement atrophique.

qui a pu être préparée en vue de la présente réunion de l'Association, grâce à l'obligeance de M. Rodet, directeur de l'École vétérinaire. En s'achevant sous les yeux des membres de la section des sciences médicales, cette expérience pourra concourir à porter la conviction dans leur esprit, sur un point très-controversé et qu'il importe à l'hygiène publique de mettre au plus tôt hors de doute.

Il s'agit de savoir si les matières tuberculeuses mises en rapport avec un organisme sain, par les voies naturelles de la contagion, peuvent déterminer l'infection tuberculeuse.

J'ai affirmé que cette infection est constante quand on utilise le tube digestif comme voie de contagion, et qu'on agit sur les très-jeunes animaux de l'espèce bovine, la seule qui partage avec l'espèce humaine le triste privilége d'être communément atteinte par la tuberculose. Les faits d'après lesquels s'est formée ma conviction sont aussi nombreux que concluants. Ils ne prêtent à nulle équivoque. Cependant ils ont été vivement contredits. Souhaitons qu'ils le soient encore davantage. La contradiction persistante deviendra la source de nouvelles recherches non moins persistantes, et il s'agit d'une question des plus graves, sur laquelle on ne possédera jamais trop de documents précis. Ceux que j'ai déjà acquis, et que je me réserve de faire connaître en détail à mon jour et à mon heure, sont pour moi d'une telle clarté que j'ai pu, dans une lettre adressée récemment à l'Académie de médecine, formuler dans les termes suivants la conclusion qui se dégage de l'ensemble de ces documents :

1° *Sur 100 veaux de lait,* ISSUS DE PARENTS SAINS, *il n'y en a peut-être pas* UN SEUL *qui présente à l'autopsie la plus minutieuse la moindre trace de lésion tuberculeuse.*

2° *Sur 100 veaux de lait,* ISSUS DE PARENTS SAINS, *il n'y en aurait peut-être pas un seul qui ne présentât à l'autopsie les signes anatomiques d'une infection tuberculeuse plus ou moins généralisée, six semaines ou deux mois après avoir avalé de la matière tuberculeuse convenablement choisie.*

On ne saurait être plus catégorique. Presque certainement *jamais* dans un cas ; presque certainement *toujours* dans l'autre cas : s'il en est ainsi, la lumière ne saurait tarder à se faire dans tous les esprits. Il suffira d'une grande expérience publique, que tous nous devons chercher à provoquer, et à laquelle il est du devoir de l'administration et des sociétés savantes de se prêter avec empressement. Que la tuberculose bovine ne soit qu'une sœur de la tuberculose humaine ou ne forme, comme je le pense, qu'une seule et même espèce avec cette dernière; cette nouvelle enquête, quels qu'en soient les résultats, aura rendu un véritable service à l'humanité.

En attendant, les membres de l'Association pourront se faire une idée des effets que produit chez le veau l'ingestion des matières tuberculeuses, à l'aide de l'expérience présente.

J'aurais pu faire cette expérience sur des veaux de lait achetés au marché et choisis en très-bon état de santé. Il est en effet très-probable que ces animaux, pris ainsi au hasard, eussent été absolument exempts de lésions tuberculeuses préexistantes. Sans doute, parmi les veaux de lait tout à fait florissants des marchés, il en est quelques-uns qui sont issus de parents entachés de tuberculose, et qui, à ce titre, peuvent porter en eux, à l'état plus ou moins rudimentaire, le germe matériel de la dyscrasie des ascendants. Mais les recherches statistiques que j'ai pu faire, à l'abattoir de Perrache et dans une excellente boucherie de campagne, m'ont démontré que le nombre des veaux qui se trouvent dans ce cas est extrêmement minime. On peut passer en revue, par centaines, les viscères des veaux des abattoirs sans trouver *à l'extérieur* de lésions tuberculeuses manifestes. Dans soixante et dix-sept cas, au lieu d'un simple examen superficiel, j'ai fait sur le poumon et les ganglions lymphatiques viscéraux un examen très-complet, qui n'a laissé inexploré aucun coin de l'épaisseur des organes : deux fois seulement alors, j'ai pu, avec beaucoup de soin et de patience, mettre en évidence des traces de tuberculose congénitale. Et encore n'ai-je de certitude absolue que pour l'un de ces deux cas. Ce qui semblerait démontrer que le nombre de reproducteurs atteints de tuberculose, parmi ceux qui fournissent les veaux aux marchés, n'est pas aussi considérable qu'on le croit généralement, car je regarde comme la règle l'existence de vraies lésions tuberculeuses rudimentaires sur les veaux issus de mères infectées de tuberculose bien caractérisée.

Je répète donc que j'aurais pu, sans grand inconvénient, faire mon expérience sur de beaux veaux de lait pris au hasard sur le marché. Mais j'ai préféré agir sur des animaux de provenance connue, et nés de parents sains, dont, en tout cas, il serait facile de vérifier l'état de santé. Mon collègue, M. Saint-Cyr, s'est chargé de trouver en Dombes quatre animaux dans ces conditions.

Ces animaux sont arrivés le 17 juin à l'École vétérinaire. Il y en a deux rouge-pies et deux blancs. Ces deux derniers, nés le même jour, dans la même ferme, se ressemblent presque absolument ; l'un est cependant un peu plus fort que l'autre. Les deux rouge-pies, quoique à peu près du même âge, sont de taille très-inégale.

On commence par les observer pendant huit jours, pour constater les effets du changement de régime auquel on est obligé de soumettre ces animaux Au lieu de teter leur mère, ils doivent, en effet, être alimentés en buvant un mélange de lait et de farine d'orge. Ce régime leur réussit très-bien. Ils conservent la belle santé dont ils montraient toutes les apparences au moment de leur arrivée.

On a tenté un grand nombre d'efforts pour les amener à boire seuls au baquet. Mais on était loin d'y être arrivé au moment où l'expérience dût être commencée. Un seul buvait ainsi quelquefois le lait pur, mais le refusait obstinément quand il était additionné de quelque autre substance. Aussi est-ce en les faisant boire à l'aide de la bouteille qu'on peut les alimenter. Ils se prêtent, du reste, parfaitement à cette petite opération. Elle s'accomplit chaque fois avec une telle facilité et une telle régularité, qu'on peut affirmer hardiment qu'il ne s'introduit jamais la moindre parcelle de lait ou de farine dans les bronches. Je donne ce renseignement pour qu'il soit bien établi que je n'avais pas à choisir, pour mon expérience, le procédé d'ingestion. C'était seulement en faisant boire mes animaux à la bouteille que je pouvais leur faire avaler de la matière tuberculeuse.

Deux seulement, un blanc et un rouge-pie, furent soumis à l'expérience. Je choisis les plus forts et les plus robustes. Les deux autres sont gardés, à distance, dans la même écurie, pour servir de témoins et de termes de comparaison au moment de l'autopsie.

Une première ingestion est faite le 25, une deuxième le 26, une troisième le 30 juin, une quatrième le 6 juillet.

Les matières ingérées provenaient de poumons et de ganglions lymphatiques de vaches tuberculeuses.

J'ai puisé ces matières dans les lésions les plus variées, pour être plus sûr de ne point laisser échapper le principe infectant. Tous les produits tuberculeux n'ont pas en effet la même activité, et j'avoue n'avoir pas encore déterminé, par l'expérimentation, toutes les conditions de cette activité.

Ces matières ont été broyées avec soin dans un mortier et mélangées à trois ou quatre fois leur volume d'eau. Le liquide ainsi obtenu a été passé à travers un linge et débarrassé, par cette opération, de toute particule grossière, excepté pour la quatrième et dernière ingestion, qui a eu lieu le 6 juillet. Pour faire prendre ce liquide aux animaux, on l'a toujours mélangé à au moins un volume de lait. La quantité de matière tuberculeuse avalée dans chacune des quatre opérations a été de 10 à 40 grammes par animal.

Quelle influence cette quadruple ingestion a-t-elle exercée sur la santé des deux animaux qui l'ont subie ?

Dans les premiers temps, cette influence a été pour ainsi dire nulle. Le lendemain de la deuxième ingestion, le veau blanc a manifesté un peu de diarrhée, qui n'existait plus dès le soir du même jour. Ça été tout. Les circonstances ne m'ont pas permis d'observer ces sujets de très-près. Je ne suis en mesure de donner des détails précis sur l'état des animaux que pour l'espace de temps compris entre le 14 et le 21 juillet, pour le 30 et le 31 du même mois et enfin pour le moment actuel, 22 août. Mais ces détails sont plus que suffisants pour permettre d'apprécier les faits.

Du 14 au 21 juillet, les animaux présentent tous les signes d'une santé florissante. Rien d'anormal dans leur état physiologique. On insiste beaucoup, à diverses reprises, sur l'examen des ganglions lymphatiques accessibles à l'exploration, particulièrement des ganglions sous-maxillaires. Ils sont dans l'état le plus parfait d'intégrité, et de même volume exactement des deux côtés.

A la fin de juillet, même état probable des ganglions accessibles à l'exploration. Je n'y ai pas trouvé de changements sensibles dans la forme ou les dimensions. La santé générale ne me paraît pas davantage altérée; au moins les deux sujets me semblèrent-ils aussi vifs, aussi alertes et doués du même appétit que les animaux qui servent de témoins.

Mais aujourd'hui, les choses ont bien changé. Après une absence de trois semaines, voici comment je viens de retrouver mes deux sujets d'expérience :

Le veau blanc est dans un état déplorable. Il peut à peine se tenir debout et reste presque constamment couché. Miné par une fièvre continue, il est devenu extrêmement maigre, quoiqu'il ait conservé un certain appétit. Quand il boit, soit au baquet, soit à la bouteille, le mélange de lait et de farine d'orge dont on continue à le nourrir, il éprouve de la difficulté à avaler. La même dysphagie se manifeste quand il mange le fourrage vert ou sec, que les quatre animaux prennent maintenant assez volontiers. Il fait entendre alors, en respirant, un fort bruit de cornage. Ce bruit s'entend même souvent quand l'animal a cessé de manger et se trouve complétement au repos. Il est manifeste que les ganglions péripharyngiens ont pris depuis trois semaines un développement assez considérable pour gêner gravement la déglutition et la respiration. Du reste, la palpation de la région permet de sentir quelques-uns de ces ganglions hypertrophiés. Les deux ganglions sous-maxillaires sont aussi dans le même cas, le droit particulièrement; on le sent, à travers la peau, au moins double de celui du côté gauche.

Quant au second animal, à en juger d'après sa vivacité et la manière dont il boit et mange, il ne paraît pas du tout malade, mais il est maigre, plus maigre que les animaux témoins, qui cependant ne sont pas eux-mêmes très-florissants, au point de vue de l'état de graisse. Ce second animal a-t-il des ganglions hypertrophiés parmi ceux qui sont accessibles à la palpitation ? Je ne puis me prononcer ni pour l'affirmative, ni pour la négative ; cet animal a la peau extrêmement épaisse, ce qui rend assez difficile l'exploration sous-cutanée des régions laryngienne et trachéale. Aussi, je ne me suis guère attaché qu'à l'examen des ganglions sous-maxillaires ; ils ne m'ont pas paru être sensiblement modifiés dans leur volume.

Tel est l'état dans lequel mes collègues de la section médicale trouveront mes animaux, s'ils veulent bien venir les examiner à l'École vétérinaire. Il reste à compléter l'expérience par l'autopsie des quatre sujets. Je désire que cette autopsie soit faite par les soins d'une commission qui viendra en rendre compte à la section. C'est seulement alors qu'il sera possible de tirer de cette expérience tous les enseignements qu'elle peut contenir. Mais dès à présent, il est un fait qui reste acquis, fort considérable, le plus important de tous, à mes yeux : c'est qu'au moins pour l'un des deux sujets d'expérience, celui qui est devenu si gravement malade, les altérations qu'on trouvera à l'autopsie dans les ganglions accessibles à la palpitation, ne pourront être regardées comme préexistantes à l'ingestion des matières tuberculeuses, puisque ces organes étaient parfaitement sains, avant l'ingestion, qu'ils sont restés tels après, pendant les deux premiers tiers de la durée de l'expérience, et qu'ils ne se sont altérés que pendant le dernier tiers. On a donc pu assister, pour ainsi dire, au développement de ces lésions. C'est un fait sur lequel on ne saurait trop insister, au point de vue de la valeur et de la signification d'expériences de cette nature.

TRANSMISSION DE LA TUBERCULOSE PAR LES VOIES DIGESTIVES ; EXPÉRIENCES NOUVELLES SUR LE VEAU PAR M. CHAUVEAU

RAPPORT [1]

LU PAR M. PERROUD AU NOM D'UNE COMMISSION COMPOSÉE DE MM. BONDET, COLRAT, LEUDET MURON, L. TRIPIER, VERNEUIL ET PERROUD

Dans sa séance du 22 août, la section des sciences médicales de l'Association française a nommé une commission composée de MM. Bondet, Colrat, Leudet, Muron, Perroud, L. Tripier et Verneuil, pour procéder à l'examen et à l'autopsie de plusieurs veaux de lait auxquels M. Chauveau avait fait ingérer de la matière tuberculeuse, dans le but de déterminer chez eux artificiellement la tuberculose.

Cette Commission s'est réunie le dimanche 24 août, à l'École vétérinaire,

[1] Nous pensons utile de donner ici, à la suite du travail de M. Chauveau, le rapport lu après la visite faite par la section des sciences médicales, à l'École vétérinaire de Lyon.

et elle a procédé, avec la collaboration de MM. Chauveau et Toussaint, à l'accomplissement de sa tâche, en présence d'un grand nombre de membres du Congrès, parmi lesquels MM. Bertillon, Cartaz, Clément, Le Dentu, J. Gayat, Moreau, Marduel, Icard, Pozzi, de Ranse, Quivogne, Soulier, de Wyss, etc., etc.

Les animaux en expérience étaient au nombre de quatre : c'étaient des génisses ou des veaux de lait de trois ou quatre mois environ. Deux (A et B) avaient ingéré de la matière tuberculeuse deux mois à six semaines auparavant, dans des conditions sur lesquelles nous aurons à revenir. Les deux autres (A' et B') n'avaient pas été soumis à l'expérimentation, on les avait choisis de même âge, de même taille et de même robe que les précédents, afin de pouvoir plus facilement les leur comparer, et on les avait gardés pour servir de témoins dans cette expérience.

Ces quatre animaux ont été sacrifiés par hémorrhagie, dans la même séance, devant les membres de la Commission, et voici ce que révèle leur examen cadavérique.

Génisse A *soumise à l'ingestion de matière tuberculeuse.* — Cet animal a un pelage uniformément blanc ; il est actuellement très-abattu ; on a de la peine à le faire lever ; debout il paraît tout à fait misérable. Un peu de dysphagie et un bruit de cornage fréquent donnent à penser à une compression du larynx et du pharynx par les ganglions rétropharyngiens augmentés de volume. Du reste, l'exploration des régions cervicale antérieure et sous-maxillaire permet de constater que d'autres ganglions encore sont hypertrophiés, il faut citer en particulier le ganglion sous-maxillaire droit, qu'on sent à travers la peau au moins double de celui du côté gauche.

Autopsie. — C'est surtout l'appareil ganglionnaire des organes respiratoires et digestifs qui se trouve atteint.

Les deux ganglions sous-maxillaires sont pris, le droit surtout, qui, ainsi que l'avait fait reconnaître l'examen sur le vivant, a doublé de volume.

Les ganglions cervicaux antérieurs sont hypertrophiés et présentent à la coupe de nombreux points jaunâtres caséeux.

Les ganglions rétropharyngiens offrent chacun le volume d'un gros œuf de poule ; ils sont farcis de matière caséeuse qui a transformé leur substance en magma jaunâtre, dont une partie tout à fait ramollie offre l'aspect puriforme ou même franchement purulent.

Dans le point qui touche ces ganglions, le pharynx est lui-même malade ; la couche adénoïde sous-muqueuse est hypertrophiée et un peu infiltrée de matière caséeuse. La muqueuse est sensiblement congestionnée à ce niveau.

Les ganglions mésentériques et épiploïques sont presque tous atteints ; ils sont volumineux et un très-grand nombre sont infiltrés de granulations jaunâtres ou de points caséeux, dont quelques-uns en voie de ramollissement. Beaucoup ne sont pris que par place et forment des boursoufflures dures et volumineuses.

Dans l'appareil lymphoïde de la muqueuse intestinale, il existe aussi quelques lésions, mais elles sont peu nombreuses et peu développées. Sur quelques plaques de Peyer on voit une ou deux petites masses jaunâtres, dont quelques-unes sont déjà ulcérées.

Les ganglions bronchiques et médiastinaux sont aussi fortements atteints que ceux de la cavité abdominale. Ils sont volumineux et farcis de petits nodules jaunâtres plus ou moins ramollis.

Dans le poumon droit on trouve trois petits noyaux grisâtres, ne formant qu'une lésion presque insignifiante à côté de celles qui ont leur siége dans les appareils ganglionnaires.

Rien dans les plèvres.

Un très-grand nombre de granulations transparentes se remarquent sur la muqueuse trachéale dans la région laryngienne de la trachée. Les autres points de la muqueuse respiratoire sont sains.

Le péritoine est sain. Rien à noter dans la rate, le foie et les reins.

Génisse B *soumise à l'ingestion de matière tuberculeuse.* — Cet animal a le pelage roux et blanc. A part sa maigreur, il ne présente pas de signe maladif évident, autant du moins qu'on en peut juger par un examen superficiel ; il paraît vif et gai.

Autopsie. — Les lésions révélées par l'examen cadavérique sont très-sensiblement les mêmes que dans l'autopsie précédente.

Les ganglions sous-maxillaires sont un peu hypertrophiés ; et cette altération se remarque aussi sur les ganglions précervicaux ; un de ceux-ci surtout est tellement augmenté de volume qu'il n'aurait pas pu échapper à la palpation sur le vivant.

Les ganglions rétropharyngiens, comme dans le cas précédent, sont très-volumineux (volume d'un œuf de poule) et sont fortement infiltrés de matière caséeuse.

Les ganglions mésentériques et épiploïques sont en très-grand nombre augmentés de volume et présentent à la coupe des granulations jaunâtres, dont quelques-unes sont en voie de se ramollir.

Le tube digestif est sain. C'est à peine si l'on peut noter un peu d'hypertrophie sur quelques plaques de Peyer. Le pharynx est complétement respecté.

Légère hypertrophie de quelques ganglions bronchiques et médiastinaux. Rien dans les poumons et les plèvres.

État sain du péritoine, du foie, des reins et de la rate.

Veau A' *non soumis à l'ingestion de matière tuberculeuse.* — Cette bête a le même pelage que la génisse A, à laquelle elle sert de témoin ; mais elle est dans un état incomparablement meilleur ; elle est vive et gaie et a toutes les allures d'une bonne santé.

Autopsie. — Un des ganglions médiastinaux est un peu augmenté de volume et renferme deux ou trois granulations jaunâtres à la coupe.

Le poumon droit présente une granulation grise de la grosseur d'un grain de chenevis. Rien dans le poumon gauche. Rien dans les plèvres et les ganglions bronchiques.

Le tube digestif et son appareil ganglionnaire sont tout à fait sains. Il en est de même du foie, des reins et de la rate.

Génisse B' *non soumise à l'ingestion de matière tuberculeuse.* — Cet animal a la même robe que la génisse B, à laquelle il paraît servir plus spécialement de témoin ; elle est cependant plus grasse qu'elle et mieux portante.

Autopsie. — Comme dans le cas précédent, les lésions sont très-peu nombreuses et limitées seulement à l'appareil respiratoire.

Un des ganglions bronchiques est un peu tuméfié et infiltré, dans un point limité, de granulations jaunâtres caséeuses. Un poumon présente aussi un petit nodule grisâtre et dur de la grosseur d'un grain de chanvre.

Rien dans les plèvres et dans le péritoine. Rien dans l'appareil digestif et ses annexes. Rien dans les reins.

En résumé, chez les deux animaux soumis à l'expérience, la Commission a pu constater des lésions tuberculeuses considérables, multipliées et tellement importantes qu'il est impossible de penser qu'elles soient tout à fait indépendantes des ingestions de matière tuberculeuse auxquelles les animaux ont été soumis. Chez les animaux gardés comme termes de comparaison, la Commission a découvert des lésions infiniment moindres, mais très-évidentes et sur la nature tuberculeuse desquelles il ne s'est élevé aucune contestation.

Quelle peut être la signification de ces dernières lésions ? Faut-il croire que les deux derniers animaux ont été infectés par le voisinage de leurs compagnons malades à l'insu de l'expérimentateur ? Faut-il admettre que les sujets étaient déjà tuberculeux avant l'expérience (tuberculose héréditaire), et que l'ingestion tuberculeuse n'a fait que donner une certaine acuité à une maladie qui existait déjà et qui se serait développée tôt ou tard ? Telles sont les deux questions qui se présentaient et auxquelles la Commission dut chercher à répondre.

Voici ce qui résulta de l'enquête qu'elle fit à ce sujet :

Les deux animaux A B qui furent soumis à l'expérimentation reçurent chacun quatre fois de 10 à 40 grammes de matière tuberculeuse. Cette matière avait été recueillie dans le poumon, sur les plèvres, à la surface de la muqueuse trachéo-bronchique et dans les ganglions médiastinaux de vaches tuberculeuses. Pour être plus sûr de ne pas laisser échapper l'élément actif, M. Chauveau avait eu soin de puiser dans toutes les lésions présentées par les organes malades, depuis l'inflammation récente jusqu'aux infiltrations calcaires ou aux magmas caséo-purulents les plus avancés. Les matières diverses extraites de ces lésions avaient été broyées dans un mortier et délayées dans du lait, qu'on a fait boire à l'aide d'une bouteille. C'est le 25, le 26, le 30 juin et le 6 juillet que les ingestions ont eu lieu ; la première remonte donc à environ deux mois. Depuis cette époque, les animaux ont été nourris côte à côte dans la même étable, soumis à la même alimentation et respirant le même air.

Les circonstances n'ont pas permis à M. Chauveau de suivre ces animaux avec attention ; tout ce qu'il peut dire à leur sujet, c'est que l'un et l'autre étaient très-beaux, très-vigoureux au début de l'expérience, et qu'ils ont continué à présenter tous les signes d'une santé florissante jusques dans les derniers jours de juillet, époque à laquelle M. Chauveau fut obligé de quitter Lyon pour ne revenir qu'à l'ouverture de la session de l'Association.

Des renseignements puisés à une autre source, dans le personnel de l'École vétérinaire, apprirent à la Commission que l'administration de la matière tuberculeuse avait été bien faite dans les deux cas d'ingestion avec des bouteilles spéciales, qui ont été toutes brisées après l'opération, pour éviter les chances d'inoculation accidentelle par inadvertance; mais les vases qui avaient servi à l'alimentation journalière des animaux avaient toujours été communs, bouteilles ou baquets; très-souvent même il est arrivé à un sujet sain d'achever une bouteille de lait commencée par un sujet infecté et réciproquement.

Il est donc possible, pour ne pas parler des chances de contagion par l'air inspiré, sur laquelle l'expérimentation ne donne que des résultats négatifs, il est donc possible, disons-nous, que les animaux non infectés primitivement l'aient été secondairement par les mucosités pharyngiennes du sujet d'expérience A. L'état récent et rudimentaire des lésions chez les sujets A' et B' plaide en faveur de cette interprétation, et l'intégrité des ganglions abdominaux n'y serait pas contraire, car M. Chauveau, dans le cours de ses expériences d'ingestion, l'a constatée déjà plusieurs fois, d'autres organes étant fortement pris.

Les probabilités d'une contagion secondaire augmentent en présence des objections que soulève la seconde hypothèse que nous avons agitée. La tuberculose contractée héréditairement par les jeunes de l'espèce bovine se montre, en effet, peu commune dans notre région, quand on cherche les signes matériels de cette maladie sur les veaux gras des abattoirs; il est donc presque impossible d'admettre que nous ayons eu affaire dans ce cas à des lésions préexistantes prêtes à se manifester à la première occasion et auxquelles les ingestions de matière tuberculeuse auraient seulement donné une certaine acuité. M. Chauveau, dont les obsevations sont extrêmement nombreuses dans cet ordre de faits, nous confirma l'extrême rareté des lésions tuberculeuses héréditaires chez les jeunes veaux; il mit du reste la Commission en mesure de juger les chose par elle-même.

Le surlendemain, 26 août, les viscères de quatorze veaux pris au hasard parmi ceux qu'on avait récemment sacrifiés à l'un des abattoirs de la ville furent transportés à l'École vétérinaire et soumis à l'examen des commissaires et d'un certain nombre de membres du Congrès, et ces pièces furent examinées avec l'attention la plus scrupuleuse et le soin le plus minutieux.

Malgré l'examen le plus sévère, il fut impossible d'y découvrir la moindre lésion tuberculeuse. Tous les organes étaient sains : le poumon et les voies respiratoires, aussi bien que le tube digestif et ses annexes. Le système lymphatique, en particulier, si maltraité dans les expériences précédentes, était ici tout à fait normal.

De ces différents faits et comme conséquence des observations qui précèdent, il nous semble que l'on peut dégager les propositions suivantes :

1° Il est extrêmement probable que la tuberculose des animaux soumis à l'examen de la Commission n'était pas de provenance héréditaire;

2° Il paraît incontestable que les ingestions de matière tuberculeuse ont eu une influence déterminante sur les lésions si nombreuses et si considérables des animaux A et B soumis à l'expérimentation ;

3° Il est très-probable que les animaux A' et B', gardés comme témoins, ont été infectés, eux aussi, par les voies digestives, consécutivement à leurs voisins malades et par eux, en mangeant dans les mêmes baquets qu'eux et en ingérant des boissons ou des aliments contaminés par eux.

Convaincue de l'importance des questions que soulèvent les faits expérimentaux qui précèdent, et pénétrée de l'étendue des services qu'ils sont appelés à rendre à la science ou à l'hygiène publique, la Commission n'a pas voulu se séparer sans voter à M. Chauveau des remercîments pour le talent original et le désintéressement qu'il apporte dans la conception et l'exécution d'expériences aussi délicates que dispendieuses.

Dr J. GAYAT

EXPÉRIENCES ET INTERPRÉTATIONS NOUVELLES DU CRISTALLIN RELATIVEMENT A LA RÉGÉNÉRATION

— *Séance du 22 août 1873.* —

L'histoire de la reproduction de la lentille cristallinienne commence déjà à sortir du cercle des laboratoires. Depuis quelques années, des ouvrages classiques, des feuilles scientifiques ont vulgarisé cette notion, l'ont enseignée comme certaine et n'ont pas oublié de signaler le rôle important qu'une semblable découverte était appelée à jouer dans la chirurgie oculaire et dans l'opération des cataractes.

Mais la pratique n'a pas eu le bonheur de répondre à ces espérances trop précoces ; la science expérimentale elle-même n'a pas universellement confirmé les résultats obtenus jusqu'à ce jour, et d'ailleurs, l'interprétation a varié beaucoup à l'égard de ces résultats. Sur ce point comme sur plusieurs autres, pendant que l'expérimentation dit oui, la clinique dit encore non. Où siége le malentendu? Quelle est la cause d'une contradiction aussi formelle? Telles sont les questions que nous avons cherché à résoudre d'après une méthode d'expériences différant quelque peu de celle de nos prédécesseurs.

Ceux-ci pratiquent, sur un animal, l'extraction du cristallin ; au bout d'un temps variable, ils procèdent à l'autopsie de l'œil opéré, et dans bon nombre de cas, un tiers environ, ils trouvent dans la capsule une masse qui égale le quart, la moitié, et plus encore, du cristallin normal avec des caractères histologiques comparables.

Mais, disent les contradicteurs, les masses trouvées à l'autopsie ne sont autre chose que les débris cristalliniens laissés adhérents à la capsule, débris qui se sont gonflés ou émulsionnés de la façon habituelle aux éléments de la lentille.

Reconnaissons que cette objection serait fondée s'il ne s'agissait que des reproductions limitées à un tiers ou à un quart; au contraire, elle perd toute sa valeur quand il s'agit de la presque totalité du cristallin, à moins de supposer que l'expérimentateur a extrait tout autre chose que la lentille, le corps vitré, par exemple.

On devine dès maintenant comment les contradicteurs interprètent l'identité des caractères histologiques. Rien d'étonnant que le microscope fasse voir les éléments du cristallin normal dans les cristallins reproduits, puisque, répètent-ils, ceux-ci ne sont que le résultat d'extractions incomplètes.

La réfutation de cette dernière objection n'a pas encore été entièrement fournie, car si, d'une part, on observe au microscope, dans les masses reproduites, divers éléments caractéristiques de la période embryonnaire, d'autre part on y reconnaît aussi, et en grand nombre, des éléments de la période régressive; on y trouve des fibres et des tubes cristalliniens en transformation graisseuse, etc., etc.

Après avoir fait une quinzaine d'expériences d'après la méthode exposée plus haut, après avoir reconnu qu'elle laisse toujours persister quelques objections à l'endroit de son exactitude, j'adoptai la méthode suivante, dans laquelle, tout en utilisant les données histologiques de mes recherches antérieures, j'avais surtout en vue de peser les masses extraites ainsi que celles qui se rencontraient à l'autopsie.

Voici le principe de cette méthode : des tubes bouchés, de 12 millimètres de diamètre et de 30 millimètres de hauteur, sont pesés vides et étiquetés. La masse cristallinienne extraite lors de l'opération est déposée dans un tube et pesée par différence ; la masse trouvée à l'autopsie est recueillie dans un autre tube et pesée de la même façon. Comme j'ai eu la précaution d'opérer sur un seul œil, je recueille et je pèse, le jour même de l'autopsie, le cristallin de l'autre œil demeuré intact.

En additionnant les deux premiers poids et en comparant cette somme au troisième, je dois avoir une équation, un excédant ou un déficit, suivant qu'il n'y a pas eu reproduction, ou que celle-ci a eu lieu, ou bien encore que les phénomènes de régression auront prédominé [1].

1 Voyez ci-joint le tableau résumant toutes ces données. Depuis la rédaction de ce travail, j'ai complété une quinzième expérience dont voici le resultat : un lapin de deux ans a donné, après 176 jours, une capsule renfermant un mince bourrelet équatorial avec des granules calcaires dont le poids était de 050 milligrammes.

A la simple lecture, cette méthode semble être des plus logiques et ses déductions s'imposent comme très-rigoureuses. Dans la pratique, il n'en est pas tout à fait de même, car les manipulations nombreuses s'accompagnent d'erreurs de détail qu'il est impossible d'éviter complétement.

Il n'y a pas lieu de décrire ici les méthodes d'extraction auxquelles j'ai eu recours ni les instruments dont je me suis servi. Les procédés récents et l'instrumentation la plus nouvelle ont été appliqués avec des chances diverses et avec des résultats opératoires que j'aurai peut-être occasion de décrire dans un travail d'un autre ordre.

Quant aux masses reproduites que j'ai obtenues, leur volume, leur forme générale sont entièrement comparables aux descriptions et aux dessins qu'en ont donnés les premiers expérimentateurs. J'en ai montré plusieurs séries aux membres de la Société de médecine et de la Société des sciences médicales de Lyon, ainsi qu'aux médecins réunis au Congrès d'Heidelberg, en 1873; la plupart différaient par le volume seulement, de celles que j'ai l'honneur de présenter ici et qui ont été traitées par l'alcool rectifié.

Parmi ces pièces, trois sont remarquables en ce sens que l'opération, conduite avec la même régularité que dans les autres cas, n'a donné lieu à aucune reproduction de masses cristalliniennes après plusieurs mois. Ce sont les numéros VI, XX, XXV.

Il n'a pas toujours été possible de détacher les bourrelets et les anneaux cristalliniens sans les fragmenter et sans altérer leur forme générale; ce n'est pas là d'ailleurs un inconvénient sérieux, car, dans les cas difficiles, en traitant ces masses nouvelles par l'alcool rectifié qui les coagule, j'arrivais à recueillir les plus petits fragments de cristallin qui, sans cela, auraient échappé à la vue.

Le plus grand nombre des pesées a été fait par M. le professeur Glénard, par MM. Crolas, Cotton et par moi-même.

Les lapins ont exclusivement servi aux expériences et rigoureusement parlant, les déductions de ce travail ne seraient applicables qu'aux lapins. Leur âge a varié entre 2 et 14 mois ; ils ont été opérés avec et sans anesthésie ; après les avoir observés chaque jour pendant les premières semaines qui suivaient l'opération, je les renvoyais vivre à la campagne, dans leurs conditions d'hygiène habituelle, avec des marques faciles à reconnaître. En les prenant chez le même éleveur et dans la même nichée, il était possible de connaître presque exactement leur âge et de comparer leur taille et leur poids.

Dans le travail actuel, il n'est pas fait mention de quinze expériences entreprises en premier lieu, avant que j'eusse adopté la méthode des pesées comme moyen de contrôle de l'examen histologique.

Le tableau, qui résume mes dernières recherches (voyez page 735), fait connaître les résultats de quatorze nouvelles expériences; sept autres n'y figurent point; elles ont dû être éliminées, les unes pour cause de suppuration de l'œil, les autres pour erreurs et accidents dans le pesage des tubes.

Dans le but d'éviter la répétition fastidieuse des mêmes détails, j'ai résumé toutes les particularités intéressantes sous forme de rubriques qui sont faciles à suivre sur le tableau et qui indiquent l'âge des animaux, la date et la durée de l'expérience; la forme [1], les caractères et le poids des productions nouvelles; le poids des masses extraites, le poids du cristallin opposé et la différence en plus ou en moins qui existe entre ce dernier poids et la somme des deux premiers.

C'est de l'étude des diverses circonstances consignées au tableau que doivent découler mes conclusions finales dont il faut chercher à asseoir la base, en discutant les travaux antérieurs sur le même sujet.

Le travail le plus récent sur la régénération du cristallin a paru au commencement de 1872 [2]. L'auteur, M. Milliot, y relate les travaux antérieurs dont les premiers remontent au commencement du siècle. Il cite les remarquables recherches de Cocteau et Leroy d'Étiolles, de Meyer, de Textor, etc., de Valentin, de Philipeaux, et mentionne ses propres travaux, dont la première publication date de 1867.

Suivant la voie déjà tracée en 1842 par le professeur Valentin, qui fit l'examen microscopique de deux cristallins régénérés et dans lesquels s'étaient rencontrés les caractères histologiques du cristallin normal, M. Milliot étudie la structure des produits qu'il obtint dans quarante-neuf expériences. Sur ce total, il y eut dix-sept résultats positifs, c'est-à-dire autant de cristallins régénérés. Il en décrit et représente la forme générale (bourrelet ou anneau complet avec fossette centrale); il insiste sur ce fait, que les nouveaux cristallins présentaient des caractères histologiques semblables à ceux des embryons ou des animaux très-jeunes.

On essayerait vainement de résumer n mémoire renfermant lui-même le résumé des travaux antérieurs; il faut d'ailleurs lire en entier les douze conclusions de l'auteur qui admet la régénération du cristallin, et qui cependant, malgré une durée d'expériences de 406, 426 et 451 jours, écrit à la page 34 du mémoire cité, « que, s'il n'atteignit jamais le volume du cristallin normal, il acquit dans l'une d'elles la moitié de son volume, et dans une autre il la dépassa. » Ajoutons que

1 A la séance du Congrès, je m'étais contenté de montrer les pièces dont les dessins ont été faits depuis lors et insérés dans un travail clinique sur le même sujet.

2 De la régénération du cristallin chez quelques mammifères, dans le *Journal de l'Anatomie et de la Physiologie*, t. VIII; 1872, avec six planches.

les formes irrégulières des nouveaux cristallins sont en rapport avec ces différences dans le volume et constatons que la plupart des expérimentateurs ont obtenu des résultats fort peu différents des siens.

Le professeur Valentin[1] ne s'était pas contenté de l'examen histologique; il comparait les dimensions des masses trouvées à l'autopsie avec celles du cristallin de l'autre œil demeuré intact chez le même animal. C'est ainsi qu'il a noté que les dimensions équatoriales se rapprochaient beaucoup, tandis que les dimensions polaires (c'est-à-dire l'épaisseur) différaient de moitié ; or, c'est précisément cette épaisseur qui constitue la propriété convergente de la lentille cristallinienne.

Les deux résultats les plus considérables obtenus jusqu'à ce jour appartiennent à M. Philipeaux. Il les a fait connaître à la Société de Biologie (séance du 23 avril 1870) et les a déposés au musée Dupuytren (vitrine n° 11). J'extrais le passage suivant de la note relative à la présentation :

« Les trois autres lapins (sur six) ont été examinés l'un au bout de 60 jours après l'opération, l'autre au bout de quatre mois, et le dernier au bout de cinq mois et 20 jours. La régénération était de plus en plus avancée, et chez les deux derniers elle était complète ou à peu près : le cristallin avait recouvré sa forme lenticulaire, et chez le dernier, il avait presque son volume normal. »

J'ai vu ces diverses pièces à travers les vitrines, en regrettant de ne pouvoir pas les examiner de près ; M. Philipeaux avait beau m'écrire que « ces expériences sont sûres et faciles chez les lapins, » je restais toujours, avec les autres expérimentateurs, bien en deçà de ce qu'il a obtenu, alors même que les expériences de M. Milliot, en particulier, ont été prolongées pendant des périodes deux et presque trois fois plus longues que les siennes, 450 au lieu de 170 jours.

Dans notre tableau, sous la rubrique *Poids des masses trouvées à l'autopsie*, on trouve comme poids maximum 209 milligrammes ; c'est presque le poids du cristallin primitivement extrait sur le même œil, et c'est un peu moins de la moitié du poids du cristallin de l'œil intact observé le même jour, après que les deux yeux ont continué à se développer concurremment pendant 393 jours.

J'ai cependant cherché, en opérant, à léser la capsule le moins possible, condition regardée comme essentielle à la reproduction par les divers savants qui s'en sont occupés ; mais, d'autre part, il me fallait chercher à obtenir l'évacuation complète de la capsule, pour qu'on ne puisse pas m'objecter que je retrouvais plus tard ce que j'avais laissé ; la balance me prouvait, par des pesées comparatives

[1] Mikroscopische Untersuchung zweier wiedererzeugten Kristallinsen des Kaninchens. *Im Henle u. Pfeifer Zeitschrift f. ration. Med. 1844.*

du cristallin entier chez des lapins du même âge, que j'arrivais à extraire la presque totalité du cristallin moins le poids de la capsule restée en place ; d'ailleurs, il me semble que je n'ai pas blessé les cristalloïdes autrement que les autres opérateurs, puisque les bourrelets cristalliniens, les anneaux plus ou moins réguliers, plus ou moins évidés en leur centre, que j'ai observés, ressemblent aux formes précédemment décrites et dessinées, ainsi qu'aux quatres premiers résultats de M. Philipeaux.

Je me permets de rappeler que j'étais déjà familiarisé avec les blessures de l'enveloppe lenticulaire, par la pratique des opérations de cataracte. D'un autre côté [1], dans un travail récompensé par la Société de chirurgie (prix Laborie, 1872), j'avais étudié les lésions produites sur la capsule après sa dissection et après l'extraction de la lentille. Presque toujours la capsule s'enroule sur elle-même, c'est-à-dire en dedans, emprisonnant ainsi les débris de lentille adhérant à sa face interne ou incomplètement évacués lors de l'opération.

Nous avons également reconnu que, même dans les cas les plus heureux, sur de jeunes animaux chez qui la sortie de la lentille se fait d'une façon complète, il reste encore des fibres interrompues, des cellules épithéliales à la face interne de la capsule et des fibres à noyau dans la gouttière équatoriale. Nous avons aussi noté que ces divers éléments faisaient le plus souvent défaut du côté par où la sortie du cristallin avait eu lieu, ce qui explique pourquoi les bourrelets reproduits sont, ou interrompus, ou moins volumineux, dans les points intéressés par la kystitomie.

Il nous paraissait important de rechercher, chez les mammifères regardés comme propices à la régénération, si la capsule conserverait ses facultés reproductives en dehors de ses liens naturels d'union, quand elle serait transplantée dans tout autre cavité.

Mais dans aucun cas, sur quatre tentatives, je n'ai pu retrouver les capsules introduites (avec une pince et à travers des canules fort courtes) dans la cavité abdominale des lapins. D'un autre côté, quatre fois sur six, j'ai pu retrouver les capsules introduites dans le tissu sous-dermique ; toujours les capsules étaient restées vides, plus ou moins parfaitement enkystées ; leur teinte était devenue plus jaunâtre, sans trace évidente de nouveaux vaisseaux ; à l'intérieur et autour d'elles, quelques globules ayant l'aspect de leucocytes ; des cellules épithéliales tout juste reconnaissables ; des parcelles de pigment provenant de la zonule de Zinn lors de l'arrachement ; tels sont les détails que j'ai reconnus au microscope sur les capsules trans-

[1] *Recherches expérimentales sur la capsule du cristallin; applications chirurgicales*, par le docteur J. Gayat (concours de 1872).

plantées, dans lesquelles l'alcool rectifié ne précipitait aucun produit albumineux.

Certains expérimentateurs [1] ayant avancé, je ne sais sur quelles notions précises, que les animaux à cristallin reproduit recouvraient la vue, je devais étudier les propriétés optiques de pareilles lentilles à l'aide des moyens d'investigation de la clinique oculistique, et voir si les animaux ne se trouvaient pas dans le même cas que les opérés de cataracte qui n'ont pas encore reçu les verres appropriés à leur nouvel état de réfraction.

Mais l'éclairage ophthalmoscopique n'a jamais donné, à travers les nouveaux cristallins, une image même passable du fond de l'œil opéré ; c'étaient les jeux de lumière les plus bizarres et les reflets les plus irréguliers ; l'éclairage oblique rendait manifestes les exsudats de la capsule, les irrégularités et les bosselures de sa face antérieure, et après la dilatation par l'atropine, on constatait l'existence de stries radiaires qui partaient de la fossette cristallinienne et se dirigeaient parfois très-irrégulièrement vers la périphérie du bourrelet.

Au premier abord, cependant, la transparence semblait parfaite. La réfringence des masses nouvelles m'a toujours paru moindre, et leur consistance était toujours inférieure à celle du cristallin normal. Les lapins numéros XIII et XXI, après occlusion de l'œil demeuré sain, ne pouvaient plus s'orienter et retrouvaient difficilement leur nourriture; ils semblaient n'avoir qu'une perception quantitative de la lumière, et rien qui ressemblât à la vision normale.

Si M. Philipeaux avait soumis à ce mode certain d'investigation ses cristallins numéros 5 et 6, il aurait pu nous renseigner sur leur degré de transparence, sur la régularité de leurs courbures et sur les lésions de la cristalloïde antérieure.

Au sujet des propriétés optiques des cristallins reproduits, M. le professeur Valentin me faisait l'honneur de m'écrire de Berne, à la date du 30 mai 1873, les lignes suivantes dont je crois donner la traduction exacte : « Vous savez que la structure par couches concentriques du cristallin a pour effet que la lentille donne, sous le microscope à polarisation, une croix de polarisation. A un examen plus précis, avec une paillette de mica *quart d'onde* ou avec une lamelle de gypse *donnant le rouge de première classe*, on apprend que le caractère de la double réfraction de la lentille fraîche est positif (par dessication, il peut se changer en négatif). Le phénomène se retrouve dans les lentilles reproduites chez les lapins ; seulement, dans la plupart des cas, les bras de la croix deviennent irréguliers ou incomplets, parce que l'arrangement en couches concentriques ne s'est habituel-

[1] B. Milliot, *loc. cit.*, p. 34.

lement pas produit d'une manière aussi précise que cela a lieu pour le cristallin normal. »

Mais n'y a-t-il pas là qu'un défaut de précision dans l'arrangement des couches concentriques? La capsule n'a-t-elle pas été déplacée et contournée? Les éléments producteurs auxquels elle sert de support n'ont-ils pas contracté des adhérences anormales? En somme, cette déformation des bras de la croix de polarisation révèle des différences dans la structure moléculaire et dans le groupement des éléments cristalliniens. La notion d'un pareil fait a bien son importance au point de vue optique, puisqu'elle émane d'un des vétérans de la physiologie moderne, lequel admet la régénération du cristallin.

J'emprunte à l'*Histologie* et à l'*Histochimie* de Frey (p. 333) la citation suivante : « Comme la forme du tissu cristallinien est déterminée par celle de la capsule, on comprend que le cristallin qui se reproduit après la déchirure de cette membrane ne reprenne plus la forme régulière qu'il avait auparavant. »

Pour ma part, l'examen des pièces reproduites ne m'a jamais révélé, même sur les plus volumineuses, la disposition régulière des couches de fibres, disposition si caractéristique et si facile à constater à l'état normal et qu'on a grossièrement comparée à l'imbrication des bulbes des liliacées. Je n'ai jamais vu non plus rien qui rappelât la régularité des étoiles qu'on voit aux deux pôles du cristallin. Par contre, j'ai souvent vu des fissures entre lesquelles existaient des amas de substance granuleuse jaunâtre, plus ou moins homogène, parfois liquide et sans traces d'organisation.

Sur la capsule antérieure, l'épithélium était infiltré pour la plus grande partie, son stratum n'avait plus la régularité de l'état normal. Vers l'équateur se rencontrent des fibres à noyaux multiples et en voie de scission, mais je n'ai jamais assisté au dédoublement d'une fibre. Les grandes fibres avec renflement en massue et avec de nombreuses granulations, comme dans le cristallin des vieillards, constituent l'élément le plus facilement reconnaissable ; on ne manque jamais de rencontrer, sous des grandeurs différentes et avec des caractères de réfringence variables, de grosses cellules qui ressemblent aux leucocytes (cellules de Robin), des globules sanguins, des cellules fusiformes et des traces de vaisseaux au niveau des cicatrices capsulaires qui se trouvaient en rapport avec l'iris. Dans les cas qui étaient suivis d'inflammation du tractus uvéal, j'ai observé la vascularisation des exsudats du champ pupillaire, mais, à l'autopsie, ces exsudats n'étaient pas toujours en rapport avec le cristallin reproduit, et sur aucune pièce je n'ai vu apparaître de vaisseaux sur la cristalloïde postérieure, en un mot, rien de la membrane capsulo-pupillaire de l'embryon.

TABLEAU RÉSUMÉ FAISANT CONNAITRE, D'APRÈS LA MÉTHODE DES PESÉES, LES RÉSULTATS DE QUATORZE EXPÉRIENCES RELATIVES A LA RÉGÉNÉRATION DU CRISTALLIN CHEZ LES LAPINS, PAR LE Dr J. GAYAT

D'ORDRE DES ÉRIENCES	AGE DES LAPINS OPÉRÉS (en mois)	DATES		DURÉE de l'expérience (en jours)	CARACTÈRES GÉNÉRAUX DES PRODUCTIONS TROUVÉES A L'AUTOPSIE	POIDS RAPPORTÉS AU GRAMME			DIFFÉRENCES ENTRE LA SOMME DES DEUX PREMIERS POIDS ET LE TROISIÈME	
		DE L'OPÉRATION	DE L'AUTOPSIE			DES MASSES EXTRAITES	DES MASSES A L'AUTOPSIE	DU CRISTALLIN OPPOSÉ	en +	en −
VI	11 à 12	3 Mai 1872	16 Septembre 1872	135	Capsule presque vide.	0,476	0,029	0,503	0,002	»
VII	2 1/2	3 Mai 1872	31 Mai 1873	393	Bourrelet annulaire complet, volumineux avec dépression centrale.	0,230	0,209	0,496	»	0,057
VIII	8	10 Août 1872	16 Février 1873	190	Croissant semi-lunaire, volumineux en son milieu.	0,320	0,114	0,460	»	0,026
IX	8	10 Août 1872	9 Mars 1873	210	Anneau presque complet, très-mince en haut.	0,340	0,121	0,456	0,005	»
XI	8	10 Août 1872	9 Juin 1873	303	Bourrelet en demi-lune, très-épais.	0,325	0,189	0,510	0,004	»
XIII	6	3 Novembre 1872	1er Mai 1873	179	Bourrelet elliptique interrompu dans le haut.	0,301	0,125	0,475	»	0,049
XV	5	1er Décembre 1872	28 Janvier 1873	59	Anneau complet un peu déformé, pigmenté au niveau de la soudure.	0,297	0,068	0,380	»	0,015
XVI	5	10 Décembre 1872	20 Mars 1873	100	Croissant semi-lunaire.	0,274	0,070	0,376	»	0,032
XVII	5	10 Décembre 1872	18 Juillet 1873	220	Disque aplati et irrégulier à sa surface.	0,302	0,095	0,423	»	0,025
XX	13 à 14	15 Février 1873	30 Juillet 1873	165	Capsule complétement vide ; il en manque un petit lambeau.	0,480	0,018	0,508	»	0,010
XXI	2 1/2	19 Mars 1873	1er Juillet 1873	104	Anneau tout bosselé ; interrompu dans son tiers supérieur.	0,212	0,102	0,370	»	0,056
XXII	2 1/2	19 Mars 1873	20 Juillet 1873	123	Anneau complet, mince.	0,220	0,098	0,367	»	0,049
XXIV	13 à 14	1er Juin 1873	10 Août 1873	72	Noyau irrégulier dans la région équatoriale.	0,491	0,032	0,515	0,028	»
XXV	4	1er Juillet 1873	30 Juillet 1873	30	Capsule presque vide ; petits grains épars.	0,309	0,023	0,318	0,014	»

En classant nos expériences d'une autre façon que l'ordre chronologique dans lequel elles figurent au tableau, on voit, par exemple, que les numéros VII et XI, qui ont eu le maximum de durée, la première 393 et la seconde 303 jours, sont également celles dans lesquelles le poids des masses trouvées à l'autopsie était le plus considérable, 209 milligrammes pour la première, 189 milligrammes pour la seconde ; que les produits ont des caractères extérieurs comparables entre eux, mais sans ressemblance bien marquée avec la forme du cristallin normal.

Sous la rubrique *age des animaux*, on remarque qu'il s'agit dans le premier cas d'un lapin de deux mois et demi, tué à l'âge de seize mois environ ; dans le second cas, d'un lapin de huit mois tué à l'âge de dix-huit mois.

Les masses d'autopsie les moins volumineuses correspondent aux expériences VI, XX et XXV, qui ont donné à peu près le poids de la capsule, c'est-à-dire de 18 à 29 milligrammes, l'âge des animaux étant, dans l'ordre correspondant, onze à douze mois, treize à quatorze mois, quatre mois, et la durée de l'expérience se chiffrant par 135, 165 et 30 jours. Je me borne à ces citations.

Ainsi donc, en étudiant le tableau de cette façon, on arrive à établir que, à peu près constamment, le poids des masses d'autopsie est d'autant plus considérable que l'animal est plus jeune ; que ce poids est d'autant plus élevé que la durée de l'expérience a été plus longue. Il faut excepter le numéro XXV, âgé de quatre mois, qui, au bout d'un mois, a donné presque exactement le poids de la capsule vide ; d'autre part, le numéro XXIV, de treize à quatorze mois, a donné, après 72 jours, une masse irrégulièrement arrondie de 52 milligrammes.

Mes premières recherches m'avaient bien conduit à admettre l'influence de l'âge et de la durée de l'expérience ; une fois sur la voie, j'avais cherché à me rendre exactement compte de l'âge des animaux et de l'époque à laquelle ils cessaient de croître. Un professeur de médecine vétérinaire, consulté sur ce point, m'a répondu qu'en faisant des réserves au sujet de la race et du mode d'élevage, on peut regarder le lapin domestique comme atteignant le terme de sa croissance vers l'âge de onze à quatorze mois. Or, excepté chez le numéro XXIV, qui a fourni une petite masse de 52 milligrammes, tous les animaux adultes ont donné des résultats négatifs, c'est-à-dire des capsules vides ou à peu près.

En dépouillant les expériences publiées jusqu'à ce jour, il saute aux yeux que le plus grand nombre a été fait sur de jeunes animaux. Midlmore [1], partisan de la régénération, note aussi ce fait important, le

1 On the reproduction of the cristalline lens ; *in the London Med. Gaz.* 1832.

seul qui explique comment les anneaux obtenus peuvent être, dans certains cas, d'un diamètre supérieur au cristallin normal, attendu que, pendant la durée de l'expérience, l'œil opéré a continué à se développer.

Des deux faits de Valentin, l'un est en opposition avec cette donnée. Un passage du mémoire de M. Milliot venait aussi à l'encontre. J'avais lu, en effet (p. 20 du mémoire cité), « que M. Philipeaux pratiqua l'extraction sur six lapins âgés de *trois ans.* » C'était précisément sur deux d'entre eux qu'il avait obtenu les résultats uniques dont j'ai parlé. Notre contentement a été grand quand nous avons relu, dans les *Comptes rendus de la Société de Biologie,* la phrase suivante, qui avait échappé à notre souvenir : « Sur six *jeunes* lapins âgés de *trois mois*, M. Philipeaux a pratiqué, etc. [1] »

Les études embryologiques ont établi que, chez les jeunes animaux, malgré le volume relativement considérable de la lentille, celle-ci continue à se développer longtemps encore après la période embryonnaire. Mais on sait fort peu de chose sur le mode de ce développement et sur le rôle de la capsule. On a même vu, chez certains embryons, le cristallin assez avancé dans son développement, alors qu'il n'était pas encore entouré d'une capsule.

Il est acquis que le cristallin se forme par une invagination du feuillet blastodermique supérieur. Mais d'où viennent les fibres cristalliniennes ? Résultent-elles d'une excroissance des cellules ou de la fusion de plusieurs cellules ? Les cellules épithéliales de la cristalloïde antérieure sont-elles le point d'origine des fibres, comme le veulent H. Meyer et V. Becker ? Les fibres cristalliniennes naissent-elles du centre de la lentille, comme Ritter et Lereboullet l'ont vu chez certaines espèces ? Au milieu de toutes ces hypothèses, on ne dit pas un mot de la capsule ni de son origine [2].

On ne peut donc pas encore chercher à expliquer d'une façon précise le mode de production des masses nouvelles, d'après les données embryologiques, et d'autre part, l'étude déjà ancienne des reproductions n'a pas éclairé l'embryologie du cristallin d'un jour bien nouveau.

Harting, dans ses *Recherches micrométriques*, (p. 57), affirme que, dans la période de croissance, le nombre des tubes cristalliniens augmente sans que leurs dimensions éprouvent de changements.

Nous avons pu nous convaincre, par les notes circonstanciées de

[1] Société de Biologie, séance du 23 avril 1870.

[2] Au dernier Congrès ophthalmologique de Heidelberg (septembre 1873), M. Nanz, de Fribourg en Brisgau, a montré et expliqué des préparations en cire ayant trait à l'embryologie de l'œil. Nous ne pouvons pas dire autre chose de ces magnifiques pièces, le recueil des actes du Congrès ne nous étant pas encore parvenu.

l'opération, que ces tubes nouveaux se développaient d'autant mieux que la capsule avait été moins dilacérée et que son épithélium ainsi que la couche de cellules sous-jacentes étaient restés plus intègres ; ceci explique pourquoi l'épithélium infiltré du vieillard ne peut pas aboutir à la production de nouveaux tubes et pourquoi les capsules malades, dans les cas de cataracte congénitale ou traumatique des enfants, ne donnent pas lieu à des productions nouvelles après l'opération de la discision.

Le cristallin, comme les milieux réfringents, a pour fondement les éléments de l'épithélium. H. Meyer, qui admettait la régénération, rattachait le cristallin aux tissus feuilletés qu'on appellerait aujourd'hui épidermiques ou cornés.

Leroy d'Étiolles avait déjà comparé, en 1825, la régénération du cristallin à celle de l'os ; on n'assimilait pas encore la capsule au périoste, dont le rôle était méconnu en partie ; c'est de nos jours seulement qu'on a comparé la régénération du cristallin aux régénérations osseuses et aux greffes épidermiques. L'assimilation a été poussée trop loin. D'abord, la clinique et l'expérience établissent le faible pouvoir reproducteur des capsules qui ont été blessées ou qui appartiennent à des adultes. Les productions osseuses et épidermiques, au contraire, se montrent également énergiques dans les diverses circonstances.

Après tout, les travaux de Robin, de Dubrueil, d'Ollier, etc., pour le périoste, ceux des nombreux vulgarisateurs de la découverte de Reverdin, pour l'épiderme, ont établi que le périoste et l'épiderme n'avaient de pouvoir reproducteur qu'autant qu'ils servaient de support à la couche ostéogène et aux cellules épithéliales sous-épidermiques [1]. C'est la même chose pour la capsule, qui ne produit à nouveau qu'à la condition d'être intacte avec son épithélium et la couche celluleuse qui le recouvre.

C'est pourquoi les productions ne se montrent jamais au niveau de l'ouverture capsulaire qui a été froissée et râclée pendant les manœuvres d'accouchement du cristallin. C'est peut-être aussi la raison pour laquelle nos transplantations d'une membrane aussi délicate ont complètement échoué. Enfin, la forme constante en bourrelet des productions nouvelles s'explique par l'intégrité des éléments de la gouttière équatoriale, qui se referme à la suite de l'incurvation naturelle des lambeaux de la capsule. C'est à l'équateur que se trouvent les fibres à noyau et la zone nucléaire auxquelles Meyer et Becker faisaient jouer un si grand rôle dans leur théorie du développement et de la structure du cristallin.

[1] Voir Demarquay, *De la régénération des organes et des tissus en physiologie et en chirurgie*. Paris, 1874.

Nos recherches nous conduisent à modifier l'argumentation dans laquelle Sichel père, à la page 269 de l'*Iconographie* [1], combat formellement l'idée de la régénération, d'après ses expériences sur les animaux et d'après les nombreux faits de sa clinique. Sichel était trop exclusif quand il soutenait qu'on ne retrouvait à l'autopsie rien autre chose que le complément du cristallin incomplètement extrait. Il est en tout cas bien certain que si on ne laissait ni épithélium, ni fibres nucléolées, on ne verrait apparaître aucune masse nouvelle.

Ces masses nouvelles sont-elles une régénération de ce qui a été enlevé, régénération qui alors devrait avoir lieu sur tous les points sans exception de la capsule vidée? Je crois pouvoir affirmer que non, en me basant sur le résultat de mes expériences ainsi que sur les données histologiques éparses dans les divers auteurs et que je résume ici :

Persistance de l'accroissement de la lentille longtemps après la naissance de l'animal; augmentation du nombre des tubes du cristallin, sans changement dans leurs dimensions ; absence de productions sur les points qui ont été froissés ou dépouillés d'épithélium, au voisinage de la plaie capsulaire ; absence de véritable membrane capsulo-pupillaire et d'artère hyaloïde à toutes les époques du développement des productions nouvelles.

Il reste encore de nombreux *desiderata* à combler ; le développement, la structure, le mode de nutrition du cristallin nous sont encore inconnus ; Robin, Gros, Zeronow, Babuchin, n'ont pas encore donné l'exposé complet de l'anatomie normale et pathologique de la lentille, dans leurs remarquables travaux ; d'Ammon, Waldeyer, etc., sont loin d'en avoir démontré l'embryogénie.

En attendant mieux, il faut constater que le fait de la production de masses cristalliniennes nouvelles n'est pas en voie de réaliser dans la pratique les espérances formulées par certains auteurs.

L'étude ophthalmoscopique, l'anatomie et l'expérience disent déjà ce qu'on peut attendre de pareilles masses lenticulaires, astigmates au plus haut point, réunissant tous les défauts qui dépendent de l'aberration de courbure et de réfrangibilité.

M. Philipeaux lui-même rejette le fait de reproduction chez l'homme après l'abaissement invoqué par Vrolik ; tout récemment, un savant de Moscou, M. Woinow, écrivait qu'il regardait comme n'étant pas digne de foi un autre fait de reproduction chez l'homme, incomplètement observé par un médecin du Caucase [2].

Il appartient aux expérimentateurs de l'avenir de faire connaître

1 Voyez *Iconographie ophthalmologique*. Paris, 1852-1859.

2 Voyez la *Revue ophthalmologique de Russie*; 1872, *in Annales d'Oculistique*, t. LXIX ; livr. de mai-juin 1873.

exactement, avant de renouveler des expériences analogues aux nôtres, la loi de l'accroissement du cristallin intact et normal, en proportion de l'accroissement du corps entier des animaux opérés.

Je termine en formulant deux conclusions basées sur les faits expérimentaux qui me sont propres :

1° Il est incontestable que, dans certains cas, chez les lapins jeunes, à l'intérieur de la capsule cristallinienne ouverte avec ménagement et débarrassée de la presque totalité de la lentille, on observe des productions nouvelles ayant quelques-uns des caractèers du cristallin normal (forme générale circulaire, bourrelet interrompu ou très-étroit ; transparence plus ou moins parfaite ; transformations analogues sous l'influence des réactifs ; composition histologique assez différente, au point de vue du groupement des éléments ; propriétés optiques fort peu comparables) ;

2° Chez les jeunes lapins, cette production nouvelle est la conséquence du développement des éléments de la zone nucléaire, des cellules formatrices, et de l'épithélium de la cristalloïde antérieure. La preuve en est dans ce fait que la masse produite est d'autant plus considérable que le temps écoulé entre l'opération et l'autopsie a été plus long et que l'animal était plus jeune, c'est-à-dire plus loin du terme du développement. On en trouve aussi la preuve dans cet autre fait que la somme des masses extraites et des masses trouvées à l'autopsie s'approche sensiblement du poids du cristallin demeuré intact, les deux yeux ayant subi le même accroissement pendant la durée de l'expérience et l'écart entre les pesées pouvant être rattaché aux manipulations nombreuses qu'ont dû subir les pièces ; ajoutons que la production est nulle ou insignifiante au niveau des lèvres de la plaie capsulaire.

A d'autres mieux installés, mieux entourés que nous, de reprendre nos méthodes de pesage [1], de renouveler nos transplantations de capsules, d'utiliser, pour l'œil opéré, les méthodes d'éclairage ophthalmoscopique et surtout de préciser, *dans le cas de productions de masses nouvelles*, le rôle incontestable et exclusif, à notre sens, que jouent l'accroissement de l'animal et le développement normal de ses tissus.

[1] Depuis la lecture de ce travail, nous avons trouvé dans l'ouvrage récent et déjà cité de M. Demarquay (p. 48), le résumé de la méthode rigoureuse qu'il conseille de suivre dans les études sur la régénération, et nous voyons qu'il mentionne au premier rang la nécessité de *pesées exactes*.

Dr GAYET

Chirurgien major de l'Hôtel-Dieu de Lyon

DE LA DISCISION ÉQUATORIALE DE LA CAPSULE DU CRISTALLIN DANS L'OPÉRATION DE LA CATARACTE PAR LA MÉTHODE LINÉAIRE

— *Séance du 22 août 1873.* —

Grâce aux perfectionnements modernes, l'opération de la cataracte a acquis une sécurité qui ne laisse presque plus rien à désirer ; la proportion des succès s'est élevée de 96 à 98 pour 0/0, et à moins de rêver une perfection impossible on ne saurait exiger davantage. C'est donc, à notre avis, à donner à ces succès une plénitude plus complète que doivent tendre toutes les visées des opérateurs.

L'acuité visuelle acquise par la plupart des opérés n'est en effet que de 1/2 à 1/3 et ce n'est pas assez ; les acuités plus parfaites ne sont encore que d'heureux accidents, dont on ne sait ni prévoir, ni surtout, à coup sûr, préparer, les conditions.

La capsule du cristallin déchirée pour laisser sortir la lentille est certainement le plus grand obstacle à la pureté de la pupille. Tantôt par le travail d'opacification de ses lambeaux, tantôt en fournissant un point d'appui à des pseudo-membranes iriennes, tantôt enfin en emprisonnant dans ses enroulements des débris cristalliniens, elle est, sans contredit, l'agent le plus actif, sinon le seul, de ces nébulosités qui rendent les succès incomplets.

Tous les hommes qui ont pratiqué l'extraction ont été unanimes à reconnaître ce fait et plusieurs des plus autorisés ont cherché le moyen d'y remédier.

Par une marche assez naturelle à l'esprit humain, la première pensée a été de se débarraser absolument de la capsule.

Déjà Beer, plus tard Sperino, Pagenstecher et de Wecker ont fait des tentatives dans ce sens, celles de l'avant-dernier sont les plus connues, les plus nombreuses, et, on peut le dire, les plus réussies. Aussi est-ce Pagenstecher qui a donné son nom au procédé de l'extraction totale de la capsule. Sur cinquante-trois opérations il a, si je ne me trompe, obtenu cinquante succès, ce qui est très-encourageant. Néanmoins, en songeant à cette manœuvre qui consiste à glisser une curette entre la fosse hyaloïdienne et la capsule, on ne peut s'empêcher de penser combien fréquentes doivent être les déchirures de la membrane de l'humeur vitrée et par suite l'issue de cette dernière ;

aussi l'opération de Pagenstecher n'a-t-elle jamais pris pied dans la pratique.

Après l'ablation on a songé à une très-large destruction de la cristalloïde antérieure ; de Wecker a imaginé dans ce but une sorte de râteau destiné à déchirer cette membrane et à en écarter les lambeaux, mais je doute que les succès aient été bien concluants, car ni l'instrument ni la manœuvre ne sont entrés dans la pratique vulgaire.

C'est en réfléchissant sur les dangers de l'ablation totale de la capsule et sur les incertitudes de la déchirure centrale de la cristalloïde antérieure, que j'en suis venu à me demander, s'il ne serait pas préférable, de respecter autant que possible une membrane si incommode, et de lui laisser son intégrité, dans le point précis où les rayons utiles devront la traverser. C'est ainsi que j'ai été conduit à essayer le procédé d'ouverture de la capsule que je vais exposer ici. Je lui ai donné le nom de *discision équatoriale*, parce que j'ouvre le sac capsulaire sur son équateur, au lieu de le déchirer à son centre. Voici comment je manœuvre.

Après avoir pratiqué l'incision linéaire de de Græfe, que je persiste à considérer, malgré les attaques dont elle a été l'objet et les modifications malheureuses qu'on lui a imposées, comme la plus admirablement conçue, je suis, suivant les règles, l'iridectomie, en ayant le soin d'inciser la membrane jusqu'à son limbe externe et de façon à ce que la perte de substance atteigne bien les deux extrémités de la plaie. Cela fait, je confie à un aide la pince fixatrice, et je prends de la main gauche la lurette anesthésique tandis que j'arme de nouveau ma main droite avec le couteau linéaire.

J'exerce, un peu au-dessous du centre de la cornée, une pression qui fait basculer l'appareil cristallinien, et engage son équateur entre les lèvres de la plaie qui s'entr'ouvre. Je plonge alors la pointe de mon couteau sur cet équateur, et je sectionne aussi largement que me le permet l'étendue de la plaie scléroticale. Aussitôt, on voit baver quelques débris des couches corticales presque toujours molles, qui sont immédiatement suivis par la lentille.

J'avais d'abord la crainte que la déhiscence capsulaire ne se bornât pas à l'angle d'union des deux cristalloïdes et qu'il se fît des fentes jusque vers le centre; mais cet accident, qui s'est produit à une seconde opération, sans compromettre le succès, ne s'est pas renouvelé dans celles que j'ai faites depuis, parce que j'ai eu le soin d'ouvrir largement le sac.

Outre le but que je voulais atteindre, le mode de discision que je propose a un avantage incontestable sur l'ancien procédé. L'ouverture capsulaire est mathématiquement placée pour que la lentille sorte tout entière ; toutes les pressions se combinent en une résultante unique, qui pousse le cristallin vers la porte qui lui est ouverte, et si, comme cela arrive si souvent, la lentille a laissé après elle des masses corticales, rien n'est facile comme de les expulser par des pressions ultérieures, exercées sur l'œil délivré des instruments fixateurs et rendu à lui-même.

Dans le cas de l'ouverture centrale, au contraire, si des débris sont restés, ils sont emprisonnés dans l'angle des cristalloïdes par les bords enroulés, et toutes les pressions du monde, dans quelque sens qu'on les exerce, n'ont aucune efficacité pour les en faire sortir.

Il n'y a qu'un cas, où avec la discision équatoriale, les débris restent volontiers emprisonnés, c'est lorsque l'iris, moins largement coupé à son limbe externe qu'à son bord pupillaire, coiffe les débris vers les deux angles de la plaie.

Mais commè jamais, en chirurgie, une même manière de faire ne saurait s'appliquer à tout, il est des cas où naturellement je ne conseillerais pas la discision équatoriale : ce sont ceux dans lesquels la capsule antérieure est opaque à son centre. Il est trop clair que ce que l'on a de mieux à faire dans cette circonstance, c'est de déchirer au centre, en ayant soin d'emporter les parties opaques.

Une autre objection à la discision équatoriale, c'est qu'elle présente une difficulté manuelle plus grande. Mais c'est là une objection que l'art n'admet pas, puisqu'il triomphe toujours, par l'exercice, des difficultés de cet ordre ; j'ajouterai, au surplus, que ma discision est moins périlleuse que celle que l'on fait encore avec le kystitome introduit sous la cornée et manœuvré à main levée, comme c'est ordinaire.

Avec ce mode de discision, la maturité de la cataracte prend une sérieuse importance : si, en effet, on l'applique à un cristallin dont les couches externes soient encore transparentes, celles-ci restent appliquées contre la cristalloïde, et plus tard leur gonflement amène des circonstances fâcheuses par la tension que leur volume nouveau impose au globe.

Lorsque j'ai communiqué cette note au Congrès, je n'avais pas encore de résultat pratique qui put me fixer sur la valeur réelle du procédé. A cette heure (14 novembre 1873) vingt-neuf opérés sont sortis de mes mains après avoir subi la discision équatoriale, sur lesquels six seulement n'ont pu être examinés soigneusement, au point de vue de l'acuité, pour des causes indépendantes de ma volonté. Sur les vingt-trois autres, neuf ont été capables de lire le numéro 1 de l'échelle de Giraud-Teulon avec des verres numéro 4. Cinq ont lu le numéro 2 de la même échelle dans les mêmes conditions. Trois ont lu le numéro 3. Les neuf autres, ou ne savaient pas lire ou ont lu le numéro 4.

J'ajouterai que j'ai trouvé chez bon nombre d'opérés une de ces admirables puretés qu'on ne rencontre presque jamais avec les autres procédés; et dans deux cas, où j'avais extrait la cataracte sur les deux yeux, en employant pour chacun un mode de discision différent, la pureté pupillaire a été plus grande du côté de la discision équatoriale.

Dr FOLTZ

Professeur à l'École de médecine de Lyon

COMPARAISON DE LA MAIN ET DU PIED, SUIVANT L'HOMOLOGIE DU POUCE AVEC LES DEUX DERNIERS ORTEILS

— *Séance du 22 août 1873.* —

Vicq-d'Azyr a le premier institué cette nouvelle anatomie comparée dans laquelle on met en parallèle, non des individus différents, mais les divers organes d'un même individu, pour en tirer des ressemblances et en créer des types. C'est un nouveau monde que ce grand anatomiste venait de découvrir. Il ne se borna pas à en tracer la route, il en commença l'exploration. Il choisit les membres dans lesquels il rechercha les rapports, c'est-à-dire les ressemblances qui existent dans leurs usages et leur structure [1]. Une étude attentive de son célèbre mémoire de 1774 nous permet de dire que sa méthode consiste à mettre en parallèle les os du membre supérieur avec les os du membre inférieur, les muscles avec les muscles, etc., et à les comparer au triple point de vue de la forme, des connexions et de la symétrie. Il arrive ainsi à constater entre les organes qui diffèrent le plus en apparence des similitudes surprenantes; mais il laisse à d'autres le soin de pousser la méthode jusqu'à sa dernière conséquence, plus surprenante encore, qui est la *dualité de l'organisme dans ses trois dimensions.*

Vicq-d'Azyr avait insisté sur la ressemblance de forme; Meckel [2] insista sur l'idée de symétrie; j'ai surtout appuyé sur l'idée de connexions [3], en montrant que le principe des connexions, proclamé par

[1] Vicq-d'Azyr, Mémoire sur les rapports qui se trouvent dans les usages et la structure des quatre extrémités dans l'homme et dans les quadrupèdes, 1774; *Mémoires de l'Académie royale des sciences de Paris*; 1778.

[2] Meckel, *Traité d'Anatomie générale*, traduit par Riester et Sanson; t. I, p. 27 et suiv.

[3] Foltz, Homologie des membres pelviens et thoraciques de l'homme, *Journal de la physiologie de l'homme et des animaux*; 1863, p. 49.

Geoffroy Saint-Hilaire comme le meilleur instrument pour les recherches d'anatomie comparée, est aussi le meilleur guide pour celles d'anatomie homologique. Serres en prouvant que la symétrie latérale est une véritable dualité d'organes, a rendu également un signalé service à cette science.

Je n'aborderai aujourd'hui qu'un petit coin, qui est comme l'entrée naturelle de ce nouveau continent : je veux parler de la comparaison de la main et du pied. La ressemblance de ces deux organes que les anciens caractérisaient par l'adage, *pes altera manus*, semble en effet le chemin tracé par la nature pour gagner cette terre encore si peu connue. Vu de loin il paraît facile, mais à mesure qu'on approche, il se dresse entouré de pics inaccessibles aux plus hardis explorateurs. Si j'ai pu trouver le passage et l'indiquer en 1863, je me propose actuellement de l'aplanir et de le rendre praticable.

La comparaison des deux segments terminaux des membres a suscité de nombreuses hypothèses qu'il serait long et fastidieux d'exposer en détail. Elles peuvent toutes se ramener à l'une des trois formules suivantes que nous allons mettre en présence et discuter :

1° Le pouce est l'homologue du gros orteil ;

2° Le pouce est l'homologue du petit orteil ;

3° Le pouce est l'homologue des deux derniers orteils.

Nous démontrerons que la première de ces formules est complétement fausse ; que la seconde est erronée, et que la troisième seule remplit les conditions de forme, de connexions et de symétrie nécessaires pour caractériser les homologues.

I. — FORMULE DU POUCE HOMOLOGUE DU GROS ORTEIL

La formule qui compare le pouce au premier ou gros orteil, l'index au deuxième, le médius au troisième, l'annulaire au quatrième et le petit doigt au petit orteil, paraît tout d'abord fort naturelle, et d'autant plus acceptable qu'elle s'appuie sur l'autorité des noms de Vicq-d'Azyr, Meckel, Blainville, Bourgery, Cruveilhier, Gerdy, Flourens, Giraud-Teulon, Martins, Sappey, etc. Mais quand on l'examine de près et qu'on cherche à la justifier par les détails, on se heurte à des difficultés insurmontables. Elle ne peut satisfaire à deux des conditions homologiques, les connexions et la symétrie, malgré les nombreuses hypothèses imaginées pour lui venir en aide. Une revue critique de ces hypothèses fera comprendre l'erreur et l'impuissance de cette théorie.

Vicq-d'Azyr, après avoir constaté avec raison que le péroné est l'homologue du radius, admet que le scaphoïde du pied répond au scaphoïde de la main[1]; mais le premier est placé sur le bord interne du tarse et il n'a aucune connexion avec le péroné, tandis que le second est sur le bord externe du carpe et qu'il a les plus intimes connexions avec le radius. Il n'y a donc aucun rapport de symétrie ni de connexion entre ces deux os; conséquemment ils ne sont pas homologues.

Dès lors, le trapèze ne peut pas être l'homologue du grand cunéiforme, ni le pouce celui du gros orteil.

Meckel dit que le cubitus et le radius réunis par leur moitié inférieure en pronation ressemblent beaucoup au tibia[2]; cette explication qui met les membres dans une position insymétrique, l'un par rapport à l'autre, est en contradiction avec la loi de symétrie de l'auteur.

Blainville compare le tibia au radius et le péroné au cubitus, erreur manifeste au point de vue de la forme, de la symétrie et des connexions.

Bourgery a imaginé de comparer la moitié inférieure du tibia à celle du radius, et la moitié inférieure du péroné à celle du cubitus[3], hypothèse qui ne s'appuie sur aucun fait ni sur aucun principe.

Cruveilhier, qui a partagé la même idée, l'a ensuite abandonnée.

Martins suppose que l'humérus est tordu sur lui-même de 180°, de sorte qu'en le détordant on arrive à mettre le pouce en dedans comme le gros orteil. Mais la torsion humérale est imaginaire, car le bord antérieur, que Cruveilhier nomme si bien la ligne âpre de l'humérus, est droit, comme son homologue du fémur.

Dans la deuxième édition de son *Traité d'anatomie descriptive*, Sappey a tenté d'appuyer la formule dont il s'agit sur le principe des connexions. Après avoir comparé, comme Vicq-d'Azyr, le péroné au radius, ce qui est exact, il assimile, au nom de ce principe, le scaphoïde du pied au scaphoïde de la main. Or, le scaphoïde tarsien, placé en dedans du pied, n'a, comme nous l'avons dit plus haut, aucune connexion avec le péroné, tandis que le scaphoïde placé sur le bord externe de la main en a de très-intimes avec le radius. J'ajouterai que ce scaphoïde n'a aucune connexion avec le cubitus, et que celui du pied en a par les ligaments avec le tibia.

L'éminent professeur n'est donc pas fondé à dire que le principe des connexions appuie cette théorie. Il est évident au contraire qu'il la renverse.

En résumé, la formule qui compare le pouce au gros orteil et qui a suscité tant d'hypothèses erronées ne s'appuie que sur une ressemblance de forme qui tient à l'analogie des fonctions; elle a contre elle

1 Vicq-d'Azyr, *loc. cit.*, p. 262.
2 Meckel, *Manuel d'anatomie*, t. I, p. 775.
3 Bourgery, t. I, p. 135.

la loi de symétrie et le principe des connexions qui la repoussent d'une manière absolue.

II. — FORMULE DU POUCE HOMOLOGUE DU PETIT ORTEIL

Le pouce a été comparé au petit orteil, en 1860, par Raspail[1] en France, et par Wyman[2] en Amérique. Burt G. Wilder[3], de Boston, a consacré de nombreux travaux à cette hypothèse dans laquelle l'index devient l'homologue du quatrième orteil, le médius celui du troisième, l'annulaire celui du deuxième, et le petit doigt celui du gros orteil. Elle s'accorde avec la symétrie des parties, mais elle ne satisfait pas au principe des connexions qui est le vrai critère de cette anatomie comparée comme de l'autre.

Je démontrerai bientôt que l'index, en raison de ses connexions, ne saurait être l'homologue du quatrième orteil, mais bien celui du troisième, et que le médius n'est pas l'homologue du troisième, mais celui du deuxième orteil.

J'ajoute que cette formule ne peut expliquer une foule de dispositions normales du pied et de la main, ni les faits si remarquables de pouces doubles dont il sera question plus loin.

III. — FORMULE DU POUCE HOMOLOGUE DES DEUX DERNIERS ORTEILS

Cette formule est connexe de la suivante : le pouce est binaire, c'est-à-dire formé par la coalescence de deux doigts. La formule complète est donc celle-ci : *le pouce est binaire et homologue des deux derniers orteils.*

J'ai émis et démontré, en 1863, cette théorie, à laquelle m'avait conduit le principe des connexions. Depuis ce temps, aucune objection n'est venue l'ébranler.

L'importance que j'attache à sa démonstration m'oblige à réunir dans un seul faisceau les arguments épars dans mon premier mémoire et ceux que j'ai recueillis dans ces dernières années. En comparant successivement les os, les muscles, les artères et les nerfs de la main à ceux du pied, j'accumulerai des preuves dont le nombre et la force ne laisseront, je l'espère, aucun doute dans les esprits. Je terminerai par l'exposé d'observations de pouces et de gros orteils doubles qui seront comme la sanction expérimentale de ma théorie.

Os homologues de la main et du pied.— Il importe, avant toute

1 Raspail, *Histoire naturelle de la santé* ; 1800.

2 On anterior and posterior symmetry in the limbs of Mammalia; *Bost. Soc. Nat. Hist.* 1860.

3 Burt G. Wilder, *On morphology and Teleology*, etc. ; 1865. — *Intermembral homologies* ; 1871 ; etc.

comparaison, pour mieux apprécier la forme, les connexions et la symétrie des parties, de placer le membre supérieur et le membre inférieur dans la même position relative. Dans la station verticale, le membre supérieur doit être relevé, et la main, mise en supination et renversée, présentera la paume tournée en haut et le bout des doigts en avant, pour être en position symétrique avec le pied, dont la plante regarde en bas. Si le sujet était mis en position quadrupède, comme les animaux, la main en supination et renversée aurait la paume appuyée sur le sol et les doigts dirigés en arrière, en sens inverse des orteils.

On voit alors la première rangée du carpe répondre à la première rangée du tarse : le scaphoïde carpien, qui est en connexion avec le radius, et qui est l'os le plus externe, répondre au calcanéum qui est en connexion avec le péroné et qui est le plus externe de sa rangée ; le semi-lunaire répondre à l'astragale ; le pyramidal au scaphoïde tarsien, et le pisiforme à la petite apophyse du calcanéum.

Dans la seconde rangée, le trapèze répond au cuboïde, le trapézoïde au moyen cunéiforme, le grand os au petit cunéiforme auquel serait soudée la tête de l'astragale, et l'os crochu au grand cunéiforme. On est irrésistiblement conduit à cette assimilation par les rapports de contiguité articulaire, de continuité ligamenteuse et de soudure osseuse, autrement dit par les connexions. Au point de vue de la forme, on remarquera que tous ces os sont irrégulièrement cuboïdes ; que le calcanéum est le plus allongé, comme le scaphoïde carpien ; que l'astragale ressemble au semi-lunaire auquel se serait soudée la tête du grand os, etc. Je renvoie pour les détails à mon mémoire de 1863 [1].

Une conséquence importante pour l'anatomie descriptive découle de cette démonstration : c'est que la première rangée du tarse, sur laquelle le type a été le plus tourmenté, est composée, non de deux os, comme il est dit partout, mais de trois : le calcanéum, l'astragale et le scaphoïde. La seconde rangée est dès lors composée, non de cinq os, mais de quatre, comme à la main.

Le métacarpe et le métatarse ne sont pas moins intéressants à comparer. Le premier métacarpien a pour homologue les deux derniers métatarsiens, car il est en connexion avec le trapèze, comme les deux autres le sont avec le cuboïde. Il y a de part et d'autre une seule articulation avec synoviale isolée. Le deuxième métacarpien, qui s'articule avec le trapézoïde, devient par cette connexion l'homologue du troisième métatarsien qui s'implante sur le moyen cunéiforme. Le troi-

1 Foltz, *loc. cit.*, p. 61 et suiv.

sième métacarpien, s'articulant avec le grand os, a pour homologue le deuxième métatarsien, qui s'articule avec le petit cunéiforme. Enfin, les deux derniers métacarpiens, formant avec l'os crochu une seule articulation à synoviale isolée, deviennent l'homologue du premier métatarsien, qui s'articule à part avec le grand cunéiforme.

Au point de vue de la forme, le premier métacarpien, large et trapu, donne l'idée d'un os composé de deux métacarpiens réunis. Il en est de même du premier métatarsien dont le corps énorme et les extrémités larges éveillent l'idée d'une combinaison binaire.

La symétrie justifie également ce parallèle, car les os les plus externes de la main y sont comparés aux os les plus externes du pied.

On pourrait objecter que le pouce n'a que deux phalanges ; mais les anomalies dont il sera question plus loin nous montreront le pouce divisé en deux doigts à trois phalanges.

Ajoutons que le médius est le plus long des doigts, comme son homologue, le second orteil, est le plus long des orteils ; l'un porte l'axe de la main et l'autre l'axe du pied.

Muscles homologues de la main et du pied.— Il y a huit muscles interosseux à la main, quatre dorsaux et quatre palmaires, parmi lesquels l'adducteur du pouce est le premier. Il y en a également huit au pied, y compris les abducteurs oblique et transverse qui forment le premier interosseux plantaire. Le premier interosseux dorsal et le premier interosseux palmaire, au pied comme à la main, sont des muscles à deux chefs ou binaires. Ils sont, en effet, formés de deux muscles interosseux plus ou moins complétement fusionnés, ce qui s'accorde avec l'hypothèse que le pouce et le gros orteil sont des doigts composés. Les deux muscles du premier espace interosseux de la main, étant doubles chacun, en forment quatre, qui sont les homologues des quatre muscles des deux derniers espaces interosseux du pied ; les muscles du deuxième espace interosseux de la main correspondent aux muscles du deuxième espace du pied ; enfin, les muscles du troisième et du quatrième espaces interosseux de la main correspondent aux deux interosseux doubles du premier espace du pied.

Remarquons avec M. Cruveilhier que les interosseux de la main sont disposés, de chaque côté de l'axe représenté par le médius, comme ceux du pied sont placés de chaque côté de l'axe représenté par le deuxième orteil.

Les lombricaux se parallélisent de la manière suivante : le premier lombrical de la main répond aux troisième et quatrième lombricaux du pied, le deuxième palmaire au deuxième plantaire ; enfin, les troisième et quatrième palmaires au premier plantaire.

Les muscles du thénar ou région externe de la main répondent aux muscles de la région plantaire externe ; les muscles de la région palmaire interne répondent à ceux de la région plantaire interne. Je renvoie, pour les détails, à mon premier mémoire.

Le fléchisseur sublime a pour homologue le court fléchisseur commun des orteils ; le fléchisseur profond des doigts répond au long fléchisseur commun des orteils ; enfin, le long fléchisseur du pouce répond au long fléchisseur du gros orteil. Toutefois, il y a une différence remarquable entre les deux segments : tandis qu'à la main tous ces tendons marchent parallèlement jusqu'à leur destination, à la plante du pied ils s'entrecroisent. Cette différence tient à une simple variation des doigts qui ont formé le pouce et le gros orteil ; le premier est une coalescence des deux doigts externes de la main ; le second une coalescence des deux doigts internes du pied ; ce ne sont pas les mêmes doigts. L'entrecroisement nécessité par la situation du gros orteil au bord interne du pied n'est donc pas le résultat d'une transposition d'organes, mais celui d'un échange de tendons entre le long fléchisseur commun et le long fléchisseur propre : cet échange explique pourquoi les tendons entrecroisés sont en partie soudés ; pourquoi le tendon du long fléchisseur propre du gros orteil fournit une expansion au deuxième orteil, quelquefois au troisième et même au quatrième ; pourquoi enfin le long fléchisseur commun en fournit souvent une au gros orteil. Cet échange, d'ailleurs, se fait à la période embryonnaire où les organes ne sont pas encore dessinés et où ils n'existent qu'à l'état virtuel dans un blastème composé de liquides et de cellules.

La disposition droite et parallèle des tendons de la main est plus simple et plus naturelle que l'entrecroisement de ceux du pied. J'en conclus que c'est le pied qui a varié pour s'accommoder au fonctionnement régulier et harmonique des membres.

Le cubital antérieur a les connexions du jambier postérieur : l'un répond au bord interne du pied, comme l'autre au bord interne de la main : démonstration importante en faveur de l'homologie de ces deux bords.

Le cubital postérieur répond au jambier antérieur ; l'extenseur propre du gros orteil répond à l'extenseur propre du petit doigt. Ce dernier muscle à demi oblitéré et confondu avec le faisceau que l'extenseur commun envoie au petit doigt milite énergiquement par son existence si peu nécessaire, par ses connexions, et même par ses variétés, en faveur de la théorie que nous défendons. L'extenseur commun des orteils répond à l'extenseur commun des doigts ; le pédieux à l'extenseur propre de l'index et au long extenseur du pouce ; le péronier antérieur au court extenseur et au long abducteur du pouce ; enfin les péroniers latéraux aux radiaux externes.

On a invoqué la disposition du long péronier latéral pour différencier spécifiquement le pied de la main : on supposait que la portion plantaire de son long tendon n'existe pas à cette dernière. C'est une erreur, cette portion existe, seulement elle appartient à un autre muscle, le grand palmaire, qui, après s'être inséré au deuxième métacarpien, envoie un prolongement transversal au troisième et parfois même au quatrième. Or, le grand palmaire ayant pour homologue le soléaire, il en résulte que c'est par un emprunt fait à ce muscle que le long péronier latéral doit la portion réfléchie de son tendon. C'est un nouvel exemple de la loi du balancement des organes : ce que l'un perd l'autre le gagne.

En résumé, les muscles du pied et ceux de la main se ramènent facilement et sans exception, par ma formule, à un type commun aux deux segments.

Artères homologues de la main et du pied. — J'apporte ici des arguments nouveaux et qui me paraissent d'une haute valeur pour confirmer la théorie du pouce binaire et homologue des deux derniers orteils.

On sait qu'il existe à la main une *arcade palmaire superficielle* et une arcade *palmaire profonde*. La première partant de la cubitale se dirige de *dedans en dehors* pour s'anastomoser avec l'artère radio-palmaire. La seconde, née de la radiale, se dirige de *dehors en dedans* et se complète par une branche anastomotique qui vient de la cubitale.

Les deux arcades existent-elles au pied ? Il y a une *arcade plantaire profonde* (fig. 33, A) admise par tous les anatomistes ; mais on n'admet pas l'existence d'une *arcade plantaire superficielle*. Bichat, Cruveilhier, Lauth, Theil, disent qu'elle n'existe pas. Bourgery, Cloquet, Sappey, Malgaigne, Pétrequin, Fort, Beaunis et Bouchard n'en parlent point. Meckel l'admet en théorie plutôt qu'il ne la démontre en fait. Il dit : « Plusieurs anatomistes invoquent comme une différence dans la distribution des artères de la main et du pied le défaut d'arcade superficielle dans ce dernier. Je n'ai jamais trouvé cette assertion exacte, et elle tient certainement à ce qu'on n'a pas mis assez de soin à rechercher toutes les analogies. Nul doute, en effet, que l'artère plantaire interne ne corresponde à la branche palmaire superficielle de la cubitale, tant dans son origine que dans son trajet. D'ailleurs j'ai toujours vu qu'elle s'anastomosait avec la branche plantaire de la tibiale antérieure, de manière à former une arcade plantaire superficielle[1]. »

1 Meckel, *Manuel d'anatomie*, traduit par Jourdan et Breschet, t. II, p. 589.

Ainsi, pour Meckel, l'arcade plantaire superficielle est constituée par la plantaire interne s'anastomosant avec la branche plantaire de la tibiale antérieure, c'est-à-dire avec la première interosseuse plantaire. Mais cela ne forme évidemment pas d'arcade ; ce n'est que l'origine de l'arcade elle-même.

Fig. 33.

A. Arcade plantaire profonde.
B. Arcade plantaire superficielle se dirigeant de dedans en dehors, et se terminant par une anastomose avec l'artère interosseuse du troisième espace.

J'ai cherché avec le plus grand soin l'arcade plantaire superficielle, et je crois l'avoir enfin trouvée, comme il sera facile de s'en convaincre en jetant les yeux sur le dessin que j'en ai fait d'après nature. On voit (fig. 33) l'artère plantaire interne se diviser, après un court trajet, en deux branches : l'une, interne et profonde, est destinée à compléter l'arcade plantaire profonde avec l'extrémité interne de laquelle elle s'anastomose ; l'autre, superficielle, se dirige d'abord en avant, puis se recourbe en *dehors*, en formant une arcade à convexité antérieure (fig. 33, B), qui se termine par une anastomose profonde avec le milieu de l'artère métatarsienne ou interosseuse du troisième espace. De la convexité de cette arcade plantaire superficielle, partent quatre branches, semblables à celles de l'arcade palmaire superficielle, et se dirigeant en avant pour s'unir aux interosseuses des trois premiers espaces, avec lesquelles elles concourent à former les collatérales des orteils correspondants. Les deux arcades, la superficielle et la profonde, sont séparées au pied comme à la main, par le paquet des tendons fléchisseurs.

J'ai sous les yeux trois dessins, que j'ai faits d'après nature, et plusieurs pièces préparées par MM. Bermond et Aillaud, représentant la même disposition à quelque variante près. Il est impossible de ne pas reconnaître dans cette courbe une arcade plantaire superficielle fournie par la plantaire interne, comme l'arcade palmaire superficielle est fournie par le prolongement de la cubitale. J'appelle sur ce fait l'attention et le contrôle des anatomistes ; car il prouve l'existence réelle et bien figurée de l'arcade plantaire superficielle ; et cette arcade, en affectant la même direction au pied qu'à la main démontre d'une manière péremptoire que le bord interne du pied répond au bord interne de la main[1].

Ce n'est pas tout : de la convexité de l'arcade palmaire profonde on voit partir cinq artères métacarpiennes interosseuses, qui marchent dans les espaces de ce nom parallèlement aux métacarpiens. Dans le premier espace il y en a deux, tandis qu'il n'y en a qu'une dans chacun des trois autres. Les deux artères du premier espace sont constantes, par conséquent normales, et sont décrites dans les auteurs sous les noms de *grande artère du pouce et grande artère de l'index*. Dans la série d'artères qui naissent de l'arcade palmaire superficielle, on en trouve parfois deux en regard du premier espace interosseux. Enfin, sur le dos de la main, le long de ce même premier espace, il y a souvent aussi deux artères interosseuses dorsales.

Au pied, les mêmes faits se reproduisent : de l'arcade plantaire profonde partent deux artères interosseuses qui rampent le long du premier espace, tandis que les trois autres espaces n'ont qu'une artère chacun.

L'arcade plantaire superficielle en donne quelquefois deux en regard du premier espace. Enfin, j'ai trouvé parfois deux interosseuses dorsales à ce niveau.

1 Ces lignes étaient écrites lorsque j'ai vu l'arcade plantaire superficielle figurée dans l'*Anatomie descriptive* de MM. Bonamy et Baud, 1847. Elle est également dessinée dans l'*Anatomie topographique* de Paulet et Sarazin, 1869. Dans ces deux ouvrages, elle s'étend de la plantaire interne à la plantaire externe. Ce développement doit être rare. La terminaison de cette arcade par une anastomose avec l'artère interosseuse du troisième espace m'a paru, sur les préparations que j'ai faites ou vues, constituer l'état ordinaire. Quoiqu'il en soit de la forme et de l'étendue de l'arcade plantaire superficielle, elle part de la plantaire interne, où se trouve sa partie constante, pour se dérouler et se compléter en dehors.

En résumé, les artères métacarpiennes, soit palmaires, soit dorsales, du premier espace interosseux à la main comme au pied, sont doubles, tandis que celles des autres espaces interosseux sont toujours uniques.

Ces faits s'expliquent parfaitement bien dans l'hypothèse de la composition binaire du pouce et du gros orteil que je cherche à démontrer : la coalescence des deux os métacarpiens dont le pouce est formé a supprimé un espace interosseux, mais non les organes qui devaient l'occuper. Les artères, comme les muscles, sont reportées dans l'espace interosseux voisin, devenu de fait le premier espace. L'artère interosseuse, dite grande artère du pouce, est donc l'interosseuse palmaire de l'espace oblitéré, tandis que la grande artère de l'index est l'interosseuse palmaire du premier espace réel. Les faits analogues du pied s'expliquent de même par la composition binaire du gros orteil.

Nerfs homologues de la main et du pied. — Au point de vue exclusif où je me place, je ne parlerai que de deux nerfs dont les connexions sont plus particulièrement propres à montrer la ressemblance du bord interne du pied avec le bord interne de la main : ce sont le nerf tibial antérieur et la branche profonde du nerf radial ou nerf interosseux dorsal.

Le premier, satellite de l'artère tibiale antérieure et de la pédieuse, se dirige sur le tarse vers le premier espace interosseux : le second accompagne l'artère interosseuse postérieure dont il est le nerf satellite jusque sur le dos du carpe en se dirigeant non vers le pouce, mais vers les deux derniers espaces interosseux. Je conclus de cette ressemblance et de ces connexions que les deux nerfs dont il est question sont homologues et que le côté interne du pied répond au côté interne de la main.

En résumé, les systèmes osseux, musculaire, artériel et nerveux, que nous venons de passer en revue, nous montrent que tous les organes sans exception conspirent dans leurs connexions, leur forme et leur symétrie, en faveur de la théorie qui donne pour homologues au pouce les deux derniers orteils.

Mais si nous n'avons rencontré aucun fait qui lui soit contraire, il en est quelques-uns qui ont une valeur démonstrative plus grande que les autres et sur lesquels il importe d'insister. Dans ce résumé, nous partageons les preuves en deux catégories : A. celles qui établissent la ressemblance du côté interne de la main avec le côté interne du pied ; B. celles qui établissent la composition binaire du pouce et du gros orteil.

A. Les démonstrations qui prouvent la similitude des bords internes du pied et de la main sont, dans l'ordre de leur importance :

1° La disposition de l'arcade plantaire superficielle se déroulant de dedans en dehors, comme son homologue l'arcade palmaire superficielle. Cette preuve seule suffirait pour établir l'identité de la partie interne du pied avec la partie interne de la main ;

2° La présence du muscle extenseur propre du petit doigt, homologue de l'extenseur propre du gros orteil;

3° Les muscles cubitaux, antérieur et postérieur, homologues des muscles tibiaux, postérieur et antérieur ;

4° La branche profonde du nerf radial s'inclinant vers la partie interne du dos de la main comme le nerf tibial antérieur sur la partie interne du dos du pied ;

5° Le scaphoïde du carpe, homologue du calcanéum, etc., etc. Il faudrait d'ailleurs tout citer ; car si une théorie est vraie pour un détail, elle doit l'être pour tous. Mais j'appelle l'attention des anatomistes particulièrement sur ceux que je viens de mettre en lumière.

B. La deuxième catégorie de preuves, établissant la composition binaire du pouce et celle du gros orteil, appuie exclusivement ma formule de l'homologie du pouce avec les deux derniers orteils :

1° Le premier métacarpien est un os composé ou virtuellement double ;

2° Les muscles interosseux, le palmaire et le dorsal, du premier espace, sont à deux chefs ou doubles ;

3° Les artères interosseuses, les dorsales et les palmaires, du premier espace, sont doubles ;

4° Les mêmes dispositions se répètent au pied. J'en conclus que le pouce et le gros orteil sont des doigts doubles. Or, comme le bord interne du pied répond au bord interne de la main, il en résulte que le gros orteil, comme doigt double, a pour homologue les deux derniers doigts de la main, et que le pouce, double aussi, est l'homologue des deux derniers orteils.

Terminons cette démonstration par l'étude des faits de polydactylie, qui, pour la théorie de la composition binaire du pouce et du gros orteil, ont l'importance d'une démonstration expérimentale. Ce sont les observations de pouces et de gros orteils doubles ou bifides. J'en ai rassemblé un certain nombre dont les pièces, pour la plupart, ont été présentées à la Société des Conférences anatomiques et sont déposées au musée de l'École de médecine de Lyon. Résumons d'abord les faits, dont une partie a déjà été publiée par le journal de médecine de Lyon ; nous tirerons après les conséquences.

POUCES ET GROS ORTEILS DOUBLES OU BIFIDES

Obs. I. — Pouce bifide, à la main droite (fig. 34), recueilli par MM. Cellard et Vincens. Il y a deux phalangettes articulées entre elles et avec la première phalange qui est unique.

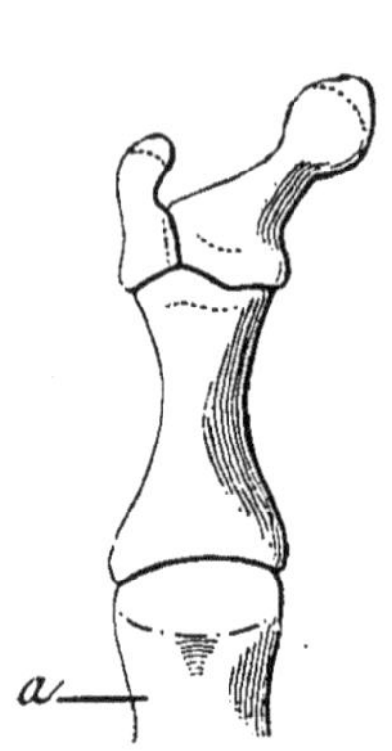

Fig. 34. — Pouce bifide à la main droite, vu par la face dorsale.

a. — Premier métacarpien.

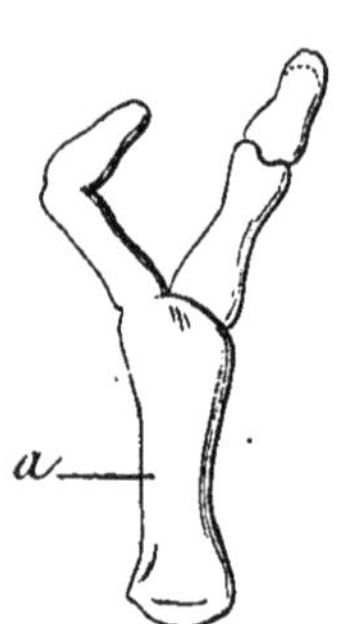

Fig. 35. — Pouce double, à droite, vu par la face dorsale.

a. — Premier métacarpien.

Fig. 36. — Pouce bifide, à droite vu par la face palmaire.

a. — Premier métacarpien.

Obs. II. — Pouce double, à la main droite (fig. 35), recueilli par M. Fontan. Il en a été déjà question dans mon premier mémoire. Chaque pouce a deux phalanges et repose sur le premier métacarpien qui est unique. Il y a soudure entre les deux phalanges du pouce externe également soudé avec le métacarpien.

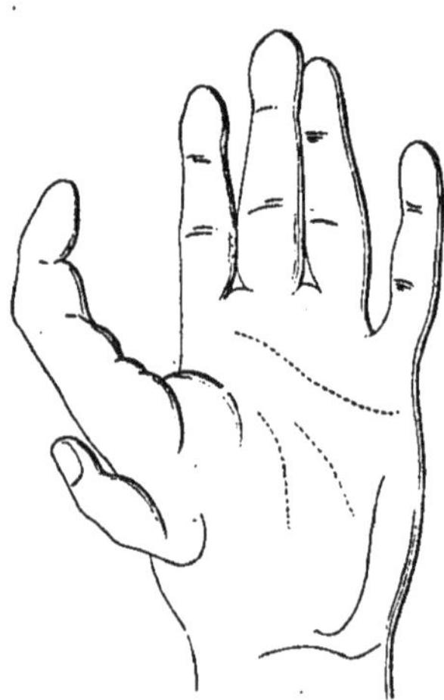

Fig. 37. — Pouce double, à la main gauche; l'interne a trois phalanges.

Obs. III. — Pouce bifurqué (fig. 36), préparé par M. Morice, et appartenant à la main droite d'un sujet dont la main gauche sera décrite plus loin. La première phalange, qui est unique et normale, supporte deux bifurcations, dont l'interne est une petite phalangette, et dont l'externe est composée d'une phalangine et d'une phalangette. Le pouce est donc formé de deux doigts dont l'externe a trois phalanges et l'interne deux, la première phalange étant commune. La phalangine du doigt à trois phalanges est courte, mais bien distincte, et paraît provenir d'une scission transversale de la phalangette.

Obs. IV. — Pouce double à la main gauche (fig. 37). Le pouce externe très-petit n'a que deux phalanges, l'interne en a trois. Cette observation, que je considérais déjà dans mon premier mémoire comme un cas de pouce double, a été publiée dans la *Gazette médicale de Lyon*, 1863, sous le titre de : *Index supplémentaire*, par MM. Delore et Rouby, qui depuis se sont ralliés à mon opinion.

Obs. V. — Pouce double, à droite (fig. 38) préparé par M. Servel. Le pouce veterne a trois phalanges bien distinctes et articulées entre elles; le pouce externe n'en a que deux ; ils sont implantés sur le même métacarpien.

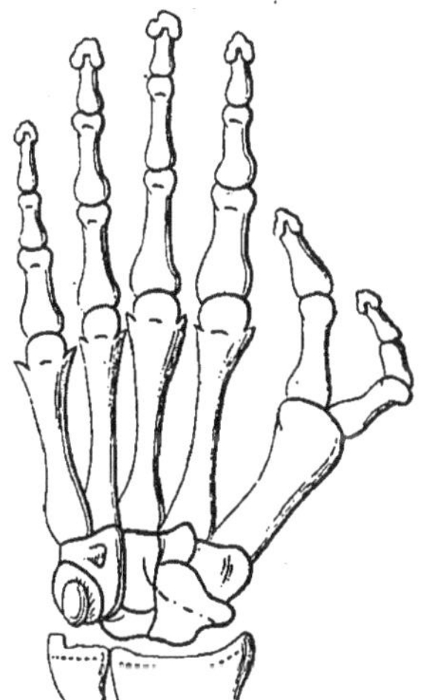

Fig. 38. — Pouce double, à droite, vu par la face palmaire; l'externe a trois phalanges.

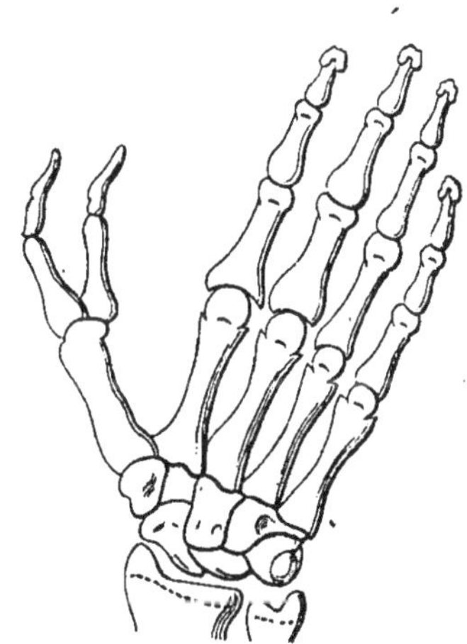

Fig. 39. — Pouce double, à gauche, vu par la face palmaire; chaque pouce a trois phalanges.

Obs. VI. — Pouce double (fig. 39) à la main gauche d'un homme adulte, dont le pouce droit a fait l'objet de la troisième observation. J'en ai préparé et examiné moi-même avec soin les os, les muscles et les artères.

Le premier métacarpien est unique et supporte à son extrémité condylienne les deux doigts, qui sont unis par la peau dans l'étendue de la première phalange et libres seulement au delà. La seconde phalange de chaque doigt est mobile sur la première et elle fait corps avec la phalangette qui s'en distingue seulement par un rétrécissement circulaire et une direction différente. C'est une phalangine en voie de formation par scission transversale de la phalangette. Il s'agit donc de deux pouces ayant chacun trois phalanges. Chacun d'eux est plus mince qu'un pouce ordinaire.

Le muscle long abducteur du pouce s'insère normalement au métacarpien, et il envoie une petite expansion tendineuse au court abducteur. Le court extenseur se rend au doigt externe et le long extenseur au doigt interne; mais les deux tendons fournissent chacun par leur côté adjacent un faisceau qui s'unit à son congénère pour former une expansion commune aux deux doigts. A la face palmaire, le court abducteur et le court fléchisseur vont se fixer exclusivement au doigt externe. L'opposant, court, petit, à direction transversale, va du ligament annulaire antérieur du carpe à la partie la plus élevée du premier métacarpien et au tendon du long abducteur.

L'adducteur du pouce ou premier interosseux palmaire présente une disposition très-remarquable : il est divisé en deux faisceaux ou muscles distincts ; l'un s'insère au carpe et au troisième métacarpien, comme à l'ordinaire, pour se rendre de là au pouce interne ; l'autre s'attache le long du premier métacarpien, à la manière des interosseux, et il se rend d'autre part au pouce externe. D'ailleurs chacun de ces deux muscles envoie à l'autre un petit faisceau de communication, de telle sorte que, grâce à cet entrecroisement, on peut dire que le muscle adducteur est à la fois double et unique.

Le long fléchisseur du pouce, unique jusqu'à l'articulation métacarpo-phalangienne, où il s'engage sous une arcade fibreuse qui unit en avant la première phalange du doigt externe à celle de l'interne, se divise alors en deux tendons terminaux, un pour chaque doigt.

Le premier lombrical est double : le surnuméraire naît de la partie antérieure de l'articulation métacarpo-phalangienne du pouce et va s'unir au tendon terminal du lombrical de l'index. Les autres muscles de la main sont à l'état normal.

Les artères ayant été injectées, je constate que la cubitale fournit seule l'arcade palmaire superficielle de la convexité de laquelle partent six branches palmaires ou métacarpiennes superficielles, qui concourent avec les interosseuses ou métacarpiennes profondes à former les collatérales des doigts.

La radio-palmaire, très-petite, concourt seulement à former la collatérale externe du premier pouce en s'anastomosant avec la première branche ou la plus externe de l'arcade palmaire superficielle.

Les deux pouces anormaux ont chacun quatre artères collatérales, soit deux palmaires et deux dorsales comme les autres doigts. Elles proviennent des sources suivantes : au premier pouce, la collatérale palmaire externe vient de la première branche ou la plus externe de l'arcade palmaire superficielle et de la radio-palmaire très-petite anastomosée avec cette branche ; la collatérale dorsale externe est la terminaison de la première métacarpienne dorsale, naissant de la radiale au niveau de la salière; la collatérale palmaire interne et la collatérale dorsale interne viennent de la première interosseuse du premier espace ou grande artère du pouce. Au second pouce, la collatérale palmaire externe vient de la grande artère du pouce et d'un rameau fourni par la deuxième branche de l'arcade palmaire superficielle ; la collatérale dorsale externe vient de la grande artère du pouce ainsi que la collatérale dorsale interne; enfin la collatérale palmaire interne vient de la deuxième branche de l'arcade palmaire superficielle. Sur ces huit collatérales, la grande artère du pouce en fournit cinq, soit les deux collatérales internes du premier pouce; les deux collatérales externes et la collatérale dorsale interne du second ; ce qui montre manifestement que la grande artère du pouce appartient surtout à l'espace interosseux virtuel du pouce. Les collatérales externes du premier pouce et les collatérales internes du second sont développées; les quatre autres collatérales comprises entre les précédentes sont très-petites,

Obs. VII. — (Recueillie dans le service de M. Delore par M. Lutaud). Pouces bifides et gros orteils doubles chez une petite fille de six ans; les pieds et les mains sont en outre affectés de syndactylie et de polydactylie. Le pouce gauche est très-aplati et présente à son extrémité une légère échancrure qui indique un commencement de bifurcation. Ce doigt peut-être comparé à une petite palette, étroite à sa base, très-large et très-amincie à son extrémité. Le pouce droit présente les mêmes particularités, mais moins prononcées. Au pied droit, le gros orteil est double par suite d'une bifurcation ; la branche interne a été amputée à la naissance de l'enfant, mais d'une manière très-incomplète et qui lui laisse l'aspect d'un gros tubercule; la branche externe est à peine plus grosse que l'orteil suivant. Le gros orteil gauche était double également, mais la bifurcation interne a été amputée plus complétement qu'à l'autre membre.

Quelques réflexions nous permettront de tirer de ces sept observations des conséquences importantes, relativement à la composition binaire du pouce et du gros orteil.

Le mode de production des pouces bifides ou doubles peut s'interpréter de deux manières différentes : ou bien il est une division du pouce en deux; ou bien il est le surajoutement d'un pouce au pouce normal. En d'autres termes, c'est un dédoublement ou une duplication. Or, nous allons voir que la première hypothèse est la seule admissible.

Les faits ci-dessus relatés nous présentent une série graduée d'anomalies qui nous font assister pour ainsi dire à la production congénitale du pouce double.

Un premier degré nous montre à la place de la phalangette ordinaire deux phalangettes plus petites. C'est une bifurcation bornée à la phalange onguéale, dont notre première observation est un bel exemple, et dont il existe de nombreuses relations dans les auteurs. Cette anomalie est surtout remarquable en ce qu'elle est spéciale au pouce. « On ne voit jamais la bifurcation de la phalangette des autres doigts comme on observe celle du pouce[1]. » Cela prouve évidemment qu'il

[1] Fort : *Des difformités des doigts, etc.*, p. 87.

s'agit d'une phalangette divisée longitudinalement en deux et non d'une phalangette surajoutée à côté d'une autre.

Dans un deuxième degré la bifurcation atteint la phalangette et la phalange, de sorte qu'il existe deux pouces, à deux phalanges chacun, implantés sur un seul métacarpien (Obs. II). Il est manifeste que ce cas, comme le précédent, est le résultat d'une scission longitudinale, seulement elle est plus complète.

Quelques auteurs ont avancé que cette division se rencontrait aussi aux autres doigts, à l'annulaire, par exemple. Or, il serait étrange qu'une scission qui ne se voit jamais isolément à la phalange onguéale, put se montrer sur la totalité du doigt. On a pris évidemment pour une division ce qui est au contraire une syndactylie plus ou moins complète entre un doigt normal et un doigt surajouté.

Un troisième degré nous présente une scission longitudinale limitée, comme dans le premier, à la phalangette, mais avec cette différence que l'une des deux phalangettes anomales subit une scission transversale, de sorte que les deux pouces ont l'un trois phalanges et l'autre deux, la première phalange étant commune aux deux doigts (Obs. III).

Dans le quatrième degré la scission longitudinale atteint les deux phalanges et, de plus, une scission transversale divise une des phalangettes ou chacune d'elles en deux phalanges, de manière à donner deux pouces à trois phalanges. Trois variétés sont possibles : le pouce triphalangien est le premier, c'est-à-dire le plus externe ; ou bien il est le second ; ou bien enfin, chacun des deux pouces offre trois phalanges. Nous avons donné des exemples de chaque variété (Obs. IV, V, VI.).

Avant que j'eusse fait connaître la fréquence des pouces à trois phalanges, il n'en existait, à ma connaissance, qu'une seule observation dans les annales scientifiques ; c'est celle qui a été communiquée en 1826, à l'Académie de médecine, par P. Dubois L'enfant était sexdigitaire, et le pouce égal en longueur aux autres doigts avait comme eux trois phalanges. Il y avait certainement, dans ce cas comme dans notre sixième observation, deux pouces triphalangiens.

L'observation dans laquelle Colombus [1] aurait indiqué l'existence au pouce d'une phalange surnuméraire a été mal interprétée. Il dit : *Vidi... sex in manu digitos, extremus etenim pollicis articulus in duos dividebatur*. Il est bien évident qu'il s'agit simplement d'une bifurcation de la phalangette du pouce et non d'un pouce à trois phasidlanges, comme paraît le croire Isid. Geoffroy Saint-Hilaire, et encore moins d'un doigt à quatre phalanges, comme d'autres l'ont dit.

1 *De re anatomica*, p. 485, 1562.

Sur six mains à pouces doubles dont j'ai rapporté les observations et donné les figures dans ce mémoire, il y en a quatre avec pouces à trois phalanges, ce qui indique une grande fréquence. Il peut donc paraître singulier qu'il n'y eut dans la science, avant mes propres observations, que celle de P. Dubois. Mais, parmi les nombreux faits de pouces doubles publiés jusqu'ici, il est facile de reconnaître que plusieurs sont des cas de ce genre, dans lesquels la phalange surnuméraire a échappé aux observateurs. Nul doute que de nouvelles observations de pouces triphalangiens ne surgissent, maintenant que l'attention est éveillée sur ce point de tératologie.

Les mêmes faits montrent également que la phalange surnuméraire est produite par une scission transversale de la phalange onguéale. Dans un premier degré (Obs. VI, fig. 39), la phalangette présente un étranglement circulaire, qui dénote un commencement de scission. Dans un second degré (Obs. III et V, fig. 36 et 38), la scission est complète ; la phalangine est formée, indépendante et mobile.

J'appelle l'attention sur la corrélation de naissance extrêmement remarquable qui existe entre le pouce double et le pouce triphalangien. Le premier est la condition préalable et *sine qua non* du second. Il est sans exemple que le pouce unique d'une main pentadactyle ait présenté trois phalanges. Or, dans l'hypothèse de la duplication, on s'explique difficilement pourquoi l'un des deux pouces a trois phalanges ; et, lorsque chacun d'eux est pourvu de ces trois osselets, comme dans notre sixième observation, cela devient tout à fait incompréhensible. Au contraire, dans l'hypothèse du dédoublement, il est aisé de comprendre que deux doigts, dont la coalescence doit former le pouce normal, conservent, en ne se fusionnant pas ou en ne se fusionnant qu'en partie, trois phalanges comme les autres doigts. C'est moins une scission d'un organe déjà formé, qu'un arrêt de développement, qui se produit de bonne heure dans le blastème embryonnaire.

La disposition du système musculaire, dans ces cas anormaux, appuie fortement l'hypothèse d'une division du pouce en deux. Les muscles, dont le nombre reste le même que dans l'état normal, se partagent entre les deux doigts. Ainsi, dans notre sixième observation, nous voyons le court extenseur aller au pouce externe et le long extenseur se rendre au pouce interne. Le court fléchisseur et le court abducteur vont exclusivement au premier ; l'adducteur se partage entre les deux ; il en est de même du tendon du long fléchisseur qui se divise en deux faisceaux, un pour chaque doigt. Peut-on dire que l'un de ces deux pouces est normal et l'autre surajouté ? Évidemment non. Chacun d'eux est incomplet ; leur réunion donne un pouce complet, mais rien de plus.

Le volume même de ces pouces anormaux milite en faveur de la fissiparité. Tous ceux que j'ai observés sont plus petits et plus minces qu'un pouce ordinaire. Il en faut deux pour faire un pouce proportionné à la main du sujet.

En résumé, l'analyse que nous venons de faire des observations de mains à pouces doubles ou simplement bifides, nous oblige à conclure que cette anomalie est un dédoublement du pouce normal, et que conséquemment le pouce est une coalescence de deux doigts.

Jusqu'ici il n'a été question que des pouces doubles ; mais les gros orteils doubles paraissent également provenir d'une division. Ils sont plus rares chez l'homme. Je n'en ai encore observé qu'un seul cas, celui qui est rapporté dans notre septième observation, où des gros orteils doubles coexistent avec des pouces bifides. Morand a figuré[1] un pied à huit orteils, qui a manifestement deux gros orteils à deux phalanges chacun. Guersant dit, dans sa *Chirurgie des enfants*, qu'on rencontre deux gros orteils s'articulant au même point.., etc.

Les considérations que nous venons de développer à l'occasion des pouces doubles chez l'homme s'appliquent aux gros orteils doubles ; il est donc permis de penser qu'ils sont aussi le résultat d'une scission longitudinale.

Chez les animaux, les gros orteils doubles sont assez fréquents, spécialement chez le chien et chez la poule. « L'existence de six doigts chez le chien... ne doit pas être elle-même considérée comme rare... Tantôt il existe aux pattes postérieures des deux côtés, outre les quatre doigts normaux, deux pouces entièrement séparés ; tantôt on trouve deux pouces à droite ou à gauche seulement, et de l'autre côté, un pouce résultant manifestement de la réunion de deux doigts et terminé même par deux ongles. » Plus loin : « l'espèce dans laquelle on observe plus communément la duplication du pouce, c'est la poule[2]. »

Le pouce et le gros orteil, qui se bifurquent si souvent, ne se trifurquent jamais. On a parlé, il est vrai, de poules dont le pouce était triple. Dans ce cas, il y a une division du pouce ordinaire en deux pouces et un doigt surnuméraire placé à côté de ceux-ci. C'est ce qui résulte d'une observation de ce genre que M. Jullien a présentée à la Société des Conférences anatomiques de Lyon[3]. La même explication convient sans doute à l'observation publiée par M. Burt G. Wilder, dans laquelle un chat, présentant des pouces surnuméraires à chaque patte, avait à la patte antérieure droite comme trois pouces[4].

1 Morand, *Histoire de l'Académie des sciences*, p. 77, 1751.
2 Isid. Geoffroy Saint-Hilaire, *Des anomalies*, t. I, p. 693 et 694.
3 *Lyon-médical* t. IV, p. 259, 1870.
4 *Boston Society of natural history*. 1866.

Les gros orteils doubles, comme les pouces doubles, ne sont donc pas le produit d'une multiplication, dans laquelle un doigt surnuméraire viendrait s'ajouter à un doigt normal, mais bien le produit d'une division par laquelle se séparent les éléments dont le gros orteil normal est composé.

Je conclus, pour terminer cette longue discussion sur l'homologie du pied avec la main, d'une part que l'anatomie normale et la polydactylie démontrent « la composition binaire » du pouce et du gros orteil, et d'autre part que les connexions et la symétrie les assimilent chacun respectivement aux deux derniers doigts du membre correspondant du pôle opposé.

Je crois avoir conséquemment démontré cette formule : *Le pouce est binaire et homologue des deux derniers orteils ; le gros orteil est binaire et homologue des deux derniers doigts.*

Ainsi se trouve résolu le problème de la ressemblance du pied avec la main, qui, depuis 1774, où il a été posé scientifiquement par Vicq-d'Azyr, c'est-à-dire pendant près d'un siècle, a tenu en échec les anatomistes les plus éminents, et a ralenti la marche de l'anatomie descriptive. C'est ma conviction profonde que cette science, engagée dans la voie homologique, commence une ère féconde de progrès et de simplification.

DISCUSSION

M. Martins (de Montpellier) reproche à M. Foltz d'avoir nié la torsion de l'humérus, torsion qu'il a mesurée lui-même et qui est égale à 168°. Cette torsion n'est pas seulement apparente mais elle est réelle. En effet, Gegenbauer d'Iéna a vu qu'elle n'était que de 121° chez l'enfant de huit mois, de sorte qu'on assiste pour ainsi dire à cette torsion. Chez le nègre, l'humérus est moins tordu, enfin on a une nouvelle preuve de cette torsion dans le trajet en hélice du nerf radial ; cette disposition est unique dans l'économie.

Si l'on compare le membre supérieur à l'inférieur, on voit bien vite que l'humérus est un fémur tordu et que le tibia est l'analogue du radius, On a été embarrassé par la question de la rotule et de l'olécrane, des rapports de la rotule avec le tibia, de l'olécrane avec le cubitus, mais si l'on interroge la série animale, on voit, à mesure que le péroné diminue, le tibia augmenter et réciproquement ; chez les Marsupiaux, le péroné et le tibia sont égaux ; le tibia est rond sans crête et la rotule est devenue péronéale. Il faut donc reconnaître que le tibia est formé par une portion de la partie postérieure du cubitus qui s'est jointe au radius en entraînant la rotule dans sa coalescence.

Si l'on passe aux parties molles, on voit que les muscles qui sont antérieurs au membre supérieur, sont postérieurs au membre inférieur. Quant à la différence du système nerveux, elle cesse si l'on fait décrire au fémur un arc de 168° autour de son axe. Le nerf crural se tord et prend la disposition du nerf radial.

Pour ce qui est de l'homologie du pouce et du gros orteil, il suffit pour s'en convaincre, d'examiner les Singes anthropoïdes, chez lesquels le gros orteil se sépare à des mouvements d'opposition tout à fait comme le pouce.

M. Foltz persiste à nier la torsion de l'humérus, se basant sur ce que presque tous les os de l'économie paraissent tordus, et conserve sa théorie.

Dr P. DIDAY

Ex-chirurgien en chef de l'Antiquaille, à Lyon

THÉORIE PHYSIOLOGIQUE DE L'AMOUR

— *Séance du 22 août 1873.* —

Chez les êtres organisés, le but capital que se propose la nature est la *reproduction*. A cette fin suprême elle fait concourir, elle subordonne toutes les forces, tous les actes de l'organisme.

Mais, une dans son but, elle est diverse dans les procédés dont elle use pour l'atteindre. Ces procédés, elle les proportionne au rang de l'être, à son degré de perfection, ou, pour nous en tenir à ce que nous voyons, à la complexité de son organisation.

Or, la reproduction qui, dans l'intérêt de l'espèce, est la fonction essentielle, n'est, pour l'individu, qu'une fonction annexée, et j'ajoute une fonction onéreuse. Ce n'est pas impunément, en effet, que l'être se dédouble ; ce n'est, sous tous les rapports, qu'aux dépens de lui-même qu'il peut fournir à la formation, à la nutrition d'un être nouveau. Et cette loi, je le répète, a son application d'autant plus frappante qu'il s'agit d'êtres plus parfaits.

Aussi cette fonction onéreuse, épuisante, la nature ne l'impose qu'avec des ménagements bien remarquables.

D'abord, elle n'en développe les organes et n'en donne l'instinct qu'au moment de l'évolution de l'individu où sa croissance est achevée, où il est en pleine possession des forces qui lui sont destinées.

Puis, elle ne le laisse exercer cette fonction que jusqu'à un certain âge.

Durant cette période même, elle n'en permet l'accomplissement qu'à certains intervalles, très-éloignés dans quelques classes (une fois par an pour la plupart des végétaux et pour plusieurs animaux).

Enfin, dernier artifice aussi efficace qu'ingénieux, ce fardeau, elle en répartit la charge, dans la même espèce, entre deux sujets, entre deux créatures semblables mais non identiques, portant chacune une partie des organes, supportant chacune une partie du travail et des devoirs propres à la formation du nouvel être, c'est-à-dire entre deux sexes.

Mais les deux sexes étant institués en vue d'une œuvre commune, il faut, pour effectuer cette œuvre, qu'ils se rapprochent ; et il faut, par conséquent, une force qui les rapproche. C'est cette force, cette attraction dont je vais essayer de pénétrer les lois primordiales, en étudiant ses effets, tels qu'ils se passent sous nos yeux.

Serait-ce en donner une idée suffisante que de répéter, après tous les moralistes, avec tous les poëtes, que la force, dont je parle, est supérieure à toute autre, que nul ne peut se soustraire à son empire? Non ; cette puissance que toutes les langues expriment, que toutes les littératures célèbrent, la nature la peint mieux encore en nous la montrant en action dans l'étendue entière de son vaste domaine.

Mais ce qui intéresse le physiologiste, ce qui pose devant lui un problème plein de promesses, ce n'est pas l'intensité de cette force considérée d'une manière générale, ce sont ses variétés, ses modalités diverses dans l'immense série des êtres. Que de différences, en effet, sous ce rapport ! Quelle échelle presque infinie, depuis le simple contact accidentellement établi entre les produits de sécrétion des organes mâle et femelle, jusqu'à cet entraînement irrésistible qui brave et brise tout obstacle pour unir dans l'étreinte la plus intime deux organismes momentanéments confondus en un seul ! Tantôt, c'est, comme je viens de le dire, une rencontre fortuite des agents fécondants et fécondés ; rencontre opérée — à travers l'atmosphère (pour les palmiers, pour certains mollusques, les sèches), — par l'intermédiaire d'insectes spéciaux (pour les figuiers, la digitale), — à travers une couche de liquide (pour les salamandres). Tantôt, cette rencontre des produits, sans contact des êtres eux-mêmes, a lieu en vertu d'un instinct particulier (fécondation des œufs de poisson). Puis, à un degré plus élevé, le contact mutuel des géniteurs devient la condition normale ou du moins l'accompagnement constant de l'acte fécondant.

Et, remarquons-le, à mesure que l'on passe d'un organisme moins parfait à un organisme plus parfait, il est un trait, un élément de cette fonction qui s'accentue progressivement : c'est l'existence d'un *besoin*, qu'on voit se transformer successivement, dans la série des créations, en participant à tous les attributs dont l'être psychique s'enrichit dans son développement graduel depuis le protophyte jusqu'à l'homme. Ainsi, l'être a-t-il gagné le pouvoir de changer de lieu? la faculté de sentir? celle de manifester par des phénomènes son indépendance? celle d'avoir conscience de ses impressions, de raisonner? l'aptitude à s'instruire par le souvenir et par l'exemple?... A chacun de ces pas vient correspondre une modification dans l'impulsion qui le rapproche de son congénère: parallèlement aux phases de son perfectionnement, on voit croître cette propension, on voit le simple désir, traduit par un acte brutal, se teinter d'une nuance plus délicate. En même temps que l'attraction devient penchant, l'appétence, chez lui, se fait sentiment, puis passion, et passion portée jusqu'à l'exclusivisme, jusqu'au sacrifice, au sacrifice volontaire, même de la vie; impulsion bien nécessaire pour vaincre la tendance à l'abstention, que lui conseillerait le soin bien entendu de sa conservation, mieux que cela, la perspective des souffrances assurées, des privations certaines qui sont pour lui la conséquence de l'engendrement. Comme si *Celui qui est là-haut* avait jugé nécessaire, en nous donnant l'*amour* pour contrebalancer un autre de ses dons, l'*égoïsme*, de prendre ses sûretés contre les entraves que la liberté et la réflexion peuvent apporter à l'accomplissement de l'acte le plus essentiel à ses desseins, de l'acte reproducteur, de cet acte qui impose tant de sacrifices pour être mené à sa vrai fin, c'est-à-dire jusqu'à l'époque où le nouvel être pourra se suffire à lui-même! A-t-il eu tort de prendre ces sûretés? Et même en a-t-il pris assez?... Pour ceux qui ont scruté les véritables causes du dépeuplement des États ultra-civilisés, la réponse n'est pas douteuse. Et il est assez curieux que les calculs du *vice* et ceux de la *vertu* fournissent chacun à cette réponse un élément de valeur presque égale.

Consultons la physiologie des sexes; j'entends la physiologie normale et la physiologie pathologique. L'une et l'autre vont confirmer notre thèse, non par quelques expériences instituées à dessein, mais par les résultats de l'observation générale, par ces faits populaires, de chaque siècle et de chaque heure, qui forcent toutes les convictions, parce qu'ils frappent tous les yeux.

L'homme et la femme, répète-t-on depuis l'origine des sociétés, comprennent l'amour chacun à sa manière. Et chacun d'eux, bien entendu, d'affirmer que la sienne est la seule bonne!

Avant d'instruire ce vieux procès, voyons s'il y a lieu de le laisser plaider; voyons si le rôle, si l'organisation physique de chaque sexe n'explique pas, n'implique pas cette différence, et j'ajoute, ne la commande pas?

Or, tout trahit, tout exprime l'existence de deux penchants distincts, divers, inhérents chacun à l'une des deux moitiés du couple humain, tout, les désirs de l'état normal, les exagérations de ce désir, et jusqu'à ses perversions et ses dégénérescences.

Féconder est le rôle de l'homme. En physiologie comme en grammaire, *féconder* est au mode actif. Aussi, l'homme a-t-il été largement pourvu des moyens et de la volonté de prendre l'initiative. De quinze à soixante ans et par delà, ce sera sa préoccupation dominante, sinon exclusive. Interrogeons-nous et surtout répondons-nous de bonne foi : accomplir cette fonction, n'est-il pas le rêve de l'adolescent, l'aspiration de l'adulte, doux ou amer, le constant souvenir du vieillard, à tout âge le *postulatum* incessamment présent, le nœud de toute entreprise, l'éternel sujet de toute conversation, le couronnement de tous nos châteaux en Espagne ?

Pour juger du prix qu'on y attache, voulez-vous un criterium d'ordre opposé ? Sondez, s'il se peut, le chagrin que cause la perte de l'aptitude à engendrer, la crainte seule de sa perte. Menacés de ce désastre, on voit pâlir les plus stoïques. Pour désigner cette inaptitude spéciale, la langue française n'a trouvé qu'un mot, *impuissance;* et, si générique qu'il soit, ce terme-là n'a jamais eu besoin d'un complément pour être compris. Prévoir, supposer même qu'on pourra tomber dans cet état vous glace à tel point que, l'appréhender seulement, le produit à coup sûr. Réduit à une telle condition, l'individu, même à ses propres yeux, ne mérite plus le nom d'homme. Otez-lui la perspective de pouvoir *aimer*, et nul plaisir pour lui n'a de saveur, nul espoir de rayonnement. C'est au point que, à l'âge où naturellement la virilité s'est éteinte, la chance de recouvrer et d'employer à l'occasion un reste de vigueur est encore, qu'on l'avoue ou non, bien souvent le moteur principal de nos déterminations. C'est un fait bien connu, — et dont le professeur Roux contait, à sa clinique, de nombreux exemples, — que les vieillards qui ont subi l'opération du sarcocèle double vouent ordinairement à leur chirurgien une aversion réelle ; sentiment instinctif, involontaire, mais tellement supérieur à tout effort de raisonnement, que plusieurs d'entre eux sont tombés, à partir de cette ablation, dans une morosité invincible, et n'ont pu trouver que dans le suicide un terme au désespoir causé par la privation d'organes dont ils ne se servaient plus, dont il n'y avait aucune vraisemblance à ce qu'ils eussent jamais, non-seulement la possibilité, mais même le désir de se servir !

L'état morbide nous démontre, à son tour, l'extrême susceptibilité de l'homme envers la moindre atteinte portée à ces organes, à ces fonctions. On voit, j'ai vu des hypéresthésies du pénis telles qu'il était impossible de *toucher* seulement le gland, sans faire jeter les hauts cris. Un robuste marinier s'est évanoui un jour, sous mes yeux, pendant que je lui faisais dans l'urètre une simple injection d'eau froide. Rien de plus fréquent, d'ailleurs, que de voir tomber en syncope les sujets qu'on sonde ou chez qui l'on panse, l'on explore même seulement, les maladies de cet organe.

Quant aux fonctions, nous savons mieux que d'autres, nous, spécialistes, ce qu'apporte d'angoisse, de tourments, de désespoir, une maladie vénérienne, même locale, même de très-courte durée ; nous savons les frayeurs exagérées qu'elle donne au malade pour l'avenir ; les sacrifices hors de proportion avec ses ressources, qu'il s'impose si volontiers pour en guérir ; l'incrédulité qui accueille nos encouragements les plus sincères, nos certificats de guérison les plus catégoriques ; l'empressement avec lequel il se jette dans les bras du premier charlatan qui prendra la peine d'exploiter ses folles terreurs. Mais ce dont tous nos confrères peuvent juger comme nous, et qui donne une juste idée de cette manie, c'est que la maladie la plus simple, celle qui est le plus incontestablement non vénérienne, acquiert, aux yeux de nos clients, un caractère malin, effrayant, par cela seul que, au lieu de siéger sur une autre partie du corps, elle siégera sur les parties génitales! Ainsi les vésicules d'acarus, que, tout incommodes qu'elles sont, on garde plusieurs mois, sans s'en inquiéter, sans y porter remède, tant qu'elles n'envahissent que les poignets, le ventre, les jarrets, deviennent une source d'alarmes s'il en paraît sur le fourreau. Ainsi, un homme conservera sur les mains des verrues toute sa vie, sans songer à consulter pour cela. S'en développe-t-il une au gland? Vite il court chez le médecin, ou se sature de spécifiques aussi dispendieux qu'inutiles : heureux encore si, même guéri, il ne persiste pas à se croire infecté pour le reste de ses jours ; le tout parce que l'épigénèse a réalisé ses effets dans une région différente, et parce que, aux organes génitaux, ses produits, au lieu de s'appeler verrues, portent le nom de *végétations !*

En changeant de sexe, le tableau change, et il change du tout au tout. C'est que la mission est entièrement différente. Dans le couple humain, et ceci s'applique également à beaucoup d'espèces animales, il fallait que l'être chargé de porter et d'élever le produit engendré ne fût pas distrait de ses longs et sérieux devoirs par un rôle trop actif dans la fécondation.

En conséquence, à cet être a été donnée la grâce qui attire, mais unie à un certain degré d'indifférence génésique, à une froideur relative, et surtout à la faculté de *se refuser*. La faculté de se refuser, chez la femelle, est corrélative à la propension à attaquer, chez le mâle. L'un n'est pas moins naturel que l'autre. Jugeons de ceci par l'excès opposé : dans nos mœurs, un homme qui résiste ne paraît-il pas aussi singulier qu'une femme qui attaque? L'un et l'autre de ces deux caractères mis sur la scène, n'inspirent-ils pas également, et à coup sûr, la risée ou le dégoût?

Axiome : C'est grâce à sa passivité dans l'acte fécondant que la femme peut garder son activité dans l'acte gestateur et éducateur, en d'autres termes qu'elle peut les mener à bonne fin.

Tout, dans l'organisme féminin, répond à cette destination. La femme ne peut être mère que pendant un temps très-limité de sa vie. L'appétence génésique manque absolument chez beaucoup d'entre elles; dans la très-grande majorité, elle s'éveille plus tard que chez l'homme, s'éteint plus tôt, et surtout est beaucoup moins intense. L'homme, disais-je tout à l'heure, est né pour l'attaque, la femme pour la défense. Libre de refuser, instinctivement elle est portée à le faire : la pudeur aidant, l'aiguillon sensuel étant fort souvent émoussé, elle persiste, se complaît dans cette attitude, où, remarquons-le, réside sa vraie supériorité. Ouvrez l'histoire, lisez les romans dits *de mœurs*, et voyez si le point d'honneur qui, pour l'homme consiste à obtenir un *oui*, n'est pas, pour la femme, d'opposer un *non*, de le dire d'emblée comme après réflexion, de le dire de bouche alors même qu'un tout autre mot monte du cœur aux lèvres?

Chez la femme, l'appareil fécondant n'éveille plus le même ordre de sympathies morales et morbides. Est-on jamais consulté par elles pour une imperfection appréhendée de ce fonctionnement, comme on l'est si souvent par les jeunes gens? Un adolescent s'étiole, tombe dans le marasme, pense au suicide par cela seul que son orifice préputial a quelques lignes au-dessous du diamètre normal. Qu'une fille soit imperforée; presque jamais elle ne s'en préoccupe avant que la rétention progressive du sang menstruel ait mis sa vie en danger. Tandis qu'un homme vous fatigue de ses doléances, vous poursuit de ses obsessions pour qu'on le guérisse d'une simple humidité urétrale, il est souvent nécessaire d'apprendre aux femmes qu'elles ont des *pertes blanches ;* et s'il est parfois difficile de les en faire convenir, plus difficile encore est-il d'obtenir qu'elles s'en laissent traiter. Voyez enfin une même maladie, la syphilis, qui suscite tant d'angoisses chez l'homme. Eh bien! dans l'autre sexe, quoique ayant la même gravité, parfois elle passe entièrement inaperçue. Et cette insouciance constitue même l'une des conditions les plus avantageuses pour obtenir, chez la femme, une guérison prompte et radicale. Que de jeunes ouvrières infectées n'ai-je pas revues au bout de quelques années, n'ayant payé à l'intoxication qu'un tribut minime, et ayant cependant achevé alors de le payer! Elles avaient été au début, tout aussi fortement atteintes que d'autres. Et, sans traitement, ou du moins sans traitement régulier, elles ont guéri. Pourquoi ?.. Par ce motif surtout qu'elles se sont fort peu préoccupées de leur mal, qu'elles ne lisent pas, comme les jeunes gens, des livres de médecine, ne rêvent pas pérennité de la diathèse, danger des spécifiques. Elles ont laissé agir la nature ; et les seules forces de l'organisme, à l'abri de l'atteinte débilitante qu'engendre la dépression morale si familière dans ce cas à l'autre sexe, ont suffi à éliminer *le virus*.

Voudrais-je par là, présenter l'appareil reproducteur comme assoupi chez la femme ? Non certes : le vieil adage latin *propter solum uterum mulier id est quod est* serait là pour me retenir sur cette pente. Mais justement ne lui faisons dire, à cet adage, que ce qu'il dit : et quand il prononce *propter solum uterum*, sachons-en conclure que dans la fonction génitale, c'est la fonction *utérine* qu'il a surtout en vue. Par le fait, c'est la crainte des maladies de matrice, des maladies du sein qui tourmente les femmes. C'est ce cauchemar-là qui, pour le sexe, remplace celui qui assombrit notre jeunesse à nous. C'est d'un *ulcère*, d'un *squirrhe*, qu'elles s'épouvantent à tout propos et hors de propos. Eh bien ! je le demande, et c'est mon second axiome :

Par l'exagération du souci qu'elle attache à l'intégrité de tels ou de tels organes, dans l'un et dans l'autre sexe, la nature n'a-t-elle pas clairement dévoilé le rôle distinct, la prépondérance qu'elle assigne, chez l'homme et chez la femme, à chacun d'eux ?

J'ai dit que la femme a le pouvoir de refuser et qu'elle en use. Cette résistance, que la frigidité relative, que la pudeur, que la coquetterie rendent si habituelle, est tellement dans la nature, que celle-ci l'a encore fortifiée par une disposition anatomique spéciale, nouvelle entrave à l'accomplissement prématuré de la fonction.

Ces obstacles, si multipliés chez la femme, ont un double but. En tant qu'obstacles mêmes, ils avivent, stimulent, entretiennent le désir. Et, en même temps, une fois la fécondation opérée, ils empêchent le renouvellement d'actes qui pourraient en compromettre les résultats, ou porter préjudice à l'entier développement de son produit.

J'aimerais, messieurs, à énoncer tous les corollaires qui découlent de cette étude, à indiquer, du moins, ses applications dans l'ordre moral et dans l'ordre social. Mais le temps me presse et je n'esquisserai qu'un seul point.

Le rôle si radicalement différent dévolu à l'homme et à la femme pour l'acte reproducteur est, dans notre état de civilisation avancée, une source de malentendus féconds en douleurs, en froissements, en dissensions. La femme, qui ne juge que par le sentiment, et ne juge que d'après ses sentiments à elle, ne peut comprendre que l'homme fasse, de l'assouvissement de ses désirs charnels, la fin obligatoire de l'amour. Encore moins comprend-elle qu'il y ait dans l'amour de l'homme deux parts, et que souvent l'une, rebelle à son ancien stimulant, ne s'éveille plus qu'au contact d'un objet incapable, indigne d'éveiller l'autre. Or, ce que la femme ne comprend pas, elle ne saurait l'admettre : aussi, appréciant à la mesure de sa vertu, physiologiquement si facile, les impulsions ainsi que les actes de son congénère, est-elle sans pitié contre les entraînements physiques les plus passagers, auxquels elle fait l'honneur de donner le nom d'*infidélités*.

L'homme, de son côté, dans sa sphère, se montre aussi injuste qu'aveugle. Il ne comprend point, lui, qu'un cœur fait pour goûter les bonheurs, pour remplir les devoirs de mère, a dû être créé fort peu accessible à d'autres plaisirs. Trouvant sa conjointe au-dessous du niveau de ses propres transports, il s'en offense et l'accuse d'indifférence, sinon d'antipathie ou d'aversion. De là à porter ailleurs ses hommages, de là à préférer celles qui ont appris à feindre ce qu'une honnête femme, bien souvent, s'étudie à cacher, il n'y a pas loin. Situation vraiment déplorable, où, faute d'une notion exacte du rôle de chaque sexe et des attributs propres à ce rôle, l'on se renvoie mutuellement les soupçons les plus extravagants, les inculpations les plus humiliantes. Et comment en serait-il autrement, et sur quelle base espérer une entente quand le même acte que l'un des sexes regarde comme la seule preuve du véritable amour, passe, aux yeux de l'autre, pour un complément superflu, sinon pour une souillure de ce sentiment ?

Il n'était pas inutile, vous le voyez, messieurs, d'invoquer les secours précieux, de faire appel à l'arbitrage impartial de la physiologie ; car, ici, la question sociale égale au moins en importance la question scientifique. Je ne m'aveugle pas néanmoins sur le mérite de la solution que je propose : aussi, sans conserver d'illusion sur le sort réservé, en pareille matière, à quiconque prend l'office de médiateur, me déclare-je d'avance pleinement récompensé de mes efforts si j'ai pu remplir seulement l'une des deux intentions qui m'ont dicté ce travail : faire la lumière dans les esprits et la paix dans les ménages !

A propos de la communication de M. Diday, M. le Dr H. Blanc appelle l'attention de la section sur deux faits en désaccord avec l'opinion généralement adoptée sur le siége des sensations voluptueuses chez la femme.

Chez les Sommalis (peuplade habitant le littoral africain de la mer Rouge), on a l'habitude de couper immédiatement après la naissance les petite lèvres, puis de les réunir ensemble par première intention, ce qui constitue un hymen qui n'est rompu qu'au moment du mariage.

Chez les Abyssins, on pratique sur les enfants du sexe féminin une circoncision particulière qui consiste à enlever le clitoris.

Or, les femmes sommalites sont très-froides et ont une insensibilité génésique a peu près complète. Les Abyssiniennes, au contraire, sont réputées pour leur ardeur aux plaisirs de l'amour.

Ces faits tendraient à prouver que les sensations voluptueuses ont leur siége, non pas dans le clitoris, mais dans les petites lèvres.

Dr E. LEUDET

Directeur de l'École de médecine de Rouen, professeur de clinique médicale
membre correspondant de l'Académie de médecine

L'UTILITÉ DE LA PHYSIOLOGIE PATHOLOGIQUE DÉMONTRÉE PAR L'ÉTUDE DE LA NÉVRALGIE SCIATIQUE

— *Séance du 22 août 1873.* —

L'anatomie et la physiologie fournissent à la médecine sa base essentielle ; la structure, les fonctions des organes, l'étude des manifestations de la vie dans l'état de santé ; ces mêmes manifestations dans l'état de maladie, constituent deux sciences qui se complètent mutuellement et dont la connaissance est indispensable pour éclairer l'art de guérir. Ces deux sciences sont la physiologie normale et la physiologie pathologique. Ces deux sciences connexes ont cependant une individualité propre, le fonctionnement de nos organes dans l'état de maladie n'est pas une simple perversion, un trouble du jeu régulier des organes dans l'état de santé ; la maladie a un développement qui lui est propre et souvent les lois de la physiologie pathologique ne peuvent être prévues d'une manière certaine, d'après celles de la physiologie normale.

Les savants de notre époque, ont tous assigné une part toute spéciale à la physiologie pathologique, et l'un de nos recueils périodiques les plus récents, celui de MM. Brown-Séquard, Charcot et Vulpian, est consacré à ces deux branches des sciences naturelles, la physiologie normale et morbide.

La physiologie pathologique, écrivait Virchow il y a plus de vingt-cinq ans, trouve les problèmes qu'elle doit résoudre en partie dans l'anatomie pathologique, en partie dans la médecine pratique ; elle puise la réponse à ces problèmes dans l'observation au lit du malade, elle est donc une partie de la clinique, elle les puise dans l'expérimentation qui en est la raison la plus péremptoire, en montrant d'une manière manifeste le rapport de cause à effet.

Tous les problèmes de la physiologie pathologique ne se prêtent pas également à cette double solution ; parmi les phénomènes morbides, quelques-uns s'accommodent mal de l'étude et du contrôle par l'expérimentation, ce sont surtout ceux qui concernent les sensations, principalement celles qui doivent être interprétées par le jugement. L'expérience sur les animaux nous apprend si un nerf est sensitif ou moteur, mais elle est incapable de nous dire si la douleur perçue au moment du contact ou du traumatisme est locale ou propagée, surtout si cette propagation s'opère dans un sens ou dans l'autre, enfin elle est muette sur une foule de ces manières d'être de la sensibilité, phénomènes si variés que nous apprécions si bien, parce que nous les éprouvons.

Un grand nombre de notions que la physiologie nous fournit sur les fonctions sensitives des nerfs, provient d'expériences diverses sur l'homme ; ces expériences sont empruntées à la chirurgie et à la médecine, tels sont les effets des sections, des compressions, etc., sur les nerfs.

Ce genre d'expérimentation n'est pas à notre disposition ; nous ne pouvons reproduire plusieurs fois le même phénomène, varier les conditions d'expérimentation sur l'homme, comme nous le pratiquons si souvent dans les expériences où l'intervention du jugement et de l'intelligence n'est pas indispensable pour apprécier les phénomènes.

Ce *desideratum* est probablement une des raisons qui laisse encore tant de lacunes dans l'histoire des névralgies. Cet ordre de maladies, qu'on croyait encore, il y a quarante ans, si exactement déterminées, nous montre aujourd'hui tant d'obscurités, qu'on ose à peine s'en occuper. Cependant cette étude ne me paraît pas inutile ; mon but principal est donc, en insistant sur les lacunes de ce grand chapitre de la nosographie, d'indiquer quelques points qui me paraissent démontrer que les sensations morbides dans les nerfs sont loin de suivre constamment des lois fixes et invariables, qu'on avait empruntées à un certain nombre d'expériences sur les animaux.

La clinique nous a fait connaître un certain nombre de circonstances prédisposantes aux névralgies. Ces conditions, comme le nervosisme, l'hystérie, peuvent être congéniales ; elles semblent, au premier abord, des troubles essentiels que l'expérimentation ne pourra jamais reproduire. Les expériences de M. Brown-Séquard ont permis d'espérer que cet arrêt d'ignorance de l'ancienne école n'était peut-être pas sans appel. J'ai à peine besoin de rappeler la transmission aux descendants de l'épilepsie, produite chez les ascendants à la suite d'une section d'une partie de la moelle. Cette disposition paraît donc une hérédité par suite d'une imperfection de développement de l'organe ; nous espérons qu'elle n'est pas la seule. Ici, comme dans beaucoup de points des études sur le système nerveux, on se heurte à une difficulté ; l'anatomie pathologique n'a pas déterminé d'altération d'organes, il faut ajouter que ces lésions siégent dans les tissus que nous connaissons encore très-imparfaitement ou dont les connaissances très-limitées ne nous sont acquises que depuis peu.

Cette expérience de Brown-Séquard fait donc supposer que la physiologie pathologique est capable de nous éclairer, même dans les cas où l'anatomie pathologique est muette.

La même vérité est encore démontrée par les expériences sur les résultats des pertes de sang, propres à déterminer des troubles du système nerveux. La clinique prouve encore que le sang devient, dans beaucoup de cas, l'intermédiaire entre la cause productrice, l'agent excitateur et les troubles nerveux. Qu'il soit primitivement ou secondairement atteint, le sang est affecté dans une foule d'états morbides qui provoquent des troubles locaux des nerfs, il l'est dans l'anémie dite primitive ou consécutive, dans la goutte, dans l'empoisonnement saturnin, dans l'empoisonnement par le gaz qui se dégage du charbon en combustion.

Je ne passerai pas en revue les causes générales qui provoquent les névralgies, je tiens uniquement à démontrer qu'un certain nombre d'entre elles peuvent agir par l'intermédiaire du sang. Le système nerveux lui-même est atteint dans beaucoup de ces cas d'une manière directe, j'ai à peine besoin de rappeler la présence du plomb en nature dans le système nerveux central, de l'alcool dans la même substance.

Ce que l'on oublie trop fréquemment, c'est que, sous des influences qui nous sont encore inconnues, les circulations capillaires locales éprouvent des perturbations graves ; qu'il en résulte des congestions, des anémies locales, perturbations parfois momentanées, d'autrefois prolongées et suceptibles de devenir l'origine d'une altération de structure, dont les caractères sont reconnaissables après la mort.

Parmi les causes qui précèdent, quelques-unes semblent susceptibles de déterminer ces irritations, ces perversions du système capillaire vasomoteur. J'ai prouvé dans un autre travail (Recherches sur les troubles vasomoteurs, consécutifs à l'asphyxie par la vapeur de charbon. *Archives gén. de méd.*) que cette intoxication pouvait provoquer chez l'homme des lésions de ce genre. Le miasme paludéen, dont l'action générale est si manifeste chez l'homme pour donner lieu aux névralgies, donne lieu également à des congestions locales.

Dans cette étude pathogénique, on ne peut isoler l'action de la cause productrice sur le système nerveux périphérique, de celle qui agit sur le système nerveux central. L'observation sur l'homme malade nous prouve cependant que ces perturbations peuvent être l'effet d'un dérangement d'organes peu considérable, puisqu'elles disparaissent parfois spontanément, comme dans quelques cas d'empoisonnement par la vapeur du charbon en combustion, d'autres fois, après l'emploi du sulfate de quinine, comme dans quelques névralgies de cause paludéenne.

« Les névralgies, disent MM. Onimus et Legros, sont dues, la plupart du temps, à une stase du sang dans les capillaires du système nerveux. » (*Traité d'électricité médicale*, p. 296. 1872). Ces quelques mots formulent nettement l'opinion que je viens d'exposer et qui résulte de faits cliniques. Malheureusement, nous ne possédons pas encore l'explication des lésions qui régissent la perturbation de ces circulations locales. Nous en connaissons uniquement quelques-unes, comme l'indiquent des expériences de Claude Bernard, surtout pour la circulation des glandes.

Dans mon travail sur les troubles nerveux vasomoteurs consécutifs aux maladies chroniques (*Archives gén. de méd.*), j'ai présenté quelques observations de malades atteints de douleurs périphériques dans les membres, douleurs sur le trajet des nerfs et consécutifs à des altérations du réseau capillaire dans la pie-mère médullaire.

L'examen du malade le démontre manifestement, dans quelques cas de névralgies et surtout dans les névralgies sciatiques, que je prends pour point de départ de mes recherches, le symptôme douleur est fugace, mobile, variable dans ses caractères.

Ces douleurs de la sciatique montrent, de l'aveu d'un certain nombre de pathologistes, que les lois de la sensibilité morbide ne sont pas absolument celles de la sensibilité à l'état sain. Axenfeld (*Path. méd.* de Requin, t. IV, p. 170. 1863) s'exprime ainsi à cet égard : « Tout en permettant, le plus souvent par leur topographie, de reconnaître les nerfs affectés, les douleurs s'y propageant tout autrement qu'on ne supposerait d'après les lois connues de la sensibilité ! » Hasse (*Virchow's handbder Pathologie*, t. V, p. 22. 1855) est encore plus explicite à cet égard. « Ce qu'il y a de plus frappant, dit-il, dans ces caractères de la névralgie, c'est que la sensation perçue n'est pas seulement rapportée à la périphérie du nerf, mais aussi au milieu de son trajet; par conséquent, il est survenu dans ce nerf une altération qui le soustrait à la loi de la conductibilité excentrique. »

Je dois tout d'abord faire une réserve à propos de cette loi de la perception excentrique des sensations douloureuses dans les névralgies. Elle a été indiquée par Jean Muller et formulée surtout par Romberg. Ce dernier donne du reste une acception spéciale à ce qu'il nomme nerf périphérique. « Le nerf est dit périphérique, écrit-il, depuis l'endroit où il sort de l'organe central jusqu'à la limite la plus extrême de son parcours. » En comprenant de cette façon le nerf périphérique, on nommera périphérique cette douleur siégeant sur le nerf sciatique, au niveau de l'échancrure ischiatique, et ce qui prouve que telle est bien l'acception du pathologiste de Berlin, c'est qu'en traitant de la névralgie sciatique, il signale tout particulièrement la délimitation de la douleur, qui s'arrête au creux poplité, sa rareté dans les nerfs plantaires.

Cette douleur du nerf sciatique, de l'aveu de tous les pathologistes, peut être directe, c'est-à-dire sentie au niveau de l'endroit où siége l'irritation, d'autres fois, elle est excentrique, c'est-à-dire qu'elle dépend d'une excitation de l'organe nerveux central ou d'une portion quelconque du trajet d'un nerf, alors elle est perçue sous forme d'une sensation douloureuse dans les terminaisons périphériques d'un nerf. D'autres fois, elle est irradiée ou bien réflexe.

L'étude du malade nous fournit des arguments en faveur de la lésion locale du nerf; Lasègue a insisté sur les deux formes de névralgies sciatiques; dans l'une, les douleurs sont fugaces, reviennent par accès et laissent, dans leur intervalle, peu ou point d'endolorisation du nerf. Dans l'autre forme, la plus prolongée et la plus persistante, cette douleur persistant entre les crises névralgiques est très-marquée : c'est la variété qui résiste le plus aux modificateurs thérapeutiques. J'ai étudié avec soin un nombre assez considérable de malades atteints de sciatique et constaté l'extrême variété des douleurs spontanées et provoquées. Dans la forme légère, j'ai constaté la localisation limitée de la douleur, sans pouvoir vérifier l'exactitude de ces foyers douloureux, si invariablement localisés par Valleix. J'ai vu les points douloureux se déplacer, c'était tantôt le plus excentrique qui disparaissait le premier, tantôt c'est le plus rapproché du centre. L'expérimentation thérapeutique indique, elle aussi, la localisation de l'irritation du nerf sur une partie de son trajet, je rappellerai la méthode hyposthénisante des névralgies indiquée par Becquerel, au moyen des courants électriques induits. Cette méthode, qui consiste, comme le disent MM. Onimus et Legros, dans l'emploi des courants induits très-forts et à intermittences très-rapides, diminue, au bout de quelque temps, l'excitabilité du nerf ainsi électrisé, et par conséquent fait disparaître la douleur. La méthode de

M. Duchenne de Boulogne consiste dans l'électrisation cutanée. Suivant Onimus et Legros, ces deux méthodes agissent surtout en modifiant les circulations dans les capillaires du nerf. A ce titre, ces deux méthodes peuvent être rapprochées de celle des antiphlogistiques locaux qui donne de bons résultats, surtout dans les sciatiques récentes et de celle des révulsifs par les vésicatoires qui, depuis Cotugno, peut revendiquer des succès incontestables. Ici se rangeraient encore les cautérisations avec le fer rouge, les moxas, la cautérisation au moyen de l'acide sulfurique de Legroux, etc.

L'action avantageuse des courants induits est encore une preuve de cette localisation de la maladie sur un point de la périphérie du nerf.

L'excitation douloureuse du nerf sciatique peut-elle, tout en demeurant locale, donner lieu à des lésions permanentes ? Cela paraît probable aujourd'hui. « Dans les névralgies anciennes ou consécutives à des névrites, il y a toujours une lésion organique, plus ou moins marquée, » écrivent MM. Onimus et Legros (*loc. cit.*, p. 309). En général, on constate l'injection des vaisseaux qui se trouvent dans le névrilème ou dans les interstices des fibres nerveuses. Dans quelques cas et surtout à la suite des névrites, il y a un fort épaississement du névrilème et une atrophie des fibres nerveuses. » Cette opinion de ces deux auteurs est-elle parfaitement exacte ? Je n'oserais l'affirmer. Dans un certain nombre de cas, on n'a découvert aucune altération dans des nerfs atteints d'anciennes névralgies. Ainsi, M. Gubler (*Actes de la Société médicale des hôpit. de Paris*, fasc. V, p. 261. 1860), a constaté, comme M. Ch. Robin, une absence complète de lésion du nerf sciatique, chez un homme affecté d'une ancienne névralgie sciatique, avec atrophie d'un membre. Les faits négatifs identiques au précédent, ne sont pas rares dans la science. J'ai moi-même observé un cas intéressant d'une ancienne névralgie sciatique, sans atrophie du membre, avec altération du nerf. Ce fait clinique me semble d'autant plus intéressant que les symptômes douloureux n'étaient pas continus, et que le malade était en outre atteint d'une lésion grave de l'appareil circulatoire, qui provoqua la mort.

Obs. I. — *Névralgie sciatique droite. Emphysème pulmonaire, dégénérescence graisseuse du cœur. Mort. Autopsie. Augmentation de volume et congestion du nerf sciatique du côté de la névralgie.*

Anton Victor, âgé de quarante-huit ans, brossier, entre le 21 décembre 1871 à l'Hôtel-Dieu de Rouen, salle XIX, nº 9.

D'une bonne santé antérieure, A... n'a jamais eu de rhumatismes articulaires ; il a servi onze ans, dont cinq ans dans les chasseurs d'Afrique. En 1856, à la fin d'une expédition en Kabylie, A... eut dans le jarret droit des douleurs ayant une grande analogie avec celles qu'il éprouve actuellement. Ces douleurs occupaient surtout la fesse et le jarret droits, elles ne s'étendaient pas dans le mollet ou les malléoles. Des ventouses scarifiées, appliquées aux endroits douloureux, amenèrent la guérison en dix ou douze jours. Depuis cinq ou six ans, accès de dyspnée considérables; il y a deux ans, œdème des membres avec alternatives d'augmentation et de rémission ; il n'y a eu aucun œdème cette année.

Le 4 décembre 1871, A... fut atteint tout à coup, sans aucune cause connue, d'une douleur dans la région lombaire, sorte d'élancement transversal, sans aucune extension aux membres inférieurs. Cette douleur força A... de se mettre au lit avant l'heure habituelle ; le lendemain matin, la douleur étendue au membre inférieur droit avait ses points maximum dans la fesse, le genou et la malléole externe. Depuis lors, aucun changement dans le siége et la nature de la douleur. Bien avant le 4 décembre, depuis plusieurs mois au moins A... éprouvait, quand il ployait fortement la jambe droite sur la cuisse, une crampe dans le haut du jarret, et une sorte d'engourdissement dans toute la jambe.

Au moment de l'admission à l'hôpital, je constate une dyspnée marquée; voussure antérieure de la poitrine ; sonorité exagérée, respiration partout faible, mêlée de râles sonores et sous-crépitants aux deux bases. Bruits du cœur sourds, avec quelques inégalités. Douleur spontanée et à la pression à la partie supérieure du sacrum, sur le côté droit des épines ; douleur très-vive, spontanée et provoquée par la pression, au niveau de l'échancrure sciatique droite, au haut du creux poplité, au bas de ce même creux, à l'échancrure médiane supérieure des gastrocnémiens, en avant et au-dessus de la malléole externe droite. Aucune douleur sur la face dorsale du pied ; les mouvements des orteils provoquent une sensation d'engourdissement ; aucune douleur dans le repos. Toute la partie antérieure et externe de la jambe droite est sensible à la pression ; cette douleur descend jusqu'au-dessus de la malléole externe. A... accuse par moment un sentiment spontané d'engourdissement dans la jambe ; analgésie très-marquée de la peau, et un peu d'anesthésie sur tout le trajet du sciatique à la cuisse et du nerf poplité externe. Au moment de l'entrée, le foyer de douleur spontanée la plus intense est en dedans et au-dessus de la malléole externe. Jamais le malade n'a éprouvé d'élancements propagés dans le membre centrifuges ou centripètes. Ces douleurs sont assez vives pour empêcher le sommeil. La marche avec claudication de la jambe droite est possible, mais se fait avec une grande lenteur. Aucune atrophie des muscles de la jambe. (Trois vésicatoires volants : l'un à l'échancrure sciatique, l'autre au haut du creux poplité et le troisième en avant et en dedans de la malléole externe droite ; six pilules de térébenthine et de magnésie de 15 centigrammes chaque.)

26 décembre.— Dyspnée croissante, râles plus nombreux dans la poitrine. (On cesse les pilules de térébenthine ; on donne un julep avec huit gouttes de liqueur de Fowler et deux pilules de Méglin de 2 décigrammes chaque.)

28-31 décembre. — Les trois vésicatoires de la jambe droite sont un peu enflammés ; leur surface, recouverte d'un peu de couche plastique ; la douleur spontanée n'est point sentie au jarret ou à l'échancrure sciatique ; elle existe encore à la malléole externe.

2 janvier 1872. — Mort à deux heures du matin à la suite d'une augmentation graduelle de la dyspnée et de l'engouement de la base des deux poumons.

Examen du cadavre le 3 janvier 1872. Temps tiède et assez sec. Aucun œdème des membres inférieurs.

Crâne et dure-mère sains. La pie-mère présentait un développement anormal considérable des corpuscules de Pacchioni, avec un peu d'épaississement de la pie-mère, par places, surtout à la convexité. Quelques-unes de ces plaques présentent quelques grains ossiformes. La substance du cerveau partout saine : aucune trace d'altération de consistance ; ventricules normaux. Pas de plaques athérômatheuses dans les tuniques des artères de la base du crâne.

Péricarde sain ; le cœur, d'un tiers plus volumineux que dans l'état normal, présentait une surcharge graisseuse considérable du ventricule droit, en avant principalement. Pâleur de la substance des deux ventricules, avec un peu de ramollissement.

Les deux poumons libres d'adhérences ne présentaient que de nombreuses bulles d'emphysème, surtout en avant ; aucune pneumonie.

Pas d'épanchement dans le péritoine ; aucun dépôt tuberculeux.

Estomac sain.

Foie un peu volumineux, lésion muscade.

Rate saine.

Reins un peu congestionnés.

Les deux nerfs sciatiques, examinés depuis l'échancrure sciatique jusqu'aux extrémités de la branche poplitée et saphène externe, offraient un aspect tellement différent que deux de mes collègues de l'Hôtel-Dieu, MM. Dumenil et Tinel, ont reconnu, comme moi, quel était le nerf malade. Dans toute l'étendue de la lésion, le nerf sciatique du côté droit était notablement plus volumineux comme le montrent les mensurations suivantes :

ÉPAISSEUR DES NERFS SCIATIQUES

	NERF DROIT	NERF GAUCHE
A l'échancrure sciatique.	0m 011	0m 009
Au milieu de la cuisse.	0m 012	0m 0105
Poplité interne	0m 006	0m 005
Poplité externe (tête du péroné)	0m 009	0m 006

Ces mensurations prouvent, ce que l'examen approximatif permettait déjà de démontrer, une augmentation considérable du volume du nerf sciatique droit. Ce nerf présentait en outre une accumulation plus grande de substance grasse entre ses fibrilles et une épaisseur anormale de son névrilème. Les tubes nerveux ne paraissaient pas altérés.

Cette observation, comme presque toutes celles qui sont contenues dans la science, présente une lacune regrettable, c'est l'absence d'examen de la moelle épinière, que le temps ne m'a pas permis de faire.

Comme le prouve l'histoire de ce malade, le nerf sciatique était malade dans une grande étendue et néanmoins les douleurs n'étaient perçues que dans quelques points très-localisés. C'est une preuve manifeste de cette possibilité de la perception douloureuse dans quelques points isolés.

Cette délimitation de la douleur dans un nerf sciatique peut être beaucoup plus exacte encore ; chez une malade où une tumeur d'un ovaire comprimait un des nerfs sciatiques, sur les côtés du bassin, la douleur offrit deux siéges très-limités, l'un à la fesse, l'autre sur un bord du pied. Ces douleurs furent longtemps isolées, et enfin, peu à peu, j'ai assisté à la propagation de la perversion de sensibilité du nerf qui, peu de temps avant la mort, présentait des troubles dans toute son étendue, depuis la fesse jusqu'aux orteils, sans occuper néanmoins toutes les branches du nerf.

Obs. II. — *Cancer de l'utérus et de l'ovaire gauche. Compression du nerf sciatique gauche dans le bassin, provoquant une perte de sensibilité à la fesse gauche et du bord externe du pied, avec foyers de douleurs dans ces deux points. Gangrène sèche de la peau, sur le trajet du nerf plantaire externe gauche. Extension de l'anesthésie à la partie postérieure de la jambe et au trajet fémoral du nerf sciatique avec augmentation des douleurs. Guérison des eschares. Mort.*

Bréval Eugénie, âgée de quarante-huit ans, lingère, entre le 29 septembre 1871 à l'Hôtel-Dieu, salle II, n° 11. D'une taille moyenne et muscles bien développés, elle contracta, en 1854, des ulcérations aux organes génitaux et un écoulement. Vers 1861, écoulement purulent du nez et quelque temps après cette rhinorrhée, affaissement graduellement progressif des os nasaux. B... a eu six enfants, dont un seul est vivant actuellement ; les autres, morts jeunes n'auraient présenté aucun signe de syphilis congéniale ni éruption cutanée, ni aucun autre signe d'infection constitutionnelle. B... a toujours eu des menstrues abondantes.

Vers le mois de novembre 1870, B... fut atteinte d'une métrorrhagie abondante durant une semaine ; douleur sacrée simultanée. Vers la même époque, B..., qui ne se rappelle avoir eu antérieurement que deux attaques de nerfs à la suite d'une contrariété violente, commença à éprouver des bourdonnements d'oreilles, souffle et sensation de vertiges telles qu'elle était obligée de s'asseoir sur une borne. Cet état vertigineux durait douze à quinze minutes et disparaissait ensuite sans laisser aucune trace. Peu de temps après cette métrorrhagie, B... éprouva d'une manière presque continue des douleurs dilacérantes dans le crâne et la nuque ; pendant la durée de ces douleurs de tête apparurent des crises syncopales telles que les assistants croyaient à une mort imminente. La perte de connaissance absolue s'accompagnait d'une sorte de cyanose avec refroidissement des extrémités et était suivie de délire. Vers la même époque, c'est-à-dire vers le *mois d'avril* 1871, affaiblissement égal des deux yeux, au point de distinguer très-incomplétement les traits des assistants ; elle peut néanmoins écrire.

Au milieu de septembre 1871, augmentation considérable des douleurs sacrées inguinales, et, dans les fesses; miction difficile, envies d'uriner incessantes, peu d'appétit, régurgitations et vomissements aqueux, fréquents depuis la fin d'août 1871. Vers la même époque, B... a remarqué un affaiblissement considérable des jambes, au point de se tenir difficilement debout et de marcher avec une grande difficulté ; quand la malade occupe la position horizontale, elle est incapable de soulever les membres inférieurs au-dessus du plan du lit. Sensation d'engourdissement au niveau de la malléole externe gauche et dans tout le bord externe du pied gauche, jusque dans le cinquième orteil ; un peu d'engourdissement dans la fesse.

Au moment de l'admission de B... à l'Hôtel-Dieu de Rouen, je constate en outre l'affaiblissement des deux membres inférieurs, indiqué plus haut, une intégrité complète dans la sensibilité tactile au pincement et au toucher ; destruction du col de l'utérus, transformation en un amas de végétations molles ; le liquide est sanieux et à odeur caractéristique du cancer ; constipation intense ; l'absence de selles dure quelquefois pendant six semaines ; rétention d'urine. Le cathétérisme donne issue à un litre d'urine. La malade accuse une soif marquée. (Trois cuillerées de vin de rhubarbe gommé ; eau de Seltz, sirop de groseilles ; vin de quinquina ; une portion, deux vins.)

Le 7 octobre au soir et le 8 à la visite du matin, crise cataleptique avec cyanose et apparence de mort imminente ; le début de la crise est brusque, sans cri, la face cyanosée, les globes oculaires convulsés en haut. Pas d'écume buccale, immobilité absolue. Cette crise a une durée d'une heure environ et est remplacée par du coma sans stertor. Des crises épileptiformes semblables se reproduisent les 17 et 19 octobre et présentent les mêmes caractères. Pendant tout le mois d'octobre 1871, persistance au même état ; douleurs sacrées et lombaires, la rétention d'urine cesse et fait place à un écoulement continuel d'urine par le vagin. Même affaiblissement des deux jambes surtout marqué dans la gauche. Constipation. (Poudre de rhubarbe, 1 gramme ; julep avec iodure de potassium, 1 gramme.)

Pendant le mois de novembre 1871, état stationnaire. Diminution de la névralgie ; pas de reproduction des crises épileptiformes ; aucun changement dans les douleurs sacrées. Même état de l'utérus et du vagin. Écoulement continu d'urine par le vagin. (Même traitement.) Vers la fin de ce mois, B... assure avoir remarqué une petite ulcération de la peau du talon gauche ; la faiblesse des deux jambes est toujours la même et B... ne quitte pas son lit.

Le 6 décembre 1871, je constate l'existence de trois plaques de sphacèle sec, au niveau du pied, à la plante ; ces plaques gangréneuses, d'une grandeur à peu près égale, de la dimension d'une pièce d'un franc, légèrement oblongues, sont placées sur le bord externe de la plante du pied gauche, la postérieure occupe le talon, l'antérieure existe au-dessous de la cinquième articulation métatarso-phalangienne. Ces eschares sont d'un gris noirâtre, sèches, avec une légère rougeur périphérique de la peau. Anesthésie de tout le tiers externe de la plante du pied gauche; cette anesthésie existe sur le tarse, jusqu'au coup de pied, dans une largeur égale. La sensibilité est conservée dans tout le reste du pied. Dans toute cette étendue, B... éprouve constamment une sensation d'engourdissement. Chatouillement de la plante du pied douloureux. Engourdissement de la fesse gauche avec anesthésie de la peau de toute la moitié inférieure de la fesse, s'étendant jusque vers le sacrum et l'anus. Le point le plus anesthésique est le voisinage de la grande échancrure sciatique. Aucune anesthésie de la cuisse et de la jambe gauche; la malléole externe est seule anesthésique et constitue le point le plus élevé et extrême de la bande anesthésique décrite au bord externe du pied gauche. Aucune eschare au niveau de la fesse ou du sacrum, une érosion superficielle de peu d'étendue existe dans la partie supérieure du pli fessier. La sensibilité cutanée est parfaite et intacte dans tous les points intermédiaires à la cuisse et à la jambe. Douleurs lancinantes survenant par crises dans la fesse et le bord gauche du pied, mais ne s'étendant jamais soit dans une direction ascendante ou descendante. Aucune anesthésie semblable sur le côté droit au tronc ou aux membres. Les douleurs sacrées ou abdominales sont toujours très-vives. Décubitus constant sur le côté droit; B... assure que déjà, depuis plusieurs semaines, le décubitus sur le côté gauche lui est impossible, à cause des crises de douleur que cette position provoque dans la fesse; elle affirme n'avoir eu aucune brûlure du pied et user rarement de boules d'eau chaude. Aucune douleur crânienne ou rachidienne ou à la base de la poitrine. Pas de soubresauts dans les membres inférieurs ou supérieurs. L'urine extraite de la vessie au moyen de la sonde ne contient ni albumine, ni glycose. (Pansement des eschares à la ouate; iodure de potassium, 1 gr. 50 en solution à l'intérieur.)

Le 12 décembre l'eschare de la base et du bord gauche du talon se détache et laisse une plaie en voie de cicatrisation; bourgeons charnus saillants; cette surface bourgeonnante ne provoque aucune douleur; insensibilité absolue de cette surface à la piqûre avec une épingle; les autres eschares se rétrécissent et se plissent, sans se détacher. Même état des douleurs à la fesse et au pied; mêmes limites de l'anesthésie dans ces deux points. Affaiblissement marqué des mouvements du pied gauche, les mouvements des orteils sont presque impossibles. Les douleurs sacrées et anales sont très-vives et arrachent des cris à la malade.

Vers la fin du mois de décembre 1871, B... éprouve une recrudescence de céphalée et de vertiges.

Pendant le mois de janvier 1872, état presque stationnaire; persistance de l'engourdissement permanent et des douleurs par crises dans la fesse gauche et le bord externe du pied gauche jusqu'à la malléole externe gauche. Même anesthésie de la fesse, la perte de sensibilité cutanée à la piqûre semble, certains jours, un peu moins absolue au bord externe du pied gauche. L'eschare de la partie moyenne du bord externe de la plante du pied s'est détachée ; la peau sous-jacente est cicatrisée et rose. Métrorrhagie assez abondante avec caillots, commençant le 22 janvier à onze heures du matin et terminée le 23 au matin ; pendant la durée de cette hémorrhagie, la malade éprouve des défaillances, des troubles de la vue et une sensation de mort imminente. Cet état disparaît après la métrorrhagie ; le 24 janvier l'anesthésie du bord externe du pied gauche semblait moindre, l'engourdissement moins marqué ; B... aurait pu imprimer quelques mouvements peu étendus à ses orteils.

Le 31 janvier, l'anesthésie cutanée s'étend à toute la partie postérieure et médiane de la jambe, le long du nerf tibial postérieur et à la cuisse à toute l'étendue du nerf sciatique. Cette bande anesthésique a environ la largeur de deux doigts ; dans tout le reste de la circonférence de la cuisse et de la jambe, la sensibilité de la peau au contact, au pincement et à la piqûre, est normale. Extension des crises de douleurs lancinantes sur toute l'étendue des points anesthésiques, au bord externe du pied, à la partie postérieure de la jambe, de la cuisse et à la fesse. Cette douleur est parfois lancinante, d'autres fois comparable à un fourmillement très-pénible ; les 1er et 2 février, ces douleurs irradiées sont centrifuges, parfois même centripètes, suivies de soubresauts du membre et de rétractions saccadées, et ont, dit la malade, heureusement peu de durée, tant elles sont pénibles. Les douleurs deviennent plus étendues et plus générales dans la jambe et la cuisse vers la fin de février. Les limites de l'anesthésie sont sans variations. La troisième eschare se détache en partie.

Dans le mois de mars 1872, adynamie progressive ; œdème de la face et des deux pieds ; stomatite ulcéreuse et crémeuse ; dégoût des aliments ; diminution des douleurs dans le pied et la jambe gauche ; les douleurs conservent la même intensité dans la fesse gauche et la partie supérieure et postérieure de la cuisse. Même engourdissement de ces parties ; aucune modification dans l'étendue de l'anesthésie au membre inférieur gauche. La sensibilité cutanée est restée normale dans le membre inférieur droit.

Adynamie croissante du 28 au 30 mars ; connaissance incomplète ; mort le 30 mars 1872 à 6 heures du matin.

Examen du cadavre le 31 mars 1872 à neuf heures du matin. Aucune altération cadavérique.

Téguments du crâne sains. La voûte crânienne était épaisse, sans aucune atrophie partielle. Aucune altération des enveloppes du cerveau ; la pie-mère s'enlève sans entraîner aucun fragment de la pulpe cérébrale ; celle-ci est ferme, partout saine. Les ventricules latéraux, assez larges, contiennent une quantité de sérosité claire, plus grande que dans l'état normal. La membrane interne des deux ventricules latéraux est granulée, inégale et parsemée de petits grains fibrineux, qui font corps avec cette membrane. Les plexus choroïdes sont peu vasculaires et adhèrent dans toute leur étendue à la substance cérébrale. Aucune altération du corps strié de la couche optique de chaque côté. Aucune altération de la membrane interne des troisième et quatrième ventricules.

Les deux feuillets de la plèvre gauche adhéraient ensemble dans la moitié supérieure de la cavité thoracique au moyen de liens celluleux anciens. La surface du poumon gauche, d'une couleur bleuâtre, présentait des vésicules emphysémateuses, principalement au bord tranchant des lobes. Dans les deux lobes du poumon gauche on trouvait cinq cavités rondes à parois denses, sans aucune induration périphérique, se continuant avec les bronches. La paroi interne de ces cavités était tapissée par une matière d'un gris noirâtre. Dans le voisinage, on trouvait d'autres bronches dilatées. Aucun dépôt morbide ou épaississement du parenchyme pulmonaire, offrant quelque analogie avec du cancer ou du tubercule.

Le poumon droit, libre d'adhérences, présentait un léger épaississement avec friabilité du parenchyme du poumon, en arrière du lobe inférieur. Aucun dépôt morbide dans le parenchyme du poumon.

Pas d'épanchement ou de plaques laiteuses du péricarde. Le cœur, d'un volume normal, était recouvert d'une couche épaisse de graisse, qui ne laissait à découvert qu'une très-petite partie du milieu du ventricule droit, environ grande comme une pièce de vingt centimes. La substance musculaire sous-jacente était elle-même un peu jaunâtre. Aucune altération de l'endocarde ventriculaire, auriculaire ou valvulaire. Les cavités du cœur ne contenaient pas de caillots.

Épanchement dans la cavité péritonéale d'une petite quantité de pus crémeux plastique, réuni principalement entre les bords juxtaposés des circonvolutions intestinales ; développement abondant des réseaux vasculaires sous-séreux.

Tube digestif sain au dehors. Aucune altération de la muqueuse de l'estomac, qui était ramollie cadavériquement ; aucune altération du rectum, qui était un peu aplati mais n'offrait aucune ulcération ou dépôt interstitiel de la muqueuse.

Foie d'un volume un peu au-dessus de l'état normal, d'une couleur jaune pâle ; la couleur du tissu de l'intérieur du foie est la même ; aucun dépôt de substance cancéreuse ou autre. Intégrité absolue des voies biliaires.

Rate petite, saine.

Les deux uretères étaient comprimés par suite des adhérences nombreuses médiocrement fermes qui tenaient toute la partie postérieure de la vessie au contact de l'utérus.

Le rein gauche était plus volumineux que dans l'état normal ; sa surface irrégulière adhérait à la capsule fibreuse d'enveloppe. Dilatation considérable du bassinet et des calices. Épaississement de membranes de ces cavités, sans dépôt morbide à leur surface. La substance corticale était ferme, d'un blanc jaunâtre, infiltrée de matière plastique avec plusieurs petites cavités du volume d'une tête d'épingle contenant du pus jaune. La substance tubuleuse, par suite des infiltrations de la même matière plastique, présentait des tubes peu distincts, avec dépôt par places d'un peu de matière jaune.

Le rein droit, moins volumineux, présentait, à un degré moindre, les mêmes altérations que le gauche ; même dilatation du bassinet et des calices, même infiltration plastique.

La vessie, très-petite, communiquait par un orifice capable de laisser passer le doigt de l'observateur avec le vagin et la cavité résultant de la destruction du col utérin. La cavité de la vessie est très-petite ; les parois de l'organe épaisses, inextensibles, infiltrées, surtout au niveau du bas-fond, de petites tumeurs blanches et fermes, de nature cancéreuse ; urètre sain.

Vagin rouge, violacé, infiltré dans toute sa moitié supérieure de larges dépôts cancéreux avec ulcérations blanches sanieuses. Destruction de tout le col de l'utérus et d'une partie du corps de l'organe ; il ne reste qu'une partie du corps représentant une sorte de fragment d'un tiers de sphère creusée en dedans.

A gauche de l'utérus, l'ovaire était le siége d'un kyste à parois végétantes, contenant peu de liquide, du volume d'une orange et adhérent à tout le tiers postérieur de la branche horizontale gauche du pubis et au muscle pyramidal.

Cette tumeur était appliquée immédiatement sur les branches d'origine du nerf sciatique gauche, dont on la séparait facilement.

Ces origines du sciatique gauche, comme le nerf sciatique lui-même, offraient une grande quantité de graisse séparant ses faisceaux, sans aucun épaississement de la gaîne, sans dépôt cancéreux. Le nerf sciatique, examiné à la cuisse et dans ses branches poplitées, externe et surtout interne jusqu'au pied, ne présentait à l'œil nu aucune altération, ni atrophie, ni épaississement.

Le nerf sciatique droit a été examiné en comparaison et n'a présenté aucune altération à l'œil nu.

Je noterai dans ce cas la même omission que dans celui qui précède, je veux parler de l'absence d'examen du cordon rachidien. Les lésions étaient complexes dans ce cas ; j'ai indiqué qu'une lésion de la membrane interne des ventricules latéraux, une lésion grave d'un rein et enfin une compression du nerf sciatique. Les troubles notés du côté du nerf sciatique, pendant la vie, plaident surtout en faveur d'une compression du nerf périphérique.

J'ai surtout voulu démontrer par ce fait l'indépendance possible de divers segments du nerf sciatique. Les fonctions les plus importantes ont disparu dans une partie périphérique et dans une autre plus rapprochée du centre.

Cette dernière observation présente en outre un exemple des symptômes consécutifs qu'on a décrits dans un certain nombre d'altérations du nerf sciatique, ce sont l'anesthésie et les troubles nutritifs, les gangrènes limitées au trajet d'un des nerfs plantaires. Tous les auteurs ont indiqué l'anesthésie au nombre des symptômes des névralgies, et surtout de la névralgie sciatique; pour la plupart des pathologistes, les troubles de la sensibilité locale varient suivant l'époque de la maladie ; au début, on constate surtout de l'hypéresthésie, ou mieux de l'hypéralgésie et plus tard de l'anesthésie ou des troubles de la sensibilité, au contact, à la piqûre, et une diminution dans la faculté de percevoir et de distinguer les températures. Ces troubles de la sensibilité rentrent dans la grande variété de phénomènes que l'on a nommés irradiés, d'autres sympathiques. Localisés quelquefois au trajet du nerf, ces troubles de la sensibilité peuvent s'étendre à d'autres parties du corps; je citerais les névralgies associées; l'anesthésie peut, elle aussi, s'étendre à une partie du corps. Ainsi, Nothnagel, qui s'est beaucoup occupé de ce sujet, cite un malade chez lequel l'anesthésie s'étendit à toute la moitié du corps.

D'autres phénomènes peuvent survenir dans le cours de la sciatique, ce sont des altérations de la peau, herpès zona, érythèmes, gangrènes, phénomènes que l'on a rapportés également à une extension de l'irritation morbide à d'autres parties du système nerveux. Charcot rapportait, il y a quelques années, dans le *Journal de Physiologie* de Brown-Séquard, un cas de zona étendu sur le trajet du nerf sciatique survenu dans un accès d'une névralgie sciatique opiniâtre consécutive à une lésion de la colonne vertébrale. J'ai observé moi-même deux cas de ce genre, l'un et l'autre dans le cours d'une névralgie sciatique opiniâtre. Je rapprocherai de ces faits une observation d'érythème avec induration profonde de la peau survenant chez un homme à la suite d'une asphyxie par le gaz du charbon en combustion. Chez ce malade (v. *Archives gén. de méd.)*, l'érythème développé à l'émergence du nerf sciatique fut la première perturbation nerveuse, suivie bientôt d'une paralysie ascendante aiguë, qui provoqua la mort du malade. Chez ce malade il semble donc que la succession des accidents ait suivi une rapidité inusitée. A propos d'herpès sur le trajet d'un nerf sciatique *(Bullet. de la Soc. de Biologie*, 30 mai 1873) M. Onimus insistait sur ce fait, que l'herpès traumatique ne se montre que s'il y a exagération dans l'excitabilité du nerf, soit au moment de la lésion, soit au moment de la réparation du nerf. Cette opinion me paraît exacte, non-seulement pour les névrites traumatiques, mais même pour les névrites par inflammation propagée. J'ai vu deux fois survenir des groupes d'herpès sur un nerf frontal, au moment d'une recrudescence des lésions syphilitiques des os du crâne et de la base du cerveau ; un autre malade, qui présentait ces lésions, était atteint d'une péri-encéphalite chronique, diffuse. La gangrène localisée, comme le présente la malade de la deuxième observation, est un phénomène beaucoup plus rare et rentre cependant dans le même ordre de faits. Un fait fort curieux de zona avec sciatique réflexe est emprunté par Baerensprung (*Charité Krankenh. Annalen,* 1861, p. 130) à Esmarch de Kiel. Il s'agit d'un homme de 55 ans, qui portait une volumineuse hydrocèle, elle fut ponctionnée. Les accidents inflammatoires consécutifs à l'injection furent très-violents. A la suite d'accidents généraux, le malade fut atteint de douleurs violentes dans toute la partie postérieure de la jambe et de la cuisse, depuis la fesse jusqu'à la plante du pied. Des groupes de vésicules herpétiques ne tardèrent pas à se former le long de ces parties. Le malade succomba à différents accidents survenus plus tard et présenta, à l'autopsie, une hypérémie et une infiltration œdémateuse du sciatique à sa sortie du bassin. Ce fait est un exemple curieux de névralgie réflexe, sur laquelle je reviendrai plus loin.

La physiologie pathologique a été complétée dans quelques-uns de ces cas d'herpès nerveux, par la démonstration d'une lésion au niveau du ganglion de substance grise situé sur le trajet du nerf malade. Ce serait donc un phénomène d'irradiation sur un élément nerveux voisin ; pour la plupart des auteurs la substance grise de la moelle interviendrait aussi dans la production de ces phénomènes de perturbation sensitive.

Je ne rappellerai que pour mémoire les troubles de la motilité, crampes, soubresauts, parésies, qui surviennent dans les névralgies sciatiques intenses. J'y ajouterai les convulsions locales ou générales.

Ces symptômes multiples témoignent de la propagation de l'irritation le long des cordons nerveux et sembleraient légitimer l'opinion d'Anstie (*Nevralgia and the diseases that ressemble it.* 1871), qui admet une altération matérielle des centres nerveux dans la névralgie vraie. Or, on sait que cette altération n'est pas uniquement une lésion légère transitoire, mais une atrophie d'une partie de l'axe nerveux.

Cette question de la participation des centres nerveux dans le cours de la maladie que l'on nomme névralgie, est un point très-important. L'observation de l'homme malade fournit ici encore des documents curieux et propres à éclairer la question. L'axe cérébro-rachidien peut intervenir de plusieurs façons dans les névralgies.

Dans une variété de ces maladies, il n'est que l'organe de transmission, de retentissement. C'est à cet ordre de phénomènes que se rapportent les algies centriques et réflexes décrites par M. A. Tripier (*Archives gén. de méd.*, sér. VI, t. XIII, p. 414. 1869). « Les nerfs sensitifs, dit-il, peuvent, même dans l'appareil cérébro-spinal transmettre, indépendamment des excitations perçues, des impressions morbides souvent inconscientes. Le centre consécutivement affecté peut agir à son tour sur d'autres nerfs sensitifs ordinairement pour les rendre douloureux. Des raisons d'impressionnabilité spéciale et des raisons de voisinage président à la localisation de ces accidents secondaires réflexes. En présence d'un phénomène douloureux dont la cause organique ne peut être rattachée, ni par l'observation, ni par l'induction au siége de la douleur, il faut chercher le point de départ des phénomènes observés dans les autres branches de la même paire, ou dans quelqu'appareil qu'on sait être en relations physiologiques ou pathologiques faciles avec la partie ostensiblement malade. C'est à cette lésion primitive que devra toujours s'adresser d'abord le traitement. » Sont réflexes, dit-il, un grand nombre d'algies sciatiques qui s'observent dans les affections du rectum, de la vessie, de l'utérus, des parties qui reçoivent leurs nerfs du plexus sacré d'abord et aussi du plexus hypogastrique. Enfin, M. Tripier rappelle que Sabatier a observé une algie sciatique consécutive à une piqûre du nerf saphène interne; cette observation rappelle celle d'Esmarch citée plus haut.

C'est encore par l'intermédiaire de la substance grise que M. Gubler (*Soc. de Biologie*, 1859) expliquait les algies réflexes de la périphérie consécutives à des lésions des troubles moteurs. « Il faut reconnaître, dit-il, que l'influx nerveux n'est pas toujours le même dans toutes les parties du cercle qu'il parcourt, mais qu'il peut se transformer en passant d'un segment à l'autre de ses conducteurs. En d'autres termes, un courant centrifuge, arrivé à l'extrémité d'un rameau moteur, s'y métamorphose en courant centripète revenant par le nerf de mouvement. Des cellules multipolaires existent à la périphérie du corps, tant dans la peau elle-même que dans le tissu cellulaire sous-cutané. Or, ces organes élémentaires servent à quelque chose et puisqu'ils sont semblables à ceux qui entrent dans la composition de la moelle épinière, ils doivent avoir des fonctions analogues; ces cellules servent sans doute d'intermédiaires entre les filets exodiques et les siodiques; elles sont, à mes yeux, une sorte de moelle dissociée et diffuse, où le courant arrivé par le nerf moteur se transforme et produit cette sensation observée à la suite de l'irritation d'une racine antérieure. »

C'est ainsi qu'on a voulu rendre compte de deux ordres de phénomènes dans les névralgies produites sur des nerfs périphériques par des causes d'excitation ne siégeant pas sur leur trajet, par des irritations siégeant sur les nerfs moteurs.

Dans ces cas, le système nerveux central n'est qu'un organe de transmission.

Il est incontestable que la cause de bon nombre de névralgies siége dans le sytème nerveux central. L'expérience de chaque jour nous apporte des preuves de cette vérité incontestée.

Ce que l'on a moins mis en lumière, ce sont, à côté de ces faits incontestables de la propagation de la maladie de la périphérie au centre nerveux, les cas où la lésion peut demeurer longtemps locale, ou s'accompagner momentanément de symptômes dérivant du centre nerveux, accidents purement fluxionnaires et susceptibles d'une guérison absolue quand on peut faire disparaître la lésion du nerf périphérique.

Nous connaissons depuis longtemps les faits incontestables de lésions des nerfs périphériques se propageant au centre nerveux; depuis Lallemand, Gubler, Virchow et tant d'autres, ont prouvé par des faits cliniques la propagation centripète des lésions ; cette propagation est incontestable pour la névrite. L'inflammation des nerfs elle-même, s'étend ainsi de proche en proche, et je n'aurai qu'à citer les travaux de Remak sur la névrite noueuse. D'autres observateurs ont démontré la même lésion dans des cas de lésions chroniques des nerfs. Je citerai le travail de mon collègue et ami, le Dr L. Duménil, sur les paralysies périphériques et spécialement de la névrite. (*Gaz. hebd. de méd. et de chir.* 1866.)

La propagation de la lésion du centre à la périphérie est donc incontestable.

D'une autre part, les névralgies anciennes peuvent devenir la source de lésions sérieuses, de troubles fonctionnels considérables et cependant n'être pas incurables. Cette circonstance peut devenir une source de difficultés pour le médecin praticien ; comment reconnaître si l'irradiation de la lésion périphérique est transitoire ou provoquée par une lésion permanente?

La névralgie ancienne, même avec atrophie des muscles, peut encore guérir. « On peut, écrivent MM. Onimus et Legros, espérer une amélioration très-notable ou la guérison, chaque fois que les névralgies et les névrites ne sont pas symptômatiques d'autres affections. Lorsqu'une des branches nerveuses est profondement altérée, et que les courants induits ne déterminent plus de contraction sur les muscles, le traitement est très-long et la guérison complète paraît impossible ; mais on peut cependant obtenir une amélioration assez notable, comme nous l'avons observé. »

Ces quelques lignes des auteurs d'un ouvrage récent, qui représente l'état actuel de la science, prouvent la longue persistance de la lésion locale.

L'extension de l'algie de la périphérie au centre peut se faire avec une grande rapidité, souvent et surtout dans les névralgies, cette production des troubles sympathiques ne se produit qu'à la longue. J'ai pu suivre cette propagation lente de l'algie chez deux malades qui offraient les signes d'une angine de poitrine. La douleur sur le trajet du nerf cubital gauche fut accusée d'abord dans l'aisselle, s'étendit ensuite au milieu du bras, au coude et ultérieurement aux doigts. Cette limitation exacte, observée deux fois avec beaucoup de soin, montre de nouveau l'indépendance dans l'état morbide des divers segments d'un nerf périphérique.

La convulsion que provoque quelquefois la névralgie a valu à cette forme de symptôme le nom de névralgie épileptiforme. Tous les cliniciens connaissent la gravité de cette forme de maladie, et j'ai moi-même observé plusieurs cas de cette névralgie, qui se sont terminés fatalement et d'une manière rapide.

D'autres fois, la propagation de la périphérie au centre et la production de la convulsion ne sont pas un état consécutif à l'altération du centre nerveux. La convulsion peut disparaître. Mon ami, le Dr Denucé, a publié, dans le *Journal de médecine de Bordeaux*, un fait très-intéressant de névralgie épileptiforme du nerf maxillaire inférieur, guéri par la résection du nerf. Le fait est tellement intéressant, qu'il mérite d'être inséré textuellement : « A peine le malade avait-il prononcé quelques mots, dit l'auteur, que nous le voyons, non sans étonnement, changer de figure. Il se tait, saisit à deux mains son mouchoir, l'applique de la main droite sur la région auriculaire droite, tandis que de la main gauche, il en frictionne vigoureusement toute la région maxillaire du même côté. En même temps, tous les muscles de cette moitié de la face sont le siége de violentes contractions et le malade fait entendre une sorte de grognement, interrompu par trois ou quatre claquements de la langue, produits par de vigoureux mouvements du succion. Enfin, un mouvement brusque de toute la tête termine la scène ; le malade nous regarde avec de gros yeux hébétés et s'écrie aussitôt : « C'est fini. » Quelques secondes avaient suffi pour la production de tous ces phénomènes. Cette singulière affection était survenue vingt ans auparavant, après l'avulsion de la première grosse molaire droite par un charlatan. Tous les moyens mis en usage avaient échoué, et lorsque le malade se présenta à l'hôpital Saint-André, les accès revenaient toutes les deux ou trois minutes. La résection du nerf maxillaire inférieur, pratiquée par M. Denucé, fit immédiatement disparaître tous les accidents.

Dans ce fait, la durée de l'affection est très-remarquable; la névralgie épileptiforme demeure locale près de vingt ans, et la résection du nerf guérit l'affection.

Malheureusement, les faits de résection sont loin d'être suivis de succès aussi marqués.

J'ai suivi pas à pas, dans cette étude, les données de la physiologie pathologique. J'ai montré que la prédisposition morbide de l'hérédité des névralgies pouvait trouver son explication dans des expériences de physiologie pathologique sur les altérations du sang, des vaisseaux. Les faits cliniques démontrent qu'un certain nombre de névralgies sciatiques sont purement locales. L'affection peut être limitée à un ou plusieurs points du nerf périphérique.

L'étude des symptômes, les effets thérapeutiques indiquent que certaines sciatiques dépendent d'une modification dans la circulation capillaire des nerfs, d'une modification dans le sang.

Sans cesser d'être locales, les sciatiques peuvent s'accompagner de troubles de la sensibilité exagérée ou diminuée, de troubles dits nutritifs : herpès, érythème, gangrène.

La lésion du nerf sciatique peut être fugace, susceptible d'une guérison rapide.

D'autres fois, le nerf s'altère, dans son névrilème, dans les tubes nerveux.

Cette atrophie peut demeurer locale.

D'autres sciatiques résultent de lésions des centres. Dans certains cas, le centre devient le moyen de transmission de l'irritation. D'autres fois, le nerf est douloureux à la suite d'une lésion centrale. Enfin, dans quelques cas, la lésion du nerf se propage au centre et l'altère d'une manière permanente.

Le plus grand nombre des idées actuelles sur la névralgie sciatique est emprunté à la physiologie pathologique et à l'observation du malade.

Dr X. DELORE

Ex-Chirurgien en chef de la Charité de Lyon

DU MÉCANISME DU GENOU EN DEDANS ET DE SON TRAITEMENT PAR LE DÉCOLLEMENT DES ÉPIPHYSES

— Séance du 25 août 1873. —

La dénomination de genou en dedans a l'avantage de la clarté et mérite d'être conservée.

Les genoux en dedans sont très-fréquents à Lyon ; il suffit de vouloir s'en occuper, de montrer quelque intérêt aux sujets qui en sont affectés, de leur ouvrir les portes d'un hôpital et immédiatement les salles de chirurgie en sont encombrées.

Le rachitisme, si répandu dans les grandes villes, est la cause ordinaire de cette déformation. Quand on observe les malades en temps utile, il est ordinairement possible de saisir la trace de son passage et de constater un ensemble de lésions qui ne laisse aucun doute. Mais si le rachitisme est guéri et que le genou en dedans persiste, on peut se méprendre sur son origine et le considérer comme une déformation spéciale.

Je ne veux pas prétendre cependant qu'il n'y ait pas d'autre cause. J'ai observé des cas où la croissance rapide chez les jeunes gens qui exercent une profession pénible, exigeant la station debout, avait produit la déformation. Elle est alors une simple exagération des courbures normales, produite par une fatigue exagérée chez des individus dont les os n'ont pas encore acquis toute leur solidité.

Les tumeurs blanches, en ramollissant les épiphyses, amènent aussi le genou en dedans ; cette déviation est fréquente et coïncide souvent avec la luxation en arrière du tibia.

J. Guérin attribue le genou en dedans à la déformation cunéiforme de l'épiphyse tibiale, ou à une rétraction du ligament latéral externe ; en faisant ces hypothèses, cet auteur me semble avoir pris l'effet pour la cause.

En résumé, les os étant ramollis, la contraction musculaire, le poids du corps et la marche s'associent pour produire le genou en dedans et en amener la persistance.

SYMPTOMATOLOGIE

Le fait le plus saillant de l'affection qui m'occupe est la projection de la jambe en dehors. Pour l'apprécier, voici de quelle façon je procède. Le sujet étant couché sur un lit, je fais affleurer les deux genoux en plaçant les deux rotules bien horizontalement. Dans cette situation, l'espace qui sépare les deux malléoles internes indique le degré du genou en dedans. A l'état normal, les malléoles ne se touchent pas, elles sont distantes de 3 centimètres en moyenne, mais à l'état pathologique cette distance varie de 10 à 30 centimètres. La longueur de la jambe, qui dépend de l'âge du sujet, accentue plus ou moins cette différence, quoique la déviation du genou soit la même.

Le genou présente des déformations dignes de nous arrêter ; il proémine en dedans, où il fait un angle saillant. En dehors, il décrit un angle rentrant qui dans certains cas va bien près de l'angle droit. La meilleure manière d'apprécier le degré du genou en dedans est de donner la mesure de cet angle. A l'état normal, sur cinq mensurations, la moyenne a été de 4°, avec une ligne verticale prolongeant l'axe de la cuisse. A l'état pathologique, l'angle varie de 10 à 80°.

Les épiphyses de la jointure sont plus grosses quand la tuméfaction rachitique persiste encore. L'interligne articulaire est oblique de haut en bas et de dehors en dedans, à un degré beaucoup plus accentué qu'à l'état normal. Ce fait est dû à l'abaissement du condyle interne du fémur et c'est là la première et principale cause du déjettement de la jambe en dehors. Quand le genou est fléchi à angle aigu, toute trace de genou en dedans disparaît ; en cas de genou en dedans unilatéral, les deux membres sont similaires. Dans cette situation, si on applique une règle sur le genou, on voit qu'elle incline d'autant plus fortement en dehors que l'affection est plus prononcée. Cette inclinaison est le fait de la proéminence du condyle interne du fémur.

L'incurvation en dehors du tibia, dont le centre est au niveau de la tubérosité, est la seconde cause du genou en dedans. Elle existe dans tous les cas, mais en général elle est moins prononcée que celle du fémur. Elle s'accompagne fréquemment d'une exostose épiphysaire qui, faisant en dedans une forte saillie, a fait croire à quelques observateurs qu'elle était la cause unique de la déformation.

La jambe et la cuisse, considérées dans leur ensemble, décrivent une grande courbure ouverte en dehors, qui est presque régulière. Du grand trochanter, une ligne droite, tirée à la malléole externe, forme la corde d'un arc dont le centre est au niveau du genou. A l'état normal, la distance de cette corde au bord externe de la rotule a été trouvée de 2 centimètres. Dans les cas de genou en dedans, cette distance s'élève jusqu'à 10 et 15 centimètres.

Je vais examiner maintenant les déformations du fémur et du tibia trouvées à l'autopsie dans les cas de genou en dedans.

Le fémur présente deux courbures. L'une est la grande courbure à concavité postérieure qui existe à l'état physiologique, mais qui sur les rachitiques est exagérée. Elle n'a aucune influence spéciale sur la déformation qui nous occupe. L'autre, beaucoup plus importante à notre point de vue, est une courbure à concavité externe, siégeant surtout sur le tiers inférieur du fémur (voir fig. 41, A). C'est elle qui cause le genou en dedans et voici par quel mécanisme. La disposition est telle qu'elle produit une bascule qui relève le condyle externe et abaisse le condyle interne.

J'ai cherché à apprécier cette différence de niveau à l'état normal et à l'état pathologique. Lorsqu'on tient un fémur normal suspendu par le centre de sa tête, la différence de niveau est de 2 à 4 millimètres. Dans les cas de genoux en dedans, le condyle interne devient plus bas que le condyle externe de 1 et même 3 centimètres.

J'ai évalué en chiffres l'influence de cet abaissement du condyle sur l'écartement des jambes et voici le résultat que j'ai obtenu :

Une jambe de 20 centimètres de longueur étant donnée, 1 centimètre de différence de niveau l'écarte de l'autre de 9 centimètres ; 2 centimètres l'écartent de 14 centimètres et 3 centimètres vont jusqu'à 17 centimètres. De telle sorte que si le genou en dedans est double, les malléoles sont distantes de 18 centimètres dans le premier cas, de 28 dans le second et de 34 dans le troisième. Les tubérosités du tibia, rencontrant pour leur application un plan oblique en dehors, sont par conséquent déjetées de ce côté. Voilà le vrai mécanisme du genou en dedans.

Si l'on considère les deux condyles en arrière, on ne trouve plus cette différence de niveau ; ils sont sur un même plan vertical. Aussi la déviation en dedans disparaît quand on fléchit le tibia sur le fémur.

Quant à l'hypertrophie rachitique des épiphyses, elle existe ; mais son rôle est nul dans la projection de la jambe en dehors, car elle porte à peu près uniformément sur les deux condyles fémoraux et les deux tubérosités tibiales.

Il est facile de concevoir qu'avec une conformation aussi défectueuse, les fonctions du membre soient altérées. La flexion et l'extension se font bien avec la particularité que j'ai signalée plus haut ; la marche s'exécute avec un balancement qui rappelle la luxation congénitale de la hanche; les genoux chevauchent alternativement l'un sur l'autre et font le moulinet ; situation vicieuse qui est nécessitée par les besoins de l'équilibration; outre la flexion normale, ils ont une tendance à se fléchir en dehors en tiraillant à chaque pas les ligaments internes. Il est presque toujours possible d'imprimer à l'article des mouvements de latéralité dans l'extension ; aussi les personnes affectées de genoux en dedans marchent fort mal et se fatiguent rapidement.

Les inconvénients de cette déformation sont donc assez sérieux pour qu'on doive chercher à y remédier.

Il y a un certain nombre de rachitiques qui guérissent spontanément et dont les genoux en dedans se redressent, mais il ne faut pas toujours compter sur les bénéfices de l'expectation, ainsi que le prouve la persistance de la déformation chez un grand nombre d'adultes. Si le rachitisme est complétement guéri et que l'incurvation persiste encore, la déformation demeure un fait accompli. Dans ces cas, il est donc imprudent au médecin de conseiller à ses malades de ne rien faire, car il s'expose, en leur parlant ainsi, à mériter de justes critiques.

TRAITEMENT

Il y a toute une catégorie d'enfants dont il ne faut pas chercher le redressement. Ce sont ceux qui sont trop faibles ; car, une fois le redressement obtenu, ils ne sont pas capables de rester debout et de porter des appareils ; on est obligé de les laisser plusieurs mois dans un lit où ils achèvent de s'étioler. Quand ils ont une dose de force suffisante, le redressement n'est pas un obstacle à la marche, qui peut se faire peu de jours après.

Habituellement, je ne commence pas le traitement chez les malades en puissance de rachitisme aigu. Toutefois, il doit y avoir des exceptions à cette règle, et je possède les observations de trois jeunes filles de quatorze à seize ans dont les genoux étaient déviés, qui souffraient continuellement, étaient dans une complète impossibilité de marcher et chez lesquelles j'ai pratiqué l'opération. Dans ces trois cas, le résultat définitif a été excellent. Je noterai cependant les particularités suivantes : le redressement a été plus facile que dans les cas ordinaires et la marche n'a pu s'exécuter qu'avec lenteur.

Avant d'aborder la méthode opératoire qui fait le sujet de mon travail, je vais signaler les principaux moyens employés contre le genou en dedans.

Le plus simple est le tuteur à tiges métalliques. Efficace pour empêcher le mal d'augmenter et favoriser le redressement spontané, il est incapable d'opérer le redressement dans les déviations prononcées. Dans celles qui sont à un faible degré, on obtient du succès, en usant d'une modification imaginée par Blanc. C'est tout simplement un tuteur ordinaire, muni d'une forte genouillère élastique qui limite la flexion. Pendant la marche, cette genouillère presse constamment la saillie du genou en dedans qui tourne en avant et tend à la redresser.

Le second procédé est le redressement lent, au moyen d'appareils mécaniques. Ils peuvent varier indéfiniment. Ceux qu'on emploie de préférence à Lyon sont l'appareil de Blanc et la planche trouée, de M. Ollier. J'ai abandonné les appareils, dans le traitement des genoux en dedans, et voici pourquoi : un appareil mécanique ne redresse pas seul, c'est l'orthopédiste qui redresse avec lui. J'ai vu souvent, dans les hôpitaux, des malades rester jusqu'à six mois dans des appareils des mieux imaginés, sans en retirer aucun bénéfice. Il faut qu'un orthopédiste veille chaque jour au bon état de la machine et à l'exactitude de son application : en effet, si l'appareil est trop lâche, il est inutile, s'il est trop serré, il est nuisible ; or, ces détails, dont le soin ne peut être confié à des personnes inhabiles, sont trop compliqués pour qu'un chirurgien d'hôpital puisse y donner le temps nécessaire.

De plus, le redressement par un appareil, toujours fort lent, exige un séjour prolongé à l'hôpital, et souvent dans le lit ; il expose donc davantage à l'anémie les enfants qui, du reste, sont ennemis de toute pression continue, qui leur procure souvent de la gêne et de la douleur. Enfin, ces appareils sont d'un prix fort élevé, considération capitale lorsqu'on a affaire à des pauvres.

Pour ces raisons, je donne la préférence au redressement brusque qui n'a pas ces inconvénients. Il se pratique pendant l'anesthésie, voici de quelle façon :

Le malade est placé sur le bord du lit ; le membre est dans la rotation en dehors. Au-dessous de la malléole externe, on place un coussin qu'un aide maintient solidement, pour élever le genou au-dessus du plan du lit. Dans cette situation, le genou en dedans se présente directement en haut et le chirurgien presse sur lui avec les mains sur lesquelles il fait porter le poids du corps, donnant de petites secousses. Il ne faut pas employer une force trop grande. La malléole externe ne doit pas être soulevée trop haut, afin que le genou ne soit pas trop éloigné du plan du lit, qui est destiné à prévenir un trop grand effort fait par le chirurgien. Quand on éprouve un peu de fatigue, il faut se faire remplacer par un aide dont on dirige les manœuvres. On procède lentement, progressivement, sans se décourager, et, au bout d'un temps variable, suivant la force du sujet, on voit le redressement s'opérer. Ce temps varie de cinq minutes à une demi-heure. Chez les enfants de deux à trois ans, encore en puissance de rachitisme, il faut une pression très-modérée ; chez les individus de dix-huit à vingt ans, dont le ramollissement rachitique a disparu depuis longtemps, il faut user d'une grande force. Pendant l'opération, il est fréquent d'entendre des craquements plus ou moins accentués, suivis d'un redressement immédiat. Ce redressement est produit par plusieurs causes :

1° L'écartement des surfaces articulaires, qui peut se constater par des mouvements de latéralité ;

2° L'arrachement du périoste par les ligaments latéraux externes. Ces ligaments externes et les ligaments croisés n'ont jamais été trouvés dans les expériences cadavériques ;

3° Le décollement des épiphyses qui porte sur le condyle externe du fémur, la tubérosité externe du tibia et même la tête du péroné. Ce décollement est quelquefois brusquement accompli et accompagné du craquement dont j'ai parlé. Dans la plupart des cas, il est impossible de le constater chez le vivant. Cependant, dans deux cas, j'ai pu percevoir une crépitation que je reproduisais à volonté ;

4° Le tassement de la tubérosité interne du tibia. Il était manifeste sur le sujet dont je relate l'autopsie plus loin. Ces diverses lésions ont été exposées déjà dans la thèse de M. Saurel (Paris, 1872, n° 307).

5° L'élasticité du fémur et du tibia est encore un élément de redressement. Cette élasticité est prononcée jusqu'à dix ans.

Quand le redressement a été ainsi obtenu, il faut le maintenir. On y parvient au moyen d'un bandage bien fait. C'est au bandage amidonné que je donne la préférence. Pendant son application, il faut porter un soin extrême à conserver la rectitude du membre. De chaque côté du bandage, on applique une attelle de fil de fer pour le solidifier immédiatement. Quand le redressement a été obtenu bien complétement par le massage forcé, les douleurs consécutives à l'opération sont à peu près nulles. Quand, au contraire, on est obligé d'employer la force pour maintenir la rectitude, la température s'élève de 1 ou 2°, et les opérés souffrent pendant vingt-quatre heures environ, puis les douleurs se calment et l'appétit revient en même temps que la gaieté. Au bout de huit jours environ les enfants se lèvent et marchent péniblement d'abord, mais bientôt avec une certaine facilité, malgré la rigidité du bandage.

M. Saurel a cité des cas où les enfants ont pu marcher le lendemain. J'ai pour habitude de leur laisser le bandage pendant un mois ou deux, afin de permettre la guérison de toutes les lésions traumatiques et d'habituer le membre à sa direction nouvelle. On applique ensuite un tuteur à tiges métalliques. Ce tuteur est adapté à une bottine; il remonte jusqu'au bassin auquel il est relié par une ceinture. Au niveau de chaque jointure, il a une articulation ; mais celle qui est au niveau du genou est enraidie par une vis. Cette immobilité temporaire doit durer jusqu'à ce que le membre reste droit sans tuteur ; elle est indispensable pour que le genou subisse la pression efficace des genouillères, qui sont au nombre de deux pour chaque genou. La première ou profonde porte le genou en dehors, la seconde ou superficielle limite la flexion.

Sans la rigidité, le genou échappe à la pression des genouillères et la déviation tend à se reproduire. C'est vers le troisième ou quatrième mois, après le redressement brusque, qu'on peut rendre le mouvement du genou à l'appareil.

Quant au tuteur, il est bon de le porter pendant un an environ.

Suites de l'opération pour le membre. — Pendant deux ou trois mois après le décollement épiphysaire, le genou conserve de la roideur et les mouvements étendus sont douloureux ; mais au bout d'une année, toute trace de gêne et de douleur a disparu dans les mouvements de flexion et d'extension, et le rétablissement de la fonction ne laisse rien à désirer. J'insiste très-nettement sur ce fait, car de la roideur passagère, on a tiré un argument contre la méthode.

Dans tous les cas, malgré l'étendue de la déviation, il est possible d'obtenir une rectitude parfaite. Dans tous les cas également, avec des soins et une attention soutenus, on peut maintenir le membre droit. Pendant la première année, il faut veiller à l'exacte application du tuteur. Plus tard, cette rectitude peut persister malgré des fatigues excessives ; je pourrai en citer pour preuve l'exemple d'un nommé Bayle, qui exerçait la profession de commissionnaire ; d'un jeune homme de dix-huit ans qui fit le métier de terrassier en sortant de l'Hôtel-Dieu; de Sambain (v. Th. Saurel, Obs. X), qui, trois ans après son redressement, fut admis par le conseil de révision et obligé de faire toute la campagne de 1870 comme mobile de Saône-et-Loire. Ces trois jeunes gens sont encore sous mon observation et la rectitude de leur membre ne s'est pas démentie.

Le redressement brusque produisant le décollement épiphysaire dans tous les cas prononcés, on lui a fait l'objection que le membre était exposé à un arrêt de développement. Cette crainte n'a pas été justifiée. J'ai pratiqué plusieurs fois le redressement d'un seul membre incurvé et dans aucun cas je n'ai observé de différence de longueur. (V. Obs. III, Th. Saurel.) J'ai fait en outre des mensurations très-minutieuses sur plusieurs de mes anciens opérés et je n'ai pu constater aucune diminution dans les dimensions relatives de la cuisse et de la jambe. Du reste, pour qu'il y ait allongement ou raccourcissement d'un os, il faut une altération sérieuse du cartilage de conjugaison, or tel n'est point le cas dans le décollement que je pratique. La moitié externe seule est décollée, et jamais je n'ai observé la moindre trace d'ostéite consécutive. L'objection n'est donc justifiée ni par les faits ni par la théorie.

Je terminerai ce travail en citant deux observations intéressantes au point de vue de la méthode.

Obs. I. — *Genoux en dedans très-prononcés. Redressement immédiat par l'emploi de manœuvres énergiques. Guérison complète.* — Philomène M., âgée de neuf ans, entre à la Charité dans la salle Sainte-Marie, n° 32, le 6 janvier 1870. Ses parents sont bien portants, mais une sœur plus jeune est atteinte de la même affection. La santé est bonne, le squelette ne présente aucune trace de difformité rachitique sauf des genoux en dedans. Les cuisses étant parallèle, les genoux se touchant, les rotules regardant directement en avant, les deux malléoles internes sont écartées de 25 centimètres. Cette difformité considérable ne s'observe que dans l'extension et disparaît dans la flexion. La marche s'exécute mal ; à chaque pas les genoux décrivent un circuit autour l'un de l'autre ; la fatigue survient rapidement.

Opération le 13 janvier 1870. La malade étant anesthésiée sur un lit, on exécute de vigoureuses manœuvres de redressement pendant un quart d'heure sur chaque membre; au bout de ce temps les deux membres sont dans une rectitude complète. La jambe droite est moulée sur le lit d'opération séance tenante. Les deux membres sont placés dans un bandage amidonné qui remonte des pieds à la racine de la cuisse. Dans la soirée, l'enfant se plaint de douleurs assez vives dans les deux genoux ; la nuit est bonne.

14 janvier ; on constate un léger mouvement fébrile.

Le 15, la gaieté et l'appétit sont revenus. Le bandage est sec et l'enfant peut se tenir debout sans ressentir aucune douleur.

Le 16 et le 17, elle commence à marcher; les jours suivants, elle se promène dans les salles la plus grande partie de la journée.

Le 13 février (un mois après l'opération), on coupe les bandages amidonnés pour les remplacer par des tuteurs. — Ce jour-là, le genou gauche est moulé.

L'enfant sort le 15 février, parfaitement redressé et marchant fort bien avec ses tuteurs rigides.

Elle a été revue le 15 mars : la rectitude a persisté ; la flexion et l'extension se font sans difficulté.

Un an après, Philomène marche sans tuteur et ne porte plus trace de genoux en dedans.

Voici une figure (fig. 40) [1] qui présente les membres inférieurs de Philomène, et qui à elle seule est une démonstration complète de la méthode.

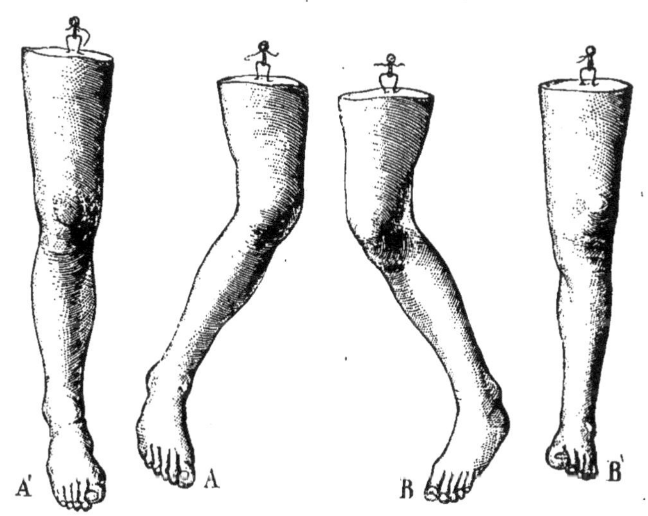

Fig. 40

A et B sont des moules en plâtre faits avant l'opération.

A' est un moule en plâtre fait sur le lit d'opération immédiatement après. Il démontre que le redressement a été complet.

B' est un moule en plâtre fait un mois après. Il démontre que le redressement a persisté.

Obs. II. — *Genoux en dedans redressés. Mort par pneumonie rubéolique le vingtième jour.* — Cyprien Pascal, âgé de sept ans, entre à la Charité, salle Saint-Pierre, le 20 janvier 1873. Il présente des signes évidents de rachitisme aux poignets. La tête est volumineuse et le ventre saillant ; cependant la santé générale est assez vigoureuse. Les membres

[1] La gravure sur bois a été faite d'après une photographie des moules en plâtre.

inférieurs sont très-déformés. Les tibias présentent une courbure accentuée à concavité externe au-dessous de l'articulation du genou. Le fémur est incurvé d'une façon analogue, de telle sorte que le condyle interne descend beaucoup plus bas que l'externe ; d'où écartement des jambes qui décrivent avec la cuisse un angle presque droit, et avec la verticale un angle de 80 degrés environ. La distance inter-malléolaire est de 26 centimètres. La déviation disparaît complétement quand les jambes sont fléchies ; les deux genoux présentent un plan incliné en dehors qui est plus prononcé qu'à l'état normal et qui est un indice de la déformation. La longueur de l'épine iliaque à la malléole interne est de 47 centimètres en suivant les courbures, et de 44 centimètres par la mensuration directe.

Opération le 11 février. Elle se fit sans incident notable et fut suivie de l'application d'un bandage amidonné.

Le lendemain, le malade souffre dans les membres inférieurs, sans pouvoir localiser ses douleurs. Il y a un peu de fièvre.

Du deuxième au quatrième jour, la douleur et la fièvre disparaissent.

Le 5 février, la face prend une teinte terreuse, il y a de l'inappétence et des phénomènes cérébraux.

Le 6, on reconnaît sur la poitrine, l'abdomen et les membres supérieurs, les traces d'une éruption rubéolique mal définie.

10 février. L'éruption rubéolique s'est faite irrégulièrement. Les phénomènes cérébraux s'accentuent. Le malade fait entendre des cris encéphaliques ; il est plongé dans le coma et le délire.

14 et 15. Amélioration très-évidente.

16. Pneumonie contractée à la suite de l'ouverture d'une fenêtre.

19. Mort.

Autopsie le 21 février.

Cerveau. Pas d'adhérences des méninges, épanchement de sérosité dans l'arachnoïde et les ventricules.

Poumons. Pneumonie à la base du poumon droit.

La fig. 41 représente le squelette des membres inférieurs avec la trace des lésions produites par l'opération.

Membres inférieurs. — C'est le membre droit qui présente les lésions rachitiques les plus marquées. L'incurvation porte principalement sur le fémur. La longueur de cet os est de 22 centimètres et sa concavité postérieure est tellement accentuée que le milieu de la voûte est séparée d'un plan horizontal par une distance de 4 centimètres.

En outre cet os présente une concavité en dehors à laquelle participe sa moitié inférieure. Le centre de cette courbure est à 4 centimètres au-dessus du cartilage épiphysaire, C'est cette courbure considérable qui est la cause principale du genou en dedans; en effet, elle a pour conséquence forcée l'élévation du condyle interne qui produit la déviation en dehors du tibia. Cette différence de niveau des deux condyles fémoraux est si considérable que si l'on place l'os verticalement, sur un plan horizontal, le condyle externe est à 2 centimètres au-dessus de ce plan sur lequel appuie le condyle interne.

Tout ce que je viens de dire existe également à gauche, mais d'une façon moins prononcée.

Ce projettement en dedans des genoux est encore favorisé par l'incurvation du tibia. Au-dessous des tubérosités, cet os est convexe en dedans, concave en dehors. Le centre de cette courbure est distant d'un plan horizontal de 1 centimètre et demi.

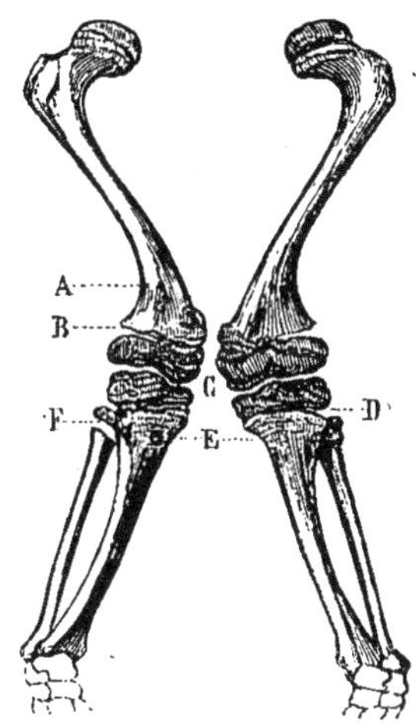

Fig. 41

A. — Courbure latérale produisant le genou en dedans.
B. — Décollement épiphysaire du fémur produit par l'opération.
C. — Projection en bas des condyles internes.
D. — Décollement épiphysaire du tibia.
E. — Tassement du tibia.
F. — Décollement épiphysaire du péroné.

Après l'opération faite sur ces os, il y avait eu un redressement complet, on devait donc retrouver des lésions sur le système osseux.

Les ligaments n'avaient pas été déchirés, les articulations n'avaient subi aucun traumatisme.

Le système osseux, au contraire, portait des traces manifestes du redressement opéré. L'épiphyse du fémur droit avait été décollée dans sa moitié externe, et en bas, sous le périoste de la face antérieure, on constatait une ecchymose étendue. Cette lésion et toutes les autres que je vais décrire étaient en voie de réparation et ne présentaient aucun signe d'inflammation.

L'épiphyse tibiale était décollée dans la partie qui constitue la tubérosité externe du tibia. Au niveau de la tubérosité interne, on constatait à la surface osseuse des signes de tassement.

La tête du péroné a été arrachée complétement par le ligament latéral externe et le tendon du biceps, et séparée de sa diaphyse par un intervalle de 4 millimètres.

A gauche, l'épiphyse du fémur est décollée encore plus complétement qu'à droite; un cal exubérant commence à réparer la lésion produite.

Le décollement du tibia est le même qu'à droite.

Rien du côté du péroné.

A l'extérieur, on ne reconnaissait aucune trace de traumatisme.

En résumé, je crois avoir démontré les propositions suivantes :

1° Le mécanisme du genou en dedans s'explique surtout par l'incurvation latérale du tiers inférieur du fémur qui abaisse le condyle interne.

2° Le redressement brusque agit en décollant les épiphyses dans les déviations accentuées. Il est très-rare après une opération de pouvoir démontrer ce décollement ; mais il est prouvé par une autopsie et les expériences cadavériques.

3° Le redressement brusque suivi d'un bon bandage amidonné n'est suivi d'aucun accident. J'évalue à plus de deux cents le nombre des redressements faits par moi, soit dans la clientèle, soit dans les hôpitaux où j'exerce depuis quinze ans, et je n'ai eu qu'un seul cas de mort dû à la rougeole. Les résultats incomplets que j'ai observés m'ont semblé dus pour la plupart à l'incurie des parents.

4° Dans la plupart des opérations de redressement, j'ai obtenu la rectitude du membre et le rétablissement des fonctions.

Dr Henry BLANC

Chirurgien-major de l'armée de Sa Majesté Britannique aux Indes, etc., etc.

NOTES PRATIQUES SUR LES SYMPTOMES ET LE TRAITEMENT DU CHOLÉRA[1]

— *Séance du 25 août 1873.* —

SYMPTOMES ET TRAITEMENT DU CHOLÉRA

En 1869, le gouvernement des Indes adressa une circulaire à tous les médecins employés dans ce pays, contenant un certain nombre de questions au sujet du choléra. L'inspecteur général du service médical du Bengale, le Dr J. Murray, fut chargé d'étudier tous ces documents et d'en faire un résumé.

Son mémoire sur le traitement du choléra est donc l'ouvrage le plus pratique, le plus complet et le plus récent qui ait paru sur cette question ; il résume l'opinion de plus de cinq cents médecins, tous plus ou moins en contact journalier avec le choléra. J'indiquerai ce qui, d'après mon expérience, me paraît devoir être accepté ou rejeté, car les limites de ces notes ne me permettent pas de donner à cette question tout le développement que je voudrais lui consacrer.

Le traitement du choléra varie suivant les différents degrés de la maladie ; ces degrés sont : le malaise, la diarrhée, le collapsus ou période algide et la réaction.

Dans la forme la plus simple, il y a un sentiment de dépression mal exprimé, un malaise avec faiblesse épigastrique, un manque d'appétit, souvent de la constipation, et un désir prononcé pour des stimulants. Ces symptômes sont très-communs parmi ceux qui sont en contact fréquent avec les cholériques quand les épidémies sont intenses. Durant cette période, si la personne est soumise à des causes débilitantes telles que de longues marches, si elle est exposée aux intempéries, à des veilles, si elle a peur ou si un purgatif violent lui est administré, les symptômes ordinaires du choléra se développent. Le docteur Murray dit qu'il a lui-même observé bien des cas semblables et que beaucoup d'autres lui ont été communiqués. Le poison était dans le système et a été rendu actif par les causes débilitantes ou d'épuisement surajoutées, au lieu d'avoir été tranquillement rejeté, comme cela a lieu dans la majorité des cas par les sécrétions saines et naturelles.

Cette dépression indique les remèdes, qui sont du vin ou des alcools ; ces substances, prises en modération, sont d'une grande valeur ; malheureusement la modération est rare quand une panique existe. On doit avoir grand soin d'éviter les excès alcooliques, surtout si l'on considère le malaise comme le premier degré de la maladie.

L'action du poison affaiblit le système nerveux et les indications de traitement sont de maintenir les forces au moyen de stimulants doux et de toniques jusqu'à ce que le poison soit détruit en parcourant sa carrière, étant digéré ou simplement éliminé avec les secrétions naturelles. Les mesures de précaution consistent à éviter avec soin les causes d'épuisement et les purgatifs. Les médicaments que cet état exige sont les opiacés, les carminatifs, les toniques, du vin en modération, une diète nourrissante et aussi peu de changement que possible dans la routine journalière.

Les cas de diarrhée sont très-nombreux durant les épidémies de choléra. Quand les selles deviennent plus aqueuses, en eau de riz, avec crampes, la maladie alors prend le nom de diarrhée cholériforme. Ces symptômes, généralement, précèdent les selles eau de riz avec collapsus, symptôme que l'on a considéré comme constituant le choléra proprement dit. Il y a de très-nombreux et de très-précis témoignages, auxquels nous pouvons accorder toute confiance, qui prouvent que des épidémies violentes de choléra ont apparu immédiatement après la venue de personnes souffrantes de diarrhée et qui provenaient de localités où le choléra sévissait. La diarrhée cholériforme est une période du choléra, autant que le collapsus, et cette désignation devrait être discontinuée comme tendant à faire négliger les précautions sanitaires si nécessaires pour prévenir la propagation de la maladie.

Ici encore, les indications pour le traitement seront d'assister la nature en maintenant les forces, d'agir contre l'action épuisante du poison, d'assister son élimination et de protéger les parties au travers desquelles il est expulsé contre son action irritante ou les contenus viciés des intestins.

Comme le poison est renfermé dans les évacuations, théoriquement il semblerait que des médicaments purgatifs seraient les moyens indiqués pour assister la nature, mais l'expérience nous enseigne qu'il est d'autres moyens par lesquels le poison peut être éliminé avec moins de danger pour le malade, et que les purgatifs sont excessivement dangereux. Leur action est très-fréquemment suivie de selles eau de riz et de collapsus, période durant laquelle les médicaments ont peu d'action, tandis que dans le premier degré de diarrhée il y a peu de médicaments dont la valeur soit aussi certaine que les opiacés et les anodins.

L'explication de ce fait paraît être que le poison ou les sécrétions causées par lui sont d'une nature irritante à la muqueuse intestinale, et que les opiacés endorment ou soulagent cette irritation pendant le temps que le poison y séjourne, tandis que les purgatifs augmentent cette irritation et de cette façon accroissent la puissance de l'action du poison.

Éviter le collapsus (période algide) est d'une importance vitale, même si les moyens employés retiennent le poison dans l'économie, un ennemi peu agréable à retenir, c'est vrai, quoique heureusement sous une forme que nous pouvons contrôler.

La diarrhée cholériforme est généralement considérée comme le premier degré du choléra, pour nous c'est le second degré. Je reviens sur ce fait, car je le considère d'une haute importance; le premier degré du choléra consiste dans l'état de malaise que nous avons décrit, accompagné quelquefois de constipation ou d'évacuations normales, c'est la forme la plus légère; ou bien accompagné de diarrhée simple bilieuse ou aqueuse, ce qui n'est pas non plus considéré comme un degré de choléra, mais plutôt comme une diarrhée prémonitoire ou d'avertissement; on a néanmoins bien affaire au choléra, car les évacuations alvines de cette forme de malaise accompagné de diarrhée renferment le principe contagieux du choléra, et c'est probablement un des moyens les plus puissants de sa propagation.

Les symptômes de la diarrhée cholériforme ou du second degré sont les suivants : les selles sont copieuses, peu colorées et sans être accompagnées de coliques ; elles deviennent ensuite de plus en plus aqueuses et à la fin tout à fait incolores, ressemblant à de l'eau dans laquelle a bouilli du riz. Il y a souvent une sensation pénible à l'estomac, des aigreurs, quelques vomissements et des crampes. Les signes du malaise continuent, le pouls est faible, la respiration froide, la face foncée, les yeux congestionnés ; ce degré peut durer depuis quelques heures jusqu'à sept ou dix jours.

Quelquefois les selles aqueuses sont précédées par des selles et des vomissements bilieux, maux de tête et symptômes fébriles. La sécrétion de l'urine est peu abondante et des crampes errantes sont ressenties dans les extrémités inférieures. Il y a ici, ajoutée à l'action diminuée du nerf grand sympathique, l'irritation de la membrane muqueuse des intestins avec un désordre général du système nerveux.

Les indications du traitement sont d'enlever ou de diluer tout irritant étranger à l'économie ou spécifique, d'adoucir l'irritation de la surface des intestins, de maintenir les forces et d'activer les sécrétions du foie, des reins et de la peau. Le système nerveux, quoique affaibli, répond encore à l'action des médicaments.

Le nombre des remèdes recommandés théoriquement et empiriquement est considérable ; nous ne nous arrêterons pas à considérer tous ceux qui ont été recommandés dans cette période du choléra ; mais avant de de mentionner ceux qui donnent les meilleurs résultats, je crois utile de citer les remarques suivantes du Dr Murray.

« Les symptômes, dit-il, des premiers degrés du choléra disparaissent souvent après l'emploi de médicaments variés et souvent antagonistiques. Il est par conséquent d'une grande importance, quand on veut déterminer la valeur d'un remède, de considérer quelle est son influence sur les phases ultérieures de la maladie, car durant une épidémie sévère, des médicaments doivent être confiés à des personnes étrangères à l'art de guérir ; ainsi l'opium est de la plus grande valeur pour mettre un frein à l'action désordonnée des intestins, adoucir l'irritation et calmer le système. Employé sous diverses formes, c'est le principal remède, et son action favorable semble être augmentée quand on le combine avec le chloroforme, comme il est dans la chlorodyne. Mais il y a danger à le continuer dans les degrés suivants, où son effet devient des plus nuisibles. »

Sur un point, tout le monde est d'accord, c'est qu'il est d'une importance vitale que le traitement soit institué de bonne heure, dès le début même des premiers symptômes.

Pour cette raison il est essentiel qu'un bon médicament soit distribué dans les villes, villages et campagnes, où le choléra sévit ; il doit être donné sous une forme simple qui ne se détériore pas avec le temps et qui ne fasse pas de mal s'il est administré sans nécessité, et quelques instructions élémentaires doivent suffire pour en expliquer l'emploi. Beaucoup de spécifiques ont été vantés. Il sont pour la plupart composés d'eau-de-vie avec de l'opium, du chloroforme, des épices aromatiques, des huiles essentielles. La diarrhée est souvent combattue pendant un temps par ces remèdes, mais quand la maladie s'avance et gagne le degré du collapsus, les cas dans lesquels beaucoup d'opium ou d'eau-de-vie ont été donnés se terminent presque toujours fatalement.

La forme la plus usuelle des pilules employées contre le choléra dans le Bengale sont composées de :

Poivre	2
Opium.	1
Assa fœtida	3

Ces pilules donnent des résultats remarquables dans les premiers degrés du choléra et aucun inconvénient ne résulte de leur emploi intempestif. L'expérience a témoigné sur l'efficacité de ces pilules, aucun autre remède n'est aussi efficace et moins dangereux ; cependant, comme ces pilules contiennent de l'opium, leur emploi est contre-indiqué dans la période algide de la maladie.

Les médicaments que nous venons d'examiner et que l'expérience a sanctionnés n'en sont pas moins pour cela empiriques ; malheureusement, nous ne connaissons pas d'antidote contre le poison-choléra ; cependant, il y a peu de substances qui n'aient été essayées à cet effet. Celles qui empêchent la fermentation ou la putréfaction ont été fortement recommandées, mais jusqu'à ce jour essayés sans succès.

Toutefois, c'est dans cette voie qu'il faut que nous nous engagions ; il s'agit de trouver un agent qui arrête la décomposition de la matière organique, qui ne soit pas nuisible à l'économie et qui n'ait pas un effet fâcheux sur les degrés ultérieurs du choléra.

Je suis arrivé, par le raisonnement suivant, à essayer du chlorure d'aluminium. Si, me suis-je dit, cet agent détruit le principe contagieux que renferment les évacuations cholériques, est-ce que ce même agent n'agira pas de même chez l'homme, et est-ce qu'il ne détruira pas en lui aussi la puissance du poison ? Cette substance ne peut faire de mal ni directement ni indirectement, et c'est déjà beaucoup en sa faveur. Je n'y ai songé qu'à la fin de l'épidémie qui régna l'année dernière, autour de Sattara, ville de la présidence de Bombay, dont j'étais médecin en chef de l'hôpital, et je ne l'ai employé directement moi-même que dans trois cas arrivés à la période algide. Il fut donné par la bouche et en lavement, sans autre médicament que de la glace et un peu de lait à la glace, additionné de pepsine. Un des malades ne prit que très-peu de chlorure d'aluminium, sa caste s'opposait à ce qu'il bût de notre eau. Les deux autres guérirent, c'est peut être purement une coïncidence, considérant le peu d'action des médicaments dans la période algide, mais employé en lavements et fréquemment à l'intérieur, il n'y a pas de doute qu'il n'ait une action spéciale sur les muqueuses stomacales et intestinales, et qu'il n'agisse sur le poison qu'elles renferment.

Toutefois ce furent les deux seuls cas de guérison que nous obtînmes parmi tous ceux qui furent reçus à l'hôpital [1].

Je ne saurais trop recommander son emploi dès le début, en même temps que les pilules du Bengale et les soins généraux ci-dessus mentionnés. C'est parmi les agents de cette nature qu'on trouvera l'antidote du choléra, et celui-ci semble remplir les principales conditions demandées; ainsi le professeur Gamgee, qui a introduit dans la pratique le chlorure d'aluminium comme désinfectant, dit à ce sujet : « Le chlorure d'aluminium ratatine et arrête le mouvement et tue les corpuscules amœbiformes, de plus il détruit beaucoup de formes inférieures de parasites, qu'ils appartiennent au règne animal ou végétal. « Dans la *Lancet* anglaise du 30 septembre 1871, nous lisons ce qui suit au sujet du chlorure d'aluminium : « Le chlor-alum (solution de chlorure d'aluminium d'une gravité spécifique de 1160) acidifie les matières ordinaires des égouts et détruit les organismes vivants qu'ils renferment, additionné d'une proportion d'eau de *quarante* à *une* de chloralum. »

J'ai, dans les cas sus-mentionnés, employé un mélange de *un* à *vingt-cinq;* une once de ce mélange fut donnée toutes les demi-heures et un lavement de seize onces toutes les heures. J'en envoyai dans les districts affectés, et quoiqu'il soit difficile d'obtenir des renseignements précis, le fait existe cependant que, dans les cantons où il fut administré, la mortalité diminua sensiblement.

Les symptômes de la période du collapsus, période algide, sont les suivants : prostration extrême, face livide, transpiration froide et gluante, pouls faible ou supprimé, voix cassée, respiration oppressée, peau ridée, douleur brûlante dans l'épigastre, généralement accompagnée d'évacuations aqueuses, ou d'apparence d'eau de riz, ayant une odeur fade, et des crampes dans les extrémités.

Il y a des cas où la science humaine est impuissante, et, dans tous les cas qui se terminent par la mort, ces symptômes se manifestent, mais ce degré est rarement atteint sans que d'autres périodes aient été

[1] Ces observations ont été publiées en détail dans la *Lancet* du 16 août 1873. La préparation du chlorure d'aluminium dont je me suis servi est connue en Angleterre sous le nom de *chloralum* et est un de nos meilleurs désinfectants.

traversées, pendant lesquelles la maladie peut être enrayée et ce degré évité. Même dans les cas les plus désespérés, quoique la vie ne puisse être sauvée, l'agonie au moins peut être rendue moins pénible. Dans beaucoup de cas moins graves, bien des vies seront épargnées, si on emploie un traitement judicieux, alors qu'une terminaison fatale sera le résultat de la négligence ou d'un traitement irrationnel.

Les indications de ce troisième degré sont :

1° Soulager les symptômes proéminents et ramener la chaleur;

2° Maintenir les forces et éviter l'épuisement;

3° Détruire ou du moins limiter l'action du poison cholérique.

Ceux qui voudront se faire une idée du nombre considérable de médicaments tour à tour vantés et répudiés feront bien de consulter l'ouvrage du Dr Macpherson, et le mémoire du Dr Murray, je ne veux ici que donner le résumé de ceux qui leur ont paru donner généralement les meilleurs résultats et qui sont ceux (avec addition du chloralum) qui, d'après mon expérience personnelle, remplissent le mieux les indications de la maladie.

Ce sont : de la glace, de l'eau gazeuse glacée additionnée de chloralum (1 à 25), des lavements chauds contenant du chloralum en même proportion; de la chaleur à l'extérieur, air chaud passé sous les couvertures, des briques chaudes, des frictions sur les membres, des sinapismes à l'épigastre et de la glace sur l'épine dorsale. Ces moyens sont ceux qui devront être employés de préférence ; ils soulagent le malade et n'entraînent pas de conséquences fâcheuses dans la période de réaction, ce qui ne peut se dire quand des médicaments énergiques, ou quand l'opium et des alcools à haute dose ont été employés.

On doit en même temps maintenir les forces, ceci est d'une grande importance. On ne doit placer que peu de confiance dans le pouvoir digestif, car il est suspendu en grande partie, de même que toutes les fonctions dépendantes du système ganglionnaire. L'extrait froid de viande, recommandé par Liebig, est plus efficace, d'après le Dr Murray, que d'autres aliments, spécialement dans le cas de collapsus prolongé. Je préfère le lait glacé additionné de pepsine. Il est essentiel d'avoir une préparation de pepsine sur laquelle nous puissions compter. Le *Practitioner* a démontré que la plupart sont sans valeur. Je puis, d'après mon expérience personnelle, recommander celle préparée par un chimiste français, M. Perret, de Moret-sur-Loing. De petites quantités de vin et d'eau-de-vie sont souvent ajoutées avec un avantage apparent ; mais chez ceux où la réaction s'établit sans qu'ils aient été employés, la convalescence est plus franche. De la nourriture solide ne doit jamais être donnée, elle n'est pas digérée, et si elle n'est pas vomie et qu'elle soit retenue, elle se décompose et devient nuisible.

Se doutant peu que ces moyens détruisent le dernier espoir de guérison du malade, c'est dans les cas qui languissent longtemps et en apparence sans espoir que l'on a eu recours à la pratique fatale d'administrer en quantité considérable de l'eau-de-vie et du vin, ou que des remèdes violents ont été employés dans le vain espoir de sauver des cas désespérés par ces moyens dangereux.

La réaction est une phase naturelle dans le cours de cette maladie; l'agitation cesse, la soif brûlante disparaît, le pouls et la chaleur reviennent, les selles eau de riz diminuent et se colorent, la bile reparaît dans les selles, l'urine s'écoule, le sommeil suit et rien ne reste que de la faiblesse qui, elle aussi, disparaît rapidement ; telle est la réaction franche, quand elle a lieu de bonne heure et qu'elle est sans complication ; nul traitement actif ne doit être employé, le repos est essentiel, le sommeil est nécessaire, une diète nourrissante et légère, un peu de vin et des soins intelligents suffisent.

Mais quand la période algide a duré longtemps, la réaction est souvent suivie de fièvres adynamiques compliquées de dérangements locaux causés par l'action du poison ou par les remèdes employés. Aussi, dans le traitement de la période algide, avons nous repoussé les opiacés, les astringents, les alcools ; ces médicaments n'agissent que lorsque la réaction commence à s'établir, et ajoutent un nouvel empoisonnement à celui auquel le malade vient d'échapper. On ne peut trop se souvenir que la guérison n'est possible que si la réaction a lieu, et que le malade aura à traverser cette période avant d'entrer en convalescence. On doit donc bien s'abstenir d'avoir recours, durant la période algide, à des remèdes violents ou contre-indiqués, dont l'effet sur le collapsus est nul, et qui malheureusement entravent la réaction, l'empêchent de s'établir franchement ou la rendent dangereuse par son excès et sa violence.

Les cas dans lesquels le chloralum a été administré ont été suivis de réactions très-franches, sans fièvre secondaire et sans accident d'aucun genre.

Les fièvres, les congestions et d'autres accidents qui accompagnent une réaction anormale, tels que l'irritabilité de l'estomac, la diarrhée, la suppression de l'urine, etc., rentrent dans le domaine de la médecine ordinaire et ne doivent pas m'occuper ici.

Je ne puis mieux conclure ces notes qu'en donnant ici les mots mêmes par lesquels le Dr Murray termine son admirable mémoire sur le traitement du choléra.

« Le résumé des réponses de plus de cinq cents médecins du service médical de l'armée des Indes, et qui tous ont une expérience personelle dans le traitement du choléra, démontre une grande unanimité sur les mesures sanitaires et de précaution, et il y a une coïncidence très-grande sur les indications du traitement de la période algide, et aussi sur quelques remèdes pris individuellement. Partout la saignée est répudiée, la foi dans le calomel n'existe plus, l'opium est condamné, de même que l'usage excessif de l'alcool.

« L'acétate de plomb est regardé avec suspicion, l'acide sulfurique avec peu de confiance, et le danger des purgatifs est reconnu. L'impression générale est que l'on peut faire beaucoup de bien en limitant les ravages de la maladie, et beaucoup de vies seront sauvées si on reconnaît et si on traite la maladie dans ses périodes de début, et beaucoup de souffrances seront adoucies dans les cas où la vie même ne peut être préservée. »

MM. ARLOING et Léon TRIPIER

LÉSIONS ORGANIQUES DE NATURE PARASITAIRE CHEZ LE POULET TRANSMISSION PAR LA VOIE DIGESTIVE A DES ANIMAUX DE MÊME ESPÈCE ANALOGIE AVEC LA TUBERCULOSE

— *Séance du 25 août 1873.* —

Les lésions qui font l'objet de cette communication ont une grande analogie avec celles de la tuberculose et ce sont précisément ces analogies qui nous ont engagés à en essayer la transmission expérimentale par les voies digestives.

I. — Notre premier fait a été observé le 19 décembre 1871, sur un poulet dont les issues anormales nous avaient été remises par M. Larroque, professeur à l'École vétérinaire de Toulouse.

Cet animal avait été sacrifié pour la cuisine et, à son ouverture, on fut très-étonné d'y trouver : 1° des granulations jaunâtres de la grosseur d'un grain de millet ou de chènevis, répandues en nombre prodigieux dans le foie ; 2° quatre tumeurs de la grosseur d'une noisette, fixées soit sur l'intestin grêle, soit sur le cœcum ; 3° une autre tumeur de la grosseur d'un petit œuf, attachée à la naissance du cœcum.

Ces tumeurs, d'une teinte jaunâtre, offraient des foyers remplis d'une matière caséeuse épaisse ; en un mot, elles présentaient l'aspect des masses tuberculeuses du poumon ou des plèvres dans l'affection du bœuf vulgairement appelée *pommelière.*

Différentes coupes du foie, traitées par le carmin, nous montrèrent des îlots plus ou moins arrondis dont le centre n'était pas coloré ; à la périphérie, au contraire, la coloration était très-intense. En examinant d'autres points, nous vîmes des traînées diffuses qui n'étaient pas colorées. Quant au parenchyme de l'organe, il avait disparu à peu près complétement, et si l'on distinguait très-nettement, par places, un stroma comme fibreux avec de petits éléments fortement colorés par le carmin, ailleurs il était impossible de rien spécifier : masses irrégulières, très-réfringentes, mêlées çà et là à des éléments paraissant en voie de régression et à des granulations excessivement fines. Pour ce qui est de la tumeur intestinale, mêmes îlots arrondis, mêmes traînées blanchâtres ; toutefois, ici, elles paraissent mieux délimitées. Ailleurs, stroma très-dense ou en forme de réseau très-élégant dans certains points.

Nous pensâmes de suite avoir affaire à la tuberculose ou bien encore à la leucémie. Dans tous les cas, nous tentâmes la transmission par les voies digestives.

Expérience. — Le 20 décembre, on broie une partie des tumeurs ; on associe la pulpe à de la farine, de façon à en faire une pâtée qui est ingérée par un coq bien portant.

On entretient ce sujet avec soin pendant soixante-quinze jours, au bout desquels on le sacrifie.

L'animal a perdu de son embonpoint. Il n'y a rien dans l'intestin et le poumon. Le foie présente, à sa surface et dans son épaisseur, des granulations blanchâtres isolées ou rassemblées en traînées.

Ces traînées nous ont paru formées par un réseau dont les mailles étaient comblées par de petits éléments se colorant fortement par le carmin, c'est-à-dire par un tissu identique à celui qu'on trouvait dans plusieurs points du foie et des tumeurs intestinales du premier poulet.

II. — Évidemment, il y avait eu inoculation ; mais nous étions incertain sur la nature de l'affection et nous regrettions de ne pouvoir continuer nos recherches, lorsque, le 7 mai 1873, M. Larroque nous avertit qu'il avait de nouveau un poulet malade à notre disposition [1].

Ce poulet nous arrive agonisant ; il est d'une extrême maigreur et ne tarde pas à mourir ; à l'autopsie, on constate, outre des lésions intestinales identiques à celles du premier sujet, des masses caséeuses dans le poumon droit, une hypertrophie du foie (il pesait 55 grammes, le poids total étant 735 grammes) avec des traînées jaunâtres, des granulations nombreuses dans la muqueuse œsophagienne, plus rare

[1] Ces poulets n'étaient pas élevés à Toulouse. Ils provenaient d'une ferme située sur les premières pentes des Pyrénées. Nous savons que, pendant les vacances dernières, on y a observé un troisième animal encore plus complétement infesté que les deux premiers.

dans la muqueuse intestinale, ainsi que dans le tissu conjonctif intermusculaire.

En étudiant l'intestin et l'œsophage, nous rencontrâmes : 1° des corps ovalaires, à contenu granuleux avec un noyau clair central, munis d'une sorte de bouton aux deux extrémités du plus grand diamètre. Ils mesuraient 50 à 55 centièmes de millimètre de longueur totale, 40 à 45 centièmes de millimètre non compris les boutons terminaux et 20 à 22 centièmes de millimètre de largeur. Presque partout, ils sont disposés en troupes de 3 à 6 et davantage dans l'épaisseur de l'épithélium œsophagien ; 2° des kystes de 1/2 à 1 1/2 millimètres de diamètre. Les parois en sont fibreuses. Leur contenu, granuleux et opaque par places, est, au contraire, dans certains endroits, notamment près des parois, formé par de petits corps arrondis, très-réfringents et se colorant fortement par le carmin.

Quant aux tumeurs du poumon et de l'intestin, M. Balbiani a bien voulu les examiner sur des pièces durcies que nous lui avons transmises et nous faire connaître sa manière de voir. Il admet une analogie entre les éléments de ces tumeurs et la plupart des formes et des états d'évolution de la *gregarina falciformis*, que Eimer *(Ueber die ei-oder Kugelfœrmingen sogennanten Psorospermien der Wirbelthiere*, Wurtzburg, 1870) a vus chez la souris ; mais, tout en faisant des réserves, il croit plus volontiers à des psorospermies.

Expérience. — Nous voulûmes procéder pour ce second cas comme nous l'avions fait pour le premier. Le 8 mai 1873, une poule reçoit en pâtée des portions malades du poumon et de l'intestin. Elle est entretenue avec soin et malgré cela, au 24 septembre, elle avait perdu 190 grammes de son poids initial...

III. — Il s'agirait maintenant de déterminer la nature de l'affection que nous avons eue sous les yeux.

Par leurs dimensions, leur forme et leur double bouton, les corps ovalaires trouvés à la surface et dans l'épaisseur de l'épithélium œsophagien doivent être des œufs d'un helminthe de la tribu des Trichosomiens. Nous sommes d'autant plus fondés à le croire que, depuis l'époque où a été faite cette communication, nous avons rencontré, entre les muscles des parois œsophagiennes, un fragment de ver dont l'oviducte était rempli d'œufs identiques avec ceux que nous avons décrits. De plus, nous avons vu, au sein de l'épithélium de l'œsophage, parmi des corps ovalaires, la coupe d'un corps cylindrique d'un diamètre de 75 centièmes de millim., à double contour, à contenu granuleux qui évidemment appartenait à un helminthe.

Mais il nous est impossible de diagnostiquer le Trichosomien qui aurait pondu ces œufs sur le fragment dont nous disposons. Peut-être est-ce le Trichosome à long cou qui vit chez les gallinacés ? Dans tous les cas, Dujardin (voy. *Traité des helminthes*, p. 19) ne donne aucun détail spécial sur l'habitat de l'helminthe en question et l'endroit où il pond ses œufs, de sorte qu'il serait à croire que les Trichosomiens des gallinacés n'auraient été vus qu'à l'intérieur du tube digestif.

Reste à savoir quelles relations pourraient exister entre le ver trichosomien, les kystes de l'œsophage et les tumeurs du foie, du poumon et de l'intestin ?

La migration des helminthes à travers les tissus, leur arrêt en un point, leur mort et leur transformation en kystes, dont le contenu subit une sorte de dégénérescence athéromateuse, la ressemblance de ces kystes avec le tubercule sont connus depuis longtemps (voy. Voraine, *Traité des entozoaires*, p. 369 et 619). Par conséquent, il ne nous répugne pas d'admettre que les kystes de la muqueuse œsophagienne ont cette origine. On le comprendra plus facilement, en lisant les migrations et les transformations que Dujardin décrit à la page 96 de son ouvrage, à propos d'un ver trichomien, le *Calodium splenœeum* du *Sorex araneus*.

Les grosses tumeurs du poumon et de l'intestin se développent peut-être de la même façon, avec cette différence que plusieurs vers se trouveraient rapprochés en un point de ces organes. La substance réticulée à noyau, si semblable au tissu tuberculeux qui entourerait ces masses jaunes et compactes, a été déjà décrite dans des tumeurs hydatiques (Obs. de Malherbe, *in* Davaine, p. 371). Mais, en présence de l'examen de M. Balbiani, nous pensons devoir suspendre notre jugement, attendant une nouvelle occasion qui nous permettra d'étudier des pièces fraîches et peut-être de décider si toutes nos lésions appartiennent à une seule et même maladie ou à deux affections différentes et simultanées.

En résumé, tout en faisant les réserves qui précèdent, cette note renferme l'indication d'une maladie parasitique du poulet qui, à notre connaissance, n'avait pas encore été décrite. Cette maladie, par sa localisation presque entièrement viscérale, et par la forme de ses lésions, offre de grandes analogies avec la tuberculose ou même avec la leucémie. Enfin, elle se transmet, par la voie digestive, aux animaux de la même espèce.

A l'occasion de la communication de M. Tripier, M. ARMAND MOREAU prend la parole pour insister sur son importance et pour dire que, de concert avec M. Balbiani, il a, depuis le commencement de l'année, entrepris des inoculations de psorospermies sur des animaux à sang chaud et sur des animaux à sang froid.

C'est en faisant des expériences relatives à la vessie natatoire, que M. Moreau a rencontré d'une manière habituelle les psorospermies dans la vessie globuleuse de la Tanche. — Ces corps ont été l'objet d'un travail de M. Balbiani[1]. Le projet, fait en commun, d'inoculer les psorospermies a été réalisé par tous deux cette année. Déjà plusieurs pièces, relatives à la prolifération et aux modifications de ces corps particuliers transportés dans des organismes très-différents de leur habitat normal, ont été obtenues et sont conservées dans les collections du laboratoire de physiologie générale du Jardin des Plantes.

Dr AZAM

Professeur à l'École de médecine de Bordeaux

SUR LE MODE DE RÉUNION DES PLAIES D'AMPUTATION

— *Séance du 25 août 1873.* —

Il est un point sur lequel tous les chirurgiens sont d'accord, c'est la nécessité de guérir les amputés le plus vite possible. Dans les hôpitaux le doute n'est pas permis. Ils sont ainsi plus tôt soustraits aux chances d'érysipèle, d'infection purulente, et de pourriture d'hôpital, principales complications des plaies d'amputation dans les milieux relativement peu sains.

Le désir d'activer ces guérisons m'a conduit à adopter, définitivement et depuis plusieurs années déjà, la méthode que je vais exposer devant vous.

Cette méthode n'est point, à proprement parler, la mienne, elle appartient aujourd'hui à l'hôpital Saint-André de Bordeaux, où je fais la chirurgie en qualité de professeur de clinique. Presque tous mes collègues l'emploient en tout et en partie, chacun a porté sa petite pierre à l'édifice et il serait impossible de lui donner à juste titre le nom de l'un de nous, si elle doit porter un nom.

Celui de méthode de Bordeaux est le seul qui puisse lui être appliqué.

Je citerai particulièrement MM. Denucé, Labat, Lanelongue, Dudon, Lande, comme partageant mes idées et ayant contribué par

1 *Comptes rendus de l'Académie des sciences*, p. 157, t. LVII. 1863.

des améliorations successives à fonder la méthode que j'ai l'honneur d'exposer devant vous.

J'ai toujours pensé qu'il était chimérique de compter sur la réunion par première intention des plaies d'amputation. Je dirai plus, je considère comme dangereuses les tentatives faites dans ce but. Cependant, il est dans les plaies de cette nature des éléments qui peuvent être réunis sans suppurer, d'autres qui doivent suppurer. Les premiers sont les muscles et la peau, les autres, les os. Est-il donc possible de concilier ces deux termes et de réunir d'une façon complète et solide les parties molles des moignons en laissant suppurer les os.

C'est ce que prouve le succès de la méthode suivante.

Voici comment je procède :

Je pratique l'amputation par la méthode à lambeaux, avec le soin de faire autant qu'il est possible des lambeaux égaux. L'hémostase est faite complétement et les plus petites artères sont liées ; j'ai même le le soin d'attendre assez longtemps, la plaie ouverte, avant de faire la réunion.

Je place au fond de la plaie, en arrière de l'os, un drain de calibre moyen, mieux vaut gros que petit, et je relève vers la racine du membre l'anse de ce drain et le fixe par une bandelette collodionnée. M. Labat, qui est, je crois, le premier qui ait appliqué ce drain, conseille, avec raison, de le laver préalablement dans l'eau chaude pour enlever l'excès de sulfure de carbone. Je relève vers le côté interne le paquet des ligatures et le fixe comme d'usage.

Cela fait, j'applique les lambeaux l'un contre l'autre et les maintiens réunis au moyen d'une suture enchevillée profonde. Deux ou trois points suffisent, suivant la dimension du membre. Ces points sont en général placés à 4 ou 5 centimètres au-dessus du bord libre des lambeaux. Le meilleur mode de suture enchevillée est, d'après moi, le fragment de sonde dite en gomme élastique, fixé à un double fil d'argent qui traverse les tissus. Les deux chefs de ce fil sont simplement tordus sur le deuxième fragment de sonde, pour être détordus au deuxième ou troisième jour et permettre ainsi le gonflement inflammatoire des lambeaux. Les tissus profonds étant affrontés, je pratique une suture entortillée de la peau, ne laissant d'autres ouvertures que celles où passent le drain et les ligatures ; j'ajoute que je mets à faire cette suture le même soin que pour une restauration de la face. Ici M. Denucé emploie une modification que j'approuve. Dès la suture faite, il recouvre les fils et les épingles d'une couche de collodion renforcée de brins de charpie posés en travers, et, le collodion étant sec, il enlève les épingles séance tenante.

L'expérience lui a démontré que, dans ces circonstances, la solidité du collodion était suffisante. Il a ainsi l'incontestable avantage de n'être pas contraint de dépanser son amputé dès le troisième jour pour enlever les épingles.

Ainsi sont assurés :

1° L'écoulement des liquides du moignon et du pus des os par le drain ;

2° La réunion des muscles et autres parties molles ;

3° La réunion de la peau.

Après cette occlusion, le pansement a peu d'importance. Je préfère cependant placer à la partie inférieure du drain une masse de charpie et recouvrir le tout d'une forte épaisseur d'ouate.

Le troisième jour, je dépanse le malade et enlève les épingles, laissant le fil. S'il est nécessaire, je détords les fils d'argent pour donner aux lambeaux gonflés un jeu suffisant.

Quatre ou cinq pansements sont en général nécessaires, quelquefois moins ; les ligatures tombent du neuvième au quinzième jour. A ce moment, la suppuration profonde est tarie et il est permis d'enlever le drain. Puis je fais sur le moignon, qui ne présente plus d'autre plaie que le trajet du drain, une légère compression avec un bandage ouaté, et le malade est complètement guéri.

Chez douze à quatorze amputés, tous de cuisse et de jambe, le temps de guérison le plus court, pour un amputé de jambe, a été onze jours, le plus long vingt et un jours, pour un amputé de cuisse ; chez ce dernier malade, la ligature de l'artère fémorale comprenait une certaine quantité de tissu fibreux et n'est tombée que le vingt et unième jour ; elle seule retardait la guérison, car le jour même où j'ai pu l'enlever avec le drain, la guérison a été complète et définitive.

Quelques précautions secondaires sont importantes. Ainsi je ne fais jamais d'injection dans le drain et je laisse celui-ci parfaitement immobile pendant toute la durée de son application. Toute injection ou tout mouvement a pour effet de distendre ce tube élastique et de déranger le travail profond du bourgeonnement.

D'autre part, l'examen du drain, au moment de sa sortie, m'a prouvé qu'il était complètement plein d'un pus non altéré. L'air ne pénètre donc pas dans le fond de la plaie, et tout procédé prétendu désinfectant est inutile ou dangereux.

J'ai dit plus haut qu'il était nécessaire à la bonne réussite d'obtenir, avant d'appliquer les sutures, une hémostase complète. J'ai vu en effet deux ou trois fois une hémorrhagie secondaire décoller la partie inférieure des lambeaux. Dans ces cas, les quatre ou cinq épingles inférieures ont dû être enlevées, mais la cicatrisation n'a été retardée que de peu de jours.

Il est important d'exiger, le plus possible, du malade, l'immobilité du moignon, l'adhérence rapide des lambeaux est à ce prix. D'autre part, cette adhérence ne peut être assurée que par l'emploi simultané des deux sutures ; l'une d'elles employée seule serait insuffisante. J'en ai vu la preuve dans la pratique d'un chirurgien qui, pour une amputation de cuisse, avait cru pouvoir se contenter d'une suture superficielle seule. Les mouvements du malade ont empêché l'adhésion des lambeaux, et, bien que la peau fut réunie, la suppuration profonde a eu bientôt tout décollé, et le malade a succombé à une infection purulente, comme eût pu le faire tout amputé par la méthode ordinaire.

Je ferai une remarque à propos du pansement. Après le troisième ou quatrième jour, toute la suppuration s'écoule par la partie inférieure du drain, seulement par elle, son contact prolongé avec la peau ulcère celle-ci. Il est donc indispensable de la protéger par un corps gras et de recevoir le pus dans une masse spéciale de charpie.

Tel est le procédé ; je crois son exposé suffisant pour que les chirurgiens qui m'écoutent puissent le mettre en pratique, et je ne doute pas qu'il ne réussisse entre leurs mains comme entre les mains des chirurgiens de l'hôpital Saint-André de Bordeaux.

Je n'apporte pas ici, je le reconnais, ce qu'on nomme des observations détaillées, mais une conviction résultant de douze ou quatorze faits heureux, qui me sont personnels. J'apporte aussi la conviction de mes collègues de Bordeaux.

Le poids de ces affirmations sera, je l'espère, suffisant, pour que ceux qui m'écoutent se fassent à eux-mêmes des observations, qui, pour eux, seront plus concluantes que ne sauraient être les miennes, si détaillées qu'elles fussent.

DISCUSSION

M. VERNEUIL. La question du traitement des plaies d'amputation, à l'ordre du jour depuis des siècles, n'est pas beaucoup plus avancée qu'à la fin du seizième siècle ; l'accord commun a été retardé par la confusion des mots qui a entraîné la confusion des idées.

Une plaie d'amputation est concave ou angulaire et constitue un foyer traumatique très-hétérogène. On l'a d'abord traitée comme une plaie ouverte par l'exposition pure et simple, méthode remplie d'inconvénients à côté d'un seul avantage, l'absence de rétention des matières excrétées. Puis est venu le pansement simple, complétement illusoire. Au commencement de ce siècle apparaît la réunion immédiate, qui prétend mettre la plaie exposée dans les conditions d'une plaie sous-cutanée ou interstitielle ; prétention illusoire pour les plaies d'amputation. C'était cependant la première tentative sérieuse de protection de la plaie contre l'air extérieur,

Entre cette idée de protection et celle de la réunion immédiate s'est interposé un procédé mixte, celui de la réunion partielle, qui a l'avantage de diminuer l'étendue des surfaces suppurantes, mais l'inconvénient de créer un foyer anfractueux dans lequel séjournent les excrétions de la plaie. Le procédé de M. Azam lutte contre cette rétention ; mais pour le juger, il faut le comparer avec deux autres méthodes de pansement qui s'adressent peu à la plaie, mais beaucoup au milieu, et dont le but est d'empêcher les agents toxiques contenus dans l'air de pénétrer dans l'économie. Le procédé de Lister détruit les germes à mesure qu'ils se présentent sur la plaie, mais la guérison se fait très-lentement. L'autre, inspirée par la connaissance de la cicatrisation sous-cutanée crée des opercules ; elle a commencé par le pansement par occlusion de Laugier et Chassaignac pour aboutir au pansement ouaté.

Il faut donc étudier parallèlement le procédé de M. Azam, le pansement de Lister et le pansement ouaté. Ce qui doit décider de leur application, c'est la question du milieu. La méthode de M. Azam est certainement acceptable à la campagne, dans les petits hôpitaux et à la rigueur dans les hôpitaux moyennement salubres, comme ceux de Bordeaux, car il a l'avantage d'amener la cicatrisation bien plus rapidement que les autres méthodes. Mais à Paris et à Lyon, où les hôpitaux sont de véritables nécropoles assermentées, le procédé de M. Azam verra ses avantages tourner en de funestes inconvénients ; car les tentatives de réunion immédiate, quand elles échouent, sont fort dangereuses et il n'est plus guère temps de parer aux accidents lorsqu'ils se sont développés.

Donc, dans les milieux insalubres, où la réunion immédiate est tout à fait exceptionnelle, il faut choisir entre le pansement de Lister et le pansement ouaté. Ce dernier doit être préféré en raison du temps et des soins minutieux que réclame la méthode de Lister, et surtout en raison des résultats statistiques qu'il a donnés.

M. Azam croit aussi à l'influence considérable des milieux. Mais à part les hôpitaux de Paris et de Lyon, il pense que son procédé peut être appliqué avec avantage par la majorité des praticiens, car il rend impossible la rétention du pus, et il doit être préféré au pansement ouaté à cause de la brièveté de la cicatrisation.

M. Le Dentu désire seulement faire quelques observations. Un moyen bon à Paris, dans un milieu déplorable, doit être bon ailleurs à plus forte raison ; si avec cela il est plus simple que les autres, on doit le préférer. C'est précisément le cas du pansement ouaté, dont il a pu apprécier l'efficacité et qui est d'une grande simplicité d'application. Il croit en outre que ce pansement assure, bien mieux que celui de M. Azam, l'immobilité des lambeaux et il insiste sur la petite quantité de pus produite sous le pansement ouaté.

Il regrette aussi l'absence de statistiques de résultat numérique, et il demande à M. Azam si, avec son bandage, il n'a jamais eu de complications et dans le cas contraire à quel genre d'accidents il a eu affaire.

M. Diday revendique pour Dupuytren la méthode présentée par M. Azam.

Il y a quarante ans, après une hémostase complète, Dupuytren faisait un bandage roulé partant de la racine du membre, réunissait les lambeaux au moyen de bandelettes agglutinatives, et enfonçait profondément une mèche qui remplissait le même rôle que le drain, et le tout était recouvert par un pansement analogue à celui de M. Azam.

M. Azam ne pense pas qu'il y ait similitude entre la mèche et le drain, la première étant souvent un obstacle à l'écoulement du pus.

Le pansement ouaté préféré par M. Le Dentu est beaucoup plus long à appliquer, la cicatrisation est plus lente. Par son procédé la cicatrisation se fait très-rapidement après l'enlèvement du drain du douzième au quatorzième jour le plus souvent.

Les seules complications qu'il ait eues sont des hémorrhagies secondaires qui nécessitent l'enlèvement des sutures.

M. Fochier, chirurgien en chef désigné de la Charité de Lyon, opérant dans un milieu relativement salubre, a adopté depuis longtemps les principes soutenus pas M. Azam : réunion sur la plus grande partie de la plaie par un double plan de sutures, avec le soin de ménager un écoulement facile au pus qui doit ou qui peut se former. Seulement il croit que le drain réalise mal ces indications. Il craint que M. Azam n'ait été conduit par la conviction de l'utilité du drain à subordonner le choix du procédé opératoire au mode de pansement.

De plus le drain se bouche et alors il faut employer ou des injections ou pratiquer le cheminement, ce qui nuit à la réunion cherchée. Pour lui il est revenu à l'antique mèche partant de l'os et aboutissant au point le plus déclive de la plaie ; la mèche est enlevée le deuxième ou troisième jour. Il convie les chirurgiens qui opèrent dans des milieux insalubres à ne pas compromettre par leur autorité les vieilles méthodes de pansement qui lui semblent très-bonnes, sinon les meilleures, dans les milieux salubres.

M. Azam. Le choix de la méthode d'amputation n'est pas subordonné au mode de pansement; depuis longtemps il avait adopté les amputations à lambeaux avant d'appliquer son mode actuel de pansement. Jamais il n'a vu le drain se boucher ; la sérosité des premiers jours et le pus qui se forme ensuite font un courant continu qui maintient sa perméabilité tandis que la la mèche peut devenir un véritable bouchon. En somme, il engage les chirurgiens lyonnais à essayer le procédé de Bordeaux, mais en tenant bien compte de cette question primordiale, la question du milieu.

M. Courty cherche, comme M. Azam, à obtenir la réunion immédiate dans les trois quarts ou les quatre cinquièmes de la plaie. Puis il réunit tous les fils à ligature dans la partie déclive qu'il laisse ouverte; il se propose de remplacer dorénavant par un drain cette espèce de mèche. Comme M. Azam, il fait deux sutures, une superficielle, une profonde.

Quand au pansement de Lister, il le regarde comme inapplicable dans un hôpital où il y a beaucoup de malades à panser à cause des soins minutieux qu'il réclame.

Le pansement ouaté peut amener des accidents au moment du gonflement du moignon; il obtient l'immobilité d'une manière presque égale au moyen d'une gouttière.

M. Ollier rappelle que l'année dernière, au Congrès médical de Lyon, il a exposé les résultats de la méthode d'occlusion inamovible qu'il a eus dans son service de l'Hôtel-Dieu; il y a apporté depuis plusieurs mois quelques changements.

Il avait eu des accidents, toujours survenus dans les premières quarante-huit heures, qu'il attribuait à l'absorption des liquides septiques, supposition que des expériences de M. Poncet ont changé en certitude. D'après cela, il a modifié le pansement de la manière suivante : il place un drain dans le fond de la plaie; les lambeaux sont rapprochés avec des sutures ou des bandelettes de diachylon, et le moignon recouvert d'ouate phéniqué est placé dans une gouttière.

Au bout de quarante-huit heures on applique l'occlusion inamovible.

Les hémorrhagies surviennent surtout dans les quarante-huit premières heures, plus tard elles sont fort rares. Avec sa première méthode, M. Ollier a eu des hémorrhagies, et, depuis qu'il l'a modifiée, il n'a pas eu un seul accident de ce genre. Le drain s'oblitère quelquefois, mais, malgré cela, il est préférable à la mèche.

Comme les précédents orateurs, il pense que ce qui domine dans cette question de pansement, c'est le milieu. Dans un milieu salubre toutes les méthodes donnent des succès.

En cherchant un moyen de protection absolue, il en a trouvé un, qui seul réalise des conditions rigoureuses, c'est le bain d'huile. Le moignon est plongé dans un bain de cette substance au fond duquel tombent tous les liquides de la plaie sans jamais rester en contact avec elle; il en a eu des résultats très-satisfaisants, seulement au bout de quinze jours il fallait remplacer le bain par un pansement simple; la plaie devenant alors molasse. En définitive, il a abandonné cette méthode à cause de la difficulté de son application. C'est alors qu'il a essayé le pansement ouaté, auquel il ajoutait l'inamovibilité au moyen du silicate de potasse.

Avec la modification qu'il y a apportée, cette méthode permet de remplir les indications fournies par l'étude physiologique des plaies. Il y a une première période où se produisent les hémorrhagies et les accidents septiques, cette période dure quarante-huit heures, pendant ce temps il ne fait pas l'occlusion absolue.

La deuxième période est celle des accidents pyohémiques; pour les éviter on enferme la plaie et on immobilise les lambeaux.

Depuis deux ans et demi qu'il applique cette méthode, il n'a pas eu une seule pyohémie, mais seulement des septicémies chroniques. On comprend, en effet, que la plaie étant immobilisée et les vaisseaux obturés, on n'ait pas de processus emboliques.

Toutes les fois que le bandage a été renouvelé pour céder aux sollicitations des malades, M. Ollier a observé une élévation de la température; celle-ci baissait au contraire toutes les fois que le renouvellement était fait pour répondre à des indications précises, douleur, etc., etc.

Dr Émile LERICHE
de Mâcon
Lauréat de la Faculté de médecine de Paris, ancien prosecteur à l'École de médecine de Lyon

NOTE SUR QUELQUES POINTS DE TÉRATOLOGIE

— *Séance du 25 août 1873.* —

Depuis que les admirables travaux des Geoffroy Saint-Hilaire semblaient, dans l'*Histoire des Anomalies*, avoir définitivement fixé les lois des monstruosités humaines, bien souvent les observateurs ont pu, en apportant leurs rectifications ou leurs découvertes, jeter çà et là sur ce terrain les germes de controverses qui sont encore aujourd'hui pendantes.

Plus d'une fois attiré par l'intérêt de ces recherches, j'ai été assez heureux pour pouvoir étudier (principalement pendant mon internat à la Charité de Lyon, avec mon excellent maître M. Delore), un certain nombre de sujets monstrueux ; et sur plusieurs points il m'a été donné de faire des remarques que je demanderai à résumer ici.

Elles ont trait à trois espèces de difformités : 1° la hernie du cerveau et de ses enveloppes ; 2° l'absence des centres nerveux ; 3° la soudure avec arrêt de développement des membres inférieurs.

I. — HERNIE DU CERVEAU ET DE SES ENVELOPPES (ENCÉPHALIE)

Il est certains monstres chez lesquels le crâne ouvert laisse proéminer sous le tégument les parties normalement contenues dans la boîte osseuse. Isidore Geoffroy Saint-Hilaire les comprend dans sa famille des *Excencéphaliens*, qu'il divise, d'après la situation qu'occupe la tumeur hors du crâne plus ou moins incomplet, et suivant l'absence ou l'existence simultanée d'une fissure spinale, en *notencéphales*, *proencéphales*, *podencéphales*, *hypérencéphales*, *iniencéphales* et *exencéphales*.

Mais ces monstruosités peuvent être classifiées à un point de vue plus important que celui-là : trois notencéphales donnés peuvent, en effet, présenter chacun une tumeur anormale formée d'éléments différents, et, d'autre part, un notencéphale peut être constitué exactement, quant à cela, comme un proencéphale ou un iniencéphale. Il y a plus : l'organisation générale du sujet et son aptitude au développement sont unies par des liens bien plus intimes à l'état du cerveau qu'à la situation de la saillie abnorme en avant, en arrière, au-dessus ou au-dessous du crâne. Il est donc rationnel de diviser les exencéphaliens d'après le contenu de la tumeur céphalique.

Or, dans ce qu'on a appelé, depuis Ledran, *hernie du cerveau*, outre qu'il en faut écarter les productions extérieures au crâne (céphalœmatomes), qu'on a confondues dans le principe avec des exencéphalies, on a englobé trois variétés de malformations.

La poche anormale peut contenir :

Ou les méninges distendues par un liquide ;

Ou, avec une hydropisie des méninges, une partie du cerveau normalement conformé ;

Ou une partie du cerveau altéré par une hydropisie centrale.

D'où une division naturelle en trois anomalies distinctes : *méningocèle, encéphalocèle, hydrencéphalocèle.*

C'est ce qu'avait vu et proposé déjà l'éminent et regrettable professeur Spring, de Liége [1]. Mais ce n'est pas tout : ces anomalies de l'encéphale et de ses méninges n'offrent-elles aucune analogie avec celles de la moelle et de ses enveloppes? En second lieu, par quel mécanisme peuvent-elles se produire?

J'ai publié ailleurs [2], avec la critique des travaux de Spring, la description de six monstres exencéphales que j'ai pu observer et parmi lesquels chacune des variétés sus-indiquées était représentée par deux spécimens. Ces éléments m'ont servi à établir ce qui suit.

A. — *Les tumeurs congénitales formées par les organes intra-crâniens faisant issue hors de la boîte osseuse doivent être rapprochées du spina bifida*, c'est-à-dire de l'issue congénitale des organes rachidiens hors du canal vertébral.

Il y a à cela trois raisons :

1° La coïncidence fréquente de l'anomalie crânienne et de l'anomalie rachidienne ;

2° La similarité des parties herniées : dans le *spina bifida*, en effet, comme dans la monstruosité qui nous occupe, on observe trois variétés anatomiques : l'hydropisie simple des méninges, l'hydropisie méningée avec issue d'une portion de l'axe médullaire, l'hydropisie centrale de l'organe nerveux ; les deux premières admises par Cruveilhier, la troisième par Forster et Virchow ;

3° La constance des points de sortie au niveau des lignes de séparation, soit des vertèbres crâniennes entre elles, soit de leurs moitiés latérales, principalement dans l'écartement des lames ; l'étude attentive des faits qui semblent contredire ce dernier point démontre qu'il

[1] *Monographie de la hernie du cerveau.* Bruxelles, 1853.
[2] *Du spina-bifida crânien.* Thèse couronnée. Paris, 1872.

n'y a pas, dans les observations publiées, de base solide pour asseoir une opinion différente.

L'adoption du mot de *spina bifida crânien* est donc suffisamment justifiée, conformément à l'idée de Cruveilhier et contrairement aux conclusions de Spring.

B. — Quant au mode de production de ces anomalies, il ne peut être expliqué par une rupture du crâne une fois formé. De toutes les causes, en effet, qu'on a invoquées pour expliquer cette rupture, aucune ne serait acceptable : ni l'augmentation générale du volume des organes contenus, laquelle devrait distendre toutes les sutures, comme dans l'hydrocéphalie simple, et non produire une perforation en un point limité ; — ni la perte primitive et accidentelle de substance du crâne, laquelle, difficile à expliquer elle-même dans sa cause, laisserait encore à trouver la force propulsive qui aurait, avant la naissance, précipité les organes encéphaliques à travers l'ouverture anormale : car il serait contraire à l'observation de prétendre que ces tumeurs ne se produisent que postérieurement à la naissance, alors que l'enfant a déjà respiré et crié ; en tout cas, une cause à action brusque ne saurait amener cet effet sans solution de continuité des méninges.

Serait-ce, comme le veulent Himley et Serres, l'arrêt de développement du crâne qui entraînerait l'altération cérébrale? Il y a évidemment arrêt de développement du crâne ; mais, outre que cette explication serait impuissante à rendre compte des lésions hydropiques que présentent les organes intra-crâniens, elle n'est pas justifiée par l'induction : car, d'après Baër et Dursy, le développement du crâne se moule à l'état normal sur celui des vésicules cérébrales, comme, du reste, les cavités osseuses en général se moulent sur les organes qu'elles contiennent et dont la formation précède la leur. Au lieu de regarder l'arrêt de développement du crâne comme la cause de la difformité du cerveau, il est donc plus raisonnable de renverser la proposition en considérant *le développement anormal de la boîte osseuse comme la conséquence d'une hydropisie primitive des méninges ou de l'épendyme*. Dans le premier cas, si l'hydropisie s'est bornée à distendre les enveloppes cérébrales, on a l'hydroméningocèle ou méningocèle simple, et, si l'accumulation du liquide sous l'arachnoïde a entraîné hors du crâne une portion plus ou moins flottante du cerveau, on a l'encéphalocèle. Quant à l'hydropisie centrale, à laquelle s'applique en propre le mot d'hydrencéphalocèle, elle a réprimé le développement du cerveau, dont les circonvolutions ou même d'autres parties se montrent dans un état plus ou moins rudimentaire. Ces hydropisies, du reste, ne sont qu'une persistance et une exagération de l'état embryonnaire, le crâne viscéral étant primitivement formé de vésicules membraneuses remplies de liquide.

Il faut remarquer en passant qu'il est inexact de dire que l'hydropisie des ventricules a *déplissé* les circonvolutions cérébrales : car il faudrait supposer d'abord que la substance blanche a été détruite, ce qu'on n'a pu prouver, puisqu'on n'a jamais signalé de détritus de son tissu dans le liquide de l'hydropisie; en outre, l'apparence du cerveau est semblable à celle qu'il offre dans certains cas où le liquide n'a pu amener une distension assez forte pour opérer un pareil effet, par exemple chez les hydrencéphales qui sont en même temps microcéphales. L'accumulation de liquide, en distendant la vésicule cérébrale primitive, a produit un arrêt de développement du cerveau avant l'apparition des circonvolutions, lesquelles sont formées, non pas par un simple froncement de la surface corticale, mais par la protrusion des couches superficielles poussées, par le développement des couches profondes, entre les mailles du réseau vasculaire de la pie-mère; ces mailles se creusent ainsi passivement des sillons profonds dans la substance grise.

II. — DE L'ABSENCE DES CENTRES NERVEUX (ANENCÉPHALIE)

Au mois d'octobre dernier, le Dr Chambard a présenté, à la Société des sciences médicales de Lyon, un fœtus monstrueux, dans lequel on avait cru voir un pseudo-encéphalien, mais dont la conformation était en réalité celle des anencéphales d'Isidore Geoffroy Saint-Hilaire. Le crâne, dont la voûte manquait, contenait une vésicule membraneuse remplie de liquide; le canal rachidien était largement ouvert dans toute son étendue, et la moelle représentée par un cylindre membraneux également rempli d'un liquide. Les membranes étaient transparentes, et il ne semblait y avoir aucun vestige de substance nerveuse : c'était le type du monstre *anencéphalien*, genre *anencéphale*.

Or, en examinant de plus près ce sujet, que notre estimé confrère voulut bien m'abandonner pour y étudier le grand sympathique, je fus frappé de voir que, non-seulement cette partie du système nerveux n'était ni plus ni moins développée qu'à l'état ordinaire, mais encore les nerfs de la vie de relation existaient partout avec leur aspect normal. Malheureusement le cadavre remontait à plus d'un mois et n'avait été qu'incomplétement plongé dans l'alcool ; son état d'altération ne me permettait pas de faire un examen histologique. Néanmoins je voulus poursuivre les nerfs des membres jusqu'au canal vertébral, pour voir s'il n'y avait pas moyen de déterminer leur mode d'origine, et, en examinant avec soin la bouillie rougeâtre en laquelle s'étaient déjà presque complétement transformées les membranes du rachis, je découvris et je montrai moi-même à la Société des sciences médicales deux cordons longitudinaux très-grêles, séparés l'un de l'autre, émettant chacun des filets nerveux par leur bord externe; chacun de ces cordons portait, au niveau des épaules et de la base du cou, un épaississement gangliforme allongé, qui rappelait le renflement cervico-dorsal de la moelle. Le degré de décomposition des tissus était trop avancé pour qu'il fût possible de déterminer de même comment naissaient les nerfs crâniens, les deux nerfs optiques par exemple, qui étaient très-visibles jusqu'au chiasma. Je ne pus savoir s'il existait des linéaments du cerveau, ni comment les cordons médullaires se terminaient à leurs extrémités.

J'en avais assez vu pour constater un fait qui n'est signalé nulle part dans Isidore Geoffroy Saint-Hilaire : ni chez les anencéphales, ni chez les exencéphales, cet état de la moelle n'est décrit. En révisant avec soin les classifications de l'auteur et en les comparant à l'aspect du fœtus que j'avais sous les yeux, je pus me convaincre qu'il ne pouvait être rangé que parmi les anencéphales.

Mais alors faudrait-il en conclure que l'illustre tératologiste s'est mépris complétement sur la constitution de ces monstres, et que, chez les anencéphales mêmes, il y a toujours des rudiments de centres nerveux? Il est probable que, si l'on eût fait un examen plus minutieux des vésicules cérébrales ou médullaires, on eût rencontré plus d'une fois la même chose; néanmoins je ne regarde pas comme prouvé qu'il n'y ait pas des fœtus très-réellement privés de cerveau et de moelle, comme par exemple dans les cas cités par Lallemand et Breschet, où le grand sympathique présentait un développement anormal, ce qui n'existait pas ici.

Il serait bon, à mes yeux, de retoucher la division en deux genres de la famille de anencéphaliens : comme Isidore Geoffroy Saint-Hilaire, on pourrait continuer à appeler *dérencéphales* ceux dont la moelle ne manque qu'à la région cervicale ; les *anencéphales* seraient ceux qui ne possèdent que des linéaments de cet organe, et l'on séparerait d'eux les *amyélencéphales*, totalement privés de moelle et de cerveau.

Quant à l'anomalie que nous venons de décrire, elle nous montre encore un arrêt de développement de la moelle à l'époque où la substance nerveuse, au centre du cylindre cystique primitif, a commencé à prendre naissance sous la forme de deux cordons longitudinaux. L'étude histologique des troncs nerveux, si elle eût été praticable, eût peut-être jeté un jour intéressant sur le développement des nerfs périphériques dans ses rapports avec celui de l'axe cérébro-spinal.

III. DE L'ARRÊT DE DÉVELOPPEMENT AVEC SOUDURE DES MEMBRES INFÉRIEURS (SYMÉLIE)

Il est une sorte d'anomalie dans laquelle les deux membres inférieurs sont soudés l'un à l'autre ; le fœtus est dit alors *symélien*. Si l'appendice formé par cette sorte d'extrémité caudale est simplement terminé en pointe, on a affaire à un symélien *sirénomèle ;* si l'appendice supporte deux pieds distincts, c'est un *symèle ;* s'il n'y a qu'un rudiment de pied unique, il s'agit d'un symélien *uromèle*.

J'ai pu, en 1868, disséquer deux sujets appartenant à cette dernière variété ; sans rappeler en détail la description qui en a été communiquée à la Société impériale de médecine de cette ville par M. Delore [1], j'appellerai l'attention sur un point qui m'avait particulièrement préoccupé, la théorie mécanique de la difformité.

Dans ces deux cas, le fémur était unique, portant en haut une seule tête, et en bas trois condyles articulés avec un tibia unique aussi. Il y avait deux rotules placées en dehors. Les muscles antérieurs de la cuisse étaient doubles, situés de chaque côté du membre.

Dans l'un des cas, où le fœtus était presque à terme, le grand trochanter unique était en avant, ainsi que les muscles postérieurs de la cuisse confondus entre eux ; à la jambe, une masse musculaire représentant les jumeaux se trouvait aussi en avant ; lorsque le membre était défléchi, le pied rudimentaire regardait en bas et en arrière par sa pointe, en haut et en avant par son talon, obliquement en arrière par sa face dorsale, en avant par sa face plantaire ; il portait trois orteils aplatis.

Dans l'autre cas, où le fœtus paraissait avoir environ sept mois, un des côtés du membre unique, le gauche, s'était plus développé que l'autre, ce qui se remarquait à une inégalité de volume sur les deux bords du membre rudimentaire, à la déviation qu'il avait éprouvée suivant une courbe concentrique au côté le moins avancé, enfin à une saillie coudée qui représentait, sur le côté droit de la jambe unique, la terminaison du tibia droit ; le pied ne tenait qu'au rudiment du tibia gauche. En outre, tout le membre avait subi sur son axe une légère rotation de gauche à droite, en sorte que le grand trochanter unique, au lieu d'être dirigé directement en avant, était plutôt un peu tourné à droite.

Quoi qu'il en soit, pour les deux cas, les deux genoux étaient très

1 Séances du 20 janvier et du 17 février 1868.

en dehors, les cuisses confondues par leur face postérieure, le pied tourné en arrière par sa pointe.

Quand au bassin, il était conformé de telle sorte que, les deux ischions étant rapprochés, les deux fosses cotyloïdes étaient fondues en une seule, regardant en bas et située dans le plan inférieur du bassin. La surface cotyloïdienne unique, située horizontalement, formait un plancher à la place du détroit inférieur. L'excavation était très-comprimée dans tous les sens, et les os iliaques déjetés, renversés en dehors, si bien que les fosses iliaques internes étaient transformées en surfaces convexes, les externes étant concaves dans tous les sens. Le sacrum était légèrement convexe en avant. La symphyse pubienne était très-abaissée, et le plan du détroit supérieur rapproché de la verticale.

Dans les deux cas, le membre inférieur était relevé sur la face antérieure du tronc, et au-dessous de sa racine on remarquait un petit tubercule qui semblait être un rudiment de verge.

Comment expliquer ces déformations et ces rapports bizarres existant entre les deux segments du membre inférieur, le pied étant complétement tourné en arrière, tandis que les genoux regardaient en dehors et le pubis en avant? Une expérience assez simple permet d'en concevoir le mécanisme.

J'ai taillé, dans une pièce de caoutchouc épaisse de 2 millimètres, un schéma représentant le profil du bassin, avec les deux membres inférieurs appendus, les pieds réunis en arrière par une anse de fil de fer servant de pivot aux talons pour laisser les pointes de pied tourner dans un plan horizontal. Or, renversez en dehors les parois du grand bassin : les deux cuisses se rapprocheront par leur face postérieure, les genoux tourneront en dehors ; si vous amenez les jambes en avant pour les fléchir sur le devant du corps, leur bord antérieur deviendra externe, finira par regarder en arrière, et les pieds exécuteront leur mouvement de rotation autour de la ligne qui sépare les talons, en portant les pointes en arrière.

On pourrait donc considérer la déformation existente comme le résultat d'un renversement de la ceinture pelvienne, par suite duquel les membres inférieurs auraient subi un mouvement de rotation en dehors, les deux pieds ayant été primitivement accolés l'un à l'autre vers les talons, pour se souder ensuite par leur bord interne.

Mais, comme les difformités monstrueuses en général sont, non pas des modifications d'organes une fois formés, mais des arrêts de développement, nous sommes autorisés à penser qu'il faudrait retourner l'explication : il est probable en effet que, chez l'embryon normal, les membres inférieurs, qui naissent de chaque côté de l'appendice caudal à sa base, au-dessus du sillon uro-génital, par deux bourgeons séparés, se dessinent par leurs premiers linéaments dans la position même que nous présentent les monstres symèliens : les genoux regardent en dehors, les pieds sont un peu déjetés en arrière, et le bassin est tout d'abord renversé en dehors, comme dans le cas qui nous occupe ; plus tard, les membres reviennent dans la rotation en avant, à mesure que les parois du bassin se redressent. En outre, on sait que les deux bourgeons primordiaux ont de la tendance à se porter l'un vers l'autre, puisque le fœtus a d'ordinaire les membres inférieurs rapprochés, fléchis dans leur articulation fémorale, et même, dans les derniers temps, fléchis au genou et croisés l'un sur l'autre. Ici, cette tendance a été si accentuée que les deux bourgeons, s'accolant avant la sélection des organes, se sont soudés ensemble, ce qui a pu nuire à leur développement réciproque. Cet accolement s'étant produit dans la flexion forcée de l'appendice crural sur le tronc, les rudiments des organes génitaux sont restés au-dessous, comme à l'état normal le sillon uro-génital est primitivement situé au-dessous du point d'émergence des bourgeons cruraux.

Telles sont les particularités que nous avons essayé de mettre en lumière : nous n'avons pas cru devoir les regarder seulement comme des faits intéressants, mais nous nous sommes efforcé de les étudier dans ce qui, pour nous, doit être un des buts les plus élevés de la tératologie : ne pas se contenter de constater et de décrire des anomalies plus ou moins bizarres, mais tâcher de nous éclairer sur la façon dont elles se sont produites, et d'en tirer quelques enseignements utiles pour l'histoire de l'embryogénie.

Dr OLLIER

Chirurgien titulaire de l'Hôtel-Dieu de Lyon

RÉSECTIONS SOUS PÉRIOSTÉES — PRÉSENTATION

(EXTRAIT DU PROCÈS-VERBAL)

— Séance du 27 août 1873. —

Les membres de la section des sciences médicales se sont rendus, le 27 août 1873, à l'Hôtel-Dieu de Lyon, sur l'invitation de M. le docteur Ollier, dans le but d'examiner les résultats d'une série d'opérations de résections du coude faites par lui, et de constater *de visu* les effets définitifs de cette opération, surtout au point de vue de la régénération des extrémités osseuses et du rétablissement des fonctions.

Après avoir exposé les points principaux de la doctrine relatives aux résections sous-périostées et en particulier ceux qui ont été l'objet des plus récentes discussions, M. Ollier présente cinq opérés de résection du coude (deux en 1871 ; un en 1870 ; un en 1869 ; un en 1867), indépendamment de quatre autres opérés qui sont encore en traitement dans les salles.

Sur ces opérés, on peut, en mettant en présence les portions osseuses enlevées et le coude restauré, se rendre compte de la réalité de la régénération des nouvelles extrémités articulaires ; on peut vérifier le mode de reconstitution de l'article qui devient un véritable ginglyme aussi mobile dans certains cas qu'à l'état normal, mais avec une grande solidité latérale, offrant des mouvements très-étendus de flexion et d'extension, de pronation et de supination.

Les mouvements d'extension sont d'autant plus importants à constater que l'extension active, c'est-à-dire opérée par le triceps lui-même, est considérée encore par quelques chirurgiens comme impossible.

On a, en présence de l'assistance, mesuré la force de contraction de certains muscles et en particulier du triceps qui, dans les résections par les anciens procédés, perdait ses fonctions. Un des opérés avait une force d'extension par le triceps de 12 kilogrammes.

Tous ces opérés, du reste, sont des ouvriers travaillant pour gagner leur vie comme faucheurs, cultivateurs, etc.

Dr CHASSAGNY

TRAITEMENT DE L'INSERTION VICIEUSE DU PLACENTA SUR LE COL

(EXTRAIT DU PROCÈS-VERBAL)

— *Séance du 27 août 1873.* —

M. Depaul recommande dans ces cas le tamponnement vaginal. Or, ce procédé présente deux inconvénients, la difficulté de son application reconnue par M. Depaul lui-même, la possibilité du retour des hémorrhagies. Il faut en effet, pour empêcher ou pour arrêter les hémorrhagies, interposer dans le col, entre les vaisseaux divisés et le placenta, un corps souple, flexible, susceptible de se mouler dans cette cavité et d'obturer tous les orifices vasculaires.

M. Chassagny a obtenu ce résultat avec son dilatateur intra-utérin ; mais pour simplifier l'application de cet appareil, il l'a remplacé par un double ballon qui remplit les deux indications suivantes :

1° Il excite les contractions utérines et active l'accouchement ; dans les quatre cas où il l'a employé, celui-ci s'est terminé dans les trois quarts d'heure ;

2° Il arrête complétement les hémorrhagies en obstruant les orifices vasculaires, de sorte qu'on est complétement à l'abri des hémorrhagies intra-utérines.

M. Chassagny a employé deux fois le dilatateur intra-utérin, quatre fois son double-ballon, et toujours l'accouchement s'est fait rapidement et sans hémorrhagie.

Dr LE DENTU

Professeur agrégé à la Faculté de médecine de Paris, chirurgien des hôpitaux

PROCÉDÉ D'AUTOPLASTIE CONJONCTIVALE POUR LA CURE DU SYMBLÉPHARON

— *Séance du 27 août 1873.* —

Lorsque les adhérences des paupières au globe oculaire sont très-étendues, le traitement du symblépharon offre de grandes difficultés. Les procédés employés jusqu'ici ont généralement échoué ; peut-être pourrait-on faire une exception en faveur de la méthode des transplantations préconisées par Tealé. M'étant trouvé récemment en présence d'un symblépharon de toute la paupière inférieure avec la moitié du globe oculaire et les deux tiers inférieurs de la cornée, je pensai pouvoir recourir avec profit au procédé suivant qui se rattache à la méthode anaplastique.

Le sujet était un jeune homme d'une vingtaine d'années, chez qui, à la suite d'une brûlure, il s'était établi des adhérences entre la face postérieure de la paupière inférieure tout entière d'une part, et de l'autre la moitié inférieure du globe oculaire. Au niveau de la cornée les adhérences remontaient jusqu'au tiers supérieur de cette membrane, et ses deux tiers inférieurs étaient entièrement recouverts par le tissu cicatriciel. Il en résultait que la seule portion de la cornée capable de donner passage aux rayons lumineux était en grande partie cachée par la paupière supérieure. En outre, elle ne correspondait que par sa partie inférieure à l'orifice pupillaire. L'œil atteint de symblépharon était donc en réalité très-peu utile pour la vision. Certes, aucune opération ne pouvait remédier à l'opacité des deux tiers inférieurs de la cornée. Aussi n'est-ce pas pour augmenter l'étendue du champ visuel que l'opération fut entreprise, mais bien pour rendre au globe de l'œil sa mobilité, et remédier au tiraillement qu'il exerçait sur la paupière, toutes les fois qu'il se dirigeait en haut.

C'est un principe fondamental en autoplastie, que pour remédier à des difformités par adhérence, il faut opposer aux surfaces cruentées des surfaces saines, cutanées ou muqueuses, non avivées. Me conformant à ce principe je pratiquai l'opération suivante :

1° Je commençai par disséquer les adhérences avec de grandes précautions pour ne pas ouvrir la chambre antérieure. Cette dissection fut poussée en bas jusqu'à environ un centimètre du bord libre de la paupière ;

2° Alors je fis deux incisions courbes concentriques sur la conjonctive de la partie supérieure du globe, l'une à 2 millimètres de la demie circonférence supérieure de la cornée, l'autre à 8 millimètres plus haut. Celle-ci fut prolongée de chaque côté jusqu'au voisinage des culs de sac latéraux de la conjonctive ; elle se redressait dans cette dernière partie de son étendue, de sorte que dans son ensemble elle avait la forme d'un arc à concavité tournée en bas ;

3° Je séparai par la dissection la portion de conjonctive ainsi circonscrite de la partie correspondante de l'œil. Elle forma un lambeau de 8 millimètres de large, qui resta par ses deux extrémités en continuité avec la conjonctive ;

4° Je fis descendre ce lambeau en pont par-dessus la cornée, ce qui eut lieu sans difficulté, pour le mettre en contact avec le segment inférieur du globe de l'œil et je le fixai dans cette position. Cinq points de suture réunirent son bord inférieur au cul de sac nouveau créé par la dissection ; trois points fixèrent son bord supérieur au pourtour du segment inférieur de la cornée.

L'opération fut longue, à cause de l'impossibilité de maintenir le malade dans une anesthésie complète et des luttes qu'il fallut à chaque instant soutenir avec lui. Une fois les sutures faites, les choses étaient dans l'état suivant :

La muqueuse de la paupière supérieure était en contact avec la surface cruentée du segment supérieur du globe oculaire ; la conjonctive de la partie supérieure du globe transportée et fixée au-dessous de la cornée était en rapport avec la face postérieure cruentée de la paupière inférieure.

Aujourd'hui, cinq jours après l'opération, tout en fait espérer le succès. Le lambeau est resté en place et la cornée, bien qu'un peu masquée par le gonflement des tissus voisins, n'est pas menacée de mortification.

Note additionnelle. — Les suites de l'opération n'ont pas été aussi heureuses que je l'espérais. Le résultat désiré s'est maintenu pendant une quinzaine de jours ; mais alors des bourgeons charnus s'élevant du fond du cul de sac nouvellement créé ont peu à peu rétabli les adhérences que l'opération avait pour but de détruire à jamais.

Cet échec m'a conduit à modifier le mode de suture que j'ai employé.

Au lieu de fixer le bord inférieur du lambeau par de simples nœuds de fil de soie fine, je crois qu'il serait avantageux de le retenir au fond du cul-de-sac bulbo-palpébral au moyen de fils métalliques qu'on passerait également à travers la paupière et qu'on tordrait sur la peau. M. Ollier m'a dit avoir essayé de ce mode de suture dans des cas de symblépharon peu étendu, auxquels il avait cherché à remédier par l'autoplastie conjonctivale. Le mode de passage des fils pourrait d'ailleurs être varié de plusieurs façons. Le suivant est celui auquel, le cas échéant, je donnerais la préférence :

Employer un fil d'argent muni d'une aiguille à chaque extrêminé ;

Traverser le bord inférieur du lambeau conjonctival dans deux points distants de 2 à 3 millimètres au moyen des deux aiguilles ;

Traverser ensuite la paupière au fond du cul-de-sac dans deux points correspondants et situés à la même distance ;

Tordre les deux chefs du fil sur un petit morceau de linge d'une épaisseur convenable.

Poser de la même manière cinq à six points de suture, en ayant soin d'attirer le lambeau le plus bas possible.

M. MAREY

Professeur au Collège de France

CONDITIONS DYNAMIQUES DU TRAVAIL DU CŒUR

(EXTRAIT DU PROCÈS-VERBAL)

— *Séance du 27 août 1873.* —

L'auteur rappelle ses travaux antérieurs, dans lesquels il a signalé l'influence de la pression du sang sur la fréquence des battements du cœur.

La loi qui règle cette relation était ainsi formulée : « Toutes choses égales du côté de l'innervation et de la force du cœur, la fréquence des battements de cet organe est en raison inverse de la pression du sang artériel. »

Les faits sur lesquels M. Marey a appuyé cette théorie sont nombreux. L'influence de la saignée, celle de la taille du sujet, de l'attitude du corps ou des membres, de la compression de l'aorte ou des artères, l'action de la chaleur ou du froid sur les petits vaisseaux, l'influence des nerfs vaso-moteurs, celle de l'activité musculaire, celle des poisons qui agissent sur les vaisseaux, tout concordait pour établir ce fait, que le cœur, lorsqu'il n'est pas soumis à une action nerveuse, règle la fréquence de ses battements sur les résistances qu'il éprouve.

En 1867, M. Cyon découvrit la fonction d'un nerf du cœur, qu'il nomme nerf dépresseur et dont l'excitation produit, à titre de phénomène réflexe, un ralentissement des battements du cœur avec un abaissement de la pression du sang dans les artères.

Du moment où il est prouvé que la pression du sang dans les artères est le produit de deux facteurs, le travail du cœur et la résistance des petits vaisseaux, on doit s'attendre à voir se produire des relations inverses entre la fréquence des battements du cœur et la pression artérielle, suivant que la cause perturbatrice aura porté sur le cœur ou sur les petits vaisseaux. Si le cœur seul est influencé, on aura les relations suivantes : battements fréquents, pression artérielle forte; battements rares, pression faible. Si l'influence a porté sur les petits vaisseaux, le rapport sera inverse.

L'expérience de M. Cyon se rattacherait donc au cas où le cœur a été impressionné par le système nerveux. L'excitation du bout central du nerf dépresseur aurait produit une action réflexe du pneumogastrique, dont le rôle est, en effet, de ralentir les battements du cœur et de faire baisser la pression artérielle consécutivement.

En pratiquant lui-même l'excitation du nerf de Cyon, l'auteur a recueilli un tracé qui montrait que le premier effet de cette excitation est de diminuer la fréquence des battements du cœur.

Certains faits, toutefois, semblent être en contradiction avec cette théorie. M. Cyon, opérant sur trois lapins, essaya de détruire tous les nerfs qui rampent le long des vaisseaux et, tout en respectant l'intégrité de ceux-ci, d'isoler le cœur de toute influence nerveuse extérieure. Le nerf dépresseur, excité dans ces conditions, continua à ralentir les battements du cœur.

Or, sur un de ces lapins, M. Cyon constata lui-même que tous les nerfs n'avaient pas été détruits et, vu la difficulté de l'expérience, il est permis de supposer que, chez les deux autres lapins, quelques filets du pneumogastrique ont pu échapper au scalpel.

En somme, il s'agit de savoir si un cœur vivant, entièrement soustrait aux influences nerveuses qui lui pourraient venir du dehors, accélère ou ralentit ses battements lorsqu'on fait varier la pression artérielle.

Ludwig a montré qu'on peut détacher le cœur d'une grenouille, et, en faisant arriver du sérum à son intérieur, entretenir pendant longtemps les mouvements de cet organe. M. Marey, pensant qu'un cœur ainsi détaché de l'animal pouvait seul être à l'abri de tout soupçon d'influence nerveuse extérieure et devait parfaitement se prêter à la vérification de sa théorie, fit l'expérience suivante :

Il enleva le cœur d'une tortue terrestre et lui adapta un appareil circulatoire artificiel formé de tubes de caoutchouc, dans lesquels circulait du sang de veau fraîchement recueilli. D'un réservoir légèrement élevé, ce sang était amené par un siphon dans les veines et les oreillettes ; passant des ventricules aux artères, le sang était chassé dans des tubes élastiques munis d'ajustages étroits qui le versaient de nouveau dans le réservoir. Ces derniers tubes représentaient les artères et les petits vaisseaux ; on pouvait leur appliquer différents appareils enregistreurs et étudier tous les phénomènes physiques de cette circulation, tels que la vitesse du sang, sa pression, et les pulsations avec leur force et leur fréquence.

Toutes les fois qu'en rétrécissant l'orifice d'écoulement du sang artériel ou qu'en élevant cet orifice plus ou moins haut, l'opérateur faisait monter la pression du sang dans l'artère, il voyait les mouvements du cœur se ralentir. Toutes les fois, au contraire, que des influences inverses faisaient baisser la pression artérielle, les battements du cœur devenaient plus fréquents.

On peut donc affirmer qu'en l'absence de toute communication avec les centres nerveux, le cœur bat d'autant plus vite qu'il dépense moins de travail à chacun de ses battements.

M. Marey regrette de n'avoir pu, faute de temps, rendre les membres de la section témoins d'une de ces expériences.

M. MAREY

Professeur au Collége de France

NOUVEL APPAREIL ENREGISTREUR DES MOUVEMENTS RESPIRATOIRES

(EXTRAIT DU PROCÈS-VERBAL)

— *Séance du 27 août 1873.* —

M. Marey présente un appareil de son invention destiné à enregistrer les mouvements respiratoires.

En appliquant cet appareil sur la poitrine de l'homme ou d'un animal, on obtient des traces des mouvements respiratoires.

Normalement, l'inspiration et l'expiration sont dans un rapport constant. Mais on les fait varier expérimentalement en apportant un obstacle à l'un des mouvements respiratoires. C'est ainsi que, si on comprime la trachée pendant l'inspiration, celle-ci aura une durée beaucoup plus longue qu'à l'état normal ; il en serait de même si la compression avait lieu pendant l'expiration.

Les tracés obtenus dans ces circonstances peuvent être comparés à ceux qu'on pourrait avoir dans certains cas d'asthmes.

Dans la majorité des cas l'expiration est plus longue, le poumon ayant perdu sa rétractilité ; mais, dans une variété d'asthme peu commune, c'est l'inspiration qui paraît gênée à cause de sa longueur par rapport à l'expiration.

M. Marey invite les membres de la section médicale à expérimenter avec cet appareil, pour décider de quelle ressource il pourrait être dans la clinique.

Dr Léon TRIPIER

PROCÉDÉ NOUVEAU DE DÉSARTICULATION DES MEMBRES

— *Séance du 27 août 1873.* —

Dans une communication faite l'année dernière au Congrès de Lyon, et intitulée : *De la Reproduction des extrémités articulaires des os longs*, j'ai cherché à démontrer qu'après les amputations on pouvait, sur les animaux et en se plaçant dans des conditions spéciales, obtenir la régénération de têtes osseuses offrant le même type que celles qui avaient été enlevées. Je me plaçais surtout au point de vue de la physiologie générale et n'insistais que sur la désarticulation du genou au point de vue pratique, parce qu'à cette époque je n'avais pas encore pu multiplier suffisamment mes recherches.

Les membres de l'Association qui se sont rendus à l'École vétérinaire ont pu voir un chien auquel j'avais pratiqué la désarticulation du coude, avec résection de l'extrémité inférieure de l'humérus ; or, sur ce sujet, la reproduction est si parfaite, qu'à considérer seulement les deux humérus, on aurait pu révoquer en doute l'authenticité de l'opération. Il y a trois mois et demi environ, cet animal, qui avait reçu un coup de feu (l'arme avait été chargée avec de la grenaille) dans l'avant-bras droit, fut amené pour être abattu ; je pensais que c'était une occasion favorable pour appliquer mon procédé de désarticulation, que je n'avais tenté jusqu'ici que sur le lapin et sur le chat.

Après avoir endormi le sujet, je procédais de la façon suivante : 1° désarticulation du coude (lambeau antérieur) ; 2° décollement du périoste, jusqu'à trois centimètres au-dessus du bord interne de la trochlée ; 3° section de l'os ; 4° suture de la gaîne du triceps ; 5° suture lâche de la gaîne périostique (partie moyenne) ; 6° suture semblable de la peau.

Ces différents temps reproduisent, à peu de chose près, ce que nous avons indiqué pour la désarticulation du genou. Voici, du reste, pour chacun d'eux, quelques détails qui feront mieux comprendre tout à la fois le *modus faciendi* et le but qu'on cherche à atteindre : dans le premier temps, comme il n'y a aucune utilité à conserver l'avant-bras et la main, à proprement parler, il est préférable de les faire tomber immédiatement. Si l'on opérait sur l'homme et s'il s'agissait d'un cas où la résection simple de l'extrémité inférieure de l'humérus parût possible, il est bien évident qu'on pourrait faire une incision en L sur le côté interne ou sur le côté externe de la jointure, puis, la résection achevée, en admettant que, pour une raison ou pour une autre (lésions des vaisseaux et des nerfs, déchirures profondes, etc.), la conservation du membre fût regardée comme impossible, il suffirait de prolonger la branche tranversale de l'incision pour constituer le petit lambeau postérieur; quant au grand lambeau antérieur, on pourrait le tailler de dedans en dehors ou mieux commencer par inciser la peau de dehors en dedans et achever de dedans en dehors la section des parties molles.

Dans le deuxième temps, il faut procéder avec beaucoup de soin et d'attention pour éviter les déchirures et le décollement du périoste.

Dans le troisième temps, même recommandation et pour les mêmes motifs. (Nous employons ordinairement dans ce but une petite scie d'horloger.)

Dans le quatrième temps, il est très-important d'employer des fils capillaires (fil de fer recuit) et de multiplier les points (suture entrecoupée). Ce que l'on se propose, en effet, c'est d'isoler complètement la gaîne du triceps de la grande plaie, et d'en empêcher ainsi la suppuration. Ce qui prouve bien que notre but est atteint, c'est qu'après la cicatrisation, la cavité séreuse persiste, autrement dit, elle n'a pas suppuré.

Dans le cinquième temps, nous rapprochons les deux lèvres de la gaîne périostique, d'avant en arrière et au milieu de la partie moyenne (deux points de suture lâche), de façon à constituer un moule complet, ouvert seulement en bas et sur les côtés pour l'écoulement des liquides. C'est de la conformation de ce moule que dépend le type de la reproduction future. Dans notre communication de l'année dernière, nous avons montré, en effet, qu'en variant la conformation du moule, on changeait semblablement le type de l'extrémité osseuse à reproduire.

Dans le sixième temps, nous rapprochons les deux lambeaux par leur partie moyenne, ou mieux, nous reportons la partie moyenne du grand lambeau en arrière, afin d'empêcher son refoulement en avant. Si nous avions à recommencer, nous suturerions cette même partie moyenne du grand lambeau au tendon du triceps.

Qu'il nous soit permis de faire remarquer sur la pièce disséquée, mais en conservant le rapport des parties : 1° la forme du moignon qui est bien matelassé; 2° la position des insertions musculaires qui n'ont pas changé ; 3° enfin, la forme et les dimensions de l'extrémité osseuse nouvelle. Pour ce qui est de la forme, nous pensons qu'il est impossible de désirer mieux. Quant aux dimensions, d'une tubérosité à l'autre, pas de différence avec l'humérus sain : pour la longueur,

7 millimètres seulement de différence. Après cela, et pour les personnes qui ont vu nos résultats de l'année dernière, pour le genou particulièrement, nous pensons qu'il ne doit pas y avoir d'hésitation possible. Quand on a commencé à appliquer les résections sous-périostées sur l'homme, on était loin d'avoir obtenu d'aussi beaux résultats sur les animaux. Nous le répétons, ce qui nous a engagé à nous occuper tout d'abord et surtout du genou et du coude, c'est que ces deux désarticulations ont été abandonnées presque complétement, au moins la première, à cause de l'effroyable mortalité à laquelle elle donnait lieu. Nous avons dit qu'on avait principalement mis en cause : 1° la saillie de l'os ; 2° la difficulté de recouvrir celle-ci convenablement ; 3° la présence d'un prolongement synovial énorme qui suppure presque fatalement. Or, dans notre procédé, on enlève cette saillie osseuse, et on supprime par cela même les deux premiers inconvénients. Quant au troisième, la suture en fait toujours justice chez les animaux, du moins ; chez l'homme, il serait possible, même dans les cas peu favorables, d'en avoir encore raison (injection iodée ; cautérisation ; drainage, etc.).

On le voit donc, nous supprimons les inconvénients des grandes désarticulations et nous en conservons les avantages.

Dr Daniel MOLLIÈRE

Chirurgien en chef désigné de l'Hôtel-Dieu de Lyon

RECHERCHES EXPÉRIMENTALES SUR LES DÉVIATIONS DE LA TAILLE

(EXTRAIT DU PROCÈS-VERBAL)

— *Séance du 27 août 1873.* —

Dans le but d'élucider l'étiologie des courbures de l'épine, M. Mollière a entrepris une série d'expériences dont une seule a abouti au résultat qu'il voulait obtenir.

Sur un très-jeune lapin albinos, il a pratiqué, le 21 octobre dernier, la section des trois nerfs intercostaux moyens, à l'aide d'une incision parallèle à la colonne vertébrale et passant immédiatement en dehors de la masse des muscles sacro-lombaires.

Malgré une suture très-exacte et une application de collodion, il y a eu suppuration de la plaie, mais, au bout de dix jours, la suppuration était terminée. L'animal a été conservé jusqu'au 9 juin, pendant toute cette période il y eut une légère courbure, telle que la convexité correspondait au côté des nerfs sectionnés.

L'autopsie a permis de constater une régénération (les nerfs avaient été arrachés sur une longueur de 3 centimètres) tellement parfaite qu'il a été impossible de retrouver les traces de l'opération. En examinant le squelette de l'animal, on peut voir que les côtes du côté opéré ont leur longueur normale ; seulement les espaces intercostaux sont élargis.

La déformation ne siége que sur les vertèbres. L'une d'elles en particulier est très-notablement déformée ; la hauteur d'une apophyse articulaire supérieure à l'inférieure est sensiblement plus grande du côté opéré. Les trois autres expériences ont été faites : deux sur le lapin, la troisième sur un très-jeune chat. Mais, chez ces animaux, la régénération a été tellement rapide qu'il n'y a pas eu de déformation.

On peut donc se demander si les phénomènes inflammatoires n'ont pas joué le rôle principal chez le premier lapin. Le fait pourrait alors se rapprocher des cas où chez l'homme on voit se produire une scoliose à la suite d'un phlegmon ou d'une pleurésie. Mais ce qui nous permet de penser que c'est bien à la névrotomie que l'on doit ces résultats, c'est que la concavité de la courbure correspondait au côté sain, la convexité au côté opéré ; il est donc probable que la déformation doit être attribuée à la paralysie temporaire des muscles intercostaux.

M. DE RANSE pense que, dans le phlegmon ou la pleurésie, la déformation est due à l'immobilité et que, surtout dans la dernière, on a également une paralysie des muscles intercostaux ; il croit que dans le cas de M. Mollière, l'inflammation seule peut expliquer la déformation, bien que celle-ci ait eu lieu du côté opposé à celui qu'elle affecte d'habitude.

Dr SEGUIN

Délégué du Congrès américain de Saint-Louis (Missouri)

DEVOIRS NOUVEAUX. — COORDINATION DES TRAVAUX DU MÉDECIN PRATICIEN

— *Séance du 27 août 1873.* —

Messieurs,

Nous avons tant de devoirs que nous ne pouvons guère y ajouter ; mais réellement, ceux que je qualifie ainsi ont existé de tout temps, et n'ont de nouveau que leur urgence, due aux circonstances présentes.

Un de ces devoirs est de ne pas travailler isolément, alors que tous les autres travaux se coordonnent autour de nous. Pour cela nous devons nous préparer à donner plus d'uniformité et de précision aux modes de recueillir les observations, de manière que toutes puissent être comparées, et leurs conclusions déduites aisément et rapidement. Le même besoin que les peuples éprouvent d'une unité monétaire et métrique, nous l'éprouvons pour nos moyens d'observer ; car nous ne sommes pas mieux partagés que ceux qui s'efforcent d'ajuster l'équivalence des francs, des souverains, des thalers et des dollars ; avec cette différence qu'eux ne sont pas libres, et que nous le sommes de faire disparaître ces barbarismes.

Les feuilles cliniques diffèrent, non-seulement d'une nation à l'autre, mais même d'un hôpital à l'autre, dans une même ville ; et les médecins de famille n'ont ni tableaux cliniques, ni carnets uniformes et comparables d'observation. Qui ne sent l'avantage de substituer l'unité de plan à ce désordre ?

Un second devoir me paraît être d'harmoniser aussi nos moyens d'observation. Chacun a les siens. L'un néglige le microscope, l'autre le sphygmographe, pour la raison, entre autres, que les étudiants ne sont pas obligatoirement exercés à la manœuvre des instruments de diagnostic physique et positif. Les sphygmographes n'ayant pas partout l'unité de mouvement où le professeur Marey espérait les amener, donnent encore, ici et là, des courbes différentes des mêmes phénomènes circulatoires. Enfin, les thermomètres sont encore peu répandus, et leurs échelles différentes rendent presque inutiles à Paris des observations décisives prises à Londres ; de sorte que les mêmes maladies sont représentées sous des traits et avec des couleurs qui rendent leurs similitudes et leurs variations également méconnaissables ; et, ce qui est plus grave, des déductions importantes nous échappent ainsi journellement, dont nous avons sous la main les termes incomparables entre eux.

Messieurs, cette anarchie une fois bien comprise ne peut manquer de disparaître et de faire place à une unité de plan et de moyens d'observation, qui s'adapteront à l'état de nos connaissances et nous aideront rapidement à en acquérir de nouvelles.

Oserai-je vous dire que quelques tentatives de ce genre ont été faites aux États-Unis ?... Oui, je le dois, puisque c'est à la qualité de délégué du Congrès médical américain, réuni à Saint-Louis (Missouri) en mai dernier, que je dois l'honneur d'occuper votre attention.

Pour le plan d'enregistrement uniforme des observations, il y en a plusieurs, et je vous présenterai seulement les deux ci-annexés. L'un est un *Tableau clinique*, applicable aux hôpitaux ou à la pratique privée, l'autre est un *Livret de poche « Prescription and clinic Record,* » qui répond également aux besoins du médecin visitant, et à ceux des familles qui comprennent les avantages de garder un historique médical de chacun de leurs membres. Comme auteur de ces deux essais je connais leurs défauts, et je vous les soumets surtout pour vous montrer, qu'afin d'atteindre la perfection dans ce genre, chacun a besoin du concours critique et inventif de tous : et c'est ce que je vous demande en m'adressant à vous.

Pour ce qui regarde spécialement l'unité — si désirable — des instruments et des méthodes d'observation, sentant mon manque de temps et de capacité, je vous indiquerai seulement une des questions qu'elle soulève, et qui servira d'introduction à mes dernières remarques. Il s'agit du choix que nous devrons prochainement faire d'un thermomètre clinique, et d'un système de registration thermométrique qui puissent également répondre aux besoins de la science par leur précision, et à ceux des familles par leur simplicité.

Beaucoup de médecins ignorent peut-être que le thermomètre centigrade n'est pas adopté partout, et que les tableaux graphiques de températures seules, ou accompagnées de courbes décrivant la marche d'autres signes morbides, ne se propagent pas dans les hôpitaux, et sont presque inconnus dans la pratique civile.

Les causes de cet échec me paraissent être : 1° La difficulté de tracer ces graphiques, même pour des étudiants habiles et dévoués ; 2° la difficulté de faire comprendre aux parents des malades les relations des chiffres si peu nombreux de l'échelle centigrade avec les chiffres si nombreux de l'échelle vitale humaine.

Ces difficultés ne sont pas les seules, mais les principales, et on y cherché à y obvier : 1° par la création du thermomètre physiologique ; 2° par l'organisation de tables où les mouvements de la température et des autres signes vitaux sont représentés, non plus par des tracés, mais par les chiffres mêmes des quantités que l'on a observées. Avec cet instrument et avec cette méthode[1] tout le drame de la vie, de la maladie et de la mort est vu s'accomplir dans dix degrés thermométriques, — sept au-dessus et trois au-dessous de la NORME de santé fixée par Becquerel et Bréchet, — et il serait difficile de trouver une personne assez inintelligente pour ne pas comprendre, sur cette échelle, quand il y a danger, et appeler au secours ; en même temps que les chiffres ainsi recueillis, presque par n'importe qui, — j'ai eu des températures excellemment prises par une petite fille de sept ans, — permettraient au praticien de faire les calculs prognostiques les plus positifs, sur les quantités d'*ustion* compatibles, et celles incompatibles avec la prolongation de la vie.

Mais je ne dois pas oublier que la thermométrie clinique n'est qu'une illustration dans mon second point, et une introduction dans le dernier, auquel j'arrive.

[1] Voir : *Family thermometry, a manual for mothers, teachers, and all who have charge of the young and of the sick.* 1 vol. 72 p. G. P. Putnam, libraire, New-York.

De tous nos devoirs, messieurs, un des plus anciens et des plus sacrés est d'instruire les familles qui se fient à nous en tout ce qu'il est bon pour leur race qu'elles sachent de notre art. En temps ordinaire, pressés de besogne, nous le négligeons trop peut-être. Mais vienne une de ces époques où se propagent certaines épidémies de l'esprit, subtiles, contagieuses, fatales, le vieux et presque oublié devoir d'instruire nos clients dans ce qu'ils peuvent comprendre du mal et de la guérison apparaît à notre conscience comme un devoir nouveau.

Cela arriva souvent. Hyppocrate eût à combattre les guérisseurs d'ordre divin, et il les foudroya avec cet aphorisme : « Les maladies et les cures sont seules divines qui sont conformes aux lois naturelles. »

Hérophile et Erasistrate avaient formé un siècle que votre illustre Président pourrait certes qualifier, comme il fît le nôtre, du « siècle des sciences, » quand Origène déclara la famine, la stérilité, l'altération de l'air, les épidémies, causées par des démons. Par contre et en conséquence, les évêques rivalisèrent avec les magiciens à qui opérerait les cures les plus étonnantes ; saint Antoine guérit l'érysipèle, sainte Ida les affections utérines, saints Côme et Damien toutes les maladies, — avec l'autorisation de l'empereur Justinien, — puis les moines dits thérapeutes guérirent par les esprits, Œons, ou démons.

Alors commença cette longue nuit contre nature qui envahit tout, en partant de la *nurserie*. Car, sous prétexte de guérir et d'instruire les femmes et les enfants, on déforma le beau crâne produit de la culture grecque, et on réalisa, — soit en pointe comme les Péruviens, soit à plat comme les Mexicains, — ces têtes qui chantent encore sur les monuments leurs *alleluias* hébêtés.

Est-ce à dire que nous sommes menacés du retour de cette maladie mentale des peuples ?...

La réponse dépend beaucoup de ce que nous, médecins, ferons pour prévenir l'affirmative ; et ceci est le grand devoir que nous imposent les circonstances actuelles, et que nous saurons remplir.

A l'appui de cette confiance j'invoquerai l'opinion des confrères avec qui je me suis récemment entretenu, de MM. Brown-Séquard, Wunderlich, W. Fox, Lorain ; de M. Littré, qui pense que « nous ne devons pas nous lasser d'enseigner la thermométrie humaine jusqu'à ce qu'elle soit comprise et pratiquée dans toutes les familles et les écoles. » A ces autorités, messieurs, votre mémoire en ajoutera bien d'autres, tirées des écrits de MM. Aitkin, Herbert, Spencer, Sydney, Ringer, Jaccoud, etc. La pratique, enfin, nous a démontré à tous, que dès qu'une mère est instruite dans l'art, — rendu si simple, — de suivre la marche des maladies et celle de l'effet des médicaments par la thermométrie, sa famille est à l'abri de l'épidémie des guérisons par les diables ou par les saints.

Outre la thermométrie, nous avons encore beaucoup de moyens de faire pénétrer la vérité dans les masses, mais ces moyens aussi ont besoin d'être coordonnés : tâche digne de vous, et que vous pouvez avancer beaucoup en peu d'années.

C'est pourquoi je m'arrête, après avoir à peine indiqué mon sujet ; et je conclus en vous priant de nommer une commission, ayant pouvoir de s'adjoindre des membres étrangers, et mission de rapporter à votre prochaine réunion, sur :

1° Les meilleurs moyens de coordonner et de généraliser l'observation médicale ;

2° Les meilleurs instruments et méthodes d'observation physique et positive ;

3° Les meilleures méthodes de démontrer et de faire comprendre aux mères, et à tous ceux qui ont charge d'enfant, que les maladies sont des phénomènes naturels, et que quiconque veut faire croire à des pouvoirs super-naturels capables de les produire ou de les guérir, insulte au Dieu unique et aux lois naturelles qu'Hippocrate, déjà, identifiait dans sa dévotion pour le vrai, le bon et le juste.

Dr J. E. PÉTREQUIN

Chevalier de la Légion d'honneur, officier de l'instruction publique, ex-chirurgien en chef de l'Hôtel-Dieu de Lyon

RECHERCHES EXPÉRIMENTALES DE CLIMATOLOGIE SUR LE MIDI DE LA FRANCE AVEC DES APPLICATIONS A L'HYGIÈNE DES MALADES ET DES TOURISTES

— *Séance du 27 août 1873.* —

La première question qui se présente est celle-ci : pourquoi, l'été, dans le Midi, n'est-il pas aussi chaud que tendrait à le faire supposer la température relativement élevée de ses hivers ?

Quand on est allé passer la mauvaise saison dans quelque localité privilégiée du littoral français de la Méditerranée et qu'on y a joui de cette douce et tiède température qui règne d'ordinaire pendant les mois d'hiver, on est quelque peu étonné d'entendre dire que, durant l'été, on y souffre moins de la chaleur que dans beaucoup de villes du centre de la France. On hésite à admettre que ce soleil, si brillant et si chaud dans la période hivernale, ne vienne pas dans la période estivale produire un été tropical ! Et cependant tous les habitants sont d'accord pour infirmer cette conclusion.

Qu'y a-t-il de vrai dans leur dire? c'est ce que nous allons examiner. Il conviendrait peu, ce me semble, d'étudier la question d'une façon trop générale; elle gagnera à être précisée. Nous allons donc, pour plus de clarté, choisir un lieu particulier, par exemple la ville de Nice, et établir un parallèle avec Lyon. Il sera curieux de voir si le langage de la science concorde avec celui du vulgaire. Cette étude, qui intéresse le météorologiste comme le médecin et les malades, n'a point encore, que nous sachions, été exécutée d'une manière complète, et elle mérite de l'être.

Commençons par établir ce qui se passe à Nice. On trouve à cet égard de précieuses indications dans une intéressante publication que M. Teysseire vient de faire paraître sous ce titre: *Vingt ans* (1849 à 1868) *d'études météorologiques à Nice* (broch. in-8, avec planches. Nice, 1872). Nous remarquons le résumé suivant de ses observations de 1868:

	AU SOLEIL	A L'OMBRE	DIFFÉRENCE
Maximum (juillet).	57,5	29,3	28,2
Minimum (juin).	44,5	29,9?	14,6
Moyenne.	51,6	28,3	23,3

A Lyon et dans sa banlieue, j'ai vu souvent le thermomètre monter très-haut à l'ombre: en 1863, il s'est élevé plusieurs fois à 35 et à 36°; en 1870, qui fut une année de sécheresse et de chaleur excessives, je l'ai vu à Fontaines, par un vent du sud, monter à l'ombre, de deux à trois heures de l'après-midi, le 10 juillet, à 37 et 38°, et enfin, le 24 juillet, à 41 et à 42°. Jamais je ne l'ai revu à cette dernière hauteur vraiment exceptionnelle; je dois dire que ce jour-là il me fut impossible de rester longtemps dehors; il semblait qu'on respirait un air aussi brûlant que s'il fût sorti de la gueule d'un four. Au soleil, il marquait 56 à 57°. J'accorderai volontiers que mes instruments n'ont peut-être pas autant de précision que ceux de M. Teysseire, mais il ne peut jamais s'agir que d'un faible écart.

On voudra bien ici remarquer que, si à Nice le thermomètre s'élève au soleil plus haut que chez nous, il descend à l'ombre relativement beaucoup plus bas. De ce phénomène découlent plusieurs corollaires importants.

Le premier va constituer une heureuse application à l'hygiène: ainsi, quand on passe de l'ombre au soleil, on éprouve une chaleur intolérable, qui peut occasionner et qui occasionne en effet des accidents: aussi, pour n'en pas souffrir, sent-on le besoin de se protéger avec une ombrelle de toile blanche ou grise, doublée de bleu ou de vert; et je puis dire que, pour les malades surtout, c'est une précaution salutaire que les médecins ne sauraient trop recommander à ceux de leurs clients qu'ils envoient dans les stations hivernales du littoral méditerranéen. Les touristes eux-mêmes en ont reconnu les avantages, et c'est grâce à eux que l'adoption de l'ombrelle par les hommes tend à devenir d'un usage général en France. Il faut ajouter que, dans le Midi, c'est une précaution hygiénique nécessaire en tout temps ; car, même en hiver, on a à se garantir d'un soleil ardent ; ainsi, nous voyons dans les tableaux de M. Teysseire, qu'à Nice, il fait monter le thermomètre à 36°,9 en moyenne, et même à 43°,5 au maximum.

Un autre corollaire, qu'il est bon de ne pas oublier, concerne spécialement les organes respiratoires : nous venons de voir ce qui advient quand on passe de l'ombre au soleil ; quand, au contraire, on passe du soleil à l'ombre, ce sont des malaises d'un autre ordre. L'énorme différence qui existe entre les deux températures réclame des soins tout particuliers : ce n'est pas impunément qu'on braverait de pareilles transitions, pour peu que l'organisme fût ou même ait été lésé. Il suffit de savoir que l'écart, en été, est de 23°,3 en moyenne, et, chose digne de remarque, il est le même en hiver, 23°,6 en moyenne (Teysseire). Qu'on juge combien peuvent en souffrir les personnes qui ont la poitrine délicate, ou qui sont atteintes d'une affection catarrhale, ou qui portent une phthisie même commençante. Et ici les conseils les mieux formulés ne peuvent presque rien par eux-mêmes pour préserver des rhumes, des angines, des coryzas ou de l'aggravation des états morbides préexistants ! Il fallait un moyen qui permît de réaliser efficacement ces conseils. J'emploie dans ce but, comme plusieurs de mes confrères de Lyon, un instrument inventé par M. Ferrand, pharmacien de notre ville. Je veux parler du *spirotherme métallique*, qui fait l'office d'un cache-nez calorifère ; il tamise l'air extérieur, le réchauffe à son entrée, atténue ainsi les transitions, et fait disparaître le danger inhérent au passage du soleil à l'ombre, comme on est à chaque instant obligé de le faire quand on se promène et qu'on va d'un quartier à un autre, ou d'une place à une rue. Ce n'est pas et ce ne peut pas être une chose indifférente que d'entrer brusquement et à plusieurs reprises dans une atmosphère qui est plus basse de 23° [1].

Il ne faudrait pas croire que cet écart entre le soleil et l'ombre n'ait que des inconvénients ; il a aussi des avantages ; et les Niçois en ont tiré parti pour leurs habitations ; ils protégent leurs fenêtres par des persiennes serrées ou des abat-jour qu'ils relèvent en guise de tente, de façon à empêcher l'accès des rayons solaires, sans faire obstacle à

[1] « Pouvoir donner continuellement de l'air chaud et renouvelé, quelque variée et basse que soit la température ambiante, tel est le premier résultat que j'apporte : faire l'application de ce moyen aux maladies respiratoires pour lesquelles les saisons froides sont très-redoutables ; assurer aux malades la possibilité de sortir librement et de jouir de l'exercice de la promenade, en créant artificiellement pour eux, pendant l'hiver brumeux ou glacial, la température des climats les plus heureux, tel est le second ordre d'avantages que présente mon *spirotherme*. » (Ferrand, *Notice*.)

contre l'air frais ou tiède qui arrive ; et quand ces mesures sont bien prises, les appartements sont plus tempérés qu'on n'oserait l'espérer d'après la température extérieure.

Ce phénomène, considéré sous ces divers points de vue, m'a beaucoup préoccupé dans un dernier séjour que j'ai dû faire à Nice, pour cause de maladie, au printemps de 1872 (mars et avril). Quelle en est la cause véritable? Quel en est le mécanisme? Quel rôle y joue la brise marine? Faut-il invoquer d'autres conditions, et lesquelles? Le problème est complexe. Je me suis appliqué à le décomposer en ses divers éléments, pour mieux les étudier chacun séparément. J'ai commencé par examiner la température de la mer près du rivage et celle de la couche d'air qui lui correspond. Voici des moyennes pour cinq mois de la belle saison ; les observations ont été recueillies par M. Teysseire en 1868, entre onze heures et midi.

	MER	AIR
Avril	14,0 à 17,0	15,2 à 18,0
Mai	17,2 à 23,0	20,5 à 25,5
Juin	22,0 à 24,0	24,0 à 26,7
Juillet	24,0 à 26,0	24,5 à 28,0
Août	23,0 à 25,0	24,0 à 28,0

On voit qu'en général la mer, dans la journée, reste au-dessous de l'air de 2 à 3° [1]. Il est presque superflu de faire remarquer que c'est là une condition heureuse pour empêcher la brise marine de jamais s'échauffer beaucoup. Je suis allé plus loin, et j'ai voulu savoir les rapports de cette dernière avec l'atmosphère de la ville : c'est ce que je représente dans le tableau ci-après :

DE 11 HEURES A MIDI		MER	AIR DU LITTORAL	THERMOMÈTRE A L'OMBRE EN VILLE A 2 HEURES	
1868	28 Avril	16,5	17,8	19,8	
—	18 Mai	20,0	21,5	23,5	
—	28 Mai	22,9	25,5	28,9	(Teysseire.)
A 2 HEURES.					
1872	30 Avril	15	21		
—	16 Mai	17	17,8	(Macario et Teysseire.)	

Il est manifeste que la brise marine fait pour l'atmosphère de Nice ce que la mer fait pour elle-même, c'est-à-dire qu'elle vient incessamment la tempérer.

Passons à une autre cause de rafraîchissement, je veux parler du coucher du soleil. Le Dante a dit dans la *Divine Comédie* :

Nell'ora che non può 'l calor diurno
Intiepidar più 'l freddo della Luna,
Vinto da terra e talor da Saturno. (Purgator, c. XIX.)

« C'est l'heure où la chaleur du jour qui vient de mourir, vaincue

1 Parfois la température de la mer est égale ou même supérieure à celle de l'air « quand le temps est couvert, ou quand il règne depuis peu un vent relativement froid. » (Teysseire.)

par la froidure de la terre ou celle de Saturne, ne peut plus échauffer le froid de la lune. »

On peut constater un abaissement [1] brusque de plusieurs degrés dans la température, et il s'accompagne d'une abondante chute de serein. Il est bon d'en prévenir les malades : car il y aurait danger pour eux de se laisser surprendre par cette pluie soudaine de rosée.

Le lever du soleil est aussi une cause de rafraîchissement [2], et il se passe alors un phénomène analogue à celui que nous venons de décrire : ils sont l'un et l'autre si prononcés que la température de l'air peut être rapidement abaissée au-dessous de celle de la mer, comme l'a observé M. Teysseire : « Avant le lever et après le coucher du soleil, la mer est toujours plus chaude que l'air en toute saison, parce que le refroidissement de ses eaux est beaucoup plus lent que celui de la couche d'air qui leur est superposée. »

Ainsi voilà trois causes importantes de rafraîchissement : 1° la brise diurne de la mer; 2° le coucher du soleil, et 3° son lever. A Lyon, la première fait complétement défaut; et il sera démontré plus loin que les deux autres sont tout à fait impuissantes, dans les grandes chaleurs, pour rafraîchir suffisamment notre atmosphère.

A l'égard de Nice, j'ai cherché, à l'aide d'une expérience particulière, à rendre pour ainsi dire palpables les deux conditions météorologiques qui sont en lutte incessante pour constituer son climat. Je suis monté m'installer sur la terrasse du château, à environ 100 mètres au-dessus du niveau de la mer (hauteur réelle, 92 m. 53). L'expérience dura de deux à trois heures ; c'était par un beau jour de la fin d'avril, le ciel n'avait pas de nuage ; le soleil était étincelant ; d'un côté, j'étais calciné par ses rayons ardents ; de l'autre, je recevais avec bonheur une fraîche brise marine : je voulus faire la part à chacun, et voici comment je m'y pris : d'abord je me garantis de la brise, en me blottissant derrière un banc de bois et une balustrade en pierre, et à l'abri de mon ombrelle inclinée ; je recevais tous les rayons de soleil, qui oscilla de 46 à 47°. Je n'aurais pu supporter longtemps son action brûlante. — Or, qu'on veuille bien considérer avec moi ce qui se passe ici : voilà une masse d'air, d'une épaisseur d'environ 100 mètres, incessamment pénétrée et réchauffée par un nombre indéfini de rayons

1 Il y a un *premier* abaissement de température qui commence bien avant le coucher du soleil, à partir de 2 à 3 heures. « Je puis dire qu'à partir de 2 heures jusqu'au coucher du soleil, l'abaissement de la température est à Nice, d'après une moyenne générale de 20 ans, de 2°,3. J'ajouterai que l'abaissement *moyen* de juin, juillet et août est respectivement de 2°,3 à 2°,5 et 2°,4 ; le *minimum*, de 0°,5 ; 0°,3 ; 2°3, à 2°5, et 0°,3, et le *maximum* de 7°,0, 9°,8 et 7°,9. Ces minima et ces maxima se produisent toujours un jour de pluie ou d'orage, parce qu'en ces circonstances la marche de la température est troublée. » (Note communiquée par M. Teysseire.)

2 Il faut en outre tenir compte du rafraîchissement de l'air qui s'opère dans la nuit. « Le refroidissement de l'air pendant la nuit, du coucher au lever du soleil, est, d'après 20 ans d'observations en moyenne de 3°,3 ; au minimum de 0°,3 et au maximum de 7 à 8° ; mais ces maxima sont rares. » (Note communiquée par M. Teysseire.)

lumineux et calorifiques, qui tombent du haut en bas, plus ou moins obliquement sur le sol, avec une température de 46 à 47°. Cette masse, que je suppose immobile, pour ne pas compliquer la question d'une série de calculs, représente l'atmosphère où l'on se meut, l'été, avec une chaleur qui peut s'élever beaucoup plus haut.

Restait à faire une expérience analogue pour la brise marine. Je me protégeai de mon mieux contre le soleil, en me cachant sous l'ombre épaisse d'un arbre et sous mon ombrelle. Le matin j'avais pris un bain de mer ; l'eau était à 16°. La brise qui soufflait alors oscilla de 18 à 19 et même 20° : elle avait une vitesse qui me parut à peu près double de celle d'un vent ordinaire, c'est-à-dire qu'elle devait parcourir plus de 200 mètres à la minute, soit 1 kilomètre en moins de cinq minutes.

Or, prenons une moyenne de 19°, et considérons quel rafraîchissement doit produire un courant rapide de brise, de 100 mètres de profondeur, qui pénètre incessamment la couche atmosphérique réchauffée par le soleil comme on vient de le voir, et lui apporte sans cesse une température plus basse de 27 à 28°. Certes, voilà une cause puissante pour empêcher les étés d'être aussi chauds dans le Midi qu'on est porté à le croire et qu'ils le seraient effectivement sans la brise de mer et sans l'influence du lever et du coucher du soleil.

A Lyon et dans la banlieue, le thermomètre ne s'élève pas, il est vrai, aussi haut que dans le Midi; mais nous n'avons rien qui vienne efficacement tempérer ni la chaleur du jour, ni celle de la nuit; sous le soleil ardent de juin, de juillet et d'une partie d'août, l'air se trouve tellement réchauffé que le léger abaissement qui se produit au crépuscule ne suffit point pour rafraîchir l'atmosphère, qui reste chaude toute la nuit; l'aurore n'a, comme le crépuscule, qu'une action insuffisante dont l'intensité des rayons solaires a d'ailleurs fait bien vite disparaître l'influence éphémère. Le reste du jour se passe dans des conditions thermométriques dont nous allons essayer de rendre compte. Prenons pour sujet d'étude l'air qui nous arrive du Midi; le point de départ sera non pas Marseille, pour n'avoir pas à nous préoccuper du voisinage de la mer et de son influence, mais Avignon ; nous supposerons une température de 30 à 31°, ce qui, certes, n'a rien d'exagéré ; le courant d'air aura une vitesse égale à celle que nous avons assignée à la brise marine de Nice. Dans les 80 kilomètres qu'il aura à parcourir d'Avignon à Montélimart, il rencontrera des terres arides et brûlantes, propres à lui renvoyer du calorique, en même temps qu'il continuera à être réchauffé et desséché par le soleil. Dans les 150 kilomètres qui séparent Montélimart de Lyon, les choses se passeront à peu près de même ; et voilà comment, à diverses reprises et à plusieurs années d'intervalle, j'ai pu voir, à Fontaines, mon thermomètre à l'ombre monter à 36, à 37 et même à 38°. A Nice, j'ai fait voir qu'il y a, pour ainsi dire, deux courants qui se tempèrent; à Lyon, il n'en est plus ainsi. Les deux villes ont, l'une et l'autre, à des degrés un peu différents, le courant calorifique qui descend plus ou moins obliquement du soleil; mais, à l'égard du courant horizontal, il y a dissemblance complète : à Nice, la brise marine, bien qu'elle souffle du sud, amène un rafraîchissement notable; à Lyon, le vent qui arrive du Midi n'apporte que de la chaleur. Aussi, dans les années très-chaudes, avons-nous vu le thermomètre, dans nos appartements les mieux aménagés, s'élever à 30, 31, 32° et même davantage. C'est qu'on ne peut que très-difficilement se défendre des fortes chaleurs dans les lieux où, pendant la saison estivale, le lever et le coucher du soleil n'exercent qu'une action presque insignifiante et où, le jour, rien ne remplace la brise marine.

Je veux, en terminant, rappeler l'attention sur un phénomène qui a une grande portée, c'est l'écart thermométrique entre le soleil et l'ombre : nous avons vu qu'à Nice il est en moyenne de 23°,3, et qu'il peut aller jusqu'à 28°,2. Nous allons établir par des chiffres qu'à Lyon il est très-faible en général, et l'on devine que c'est un désavantage pour notre climat d'été. M. le professeur Lafon, président de la Commission météorologique du Rhône, qui a pris intérêt à mes recherches, a bien voulu, à ma prière, instituer à cet égard des expériences dont il a formé un tableau pour 1872 et 1873 [1]. J'en extrais les résultats que voici :

		AU SOLEIL	A L'OMBRE	DIFFÉRENCE
1872	30 Juin	32	30,1	1,9
—	23 Juillet	34,6	33	1,6
—	28 Juillet	35,4	33,7	1,7
—	18 Août	33	27,1	5,9
1873	22 Juin	35,2	30,2	5
—	5 Juillet	34	30,6	3,4
—	6 Juillet	33	32,9	0,1
—	29 Juillet	30,5	25,5	5

[1] Observations thermométriques.

		PLACE LOUIS XVI AU SOLEIL DE MIDI A 2 HEURES	A L'OBSERVATOIRE A L'OMBRE MINIMA	MAXIMA	HUMIDITÉ RELATIVE
1872	23 Juin	35	18,2	30,5	65/00
--	27 Juin	29	13,0	23,2	60
—	29 Juin	33	15,4	30,0	56
—	30 Juin	32	17,0	30,1	08
—	11 Juillet	32	17,3	30,6	50
—	23 Juillet	34,6	20,0	33,0	47
—	24 Juillet	35	20,8	32,2	47
—	28 Juillet	35,4	21,8	33,7	58
—	18 Août	33	15,9	27,1	65
1873	22 Juin	35,2	19,3	30,2	66
—	24 Juin	31,5	17,1	25,0	70
--	3 Juillet	34	14,7	28,9	62
—	5 Juillet	34	19,0	30,6	68
—	6 Juillet	33	18,1	32,9	65
—	20 Juillet	30,5	14,2	25,5	57

On voit qu'ici l'écart n'est guère que de 1 à 5 ou 6°, et dès lors, en se remémorant tout ce qui précède, on s'explique pourquoi la température extérieure a tant de tendance à s'équilibrer dans nos appartements, pourquoi il nous est si difficile, dans les étés brûlants, d'y obtenir et d'y maintenir une fraîcheur relative, pourquoi nos nuits de juillet restent chaudes et fatigantes, pourquoi enfin l'ombrelle procure moins de soulagement que dans le Midi, etc. Combien nous sommes loin des heureux effets produits par le puissant courant horizontal de la brise diurne de mer, représentant un immense fleuve d'air frais, profond de plus de 100 mètres, large de plusieurs lieues, et se déversant avec rapidité sur la ville de Nice, qui est étalée près du rivage dans une étendue d'environ 3 kilomètres!

Un faible écart thermométrique entre le soleil et l'ombre persiste l'hiver et s'accompagne de phénomènes d'un autre ordre : le soleil est devenu faible et languissant ; ce ne sont plus ces rayons éclatants et cette chaleur pénétrante que nous venons de signaler. L'ombrelle, qui se porte alors dans le Midi, serait chez nous inutile et ridicule. Le soleil, d'ailleurs, ne paraît pas tous les jours ; il n'est pas étonnant que, dans ces conditions, l'humidité prédomine pendant l'hiver. J'ai, dans mon *Essai sur la topographie médicale de Lyon*, établi par des chiffres que « la saison la plus humide est l'hiver représenté par 421 ; l'été n'a que 295. » (Voy. Pétrequin, *Mélanges de chirurgie et de médecine*, 1 vol. in-8, 1870.)

Les quatre mois les plus hygrométriques sont novembre, décembre, janvier et février. Je me crois autorisé à conclure, comme je le faisais alors : « Une déduction d'une certaine importance pour la médecine, c'est que, lorsqu'on se propose d'envoyer, l'hiver, dans le Midi, des malades dont la constitution est délicate, il conviendra qu'ils partent dès le mois de novembre, et qu'ils ne reviennent qu'après le mois de février. » (*Ibid.*, p. 36.) Cette conclusion est d'autant plus prudente que les maxima hygrométriques s'étendent parfois d'octobre à mars (*ibid.*, p. 54). Dans le Midi, il en est tout autrement : les observateurs s'accordent à dire que « contrairement à ce qui se passe dans les régions plus septentrionales, l'hiver et le printemps sont à Nice plus secs que les autres saisons. » (Macario, *Du climat de Nice*, 1862, p. 76.)

On ne s'étonnera pas non plus, d'après ce qui précède, que notre ciel soit brumeux l'hiver : la plus grande fréquence des brouillards se rencontre dans les mêmes quatre mois où prédomine l'humidité : ce que je puis, en me fondant sur neuf années d'observations (1854 à 1362), représenter par les chiffres suivants : février, 80 ; novembre, 109 ; décembre, 110; et janvier, 147 (Pétrequin, *ibid.*, p. 55) ; on répètera avec nous que « c'est une nouvelle confirmation de l'utilité des conseils donnés plus haut de faire partir de bonne heure et de faire revenir tard les malades qu'on envoie l'hiver dans le Midi, afin de les soustraire aux influences fâcheuses des brouillards durant ces quatre mois (Pétrequin, *ibid.*, p. 41).

A Nice, les brouillards sont très-rares : on les signale en moyenne dix jours par an (Macario, *op. cit.*, p. 40) ; ils sont d'ailleurs bien différents des nôtres : ce n'est qu'une vapeur légère et transparente.

Il est vrai que chez nous ils tendent à diminuer beaucoup depuis les heureuses et profondes transformations qu'on a fait subir à Lyon depuis quarante ans : mais nous restons encore loin de cette moyenne que nous pourrons difficilement atteindre.

La science pourra-t-elle faire davantage ? on doit l'espérer ; car elle n'a pas dit son dernier mot sur les réformes hygiéniques.

Dr DAGREVE

de Tournon

OBSERVATIONS SUR L'ÉLECTRICITÉ MÉDICALE

— *Séance du 27 août 1873.* —

Les deux observations que je présente ont pour but de démontrer le danger des applications des courants électriques induits et même des courants constants trop puissants, dans certains cas d'hémiplégie faciale, et au contraire l'efficacité des courants constants faibles, appliqués pendant un temps assez considérable à chaque séance.

Je fus appelé en janvier 1872 pour donner des soins à une dame atteinte d'hémiplégie faciale ; pendant les premiers jours, je me bornai à quelques dérivatifs sur le canal intestinal ; dans le courant de février, je fis quelques séances d'électrisation, en employant l'extra courant d'une bobine à peu près de la force de l'appareil Legendre et Morin ; aucun muscle ne se contracta et la malade sentit des douleurs très-violentes qui me forcèrent à interrompre ce traitement.

Je fis alors construire une pile de quinze éléments, composés de verres à boire au milieu desquels étaient fixés des tubes en roseau au moyen de plâtre ; une feuille de zinc était plongée dans de l'eau contenue dans le verre, le roseau renfermait une hélice de cuivre et une solution de sulfate de cuivre, entretenue saturée par des cristaux de sulfate. Cette pile donnait un courant assez faible, mais d'une grande constance et jouissant d'une forte résistance due à l'épaisseur du plâtre. J'ajoutai à cette pile, construite par le mari de la malade, cinq éléments dans lesquels le tube de roseau était remplacé par un tube de verre et qui m'avaient servi à expérimenter ce système, facile à construire. Sous l'influence de ces courants, j'obtins des contractions des muscles, mais seulement quand les rhéophores étaient appliqués sur le muscle lui-même et non pas quand le trajet nerveux était excité, preuve d'une lésion du nerf facial. Les contractions se montrèrent dans les muscles du menton du côté paralysé; le côté sain, placé dans les mêmes conditions, ne donnait lieu à aucun phénomène. L'application des courants constants n'eut lieu, du reste, que dans le mois de mars.

Après quelques séances d'un quart d'heure, la malade me dit que pendant un certain temps après les séances elle souffrait de violents maux de tête, je cessai l'électrisation pendant quelques jours, puis la repris avec un nombre d'éléments strictement suffisants pour produire quelques contractions dans les muscles du menton. Je plaçais les rhéophores tantôt sur un muscle, tantôt sur un autre, en les faisant glisser sur la face et remontant de bas en haut. Au bout de quelques séances, la portion supérieure de l'orbiculaire de la bouche qui n'avait pas présenté de contractions, tandis que l'inférieure se contractait, fit quelques mouvements, puis les releveurs de l'aile du nez et de la lèvre se mirent à agir, puis enfin l'orbiculaire des paupières, toujours quand ces rhéophores étaient appliqués sur eux, jamais quand le courant, quel que fut son sens, passait de la parotide au muscle, ou même d'un point où le nerf facial est superficiel au muscle.

Un effet du traitement, celui-là très-marqué, se produisit sur l'œil, qui, ne pouvant se fermer, était atteint de conjonctivite, cette inflammation cessa après quelques séances, quoique la paupière ne se ferma pas sous l'influence de la volonté.

Au bout d'un certain temps, les muscles de la face se contractèrent par l'intermédiaire du nerf, sous l'influence de l'électricité, mais peu sous celle de la volonté, toujours dans l'ordre décrit ci-dessus.

Au mois de septembre, une amélioration notable s'était montrée, mais l'œil ne se fermait pas encore sous l'influence de la volonté; devant alors me rendre à Bordeaux pour la réunion de l'Association pour l'avancement des sciences, je recommandai à la malade de se faire des applications de l'électricité pendant plusieurs heures, en employant un courant descendant le pôle positif sur la parotide, le négatif sur la joue, fixés avec un mouchoir de soie, pendant plusieurs heures, avec très-peu d'éléments.

A mon retour, je trouvai une amélioration telle que la malade, quoique ne fermant pas encore complétement l'œil par la volonté, n'était plus gênée en rien, tous les autres muscles se contractent normalement.

La malade a fait tous les jours une séance d'électrisation de près d'une heure, au moins, avec dix éléments.

L'autre malade est un homme d'une soixantaine d'années qui, atteint en 1871 d'hémiplégie faciale, ne ressentit des applications de l'électricité par courants induits, que de violentes douleurs, sans contraction musculaire, ce qui me força à cesser ces applications. Le malade conserve la face déviée.

Il résulte de ces observations que lorsque les courants induits ne produisent que de la douleur, sans autres phénomènes, dans l'hémiplégie faciale, ils ne doivent pas être employés et que probablement en pareil cas, les courants constants faibles et employés en longues séances, produiront un effet rapide, mais que des courants un peu forts peuvent être dangereux.

Dr RIEMBAULT

de Saint-Étienne

SUR L'ENCOMBREMENT CHARBONNEUX

— *Séance du 27 août 1873.* —

Les ouvriers houilleurs, dans le bassin de Saint-Étienne, contractent tous, à des degrés divers, une affection de poitrine que j'étudie depuis quinze ans. J'ai, dans une note, publié dans les *Annales de la Société de médecine de Saint-Étienne et de la Loire*, en 1871, formulé le résultat de mes recherches de la manière qui suit :

1° L'encombrement charbonneux des poumons n'est pas un cas fortuit ; il atteint tous les houilleurs indistinctement ;

2° L'accumulation du charbon se fait graduellement et, pour ainsi dire, à chaque inspiration que fait l'ouvrier durant son séjour dans les chantiers où se fait la taille ;

3° Les poumons d'un houilleur, après six ans d'un travail consécutif dans les mines, sont d'une couleur violacée, et après vingt ans, d'une couleur tout à fait noire ;

4° La distribution du charbon dans les poumons encombrés est régulièrement uniforme ; il ne se forme pas d'amas sur certains points ;

5° La santé est compatible avec l'encombrement charbonneux des poumons, arrivé même à un degré avancé ;

6° C'est par la production du catarrhe et de l'emphysème que se manifeste l'action du charbon accumulé en trop grande quantité dans les poumons ;

7° La maladie une fois établie ne rétrocède jamais ; elle peut rester stationnaire dans certaines conditions, notamment si l'ouvrier abandonne son métier; mais, s'il persiste à séjourner dans les mines, il s'aggrave rapidement ;

8° Les ouvriers atteints d'encombrement sont très-rarement atteints de tubercules ou de cavernes ;

9° Il est permis de penser que les houilleurs peuvent, sans de graves inconvénients pour leur santé, travailler dans les mines pendant une période de quinze à vingt ans ;

10° Il n'existe aucun moyen curatif proprement dit contre l'encombrement ;

11° Il y a lieu de penser qu'il existe peut-être des moyens préventifs ;

12° Il est possible, probable même, que les phénomènes que l'on observe dans les bassins de Saint-Étienne, offrent des différences notables avec ceux qui se produisent dans les autres bassins.

Le point important et sur lequel j'appelle surtout l'attention de la Section, c'est le traitement préventif de ces graves désordres. J'emprunte encore au travail cité plus haut les quelques lignes suivantes :

« Quant au traitement de l'encombrement charbonneux, nous sommes et nous serons toujours, je crois, désarmés. Il m'est arrivé, ainsi que je l'ai dit plus haut, de couper par morceaux des poumons noirs, de les laver à grande eau pendant des heures entières, sans parvenir à en modifier sensiblement la couleur. Quel médicament aura plus d'action qu'un pareil mode de nettoyage ? C'est folie d'en chercher. Mais s'il n'existe pas de moyens curatifs, il en est peut-être de préventifs. Si l'hypothèse que j'ai émise plus haut, à savoir que les mines maigres, où règne une humidité constante, ne produisent pas d'encombrement charbonneux, il suffira d'un filet d'eau dans les chantiers où se fait la taille pour conjurer le mal. Moyen facile et simple, mais qu'on ne peut imposer aux exploitants qu'en connaissance de cause. C'est pourquoi, il serait utile de faire une enquête à ce sujet : le but à atteindre en vaut la peine. »

J'espère que la Section en jugera ainsi.

Dr A. FAVRE

Médecin consultant de la Compagnie Paris-Lyon-Méditerranée

RÉFORME DES EMPLOYÉS DE CHEMIN DE FER AFFECTÉS DE DALTONISME

— *Séance du 28 août 1873.* —

Je réponds, en prenant la parole, au sujet d'une maladie qui me préoccupe depuis bientôt vingt ans, à la trop flatteuse invitation de M. le secrétaire général du Comité organisateur de ce Congrès.

Je ne pouvais pas avoir une meilleure occasion pour aborder à mon tour la question déjà bien souvent explorée du *daltonisme ;* mais certaines parties de l'histoire de cette maladie, le traitement par exemple, n'ont pas encore à mes yeux le degré de certitude que j'espère leur voir atteindre un jour.

J'aurais dû sans doute me taire, puisque je ne suis pas encore à cette heure à même de parler de la *cécité des couleurs* d'une manière digne d'une telle réunion de savants.

L'étude de la *fausse appréciation des couleurs* date, d'après le Dr E. Goubert (1867), de Huddart (1777) et plus particulièrement de la communication faite en 1798 par le savant physicien anglais Dalton, qui décrivit l'état d'imperfection de sa vue. Depuis lors, de très-importants mémoires ont été publiés sur le même sujet, soit en France, soit à l'étranger ; mais les conséquences pratiques de ces nombreuses recherches sont loin d'être tirées en ce moment.

J'examinerai le *daltonisme* au point de vue spécial de l'industrie des chemins de fer.

Le travail de mon excellent et très-regretté maître, le Dr Potton (*Gazette médicale de Lyon*, 1854) ; trois cas de *daltonisme* rouge observés dans mes relations de famille ; le service qui me fut confié au chemin de fer de la Méditerranée fixèrent définitivement mon attention sur la *dyschromatopsie*, et je vis clairement qu'il était nécessaire d'éliminer du service actif des voies ferrées ceux qui ne distinguaient pas très-bien les couleurs des signaux et particulièrement le rouge.

J'examinai donc pour les couleurs, à dater de l'année 1855, d'accord avec les chefs de service, les candidats qui m'étaient envoyés.

Les objets qui se trouvaient à ma portée, des morceaux d'étoffe, les signaux même disposés près des voies servirent à cet examen ; des pains à cacheter de diverses nuances furent plus souvent employés.

En ce moment, je fais usage de l'étoffe des drapeaux-signaux, d'écheveaux de laine, de rubans, de papier coloré, d'une série de quatre-vingt-dix couleurs ou nuances disposées sur des plaques de porcelaine. Je me sers pour la nuit de lanternes munies de verres colorés.

Les couleurs des signaux sont :

1° Le *rouge*, qui prescrit l'arrêt immédiat ;

2° L'absence de signal et le *feu blanc* indiquent la voie libre ;

3° Le *vert* commande le ralentissement ;

4° Le *jaune orangé* se trouve sur les voies des machines isolées et sur les voies des manœuvres ;

5° Le *bleu* peut être considéré comme un supplément du signal rouge ; il facilite le service des aiguilleurs.

Ces couleurs sont représentées le jour et la nuit par des signaux à main et des signaux fixes. Je n'insiste pas davantage sur ce point ; toujours est-il que les précautions sont admirablement prises et qu'il n'arrive jamais, sauf peut-être en ce qui regarde les aiguilleurs, que la sécurité des trains dépende seulement d'une personne.

Aussi, malgré la fréquence bien établie de la *dyschromatopsie*, ne peut-on pas citer un accident de chemin de fer arrivé dans notre pays par la faute d'un daltonique.

Nous ne pouvons mentionner que deux sinistres imputables à la fausse appréciation des couleurs. Le premier se produisit, nous dit-on, en Angleterre : les renseignements que nous avons sur ce fait ne sont pas du tout précis. Un aiguilleur fut cause du deuxième, à Bucke en Westphalie, il y a trois ans. Vingt personnes furent atteintes dans cette dernière circonstance. Mais, sans doute, d'autres collisions ou déraillements sont arrivés par le fait du daltonisme et n'ont pas été rapportés à leur véritable origine ; et en cela l'on ne pourrait être édifié que si les agents, qui furent cause d'accidents pour ne pas avoir tenu compte des signaux, avaient été examinés pour les couleurs peu de temps avant ou après l'événement.

Il appartient au service médical des voies ferrées de rechercher et de faire connaître avec précision ce qu'il faut retenir dans la pratique des nombreuses études faites sur la dyschromatopsie.

Que j'atteigne ou non le but depuis longtemps poursuivi, il faut que je dise hautement qu'il m'a été donné de profiter souvent des conseils éclairés de M. le Dr Devilliers, médecin en chef de la Compagnie Paris-Lyon-Méditerranée, membre de l'Académie de médecine. Les nombreux documents qu'il a bien voulu me confier sont de la plus grande importance, et je ne saurais trop le remercier des marques d'encouragement qu'il n'a cessé de me donner.

I

L'examen des couleurs devint obligatoire au chemin de Lyon dès l'année 1858.

En mars 1870, M. le Dr Devilliers fit adresser à soixante-dix-huit médecins de l'Administration les questions suivantes :

1° Combien avez-vous examiné de candidats ? En combien d'années ?

2° Depuis quand examinez-vous les canditats au point de vue de la notion des couleurs ?

3° Combien avez-vous trouvé de daltoniques ?

4° Quel genre de daltonisme avez-vous reconnu le plus souvent ?

5° Avez-vous observé le daltonisme accidentel ou traumatique ? Combien de fois ? Combien de jours a-t-il duré ? Quelles circonstances ont présenté les cas observés par vous ?

6° Avez-vous fait au sujet du daltonisme naturel ou accidentel des remarques particulières ?

Il fut répondu que 16,053 candidats avaient été examinés corporellement par 68 médecins ; 3,814 pour les couleurs par 18 médecins.

8 cas de daltonisme naturel furent signalés parmi les canditats ou les anciens employés.

19 malades atteints de daltonisme naturel ou accidentel avaient été observés en dehors des services de la Compagnie.

Les collègues qui donnèrent des réponses affirmatives sont : MM. les Drs Petit (de Givors), Tribes (de Nîmes), Lassalle (de Villefranche), Reboul (de Valence), de la Souchère, Gibert, Aubin et Dauvergne (de Marseille), Coutaret (de Roanne), Dionis des Carrières (d'Auxerre), Rieux (de Lyon), Chalamet (de Loriol), Aillaud (de Beaucaire), Tallon (de Lyon), Aubert (de Mâcon), Giraud (de Saint-Étienne), Raymond (de Brassac), Rowicki (de Cette), Rimbaud (d'Aix), Lamarche (de Verray).

Plusieurs de nos confrères accompagnèrent leur réponse de considérations très-intéressantes, sur lesquelles nous ne pouvons pas insister aujourd'hui.

Nous ferons simplement observer que cette proportion de 8 daltoniques sur 3,814 candidats n'est pas en rapport avec les résultats obtenus par un grand nombre d'auteurs.

La plupart de nos collègues déclarèrent ne pas s'être préoccupés de l'examen des couleurs, quelques-uns assurèrent que la maladie en question était très-rare dans le pays qu'ils habitaient, d'autres en nièrent l'existence ; en fin de compte, de nouvelles et pressantes recommandations pour l'examen des couleurs furent prescrites, en 1872, par M. le Dr Devilliers et plusieurs chefs de service de la Compagnie.

Avant 1864, je n'ai pas conservé note exacte des examens que j'ai faits. Je trouve seulement l'observation abrégée de 13 daltoniques bien caractérisés ; 8 ont été refusés.

Sur 1,196 candidats âgés de dix-huit à trente-cinq ans, interrogés du 26 juin 1864 à décembre 1872, 22 ont présenté une dyschromatopsie bien marquée ; 13 daltoniques pour le rouge, 1 pour le vert ont été refusés.

Nous avons examiné, du mois d'octobre 1872 au mois de mai 1873, 728 hommes âgés de dix-huit à soixante ans, déjà employés du chemin de fer et appartenant à la section qui nous est confiée. Ces agents ont été interrogés, un à un, avec un très-grand soin. Nous avons classé parmi les daltoniques non-seulement ceux qui ne connaissent pas le rouge, l'orangé, le jaune, le vert, le bleu ou le violet, mais aussi ceux qui ont offert des hésitations *réitérées* en présence de la même couleur. Ces 728 hommes nous ont fourni 42 daltoniques, dont nous avons relevé l'observation et que nous avons examinés pour la plupart à plusieurs reprises le jour, à l'aide des procédés qui nous sont habituels, la nuit avec les feux colorés à distance.

9 seulement ne connaissent pas ou connaissent mal le rouge, et sont par conséquent dangereux. Ils étaient ou bien ils ont été placés depuis dans un emploi sédentaire.

Cette proportion de 42 sur 728 est élevée si l'on considère que de ce nombre 276 avaient déjà subi l'examen pour les couleurs.

Notre collègue, M. le Dr Mouraud, trouvait, à la même époque, 7 daltoniques sur 200 hommes dans le service de M. le Dr Laguaitte, qu'il suppléait.

II

Le daltonisme est sans doute le plus souvent congénital ; il peut être l'effet de certaines maladies, résulter de l'ingestion de différentes substances, se montrer à la suite du traumatisme. Il est bien établi (Thèse du Dr Jullien Masselon, 1872) que l'abus des boissons alcooliques et du tabac à fumer le produit fréquemment.

Les observations de dyschromatopsie naturelle, publiées jusqu'à ce jour, sont très-nombreuses : nous devons, cependant, faire connaître quelques-unes de celles que nous avons recueillies.

Celle de M. L..., membre de l'Académie des sciences et lettres de Montpellier, musicien de premier mérite, peintre des plus distingués, savant accompli, versé dans toutes les littératures, cosmopolite, etc., est des plus intéressantes. Je la transcris telle qu'elle fut rédigée par M. L... lui-même, le 16 mai 1857. Elle est accompagnée d'exemples coloriés. (Pl. XV.)

Obs. I. — « Voici ce que j'ai à te dire sur l'incapacité de connaître certaines couleurs ou plutôt de les sentir. La série se subdivise à mes yeux en deux catégories, en couleurs chaudes et en couleurs froides. Les couleurs d'une même catégorie ont une analogie telle, qu'il m'est souvent impossible de les distinguer. Les exemples coloriés t'expliqueront cela mieux que je ne le ferais avec des notes. Il résulte de cette particularité de mon sens des couleurs, que je suis très-embarrassé de déterminer la couleur de certains objets, quand cette couleur n'est pas connue de tout le monde comme étant un des attributs de cette chose, comme celle de la rose, du bluet, du coquelicot, etc. Ainsi, je ne me trompe jamais dans la couleur des montagnes d'un lointain, dans la couleur des pierres, dans celle des figures et des parties de la figure, mais s'il s'agit de dire la couleur d'une étoffe, c'est alors que, dans certains cas, je suis très-embarrassé et que je me trompe de la meilleure foi et avec la plus grande naïveté du monde, sans m'en être douté. J'ai employé du papier demi-teinte rose, croyant en avoir pris du gris. Ainsi, hier, encore, j'ai fait *rouge* un châle *vert* que portait une jeune fille de Perpignan dont je faisais le portrait. L'exemple ci-contre explique cette méprise. Également, s'il s'agissait de copier des figures peintes d'un tableau, je serais dans un embarras incroyable ; mais, d'un autre côté, lorsque le premier venu, un enfant, me donne le renseignement que je lui demande, j'imite alors la couleur et le ton avec la plus grande justesse. Je puis dire que je peins ordinairement avec un coloris transparent, brillant et surtout très-harmonieux... »

Nous pourrions montrer une superbe aquarelle des bords de la Drôme et de la Roche-Colombe, qui présente à un très-haut degré ces qualités.

J'ai depuis 1857 vu quelquefois M. L... Aucune modification ne s'est produite dans l'état de sa vue, qui, sauf la fausse appréciation des couleurs, est excellente. M. L... ne connaît bien que le *bleu* et le *jaune*. Il ne connaît pas du tout le *rouge*, et il confond souvent les teintes *vertes* avec les *violettes*.

Obs. II. — M..., ancien élève d'une école d'arts et métiers, réclame, en 1865, son admission au chemin de fer. Il doit être employé à titre de chauffeur-mécanicien. Je l'examine à plusieurs reprises, il voit constamment :

Le rouge.	vert.
Le jaune.	jaune.
Le vert.	brun rouge.
Le bleu	violet.
Le bleu clair.	rose.
Le rose.	grisâtre.

Je dus le refuser avec le regret de lui interdire l'accès d'un emploi en vue duquel il avait fait des études spéciales.

Obs. III. — F... se présente le 23 mars 1872; il voit constamment :

Le rose.	vert.
Le vert.	rouge.

Je l'engage à s'exercer et à se présenter le lendemain. Les expériences qu'il fit en sortant de mon cabinet confirmèrent sans doute le premier examen ; il ne revint pas.

Obs. IV. — C. B..., cultivateur, examiné le 22 août 1872, voit :

Le rouge ponceau.	jaune.
Le rouge cerise.	vert.
Le vert.	rouge.
Le vert foncé.	marron.
Le marron.	vert.
Le jaune.	jaune.
Le bleu.	bleu.
Le violet.	bleu.

C'est-à-dire qu'il ne distingue réellement que le bleu et le jaune. Il est évident que cet homme n'aurait pu devenir qu'un agent très-dangereux. Je le refuse, non sans l'avoir interrogé trois fois.

Obs. V. — B..., le 3 octobre 1873, voit :

Le rouge cerise.	vert.
Le rose.	vert.
Le jaune.	jaune.
Le vert	vert, rouge ou jaune.
Le bleu.	bleu.

Je lui montre à distance le disque rouge, il le voit vert. Il est refusé après trois examens.

Obs. VI. — P... se présente le 13 mars 1871. Au premier examen il voit :

Le jaune.	rouge.
Le vert	rouge.
Le bleu	noir.

Renvoyé à un deuxième examen, il se condamne lui-même et ne reparaît pas.

Obs. VII. — S..., vingt-quatre ans, examiné en 1860, voit :

	Le rouge.	rouge.
	Le jaune.	grisâtre.
	Le vert foncé	brun.
A distance:	Le signal rouge.	bleu.
	Le signal vert	bleu.

Il est refusé.

Obs. VIII. — L..., examiné le 16 octobre 1872, distingue parfaitement les signaux *rouge* et *vert*; mais il se trompe fréquemment sur le *bleu*, qu'il voit très-souvent *vert foncé* et sur le *jaune*. Il est prévenu.

Obs. IX. — Y... se présente le 23 mai 1873. Il voit habituellement :

Le rouge.	châtain tirant sur le vert.
L'orangé.	un peu rouge.
Le jaune.	jaune.
Le vert	rouge.
Le bleu.	violet.
Le violet.	violet.

A un deuxième examen il reconnaît certains *rouges*, mais il se trompe encore souvent sur le *rouge* et sur le *vert*. Je lui accorde un troisième examen auquel il ne se rend pas.

Nous pourrions multiplier les exemples de daltonisme naturel... Un de nos parents, M. J..., offre une appréciation des couleurs tout à fait semblable à celle de M. L..., qui fait l'objet de notre première observation. Un ami de M. M..., M. L..., voit tout gris, fait de la peinture et sait trouver des tons harmonieux. Un dessinateur de la maison C... et R..., confondant le vermillon avec le vert, était obligé d'étiqueter ses godets et ne s'apercevait pas que ses voisins prenaient un malin plaisir à changer ses étiquettes. Un million de personnes sont peut-être, dans notre pays, plus ou moins affectées de dyschromatopsie... Il sera donc facile à chacun de contrôler nos observations.

Cependant l'examen pour les couleurs ne se fait que d'une manière exceptionnelle. Les renseignements que l'on nous a donnés d'Angleterre sont contradictoires; il paraît toutefois qu'il se fait régulièrement sur certaines lignes. Il ne se fait pas en Belgique; il n'était pas usité l'an passé en Allemagne, ni en Suisse, pas davantage en Italie et en Espagne. Il n'en était pas question l'année dernière aux compagnies de l'Est, de l'Ouest, du Nord et d'Orléans. Il est en usage depuis quelque temps sur la ligne du Midi.

Les cas de daltonisme traumatique observés par nous sont les suivants :

Obs. X. — Le 27 avril 1857, Guédon (Marie), âgé de douze ans, m'est amené par son père. Cet enfant est occupé, rue Pouteau, 16, à mettre en paquet des feuilles de carton. Quand il a son compte, il attache les feuilles avec une ficelle qu'il coupe à l'aide d'un petit canif peu tranchant. Hier, il a coupé maladroitement devant lui, et son couteau l'a violemment atteint à l'œil droit. Je trouve sur la paupière supérieure une petite plaie superficielle. La paupière est un peu tuméfiée, la conjonctive injectée; la pupille, légèrement dilatée, est moins mobile que celle de l'œil gauche. Il raconte qu'après l'accident la vue a été abolie de ce côté pendant un certain temps, cinq minutes peut-être, puis il a vu toute espèce de couleurs (je me sers de l'expression qu'il a employée), ensuite tout blanc, et, lorsqu'il a pu distinguer les objets, il n'a pu voir que leur moitié inférieure. Il éprouve une légère photophobie. Après avoir bouché l'œil gauche, je montre à Guédon des objets assez volumineux : une clé, des ciseaux ; il les reconnaît. Afin de préciser davantage le degré de la vision, je montre une pièce de cinq francs en argent dans le but de faire distinguer les deux faces. Quel n'est pas mon étonnement lorsqu'il me dit : « C'est de l'or, c'est une pièce de vingt francs ! » Je lui montre une pièce de vingt francs ; il dit : « C'est une pièce d'argent de dix sous ! » A plusieurs reprises, je répétai cet examen, et je reçus toujours la même réponse. L'œil droit, par suite de la contusion éprouvée la veille, était atteint de *micropie* et de *fausse perception des couleurs*, et il avait été peu de temps après l'accident atteint d'*hémiopie*.

Le rouge était vu.	bleu.
Le bleu.	rouge.
Le marron	rouge.
Le vert foncé.	noir.
L'or.	argent.
L'argent.	or.

Le 30 avril, quatre jours après l'accident, la fausse perception des couleurs persiste à un degré moins marqué.

Le 5 mai, neuvième jour, la perception normale des couleurs est rétablie, et Guédon apprécie très-bien le volume des objets. Plus de trace de conjonctivite, mais léger affaiblissement de la vue.

Le 20 mai, il ne reste plus rien de ce petit accident.

Obs. XI. — Un jardinier, C..., occupé à la gare de Perrache, vint me voir après avoir reçu sur l'œil droit un coup de branche d'arbuste. Il avait un peu de conjonctivite, il distinguait bien les objets, et lorsque je voulus lui faire dénommer les couleurs, il ne put le faire ; il déclara que les objets colorés lui apparaissaient comme recouverts d'un nuage grisâtre ; il confondait toutes les couleurs. Pensant que l'examen ophthalmoscopique aurait un grand intérêt dans ce cas, et, ne m'en rapportant pas à mon appréciation à cet égard, j'eus recours à l'obligeance de M. le docteur Gayet, chirurgien en chef de l'Hôtel-Dieu. A l'aide de l'excellent opthalmoscope de M. le docteur Gayet, nous eûmes la certitude que les milieux et le fond de l'œil étaient tout à fait à l'état normal.

Obs. XII. — le 23 septembre 1859, M. C..., mécanicien, a été obligé de suspendre son travail à la suite d'une forte contusion produite sur l'œil droit par un morceau de tartre gros comme un pois. Il a vu du feu au moment de l'accident ; l'œil atteint est devenu très-douloureux, le gauche s'enflamme aussi bientôt, et lorsque, le 25, je fais dénommer les couleurs, il voit :

Le rouge.	gris rougeâtre.
Le jaune.	orangé.
Le vert	noir.
Le bleu.	gris.
Le violet.	grisâtre.

Le 27, après un traitement approprié, la notion des couleurs est rétablie.

Obs. XIII. — Lassalle, trente-sept ans, se présente, le 2 avril 1862, avec une plaie de la paupière supérieure de l'œil droit produite par une paille de fer. Contusion du globe de l'œil, légère conjonctivite. Il distingue la forme des objets, mais il voit :

Le rouge	noir.
Le vert	noir.
Une pièce de 20 francs	1 franc argent.
Une pièce de 2 francs	un sou.

Le 4 avril, il distingue bien les couleurs.

Obs. XIV. — Le 21 septembre 1861, S..., laveur de voitures, me raconte que, le 1er ou le 2 septembre, il s'est contusionné l'œil gauche avec l'index de la main droite. Il a éprouvé de la douleur dans l'œil, un peu de conjonctivite, il a de la céphalalgie; la pupille est plus dilatée que celle du côté droit. Il voit :

Le rouge	rouge.
Le jaune	vert.
Le chamois	jaune.
Le bleu	noir.
Le vert clair	vert.
Le violet	vert clair.
Le violet foncé	vert noirâtre

Le 3 octobre, un mois après l'accident, le malade ne peut pas encore lire avec l'œil gauche; de ce côté il voit :

Le rouge	vert.
Le jaune	jaune.
Le vert clair	vert clair.
Le bleu foncé	noir.
Le bleu clair	rouge bleuâtre.
Le violet	rouge.
Le noir	noir.

J'examine l'œil droit, l'œil sain, et le malade voit :

Le rouge	vert.
Le jaune	jaune.
Le vert clair	vert clair.
Le bleu foncé	rouge.
Le violet	rose.

J'éprouve, après cet examen de l'œil sain, une vive déception. Je crois n'avoir affaire qu'à un simple cas de daltonisme naturel. Je continue le traitement de la contusion, et je renvoie S... à cinq jours. Quand il vint, le 9 octobre, la notion des couleurs était complétement revenue des deux côtés, en même temps que les traces de la contusion avaient disparu. Ce malade nous offrit donc un très-bel exemple de *daltonisme traumatique* à l'œil gauche et *sympathique* à l'œil droit, avec cette circonstance très-importante que la notion des couleurs dut être altérée chez lui pendant plus d'un mois.

Obs. XV. — Appelé le 27 juin 1872 auprès d'une malade, rue de Jussieu, je trouvai son fils, H. L..., âgé de douze ans, jeune garçon d'un caractère très-doux, en proie au chagrin le plus vif; il venait d'être victime de la brutalité d'une concierge acariâtre, qui l'avait frappé sur l'œil droit avec un bâton. J'étais muni depuis quelques jours de papiers colorés que m'avait donnés le docteur J. Gayat, et je constatai immédiatement, à neuf heures du matin, que L... voyait :

Le rouge.	noir.
Le marron	rougeâtre.
Le vert	rougeâtre.
Le bleu clair.	noir.
Le bleu foncé	verdâtre.
L'or.	or.
L'argent	argent.

Le même jour, à deux heures du soir, il voyait :

L'écarlate.	noir.
Le rouge sang de bœuf.	noir.
Le carmin	noir.
L'orangé.	marron.
Le vert-pomme.	blanc.
Le vert clair.	jaune.
Le bleu	noir.
L'indigo.	orangé.
Le violet foncé.	noir.

L'œil gauche voit normalement les couleurs.

Le 29 juin, troisième jour, après avoir fait suivre à cet enfant un traitement convenable, je reconnus que la notion des couleurs était rétablie.

J'ai eu l'occasion, dans un certain nombre de circonstances, d'examiner des personnes qui avaient, depuis peu de temps, subi des contusions des yeux ou de la tête; je n'ai pas noté d'autres cas de daltonisme traumatique. Il m'est arrivé même de reconnaître que la notion des couleurs subsistait chez des malades qui ne distinguaient pas bien la forme des objets; tel est le fait suivant.

Obs. XVI. — V..., employé au chemin de fer, est atteint d'une contusion de l'œil; il se présente peu de temps après à mon cabinet, le 9 juin 1866; je trouve un gonflement œdémateux des paupières, conjonctivite, épanchement de sang dans la chambre antérieure, pupille contractée; il ne voit pas distinctement les objets, il ne peut pas lire, mais *il distingue très-bien les couleurs*.

Certaines maladies altèrent la notion des couleurs. Après les observations citées, en 1870, par MM. les docteurs Aillaud (de Beaucaire), Tallon (de Lyon), Giraud (de Saint-Étienne), Raymond (de Brassac), nous pouvons inscrire le fait suivant :

Obs. XVII. — M. V..., âgé de trente-sept ans, admis à la gare de Vaise, fut visité, en 1861, pour les couleurs, par M. le docteur Laguaitte; placé, en 1862, à Perrache, il fut de nouveau interrogé par moi sur les couleurs. Sa vue fut trouvée normale aussi bien par mon collègue que par moi. Il a été atteint, en 1871, d'une fièvre typhoïde de longue durée, pour le traitement de laquelle les préparations de quinquina ont été assez longtemps employées. Quand je l'examine, le 8 novembre 1872, il voit :

Le drapeau rouge.	rouge.
Le rouge carmin.	vert.
Le vert clair.	jaune.
Le vert foncé.	rouge.
Le violet.	bleu.

Sur les plaques, il voit :

Les rouges de Venise, de Chine, le vermillon .	rouge ou vert.
La garance, le carmin.	vert.
Les bleus.	bleu ou violet.
Les verts.	jaune ou rouge.
Les jaunes sont bien vus.	

L'état général de cet homme est bon.

L'examen ophthalmoscopique fait par M. le docteur J. Gayat, au moment où nous avons, le 17 avril 1873, constaté la persistance du daltonisme, donne le résultat suivant :

Sait très-peu lire; à 30 centimètres il déchiffre le n° 1 de l'échelle. Fond de l'œil normal.

V

Dans plusieurs circonstances j'ai vu la fatigue extrême produire ou aggraver le daltonisme chez des employés qui, au sortir d'un service assez pénible, avaient encore voulu donner leurs soins au travail de leur maison. Tel ce père de famille, C..., qui me parut être assez malade pour être renvoyé à un deuxième examen. Il me confia, le surlendemain, qu'il avait passé plusieurs nuits auprès de son enfant malade, et qu'il l'avait perdu. La fatigue et le chagrin avaient produit un daltonisme bien caractérisé qui guérit par un repos de deux jours.

Afin d'abréger, nous n'avons pas abordé l'historique du daltonisme, ni les théories, ni les divers procédés d'examen. Nous n'avons presque rien emprunté aux divers auteurs que nous avons consultés.

L'on a proposé de remplacer le *rouge* et le *vert* par le *jaune* et le *bleu*, mais ces dernières couleurs ne sont pas vues à distance aussi bien que les deux premières, et les daltoniques pour le *bleu* et le *jaune* sont assez nombreux. M. Locard, ancien directeur du chemin de fer de Saint-Étienne, cité par M. Potton, avait « substitué aux trois guidons de couleur, l'usage d'un seul drapeau, auquel des mouvements dans des sens, des directions divers étaient imprimés comme signaux... » Mais l'on ne peut employer ce procédé que pour les signaux à main. Il est probable que cette circonstance limita son usage au seul chemin de fer de Saint-Étienne.

Nous avons donné nos statistiques et nos observations à peu près sans commentaires, laissant nécessairement de côté un certain nombre de détails et des expériences qui nous paraissent avoir un grand intérêt.

Nos conclusions spéciales concernant l'industrie des chemins de fer sont les suivantes :

I. — Les candidats aux emplois du service actif des chemins de fer doivent être soigneusement et individuellement examinés au point de vue de la notion des couleurs.

II. — Ceux qui ne distinguent pas facilement le rouge doivent être exclus.

III. — Ceux, plus nombreux, qui méconnaissent les autres couleurs, peuvent être admis, mais leur infirmité doit être notée scrupuleusement, afin qu'ils soient l'objet d'un examen ultérieur.

IV. — Les agents ou employés atteints de contusions ou de plaies des paupières, des yeux ou de la tête, de commotion cérébrale, doivent être examinés pour les couleurs, au début et à la fin de leur interruption de service.

V. — A la fin de toute maladie grave, avant que l'employé ne soit admis à reprendre son travail, l'examen des couleurs est de toute nécessité.

VI. — Ceux qui seront soupçonnés de se livrer à des excès alcooliques et qui feront un usage immodéré de tabac à fumer subiront fréquemment la visite pour les couleurs.

VII. — L'examen périodique des couleurs sera institué. Les agents, chargés d'un service pénible et spécial, pourront être soumis à cet examen au moment de la signature du cahier de présence ou les jours de solde.

J'ai tenté, sans y parvenir à mon gré, d'être bref et précis, réservant pour une publication ultérieure les parties de l'histoire de la dyschromatopsie, qui ne pouvaient pas être directement utiles à la tâche que je voulais remplir, savoir : mettre en lumière l'importance d'un examen très-minutieux des candidats au service actif des chemins de fer. J'aurais pu rappeler que les mêmes nécessités existent pour la marine, la télégraphie des côtes et un très-grand nombre de professions ; j'aurais pu dire que le médecin légiste doit aussi se préoccuper du daltonisme. Il me reste à souhaiter que les membres du Congrès n'aient pas trouvé cet aperçu trop indigne de leur attention.

Dr A. COURTY

Professeur à la Faculté de médecine de Montpellier

IMPORTANCE DE L'IMMOBILITÉ ET DE L'ATTITUDE NATURELLE DANS LE TRAITEMENT DES MALADIES ARTICULAIRES

— *Séance du 28 août 1873.* —

L'immobilisation des articulations dans l'attitude naturelle est le meilleur moyen de prévenir et de combattre l'arthrite. Elle est l'adjuvant le plus efficace pour empêcher l'inflammation de s'y développer ; elle est presque indispensable pour que les antiphlogistiques proprement dits puissent en triompher. Voilà un axiome que je voudrais voir inscrit, développé dans tous nos ouvrages de chirurgie, enseigné au lit des malades dans les hôpitaux, mis en œuvre par tous les praticiens. Que de membres on sauverait si la vérité de cet axiome, bien comprise, était appliquée partout! Depuis l'entorse la plus simple jusqu'aux arthrites les plus compliquées, il n'y a pas une maladie articulaire qui ne réclame impérieusement, à un moment donné, ce mode de traitement.

Je ne trouverai guère de contradicteurs en formulant cette idée dans un milieu où elle a, en quelque sorte, pris naissance, *scribo in aere Lugdunensi*. Depuis Bonnet, que l'on peut bien appeler une des gloires de la chirurgie française contemporaine, jusqu'à mon ami Ollier, que je suis heureux et fier d'avoir compté au nombre de mes élèves, le traitement des maladies de l'appareil locomoteur (jointures et os) n'a reçu peut-être nulle part une impulsion plus scientifique et plus pratique qu'à Lyon. Eh bien, néanmoins, je puis assurer que dans mes nombreuses visites aux hôpitaux de toutes les villes que je traverse, ou chez les malades auprès desquels je suis appelé, je constate journellement l'omission de cette règle. Je ne puis m'empêcher de penser qu'une omission si fréquente est due à ce que nos traités de chirurgie, par une insuffisance de démonstration ou de développement, ne font pas de cette règle un précepte suffisamment explicite pour les praticiens.

Ici, sans doute, et autour de quelques maîtres qui m'écoutent, cette omission n'est pas apparente, mais je puis assurer qu'elle est bien commune en France ; et je ne m'en étonne pas, quand je constate combien la nécessité de l'immobilisation et de l'attitude naturelle est peu affirmée dans nos livres classiques, et quand je me rappelle le peu de succès qu'eurent d'abord les ouvrages spéciaux les mieux faits sur la matière. Après son grand *Traité des maladies des articulations*, Bonnet avait publié un livre très-pratique, destiné à propager et à répandre ses excellents préceptes. Ce livre est intitulé : *Thérapeutique des maladies articulaires*. J'eus le bonheur de le lire quelque temps après son apparition et je ne pus m'empêcher d'écrire à son auteur, en lui demandant quelques éclaircissements, que je ne connaissais pas de livre plus pratique sur ce sujet. La réponse de Bonnet était empreinte de tristesse : je conserve encore la lettre par laquelle ce savant collègue, en me remerciant de mon appréciation, me disait qu'elle lui était d'autant plus précieuse que son livre n'avait pas été goûté jusqu'à ce jour et n'avait pas obtenu le succès qu'il était en droit d'en espérer.

Dans ce livre même, dont je proclame bien haut toute la valeur, l'importance de l'immobilité et de l'attitude naturelle dans le traitement des maladies articulaires, tout en y étant signalée nettement, n'y tenait relativement que trop peu de place. L'auteur y consacrait au contraire un grand nombre de pages aux mouvements que l'on doit imprimer aux articulations dans les cas de roideur et aux machines qui les produisent. Séduit par la démonstration de ce nouveau précepte de pratique également fécond, applicable à une autre période des maladies articulaires, il s'était peut-être laissé un peu entraîner par la nouveauté de ces vues si remarquables et par la description des ingénieux appareils nécessaires pour produire les divers mouvements que l'on peut avoir à restituer à une jointure. De sorte que, pour le lecteur, le premier précepte (immobilité et attitude naturelle), à mes yeux beaucoup plus important parce qu'il est préventif, beaucoup plus général parce qu'il est applicable à toute sorte de traumatisme et d'inflammation, passa presque inaperçu dans cet ouvrage, noyé en quelque sorte dans les longs développements donnés au second (rétablissement des mouvements), lequel, malgré son importance, n'est pourtant que secondaire relativement au premier, puisqu'il ne constitue qu'un traitement consécutif et qu'il ne sert à remédier qu'à une seule des conséquences de l'arthrite, la roideur articulaire.

Aussi l'autorité de la génération médicale qui nous a précédé règnet-elle encore, dans l'esprit de beaucoup de médecins, sur ce point de pratique. Qu'il s'agisse d'une foulure, d'une entorse, d'une contusion, d'une plaie, d'une arthrite plus ou moins avancée, on prescrit le repos et le relâchement de la jointure : voilà les expressions dont on se sert. Mais le repos consiste à mettre le membre inférieur sur des coussins ou le bras en écharpe, et par le relâchement, depuis l'enseignement de Dupuytren et de nos maîtres, on entend la demi-flexion. Or, pour une articulation, le support du membre par une écharpe ou un coussin n'est pas plus le repos que la demi-flexion n'est le relâchement. Pour toute articulation, le repos est l'immobilité absolue, le relâchement est l'attitude naturelle du membre.

De l'Immobilité. — Sans doute, il est de règle pour tout médecin de condamner au repos une articulation blessée ou malade, comme il met au repos tout autre organe dans les mêmes conditions. La diète pour l'estomac, l'obscurité pour l'œil, le silence pour l'appareil respiratoire, le calme du corps et de l'esprit pour le cœur, etc., tous ces modes de repos sont prescrits chaque fois que l'estomac, l'œil, l'appareil respiratoire, le cœur sont malades ou menacent de l'être. La suspension momentanée de la fonction est le seul moyen de prévenir la congestion et, à sa suite, l'inflammation d'un organe. Cette suspension de la fonction n'est pas toujours possible. Alors même qu'elle l'est, elle est plus ou moins bien entendue pour chaque organe. A-t-elle été suffisamment bien appliquée aux jointures?

Longtemps on a pensé qu'en empêchant les mouvements étendus, on mettait l'articulation qui en est le centre dans un repos suffisant, et l'on s'est contenté du pied sur la chaise, du coussin sous le genou, du double plan incliné pour la hanche, de l'écharpe pour l'épaule, le coude et le poignet. On ne peut nier que le précepte soit bon, mais il est insuffisant : il faut bien penser, en effet, qu'il ne suffit pas qu'un malade s'impose volontairement le repos d'une articulation pour que cette articulation soit réellement en repos. Très-souvent un mouvement involontaire rompt inopinément ce repos; si c'est rarement pour certains malades calmes, lymphatiques, c'est fréquemment chez d'autres malades impatients et nerveux; si c'est rarement pendant la veille, c'est fréquemment pendant le sommeil. Très-souvent encore, un mouvement de toute autre partie du corps se communique à l'articulation malade. Très-souvent, enfin, une impulsion extérieure ou étrangère au malade y amène une secousse et par suite un retentissement plus ou moins douloureux. De ces trois sources de mouvements résulte l'impossibilité du repos absolu pour toute articulation non suffisamment immobilisée.

Or, pour si peu qu'il y ait de tiraillements dans les ligaments, de distension de la synoviale, de frottement des surfaces articulaires, il en naît de la douleur ou de la congestion, parfois même une douleur si atroce qu'elle arrache des cris au malade, et qu'elle lui inspire le sentiment instinctif d'immobiliser lui-même de son mieux l'articulation malade, d'une part en la soutenant à l'aide du membre opposé, d'autre part en contractant les muscles périarticulaires, ces ligaments actifs de toute articulation, au point d'empêcher tout mouvement des extrémités osseuses, et avec une intensité d'action et une persistance qui finissent par amener la contracture, la rigidité, la rétraction, enfin la transformation fibreuse de ces muscles, qu'on est obligé de sectionner plus tard lorsqu'on veut tenter le redressement du membre.

Il faut donc, de toute nécessité, mettre l'article dans un état d'immobilité absolue, et rien ne peut assurer cette immobilité qu'un appareil inamovible. Il est si aisé aujourd'hui, à l'aide de la colle forte ou colle de menuisier qu'on rencontre partout, ou du silicate neutre de potasse qu'on trouve dans toutes les pharmacies et qui est préférable à tout autre moyen par la rapidité de sa dessication, il est si aisé de badigeonner la surface d'un appareil de manière à le solidifier, qu'on ne peut douter de voir se généraliser bien vite et se vulgariser ce mode de pansement, du moment que l'utilité absolue en sera avérée.

L'appareil inamovible est d'autant plus utile dans ce cas que non-seulement il assure l'immobilité absolue de l'articulation, mais qu'il permet au malade de se lever et de se mouvoir, sans que les mouvements des autres articulations se transmettent à l'articulation malade ou y retentissent douloureusement, et qu'il met cette jointure à l'abri de tout choc extérieur et de tout mouvement communiqué, aussi bien que du moindre mouvement propre.

Je ne puis sortir ici de mon sujet en donnant les règles d'application des appareils inamovibles : il est certain qu'ils doivent toujours être posés sur une couche plus ou moins épaisse d'ouate ou de coton cardé, qu'ils doivent exercer une compression très-uniforme et aussi modérée que possible, réduite le plus souvent à une simple contention, qu'ils doivent s'étendre assez loin pour immobiliser quelquefois tout le membre au lieu de la seule articulation malade, etc. Mais ce que je puis assurer, c'est que, depuis que je les applique, je n'ai jamais vu de contusion, de foulure, d'entorse, suivies d'accidents inflammatoires ; que plusieurs plaies pénétrantes articulaires ont guéri facilement ; que des luxations très-graves, une fois réduites, les articulations qui en étaient atteintes n'ont présenté, à la suite d'une immobilisation plus ou moins prolongée, aucune altération dans les mouvements ; enfin, que les arthrites aiguës et les arthrites chroniques, même les arthrites fongueuses et les tumeurs blanches de toute espèce ont toujours subi, sous l'influence de l'immobilité, un amendement considérable, qui souvent a été le point de départ d'une cure radicale.

La durée de l'immobilité est de dix à quinze jours pour une foulure, quinze à vingt pour une entorse, un à deux mois pour une luxation avec déchirures des ligaments et pour une arthrite aiguë, plusieurs mois et même plus d'un an pour une arthrite chronique, temps pendant lequel le pansement est renouvelé plusieurs fois.

Outre les avantages que je viens de signaler, tout appareil inamovible périarticulaire présente encore l'avantage inappréciable de servir de support ou de contention à des moyens médicamentaux d'une application très-utile et d'une précieuse efficacité. Ainsi des médicaments astringents, antiphlogistiques, fondants, résolutifs, etc., peuvent être maintenus tout autour de l'articulation malade. On n'a pas même à regretter de ne pouvoir envelopper cette articulation de cataplasmes ; car il est aisé de la tenir dans un bain émollient continu à l'aide de l'appareil inamovible.

Je n'énumérerai pas ici tous les moyens auxquels on peut recourir, mais je signalerai un de ceux que j'emploie le plus souvent et avec le plus de succès chaque fois qu'un traumatisme violent, récent ou ancien, menace de développer de l'inflammation, ou que celle-ci est développée, ou que la phlegmasie, par sa longue durée, a amené du gonflement, de l'épaississement, de l'induration dans tous les tissus périarticulaires et même articulaires.

J'enveloppe d'abord l'articulation d'une compresse à six chefs recouverte d'une couche épaisse d'onguent napolitain pur ou belladoné (100 grammes sont nécessaires, la plupart du temps, pour un genou d'adulte). Par-dessus j'applique une compresse à six chefs en taffetas ciré ou en caoutchouc très-mince, ou une mince bande de caoutchouc, et par-dessus le tout j'applique l'ouate et l'appareil inamovible. De cette façon j'entretiens, autour de cette articulation immobilisée, une transpiration et une chaleur humide continuelles, aussi favorables à la résolution de l'inflammation et de ses produits plastiques qu'à la pénétration de la pommade qui contribue également à cette résolution. On ne saurait imaginer, quand on n'en a pas été souvent le témoin, les heureux résultats de ce mode de pansement. A la place de l'onguent napolitain, j'ai mis souvent, suivant l'indication, de la pommade à l'iodure de plomb et de potassium, au précipité rouge, à l'extrait de belladone, etc. En un mot, on peut varier le médicament, mais le mode de pansement est toujours le même, et son efficacité, d'après ma longue expérience, est si incontestable, que je ne saurais trop le recommander à mes confrères.

De l'Attitude naturelle. — Si l'importance de l'immobilité, je dis de l'immobilité absolue, n'est pas suffisamment comprise et estimée par les médecins dans le traitement des maladies articulaires, l'utilité de l'attitude naturelle dans laquelle il faut, de toute nécessité, immobiliser le membre, est encore moins sentie et appréciée à sa juste valeur. J'ai moi-même longtemps cherché cette attitude ; bien que Bonnet en eût donné le précepte en deux mots, la démonstration laissait quelque chose à désirer ; c'est sans doute à cette imperfection de démonstration et à la brièveté du précepte que sont dues l'ignorance et la fausse opinion de la plupart des praticiens sur la véritable attitude qu'il faut donner au membre avant de l'immobiliser et qu'il faut obliger le membre à conserver tout le temps qu'il reste dans l'appareil inamovible.

Ce qui a retardé longtemps la diffusion de la vérité sur ce point, c'est le principe précédemment admis et que je ne crains pas d'appeler faux, de la demi-flexion, qu'on a regardée pendant des années comme l'attitude de repos des articulations. Nul doute que la demi-flexion ne soit une attitude de repos pour les muscles et qu'on ne se trouve fort délassé lorsque, après avoir maintenu longtemps, par leurs contractions, l'extension ou la flexion forcées d'un membre, on les laisse revenir au relâchement par la demi-flexion ; il n'est personne, pour ainsi dire, qui n'ait éprouvé un soulagement véritable en pareille occasion. Mais on a fait à ce sujet une double confusion : la première, d'assimiler la position de repos des articulations à la position de repos des muscles ; la seconde, de croire que la demi-flexion est une position de repos pour toutes les articulations également.

Or, les observations anatomiques, physiologiques et cliniques concourent à nous démontrer que la demi-flexion ne saurait être regardée comme un état de repos pour toute articulation. Qu'est-ce, en effet, que le repos d'une articulation ? Ce n'est pas seulement l'absence de mouvement ; mais c'est la position dans laquelle aucun de ses éléments n'entre en action, n'effectue de travail et, par suite, n'éprouve de fatigue, celle où aucune distension ne s'exerce sur les tissus, où la pression est également répartie sur tous les points.

Une articulation n'est pas un organe actif (sauf peut-être par la sécrétion de la synovie). Dans le mouvement, l'activité est dévolue aux muscles, la passivité aux os et aux jointures. Le repos, pour une articulation, n'est pas seulement et exclusivement la cessation de sa fonction ou la suppression du mouvement. C'est, d'une part, la cessation des déplacements alternatifs, en un sens ou en un autre, de ses divers éléments ; c'est, d'autre part, la répartition égale de toute pression ou de toute traction sur ces mêmes éléments, de manière à ce qu'aucun d'eux ne supporte un excès de pression, ni de traction, ni de distension, à son propre détriment ; c'est plutôt l'absence complète de cette pression, de cette traction, de cette distension, en un mot de toute action mécanique sur tous ses éléments.

J'appelle cette position *attitude naturelle* de l'articulation. Je préfère cette dénomination à celle d'attitude de repos, parce que le repos implique simplement la cessation d'action, c'est-à-dire de déplacements alternatifs dans un sens et dans un autre. Or, ce n'est pas seulement la cessation des déplacements alternatifs, c'est encore un certain mode de position, une certaine attitude qu'il convient d'imposer à la jointure, si l'on veut qu'aucun de ses éléments ne soit en action et n'éprouve de fatigue.

Une articulation se compose de plusieurs éléments : de surfaces articulaires et de leurs cartilages de revêtement, quelquefois de cartilages inter-articulaires, d'une synoviale, de ligaments. Pour qu'aucun de ces éléments, ou aucune partie de ces éléments, ne soit à l'abri d'altération mécanique, au préjudice des autres, il faut que les surfaces articulaires se recouvrent par le plus grand nombre de points possible, que la synoviale soit également relâchée de tous les côtés, sans présenter ni distension d'un côté, ni plissements du côté opposé, que les ligaments ne soient ni distendus, ni relâchés, ni tordus, mais qu'ils présentent la même souplesse dans tous les points et de tous les côtés autour de l'articulation. C'est seulement lorsque ces conditions sont remplies qu'aucune portion d'os ou de cartilage n'éprouve de pression plus forte qu'une autre, qu'aucune portion de la synoviale n'est distendue, ni froissée, qu'aucun ligament n'est tiraillé ni plissé sur lui-même, enfin que toutes les parties de l'articulation sont dans un égal et complet repos.

Si l'on étudie toutes les articulations à ce point de vue et dans l'intention d'y découvrir la position moyenne, intermédiaire à toutes les autres, par laquelle sont réalisées ces conditions d'absence de toute action mécanique de l'un ou l'autre des éléments articulaires, on trouve que cette position est bien loin d'être la demi-flexion et qu'elle est aussi bien loin d'être la même pour toutes les articulations.

Pour le membre inférieur, cette position moyenne est : à la hanche, l'extension sur le bassin avec adduction de la cuisse ; pour le genou, l'extension complète ; pour l'articulation tibio-astragalienne, la position à angle droit de la jambe sur le pied ; pour les articulations tarsiennes et phalangiennes, la position intermédiaire à la flexion et à l'extension, c'est-à-dire la rectitude de la ligne du pied jusqu'au bout des orteils.

Pour le membre supérieur, cette position moyenne est : à l'épaule, l'adduction (le coude rapproché du thorax sans le toucher) ; pour le coude, la flexion à peu près à angle droit de l'avant-bras sur le bras (ce qui n'est ni la flexion complète, ni l'extension, ni même ce qu'on appelait la demi-flexion) ; pour le poignet et la main, une position intermédiaire à la flexion et à l'extension, mais plus rapprochée de l'extension, surtout pour les doigts, et en même temps intermédiaire à la pronation et à la supination.

Il faudrait entrer dans de longs détails pour décrire l'état de tous les éléments articulaires de ces diverses articulations dans ces positions moyennes, et le comparer à la pression, la distension ou l'altération mécanique quelconque de ces mêmes éléments dans toute autre position, soit dans la demi-flexion, soit dans une des positions extrêmes. Je l'ai recherché et observé maintes fois, et en répétant ces recherches anatomiques, j'ai toujours été frappé de la fatigue que ne peut manquer d'entraîner dans l'un ou l'autre de ces éléments la persistance d'une position différente de celle que je viens de signaler. Qu'on veuille bien s'assurer seulement comment la jointure s'ouvre au genou lorsqu'on le fléchit à demi, et au coude lorsqu'on l'étend, si légèrement que ce soit, et l'on jugera combien les éléments articulaires doivent souffrir lorsqu'on les condamne à conserver ces rapports. A quoi cela tient-il? très-certainement à l'habitude prise depuis longtemps par chacune de ces jointures d'affecter pour l'usage du corps une position à laquelle elle a été en quelque sorte si bien façonnée par un long service, que cette position finit par devenir la seule dans laquelle elle n'éprouve aucune fatigue, la seule qui puisse être conservée longtemps et même indéfiniment, sans lésions dépendant de la position elle-même.

Pour les praticiens qui pourraient avoir oublié en partie l'anatomie des diverses articulations, il leur est aisé de se rappeler quelles sont ces positions si différentes d'une articulation à l'autre, à l'inverse de la demi-flexion qui est toujours la même. Ces positions ou ces relations réciproques des surfaces articulaires, sont justement celles qu'affectent les articulations au moment de leur usage naturel ou de l'accomplissement des fonctions auxquelles elles participent. Qu'on veuille bien se rappeler que les membres, ces serviteurs de l'estomac, comme on les a ingénieusement appelés, ont pour usages principaux : les supérieurs, de porter les aliments à la bouche ; les inférieurs, de nous transporter d'un lieu à un autre et de nous donner sur terre notre stabilité dans la station verticale, qui est la station naturelle à l'homme ; et l'on n'aura dès lors aucune peine à se souvenir de l'attitude particulière qu'on peut regarder comme l'attitude naturelle propre à chacune de ces jointures.

Ajoutons à ce premier moyen mnémotechnique une considération complémentaire : c'est que la position qu'il convient de donner à une articlation, est justement celle dans laquelle il faudrait chercher à l'immobiliser, s'il y avait menace d'ankylose irrémédiable, pour que, dans cet état d'immobilité, elle put rendre encore le plus grand nombre de services possible, ou remplir l'office le plus utile. En suivant cette règle on ne se laissera jamais induire en erreur.

Du reste, les partisans de la demi-flexion n'avaient pas méconnu cette dernière nécessité, et l'on sait que toute cette école chirurgicale, pour laquelle n'existaient encore ni la résection sous-périostée, ni le pouvoir de créer à nouveau des articulations et par conséquent du mouvement au lieu et place d'articulations détruites par la maladie ou immobilisées par une cure imparfaite et par la difformité qui en était la conséquence, l'on sait, dis-je, que cette école donnait l'excellent précepte de mettre le coude dans la flexion et le genou dans l'extension, lorsque ces jointures étaient menacées d'ankylose, ou lorsque l'ankylose était la difformité nécessaire, au seul prix de laquelle on pouvait obtenir la guérison.

Une seule objection pourrait suspendre la décision de notre jugement, si nous nous contentions d'un examen superficiel : c'est que, lorsqu'un malade est atteint d'une maladie articulaire, surtout lorsque cette maladie articulaire est douloureuse, très-douloureuse, et que le malade sent instinctivement la nécessité de condamner son articulation à l'immobilité la plus absolue et de l'y maintenir, il donne à son membre habituellement, on peut même dire toujours, une attitude différente de celle que nous préconisons comme l'attitude à la fois la plus naturelle et la moins douloureuse pour chaque jointure. Ainsi, pour le membre supérieur, pour le coude notamment, cette attitude est celle de la demi-flexion, la main reposant sur la partie supérieure de l'abdomen, où elle est retenue par la main du côté sain ; pour le membre inférieur, que ce soit pour la hanche ou pour le genou, c'est l'adduction avec flexion forcée de la cuisse sur le bassin et de la jambe sur la cuisse.

Mais, en y réfléchissant bien, en analysant toutes les circonstances dans lesquelles ces phénomènes se produisent, et en cherchant surtout à se rendre compte des moyens à l'aide desquels un malade, dépourvu de tout appareil, parvient à immobiliser son membre, on voit qu'il ne lui est pas possible d'arriver à ce résultat en donnant au membre une autre attitude. Ne pouvant disposer que de la position qu'il peut affecter, levé ou couché, de la contraction musculaire qui peut maintenir cette position, cherchant à échapper aux chocs extérieurs, à se soustraire au poids des couvertures, s'efforçant de protéger le membre malade par le membre sain et à mettre l'articulation enflammée à l'abri de tout ébranlement communiqué du dehors, il ne peut qu'appliquer le membre supérieur au tronc, en le portant, autant que possible, au devant de lui, et raccourcir le membre inférieur en le pelotonnant, en quelque sorte, sur lui-même par la flexion et l'adduction. Je ne dis pas qu'exceptionnellement il ne parvienne au même but en l'immobilisant dans une autre attitude; mais la statistique m'a prouvé que la position que je viens de décrire est la plus fréquente, et les expériences, d'accord avec l'analyse des faits, démontrent que les raisons de cette attitude sont effectivement celles que je viens d'indiquer.

Une contre-épreuve entièrement justificative, c'est l'effet résultant du redressement des membres retenus dans des attitudes vicieuses par des contractures musculaires ou de fausses ankyloses, et de leur immobilisation dans l'attitude que j'appelle naturelle. Si les malades étaient parvenus auparavant à éviter quelques douleurs par l'immobilisation instinctive de leur articulation dans une attitude anormale, loin de ressentir de nouvelles douleurs dans l'attitude naturelle à laquelle on les amène lentement ou brusquement, ils conviennent tous que leur bien-être en est augmenté, et, s'ils souffraient encore (quelquefois des douleurs atroces) avant ce redressement thérapeutique, ils reconnaissent tous que leurs douleurs cessent après, comme par enchantement.

Quel que soit le motif pour lequel on immobilise une articulation, il faut donc l'immobiliser toujours dans son attitude naturelle. Que ce soit pour prévenir l'inflammation, à la suite d'une simple foulure, d'une contusion ou d'une entorse, comme à la suite du traumatisme le plus grave, que ce soit pour combattre l'inflammation dans l'arthrite aiguë, ou pour poursuivre les conséquences de l'inflammation dans les arthrites chroniques de toute sorte et à tous les degrés, il faut, toujours et dans tous les cas; donner au membre son attitude naturelle.

Non-seulement j'applique ce précepte journellement au traitement de tout traumatisme articulaire quelque léger qu'il soit, comme une contusion, une faible entorse, une chute sur le coude, le poignet ou le genou, ou quelque grave qu'il puisse paraître, comme une forte entorse, une déchirure des ligaments, une luxation, une plaie pénétrante, etc., mais encore je le suis toujours comme règle dans le traitement de toute maladie articulaire confirmée, quelque longue que puisse en être la durée, et je n'ai compté que des succès depuis que j'ai fait appliquer invariablement cette règle dans mon service d'hôpital. La ponction et l'évacuation du liquide dans les cas d'hydarthrose, l'extraction des corps étrangers articulaires, n'ont jamais entraîné à leur suite, dans ma pratique, aucun accident sérieux. Dernièrement encore le genou, le coude, le poignet, atteints de plaies pénétrantes des plus graves, ont été parfaitement guéris.

Je puis même dire qu'il n'est pas de maladie articulaire, si grave qu'elle soit, dont on ne puisse obtenir la guérison la moins espérée, en prenant toujours pour base de traitement l'immobilisation dans l'attitude naturelle. Je rencontre souvent un petit vieillard qui fut atteint, il y a quelques années, de luxation complète du pied en arrière, avec fracture du péroné, et qui guérit si bien par ce simple traitement qu'il marche aujourd'hui comme s'il n'avait jamais été victime de ce grave traumatisme. J'ai traité de cette façon des luxations, même des luxations du genou (qui ne peuvent se faire sans grand traumatisme), les unes récentes et réduites immédiatement, les autres anciennes et réduites lentement par extension continue, et dont les résultats m'étonnèrent tant ils dépassèrent mes espérances. Je me souviens notamment d'un homme de vingt-cinq à trente ans qui avait eu le genou luxé en dehors par suite de la chute d'une énorme pierre et de la rupture du ligament latéral interne, qui marchait au bout de deux mois, et de deux autres malades atteints de luxation ancienne de la jambe en arrière, auxquels on avait maintes fois proposé l'amputation comme unique ressource, et qui marchent aujourd'hui sans douleur ni fatigue. J'ai conservé, des années, dans l'immobilité, en fenêtrant les appareils, des malades atteints non-seulement d'arthrite chronique, mais même d'arthrite suppurée, ou de tubercules des épiphyses du tibia ou du fémur, qui ont fini par guérir, après la modification lente et graduelle des tissus malades, l'immobilité réduisant l'altération pathologique à son champ initial et l'empêchant de prendre une extension qui eût nécessité le sacrifice du membre. Je ne prétends pas que tous les cas soient également et absolument curables; mais, je le répète, on se ménage souvent, dans le traitement des arthrites chroniques, par l'immobilisation des jointures malades dans leur attitude naturelle, les succès les moins espérés et les plus surprenants. J'ai conservé ainsi bon nombre de membres, devenus ankylosés, il est vrai, mais solides et utiles, chez des malades atteints d'arthrites chroniques qui ne voulaient entendre parler d'aucune opération.

Je n'ai pas besoin d'ajouter que les traitements généraux, les topiques résolutifs, les pansements à travers une fenêtre pratiquée au bandage et tous les perfectionnements, tous les jours plus nombreux, de la thérapeutique des maladies articulaires, doivent être appliqués à tous les cas, suivant l'indication et dans la mesure où ils sont réclamés. Mais je ne veux poser ici que ce principe, à savoir que l'*immobilisation des membres dans l'attitude naturelle constitue la base du traitement des maladies articulaires*, soit qu'on veuille prévenir l'arthrite ou en arrêter le développement (sauf à imprimer plus tard à la joiture des mouvements méthodiques pour dissiper la roideur dont elle peut être atteinte, ce qui est fort rare et n'arrive qu'après plusieurs mois d'immobilisation), soit qu'on veuille limiter l'extension et la durée de l'arthrite avancée et en faciliter la cure par ankylose, lorsque ce dernier mode de guérison, bien inférieur sans doute au retour de la mobilité où à la formation d'une articulation nouvelle, est pourtant le seul que l'altération locale des parties, l'état général du malade ou la volonté du sujet nous permettent d'obtenir.

Pour résumer ces considérations, je formulerai les conclusions suivantes :

1° Toute articulation ayant subi un traumatisme (y compris une plaie pénétrante), ou atteinte d'inflammation (soit aigüe, soit chronique) doit être immobilisée de la manière la plus complète ;

2° Toute articulation doit être immobilisée dans son attitude naturelle ;

3° L'attitude naturelle variée d'une articulation à l'autre : c'est celle dans laquelle les surfaces articulaires se recouvrent mutuellement par le plus grand nombre de points, celle qu'affecte le plus longtemps l'articulation dans l'usage habituel du membre, celle qu'il est de règle de lui donner pour conserver la plus grande utilité possible de ce même membre dans l'hypothèse d'une future ankylose inévitable ;

4° L'immobilisation dans l'attitude naturelle est le moyen préventif le plus puissant et en même temps l'adjuvant le plus efficace du traitement de toute inflammation articulaire.

Dr LAROYENNE

Chirurgien-major de la Charité de Lyon

SUR UNE MALADIE NOUVELLE DES NOUVEAU-NÉS

(EXTRAIT DU PROCÈS-VERBAL)

— *Séance du 28 août 1873.* —

M. Laroyenne présente le tableau d'une maladie non décrite des nouveau-nés, qu'il a observée à l'hospice de la Charité dans les six derniers mois de 1872.

Les petits malades offraient une coloration spéciale jaune bronzée des téguments, la face palmaire de la main, la face plantaire du pied étaient d'une teinte violacée et la conjonctive à peine subictérique.

Les cris alternaient avec de l'assoupissement. Les selles étaient d'un vert noirâtre et les taches qu'elles laissaient sur les linges étaient entourées d'une auréole sanglante qui ne faisait jamais défaut.

Le sang obtenu à l'aide d'une piqûre était noir comme de l'encre; l'examen microscopique y faisait constater une augmentation de nombre et de volume des globules blancs.

Le pouls était rapide et la température s'abaissait dans les dernières heures de la vie de 2 à 3 degrés.

Les autopsies que M. Laroyenne a pratiquées avec le concours de son interne, M. Charruc, ont donné les résultats suivants :

Les téguments avaient l'aspect qu'ils présentent pendant la vie; le cadavre ressemblait à celui d'un petit mulâtre, le sang présentait une couleur chocolat.

Dans les liquides péricardiques et céphalo-rachidiens, même coloration, mais un peu affaiblie.

Les poumons noirs surnageaient. Thymus, thyroïde et cœur sains.

Le foie, la rate, de consistance normale, étaient d'un brun noir.

Une coupe de ce dernier organe exposée à l'air ne rougissait pas.

Le rein était marron, le bassinet et les calices remplis d'un caillot noir et grenu. L'urine contenue dans la vessie était sanguinolente, sans matière colorante biliaire.

Il avait été fait mention de cette singulière affection à la Société de médecine de Lyon, quand M. Parrot présenta un cas semblable à la Société anatomique.

Beckmann a décrit la thrombose des veines rénales comme une suite fréquente du catarrhe intestinal des nouveau-nés, et Pollack a fait la symptômatologie de cette thrombose. Sa description concorde assez bien avec ce qu'a observé M. Laroyenne. Il rattache cette maladie, dont il a observé treize cas, à une augmentation de tension dans les reins, produite par l'oblitération des veines émulgentes.

M. Laroyenne ignorait ces derniers travaux lors de l'épidémie qu'il a étudiée, mais il n'a rien trouvé de spécial dans les veines rénales, si ce n'est la bouillie que l'on voyait dans tout le système circulatoire.

Sans nier la pathogénie de cette affection, l'orateur l'a vue survenir autant sur les enfants forts que sur les enfants débiles, sans catarrhe intestinal préalable; du reste, les diarrhées cholériformes des enfants ne se compliquent jamais de cette singulière affection.

Dr VERNEUIL
Professeur à la Faculté de médecine de Paris

DE L'INCLINAISON LATÉRALE DOUBLE DU BASSIN ET DE LA SCOLIOSE LOMBAIRE DANS LA COXALGIE

— *Séance du 28 août 1873.* —

On admet comme fait très-général que, dans la coxalgie, le bassin prend une position anormale qu'on appelle déviation.

Cette déviation ne se fait pas toujours dans le même sens, elle diffère au contraire d'un cas à un autre, et chez un même sujet d'un moment à un autre, suivant la période de l'affection, et même suivant l'attitude générale du patient.

Ces variétés, si nombreuses qu'elles soient, se présentent souvent avec les mêmes caractères, aussi a-t-on songé à les décrire isolément et à en distinguer plusieurs formes.

Malheureusement les auteurs, en signalant les différentes positions coxalgiques, ont confondu dans la même description les déviations pelviennes et celles qui portent en même temps sur le tronçon lombaire du rachis et le membre abdominal. Ainsi, depuis les travaux de Bonnet, de Lyon, on trouve partout indiquées trois formes de coxalgie : l'une caractérisée seulement par la flexion de la cuisse sur le bassin, avec inclinaison antérieure de ce dernier et ensellure lombaire ; l'autre, où cette même flexion s'associe à l'abduction, à la rotation en dehors de la cuisse et à l'abaissement du côté correspondant du bassin ; la troisième, enfin, où se trouvent combinées la flexion, la rotation en dedans, l'adduction du fémur avec l'ascension de l'os iliaque du même côté.

Ces descriptions d'ensemble sont certainement utiles au lit du malade, car elles représentent des phases ou des formes de l'affection ; mais outre qu'elles sont loin de comprendre toutes les situations anormales qu'on peut rencontrer dans la coxalgie, elles ont le grave inconvénient de confondre les éléments particuliers du tout morbide et de rendre presque impossible l'étude étiologique pourtant si nécessaire de chacun de ces éléments.

J'ai depuis longtemps posé en principe que, dans les difformités complexes, il fallait procéder par l'analyse, énoncer d'abord toutes les anomalies de forme ou de situation, les distinguer ensuite en autant de groupes qu'il y a de régions compromises dans le désordre total, et enfin les ranger en deux catégories, suivant qu'elles sont primaires ou secondaires, majeures ou subordonnées.

Cette manière de faire est indispensable dans l'étude de la coxalgie, qui peut déformer toute la moitié sous-diaphragmatique du corps, et dans laquelle une déviation initiale en commande nécessairement plusieurs autres. A ce titre, les déviations pelviennes doivent être examinées en elles-mêmes, quitte à rechercher ultérieurement les rapports qui les lient aux déplacements du rachis et du membre inférieur.

Or, on en doit distinguer cinq variétés, qui le plus communément s'associent, mais qu'on peut aussi observer isolément et dans tous les cas dégager par l'analyse clinique.

On se contente ordinairement de les constater en plaçant le coxalgique dans le décubitus dorsal ; mais il est aussi nécessaire de les rechercher dans l'attitude debout et dans l'attitude assise.

1° Inclinaison antérieure ou bascule du bassin en avant, en vertu de laquelle l'ouverture supérieure de la cavité pelvienne regarde plus directement en avant qu'à l'ordinaire.

2° Inclinaison latérale double, ou oscillation rappelant le mouvement du levier horizontal de la balance, en vertu de laquelle un côté du bassin s'élevant, l'autre côté s'abaisse d'une égale quantité et réciproquement.

3° Inclinaison latérale simple, en vertu de laquelle un côté du bassin monte ou descend sans que l'autre côté paraisse changer sensiblement de place.

4° Rotation double, bilatérale, en vertu de laquelle une moitié du bassin se porte en avant, tandis que l'autre fuit en arrière dans la même proportion.

5° Rotation simple, unilatérale, en vertu de laquelle une moitié du bassin se porte en avant, ou en arrière, tandis que l'autre semble à peine se mouvoir.

En constatant au lit du malade les déviations susdites, le clinicien tant soit peu physiologiste reconnaît bientôt qu'elles rappellent exactement les diverses situations que prend temporairement le bassin dans les actes fonctionnels ordinaires (marche, station, décubitus divers).

Les positions coxalgiques réputées vicieuses ou anormales, ne le sont point à la simple inspection visuelle, et ne peuvent être considérées comme telles qu'en raison de leur permanence, de leur prolongation involontaire, de l'impossibilité où se trouvent le malade et le chirurgien de les changer à volonté. Cette similitude apparente entre l'état normal et l'état pathologique conduit à admettre que les mêmes agents interviennent dans les deux cas et que les causes des situations permanentes sont, sinon identiques, au moins très-analogues à celles qui déterminent les situations temporaires ou physiologiques.

Dès lors se trouve indiquée la marche à suivre dans l'étude étiologique ; étant connus les agents capables de mettre le bassin dans une certaine position, il suffit de savoir pourquoi ces agents continuent outre mesure leur action, et pourquoi sont réduits à l'impuissance les agents contraires qui, dans l'état ordinaire, changent si aisément et si rapidement la position première ; ce qui revient à dire que c'est, ici comme ailleurs, la physiologie normale qui guide la physiologie pathologique.

Bien que je ne veuille pas traiter ici toute cette vaste question, mais seulement un symptôme particulier, j'avais besoin, pour procéder avec méthode, d'exposer sommairement les données générales qui précèdent.

J'arrive donc au sujet spécial de ma communication, c'est-à-dire à l'étude de la déviation coxalgique que j'ai indiquée sous le titre 2, et qui consiste dans *une double inclinaison en vertu de laquelle un coté du bassin s'élevant, l'autre côté s'abaisse d'une égale quantité et réciproquement.*

Je vais décrire le mécanisme de ce mouvement.

Dans la station verticale sur les deux pieds et sur un plan uni, la ligne bicotyloïdienne est horizontale et tous les points symétriques du bassin sont à la même distance du sol. Cette même ligne bicotyloïdienne rencontre à angle droit, par sa partie moyenne, le plan médian vertical du corps, comme le levier horizontal de la balance ordinaire rencontre la tige verticale à laquelle il est suspendu.

Mais si le sol est inégal, si l'un des pieds repose sur un niveau plus élevé ou moins élevé que l'autre, la ligne bicotyloïdienne restant parallèle au sol devient nécessairement oblique par rapport à l'axe du tronc et forme avec lui des angles égaux opposés par le sommet, ouverts en dehors, qui ne sont plus droits, et dont l'ouverture varie avec le degré d'obliquité de la sécante pelvienne.

Dans le décubitus horizontal, on produit à volonté ce mouvement de balance du bassin en cherchant à allonger ou à raccourcir un des membres inférieurs.

La réunion intime des trois os pelviens entre eux leur interdisant tout déplacement isolé, le mouvement susdit a théoriquement pour centre l'articulation qui réunit le sacrum au rachis, et pour axe une ligne fictive traversant d'avant en arrière le centre de cette articulation, mais on sait combien sont limités les mouvements qui se passent dans le disque sacro-vertébral, aussi, lorsque l'ascension ou l'abaissement d'un côté du bassin est considérable, le déplacement a des centres multiples répondant à plusieurs disques vertébraux ; non-seulement la ligne bicotyloïdienne devient oblique, mais l'axe tout entier du tronçon lombaire se porte d'un côté et s'incurve de manière à figurer un arc dont la concavité regarde du côté où le bassin s'élève ; en langage médical, il se produit une scoliose lombaire.

En résumé, le centre du mouvement d'inclinaison double ou d'oscillation du bassin peut résider au degré le plus léger dans le disque sacro-vertébral ; mais, aux degrés plus prononcés, il siége dans les disques sus-jacents, c'est-à-dire dans l'ensemble de la région lombaire.

La cavité cotyloïde étant le centre des mouvements du fémur, il s'ensuit que la double inclinaison de la ligne bicotyloïdienne entraîne le déplacement en sens contraire des deux cuisses, et plus généralement des deux membres inférieurs. S'ils sont dans l'extension, on verra se produire à la fois un allongement et un raccourcissement apparents et égaux, le premier siégeant du côté où le bassin s'abaisse, le second, naturellement, du côté opposé.

Si, de plus, les axes de ces membres restent dans leur situation normale par rapport à l'axe général du corps, c'est-à-dire demeurent parallèles à cet axe, ils formeront à leur rencontre, avec les extrémités de la ligne bicotyloïdienne deux angles, l'un aigu, l'autre obtus, ce qui aura pour conséquence de placer l'un des membres inférieurs dans l'adduction et l'autre dans l'abduction.

L'observation démontre que, dans le mouvement qui nous occupe, la plus étroite solidarité existe entre les déplacements partiels des trois segments superposés : tronçon lombaire, bassin, membres inférieurs, — que toute incurvation du premier (le tronc restant fixe) amène fatalement la double inclinaison du second et la position asymétrique des troisièmes ; — que tout mouvement de balance du bassin implique la scoliose lombaire en haut, et en bas l'allongement et le raccourcissement simultanés des membres inférieurs (supposés dans l'extension) ; — qu'enfin la position à des hauteurs différentes des deux fémurs, les membres étant étendus, supposés de même longueur et non luxés, entraîne inévitablement la double obliquité de la ligne bicotyloïdienne et l'incurvation latérale de la colonne lombaire.

Étudions maintenant le mécanisme et les causes de l'oscillation pelvienne. Sachant que le bassin ne peut se déplacer qu'en totalité, et que, par conséquent, l'ascension d'un de ses côtés implique la descente de l'autre, il paraîtrait suffisant d'étudier la moitié du mouvement, car toute cause capable de porter en haut l'os iliaque droit abaisserait inévitablement l'os iliaque gauche.

La proposition est vraie dans sa généralité, mais elle est insuffisante dans les détails ; aussi convient-il de considérer à part l'un et l'autre des demi-déplacements. L'analyse en est d'ailleurs plus minutieuse et plus compliquée qu'on ne le croit.

Supposons d'abord l'ascension de la crête iliaque droite. Elle peut s'effectuer de plusieurs façons.

1° Par propulsion immédiate ou médiate de bas en haut de l'os iliaque droit ;

2° Par traction verticale de bas en haut exercée sur le même os ;

3° Par traction horizontale attirant en dehors la partie inférieure du même os.

Dans tous ces cas, la ligne bicotyloïdienne croise obliquement l'axe longitudinal du corps.

Montrons que, dans l'état normal ou par suite de mouvements communiqués, c'est-à-dire dans les actes fonctionnels ordinaires, on observe ces trois modes d'élévation de l'os iliaque droit, dont on reconnaît facilement les causes.

1° *Par propulsion immédiate :* dans la position assise ou session (vieux mot inusité de nos jours et qui mériterait d'être rendu au langage physiologique), sur un plan ascendant de gauche à droite, ou à califourchon, quand l'axe du corps se porte à gauche de la crête du support.

Par propulsion médiate, ou par l'intermédiaire des os du membre inférieur : dans la position à genoux sur un plan oblique, dans la station verticale sur un sol irrégulier, ou lorsqu'on se tient debout sur les deux pieds, dont le gauche est nu et le droit muni d'une chaussure à talon. Enfin, dans le décubitus horizontal, lorsque le membre droit, étant rigide, quelqu'un presse de bas en haut sur le talon.

2° *Par traction verticale*, exercée par les muscles qui, prenant leur insertion fixe sur le côté droit du rachis et du thorax, attirent en haut leurs insertions mobiles et élèvent par conséquent l'os iliaque ou le côté correspondant du sacrum.

3° *Par traction horizontale.* Lorsque, dans le décubitus dorsal, on porte l'abduction du membre inférieur droit au delà de ses limites naturelles, on voit l'os iliaque correspondant s'élever. Voici comment ce mouvement s'explique. L'abduction se fait sans mobilisation du bassin jusqu'au moment où les muscles adducteurs (en particulier le droit interne) et la partie inférieure de la capsule sont arrivés à un degré d'extension maximum qui limite l'écartement du membre ; si le fémur continue à se porter en dehors, les agents fibreux et musculaires susdits, transformés en cordons inextensibles, suivent l'os de la cuisse et entraînent nécessairement en dehors et en haut sa partie sous-cotyloïdienne, de façon que, par suite d'un mouvement de bascule ayant pour centre l'articulation, sa partie sus-cotyloïdienne, c'est-à-dire l'ilion, se porte en haut et en dedans.

Bien que produit nécessairement par toutes les causes précitées qui élèvent un os iliaque, l'abaissement de l'autre moitié du bassin ayant aussi ses causes spéciales, mérite une étude à part. Supposons donc cet abaissement du côté gauche, il résultera :

1° D'une traction mécanique exercée médiatement, de haut en bas, sur le membre inférieur correspondant et suivant l'axe longitudinal de ce membre ;

2° D'une traction immédiate exercée sur la partie sus-cotyloïdienne de l'os iliaque ;

3° D'une contraction des muscles vertébro et thoraco-iliaques de l'autre côté, c'est-à-dire des muscles qui élèvent simultanément l'os iliaque droit.

Dans l'état normal, cet abaissement du côté gauche du bassin s'observe dans les conditions suivantes : quand, dans un but thérapeutique, on pratique l'extension continue du membre inférieur gauche, à l'aide d'un poids suspendu au pied ou qu'on place le même membre sur le plan incliné. — Quand le membre gauche est porté dans l'adduction forcée ; le mécanisme est ici analogue à celui que nous avons décrit plus haut pour expliquer l'élévation de l'os iliaque droit par abduction exagérée. — Quand, dans le décubitus dorsal, les deux membres inférieurs étant étendus et parallèles, on cherche à repousser un obstacle sur lequel repose la plante du pied gauche.

En somme, les causes efficientes de l'oscillation pelvienne se réduisent à trois : la contraction des muscles lombo et thoraco-iliaques, les impulsions passives que le bassin reçoit du dehors, l'exagération des mouvements d'abduction et d'adduction.

Quelle qu'en soit la cause, du reste, l'oscillation du bassin s'accompagnera toujours de scoliose lombaire et d'asymétrie dans la position des membres inférieurs ; mais les trois éléments de cette déviation complexe ne seront pas contemporains, l'un sera primitif et majeur, les autres secondaires et subordonnés. Si le mouvement part des muscles lombo-iliaques, il incurvera d'abord le rachis, puis élèvera le côté correspondant du bassin, et enfin raccourcira en apparence le membre inférieur ; si, au contraire, ce membre est primitivement soulevé, le mouvement se transmettra en sens inverse, l'os iliaque sera poussé en haut et enfin la colonne lombaire passivement courbée.

Si l'on prend soin de ne pas confondre le mouvement de balance du bassin avec un autre mouvement qui le simule, c'est-à-dire avec l'inclinaison unilatérale, dans laquelle la ligne bi-cotyloïdienne décrit des arcs de cercle ayant pour centre l'une des articulations coxo-fémorales, on constate que l'oscillation pelvienne, dans l'état physiologique, s'effectue assez rarement et ne joue dans les mouvements fonctionnels du bassin qu'un rôle assez restreint; c'est ce qui explique, jusqu'à un certain point, pourquoi les physiologistes s'en sont si peu occupés.

Il en est tout autrement dans la coxalgie; car, après l'inclinaison antérieure, flexion ou bascule du bassin sur la cuisse, l'oscillation est la déviation pathologique la plus commune ; c'est celle qui, élevant et abaissant à la fois les côtés opposés du bassin, lui donne la position asymétrique que l'on connaît; c'est elle encore qui amène la scoliose lombaire, et une des variétés les plus importantes de l'allongement et du raccourcissement apparents.

C'est pourquoi elle mérite toute l'attention du chirurgien. L'oscillation pelvienne n'étant jamais isolée et faisant partie d'une déformation compliquée, dans laquelle le tronçon lombaire et les membres inférieurs sont compris, ce mouvement du bassin a été noté par les pathologistes, mais il n'a pas été, ce me semble, assez soigneusement étudié dans ses causes propres. C'est cette lacune que nous nous proposons de combler, et c'est pour arriver à ce but que nous sommes entrés plus haut dans des détails de physiologie normale qui ont pu sembler quelque peu superflus et même fastidieux.

Nous devons d'abord rappeler que, dans la coxalgie, l'inclinaison du bassin présente deux variétés bien distinctes : tantôt l'os iliaque du côté malade est abaissé, tantôt il est élevé. Laissons provisoirement de côté les raisons encore assez obscures de cette différence, qui correspond soit à des formes, soit à des phases de l'affection, et attachons-nous seulement à rechercher les causes immédiates de l'un et de l'autre des mouvements. Et d'abord, il est bien entendu que l'abaissement de l'os iliaque du côté malade implique l'élévation de l'os iliaque du côté sain. Ce détail semble avoir été négligé, et explique seul deux faits qui sont assez embarrassants dans l'exploration de la coxalgie.

Lorsque le patient est couché sur le dos, les deux membres rapprochés sont d'inégale longueur. Je suppose, du côté malade, un raccourcissement de deux centimètres; si l'on examine alors la situation de l'épine iliaque antéro-supérieure correspondante, on est surpris de la trouver bien moins élevée que ne l'aurait fait croire la différence observée au niveau des pieds. Cet écart entre les deux résultats d'exploration s'explique aisément quand on réfléchit que le mouvement de balance agit à la fois sur les deux côtés du bassin et par suite sur les deux membres, qu'au raccourcissement de l'un s'ajoute l'allongement nécessaire de l'autre, et qu'une ascension d'un centimètre de l'os iliaque droit, entraînant la descente d'un centimètre de l'os iliaque gauche, la différence de longueur des membres doit égaler deux centimètres.

La même remarque s'applique à la scoliose lombaire, soit un raccourcissement apparent de trois centimètres du membre droit; si l'os iliaque correspondant montait de cette quantité égale, il se rapprocherait beaucoup de la dernière côte et il s'en suivrait une scoliose très-prononcée; or, avec un tel raccourcissement sur un enfant de dix ans, par exemple, l'incurvation du tronçon lombaire est peu marquée, ce qui n'étonne plus quand on songe qu'en somme la crête iliaque ne s'est élevée que d'un centimètre et demi.

Mais revenons aux causes de l'oscillation pelvienne dans la coxalgie. Pour simplifier le débat, nous ne la considérerons que dans une attitude qui du reste est la plus commune, et celle dans laquelle on fait le plus communément l'exploration, c'est-à-dire dans le décubitus dorsal.

Il est évident que, dans ce cas, ni les ischions, ni les membres inférieurs ne reposant sur un plan inégal, on ne peut invoquer la propulsion en haut de la moitié plus élevée du bassin.

Impossible d'invoquer davantage l'exagération des mouvements d'abduction et d'adduction, et cela pour de bonnes raisons; d'abord ces attitudes du membre malade peuvent être nulles ou du moins très-peu prononcées, même avec un raccourcissement et un allongement notable; ensuite, et cette raison est encore meilleure, l'élévation de l'os iliaque coïncide précisément avec l'adduction, c'est-à-dire avec le mouvement qui dans l'état normal tend à produire l'abaissement de l'os susdit.

Il ne nous reste donc qu'une cause capable de nous expliquer l'ascension du bassin, c'est la contraction des muscles lombo-iliaques du côté affecté; donc, dans la coxalgie droite observée dans le décubitus dorsal avec élévation du bassin, raccourcissement apparent et incurvation lombaire à concavité droite; *il y a nécessairement contraction des muscles lombo-iliaques droits* ou, pour mieux dire, contracture, puisque cette attitude vicieuse est permanente.

De même encore, si, dans la même coxalgie droite observée à une autre période, on constate un abaissement de l'os iliaque avec allongement apparent du membre et incurvation lombaire à convexité du côté affecté, on peut affirmer que la déviation complexe est produite par la contraction ou contracture des muscles lombo-iliaques gauches, c'est-à-dire du côté sain.

Nous ne chercherons pas ici à expliquer pourquoi la contracture initiale, qui amène l'oscillation pelvienne et l'incurvation lombaire, siége tantôt du côté sain et tantôt du côté malade, et, nous n'examinerons pas davantage dans quel état réel (contraction ou contracture) se trouvent les muscles qui attirent en haut la moitié correspondante du bassin, car ces recherches nous mèneraient trop loin. Nous nous contenterons pour le moment d'enregistrer ce fait.

Nous noterons également, sans en poursuivre ici l'explication, un autre fait fort imprévu.

L'incurvation lombaire et ses conséquences, oscillation pelvienne et asymétrie des membres, peuvent durer des semaines, des mois, des années même, et on devrait conclure que sa cause est permanente et invariable ; il en est tout autrement ; d'un jour à l'autre, spontanément ou sous des influences mal connues, on voit les parties reprendre leur position, ou bien l'ensemble des déviations changer du tout au tout ; telle coxalgie qui était caractérisée hier par l'allongement du membre, l'abaissement du bassin, etc., va demain s'accompagner de raccourcissement apparent, d'ascension de l'os iliaque correspondant, d'incurvation lombaire de son côté.

Le patient lui-même, ainsi que le chirurgien, peuvent instantanément rendre à la région lombaire et au bassin la direction et la position normales. Maintes fois, sous l'influence du chloroforme, on voit, dès que la résolution est obtenue, les deux membres, les deux côtés du bassin et le tronçon lombaire reprendre leur symétrie.

Dans d'autres cas, quelques manipulations faites par l'opérateur amènent le même résultat.

D'où cette conclusion, très-importante en pratique, que *l'incurvation lombaire latérale et la déviation du bassin ne sont rien moins que définitives, et qu'elles peuvent d'ordinaire disparaître à la volonté du chirurgien.*

Seulement la chose est plus ou moins aisée, aussi je terminerai cette note en indiquant les difficultés que j'ai rencontrées dans l'accomplissement de cette tâche, et que rencontreront tous ceux qui auront à traiter un certain nombre de coxalgies.

On s'accorde généralement, du moins en France, à remplir dans le traitement chirurgical de cette affection deux indications : 1° rectification des positions vicieuses du membre ; 2° immobilisation prolongée de ce membre redressé. La rectification s'effectue, dans le sommeil anesthésique, à l'aide de manipulations ou de mouvements imprimés exclusivement à la cuisse après fixation préalable du bassin, sur lequel on n'agit pas plus que sur la colonne lombaire. On s'efforce autant que possible de rétablir la symétrie des membres en une seule séance avant de procéder à l'immobilisation dans la gouttière ou dans le bandage inamovible de Bonnet ; car, si la difformité persistait à un degré quelconque, elle ne se modifierait plus dans l'appareil, et alors une autre séance d'anesthésie et de manipulation deviendrait nécessaire,

J'ai déjà dit que le redressement était généralement facile à obtenir, mais trop souvent encore il n'est pas complet ou n'est pas durable ; il est réalisé à grand peine et ne se maintient pas ; c'est là un échec fâcheux qu'il faut s'efforcer d'éviter. Voici ce que j'ai plusieurs fois observé.

Soit une coxalgie avec raccourcissement apparent prononcé, incurvation lombaire, élévation de l'os iliaque, adduction avec flexion, etc. Le chloroforme administré, on commence les manœuvres de redressement, et bientôt on parvient à rendre au membre sa position naturelle, ce qui implique la correction de toutes les déviations associées. A ce moment le patient se réveille et s'agite ; aussitôt on voit reparaître tout l'ensemble des attitudes vicieuses partielles, c'est-à-dire le raccourcissement qui les résume. On produit de nouveau la résolution chloroformique et l'on s'empresse d'appliquer l'appareil qui fixera le membre dans la position recherchée.

Cette récidive immédiate de la difformité avant l'application du bandage n'a pas d'autre inconvénient que de prolonger les inhalations anesthésiques et la résolution profonde, nécessaire en pareil cas.

Mais plus d'une fois l'asymétrie des membres se manifeste plus tardivement, lorsque, par exemple, le bandage presque achevé empêche absolument toute manipulation nouvelle, ou même quelques instants après l'opération, quand le patient est déjà reporté dans son lit et qu'il s'agite en se réveillant. On constate avec désappointement que le raccourcissement existe presque au même degré qu'avant l'opération. Dans certains cas heureux, au bout de quelques jours, lorsque les douleurs provoquées par les manœuvres de redressement ont cessé, le raccourcissement se corrige de lui-même. Mais le contraire arrive également, c'est-à-dire que le membre reste définitivement plus court sous le bandage.

D'ordinaire, au moins pendant la période de résolution, on parvient à corriger complétement les positions vicieuses ; mais parfois il en est autrement. On a rompu toutes les adhérences articulaires ou périarticulaires, on a successivement distendu tous les muscles pelvi-fémoraux. Non-seulement le membre n'est plus dans l'adduction, mais on a pu même le porter dans l'abduction extrême, et cependant l'ascension pelvienne et l'incurvation lombaire persistent, en sorte que le raccourcissement du membre persiste également. On est alors en grand embarras ; on ne peut pas prolonger indéfiniment l'anesthésie ni multiplier les manipulations, de peur d'amener une arthrite grave ; d'un autre côté on hésite à immobiliser dans l'appareil un membre tout aussi dévié qu'avant la séance ; c'est à quoi il faut cependant se décider, car on ne peut pas davantage laisser ce membre en liberté.

Ces difficultés m'ont naturellement conduit à rechercher les causes de la réascension de l'os iliaque ou de son élévation persistante, afin de trouver les moyens propres d'y porter remède.

D'une part, j'ai soupçonné, puis reconnu sans peine, que les muscles lombo-iliaques du même côté étaient les agents de ce déplacement malencontreux du bassin ; de l'autre, j'ai remarqué que les manipulations étaient uniquement exercées sur le membre inférieur et que jamais on ne s'occupait de l'incurvation lombaire ni de l'oscillation pelvienne. Dès lors, après avoir corrigé de mon mieux l'adduction, j'ai agi directement sur le bassin et la colonne lombaire, et j'ai eu la satisfaction de voir se réaliser mes espérances théoriques.

Voici la série des moyens que je mets en usage :

1° J'ai d'abord le soin de ne commencer le redressement que dans la résolution complète du malade et de maintenir cet état jusqu'à l'achèvement presque entier du bandage.

2° Pendant tout le temps que dure cette application, je surveille rigoureusement la symétrie des membres et je recommande expressément à l'aide qui tient les deux pieds de veiller à ce qu'ils restent au même niveau et d'exercer en particulier une traction continue sur celui des deux membres qui primitivement était le plus court, c'est-à-dire sur le membre malade s'il y avait raccourcissement apparent, et sur le membre sain si le membre affecté était en état d'allongement apparent. Si, en dépit de ces précautions et après l'achèvement de l'appareil, le membre malade redevient plus court, je fais exercer plusieurs fois par jour au patient des mouvements répétés, ayant pour effet de faire descendre l'os iliaque du côté affecté ; en d'autres termes, si la coxalgie est à droite je fais contracter avec persévérance les muscles lombo-iliaques gauches.

3° Enfin, si la réascension du bassin s'effectue opiniâtrement sous mes yeux avant l'application de l'appareil, et de même si, malgré les manipulations exercées sur le membre, je ne puis abaisser l'os iliaque, je m'adresse à l'incurvation lombaire et je la redresse directement et de vive force. Pour cela j'approche le patient endormi du bord de la table, j'applique mon genou sur la convexité lombaire, c'est-à-dire du côté sain, et attirant progressivement, mais fortement, à moi le bassin d'une main et le thorax de l'autre, je redresse la région lombaire et la courbe même en sens inverse, comme on le ferait d'un bâton qu'on tiendrait par les deux bouts et qu'on chercherait à fléchir sur son genou.

Il suffit ordinairement d'agir de cette façon pendant trois minutes en moyenne pour voir cesser définitivement la scoliose lombaire.

En décrivant ces procédés j'ai supposé une coxalgie avec raccourcissement apparent, adduction, élévation du bassin. Dans la forme opposée, c'est-à-dire en cas d'abduction, d'allongement apparent, d'abaissement pelvien, il va de soi que les manœuvres seront inverses.

J'ai quelque espoir que ce modeste travail rendra service aux malades dont elle assurera mieux la cure, et aux praticiens qui se convaincront davantage de la nécessité de recourir à la physiologie normale pour éclairer les points obscurs de la physiologie pathologique et réaliser les indications difficiles du traitement.

DISCUSSION SUR L'HYGIÈNE HOSPITALIÈ E

— *Séance du 25 août 1873.* —

Les membres de la section médicale se sont transportés à l'Hôtel-Dieu à 8 heures du matin, et en ont visité avec soin les vaste locaux. Tous ont été frappés des conditions d'insalubrité présentées par cet immense hôpital qui renferme plus de 1,100 lits.

Cet visite a été le point de départ de la discussion suivante.

M. Verneuil. La grande question de l'hygiène hospitalière préoccupe depuis longtemps les chirurgiens, mais c'est seulement depuis ces dernières années que les travaux scientifiques et les discussions soutenues à l'Académie de médecine et à la Société de chirurgie ont permis de formuler des conclusions.

Le temps des grandes agglomérations nosocomiales est passé.

La mortalité, comparée dans les grands et dans les petits hôpitaux, donne des résultats évidents qui doivent faire rejeter les premiers.

La mortalité croît presque en proportion géométrique par l'augmentation de la population d'un hôpital.

En appliquant ces données, on voit que l'Hôtel-Dieu de Lyon, construction merveilleuse au point de vue architectural, ne répond nullement aux exigences de l'hygiène.

L'encombrement y est manifeste, puisqu'on voit près de cinq cents malades réunis pour ainsi dire dans une même salle. L'aération s'y fait mal, l'air des salles sort par la partie supérieure ou par le grand dôme, et cet air est tellement infecté qu'on ne saurait rester un certain temps sur son passage sans risquer d'être suffoqué. Enfin, quelles que soient les modifications qu'on y apporte, les conditions architecturales s'opposent à ce qu'on fasse de l'Hôtel-Dieu un bon hôpital, — et pour ne citer qu'un fait, on ne peut pas y établir de fosses d'aisance, de sorte que l'on est condamné à maintenir les chaises dans les salles. Or, personne n'ignore combien ce système peut devenir funeste, dans une épidémie de choléra, par exemple. En conséquence, je propose la nomination d'une Commission chargée de faire un rapport sur tous ces faits et d'en soumettre les conclusions à l'approbation de la section.

M. Marmy rappelle que, dans une publication, qui date de sept ou huit ans, il a donné le résultat de son examen approfondi de l'Hôtel-Dieu, et qu'il en a conclu que cet hôpital était la négation de tous les principes d'hygiène.

M. Seguin, d'après ce qu'il a vu en Amérique et d'après les résultats de Wunderlich, établit que l'on doit renoncer aux hôpitaux permanents et n'employer que des hôpitaux temporaires, des baraques entourées d'arbres et de fleurs, que l'on brûle après un certain temps.

M. Bruck (d'Alger). L'hôpital civil d'Alger est composé de baraques, les pavillons sont séparés, et entre eux il y a une riche végétation d'arbres et de fleurs; il a été construit en 1830, à l'époque de la conquête, pour les militaires, puis on en a fait une écurie, et enfin un hôpital civil. Malgré cette accumulation de matières morbifiques, jamais il n'y a eu d'épidémie sur les opérés et jamais de fièvre puerpérale, alors même qu'on en constatait à Alger. L'auteur attribue cette immunité à l'aération. L'auteur partage l'opinion des préopinants sur l'Hôtel-Dieu, qui lui paraît le type le plus parfait de l'encombrement.

M. Texier confirme M. Bruck dans ce qu'il a dit pour l'hôpital civil d'Alger; il ajoute que l'hôpital militaire, qui est un bâtiment neuf, composé d'un corps de bâtiment principal, flanqué de deux ailes à angle droit, est un foyer d'épidémie. Les blessés y sont atteints d'infection purulente, de septicémie, etc.; et, dans les épidémies de choléra, la maladie a toujours débuté par cet hôpital.

Il pense donc que pour l'hôpital on doit, en premier lieu, éviter l'encombrement; 2° n'avoir qu'un étage occupé par les malades; 3° avoir des pavillons séparés.

A son avis, l'Hôtel-Dieu est un hôpital détestable, à cause de l'encombrement et du défaut d'aération.

MM. Gayet et Ollier s'associent aux observations présentées par M. Verneuil sur les conditions insalubres de l'Hôtel-Dieu.

M. Laroyenne, chargé de l'important service d'accouchements de la Charité, où sévit trop souvent la fièvre puerpérale, désirerait que l'on se préoccupât aussi des conditions de salubrité présentées par cet hospice, affecté en outre au traitement des enfants âgés de moins de treize ans.

M. Diday demande que la Commission chargée de formuler sous forme de conclusions l'opinion de la section sur la salubrité de l'Hôtel-Dieu, s'occupe également de l'hôpital de la Charité.

Cette proposition est adoptée, et M. le président désigne pour faire partie de cette Commission MM. *Azam*, *Courty*, *Le Dentu*, *Marmy*, *Texier*, *Verneuil*. A la séance du soir, la Commission a présenté au vote de la section, qui les a adoptées, les conclusions suivantes :

Les membres de la Commission sont unanimement d'avis que l'Hôtel-Dieu de Lyon ne remplit aucune des conditions hygiéniques que la science moderne recherche dans les hôpitaux; bien au contraire, il accumule tous les inconvénients et les dangers de l'encombrement par le chiffre de sa population générale, par l'immense étendue des salles, par le défaut de ventilation convenable, par l'exiguité des cours, etc.

La section est également d'avis que les modifications destinées à diminuer l'insalubrité de l'Hôtel-Dieu, seront frappées d'impuissance et ne produiront que des résultats illusoires. Tous les efforts ne parviendront jamais à faire même un hôpital passable d'un monument, à coup sûr imposant au point de vue architectural, et qui, à ce titre, pourrait recevoir une plus utile destination.

Le résultat de l'enquête sur l'hôpital de la Charité a été malheureusement tout à fait analogue, en ce qui touche du moins les services d'accouchements. Cet hôpital n'est guère mieux favorisé que l'Hôtel-Dieu sous le point de vue des conditions d'hygiène et de salubrité.

Dr BONNAFONT

Médecin principal des armées en retraite

ÉTIOLOGIE DU CHOLÉRA [1]

M. le Dr Bonnafont, médecin militaire en retraite, préoccupé de l'étiologie du choléra, propose, pour lutter contre les nouvelles invasions du fléau, de rétablir les étangs et canaux voisins du delta du Gange dans l'état où ils étaient avant la conquête du pays par les Anglais.

Dr SEGAY

Chirurgien honoraire des hôpitaux de Bordeaux

DES AVANTAGES DE LA CHIRURGIE SOUS L'EAU [1]

M. le Dr Segay adresse un mémoire dont nous reproduisons les conclusions :

1° L'eau, à la température ordinaire, projetée sur les tissus divisés, a la propriété de diminuer la douleur pendant les opérations ;

2° Elle doit être employée depuis la température ordinaire jusqu'à 0°, par jets continus, suivant le degré d'insensibilité qu'on veut obtenir. La plaie chirurgicale doit être, pendant l'opération et avant celle-ci, constamment arrosée ;

3° Elle paraît avoir une influence préventive des accidents consécutifs aux opérations ;

4° Cette pratique rend, dans certains cas, l'opération plus facile.

[1] Par suite de l'abondance des travaux présentés à la section des sciences médicales, ces mémoires n'ont pu être lus au Congrès de Lyon.

4me Groupe

SCIENCES ÉCONOMIQUES

13e Section

AGRONOMIE

Président d'Honneur. . . . . M. A. WURTZ, Membre de l'Institut.
Président. . . . . M. DELOCRE, Ingénieur des Ponts et Chaussées, Président de la Société d'Agriculture du Rhône.
Vice-Président. . . . . . . M. BARRAL, Secrétaire perpétuel de la Société centrale d'Agriculture de France.
Secrétaire . . . . M. R. BALGUERIE, Propriétaire.

M. A. DUMONT

Ingénieur en chef des Ponts et Chaussées

CANAL D'IRRIGATION DU RHONE [1]

— *Séance du 22 août 1873.* —

M. J. CHAMECIN

DE L'UTILITÉ D'UNE STATION SÉRICICOLE A LYON

— *Séance du 22 août 1873.* —

Le dernier Congrès viticole et séricicole, tenu à Lyon en 1872 sous les auspices de la Société des agriculteurs de France, a émis un vœu, fortement appuyé par tous les membres présents, concernant la création d'une station séricicole à Lyon. La sériciculture, éprouvée depuis si longtemps, demande, si on ne veut la voir disparaître complétement de la France et passer entre des mains étrangères, de sérieux encouragements.

1 Voir aux séances générales, p. 43.

Livrée, depuis l'épidémie qui la décime, à des mains inexpérimentées ou intéressées, elle se trouve, faute d'un appui suffisant, dans des conditions déplorables. Lyon, qui est pour notre pays le centre de l'industrie de la soie, se trouve, par sa position et ses intérêts, directement engagé à se mettre à la tête du mouvement, mouvement qui se produit dans les pays étrangers, l'Autriche et l'Italie, où l'on prodigue aux éducateurs de vers à soie les encouragements et le soutien qui leur sont nécessaires pour traverser la crise qu'ils subissent en ce moment. Les éducateurs ne peuvent, en France, trouver nulle part les indications suffisantes pour appliquer à leur industrie les soins et les renseignements que la science enseigne à la pratique, notions qu'ils recherchent avec avidité.

Quelques savants luttent isolément : leurs procédés, primés par les uns, discutés par les autres, sont, qu'ils soient bons ou mauvais, en butte à des critiques plus ou moins violentes ; l'éducateur ne pouvant apprécier lui-même, ne sachant quel parti prendre, succombe à la tâche, arrache les mûriers, détruisant ainsi sa fortune de ses propres mains. Il arrivera certainement, d'ici à quelques années, que les puissances rivales, qui s'occupent sérieusement de cette source de richesse, l'attireront complétement chez elles à notre détriment.

Les graves questions, soit de la régénération de nos races de pays, soit des différentes contrées qui pourraient, à un moment donné, fournir des semences saines, exigent des travaux et des études qui demandent le concours de tous les intéressés. Le microscope, dont l'usage prend de jour en jour plus d'extension et dont le maniement difficile demande un apprentissage sérieux, reste entre les mains d'un petit nombre qui, profitant de leur position, en usent et quelquefois même en abusent. Le dernier Congrès séricole tenu à Roveredo, par tous les baccologues européens, recommande la propagation de cet instrument par tous les moyens possibles. En effet, sans vouloir entrer dans des détails trop longs, nous dirons que l'épidémie qui désole la sériciculture comprend deux maladies distinctes, la pébrine et la flacherie. La pébrine, maladie héréditaire dont le signe distinctif est la présence de corpuscules, peut être éliminée au moyen du microscope, en ne conservant pour la reproduction que des parents qui sont exempts de tout caractère maladif. La pébrine disparue, il reste la flacherie, maladie due à la feuille presque toujours, et dont le microscope n'a pas encore dit le dernier mot.

La flacherie, quoique n'épargnant pas toujours les vers provenant de parents non corpusculeux, doit avoir moins de prise sur des vers sains que sur des vers dont la race est abâtardie par la pébrine. La flacherie doit donc, si l'on fait disparaître la pébrine, s'en aller peu à peu, avec des soins hygiéniques. C'est ce que l'on constate en Italie, où le microscope est le corollaire indispensable des éducateurs de vers à soie.

La sériciculture a besoin, dans notre pays, d'un lien central, d'une école pratique, où l'on étudie et enseigne cette riche industrie ; nous avons des fermes modèles, des cours d'agriculture, d'horticulture, etc., la sériciculture seule n'est enseignée nulle part, et c'est, sans contredit, la plus riche branche de l'agriculture : c'est ce dont l'éloquence des chiffres peut convaincre facilement.

En France, malgré l'épidémie qui ruine cette industrie, les dernières statistiques donnent une moyenne de 800,000 onces de graines mises à l'éclosion, représentant une valeur moyenne de 10 à 11 millions de francs, les non réussites réduisent à 400,000 onces la quantité de graines ayant réellement produit. Les 400,000 onces ont donné pour 60 millions de francs de cocons, c'est-à-dire une richesse réelle de 50 millions acquise au pays.

L'Italie achète environ pour vingt et quelques millions de graines et produit pour près de 250 millions de cocons, c'est donc une richesse annuelle de 230 millions environ, créée par le seul fait de l'éducation des vers à soie.

L'Italie a, comme nous, traversé la crise épidémique, mais grâce aux efforts des praticiens, des savants, à l'appui moral et pécuniaire du gouvernement, cet État est arrivé à rendre à la sériciculture ses anciens jours de prospérité.

Quelle serait donc en France la marche à suivre pour sauver des intérêts si précieux ? Un passage du rapport de M. Maillot, rapport publié par les soins du ministère de l'agriculture et du commerce en 1871 nous l'apprendra.

« On sait qu'en 1867, le gouvernement autrichien, voulant donner à la sériciculture une extension toute nouvelle dans l'empire, convoqua à Vienne un certain nombre de personnes habiles dans cette industrie, afin de s'éclairer de leurs avis.

Entre autres projets, ce conseil proposa la création de *stations séricicoles* dans les diverses provinces. La première fut établie en 1869, à Gorritz, et servit de modèle aux autres. Les attributions consistent :

1° A faire des recherches scientifiques sur la maladie des vers à soie ;

2° A faire des essais comparatifs des procédés divers d'élevage ;

3° A étudier les autres insectes fileurs ;

4° A donner, pendant les mois de mai et juin, une instruction théorique et pratique complète sur les vers à soie, à des élèves inscrits à cet effet, moyennant une rétribution de 10 florins ; en 1872, le nombre des élèves était de 31 ;

5° A enseigner l'usage du microscope et les méthodes de grainage du 1 avril à la fin de septembre à une autre catégorie d'élèves, moyennant une rétribution de 5 florins ;

6° A publier un journal de découvertes et d'expériences nouvelles ; à répandre des instructions pratiques parmi les éleveurs (ce journal est maintenant à sa quatrième année et paraît deux fois par mois en italien et en allemand) ;

7° A produire des graines saines qui sont distribuées ou vendues ;

8° A faire, pour le compte des particuliers, à des tarifs fixés, des graines, chrysalides ou papillons.

(Cet établissement reçoit de l'État une subvention de 6,000 florins par an.)

J'ajouterai, comme complément à ce programme :

9° L'étude des principaux types de mûriers ; l'opportunité qu'il y aurait à cultiver une espèce dans un terrain plutôt que dans un autre ; question très-importante pour l'étude de la flacherie ;

10° Une exposition complète de matériel, soit de magnanerie, soit de filature, avec lequel on pourrait également faire des essais.

Un semblable établissement, dans lequel on essayerait les graines, soit au moyen d'essais précoces, soit au moyen du microscope, rendrait à la sériciculture des services sérieux, car on pourrait ainsi, usant des procédés connus jusqu'à ce jour, rendre à cette industrie si éprouvée, un peu de cette sécurité sans laquelle il lui est impossible de subsister.

Voyant les heureux résultats obtenus par de semblables institutions, deux nouvelles stations furent crées en 1871, une à Padoue et une à Trente. Nous voyons donc de tous côtés les efforts que font les gouvernements étrangers pour développer et assurer chez eux la production de la soie, et nous resterions en France complétement indifférents aux progrès qu'une étude sérieuse et raisonnée apporte tous les jours à cette riche branche de l'agriculture.

Supposons des droits assez élevés prélevés sur les matières premières à leur entrée, cette industrie de la soie, qui représente plus d'un milliard, c'est-à-dire près du sixième de la masse des importations et des exportations de la France, qui occupe près de 800,000 personnes, serait presque complétement anéantie dans notre pays.

Pour nous préserver de semblables crises, il faut encourager fortement la production indigène de la soie, et le meilleur moyen pour cela consiste à instruire et diriger le sériciculteur, en créant des écoles ; je ne dis pas : innovez, mais au moins, suivez vos concurrents. Lyon, qui est le grand centre de l'industrie de la soie en France, offre toutes les garanties désirables pour une semblable création. Donnez la vie à ce germe qui ne demande qu'à éclore ; abritez à l'ombre de la vieille fabrique lyonnaise, cette jeune institution issue des vastes progrès de la science moderne, de tous côtés, savants et praticiens prêteront leur concours.

En relevant l'industrie séricicole, vous enrichirez de plusieurs centaines de millions notre pays, qui a besoin du concours de tous ses enfants pour cicatriser ses plaies encore saignantes.

Une institution modeste peut donner d'immenses résultats, si elle est le signal du réveil et le guide de l'avenir.

Dr E. GROMIER

Président de la Société régionale de viticulture de l'Est

PRÉSENTATION DE PHYLLOXERAS RECUEILLIS AU VIGNOBLE DE COTE-ROTIE

— *Séance du 25 août 1873.* —

M. le docteur E. Gromier, président de la Société régionale de viticulture de l'Est, délégué des Agriculteurs de France, expose les faits qu'il a pu constater dans l'une des visites qu'il a faite avec la Commission nommée par la Société de viticulture au vignoble de Côte-Rôtie.

M. Armand, propriétaire à Ampuis, avait signalé à notre Société l'existence d'une maladie qui pouvait faire penser au phylloxera. Elle a commencé ses ravages dans une vigne située au sommet de la montagne et qui ne produisait que des vins ordinaires, au coteau Vallin, à la Brosse, au territoire de Rason, ainsi qu'au plateau de Champrend. On dit tout bas qu'elle s'est même glissée déjà dans le fameux coteau de la Blonde. Elle forme des taches disséminées qui se composent de trois cents à cinq cents ceps malades.

Chaque groupe malade offre des ceps morts, mourants, et, à la circonférence, les vignes présentent une végétation de 2 mètres de hauteur, car la sérine, qui se cultive exclusivement comme raisin noir, est un plant très-vigoureux.

Après cette première constatation, nous avons fait arracher deux sérines, l'une n'avait poussé que deux petites branches de 10 à 15 centimètres de longueur; la seconde paraissait dans toute sa vigueur, avec des feuilles vertes bien développées et six beaux raisins.

Les racines de la première étaient dénudées de la plus grande partie de leurs radicelles et ressemblaient plus à une tige aérienne qu'à une souche souterraine.

Sur la seconde, les radicelles sont conservées, mais elles présentent sur leur longueur, et surtout à leur terminaison, un nombre considérable de petits renflements ovoïdes, charnus, qui représentent des galles très-développés.

Cet aspect des raisins nous porte à penser que très-probablement nous sommes en face du phylloxera. Cette opinion devenait d'autant plus probable que nous constations sur les feuilles une foule de petites taches blanches proéminant sur la face inférieure et se terminant par un point entouré de petits poils à la partie supérieure de la feuille. Ce sont là de véritables galles aériennes qui servent au phylloxera d'habitation temporaire et souvent de lieu de ponte.

Mais nous n'avions jusqu'alors que de simples présomptions. Nous avons rapporté à Lyon les deux ceps que nous avions fait arracher, pour les étudier à loisir et y rechercher la preuve matérielle, c'est-à-dire l'insecte qui produit la maladie et dessèche la feuille, car le mot phylloxera, dans son étymologie absolue et la plus simple, est formé du mot dessécher et du mot feuille *(dessécheur de feuilles)*, ce qui n'exprime pas un caractère individuel, mais le résultat définitif de ses ravages.

Le raisin est dévoré, désorganisé, les vaisseaux sont détruits, les sucs nutritifs qui n'ont pas été absorbés par l'insecte, ne pouvant plus circuler, toute la partie aérienne, ne recevant plus une nourriture suffisante, languit de plus en plus et finit par mourir, par le même procédé qui produit la gangrène ou la nécrobiose.

Nous n'avons rien constaté de particulier sur le cep le plus malade, à part une destruction des radicelles.

Sur celui qui avait encore toutes les apparences de la santé, nous avons recueilli des insectes qui, visibles à la loupe, deviennent *très-manifestes* à l'aide du microscope, avec de faibles grossissements. On observe alors tous les caractères qui appartiennent en propre au phylloxera, ainsi que vous pourrez, messieurs, vous en convaincre en examinant celui que nous avons préparé à votre intention.

Il résulte donc des travaux de la Commission de viticulture que la maladie qui existe à Ampuis, au vignoble de Côte-Rôtie, est bien réellement celle qui résulte de la présence du phylloxera; qu'il ne faut se faire à cet égard aucune illusion, puisque nous avons constaté ses désordres sur les feuilles, sur les racines, et que nous avons pu vous montrer le phylloxera lui-même en flagrant délit de destruction.

M. Raoul BALGUERIE

de Bordeaux

AMÉLIORATIONS AGRONOMIQUES A OBTENIR PAR L'ENTREMISE DE L'ESPRIT D'ASSOCIATION DÉVELOPPEMENT DE L'ESPRIT D'ASSOCIATION EN FRANCE ET A BORDEAUX EN PARTICULIER.

— *Séance du 25 août 1873.* —

M. François HUOT

Président de la Société polytechnique de Nemours (Seine-et-Marne)

DES INCONVÉNIENTS ET DU DANGER DE L'ENGRAISSEMENT ARTIFICIEL DES VEAUX AU POINT DE VUE DE L'ALIMENTATION PUBLIQUE

— *Séance du 25 août 1873.* —

La question de l'engraissement des veaux peut, à première vue, paraître de peu d'importance, mais en l'étudiant d'une manière approfondie, on reconnait bien vite qu'elle touche à un intérêt général de premier ordre, l'alimentation publique, et que cette pratique est préjudiciable à tous égards, car, outre que la viande de veau est bien moins riche en principes nutritifs que la viande de bœuf et conséquemment moins convenable pour la nourriture des artisans et des ouvriers, qui ont besoin d'aliments réparateurs, elle est toujours d'un prix plus élevé ; enfin, en un mot, c'est une viande de luxe.

Pour produire ces monstruosités, les faire arriver à point, c'est-à-dire mûres, pour parler le langage des producteurs, et les amener au degré d'engraissement voulu pour être livrées à la boucherie, voici comment l'on procède : aussitôt sa naissance, le veau est éloigné de la mère et habitué à boire seul, en lui mettant le nez dans un seau de lait ; on le nourrit ainsi pendant deux, trois ou quatre mois, selon ses dispositions à l'engraissement. L'animal qui, au début, consomme quinze litres de lait par jour, arrive progressivement à en absorber jusqu'à quarante litres. A cette quantité énorme de laitage il faut ajouter de deux à six œufs par jour, de la farine de maïs et même des échaudés. Il est donc facile de se rendre compte de la quantité de beurre, de fromage et d'œufs enlevés ainsi à la consommation et de l'augmentation toujours croissante qui en résulte dans le prix de ces aliments que l'on peut qualifier de première nécessité.

Ce n'est point encore là cependant le point capital, mais bien dans la diminution qui résulte de l'engraissement des veaux sur la production de grosse viande qui, n'augmentant pas en proportion des besoins, en élève les prix d'une façon vraiment inquiétante. Quel déficit, en effet, si l'on considère la quantité énorme de veaux gras fournissant seulement à la consommation de soixante à cent cinquante kilogrammes de viande peu nutritive au lieu des trois à quatre cents kilogrammes de viande faite qu'ils eussent donnés, s'ils avaient été abattus à l'âge adulte.

Le cercle d'engraissement s'étend actuellement autour de Paris dans un rayon de trente à cinquante lieues, il s'accroît en raison des facilités des communications et tous les grands centres de population ont, ou auront bientôt, leur cercle d'engraissement ; alors, ce funeste genre d'industrie s'étendra presque sur la France entière:

Ce n'est pas tout encore, sur la quantité de veaux soumis à ce régime, il faut compter que 50 0/0 seulement des sujets arriveront à point, que 25 0/0 périront tués par cette alimentation excessive et que le dernier quart ne fournira que des animaux inférieurs en poids et en qualité et conséquemment d'un mauvais rendement. Il est donc temps de mettre la question à l'étude et de rechercher comment arrêter les progrès du mal qui peut prendre, s'il n'est combattu activement, les proportions d'une calamité publique. Il faut trouver le moyen de restreindre cette exploitation et on obtiendra ainsi, non-seulement l'abaissement du prix de la grosse viande de boucherie, mais encore celui du lait, du beurre, du fromage et des œufs. Il faut enrayer absolument cette coupe en vert si nous ne voulons fatalement arriver graduellement à payer la viande de bœuf ou de vache de 3 à 5 fr. le kilog. Que deviendraient alors les gens peu fortunés qui ont tant de mal déjà, aux prix actuels, à mettre le pot au feu classique.

Envisageons maintenant la question sous une autre face et nous verrons encore la funeste influence de l'engraissement et de l'abatage prématuré. Nos cultivateurs ne peuvent aujourd'hui remonter leurs vacheries que dans des conditions très-onéreuses, la vache laitière, la génisse, qui leur coûtait jadis de 250 à 400 fr., vaut aujourd'hui de 500 à 800 fr. Il leur faut donc actuellement un capital beaucoup plus élevé et, pour ceux qui n'ont pas ce capital, c'est la ruine ; ne pouvant avoir qu'une étable insuffisante relativement à l'étendue de leur culture et conséquemment moins de fumure, les terres s'épuisent et, à l'époque de la récolte, les résultats inévitables s'en font sentir, moins de gerbes, moins de produits de toute sorte.

Le plus grand obstacle que l'on rencontrera quand on voudra tenter de réduire la production des veaux gras sera la bonne entente du producteur et du consommateur, qui sont satisfaits, l'un du prix qu'il reçoit, l'autre de la viande qu'il consomme, car, il faut bien le dire, si cette viande est moins nutritive que celle de bœuf et de mouton, elle est très-délicate et fort appréciée pour sa finesse. La lutte sera donc vive, mais cette considération ne saurait arrêter ceux qui comprennent quel intérêt il y a pour le pays à mettre un frein à ce gaspillage. Il faut trouver un remède, il faut arriver à faire comprendre au producteur, qui généralement cependant calcule bien, qu'il perd de toute manière en engraissant ses veaux pour la boucherie, perte en fumier et perte en argent, car le prix des denrées qu'il consacre à l'engraissement représente et au delà celui des fourrages nécessaires à l'élevage normal de la bête, et s'il en recueille le produit plus tardivement, il est vrai, il sera plus considérable ; mais ce qui le touche c'est qu'il reçoit en une seule fois toutes les petites sommes qui lui rentreraient chaque semaine par la vente de son lait, son beurre et ses œufs, et que, s'il élève son veau, il lui faudra attendre au moins deux ans pour en tirer profit.

Cependant, il faut aviser, car non-seulement le mal est déjà grand, mais il s'accroît sans cesse, et les conséquences en sont désastreuses pour l'alimentation publique. « Manger son bœuf en veau, » m'écrivait un savant agronome auquel j'avais signalé le danger, « me paraît aussi funeste que de couper son blé en herbe. »

Je ne vois que deux moyens qui puissent être employés pour arrêter cet abatage prématuré des veaux.

Le premier est l'impôt qui, frappant cette viande toute de luxe en dégrevant les viandes faites, d'une quantité équivalente, ferait descendre les prix de cette dernière à la portée de toutes les bourses.

Le second, nous en avons déjà parlé, c'est la persuasion ; mais je dois dire que je ne fais pas grand fond sur lui, car, que de fois déjà ai-je entendu en réponse à mes observations : « Oui, c'est possible, mais j'aime mieux recevoir tout d'une fois et au bout de trois à quatre mois ma poignée d'écus. » Cependant ce moyen est celui que préfère l'éminent agronome dont j'ai déjà parlé et à propos duquel il s'exprime ainsi :

« Nous n'en serions pas là (car, comme moi, il prévoit le danger) si l'on avait pris souci d'éclairer les producteurs et les consommateurs sur leurs véritables intérêts. Malheureusement l'administration de l'agriculture, les sociétés agricoles et les professeurs spéciaux s'endorment dans la routine au lieu, dans leur enseignement et leurs conseils, de signaler les funestes effets de cette production. »

« Pourquoi ne pas apprendre aux populations que la cherté dont elles se plaignent est en partie leur œuvre, que, si elles consommaient moins de veaux à des prix excessifs, elles arriveraient à consommer le bœuf à des prix adoucis ? Pourquoi ne pas chercher à démontrer aux cultivateurs qu'ils auraient avantage à élever les veaux qu'ils livrent à la boucherie ? Cette démonstration serait-elle impossible ? Je ne le crois pas. En somme j'estime qu'il vaut mieux éclairer et convaincre qu'imposer et contraindre. »

Oui, si les intéressés veulent bien y prêter l'oreille.

Le meilleur argument, pour prouver que nos agriculteurs français font fausse route, est de comparer leur manière d'agir avec celle des Anglais; nos voisins, hommes pratiques par excellence, et qui assurément n'entreront jamais dans cette voie. Meilleurs calculateurs que nous, tant au point de vue de leurs intérêts privés qu'à celui des intérêts généraux du pays, loin de pousser à l'engraissement des veaux; ils préconisent l'élevage, ils recherchent et indiquent les moyens d'obtenir le plus vite et le plus économiquement possible la plus grande somme de grosse viande, et ils réussissent, devons-nous dire, de la manière la plus complète.

A nos maîtres, économistes distingués, de trouver l'idée qui, mise en pratique, pourra mettre un frein au mal qui nous envahit : qu'ils ne soient arrêtés ni par les cris, ni par les doléances des ignorants et des gens qui se plaisent dans la routine et sont en même temps les ennemis de leurs propres intérêts et de ceux d'autrui.

M. BOUTET

Propriétaire à Saint-Hermine (Vendée)

SUR LES RÉVISIONS DU CADASTRE

— *Séance du 27 août 1873.* —

M. Boutet expose les inconvénients nombreux et graves qui résultent actuellement des irrégularités diverses du cadastre. Il conclut en demandant, dans l'intérêt de la propriété foncière aussi bien que dans l'intérêt de l'État, la révision complète du cadastre.

Après la lecture du mémoire suivant de M. Pichou, M. Boutet déclare se rallier entièrement aux mesures proposées dans ce travail pour arriver sans grandes difficultés à l'organisation définitive du cadastre.

M. Alfred PICHOU

Géomètre à Narbonne

CARTE VINICOLE, STATISTIQUE ET GÉOLOGIQUE DU BAS-LANGUEDOC ET DU ROUSSILLON DE LA RÉVISION DU CADASTRE

— *Séance du 27 août 1873.* —

Messieurs,

J'ai eu l'honneur de présenter à l'Association, pendant la session de Bordeaux, la première édition de ma *Carte vinicole annuaire du Bas-Languedoc et du Roussillon.*

J'annonçais en même temps les perfectionnements que je me proposais d'apporter à ce premier essai. Je viens vous présenter aujourd'hui un exemplaire de la seconde édition, sur lequel j'ai indiqué les couches géologiques supérieures, d'après les documents qu'a bien voulu mettre à ma disposition M. de Rouville, auteur de la carte géologique, encore inédite, du département de l'Hérault.

J'ai, en outre, indiqué, dans cette seconde édition, les surfaces de terrain plantées en vigne dans chaque canton, mises en regard des quantités récoltées, avec le rapport entre ces deux nombres.

De la comparaison des données géologiques et statistiques, on peut déduire, sans en faire cependant l'objet d'une règle, que, le plus souvent, la quantité de vin produite augmente avec le degré de superposition des couches, comptées de bas en haut, tandis que la qualité suit une progression inverse.

Ainsi, on voit sur ma carte que les terrains d'alluvion tiennent le premier rang pour la quantité de vin produite, puis viennent les dépôts caillouteux et les marnes bleues qui fournissent les vins de Pézenas, de Mèze et de Béziers. Puis les marnes lacustres formant le sous-sol des bons vins de Frontignan, de Narbonne, de Lézignan, etc. Les marnes jurassiques et schisteuses, qui recouvrent les contreforts des Cévennes, donnent d'excellents vins, peu colorés, mais en petite quantité.

Laissant aux agronomes du pays le soin de tirer tout le parti possible de ces documents, je me permettrai, messieurs, d'insister auprès de vous sur l'utilité de posséder dans chaque département une carte de ce genre, sur laquelle seraient ramenées toutes les indications statistiques et géologiques qui pourraient servir à déterminer les avantages de chaque genre de culture suivant la nature du sol, et d'après le produit moyen par hectare cultivé. Tel est le but immédiat de ma communication.

Pour exécuter ce travail dans de bonnes conditions, on devrait naturellement s'attacher à déterminer d'abord, aussi exactement que possible, les surfaces affectées à telle ou telle culture, et surtout avoir soin de rectifier fréquemment les données antérieures, car ces quantités varient annuellement.

Ainsi, en 1862, on estimait que le département de l'Aude contenait 81,869 hectares plantés en vignes ; il en contient aujourd'hui 91,706, soit une augmentation de 9,837 hectares.

Dans l'Hérault, on comptait 162,172 hectares de vigne en 1862, et 185,623 hectares en 1872, soit une augmentation de 23,451 hectares en dix ans seulement.

DE LA RÉVISION DU CADASTRE

Ce qui précède m'amène, messieurs, à vous parler de la révision du cadastre, opération dont M. Eugène Boutet vient de faire ressortir à vos yeux l'importance et l'opportunité.

Je n'essaierai pas d'ajouter de nouvelles considérations d'économie politique à celles qu'a développées M. Boutet, mais je me propose de traiter la question au point de vue pratique, et de démontrer combien sont imaginaires les obstacles que l'on signale comme s'opposant à sa solution.

Les raisons que l'on a données pour repousser la mise en exécution de ce projet sont au nombre de deux principales :

1° La crainte d'indisposer les propriétaires fonciers ;

2° Le prix de revient, qui serait, dit-on, considérable.

M. Boutet vient de faire justice du premier motif allégué, car c'est comme propriétaire foncier, c'est au nom d'autres propriétaires fonciers, et dans l'intérêt bien entendu de la propriété foncière qu'il vient vous demander d'émettre un vœu en faveur de la révision du cadastre, dont le résultat immédiat serait le raffermissement du crédit hypothécaire s'appuyant sur un gage bien déterminé.

La question est même jugée à ce point de vue. Tout le monde s'accorde aujourd'hui pour reconnaître que des avantages immenses découleraient de l'opération, non-seulement pour le Trésor, mais encore pour les propriétaires eux-mêmes.

Ainsi, l'élévation du prix de revient est le seul argument sérieux de ceux qui s'opposent encore à la révision du cadastre.

Je vais maintenant examiner le fond de la question à ce point de vue, et j'espère montrer comment on peut la résoudre en faisant une œuvre durable en même temps que peu onéreuse.

On compte actuellement en France environ 150 millions de parcelles formant ensemble 50 millions d'hectares, y compris les terrains non imposables.

Mais, si l'on ne tient pas compte, pour la refonte du cadastre, des grandes parcelles, telles que landes, forêts, bruyères, étangs, dunes, etc., la surface à cadastrer ne sera guère que de 42 millions d'hectares, sans que le nombre des parcelles ait sensiblement diminué. La surface de la parcelle moyenne, à l'exclusion de celles écartées ci-dessus, serait donc d'environ 28 ares.

Le cadastre a été fait à différentes époques.

Les plans les plus défectueux sont ceux dressés sur 14 millions d'hectares avant 1821. La révision, pour ceux-là, sera un peu plus onéreuse que pour ceux dressés plus récemment, mais il ne sera cependant pas indispensable sauf, dans quelques cas exceptionnels, de refaire ces plans entièrement.

Voici le mode de procéder qui me paraît le plus convenable pour reviser le cadastre et en assurer le fonctionnement régulier :

1° Indiquer sur une copie des plans actuels les limites des parcelles telles qu'elles existent actuellement sur le terrain, et recomposer les registres cadastraux ;

2° Créer dans chaque canton un emploi de géomètre conservateur du cadastre, chargé d'opérer les mutations sur les plans et registres, de la manière indiquée ci-après ;

3° Obliger, par une loi, tous les propriétaires fonciers à procéder au bornage de leurs propriétés dans un délai de dix ans ;

4° Établir dans toute la France un réseau de bases très-multipliées, qui permette de repérer facilement les bornes limitant les propriétés ;

5° Au fur et à mesure du bornage, faire le relevé des bornes en les rattachant aux bases, et dresser un nouveau plan cadastral à l'échelle de un millimètre par mètre, avec cotes indiquant les distances des bornes aux lignes de base, afin de pouvoir retrouver à toute époque la position des bornes qui auraient disparu ;

6° Tenir ce plan au courant des mutations qui se produiraient.

Je vais examiner maintenant en détail chacune de ces opérations, et en déterminer le prix de revient.

RÉVISION DES PLANS ET DES RÉGISTRES CADASTRAUX

Muni d'une copie du plan existant, le géomètre se rendra sur le terrain, relèvera et indiquera sur cette copie toutes les modifications que le plan devra subir. Il notera les natures de culture. Il prendra les noms des propriétaires actuels et s'assurera, auprès d'eux et des notaires, de leurs droits de propriété par l'examen des titres.

Le géomètre rédigera ensuite le *plan nouveau* à l'aide de l'ancien plan et du relevé fait sur le terrain. Il fera un nouveau numérotage des parcelles en évitant l'emploi des *sections*, dont l'utilité est au moins contestable, et qui sont la cause de nombreuses erreurs dans les mutations.

Les *états de sections*, que j'appellerai désormais *états parcellaires*, seront dressés en attribuant à chaque numéro de parcelle une page entière, disposée comme il sera indiqué plus loin (*mutations*).

La *matrice cadastrale* contiendra, outre ses indications actuelles (la colonne *sections* étant seule supprimée), deux nouvelles colonnes destinées à mentionner : 1° la date de l'acte en vertu duquel l'*inscrit* est devenu propriétaire de la parcelle ; 2° la nature de cet acte et le nom du notaire si l'acte est authentique, ou la date d'enregistrement, si l'acte a été passé sous signatures privées.

La colonne relative au *revenu* ne sera remplie sur l'état parcellaire et sur la matrice qu'après la révision des estimations qui servent maintenant de base, à laquelle il sera procédé par un agent de l'État assisté de délégués du conseil municipal et des plus forts imposés de la commune.

La vérification du revenu imposable sera opérée tous les cinq ans.

CONSERVATION DU CADASTRE. — DES MUTATIONS

Pour éviter que la confusion qui règne actuellement dans les plans et les registres du cadastre vienne à se reproduire, les mutations seront opérées de la manière suivante, par un géomètre-conservateur du cadastre, résidant au chef-lieu de canton, qui aura entre les mains un exemplaire du plan et des registres de chaque commune, l'autre exemplaire restant déposé à la mairie de la commune.

Il sera ordonné à tous notaires et receveurs d'enregistrement de ne donner suite aux projets d'actes translatifs de propriété, que tout autant que le vendeur sera porteur d'un extrait de la matrice cadastrale délivré sur des formules *ad hoc* par le géomètre-conservateur, et désignant les parcelles qui doivent faire l'objet de la cession ainsi que la contenance cadastrale applicable à la portion cédée. Ce certificat accompagnera l'acte à l'enregistrement et sera renvoyé par le receveur d'enregistrement au géomètre, qui portera immédiatement sur les plans et registres cadastraux les indications de la mutation.

Lorsque les limites seront modifiées ou qu'il en sera créé de nouvelles, la mutation sera indiquée sur le plan par le tracé de ces limites à l'encre rouge, et par des chiffres rouges qui seront placés à la suite du numéro d'ordre de la parcelle, et auquel je donnerai le nom d'*indices*.

Ces indications seront reproduites sur l'état parcellaire dont voici le modèle.

N° du Plan	Indices	Contenance			Nature de Culture	Classe	Revenu		Noms des propriétaires actuels	Folios de la matrice cadastrale
		H.res	Ares	C.res			F.	C.		
~~375~~	~~»~~	~~1~~	~~67~~	~~20~~	~~Labour~~	~~2~~	~~137~~	~~60~~	~~Durand, Jacques~~	~~85~~
Lieu dit : Les arbres blancs	1		83	60	Labour	2	68	80	Durand, Émile	193
	~~2~~		~~83~~	~~60~~	~~Labour~~	~~2~~	~~68~~	~~80~~	~~Durand, Catherine ép.se Lomont Jules~~	~~916~~
	2 1		20	90	Labour	2	17	20	Lomont Frédéric	1712
	~~2 2~~		~~41~~	~~80~~	~~Labour~~	~~2~~	~~34~~	~~40~~	~~Lomont, Eraciline, fille majeure~~	~~1713~~
	2 3		20	90	Labour	2	17	20	Lomont, Catherine, fille mineure	1714
	2 2		41	80	Labour	2	34	40	Mourat, Édouard	321

Ce tableau permet d'embrasser d'un seul coup d'œil les subdivisions qu'a subies la parcelle n° 375, qui appartenait primitivement à Durand (Jacques), folio 85 de la matrice cadastrale.

Un premier partage de cette parcelle a été opéré entre Durand (Émile) et Durand (Catherine). La portion de Durand (Émile) s'appellera le n° 375-1 et celle de Durand (Catherine) 375-2.

Durand (Catherine) a laissé sa portion à ses trois enfants, savoir : Lomont (Frédéric), Lomont (Eraciline) et Lomont (Catherine). — Lomont (Eraciline) a vendu sa part d'héritage, n° 375-2-2, à Mourat (Edouard). — On voit que, dans le cas où la contenance ne varie pas, l'indice reste le même, mais que la ligne entière est néanmoins barrée et reproduite au-dessous avec le nom du nouveau propriétaire.

En totalisant les contenances et les revenus conservés intacts dans le tableau, on retrouvera les quantités qui s'appliquent à la parcelle totale n° 375.

Ainsi, par la comparaison du plan et de l'état parcellaire, on pourra reconnaître de suite, au moyen des indices, la forme et la situation d'une subdivision de parcelle, ce qui n'est pas possible avec la méthode actuelle.

La matrice cadastrale reproduira les indications de l'état parcellaire.

En outre, le géomètre y indiquera, en opérant la mutation, la date de l'acte translatif de propriété, ainsi que le nom du notaire ou la date d'enregistrement, suivant les cas.

Les constructions en général, et les nouvelles voies publiques, seront seules indiquées d'office sur le plan et les registres cadastraux. Les autres mutations ne seront opérées que sur la production du certificat constatant qu'il y a eu transmission de propriété. Dans tous les autres cas la mutation ne pourra avoir lieu, même sur la demande expresse des deux parties.

Ce mécanisme simple et sûr pourra fonctionner presque indéfiniment, et la propriété foncière trouvera d'immenses ressources dans la garantie qui sera fournie par le nouveau cadastre au crédit hypothécaire.

Ce sera donc surtout au point de vue de la fixation des limites de propriété et de l'extinction de toutes les actions judiciaires, ayant pour objet la détermination de ces limites, que j'esquisserai plus loin un projet de cadastre définitif, comprenant le bornage des propriétés.

Mais, auparavant, je vais rechercher le prix de revient de l'opération de revision du cadastre, telle que je viens de la décrire.

Nous avons vu qu'il y a en France environ 150 millions de parcelles dont on devra reviser les limites, et qui contiennent chacune en moyenne 28 ares, soit une surface totale de 42 millions d'hectares.

Un géomètre, en opérant comme je l'ai indiqué, pourra reviser en moyenne un kilomètre carré en 6 jours. Estimant sa journée et celle ses aides à 20 fr., le kilomètre carré reviendra, pour le travail de terrain, à. 120 fr.

Il faut compter, en outre :

Pour calque de l'ancien plan et rédaction du nouveau, copies, etc., 3 journées à 10 fr. 30

Pour notes à prendre sur les titres de propriété, et rédaction des registres, 5 journées à 10 fr. 50

Total. . . . . 200 fr.

par kilomètre carré, soit 2 fr. par hectare, ou 84 millions de francs pour l'ensemble de l'opération.

On voit que ce chiffre est loin d'atteindre celui de 300 millions indiqué d'abord par ceux qui ont repoussé le projet de réfection du cadastre.

Quant au géomètre chargé, dans chaque canton, de la conservation du cadastre, il ne serait pas payé par l'État, mais par les particuliers, au moyen d'un droit fixe pour chacune des parcelles comprises dans les certificats de mutation. Il serait, de plus, chargé des nombreuses opérations d'arpentage, de partage, etc., qui s'opéreraient aux frais des intéressés dans toute l'étendue du canton. Enfin, il pourrait employer une partie de son temps à la confection du plan de bornage définitif, dont nous allons parler.

Telle serait la fonction de géomètre-conservateur du cadastre, comme il convient de l'instituer, au moins quant à présent. Quelques auteurs, qui ont traité cette question, ont pensé qu'il serait préférable de réunir à cette fonction celle de receveur de l'enregistrement et de conservateur des hypothèques. Je ne suis pas de cet avis. Ces diverses institutions doivent rester séparées, en raison même du caractère spécial à chacune d'elles, et de la garantie qu'elles doivent offrir et qu'elles n'offriront réellement qu'à la condition de fonctionner chacune isolément en contrôlant mutuellement leurs opérations.

DU CADASTRE DÉFINITIF. — BORNAGE DES PROPRIÉTÉS

Les tribunaux civils sont journellement occupés à juger des questions de propriété et de délimitation, dans lesquelles la bonne foi est le plus souvent invoquée de part et d'autre, à défaut de documents précis, où l'on décide sur un rapport d'experts dont les dires ne sont pas toujours d'un contrôle facile, et où enfin la *prescription* qui, dans un pays éclairé, ne devrait exister que pour n'être jamais appliquée, vient jouer un rôle nécessaire mais toujours regrettable.

Il serait donc en même temps moral et utile d'appuyer les droits de propriété de tous sur des bases indiscutables, et cela en dressant un plan général de toutes les propriétés, préalablement délimitées par des bornes dont la position pourrait toujours être retrouvée.

Un tel travail n'est pas l'œuvre d'un jour, et n'exclut pas, par conséquent, la révision cadastrale décrite plus haut. Mais qu'une loi vienne prescrire le bornage général des propriétés, et par suite l'extinction de la plupart des contestations touchant la propriété, et bientôt ce plan définitif pourra être commencé par les géomètres cantonaux et continué par eux lentement mais sûrement, au fur et à mesure que les procès soulevés par le bornage aboutiront, jusqu'à ce qu'ils aient entièrement disparu.

Les frais de bornage et de lever de ce plan seraient à la charge des particuliers. Cette dépense serait pour eux bien minime en comparaison des avantages qu'ils en retireraient.

L'État serait seulement tenu de faire tracer de grandes bases d'opération, déterminées par des bornes spéciales, distantes de 500 mètres au plus les unes des autres, qui serviraient à rattacher la position des bornes particulières et à dresser le nouveau plan à l'échelle de un millimètre par mètre.

Moyennant ces frais peu élevés, l'État posséderait bientôt un cadastre définitif, qui remplacerait le cadastre actuel revisé, et qui, comme celui-ci, serait tenu au courant des mutations qui viendraient à se produire.

Tel est l'ensemble des opérations qu'il conviendrait d'effectuer progressivement pour arriver à obtenir une œuvre définitive.

Mais, contentons-nous d'abord de reviser le cadastre actuel, car cette opération peu onéreuse donnera de suite pour le Trésor et pour les propriétaires fonciers des résultats incalculables.

Je m'associe donc de grand cœur à la proposition de M. Eugène Boutet, vous demandant d'exprimer le vœu que la révision du cadastre soit commencée prochainement.

M. E. BECHI

Professeur de l'Institut technique de Florence

PROGRAMME DE LA STATION AGRICOLE DE FLORENCE

(EXTRAIT)

— *Séance du 27 août 1873.* —

Les stations agricoles, qui existent en Allemagne depuis déjà quelque temps et dont la création en France est récente, ont été établies en Italie par M. Minghetti, ministre de l'instruction publique, intelligemment secondé par M. Caranti, directeur de la division d'agriculture.

Il n'est plus nécessaire, maintenant, d'insister longuement sur les avantages qu'il est possible de retirer de l'établissement de stations dans lesquelles peuvent être effectués divers travaux, diverses recherches se rapportant à la chimie, à la physique, à la mécanique, sciences dont les applications à l'agriculture sont continuelles.

Le professeur E. Bechi, qui a été nommé directeur de la station agricole de Florence, s'est proposé pour programme l'étude des problèmes importants dont la solution exige des recherches longues et suivies : l'action des terrains sur la culture, les observations météorologiques appliquées à l'agriculture, la composition des eaux pluviales; la station possédant un laboratoire, les analyses diverses d'une utilité générale, ou faites dans l'intérêt des particuliers, peuvent donner lieu à un travail continuel.

Les résultats de ces études et de toutes celles qui pourront être faites dans le même sens seront publiés et portés ainsi à la connaissance des personnes qu'ils pourraient intéresser. C'est d'après les deux premiers fascicules de cette publication [1] que nous allons pouvoir résumer.

Recherches sur les eaux pluviales. — Les recherches ont porté sur la quantité d'eau tombée et sur les proportions d'ammoniaque et d'acide azotique qu'elle contenait. Des tableaux contiennent les résultats des observations du 29 décembre 1868 au 1er janvier 1873 : ils indiquent la hauteur d'eau en millimètres, les quantités d'ammoniaque et d'acide azotique par litre d'une part, et, d'autre part, le volume d'eau et les poids d'ammoniaque et d'acide azotique rapportés à l'hectare.

Les analyses complètes des eaux pluviales et de quelques autres eaux ont été faites à diverses reprises.

Détermination de l'altitude de la station. — L'altitude de la station de Vallombrosa a été déterminée par des observations barométriques d'une part, et, d'autre part, par des mesures trigonométriques directes : ces mesures furent très-concordantes (1,028m et 1,026m,35).

Analyses diverses. — Des analyses portant sur les matières les plus variées furent effectuées à plusieurs reprises : nous citerons, par exemple, celles qui se rapportent à la terre du champ d'expérience de la station, celles qui furent faites sur les diverses parties de l'olivier, celles qui ont eu pour objet l'examen de diverses matières proposées pour faire des litières aux bestiaux. Les analyses comparées de divers pains, et particulièrement du pain de *saggina (Holchus sorghum* L.), montrent la supériorité de ce dernier au point de vue des aliments azotés. Divers engrais proposés furent également analysés.

Observations météorologiques. — A dater de 1872, diverses séries d'observations ont été commencées et sont continuées deux fois chaque jour, à neuf heures du matin et à quatre heures du soir. Elles portent sur l'état thermométrique indiqué par un thermométrographe placé en plein air et un autre placé *sous bois* et donnant le maximum, le minimum et la moyenne ; l'état hygrométrique est fourni par deux psychromètres placés respectivement dans les mêmes conditions que les thermométrographes. Les mesures de hauteur barométrique sont également prises régulièrement. Des recherches spéciales sur les quantités d'eau évaporée à l'air libre ou sous bois sont faites une fois chaque jour.

Les quantités de pluie tombées sont notées au pluviomètre, et, en outre, à l'aide d'un appareil spécial, le *lisimètre*, on peut évaluer les quantités d'eau qui ont filtré à travers le sol à diverses profondeurs. Les indications sur l'état du ciel, sur les vents, sur la pluie, la neige, sont notées avec soin et contribueront à former des documents précieux pour la météorologie,

Des observations suivies dont nous ne connaissons encore que peu d'exemples sont faites sur les températures souterraines à 0m,30, à 0m,60, à 0,90, à 1m,20 et à 1m,50, tant dans les prairies que sous bois : il y a là encore des

[1] *Saggi di esperienze agrarie fatte dal prof. E. Bechi*, fascicoli I-II. Firenze, tipografia Tofani. 1870-1873.

renseignements intéressants dont l'agriculture pourra avoir à tenir compte plus tard.

Analyse de l'air. — Des recherches analogues à celles de Boussingault sur la composition de l'air que l'on trouve dans la terre, ont été poursuivies à diverses reprises et l'on a déterminé, dans diverses conditions, les quantités de vapeur d'eau, d'acide carbonique, d'oxygène et d'azote : ce sont encore là des questions dont l'étude devrait être généralisée.

Nous n'avons pu donner qu'une faible idée de l'importance des travaux exécutés sous la direction de M. le professeur Bechi ; on pourra cependant concevoir, par ce rapide exposé, tout l'intérêt qui s'attache à la création de stations agricoles analogues à celle qui a été fondée à Florence.

Dr PEYRAUD

de Libourne

CULTURES INTERCALAIRES DES PLANTES TOXIQUES POUR LA DESTRUCTION DU PHYLLOXERA

(EXTRAIT DU PROCÈS-VERBAL)

— Séance du 27 aoû 1873. —

M. le docteur Peyraud, de Libourne, a entretenu la section d'agronomie des effets toxiques de l'absinthe et de la tanaisie, de l'application de leur culture dans les vignes pour la destruction du phylloxera ; il appuie sa proposition sur les résultats d'expériences faites sur des fourmis et des oiseaux ; ces animaux, placés sous des cloches ou même à découvert à côté de plantes d'absinthe ou de tanaisie, ont été asphyxiés par les émanations délétères de ces végétaux.

M. Ph. MINGAUD

du Gard

HISTOIRE NATURELLE DE L'ARBOUSIER, DE SA CULTURE ET DE SES PRODUITS ÉCONOMIQUES

— Séance du 28 août 1873. —

I. — BOTANIQUE

Bien que la description botanique de l'Arbousier ait déjà été donnée par les maîtres de la science et que ses caractères généraux, déduits de sa structure et de son organisation, aient été parfaitement constatés, il n'est pas moins vrai de dire qu'une étude spéciale de cet intéressant arbrisseau, et surtout une étude enrichie de nouvelles recherches et de nombreuses données sur son utilité, était encore un *desideratum*.

Le sujet, certes, est assez riche et assez attrayant, et cependant il n'avait pas encore été traité à fond. Personne ne l'avait envisagé sous sa forme complexe, ni dans toute son étendue. Jusqu'ici, dans le peu qu'on a écrit sur l'Arbousier, on n'était point sorti du cercle limité de de la botanique ; et on n'avait aucunement pensé à entrer dans le domaine de l'application, ni dans l'examen de beaucoup de questions d'utilité et d'un intérêt général qui ressortent de ce domaine. Et pourquoi ? C'est parce que les données manquaient et que, la routine faisant loi, on se passait de recherches. Mais, en présence de données maintenant acquises, de preuves substantielles que l'Arbousier a un vaste champ d'utilité devant lui, l'étendue de son histoire naturelle dans ses rapports avec la chimie et l'industrie doit nécessairement se développer à proportion.

L'Arbousier, *Arbutus Unedo* de Linné, de la famille des Éricinées de Jussieu, est un superbe arbrisseau à feuilles persistantes, produisant des baies qui ressemblent à la fraise, ce qui lui a fait donner en langage populaire le gracieux nom d'*arbre à fraises* ou de *fraisier en arbre*. Il s'élève depuis deux et quatre mètres jusqu'à six, huit et quelquefois dix mètres de hauteur ; c'est alors un arbre d'un port majestueux et qui ne le cède à aucun autre en beauté.

L'analogie qu'il présente, par ses caractères botaniques, avec d'autres végétaux de premier ordre et de grande utilité, l'a fait classer par le célèbre Linné au rang de ceux que la nature a favorisés de propriétés bienfaisantes et utiles.

Et nous pouvons constater avec bonheur que les pressentiments de cet illustre naturaliste n'ont pas été trompés, car, ainsi qu'on le verra par la suite, les avantages que l'on peut tirer de l'Arbousier, même au seul point de vue de l'alimentation en général, sont immenses.

Nous avons déjà suffisamment décrit l'Arbousier sous le point de vue d'ensemble ou comme végétal, passons maintenant aux détails de structure.

Les branches de l'Arbousier sont ascendantes et ligneuses ; son bois acquiert même une grande dureté. Son écorce est rugueuse. Ses feuilles, qui persistent en hiver, sont alternes, oblongues, lancéolées, lisses, dentelées, d'un vert brillant et vif.

Sa fleur modeste et gracieuse a une corolle en forme de grelot, d'une nuance variant, selon l'espèce, du blanc transparent au blanc laiteux, au rose tendre, au rose vif, au rouge carmin, au vert tendre, etc. Cette corolle est monopétale, ovale, à cinq divisions obtuses, mais roulées,

Le calice est à cinq segments profonds, obtus, très-petits et persistants. Les étamines sont au nombre de dix, égales, à filaments ventrus et soyeux, insérés sur la corolle, mais ne dépassant pas le milieu de sa hauteur. Le pistil est à style cylindrique, de la longueur de la corolle et à stigmate obtus. L'ovaire est ovoïde et repose sur le réceptacle, marqué de dix points.

Les fleurs, comme autant de clochettes, sont disposées en grappes pendantes et supportées par des pédoncules verts, roses ou rouges, selon l'espèce d'Arbousier.

Quant à son fruit, appelé arbouse, et dont jusqu'ici on a fait peu de cas, il a toute l'apparence de la fraise de nos jardins. Il arrive à sa maturité en automne, alors qu'il n'y a plus de fruits sur aucun autre arbre.

L'arbouse est une baie granuleuse, dont l'aspect rappelle la fraise; elle est d'un beau rouge et son poids varie de 5 à 10 grammes, selon l'espèce d'Arbousier qui la produit, et selon la nature du terrain dans lequel il vit ; quelquefois même elle atteint le double de ce poids : c'est surtout sur les montagnes formées de micachiste, là où se trouve la terre de bruyère, qu'elle parvient à cette grosseur.

Arrivée à ce développement, l'arbouse est quelquefois légèrement sillonnée, comme la grosse fraise ananas, et la suavité de son arome a alors quelque analogie avec le parfum du tolu. Ce parfum se développe par la chaleur, quand on prépare la pulpe pour en obtenir la gelée.

L'intérieur de l'arbouse est divisée en cinq loges qui renferment depuis 10 jusqu'à 20 petites semences ovoïdes. On obtient de sa pulpe jaune un sucre, qui a fait donner à l'Arbousier, par les Levantins, le nom d'arbre à sucre.

Le genre *Arbutus* se compose de nombreuses espèces, dont voici la momenclature scientifique.

Arbutus acadiensis Lin. Amérique septentrionale.
— *Andrachne* Lin. Europe orientale.
— *canadensis* Poir. Canada.
— *canariensis* Lin. Iles Canaries.
— *cassinifolia* Hort. angl. Madère.
— *densiflora* H. B. Mexique.
— *ferruginea* Lin. Nouvelle-Grenade.
— *floribunda* Mart. et Gal. Mexique.
— *furiens* Hooker. Chili.
— *glandulosa* Mart et Gal. Mexique.
— *integrifolia* Lamk. Crête.
— *lanceolata* Lamk. Europe.

Arbutus laurifolia Lin. Amérique septentrionale.
— *laurina* Mart. et Gal. Mexique.
— *Lindeniana* Planchon. Caracas.
— *longifolia* Lois. Europe.
— *macrophylla* Mart et Gal. Mexique.
— *Menziesii* Pursh. Amérique septentrionale.
— *mollis* H. B. Mexique.
— *nepalensis* Hort. Mexique.
— *obtusifolia* Raf. Amérique septentrionale.
— *ovata* Mart. et Gal. Mexique.
— *paniculata* Mart et Gal. Mexique.
— *petiolaris* HB Kth. Mexique.
— *pilosa* Grah. Mexique.
— *procera* Douglas. Amérique septentrionale.
— *procumbens* Kluck. Galicie.
— *prunifolia*. Klotzsch. Mexique.
— *punctata* Hook. Californie.
— *rigida* Bert. Iles de Juan-Fernandes.
— *rubescens* Bertol. Guatémala.
— *salicifolia* Cels. Orient.
— *Sieberi* Klotzsch. Crête.
— *speciosa* Hort. Mexique.
— *spinulosa* Mart. et Gal. Mexique.
— *turbinata* Pers. Europe.
— *varians* Bnth. Mexique.
— *Unedo* Lin. Europe.
— *xalapensis* H. B. Mexique.

Voilà donc la liste des Arbousiers connus, tant sur l'ancien que sur le nouveau continent.

Mais je dois signaler aux agriculteurs les principales espèces d'Arbousiers qui, d'après mes études pratiques, m'ont paru être les plus importantes à cultiver :

1° Arbousier commun, à fleurs d'un blanc transparent et à fruits ronds;

2° Arbousier commun, à fleurs d'un blanc rosé et à fruits ronds et gros ;

3° Arbousier commun, à fleurs roses et à fruits ronds ;

4° Arbousier commun, variété rouge, à fleurs écarlates, à fruits gros et fins de goût ;

5° Arbousier commun, variété à feuilles crispées, à branches rouges, à fleurs roses et à fruits ronds et gros ;

6° Arbousier commun, à feuilles petites, serrées en bouquet au sommet des branches, à fleurs blanches, à grappes nombreuses et à fruits ovales, très-suaves ;

7° Arbousier à feuilles de laurier, à fleurs roses et à fruits ronds et gros ;

8° Arbousier magnifique, à feuilles très-larges, à fleurs roses et à fruits gros ;

9° Arbousier hybride, à feuilles larges, à fleurs d'un blanc laiteux et à fruits ronds et gros.

Toutes ces espèces ou variétés servent d'ornement dans les parcs, les squares et les domaines particuliers.

II. — GÉOGRAPHIE ET GÉOLOGIE BOTANIQUE DE L'ARBOUSIER SA CULTURE

Il est difficile d'assigner à l'Arbousier une station géographique spéciale, une zone climatologique qui lui soit propre, puisqu'on le trouve non-seulement sur presque tous les points de l'Europe, mais aussi dans une grande partie de l'Asie, de l'Afrique, de l'Amérique et même dans l'Océanie. S'il est permis de juger de l'utilité d'un végétal par la prodigalité avec laquelle Dieu l'a répandu dans la nature, il est constant que, sous ce rapport, l'Arbousier est un de ceux qui sont en première ligne, et mes données expérimentales viennent à l'appui de cette induction.

L'Arbousier croît abondamment en France ; il prospère en particulier sur les hauteurs de la région méditerranéenne et atlantique. Les belles montagnes accidentées du département du Gard, les hautes Cévennes, les montagnes de la Haute-Garonne, de l'Aude, de la Gironde, de l'Ardèche, du Jura, de la Lozère, de l'Hérault, du Var et de la Corse, les montagnes des Pyrénées, les îles d'Hyères, et surtout l'île superbe du Levant sont embellies par l'Arbousier.

Quant à l'Angleterre et à l'Irlande, nous avons vu dans nos explorations qu'il y abonde et qu'il y fructifie. On le retrouve prospère en Italie, en Grèce, en Espagne, en Portugal, sur plusieurs points de l'Allemagne, etc. Mais ses parages de prédilection, ce sont les contrées du Levant, à partir de la mer Adriatique. Il abonde surtout en Turquie, en Palestine, en Arabie, où il atteint même une hauteur prodigieuse, en Égypte, en Algérie, en un mot, sur toute l'étendue de cette immense région méditerranéenne qui s'étend depuis Constantinople et la Palestine jusqu'au détroit de Gibraltar. Mais là où il prospère d'une manière spéciale, c'est sur les bords du Bosphore, principalement dans la zone de Constantinople. On le retrouve encore dans le Maroc et sur d'autres points de la côte d'Afrique, notamment au cap de Bonne-Espérance. Il existe aussi en Abyssinie, puisque, dans un rapport sur l'expédition anglaise en ce pays, en 1867, il est dit que, dans une vallée, près de

Sénafé, l'air est embaumé par les fleurs de l'Arbousier. D'après cette description, il est évident que nous devons reconnaître ici une nouvelle espèce d'Arbousier, à moins que ce ne soit l'*Arbutus procera*, attendu que les fleurs des autres espèces connues n'ont pas de parfum. On le trouve également dans les îles Canaries. L'Inde même est favorisée de l'Arbousier. Sur les montagnes de l'Hymalaya il forme, avec les Rhododendrons, les Azalées et les Kalmies, les superbes massifs qui embellissent les étages de cette immense chaîne.

L'Amérique nous a fait connaître plusieurs nouvelles espèces d'Arbousiers, et proclame assez haut que ce continent est un habitat favori pour notre intéressant végétal. Aussi le rencontre-t-on presque partout, tant dans l'Amérique du Sud que dans l'Amérique du Nord.

Les localités *arbutifères* les plus renommées, sous le rapport surtout des espèces nouvelles qui y ont été découvertes, sont le Canada, le Mexique, la Californie, le Pérou, la Colombie et les parages de Magellan. L'Arbousier ne fait pas défaut non plus en Australie où il est cultivé comme arbre d'ornement.

Mais si répandu que soit le genre *Arbutus*, ce n'est guère que sur les montagnes que nous le trouvons en abondance ; il s'y montre sur presque toutes les couches et assises. Il est à remarquer que ce végétal semble avoir choisi de prédilection les aspérités du globe, les hauteurs escarpées et incultes, les versants sourcilleux des cimes rocheuses ; ce sont là les endroits où il déploie toute sa beauté. Si on ne le rencontre que peu dans les plaines, ce n'est point qu'il n'y puisse prospérer, puisque nous avons vu le contraire ; mais c'est parce que jusqu'ici l'homme est resté presque entièrement aveugle aux mérites de ce végétal, et ne s'est guère soucié de le faire descendre de ses hauteurs pour le cultiver.

Et cependant peu de végétaux sont plus utiles et semblent plus faits pour le plaisir des yeux. Comme nous l'avons dit, tantôt simplement arbuste ou modeste arbrisseau, tantôt atteignant les proportions d'un bel arbre de six à dix mètres de hauteur, l'Arbousier a ses feuilles toujours vertes et se couvre, en automne, de belles grappes de fleurs d'un blanc rosé, ou d'une autre nuance, selon la diversité de l'espèce, ainsi que de fruits rouges qui lui ont valu, par la ressemblance qu'ils ont avec la fraise, le nom poétique d'*arbre à fraises*. A cause de sa beauté et surtout de l'utilité de son fruit, qui bientôt constituera une nouvelle source de richesses alimentaires l'Arbousier mérite l'attention spéciale du cultivateur. L'étude géologique que nous allons faire de son habitat naturel sur les montagnes, nous fournira des données précieuses pour sa culture dans les plaines. Compagnon ordinaire des Bruyères, des Cistes, des Myrthes, etc., l'Arbousier habite de préférence les terrains primitifs exposés au midi. La manière dont il s'y développe et s'y multiplie montre que ces terrains, quelque élevés qu'ils soient, sont ses parages originaires. Il se fixe dans le peu de terre végétale qu'il y trouve entre les couches des micaschistes et les stratifications du gneiss; et non-seulement il y vit, mais il y prospère et y fructifie abondamment. Sur presque toutes les couches de ces montagnes accidentées, il forme des rangées et des massifs de verdure d'une incomparable beauté, et qui acquièrent un nouvel éclat à l'époque de la fleuraison et de la fructification. D'après cet exposé, je laisse à mes auditeurs d'apprécier la quantité considérable de fruits qui se perdent chaque année, et qui, récoltés, fourniraient une précieuse ressource aux habitants de ces contrées montagneuses.

Sur toutes les montagnes du globe où la formation primitive se trouve en évidence, l'Arbousier y a pris place ; mais je dois particulièrement faire observer que c'est surtout dans le micaschiste qu'il domine et qu'il étale ses belles proportions. Oui, l'habitat spécial de l'Arbousier dans le micaschiste est un fait que j'ai constaté dans mes nombreuses et pénibles explorations, et je puis affirmer que sa luxuriance ici, en comparaison des autres terrains où il vient également, est digne de l'attention générale.

Les montagnes granitiques, par la désagrégation de leurs éléments quartz, feldspath et mica, sont trop friables d'une part, et, à cause des masses porphyroïdes dont elles sont formées, trop compactes de l'autre, pour avoir obtenu la faveur de l'Arbousier. Comment pourrait-il venir là où il ne trouve aucune condition de viabilité? En effet, il est démontré que le granit perd une grande partie de sa potasse par la décomposition de son feldspath sous l'influence des agents atmosphériques, et qu'il ne lui reste alors que du sable, évidemment impropre à nourrir l'Arbousier. Les montagnes calcaires, par leur formation sédimentaire, sont très-favorables à la propagation de l'Arbousier, de même que les montagnes schisteuses. Il est évident que les roches calcaires, par la nature de leurs assises, retiennent une terre argileuse qui fixe et qui nourrit l'Arbousier à l'abri de leurs bancs ou masses compactes, qu'il s'y arrange naturellement, et qu'il doit s'y plaire aussi bien que dans les couches des terrains primitifs qui l'ont vu naître. Il reste donc établi, d'après mes explorations géologico-botaniques, que ce sont les micaschistes d'abord et les calcaires ensuite, qui sont les terrains favoris de l'Arbousier. Les montagnes entièrement formées de grès, comme aussi celles dont les bancs de grès sont intercalés de marnes bigarrées, et auxquelles les géologues ont assigné le nom de trias ou keuper, conviennent aussi au charmant Arbousier.

Les montagnes formées de dolomie, de craie, de tuf, d'aggrégat, de plâtre, de marbre, sont deshéritées de l'Arbousier.

Maintenant que j'ai fixé l'attention de mes auditeurs sur les habitudes naturelles de l'Arbousier, il faut que je leur fasse observer que, pour le propager et l'élever en grande culture, il convient de faire les semis dans la terre de bruyère. Cependant les terres calcaires et les terres de jardins peuvent être employées, en les modifiant un peu avec les engrais ordinaires.

Les propriétaires ou les agriculteurs qui se trouveront favorisés des terres de bruyères ou des terres noires des montagnes schisteuses, seront certainement plus aptes à faire des pépinières, et ils pourront s'attendre au plus grand succès.

Mais les propriétaires qui se trouveront placés près des terrains d'alluvion, pourront aussi les utiliser avec avantage pour former des pépinières et transplanter facilement des pieds de tous les âges de l'intéressant arbrisseau.

En terminant, j'ajouterai qu'en Angleterre on ne fait aucun choix de terre pour la culture de l'Arbousier, car j'ai remarqué qu'il prospère également bien partout dans les parcs, les jardins, etc.

En France, j'ai vu l'Arbousier chez plusieurs pépiniéristes dans divers départements, ainsi que dans des jardins particuliers ; et, sans qu'on prenne soin de lui, il grandit, fleurit, et fructifie tout aussi bien que sur les montagnes où il vient naturellement.

En général, les pépiniéristes sèment les graines de l'Arbousier dans la terre de bruyère, et élèvent les jeunes pieds dans des petits pots jusqu'à l'âge de quatre ou cinq ans ; ensuite ils les mettent en pleine terre ou bien dans des pots plus grands pour en faciliter la vente. En Angleterre, où on aime beaucoup l'Arbousier, les pépiniéristes le multiplient considérablement, et le portent sur les marchés aux fleurs depuis l'âge de cinq ans jusqu'à celui où il est couvert de fleurs et de fruits.

Je dois faire observer que l'Arbousier, arraché des montagnes où il est né, peut se transplanter dans les terres des plaines, comme l'olivier ou la vigne; mais il faut alors lui couper les branches et le tronc à la hauteur de la terre, et l'année suivante il poussera des jets ; on pourra l'élever ainsi comme tous les arbres fruitiers.

III. — PRODUITS ÉCONOMIQUES DE L'ARBOUSIER

J'aborde mon sujet au point de vue des ressources que l'Arbousier peut offrir à la science et à l'industrie.

Il résulte de mes expériences :

1° Que l'arbouse mûre contient 14 0/0 de sucre;
2° 20 0/0 d'eau-de-vie à 50°;
3° Que l'arbouse verte contient 18 0/0 de tanin;
4° Que les feuilles vertes en contiennent 7 0/0, et qu'elles peuvent être mises à profit dans la préparation des peaux.

ANALYSE DE L'ARBOUSE

1° Pectine;
2° Parapectine;
3° Amidon;
4° Sucre;
5° Alcool;
6° Tanin;
7° Acide malique;
8° Matière colorante violette;
9° Matière ciroïde.

PRODUITS ÉCONOMIQUES DE L'ARBOUSE

J'ai obtenu de l'arbouse les produits alimentaires désignés ci-après, pour être livrés à la consommation de chaque jour, tels que :

Gelée, compote, marmelade, confiture, pâte, sirop, liqueur, vin, eau-de-vie, alcool, vinaigre.

Parmi ces nombreux produits que l'avenir devra à l'Arbousier et qui ont sauvé les habitants des contrées montagneuses des Cévennes et de la Lozère, pendant les premières années de l'oïdium du raisin, il faut compter pour beaucoup la fabrication en grand de l'eau-de-vie d'arbouse que je distillais et que je faisais distiller par plusieurs industriels.

L'eau-de-vie d'arbouse est très-digestive, et les autres produits rivalisent de goût et de tonicité avec les meilleurs desserts de nos tables.

Pour obtenir l'eau-de-vie d'arbouse, on met 100 kilogrammes de fruits mûrs écrasés dans 50 kilogrammes d'eau. On abandonne ce magma à la température de 18 à 20° centigrades. Après la fermentation, on exprime à la presse dans des sacs de toile et on distille jusqu'à ce que les dernières parties donnent encore 20° à l'alcoomètre. Cette opération ainsi exécutée donne pour produit 20 litres de bonne eau-de-vie à 50°, soit 20 0/0.

Il y a donc un immense bénéfice à propager l'Arbousier pour l'exploitation de son fruit, et le moment est venu d'y songer sérieusement, à cause de la maladie de la vigne et les désastres du *Phylloxera vastatrix*.

Par suite de mes explorations répétées dans les départements du midi de la France, où l'Arbousier forme des bois immenses et couvre des montagnes d'une étendue considérable, j'en suis arrivé à estimer que, dans les hautes Cévennes, les arbouses perdues produiraient pour le moins 20,000 hectolitres d'eau-de-vie par an, soit, à raison de 50 francs l'hectolitre, un million de francs de revenus annuels perdus pour les propriétaires de ces bois abandonnés aux soins de la nature, sans qu'ils aient pensé encore qu'il y a là un véritable trésor pour eux-mêmes et pour l'humanité.

En présence de tant de richesses, pourquoi cette proscription de l'Arbousier ?

Pourquoi avons-nous rejeté un fruit qui peut-être utilisé si avantageusement ?

Eh ! c'est parce qu'on s'était trop fondé sur le dire de Pline le naturaliste et d'autres anciens savants, qui avaient parlé de l'arbouse comme d'un fruit à dédaigner [1].

Et ce sont cependant ces qualités faussement appelées nuisibles qui, à l'aide de mes persévérants efforts, donnent à l'arbouse une valeur réelle.

Il y a bien des siècles que Théophraste, Asclépiade et Athénée ont dit que l'arbouse portait à la tête et donnait des malaises, à cause de sa saveur vineuse et de sa vertu enivrante. Voilà donc l'antiquité qui nous proclamait le principe alcoolique de ce fruit dont, depuis 1838, mon père et moi avons fait connaître l'utilité.

Et je ne parle pas du vin et des confitures que permettraient de faire les Arbousiers épars çà et là dans les pâturages ou sur les terrains qui avoisinent les campagnes.

Que chacun donc se mette à l'œuvre ; la vigne est fortement menacée et l'Arbousier mérite de figurer dans l'évaluation d'une propriété tout aussi bien qu'elle, et l'olivier, le mûrier, le châtaignier et tant d'autres sources de produits.

Dans mon département, comme dans mes voyages, l'Arbousier s'est souvent présenté à mes regards. Je l'ai aimé, je l'ai étudié, j'ai pensé qu'il pouvait être utile à mes semblables ; j'ai prouvé en France comme en Angleterre qu'on pourrait tirer de lui et agrément et profit. Je voudrais qu'on partageât ma confiance, basée sur mes études, sur mes observations pratiques et sur mes manipulations. — Je voudrais qu'on répandît sur l'Arbousier la lumière qui seule peut attirer le cultivateur et le contraindre à le cultiver par l'évidence des avantages qu'il peut en recueillir. — Tels sont mes vœux !

[1] Pline, en parlant de l'arbouse, appelée en latin *Unedo* (de *unum* et *edo*, d'après lui), s'exprime ainsi : *Pomum inhonorum, ut cui nomen ex argumento sit, unum tantùm edendi.* En manger plus d'une d'après cette étymologie, c'était risquer de se rendre malade. Quelle absurdité ! Et pourtant cette absurdité a fait loi jusqu'à ce jour et nous a proscrit l'arbouse. Le savant Saumaise, à juste droit, fait dériver *Unedo* du mot grec οἰνίζον, parce que ce fruit porte à la tête comme le vin ; et ce savant critique fait remarquer avec raison que fréquemment Οι se change en U et Z en D, dans les transitions du grec au latin.

M. Albert ROUSSILLE

Professeur de chimie à l'École d'agriculture de Grand-Jouan

NÉCESSITÉ DE CONTROLER LES ENGRAIS COMMERCIAUX

— *Séance du 28 août 1873.* —

Messieurs,

Vous me permettrez, avant de vous parler des engrais commerciaux, de rendre au fumier de ferme la justice qui lui est due, et qu'il semble presque de bon ton, chez certains agronomes, de lui refuser.

Le fumier de ferme est et doit être la base de toute culture vraiment progressive ; parce que lui seul contient et peut fournir aux plantes tous les principes nécessaires à leur complet développement ; parce que lui seul est susceptible, par les réactions auxquelles donne naissance sa décomposition, de désagréger et rendre assimilables quelques-unes des roches insolubles qui constituent la plus grande masse de la terre arable.

Faire beaucoup de fumier, en faire du bon et bien approprié à sa terre, doit être la préoccupation constante du cultivateur intelligent ; il est à regretter qu'il n'en puisse jamais faire assez et qu'il soit tenu, s'il veut se livrer à la culture intensive, la seule vraiment rémunératrice, d'avoir recours aux engrais commerciaux ou industriels.

Il y a quelques années, un agriculteur des environs de Chartres me demanda quel était, à cette époque, le meilleur engrais commercial, je n'hésitai pas à répondre : le guano ! Aujourd'hui je n'oserai être aussi catégoriquement affirmatif. La richesse du guano a singulièrement varié depuis six ans ; de 14 à 15 pour 0/0, le titre en azote s'est abaissé à 8 et 10 ; le haut prix de cet engrais s'est cependant maintenu, je dois dire plus, il a augmenté. Y a-t-il lieu de repousser cet engrais ? Je me garderais bien de le dire ; mais l'agriculteur ne doit le payer, comme ses similaires, que ce qu'il vaut.

Je vous ai prononcé le mot similaires, est-ce bien là le nom à appliquer à tous les pseudo-guanos apparus sur les marchés depuis que l'épuisement du gisement des îles Chinchas est de notoriété publique.

Les industriels vendent, en quantités considérables, des compositions, que des prospectus, trop souvent mensongers, présentent aux cultivateurs, malheureusement fort ignorants et pourtant très-prétentieux pour la plupart, comme bien supérieures en valeur au guano péruvien. Les journaux d'agriculture sont encombrés de réclames en faveur de guanos composés, guanos de poissons, phospho-guanos, phosphates-guanos, guanos-azote-fixé, superphosphates azotés, guanos acides et tous autres guanos ou engrais de noms aussi variés que leurs compositions ; combien, parmi ces engrais, méritent la confiance des agriculteurs ? bien peu, il faut l'avouer.

M. Ville, reprenant la thèse du baron Liebig, a fait, de son côté, une propagande effrénée en faveur de ce qu'il a appelé son système, et, à la suite de ses conférences, une hausse formidable a atteint tous les produits chimiques susceptibles d'être employés comme engrais. Quelle que soit mon opinion sur les procédés du professeur de physique végétale au Muséum, je tiens à lui rendre cette justice qu'il a su attirer l'attention de toute l'agriculture française sur les engrais dits chimiques. Les 100 kilogrammes de sulfate d'ammoniaque ont monté de 30 à 64 fr. ; le phosphate de chaux, malgré les découvertes presque journalières de gisements nouveaux, a suivi le même mouvement ascensionnel ; il en eût été de même pour les sels de potasse sans la découverte des mines de Straasfurth. Je ne plaindrais pas notre agriculture nationale si tous ces produits lui étaient livrés exempts de falsification ; mais attendez et vous allez voir.

Le guano, comme par le passé, est adultéré par certains marchands à l'aide de sables rougeâtres ou de terres ocreuses ; son titre, de 10 pour 0/0 en azote, est ainsi ramené à 2 ou 3 pour 0/0 ; les noirs de raffinerie, grâce aux conseils de l'illustre Payen (v. *Précis de chimie industrielle*, t. II, p. 505. 4ᵉ édition), sont mélangés à des terres tourbeuses ; les phosphates sont additionnés de balayures de routes ou de schistes pulvérisés ; les sels de potasse sont mélangés à des sels de soude, et ainsi de suite ; enfin, pour mieux tromper l'agriculteur, le fabricant ne manque presque jamais de lui livrer humides les engrais que les analyses de ses prospectus supposent desséchés à 104°.

Que vous dirai-je de certains engrais complexes comme ceux de poisson ? Vous allez en juger par la composition que j'ai déterminée récemment d'un de ces engrais, vendu 28 fr. à un cultivateur d'Eure-et-Loire.

Humidité	22,67
Matières organiques	33,67
Silice et silicates	25,39
Phosphate de chaux	6,56
Chaux autre que celle du phosphate	2,82
Acides sulfurique, carbonique et chlorhydrique, alcalis, oxyde de fer, alumine	9,29
Total	100,00
Azote dosé à part	2,73

Examiné à la loupe, après une lixiviation ménagée, cet engrais m'apparut constitué par :

Des débris de schistes et de briques ;
Des cailloux et des graviers ;
Des débris de combustibles minéraux ;
Des platras ;
Des débris de coquillages ;
Des pailles et des débris végétaux divers ;
De la corde goudronnée et non goudronnée ;
Des morceaux d'os de mammifères et d'oiseaux ;
Des chiffons de coton et de laine ;
Des poils d'animaux ;
Enfin des arêtes, vertèbres, écailles et de la chair de poisson.

Je vous ai dit que cet engrais était vendu 28 fr. les 100 kilogrammes. Quelle est sa valeur réelle ? L'analyse nous l'apprend.

2 kil. 73 d'azote à 2 fr. 50	6,83
6 kil. 56 de phosphate à 0,30	1,97
2 kil. 82 de chaux à 0,03.	0,09
Total.	8,89

Encore dois-je vous déclarer que ces prix sont tout à l'avantage du vendeur ; l'agriculteur qui m'a fait l'honneur de me choisir pour expert a donc payé son engrais 19 fr. 11 c. trop cher par 100 kilogrammes. Comment voulez-vous que je qualifie le vendeur ? Je l'appelle un voleur, et vous êtes de mon avis.

Prenons maintenant un phosphate fossile, vendu 9 fr. les 100 kilogrammes et dosant, dit le prospectus, 50 pour 0/0 de phosphate tribasique ; la méthode commerciale, après dessication, n'accuse que 43,27 pour 0/0 et le dosage réel 34,60 seulement ; le phosphate fossile vaut, aux lieux d'extraction, 15 fr. les 100 kilogrammes de phosphate réel ; l'engrais qui nous occupe n'eût donc dû être payé que 5 fr. 19 c., soit encore une perte nette, pour le cultivateur, de 3 fr. 81 c. par 100 kilogrammes. Voulez-vous d'autres exemples ? je vous les fournirai par centaines, et mon collègue, M. Bobierre, de Nantes, vous les donnera par milliers.

La fraude est loin de se borner là, j'ai eu à vérifier des nitrates de potasse ne titrant que 42 pour 0/0 de nitrate de potasse au lieu de 96 portés sur les prospectus, l'excédant étant remplacé par du nitrate de soude, produit d'une bien moindre valeur et bien moins utile en agriculture.

Le sulfate d'ammoniaque semble ne pas se prêter à de telles adultérations, et pourtant j'ai eu entre les mains un échantillon ne contenant pas moins de 30 pour 0/0 de sulfate de soude.

Le plâtre, eu égard à sa valeur peu élevée semble, lui aussi à l'abri de la fraude ; l'agriculteur qui l'achète cuit, au rabais, n'est pas volé moins de cinquante fois sur cent ; ici, ce n'est pas sur la nature, c'est sur la qualité de la chose vendue que porte la fraude ; par suite de la cuisson à feu nu, on observe dans les fours à plâtre trois couches bien distinctes : la première, en contact direct avec le feu, est non-seulement déshydratée mais encore brûlée, pour me servir du terme technique ; la couche moyenne, cuite à point, est réservée pour la construction ; la couche supérieure est insuffisamment déshydratée pour se prêter à un bon gâchage. Il est admis, dans beaucoup d'industries, que tout ce que les arts ne peuvent employer est bon pour l'agriculture ; cette maxime, fausse dans bien des cas, ne l'est qu'à moitié dans ce cas-ci ; le plâtre incomplètement déshydraté est aussi favorable à la végétation des légumineuses que le plâtre déshydraté à point ; quant au plâtre brûlé, son action sur les légumineuses est complétement nulle, et pourtant c'est ce plâtre, d'une inutilité absolue, que maints marchands livrent sous le nom de *plâtre pour l'agriculture*. Le cultivateur qui n'observe aucun effet sur ses légumineuses ne manque pas de traiter les savants d'ignorants et renonce à l'emploi d'un excellent amendement.

Le tableau que je viens de vous tracer est assez sombre, la réalité l'est encore plus ; demandez-le à mon honorable collègue, M. Bechi, chimiste de la station agricole de Florence ? Il vous répond que je suis dans le vrai.

N'y a-t-il pas moyen de remédier à cet état de choses ? Vous me répondez que le gouvernement devrait faire des lois. — Des lois ! il y en a déjà bien trop ; l'agriculteur est très-largement défendu par les lois existantes, seulement il ne s'en sert presque jamais.

Dans un assez grand nombre de villes il existe des laboratoires de chimie agricole, où les cultivateurs peuvent, moyennant une très-faible dépense, faire contrôler la composition de leurs engrais ; mais faire contrôler sera toujours inutile, tant que les agriculteurs volés ne se décideront pas à poursuivre à outrance leurs voleurs.

Pour que les poursuites soient utiles, les agriculteurs doivent préalablement exiger de leurs vendeurs une garantie, par écrit, de la richesse des engrais achetés, puis prélever par devant témoins, lors de la livraison, des échantillons, qui seront renfermés dans des bouteilles de verre bien cachetées et numérotées ; ces échantillons seront déposés au greffe de la justice de paix et serviront à l'analyse qui pourra être ordonnée par le tribunal en cas de contestation postérieure ; d'autres échantillons doivent être prélevés en même temps et remis au chimiste contrôleur, qui les analysera et fixera un prix approximatif d'après leur richesse réelle. Lorsque les agriculteurs employeront ce moyen légal, la fraude cessera, soyez-en sûrs.

Il est un obstacle que je dois vous signaler et que nos efforts doivent tendre à faire disparaître, c'est l'ignorance des agriculteurs et surtout leur manque d'initiative.

Nous avons l'habitude, en France, de considérer le gouvernement comme chargé de prendre nos intérêts en tout et partout ; ce gouvernement, vous savez quelles sont ses charges ; et puis, le voulût-il, qu'il ne pourrait prendre, en cette occurence, les intérêts de l'agriculture sous sa protection ; l'initiative privée, qui a fondé notre Association française pour l'avancement des sciences, devra aussi faire cesser cet état de choses. Il nous faut faire appel à tous les comices de France, leur démontrer l'intérêt qu'ils ont à fonder, dans chaque département, un ou plusieurs laboratoires de contrôle, leur bien faire comprendre que l'organisation de ces laboratoires ne revient ni au gouvernement, ni aux conseils électifs, qu'elle doit être l'œuvre propre des sociétés d'agriculture locales.

Ces laboratoires fondés, les membres des comices devront en user et persuader à leurs voisins d'en user aussi ; la propagande doit se faire de vive voix et par affichage, ou par tout autre moyen de publicité à la portée des sociétés d'agriculture.

Les publications devront indiquer toutes les fraudes pratiquées sur les engrais et les moyens de les faire cesser ; elles donneront tous les renseignements utiles aux agriculteurs, pour leur faciliter l'accès du laboratoire de contrôle ; elles indiqueront le coût des analyses, coût qu'il serait bon de réduire de moitié pour les membres des comices, dont le recrutement serait ainsi singulièrement favorisé.

Puisque vous m'engagez à formuler un vœu, voici celui que je propose : l'Association française pour l'avancement des sciences appellera l'attention des sociétés d'agriculture sur les fraudes, dont les engrais sont l'objet, et sur les avantages que trouveront les dites sociétés à créer, par elles-mêmes, des laboratoires de contrôle, où les agriculteurs, membres ou non des sociétés, seront engagés à faire contrôler, moyennant une faible rétribution, tous les engrais commerciaux qu'ils pourront acheter.

14me Section

GÉOGRAPHIE

Président . . . . M. l'abbé DURAND, vicaire de Notre-Dame, à Paris.
Secrétaire . . . . M. V. GUÉRIN.

M. l'abbé DURAND

LA PROVINCE BRÉSILIENNE DE MINAS-GERAES (MINES GÉNÉRALES) SOUS LES RAPPORTS INDUSTRIEL, AGRICOLE ET COLONIAL

— *Séance du 22 août 1873.* —

La province des Mines générales (Minas-Geraes) est une des cinq provinces orientales du Brésil. Elle est intermédiaire entre celles du littoral et celles de l'intérieur. Elle s'étend entre 13° et 18° latitude sud, et du 3° 20′ au 8° de longitude ouest de Rio-de-Janeiro. Sa superficie est de 20,000 lieues portugaises, soit le quart de la France. Ses limites sont : la province de Bahia au Nord, dont elle est séparée par les rivières Verte *(Rio-Verde)* et *Carinhanha*, affluents du Saint-Francisco ; la province de Saint-Paul (S. Paulo), la *serra da Mantiquiera* et le Rio-Grande, qui devient le Parana au sud ; et à l'est, celles de Bahia, du Saint-Esprit (*do Espirito-Sancto*) et de Rio-de-Janeiro (rivière de janvier) ; de ce côté elle a pour limite la montagne de la mer *(serra do Mar)*, prolongement de la Mantiquiera. A l'ouest, la grande province de Goyaz, les montagnes de *Paranan* (grandes eaux), *dos araras* (des aras), du *Tifiica, do Andrequice*, et la rivière de Saint-Marc (S. Marcos).

Vers le sud-ouest, la province de Minas s'avance jusqu'à celle de Matto-Grosso (des Grandes-Forêts), par un triangle dont les côtes sont formés par les *rios Grande* et *Paranahybuna*, et le sommet par le confluent de ces deux cours d'eau. Au-dessous, le Rio-Grande prend le nom indien équivalent de *Parana* (Grandes-Eaux, Grande-Rivière).

Minas est divisée en 22 comarques ou arrondissements ; elle a 38 villes de premier ordre *(ciudades)* et 1,500,000 habitants. Cette province est l'Auvergne du Brésil : elle est hérissée de chaînes détachées de la Mantiquiera et en particulier de celle *do Espinhaço* (Épine). Les montagnes d'Or-Noir *(Ouro-Preto)*, d'Or-Blanc *(Ouro-Branco)*, de la Malle (da Canastra), *do Caraça* et *da Piedade* (de la Piété), en sont les principaux chaînons. Il s'étagent en plateaux arides et déserts appelés *chapadas* ou *chapadoes*, selon leur étendue. L'aspect général de ces montagnes est celui d'une table immense. Leurs versants sont boisés jusqu'au point où la muraille se redresse presque perpendiculairement.

Ces montagnes appartiennent aux grès tertiaires, quartzeux, philladiques, psammitiques et anagéniques, qui forment le grand plateau central du Brésil. Cet étage atteint 500 mètres de puissance. Elles sont traversées par des veines perpendiculaires de quartzites, par des serpentines, et reposent sur une base de gneiss métallifères et de schistes talqueux. A sud et à l'ouest apparaissent les schistes, les talcs, les micas et les terrains micaschisteux. Sur les plateaux on rencontre quelques calcaires, des itacolumites et des itabirites.

Les points culminants du Brésil s'élèvent dans Minas : l'*Itacolumi* devant *Ouro-Preto*, qui atteint 1,756 mètres d'altitude ; la *serra do Caraca*, 1,955 à 2,000 mètres, et la *serra da Piedade*, 1,788.

En quittant la province de Rio-de-Janeiro et les régions des grandes forêts caractérisées par les *gneiss*, on franchit la Paranabybuna et on monte vers les plateaux de Minas. A la ville de Barbacena, où leur altitude la plus grande est de 1,137 mètres, ces plateaux s'inclinent en douces ondulations vers le nord et le nord-ouest. C'est dans la zone comprise entre cette ville, Ouro-Preto et Marianna, que prennent naissance les grands fleuves orientaux du Brésil. Aussi doit-elle attirer spécialement l'attention des géographes. Çà et là, de petites chaînes de 2 à 300 mètres de hauteur les sillonnent ; de leurs flancs suintent de nombreux filets d'eau. Les nuées d'orage qui les rasent pendant une partie des journées se condensent doucement et déposent leurs eaux goutte à goutte dans les cuvettes creusées par l'action des éléments atmosphériques sur les parties tendres de la roche. Elles forment de petits réservoirs, de petits lacs, dont les eaux descendent de cascade en cascade au fond de petites vallées supérieures et vont former les grands fleuves brésiliens.

Ces fleuves orientaux sont ou nombre de quatre principaux. Le *San-Francisco* (Saint-François) au Nord ; le *Jequitinhonha* ou Rivière-Grande de Belmonte (Rio-Grande de Belmonte) et le *Rio-Doce* (Rivière-Douce) au centre ; le *Rio-Grande* ou Parana au Sud. Ce sont les les quatre grandes voies naturelles par lesquelles la Providence a mis la riche province de Minas-Geraes en communication avec l'Océan.

Le plus grand de ces fleuves est le San-Francisco. Depuis la

Caxoeira da Casca-d'Anta (Cascade de la Peau ou Écorce de Tapir) qui lui donne naissance, jusqu'à la mer, il mesure 2,900 kilomètres de longueur, dont 1,467 sont navigables. Mais à 250 kilomètres de la mer, son cours est interrompu par la magnifique cataracte de *Paul-Alphonse (Paulo-Affonso)*, qui a 90 mètres de hauteur et peut lutter de magnificence avec celle du Niagara. Il est navigable jusqu'à *Itaparica*, située au-dessus de son bassin est égale à la superficie de la France.

Plusieurs ingénieurs ont été chargés d'examiner les moyens de rendre le San-Francisco navigable jusqu'à la mer. Ils pensent que ce problème sera résolu par l'établissement d'un canal latéral. Parmi eux, citons notre savant compatriote, *M. Liais, directeur de l'observatoire de Rio-de-Janeiro*, dont le projet paraît le plus pratique et le moins coûteux.

L'affluent principal du San-Francisco dans Minas est la *rivière des Vieilles (Rio das Velhas)*. Elle prend ses sources dans les montagnes des environs de Marianna, et est navigable pendant 677 kilomètres. Elle a été explorée totalement par M. *Liais*, ainsi que le San-Francisco.

Ce fleuve se jette dans l'Atlantique par 12° de latitude sud. Son bassin ouvre actuellement à la navigation 4,179 kilomètres dans les provinces de Minas, de Bahia, de Pernambuco, de Serigpe et d'Alagôas.

Le *Jequitinhonha* ou Rio-Grande-de-Belmonte sort des chaînes diamantifères du *Serro*, traverse les districts de Diamantina, la province de Bahia, et vient se jeter dans l'océan Atlantique par 15°58' de latitude sud. Ses *caxoeiras* (cataractes) empêche qu'il soit entièrement navigable.

Le Rio-Doce est moins considérable ; il n'a que 250 kilomètres de longueur : mais il est d'une très-grande importance. Il sort des montagnes d'Ouro-Preto, serpente à travers les régions orientales de Minas et s'ouvre sur l'Atlantique par 19° 35' de latitude sud environ. Ses cataractes, appelées *escadinhas* (petites échelles), gênent la navigation ; les embarcations les franchissent ; elles peuvent être facilement améliorées. Ce fleuve fut la première route que suivit, en 1573, le découvreur *Sebastiao-Fernand Turinho*, qui le remonta et découvrit la province de Minas, d'où il rapporta des pierres fines et de l'or. C'est pourquoi on lui donna le nom de Mines d'Or d'*os Cataquases :* nom des tribus indiennes que Turinho y rencontra.

Citons encore le Mucury et le San-Mathéus (Saint-Mathieu), deux petits fleuves dont les embouchures s'ouvrent sur l'Océan par 18° et 18° 30' de latitude sud.

Les bassins de ces fleuves contiennent les terrains les plus métallifères du Brésil. En effet, dans son lit aux couches épaisses de grès verts, le San-Francisco roule des diamants que les rares habitants de son cours supérieur viennent chercher dans les chutes et les cascades pendant la saison de la sécheresse. La *caxoeira* de *Pirapora* en est la principale. Tous ses affluents, si nombreux; transportent des sables riches en or. Le *Rio-das-Velhas* entre autres, dont le lit inférieur se compose de strates friables et peu épaisses de micachistes, est d'une richesse incalculable. Que serait-ce si la gangue première des métaux précieux était connue et attaquée ? Dans le cours supérieur de cette rivière, non loin d'Ouro-Preto, près la petite ville de *Sabara* (des Chèvres), chef-lieu de la comarque ou arrondissement de ce nom, située sur les bords de la rivière de *Sabara*, se trouvent les mines anglaises de la *Vieille-Montagne (Morro-Velho)*. L'or y est arraché aux blocs de quartz au moyen d'un moulin broyeur qui pulvérise le cristal. On lave cette poussière et on en tire l'or. Plus bas, du côté de *Jaguara*, les habitants de cette ville ont tenté à plusieurs reprises d'exploiter les sables de la berge ; ils en ont retiré des profits considérables, mais ils n'ont pas su préserver leurs batardeaux des grandes crues. Or, le lit de la rivière n'a jamais été exploité.

Le bassin le plus riche est certainement celui du Rio-Doce. Au sud, dans les environs d'Ouro-Preto, ses premières eaux coulent sur un terrain ferrugineux, dont le sable est un minerai de fer qui donne 90 pour 0/0 à la fonte. Ses galets sont des rognons de fer arrondis comme les cailloux des rivières. La serra de Ouro-Branco (d'Or-Blanc) contient du platine, et celle d'Ouro-Preto (Or-Noir) renferme de l'or en grande quantité. Au nord, entre les *rios Suassuhy*, *Grande*, *Urupuca*, qui sortent du district des diamants, s'étendent d'immenses gisements aurifères inexploités. Çà et là vous traversez des plaines arides, sans arbre aucun ; elles sont sillonnées de profondes tranchées à ciel ouvert. Au fond de ces carrières coule un ruisseau sur les bords duquel des monticules de pierres quartzeuses sont échelonnées de distance en distance. Ce sont les anciennes alluvions aurifères exploitées par les premières populations et abandonnées faute d'instruments assez puissants pour continuer l'extraction de l'or. Ces régions étaient autrefois rafraîchies par l'ombrage de forêts immenses ; elles ne présentent plus que le spectacle de la désolation. On y reconnaît le passage de la cupidité humaine, qui n'a laissé derrière elle que le désert.

Les mines d'or ne présentent pas toutes le même aspect. Les unes, et ce sont les plus communes, se composent d'alluvions et de sables ; on en extrait le métal précieux par les lavages successifs que tout le monde connaît. D'autres sont des failles remplies de bas en haut ou de haut en bas. L'or y a été déposé par la volatilisation ou entraîné par les eaux. Ces filons sont quelquefois abondants à leur superficie, mais bientôt ils ne rapportent plus. Les plus riches sont celles qui contiennent des pyrites comme celles de Sabara. Dans le sol apparaissent des tubercules allongés de quartz *(batatas)*, que les mineurs appelent patates, à cause de leur ressemblance avec ce végétal. Ces mines sont peu riches à leur superficie, mais leur richesse augmente en raison de leur profondeur et de l'abondance des pyrites. L'or qu'elles produisent est toujours très-fin. Pour les exploiter il faut des broyeurs. A Sabara, après les lavages des sables provenant des pyrites broyées, on traite l'or par le mercure. C'est le moyen d'en perdre le moins possible. On estime que la mine de Sabara a rapporté *cent millions* depuis le commencement de son exploitation. Cinq grammes d'or par mètre cube de pyrite paient les frais d'exploitation.

Quant aux diamants, il est plus difficile de les découvrir. Cependant le terrain qui les renferme contient des indices presque certains de leur présence. Ces pierres précieuses sont répandues inégalement dans des alluvions. On peut remuer ce sol pendant des mois sans rencontrer un seul diamant, mais il arrive quelquefois de tomber sur une agglomération de grande valeur.

Jusqu'ici on ne les a trouvés que dans des conglomérats de cailloux roulés de l'âge quaternaire, qui ne peuvent en être la gangue première *(cascalho)*. Ces conglomérats gisent dans les vallées des grès tertiaires ; ils se composent de cailloux divers appartenant aux roches éruptives et trappéennes, tels que : le péridot vert (chrysolite), le zircon, la topaze, etc. Les *garimpeiros* ou chercheurs de diamants désignent par des noms caractéristiques les minéraux révélateurs de sa présence. Ce sont : 1° les *caboclos*, grains de jaspe rouge roulés ; 2° les *favas*, fèves de jaspe jaune ; 3° les *feijoes*, petits haricots de phosphate d'yttria ; 4° les *feijoes pretos*, haricots de jaspe noire ; 5° les *ferragons*, grains gris d'acier à éclat vif, de fer titané ou oxydulé, et surtout ceux de titané anastase. Ces deux derniers minéraux sont regardés comme les signes infaillibles de la présence du diamant. On en trouve aussi dans les *itabirites*. Les principaux gisements de Minas se trouvent dans le district bien nommé de Diamantina, à côté de gisements aurifères, et à *Abaété*, territoire fécond en diamants noirs. Celui d'Abaété a 50 centimètres d'épaisseur.

Non-seulement la province de Minas renferme des minéraux précieux, mais encore elle possède des forêts immenses aux essences variées, qui peuvent fournir des bois nombreux pour l'ébénisterie, la marqueterie, ainsi que pour la construction civile et navale ; des matières textiles abondantes et des huiles excellentes. Ses différentes altitudes la dotent de climats variés, dont la température oscille entre celle de l'équateur et celle de la haute Italie. Dans les vallées et au milieu des plaines inférieures croissent la canne à sucre, le café et toutes les productions tropicales. A quelques centaines de mètres plus haut vous rencontrez certains fruits de l'Europe, tels que la pêche et le raisin ; sur les plateaux supérieurs abrités du vent, la pomme de terre ainsi que le blé arrivent à maturité. Dans la serra de Caraça, où nous avons habité, les expériences faites sous nos yeux ont été couronnées d'un plein succès.

La province de Minas présente donc un double aspect. Elle peut devenir industrielle par ses mines variées et nombreuses. De ses montagnes descendent d'innombrables cours d'eau ; leurs chutes toujours puissantes appellent l'établissement d'usines de toute sorte. A leur base se trouve le fer ; il fournira les instruments nécessaires à l'attaque des gangues inexploitées de l'or et des autres minéraux.

Elle est agricole ; ses vallées et ses plaines *(campos)*, arrosées par des rivières limpides, se déroulent en prairies, en vergers et en forêts luxuriantes qui attendent une exploitation intelligente. L'agriculture est la base de l'industrie ; elle est le moyen d'exploiter une contrée sans la ruiner. Aussi pensons-nous que tous les établissements industriels qu'on y formera devront avoir pour base des colonies agricoles. L'établissement agricole, c'est la nourriture et l'entretien assurés de l'ouvrier ; c'est l'avenir réel du pays. Il constitue le vrai centre de population, le foyer stable de la famille par la propriété. A côté s'élève l'établissement commercial qui apporte les objets de nécessité, d'utilité et de luxe. Le jour où les richesses métallifères sont épuisées, le travailleur trouve auprès de lui un refuge contre le besoin avec les choses nécessaires à la vie de sa famille. Il n'est pas condamné à courir de district en district pour trouver de l'ouvrage. Il devient cultivateur, il a un foyer stable, il n'est pas nomade ; par conséquent il est accessible aux enseignements de la société chrétienne. Donnez du travail à ces peuples ensevelis dans leur nonchalance par l'absence des voies de communication, et vous les moraliserez ; vous en ferez des hommes actifs et intelligents qui sauront changer les vastes solitudes qui les entourent en plantations fécondes.

Mais ces moyens de communication, où sont-ils ? La Providence ne les a-t-elle pas indiqués dans les quatre fleuve principaux qui naissent sur les hauts plateaux de Minas et roulent les richesses de cette province dans leurs eaux. En effet, le San-Francisco, le Jequitinhonha, le Rio-Doce et le Rio-Grande la sillonnent et l'enserrent dans toutes ses parties d'un réseau fluvial admirable. Le San-Francisco la traverse du sud au nord ; il prend ses sources à peu de distance d'un petit affluent navigable du Rio-Grande, avec lequel un canal pourra un jour le mettre en communication. Alors, un vapeur entré dans les bouches du San-Francisco, après avoir parcouru les provinces orientales du Brésil, descendra à travers celles du Sud, et pénétrera par le cours du Paraguay jusqu'aux frontières de la Bolivie et aux parties les plus reculées des provinces de Matto-Grosso et de Goyaz. Or le réseau navigable du San-Francisco est évalué actuellement à 4,197 kilomètres, soit 1,027 lieues métriques.

Le Jequitinhonha pénètre dans les parties les moins accessibles du district des diamants.

Le Rio-Doce, bassin minéral et végétal, se ramifie dans toutes les parties centrales de Minas.

Le Rio-Grande *(Parana)* attire dans ses eaux presque tout le commerce des provinces de Saint-Paul, de Sainte-Catherine, du Parana, de Saint-Pierre-du-Sud (San-Pedro-do-Sul), de Goyaz et de Matto-Grosso. Par le Paraguay et la Plata, il ouvre les routes de la république du Paraguay, de l'Uruguay, de la Plata, de la Patagonie et de la Bolivie.

Mais la voie la plus rationnelle, la plus brève et la moins coûteuse indiquée par la nature pour pénétrer dans la province de Minas, c'est le Rio-Doce. Elle a été fréquentée par les premiers pionniers de la civilisation. Ses rives, ombragées par les forêts vierges, sont le repaire des Botocudos indomptés. L'industrie, le commerce et l'agriculture peuvent y marcher de front. Son bassin promet à la colonisation un avenir sérieux et réel avec un minimum de dépenses. Aussi, croyons-nous que toute tentative d'établissement sur une autre voie sera frappée de langueur et de stérilité, en même temps qu'elle entraînera à des frais qui, de longtemps, ne seront pas compensés par des bénéfices rémunérateurs.

En effet, si vous jetez les yeux sur la carte du Brésil, vos yeux découvrent à quelque distance de la côte un bourrelet de montagnes qui commence au sud de l'empire sous le nom de *Cochillas*, remonte sous celui de Montagne de la Mer (Serra de Mar), s'élève au centre de Minas, où elle prend l'appellation de *Mantiquiera*, et vient mourir au nord par la serra des Émeraudes *(das Esmeraldas)* ou des *Aymores*, nom de l'ancienne tribu qui l'habitait. Cette longue chaîne continue forme une marche gigantesque de gneiss, au sommet de laquelle s'étendent les hauts plateaux aux douces ondulations de l'intérieur. C'est au bord de cette marche abrupte qu'aboutissent les fleuves orientaux du Brésil. Ils en descendent par des séries de cataractes, de rapides, de cascades admirables. Voilà les difficultés. Il s'agit de les franchir; et, pour la plupart, dans l'état actuel des choses, cela est impossible. Les *escadinhas* du Rio-Doce seules peuvent être descendues et remontées. Les embarcations les franchissent depuis la découverte de Minas. Elles composent un ensemble de chutes, de rapides, de cascades et de tourbillons ; elles ont près d'une lieue métrique de longueur ; leurs pentes sont assez douces. Quelques travaux peu dispendieux suffiraient pour en rendre un des canaux navigable en toute saison. Une compagnie pourrait donc, à peu de frais, mettre le grand bassin minéral de Minas en communication avec l'Océan, la capitale et l'Europe, et créer dans ces régions fertiles et riches des colonies industrielles et agricoles.

Plusieurs affluents du Rio-Doce prennent leurs sources sur les versants opposés du Rio-das-Velhas, non loin de Sabara. Ils assurent donc la facilité de communiquer, par un petit portage, avec le réseau navigable du San-Francisco, jusqu'aux *rapides* d'Itaparica, situées à cinquante lieues de la mer et à dix des cataractes de Paulo-Affonso.

Quant au Rio-Grande, aucun obstacle ne s'oppose à sa navigation intérieure. Mais les cinq cataractes majestueuses, par lesquelles il se jette dans la Plata, arrêteront pendant longtemps encore les navires devant son embouchure.

Avec les progrès de la construction navale, au moyen des bateaux à vapeur légers et rapides qui sillonnent nos fleuves, bien moins navigables que la plupart des *rios* brésiliens, ces problèmes ne tarderont pas à être résolus. Avant de longues années, la civilisation véritable fondera des établissements prospères dans ces riches contrées, où règnent encore l'ignorance, la barbarie des peuples sauvages et la solitude du désert.

M. Victor GUÉRIN

DÉCOUVERTE DU TOMBEAU DE JOSUÉ

— *Séance du 22 août 1873.* —

M. V. Guérin rappelle les découvertes qu'il a faites en Palestine pendant les années 1852, 1854, 1863 et 1870 ; il insiste plus particulièrement sur celle du tombeau de Josué en 1863.

Il a trouvé ce tombeau dans le massif d'Ephraïm, à l'endroit même indiqué par la Bible, près de Khirbet-Tibneh, sur le versant de la montagne de Gaab.

M. Guérin donne une description détaillée du monument ; pour en établir l'authenticité, il cite la version grecque des Septantes du Livre de Josué, où il est dit qu'on enterra dans le tombeau les couteaux de silex avec lesquels il avait circoncis les enfants d'Israël à Galgala, après le passage du Jourdain. Or M. l'abbé Richard, sur les indications de M. Guérin, fit nettoyer les chambres sépulcrales transformées en étables, et, sous la couche de fumier, il trouva une quantité considérable de couteaux en silex, les uns brisés, les autres intacts.

M. BROUCHOUD

Membre de la Société de topographie lyonnaise

PRÉSENTATION DE CARTES DU DÉPOT DE LA GUERRE

— *Séance du 22 août 1873.* —

M. Brouchoud présente à la section un exemplaire des diverses feuilles envoyées par le dépôt de la guerre à l'Exposition de Vienne. — Afin, dit-il, de livrer au public des feuilles moins chargées de détail et à des prix très-réduits, l'administration, usant des nouveaux procédés d'héliogravure et de report sur pierre, a établi à l'échelle de 1/50,000 une carte de France. Les environs de Rouen sont figurés sur le premier spécimen de la nouvelle carte.

Il fait ensuite remarquer le nivellement général de la France, plan sur lequel le relief des terrains est indiqué par des courbes équidistantes de 100 mètres et de 400 en 400 mètres par un trait plus fort ; cette carte est dressée à l'échelle du 1/800,000. Elle comprend six feuilles et une vue d'ensemble.

M. Victor GUÉRIN

DÉCOUVERTE DU TOMBEAU DES MACCHABÉES

— *Séance du 25 août 1873.* —

En 1870, M. Guérin découvrit, sur le point culminant du Khirbet-el-Médiêh, ruines de Modin, le tombeau des Macchabées, dont il décrit minutieusement les restes ; les autres voyageurs avaient jusque-là placé la patrie des Macchabées à Souba, à El-Koubab ou à Lathroun.

Les fouilles qu'il fit exécuter confirmèrent pleinement son attente, mais il les interrompit afin que les tombes ne fussent pas violées ; son projet était d'acheter, de faire enclore le terrain et de se livrer ensuite à des fouilles méthodiques, mais, avant que l'autorisation ministérielle lui parvînt, la guerre éclata. — Maintenant, il faudrait une somme relativement importante pour acquérir ce terrain, le bruit de la découverte s'étant répandu.

M. Louis DESGRAND

FONDATION DE LA SOCIÉTÉ DE GÉOGRAPHIE DE LYON

RAPPORT présenté au nom du Comité d'organisation composé de MM. LOUIS DESGRAND, négociant; JEAN-BAPTISTE PICTET, vice-président de la Société d'instruction primaire du Rhône; GOYBET, directeur de La Martinière; CHRISTOPHE, Chanoine de la primatiale, membre de l'Académie; LAVERRIÈRE, directeur des *Missions catholiques*; BERLIOUX, professeur de Géographie au Lycée de Lyon.

— *Séance du 25 août 1873.* —

Messieurs,

Le Comité chargé d'organiser à Lyon une société de géographie vient soumettre à votre haute appréciation les motifs qui paraissent justifier son projet.

La pensée de créer chez nous un centre d'études géographiques date des premiers mois de 1872.

L'initiative que prit à cette époque la Société de géographie de Paris, en constituant un prix annuel en faveur des lycées de la capitale, fut pour nous un trait de lumière, nous crûmes y voir une invitation à l'adresse de toutes les grandes villes de France; dès lors nous voulûmes être des premiers à suivre l'exemple, bientôt même nos idées s'élargirent et, nous plaçant résolument sur le terrain de la décentralisation intellectuelle, nous ne craignîmes pas de nous dire :

Lyon, chef-lieu militaire de premier ordre, Lyon, point de départ d'une propagande religieuse et civilisatrice qui s'attache de préférence aux contrées les plus sauvages et les plus inaccessibles; *Lyon surtout*, centre d'un commerce s'étendant sur tous les points du globe; Lyon, avec de tels éléments, ne pourrait-il pas, lui aussi, trouver dans sa nombreuse population un groupe d'hommes sincèrement dévoués au progrès géographique? Ces hommes ne pourraient-ils réunir des ressources et en consacrer le produit à la création de bibliothèques, de conférences, de prix?

Entre autres travaux sérieux ne devraient-ils pas surtout s'attacher à la réforme de l'enseignement? On demande en effet avec instance à ce qu'il réponde d'une manière plus satisfaisante aux nouveaux et pressants besoins de la défense nationale et de l'expansion du commerce.

La possibilité de réaliser ces idées ne nous paraissait pas douteuse, mais il importait de s'entourer de conseils éclairés et de rechercher des appuis. Nous nous fîmes donc un devoir de communiquer notre projet aux autorités les plus compétentes, entre autres à la Société de géographie de Paris et à la Chambre de commerce de notre ville. Partout il reçut l'accueil le plus sympathique et de nombreux encouragements.

Nous n'hésitâmes donc plus à rédiger des statuts. Nous allions les livrer à l'impression et faire un appel au public lorsque votre prochaine arrivée dans notre ville nous fut annoncée; dès lors, messieurs, notre Comité prit à l'unanimité la résolution de vous demander une adhésion dont nous apprécions toute la portée?

Pour justifier notre projet, nous pourrions alléguer les nombreux services que notre société ne saurait manquer de rendre aux divers intérêts généraux engagés dans la question. Mais que dirions-nous que vous ne sachiez mieux que nous? Est-il possible d'oublier que nous nous trouvons en présence des maîtres de la science et de l'enseignement?

Quelques mots cependant sur un point de vue spécial de la question. Nous le considérons comme important pour notre ville et aussi pour l'ensemble de notre pays.

N'existe-t-il pas une étroite affinité entre le progrès géographique et le progrès commercial? L'un ne doit-il pas être la conséquence naturelle de l'autre?

Nous penchons d'autant plus vers l'affirmative, qu'un homme dont l'expérience fait autorité en matière d'enseignement, Mgr Dupanloup, a dit dans son ouvrage sur la haute éducation intellectuelle :

« La géographie à la fin des études peut et doit devenir pour les élèves réfléchis une science d'observations élevées et profondes, c'est elle en effet qui envisage et précise... les *grands* événements de la vie des peuples ; les *grandes* lignes de navigation et de commerce, les grands centres de production et de consommation pour quelques-unes des matières premières qui sont du plus grand poids dans la balance du commerce des nations. »

L'éminent écrivain aurait voulu tracer un programme spécial de géographie commerciale qu'il lui eut été difficile peut-être de le faire plus brièvement et en termes plus expressifs. Nous devons même ajouter que les idées qui s'y trouvent énoncées sont de tout point conformes à celles que l'administration de l'École supérieure de commerce, récemment fondée dans notre ville, a cru devoir adopter comme base de cette partie de son enseignement.

C'est, qu'en effet, parmi les *grands événements*, destinés à devenir, pour les élèves réfléchis, une science d'observations profondes et élevées, le plus important peut-être, celui qui caractérise le mieux notre siècle, c'est l'étonnant rapprochement de tous les peuples de la terre par les liens du commerce; ce sont les Indes, la Chine, le Japon, l'Australie, l'Amérique envoyant à l'Europe leurs laines, leurs cotons, leurs soies, leurs thés et autres produits indispensables à nos besoins. Ce sont, d'autre part, ces mêmes pays retirant de l'Europe les vêtements, les ameublements, les machines et les mille objets nécessaires à leurs populations privées d'industrie ; ce sont les nations civilisées, comprenant cette tendance irrésistible, cherchant à la diriger à leur profit particulier et créant, dans ce but, à l'envi les unes des autres d'immenses lignes de chemin de fer, de bateaux à vapeur et de communications télégraphiques.

Le monde entier en est sillonné, on sent, comme l'a si bien dit, dans notre ville même, l'éminent et regretté M. Jules Duval, que nous marchons à grands pas vers l'unité économique du globe.

Mais alors, messieurs, combien sont nombreuses et variées les connaissances géographiques imposées au commerçant. Nous n'entreprendrons pas de les détailler. Un simple aperçu des principales voies de communication créées ou projetées suffira, du reste, amplement pour donner une idée de la tâche.

Voici d'abord la France qui perce l'isthme de Suez, elle ramène ainsi dans la Méditerranée le grand courant du commerce asiatique. Les Portugais, les Hollandais et les Anglais en ont successivement, on le sait, exploité le monopole depuis la découverte du cap de Bonne-Espérance.

Viennent ensuite les États-Unis, qui créent le Transcontinental railway pour unir New-York à San-Francisco, tandis que des lignes non interrompues de bateaux à vapeur relient le premier de ces ports à l'Angleterre et le second au Japon ainsi qu'à la Chine.

La Russie, de son côté, enserre de plus en plus les Indes et la Chine, à l'aide de ses positions sur les hauts plateaux de l'Asie centrale, de la Sibérie et de cette magnifique ligne du Sakhalian ou *fleuve Amour*, qu'elle a réussi à se faire céder par le Céleste-Empire.

Dans ce moment même, l'infatigable auteur du canal de Suez, M. de Lesseps, propose de souder Orenbourg, au pied des monts Oural, à Peschiawer, sur l'Indus. Paris et Calcutta ne seraient plus ainsi qu'à quelques journées de chemin de fer l'un de l'autre.

Après la France et l'Italie, qui se sont donné la main à travers le mont Cenis, c'est l'Allemagne qui vient à son tour percer le Saint-Gothard. Elle se rapprocherait ainsi de Milan et de Venise, pour y reprendre quelque jour à son profit la politique autrichienne.

L'Italie, que nous venons de nommer, a pris part, elle aussi, à ce grand mouvement de communications internationales. Le chemin de fer de l'Adriatique, prolongé jusqu'à Brindisi, et la création d'un service régulier de ce port au canal de Suez lui ont permis d'attirer de son côté une partie du transit de l'extrême Orient. Nos voisins ont ainsi porté quelque atteinte à la vieille prédominance de Marseille dans la Méditerranée.

Quant aux Anglais, à l'exemple des races fortement trempées, ils ne s'émeuvent pas outre mesure des progrès des autres peuples, mais ils préparent de sérieux efforts pour regagner le terrain perdu. C'est d'abord le plan d'un premier chemin de fer ; de la côte de Syrie à l'Euphrate on aboutirait ainsi à Bassora, et de là à l'embouchure de l'Indus. Un second partirait pour Constantinople dans la direction de ce dernier fleuve. Il se tiendrait constamment sur le territoire turc, légèrement en deçà des frontières de la Russie et de la Perse.

Les Anglais et (nous le constatons avec plaisir) les Français aussi ont en ce moment les yeux fixés sur le nord-ouest de la Chine. Les produits de cette partie du Céleste-Empire font un immense trajet pour venir par le Yann-tse-kiang à Shangaï et, de là, en Europe. Les efforts des ingénieurs de ces deux nations tendent à les transporter en Europe par une voie plus courte. L'Angleterre penserait à utiliser dans ce but l'Irawady, en Birmanie ; un chemin de fer le relierait au Yuman. Les produits chinois aboutiraient ainsi au port anglais de Rangoun. La France voudrait atteindre le même résultat au profit de sa colonie de Saïgon ; elle étudie pour cela la navigabilité du Meckong et du Sangkoy.

Enfin, messieurs, l'Espagne elle-même allait créer une ligne de steamers pour se rapprocher des Philippines lorsque, l'esprit révolutionnaire, ce fléau des nations, cet ennemi de tout progrès par le travail sérieux, s'est encore une fois emparé d'elle ; ses projets sont ainsi ajournés pour bien longtemps sans doute.

Après avoir ainsi parlé de quelques-unes des principales routes créées ou projetées par le génie de notre siècle en vue de faciliter les échanges internationaux, que n'aurions-nous pas à dire si nous entrions dans le détail de ces voies toutes nouvelles destinées à transporter la pensée humaine, avec la vitesse de la foudre, de l'extrémité d'un pôle à l'autre.

Le réseau télégraphique, commencé depuis vingt-cinq ans à peine, sillonne de tous côtés aujourd'hui et l'air et la terre et les mers. Les travaux exécutés sont vraiment gigantesques. L'esprit de l'homme pourrait à bon droit s'en enorgueillir, s'il ne se prenait quelquefois à regarder au-dessus de lui et à se mesurer ainsi avec l'infini.

Mais, messieurs, nous ne voulons pas abuser plus longtemps de votre bienveillance à nous écouter, tous ces bienfaits vous sont connus, notre seul but, en les mentionnant, était d'en faire ressortir avec plus d'évidence cette vérité incontestable, selon nous, qu'à notre époque le progrès géographique et le progrès communal sont liés entre eux par une étroite solidarité.

Ce principe admis, l'intérêt, pour Lyon et les villes qui l'avoisinent, d'encourager la création d'une société de géographie apparait dans toute sa clarté ; il en découle comme une conséquence.

Pour conclure, nous vous prions donc, messieurs, d'examiner les idées que nous venons de développer, et au nom des divers intérêts, que la *Société de géographie de Lyon*, pense pouvoir servir : la science, l'enseignement, la civilisation, la défense du territoire et le commerce, nous vous demandons d'émettre un vœu favorable à sa prompte constitution.

Elle pourrait dès lors consacrer toute son énergie à propager le goût des études géographiques dans le sein de nos populations. Qui peut dire ensuite qu'elle n'aurait pas la satisfaction d'en voir surgir quelque jour un *Petermann*, un *Livingstone*, ou mieux encore, un second *de Lesseps*, géographe pratique qui perce les isthmes, réunit les océans et rapproche les peuples.

M. BROUCHOUD

Membre de la Société de topographie lyonnaise

PRÉSENTATION D'UN PLAN SCÉNOGRAPHIQUE DE LYON

(EXTRAIT)

— *Séance du 25 août 1873.* —

M. Brouchoud présente à la section un magnifique plan scénographique de la ville de Lyon au seizième siècle. Ce plan se compose de vingt-cinq feuilles formant une superficie de 4 mètres. C'est une superbe estampe gravée sur cuivre, dont il n'existe qu'un seul exemplaire, déposé aux Archives de la ville. Il ne porte ni date, ni nom de graveur, les cartouches ne sont pas remplis. Il est à croire que ce plan a été fait de 1548 à 1562. Plusieurs réductions en ont été faites par Tardieu et Nithey, et à Cologne, en 1575, par Georges Braun.

M. FROMENT

PASSAGE DU RHONE PAR ANNIBAL A LA VOULTE

— EXTRAIT —

— *Séance du 27 août 1873.* —

Dans un mémoire adressé à l'Académie des inscriptions, M. Maissiat fait passer le Rhône à Bourg-Saint-Andéol (Ardèche) par Annibal, venant d'Espagne pour se rendre en Italie. Ce problème historique n'est pas encore résolu. Les uns indiquent comme lieu de passage Arles, Beaucaire, Avignon, quelques-uns Orange ou Pont-Saint-Esprit, enfin d'autres Lyon. — Selon M. Froment, ce passage s'est effectué un peu en amont de la Voulte, où le camp d'Annibal a été découvert.

Il est dit dans Polybe et Tite-Live :

1° Qu'Annibal, avec 80,000 hommes et 60 éléphants, campa et passa le Rhône à quatre journées de son embouchure. Or, la Voulte est à quatre journées de cette embouchure.

2° Qu'il campa à un delta. Or, la plaine de la Voulte est traversée par la rivière d'Erieu.

3° Qu'il campa de façon à trouver les bois nécessaires à la construction des radeaux et bateaux. Les bois abondent à la Voulte.

4° Qu'Annibal avait pour aide de camp Hannon. Or, deux petites plaines s'appellent Connon ou Gonnon et Gonnette, diminutif de Camphaon.

5° On objecte que ces plaines sont trop peu spacieuses pour une armée considérable, puisque le Rhône baigne les murs de la Voulte ; mais la tradition et les vieux titres appellent Livron, une lieue au levant de la Voulte, *Libro ad Rhodanum* ou *Labro Rodani*, ce qui prouve que le Rhône était anciennement éloigné de la Voulte. Du reste, on voit géologiquement que le Rhône s'est creusé un lit dans la plaine de la Voulte en comblant son premier lit, du côté de Livron, de petits cailloux roulés de couleur jaunâtre.

6° Deux découvertes sont venues, en 1706 et 1723, confirmer ce qui vient d'être dit. En 1706, au nord de la Voulte, au bord de la rivière, à Erieu, on a découvert des ossements d'éléphants. En 1723, pareille découverte fut faite dans des vignes. Or, la plus grande partie des éléphants d'Annibal moururent en chemin avant la bataille de Cannes.

7° L'histoire dit qu'Annibal ordonna à Hannon de passer le Rhône plusieurs lieues au-dessus du camp, qu'ayant passé et descendant le Rhône, Hannon alluma des feux et attaqua les ennemis pendant qu'Annibal, ainsi prévenu, effectuait son passage avec le reste de l'armée; et la petite ville située à cet endroit porte encore le nom d'Étoile.

8° Annibal n'a pu effectuer son passage à Arles ou à Beaucaire, car, outre qu'il aurait eu à passer deux rivières au lieu d'une, la Durance et la Drôme, il n'y eut trouvé, ainsi qu'à Bourg Saint-Andéol, aucun bois pour construire ses bateaux et radeaux.

9° Il n'a pas non plus passé le Rhône bien en amont de la Voulte ou de Valence, car il lui aurait alors fallu traverser l'Isère.

De la Voulte, Annibal s'est probablement dirigé vers Besançon ou même plus au nord, évitant ainsi de franchir le Drac et la Romanche, ou de traverser les Alpes au mont Genève ou à l'Argentière.

M. Isidore HEDDE

LE POLYGLOTTE SUISSE

— *Séance du 27 août 1873.* —

Il n'y a pas longtemps qu'il existait à Rôme un cardinal, célèbre par sa mémoire prodigieuse et par une érudition qui a fait l'étonnement de tous les étrangers et surtout des savants. Combien de langues avait-il apprises et parlées ? Il les savait toutes, si l'on en croit la rumeur publique ; mais comme le nombre total des langues ou dialectes qui existent sur le globe s'élève à plusieurs milliers, il n'est pas probable que le fameux cardinal Mezzofanti ait pu toutes les connaître, malgré la facilité qu'il eut des riches bibliothèques de la Cité éternelle, une fortune privée qui pouvait suffire à toutes les exigences de ses recherches, et surtout le concours des étrangers affluant au Vatican de toutes les contrées les plus reculées de la terre, ainsi que les relations de toutes les missions étrangères.

Eh ! bien, cet homme étonnant a été dépassé par un pauvre berger suisse, un simple chevrier, qui n'ayant d'autre mobile que le désir de s'instruire, d'autre excitant que le feu sacré de la science, a pu seul, au milieu de ses chèvres, dans les pays les plus sauvages, apprendre à lire et à écrire, sans maître, sans ressources, et, véritable phénomène, devenir le plus grand érudit du monde savant, tel que n'ont pu en fournir, ni les sociétés, ni les instituts.

C'est ce qui résulte des notes que j'ai recueillies sur les lieux, ainsi que des articles qui ont paru, en 1866, dans l'*Obwaldner-Zeitung*, et, en 1872, dans le *San-Ursfen-Kalender*, dus au respectable curé de Kerns (Her von Ah), commune du canton partiel d'Obwald.

Le petit prodige dont nous nous occupons s'appelait Mathys (Jacob-Jacques). Il était fils d'un pauvre maître d'école, sans élèves, et vint au monde, en 1802, dans la vallée d'Ober-Richenbach, paroisse de Wolfenschiessen, sauvage commune du canton d'Unterwald, où il y avait plus de chèvres que d'enfants à instruire. Dès l'âge de six ans, le petit Jacques fut envoyé dans la commune voisine de Beckenried, où il demeura jusqu'à seize ans, sans que ses parents, ses maîtres et les autorités songeassent à lui faire donner la moindre instruction.

Un jour, étant allé dans son village, il aperçut son père qui écrivait. Sa curiosité étant excitée, il demanda des explications, et n'eut pas plutôt connu l'usage et la valeur des lettres, qu'il se mit à les imiter, et bientôt il réussit complétement. Dans tous les chemins, partout où il se trouvait, il recueillait les moindres débris de papiers, tâchait de les déchiffrer et s'en servait de modèles pour apprendre à lire et à écrire.

A dix-sept ans, le chevrier revint à Wolfenschiessen, et se plaça comme garçon de ferme. Là, on lui fit cadeau d'un petit livre de prières, qui fut pour lui un trésor. Chez un voisin, on lui prêta un vieux cahier de compte, qui lui permit d'apprendre le calcul, où il devint très-fort. Tels furent les premiers éléments qui contribuèrent à son instruction !

Disciple de lui-même, notre jeune élève avait saisi, par-ci par-là, quelques lambeaux de latin ; mais, comment en expliquer le sens, comment en apprendre la construction ? Il résolut de chercher un pays où il put concilier les besoins de son état avec les désirs de son instruction. Il se plaça dans la Franconie bavaroise, où, dès qu'il eut gagné trois florins, il les employa à l'achat d'une grammaire et d'un dictionnaire latins.

Voici notre garçon de ferme lisant et écrivant correctement sa langue, qui est un dialecte ou plutôt un patois allemand. Il sait de plus le latin, ce qui lui donne une grande confiance. Aussi s'empresse-t-il de retourner dans ses montagnes et de se présenter fièrement chez son curé, en lui disant : « — Eh moi aussi, je veux être chapelain ! Que ne peut chez l'homme la force de la volonté ! » On a dit avec raison vouloir, c'est pouvoir. Le vieux curé, charmé de l'air de candeur et de sincérité du jeune pasteur, l'examina avec bienveillance et resta confondu de la force de sa latinité. Il lui adressa des éloges, l'engagea à continuer, lui assurant que sous peu il obtiendrait le titre qu'il sollicitait. Il l'envoya à Stanz, petite ville située sur le bord du lac des Quatre-Cantons, et le recommanda aux Frères Capucins, qui tenaient une école préparatoire pour toutes les études.

Là, le jeune élève, admis gratuitement, fit de nouveaux et rapides progrès. Un jour, il entendit une dame parler une langue inconnue, et ayant su que c'était le français, il demanda et obtint la permission de se rendre à Fribourg, pour être à même d'apprendre cette langue, sans nuire à ses autres études. De cette dernière ville, le jeune Jacques envoya à ses bienfaiteurs de Stanz une lettre de remercîments et de souhaits de bonne année, dans les quatres langues nationales de la Suisse, l'allemand, le latin, le français et l'italien.

Bientôt, il a franchi tous les degrés des études préparatoires ; nous le trouvons, en 1826, à Soleure, où il apprend à fond la langue grecque en même temps que la rhétorique et la philosophie. Son paradis était alors chez les libraires et les bouquinistes, où il furetait sans cesse, dévorant les grammaires et les dictionnaires des langues étrangères. Vrai supplice de Tantale, car, élève gratuit des séminaires catholiques, il n'avait pas un liard vaillant pour acquérir le moindre bouquin!

De 1820 à 1830, notre jeune philologue est à Lucerne, faisant sa théologie et apprenant l'hébreu ; puis, poussé au séminaire de Coire, il y fut ordonné prêtre en 1831. Que l'on ne pense pas que l'amour seul de la science occupât son esprit; à ce feu sacré s'unissait le désir non moins grand de faire coopérer la science au profit de la religion. Il était convaincu que plus on est instruit, plus on est apte à remplir le saint ministère. Aussi, depuis qu'il était entré dans les établissements religieux, avait-il été proposé comme modèle à ses condisciples!

La même année il fut envoyé en qualité de chapelain (petit curé) à Richenbach, succursale de paroisse, canton d'Unterwald, ancien lieu de pèlerinage, situé sur les hautes montagnes des Alpes, où l'on était enseveli dans les neiges pendant plusieurs mois de l'année. Le voilà donc au gré de ses désirs, savant et chapelain! Mais un grand chagrin l'assaillit au début. Comment fera-t-il pour vivre, pour travailler, dans un pays si âpre, si sauvage, si dénué de toutes ressources? Comment utiliser son isolement à l'étude des langues étrangères, quand il a tant de devoirs à remplir auprès de ses chères ouailles, quand il a à pourvoir à son entretien et à celui de sa pauvre famille ; car le pauvre chapelain ne pense pas seulement à lui, mais à son pauvre père devenu aveugle!

« Quel malheur, disait-il, d'être privé du nécessaire! » Qu'une grammaire étrangère, que quelques cahiers ou feuilles de pays lointains lui auraient fait du plaisir? Mais comment se procurer des objets si coûteux? Comment fit-il, comment parvint-il à se les procurer? Vouloir, c'est pouvoir. Nous le voyons, en effet, quelques temps après son installation, occupé à l'étude des langues chinoise, arabe, sanscrite et autres. Comment, sans maître, sans livres, sans les éléments nécessaires? Le jeune chapelain avait lu son Virgile et savait qu'un travail opiniâtre peut vaincre toutes les difficultés.

. . . . *labor omnia vincit*
Improbus . . . .

Nous allons mieux en juger encore. Il fut obligé d'aller à Stanz pour les besoins de son ministère; il trouva chez un de ses amis le livre de l'*Imitation de Jésus-Christ* en espagnol. Possédant des traductions du même ouvrage en allemand et en latin, connaissant, d'ailleurs, le français et l'italien, ce fut un jeu pour lui de comprendre le texte espagnol. Mais là ne se borna pas son travail. Il étudia et observa attentivement le génie de cette langue, s'identifia tellement dans son esprit, qu'il parvint à en composer une grammaire. Les connaisseurs assurent qu'elle est très-remarquable et qu'elle comprend même toute la série des verbes irréguliers.

Il serait à désirer, dans l'intérêt de l'histoire et de la philologie, que cette grammaire fut publiée ; il n'y a pas de doute qu'on n'y trouvât quelque idée neuve, quelque procédé ou ressort jusqu'ici inconnu, utile à l'étude générale des langues. Le manuscrit de cette grammaire, ainsi que tous ceux du chapelain Jacques Mathys, son histoire, surtout, écrite par lui-même, en trente-cinq langues différentes, sont actuellements déposés dans la bibliothèque polytechnique de Zurich.

Au commencement de 1832, arriva des Indes Orientales le landamman L. Wyrsh de Buachs, canton d'Unterwald, qui, après de nombreuses aventures, palpitantes d'intérêt et qui seront prochainement publiées par le curé de Kerns, était parvenu à devenir gouverneur des contrées soumises à la Hollande sur l'île Bornéo.

De ce climat lointain, l'ex-gouverneur ramenait deux enfants, dont la mère indigène avait succombé au climat mortel de Batavia. Ces enfants ne parlaient que le malais, charmante langue, l'italien de l'archipel indien, langue parlée par tous les peuples qui habitent les îles de cette vaste mer. Le landamman, instruit de la grande érudition du chapelain Mathys, lui confia un de ses fils, aujourd'hui, 1873, landamman de Stanz, dans le but de le former à l'allemand et au dialecte particulier du pays, qui possède un certain cachet, digne de l'attention du philologue éclairé.

Pour arriver à ce double but, le père défendit que l'on prononçât un seul mot de malais, et cependant, l'avide chapelain eût donné son sang pour connaître cette langue si singulière, si douce, si harmonieuse. Le pauvre desservant se résigna, quoiqu'il ne pût rien tirer de l'enfant, qui ne pouvait se faire à la prononciation dure et gutturale de l'allemand et surtout du dialecte local.

Dans une promenade matinale que le chapelain fit avec son jeune élève, comme le soleil se levait dans toute sa magnificence, du sein de l'horizon vermeil, au-dessus des neiges et des glaciers dorés, l'enfant, enthousiasmé et levant les bras vers le soleil, s'écria : *mata, mata !* Ce fut un trait de lumière pour le maître, une mèche qui mit le feu aux poudres. Grâce à ses amis, les philologues d'Amsterdam, Mathis eut bientôt une grammaire et un dictionnaire malais.

Quelques semaines après, pour se venger du silence qui lui avait été imposé au sujet de l'enfant, il écrivit au père, en malais, en se servant des caractères propres à cette langue. Sa lettre, parfaitement correcte, réclamait la permission de faire l'instruction du jeune homme, au moyen de la langue malaise. Le landamman s'empressa de répondre, en accordant cette permission et exprimant toute sa surprise, dans la même langue et avec les mêmes caractères.

En 1845, le chapelain Mathys quitta les hauteurs de Richenbach pour descendre dans la vallée de Thalenwyl, commune de Stanz. Là, le soin des âmes occupait tellement son temps qu'il ne lui en restait plus pour l'étude. Le digne prêtre essaya bien, tant qu'il put, de s'en abstenir ; mais était-ce possible ? Autant eût valu faire vivre un poisson hors de l'eau. La circonstance la plus futile le ramènera, malgré lui. Un jour, arrive d'Amérique un compatriote, qui n'apporte pas des millions, mais un objet bien plus intéressant pour Mathys. C'est un diplôme de bourgeoisie, c'est-à-dire de citoyen américain, écrit en anglais, et que personne n'était en état de déchiffrer.

Naturellement on adressa cette pièce à notre polyglotte, qui essaya vainement de la traduire. Dans ce travail, son ancienne ardeur se réveilla, et dès lors, quoique dépourvu de ressources, il n'en parvient pas moins à apprendre l'anglais, le russe, le suédois, le danois, le polonais et d'autres langues ou dialectes particuliers des pays slaves.

On vit le pionnier opiniâtre réussir constamment dans ses études philologiques ; on ne cite qu'un seul exemple où il aurait échoué, celui de la traduction d'une inscription d'une ancienne cloche de la chapelle de Saint-Niklausen.

Nous devons ajouter aussi, qu'au milieu de ses labeurs, le pauvre chapelain ne fut pas à l'abri des misères diverses, des infirmités du corps et de l'esprit ; car, si son séjour dans des régions glacées et son manque de ressources et de précautions altérèrent sa santé, sa raideur et son manque de savoir-faire lui créèrent beaucoup d'ennemis. Ingratitude, jalousie, vexations, services méconnus, reproches immérités, rien ne lui fit défaut ; tout cela est expliqué dans la relation qu'il a écrite lui-même en trente-cinq langues diverses.

C'est ainsi que Jacques Mathys, le pauvre desservant de Thalenwyl, arriva, peu à peu, au déclin de ses jours. Une maladie douloureuse, suite des travaux consciencieux de son ministère et de ses longues veillées, au milieu d'un climat rigoureux, avec des ressources insuffisantes, le forcèrent, vers 1860, à renoncer à ses fonctions.

Depuis lors, Jacques Mathys vécut retiré à Stanz, jusqu'à ce que sa mort, arrivée en 1866, vint mettre un terme à ses études et à ses souffrances. Mais, faut-il tout dire, à la honte de ce peuple suisse, dont on vante tant les vertus, que l'on dit si passionné pour tout ce qui est bien, bon et honnête ! Ce héros de l'étude, ce phénomène du travail, ce martyr de la science, qu'obtint-il, en fin de compte, pour prix de ses sacrifices, d'une existence entièrement consacrée à ses devoirs de prêtre, de fils, de citoyen ? Pas même une mention dans l'histoire de la

Suisse, ni dans le *Dictionnaire des contemporains*, mais seulement un grabat à l'hôpital de Stanz, où nul ne vint essuyer, ni verser de pleurs.

Jacques Mathys a laissé un curieux manuscrit intitulé : *Fragments du journal d'un exilé dans la Sibérie de l'Unterwald de 1831 à 1845*. Cet ouvrage est écrit en 72 pages de 2 colonnes et contient 35 chapitres, composés chacun dans une langue différente avec la traduction en allemand en regard. Nous reproduisons ci-dessous l'indication des divers langages qui se succèdent dans ce travail original :

1° Allemand.
2° Polonais.
3° Hongrois.
4° Serbe wendisch.
5° Russe.
6° Nowenisch, wendisch.
7° Nowenisch, uckraine.
8° Bohémien.
9° Chinois.
10° Persan.
11° Sanscrit.
12° Malais.
13° Grec ancien.
14° Grec moderne.
15° Latin.
16° Français.
17° Italien.
18° Hébreu.
19° Éthiopien.
20° Chaldéen.
21° Rabiniste, hébreu.
22° Syrien.
23° Arabe.
24° Mauresque, du pays barbaresque.
25° Basse-Engad (Grisons).
26° Roman (Wel.) de Coire.
27° Espagnol.
28° Portugais.
29° Vieux provençal.
30° Vieux français.
31° Hollandais.
32° Suédois.
33° Danois.
34° Anglais.
35° Dialecte du pays de l'auteur.

M. CHAYAND

PRÉSENTATION D'UN JEU GÉOGRAPHIQUE

— *Séance du 27 août 1873.* —

M. CHAYAND présente à la section un jeu géographique de son invention, destiné à apprendre aux enfants, en les amusant, les principaux éléments de géographie.

M. P. BLANC

Conseiller général de la province d'Alger

ÉTABLISSEMENT D'UNE STATION MÉTÉOROLOGIQUE SUR LE MONT BLANC

(EXTRAIT)

— *Séance du 28 août 1873.* —

M. BLANC vient de parcourir les Alpes, il est étonné qu'une station météorologique n'ait pas encore été établie sur le mont Blanc pour étudier les phénomènes glaciaires. Pourquoi ne suivrions-nous pas l'exemple de l'Italie, qui a établi un observatoire spécial pour l'étude du Vésuve. — Le mont Blanc appartient aujourd'hui à la France et les ascensions sont devenues faciles. — M. Blanc désigne le mont Tacul, situé au confluent de plusieurs glaciers aboutissant à la mer de glace, comme le point le plus favorable à l'établissement d'un observatoire. L'observateur, il est vrai, serait complétement isolé pendant l'hiver et ne pourrait être ravitaillé qu'à la belle saison.

L'établissement de cet observatoire, destiné à l'étude spéciale de la marche des glaciers, comblerait une lacune importante de la météorologie, et servirait, à l'observation de bien des phénomènes négligés jusqu'à ce jour.

M. Hedde s'associe au désir de M. Blanc de voir ériger un observatoire sur le mont Blanc, mais il fait remarquer que le Mézenc (1778 mètres), dans la vallée du Rhône, serait peut-être plus favorable à l'établissement de cet observatoire que le Tacul.

M. BESSIÈRE

Professeur au lycée de Lyon

RÉFORME DE L'ENSEIGNEMENT DE LA GÉOGRAPHIE

— *Séance du 28 août 1873.* —

M. Bessière constate que, malgré de récentes réformes, l'enseignement de la géographie tient encore une place trop peu importante dans l'enseignement et émet le vœu :

1° Que, dans chaque classe, il soit consacré deux heures par semaine à l'étude de la géographie ;

2° Que, dès la huitième, des manuels d'histoire naturelle géographique soient mis entre les mains des élèves, pour être lus et expliqués en classe une heure par semaine; que, pour les classes supérieures, des manuels de statistique et d'économie politique soient pareillement mis entre leurs mains ;

3° Que chaque classe soit pourvue d'un matériel géographique suffisant ;

4° Enfin que, pour les épreuves du baccalauréat, une composition écrite d'histoire et de géographie soit ajoutée au programme d'examen.

M. Isidore HEDDE

DICTIONNAIRE CHINOIS-FRANÇAIS ET FRANÇAIS-CHINOIS. — FLORE CHINOISE

— *Séance du 28 août 1873.* —

Pendant un séjour de trois ans que M. Hedde a fait en Chine comme délégué du gouvernement français, il a pu constater toutes les lacunes et les inexactitudes existantes dans les dictionnaires chinois ; beaucoup de noms sont tronqués et un grand nombre de villes ou d'endroits remarquables ont été omis.

M. Hedde a fait un dictionnaire, qui a nécessité dix années de travail, et le ministre du commerce, auquel il fut présenté en 1853, nomma une commission d'examen qui après l'avoir gardé cinq ans, donna des conclusions favorables, et par suite le gouvernement se chargea de l'impression.

M. Hedde emploie une méthode nouvelle, il détermine le sens des caractères en s'appuyant sur l'idée qu'ils renferment et sur la phonétique.

M. Hedde a fait en outre une flore de la Chine, qui comprend environ deux mille espèces, avec les noms latins ou scientifiques, français et anglais vulgaires, enfin avec les noms chinois, les indications de la clef et du nombre de traits, ainsi que la description du végétal et de ses propriétés. — Ce manuscrit est divisé en deux parties : 1° la partie chinoise; 2° la partie latine.

M. H. BLANC

Chirurgien-major de l'armée de Sa Majesté Britannique

SUR L'ABYSSINIE

(EXTRAIT)

— *Séance du 28 août 1873.* —

M. le Dr Blanc, l'un des prisonniers de l'empereur Théodoros, a pu, pendant sa captivité, étudier l'Abyssinie à divers points de vue.

Trois routes, dit-il, se présentent au voyageur pour pénétrer dans le pays, celle de Souakim, ville égyptienne du littoral, celle d'Aden et celle de Massaoua; — la première et la deuxième sont longues et périlleuses ; la troisième offre des conditions plus favorables. Massaoua, située sur une île séparée de la côte par un étroit chenal, appartient à l'Égypte, elle est peuplée d'Arabes, de Danakils, de Turcs et de quelques Européens ; on peut trouver au bazar les objets nécessaires au voyage. — De Massaoua aux plateaux abyssins, soit pendant quatre cents milles environ, on peut voyager en toute sécurité avec une escorte de quatre hommes, utile pour applanir les difficultés que les tribus pillardes des Chohos ne manqueraient pas de susciter sans cela ; il en est du reste de même partout ainsi en Égypte. Dans toute cette région, ainsi que sur le territoire des tribus Bogos, on ne peut employer que le chameau ; c'est seulement une fois arrivé sur les plateaux du Soudan que l'on peut se servir de chevaux ou de mules, car on trouve alors de l'eau, de l'ombrage et un air pur. Le Nil Bleu (Bahr-el-Gazal) prend naissance dans ces régions. — On trouve sur le premier plateau le Tigré, le Dembea et Gondar, la végétation y est fort belle, et M. Blanc regrette vivement qu'il lui ait été interdit d'y faire des collections d'histoire naturelle.

Pour atteindre Magdala, camp de Théodoros, il faut suivre des sentiers impraticables, suspendus sur des abîmes. — Divers peuples habitent ces régions, ce sont :

1° Les *Chohos*, de race vigoureuse, ils habitent de grands villages, formés de huttes à portes très-basses, dont l'ensemble ressemble à des fourmilières ; ils sont pillards et d'une malpropreté repoussante ; ils portent les cheveux hérissés sur la tête comme des têtes de loups et remplis de beurre et de vermine ;

2° Les *Danakils*, qui habitent le littoral, sont petits et faibles ; ils se nourrissent principalement de lait ;

3° Les *Tacruris*, qui fournissaient un grand nombre de soldats au *Negus* ; ls ont le type nègre et le teint chocolat. Ils sont rustiques et vigoureux, grands et osseux, leur talon est plus saillant que celui des populations voisines ;

4° Les *Falashas*, peuple noir habitant le plateau, de religion juive ; ils semblent descendre des noirs convertis après le voyage de la reine de Saba à la cour de Salomon ;

5° Enfin les *Gallas*, qui se subdivisent en *Gallas*, *Wolo-Gallas* et *Schan-Gallas*. C'est une grande tribu évaluée à plusieurs millions d'individus ; leurs cheveux, qu'ils portent longs, sont roux ou noirs. Essentiellement guerriers, ils forment une confédération militaire redoutable. Ils couchent armés auprès de leurs chevaux sellés et s'avertissent, pour les rassemblements, par des feux allumés sur les points élevés ; ils peuvent de cette manière porter avec une grande rapidité toutes leurs forces sur un point désigné et s'assurer ainsi la victoire.

M. BOUVIER

LE GABON ET SON AVENIR

(EXTRAIT)

— *Séance du 28 août 1873.* —

Cette colonie française, fondée en 1843, va être abandonnée, le gouvernement est décidé à en retirer troupes et employés, par mesure économique. Cependant les douanes du Gabon ont rapporté 57,000 fr. en 1872. Quoiqu'il en soit, en ce moment, une expédition anglaise remonte le Zaïre ou Congo; *une troisième expédition allemande* explore le cours de l'Ogorai, fleuve important qui sépare le Gabon du Loango, et plusieurs factoreries allemandes sont établies dans le delta de ce fleuve. Une expédition française tâche de la devancer. Ne semble-t-il pas que nous ayons à craindre de voir cette colonie, qui nous a coûté tant de sacrifices, perdue pour nous. — M. Bouvier croit que, pour devancer les expéditions qui se dirigent vers le centre de l'Afrique, il faut faire usage d'un ballon avec lequel on découvrirait rapidement l'intérieur du continent; il espère qu'une société se formera dans ce but.

M. l'abbé DURAND

LA SÉNÉGAMBIE

— *Séance du 28 août 1873.* —

M. l'abbé DURAND lit, sur la Sénégambie, un travail extrait d'un ouvrage qu'il a fait paraître depuis : *Les Missions catholiques françaises* [1].

[1] 1 vol. in-12 avec atlas, 11 pl. coloriées. Chez Delagrave, 58, rue des Écoles. — Paris, 1874.

15e Section
ÉCONOMIE POLITIQUE ET STATISTIQUE

PRÉSIDENT D'HONNEUR. . . . . . M. VALENTIN, Président de la Société d'économie politique de Lyon.

PRÉSIDENT . . . . M. FLOTARD, Député du Rhône, Membre des Sociétés d'économie politique de Paris et de Lyon.

VICE-PRÉSIDENT . . . . M. le Dr BERTILLON, Membre de la Société de statistique de Paris.

SECRÉTAIRE. . . . . M. GEORGES RENAUD, Membre de la Société d'économie politique de Paris.

Dr BERTILLON
Membre de la Société de statistique de Paris

PRÉSENTATION DE TABLEAUX STATISTIQUES

— Séance du 22 août 1873. —

M. LE Dr BERTILLON présente quelques spécimens de tableaux graphiques et statistiques ainsi qu'une carte géographique de la France indiquant la mortalité par âge et par sexe.

M. Gustave HUBBARD

PLAN D'UNE REVUE D'ÉCONOMIE POLITIQUE

— Séance du 22 août 1873 —

M. G. HUBBARD présente le plan d'une revue qui serait l'organe d'une nouvelle école d'économie politique; M. Hubbard est d'avis que l'école économique actuelle ne répond pas aux besoins présents, ni au progrès des idées.

M. Jules CAMBEFORT

SUR LA CRISE HOUILLÈRE

— *Séance du 22 août 1873.* —

De toutes les questions économiques qui préoccupent aujourd'hui l'attention publique, celle de la houille est certainement une des plus graves et des plus intéressantes.

Quoique née d'hier, pour ainsi dire, l'industrie houillère a conquis d'emblée le premier rang parmi les diverses branches de l'activité humaine ; il y a un siècle à peine, elle n'existait qu'à l'état rudimentaire, et si l'on veut se rendre compte des progrès qu'elle a accomplis dans les cinquante dernières années, il suffit de rappeler que l'ensemble de l'extraction houillère du globe s'élève annuellement à près de deux cents millions de tonnes, soit, au prix le plus bas de 10 fr. la tonne, une somme de deux milliards de francs !

L'exploitation de la richesse houillère est donc une industrie essentiellement nécessaire à l'existence même de notre société actuelle. Se figure-t-on, en effet, ce que deviendraient les nations modernes le jour où, faute de combustible, il faudrait éteindre les locomotives, supprimer les moteurs à vapeurs, fermer les usines à gaz ? Heureusement pour nous et pour nos descendants, le problème ne se pose point encore dans des termes aussi menaçants ; néanmoins, c'est un de ceux qui s'imposent le plus impérieusement à notre génération, car il a deux termes également redoutables : l'accroissement de la consommation, qui double tous les quinze ans, et la diminution de la richesse houillère, enfouie dans le sol, qui diminue chaque année, avec d'autant plus de rapidité que l'extraction augmente.

On a cherché bien souvent, depuis quelques années, à calculer la quantité de houille restant à extraire ; de tels calculs sont fort hypothétiques ; car, d'une part, il peut arriver qu'à une certaine profondeur les couches soient inexploitables, et de l'autre, les découvertes de nouveaux gisements sont très-fréquentes de nos jours.

En attendant, voici l'étendue du terrain houiller reconnu dans divers pays :

États-Unis d'Amérique	518,500	kilom. carrés.
Colonies Anglaises du nord de l'Amérique. . .	20,000	—
Grande-Bretagne	14,000	—
France.	12,000	—
Russie.	2,500	—
Belgique	1,370	—

Quant à la production, elle est répartie comme suit entre les diverses nations du globe pour l'année 1871 :

États-Unis	26	millions de tonnes.
Grande-Bretagne	118	—
France	13	—
Russie et Zollverein	24	—
Belgique	14	—
TOTAL	195	millions de tonnes.

L'extraction de 1872 n'est certainement pas éloignée de 200 millions de tonnes, et celle de 1873 sera sans doute supérieure.

On voit dans le tableau qui précède que l'Angleterre produit, à elle seule, autant et plus que toutes les autres nations réunies.

Le tiers de son extraction est employé à l'alimentation de ses usines métallurgiques ; elle exporte le dixième de sa production.

Dans les dix-sept bassins houillers reconnus et exploités en Angleterre, cinq méritent une mention spéciale par leur importance exceptionnelle, ce sont ceux du pays de Galles (Swansea, Cardiff), de Newcastle, du Staffordshire, du Lancashire et de l'Écosse.

Au point de vue de l'exploitation, les mines anglaises offrent d'incomparables avantages ; sur plusieurs points on rencontre vingt à trente couches superposées, d'une épaisseur et d'une inclinaison régulières, avec une faible inclinaison ; dans certaines régions ces couches plongent sous la mer, où on les exploite en toute sécurité.

Cette stratification a permis d'établir à l'intérieur de puissantes installations mécaniques au moyen desquelles les frais d'extraction sont successivement réduits. Les produits, une fois amenés à la surface du sol, l'exploitant n'a qu'à choisir entre les divers modes de transport qui s'offrent à lui ; s'il est au bord de la mer, il peut déverser directement ses wagons dans un navire qui les transporte vers un point quelconque du globe ; s'il est dans l'intérieur des terres, il trouve toujours à sa portée une ou plusieurs lignes de chemin de fer.

Contrairement à ce qui existe en France, la mine en Angleterre appartient au propriétaire du sol, qui en jouit à titre de fief inaliénable lorsqu'il fait partie de l'aristocratie, ou en vertu d'une acte d'acquisition si la terre est libre.

En général, la mine est affermée à des tiers moyennant un prix convenu d'avance, qui se nomme « royalty, » pour trente ou quarante ans, et qui dépasse aujourd'hui 1 fr. 25 cent. par tonne dans beaucoup de comtés.

Il résulte de cette situation économique et de la régularité géologique des terrains houilliers, que le capital engagé dans une mine anglaise est bien moindre qu'en France pour la même production ; ainsi, tandis que, dans le bassin de la Loire, chaque tonne de houille produite correspond à 30 fr. de capital immobilisé, en Angleterre, les mines bien installées produisent une tonne par 7 fr. de capital.

Par contre, et surtout depuis les nombreuses grèves qui ont sévi dans ces dernières années sur presque tous les bassins houillers de la Grande-Bretagne, le prix de la main-d'œuvre s'est considérablement accru chez nos voisins et dépasse notablement celui des ouvriers français.

Les conditions de l'exploitation des mines, en Belgique, se rapprochent beaucoup des nôtres ; là, comme en France, cette industrie est régie par la loi du 11 avril 1810, à laquelle toutefois les Belges ont apporté des modifications favorables aux exploitants, notamment en ce qui concerne la redevance proportionnelle, réduite au taux modique de 2 1/2 pour 0/0 du revenu, tandis qu'elle est encore en France de 5 pour 0/0.

La zône houillère qui traverse la Belgique présente trois principaux centres de richesse et de production : Mons, presqu'exclusivement réservé à l'exportation ; Charleroi, qui exporte les gros charbons et livre ses menus à l'industrie locale ; Liége, dont les fabriques d'armes et d'acier absorbent la production.

En Allemagne, on distingue aussi trois grands bassins houillers :

Celui de la Ruhr, le plus vaste et le plus riche du continent européen, qui produit environ 12 millions de tonnes ;

Celui de Sarrebruck, exploité directement par le gouvernement prussien, et qui alimente un grand nombre d'usines en Alsace ;

Celui de la haute Silésie, dans lequel on trouve un grand nombre d'usines métallurgiques très-prospères et très-perfectionnées.

Il n'est pas sans intérêt de comparer le chiffre de la production moyenne par homme et par an dans les différents pays.

Il est pour les houillères du nord de la France de . . .	150	tonnes.
De la Sarre	170	—
De Charleroi	190	—
De la Ruhr.	215	—
Du département de la Loire.	220	—
De l'Angleterre.	315	tonnes.

L'origine de la crise houillère remonte à près de deux ans ; elle a commencé à se manifester non-seulement en France, mais dans les autres pays de l'Europe à partir de 1871.

Ses causes sont multiples ; cependant on peut les résumer ainsi :

Augmentation du bien-être général, qui développe d'une manière considérable la consommation domestique ;

Application croissante des moteurs à vapeurs ;

Extension des débouchés par suite de la facilité des communications;

Reprise générale de la métallurgie, accroissement et renouvellement de l'outillage industriel, chemins de fer, constructions navales, etc.

L'intensité de la crise peut se mesurer par ce fait que, dans le département du Nord et dans le Pas-de-Calais, la houille, qui valait environ 12 fr. la tonne sur le carreau de la mine en 1870, s'est payée 15 et 16 fr. en 1871, et a valu jusqu'à 25 et 26 fr. en 1872.

En Angleterre, la hausse est plus sensible encore et s'est élevée dans les deux dernières années de 10 fr. la tonne jusqu'à 30 et 31 fr. En juillet 1872, la houille anglaise valait, à Gênes, 40 fr. la tonne; on a vu des industriels anglais venir faire des achats jusque sur le marché français.

Aujourd'hui divers symptômes indiquent que la crise a atteint son apogée et que nous marchons vers une situation plus normale.

Néanmoins, il faut tirer un enseignement utile des perturbations qui viennent d'avoir lieu et savoir envisager nettement notre position dans le présent et dans l'avenir.

En 1860, la consommation française était de 14 millions de tonnes, dont 8 millions fournis par la production indigène et 6 millions par l'importation étrangère.

En 1872, notre consommation s'est élevée à 22 millions de tonnes; la production indigène a été de 14 millions, et l'importation de 8 millions de tonnes.

La France ne saurait donc échapper à la hausse du prix de la houille sur le marché extérieur, et, en présence des difficultés que peut présenter son approvisionnement par voie d'importation à un moment donné, il faut aviser aux mesures à prendre pour conjurer le retour d'une nouvelle crise et développer la production nationale.

Ces moyens sont :

L'abaissement du prix des transports par l'amélioration des cours d'eau, rivières ou canaux, par le dégrèvement des droits de navigation, et surtout par la réduction des tarifs de chemins de fer et la construction de nouvelles lignes ;

Une impulsion énergique donnée à l'extraction, la recherche de nouveaux gisements, le creusement de nouveaux puits et des facilités nouvelles accordées à l'obtention des concessions sollicitées ;

Il faudrait aussi obtenir de l'État des dispositions plus libérales, et le dégrèvement de certains impôts, tel que celui de 5 pour 0/0 sur le revenu de chaque exercice ;

Enfin, il ne faudrait point négliger un élément qui intervient pour une large part dans la question houillère, celui de la main-d'œuvre, laquelle entre pour au moins 60 pour 0/0 dans le prix de revient d'une tonne de charbon extraite et mise au jour.

C'est là le côté moral de la question et ce n'est pas le moins essentiel. Si nous voulons améliorer les conditions de notre production, songeons d'abord à l'amélioration du sort du travailleur. Jusqu'ici la profession du mineur a été peu lucrative ; le salaire moyen ne dépasse guère 3 fr. 50 à 4 fr., en comprenant dans le personnel les ouvriers de la surface aussi bien que ceux de l'intérieur. Plusieurs exploitants français ont cherché à venir en aide à la population ouvrière par la création de salles d'asile, d'écoles, d'hospices, de caisses de secours ou de retraite ; on pourrait citer plus d'une compagnie dans laquelle la subvention fournie à l'ouvrier sous cette forme dépasse 70 à 80 fr. par an.

Il serait à désirer que cet exemple se généralisât, car la profession de mineur est certainement une des plus périlleuses et a droit à toutes nos sympathies.

DISCUSSION

M. Demongeot croit devoir faire quelques réserves au sujet de la redevance proportionnelle de 5 pour 0/0 sur le revenu de chaque exercice, qui, en Belgique, aurait été abaissé à 2 1/2 pour 0/0, et la charge spéciale au bassin de la Loire, qui consiste dans une redevance tréfoncière au propriétaire du sol, réglée d'après l'épaisseur et la profondeur des couches.

La redevance tréfoncière a été portée, en Belgique, au taux uniforme de 3 pour 0/0 sur les produits par une loi postérieure à 1830. Les conditions de l'exploitation ne sont donc pas plus favorables dans ce pays qu'en France, où la redevance tréfoncière ne dépasse pas en général 10 centimes par hectare. S'il y a exception pour le bassin de la Loire, c'est que la loi de 1791 avait réservé aux propriétaires du sol le droit d'exploiter jusqu'à cent pieds de profondeur. La loi de 1810 ayant supprimé ce privilége dont les propriétaires avaient généralement usé, le gouvernement pensa qu'il était juste de leur alléguer une compensation, sous forme de redevance tréfoncière, par les actes d'institution ou de délimitation de concession, rendus sous l'empire de la législation nouvelle.

M. de Costeplane de Camarès fait remarquer que la redevance tréfoncière est, en outre, augmentée de la réserve stipulée par quelques compagnies concessionnaires de mines en faveur des habitants et qui, à Graissessac, monte à 10 kilogrammes, des communes ou des cantons, dans la circonscription desquels se trouvent situées les concessions.

M. Flotard observe que l'insuffisance de la production houillère doit être attribuée à l'augmentation énorme de la consommation. Cela résulte clairement de l'enquête qui a été faite en Angleterre sur cet objet. Il a même été constaté que la plus grande rareté du combustible avait précisément coïncidé avec la production la plus considérable qui ait jamais eu lieu.

En France, la production a de même considérablement augmenté ; à Anzin, à Decazeville, partout, il en a été ainsi. Dans la Loire, l'extraction a plus que doublé depuis dix ans. Elle pourrait, en ce moment même, s'augmenter encore notablement, si la main-d'œuvre ne faisait pas défaut. L'insuffisance du nombre des ouvriers, tel est le principal et, peut-être même, l'unique obstacle à l'accroissement immédiat de la production houillère.

On a dit que le taux peu élevé des salaires s'opposait à ce que le nombre des ouvriers allât en croissant, et que les ouvriers, mal rétribués, mal nourris, ne pouvaient produire beauceup.

Les faits sont là pour contredire ces assertions. Partout les salaires ont été augmentés, le nombre des ouvriers s'est aussi notablement accru, mais non dans une proportion aussi rapide que l'eussent exigé les besoins de l'industrie. L'ouvrier mineur accomplit sans doute un travail pénible; mais il obtient largement, par son salaire, de quoi satisfaire à ses besoins et à ceux de sa famille. Toutes les compagnies houillères s'efforcent, à l'envi, d'améliorer la condition du travailleur, en lui procurant les vivres à bon marché, en fondant des caisses de retraite, en facilitant l'éducation des enfants, en prodiguant les secours en cas de maladie ou d'accident. Malheureusement, il a été constaté, par l'enquête anglaise et par les renseignements puisés en France aux sources les plus certaines, que l'amélioration de la situation des ouvriers et l'accroissement de leur salaire, loin d'amener une augmentation de la production individuelle, coïncidaient, au contraire, avec sa diminution. En d'autres termes, l'ouvrier mineur travaille et produit d'autant moins, qu'il se voit, par son salaire journalier et par les conditions sociales qui lui sont faites, assuré d'un sort meilleur,

Pour augmenter la production, on ne saurait donc compter sur le travail individuel. Le seul moyen est d'accroître la population ouvrière. Dans ce but, les exploitants et les métallurgistes, directement intéressés à la question, demandent qu'on accorde à cette classe de travailleurs certains avantages, capables de les dédommager des travaux pénibles et des dangers inhérents à ce genre d'industrie. Le principal de ces avantages consisterait à établir en leur faveur certaines immunités relatives au service militaire.

La législation qui régit les mines est une législation surannée, sur laquelle il importerait de revenir pour remanier plusieurs de ses dispositions, qui sont de nature à entraver l'industrie houillère.

La plus grave de ces critiques s'adresse à la loi de 1810, qui, par son article 11, interdit tout creusement de puits à moins de cent mètres d'une habitation. Cette interdiction, aggravée par les interprétations que lui donne la jurisprudence, s'applique non-seulement au puits à creuser, mais encore à son outillage et à ses dépendances obligées, tels que magasins, entrepôts, etc. Il en résulte qu'une masure, une construction quelconque à demi ruinée, peuvent paralyser, au préjudice de l'exploitant, une surface de quatre ou cinq hectares et rendre l'exploitation impossible dans des localités où les habitations ne sont pas fort espacées les unes des autres.

Cet article 11 est évidemment contraire à l'intérêt général. Il doit disparaître, par des raisons identiques à celles qui ont fait supprimer tous les obstacles pour la création des lignes ferrées. Aucune législation de l'Europe ne soumet l'industrie houillère à des restrictions aussi exagérées. En Belgique, une disposition analogue a été singulièrement adoucie, en ce sens qu'elle ne s'applique pas aux terrains non appartenant aux propriétaires de l'habitation ou de la clôture.

On demande encore que les articles 34 et 35 de la même loi soient modifiés en ce qui concerne la redevance proportionnelle payée à l'État, et l'assiette sur laquelle est basée cette redevance. L'interprétation donnée par l'administration à ces articles semble trop rigoureuse et fait peser sur les mines une charge bien lourde.

Les articles 43 et 44 de la même loi sont également l'objet de nombreuses critiques.

Ces articles règlent les droits et les obligations des concessionnaires relativement à l'occupation des terrains nécessaires à l'installation des moyens d'extraction et de transport du combustible. Ils sont généraux dans leurs termes, et cependant leur application a toujours été restreinte aux terrains renfermés dans le périmètre de la concession ; de telle sorte que, s'il s'agit, par exemple, d'un chemin à établir pour le transport des produits de la mine jusqu'à une route, un canal, un chemin de fer, le droit de l'exploitant s'arrête aux limites de la concession. Pour aller au delà, il doit traiter à l'amiable avec les possesseurs des terres. Le développement de son industrie dépend ainsi des exigences ou des caprices de ses voisins, qui ont tout intérêt à profiter de sa situation pour l'exploiter.

En Belgique, une loi du 2 mai 1837 a fait disparaître ces entraves; elle autorise les exploitants à créer les voies de communication qui leur sont nécessaires, nonobstant la mauvaise volonté des propriétaires environnants et moyennant une idemnité fixée par un jury.

Si l'action du pouvoir doit le moins possible se faire sentir en ces matières, elle est cependant tout à fait à sa place, lorsqu'il s'agit de réformes à apporter à la législation. La loi de 1810 doit donc être révisée.

M. Cambefort déclare qu'il n'en avait point fait mention dans sa communication, parce qu'il ne s'était placé que sur le terrain des rapports entre patrons et ouvriers et que, du reste, il n'y avait point là une gêne réelle, qu'on ne demandait la modification de cette législation que sur un certain nombre de points.

M. Flotard ajoute qu'en effet la révision doit porter surtout sur l'article qui interdit de creuser un puits dans un rayon moindre de cent mètres de toute habitation ; c'est un obstacle grave, à Saint-Étienne, par exemple, où il y a des constructions partout. On est obligé de traiter souvent d'une manière fort onéreuse avec les propriétaires.

M. Vautier insiste sur les causes qui élèvent le prix du charbon, notamment sur le travail de l'ouvrier rapporté au kilogramme de charbon extrait. Il y a une diminution sensible. Cela tient peut-être à ce que la force physique est moins considérable, mais surtout aussi à des causes sociales.

Pour M. Bertillon, le fait de la diminution du travail des ouvriers s'explique fort bien. Le travail du mineur agit d'une manière terrible sur sa vie; cette profession est peu favorable à sa vitalité.

M. Demongeot dit qu'en effet il est un pays où ce fait a été plus facile à constater que partout ailleurs, parce que la population tout entière n'y est composée que de mineurs, environ soixante mille. C'est le Harz, dans l'ancien Hanovre. Les hommes y dépassent fort rarement l'âge de cinquante-cinq ans.

M. Flotard observe qu'il y aurait peut-être lieu, pour ce qui concerne le bassin de la Loire, de tenir compte de l'influence des exhalaisons du sol de Forez.

M. Marius Morand croit qu'on aura beau faire; le prix de la houille augmente parce qu'il doit augmenter, en raison du développement de la consommation. Il ne faut pas s'attendre à le voir diminuer. Il obéit là à une loi économique.

M. J. GRAILLAT

NOUVELLE MÉTHODE DE CALCUL

— *Séance du 22 aout 1873.* —

M. J. Graillat présente une méthode de calcul, qu'il désigne sous le nom de *Clavi-chiffre*, et qui est destinée à effectuer rapidement les opérations qui se rapportent à quelques problèmes simples concernant les intérêts spécialement[1].

M. Marius MORAND

Bibliothécaire de la Chambre de commerce de Lyon

L'ORGANISATION OUVRIÈRE DE LA FABRIQUE LYONNAISE DES SOIERIES

— *Séance du 25 aout 1873.* —

Au mot seul de soieries, l'imagination se transporte à Lyon; ce nom s'identifie en quelque sorte avec celui de notre grande cité. La fabrique lyonnaise, avec les 120,000 métiers qu'elle fait battre, n'est pas seulement, en effet, une des plus belles, des plus riches, la plus éminem-

[1] *Le Clavi-Chiffre;* broch. de 32 pages; chez Gauthier-Villars, Paris.

ment nationale de toutes les industries françaises, mais c'est elle qui a porté le plus haut peut-être, étendu le plus au loin, dans l'ordre purement industriel, cette réputation d'élégance et de bon goût qui sont comme des fruits du sol gaulois. Bien des concurrences puissantes se sont élevées tout autour d'elle ; Lyon est restée la métropole universelle de fabrication des soieries, et le nom du modeste ouvrier auquel elle doit en partie sa fortune est aussi connu dans le monde entier que ceux des plus grands conquérants. Aussi bien l'invention de Jacquard a-t-elle été une véritable conquête, et a-t-on justement comparé l'industrie à un vaste champ de bataille qui a ses victoires, ses défaites, ses traités ; traités toujours librement consentis de part et d'autre et toujours avantageux, car ils multiplient les échanges.

Je me propose précisément, messieurs, d'examiner ici l'organisation, la discipline de notre grande armée industrielle. Je voudrais vous montrer, en peu de mots, ce que cette organisation a été dans le passé, ce qu'elle est dans le présent, rechercher enfin avec vous, en remontant à son point de départ, ce qu'elle sera peut-être dans l'avenir. C'est un simple exposé de l'état économique passé et présent de la fabrique lyonnaise que je vous apporte, exposé un peu aride et que je m'efforcerai de rendre bref.

I

L'histoire n'a pas retenu la date précise de la naissance de la fabrique lyonnaise ; les origines de l'aristocratique industrie sont restées obscures. Nous savons seulement, par la célèbre ordonnance de Louis XI, datée d'Orléans, 14 novembre 1466, que, dès la première moitié du quinzième siècle, Lyon possédait déjà quelques métiers. Mais, c'est seulement à partir de 1536, lorsque François Ier eût prodigué les faveurs, les immunités, les priviléges aux ouvriers étrangers qui viendraient se fixer à Lyon, que notre fabrique prendra son essor et ira grandissant à travers la difficulté des temps pour arriver au point où nous la voyons parvenue.

Ces faveurs, ces immunités, ces priviléges, bientôt codifiés par des ordonnances royales, deviennent les statuts de la *Grande manufacture des draps d'or, d'argent et de soie*. En 1554, sous Henri II, la fabrique est érigée en corps de maîtrise. Les règlements de Colbert, en 1667, la soumettent à une discipline sévère. La matière des étoffes, leur largeur sont fixées, le nombre des fils qui composent la chaîne et la trame est minutieusement compté. Il y a une police rigoureuse entre le maître, le compagnon et l'apprenti ; les jurandes et maîtrises sont créées. Le temps des apprentissages, la forme, les qualités des chefs-d'œuvre, les formalités de la réception des maîtres, tout est prescrit avec un luxe de prévoyance et de détail qui nous étonne aujourd'hui. Des maîtres-gardes jurés, choisis parmi les maîtres-gardes les plus considérables, sont commis à l'administration intérieure de la communauté et à l'observation des règlements royaux.

Tel est le régime sous lequel nos manufactures vivront jusqu'à la Révolution de 1789.

A cette aurore de l'industrie des soieries, l'organisation ouvrière de la fabrique lyonnaise ressemblait à peu près à celle de nos petits corps d'état d'aujourd'hui. Le tisseur *(tissutier)* travaillait pour son propre compte, par lui-même, quelquefois à la tête d'un petit nombre de compagnons et d'apprentis ; il achetait la matière, tissait l'étoffe et vendait lui-même celle-ci, absorbant ainsi en lui le fabricant, le tisseur et le commissionnaire de nos jours. C'est à ce titre qu'Étienne Turquet et Barthélemy Narris purent, les premiers, jouir des bénéfices octroyés par l'ordonnance de 1536. Plus tard, on vit de ces tisseurs ou maîtres ouvriers, ne pouvant plus suffire aux commandes qui leur étaient faites, confier à leurs confrères en maîtrise moins heureux des matières pour les convertir en étoffes, moyennant un prix de façon. Bientôt enfin, par la force même des choses, de simples marchands, complétement étrangers à l'art du tissage, suivent cet exemple. On appela ceux-ci *maîtres marchands* ils ne faisaient pas partie de la corporation qui était uniquement composée de *maîtres ouvriers.*

Ces *maîtres marchands*, ne tardèrent pas à protester contre l'exclusion qui les frappait. La question fut même portée devant le consulat dans les dernières années du seizième siècle ; elle fut tranchée contre eux. Mais peu à peu ceux-ci s'accrurent en nombre, en fortune, en influence, et, en 1667, ils étaient devenus assez puissants pour obtenir leur admission aux priviléges de la communauté. L'article LXV des Règlements de Colbert stipulait que tous ceux qui ont travaillé ou fait travailler les draps d'or, d'argent et de soie, avant le 1er janvier 1665, pourraient se faire inscrire sur les registres de la communauté du corps des marchands et ouvriers de drap d'or, d'argent et de soie, bien qu'ils n'aient fait apprentissage : « seront censez et réputés maîtres-marchands et ouvriers dudit état et feront partie du corps d'icelui. »

Ces règlements ne furent pas accueillis sans une vive opposition ; il y eut des émeutes, des arrestations, et même des exécutions ; force resta néanmoins à la volonté royale, et les nouveaux membres, plus riches, plus habiles et plus instruits, ne tardèrent pas à acquérir la prépondérance. Un demi-siècle s'était à peine écoulé que leur supériorité commerciale était officiellement reconnue. Un arrêt du 26 décembre 1702, confirmé plus tard par le règlement du 19 juin 1744, portait, art. 4, que « les assemblées qui regarderont la police de la manufacture ou l'élection des maîtres et gardes seront toujours composées, savoir : les deux tiers de maîtres-marchands et l'autre tiers de maîtres-ouvriers à façon. » Le nombre des maîtres-gardes ouvriers fut fixé seulement à deux et celui des maîtres-marchands à quatre.

La suprématie dans les affaires et dans les conseils de la communauté était passée dans leurs mains. A partir de ce moment, le nombre des maîtres travaillant pour leur propre compte alla décroissant ; une nouvelle catégorie de maîtres tissant à façon, soit par eux-mêmes, soit par des compagnons ou apprentis, pour le compte des maîtres-marchands parut ; ils formèrent la classe des *maîtres-ouvriers à façon*, chefs d'ateliers actuels.

Déjà, à cette époque, la fabrique lyonnaise, qui comptait 8 à 10,000 métiers, plaçait une partie importante de ses magnifiques produits à l'étranger. Ce n'est plus de Florence, de Gênes, de Venise, c'est de Lyon que les cours européennes sont tributaires pour les soieries. On vit alors s'établir un intermédiaire entre le fabricant lyonnais et l'acheteur étranger, c'est le commissionnaire de nos jours. Le rôle du commissionnaire se borna d'abord à choisir la marchandise, à en arrêter le prix, à l'expédier ; il devint ensuite un commerçant véritable, achetant à ses risques et périls et vendant pour son propre compte [1]. Le marchand de soie a sans doute une origine plus ancienne, car, messieurs, et ceci mérite d'être remarqué, jamais, en aucun temps, la production de la soie en France n'a suffi à alimenter nos fabriques. C'est de l'Italie, c'est de l'Orient, qu'elles tiraient la majeure partie de leur matière première [2].

De bonne heure contrainte de recourir aux contrées les plus lointaines pour alimenter ses métiers, habituée à rechercher dans le monde entier des consommateurs de ses produits, l'industrie lyonnaise devait être l'une des premières en France à réclamer l'émancipation des échanges par l'abaissement des barrières de douane. De bonne heure aussi, elle a connu cette extrême division du travail à laquelle elle

1 Un travail, publié à Lyon en 1760 (*Mémoire sur l'envoi des échantillons de la fabrique de Lyon*), assigne une date précise à l'apparition du commissionnaire, celle de 1718 ; mais la chose existait sans doute bien avant le nom ; les maîtres-marchands du dix-septième siècle n'étaient-ils pas déjà de vrais commissionnaires ?

2 Dès la première moitié du seizième siècle Lyon avait été déclaré l'unique entrepôt de toutes les soies étrangères qui entraient en France par la voie de Marseille, venant du Levant, ou par le Pont de Beauvoisin, venant d'Italie. Ce privilège fut confirmé à Lyon, en 1566, par Charles IX, en 1583, par Henri III, en 1605, par Henri IV, en 1613, par Louis XIII. Il fut rendu, sous le règne de Louis XIV, jusqu'à huit édits ou arrêts pour maintenir notre ville dans cette antique possession.

La célèbre Compagnie des Indes Orientales avait obtenu pour elle une dérogation à ces privilèges pour les soies des Indes et de la Chine ; celles-ci ne venaient pas à Lyon ; et c'est pourquoi la fabrique de Lyon n'employait pas ou employait très-peu ces soies, qui alimentaient surtout, aux dix-septième et dix-huitième siècle, les fabriques anglaises.

doit encore aujourd'hui une souplesse et une fécondité de ressources peu communes.

Dès le milieu du dix-huitième siècle, ainsi que le prouve l'ordonnance de 1744, notre fabrique se trouvait ainsi, sauf l'ampleur de sa production, constituée à peu près comme elle est de nos jours; le fabricant achetant généralement la soie prête à être employée, la faisant tisser dans des ateliers isolés et vendant son étoffe à des commissionnaires. Comme aujourd'hui, toutes les opérations accessoires du tissage, telles que le dévidage, l'ourdissage, etc., etc., se faisaient au dehors; le magasin du fabricant de soieries n'était, à proprement parler, que ce qu'il est aujourd'hui : un comptoir de vente annexé à un bureau pour la distribution des matières aux ouvriers et pour la réception des étoffes.

Et, messieurs, c'est précisément là ce qui fait, de nos jours encore, le trait original et caractéristique de l'industrie lyonnaise.

Elle est restée disséminée par petits ateliers. On n'y rencontre pas, ou du moins on n'y rencontre que par de rares exceptions ces grandes communautés manufacturières, réunissant plusieurs centaines d'ouvriers sous un même toit, soumis, loin du foyer domestique, à une commune direction. Le régime du travail en famille s'est conservé; les métiers de soieries sont éparpillés par unité ou par groupes de deux, trois, quatre, dans une foule de petits ateliers indépendants les uns des autres. Chaque maison, chaque étage, forment autant d'ateliers distincts, où s'élaborent, loin des yeux du fabricant, les tissus les plus délicats et les plus compliqués.

Le chef d'atelier reçoit avec la matière première destinée à être mise en œuvre les instructions des fabricants, et il est tenu de rendre, en retour, dans un délai fixé, un aunage et un poids déterminés d'étoffe.

Le fabricant ou chef d'industrie conserve la direction supérieure du travail; il lui faut une connaissance approfondie du métier, et à celle-ci il doit en joindre beaucoup d'autres : le choix judicieux des matières, leurs premières préparations, la mise en teinture, les dispositions et le montage des étoffes façonnées. Son rôle actif ne cesse qu'au moment de la mise en exécution, et alors il donne à l'ouvrier la liberté la plus absolue pour la mise en train de son métier. Tout ou presque tout est laissé à l'initiative de celui-ci, et c'est surtout dans les tissus façonnés que cette initiative trouve à s'exercer. Ce que le dessinateur a imaginé et conçu, le chef d'atelier l'exécute; il traduit sa pensée en fixant parfois dans l'exécution ce qu'elle a de vague et d'indéterminé. Souvent des résultats surprenants sont sortis de ces combinaisons qui tiennent constamment en éveil l'esprit naturellement inventif et chercheur de l'ouvrier lyonnais. Une partie des perfectionnements de détail et même des grandes découvertes qui, à de certaines époques, ont frayé des routes nouvelles à l'industrie des soieries, ont été ainsi dus aux inspirations d'un ouvrier obscur. C'est dans leurs rangs qu'on rencontre Jacquard. Il est peu d'industries où le « metteur en œuvre » ait plus de valeur par lui-même que dans celle des soieries ; il n'en est pas où l'association du labeur de l'ouvrier à la conception du fabricant soit aussi étroite et aussi indépendante à la fois.

Le chef d'atelier est propriétaire de son métier, et, sauf de rares exceptions, de tous les ustensiles nécessaires. Le plus ordinairement, il possède plusieurs métiers tenus soit par les membres de la famille, soit par des étrangers. Ces derniers partagent avec le maître de l'atelier, fournisseur des instruments de travail, le prix de façon qui est fixé d'avance ; mais l'ouvrier ou compagnon n'a aucun rapport avec le fabricant. C'est le chef d'atelier qui le choisit à son gré et qui reste seul responsable de la bonne exécution ; il est donc, comme on le voit, un véritable entrepreneur avec partage des bénéfices dans ses rapports avec le compagnon ; il en a tous les caractères, il en partage toutes les charges, il en assume toutes les responsabilités.

Des ateliers ainsi organisés, renfermant jusqu'à huit, dix métiers et même davantage, n'étaient pas rares autrefois. Le chef de ces ateliers arrivait presque toujours à l'aisance, souvent à la fortune. L'ouvrier compagnon, entré en bas âge comme apprenti, était considéré comme un membre de la famille ; il partageait ses joies et ses douleurs, il couchait à l'atelier, prenait ses repas à la maison, y plaçait ses épargnes. On comprend combien il gagnait en moralité et en bien-être matériel à ces habitudes exemplaires. Aujourd'hui l'ouvrier sacrifie tout à son indépendance : la liberté personnelle lui semble le premier des biens, il en fait parade et en témoigne en changeant d'atelier sous le moindre prétexte. Il couche en garni, il vit au restaurant ; et à l'atelier, même pour son travail, il ne se plie à aucune discipline, accepte peu d'observations. Les apprentis, de leur côté, sont devenus indociles, ils ne donnent plus les mêmes satisfactions qu'autrefois. Les chefs d'atelier ont ainsi été conduits à réduire peu à peu le nombre de leurs auxiliaires, apprentis ou compagnons, et les ateliers qui comptent plus de trois ou quatre métiers sont devenus rares. Ces métiers sont le plus généralement tenus par les seuls membres de la famille.

Un grand changement s'est donc fait dans la vie intime de notre industrie. Il s'est opéré lentement, par degrés insensibles. Si regrettable qu'il soit, à certains égards, il n'a pas eu cependant les conséquences fâcheuses qu'on eût pu craindre au point de vue purement industriel. Peut-être, au contraire, par une coïncidence heureuse, la diminution des ouvriers et des apprentis de la ville a-t-elle été un bienfait et nous a-t-elle évité bien des misères. J'appelle coïncidence heureuse l'émigration des ouvriers à la campagne, devenue une nécessité sous la pression de la concurrence étrangère et qui allait réduire progressivement la travail de la fabrique urbaine au profit de la fabrique rurale.

Dès les premières années de la Restauration, nos fabricants avaient eu la pensée de réduire la part de la main-d'œuvre dans les étoffes à bas prix en transportant des métiers hors de la ville. Là, les loyers sont moins chers, les occasions de dépenses moins multipliées, le prix général de la vie meilleur marché; le salaire peut être abaissé sans souffrances.

Déjà, en 1817, on comptait plusieurs métiers à Givors, à Romans et même à Annonay dans l'Ardèche. Dès la fin de 1833, la fabrique lyonnaise faisait battre 40,000 métiers, et dans ce nombre, on en comptait 5,383 dans les campagnes du département du Rhône et 8,917 dans les diverses communes des départements circonvoisins. Aujourd'hui, sur les 115 à 120,000 métiers qui relèvent de notre industrie, à peine en trouverait-on 28 à 30,000 à Lyon ; tout le reste, soit les trois quarts, est disséminé dans les départements de l'Ain, de l'Isère, de la Loire, de Saône-et-Loire, de la Drôme, de l'Ardèche et de la Savoie.

Entre la ville et la campagne, la division du travail s'est faite de la façon la plus naturelle. Celle-ci s'est emparée du tissage des étoffes légères, où le bas prix passe avant la bonne exécution ; la ville a conservé les étoffes riches, les beaux unis, les grands façonnés, tous les tissus compliqués qui demandent du coup d'œil, une grande habileté de main, une connaissance approfondie du métier. L'organisation de la fabrique rurale ne diffère d'ailleurs pas sensiblement de celle de la fabrique urbaine, avec cette particularité que les métiers, pour la plupart, sont fournis par le fabricant. Les tisseurs sont peu nombreux. Ce sont presque exclusivement des femmes et des jeunes filles qui consacrent à leur métier les loisirs laissés par les soins du ménage ou la culture des champs.

Cependant cette organisation économique qui, on peut le dire, a fait en grande partie, la fortune et la puissance de la fabrique lyonnaise, tend depuis quelques années à se modifier en partie. De grandes usines, construites à l'instar des manufactures de coton et comprenant un nombre plus ou moins grand de métiers, se sont élevées, soit à Lyon, soit de préférence dans les campagnes voisines, où le producteur trouve le double avantage de la vie à bon marché et de la grande manufacture. L'établissement de Jujurieux, l'un des premiers, est resté le plus remarquable. Cet établissement, qui date de 1835, se compose aujourd'hui de cinq grands corps de bâtiments élevés de cinq étages, où travaillent six cents ouvrières logées et nourries.

Là, toutes les manipulations de la soie, depuis le triage des cocons, la filature, le moulinage, le dévidage, l'ourdissage, jusqu'au pliage et au tissage, s'effectuent dans des salles distinctes. La soie est prise en cocons et rendue en étoffes ; la teinture est la seule opération qui se fasse au dehors, dans les maisons spéciales de Lyon ou de Saint-Chamond.

A Jujurieux, le tissage se fait à la main par des jeunes filles ; dans d'autres établissements semblables on a cherché à appliquer les forces mécaniques ; forces naturelles, comme les cours d'eau, ou forces artificielles, comme la vapeur. Ces tentatives ne remontent pas à beaucoup d'années ; sans avoir complétement réussi, elles ont donné cependant de bons résultats : on compte déjà dans la fabrique lyonnaise près de 6,000 métiers mécaniques, exclusivement appliqués aux étoffes unies les plus légères et à des tissus spéciaux, tels que les foulards, les crêpes, les tulles.

II

Tels sont, dans leurs traits les plus généraux, le mécanisme et le régime actuels de l'industrie des soieries lyonnaises, régime hybride qui comprend, ainsi qu'on l'a vu, trois grandes catégories bien distinctes :

La fabrique urbaine, avec ses 28 à 30,000 métiers, concentrée en majeure partie dans le quartier de la Croix-Rousse ;

La fabrique rurale, avec 80 à 85,000 métiers environ, disséminée dans les départements circonvoisins ;

Enfin les grandes manufactures consacrées à des articles spéciaux, soit à Lyon, soit dans les campagnes, et qui occupent 5 à 6,000 métiers.

C'est surtout l'organisation ouvrière de la fabrique urbaine qui en fait le caractère original. Entre fabricants, chefs d'ateliers ou ouvriers, point de servitude ; des deux parts liberté entière, absolue. Le chef d'atelier choisit son fabricant, porte ses bras où bon lui semble, et, de même, le fabricant est toujours libre de continuer du travail au chef d'atelier ou d'arrêter ses métiers.

Sous le régime manufacturier, le chef d'industrie est comme contraint et forcé d'occuper ses ouvriers et de faire marcher ses usines ; sans cela un immense capital resterait improductif ; pour lui, l'inaction c'est la ruine. A Lyon, rien de pareil : les affaires se ralentissent-elles ? Le fabricant démonte simplement un certain nombre de ses métiers. Une crise dans la fabrique lyonnaise, c'est la suspension partielle et momentanée du travail, le chômage, la privation, et trop souvent la misère pour les ateliers qu'elle atteint; mais, point de capitaux perdus, point de crédit compromis, et au premier signal de reprise, les métiers se remontent, l'activité renaît. L'histoire tout entière de la fabrique lyonnaise n'est qu'une succession ininterrompue de prospérités et de souffrances.

Les salaires, par une conséquence naturelle, obéissent à la même loi : élevés aux heures d'activité, ils s'abaissent dans les jours de crise. Cette mobilité constante des salaires est devenue pour notre industrie l'origine de dissensions intestines et de troubles fréquents entre le fabricant et le chef d'atelier. Les tristes événements de 1831 n'ont pas eu d'autre cause. Lorsque les ouvriers de la Croix-Rousse descendent, le 21 novembre, avec un drapeau sur lequel on lit la devise demeurée célèbre : *Vivre en travaillant ou mourir en combattant ;* c'est l'établissement d'un tarif, c'est-à-dire d'un taux minimum de façon qu'ils réclament.

Un tarif ! tel est encore le mot de ralliement de la classe ouvrière à Lyon. Aujourd'hui même, c'est à ce régime empirique, tant de fois expérimenté et toujours condamné, que la fabrique lyonnaise est soumise.

Dès la première moitié du dix-huitième siècle, les questions de tarifs et de salaires apparaissent à Lyon à l'origine de la plupart de ces luttes funestes qu'on appelle sociales de nos jours et qui ne sont, le plus souvent, que le résulat d'un malentendu entre des intérêts également respectables et harmoniques. En 1744, maîtres-ouvriers et compagnons se mettent en grève, puis en insurrection, pour obtenir une augmentation, promise et non tenue par les fabricants, de un sou par aune ; ils restent pendant huit jours maîtres de la ville. En 1786, une crise terrible sévissait, la misère était grande, les ouvriers réclament une augmentation de deux sous par aune et suspendent tout travail. Le consulat, sous la pression de la force, consent à élever le tarif. Il est désavoué par le gouvernement qui promulgue un arrêt supprimant tout tarif et déclarant que désormais « les salaires des compagnons, garçons et artisans de la ville de Lyon, seront réglés de gré à gré et à prix débattu entre le maître fabricant et l'ouvrier, selon le temps, les circonstances, la nature des ouvrages et la capacité de l'ouvrier, ainsi qu'il se pratique dans la capitale et autres villes de commerce bien policées. » *(Arrêt du 3 septembre 1786.)*

Cet arrêt soulève les protestations des ouvriers qui, disent-ils, sont « livrés totalement à la merci du fabricant. » On dut faire, comme en 1744, occuper militairement la ville. Les chefs d'ateliers adressent mémoires sur mémoires au gouvernement ; mémoires curieux à étudier. Tous les arguments qu'on réédite de nos jours de part et d'autre contre les tarifs de façon, ou en leur faveur, s'y trouvent longuement exposés.

Ces exemples sont utiles à rappeler, il en ressort un enseignement trop vite oublié, c'est que tous les efforts tentés pour résoudre la difficulté en dehors de la liberté ont toujours échoué. Le problème paraissait résolu, il n'était que momentanément tranché.

Mais, messieurs, c'est un des traits particuliers du caractère de nos classes laborieuses que d'être enclines à l'utopie. Par la nature même de ses occupations monotones et peu absorbantes, par ses habitudes sédentaires, l'ouvrier tisseur cède facilement à la rêverie. Il est confiant de sa nature, son imagination se donne libre carrière, aussi toutes les théories sociales nouvelles ont-elles trouvé dans nos quartiers ouvriers un terrain admirablement bien préparé. Auguste Comte, Fourrier, Cabet, y ont rencontré des adhérents crédules et passionnés. Le système de la coopération et celui de la participation des ouvriers aux bénéfices, — deux systèmes que je ne veux pas apprécier ici, — sont aujourd'hui leurs ports de refuge.

Quand on étudie avec attention à ce point de vue le fond du caractère de l'ouvrier tisseur lyonnais, on trouve que sa conduite procède à la fois d'un sentiment d'indépendance à l'égard du fabricant et en même temps d'un esprit de solidarité poussé très-loin. C'est ce sentiment d'une indépendance, pour laquelle il sacrifierait au besoin une partie de son bien-être, qui le dirige surtout dans les poursuites les plus chimériques, il le subordonne toutefois à l'esprit de solidarité, à ce qu'on appelle l'esprit de corps [1]. La société civile, dite de prévoyance et de renseignements pour les ouvriers en soie de la ville de Lyon, créée peu de temps avant la guerre, dans le but de veiller à l'observation du tarif des façons établi en 1869, en est un exemple. En voici un autre plus ancien, mais bien plus frappant.

En février 1834, il y avait à Lyon une association universelle semblable à celle dont je viens de parler, pour résister à l'abaissement des salaires. Une réduction de 25 centimes par aune avait été faite dans quelques maisons de fabrique sur le prix de la façon des peluches,

[1] Une grande maison de fabrique de notre ville, désireuse de s'assurer un personnel ouvrier, a proposé à ses chefs d'ateliers une combinaison aux termes de laquelle ces chefs d'ateliers se seraient engagés à ne travailler que pour la maison ; celle-ci leur assurant en retour un minimum de prix de façon pendant l'année et devant en parfaire le chiffre, si, par suite d'une crise commerciale ou par toute autre cause indépendante de l'ouvrier, il venait à ne pas être atteint à la fin de l'année. C'était en quelque manière une assurance contre le chômage qu'elle leur proposait. Les chefs d'ateliers ont refusé une proposition si avantageuse pour leurs intérêts ; il leur répugnait d'engager ainsi pour un an leur pleine et entière liberté d'allures et d'actions envers le fabricant.

c'était un rabais très-faible. Plainte est portée au conseil exécutif de l'association des *mutuellistes* par les ouvriers : une convocation extraordinaire de l'association a lieu le 12 février ; 2,341 membres sont présents ; on délibère toute la journée, on va aux voix : 1,297 voix se prononcent pour la suspension générale du travail, 1,044 votent pour la négative. La minorité, qui comprend tous les périls d'une telle mesure, doit se conformer au vœu de la majorité et l'interdit est lancé à partir du 24 février. Le même jour, à la même heure, dans tous les quartiers, les métiers s'arrêtent, vingt mille ouvriers refusent du travail [1].

Cependant ce n'est pas sur ces excès qu'il faudrait, comme on l'a fait très-souvent, juger la population laborieuse du plateau de la Croix-Rousse.

Le tisseur lyonnais, et nous entendons surtout parler ici du chef d'atelier, est meilleur que la réputation qu'on lui a faite au dehors. On le représente volontiers comme un émeutier perpétuel. Il est au contraire, en général, d'un caractère doux, paisible, nullement guerroyant, nullement partisan des agitations civiles, qui lui amènent en cortége les chômages et les souffrances. Il a des goûts sédentaires, le culte de la famille ; il allie à une intelligence prompte et ouverte un esprit patient et ingénieux ; il est attaché à son métier ; sa loyauté est rarement prise en défaut. « Il n'est ni débauché, ni ivrogne, ni paresseux. S'il ne sait pas toujours régler son esprit, il gouverne sagement son corps ; ses habitudes valent mieux que ses idées. » Ainsi l'a parfaitement caractérisé M. Louis Reybaud, dans son excellent livre sur la condition des ouvriers en soie.

Ce sont là des qualités appréciables, que l'organisation de notre industrie a contribué à entretenir, à développer, et qui le place dans une condition infiniment supérieure à celle des classes ouvrières vivant d'un salaire direct. Ces qualités l'ont même parfois élevé à une haute fortune ; des chefs d'ateliers, artisans de leur propre sort, ont gravi successivement, par la seule force de leur intelligence et de leur travail, tous les échelons de la hiérarchie industrielle. De tels exemples ne sont pas rares à Lyon.

III

Vous connaissez maintenant, messieurs, au moins dans ses grandes lignes, l'organisation économique et sociale de la fabrique lyonnaise.

Cet organisation se conservera-t-elle ? Est-elle, au contraire, appelée à se modifier plus ou moins profondément, à plus ou moins longue

[1] J. B. Montfalcon, *Histoire de Lyon.*

échéance? Je ne suis ni un devin, ni un prophète : vous ne me demanderez donc pas une réponse formelle à ces questions.

La plupart des économistes voient dans la transformation de l'industrie en grande manufacture une loi de progrès, une nécessité d'avenir, à laquelle la fabrique lyonnaise, comme toutes les autres, devra obéir. Serait-ce un bien? serait-ce un mal? Je ne veux pas l'examiner ici, ni m'égarer dans les lieux communs d'une dissertation tant de fois reprise sur les avantages et les inconvénients moraux et matériels de la manufacture et du travail en famille. Mais, en ce qui concerne l'industrie lyonnaise, il est permis de croire qu'elle sera l'une des industries les plus rebelles à cette transformation.

Le prix élevé de la matière première qu'elle met en œuvre, la somme considérable de capitaux qu'elle exige, la multiplicité des opérations que la soie doit subir avant d'arriver au tissage, les variations incessantes de la demande auxquelles les soieries, en tant qu'objet de luxe, restent soumises, sont autant d'obstacles avec lesquels il faut compter. On cite très-souvent l'exemple de la filature de la soie, aujourd'hui partout concentrée en de vastes usines et qui, il y a quarante ans à peine, pouvait encore passer pour une annexe du travail agricole, un complément de l'éducation du ver et de la récolte des cocons. Mais, pour la filature et le moulinage, les mêmes obstacles n'existaient pas au même degré.

En fait, le mouvement d'agglomération des métiers de soieries en grandes usines ne s'est pas encore bien nettement accentué.

Les manufactures tirent leur plus grand avantage de la réduction des frais de production, obtenue par l'emploi des forces mécaniques. Or, le problème de l'application des métiers mécaniques au tissage des soieries n'est pas encore complétement résolu. Les étoffes unies les plus légères et quelques tissus spéciaux (foulards, crêpes, tulles), appelés à recevoir la teinture au sortir du métier, sont les seuls qui se soient encore pliés à ce mode brutal de tissage. Les métiers mécaniques ont déjà rendu, dans cette sphère restreinte, d'incontestables services ; ils sont appelés, sans aucun doute, à en rendre de plus grands encore dans l'avenir ; mais de longtemps ils devront s'en tenir aux produits les plus élémentaires de notre fabrique ; de longtemps leur domaine ne pourra pas s'étendre aux tissus compliqués, à ces magnifiques étoffes façonnées et brochées, merveilles de fraîcheur et de délicatesse, qui éclosent sous les doigts habiles de nos ouvriers lyonnais.

Ces tissus, où l'on admire à la fois la correction artistique du dessin, l'harmonie des couleurs, la complication du travail, le fini de l'exécution, ne peuvent pas non plus émigrer à la campagne. L'atmosphère des villes, qui réchauffe l'inspiration, épure le goût, leur est nécessaire aussi bien que l'infinité de petites industries et de corps d'état dont ils réclament le concours incessant. La fabrique urbaine a ainsi son domaine réservé.

Renfermée dans ces limites naturelles, tracées par la force même des choses et la nécessité des temps, elle sera exempte des discordes intestines qui ont trop souvent ensanglanté nos murs dans le passé. Ces discordes ont eu presque toujours pour point de départ l'abaissement de la façon des étoffes les plus légères, dont le bas prix ne pouvait procurer un salaire suffisant à l'ouvrier de la ville ; on ne tissera désormais plus à Lyon que les étoffes riches, qui permettent de payer des prix de façon élevés. L'agglomération de la population ouvrière à Lyon n'est plus aussi compacte qu'autrefois, et avec la production des étoffes inférieures, ont dû émigrer les ouvriers inhabiles et incapables, parmi lesquels se recrutent toujours les armées du désordre. La facilité des voies de communication et de transport pour la réception et l'expédition des ordres a supprimé ces chômages ou *mortes* périodiques, qui séparaient autrefois chacune des saisons de l'année. Enfin, et surtout « la formation de grandes maisons de fabrique par suite de l'augmentation de la production, la nécessité pour ces maisons de maintenir, même aux époques de mévente, leur organisation intacte, afin d'être prête à l'heure de la reprise ; tout cela a créé entre le patron et l'ouvrier une solidarité d'intérêts latente, mais effective, qui est une garantie pour celui-ci. Tout en restant, selon les exigences de la nature, divisée en petits ateliers, la fabrique lyonnaise en est venue néanmoins à présenter, au point de vue de la permanence du travail, des avantages qui semblaient l'apanage exclusif des agglomérations de métiers en usine [1]. »

Une véritable révolution, révolution heureuse et toute pacifique, s'est ainsi faite dans la vie intérieure de la fabrique lyonnaise.

Je voudrais pouvoir ajouter que l'esprit de lutte et d'antagonisme, qui a si souvent armé nos classes ouvrières contre nos chefs d'industrie, a fait place à un sentiment de conciliation et de concorde. Malheureusement, si cet esprit d'antagonisme ne se livre plus aux excès dont j'ai pu vous citer quelques exemples, s'il ne se produit plus dans les faits, il est resté dans les têtes. Il a seulement changé de caractère. Ce n'est plus aujourd'hui une lutte de classe à classe qu'on peut observer à Lyon, c'est une question de principe que nos ouvriers érigent en système. « La part du travail dans les bénéfices de l'industrie n'est pas suffisante, disent-ils, il faut la lui faire plus grande en ro-

[1] *La fabrique lyonnaise* ; notice publiée par la Chambre de commerce de Lyon.

gnant la part du capital, et, pour cela, unissons nos efforts ; » telle est la pensée générale qui anime nos populations ouvrières et qui ressort des rapports publiés tout récemment par les délégations ouvrières lyonnaises à l'Exposition de Lyon, en 1872. Telle est la forme vague et sans contour bien déterminé que revêt de nos jours la « question sociale, » question de tous les lieux et de tous les temps sous des noms divers. Elle s'appelait « le droit au travail » en 1848 ; elle signifie aujourd'hui la coalition des forces ouvrières pour faire échec à la puissance des patrons.

Ce qui caractérise le mouvement social actuel c'est le sentiment de la solidarité chez les classes laborieuses. Quiconque observe attentivement la marche des idées et la suite des faits découvre une tendance très-marquée de la part des travailleurs de tous ordres, à se réunir, à se grouper par catégories d'industries pour la discussion et la défense de leurs droits et de leurs intérêts communs. L'intérêt privé apprend à se taire devant l'intérêt de la communauté.

Chez les patrons, on retrouve la même préocupation. De part et d'autre la collectivité tend à se substituer à l'individualité.

Le souvenir des anciennes corporations est resté vivant parmi nous ; peut-être cette organisation ouvrière des siècles passés est-elle destinée à revivre avec les modifications réclamées par le progrès de l'industrie et des idées : peut-être les chambres syndicales de patrons et les associations d'ouvriers, devenues si nombreuses dans ces dernières années, n'en sont-elles que la première ébauche. Que sont-elles déjà. sinon des corporations ouvertes ressemblant, en bien des points, par leur forme et par leur but, aux corporations fermées du dix-septième et du dix-huitième siècles ?

M. FLOTARD

Député du Rhône

SUR L'IMPOT DES TISSUS

— *Séance du 25 août 1873.* —

Messieurs,

Lorsque des hommes sérieux et consciencieux protestent contre un impôt, ce n'est pas parce que cet impôt paraît trop onéreux, mais bien parce qu'il peut entraver, par des complications maladroites, le travail national, parce qu'il peut gêner l'exportation. Les protestations de ce genre sont toujours avouables, parce qu'elles n'ont pas un caractère personnel et égoïste ; elles sont un cri de la conscience publique, elles ont un caractère général. Ce n'est pas le particulier qui se plaint, c'est la patrie laborieuse, c'est le travail national. En plaidant la cause d'une industrie, nous plaidons celle de la France.

C'est à ce titre, messieurs, que nous protestons aujourd'hui contre l'impôt des tissus, dont les conséquences pourraient être funestes. C'est un fils posthume de l'impôt sur les matières premières. Comme un grand nombre de prétendants, il a commencé par lutter contre son père, car il n'est qu'un membre détaché de cet impôt multiple sur les *produits fabriqués*, que l'honorable M. Clapier proposait de substituer à l'impôt sur les matières premières et que repoussa l'Assemblée nationale dans une mémorable séance de l'année 1871, après deux excellents discours de MM. Ducarre et Raudot.

Aujourd'hui, l'impôt sur les tissus revient à la rescousse, et, toujours, selon M. Clapier, il aurait des qualités telles, que son adoption serait un véritable bienfait pour les finances et pour le pays. Il est juste d'observer que l'honorable député de Marseille s'aperçoit, peut-être moins que tout autre, des inconvénients d'une taxe spéciale sur l'industrie textile, car il est l'élu d'un département dans lequel ce genre d'industrie ne joue à peu près aucun rôle.

Écoutons les arguments invoqués en faveur de la nouvelle taxe.

Cet impôt, que l'on a traité d'abord d'impôt chimérique, se présente aujourd'hui après avoir subi l'examen approfondi du conseil supérieur du commerce et de l'agriculture, qui l'a adopté *à la presque unanimité*.

Il pèsera peu sur les populations ; le vêtement et l'ameublement sont, en effet, deux articles dont la consommation peut-être restreinte avec le moins de souffrances par les contribuables. Remarquons, d'ailleurs, qu'autrefois les matières premières textiles payaient des droits de douane. Le tarif de 1860 les a complétement exonérés.

Cet impôt, frappant le produit au moment où il est achevé, ne grève pas le travail national ; le frappant au moment où il va être vendu, il n'absorbe pas d'une manière improductive une large part de la valeur industrielle.

Il peut se proportionner d'une manière exacte à la valeur du produit fabriqué, épargner les consommations pauvres et peser plus lourdement sur la consommation riche.

Quant à la perception, on objecte que la plupart des tissus se fabriquent dans de petits établissements qui, par leur nombre, échappent forcément à l'impôt ; qu'il y a exagération sur ce point, que le nombre de métiers isolés diminue sans cesse et que partout le travail à la main tend à céder la place au tissage mécanique. De plus, ces tisseurs isolés ne conduisent jamais le travail à sa dernière perfection, ils ne font que l'ébaucher, on pourra le saisir dans les usines où il va recevoir les derniers apprêts.

Quant au mode de perception lui-même, M. Clapier se prononce contre l'exercice, le droit de circulation, l'abonnement. Malgré l'efficacité de ces moyens, il pense que le système le mieux approprié à la taxe des tissus est l'*estampille* ou la *marque apposée* sur la pièce. Il y ajoute comme contrôle la vérification des livres.

Quant au drawback, il s'accomplira, toujours selon l'honorable député des Bouches-du-Rhône, de la manière la plus simple. La fabrique sera considérée comme pays étranger quand elle voudra exporter ses marchandises ; elle agira par voie de transit ; le fabricant expédiera au port de mer qu'il choisira son produit sous corde et sous plomb de la douane ; il fera décharger son acquit-à-caution au lieu de l'embarquement, et son exportation aura lieu sans gêne, sans vérification et sans embarras.

Tels sont, dans toute leur force, les arguments invoqués par les partisans de l'impôt sur les tissus. Reprenons-les successivement, et examinons ce qu'ils offrent réellement de force et de solidité.

D'abord, il est inexact de dire que le conseil supérieur du commerce ait voté l'impôt des tissus à l'*unanimité*. Le conseil supérieur ne s'est prononcé qu'à la *majorité* de 22 voix contre 17 ; et dans ces 22 voix étaient comprises celles de 6 *fonctionnaires*, dont les voix, généralement et naturellement, se prononcent dans le sens vers lequel semble incliner le gouvernement.

Nous persistons à penser que le rôle des fonctionnaires ne devrait commencer que lorsqu'il s'agit de régler le mode de perception d'une taxe, mais que, subordonnés comme ils le sont au gouvernement, leur opinion ne saurait avoir une valeur réelle lorsqu'il s'agit de prendre une résolution sur le principe même d'une imposition à établir.

On affirme ensuite que l'impôt pèsera peu sur les populations et qu'il pourra être assez exactement proportionné à la valeur du produit fabriqué et aux facultés des contribuables.

Je réunis à dessein ces deux assertions, parce qu'elles se complètent l'une par l'autre, et je crois qu'il est facile d'établir qu'une taxe de 5 pour 0/0 sera, en tous cas, bien pesante pour les populations et que, contrairement à ce que pense M. Clapier, elle frappera le plus souvent en proportion inverse de la richesse et pèsera plus lourdement sur les classes pauvres que sur les classes fortunés.

En effet, le conseil supérieur, comprenant les difficultés insurmontables auxquelles donneraient lieu une taxe *ad valorem*, a stipulé expressément que la perception aurait lieu sous une forme *spécifique*, c'est-à-dire au poids.

Je sais bien qu'on établira des catégories ; mais, quelques multiples qu'elles soient, quelque généreusement combinées qu'on les suppose, il me paraît impossible qu'elles résolvent le problème insoluble d'établir un rapport certain entre le poids et la valeur d'un tissu.

Les étoffes grossières et communes ont relativement un poids considérable ; les étoffes de luxe, au contraire, découpées, tailladées, brodées à jour, acquièrent dans beaucoup de cas d'autant plus de valeur qu'elles contiennent moins de matière. Il arrive même, dans certaines circonstances, par exemple pour les soies surchargées de teinture dans la proportion de 100, 200, 300 pour 0/0, que la valeur réelle diminue d'autant plus que le poids est plus considérable.

Ne nous faisons donc pas d'illusion et convenons franchement que les produits de luxe, dans lesquels le poids n'entre pas comme élément de valeur et dont tout le prix provient de la main-d'œuvre, échapperont souvent au droit de 5 pour 0/0 pour ne payer qu'une taxe à peu près nulle, tandis que les tissus grossiers acquitteront intégralement l'impôt.

C'est donc sur le pauvre, sur l'homme peu aisé, que retombera la charge la plus lourde.

Il me semble donc établi que le consommateur paiera souvent en raison inverse de ses facultés, ce qui arrive malheureusement assez fréquemment en matière d'impôt ; mais je voudrais du moins que l'on me démontrât bien clairement que le consommateur seul sera atteint, et que l'industrie, le travail national, seront épargnés et n'auront pas à souffrir de la taxe nouvelle.

Vous dites qu'il en sera ainsi, que l'impôt frappant le tissu au moment où il est achevé, où il va être vendu, n'absorbe pas d'une manière improductive une large part de sa valeur industrielle.

Cela peut être vrai pour les tissus exécutés sur commande et livrés de suite à la consommation, et encore ces tissus sont-ils le plus souvent exécutés pour des magasins de détail qui ne les écoulent que peu à peu et les gardent plusieurs mois avant de trouver acheteur. Les propriétaires de ces magasins devront, outre le prix du tissu, avancer celui de l'impôt et consacrer à cet emploi une partie de leur capital.

En ce qui concerne spécialement les fabricants, chacun sait qu'un grand nombre d'entre eux travaillent sans commande, pour le placard, pour la consignation, qu'il leur reste souvent des soldes considérables. Autant de parties de marchandises pour lesquelles l'impôt devra être avancé, autant de prélèvements improductifs et onéreux faits sur le capital social.

Il se passera, en un mot, pour l'impôt des tissus, un abus identique à celui que nous avons tant blâmé pour l'impôt des matières premières, L'industrie et le commerce français des tissus se verront dans l'obligation ou d'augmenter leur fonds de roulement ou de diminuer leur chiffre d'affaires, alternative également regrettable et désavantageuse.

Renouvellerai-je pour le drawback les observations qui ont été présentées avec tant de force et de développement à l'occasion des impôts de douane? Dirai-je qu'il est une protection déguisée, une prime à la fraude, qu'il démoralise le commerce et l'industrie? Chacun sait cela, messieurs, je demanderai simplement ici comment il sera possible de fixer une restitution équitable, ménageant à la fois les intérêts du Trésor et ceux des particuliers, pour des produits de nature si diverse que les étoffes, pour des produits dont la matière doit subir tant de manipulations successives qui en modifient constamment la valeur. J'affirmerai ensuite que la solution de cette question est impossible, notamment en ce qui concerne les soieries où les surcharges de teinture dépassent souvent le poids de la matière.

J'ai hâte d'arriver aux moyens de perception, car, de toutes les difficultés que soulève l'établissement de l'impôt, c'est encore là le point le plus délicat, le plus difficile à résoudre.

Le conseil supérieur, comprenant que c'était là la partie épineuse de la question, s'en est prudemment remis à l'administration du soin de la régler, en se bornant à stipuler, comme condition de son adhésion définitive, *qu'il ne fallait pas gêner le travail par des surveillances exagérées*.

M. Clapier propose l'estampille apposée sur la pièce d'étoffe fabriquée avec la vérification des livres du fabricant comme contrôle. La vérification des livres obligerait l'Assemblée à revenir sur ses opinions si souvent manifestées, et d'après lesquelles elle entendait repousser toute investigation de cette nature.

Quant à l'estampille ou marque, je la crois complétement inapplicable à une foule de produits qui se vendent par coupons ou à l'état de vêtements confectionnés. M. le ministre du commerce est sans doute du même avis, puisqu'il a déclaré, dans des conversations fréquentes, qu'il ne voulait nullement entraver le commerce et l'industrie française, que, confiant dans leur moralité, il entendait s'en rapporter pour la perception de cette taxe à la déclaration du contribuable.

L'opinion de M. le directeur des contributions directes ne diffère nullement, j'ai lieu de le croire, de celle de l'honorable M. de la Bouillerie ; c'est donc sur la *déclaration* que nous devons raisonner pour étudier le mode d'après lequel sera perçu l'impôt nouveau.

Ce moyen, il faut en convenir, n'offre aucun des inconvénients que peuvent présenter l'exercice, le droit de circulation, l'estampille. Il ne suscite, pour l'industrie, ni tracasseries, ni investigations vexatoires ; il permet à l'exportation de se faire rapidement et sans entraves ; il est donc irréprochable au point de vue du contribuable ; mais en est-il de même au point de vue du Trésor? En d'autres termes, fera-t-il produire à l'impôt tout ce qu'on en attend, ou du moins une partie notable des ressources qu'on est en droit d'en espérer?

Je regrette de le dire, selon moi, on se fait, sous ce rapport, une bien grande illusion.

Dans un pays dénué d'exportation, comme les États-Unis, la déclaration, quelque peu exacte qu'on la suppose, donnerait toujours un certain produit. Ce qu'elle rapporterait serait nettement acquis au Trésor, qui s'enrichirait ainsi d'une source plus ou moins considérable, selon que les déclarants se montreraient plus ou moins véridiques et sincères.

Dans un pays où l'exportation joue un rôle aussi considérable qu'en France, n'oublions pas qu'à côté des déclarations de produits consommés à l'intérieur, il y a la déclaration corrélative des produits exportés, sur lesquels le droit doit être remboursé.

Il n'y a rien d'excessif à supposer que, malgré la probité générale du commerce français, il se trouvera dans ses rangs quelques exceptions disposées à profiter du drawback pour se faire rembourser, s'il leur est possible, une somme supérieure à celle qu'ils auront payée au Trésor.

Or, comme sur un certain nombre d'articles l'exportation égale ou surpasse la consommation, pour peu qu'un certain nombre de contribuables atténuent leurs déclarations relatives aux produits vendus à l'intérieur et les exagèrent pour les exportations, il en résultera pour le fisc non plus un bénéfice, mais une perte sèche. Il sera exposé à rembourser plus qu'il n'aura reçu.

Ce fait est tellement évident, que jamais M. le directeur des douanes ne consentira à se contenter d'une déclaration pure et simple. Il exigera comme contrôle une vérification douanière quelconque, un exercice plus ou moins mitigé, mais enfin une surveillance sur le commerce et l'industrie, avec tout le cortége ordinaire d'agents, de dénonciateurs, de contestations, de procès, de sanctions. Ainsi a fonctionné cet impôt aux États-Unis, ainsi il devra fonctionner en France.

Tout homme pratique comprendra qu'il ne saurait en être autrement. La déclaration pure et simple, c'est l'impôt volontaire, facultatif, c'est une sorte de don offert par le contribuable au fisc, et l'on sait ce que produisent ces sortes d'oblations volontaires.

Les ministres du commerce et des finances, les administrateurs sous leurs ordres, qu'ils le veuillent ou non, seront contraints ou de renoncer à l'impôt, ou d'entrer dans la voie que j'indique. Dès lors commenceront pour le commerce la gêne, les entraves, les obstacles de tout genre, et, lorsque les inconvénients du nouvel impôt se feront trop cruellement sentir, on y renoncera, comme y ont renoncé les États-Unis; mais, pendant ce temps-là, notre industrie aura périclité, nos rivaux en Europe auront gagné le terrain perdu par nous et occupé la place que nous n'aurions jamais dû quitter.

En résumé, l'impôt projeté n'a aucun des caractères économiques que doit réunir un bon impôt.

Un bon impôt doit être proportionnel à la valeur du produit imposé et aux facultés des contribuables. Or, je crois avoir démontré que cette double proposition n'existera aucunement.

Un bon impôt ne doit pas gêner le travail, imposer des entraves à l'industrie. L'impôt des tissus, pour être productif, amènera certainement l'exercice et tous les inconvénients qu'il entraîne ; il gênera ainsi le travail intérieur, et, par le drawback, il nuira à l'exportation.

Enfin, un bon impôt ne doit pas entraîner pour sa perception des frais considérables. Celui qu'on vous propose coûtera fort cher ; il nécessitera la création d'une foule d'employés, de toute une armée d'agents de contrôle et de surveillance. De plus, la somme nette qu'il procurera au Trésor sera tout à fait en disproportion avec la somme perçue.

En effet, la valeur des tissus produits en France est estimée à 2 milliards 300 millions; l'importation des tissus étrangers est de 150 millions ; cela fait un total de 2 milliards 450 millions. Mais l'exportation étant de 1,100 millions, sur lesquels le drawback devra être remboursé, il en résulte que l'impôt ne sera réellement perçu que sur 1 milliard 350 millions, donnant un produit total de 65 millions, dont il faudra encore déduire les frais de perception. C'est mettre en mouvement des forces, des capitaux bien considérables, pour arriver à un résultat bien mesquin.

L'impôt sur les tissus a encore un inconvénient, et le plus grave de tous peut-être ; c'est un impôt nouveau, et tous les économistes, tous les financiers savent combien sont difficiles à établir les impôts nouveaux et à combien de déceptions ils donnent lieu.

Cet impôt est inutile pour combler le vide du budget. Si on ne renonce pas à l'amortissement de 200 millions, s'il est absolument nécessaire de chercher des ressources nouvelles, il faut les demander aux impôts anciens, à l'addition de décimes, à l'impôt du sel, à une meilleure peréquation de l'impôt foncier, à l'imposition de ceux des revenus mobiliers qui ne sont encore assujettis à aucune taxe.

M. Georges RENAUD

Lauréat de l'Institut, professeur d'économie politique.

SUR LA VALEUR ET L'UTILITÉ EN MATIÈRE DE LETTRES ET D'ARTS ET L'INTERVENTION DE L'ÉTAT DANS CET ORDRE DE CHOSES

— *Séance du 25 août 1873.* —

Messieurs,

Le but de ce mémoire est de répondre à certaines doctrines mises en avant par une certaine école en économie politique. La base des études économiques est l'*utilité;* c'est le seul point de vue auquel nous ayons le droit de nous placer, en tant que rationalistes. Beaucoup d'entre nous mêlent les questions d'utilité et de justice et, croyant à l'insuffisance de l'un de ces points de vue, sont sans cesse à recourir à l'autre pour combler de prétendues lacunes. Si l'économie politique est une science, comme je crois l'avoir établi à Bordeaux l'année dernière, démontrant l'existence de lois spéciales dans l'ordre économique, elle ne doit pas avoir besoin de recourir à d'autres qu'à elle-même. Elle est la science de l'utile; elle ne doit se préoccuper que de l'utile et laisser de côté la justice. C'est à une autre branche des connaissances humaines, à la morale, à débrouiller les questions de justice, à établir la science du droit et du devoir. Si, par hasard, les deux sciences, parties de bases différentes, aboutissaient à des conclusions contradictoires, alors seulement il y aurait lieu de voir si ce sont les principes des deux sciences qui sont en opposition, ou si cette opposition provient d'erreurs de raisonnement ou d'observation commises dans l'un des deux camps.

C'est de l'une de ces contradictions apparentes que je voudrais m'occuper en ce moment, afin d'examiner de quel côté est l'erreur et de voir si, en nous maintenant exclusivement sur le terrain de l'utile, nous commettons un blasphème et si nous nous exposons justement aux malédictions de ceux qui ne voient avant tout que la justice et le droit.

Depuis que le monde existe, la vie sociale s'est toujours divisée en deux parties : l'une, consacrée au travail physique, au travail matériel, ayant principalement pour but de procurer à chacun les moyens de subsistance dont il ne saurait se passer. L'un fait du commerce, l'autre cultive le sol, un troisième fabrique des tissus, espérant se procurer par ce moyen, suivant les circonstances, ses aptitudes et ses ressources, ou le minimum d'existence ou une fortune plus ou moins importante. Ce travail-là, tout le monde le trouve utile, tout le monde l'approuve et l'encourage ; et, si parfois il est entravé en fait par des réglements vicieux ou des monopoles oppressifs, au moins, en droit, l'opinion manifeste hautement sa tendance vers son émancipation et son affranchissement dans le sens le plus absolu.

Pendant longtemps, ce travail matériel fut considéré comme le seul utile, c'est-à-dire comme le seul produisant de la richesse. Au temps d'Adam Smith et de Quesnay, on en était là ; il y avait même, de la part de ce dernier et de son école, la *Physiocratie*, une réserve, qui consistait à ne considérer comme de la richesse que les produits du sol et refusait absolument ce caractère aux produits industriels.

Ainsi Adam Smith écrivait, à propos des services des fonctionnaires, des magistrats, de l'armée, etc., dont cependant il reconnaissait l'utilité et même la nécessité : « Ils ne produisent rien avec quoi l'on puisse acheter une pareille quantité de services. La protection, la tranquillité, la défense de la chose publique, qui sont le résultat du travail d'une année, ne peuvent servir à acheter la protection, la tranquillité, la défense qu'il faut pour le travail de l'année suivante. Quelques-unes des professions les plus graves et quelques-unes des plus frivoles doivent, à cet égard, être mises sur le même rang ; ce sont celles des ecclésiastiques, des gens de loi, des médecins, des gens de lettres de toute espèce, et celles des comédiens, des musiciens, des chanteurs, des danseurs de l'Opéra, etc.; le travail de la plus noble comme celui de la plus vile de ces professions ne produit rien avec quoi on puisse acheter ou faire faire une pareille quantité de travail. Leur travail à toutes, tel que la déclamation de l'acteur, le débit de l'orateur ou les accords du musicien, s'évanouit en même temps qu'il est produit[1]. »

Il y a là une contradiction d'autant plus inouïe de la part d'un esprit aussi distingué qu'Adam Smith, qu'il reconnaît l'utilité de ce genre de travaux. Ils ne peuvent, dit-il, s'échanger. C'est une erreur, puisque le médecin, l'orateur, l'acteur, le danseur, etc., reçoivent un salaire, et qu'avec ce salaire ils se procurent ce qui leur fait plaisir ou ce qui leur est nécessaire. Du reste, leur travail ne s'évanouit pas, comme le prétend Adam Smith, car il imprime son résultat dans le cerveau des uns et des autres sous forme d'instruction ou de distraction.

Malthus, dans ses lettres à J. B. Say, semble penser de même : « Du moment, dit-il, que la ligne de démarcation entre les objets matériels et immatériels est ôtée, l'explication des causes, qui déterminent la richesse des nations, et tout moyen de l'évaluer, deviennent extrêmement difficiles, sinon impossibles. »

1 *Richesse des nations*, liv. II, chap. III.

Cette erreur s'expliquait fort bien par la manière étroite d'envisager et d'analyser les faits qui était alors en usage parmi les économistes. On appréciait le travail d'après la matière à laquelle il était appliqué, au lieu de l'apprécier en lui-même. On ne voyait pas que la richesse ne consiste point dans la substance matérielle, mais seulement dans le travail accumulé en elle pour l'approprier aux différents besoins des hommes. La matière est inerte; elle subit le travail; elle est un moyen de rendre la richesse palpable, mais elle n'est point la richesse proprement dite. *La richesse, c'est le travail;* et le travail, nous l'avons défini à Bordeaux, c'est, tout en étant une manifestation physique de l'individu, *un effort de l'esprit et de la volonté*. Le travail le plus élémentaire est un effort intellectuel ou moral; il est commandé par le cerveau, il est prescrit aux muscles des bras ou des jambes qui ne font qu'obéir et exécuter la prescription de la volonté, plus ou moins éclairée par l'intelligence.

Mais alors, messieurs, tout effort de l'intelligence est un travail. Il peut être productif ou improductif, utile ou inutile, précieux ou dangereux; il n'est est pas moins un travail.

Grâce à cette manière d'envisager l'activité humaine, nous arrivons, par l'analyse, à placer au moins au même rang le travail physique et le travail intellectuel, travail de direction, travaux d'enseignement ou de recherches scientifiques. Au point de vue des classes peu éclairées, qui prétendent réserver la presque totalité des chiieaers à la rémunération du travail physique, sous prétexte qu'elles seules la produisent, cette analyse fournit un argument des plus rationnels aux hommes de bonne volonté pour agir sur elles par la persuasion, la seule arme de combat, dont nous, économistes, nous puissions approuver l'emploi sans aucune réserve. Jean-Baptiste Say et surtout Dunoyer avaient classé les travaux intellectuels dans la classe des travaux productifs de richesse, mais sans donner une raison aussi décisive.

« Un produit immatériel, dit Jean-Baptiste Say dans son *Epitome*, est toute espèce d'*utilité*, qui n'est attachée à aucun corps matériel et qui, par conséquent, est nécessairement *consommée* en même temps que produite.

« ... Certains produits immatériels, bien que consommés aussitôt que produits, sont susceptibles d'*accumulation* et, par conséquent, de former des capitaux lorsque leur valeur consommée se rencontre et se fixe dans un *fonds* durable. C'est ainsi que la leçon orale d'un professeur dans l'art de guérir se reproduit dans le *fonds de facultés industrielles* de ceux de ses élèves qui en ont profité. Cette valeur est alors attachée à un sujet durable qui est l'élève. »

M. Dunoyer n'admet point que la consommation suive d'une manière immédiate la production ; on n'a pu émettre cette assertion que faute d'avoir distingué le *travail* de ses *résultats*.

M. Courcelle-Seneuil tend à élargir encore davantage les conclusions de Dunoyer. Il importerait donc d'être définitivement fixé sur ces différents points et sur les arguments à faire valoir en faveur des conclusions de la science économique. Aujourd'hui, du reste, nous avons peu à insister là-dessus. Jamais l'instruction n'a été en honneur comme elle l'est de notre temps ; jamais on n'a compris la haute importance de l'enseignement comme maintenant ; jamais la science rationnelle n'a été l'objet d'ovations et d'enthousiasmes comme nous sommes à même de le constater cette année au Congrès de Lyon. Je n'insiste donc pas davantage à cet égard ; c'est acquis pour les esprits libéraux ; le temps seul peut les aider à triompher de ceux qui s'attardent encore dans les chemins arriérés de la routine ou de l'intolérance.

Mais, messieurs, l'homme ne passe pas et ne saurait passer sa vie au travail. Sa constitution serait trop frêle pour supporter une assiduité et une continuité aussi absolues. Il est donc obligé de faire de sa vie une seconde part, consacrée au repos, aux distractions, aux récréations de toute sorte, aux affections de famille. Il faut donc à l'homme une suspension d'activité pendant quelques heures chaque jour et un arrêt total un jour entier. De là la nécessité du repos hebdomadaire, prescrit par toutes les religions chez tous les peuples de la terre. Il est aussi nécessaire à l'hygiène morale qu'à l'hygiène physique. L'homme a besoin de détendre ses facultés et ses muscles, et il ne peut le faire qu'en en suspendant l'exercice pendant un temps variable. Il est bien entendu que ce ne doit être là qu'un conseil ; aux individus, de le suivre s'ils le peuvent ou s'ils le veulent. Cette indication doit être facultative, uniquement facultative. Tout règlement qui l'imposerait, non-seulement serait un attentat à la liberté, mais pourrait causer parfois un mal considérable. Les conditions de la vie sont loin d'être les mêmes pour les uns comme pour les autres. Il y en a pour qui ce repos forcé pourrait être un désastre. Sans parler de certaines catégories d'industries ou de négoces qui font leur maximum de recettes le dimanche, il serait déplorable de voir se multiplier des arrêtés comme celui qui interdit aux mineurs du chemin de fer de l'Arbresle de travailler le dimanche. Des gens qui gagnent six sous par heure peuvent avoir un intérêt considérable à faire une demi-journée le dimanche et à ajouter ce petit supplément à leur faible rémunération de la semaine. Avant tout, il faut pouvoir vivre et faire vivre sa femme et ses enfants ; et il n'y a rien de plus honorable qu'un ouvrier qui s'impose un sacrifice et des privations pour le bonheur des siens. Du reste, jusqu'ici cet exemple n'a guère été suivi en France, et nous pouvons nous féliciter qu'à cet égard notre pays soit plus libéral et plus tolérant que l'Angleterre et que certains cantons de la Suisse.

Mais, si ce repos régulier est nécessaire, il faut, pour qu'il soit véritablement profitable, qu'il soit effectif et qu'il ne dégénère point en une oisiveté pernicieuse, qui en ferait un supplice et un abêtissement. Les anciens se préoccupaient de fournir des distractions et des plaisirs au peuple.

Le tout est qu'ils soient bien entendues et qu'ils contribuent à fortifier le corps, à dilater l'esprit, à former le goût, à donner aux sens une satisfaction légitime et à élever l'âme.

En un mot, l'homme a soif de plaisir, et il est fort légitime qu'il en prenne une part aussi grande que possible, pourvu qu'il réponde bien au but poursuivi, le *développement de l'individu conformément à ses aptitudes et à sa destinée.* Le cabaret, évidemment, en détériorant le corps et en abaissant l'intellect, est condamnable parce qu'il est nuisible. Au contraire, les plaisirs de l'intelligence, les arts, les lettres, le théâtre, les réunions intellectuelles, les exercices gymnastiques, le chant, la musique et, dans un ordre plus élevé, les aspirations religieuses sages et éclairées, sont utiles, car elles font diversion à l'aridité, aux difficultés et aux ennuis de la vie de chaque jour. Tout travail, qui a pour but de répondre à ces besoins et qui concourt à leur satisfaction, est un travail utile, un travail qui mérite d'être encouragé et qui peut donner lieu à un commerce, à un échange de services.

Or, il y a en économie politique une école qui se prétend exclusivement utilitaire et qui, sous le prétexte que l'intervention de l'État doit être réduite au minimum, condamne sans rémission les arts, la littérature, la poésie. Cette école supprimerait les musées ; cette école ferait disparaître les établissements qui sont l'une des gloires de notre pays, comme les Gobelins, la manufacture de Sèvres, le Conservatoire de musique et de déclamation, l'Opéra, le Théâtre-Français, en un mot, tous les établissements qui servent de guide à la vulgarisation des choses de goût et d'art dans la France entière et, parfois même, en dehors de la France. Cette école supprimerait toutes fêtes nationales ou communales. Elle nous ramènerait à l'austérité la plus absolue et à l'ennui le plus mortel, sous le prétexte que ce sont là des dépenses inutiles et que l'État n'a pas pour mission de gaspiller le budget.

Il y a là une erreur grave. Nous prétendons être aussi exclusivement utilitaires que les économistes dont se compose cette école ; nous prétendons que tout cela est utile, car tout cela répond à un *besoin* de la nature humaine. En somme, à quoi se mesure l'utilité en économie politique? Au besoin, rien qu'au besoin. L'utilité d'une chose n'est pas un fait absolu, vrai en tout lieu et en tout temps ; elle est relative. Ce qui est utile pour l'un peut ne pas l'être pour l'autre ; ce qui a une valeur pour l'un n'en a point pour l'autre. La *valeur* se règle sur les besoins de ceux à qui le produit fabriqué ou le service rendu est destiné. Et ces besoins sont de toute nature; on ne les discute point ; il n'y a point à les approuver ou à les blâmer. Déplorez-en l'origine dans certains cas, si vous voulez. Mais le fait brutal de leur existence domine tout. Si j'éprouve du plaisir à posséder et à acheter des diamants, il n'y a rien de condamnable à cela, et ce besoin n'est pas nuisible à la société, car il procure du travail à un certain nombre d'ouvriers. Un diamant est une œuvre d'art, aussi bien que tout autre bijou, aussi bien qu'un meuble sculpté, aussi bien qu'une maison richement ornée, aussi bien qu'un monument revêtu des œuvres les plus élevées de la sculpture et de la peinture.

Il n'y a pas, au contraire, de besoins plus impérieux de la nature humaine que le besoin du plaisir et les besoins des sens, de l'imagination. Peu de personnes sont assez heureusement partagées pour se complaire uniquement dans le domaine de la raison. L'imagination est l'une des facultés constitutives de l'esprit humain, et ce n'est point celle qui lui fait le moins d'honneur et qui lui a rendu le moins de services. C'est une force qu'ils seraient bien imprudents de mépriser, ceux qui prétendraient en faire abstraction. Que d'œuvres utiles n'a-t-elle point suscitées, et qui ont révolutionné, transformé, élevé le monde! Les grands mouvements religieux n'ont-ils pas contribué à régénérer le monde social et le monde moral? Les renaissances des lettres et des arts n'ont-elles pas été la source de grandes améliorations de toutes sortes, même matérielles? Si vous réduisez l'homme à la vie terre à terre, vous diminuez sa vie, vous l'estropiez, vous en faites un être difforme. Les lettres et les arts lui donnent de la vie, de l'espérance, de la gaieté ! Comme dans la religion, il y a là une source de consolation qui allége la vie et la pare. La supprimer, c'est vouloir condamner la société, et surtout les faibles et les déshérités, à l'ennui. De l'ennui au suicide pour les natures délicates, de l'ennui au mal et à la dépravation pour les esprits plus grossiers, il n'y a qu'un pas.

Oui, le plaisir est nécessaire, il est légitime, il est utile et il redonne du courage au travailleur pour reprendre sa tâche journalière. Ce qui concourt à y donner satisfaction, en reposant le corps et l'esprit, a une *valeur* effective, dans le sens économique de ce mot ; et, tout en restant sur le domaine rigoureux de la science de l'utilité, nous sommes obligés de reconnaître la grande vérité de cette parole de Voltaire : *Il n'y a rien de si nécessaire que le superflu.* En un mot, pour l'appeler par son nom, le *luxe* est légitime ; il est nécessaire et il est utile à tous les points de vue. Il suscite des efforts, des recherches, des améliorations. C'est le luxe qui, en quelque sorte, détermine le progrès. Le désir de gagner en vue d'avoir du bien-être et, encore plutôt, du plaisir, suscite chez le travailleur une activité et une ardeur que l'on aurait grande peine à obtenir sans cela. On pourrait souhaiter que le luxe se portât sur tel objet de préférence à tel autre, qu'il consistât plutôt dans le développement intellectuel que dans la richesse des parures ; mais le principe en est louable ; je dirai plus, il est nécessaire, il est indispensable, il est *inévitable*. On dira peut-être qu'il amollit, qu'il énerve ; nous ne le nions point. Mais c'est là une loi naturelle ; il n'y a pas d'apogée qui ne soit suivi de décadence. *Il faut la nécessité pour déterminer l'effort;* si la nécessité diminue ou disparaît entièrement, l'effort diminue en proportion et souvent même finit par s'éteindre. C'est là un fait commun aux individus, aux familles et aux peuples. On atténue cette réaction par une meilleure éducation morale, un développement intellectuel plus complet ; mais on ne saurait espérer y échapper. On peut trouver cela fâcheux ; mais l'esprit humain est ainsi fait. On ne saurait donc trouver là une raison suffisante pour condamner le luxe, puisqu'il est l'un des plus puissants mobiles des efforts faits par l'humanité dans la voie du progrès ; il faudrait revenir aux décrets de Lycurgue et au temps des Spartiates. Personne n'a véritablement le droit d'avoir, au siècle actuel, des aspirations de cette nature. Il ne faut pas oublier que la vie ne consiste pas dans une situation calme ni dans le *statu quo ;* elle est un va-et-vient perpétuel, une série continue d'oscillations, en un mot, un *mouvement* incessant. *Le mouvement, c'est la vie.* Cette définition est vraie en physiologie ; elle est aussi exacte en économie politique.

Nous devons donc protester, messieurs, au nom de l'utilité, contre les tendances fâcheuses d'un trop grand nombre d'économistes, tendances déplorables qui sont le résultat d'une observation incomplète ou erronée des faits psychologiques et des conditions de la vie sociale. Au nom de la science de l'utilité, nous réclamons en faveur du développement et de la prospérité des lettres et des arts, aussi bien que des sciences. Nous réclamons une large rémunération en faveur de ceux qui en font profession. On se récrie parce que l'on donne cent mille francs à telle ou telle chanteuse ou que l'on paie deux cent mille francs une fresque de Raphaël. Nous, utilitaires, nous demandons, au contraire, que les fonds employés à augmenter ce capital, commun à toute une nation, soient aussi considérables que possible ; que le nombre des musées d'art pur ou d'art industriel soit aussi grand que possible. Et non-seulement nous demandons leur augmentation en nombre, mais il y a lieu d'émettre un vœu pour que des fonds soient consacrés, d'une manière toute spéciale, à les faire contribuer davantage à la vulgarisation scientifique ou artistique, en disposant partout et à profusion des étiquettes suffisamment explicatives, permettant à tous de s'instruire *de visu*. Les musées de l'État renferment une foule de richesses dont il est le plus souvent difficile au grand nombre de comprendre toute la valeur. Avec des pancartes fort explicites et suffisamment détaillées, tous, pauvres ou non, ne se verront point forcés de feuilleter des catalogues lourds et coûteux, ne renfermant que des indications fort sèches et sans profit.

En conséquence, je propose à la section d'appuyer ce vœu et de demander « que le gouvernement prenne les mesures nécessaires pour faire disposer dans les différents musées de peinture, de sculpture, d'art industriel, — comme le Conservatoire des arts et métiers, — d'histoire naturelle ou autres, des pancartes explicatives, indiquant d'une manière sommaire sinon explicite, les noms des auteurs ou inventeurs, les sujets représentés, la destination des machines, les progrès accomplis, les noms et familles des animaux, plantes, etc., de façon à transformer les musées publics en établissements d'enseignement populaire et de vulgarisation des sciences, des lettres et des arts. »

M. DE COSTEPLANE DE CAMARÈS

MOUVEMENT DE LA POPULATION DU GLOBE

— *Séance du 25 août 1873.* —

M. DE COSTEPLANE DE CAMARÈS lit un travail sur la population du globe, qu'il estime à quatorze cents millions environ ; il conteste l'idée, avancée par quelques écrivains, que la population d'aujourd'hui soit, numériquement parlant comme à tous autres égards, inférieure à celle des autres âges du monde ; il ne croit pas que les guerres et les épidémies aient été des causes réelles des décroissances de la population, ni par conséquent un grand obstacle à la loi de muliplication de l'espèce. Pour l'auteur du mémoire, il n'y a jamais eu des armées de quelques millions d'hommes allant à la rencontre d'armées ennemies presque aussi nombreuses qu'elles. — L'armée de Xerxès n'est qu'un mensonge grec produit pour le besoin de la cause. — Crotone, Sybaris, Ninive,

Thèbes, Babylone, n'ont pas eu, aux plus beaux moments de leur splendeur, la population qui s'entrecroise actuellement à Londres, à Paris, à Pékin.

Au physique comme au moral, les hommes ne se sont point abâtardis. Ils ont progressé au contraire, et de ce que quelques nations seraient tombées en dégénérescence, il ne faut pas conclure à la dégénérescence pour le tout.

M. de Costeplane pense que les races supérieures tendent à se multiplier d'après les proportions géométriques : 1, 2, 4, 8, 16... La population est toujours proportionnelle aux moyens d'existence dont les races peuvent disposer. — Chez les races inférieures, polynésiennes, hottentotes, rouges, andamènes, etc., etc, la multiplication ne se fait pas par proportions géométriques, ces races manquant de fécondité malgré leurs moyens d'existence les plus complets ; elles s'accroissent peu et restent presque constamment sans augmentation. — Le principe de Maltus, sur l'accroissement géométrique, n'est vrai pour les temps anciens qu'autant qu'il s'applique aux races supérieures. — La bonne organisation et distribution du travail, le morcellement de la propriété, l'application de l'activité humaine à la production alimentaire, aux vêtements, logements à l'utilité commune, la distribution des richesses sociales entre le plus grand nombre, l'association du travail au capital, une bonne hygiène publique, voilà, dit M. de Costeplane de Camarès, les causes actives de l'accroissement des populations parmi les nations qui vivent sous des institutions libérales, sous des gouvernements de tous par tous.

Tout produit utile au physique féconde l'espèce humaine ; il est vrai, ce vieux proverbe : *là où pousse une gerbe de blé de plus, là naît un homme de plus*. La houille, la pomme de terre, le coton, le topinambour, la vaccine, ont augmenté de plusieurs millions d'habitants chaque année la population de l'Europe.

Pour les races supérieures, qui peuvent en moyenne procréer six enfants par couple, la diminution de la population est moins dans les faits de guerre, qui n'atteignent ordinairement que les mâles, que dans les disettes, les famines, les épidémies, la concentration des terres dans quelques mains, dans la mauvaise organisation du travail, dans les vicieuses directions de la société. Au nombre de ces vices de la société se trouvent l'état nomade et pastoral ; ils occupent de vastes étendues, des territoires sans fin et sans produits directement alimentaires, le luxe, le faste, la frivolité, la dissipation, parce qu'ils ne créent rien d'utile et dissipent au contraire la force sociale. La mauvaise hygiène, l'abaissement des salaires, l'oisiveté, la sodomie, les habitudes du célibat, les ordres religieux, les gouvernements personnels absolus, dynastiques, voilà encore des vices sociaux qui déterminent la diminution de la population.

Les disettes exercent quelquefois cette double influence. Elles diminuent les facultés prolifiques ; d'autres fois, sans léser le germe générateur, elles atteignent les individus nés. La guerre n'altère pas, n'atteint pas les facultés prolifiques, elle semble au contraire les augmenter. On remarque, depuis un siècle et plus, que la fécondité est activée pendant les guerres. Une vie un peu agitée est favorable et non pas nuisible à la fécondité. Il en est de même des épidémies ; après elles, la fécondité augmente par une suractivité du germe générateur. Mais, les famines et les disettes sont des agents plus actifs de la diminution des populations en ce qu'elles frappent les forts comme les faibles ; qu'elles appauvrissent le tempérament et sévissent ainsi sur les générations à venir.

Clive, sans répandre une goutte de sang, a tué de quatre à cinq ou six millions d'hommes par l'accaparement du riz du Bengale. Il a été plus funeste que Mahmoud le Gaznévide, que Tamerlan, qu'Akar-Kan, qui, malgré tous leurs crimes et leurs guerres effroyables, ont fait mourir moitié moins d'hommes que lui.

Les grandes destructions sont celles qui, par violence indirecte, s'attaquent à l'homme.

L'habitation des villes populeuses, la vie des mines, des verreries, des manufactures, sont des causes de dépeuplement. Les générations de la campagne vont s'éteindre dans les villes par la débauche, la privation d'air, la nourriture insoluble et le développement prématuré du sens génital.

M. de Costeplane de Camarès passe à la proportion des sexes. Il naît à peu près, dit-il, autant de filles que de garçons. Pendant le cours de la vie les hommes meurent en plus grand nombre que les femmes, de telle façon qu'après vingt ou trente ans, il se trouve un peu plus de femmes que d'hommes. En France il y avait, en 1840, sur 100, une proportion de 51 femmes à 49 hommes ; tandis qu'à la naissance il y a ordinairement, sur plus de 20 millions de naissances, un rapport de 17 garçons à 16 filles, ou, suivant d'autres, 19 garçons à 18 filles. Sur un nombre quelconque, la naissance des garçons excède celle des filles d'un seizième ou d'un dix-huitième. — Dans les pays chauds les filles naissent plus nombreuses que les garçons, en ce que les femmes sont plus vivaces que les hommes. Chez les espèces animales et végétales, les femelles sont plus nombreuses que les mâles ; la raison philosophique de ce fait bien constaté se trouve dans ce que, un mâle peut suffire à plusieurs femelles. Une statistique générale sérieuse de l'espèce humaine prouverait qu'indépendamment de la mortalité par les cas de guerre, il naît et vit moins d'hommes que de femmes.

Il n'est pas facile, ni possible de connaître les limites de la population générale de notre planète, qui, sans être infinies, sont cependant hors de toute appréciation exacte. Cependant on peut avancer que, si toutes les parties de la terre avaient la même fertilité que la Belgique, l'Angteterre, etc., et étaient autant peuplées que ces pays, au lieu de quatorze cents millions, la population du globe parviendrait au chiffre énorme de quatorze à dix-huit milliards, parce que sa puissance créatrice en moyen d'existence est indéfinie.

M. BOUVET

Membre de la Société d'économie politique de Lyon

LA MONNAIE INTERNATIONALE

— *Séance du 27 août 1873.* —

Nous ne croyons pas qu'il soit utile de faire devant vous un long exposé, pour démontrer que le commerce universel retirerait d'immenses avantages de la création d'une monnaie internationale. Nous sommes persuadés que vous considérez comme vérité acquise le simple énoncé de cette proposition.

Déjà de grands efforts ont été tentés par des hommes considérables de divers pays, à l'effet de faire adopter une mesure commune de la valeur par toutes les nations qui peuvent y être intéressées. La convention monétaire du 23 décembre 1865 en est la preuve ; cette convention, qui lie pour quinze ans la Belgique, la Suisse, l'Italie et la France au même système monétaire, a été un premier succès ; succès considérable, qui a fait naître l'espoir légitime d'obtenir, avec le temps, un résultat plus complet.

C'est à l'époque de l'Exposition universelle de 1867, qu'eût lieu la seconde tentative pour obtenir l'unification ou tout au moins l'uniformité de la monnaie.

Une Commission, composée des économistes les plus distingués des nations représentées à l'Exposition, fût convoquée à Paris ; elle eût des séances qui ne durèrent pas moins de trois semaines.

Sur le rapport du baron de Hock, représentant de l'Autriche, la Commission adopta des résolutions d'une véritable importance.

Nous croyons devoir donner le texte même de ces propositions, parce que, à notre avis, elles serviront de base aux négociations et aux résolutions futures. Précédées d'un exposé de motifs assez court, elles furent formulées de la manière suivante :

« Le Comité,

« Considérant que l'adoption d'un système uniforme pour les monnaies présente des avantages tellement évidents, tant au point de vue de la commodité qu'à celui de l'économie dans le règlement des échanges internationaux, qu'elle se recommande d'elle-même auprès de tout gouvernement éclairé ;

« Considérant, d'autre part, que cette mesure ne peut être réalisée sans qu'un grand nombre de peuples fassent le sacrifice de leurs instruments de trafic anciens et des plus habituels ; qu'il importe, dans leur intérêt, que ce changement puisse se faire graduellement et d'une manière continue, et que, dès lors, les premières bases de cette transformation doivent être aussi simples que possible et débarrassées de toute complication incidente,

« Émet les propositions suivantes :

« 1° La première condition à remplir est l'adoption, par les divers gouvernements intéressés dans cette question, d'une même unité dans l'émission de leurs monnaies d'or ;

« 2° Il est à désirer que ces monnaies soient partout frappées au titre de neuf dixièmes ;

« 3° Il est à désirer que chaque gouvernement introduise, parmi ses monnaies d'or au moins une pièce d'une valeur égale à celle d'une pièce en usage parmi les autres gouvernements intéressés, afin qu'il y ait ainsi, entre tous les systèmes, un point de contact commun ; partant de là, chaque nation travaillerait à assimiler graduellement son système de monnaies à celui qui pourrait être choisi comme base uniforme ;

« 4° La série des monnaies d'or actuellement en usage en France, se trouvant adoptée par une grande partie de la population de l'Europe, se recommande comme base du système uniforme cherché ;

« 5° Considérant que, par suite d'une circonstance accidentelle et heureuse, les unités monétaires les plus importantes peuvent s'adapter à la pièce d'or française de 5 francs, moyennant des *changements peu sensibles* cette pièce serait la plus convenable pour servir de base au système monétaire, et les monnaies frappées sur cette base deviendraient, aussitôt que la convenance des nations intéressées le permettrait, des multiples de cette unité ;

« 6° Il est à désirer que les différents gouvernements décident que les monnaies frappées par chaque nation, en conformité avec le système uniforme proposé et convenu, ait cours légal dans tous ces pays ;

« 7° Il serait extrêmement désirable que le système du double étalon monétaire fût abandonné là où il existe encore ;

« 8° Il serait extrêmement désirable que le système de la numération décimale fût universellement adopté, et que les monnaies de toutes les nations eussent le même titre et la même forme ;

« 9° Il est à désirer que les gouvernements s'entendent pour adopter les mesures communes de contrôle, afin de garantir l'intégrité des monnaies, tant pour leur fabrication que pendant leurs cours. »

Ces points déterminés il restait à résoudre la question la plus compliquée de toutes, question fondamentale qui avait livré les économistes à des discussions sans fin.

Les législations des différents États ont adopté divers systèmes ; pour les uns c'est l'étalon d'or, pour d'autres, c'est l'étalon d'argent qui sert de base au système monétaire, enfin d'autres encore ne voulant pas se prononcer ont accepté le double étalon.

Le Comité devait choisir, et surtout choisir avec maturité et sûreté de jugement, l'étalon monétaire qui répond le mieux aux intérêts généraux du commerce. La question fût mise à l'étude d'une sous-commission, composée de MM. de Parieu et de Jacobi pour les pays à double étalon ;

De MM. le baron de Hock et Meinecke pour les pays à étalon d'argent ;

De MM. Graham et le comte d'Avila pour les pays à étalon d'or ;

Et enfin de M. Ruggles, représentant des États-Unis d'Amérique.

La sous-commission, par l'organe de son rapporteur, M. de Parieu, se prononça pour l'adoption de L'ÉTALON D'OR, tout en considérant que le double étalon pouvait avoir des raisons d'être *temporaires et transitoires* dans les législations des États habitués au régime de l'argent.

Cet avis fût partagé à l'unanimité par la Commission tout entière.

A la suite de ces travaux, on pouvait sérieusement espérer qu'il en sortirait une solution pratique, et que tous les gouvernements s'empresseraient de ratifier les résolutions formulés par la Commission internationale pour l'unification des monnaies. Il n'en fût rien. La question n'a pas avancé d'un pas depuis 1867, et, après six ans d'attente, il est nécessaire de la reprendre par la base.

Pour être exact, nous devons ajouter que la Grèce et les États pontificaux, ainsi que la Roumanie et le Pérou, se sont ralliés au système français, les premiers avant, et les autres après la conférence internationale, et que l'Autriche-Hongrie, l'Espagne et la Suède y ont acquiescé dans une certaine mesure; assurément c'est un avantage, mais qu'est-ce que cela comparé à la circulation anglaise et de ses colonies? Que serait-ce si on ajoutait celle des États-Unis d'Amérique et de l'Allemagne du Nord?

La Grèce, la Roumanie, les États pontificaux ne sont entrés dans l'union que pour émettre une monnaie d'argent à 835/1000.

L'Autriche-Hongrie n'apporte pas un grand secours, puisque toute sa circulation est en papier-monnaie.

L'Espagne a fabriqué quelques pièces d'argent de 5 pesetas, du poids de 25 grammes, et la Suède a essayé de mettre en circulation quelques pièces d'or dites *carolins*, du poids et du titre de nos pièces de 10 francs. Nous le répétons, tout cela est peu de chose comparé à l'immensité de la circulation anglaise.

La question se posait évidemment entre le système monétaire anglais et le système français. Aujourd'hui une nouvelle complication est venue s'ajouter aux difficultés existantes, c'est le nouveau système allemand, qui fait des émissions énormes de pièces d'or de 20 marks, qui n'ont rien de commun avec la pièce de 20 francs.

La Commission internationale de 1867 penchait pour le système français, la proposition n° 4 le démontre suffisamment; mais ce n'est pas assez de désirer vivement l'accomplissement de telle mesure, il faut encore que toutes les parties intéressées éprouvent le même sentiment, et c'est ce qui n'avait pas lieu.

L'Angleterre s'est constamment refusée à refondre sa monnaie pour mettre la livre sterling ou le souverain à l'unisson d'une pièce de 25 francs. L'Angleterre consentait à changer le titre de sa monnaie qui est de 11/12 et de le porter à 9/10, parce que ce changement en réalité ne change rien dans la valeur de la livre. Mais il en était autrement lorsqu'on lui proposait de réduire le souverain au poids d'une pièce de 25 francs.

Au même titre que la monnaie française le souverain anglais pèserait 8 gr. 136 ; la pièce de 25 francs étant de 8 gr. 0645, il faudrait diminuer ou rogner la livre anglaise de la différence ; soit 0 gr. 0715, d'or, représentant un peu plus de 22 centimes de notre monnaie ; *c'est peu sensible* lorsqu'il s'agit d'une livre sterling, mais sur une traite de mille livres, la différence monterait à 221 fr. 65 cent. ; aussi l'Angleterre est-elle bien décidée à ne pas rogner sa monnaie qui circule avec faveur dans le monde entier. Et, au fait, pourquoi l'Angleterre s'imposerait-elle ce sacrifice? Ce serait en faveur de la pièce de 25 francs qui n'existe pas encore sous cette forme. Qu'est-ce après tout que cette pièce de 25 francs? Ce serait un petit disque d'or au titre de 9/10 de fin pesant en grammes 8,064516129... soit une fraction incommensurable. Comprend-on une *unité* qui serait un nombre fractionnaire dans le système métrique?

Si au lieu de la pièce de 25 francs on examine le FRANC D'OR, on trouve pour la représentation de l'unité monétaire française un poids évalué en grammes par 0,322 580 645 161 290 [1], en poussant jusqu'à la quinzième décimale.

Est-ce bien là le caractère d'une unité à proposer à l'acceptation du monde entier?

Lorsque la loi du 28 thermidor an III voulut déterminer le franc d'argent, elle déclara qu'il serait composé de 5 grammes d'argent au titre de 9/10 de fin. Voilà une *unité*, aussi cette unité est-elle restée vivante, quoique la circulation de l'argent ait cessé de fait; quoiqu'on ait refondu toutes les pièces de 1 et de 2 francs. La définition du franc de l'an III est encore la base de tout le système monétaire français.

Mais ce système a vieilli, le commerce n'admet plus les paiements en argent, et la science économique n'admet pas les deux étalons monétaires. Peut-être cela explique-t-il que les Anglais n'ont pas absolument tort de repousser la pièce française de 25 francs.

Devrait-on alors accepter le système anglais? Nul dans la Commission ne l'a proposé, et les Anglais eux-mêmes ne le proposeraient pas.

La livre sterling n'a rien qui la recommande comme unité. Son poids actuel avec 1/12 d'alliage est loin de ressembler à quelque chose. C'est aussi une fraction, même en poids anglais, puisque le poids exact est de 123,2738 [2] grains troy. Si la livre sterling était établie au titre

1 La loi du 7 germinal an XI, ayant ordonné la fabrication de pièces d'or de 20 et 40 francs, établit à cette époque un rapport fixe entre l'or et l'argent monnayé. Il fut déterminé que l'or valait 15 fois et 1/2 autant que l'argent; or, comme le kilogramme d'argent monnayé était désigné par l'expression *deux cents francs*, le kilogramme d'or monnayé dut être désigné par 200×15,5 c'est-à-dire *3,100 francs*. Pour connaître le poids d'une pièce de 20 francs, on fait la proportion suivante : si 3,100 francs pèsent 1,000 grammes, combien pèse la pièce de 20 francs, proportion qui s'écrit ainsi :

$$3100 : 20 :: 1000 : x; \text{ d'où } x = \frac{20 \times 1000}{3100} = 6^{gr},451\ 612\ 903..........;$$

résultat qui donne le poids exact de la pièce de 20 francs. Pour trouver le poids d'une pièce d'or quelconque, on établit la même proportion; pour une pièce de 25 francs, par exemple, on écrira :

$$3100 : 25 :: 1000 : x \text{ d'où } x = 8^{gr},064\ 516\ 129..........;$$

Pour 1 franc d'or on aurait :

$$3100 : 1 :: 1000 : x \text{ d'où } x = 0^{gr},322\ 580\ 645\ 161\ 290..............$$

2 Si on compare le grain troy au gramme, on a l'équation suivante :

1 grain troy = $0^{gr},064\ 798\ 95$

La livre sterling contient en métal pur.	grains 113,001
Alliage au 1/12.	10,2728
Poids actuel de la L. S.	grains 123,2738

Le poids en grammes est de 123,2738 × 0,064 798 95, ce qui donne $7^{gr},988\ 013$ pour le poids de la livre à 11/12 de fin.

Poids en grammes de la livre sterling au titre de 9/10.

Or pur.	grains 113,001
Alliage 1/10.	12,555
	125,556

125,556 × 0,06479895 = 8,135 896 936.

Le poids métrique d'une livre sterling peut être évalué exactement à $8^{gr},135\ 896\ 966$ pour le de 9/10, elle pèserait, en grains troy, 125,556, ou, en grammes, 8,136.

D'un autre côté, sa division a lieu en shillings et en pence, ce qui s'éloigne beaucoup de la numération décimale.

Nous le répétons, la livre sterling n'a rien qui puisse la recommander comme mesure universelle de la valeur.

Nous avons dit que les Anglais, tout en consentant à changer le titre de leur monnaie, ce qui n'apporterait aucun changement dans la valeur de la livre sterling, n'admettait pas la discussion lorsqu'on leur proposait d'amoindrir la quantité d'or pur qu'elle contient.

Les Américains, sans être aussi affirmatifs dans la forme, ont paru aussi tenaces au fond en ce qui concerne le dollar.

L'Allemagne du Nord, c'est-à-dire la Prusse, se réservait. Nous savons qu'elle vient, ces derniers temps, de créer une nouvelle monnaie d'or qui est loin de s'accorder avec la monnaie française.

De toutes ces difficultés, il résulte que le projet d'unification des monnaies est quelque peu délaissé, sinon tout à fait abandonné.

Messieurs,

Nous croyons qu'il appartient à l'Association pour l'avancement des sciences de s'occuper sérieusement de cette question. Peut-être que le dernier mot n'a pas été dit. Peut-être aussi qu'en cherchant bien on pourrait trouver une solution satisfaisante.

Lorsqu'on réfléchit quelque peu, on voit clairement que toute question monétaire est affaire de poids et rien autre.

On croit communément que c'est l'effigie du prince qui donne la mesure de la valeur d'une pièce de monnaie. Il n'en est rien, l'effigie du souverain n'ajoute rien à la valeur propre d'une pièce de métal précieux. Un lingot d'or au titre de 9/10 et d'un poids de 5 kilogrammes, par exemple, est considéré, dans le commerce libre, comme l'équivalent exact de 5 kilogrammes d'or monnayé. Si la circulation de la monnaie est plus facile, c'est à cause de sa division, mais en réalité une pièce de monnaie n'est rien autre qu'un petit lingot certifié.

Tous les noms étranges, bizarres et quelquefois baroques que l'on emploie pour désigner les monnaies, tels que : doblon, dollar, aigle, carlin, condor, ducat, florin, sequin, gulden, marck, franc, roupie, rouble, mohur, pistole, thaler, yen, etc., etc., sans aucune signification par eux-mêmes, ne servent qu'à déguiser un poids de métal, poids dont il faut constamment faire l'évaluation dans la pratique ordinaire des affaires.

titre à 9/10 de fin, mais la valeur de la livre n'a pas changé parce que la quantité d'or pur est restée la même.

Quelquefois il arrive que le même mot désigne plusieurs poids différents, suivant le pays. Le florin, par exemple, désigne tel poids de métal précieux en Autriche, un autre poids en Angleterre, un troisième en Hollande et un quatrième dans certaines villes d'Allemagne. Pour distinguer un florin d'un autre florin il est indispensable d'indiquer le poids de chacun d'eux. Il en est de même pour les pièces de monnaies des différents pays, la seule manière de les comparer entre elles consiste à les peser.

Ainsi, pour comparer une pièce d'or de Hollande, nommée *Guillaume*, avec une pièce d'or des États-Unis désignée par le mot *Aigle :* ces deux monnaies étant au même titre, on dit le *Guillaume* pèse 6 gr. 729 et l'*Aigle* pèse 16 gr. 718 ; à cela il n'y a rien à ajouter, pas plus qu'on ajouterait dans la comparaison de deux saumons de plomb, dont l'un pèserait 100 kilogrammes et l'autre 150. Par la simple énonciation du poids, l'esprit est satisfait et établit aussitôt la différence sans qu'il soit nécessaire de donner un nom particulier au poids de 100 kilogrammes et un autre nom au poids de 150.

C'est cependant ce que l'on a toujours fait pour les monnaies, on leur a donné un nom particulier, au lieu de les désigner tout uniment par leur poids.

Si la monnaie avait toujours été désignée seulement par son poids, la monnaie internationale ne serait pas à chercher, elle eût été un fait accompli le jour où l'on se serait mis d'accord sur le poids lui-même.

Ce qui n'a pas été fait jusqu'à présent, nous croyons qu'il est possible de l'accomplir aujourd'hui, avec assez de facilité et sans apporter aucun trouble dans les transactions, ce qui est le point important.

Le système métrique des poids et mesures est en usage chez les nations qui se sont unies par la convention monétaire du 23 décembre 1865, savoir : la Belgique, la Suisse, l'Italie et la France ; d'autres nations ont accédé à cette convention et implicitement au système métrique, c'est l'Autriche, l'Espagne, la Grèce, la Roumanie, la Suède, le Pérou, pour leur monnaie d'or, et l'Égypte, le Brésil, le Chili, pour leur monnaie d'argent.

D'autre part, l'Angleterre a déclaré légal, dans le Royaume-Uni, ce même système métrique, par acte du parlement en date du 29 juillet 1864.

Les États-Unis d'Amérique l'ont adopté par une résolution du Congrès du 17 mai 1866 ; la légalité de ce système a été également reconnue, par la loi du 17 août 1868, par la Confédération de l'Allemagne du Nord.

Nous devons ajouter, pour éviter toute fausse interprétation, que la déclaration de légalité, de la part des puissances que nous venons de nommer, n'implique pas, comme en France, la prohibition des autres poids et mesures; mais cela ne change rien à notre raisonnement, l'important est que l'on se serve du système métrique ou que l'on puisse légalement s'en servir.

Nous constatons que les seize nations que nous venons d'indiquer possèdent une mesure commune en ce qui concerne le poids.

Pour obtenir une monnaie également commune il suffit d'inscrire au revers de chaque pièce d'or son poids en grammes et en milligrammes et la monnaie internationale sera faite.

Point n'est besoin que les pièces soient de même poids ou contiennent un poids rond [1], ni qu'on change leur dénomination ou appellation dans le pays d'origine; qu'on inscrive seulement le poids exact de la pièce, le titre étant le même partout, le commerce libre fera le reste.

Et pour donner l'exemple, que la France commence. Il ne sera rien changé à la fabrication, seulement la monnaie d'or française portera au revers le chiffre indiquant son poids en grammes et milligrammes. On pourra ajouter le millésime ainsi que le titre, mais cette dernière inscription n'est pas indispensable puisque la monnaie doit être au titre uniforme de 9/10 de fin.

Nous pouvons prédire que les bons effets d'une pareille mesure ne tarderont pas à se faire sentir. Les compagnies de chemin de fer seront les premières à profiter des facilités que cela leur donnera pour régler les tarifs internationaux.

Les voyageurs de commerce ou les touristes auront bientôt acquit la pratique et l'usage de la monnaie internationale, ce sera moins difficile et moins long à apprendre que de faire, comme on y est obligé

[1] Le poids des pièces d'or françaises est exprimé par une quantité fractionnaire,

	gr.
100 francs pèsent	32,25806
50 — —	16,12903
20 — —	6,45161
10 — —	3,22580
5 — —	1,61290

cependant avec les mêmes pièces il est possible d'obtenir des poids ronds de 50 grammes et multiples de 50 grammes savoir : 50, 100, 150, 200, 250 grammes, etc.

En effet, nous savons que le kilogramme d'or monnayé s'appelle 3100 francs. Nous savons donc que :

3100 francs pèsent	1000 grammes.
1550 — —	500 —
310 — —	100 —
155 — —	50 —
31 — —	10 —
3 fr. 10 c. —	1 —

Remarquons que 50 grammes, représentés par 155 francs, peuvent être établis par 7 pièces de 20 francs, 1 de 10 fr. et une de 5 fr. d'or, d'où il résulte que nous pouvons écrire :

310 francs	ou	100 grammes	=	15 × 20 + 10
465	—	150	—	= 23 × 20 + 5
620	—	200	—	= 31 × 20
775	—	250	—	= 38 × 20 + 10 + 5
930	—	300	—	= 46 × 20 + 10

et ainsi de suite en ajoutant 155 francs par 50 grammes.

actuellement, l'éternelle conversion des francs en thalers, des thalers en roubles, des roubles en florins, des florins en piastres turques, puis ces dernières en drachmes, puis encore en lires ou en francs lorsqu'on voyage à travers l'Europe pendant un mois ou deux.

Les banquiers et les commerçants ne tarderont pas à régler leurs comptes avec l'extérieur en grammes d'or, et les prix courants des marchandises comptés de cette manière seront immédiatement compris à Odessa, New-York, Londres et Paris, sans qu'on soit tenu de faire de longs et fastidieux calculs du change de chacune de ces places.

Une fois ce principe admis, la divergence des monnaies ne paraît plus aussi redoutable. Déjà quinze nations émettent leur monnaie d'or au titre de 9/10 de fin; sept emploient l'alliage au 1/12, soit en chiffres décimaux 916/1000; une émet sa monnaie à 896/1000, et trois à 875/1000. Mais nous le répétons, toutes les nations sont disposées à prendre le titre unique de 900/1000. Aucune n'a soulevé d'objection lorsque la question s'est présentée dans le sein de la Commission de 1867, et, au moment du vote, cette proposition a obtenu l'unanimité.

Voici, du reste, la nomenclature des États qui ont leur monnaie au titre de 900/1000, et le nom de leur principales pièces d'or avec leur poids en grammes et milligrammes :

		gr. m.
Allemagne du Nord	20 Marks	7,965
Autriche	8 Florins	6,451
Belgique	20 Francs	6,451
Chili	5 Pesos	7,626
Espagne	10 Escudos	8,387
Etats-Unis	Aigle	16,718
France	20 Francs	6,451
Grèce	20 Drachmes	6,451
Italie	20 Lires	6,451
Japon	5 Yen	8,333
Pays-Bas	Guillaume	6,729
Pérou	5 Sols	8,064
Roumanie	20 Leys	6,451
Suède	Carolin	3,225
Tunis	25 Piastres	9,760

Les nations suivantes ont conservé l'ancien alliage au 1/12 dit de 22 carats, soit en chiffres décimaux 916/1000 :

		gr. m.
Angleterre	Souverain l. st.	7,988
Brésil	10,000 Reis	8,963
Indes anglaises	Mohur	11,664
Perse	Thoman	3,760
Portugal	Demi-couronne	8,868
Russie	Demi-impériale	6,545
Turquie	Cent piastres	7,216

Au titre de 21 1/2 carats ou 896/1000 :

		gr. m.
Danemark	Christian d'or	6,642

Au titre de 21 carats ou 875/1000 :

Égypte	Cent piastres	8,500
Mexique.	Pistole.	6,750
Philippines (îles).	Doblon 4 pesos.	6,776

Nous n'avons pas mentionné Bade, la Bavière, la Saxe, la Suisse, la Norvége, le Wurtemberg, ces États n'ayant qu'une circulation en argent.

Les monnaies, ramenées au même titre et indiquant leur poids, devraient, bien entendu, avoir cours légal dans tous les États qui auraient adhéré à la convention à intervenir, suivant la sixième proposition de la Commission de 1867.

Il reste maintenant à nous occuper de la question du métal argent.

Est-il possible de démonétiser, sans amener une grande perturbation, l'énorme masse d'argent monnayé ? Nous ne le croyons pas. Nous pensons au contraire qu'une pareille mesure jetterait un grand trouble dans les transactions et amènerait des catastrophes. Nous savons que la France seule avait, au 31 décembre 1871, fabriqué pour 4 milliards 886 millions de monnaie d'argent décimale.

Nous restons persuadé qu'aucun ministre des finances français ne voudrait actuellement courir les risques d'une pareille aventure.

Mais ce qui n'est pas possible aujourd'hui peut le devenir plus tard, surtout si l'on veut préparer les choses longtemps à l'avance.

Nous ne parlons pas, bien entendu, de la monnaie divisionnaire d'argent qui sera toujours indispensable ; nous n'avons fait allusion qu'aux pièces de 5 francs qui, à elles seules, forment un total de 4 milliards 686 millions de francs.

La première mesure à prendre consiste à ne plus fabriquer de pièces de 5 francs d'argent, du moins sous la forme actuelle, et si le commerce en demandait pour ses affaires avec l'extrême Orient, l'Hôtel de la Monnaie de Paris serait autorisé à convertir en rondelles de 25 grammes d'argent les lingots qui lui seraient apportés par le public ; ces rondelles de même module, poids et effigie que les pièces de 5 francs, ne porteraient point l'inscription de 5 francs, mais seulement ces mots : 25 GRAMMES D'ARGENT ; on inscrirait en exergue : — titre 900 millièmes, — et on ajouterait le millésime. On rentrerait ainsi dans la vérité des faits, et on éviterait pour l'avenir toutes les difficultés dont il est si difficile de sortir aujourd'hui.

Nous n'indiquons aucune mesure à prendre au sujet de la monnaie divisionnaire, parce que de ce côté il ne peut arriver aucun empêchement. Cette sorte de monnaie ne devant servir que d'appoint à la pièce d'or, il serait sans inconvénient de laisser à chaque État le soin de la fabriquer comme bon lui semblerait ; il va sans dire que, dans ce cas, cette monnaie n'aurait cours que dans l'État qui l'aurait émise sous sa responsabilité, autrement ce serait une convention nouvelle à étudier, étude qui ne serait ni longue ni difficile.

Comme conclusion nous vous proposons d'adopter le vœu suivant : « Les monnaies émises, à partir du 1er janvier 1874, par l'État français, indiqueront d'une manière très-apparente le poids de chaque pièce en grammes et milligrammes. Le titre sera inscrit en exergue. »

Au moment de finir nous demandons s'il eût mieux valu conclure pour la fabrication immédiate de pièces d'un poids ronds de 5 et 10 grammes d'or ? Nous ne le pensons pas ; à notre avis, cette mesure eût soulevé de telles objections et offert de telles difficultés que sa réalisation eût été à peu près impossible. Par la proposition que nous vous soumettons, on arrivera forcément au même but, mais ce sera avec le temps, ce qui vaudra mieux, parce que cela viendra lentement et à son heure ; l'amélioration sera plus certaine et aussi plus durable,

---

M. DEMONGEOT

Maître des requêtes au Conseil d'Etat

SUR LA SITUATION DE L'INSTRUCTION PRIMAIRE EN FRANCE

— *Séance du 27 août 1873.* —

M. Demongeot rend compte de la dernière enquête officielle sur l'état de l'instruction primaire en France. (Rapports des inspecteurs d'académie pour l'année 1864, publiés comme annexes à la statistique de 1863.)

M. BARRETT

Membre de la Société d'économie politique de Lyon

SUR L'INSTRUCTION PRIMAIRE ET L'INSTRUCTION SECONDAIRE AUX ÉTATS-UNIS

— *Séance du 27 août 1873.* —

Nous sommes à une époque où l'on considère l'ignorance du peuple comme le plus grand des dangers. Un Américain, un des bienfaiteurs de l'humanité, un des apôtres de l'instruction populaire, Horace Mann, un homme qui a consacré sa vie entière à établir des écoles populaires, disait : « Nous ne sommes plus à nous demander ce que nous ferons de ce peuple ignorant et abruti, mais nous sommes à nous demander ce qu'il fera de nous. » Horace Mann disait encore : « Quand donc nous occuperons-nous de l'enfance? Nous veillons sur la semence que nous confions à la terre et nous ne nous occupons de l'âme humaine que lorsque le soleil de la jeunesse est passé ; si j'en étais le maître, je sèmerais des livres par toute la terre, comme on sème du blé dans les sillons. Je préfère, disait-il, voir fonder une école dans un village qu'un hôpital pour les pauvres. » L'Amérique ne pourrait maintenir ses institutions politiques sans répandre largement et généreusement l'instruction dans les masses.

En Amérique, la Constitution a proclamé la nécessité pour un peuple libre de former, au moyen d'une instruction largement répandue, des citoyens éclairés, instruits, capables d'accomplir leurs devoirs et de faire respecter leurs libertés et leurs droits. Tout le monde est d'accord et travaille dans ce but. C'est pourquoi les citoyens américains n'abandonnent point au gouvernement central le soin de pourvoir à l'instruction du peuple ; tout le monde s'en occupe, et l'initiative privée fait plus que le gouvernement.

Ce sont des palais que l'on élève à la gloire de l'instruction populaire aux États-Unis. Il y a des écoles, en Amérique, qui ont coûté, de construction, 500,000 et 1,200,000 fr., d'autres 2 millions et demi. Il y a des écoles, comme celle pour les orphelins de Philadelphie, construite par un Français, Étienne Girard, toute à ses propres frais, qui sont en marbre blanc ; celle d'Étienne Girard est construite avec le plus beau marbre blanc et d'après le modèle du Parthénon ; d'autres ont pris pour modèle une basilique ; d'autres ressemblent à un château normand, avec ses créneaux ; d'autres, à des manoirs gothiques ; d'autres enfin rappellent le style de la Renaissance, comme le collége de Vassar pour les jeunes filles, à New-York, qui a coûté plus de 2 millions et demi.

ROLE DU GOUVERNEMENT CENTRAL DANS L'INSTRUCTION PUBLIQUE. — Les États-Unis étant une république fédérative, chaque État est souverain et a le droit de faire ses lois locales, pourvu que ces lois ne soient pas contraires à l'intérêt général ou à la Constitution des États-Unis. Tout le territoire de l'Union a été divisé en trente-six parties égales et le gouvernement a décrété que la trente-sixième partie serait consacrée aux besoins de l'instruction publique ; il donne à chaque État une portion de ce terrain, et qui est à peu près égale en valeur aux sacrifices que chaque État s'impose pour fonder des écoles publiques.

Il a déjà donné aux différents États 80,000 acres de terre, c'est-à-dire une superficie aussi grande que l'Angleterre, l'Irlande et l'Écosse réunis. Après la vente des terres, en 1868, la valeur de ces fonds *(State-funds)* s'élevait à 12 millions et demi de francs pour le Massachussetts, à 14 pour l'État de New-York, à 16 pour l'Ohio, à 39 pour l'Indiana, à 32 pour l'Illinois, etc.

Role de chaque État dans l'instruction publique.— Chaque État fait ses propres lois, et les communes sont obligées de s'y soumettre, et, bien qu'elles ne soient soumises à l'État que dans les affaires d'intérêt général, les communes ne sont pas libres en matière d'instruction publique. Chaque commune de 150 à 300 habitants est obligée d'avoir une école primaire. La loi l'oblige à établir un nombre d'écoles suffisant pour recevoir tous les enfants qui sont en âge d'y aller. L'État peut intenter une action à la commune pour l'obliger à se taxer ; ensuite les parents de tout enfant, à qui une place est refusée à l'école, ont le droit de réclamer des dommages et intérêts. Pour recevoir une part des revenus des terres, une commune est obligée de s'imposer jusqu'à concurrence d'un dollar et demi par enfant en âge d'aller à l'école. En général, on compte une école pour 200 à 250 habitants.

L'État de New-York dépense 50 millions par an, pour 4,382,759 habitants, soit 12 fr. 50 cent, par tête ou 50 fr. par écolier ; le Massachussetts, 29 millions pour 1,457,375 habitants, soit plus de 20 fr. par tête. Dans la Pensylvanie, l'Ohio, l'Illinois, le chiffre varie entre 13 et 15 fr. Chacun de ces États dépense 5 millions de francs par an pour bâtir des écoles.

Quant aux villes, elles suivent l'exemple des États. New-York, pour 942,892 habitants, dépense près de 11 millions de francs, Boston, 6 millions pour 250,256 habitants.

En somme, voici le tableau comparé des dépenses scolaires et des autres dépenses pour un certain nombre d'États en 1868 et 1869.

Maine.	805,369 dollars . . .	403,601 dollars.
Pensylvanie.	5,160,705 — . . .	[illegible],853,366 —
Ohio.	1,178,348 — . . .	445,978 —
Californie.	4,816,495 — . . .	2 978,995 —
New-Jersey	1,313,358 — . . .	472,815 —
Wisconsin.	1,774,473 — . . .	946,519 —
Illinois.	6,430,881 — . . .	1066,525 —

En somme, les États-Unis comptent dans leurs écoles 8 millions d'élèves et 500,000 instituteurs ou institutrices, soit 1 instituteur pour 77 habitants et pour 16 élèves.

L'initiative privée.— M. Peabody a donné 20 millions pour fonder des écoles, collèges, bibliothèques ; M. Ezra Cornell, ancien ouvrier, a légué 2 millions et demi pour fonder l'Université industrielle d'Ithaca, et, plus tard, 2 autres millions pour une bibliothèque et une collection de géologie ; M. Agassiz, 1 million pour fonder une chaire de zoologie, etc. En somme, M. John Laton, dans un rapport au Congrès, dit que, dans une année, les donations particulières montaient à environ 43 millions de francs. La valeur totale des donations privées jusqu'à ce jour dépasse 1 millard et demi.

INSTITUTRICES. — Il y a aux États-Unis infiniment plus d'institutrices que d'instituteurs. Ainsi, en 1849, on comptait, dans le Massachussetts, 5,540 institutrices contre 497 instituteurs seulement ; à Philadelphie, 1,391 institutrices et 81 instituteurs ; dans la ville de New-York, en 1865, 2,057 institutrices et seulement 207 instituteurs. Cela tient à ce que les institutrices coûtent moins cher et sont plus aptes à l'enseignement primaire que les instituteurs. Voici ce que dit à ce sujet le révérend James Fraser, évêque de Manchester : « En Amérique, les femmes montrent bien plus d'aptitude pour l'enseignement que nos maîtres en Europe. Ces institutrices ont un talent merveilleux pour tirer parti de ce qu'elles savent. Elles sont calmes, énergiques ; elles maintiennent la plus stricte discipline, sans sévérité ; elles sont patientes, sans faiblesse ; elles donnent de l'intérêt à tout ce qu'elles enseignent, par des récits, des exemples et des explications familières ; jamais la classe ne s'ennuie et ne s'endort. Elles sont fières de leur situation et font tout pour élever le niveau de leur classe ; elles font elles-mêmes d'excellentes mères de famille ; ayant appris à conduire les enfants des autres, elles élèvent bien les leurs. »

« Il est impossible, ajoute M. Rice, surintendant de New-York, d'estimer assez haut l'influence bienfaisante qu'exerce sur nos écoles la femme qui enseigne. Élever les enfants, leur inspirer de nobles sentiments, est sa vraie vocation ; gracieuse, douce et pure, elle les rend comme elle doux, purs et gracieux. La femme, bien plus pénétrante que l'homme, connaît mieux que lui le cœur humain, et particulièrement celui des enfants ; elle les maintient dans le devoir par l'affection, mieux que les instituteurs par un système de répression. Le jeune homme, élevé par une femme, aura un sentiment moral plus délicat, un langage plus réservé, une nature plus tendre et en même temps moins portée aux vices grossiers et aux habitudes vulgaires. L'avenir de notre société est entre les mains de nos institutrices. »

ÉCOLES GRADUÉES ET PROGRESSIVES. — Aux États-Unis, les écoles se classent en :

1° École primaire ;

2° École de grammaire ou secondaire ;

3° École supérieure ;

4° Académie ;

5° Écoles normales ;

6° Collége pour garçons et filles ;

7° Université (pour les gradués, professions libérales).

Les trois premiers degrés sont quelquefois réunis dans une même école ; mais les élèves ne sont admis dans une école supérieure qu'après avoir passé des examens constatant qu'ils possèdent convenablement les matières enseignées dans une école inférieure. L'enseignement dure de 6 à 18 ans, environ quatre ans dans chaque école, laquelle est elle-même subdivisée.

1° *Programme de l'école primaire.* — Lecture, écriture, calcul, dessin, géographie, musique, leçons de choses. Le français et l'allemand sont facultatifs. Sont admis les enfants des deux sexes ayant de 5 ou 6 ans jusqu'à 10 ou 11.

2° *Programme de l'école de grammaire ou secondaire.*— Lecture, écriture, calligraphie, grammaire pratique, histoire ancienne, histoire moderne, géographie, composition littéraire, langue latine, arithmétique, tenue des livres, géométrie, trigonométrie, levé des plans, algèbre, physique, astronomie, physiologie, hygiène, dessin d'architecture, musique vocale, leçons de choses, économie politique. Le latin et le français sont facultatifs. Sont admis les deux sexes, depuis 10 ou 11 ans jusqu'à 14 ou 15.

3° *Programme de l'école supérieure (high-school).* — C'est à peu près le même que pour l'école de grammaire, mais on pousse les études plus loin, on étudie plus sérieusement les langues anciennes, pour préparer les élèves aux colléges et aux universités. Cela se rapproche de l'enseignement des *écoles professionnelles* de France et des *écoles réelles* d'Allemagne, mais en poussant plus loin l'étude des mathématiques, de la physique, de la chimie, des sciences naturelles, de la littérature, de la philosophie, de la morale, de l'histoire politique, de la géographie industrielle et commerciale, de l'économie politique. Ces écoles sont fréquentées par des enfants des deux sexes de 14 à 18 ans.

4° *Académies.* — Ce sont des écoles pour les deux sexes. Les unes sont incorporées aux écoles de l'État, les autres sont indépendantes. Pour les filles, l'enseignement est supérieur à celui des écoles supérieures et sert d'intermédiaire entre celles-ci et les colléges. Il y a 445 académies dans l'État de New-York, fréquentées par 35,000 élèves des deux sexes de 15 à 18 ans. La valeur de ces 445 académies est de 25 millions de francs.

Voici le programme de l'un de ces établissements :

Cours préparatoires : 1° Arithmétique, tenue de livres, grammaire anglaise et géographie ;

2° Mathématiques, physique, algèbre, géométrie, trigonométrie, arpentage, astronomie, génie civil, technologie, perspective, navigation;

3° Langues anciennes et modernes, antiquités grecques et romaines;

4° Sciences naturelles, physiologie, hygiène, botanique, zoologie, minéralogie, chimie, géologie, météorologie;

5° Sciences morales et politiques, critique, logique, préceptes du christianisme, théologie naturelle, droit constitutionnel, économie politique, principes de pédagogie. Plusieurs de ces cours sont facultatifs. C'est à peu près le programme des colléges.

5° *Écoles normales.* — Il y en a 114 dans l'Union. Les jeunes gens des deux sexes les fréquentent ensemble et même y demeurent.

Programme de l'école normale du Massachussetts: Arithmétique, géométrie, chimie, grammaire, algèbre, géographie, histoire générale, physiologie, hygiène, botanique, zoologie, tenue des livres, rhétorique, littérature anglaise, minéralogie, géologie, astronomie, méthodes d'instruction, lois scolaires de l'État, droit politique de l'État et de l'Union, gymnastique, musique, latin, grec, français, allemand, économie politique.

Les cours durent deux ans.

6° *Écoles mixtes.* — Ce sont des écoles ouvertes aux deux sexes. Elles ont existé de tout temps aux États-Unis. Cet état de choses, nécessité par le manque de ressources à l'origine, s'est perpétué, parce que les Américains en ont reconnu les grands avantages. Les leçons et les professeurs sont les même pour tous.

Mais il y a des colléges spéciaux pour les jeunes filles, comme Packer-Collége, à Brooklyn, qui a coûté 500,000 fr.; les dépenses sont de 228,000 fr. par an, et il renferme 750 jeunes filles. Il y a encore Collége-Rutger, construit en forme de château du moyen âge, et Vassar-Collége, à Poughkeepsie (État de New-York), qui a coûté 2 millions 500,000 fr., construit sur le modèle des Tuileries. Il renferme 400 élèves.

INSTRUCTION DES FEMMES. — Il fallait que l'instruction fût très-répandue chez les femmes américaines, pour que l'on pût trouver un nombre suffisant de maîtres pour les écoles à créer. Sur 500,000 personnes employées dans l'enseignement, 400,000 sont des femmes.

« Si l'on me demandait, dit M. de Tocqueville, à quoi je pense qu'il faille attribuer principalement la prospérité immense et la force toujours croissante de ce peuple, je répondrais, sans hésiter, que c'est à la supériorité de ses femmes. » Les Américains font des efforts inouïs pour fortifier l'instruction de leurs jeunes filles. Dans presque tous les colléges, les femmes sont plus nombreuses à tous les cours, et elles l'emportent sur les garçons dans les branches supérieures.

Dans l'école supérieure de Chicago, en dehors de la section normale qui n'était fréquentée que par des jeunes filles, dans une autre section, sur 263 élèves, il y avait 113 garçons et 150 jeunes filles ; celles-ci remportèrent 13 premiers prix sur 19 ; elles seules pouvaient, seules, lire Homère et Horace à livre ouvert. Elles avaient aussi d'importants succès en philosophie. « L'opinion dominante, dit M. Fraser, est qu'il faut donner aux femmes une instruction aussi forte qu'aux hommes, et, quoi qu'on puisse penser du système, le fait est que leur esprit se montre capable de profiter de la solide nourriture qu'on lui offre. » Beaucoup des meilleurs professeurs de mathématiques sont des femmes, et leurs élèves des jeunes filles. Elles expliquent Homère, Xénophon, Virgile, Cicéron, aussi facilement que les jeunes gens. « C'est la femme, dit M. de Laveleye, qui fait la force de la démocratie américaine et lui a communiqué une trempe morale et religieuse d'un ordre supérieur. »

Gratuité de l'instruction. — Elle est complète aujourd'hui dans toutes les écoles primaires, secondaires et supérieures de l'Union. Dans quelques colléges seulement et dans les universités, on exige une légère rétribution. La gratuité n'a nullement nui à la fréquentation des écoles, et les élèves séjournent plus longtemps à l'école. C'est surtout depuis la guerre civile que les Américains ont généralisé la gratuité. En 1870, il y avait 64,748 écoles de plus qu'en 1867.

L'instruction obligatoire. — En Amérique, la première chose que firent les émigrés, en y arrivant, fut d'établir l'instruction gratuite et obligatoire ; la législature, qui s'assembla dans le Massachussetts en 1647, décréta l'instruction gratuite et obligatoire.

La commune administre directement ses écoles ; les Etats ne font que déterminer les attributions et les pouvoirs des administrations. Dans chaque État, les affaires générales des écoles sont administrées par un comité central ou bureau d'éducation ou encore bureau des commissaires des écoles *(board of commissionners)*, directement élu par les citoyens, ainsi que le surintendant.

L'instituteur en chef, dans les villes, touche au moins 5,000 fr., et à New-York 7,750 fr.; le sous-instituteur de cette même ville reçoit 5,500 fr. A Philadelphie, 7 ont 9,000 fr. et 32, 7,900 fr. A San-Francisco, en Californie, on trouve 2 instituteurs à 12,500 fr. et 10 environ à 10,500 fr. Saint-Louis possède 10 instituteurs à 10,000 fr. Dans 42 cités, la moyenne du traitement des instituteurs est de 8,513 fr., et, pour les institutrices, de 2,712 fr. A la campagne, dans le Massachussetts, le salaire monte à 250 fr. par mois, et celui des institutrices à 115 fr. Il est à peu près le même dans les autres États, sauf en Californie, où il atteint 500 fr. par mois.

Quant à la religion, elle ne s'enseigne pas. Il y a plus ; il est strictement défendu aux instituteurs de faire mention des dogmes d'une religion positive. La seule prière qu'ils puissent faire en classe est l'*Oraison dominicale*. Ils doivent seulement cultiver le sentiment moral en s'appuyant sur les principes de la religion naturelle. En Amérique, on est d'avis qu'il vaut mieux s'occuper du dogme à l'église qu'à l'école. Les Américains craignent tellement de donner à l'instruction du peuple ce qu'ils appellent une tendance sectaire, c'est-à-dire la marque d'une religion positive quelconque, que les ministres du culte, à quelque dénomination qu'ils appartiennent, sont presque partout exclus des comités qui dirigent ou inspectent les écoles.

M. Charles MENGIN

Rédacteur en chef du *Progrès de Lyon*

L'IMPOT SUR LE CAPITAL

(EXTRAIT DU PROCÈS-VERBAL)

— *Séance du 27 août 1873.* —

M. Charles MENGIN, rédacteur en chef du *Progrès* de Lyon, fait une communication relative à *l'impôt sur le capital*, système proposé à la Société d'économie politique de Paris par M. Ménier, fabricant et membre du conseil général de Seine-et-Marne. Notre mode de taxation actuel, dit-il, guette au passage l'homme qui travaille et le fait payer pour chacun de ses efforts, nuit au développement de notre commerce et de notre industrie. Quant à l'argument tiré de la difficulté de l'assiette et de la perception, il y répond en demandant ce qu'on penserait de la possibilité de notre impôt sur les boissons dans un pays où il n'existerait pas. Pourquoi l'impôt sur le capital serait-il plus difficile à percevoir que *l'income-tax*, qui existe en Angleterre. Pourquoi serait-il difficile de connaître l'avoir de chacun? Est-ce qu'on n'est pas tenu de le connaître dans les affaires? On parle de la perturbation que cet impôt apporterait dans notre organisation fiscale? Il ne serait pas convenable de n'écouter, en cette matière, que l'intérêt d'une catégorie de fonctionnaires, du reste, fort recommandables. M. Mengin conclut en demandant à la section d'émettre le vœu que l'impôt sur le capital soit mis à l'étude, ainsi que les questions accessoires qui peuvent s'y rattacher. Ainsi il y en a une qui doit être éclaircie avant que l'impôt sur le capital puisse être mis en application. Il s'agit de la détermination de la quotité dont il faudrait imposer le capital français pour subvenir aux dépenses du budget. C'est une question de statistique. M. Mengin ne croit pas qu'on puisse dépasser 1 pour 0/0.

L'IMPOT SUR LE CAPITAL. — DISCUSSION

— *Séance du 27 août 1873.* —

M. Flotard ne pense pas que l'impôt sur le capital soit une taxe plus antiéconomique qu'un grand nombre de celles qui existent actuellement. Il ne le combat pas d'une manière absolue. Le capital est imposé dans certains pays à un taux très-modique, et seulement comme un moyen d'atteindre quelques sources de la richesse qui, sans cela, échapperaient au fisc.

L'erreur de M. Mengin consiste à exagérer le rôle de cet impôt, à vouloir en faire un impôt unique et, en quelque sorte, comme un spécifique infaillible pour subvenir d'un seul coup aux besoins de l'État et remplacer tous les autres modes de taxation.

Cette façon de généraliser le rôle d'un impôt, de systématiser, dans un élan d'enthousiasme, un procédé pour atteindre le contribuable, est assez ordinaire chez les esprits ardents et peu familiarisés avec les études financières. C'est ainsi qu'une foule de personnes le mieux intentionnées du monde voudraient renverser toute l'économie du budget des recettes pour n'admettre que l'impôt sur le revenu. Il y a des financiers, et des plus capables, qui, par une façon de voir opposée et par haine de l'impôt direct, prétendraient donner à l'impôt indirect un rôle prépondérant et tout à fait en contradiction avec les saines notions économiques. Ces divers faiseurs de systèmes hésiteraient sans doute, si de la théorie ils devaient passer à l'application ; si, sous leur responsabilité personnelle, il leur fallait abolir toutes les sources où va puiser actuellement le Trésor, pour y substituer leurs conceptions arbitraires et dont le résultat leur apparaîtrait certainement, après réflexion, comme fort incertain, sinon comme désastreux.

Un des plus grands vices du système de M. Mengin est de ne faire aucune exception en faveur des petits capitaux. Constamment on compare l'impôt sur le capital à l'impôt sur le revenu pour faire ressortir la supériorité du premier sur le second. Mais partout où fonctionne la taxe sur le revenu, il est établi une exemption en faveur du minimum de revenu absolument nécessaire à une famille pour pourvoir à ses besoins les plus indispensables. En France, on estime que cette exemption devrait s'appliquer à tous les revenus de 1,500 fr., d'autres disent même de 2,000 fr. et au-dessous. En appliquant cette mesure à l'impôt sur le capital, il faudrait donc exempter de l'impôt tous les capitaux au-dessous de 30 ou 40,000 fr. et même aller au delà, car tous les capitaux sont loin de rapporter 5 pour 0/0, surtout en France, pays agricole et de petite propriété, où la terre rend souvent à peine 3 pour 0/0. Que l'on juge, d'après ces données, quelle somme énorme de capitaux échapperait à l'impôt et jusqu'à quel point il est impossible d'établir un impôt unique sur une base pareille.

On préconise, comme un avantage de l'impôt sur le capital, la nécessité où il mettra le capitaliste de faire produire de gros intérêts à son capital. Cette obligation serait un grand danger. Elle détournerait la masse de la nation des placements sûrs et peu productifs, tels que ceux en terres, en rentes sur l'État, en obligations solidement garanties, pour leur faire préférer les placements aléatoires en valeurs étrangères ou de spéculation, auxquels on n'est que trop enclin depuis plusieurs années. La France perdrait ainsi cet esprit modeste d'ordre, d'économie, qui, en faisant la richesse des classes moyennes, a créé celle du pays et l'a mis en état de subvenir aux charges énormes que lui ont successivement imposées les révolutions, les guerres, le gaspillage des gouvernements et enfin nos derniers malheurs. Cet impôt généralisé serait donc profondément impolitique et antinational.

On dit enfin que, par le moyen de cet impôt, on atteindra les capitaux improductifs, tels que les galeries de tableaux, les collections d'œuvres d'art, les campagnes d'agrément, les demeures fastueuses, etc. Je répondrai que, pour imposer ces diverses catégories de capitaux, il n'est nullement nécessaire de créer à nouveau tout un système. Une partie d'entre eux sont déjà frappés par les contributions foncière, locative et mobilière. Si cela ne suffit pas, rien de plus aisé que d'augmenter le taux existant pour ces formes de la richesse. Quant aux catégories qui ne sont pas atteintes directement, comme les collections artistiques, on peut leur consacrer un article spécial du budget des recettes ; mais, auparavant, il ne serait pas inutile de se demander si ce n'est pas aller contre les intérêts d'un pays artistique, comme la France, que d'édicter des lois de nature à entraver la formation de ces galeries particulières, ornement et gloire de la France. Le produit d'un pareil impôt sera fort minime, et la perte intellectuelle, morale, esthétique, qu'il pourra produire, sera peut-être fort considérable.

Madame Clémence Royer s'étonne d'entendre M. Flotard prendre la défense de nos impôts indirects, condamnés à l'unanimité par tous les économistes, continuateurs des doctrines de Smith et de J. B. Say, qui en ont démontré depuis longtemps tous les vices, au point de vue financier comme au point de vue politique et social. Ces impôts si divers, si multipliés, où s'est épuisé le génie fiscal de tous les gouvernements successifs depuis les Romains jusqu'à nos jours, peuvent se résumer ainsi : faire rendre au contribuable le plus possible en le faisant crier le moins possible ; lui prendre autant d'argent qu'on peut sans qu'il s'en aperçoive. C'est l'escroquerie élevée à l'état de système fiscal. Ajoutons que, si l'impôt indirect est le moins honnête, le moins justement réparti, il est aussi le moins économique. Nos impôts indirects coûtent de 25 à 40 pour 0/0 de frais de perception. Cela doit suffire à les faire condamner dans une société bien gouvernée.

Ce système cependant a dû être, on le conçoit, celui de tous les gouvernements décidés à s'imposer aux peuples par tous les moyens ; mais autre doit être le système fiscal des gouvernements libres, qui sont tenus de dire franchement au contribuable : « Il me faut tant pour représenter la France à l'étranger et défendre le sol national, tant pour l'armée, tant pour la marine, tant pour la police intérieure, tant pour la justice, tant pour l'éducation publique. » Chacun doit y contribuer dans la mesure de ses moyens et avec la plus grande économie, comme, dans toute société bien constituée, entre associés intelligents et honnêtes. Or, un tel système implique l'impôt direct. Mais sur quelle base l'établir? Ici on se trouve en présence de deux écoles, dont chacune fait valoir contre l'autre des arguments de presque égale valeur. L'une veut asseoir l'impôt sur le revenu, et l'autre sur le capital.

Les deux systèmes ont été et sont adoptés par la plus grande partie des peuples libres de l'Europe. L'impôt sur le revenu, l'*income-tax*, est depuis longtemps appliqué en Angleterre, où l'on n'a pas envie d'y renoncer. Sous diverses formes, il est également mis en pratique dans divers États de l'Allemagne, en Italie, dans plusieurs États de l'Union américaine, comme dans plusieurs cantons suisses. Mais on trouve également, soit en Suisse, soit en Amérique, des essais heureux de l'impôt sur le capital. Enfin, certains États ont établi l'un et l'autre, corrigeant l'un par l'autre dans un système mixte, qui a ses avantages. C'est, du reste, le privilége des petits États de pouvoir ainsi tenter sans danger des expériences qui, chez eux, ne peuvent apporter aux relations sociales le trouble qu'elles causeraient chez de grandes nations, où toute secousse économique, tout changement dans la direction des courants de la richesse, amènent des crises, dont l'intensité croît progressivement avec l'importance du groupe social qui les subit. C'est pourquoi, si la théorie peut être hardie, la pratique doit être prudente et procéder par degrés.

Quels sont les avantages et les inconvénients de l'impôt sur le capital en particulier?

Ces avantages, il faut le reconnaître, sont immenses. C'est d'abord que l'impôt est réel et non personnel, c'est qu'il s'adresse à la chose et non à la personne, comme l'a fait observer depuis longtemps M. de Girardin, qui l'a défendu avec vigueur. C'est un avantage évident qu'offre l'impôt sur le capital relativement à l'impôt sur le revenu. Échappant ainsi à la nécessité des déclarations, toujours suspectes, qui sont une prime à la mauvaise foi, l'impôt sur le capital va chercher la richesse où elle est, en nature ; il en saisit les signes, les titres, là où ils sont, en quelque sorte, entérinés, sans souci de leurs propriétaires, ne laissant aucune porte ouverte à l'arbitraire. Il traite enfin toutes les formes de la richesse sur le même pied, et c'est peut-être un tort.

En effet, la richesse mobilière est illimitée dans sa production. Elle se reproduit même d'autant plus vite qu'elle est déjà plus considérable, et avec une vitesse qui croît progressivement. Conséquemment, elle est appelée à jouer dans le monde un rôle toujours plus important. Si cet accroissement peut nous faire espérer un état social toujours meilleur, et si ce capital mobilier, que nos classes populaires, induites en erreur, sont entraînées à maudire, doit être leur sauveur, leur libérateur, à mesure qu'en vertu de son abondance croissante, il descendra dans les mains de tous, il en est tout autrement du capital foncier, de la propriété du sol qui, limitée de sa nature, constitue réellement, inéluctablement, un monopole entre les mains de ceux qui la possèdent.

Si je veux partir d'ici pour aller à Rome ou à Paris, ajoute madame Clémence Royer, et que je veuille prendre la ligne la plus courte, c'est-à-dire la droite, je me heurte, à chaque pas, à une propriété close, à l'obstacle d'une construction ou d'une culture. Ici, l'un me ferme la porte de son jardin; plus loin, l'autre me reproche de fouler son blé, de gâter ses vignes. En définitive, il faut que je prenne la grande route, la seule propriété de tous, dont la franchise même est toute récente et qu'on n'a ouverte qu'en vertu de la loi, toute moderne, d'expropriation pour cause d'utilité publique. Partout autre part, je n'ai pas droit de passer; partout autre part, ma liberté d'aller et de venir, ou même de rester, la plus élémentaire de toutes, est enchaînée; et ce n'est là que le moindre des inconvénients. Cependant, il implique que chaque propriétaire du sol doit, sous forme d'impôt, au corps social, une indemnité à tous les dépossédés. Il est un autre résultat encore plus évident, c'est que celui qui ne possède pas sa portion de terre est obligé d'acheter les produits du sol possédé par les autres, cela est fatal, et qu'il doit les payer d'autant plus cher que le nombre des habitants, qui vivent sur une étendue de sol donnée, devient plus grand.

De là cette loi, posée par Ricardo et dont nul ne peut contester la rigueur : c'est que, dans un pays qui progresse, la rente de la terre augmente, sans aucun apport nouveau de capital ou de travail; c'est qu'elle diminue de même dans une société en décadence, dont la population décroît, et que cette plus-value sociale est éminemment imposable.

Loin donc de partager la pitié de M. Flotard pour nos pauvres propriétaires fonciers, ruinés, en général, parce qu'ils achètent le sol à crédit ou le chargent d'hypothèques pour satisfaire à de toutes autres exigences que celles de son exploitation, madame Royer est de l'avis des bonnes femmes de sa province originaire, qui prétendent que, qui vend ses terres se ruine et qui les garde s'enrichit, *ipso facto*. Et, en effet, si l'on suit le sort d'une propriété entre les mains de ses divers possesseurs pendant un siècle ou deux, on voit le prix auquel elle est évaluée, soit dans les actes de vente, soit dans les contrats de mariage ou les successions, croître toujours sans exception.

Si un chemin de fer remplace une route, les terres à proximité des stations prennent un accroissement de valeur considérable; mais celles qui étaient situées sur l'ancienne voie n'ont pas diminué pour cela. Elles n'ont perdu que relativement à l'accroissement de valeur des autres; et, donnant dès lors un revenu réel plus considérable, elles sont aussitôt plus recherchées comme placement de fonds et augmentent d'autant en valeur capitale.

Il est facile de montrer qu'il en est tout autrement du capital mobilier. Bien que se multipliant toujours par le travail dans la nation considérée en totalité, en réalité, il est assujetti dans chaque main aux fluctuations les plus hasardeuses, les plus imprévues. Qu'on suive le sort de cent mille francs formant le patrimoine d'un individu; bien que ces cent mille francs en aient produit plus de cent mille autres tous les dix ans, en fait, grâce aux faillites, aux fluctuations des cours, aux spéculations mal conçues ou mal conduites, au bout de cent, de cinquante, de vingt-cinq ans même, ces cent mille francs n'existent plus. Ils n'ont pas seulement changé de main; ils sont anéantis totalement. Les titres qui en étaient le signe, s'ils subsistent encore, n'ont plus de valeur, sont réduits à l'état de chiffons de papier, de créances irrecouvrables. Ces cent mille francs ont, il est vrai, donné à quelqu'un, pendant ce temps, des revenus, des profits, des jouissances en quantité variable, qui se sont même en partie capitalisés; mais le capital initial a disparu, tandis que, placé en terre, il est augmenté de 25 ou 50 pour 0/0 peut-être.

Deux formes de la richesse, assujetties à des lois si contraires, doivent occuper devant le fisc des positions différentes; elles ne peuvent être traitées par lui de la même façon. Il a le droit de demander plus au capital-terre, qui s'accroît toujours de lui-même, qu'à celui qui s'use, s'absorbe, s'anéantit, à travers mille risques.

L'impôt sur le capital foncier pourrait donc être à un taux plus élevé que l'impôt sur le capital mobilier, et d'autant plus qu'il n'a pas pour fuir les mêmes facilités, la même souplesse.

En tous cas, un impôt sur le capital, même en frappant proportionnellement et également le capital immobilier et le capital mobilier, serait une heureuse réforme de notre impôt foncier, dont les injustices sont criantes. L'inégalité de nos taxes foncières varie de 25 à 40 pour 0/0 dans nos divers départements. Il faudrait donc une révision du cadastre; mais, outre le temps et l'argent qu'elle exigerait, à quoi conduirait-elle, sinon à d'autres injustices?

Il ne suffit pas de mesurer l'étendue d'une terre, il faut évaluer sa puissance productrice, le travail utile qu'elle a déjà absorbé pour sa mise en valeur, sa richesse en éléments chimiques, la nature de ces éléments, leur mystérieuse puissance, l'inclinaison du sol qui, là, fait mûrir le Château-Yquem et ici ne donne que de la piquette, enfin même les diverses conditions météorologiques, climatologiques, orographiques, qui font qu'une terre est plus exposée qu'une autre à la grêle, aux ouragans, aux inondations. Et, après cela, serait-on au but? Non; car cette terre, rigoureusement évaluée aujourd'hui, en dix ans aura changé de valeur, et plus ou moins, selon divers accidents sociaux dont il est impossible de prévoir ou même de mesurer après coup l'influence plus ou moins lente ou prompte à agir.

Dans sa *Théorie de l'impôt*, publiée en 1862, madame Royer avait proposé une solution : c'est l'institution d'un *jury cadastral*, qui pourrait être composé des conseillers municipaux eux-mêmes. Et, en effet, les habitants d'une commune rurale savent tous, presque sans exception, la valeur vraie, actuelle des propriétés comprises dans la commune. Ils savent ce qu'ils les achèteraient, si elles étaient à vendre et dans leurs moyens, car ils connaissent le produit qu'ils en retireraient, si elles étaient à eux. Ils savent moins exactement ce que le propriétaire actuel en retire, surtout quand c'est lui-même qui exploite. D'ailleurs, un jury cadastral, établi sur le lieu même, connaissant tous les propriétaires de la commune, et souvent leurs antécédents, pourrait s'éclairer de tous les contrats passés, de tous les actes de succession, des baux mêmes, établissant la valeur de ces propriétés. Ces contrats sont presque toujours déposés chez le notaire du lieu, enregistrés au canton et, par conséquent, il serait toujours possible d'en connaître les clauses, sans possibilité de fraudes, sans supposition de contrats factices. Un impôt *ad valorem*, ainsi établi sur le capital immobilier, serait le plus juste des impôts fonciers et d'un établissement bien plus facile qu'un impôt sur le revenu foncier, toujours aléatoire, variable avec le temps, les années de disette ou d'abondance, et dont la base même serait indéterminable, autrement que par des déclarations toujours suspectes ; et, si l'on arguait qu'il y aurait injustice à demander l'impôt à une terre inondée, ravagée par la grêle, une disposition spéciale pourrait aussi bien exonérer un propriétaire, frappé par le fléau, d'un impôt basé sur le capital que d'un impôt basé sur le revenu.

Lors même donc qu'un impôt sur les revenus mobiliers serait établi, il serait logique de baser l'impôt sur le revenu foncier d'après le capital de ce revenu, ne fût-ce que pour inciter chaque propriétaire à faire produire sa terre et frapper indirectement d'une amende la paresse, l'incurie ou le luxe des grands parcs inutiles et des vastes demeures, inhabitées la plupart du temps.

Veut-on objecter qu'il n'est pas juste de frapper cette part du capital qui ne produit pas des revenus ? Mais, si elle ne produit aucun revenu en argent, elle produit un revenu en nature, un revenu en jouissance. La preuve en est que ceux qui, n'ayant pas de châteaux ni de parcs, en louent, les louent fort cher. Cette jouissance d'un château et d'un parc est donc évaluable. C'est le revenu d'un capital représenté par la chose qui le procure.

Et, de même, celui qui veut avoir la jouissance d'un riche mobilier, d'objets d'art, bronzes, tableaux, statues, collections, vastes salons, dont un seul jouit, doit l'impôt sur le capital dont cette jouissance est le revenu. Cela ne peut être mis en doute, et aucune mesure fiscale ne serait plus propre à jeter dans le commerce et dans l'industrie une grande masse de capitaux qui dorment et qui seraient ainsi frappés d'amende par leur improductivité même.

On a demandé si l'impôt sur le capital devait admettre un minimum non imposable. On a réclamé une exemption en faveur des petits capitalistes. Pourquoi cette exemption ? On la conçoit néanmoins tant que, dans un pays, l'impôt, soit sur le capital, soit sur le revenu, reste encore combiné avec une série d'impôts indirects qui, agissant tous comme autant de capitations, souvent progressives en raison inverse de la fortune des contribuables, leur prennent toujours plus à chacun d'eux que la somme qu'ils devraient payer comme capitalistes. Aussi longtemps donc qu'il existera des impôts indirects de consommation, tels que l'exercice, la gabelle, les octrois, les douanes à l'importation ou à l'exportation, il y aurait justice à fixer un minimum de capital non imposable. Mais si, au contraire, l'impôt, soit sur le capital, soit sur le revenu, était unique, cette exemption en faveur des petits revenus, des petites fortunes, ne serait plus qu'une injustice, une spoliation, aux dépens des citoyens plus riches.

Un tel impôt découragerait-il l'épargne, comme on l'a dit ? Cesserait-on de capitaliser ses revenus, de peur de payer une plus grosse taxe ? Il faudrait supposer bien de la folie chez les petits capitalistes. Il y a une épargne cependant qu'il serait utile de décourager, c'est celle qui consiste à porter sa fortune dans une bourse ou une ceinture pleine de sequins d'or ou de pierres précieuses, comme les héros des contes orientaux, au risque d'être dévalisé par les brigands, ou simplement à entasser des sous, des écus ou des louis dans un bas de laine, au fond d'un bahut ou d'une armoire, ou même dans un trou de son jardin. Cette épargne-là n'a été que trop longtemps en usage dans nos campagnes, au détriment de ceux qui en avaient l'instinct. Dans un état policé, cette sorte d'épargne ne doit pas se produire, et l'impôt sur le capital, sans l'atteindre directement, car elle échappe à tout, aurait néanmoins pour effet de la combattre. Si, en décourageant cette épargne improductive, un impôt sur le capital avait permis à tous nos paysans de capitaliser depuis 1789 tout ce qu'ils ont payé comme impôt de consommation, ne paieraient-ils pas aujourd'hui l'impôt de ce capital avec enthousiasme? et la France n'en serait-elle pas plus riche de plusieurs milliards, qui rapporteraient de gros revenus à chacun de leurs possesseurs ? A tous ces points de vue donc, l'impôt sur le capital, tant foncier que mobilier, avec un taux plus élevé pour le premier que pour le second, est excellent, juste, facile à percevoir, parfaitement scientifique en théorie.

Mais il soulève quelques objections très-sérieuses. C'est, d'abord, de ne pas atteindre certaines sources très-productives de revenus, certaines formes très-multipliées et très-fécondes de la richesse, de ne pas satisfaire, enfin, au principe que, dans un État libre, chacun doit contribuer en raison de ses facultés.

L'impôt sur le capital, en effet, à moins de modifications et d'adjonctions en dehors de son principe et d'après une autre base, semble ne pouvoir atteindre les revenus professionnels, les profits de l'industrie, le salaire du travail. Les défenseurs de l'impôt sur le capital soutiennent que c'est un bien, qu'il ne faut pas arrêter le capital dans sa formation, le frapper dans sa source, qui est le travail. Fort bien, si tout travailleur capitalisait! mais il en est tout autrement.

Un ténor qui gagne 100,000 fr., par exemple, peut bien les dépenser. Un avocat, célibataire ou sans enfants, qui gagne 50 ou 75,000 fr., peut ne rien épargner, s'il a des goûts de dépense et se trouve sans héritier qui lui tienne à cœur. L'un et l'autre ne paieront-ils rien à l'État?

M. Ménier a proposé, comme expédient, une sorte d'impôt sur le revenu professionnel, présumé d'après le prix du loyer. C'est une base bien inexacte. Des industriels très-riches ont parfois un petit appartement. Des commerçants, qui bouclent tout au plus leur bugdet annuel, ont des loyers souvent énormes. Tel café, tel magasin de nouveautés fera banqueroute avec 25,000 fr. de loyers; tel usurier avare, dans un réduit obscur, à l'entre-sol d'une maison modeste, remue des millions dans les cinq parties du monde, où ils échapperont au fisc national. C'est là un écueil, du reste, bien difficile à éviter, et c'est pourquoi, dans sa *dîme sociale*, madame Royer s'était arrêtée à la combinaison d'un impôt sur le capital, servant de base pour établir un impôt d'égale valeur sur le revenu; de sorte que la richesse déjà capitalisée serait frappée deux fois, c'est-à-dire du double, et que la richesse en voie de formation ne le serait qu'une fois ou de la moitié. C'est encore théoriquement la solution qui lui semble le plus juste, bien qu'elle offre dans la pratique beaucoup de difficultés; mais madame Royer croit avoir trouvé, quant à l'impôt professionnel, une base plus juste que ne serait le loyer.

Tout homme lui-même est un capital; car il a coûté à produire, à élever. C'est une valeur, et une valeur très-variable, qui malheureusement ne varie pas en raison directe du prix de revient; car, autrement, le problème serait aisé à résoudre. Ainsi, le fils d'un paysan coûte très-peu et produit très-vite. A six ou sept ans, il gagne ce qu'il coûte, par mille services rendus dans l'exploitation agricole. A quinze ans, il rapporte, et voilà pourquoi le paysan n'a pas peur d'avoir beaucoup d'enfants; mais c'est pourquoi aussi il considère, comme un impôt très-lourd, l'enseignement obligatoire. L'enfant de l'ouvrier coûte peu encore, grâce, au contraire, à nos écoles urbaines, et voilà pourquoi les villes veulent cet enseignement obligatoire que les paysans voient avec défiance. A douze ans, le jeune ouvrier entre en apprentissage. Au bout de trois ou quatre ans, il produit. Voilà donc de très-petits capitaux arrivant vite à donner des revenus variables. Plus d'une de ces valeurs engendrera des millions; d'autres iront se perdre au bagne. Il en est bien autrement dans les classes bourgeoises et dans les professions libérales qu'elles embrassent. Là l'enfant coûte beaucoup; aussi en a-t-on le moins possible; et il rapporte très-tard, parfois jamais. Le nombre de nos bacheliers ès lettres ou ès sciences qui n'ont jamais produit une valeur, quelque mince qu'elle soit, est énorme. Le nombre de nos docteurs, qui, bien qu'avec une valeur réelle, ne trouvent pas l'emploi de cette valeur produite, est encore malheureusement très-grand. Ce n'est pas chose normale. Ce capital, absorbé à produire des hommes, doit rapporter au corps social, encombré de ces membres inutiles, souvent gênants, nuisibles. Ne serait-il pas juste que chaque individu, les femmes y compris, payât au fisc l'impôt de cette valeur capitale qu'il représente, qu'il en tire ou non un revenu; car s'il en tire un revenu, il enrichit la société de mille façons autant que lui-même; et si, au contraire, il ne produit rien et consomme, c'est un parasite auquel on a bien le droit d'infliger une légère amende. L'activité ainsi serait stimulée. Il est vrai que l'infortune imméritée, le docteur sans emploi, dont je parlais tout à l'heure, risquerait d'être puni; mais il serait toujours facile de dégrever exceptionnellement, comme le propriétaire foncier inondé ou grêlé.

Cette forme de l'impôt ne serait, en réalité, qu'un impôt sur le capital personnel et professionnel, sur la valeur-homme et sur ses diverses formes possibles. A ce titre, elle complèterait, mieux qu'un impôt proportionnel au loyer, un impôt unique sur le capital.

Mais l'impôt sur le capital, surtout l'impôt unique, soulève une dernière objection très-grave, la seule qui, dépendant d'obstacles extrinsèques, ne puisse être complétement écartée dans le cas où une grande nation voudrait l'établir isolément. C'est que le capital, frappé d'un impôt, fuirait aussitôt à l'étranger par toutes voies, comme un fluide incoercible de sa nature. C'est que le niveau s'en abaisserait aussitôt, comme celui de l'eau pressée par le piston d'une pompe dans un réservoir fermé. On demande qui ferait l'office du piston. C'est l'égoïsme, avec lequel il faut toujours compter. En effet, dès qu'un impôt trop lourd frapperait nos valeurs françaises, elles subiraient une dépression au profit de toutes les valeurs étrangères ; notre patriotisme doit redouter un tel résultat.

Cependant, comme après tout, on aime mieux être près de ses capitaux que d'en être loin, et que notre orgueil national contribue à nous donner toujours plus de confiance dans notre propre crédit que dans le crédit d'autrui, un impôt très-faible sur le capital pourrait être établi, sans avoir d'effets fâcheux sur le cours de notre marché ; il tendrait même à relever un peu le taux de l'intérêt au profit des capitalistes.

Toute objection serait levée, si un impôt sur le capital était établi d'un concert commun, en même temps et au même taux, par toutes les nations civilisées qui, toutes, ont un égal intérêt à vouloir cette importante réforme. Alors la richesse circulant partout, se multipliant partout sans entraves, le travail, délivré, donnant partout tout son produit au producteur, puisque celui-ci n'aurait plus à peser sur le patron pour obtenir un surcroît de salaire équivalent au surcroît d'impôt qu'il paye comme consommateur, et qu'il serait soulagé par la facilité de vivre partout au meilleur marché possible, déterminée par l'état du marché lui-même, une ère de fécondité prospère commencerait pour l'industrie moderne, libre de multiplier ses merveilles et de répandre sur le monde entier les trésors de ses produits et l'action civilisatrice de son activité.

Dans ces conditions, l'impôt sur le capital serait, pour chaque gouvernement, une ressource vraiment inépuisable, une vraie poule aux œufs d'or, donnant toujours plus qu'on ne lui demanderait.

C'est là même un danger, de l'avis de plusieurs, qui craignent que l'on ne demande trop au contribuable, quand on saura si exactement tout ce qu'il peut payer. Ce danger serait très-réel sous des gouvernements despotiques ; mais, si nous pouvons garder l'espérance que l'ère du despotisme est fermée ; que désormais, sous des gouvernements libres, les peuples ne paieront que ce qu'ils voudront, autant qu'il le faudra pour conserver leur liberté, leur prospérité, leur place dans le monde, cette objection doit être écartée comme sans valeur. D'ailleurs, sous le despotisme, il n'y a aucun bon impôt, tout ce qui vient d'une telle source étant mauvais et vicié dans sa nature et son principe.

M. Georges Renaud déclare être l'adversaire irréconciliable de l'impôt sur le capital. Il ne l'admet pas, parce qu'il est inapplicable, cher à percevoir, injuste, et qu'il donnerait à l'État le droit de pénétrer dans le domicile. Il ne peut y avoir d'impôt sur le capital sans un *exercice* impitoyable, qui pourrait devenir dangereux dans de certaines mains. Puis, on serait obligé d'exempter les capitaux inférieurs à un certain chiffre, et ce sont les plus nombreux. Comment fera-t-on l'évaluation des capitaux?

Prendra-t-on pour base la valeur vénale. Elle ne donnerait la valeur réelle qu'avec une énorme dépréciation. Prendra-t-on les prix d'achat? Mais l'usure, l'altération, n'en tiendra-t-on aucun compte? Et puis, qu'appellera-t-on *capitaux*. Tout constitue un capital en ce monde, jusqu'à la personne humaine. Où s'arrêtera-t-on? M. Renaud voudrait bien réfuter les arguments mis en avant par madame Royer; il y en a dans le nombre qui ne sont pas sans valeur; mais madame Royer prend pour base, pour point de départ de son raisonnement, une observation incomplète, inexacte, des faits. Mais il y a nombre d'affirmations, ayant une apparence de vérité scientifique, contre lesquelles il proteste, et dont l'inexactitude est un axiome pour tous ceux qui ont fait une étude tant soit peu approfondie de l'économie politique.

M. Demongeot, sans combattre l'esprit de progrès ou de réforme en matière fiscale, s'élève contre la disposition d'une certaine portion de l'école économiste à réclamer la refonte complète de notre système financier par l'établissement de l'unité d'assiette, soit sur le capital, soit sur le revenu, soit sur le capital et le revenu combinés. En effet, les réformateurs eux-mêmes, peu confiants dans l'efficacité d'une déclaration, comprenant que tout moyen de contrôle aboutit à l'arbitraire si l'on veut atteindre le patrimoine dans son ensemble, sont forcés de revenir, pour appliquer leur théorie, à la spécialité et à la diversité des taxes établies sur chaque espèce de capitaux ou de revenus, d'après un mode conforme à leur nature. Or c'est là ce que l'on a fait de tous temps; de plus, en France on s'est attaché, depuis 1789, afin de prévenir l'arbitraire, à régler la quotité de l'impôt d'après des signes extérieurs, des présomptions légales qui peuvent donner ouverture, en cas d'erreur, à un recours contentieux. Dès lors pourquoi discréditer l'ensemble du système actuel, quand on le reprend en détail? Pourquoi nourrir de vieux préjugés par une stérile *déclaration des droits* en matière fiscale, qui, loin de renfermer une solution, se borne à proclamer une fois de plus, dans une formule ambitieuse, l'objet poursuivi de tous côtés d'un commun accord, c'est-à-dire, en langue vulgaire, l'équité dans la répartition?

Ces discussions sur le choix d'une base unique d'impôt, capital ou revenu, sont d'autant plus frivoles qu'elles font nécessairement abstraction de la mobilité de l'impôt; et cependant l'impôt se déplace, du jour où il est assis, par suite des efforts des contribuables pour en rejeter le poids sur autrui. Cela est vrai de tout impôt, direct ou indirect, par cela seul qu'il grève des instruments de production ou de commerce. Ils frappent, en définitive, soit le revenu des consommateurs, soit le capital des producteurs. Mais ce classement définitif ne dépend pas de règles applicables *a priori*, il dépend de circonstances accidentelles, transitoires, de l'état du marché à l'époque de l'augmentation de l'impôt. En vain allègue-t-on les compensations réciproques qui s'établissent à la suite de ces déplacements. La compensation exigerait, outre l'unité d'assiette reconnue impraticable : 1° la fermeture et l'isolement du marché national; 2° la réduction proportionnelle de toutes les consommations par l'effet d'un accroissement des charges publiques ; or les économistes rejettent la première condition et ils démontrent eux-mêmes l'impossibilité de la seconde.

Qu'on essaye donc, si l'on veut, de l'impôt sur le revenu, comme d'une ressource accessoire destinée à couvrir, en présence d'un déficit alarmant, les imprévus du budget. Qu'on l'essaye, sans y compter, à quelques millions près, et en lui laissant son caractère, qui est de manquer d'assiette et de reposer sur une simple déclaration. S'il s'acclimate, on le développera; sinon, on y renoncera; mais qu'il réussisse ou qu'il échoue, ce ne sera jamais qu'un impôt de plus, et le plus capricieux de tous ; ce ne sera pas la réforme de l'impôt.

M. Charles Limousin, secrétaire de la Société d'étude et de propagande des associations coopératives de Paris, répond aux objections de M. Renaud. On n'exemptera pas les petits capitaux. On imposera tous ceux qui possèdent quelque chose ; on n'imposera pas ceux qui vivent de leur travail. M. Renaud a cité le cas d'un acteur, d'une chanteuse, d'un médecin renommé, qui se font parfois des revenus considérables, et de ces six cent mille fonctionnaires qui vivent sur le budget de l'État. Il a encore cité le cas d'un capital ayant la forme d'œuvres d'art, et il a demandé comment on s'y prendrait pour les évaluer, puisque la *valeur* des choses n'a rien d'absolu et est essentiellement variable selon les personnes. Tous ces arguments sont faciles à répéter, et ce ne seront pas là des obstacles sérieux à l'application de l'impôt sur le capital. L'impôt sur le capital, au fond, revient à l'impôt sur le revenu, puisque le capital ne vaut que parce qu'il rapporte, mais avec cette différence cependant, toute à son avantage, qu'il permet d'atteindre des revenus qui échappent à l'impôt sur le revenu.

Madame Royer répond à M. Demongeot, qui a soulevé la question des répercussions fiscales, qu'en effet, tout impôt a ses répercussions. Chaque contribuable, frappé, cherche à rejeter, autant qu'il peut, la charge sur ses voisins. C'est une loi générale. Mais ces répercussions se produisent, se diffusent plus ou moins aisément, plus ou moins également, suivant l'incidence de l'impôt.

Un impôt sur le capital aurait pour effet immédiat d'élever le prix du capital, c'est vrai, c'est-à-dire de faire retomber une très-grande part de l'impôt sur l'industrie, sur le travail à tous les degrés. C'est ce qui peut fournir le meilleur argument aux partisans de l'impôt unique sur le capital contre ceux qui voudraient y joindre des impôts sur le revenu ou sur le travail, sous une forme quelconque. Mais les répercussions d'un impôt unique sur le capital se feraient aussi aisément, aussi également que possible, du haut en bas de la pyramide sociale, sans efforts, sans luttes, par parcelles infinitésimales, comme des atomes obéissant aux lois de la pesanteur. L'impôt, tombant d'en haut, s'étendrait, se diluerait dans toute la masse, comme une goutte de pluie tombant dans l'Océan s'y étale d'abord, puis se mêle à ses eaux sans pouvoir en être séparée. Au contraire, l'impôt de consommation, l'impôt indirect, demandé directement au travail, tombant d'abord sur lui, l'écrase de son poids. La taxe perçue entre les mains du plus pauvre, pour remonter, à travers toutes les classes sociales, au plus riche, se heurte à toutes les résistances, aux forces les mieux organisées. L'ouvrier, pour se faire restituer par le corps social l'impôt qu'il a payé pour lui, doit soulever la masse sociale entière sur ses épaules? Quels sont ses moyens? L'émigration, la mort ou la grève.

L'impôt frappant de bas en haut, dans son incidence, est donc une source constante d'agitations, de discordes sociales. Dans une vieille comédie, on a représenté tous les acteurs se transmettant l'un à l'autre, en suivant tous les degrés de la hiérarchie sociale, un coup de pied. Le dernier qui l'avait reçu, devait le garder, mais il avait la consolation de voir tous les autres le recevoir à leur tour. Supposons que ce coup de pied, il l'ait reçu le premier. Selon toute probabilité, son premier mouvement eût été de le rendre. Prenons garde de donner aux classes populaires un coup de pied qu'elles pourraient nous rendre avec usure, elles qui sont, après tout, le nombre, c'est-à-dire la force, dans ce qu'elle a de plus brutal, mais aussi de plus invincible, quand elles se sentent le droit pour elles.

M. Renaud observe que l'impôt sur le revenu seul est praticable et juste. L'impôt sur le capital suivant la loi naturelle, les plus forts en rejetteront le poids sur les plus petits et les plus faibles; ce ne seront pas ceux qui possèderont qui paieront l'impôt, mais ceux qui n'ont rien. Cet impôt pèsera sur le travail dont l'activité repose sur le crédit; il pèsera donc sur les classes laborieuses, en les entravant dans ce qui leur procure leur pain et leur subsistance journalière. Que dirait-on, du reste, d'un particulier, qui, chaque année prélèverait sur son capital un tant pour cent pour le consommer; que c'est un fou et un gaspilleur. Son capital ne tarderait pas à être écorné. C'est là, messieurs, la ligne de conduite que l'on propose comme exemple à l'État tout entier. Les revenus ne suffiront pas à payer ce tant pour cent et l'on entamera le capital. Or, c'est l'abondance du capital seul qui peut assurer l'activité du travail. C'est donc, somme toute, le petit, le faible, le travailleur qui se trouvera écrasé. Quant à la théorie de l'impôt unique, elle ne se soutient pas. C'est, à notre époque une utopie et une chimère, qu'il s'agisse de l'impôt sur le capital ou de l'impôt sur les revenus. La multiplicité des impôts est nécessaire afin que les inégalités, inévitables dans leur perception, ne s'ajoutent pas les unes aux autres, mais, en s'entrecroisant, s'atténuent et se corrigent mutuellement.

M. Georges RENAUD

LES EFFETS ÉCONOMIQUES DE L'IMPOT FONCIER

— Séance du 28 août 1873. —

M. Georges Renaud rappelle qu'à l'occasion de la discussion de l'impôt sur le capital, M. Flotard avait émis le vœu qu'on demandât au sel 60 nouveaux millions par l'imposition de deux décimes. M. Renaud avait déjà émis cet avis à la Société d'économie politique de Paris, au lendemain du rejet de l'impôt sur le revenu. La taxe sur le revenu, quoique préférable, n'étant plus possible, l'impôt sur le sel, malgré l'avis contraire de la grande majorité de la Société, lui avait paru l'un des moins funestes et des moins nuisibles à la production nationale. Aujourd'hui on y revient par nécessité. Mais l'impôt du sel ne saurait suffire. Il faudra donc recourir à l'impôt foncier qui, certainement, pourrait donner beaucoup plus que ce qu'il rapporte actuellement. Et ce serait justice, M. Renaud se fait fort de le démontrer, en examinant les *effets économiques de l'impôt foncier*. L'Académie des sciences morales et politiques avait mis cette question au concours en demandant une solution. Les deux mémoires couronnés concluaient en sens opposé. Celui de M. Renaud tendait à la révision du cadastre et à l'augmentation du taux de l'impôt ; celui de M. Leroy-Beaulieu n'indiquait d'autre solution que le rachat de l'impôt. Depuis, M. Leroy-Beaulieu paraît avoir abandonné cette conclusion pour revenir à la première. Les considérations suivantes rendront facile l'explication de ce retour.

I. — DE L'IMPOT FONCIER AU MOMENT DE SON ÉTABLISSEMENT ET DE SON INFLUENCE SUR LE RRIX DES PRODUITS AGRICOLES ET LE TAUX DES FERMAGES

Comment s'établit le prix des choses sur les marchés ?

Voici un cultivateur qui, dans son année, fabrique une certaine quantité de produits. Il faut, pour qu'il ait intérêt à travailler la terre, que la vente de son produit lui rende non-seulement l'équivalent de ses frais de production, mais encore un bénéfice suffisant pour lui permettre de vivre, de nourrir et d'élever convenablement sa famille. Il appréciera ce bénéfice à un taux aussi élevé qu'il osera espérer l'obtenir ; ce calcul fait, d'une manière approximative dans sa tête, il portera son produit sur le marché. Que se passera-t-il ici ?

Son produit s'y trouve en compagnie de beaucoup d'autres, apportés par des producteurs, des concurrents, accourus de touts parts. D'un autre côté, un grand nombre de personnes demandent ce produit. Elles établissent leur prix d'après le besoin qu'elles en ressentent d'abord, et, en second lieu, d'après les ressources dont elles peuvent disposer.

Mais ces divers producteurs ne produisent pas tous de la même façon. Leurs frais de production sont variables, suivant leur plus ou moins de puissance industrielle. En outre, ils ont plus ou moins de famille à élever. Leurs évaluations des bénéfices ne sauraient donc être les mêmes. Ce qui sert inévitablement de base à l'évaluation générale, c'est le total des frais de production. Or, entre ces divers taux des frais de production, lequel les producteurs prendront-ils pour thermomètre ? Évidemment, le taux plus élevé. Celui qui a produit dans les plus mauvaises conditions et, par suite, le plus chèrement, proposera un prix. Immédiatement, tous les autres producteurs s'empresseront d'adopter ce prix, qui procurera un faible bénéfice au dernier, mais qui, à eux, leur assurera un profit bien plus considérable, puisqu'ils ont pu ou su produire à moins de frais.

Voilà quel sera le premier mouvement des producteurs.

Reste à savoir si le consommateur veut accepter ces conditions. Les consommateurs se régleront, avons-nous dit, sur leurs ressources et leurs besoins. S'ils sont nombreux à demander, les producteurs tiendront ferme ; mais, s'ils sont en petit nombre, les producteurs devront céder pour ne pas remporter leur marchandise inutilement et n'être pas obligés de la garder. Les produits agricoles se conservent difficilement. En outre, beaucoup de ces cultivateurs ne sauraient immobiliser longtemps leur capital et sont pressés de réaliser leur revenu. Il pourraient, il est vrai, exporter sur d'autres marchés, à l'intérieur ou à l'extérieur. Pour cela, il faudrait qu'ils fussent bien au courant des conditions de ces marchés, qu'ils fussent assurés d'un placement au prix qu'ils demandent ; et encore, comme les frais de production s'augmenteraient des frais de transport, ils préféreraient abaisser le prix des produits sur place. Il n'y aurait qu'une grande différence de prix qui pourrait provoquer un tel mouvement d'exportation. Et, du reste, ceux qui seraient pressés de réaliser ne pourraient pas attendre et seraient obligés de chercher à se défaire de leurs produits. Le prix devra être ainsi baissé par suite du peu de demandes. Mais, suivant les diverses qualités des terres, les produits donnent une rente qui varie depuis l'infiniment petit jusqu'à une limite supérieure indéterminée. Dans tous les cas où la rente ne donnera pas un chiffre au moins égal à l'abaissement de prix occasionné par la concurrence, la terre devra demeurer inculte, ou du moins on devra renoncer à en tirer un produit qui répugne à la constitution de son sol. C'est là, en effet, l'une des causes des crises agricoles. Au lieu d'approprier le mode de culture à la nature du terrain, en vertu d'on ne sait quel préjugé, on cherche souvent à y cultiver quand même du blé. On n'obtient qu'un médiocre produit, qu'un bénéfice encore plus faible ; mais, peu importe. Survient une abondance de grains, les prix sont obligés de s'abaisser et les propriétaires de ces mauvais terrains vendent à perte. Ils renoncent à la culture jusqu'à ce que le prix du blé remonte. Or, souvent cette culture du blé serait remplacée avantageusement par d'autres espèces de cultures. Ainsi, comme on le voit, une offre abondante et une demande restreinte entraînent l'abaissement des prix et la diminuation des cultures. Mais cette diminuation des cultures qui, en général, ne se proportionne pas exactement à l'abaissement des prix et dépasse même toujours d'une manière fort sensible cette proportion, va, à son tour, les relever et tendre à restreindre la consommation.

C'est le contraire qui a lieu dans le cas d'une demande active ; les prix se maintiennent et s'élèvent même.

Or, qu'est-ce qui rend la demande active ou qu'est-ce qui la ralentit? Les *ressources* et les *besoins*. Les ressources varient suivant la sécurité des affaires et la sécurité du pays. Elles diminuent avec l'insécurité ; elles augmentent avec la certitude, le calme et la tranquilité. Les besoins se restreignent aussi d'après les ressources. Ainsi, beaucoup de paysans, qui consomment du blé en temps ordinaire, mangent du sarrasin ou du maïs ou des pommes de terre, en temps de rareté ou de disette. Beaucoup de fermiers, qui engraissent avec leurs grains les bestiaux ou les volailles, suppriment, les années de rareté, ce genre de consommation et lui en substituent un autre moins coûteux. Les meuniers, au lieu de laisser sans emploi la partie la plus pauvre et la moins nourrissante du blé, cherchent enfin à éviter cet important déchet et le restreignent autant que possible, le prix élevé rendant fructueux cette extension de la production.

La consommation se restreint nécessairement aussi, car les besoins sont élastiques. La civilisation accroît les moyens de satisfaire les besoins de l'homme ; elle accroît même ces besoins. Or, si la prospérité les accroît, la nécessité les restreint aussi, non sans effort, sans fatigue, sans souffrance. Elle les restreint moins sans doute que le progrès ne les a accrus ; mais elle les restreint, même pour le blé, et à plus forte raison pour les autres denrées agricoles, dont les prix sont plus élevés sur les marchés.

Ainsi, une augmentation quelconque des frais de production peut avoir deux conséquences :

1° Si l'insécurité des affaires s'accentue, ces frais se trouvant eux-mêmes accrus, la demande se restreindra, les prix s'abaisseront.

Il s'en suivra l'abandon de la culture d'une certaine étendue de terres cultivables et peut-être aussi la ruine d'un certain nombre de petits producteurs, qui non-seulement seront privés durant la présente année de leur vente, mais même ne pourront rentrer dans la totalité de leurs frais de production. Ce sera pour eux une perte nette et, comme ce sont de très-petits producteurs, ne possédant que de très-faibles capitaux, il pourra se faire qu'il y en ait un certain nombre de ruinés. Il s'ensuivra le haut prix des produits, d'autant plus que les autres cultivateurs auront moins de sécurité en voyant ce qui arrive à leurs confrères. Ils maintiendront avec plus de fermeté ce nouveau prix.

Ainsi les prix, qui fléchiront dans le premier moment, finalement se relèveront pour monter à un niveau supérieur à celui auquel ils étaient primitivement.

Conclusion : gêne pour tous, ruine pour quelques-uns, prix élevés.

2° Si la sécurité règne, la demande sera active, les frais de production tendant à diminuer par le fait même de cette sécurité ; mais l'augmentation qui surviendra compensera, peut-être même au delà, cette tendance à la diminution. L'activité de la demande maintiendra les prix élevés ; seulement, par suite de l'étroitesse de vues du paysan, qui ne voit que le prix courant du moment et ne songe pas à celui qui pourrait survenir le lendemain, la culture des terres s'étendra, et la nouvelle abondance des produits en ramènera le bas prix. Du retour de ce bas prix résultera l'abandon des terres les plus médiocres par les propriétaires les plus pauvres ; peut-être même la ruine de quelques-uns. De là un nouvel élan des prix vers la hausse, et ainsi de suite.

En somme, dans les deux cas, nous voyons que, sur cinq oscillations, l'augmentation des frais de production se traduit trois fois par une ascension plus ou moins grande des prix et que la tendance générale est une tendance à la hausse.

Cela va donc nous permettre d'établir immédiatement l'influence que l'impôt foncier exercera sur le prix des denrées agricoles.

D'abord, il faut indiquer la quotité et l'assiette de l'impôt :

1° S'il est fixe, c'est-à-dire proportionnel à l'étendue, abstraction faite de la fertilité ;

2° S'il est proportionnel au revenu brut ;

3° S'il est proportionnel au revenu net.

Examinons ces trois cas :

1° L'impôt est établi proportionnellement à l'étendue des terres, sans distinction de fertilité.

Comment agit-il donc ? Comme un surcroît de dépenses, comme une augmentation des frais de production.

Or, si l'impôt est établi uniquement en vue de produire une réforme financière, dans un temps des plus calmes et des plus normaux, la sécurité régnant, la demande étant active, d'après ce qui précède, les prix s'accroîtront du montant de l'impôt et ce sera le consommateur qui le paiera.

Mais si cet impôt est établi, ainsi que cela arrive le plus généralement, comme un expédient, afin de se procurer, dans un cas pressé, une somme nécessaire pour mener à bonne fin une entreprise donnée, une guerre ou des travaux publics qu'il importe de hâter parce qu'ils doivent porter remède à un péril qui menace le pays, ou pour remédier à une détresse financière ; en un mot, si l'impôt est établi dans un moment d'insécurité, la demande étant lente, il pèsera sur le producteur, un certain nombre de terres médiocres seront délaissées par lui; l'offre diminuera, les prix remonteront et l'impôt pèsera de nouveau sur le consommateur.

Ainsi, dans le cas d'insécurité, l'établissement de l'impôt provoque la gêne de tous, la ruine de quelques-uns, les prix élevés. Dans le cas de sécurité, il n'y a de ruine pour personne, de gêne pour personne, et cependant les prix restent élevés.

De toute façon, l'impôt établi proportionnellement à l'étendue des terres lors de son établissement retombe sur le consommateur.

2° L'impôt est établi proportionnellement au revenu brut, c'est-à-dire qu'il enlève une part du produit total. Ce produit total aurait donné une somme déterminée, par exemple, 1,000 fr., et l'impôt serait du dixième. Pour le producteur, l'effet sera le même que s'il n'eût obtenu qu'un produit de 900 fr. Mais les frais de production s'élèvent, supposons-nous à 800 fr. L'effet produit sera donc comme si ces frais de production avaient été augmentés de 100 francs.

Nous allons donc conclure, comme précédemment, à un effet final d'élévation des prix des denrées agricoles, c'est-à-dire au paiement de l'impôt par le consommateur.

3° L'impôt est établi proportionnellement au revenu net.

Dans ce cas, ce n'est autre chose qu'un prélèvement sur le revenu net. Or, il est des cultivateurs qui ne peuvent vivre que bien juste avec ce revenu net et qui ne le pourront plus si on le diminue en l'entamant par l'impôt. Ils devront donc renoncer à la culture, l'offre diminuera, les prix s'élèveront ; mais de combien ?

Les fermages varient, pour une même denrée agricole, suivant le plus ou moins de convenance du terrain à la culture de cette denrée. Selon ce plus ou moins de convenance, cette denrée sera plus ou moins cultivée. Il n'y a pas de bonne ni de mauvaise terre ; il n'y a qu'une chose de réelle, l'ignorance de l'homme qui ne sait pas approprier à chaque espèce de sol la culture qui lui convient et s'obstine, dans son aveuglement, à vouloir faire pousser quand même du blé dans une terre qui ne lui convient pas. On cultive du blé dans une terre impropre à cette culture quand les prix permettent de rentrer dans ces frais de production relativement énormes. C'est ce qui a lieu dans les départements des Hautes et des Basses-Alpes. Seulement, si ces départements persistent dans la culture du blé durant les temps de bas prix, il survient pour les possesseurs de ces terres, ne convenant pas au blé, la même chose que ce qui s'est passé dans ces départements durant la crise de 1865. Il est bien entendu que quand je compare les fermages de diverses terres, je suppose que sur ces différents sols on a cultivé le même produit.

Si l'on établit un impôt sur ces différentes terres, cultivées de la même manière, les producteurs, qui ont les terres le plus impropres à cette culture ou la moins grande puissance de capital, verront diminuer le taux du fermage de toute la part de l'impôt ; ce fermage, pour un grand nombre, ne suffira plus à les faire vivre. Ils abandonneront la culture, et ceux qui déserteront ainsi seront tous ceux dont le fermage, diminué de la part de l'impôt, ne sera pas au moins égal au fermage minimum des terres cultivées. Je ne parle, bien entendu, que de ceux vivant exclusivement du fermage de leurs terres. Ceux qui, joignant à ce moyen d'existence le secours de revenus industriels ou commerciaux ou autres ne provenant point du sol, pourront peut-être supporter la diminution du fermage, tout au moins provisoirement. Mais ceux-là ne forment que le petit nombre des agriculteurs ; ceux-ci sont généralement peu riches en capitaux et propriétaires de terres dont la culture est loin d'être le mieux appropriée à leur nature. Ceux qui se trouvent à cette limite régleront les prix du marché, puisque leurs produits seront les plus coûteux entre tous ceux demeurés sur le marché. Donc les possesseurs des autres terres ne paieront que la différence entre l'impôt établi sur ces terres inférieures ou insuffisamment pourvues de capital et l'impôt établi sur leur produit net. Le surplus de cette différence passe dans le prix des denrées existant sur le marché et est payé par le consommateur. Cette dernière part est on ne peut plus faible, et son insensibilité permet de n'en point tenir compte dans la pratique ; on ne saurait cependant la négliger en théorie. L'action sur le consommateur est insensible ; tout le poids retombe sur le propriétaire. Le prix des denrées n'oscille donc alors pour ainsi dire point.

Voilà comment agissent ces trois modes d'impôts fonciers au moment de leur établissement.

Les terres, au moment de l'établissement de l'impôt, peuvent se trouver en la possession de trois catégories différentes de personnes, ou entre les mains mêmes des propriétaires qui les exploitent directement.

Nous n'aurons rien à dire de particulier sur ce dernier cas. Ce qui est dit ci-dessus s'y applique tel quel.

Examinons donc ce qui se passe si elles se trouvent ou entre les mains d'un fermier, ou entre les mains d'un métayer ou d'un colon partiaire.

Dans ces deux derniers cas, sur qui retombe l'impôt? Il ne s'agit que de l'impôt établi proportionnellement au revenu net ; les deux autres modes d'impôt retombent nécessairement sur le consommateur.

1° S'il s'agit d'un fermier. Aux termes des articles 608 et 635 du Code civil, l'impôt est à la charge de ceux qui ont le droit d'usufruit et le droit d'usage, c'est-à-dire, dans la circonstance où nous nous plaçons, à la charge des fermiers.

C'est le fermier qui paie l'impôt.

Si l'impôt foncier n'existait pas auparavant, c'est une part de son revenu qu'on lui enlève. S'il ne peut pas supporter cette diminution de revenu, ou le propriétaire paiera l'impôt ou le fermier renoncera à la culture. Mais, s'il renonce à la culture, le fermier qui prendra de nouveau la terre à bail n'acquittera le fermage que diminué du montant de l'impôt réellement payé sur le produit de la terre. Cela est certain, car la diminution du revenu ne peut que ralentir la demande de baux et en accroître l'offre. De cette façon, le propriétaire paie quand même l'impôt. Si l'appropriation de la culture à la terre est des plus favorables et s'il dispose d'une suffisante puissance de capital, le fermier, ayant les reins assez solides, en sera quitte pour supporter la diminution de revenu jusqu'à la fin du bail. A l'expiration du bail, l'impôt retombera à la charge du propriétaire, à moins que les conditions de culture ne soient tellement favorables que le fermier ne préfère continuer et supporter ce surcroît de dépenses.

Seulement il y aura toujours pour lui une compensation, c'est que le propriétaire ne pourra élever le taux de son fermage selon le progrès de la culture et de la valeur des terres, progrès inévitable sur une bonne terre pendant la durée de deux baux consécutifs si celui qui l'exploite est intelligent. De cette façon, l'impôt retombera indirectement sur ce dernier.

En somme, l'impôt foncier diminue le taux des fermages.

2° S'il s'agit d'un métayer, l'impôt pèsera sur l'une ou l'autre des parties, suivant les conventions. Durant le bail courant, le métayer, si c'est lui qui paie les impôts, aura la charge à supporter jusqu'à l'expiration de ce bail, mais à cette époque, il exigera d'autres compensations qui équivaudront au non-paiement de l'impôt.

En résumé, l'impôt foncier proportionnel fait baisser le taux des fermages, diminue la valeur vénale des terres cultivées et laisse le prix des denrées à peu près stationnaire.

II. — DE L'IMPOT FONCIER, LORSQU'IL EST DÉJA DE DATE ANCIENNE

Nous avons vu qu'au moment de l'établissement de l'impôt, les propriétaires en paient à peu près la totalité. Une très-faible partie pèse sur le consommateur; le prix des denrées ne s'en trouve surhaussé que dans des proportions insignifiantes. Mais ceux qui possèdent ces terres, au moment de la création de l'impôt, ne les conserveront pas toujours. Ils seront obligés de s'en séparer de gré ou de force.

Ou ils mourront et ils transmettront à leurs enfants leur droit de propriété, ou ils vendront leurs terres.

Nous supposerons, pour le moment, qu'il n'existe aucun impôt sur les héritages et les mutations.

L'impôt foncier agira comme si les héritiers recevaient du testateur une propriété donnant un revenu moindre. Mais, comme il n'en jouissaient pas auparavant, cette diminution ne produira pour eux aucun autre effet que celui d'une propriété dont l'État se serait réservé une partie conservant la pleine et entière possession de cette part. Le contribuable et lui se trouvent devenir co-propriétaires. Seulement, c'est le contribuable qui a la gérance, et, pour le rémunérer du service qu'il lui rend, l'État ne doit pas lui réclamer tout le produit de la part dont il est co-propriétaire; il doit lui en abandonner une certaine quantité. Voilà pour l'héritier. L'héritier ne paie rien, en réalité. Il reçoit du donateur une propriété. Il est vrai qu'elle est amoindrie. Le don est moins considérable. Mais ce n'en est pas moins un don réellement exempt de charges pour l'héritier.

Supposons que maintenant le propriétaire ou ses héritiers vendent la terre imposée. Que va-t-il arriver?

L'acquéreur a bien le droit de dire : Cette terre donne un revenu net de tant, tous frais et impôts déduits. Il ne paie donc en réalité, qu'en proportion du revenu net et, bien qu'il verse ensuite effectivement une certaine somme dans les caisses de l'État, comme il n'a acheté la propriété qu'en raison de son revenu net déduit de cette somme, il ne fait que verser au Trésor le revenu d'un capital qui lui a été confié mais qui ne lui appartient pas en propre.

Toutefois, si la population et la puissance productive du pays venaient à diminuer, dans le cas où l'État aurait établi l'impôt par répartition, le rendement de toutes les parts de propriété de l'État diminuerait et cependant la somme totale restant fixe, il en résulterait peut-être que l'impôt dépasserait le revenu net de cette part de propriété et que le co-propriétaire de l'État aurait à prendre sur son propre revenu net cet excédant. Dans ce cas, comme ce sont les propriétaires des terres qui sont dans les moins bonnes conditions qui auraient le plus à en souffrir, il en résulterait encore la cessation de la culture d'un certain nombre de terres, une élévation de la limite à laquelle se trouvent placés les propriétaires pouvant bien juste vivre avec leur fermage, diminué de ce nouvel accroissement d'impôt ajouté à l'impôt déjà existant. Comme ceux-ci règlent le prix courant, ce prix serait élevé d'autant ; par conséquent, le fermage de toutes les autres terres resterait intact.

En temps ordinaire, qu'arrive-t-il donc? Une fois toutes les terres sorties des mains du propriétaire à qui elles appartenaient au moment de l'établissement de l'impôt, les propriétaires fonciers subséquents ne paient plus rien. L'État devient co-propriétaire pour une partie qui reste néanmoins administrée par les contribuables moyennant une rémunération égale à la différence entre le taux primitif de l'impôt et le revenu net de cette partie de la propriété. En un mot, l'État s'approprie une part du sol cultivé.

Qu'en résulte-t-il ?

La société y perd une partie de ses revenus. Car ce n'est plus sur les individus que cet impôt pèse, mais sur la société entière prise dans son ensemble. Cette perte il est vrai, est compensée pour elle par les avantages qu'elle retire de l'emploi qu'en fait l'État pour le bien collectif. Elle ne se fera donc sentir qu'autant que l'État gaspillera le produit de l'impôt.

Comment se traduit cette perte, dans tous les cas ?

Ce n'est pas par la diminution de la concurrence des produits sur les marchés, puisque le propriétaire vend lui-même les produits à sa guise et ne paie l'État qu'en espèces ; mais par la restriction des améliorations possibles du travail. Elle empêche une quantité plus abondante d'épargne de se former ; elle empêche, dans une certaine mesure, l'accroissement du capital de la nation ; elle empêche le crédit d'être plus abondant. Voilà le premier effet de l'impôt foncier, quand il est déjà de date ancienne et qu'il s'est transformé en co-propriété de l'État. Cet effet se manifeste au moment où l'État recueille la part du revenu net de sa propriété, qu'il s'est adjugée de sa propre autorité. Mais, au moment aussi où l'État emploie cet impôt, l'effet peut persister ou cesser. Si l'impôt est employé en dépenses improductives, comme en dépenses militaires ou en frais d'administration d'une urgence contestable, l'effet de perte persiste. S'il est employé en voies de communication, chemins de fer, canaux, etc., il est capitalisé, et l'effet cesse ou plutôt diminue, car l'effet de perte ne cesse jamais d'une façon absolument complète.

Il n'y a que les citoyens qui puissent faire du revenu l'emploi qui importe le plus, à moins qu'il ne s'agisse de l'utiliser dans l'intérêt collectif. Ils seront meilleurs juges du moment où il faudra utiliser cette part du revenu net général de la société sous forme de capital ou par la voie du crédit, ou enfin en le consacrant à l'épargne. Mais, comme l'imperfection des choses humaines ne permet pas qu'ils puissent présider eux-mêmes aux travaux collectifs, l'effet de perte ne peut être entièrement atténué. Du moment que l'impôt foncier est transformé en capital, cet effet devient d'une singulière insignifiance, car, en somme, c'est du revenu qui est capitalisé : il en résulte donc un accroissement de richesse pour le pays.

Ainsi, l'impôt foncier, diminuant le revenu net du pays, empêche, dans une certaine mesure, le capital de s'accroître par la mise en réserve de ce revenu net. Il maintient les capitaux à un prix plus élevé que celui auquel ils devraient tendre. L'État détruit sensiblement cet effet s'il emploie cet impôt foncier d'une manière productive, s'il le capitalise par la construction de voies de communication de toutes sortes. C'est pour cela qu'il serait à désirer que les lois des budgets déterminassent la destination spéciale de cet impôt et l'appliquassent entièrement à des travaux exclusivement productifs, afin de le capitaliser dans son intégralité.

On voit donc que, sous l'influence de la durée, l'impôt foncier n'exerce plus aucune nouvelle action sur le prix des denrées ni sur le taux des fermages.

Au moment de l'établissement de l'impôt, une certaine quantité des terres ont été abandonnées et sont redevenues incultes ou ont été l'objet de cultures mieux appropriées et moins coûteuses. Peut-être aussi plus de capitaux y ont-ils été appliqués. Le produit net en aura été élevé d'autant et elles auront pu supporter à leur tour l'action de l'impôt foncier au moment de son établissement sur leur rendement.

III. — DU CHANGEMENT DE TAUX DE L'IMPOT FONCIER

Ces effets sont bien simples à déduire de ce qui a été dit précédemment.

Sous l'influence de la durée, cet impôt s'est transformé pour l'État en co-propriété. Il représente le revenu net d'un fonds de terre dont la possession est réservée au Gouvernement. Ce revenu net augmentant avec le progrès général, et l'impôt ne le faisant pas en proportion dans le système de la répartition, — le seul dont nous ayons à nous occupper ici puisque l'autre suit toutes les variations du revenu net, — on laisse au contribuable co-propriétaire une compensation pour le service de gestion qu'il rend à l'État, pour les années de récolte médiocre ou mauvaise, etc., pour toutes les pertes accidentelles qu'il éprouve et qui viennent diminuer son revenu net, enfin, pour ne pas l'écraser dans le cas où une crise viendrait diminuer la puissance productive ou la population.

Accroître le taux de cet impôt, c'est comme si l'on proposait d'établir un second impôt à côté du premier. Ce second impôt étant égal à la différence du taux primitif au taux nouvellement proposé, que va-t-il se produire ? Il va se passer pour ce nouvel impôt absolument ce qui s'est passé pour le premier lors de son établissement. Un certain nombre de terres seront laissées sans culture, le produit net, diminué de l'impôt, ne suffisant plus à leurs propriétaires ; dès lors, le prix du marché se règle sur le prix des produits donnés par les terres dont le fermage, diminué de l'impôt, sera égal au taux primitif du fermage des terres abandonnées les moins productives ; c'est-à-dire que l'on aboutira finalement à l'élévation d'autant du prix des denrées. Le reste de l'impôt pèsera sur les propriétaires et les producteurs. Ainsi, chaque augmentation du taux de l'impôt foncier accroît, au début, dans une certaine mesure la part qui pèse sur le prix des denrées agricoles et, dans une forte proportion, celle qui incombe aux propriétaires fonciers. Au bout d'un certain temps, sous l'influence de la durée, ce nouvel impôt se traduit par l'expropriation d'une partie des fonds de terre au profit de l'État.

N'oublions pas toutefois de remarquer que toutes ces augmentations du prix des denrées par l'impôt foncier, augmentations qui ont un caractère de permanence absolue, peuvent être atténuées par d'autres causes de diverse origine et de diverse nature.

« Comment donc peut-on procéder quand on veut remanier l'impôt.

« Lorsque la richesse et la population augmentent, il est presque impossible que les dépenses auxquelles on pourvoit au moyen de l'impôt n'augmentent pas également. Il faut donc que l'impôt suive les progrès généraux, et cela est d'autant plus naturel pour l'impôt foncier que les progrès de la société ont pour conséquence nécessaire l'augmentation du revenu des propriétaires de terres. Toutefois, dans la pratique, on rencontre deux difficultés formidables dans les inégalités de progrès et dans la confusion qui s'opère entre la rente proprement dite et l'intérêt des capitaux dépensés en améliorations foncières [1]. »

En effet, comme le fait encore fort bien observer M. Courcelle-Seneuil, cet impôt, remanié à des périodes fixes de quinze ou vingt années, ne devrait augmenter que dans les localités où la population et l'industrie se seraient accrues ; il devrait être baissé là où il y aurait diminution et rester stationnaire partout ailleurs. En un mot, c'est l'évaluation des terres qu'il s'agit de rectifier de la manière la plus conforme à la réalité.

Ces remaniements exigent l'existence préalable d'une statistique à la fois très-savante et très-sûre. Malheureusement, l'opinion publique sera hostile à ces remaniements, dissimulera la vérité, ne permettant point de distinguer la rente proprement dite de l'intérêt des améliorations foncières.

Et cependant il est important que le fisc soit des plus prudents. Car, par suite d'un accroissement de puissance productive ou de population, le rendement des terres s'augmentant d'une manière plus ou moins

[1] Courcelle-Seneuil, *Traité d'économie politique*.

considérable, des capitalistes peuvent être amenés à produire des amélioration foncières, et l'impôt doit être calculé de manière à ne point entraver ces améliorations. Dans ce cas là, il vaudrait mieux calculer par défaut l'impôt des terres nouvellement défrichées ou des classes inférieures et calculer par excès l'impôt des terres les meilleures et les plus fructueuses. De cette façon, on éviterait de produire aucun arrêt dans la culture.

Pour les pays de fermages, M. Courcelle-Seneuil croit la chose facile. Les baux sont là pour l'évaluation du revenu. On admet le propriétaire à prouver qu'il a fait subir au fonds de terre dans la période de remaniement des améliorations foncières. On exempterait d'impôt tout accroissement de revenu, inférieur à l'intérêt des capitaux employés en améliorations, au taux courant des prêts hypothécaires. A la seconde période, on les considérerait comme à moitié incorporés au sol, et, à la troisième, comme l'étant entièrement et définitivement. Resterait à définir en quoi consistent ces améliorations foncières, « chose facile en pays de fermages. »

Dans les pays de métayage, les difficultés seraient plus grandes. On peut bien connaître la dépense du propriétaire sur la terre; mais quant à la part de son travail personnel dans ses améliorations, c'est absolument impossible. « On ne pourrait y parvenir qu'au moyen de descriptions locales et détaillées de l'état et du système de culture de chaque terre, au moment de chaque recensement de quinze ou vingt ans, et par des enquêtes et témoignages, tous moyens qui ne peuvent donner de bons résultats qu'avec une instruction générale assez forte et des mœurs publiques avancées [1]. »

On peut objecter à ces remaniements qu'en imposant davantage on punit les contrées en progrès et qu'on les décourage.

Vaine objection! Chacun retire de l'État un profit proportionnel à ses revenus, ne fût-ce que pour la sécurité qu'il lui doit. Il est donc juste d'imposer ces contrées en raison des progrès qu'elles ont pu accomplir grâce à cette sécurité. Quant au reproche de découragement, il n'a pas plus de fondement, attendu qu'on n'enlève à cette contrée prospère qu'une part de cet accroissement, dans une proportion égale à celle de l'impôt établi sur le revenu net primitif de la contrée et sur le revenu net de toutes les autres.

On élève encore des objections contre la confusion, au bout d'un certain temps, des capitaux employés en améliorations foncières avec le fonds primitif. D'après M. Courcelle-Seneuil, cette confusion ne serait admise qu'au bout de deux périodes de remaniement, trente ou quarante

1 Courcelle-Seneuil.

ans. L'objection n'est pas sérieuse. « On sait qu'au delà d'un certain temps les placements à terme et à fonds perdu ne produisent pas un intérêt sensiblement plus élevé que les placements à perpétuité, parce que les éventualités très-éloignées de l'heure présente n'exercent sur l'imagination des hommes qu'une influence médiocre annuelle. »

M. Courcelle-Seneuil est donc amené à conclure ainsi, et sa conclusion sera la nôtre :

« L'impôt foncier ancien et très-prudemment augmenté avec la population et la richesse générale, ne diminuant les revenus de personne ou, en d'autres termes, ne privant personne de la rémunération d'un travail nécessaire, laisse libre les revenus des propriétaires fonciers, qui restent, après l'acquittement de cet impôt, semblables à tous les autres et passibles comme eux d'un impôt général sur les revenus. »

Remarquons que l'assiette de l'impôt foncier, actuellement payé en France, a été établie il y a plus de soixante et dix ans, et encore en a-t-on réduit considérablemant le chiffre durant ce laps de temps. Comme le propriétaire change, en moyenne, de mains tous les vingt ans, les propriétaires fonciers sont mal venus à se plaindre des lourdes charges qui pèsent sur eux. On pourrait fort bien augmenter le taux de l'impôt foncier ; ce ne serait que justice, même antérieurement à toute révision du cadastre, pourvu que cet accroissement fût des plus modérés et que la gradation en fût répartie sur un assez grand nombre d'années.

M. DAMETH

Professeur d'économie politique à Genève

L'AMORTISSEMENT ET L'ÉQUILIBRE DU BUDGET

— Séance du 28 août 1873. —

Par suite de l'abandon de l'impôt des matières premières et d'autres circonstances analogues, le budget de 1874 présenterait un déficit d'environ 130 millions. Le ministère propose d'y remédier à l'aide de nouveaux impôts qui sont, — notamment celui des tissus, — un objet de graves inquiétudes pour la production industrielle, déjà si rudement atteinte par la plupart des taxes récentes. Il importe donc d'examiner de près si l'équilibre cherché exige irrémissiblement de pareils efforts.

On arrive à une opinion différente, en découvrant qu'il n'y a point urgence absolue à maintenir dans le budget de 1874 l'amortissement de 200 millions qui y est constitué en faveur de la Banque de France. Il est sans doute d'une bonne administration financière de pourvoir le plus promptement possible au paiement des dettes de l'État; mais il est encore plus opportun de ne pas faire passer ce soin avant celui d'équilibrer les recettes et les dépenses courantes sans écraser le pays d'impôts. D'ailleurs, en défalquant sur ces 200 millions les 130 réclamés par le déficit, il resterait encore 70 millions pour l'amortissement projeté, ce qui semblerait bien suffisant, eu égard à l'état actuel des finances et à la nature de la créance qu'il s'agit d'éteindre, créance dont la Banque ne souffre nullement, puisque c'est, au contraire, pour elle une source de profits.

Il est bon d'observer même que les dotations budgétaires du passé, ayant eu pour but d'organiser un service régulier d'amortissement de la dette publique, n'ont presque jamais excédé et n'ont pas atteint d'ordinaire cette somme de 70 millions.

On objecte, pour le cas actuel, qu'il est expédient de mettre au plus tôt la Banque de France en état de reprendre ses paiements en numéraire pour faire cesser le cours forcé. Cette objection est-elle invincible? Aujourd'hui, en dépit du drainage subi sans trêve, depuis trois ans, par notre stock métallique, la prime de l'or se réduit à trois pour mille, et l'encaisse de la Banque dépasse 700 millions. N'y a-t-il donc pas toute raison de penser que, d'ici à très-peu de temps, le retour d'abondance du numéraire, résultat du solde de l'indemnité de guerre, dores et déjà effectué, et du désistement de la spéculation de change qui en doit être la suite, amènera le pair absolu du papier et de l'or et fera disparaître ainsi toute cause appréciable au maintien du cours forcé? On peut tenir pour certain que, dans de pareilles conjonctures, la Banque de France ne négligera elle-même aucun moyen de reconstituer l'honorabilité de son crédit et qu'elle y pourvoira aisément grâce à sa puissance de concentration des espèces. M. Dameth présente des developpements sur chacun des points indiqués dans ce sommaire et il corrobore sa thèse de l'opinion émise à diverses reprises en ce sens par les organes les plus accrédités de la presse britanique en matières de finances, tels que le *Times* et l'*Economist*.

Dr BERTILLON

Président de la Société d'anthropologie de Paris

LA POPULATION FRANÇAISE

LA MORTALITÉ A CHAQUE AGE EN FRANCE ET EN CHAQUE DÉPARTEMENT ET A CHAQUE MOIS DE L'ANNÉE, ETC.

— *Séance du 28 août 1873.* —

M. LE Dr BERTILLON présente à la section d'économie politique un extrait d'un ouvrage qu'il publie sous le titre de *Démographie figurée*, qui a pour objet l'étude de la population française : cette communication fournit quelques détails particuliers, mais, dans son ensemble, reproduit le travail lu à la séance générale du 25 août 1873 [1].

[1] Voir aux séances générales, p. 80.

M. Charles LIMOUSIN

SUR LES SOCIÉTÉS COOPÉRATIVES [1]

M. GANEVAL

Membre de la Société d'Economie politique de Lyon

SUE LES MOYENS D'ORGANISER LES CAISSES DE RETRAITES POUR LES CLASSES OUVRIÈRES [1]

[1] Par suite du grand nombre de travaux présentés à la section d'économie politique, ces mémoires, envoyés au Congrès, n'ont pu être lus en séance.

CONFÉRENCES

M. Carl VOGT

Professeur à l'Université de Genève

LES VOLCANS

— *Conférence du 21 août 1873.* —

Notre illustre Président nous démontrait tout à l'heure, dans un magnifique langage, auquel nous avons tous applaudi, les avantages et les ressources, si variées et si fécondes, de la science. Permettez-moi de faire ressortir, à la suite de cet exposé, un point, que M. de Quatrefages n'a pas eu le loisir de mettre en relief autant qu'il aurait voulu le faire. La science n'a pas seulement pour but de trouver des vérités, de les enseigner et de les appliquer, elle a encore une noble mission à remplir, celle de détruire des erreurs, de déraciner des préjugés et de combattre des superstitions, qui trop souvent pèsent pendant des siècles sur l'humanité et sont ordinairement d'autant plus respectés qu'ils sont plus anciens. « La tâche de la science, a dit avec raison un savant illustre, Charles-Ernest de Baer, la tâche de la science ne consiste pas autant dans la construction de nouveaux édifices, que dans le déblaiement du terrain, où des vieilles ruines disloquées tiennent encore au sol, et occupent la place sur laquelle doit s'élever la bâtisse nouvelle. »

Si je prends aujourd'hui la parole sur les volcans, c'est parce que j'ai la conviction qu'il y a beaucoup à faire dans ce sens, de nombreuses erreurs à détruire, une foule de méprises à corriger, peut-être même à renverser complétement des théories, qui ont pris racine d'autant plus facilement qu'elles ont été établies par des autorités considérables.

Je puis dire que, dès mon enfance, cette question des volcans a captivé mon attention. Né dans une contrée dominée par des buttes basaltiques, dont les colonnes gigantesques supportent les repaires, heureusement tombés en ruines, des nobles seigneurs du temps des croisades, j'ai pu me familiariser avec l'aspect des volcans éteints, et plus tard des voyages passablement étendus m'ont fait faire connaissance avec quelques volcans actifs de l'Europe.

Quelques années après le voyage infructueux du prince Napoléon, dont le yacht avait dû rebrousser chemin, à cause des glaces flottantes, j'ai eu, en effet, le bonheur d'arriver, sans difficultés trop grandes et sur un petit schooner à voiles, devant l'île de Jean Mayen, perdue dans les glaces et les brouillards de l'océan Arctique, et formée tout entière d'un volcan, aujourd'hui inactif, surgissant des vagues à la hauteur de 7,000 pieds, et des flancs duquel descendent jusque dans la mer, séparés par des arêtes de laves, noires comme du charbon ou rouges comme des briques, une vingtaine de glaciers beaux et déchirés comme ceux de la Suisse.

Il nous a été donné, à mes compagnons de voyage et à moi, de pouvoir débarquer sur plusieurs points de cette terre inhospitalière, habitée seulement par des oiseaux de mer et des renards bleus, et de pouvoir examiner en détail quelques cratères adventifs, adossés aux flancs du grand volcan principal. Il était d'autant plus facile de se livrer à ces recherches, que toutes les formations se montrent absolument dénuées de toute végétation, les rares lichens et plantes phanérogames, qui se cachent par-ci et par-là sous les rochers, ne peuvent former la plus mince couche végétale. Pendant le même voyage, j'ai eu l'occasion de parcourir cette grande île volcanique de l'Islande, dont la surface, grande à peu près comme le tiers de la France, offre les courants de lave les plus gigantesques qui existent au monde. Là, j'ai pu admirer, cette imposante vallée de Thingvalla, produite par l'affaissement du centre d'un courant de lave sur une longueur de vingt kilomètres au moins, qui n'est accessible que par quelques sentiers en escalier, taillés sur les précipices des fentes déchirées par cet affaissement, et dont la coulée se continue en formant le fond d'un lac, grand comme celui de Genève, pour se terminer enfin par un promontoire avancé dans la mer.

J'ai également pu escalader quelques volcans du midi de l'Europe et payer plusieurs visites au Vésuve, à ce « volcan de cabinet, » comme l'appelait Spallanzani en opposition avec la formidable « colonne de soutien du ciel, » qui, sous le nom d'Etna, se dresse sur la côte de la Sicile.

Depuis quelques années, les phénomènes volcaniques, ainsi que ceux que l'on a l'habitude de leur rattacher, semblent redoubler d'activité, en proportion de l'attention qu'ils attirent et des études sans cesse croissantes dont ils sont l'objet. Vous rappellerai-je les terribles éruptions au milieu du golfe de Santorin dans l'archipel grec, au commencement de 1866, qui se sont continuées pendant plusieurs années et ont fait naître, au milieu de ce golfe et en contact avec quelques îlots formés auparavant de la même manière, le volcan Giorgios et le cratère Aphroëssa ? Vous parlerai-je de la récente éruption du Vésuve du 26 avril 1872, une des plus considérables de l'inquiétant voisin de Naples depuis les temps historiques ? Dois-je mentionner l'épouvantable tremblement de terre d'Arequipa, dans l'Amérique du Sud, qui secoua, du 13 août au 15 septembre 1868, la surface terrestre sur une longueur de 16 degrés de latitude, en renversant nombre de villes et de villages et en portant la désolation à des millions d'habitants ? Certes, en voilà assez pour éveiller l'attention non-seulement des savants, mais de tout le monde ; et pour faire parler de ces phénomènes, il n'était pas besoin de tremblements de terre tout récents, qui ont effrayés le département de la

Drôme. Heureusement ces derniers n'offrent plus aucun danger, puisqu'on a nommé une commission, avec un général à sa tête, pour les examiner et les mettre à la raison !

Peut-on dégager des péripéties si nombreuses, que présentent les éruptions volcaniques, un type pour ainsi dire normal, autour duquel viennent se ranger, comme des variétés, les phénomènes plus ou moins rares et exceptionnels qui s'observent ? Je crois que c'est faisable, on peut trouver des traits généraux, des caractères communs à toutes les éruptions, mais qui paraissent accentués à des degrés divers et sont cachés souvent par des couleurs tout à fait locales et particulières.

Les éruptions s'annoncent d'ordinaire par une fumée plus forte, sortant de la bouche du volcan, par des sublimations plus considérables sur les lèvres des crevasses, qui traversent le fond du cratère ou le cône d'éruption, et par des secousses d'abord légères, mais augmentant successivement d'intensité, et accompagnées de bruits souterrains, qui souvent ressemblent à des décharges de grosse artillerie. Ces secousses partent distinctement du centre du volcan ; les habitants placés au sud les perçoivent comme venant du nord, tandis que les observateurs stationnant au nord les ressentent au contraire comme dirigées du sud au nord. Sauf dans les très-grandes éruptions, l'étendue dans laquelle se ressentent les ondulations de la surface terrestre produites par ces chocs est peu considérable. Dans la plupart des cas elle ne dépasse pas la base du volcan même. Naples, si rapproché du Vésuve, n'a subi que très-rarement des dégâts considérables dans ses édifices par les tremblements partant du volcan.—Les secousses augmentent en intensité, la fumée devient plus forte, les bruits plus assourdissants et enfin, par un dernier effort, les matières solidifiées, qui obstruaient le cratère, sont lancées en l'air et soudain apparait, au-dessus du cône d'éruption, une colonne lumineuse, éclatante comme une flamme, mais immobile dans sa direction verticale, sur laquelle se forme un nuage blanc comme neige dans ses parties supérieures, noir et épais en bas. Ce n'est pas une flamme, cette colonne qui est traversée par mille fusées de matières incandescentes, et dont les gerbes montent à plusieurs milliers de mètres.— On n'a observé que rarement des véritables flammes, c'est-à-dire des gaz brûlants sur les volcans ; la colonne lumineuse, qui semble porter, comme une tige, le nuage qui s'accumule au-dessus, n'est autre chose que le reflet de la surface de la lave liquéfiée et chauffée au blanc dans l'intérieur du cratère. Cette surface se reflète ainsi dans les vapeurs d'eau vomies par la bouche et condensées dans le nuage, qui devient le siége de phénomènes électriques puissants. La montagne mugit, le tonnerre gronde dans les airs ; des gerbes de fusées, de bombes, de rapillis, de scories, de sables et de cendres, s'élancent pour retomber en pluie ignée ; des éclairs sillonnent le nuage, dont la forme caractéristique a déjà été comparée par Pline le Jeune à celle du pin-parasol de l'Italie. Au milieu de ce fracas continuel, la lave s'élève dans le cratère, dépasse son bord et commence à couler sur le flanc de la montagne. Le fleuve incandescent se meut, tantôt rapide et par saccades, tantôt lent et majestueux, mais toujours capricieux, car il se refroidit continuellement à sa surface et sur ses bords, tandis que dans sa masse même il dégage des quantités de vapeurs, qui souvent forment des émanations secondaires, par lesquelles des quantités de scories sont projetées en l'air. Un courant de lave ne coule pas en effet, comme un courant d'eau ou de matière visqueuse, — il coule comme une rivière à la débâcle des glaces, charriant des scories en masses, des dalles, des blocs, qui se heurtent les uns contre les autres, et sont souvent si rapprochés qu'on peut traverser un courant de lave en mouvement en sautant d'un bloc à l'autre,— souvent il est vrai, au risque de se brûler les pieds ou de tomber dans un gouffre incandescent. Un courant pareil se crée mille obstacles ; il entasse sur son front et sur ses côtés des digues souvent très-hautes et massives, dont les fentes montrent la lave brûlante et liquide dans l'intérieur, et qui souvent sont renversées par le courant même, qui se gonfle derrière l'obstacle créé par son refroidissement. En automne 1871, quelques mois avant la terrible explosion du 26 avril 1872, on voyait, au Vésuve, couler d'une bouche latérale, sur le flanc nord-est du grand cône, quelques minces filets de lave, silencieux et limpides comme de l'argent fondu, pour avancer sur une digue ou un talus, haut de cent pieds au moins, qu'ils avaient entassés petit à petit. La masse se refroidissait en coulant et de temps en temps on voyait rouler en bas du talus quelques blocs de lave, chauffés encore au rouge sombre et qui formaient l'extrémité du courant.

Mais il est rare que l'action soit si régulière. Dans la plupart des cas, on peut observer des intermittences. L'île de Stromboli, une des îles Lipariennes au sud de Naples, est formée d'un cratère ouvert depuis plus de deux mille ans. Les anciens appelaient cette île « le phare de la mer Tyrrhénienne. » Le cratère est fendu de sorte qu'en se couchant sur le ventre et qu'en avançant la tête par-dessus l'abîme, on peut observer la bouche même du volcan. La lave y est constamment liquide et bouillante ; sa surface monte brillante comme de l'acier fondu, dans l'intérieur de la cheminée; arrivée au haut, cette surface crève avec un bruit d'explosion et laisse échapper un jet de vapeur qui se condense immédiatement en l'air sous forme d'un nuage ou plutôt d'une boule blanche. En même temps est lancée une fusée de matières incandescentes, et après avoir rejeté ainsi de la vapeur et des matériaux solides, la lave retombe dans l'intérieur de la cheminée de manière que le regard peut plonger profondément dans le gouffre. Mais déjà la surface de la lave remonte de nouveau, brillante comme avant, et le même jeu de piston, de dégagements de vapeurs, de lancements de fusées recommence. De temps en temps se répète une éruption un peu plus forte; le bord du cratère, où l'on est couché, s'ébranle, une bulle de vapeurs plus considérable se dégage, une fusée plus nourrie est lancée plus haut, pendant qu'en même temps la lave déverse par le bord de la bouche au fond du cratère; — c'est ainsi que se continue ce jeu depuis la nuit des temps sans interruption !

Si, dans beaucoup de cas, la lave déverse en effet par le bord du cratère, en l'effondrant à sa sortie, il faut cependant avouer que, surtout dans les grandes éruptions, où des courants de lave considérables sont vomis, la lave sort par des fentes, des fissures et des crevasses, qui traversent le volcan de part en part et l'entament quelquefois depuis le sommet jusqu'à la base. Je n'ai qu'à vous rappeler la dernière grande éruption du Vésuve pour vous donner un exemple de cette formation de crevasses ignivomes. Le volcan travaillait un peu plus activement depuis quelques années. Un petit cône d'éruption parasite s'était formé sur le flanc du grand cône, et du fond de son cratère effondré sortaient ces petits filets de lave que je vous ai décrit. C'était une vraie bénédiction pour une partie de la population, qui vit par le Vésuve, en y conduisant les étrangers, en fabriquant des médailles sur place avec la lave fondue, et qui est installée jour et nuit sur la montagne. Avoir à sa disposition un petit courant de lave, dont on peut approcher sans danger est, pour cette population, une chance des plus heureuses. Mais depuis quelques jours, le volcan était plus agité; le petit cône avait repris vigueur; le grand cratère du sommet tonnait plus fortement, et des laves copieuses descendirent sur le flanc du cône d'éruption principal. Des centaines de curieux étaient montés pour jouir, de près et de nuit, de ce spectacle grandiose entre tous et un grand nombre, se trouvaient, le 26 avril vers trois heures du matin, rassemblés dans l'Atrio del Cavallo, vallon semi-circulaire qui sépare l'ancien cratère de la Somma du grand cône d'éruption actuel, lorsque tout à coup ce cône se fendit dans la direction du nord-est. Avec la rapidité de l'éclair, la crevasse descendit jusqu'à l'Atrio del Cavallo, vomissant à son point d'arrêt inférieur une lave copieuse et violente. Sur la cime s'ouvraient en même temps deux grandes bouches, qui lançaient impétueusement des projectiles nombreux et brûlants avec des cendres incandescentes. Cette pluie de cendres enveloppait les malheureux voyageurs, qui erraient éperdus au milieu des bombes et des torrents de lave, lesquels sortaient presque sous leurs pieds; — quelques-uns furent entraînés par les courants, plusieurs calcinés et un nombre considérable blessés mortellement par les bombes.

Laissons cette scène de désolation et retournons vers l'étude des phénomènes. Le fendillement de la montagne, ai-je dit, se produit presque toujours lors des grandes éruptions. Au siècle dernier, se trouva à Catane l'abbé Spallanzani, l'un des naturalistes les plus distingués de cette époque. Il fut témoin d'une éruption de l'Etna, de ce volcan grandiose, trois fois plus haut que le Vésuve, et il vit le cône se fendre du haut en bas, comme si, dit-il, on l'avait coupé avec un tranchoir en fer. La fente se ferma à sa partie supérieure, mais à la base sortit la lave au pied d'un cône parasite, entassé par les matériaux lancés en l'air, comme cela arrive toujours en pareil cas.

Je viens de vous décrire sommairement les éruptions à l'air libre, auxquelles se livrent de temps en temps les volcans à cratères, à bouches ouvertes ou formées pendant l'éruption, d'où sortent des laves, des bombes, des scories, des cendres qui, en s'entassant autour de la bouche, forment un cône d'éruption. Mais les éruptions se font aussi quelquefois dans des conditions différentes, — nous connaissons un certain nombre d'éruptions sous-marines, pendant lesquelles se livre un combat furieux et terrible entre ces deux éléments ennemis, le feu et l'eau, et où le milieu dans lequel se fait l'éruption, apporte des conditions différentes d'existence pour le volcan même, suivant la nature des matériaux amenés à la surface.

En 1831, on vit tout à coup, sur la côte méridionale de la Sicile et dans le voisinage de la petite ville de Sciacca, la grève se couvrir de poissons morts rejetés par les vagues. A l'horizon se voyait, de jour, un tourbillon de nuages, de nuit, une lueur comme une flamme. Heureusement un géologue expérimenté, F. Hofmann, de Berlin, se trouvait dans le voisinage. Après avoir vaincu toutes sortes de difficultés, que lui opposaient la peur et la superstition des habitants, il put se rapprocher du volcan, qui s'était ouvert au milieu de la mer, à huit milles de distance de la côte, et qui vomissait des vapeurs, des cendres et des rapillis. Nous lui devons une magnifique description de cette éruption, qui cessa, après avoir duré pendant six semaines, au milieu du mois d'août. L'éruption avait entassé un cône haut de deux cents pieds, ayant une circonférence d'un kilomètre au moins, au milieu duquel se montrait le cratère rempli d'eau de mer sulfureuse. L'Académie des sciences de Paris envoya le célèbre géologue Constant Prévost pour examiner la nouvelle île. Il y arriva le 28 septembre et la trouva composée de couches alternantes de sables volcaniques noires et de scories en morceaux épais de deux à trois pouces. L'île était déjà très-fortement rongée par les vagues. En décembre, elle avait complétement disparu, et, deux ans plus tard, la sonde ne découvrait plus aucune trace d'inégalité au fond de la mer, à l'endroit où avait surgi le cône. Il avait été balayé complétement, et les matériaux mobiles, dont il avait été formé, étaient évidemment répandus au fond pour former une couche de tuf volcanique. Le sort de tous les volcans sous-marins, formés seulement de matériaux meubles, de scories, de rapillis, de cendres et de sables, est exactement le même; — ils sont rongés et balayés bientôt par les vagues. Un volcan composé de matériaux mobiles ne peut exister qu'à l'air libre; il est détruit lorsqu'il se trouve dans l'eau.

C'est là, messieurs, un point digne de remarque. Les anciens volcans de l'Europe, ceux de l'Auvergne, du Velay, du Vivarais, des bords du Rhin, sont formés de matériaux meubles en grande partie; ils montrent encore aujourd'hui leurs cratères, leurs cônes entassés de scories et de cendres; sauf les érosions dues aux eaux pluviales, ces cônes sont encore intacts, comme ils ont été formés par les éruptions; ils ont donc été entassés à l'air libre et sont restés dans ces conditions depuis le moment où ils ont surgi. Or, ces volcans ont travaillé pendant l'époque tertiaire, à une époque où l'homme n'existait pas encore sur la terre, ainsi que nous le prouve l'examen des terrains recouverts par les laves qu'ils ont vomi, et leur existence intacte prouve en même temps, comme l'a fait remarquer avec raison sir Charles Lyell, que depuis leur formation aucun courant d'eau n'a pu submerger la terre jusqu'au sommet des plus hautes montagnes, pas même le plateau relativement peu élevé de l'Auvergne. Un courant diluvien, qui aurait couvert la surface de la terre entière et qui aurait été lancé avec une vitesse suffisante pour faire nager dans son bourbier des gros blocs erratiques, aurait rasé ces cônes d'éruption jusqu'à leur base et n'en aurait pas laissé subsister la moindre trace.

Il y a cependant des volcans d'origine sous-marine, qui peuvent résister au choc des vagues et aux érosions des flots, mais à la condition qu'ils soient construits entièrement ou soutenus au moins par des masses solides, par des laves tenaces, constituant des roches pierreuses dans leur refroidissement. Le curieux groupe de Santorin dans l'archipel grec peut nous en fournir un exemple. L'île Thera des anciens avec les petites îles Therasia et Aspronisi, forment un immense cratère, dont le bord seulement est émergé, tandis que la cavité est remplie par les eaux de la mer. Cet ancien cratère, composé de couches alternantes de laves épaisses et solides et de rapillis meubles, recouvert sur ses pentes périphériques par des dépôts considérables de pierres-ponces réduites en poudre, forme aujourd'hui un golfe à contours elliptiques, d'une profondeur considérable et assez vaste pour pouvoir loger les flottes cuirassées de l'Europe entière. Au milieu de ce golfe s'élèvent quelques îlots bas, agrandis, depuis les temps de Solon, par des éruptions successives de lave compacte et noire, et qui portent le nom de *Kaïmeni*, les Brulés. Pendant un siècle et demi de repos, un village et un port, avec des installations pour prendre des eaux thermales salées, s'étaient établis sur une de ces petites îles. En janvier 1866, le village commence à s'affaisser, les maisons au bord de la mer glissent lentement sous les eaux, la mer s'échauffe, des bulles de gaz inflammable se dégagent, des feux follets dansent sur les eaux, des blocs de lave noire surgissent, augmentent, refoulent les eaux; la lave incandescente s'épanche, se gonfle, un volcan se déclare au commencement de février. On l'appelle Giorgios, et le gouvernement envoie une chaloupe de guerre, l'*Aphroëssa*, avec une commission à bord, à la tête de laquelle se trouve le directeur de l'observatoire d'Athènes, M. Schmidt, connu déjà par des recherches sur le Vésuve. Au milieu de février s'épanche un autre courant de lave sur la côte opposée de la petite île de Néo-Kaïmeni, en formant une nappe avec un petit cratère. On lui donne le nom de la chaloupe. Le 20 février, le tonnerre du Georgios s'accompagne d'un sifflement strident, perçant comme des sifflets de locomotives. La chaloupe s'approche de l'île, pour débarquer les savants, qui montent sur une hauteur, vis-à-vis du Georgios, pour observer les jets de vapeur enflammée sortant des fissures du volcan. Un brick marchand se trouve à côté du navire de guerre. Une terrible explosion se fait entendre; des bombes d'une grosseur formidable, des scories et des laves sont lancées jusqu'à dix mille pieds de hauteur et retombent en pluie incandescente. Les maisons du village, qui n'ont pas encore été englouties par la mer, sont consumées; une bombe de neuf mètres cubes détruit la chapelle catholique; une autre, tombant sur le brick, en tue le capitaine et incendie le navire; une autre perce le pont du vapeur de guerre et s'arrête à quelques pouces seulement de la sainte-barbe; pas un homme à bord du navire qui ne soit blessé! Les membres de la Commission sont inondés de cette pluie incandescente; M. Schmidt se sauve d'abord sous un rocher de lave, mais le bloc commence à s'ébranler, et les cheveux brûlés, les habits enflammés, il se précipite dans la mer, qui commence à s'échauffer. Il est recueilli enfin par une embarcation envoyée depuis le navire, qu'on emmène avec peine du voisinage du volcan, lequel continue à vomir des flammes et des bombes.

Or, ce Georgios résistera comme les Kaïmeni ont résisté! Il est formé de laves solides; — on l'a monté depuis, quoiqu'il ne soit pas encore complétement tranquille; c'est même un type curieux de volcan, car il n'a aucun cratère! Les gaz et les vapeurs se font jour par les fissures d'une croûte solidifiée en immenses blocs de lave noire et dense, laquelle, suivant l'expression de M. Schmidt, que j'ai recueillie de sa propre bouche, se gonflait lors de l'éruption comme une pâte qui fermente et travaille, se boursoufflait et se crevassait, pour lancer, par les fissures encore béantes aujourd'hui, ces jets de bombes et de scories.

Je m'arrête, messieurs, dans ces descriptions que je pourrai multiplier à l'infini. Ce que je voulais faire ressortir, ce sont les phénomènes généraux qui se dégagent au milieu de ces variétés et si j'insiste dans ce moment sur la périodicité irrégulière des éruptions violentes, je le fais parce que ces recrudescences me paraissent importantes pour la théorie générale des volcans. Vous trouverez, en effet, dans l'histoire de tous les volcans, ces alternances d'activité et de repos apparent, et les époques de repos se prolongent souvent à tel point, que les hommes perdent même le souvenir des périodes actives et croient le volcan parfaitement éteint. L'histoire du Vésuve plus que tout autre peut servir d'exemple; — les anciens le croyaient parfaitement éteint, lorsque l'éruption terrible, qui engloutit Stabiæ, Herculanum et Pompeï, leur prouva que ces apparences étaient trompeuses.

Mais si les éruptions ne sont que des recrudescences de forces sommeillantes en apparence, nous pouvons bien nous demander quelles sont ces forces qui agissent dans les volcans et qui engendrent des effets aussi considérables?

Voyons, pour nous rapprocher d'une solution, quels sont les produits des volcans?

Nous en trouvons de toute espèce. Des produits gazeux, et surtout une quantité énorme de vapeur d'eau, formant des nuages; ce sont ces dégagements, qui, de jour, font ressembler un courant de lave, vu de loin, à un train de chemin de fer à locomotives accouplées ; des acides, des bases, des sels volatiles de nature chimique très-diverse, parmi lesquels dominent les combinaisons du chlore et du soufre; souvent des masses énormes d'eau liquide; et enfin ces torrents en liquéfaction ignée que nous appelons des laves. Les bombes, les cendres, les scories, les rapillis, les sables ne sont que des laves plus ou moins finement divisées et lancées en l'air; mais ces matériaux se distinguent parce qu'ils sont lancés dans l'atmosphère par les dégagements des vapeurs, tandis que les laves, aux dépens desquelles ils sont façonnés, coulent comme un liquide plus ou moins visqueux.

Mais que ces matériaux en fusion ignée aient coulé en sortant des crevasses, ou qu'ils se soient entassés suivant leur forme et leur pesanteur en tombant de hauteurs souvent très-considérables, dans lesquelles ils ont été lancés, — toujours est-il que le volcan lui-même ne se forme que par l'accumulation de ces matériaux; qu'il est le fils de ses œuvres et que, toutes autres conditions égales d'ailleurs, un volcan se présentera toujours en rapport, quant à sa masse, avec la quantité de matériaux qu'il a emmené et entassé à la surface.

C'est là un axiome qui se dégage de toutes les observations modernes. On a parlé de cratères de soulèvement, on en a cité des exemples, tels que le Xorullo au Mexique, le Monte-Nuovo près de Pouzzoles, et on a voulu déduire des témoignagnes d'observateurs contemporains un boursoufflement de la terre, qui se serait gonflée comme une vessie, pour crever enfin au sommet et constituer ainsi un cratère béant. On a voulu déduire également de la forme de plusieurs cratères de grande dimension, comme de l'île de Santorin et de la Caldera de l'île de Palma, on a voulu déduire de ces formes-là qu'elles avaient été engendrées par soulèvement et non pas par entassement. Toutes les observations s'opposent à cette manière de voir, qui cependant a dominé pendant quelque temps dans la science et a presque été élevé à la hauteur d'un article de foi; — aujourd'hui, messieurs, en examinant ce Monte-Nuovo par exemple, que j'ai visité à plusieurs reprises, on ne comprend pas comment on pouvait se méprendre sur l'origine des couches de cendres et de tufs, qui composent son cône et entourent son cratère. Jamais on n'a vu un véritable soulèvement de couches engendré par des volcans, jamais même on n'a pu voir les bords des fissures et des crevasses qui se forment pour donner issue aux laves et aux vapeurs, jamais on n'a vu ces lèvres relevées en voûte ou en dôme, — ces déchirures volcaniques se présentent et se forment comme la déchirure d'une étoffe! Les forces qui ont entassé les volcans n'ont donc rien de commun avec celles qui ont soulevées les montagnes. Mais je dois me borner à signaler ces faits sans pouvoir les suivre davantage.

On ne peut rester un seul moment en doute sur la force éruptive des volcans. C'est la tension de la vapeur d'eau surchauffée. Sous ce rapport, les volcans sont des immenses machines à vapeur, qui soulèvent des masses énormes de matériaux liquéfiés depuis une certaine profondeur, pour les épancher et entasser à la surfece.

Les preuves de cette proposition sont faciles à fournir. Nous avons observé ce jeu des laves dans les cratères ouverts, comme ceux de Stromboli; ce jeu de piston, qui dégage chaque fois une grosse bulle de vapeur en arrivant à la surface du cratère; nous connaissons ces dégagements et même ces explosions, qui ont lieu dans les courants de lave pendant qu'ils coulent encore; nous avons examiné ces fumaroles, ces émissions de vapeur d'eau qui se font dans les laves déjà refroidies en grande partie; nous savons que cet immense nuage à phénomènes électriques terribles, qui s'accumule au-dessus d'un volcan en éruption, et qui laisse échapper des pluies torrentielles, est composé de vapeurs d'eau, qui se condensent. Nous savons en même temps que la lave, à travers laquelle se dégagent ces vapeurs, est en fusion ignée. — Nul doute donc que ce sont des vapeurs d'eau surchauffées, qui agissent dans les cheminées des volcans et qui lancent les matériaux meubles en l'air.

Mais la force développée par la tension de la vapeur d'eau n'est point illimitée. — Elle augmente en raison de la chaleur, mais elle est anéantie lorsque la pression qu'elle doit surmonter arrive à un certain degré. Nous pouvons donc nous demander quelle sera la hauteur maximum jusqu'à laquelle la vapeur d'une chaleur déterminée peut soulever une colonne de lave?

Nous savons que cette hauteur est assez considérable, lorsqu'on la compare à celle des montagnes, — très-peu considérable, lorsqu'on la compare aux mesures terrestres. Les petits volcans vomissent, le plus souvent, les laves par leurs cratères, comme généralement le Vésuve, haut de 1,000 mètres à peu près; l'Etna, haut de 3,000 mètres, a fourni bien des laves par son sommet, mais encore beaucoup plus par des fissures latérales; jusqu'à l'année dernière, le volcan Klutscheff, au Kamtschatka, haut de 4,700 mètres, passait pour être le cratère le plus élevé, qui eût fourni encore un courant de lave. On croyait notamment, sur l'affirmation de Humboldt et d'autres observateurs plus anciens, que les hauts volcans de l'Amérique du Sud n'avaient point fourni des laves par leurs cratères. L'ascension du Cotopaxi, exécutée l'année passée par M. Reiss, a détruit cette erreur. M. Reiss a prouvé, en effet, qu'un courant de lave était sorti du cratère de ce volcan élevé de 6,000 mètres, pour couler par-dessus ses bords, au lieu de s'échapper par une fissure pratiquée au flanc de la montagne.

La tension de la vapeur d'eau, chauffée à cent degrés, est anéantie par une pression de 830 atmosphères, donc, en chiffres ronds, par une colonne d'eau de 8,300 mètres, une atmosphère balançant une colonne d'eau de 10 mètres de haut.

On peut admettre, sans commettre une faute grave, que la chaleur de la lave ne dépasse pas 1,270 degrés centigrades et que le poids spécifique moyen de la lave est environ trois fois plus grand que celui de l'eau,

Le calcul, établi sur ces bases, nous donne, pour hauteur maximum, à laquelle la tension de la vapeur d'eau peut soulever une colonne de lave, une hauteur en chiffres ronds de trente kilomètres.

Nous appellerons foyer volcanique le point depuis lequel les laves sont soulevées.

Pour le Cotopaxi, haut de 6 kilomètres, le foyer volcanique ne peut donc se trouver qu'à une profondeur maximum de 24 kilomètres au-dessous du niveau de la mer; pour une lave qui sort au niveau de la mer, comme l'Aphroëssa de Santorin, le foyer peut se trouver à 30 kilomètres de profondeur.

Trente kilomètres! C'est à peu près trois fois la hauteur de la montagne la plus élevée de la terre, du mont Everest dans l'Himalaya (9,250 m.) ou six fois la hauteur du mont Blanc (4,811 m.), du plus haut sommet de l'Europe.

Sans doute, c'est beaucoup, mais, comparée aux dimensions de la terre, cette mesure se rapetisse d'une manière étonnante. Le rayon moyen de la terre mesure plus de 6,000 kilomètres, — la profondeur possible d'un d'un foyer volcanique n'égale point un deux-centième du rayon.

Donc, par rapport aux dimensions de la terre, les foyers volcaniques ne peuvent être que très-superficiels ; au lieu de se rapprocher du centre même de la terre, comme on a l'habitude de penser, les phénomènes volcaniques se passent au contraire tout à fait à la superficie du globe, dans la croûte terrestre même, laquelle, suivant les calculs astronomiques de M. Hopkins, doit avoir au moins 1,300 kilomètres d'épaisseur.

Mais, me direz-vous, que deviennent le feu central, le noyau incandescent de la terre? Que deviennent les définitions admises des volcans? Alexandre de Humboldt n'a-t-il pas dit que la volcanicité est la réaction exercée par le noyau liquide et incandescent de notre planète contre sa croûte extérieure? Léopold de Buch n'a-t-il pas défini les volcans en disant que ce sont des canaux offrant une communication ouverte et permanente de l'atmosphère avec le noyau incandescent de la terre ?

Certainement, messieurs, ces définitions ont été données, acceptées et répétées partout, dans tous les manuels, dans tous les cours et dans les mémoires spéciaux. En suit-il qu'elles soient vraies?

Un des observateurs récents les plus consciencieux, M. Fuchs, qui s'est beaucoup occupé des volcans et du Vésuve surtout, a donné dernièrement une autre définition. « Un volcan, dit-il, est un canal qui offre une communication permanente ou temporaire entre un foyer volcanique, les matières incandescentes fondues et les vapeurs y contenues d'un côté et la surface terrestre de l'autre. »

Vous voyez la différence. La permanence de la communication, posée par M. de Buch, est rejetée par M. Fuchs et le noyau incandescent de la terre est remplacé par un foyer volcanique, qui, dans la pensée de M. Fuchs, n'est point en commun pour tous les volcans, mais spécialisé pour chacun d'eux ou au moins pour des groupes rapprochés. Décidément, la foi de M. Fuchs au feu central est ébranlée.

La mienne, je l'avoue franchement, chancelle depuis longtemps. Voici les raisons sur lesquelles se fondent mes doutes.

On cite trois ordres de preuves pour l'existence d'un feu central.

La première peut s'appeler la preuve astronomique. Elle se fonde sur la théorie de Laplace, suivant laquelle notre planète était dans l'origine une nébuleuse, distendue par une chaleur énorme et condensée successivement. Pendant cette condensation, elle doit avoir passé par un état de globe fondu, puis, par un refroidissement continu, la croûte terrestre s'est formée, tandis qu'à l'intérieur subsiste encore le noyau incandescent. Certes, il n'en coûterait rien aux astronomes d'admettre la condensation entière de la terre jusqu'au centre, — mais on admet l'existence du noyau, parce qu'on trouve une augmentation de chaleur en pénétrant dans le sol jusqu'à une certaine profondeur, en posant comme principe qu'elle doit toujours augmenter dans la même proportion. Or, c'est justement cette progression que je conteste Si elle n'a pas lieu, comme j'espère pouvoir vous le prouver, aucune raison subsiste pour ne pas croire que la terre est arrivée, dans son entier, au terme de son refroidissement et de sa condensation successive. Vous voyez que la théorie de Laplace peut parfaitement subsister avec une terre refroidie jusqu'au centre, car cet état est même, dans cette théorie, l'état final prévu.

Une seconde preuve est tirée des volcans et de la chaleur de la lave. Ici, on tourne absolument dans un cercle vicieux. La lave, dit-on, est chaude parce qu'elle monte depuis le noyau incandescent, et le noyau incandescent existe parce que la lave est chaude. Nous savons bien que de pareilles preuves ne sont rien moins que logiques, mais cela n'empêche pas les volcanistes de tourner toujours dans le même cercle et de répéter toujours le même argument qui prouve le fait par le fait.

Un troisième ordre de preuves est tiré des observations faites dans des mines, dans des puits artésiens, dans des sondages profonds, où l'on a pu observer une augmentation constante de la chaleur du sol depuis la profondeur de 30 mètres environ, profondeur à laquelle les variations des saisons, sensibles à la surface, n'exercent plus d'influence sur le thermomètre, qui se tient immobile et désigne la température moyenne du sol. C'est le seul genre de preuves qui soit sérieux et qui demande à être examiné de près.

Les trous de sonde pour les puits artésiens les plus profonds n'atteignent pas 1 kilomètre et demi. On y a trouvé en moyenne une augmentation de 1 degré centigrade pour 30 mètres en chiffres ronds, et les données des puits de Grenelle, de Sperenberg, de Mondorf, de Neusalzwerck, s'écartent très-peu de cette moyenne. Mais on a constaté aussi des écarts plus considérables, et tandis qu'un puits, foré à travers des roches cristallines à Artern en Thuringe, ne présente une augmentation de 1 degré centigrade que par 40 mètres, un autre, établi en Neuffen, en Wurtemberg, qui traverse des couches de schistes liasiques pyriteux jusqu'à une profondeur de 385 mètres, montre l'énorme augmentation de 1 degré centigrade pour 10 mètres 50. D'où vient cette différence si considérable ?

Les mines présentent des écarts encore plus grands. Dans l'Erzgebirge, dans une contrée moitié aussi grande qu'un département français, on a constaté des écarts de 16 mètres à 118 mètres, et une foule d'autres mines, dans lesquelles ont été faites des observations, il est vrai pas aussi conséquentes que les admirables travaux de M. Reich dans l'Erzgebirge, oscillent entre ces deux points extrêmes.

Permettez-moi une première observation. On parle constamment de l'augmentation moyenne comme d'un terme constant, extrait d'observations comparables. Or je dis que le physicien, qui se trouve, dans ses expériences, vis-à-vis de résultats aussi discordants dans leurs extrêmes, n'est pas même autorisé d'en prendre une moyenne ; il doit au contraire se dire, ou qu'il y a un vice caché dans ses observations ou qu'il a affaire au moins à deux facteurs, dont, l'un inconstant et variable, fausse par son mélange le résultat commun.

Or, en partant de ce dernier principe (car les observations ont été faites avec toutes les précautions imaginables), on découvre immédiatement que dans les mines et dans les puits qui traversent des terrains autres que les couches d'argile, de sables et de marnes, dans lesquelles sont ordinairement établis les sondages artésiens, que partout, en un mot, la chaleur augmente dans une proportion d'autant plus forte que des réactions chimiques plus considérables se manifestent dans les couches environnantes. Dans les schistes pyriteux pénétrés de naphte et de pétrole, et qui s'enflamment même souvent spontanément par l'action des pyrites et des hydrocarbures qu'ils contiennent, l'augmentation atteint le plus haut degré ; parmi les mines, ce sont les mines de houille, siége de tant de réactions, qui offrent la proportion la plus forte, tandis que dans les granites et les gneiss, immobilisés presque au point de vue chimique, l'augmentation descend à son minimum.

Ce classement des observations, suivant les couches au milieu desquelles se sont faites les expériences, prouve donc, au premier coup d'œil, que les réactions chimiques sont au moins un des facteurs dans la production de la chaleur interne du sol, et que ce facteur doit être même le plus considérable, puisqu'il est capable d'élever l'échelle de 118 mètres, maximum observé de la profondeur nécessaire pour l'augmentation de 1 degré, à celle de 10 mètres 50, minimum observé dans les schistes liasiques. La chaleur provenant d'un noyau incandescent, d'un feu central supposé, serait donc, dans le résultat final, un facteur de mince valeur vis-à-vis de la chaleur développée par les réactions chimiques qui se passent dans l'intérieur des couches.

Mais la discussion serrée des observations faites dans les puits artésiens profonds conduit à des conclusions encore plus négatives. La mesure de l'augmentation devient plus petite à mesure que l'on descend dans des profondeurs plus considérables ou, en d'autres termes, plus on descend, plus il faut traverser de mètres pour trouver l'augmentation d'un degré centigrade. Le puits de Grenelle montre dans les premiers 226 mètres de sa profondeur une augmentation de 1 degré centigrade pour 27 mètres, tandis que les derniers 246 mètres offrent seulement la proportion de 1 degré centigrade par 41 mètres ! Il en est de même pour les autres puits profonds qui dépassent 300 mètres.

Dernièrement, un sondage a été poussé à Sperenberg, près Berlin, jusqu'à l'énorme profondeur de 4,052 pieds, et des observations très-nombreuses et entourées de toutes les garanties possibles y ont été faites par M. Duncker. La température était, à 100 pieds de profondeur, de 11,0 degrés Réaumur, tandis qu'à 4,042 pieds elle était de 38,5 Réaumur. L'augmentation moyenne était donc de 1 degré Réaumur par 150 pieds. Mais tandis que dans les premiers 1,900 pieds, l'augmentation était de 1 degré Réaumur par 123,4 pieds, elle se trouvait, dans les 2,000 suivants, seulement de 1 degré Réaumur par 168,7 ! La chaleur augmente donc vers le bas, mais elle augmente en moindre proportion.

Un résultat semblable serait-il possible, messieurs, si une source de chaleur constante existait dans le centre de la terre ? Comment veut-on prouver au simple bon sens, qu'en approchant son doigt d'une flamme, il faut parcourir des distances toujours plus grandes à mesure qu'on s'approche pour sentir plus de chaleur ? Une source de chaleur agirait donc plus fortement, avec plus d'intensité à distance, et son action diminuerait à mesure qu'on s'en rapproche ? N'est-il pas évident, qu'en continuant la série telle qu'elle nous est indiquée par ces chiffres, on arriverait à la conclusion la plus invraisemblable, pour n'en dire plus, savoir, qu'en approchant du noyau incandescent, de cette source colossale de chaleur, où tout est fondu en un globe liquide, on devrait parcourir même des milliers de mètres pour trouver une augmentation d'un degré?

Je sais bien que ces conclusions négatives heurtent des opinions généralement admises; mais je sais aussi que des observations analogues ont été gardées en portefeuille, et qu'on n'a pas osé les publier, précisément parce qu'elles heurtaient de front la théorie établie du feu central. Mais qu'est-ce qui doit céder en science, de la théorie ou du fait?

Non, messieurs, avouons-le, en présence de ces faits la théorie du feu central n'est plus soutenable. Si elle s'est conservée si longtemps, c'est pour d'autres raisons, sur lesquelles je ne veux pas insister. Laissons donc là cette croyance au feu central, ce vieil avatar de l'ancien mythe du Tartare, et cherchons la source de la chaleur, qui se manifeste dans l'intérieur du sol, dans ces procédés et réactions chimiques qui se passent partout et dont les résultats nous sont démontrés par les transformations et métamorphoses incessantes, que subissent continuellement les roches qui composent les parties solides de notre globe. Plaçons hardiment la source de la chaleur intérieure dans les couches mêmes, au lieu de la faire venir depuis l'intérieur, dont la constitution nous est parfaitement inconnue; si ce sont les couches supérieures qui présentent l'augmentation la plus considérable, accordons-leur aussi le travail chimique le plus intense, et disons que la chaleur développée dans les couches par leur travail intrinsèque de métamorphose, doit s'accumuler nécessairement vers l'intérieur, tandis qu'à l'extérieur, à la superficie, elle doit tout aussi nécessairement s'abaisser par le rayonnement vers l'espace. Je ne puis guère entrer dans des détails, mais lorsqu'on poursuit ces faits et leur combinaison, on arrive à la conclusion que la source de la chaleur interne doit être dans cette zone assez peu profonde de l'écorce terrestre, jusqu'à laquelle pénètrent les eaux filtrantes, et que c'est grâce à ces eaux, dont la présence motive les réactions chimiques, que la chaleur est engendrée.

Rappelons-nous ici, messieurs, que la science moderne est parvenue à nous donner des idées fort différentes de celles qu'on avait, dans le temps, sur la constitution de la matière et des forces. Si autrefois on pouvait déjà prouver, la balance en main, que la matière est une, indestructible, éternelle, changeant seulement de forme, mais non de quantité, nous savons aussi, aujourd'hui, que cette matière n'est pas travaillée par un certain nombre de forces discordantes, mais que la force est une, inséparable de la matière, indestructible, inaugmentable, éternelle comme la matière; que nous ne pouvons séparer ces deux idées, que force et matière ne font qu'un, et que le dualisme admis autrefois ne peut plus se soutenir. La matière change de forme; la force se métamorphose. Chaleur, mouvement, attraction, pesanteur, électricité, ne sont que des manifestations d'une seule et même force, immuable dans sa quantité, inséparable de la matière. Si nous disons combinaison chimique, nous disons mouvement des molécules, arrêt de ce mouvement par la perpétration de la combinaison et transformation du mouvement en chaleur! Mouvement et chaleur, chaleur et mouvement, nous mesurons aujourd'hui leur quantité réciproque, car nous connaissons l'équivalent mécanique de la chaleur.

Eh bien, messieurs, appliquons ces principes à la théorie des volcans. Ces montagnes, souvent colossales, sont le résultat d'entassement de matériaux vomis à la surface, sortis par des crevasses et des cratères. On est d'accord là-dessus. Mais d'où viennent ces matériaux? De la profondeur où ils doivent avoir occupé des espaces correspondant à leur volume. L'extraction de ces masses doit donc laisser des vides, et quels vides!

Les trois courants de laves, fournis par les éruptions du Vésuve de 1794, 1855 et 1872 ensemble, peuvent être évalués à une masse de 126 millions de mètres cubes. Le volume du Monte-Nuovo, formé dans le voisinage de Pouzzoles pendant une seule éruption, dont la plus grande masse a été vomie en deux fois vingt-quatre heures, du 29 septembre au 1er octobre 1538, et dont les contours réguliers permettent une évaluation assez exacte, a été calculé à 1,240 millions de mètres cubes! L'exemple le plus grandiose sous ce rapport a été fourni par l'éruption du volcan Tomboro, haut de 8,500 pieds et situé sur la petite île de Sumbava, une des îles de la Sonde. Cette éruption commença le 5 avril 1815 par des terribles secousses accomgagnées de rugissements formidables. Les secousses se firent sentir dans l'étendue d'un cercle ayant un rayon de 200 milles géographiques. Ces phénomènes augmentent graduellement, et, le 10 avril, l'éruption atteint son maximum d'intensité. La montagne entière paraît en feu, puis s'enveloppe d'une fumée noire et tellement épaisse qu'une nuit complète remplace le jour. Les explosions étaient tellement violentes, qu'elles faisaient éclater les murs des maisons de l'île, et leur bruit tel qu'on l'entendait à des distances énormes. Pour vous en donner une idée, je dirais que c'est comme si on entendait au cap Nord, à travers l'Europe tout entière, mugir les éruptions du Vésuve. Malgré le calme le plus complet dans les airs, la mer se souleva en une vague énorme, qui se rua sur la terre, engloutissant les villages et les forêts et jetant des grands navires sur la terre ferme. Mais le même jour, vers le soir, un immense tourbillon, un typhon ascendant (sans doute engendré par l'aspiration du feu volcanique) se leva, renversant tout et enlevant dans les airs des hommes, des poutres, des arbres, qui tournoyaient comme des brins de paille dans l'atmosphère. Des masses énormes de scories spongieuses incandescentes et de cendres brûlantes tombaient en averse, non-seulement sur la montagne mais sur toute l'île, écrasant les toits des maisons, sur la mer et sur les îles voisines, surtout celle de Lombock, où elles formèrent encore une couche épaisse de deux pieds. Douze mille hommes périrent étouffés dans l'île de Sumbava; dans la ville de même nom, vingt-six seulement restèrent en vie. La végétation, le bétail, tout fut détruit, et la disette qui s'en suivit fit périr encore quarante mille habitants.

Le 8 avril, un croiseur anglais fut envoyé depuis Java, pour marcher au canon, car on croyait entendre, dans la direction de Sumbava, une canonnade d'un engagement avec des pirates. Après quatre jours de marche, on vit le matin, depuis le navire, vers l'horizon, un nuage noir qui, en montant au zénith, prenait une teinte rougeâtre. A onze heures la pluie de cendres commence. A midi, il fait nuit complète. La pluie de cendres et les ténèbres durent pendant dix-huit heures consécutives. Le capitaine évalue à plusieurs tonnes la quantité de cendres tombée sur le pont de son petit navire. La mer, dans le voisinage de Sumbava, était couverte d'une couche de pierres-ponces et de cendres, épaisse de plusieurs pieds, qui empêchait les navires de marcher.

Il est impossible de calculer avec quelque exactitude la quantité de cendres lancée dans cette épouvantable éruption, sur un périmètre ayant un rayon de 100 milles au moins. Mais en prenant en considération l'étendue du cercle où tombaient ces masses et l'épaisseur des couches qu'elles ont formées, on peut bien dire que leur volume égale au moins celui du massif du mont Blanc. Le géant de nos montagnes européennes pulvérisé et répandu sur la Suisse entière, offrant une surface beaucoup moins étendue que la surface couverte par les cendres du Tomboro, élèverait à peine le niveau de quelques centimètres !

Or, messieurs, je le demande, que peut devenir un vide creusé par cette éjection et équivalant au moins, par son volume, à celui du mont Blanc?

Les vides doivent se combler, soit par l'entrée des eaux, soit par des tassements des couches, qui sont étendues dessus. Le remplissage effectué par les eaux de la mer ne peut s'apercevoir ; le volume de ces vides, tant considérable qu'il soit en lui-même, n'offrant pas une qualité appréciable vis-à-vis du volume des océans. Mais sur la terre ferme, ces tassements doivent se traduire par des affaissements.

Or, nous connaissons des faits constatant des affaissements semblables. Je vous rappelle ce glissement du village de Néo-Kaïmeni dans le golfe de Santorin, qui a précédé et accompagné l'éruption du Giorgios. Lors de l'éruption de l'Imbabourou, dans la république de l'Equador, le 16 août 1868, toute la contrée voisine s'affaissa, et à l'endroit où existait autrefois la ville de Golachi, se trouve aujourd'hui un grand lac ! L'éruption du Monte-Nuovo près Pouzzoles, fut précédé d'un affaissement considérable, de 13 pieds au centre du terrain affaissé, où sortait une eau sulfureuse. Il y a plus, — toute la contrée autour de la ville de Quito, ce centre des grands volcans de l'Amérique du Sud, s'affaisse lentement et dans son entier, comme le prouvent les mesurages consécutifs exécutés depuis plus d'un siècle. La Condamine détermina, en 1745, la position de Quito à 9,596 pieds au-dessus du niveau de la mer, Humboldt, en 1802, à 9,570 pieds, Orton, en 1867, à 9,520 pieds ; — en 122 ans, Quito s'est donc affaissé de 76 pieds.

Un affaissement est une chute, un mouvement, et ce mouvement en s'arrêtant, doit se transposer en chaleur. On a cherché même à expliquer les volcans en se basant sur cette considération. Un physicien et chimiste distingué, M. Mohr, a calculé qu'une couche de terre, d'un kilomètre carré de surface et épaisse de 24 kilomètres, produirait, en s'affaissant d'un pied seulement, assez de chaleur pour fondre 2,160 millions de kilogrammes de basalte, c'est-à-dire 28 millions de pieds cubes, et fournirait ainsi un courant de lave respectable, égalant à peu près le dixième du grand courant de lave de 1855. Certes, il n'y a rien à répondre à ce raisonnement dans le cas où l'affaissement est une chute subite, par laquelle cette colonne prismatique, de 1 kilomètre de côté et haute de 24 kilomètres, tomberait sur la couche sous-jacente, comme un immense marteau-pilon sur son enclume; mais je crois que les affaissements se produisent lentement, que la chute ne peut pas être franche, mais constamment arrêté, et que par conséquent la chaleur produite a le temps de se disperser.

Quoiqu'il en soit, si suivant mon avis, les affaissements seuls ne suffisent pas pour expliquer les phénomènes volcaniques et surtout la chaleur développée dans les volcans, il s'en faut de beaucoup qu'ils ne jouent pas le rôle principal dans un tout autre ordre de phénomènes, qu'on a relié trop généralement avec les volcans, savoir, les tremblements de terre.

Certes, il y a des tremblements de terre, c'est-à-dire des ondulations de la surface terrestre produites par un choc à l'intérieur, qui sont d'origine volcanique. Aucune éruption ne peut se passer sans ces secousses, qui tantôt sont bornés au voisinage immédiat, tantôt se propagent plus loin, suivant l'intensité du choc. On sent le cône d'éruption trembler sous ses pieds lorsque, dans l'intérieur du cratère, se produit seulement un léger dégagegement de vapeur; — lors des grandes éruptions, ces secousses se propagent au loin en partant du volcan.

Il doit y avoir également des secousses fréquentes dans les contrées volcaniques, produites par le tassement intérieur et le remplissage des vides, creusés sous les volcans par les éruptions mêmes et qui se manifesteront lorsque, la tension des vapeurs, qui soutenaient la voûte, a cessé après les éruptions. Les vides, produits par la sortie des laves et des cendres, doivent nécessairement être remplis tôt ou tard et dans la plupart des cas, par des tassements; — car l'entrée de l'eau de mer devra produire, comme nous le verrons, de nouvelles éruptions.

Mais déduire de ces faits-là, que *tous* les tremblements de terre sont produits par les forces volcaniques, est tout aussi contraire aux faits qu'au raisonnement scientifique. Je sais bien, messieurs, que nous avons été nourris et élevés avec cette théorie et qu'il faut un effort pour se débarasser de prétendues vérités, qui nous ont été inculquées dans les écoles et qui se sont propagées et infiltrées jusque dans les opinions du vulgaire. On nous a persuadé, depuis notre enfance, que la force volcanique, engendrée dans ce noyau imaginaire incandescent, couvert par la croûte terrestre, comme par une mince feuille de papier, travaille dans l'intérieur en se promenant sans relâche, que la vieille taupe cherche à percer cette croûte, tantôt ici, tantôt là, pour trouver une issue. On a même nommé les volcans « des soupapes de sûreté, » placées sur cette immense chaudière centrale et destinées à donner issue aux vapeurs surchauffées, prêtes à faire éclater et voler en morceaux la croûte entière !

On a invoqué comme preuve de cette prétendue corrélation entre les volcans et les tremblements de terre des coïncidences temporaires entre les secousses ressenties et les éruptions. Certes, de la manière dont on s'y est pris, ce n'est pas difficile. Il est même impossible de ne pas en trouver, si l'on veut faire dépendre des phénomènes exceptionnels de phénomènes journaliers. Je prends le recensement des éruptions et des tremblements de terre en 1869, recensement tout complet et très-consciencieux, que M. Fuchs a publié dernièrement; je compte douze éruptions et cent tremblements de terre. Notez bien que dans ces derniers on a compté pour un tremblement de terre toutes les secousses qui ont eu lieu dans la même localité, et que le tremblement de terre de Raguse en mai 1869 se compose de cinquante-trois secousses assez fortes, tandis qu'à Grossgerau, sur les bords du Rhin, on a compté dans la même année plus de six cents secousses isolées. Or, messieurs, en ne tenant aucun compte, ni des distances (car la taupe pousse partout), ni des temps écoulés, rien n'est plus facile que de relier tous ces tremblements de terre à des éruptions subséquentes et de dire, par exemple, que le tremblement de terre de Raguse a été apaisé par l'ouverture de la soupape de sûreté appelée le volcan Isalco, dans les Cordillères, qui a fait éruption le 19 mai, et que la force volcanique, qui a secoué l'île Saint-Thomas, dans les Antilles, le 17 septembre, s'est fait jour dans l'éruption de l'Etna du 26 septembre. En neuf jours, la taupe peut bien se déplacer à travers toute la largeur de l'Océan! Vous croyez qu'on ne s'est pas livré à de pareils jeux d'imagination ? Eh, messieurs, détrompez-vous ! On a bien mis en rapport le tremblement de terre de Lisbonne, du 1er novembre 1755, le plus considérable de l'histoire, avec l'éruption du Xorullo dans l'ouest du Mexique, qui a eu lieu presque quatre ans après, le 29 septembre 1759!

Non, messieurs, ce qui est certain aujourd'hui, c'est que le plus grand nombre des tremblements de terre ne provient pas de la force volcanique; que les secousses se manifestent souvent dans des contrées éloignées de tout terrain volcanique, et que ces tremblements sont produits par des tassements, qui doivent avoir lieu partout où se trouvent dans le sol des couches solubles, qui, petit à petit, sont dissoutes par les eaux filtrantes, de manière que les couches supérieures sont privées d'appui. Une simple réflexion doit nous convaincre de la vérité de cette assertion. Toutes les eaux pluviales et atmosphériques arrivent sur la terre dépourvues entièrement de substances solides; neige, grésil, rosée, pluie, sont de la vapeur d'eau condensée. En revanche toutes les eaux sortantes des entrailles de la terre et coulantes à la surface ou filtrantes dans l'intérieur, sont plus ou moins chargées de substances solides, qu'elles tiennent en dissolution. Ces substances ont été dissoutes aux dépens des couches qui composent la croûte terrestre, et leur quantité est tellement considérable qu'elle représente des chaînes de montagnes entières. Avec les matériaux en suspension et en dissolution, qu'amènent les fleuves de la terre entière pendant un siècle, on pourrait construire la chaîne de l'Himalaya ou celle des Cordillères. A ces matériaux enlevés doivent correspondre des vides, et ces vides doivent se remplir par tassement.

Les tassements sont manifestes dans les contrées où se trouvent des couches solubles de gypse, de sel gemme et d'autres substances facilement entraînées. Ils y produisent des creux, des abîmes superficiels, — et ces écroulements se font en engendrant des secousses et des tremblements de terre limités. Les anciennes galeries de mines se referment par tassement et avec secousses, peu considérables il est vrai, mais en rapport avec les masses tassées. On a très-bien fait remarquer que la Suisse, entièrement exempte de toute trace de terrains volcaniques, compte trois centres de tremblements de terre fréquents, Viége en Valais, Bâle et la petite ville d'Églisau, également située sur les bords du Rhin. A Églisau, des petites secousses sans conséquence sont presque journalières. Aussi, n'y a-t-il pas de doute, suivant la constitution géologique de la contrée, que des couches de sel gemme et de gypse doivent se trouver au-dessous des deux dernières villes à une certaine profondeur, et quant à Viége, la présence de pareilles couches est infiniment probable, les gypses affleurant dans les environs et à petite distance dans la vallée du Rhône.

Retournons, messieurs, après cette digression nécessaire, à l'objet principal de notre conférence, aux volcans. Nous connaissons les éruptions. Mais nous savons aussi, que dans l'histoire de tous les volcans se trouvent des périodes plus ou moins prolongées de repos, qu'en somme, les éruptions ne forment que des recrudescences d'une action chimique, qui souvent subsiste encore, en partie au moins, après l'extinction de toute autre action plus violente. Nous trouvons, en effet, dans des volcans éteints depuis des siècles, encore des dégagements considérables de certains gaz, surtout d'acide carbonique. Il y a des localités en Auvergne, dans le Velay, dans l'Eifel, sur les bords du Rhin, où aucun animal souterrain ne peut exister, où un trou, dans la terre, fait avec un bâton, devient immédiatement une source jaillissante d'acide carbonique, où les sillons tracés à la charrue et les fossés des bords des routes se remplissent au fond de ce gaz plus pesant, comme vous savez, que l'air atmosphérique. Ce gaz ne peut être dégagé depuis la profondeur que par une action chimique lente et soutenue, — peut-être, comme le suppose M. Mohr, par l'action de silicates sur des couches de calcaire. Nous savons également qu'entre les éruptions les volcans dégagent presque toujours de la vapeur d'eau, des gaz sulfureux, qu'ils subliment des chlorures, souvent métalliques, — tout cela en petite quantité relativement, mais encore suffisante pour démontrer la persistance de puissantes réactions chimiques dans l'intérieur. Enfin, nous connaissons dans le voisinage de ces volcans éteints, mais chimiquement encore actifs, une quantité de sources chaudes, qui nous prouvent que les feux du laboratoire ne sont pas complétement éteints.

Nous avons repoussé la théorie d'un feu central, d'un noyau incandescent, d'un foyer général placé dans l'intérieur de la terre, dans lequel doivent aboutir toutes les cheminées des volcans en activité. Il est infiniment plus probable que tous les volcans, ou au moins chaque groupe de volcans rapprochés a son foyer distinct, placé à une profondeur relativement peu considérable. Je ne puis ici aborder les autres preuves que l'on peut tirer de la composition chimique identique des laves d'un volcan, quelle que soit leur constitution minéralogique; de l'indépendance de volcans rapprochés, mais de hauteurs différentes, dans leurs éruptions, et d'une foule d'autres considérations. Si le feu central n'existe pas, il faudra bien doter les volcans de ces foyers indépendants, espèces de grands laboratoires chimiques, dans lesquels se font constamment des réactions engendrant une chaleur considérable, assez considérable pour tenir une certaine quantité de matière en fusion et pour faire dégager ces vapeurs, ces gaz, ces sublimations, que fournit le volcan dans son état de repos.

Quelles peuvent être les causes qui engendrent ces recrudescences violentes, que nous appelons des éruptions et qui troublent cet état de repos relatif, qu'on pourrait appeler l'état normal des volcans ?

Nous trouverons peut-être une réponse concluante à cette question dans plusieurs faits observés.

La force soulevante est la vapeur d'eau. Les éruptions dégagent des quantités énormes d'eau sous forme de vapeur. Cette eau doit provenir de quelque part. Nous aurions beau chercher dans toutes les matières imaginables qu'on pourrait mettre en présence dans les foyers volcaniques, nous ne pourrions y trouver la quantité d'eau nécessaire pour le spectacle d'une éruption. L'eau doit donc être introduite dans le foyer du dehors, et cette introduction doit être la cause de l'éruption.

Cette eau doit provenir, à peu d'exceptions près, de la mer, — les produits même des volcans le prouvent.

L'eau de mer contient, tout le monde le sait, une quantité de chlorures en dissolution, parmi lesquels le chlorure de sodium, le sel de cuisine, joue un rôle prépondérant. Au contraire, les substances minérales, qui entrent en jeu dans les volcans pour former les laves et les cendres, contiennent excessivement peu de chlorures. En revanche, les sublimations des fumaroles sont composées, pour la plus grande part, de chlorures. Ces chlorures sont donc introduits dans le foyer du dehors par l'eau et expulsés avec elle. Tous les observateurs attentifs signalent un phénomène particulier dans les éruptions qui viennent de cesser. Les laves refroidissantes, les cendres tombées, se couvrent d'une matière blanche, qui disparaît après quelques heures, surtout sous l'influence des pluies volcaniques. La montagne entière souvent semble être comme saupoudrée de neige fine. Dans la dernière éruption du Vésuve, M. Palmieri a encore constaté le même fait : « Non-seulement le cône, dit-il, mais toute la campagne des environs, semble quelques jours blanche, comme couverte de neige, scintillante aux rayons du soleil ; c'était le sel marin contenu dans les cendres qui faisait efflorescence. » En effet, c'est du sel marin, dans le sens le plus strict du mot. — L'eau qui entre dans les foyers, qui est cause, par sa conversion en vapeurs surchauffées, de l'éruption proprement dite, cette eau est l'eau de mer. En présence des faits cités, cette assertion me semble inattaquable.

Sauf quelques exceptions peu connues et vis-à-vis desquelles des grands lacs intérieurs jouent peut-être le rôle de mer, tous les volcans actifs sont situés dans le voisinage de la mer ; le plus grand nombre même sur des îles ou sur des côtes, de manière que la mer baigne leur pied. Des communications peuvent donc être établies facilement entre leurs foyers et le fond de la mer. Les éruptions s'expliquent ainsi par l'irruption de l'eau de mer dans les foyers volcaniques voisins.

Je vais plus loin. Je crois que certains volcans se sont éteints parce que ces communications se sont bouchées ; qu'ils ont cessé leur activité bruyante, sans renoncer entièrement à leur travail chimique, à la distillation de gaz carbonique, à la production de sources chaudes, parce que leur position vis-à-vis de la mer a été changée. Je crois que l'on peut déterminer l'époque où ces volcans ont cessé de faire des éruptions, en déterminant l'époque ou les golfes marins, aux bords desquels ils étaient autrefois établis, ont été comblés.

Examinez, messieurs, la position de ces volcans éteints de l'Europe, dont l'activité a cessé depuis un temps relativement récent.

Les volcans éteints de l'Auvergne, du Velay, du Vivarais étaient placés sur les bords d'un golfe, qui s'étendait au nord jusque dans les environs de Lyon et qui a été comblé successivement par les dépôts tertiaires, pliocènes et diluviens ; les volcans de l'Eifel se trouvaient sur le golfe Rhénan, étendu jusqu'aux environs de Mayence et de Francfort et comblé successivement de la même manière ; les volcans des Euganéens, dans le Vicentin, étaient placés au milieu du golfe, rempli aujourd'hui par les terrains récents de la Lombardie et parcouru par le Pô ; les buttes basaltiques du Höhgau, éteints depuis la fin de l'époque miocène, étaient placés, pendant cette époque, aux bords d'un golfe mollassique. Tous ces volcans se sont éteints, à mon avis, parce que leurs voies de communication avec la mer ont été coupées par le remplissage des golfes qui les avoisinaient. Nulle crainte de les voir se rouvrir. Tant que la mer n'envahira pas à nouveau les golfes qu'elle a comblés, nous ne risquons pas de voir se rallumer les puys et autres pics dévastateurs qui ont autrefois ravagé l'intérieur de la France.

Je me résume, messieurs, en disant que les volcans ont des foyers isolés, qui ne dépendent point d'un feu central, dont l'existence n'est rien moins que prouvée ; que les tremblements de terre ne sont pas nécessairement liés à des manifestations de la force volcanique, et qu'un grand nombre d'entre eux est au contraire dû à l'affaissement de couches, privées d'appui par l'enlèvement des matières sous-jacentes et par leur dissolution au moyen de l'eau ; que l'action normale des volcans consiste dans un chimisme incessant, manifesté pendant l'état de repos ; que les éruptions sont dues à des irruptions souterraines des eaux de la mer dans ces foyers volcaniques et que ces éruptions sont impossibles dès que par le remblaiement des golfes l'accès des canaux de communication est coupé.

J'ai dit.

M. AIMÉ GIRARD

Professeur au Conservatoire des Arts et Métiers de Paris

LES PROGRÈS MODERNES DES INDUSTRIES CHIMIQUES

— *Conférence du 25 août 1873.* —

Messieurs,

Nulle part je ne saurais trouver un milieu plus favorable que Lyon pour y parler des progrès qu'ont accomplis, de notre temps, les industries chimiques ; nulle part je ne saurais rencontrer un auditoire mieux préparé pour me comprendre.

C'est de votre ville, en effet, et votre amour-propre national peut, à juste titre, en être fier, c'est de votre ville qu'est venue, il y a quarante ans, la découverte qui devait permettre à ces industries de satisfaire aux exigences sans cesse croissantes de la consommation.

Je veux, avant toutes choses, vous dire cette histoire que quelques-uns d'entre vous ignorent peut-être, que les autres, je l'espère, s'entendront rappeler sans ennui.

Parmi les produits chimiques dont l'industrie fait usage, il en est un que la science désigne sous le nom d'acide sulfurique, auquel une vieille coutume conserve, aujourd'hui encore, la dénomination d'huile de vitriol. L'importance en est capitale, telle même que certains esprits, éminents du reste, ont cru pouvoir trouver dans le chiffre de sa consommation la mesure du degré de civilisation des peuples modernes.

C'est là une erreur ; sans doute la civilisation d'un peuple est fonction de son industrie, mais d'autres éléments aussi concourent à en assurer la hauteur, et les faits d'ordre moral, les faits d'ordre intellectuel ne sauraient, en cette circonstance, céder le pas aux faits d'ordre purement pratique.

Mais si c'est une erreur que d'estimer aussi haut l'importance du produit qui m'occupe, ce n'est pas se tromper, d'autre part, que d'en faire le pivot commun autour duquel évoluent toutes les industries qui appellent à leur aide les réactions chimiques ; en quelques mots, je vous le ferai comprendre,

Chauffé soit avec le sel gemme, soit avec le sel marin, l'acide sulfurique nous donne d'un côté le sulfate de soude, d'un autre l'acide chlorhydrique, c'est-à-dire les agents primordiaux de la fabrication des savons, de la verrerie, de la papeterie, du blanchiment, de la teinture, etc.

Chauffé avec le salpêtre, il engendre l'eau-forte, ou mieux, pour parler le langage de la science, l'acide nitrique, c'est-à-dire l'agent oxydant par excellence, l'agent créateur de ces matières colorantes splendides, dont vous avez su faire pour la teinture de vos soieries un si magnifique usage.

C'est à son aide qu'on décape les métaux, qu'on purifie les huiles, qu'on fabrique les bougies ; c'est grâce à lui que l'argenture et la dorure galvaniques ont pu se populariser ; c'est des réactions auxquelles il donne naissance que résultent la plupart des produits chimiques qu'emploient les arts et les métiers, la plupart des médicaments auxquels recourt l'art de guérir ; c'est, en un mot, l'agent *princeps*, l'agent-chef de l'industrie chimique tout entière.

Or, messieurs, cet acide sulfurique dont vous pouvez déjà apprécier l'importance industrielle, nous serions fort embarrassés pour le fabriquer dans les proportions colossales qu'exige la consommation moderne, si nous devions, aujourd'hui encore, le demander à la source unique qui le fournissait il y a quarante ans. C'est en brûlant, en tête de grandes chambres de plomb, le soufre natif extrait du sol volcanique de la Sicile qu'on l'obtenait alors. Il ne fallait pas beaucoup de ce soufre : les industries chimiques en étaient encore à leurs premiers pas, et 20,000 tonnes environ suffisaient à la fabrication de l'acide sulfurique consommé en Europe ; aujourd'hui, cette fabrication a plus que décuplé, et c'est à peine si 250 millions de kilogrammes de soufre suffiraient à alimenter les usines européennes.

Où le trouver ce soufre ? La Sicile est impuissante à en fournir d'aussi grandes quantités ; et, d'ailleurs, la maladie du raisin, l'oïdium, en faisant de notre industrie viticole un gros consommateur de soufre, est venue, il y a douze ou quinze ans, créer à l'industrie chimique une concurrence redoutable.

C'est à une autre source qu'il a fallu puiser. Déjà, en 1793, alors que la France, séparée par la guerre du reste de l'Europe, s'efforçait de trouver dans son sol les ressources nécessaires à son existence industrielle, un savant, d'Artigues, avait essayé de substituer au soufre de la Sicile ces composés de soufre et de fer, ces pyrites dont notre pays possède de si riches gisements ; il avait échoué. Plus tard, en 1818, la même substitution avait été tentée en Angleterre ; l'insuccès avait été le même. C'est à Lyon que la question devait se résoudre. Dès cette époque, messieurs, existait à Saint-Fons, bien modeste alors, cette fabrique de produits chimiques que ses habiles directeurs, MM. Perret, ont depuis rendue célèbre. C'est là qu'en 1830 fut tentée de nouveau la fabrication de l'acide sulfurique au moyen des pyrites ; c'est là qu'elle réussit pour la première fois ; c'est de là qu'elle s'est répandue sur le monde. Qui de vous ne connaît les mines de Chessy, près de Villefranche ; on les exploitait jadis pour en extraire le cuivre. MM. Perret les ont, plus tard, exploitées pour en utiliser le soufre, et, aujourd'hui, la fabrication de l'acide sulfurique les a presque totalement épuisées. Les mines de Sain-Bel et de Sourcieux, près l'Arbresle, leur ont alors succédé ; des minerais de même nature ont été découverts et exploités dans le Gard, dans l'Ardèche, et, peu à peu, le progrès se généralisant, le soufre de la Sicile a dû reculer devant les pyrites françaises, pour, en fin de compte, leur céder complétement la place aujourd'hui.

Ne croyez pas, cependant, messieurs, que ce progrès se soit limité à la France ; il est général : partout, en Angleterre, en Allemagne, c'est à la combustion de pyrites analogues à celles du Rhône et du Gard, ce n'est plus au soufre de Sicile qu'on demande aujourd'hui l'acide sulfurique que réclament les industries chimiques.

Et les quantités en sont grandes, croyez-moi. Je les ai calculées approximativement et je ne me trompe certes pas de beaucoup en évaluant la production annuelle de l'Europe à 800 millions de kilogrammes d'acide sulfurique concentré. Je ne sais si ce chiffre de 800 millions de kilogrammes parle suffisamment à votre esprit ; aussi, pour mieux vous en faire apprécier la grandeur, vous demanderai-je la permission de donner à cette énonciation une forme plus vulgaire, mais plus saisissante peut-être. Imaginez que tout l'acide sulfurique fabriqué en Europe ait été amené à Lyon et que nous ayons l'intention de l'emmagasiner dans un canal, doublé de plomb bien entendu, que nous aurions creusé parallèlement au Rhône, savez-vous quelle dimension il faudra donner à ce canal ? Supposons que nous l'ayons creusé à 2 mètres de profondeur, que nous lui ayons donné 10 mètres de largeur, il nous faudra, si nous voulons y enfermer tout l'acide sulfurique que fabrique l'industrie européenne en une année, le pousser au delà de Givors, le continuer jusqu'à Vienne dans l'Isère, lui donner, en un mot, une longueur de 25 à 30 kilomètres.

Et pour produire tout cet acide sulfurique, savez-vous ce qu'il aura fallu de ces pyrites que pour la première fois on a su utiliser à Lyon, de ces pyrites dont nous devons à MM. Perret l'emploi industriel ? Il en faudra 600,000 tonnes, 600 millions de kilogrammes, c'est-à-dire une quantité telle que pour la transporter par chemin de fer, au moyen d'un train véritablement idéal, il ne faudrait pas moins de 60 à 80,000 de nos wagons[1].

En face de ces chiffres colossaux, l'esprit, alors même qu'il est habitué aux grands mouvements de l'industrie, ne peut se défendre d'une émotion véritable, et c'est justice alors que d'exprimer bien haut la reconnaissance que l'on doit aux initiateurs de pareils progrès.

Et maintenant, messieurs, que je vous ai dit pourquoi à Lyon, plus que partout ailleurs, j'étais sûr de rencontrer un accueil sympathique en parlant des progrès modernes des industries chimiques, permettez-moi de vous indiquer rapidement quelques-uns de ces progrès, les plus importants, cela va de soi.

Entrons dans une manufacture de produits chimiques, là précisément où cet acide sulfurique prend naissance, et examinons si les fabrications qui reposent sur son emploi ont, dans ces derniers temps, accompli des progrès ? Elles en ont accompli, et de très-grands. Vous êtes trop voisins de Marseille, messieurs, pour n'avoir pas visité notre belle cité méridionale ; sa puissance industrielle, vous le savez, marche de pair avec sa puissance

[1] Ces nombres sont déjà dépassés ; dans ces derniers temps, la fabrication des engrais phosphatés a donné à la consommation de l'acide sulfurique et par conséquent des pyrites un énorme développement. C'est ainsi que, d'après des renseignements récents, le poids des pyrites traites en 1873 pour la fabrication de l'acide sulfurique a dépassé 500,000 tonnes pour l'Angleterre seulement ; il n'était que de 250,000 tonnes en 1869. En France, on pourrait citer des mines de pyrites qui, dans cette seule année (1873), ont vu leur production augmenter d'un tiers. (A. G. 1874.)

commerciale, et tout autour d'elle s'étend une riche ceinture de manufactures et d'usines. Les fabriques de produits chimiques y sont nombreuses : c'est là que le soudier marseillais décompose le sel de nos marais salants et fabrique par milliers de tonnes l'alcali que le savonnier lui demande ; c'est là aussi que naît de la même décomposition le gaz acide chlorhydrique, l'esprit de sel. On le perdait jadis, et vous n'avez pas oublié, à coup sûr, ces immenses panaches de fumée qui, s'échappant des hautes cheminées de l'usine, s'arrondissaient à l'horizon en nuages blancs et pittoresques. Au cas où vous les auriez oubliés, descendez vers Marseille, et, près de l'étang de Berre, près de l'étang de Lavalduc, vous en trouverez encore deux ou trois spécimens.

Or, ces panaches, ces nuages, dont la vue vous a peut-être charmés de loin, renfermaient dans leurs flancs un ennemi cruel, ennemi que l'usine imprévoyante répandait chaque jour à flots sur les cultures et les moissons de son voisinage. Cet ennemi, c'était précisément l'acide chlorhydrique gazeux, né de la réaction de l'acide sulfurique sur le sel marin, l'acide chlorhydrique qui offense nos poumons, qui brûle les végétaux, qui rouille le fer, attaque les matériaux de construction, qui, en un mot, apporte partout où il passe le désordre, et quelquefois la ruine.

Parcourez aujourd'hui les centres industriels où vous avez jadis observé ces dégagements, vous ne les retrouverez plus! Si la cheminée de l'usine porte encore un panache, celui-ci n'est plus formé que de fumée et de vapeur d'eau ; l'acide chlorhydrique en a complétement disparu. Habilement condensé, il est devenu, dans l'usine même, la matière première de fabrications nouvelles, en même temps que la culture, soustraite à son influence pernicieuse, devenait libre de se développer jusqu'aux portes de l'usine.

C'est d'Angleterre que nous est venu ce progrès ; à la vérité, il n'a pas été absolument spontané, et le parlement anglais peut, au même titre que l'industrie, à meilleur titre peut-être, en revendiquer l'honneur. C'est lui, en effet, qui, en 1864, ému des plaintes incessantes des agriculteurs, eut la hardiesse d'imposer aux fabricants de produits chimiques la condensation à 95 pour 100 du gaz chlorhydrique fourni par la décomposition du sel. Cette condensation était-elle possible, possible économiquement surtout? On n'en était pas bien sûr encore, mais là n'était pas la question pour le législateur ; la salubrité exigeait que l'acide chlorhydrique fût condensé, la loi ordonna qu'il le fût. Les manufacturiers se plaignirent bien un peu tout d'abord, mais, respectueux de la loi, ils se mirent promptement à l'œuvre, et quatre années ne s'étaient pas écoulées que dans la Grande-Bretagne tout entière le problème était résolu. D'Angleterre, le progrès a gagné le continent, il est général aujourd'hui, et près d'Alais, notamment à Salyndres, vous en trouveriez un modèle parfait.

Vous vous tromperiez d'ailleurs beaucoup si vous croyiez que cette transformation salutaire ait été pour les manufacturiers la source de pertes ou de déboires; tout au contraire, elle a été pour eux une source de fortune, en même temps qu'elle exerçait sur le développement du bien-être général une influence considérable. La raison en est simple ;

Une fois l'acide chlorhydrique condensé, une fois le gaz transformé en ce liquide jaune, fumant, corrosif, que vous connaissez tous, il a fallu l'utiliser, il a fallu lui chercher des emplois. On en a fait alors des chlorures décolorants, on en a fait tous ces produits que le consommateur désigne sous les noms de chlore, de poudre des blanchisseurs, d'eau de javelle, etc., tous ces produits qui, employés avec discernement, rendent aujourd'hui au blanchiment, à la teinture, à la fabrication du papier, des services si précieux.

Chose remarquable, d'ailleurs, et dont l'histoire de l'industrie offre plus d'un exemple, on a vu l'importance de ces fabrications annexes aller chaque jour en grandissant et la consommation de leurs produits se développer avec une rapidité telle qu'aujourd'hui c'est l'utilisation habile et savante de l'acide chlorhydrique, de ce résidu d'hier qui est devenu le régulateur des bénéfices de la fabrication générale.

Si bien encore, qu'en ce moment, c'est au perfectionnement des procédés à l'aide desquels la chimie peut fabriquer ces agents décolorants que tendent tous les efforts des chercheurs. En Angleterre, M. Weldon régénère le manganèse qui, d'habitude, sert à la transformation de l'acide chlorhydrique en chlore; plus hardi, M. Deacon le supprime, demande à l'air lui-même l'oxygène nécessaire à cette transformation, et nous annonce la production, dès à présent presque certaine, de chlorure de chaux, non plus à 35 ou 40 fr., mais à 10 ou 15 fr. les 100 kilogrammes.

Progrès immenses, messieurs, riches en conséquences inattendues; car au jour où nous saurons, à bon marché, retirer de cet acide chlorhydrique le chlore qu'il contient, nous aurons fourni à l'industrie textile le moyen de blanchir à meilleur compte les tissus de fil et de coton dont nos populations font leur vêtement habituel; nous aurons fourni à la fabrication du papier le moyen d'utiliser des matières jusqu'ici rebelles, le moyen, par conséquent, de produire du papier solide, à bas prix, et avec ce papier nous ferons de l'éducation d'abord, de l'instruction ensuite, et enfin, avec cette éducation, avec cette instruction, nous préparerons à notre pays de bons citoyens.

Que la grandeur de ces conséquences ne vous étonne pas, messieurs. Il est bien rare, croyez-moi, qu'une découverte scientifique surgisse, qu'un progrès industriel prenne naissance, sans que bientôt le contre-coup s'en fasse sentir dans l'ordre social. Sans quitter notre fabrique de produits chimiques, je veux vous en donner un exemple nouveau.

Quand le sel a été décomposé, quand, à côté de l'acide chlorhydrique, le manufacturier a obtenu le sulfate de soude, l'ère des transformations commence pour ce composé. De ces transformations, la plus importante est sa conversion en soude, en carbonate de soude. Pour la réaliser, on chauffe à haute température, à 1,000 degrés environ dans des fours à réverbère, le sulfate mélangé préalablement à des quantités calculées de craie et de charbon; mais à cette chauffe, si l'on veut obtenir un bon résultat, il faut joindre une agitation presque continue de la masse. C'est là, messieurs, une des opérations les plus pénibles dont l'industrie puisse offrir le spectacle. En face du four dont les portes viennent d'être ouvertes, deux et quelquefois trois ouvriers se présentent; nus jusqu'à la ceinture, ils saisissent d'énormes pelles en fer, d'énormes ringards dont le manche ne mesure pas moins de 10 mètres de longueur, dont le poids atteint quelquefois 50 kilogrammes et, armés de ces outils formidables, ils entreprennent de soulever, de brasser les 1,000 à 1,200 kilogrammes de matière brûlante et demi-fondue dont le four est rempli. Rien ne peut vous donner une idée exacte des efforts que le soudier accomplit à ce moment; tous ses muscles sont tendus, raidis, son corps ruisselle, c'est le travail brutal dans son expression la plus violente.

Eh bien! messieurs, ce travail brutal, le voici qui, peu à peu disparaît de la soudière! Quand on parcourt les grandes manufactures de l'Angleterre, on est frappé de voir, de tous côtés, le four à soude ordinaire faire place à un engin nouveau qui, de lui-même, par sa marche propre, détermine au sein de la masse génératrice de soude l'agitation nécessaire à la formation de cet alcali. Cet engin, on l'appelle four tournant : c'est un énorme cylindre horizontal de 5 mètres de longueur sur 3 mètres de diamètre, auquel une petite machine à vapeur imprime un mouvement de rotation sur son axe, que traverse, de bout en bout, la flamme d'un foyer, et dans lequel les matières jetées pêle-mêle, agitées, soulevées sans cesse par la rotation même du cylindre, réagissent rapidement les unes sur les autres et se transforment en soude sans que la force musculaire de l'homme ait besoin d'intervenir pour aider la réaction.

Le soudier n'est plus alors ce manœuvre qui, pour brasser ses matières, a besoin de soulever d'énormes outils; c'est un artiste, pour ainsi dire; placé près de la machine motrice, il commande sans effort à l'appareil obéissant dont la direction lui est confiée; d'un mouvement de la main il en ralentit, il en accélère la marche, et dans ce travail, tout de surveillance, tout d'attention, nous voyons avec bonheur s'élever chez lui tout à la fois et le sentiment de la responsabilité et le niveau de l'intelligence.

Mais, messieurs, les produits nés de la décomposition du sel gemme ou du sel marin ne doivent pas avoir seuls le privilége de fixer notre attention ; ce ne sont pas, en effet, les seuls agents chimiques que les arts, les métiers utilisent pour leurs travaux. Les composés de la potasse ont aussi leur importance ; on en fait le cristal, on en fait du salpêtre ; ce serait donc un grave oubli que de ne point vous en entretenir quelques instants. Aussi bien, est-ce dans la production des composés potassiques que nous allons rencontrer les progrès les plus remarquables peut-être que présente l'histoire moderne de nos industries chimiques.

Vous savez, à coup sûr, comment se fabriquaient autrefois ces composés, et vous-mêmes, bien souvent, vous avez fait de la potasse sans vous en douter. La cendre que laisse dans votre cheminée ou dans votre poêle le bois que vous y brûlez n'est autre chose qu'un mélange de composés calcaires insolubles dans l'eau et de sels de potasse solubles, parmi lesquels prédomine le carbonate. Les ménagères le savent bien, et c'est pour utiliser les propriétés détersives de ce carbonate de potasse qu'elles emploient les cendres de bois à la lessive du linge. Ce que vous avez si souvent fait en petit, on l'a fait longtemps dans de vastes proportions au milieu des contrées boisées, mais peu à peu, au fur et à mesure que grandissaient les besoins de l'industrie et des arts, au fur et à mesure que s'amélioraient les moyens de transport, nos forestiers ont appris à tirer parti du bois lui-même, en nature, dans son entier ; la construction, le charronnage, la carrosserie, la tonnellerie en sont devenus les consommateurs habituels, et le procédé barbare de l'incinération a peu à peu disparu. Il était autrefois assez répandu en France, dans les Vosges, il n'y est plus pratiqué aujourd'hui ; l'Allemagne, l'Autriche, fabriquaient autrefois par ce procédé des quantités considérables de potasse, mais là aussi le progrès l'a détrôné, et c'est en vain qu'il y a quelques semaines, j'ai cherché en Bohême des ateliers de salinage ; à leur place, j'ai trouvé des scieries considérables et j'ai dû reconnaître que la fabrication des potasses naturelles avait, là encore, reculé devant un emploi plus judicieux des bois, qui en étaient autrefois la matière première. C'est seulement en Hongrie, en Amérique, en Russie, que cette fabrication persiste, et nul doute que de là encore elle ne disparaisse dans un avenir prochain.

Qui donc nous fournira la potasse dont la fabrication du cristal, des savons mous, du salpêtre, dont la culture de la betterave ont un si grand besoin ? Qui donc même nous la fournit déjà ? Ici, messieurs, viennent se placer trois faits considérables, absolument modernes, et que je veux vous indiquer rapidement par ordre chronologique.

C'est l'industrie du sucre qui, la première, est venue faire concurrence à la fabrication des potasses forestières. L'origine de cette concurrence est toute simple ; la betterave est une plante absorbante qui enlève au sol dans lequel elle végète les composés potassiques dont ce sol est naturellement mélangé. Une betterave d'un poids ordinaire, du poids de 2 kilogrammes, par exemple, ne contient pas moins de 1 à 2 grammes de ces composés ; soumise aux opérations successives que la sucrerie comporte, cette betterave finit par se scinder en trois produits différents : un tourteau, fait de pulpe pressée, que l'agriculteur recherche pour la nourriture de ses bestiaux, le sucre que nous consommons, et enfin la mélasse. C'est dans ce dernier produit, dans cette mélasse que se sont peu à peu concentrés tous les sels potassiques que la betterave renfermait à l'origine, c'est de là que M. Dubrunfaut nous a appris à les extraire, et voici par quel moyen. Mise en fermentation, la mélasse est, dans les usines spéciales, transformée d'une part en alcool que l'on recueille par la distillation, d'une autre en vinasses qui, évaporées, calcinées dans des fours à réverbère, régénèrent enfin à l'état de salin la potasse que, pendant la végétation, la betterave avait fixée dans ses tissus.

C'est à 1840 que remontent les premières applications de ce procédé ; son importance a grandi rapidement, et dès aujourd'hui il fournit à la France six mille tonnes environ de composés potassiques représentant une valeur de 3 millions de francs. Mais ces six mille tonnes ne sauraient suffire à notre industrie, il lui en faut plus du double; autrefois, c'est à l'incinération des bois que nous aurions demandé de compléter notre approvisionnement; aujourd'hui, en présence des débouchés nouveaux, l'industrie ouvre aux bois, il nous faut chercher ailleurs!

Cherchons sur nos côtes, et là nous allons trouver un minerai de potasse d'une incomparable beauté. Ce minerai, ce sera l'eau de la mer, de la mer qui, de trois côtés, entoure notre pays, lui offrant à foison ses richesses industrielles aussi bien que ses richesses alimentaires.

C'est une mine inépuisable que la mer, messieurs!

Les composés salins qu'elle tient en dissolution sont nombreux, et, pour ne parler que des plus importants, dans chaque litre d'eau de mer, qu'il vienne de l'Océan ou de la Méditerranée, peu importe, vous ne trouveriez pas moins de 25 grammes de sel marin, de chlorure de sodium, et de 1 gramme de chlorure de potassium.

Imaginez maintenant qu'introduite sur ces vastes aires planes que beaucoup d'entre vous connaissent sans doute, et qu'on appelle des marais salants, cette eau de mer soit abandonnée à l'évaporation spontanée; elle ira, se concentrant peu à peu, jusqu'au moment où le sel, incapable de rester en dissolution, se déposera à l'état solide et cristallin; ce sera l'heure de la saunaison. Celle-ci ne sera jamais poussée jusqu'à l'extrême; au bout de quelques semaines, lorsque le dépôt aura acquis une épaisseur de 10 à 12 centimètres, on procédera au levage du sel après avoir éliminé, rejeté l'eau non encore évaporée, l'eau-mère, comme on la désigne alors, sans se préoccuper des richesses qui s'y sont accumulées, richesses parmi lesquelles figurent naturellement les composés potassiques.

C'est ainsi que, de temps immémorial, les choses se passent sur nos côtes, du moins sur les côtes de la Méditerranée, et que, chaque année, des quantités énormes de potasse, perdues pour notre industrie, retournent à la mer, d'où elles sont sorties quelques mois auparavant.

Est-ce donc chose bien difficile que de récolter ces sels de potasse, que d'encaisser cette richesse ainsi perdue? Oui, certes, messieurs, et pour parvenir à la solution des problèmes que cette récolte soulève, il n'a fallu rien moins que la science d'un de nos maîtres, M. Balard, et l'habileté tenace d'un des industriels qui honorent le plus cette région de la France, M. Merle, de Salyndres.

Je ne saurais, messieurs, dans le peu de temps dont je dispose, vous décrire les procédés au moyen desquels M. Balard a rendu pratique le traitement des eaux-mères de nos marais salants, et je dois me contenter de vous dire que ces procédés consistent en une série de doubles décompositions salines d'une délicatesse extrême, et dont la réalisation exige, non pas, comme de coutume, le concours de la chaleur, mais bien au contraire le concours d'un refroidissement énergique, d'une véritable congélation. Des refroidissements de ce genre, on n'en connaît guère sur les bords de la Méditerranée, et, malgré leur élégance, les méthodes de M. Balard se seraient peut-être bien vu confiner dans le domaine purement scientifique, si, au premier rang des découvertes modernes, nous n'avions vu figurer les machines destinées à la production artificielle de la glace.

Le refroidissement énergique que le climat de la Méditerranée lui refusait, l'industrie des eaux-mères le demanda aussitôt à ces machines. A frais énormes, des appareils puissants furent construits, installés en Camargue, sur le grand salin de Giraud, et immédiatement la fabrication industrielle commença. Vingt-cinq années d'études avaient été nécessaires pour en assurer le succès, mais ce succès était complet. Tentée dès 1835, par M. Balard, poursuivie depuis avec un courage inébranlable, l'extraction de la potasse contenue dans les eaux de la mer faisait enfin, vers 1860, son entrée victorieuse dans l'industrie des produits chimiques.

Mais, hélas ! ce succès ne devait être qu'éphémère ; aux efforts déjà faits, il allait falloir ajouter bientôt des efforts plus grands encore, et l'industrie nouvelle, au moment même où elle croyait toucher le port, venait se heurter violemment contre un écueil inattendu, au choc duquel c'est chose inouïe qu'elle n'ait pas sombré.

Une découverte merveilleuse, écrasante pour tous les producteurs de potasse, venait, en effet, d'enrichir subitement nos voisins d'outre-Rhin. A Stassfurt, dans la Prusse saxonne, de puissantes mines de sel gemme venaient d'être mises en exploitation, et au-dessus des bancs épais dont ces mines sont constituées, la science venait de retrouver, disposés régulièrement, en couches successives, tous les composés salins que fournit précisément l'eau-mère de nos marais salants, comme si, dans ce gisement, jusqu'alors inconnu, quelque mer immense était venue déposer d'abord le sel marin, puis les composés magnésiens et enfin les sels de potasse qu'elle tenait primitivement en dissolution.

Vous devinez aisément quel coup terrible cette découverte dut porter à notre industrie française des eaux-mères. A Stassfurt, en effet, il ne faut plus ni grandes surfaces d'évaporation pour séparer le sel, ni refroidissement énergique pour déterminer une double décomposition ; il suffit d'extraire à la pioche le minerai de potasse, la carnalite, et de faire bouillir ce minerai avec un peu d'eau pour en retirer immédiatement du chlorure de potassium presque pur.

Aussi l'apparition sur le marché européen des potasses de Stassfurt fut-elle une véritable révolution ; le chlorure de potassium valait alors 55 fr. les 100 kilogrammes ; du jour au lendemain son prix tomba à 22 fr. ; il avait baissé de plus de 50 pour 0/0

Notre industrie des eaux-mères sembla morte de ce coup ; cependant les hommes qui, une première fois déjà, l'avaient conduite au succès, ne se découragèrent pas ; ils avaient tant lutté que lutter encore leur semblait chose toute naturelle. M. Merle et ses collaborateurs se remirent à l'œuvre : bravement ils reprirent l'étude économique de leurs procédés, leur firent subir les retouches que la situation commandait ; à l'action principale du froid ils joignirent l'action secondaire d'une chaleur bien appliquée, à leur aide ils appelèrent d'habiles dispositions mécaniques, et peu à peu, avançant lentement, mais sûrement, dans la voie des réformes, ils reconstituèrent un procédé pour ainsi dire nouveau, et virent, une deuxième fois, le succès sourire à leurs efforts.

Et, ainsi, messieurs, après dix ans de luttes nouvelles, nous retrouvons aujourd'hui sur pied notre industrie des potasses françaises ; elle fabrique régulièrement, non loin de vous, en Carmargue, et livre déjà, chaque année, aux industries chimiques, mille à douze cents tonnes de composés potassiques qui, sous le rapport de la qualité comme sous le rapport du prix, n'ont plus rien à redouter de la concurrence étrangère. Une richesse nouvelle est définitivement acquise à notre pays, et sa conquête nous apprend une fois de plus que, dans les luttes pacifiques de l'industrie, comme dans bien d'autres, il ne faut désespérer jamais.

Combien d'autres progrès je pourrais vous signaler encore, si je poursuivais l'étude de la fabrication des produits chimiques ; si je vous montrais le manufacturier attentif à accueillir les composés ammoniacaux partout où ils se présentent ; si je vous montrais ces grandes exploitations de phosphates calcaires qu'aujourd'hui l'on découvre de tous côtés, dans le Lot comme dans les Ardennes, à Bellegarde comme à Boulogne-sur-Mer, et qui, transformés en phosphates plus aisément assimilables, mélangés aux sels ammoniacaux dont je parlais à l'instant, deviennent, entre les mains de nos agriculteurs, de puissants agents de fertilité ; si je vous montrais la fabrication des aluns, du sulfate d'alumine se transformant, en France, par l'utilisation de la bauxite de Tarascon ; en Angleterre, par l'emploi du phosphate d'alumine ; si je vous parlais enfin de ces innombrables industries, qui toutes, je vous le disais en commençant, évoluent autour de l'acide sulfurique comme autour d'un pivot commun.

Mais je ne veux pas davantage m'étendre sur ce sujet, et si, quelques instants encore, je retiens votre attention, c'est qu'à côté des progrès accomplis par la fabrication même des produits chimiques, il convient de signaler aussi, ne fût-ce qu'en quelques mots, les progrès réalisés par les industries si nombreuses qui utilisent ces produits.

Tenez ! en voici une qui vous touche de près, c'est la fabrication du papier : elle fleurit dans l'Ardèche, elle fleurit dans l'Isère, et les noms des Montgolfier, des Blanchet-Kléber, des Breton figurent glorieusement parmi ceux dont s'honore l'industrie du sud-est de la France. Quels progrès n'a-t-elle pas réalisé, cette belle industrie ! Elle n'avait autrefois qu'une seule matière première ; c'était le chiffon, matière première fort étrange, en vérité, puisque l'intérêt du producteur est de ne la pas produire. Cette matière lui suffisait alors ; mais, chaque jour, la consommation du papier augmente, l'imprimerie multiplie ses œuvres, le commerce multiplie sa correspondance ; et cependant, la production du chiffon n'augmente pas ! C'est alors qu'on a vu s'introduire dans la fabrication du papier des matières premières dont maintes fois, depuis un siècle, on avait tenté l'utilisation, mais dont, seule, la chimie moderne pouvait permettre l'emploi industriel. C'est ainsi qu'à côté du chiffon sont venus se placer ces jutes, ces phormiums que l'Inde, que l'Australie nous envoient sous forme d'emballages grossiers ; c'est ainsi que la paille du seigle et du blé, employée depuis longtemps à la fabrication de papiers jaunes et communs, a pu, sous l'action successive des alcalis et du chlore, se transformer en une pulpe blanche et soyeuse, parfaitement appropriée à la production, sinon des papiers fins, du moins des papiers ordinaires dont on fait les journaux périodiques ; c'est ainsi que l'Angleterre, après avoir monopolisé le sparte d'Espagne et l'alfa d'Algérie, est parvenue à retirer de ces plantes si dures, si résistantes, une magnifique pâte à papier ne le cédant en rien aux plus belles pâtes de chiffons ; c'est ainsi encore qu'aujourd'hui, de tous côtés, en France, en Angleterre, en Allemagne, nous voyons s'élever de vastes établissements où le bois, le bois lui-même, le pin, le sapin, le tremble vont se transformer en pâte à papier. Déchiqueté par un coupe-racine puissant, le bois est jeté dans d'énormes chaudières autoclaves, et là, soumis pendant six heures à l'action combinée d'une lessive de soude concentrée, d'une température de 200 degrés et d'une pression de 14 atmosphères ; sous cette triple influence, la matière incrustante du bois s'oxyde et se dissout, les fibres cellulosiques se dégagent, et, à la place du tissu ligneux dur et cassant dont on l'a chargée, la chaudière se montre alors remplie d'une masse souple et fibreuse, encore colorée, mais dont le chlorure de chaux aura raison en quelques heures et qu'il aura bientôt transformée en une pâte à papier d'une blancheur parfaite.

Ce sont là de grands progrès, messieurs, et des progrès nécessaires, des progrès que la science doit à la civilisation. Le développement de l'intelligence, le développement du travail le veulent impérieusement ; la consommation du papier doit augmenter sans cesse. Elle augmente, en effet, dans tous les pays civilisés. En France, et sous le rapport de cette consommation, l'Angleterre et les États-Unis nous dépassent de beaucoup, en France, elle était à peine de 60 millions de kilogrammes en 1854 ; elle était, l'année dernière, de 130 millions, vingt années ont suffi à la doubler. Sans doute, notre industrie papetière n'en restera pas à ce point, chaque jour ses progrès s'affirment davantage, et chaque jour sa production grandit. Mais c'est déjà un résultat considérable, un résultat satisfaisant à tous les points de vue, que de voir chacun de nous consommer annuellement, sous des formes diverses : livres, recueils de toute sorte, papiers à écrire, papier d'emballage, etc., plus de trois kilogrammes de papier, c'est-à-dire, une quantité telle que de la consommation totale de la France il serait aisé de faire à l'équateur de la terre une ceinture de 60 mètres de large.

A vos portes aussi, voyez l'industrie viticole, cette industrie vigoureuse qui, depuis des siècles, fait la fortune de la Bourgogne et du Beaujolais, qui, au Midi, va s'étendant sans cesse, qui, déjà recouvre en France 2,500,000 hectares, c'est-à-dire le vingtième de notre territoire, quel service la chimie lui a récemment rendu ! Vous n'avez pas oublié ces années funestes qui, de 1850 à 1860, virent la production viticole de la France tomber de 4 millions et demi d'hectolitres à près de 3 millions, s'abaisser, en un mot, de 115 litres à 75 litres par tête et par an. L'oïdium venait d'apparaître : ses ravages étaient effrayants, à Montpellier comme à Fontainebleau, à Dijon comme à Bordeaux, nos vignes étaient attaquées et un instant on put les croire perdues. C'est alors que le soufre intervint ; remède infaillible, il arrêta le mal, et bientôt devint d'un emploi tellement populaire, que l'oïdium aujourd'hui n'inspire plus à nos vignerons aucune terreur, et que la production, reprenant sa marche ascendante, a, depuis 1866, dépassé les chiffres antérieurs à l'apparition du fléau.

Mais à l'oïdium succède aujourd'hui un ennemi nouveau : c'est un insecte difficile à saisir, difficile à caractériser, c'est le *phylloxera*. Déjà, s'attachant aux racines de nos vignes, il a, dans les Bouches-du-Rhône, en Vaucluse, dans le Gard, détruit plus de 20,000 hectares de vignobles, et ses ravages commencent à acquérir dans l'Hérault, dans la Drôme, dans le Var, une gravité inquiétante ; mais en face de ces désastres, la science, soyez-en certains, ne reste pas inactive ; entre elle et ce parasite maudit, la lutte est commencée. La physiologie est, la première, entrée dans l'arène, et l'année a été bonne pour elle. Les mœurs du *phylloxera*, ses transformations, ses modes d'attaque lui sont dès à présent connus, et l'heure est prochaine, on peut l'espérer, où la chimie, intervenant à son tour, apprendra à nos vignerons l'art de tuer le *phylloxera*, comme elle leur a appris l'art de tuer l'oïdium.

Et l'industrie sucrière, messieurs, pourrais-je, en ce moment, oublier ses progrès ? Vers 1835, la betterave donnait chaque année à la France 3 millions de kilogrammes de sucre ; dès 1850, elle en donnait 70 millions ; l'année dernière, sa production dépassait 400 millions de kilogrammes ; elle atteindra, on l'espère du moins cette année, 450 millions ! Combien est rapide cette augmentation de la production, et combien elle est précieuse pour notre pays ! Notre consommation, en effet, est de beaucoup inférieure à ces chiffres, à peine en atteint-elle la moitié, et de ce chef, par conséquent, nous nous trouvons possesseurs d'un puissant élément d'exportation, c'est-à-dire de richesse ! Et ce n'est pas seulement par l'intensité de sa production, c'est aussi par la belle qualité de ses produits que notre industrie sucrière est, en ce moment digne d'attention. Par un emploi judicieux de la chaux et de l'acide carbonique, par le perfectionnement de ses appareils à évaporer et à cuire, elle en a complétement modifié la nature. Ce n'est plus pour le raffineur seul qu'elle travaille, elle sait, dorénavant, du premier jet, obtenir des sucres blancs, cristallisés, sans odeur, d'une saveur parfaite, que la consommation directe recherche dès à présent, et recherche avec raison.

Voilà, certes, messieurs, de grandes choses, que toutes nous devons mettre au compte de la science moderne ; à chaque pas, s'il nous était permis de poursuivre cette étude des industries chimiques, nous en rencontrerions d'aussi considérables, et des voix plus autorisées que la mienne vous diront peut-être un jour que, dans le domaine de la métallurgie comme dans celui de la mécanique, comme dans celui de l'agriculture, les conquêtes modernes n'ont rien à envier à celles dont la chimie a le droit de s'enorgueillir.

Tout progresse, en effet, dans le monde industriel, chaque jour a sa découverte glorieuse ou son application féconde, et c'est ainsi qu'appuyée sur la science d'une part, sur la pratique de l'autre, l'industrie va constamment en avant, créant des produits nouveaux, améliorant la qualité des produits déjà connus, les fabriquant à meilleur compte et les rendant ainsi tout à la fois plus parfaits et plus accessibles.

Grande et belle mission que la société lui confie et qui fait d'elle, en réalité, l'agent générateur du bien-être matériel des populations, de ce bien-être nécessaire dont la possession exerce sur la libre expansion de l'âme et sur le développement de l'esprit une influence si considérable !

La société, messieurs, demande beaucoup à la nature humaine, et elle a certes mille fois raison ; mais pourquoi ne pas le reconnaître, c'est quelquefois chose difficile que l'obéissance au devoir pour celui qui souffre, pour celui qui a faim, pour celui qui a froid ; c'est chose facile au contraire lorsque la vie est affranchie de ces douleurs matérielles.

C'est à l'industrie qu'est réservé l'honneur de réaliser cet affranchissement, c'est à elle qu'il appartient d'améliorer, par ses efforts journaliers, la condition matérielle de la partie, hélas ! la plus nombreuse de l'humanité.

Et c'est parce que telle est sa mission, c'est parce qu'elle n'y a jamais failli, c'est parce qu'elle n'y faillira jamais, que l'industrie a droit, comme la science, comme la philosophie, comme la morale, à l'estime et à la reconnaissance des cœurs droits et des esprits élevés.

M. JANSSEN

Membre de l'Institut

AVENIR ET CONSTITUTION PHYSIQUE DU SOLEIL

— *Conférence du 26 août 1873.* —

EXCURSIONS

EXCURSION DE SOLUTRÉ

— 23 août 1873. —

Le samedi, 23 août, vers sept heures du matin, environ cent quatre-vingts membres du Congrès se trouvaient réunis à la gare de Perrache et montaient dans un train spécial qui les emmenait à Mâcon. En arrivant dans cette ville, ils furent reçus par les délégués du Conseil général du département de Saône-et-Loire et de la Société académique de Mâcon et trouvèrent un premier déjeuner qui avait été préparé dans le buffet par les soins de ces délégués. Mais on ne s'attarda guère et l'on se répartit dans une série de voitures de toutes les formes et de toutes les dimensions qui étaient réunies dans la cour de la gare, et bientôt après le cortége se mit en route pour Solutré.

Solutré est un village situé près de Pouilly, à 9 kilomètres de Mâcon ; MM. Arcelin et de Ferry y ont découvert en 1866 des gisements intéressant à divers titres l'anthropologie et l'archéologie préhistoriques. Nous n'avons pas à insister sur l'intérêt qui s'attache à ces gisements et aux recherches qui ont été poursuivies depuis la mort de M. de Ferry par MM. l'abbé Ducrost et de Fréminville : c'est dans les travaux présentés à la section d'anthropologie et dans les discussions qui ont suivi [1] qu'il faut chercher les renseignements propres à faire comprendre l'intérêt scientifique que les membres du Congrès ont pris aux fouilles qui ont été faites sous leurs yeux à Solutré. Les habitants de Solutré paraissent connaître et comprendre les richesses que recouvre le sol de leur commune; ils ont fait aux membres du Congrès l'accueil le plus sympathique et le plus empressé : le maire est venu les recevoir à l'entrée du village, où M. Arcelin, en son nom, leur a souhaité la bienvenue. Toutes les maisons étaient pavoisées et de nombreux arcs de triomphe, composés de verdure et de fruits, donnaient aux rues du village un air de fête.

Non loin des foyers préhistoriques, dans l'un desquels on venait de pratiquer une fouille qui amena des résultats intéressants, une table de deux

[1] Voir section d'antropologie, p. 570.

cents couverts était dressée et rien ne manquait au menu ; quelques toasts furent prononcés et applaudis, mais il fallut abréger le repas quelque peu, car l'heure du départ était arrivée. Le train spécial que l'on retrouva à Mâcon attendait les membres du Congrès et les emmenait bientôt dans la direction de Lyon, mais il s'arrêtait à Neuville-sur-Saône, où les excursionnistes étaient invités à une fête qui leur était offerte par M. Guimet, riche industriel qui doit sa fortune aux applications de la science (son père est l'inventeur du bleu célèbre connu sous le nom de *bleu Guimet)*.

Après une courte conférence de M. Cartailhac, dans la salle de la mairie, sur les stations préhistoriques contemporaines de celle de Solutré, les excursionnistes, auxquels s'étaient joints des membres du Congrès venus directement de Lyon, se sont dirigés vers la propriété de M. Guimet. Parc splendidement illuminé, bien que la pluie gênât un peu l'illumination ; coquette salle de spectacle transformée en salle de festin, sauf les galeries qui étaient occupées par les dames de la localité ; menu fin et exquis ; et, pendant le repas, concert charmant, où des morceaux des maîtres très-bien interprêtés alternaient avec des chœurs dont une partie étaient dirigés et composés par l'amphytrion lui-même ; tel est, en quelques mots, le programme de la réception faite aux membres du Congrès par M. Guimet. M. Guimet ne s'en est pas tenu là et, le lendemain dimanche, il a donné, dans le parc de la Tête-d'Or, une fête brillante, à laquelle une partie de la population lyonnaise était conviée.

L'hospitalité offerte par M. Guimet aux membres du Congrès montre que, sous ce rapport, la France ne reste pas en arrière des nations chez lesquelles de semblables réceptions faites à des Congrès scientifiques sont habituelles. C'est ce que le Président de l'Association, M. de Quatrefages, a fait ressortir en quelques paroles bien senties en se faisant auprès de M. Guimet l'interprète des excursionnistes pour le remercier de son accueil en souhaitant qu'un si bon exemple trouve des imitateurs.

EXCURSION DE SATHONAY

EXPLORATION DU TERRAIN ERRATIQUE DE LA PARTIE MÉRIDIONALE DU PLATEAU BRESSAN

— *24 août 1873.* —

L'exploration du terrain erratique de la pointe méridionale du triangle des Dombes devait compléter les études géologiques faites le dimanche matin dans les riches galeries du Muséum. M. Falsan, qui s'est occupé d'une manière spéciale du tracé de la carte de ce terrain dans la partie moyenne du bassin du Rhône, a bien voulu se charger de diriger cette excursion scientifique. Les tranchées de la redoute des Mercières, au sud du camp de

Sathonay, lui avaient paru offrir les meilleures coupes pour faciliter les explications géologiques qui se rattachent à l'étude du transport et de l'arrangement de ces étranges formations. Du sommet de ces anciennes moraines M. Falsan a pu rapidement indiquer aux membres du Congrès la disposition générale du terrain glaciaire dans les environs de Lyon. Malheureusement les montagnes du Bugey, du Dauphiné, des Alpes, étaient voilées ce jour-là par une brume légère, et pour démontrer quels avaient été au milieu de ces chaînes les principaux passages des anciens glaciers, ce géologue dut recourir à ses cartes où sont résumés les résultats de ses nombreuses observations et de celles de son collaborateur, M. E. Chantre.

Si cette étude d'ensemble a été ainsi incomplète sur le terrain, rien n'a manqué à celle des détails, et sur un espace restreint les personnes qui faisaient partie de l'excursion ont pu facilement étudier les principaux facies du terrain erratique, blocs alpins énormes, avec leurs arêtes, cailloux striés et anguleux, boue glaciaire, alluvions accidentelles, alluvions anciennes, que leur guide signalait à leur attention.

A la demande de plusieurs géologues, M. Dumortier s'est empressé, pour augmenter l'intérêt de cette course, de donner quelques explications générales sur la constitution géologique du Mont-d'Or lyonnais dont on apercevait tout le massif.

EXCURSION DE LA VOULTE

— ARDÈCHE —

— 26 août 1873. —

Les membres du Congrès qui ont fait l'excursion de La Voulte au nombre de cent quarante-six, parmi lesquels se trouvaient quelques dames, se sont embarqués à Lyon sur le bateau à vapeur *le Gladiateur*, et sont arrivés à La Voulte à midi et demi.

Ils étaient attendus sur le bord du Rhône par le directeur des usines de La Voulte, M. Élie Jacquet, accompagné des ingénieurs et des principaux employés des établissements que la Compagnie des fonderies et forges de Terre-Noire, La Voulte et Bessèges possède dans l'Ardèche. La plus grande partie de la population de La Voulte, répandue sur la rive gauche du Rhône ou sur les hauteurs environnantes, attendait aussi l'arrivée des membres du Congrès.

Après avoir souhaité la bienvenue aux membres du Congrès, qui furent présentés par le Président, M. de Quatrefages, M. Elie Jacquet les conduisit dans les usines métallurgiques de La Voulte. Ces usines comprennent quatre hauts fourneaux dans lesquels sont traités les minerais de fer exploités dans les mines de La Voulte, et des ateliers pour le moulage de la fonte en pièces mécaniques, tuyaux de conduite pour le gaz et pour les eaux, et des projectiles pour les artilleries de terre et de mer.

Après avoir pris une vue générale de l'ensemble de l'usine, le Congrès a assisté à la coulée de deux hauts fourneaux en fonte blanche, ceux dont la fonte, coulée dans de grandes lingotières, est envoyée dans les forges de Terre-Noire et de Bessèges, pour y être convertie en fer.

Le spectacle du métal en fusion, s'écoulant facilement et sûrement en grande masse du creuset des hauts fourneaux, a paru impressionner vivement les membres du Congrès.

Ceux-ci ont été conduits ensuite vers les hauts fourneaux produisant de la fonte grise, c'est-à-dire faite en vue de la fabrication des pièces de machines, tuyaux, etc.

Ils ont vu comment se font les moules, comment on y verse la fonte qui est d'une fluidité assez parfaite pour les remplir parfaitement, et comment, après un refroidissement suffisant, on retire enfin du moule la pièce qu'il s'agit d'obtenir.

Après avoir visité tous les ateliers secondaires que comportent de grandes usines comme celle de La Voulte, les membres du Congrès ont assisté à une expérience intéressante : c'est un essai fait par M. Fayol, ingénieur des mines de Commentry, et originaire de La Voulte même, de son appareil destiné à permettre aux hommes de rester dans une atmosphère irrespirable. A cet effet, on avait fermé par une porte une ancienne galerie, bouchée à l'autre extrémité, et, en y brûlant du coke, on y avait créé une atmosphère irrespirable. Un homme, muni de l'appareil de M. Fayol, a circulé avec la plus grande facilité dans cet espace rempli des produits de la combustion du coke et d'autres matières combustibles qu'on y avait brûlés.

Les membres du Congrès ont ensuite été visiter la mine de La Voulte, non dans ses travaux souterrains, ce qui exigerait un temps très-long, des changements de vêtements et d'autres précautions impossibles dans un pareil moment, mais dans les parties supérieures de la mine, qui sont exploitées à ciel ouvert, et qu'on peut voir avec une facilité peu commune. La mine de La Voulte se compose de trois couches de minerai de fer oxydé, à quelques mètres de distance les uns des autres et ayant ensemble une épaisseur qui atteint parfois huit à dix mètres. Ces couches sont placées dans le terrain oxfordien et à une distance de quelques dixaines de mètres seulement des micaschistes sur lesquels s'appuient les assises de l'oxfordien. Les couches ont leurs affleurements à cinq ou six mètres au-dessous du sol : en déblayant la terre végétale qui les recouvre, on a mis le minerai à nu, et on a pu entrer dans le cœur de la mine en montrant la disposition des couches, leur allure, leur structure, etc., etc., avec autant de netteté qu'on pourrait le désirer pour les montrer dans un cours de géologie ou d'exploitation des mines. Les couches s'enfoncent ensuite dans la terre et vont jusqu'à une profondeur de cent mètres environ au-dessous du Rhône.

Les membres du Congrès qui s'occupent spécialement de géologie ou de minéralogie ont pu recueillir de nombreux échantillons de minerais et de roches encaissantes, ainsi que des ammonites, des bélemnites, des encrines, des gryphées, etc., etc. On est revenu de la mine par le chemin par lequel on y était allé : c'est le fond d'une gorge étroite et pittoresque, formée par une faille dans les marnes oxfordiennes, et dont le thalwegg a été canalisé par les ingénieurs de la mine, afin de recueillir les eaux qui pourraient s'infiltrer dans celle-ci, et donner lieu à des épuisements onéreux.

Au retour de la mine les membres du Congrès ont été conduits au château de La Voulte, qui est la propriété de l'usine. Ce château, qui appartenait originairement à la famille de Ventadour, a passé par suite d'une alliance dans la famille de Soubise, de qui la Compagnie des usines de La Voulte l'a acquis en 1823. Une partie du château date du commencement du quinzième siècle, une autre partie, fort remarquable, de la fin du seizième. Louis XIII et Richelieu y ont couché en allant faire le siége de Privas. en 1629. — Il ne reste rien, dans ce château, des objets anciens ou curieux qu'on pouvait y voir avant la Révolution ; mais, ce qui est extrêmement apprécié par tous ceux qui le visitent, et ce qui a fait l'admiration des membres du Congrès, c'est la grande terrasse qui domine le Rhône, et de laquelle on aperçoit la vallée de ce fleuve, dont la rive gauche, bornée au levant par le commencement des Alpes, présente une des plus belles vues qu'il soit possible de rencontrer.

Sur cette terrasse, les membres du Congrès ont trouvé des rafraîchissements que la chaleur du jour et les courses dans l'usine et à la mine avaient rendus assez à propos. Les membres ont pu prendre là quelques instants de repos, en regardant le paysage qu'ils avaient sous les yeux. M. de Quatrefages en a profité pour faire à l'administration des usines de La Voulte un remercîment qui a été très-applaudi.

La fin du jour s'avançait et on ne voulait pas que le Congrès quittât La Voulte sans avoir vu la chapelle du château, ou plutôt ce qui en a échappé aux dévastations qu'elle a subies en 1793. Cette chapelle est, comme la partie ancienne du château, de la fin du quatorzième siècle : l'extérieur et les voûtes intérieures en sont très-remarquables et assez bien conservés ; mais ce que les membres du Congrès ont examiné avec le plus d'intérêt, c'est un revêtement en pierre sculptée de la meilleure époque de la Renaissance, et qui, malgré les mutilations qu'il a éprouvées, présente des parties étonnantes par la délicatesse et la perfection des sculptures. On ne s'étendra pas davantage sur cette chapelle que les membres du Congrès n'oublieront pas : ce sont de ces choses qu'il faut voir et qu'il n'est pas facile de décrire.

Cependant l'heure de prendre le train à la gare de La Voulte s'avançait. Les membres du Congrès ont été conduits à cette gare par un chemin de fer qui la relie à l'usine de La Voulte, et duquel on voit encore la vallée du Rhône. Arrivés à la gare, il a fallu attendre la formation du train considérable qui devait emmener les cent quarante-six membres ; enfin ceux-ci ont pris leurs places dans les vagons, et après avoir échangé avec le directeur et le personnel des usines les plus cordiales félicitations, le train s'est mis en marche et les a emmenés vers Lyon.

RAPPORT SUR L'APPAREIL DE M. FAYOL, POUR LE SAUVETAGE ET LE TRAVAIL DANS LES ATMOSPHÈRES IRRESPIRABLES

par M. MAREY, Professeur au Collège de France

Dans leur visite aux mines de la Voulte, la plupart des membres de l'Association ont vu les expériences de M. Fayol, qui a pénétré avec un de nos collègues à l'intérieur d'une galerie remplie d'une fumée âcre st suffocante. La porte vitrée, qui fermait cette galerie, permettait de voir les deux explorateurs s'avançant au sein d'une fumée épaisse dans laquelle la clarté de leur lampe disparût peu à peu.

Après huit ou dix minutes d'attente, on vit les explorateurs revenir et raconter que dans cette excursion ils n'avaient ressenti aucune incommodité.

L'appareil inventé par M. Fayol réalise un grand progrès ; il semble, à tous égards, supérieur aux appareils analogues qui ont cependant rendu de grands services, soit pour le sauvetage des ouvriers suffoqués par les gaz méphitiques, soit pour les travaux qu'il faut exécuter dans des milieux irrespirables. Cet appareil a déjà fonctionné devant une Commission compétente pour en apprécier l'intérêt pratique et les avantages, au point de vue technique et économique ; les plus grands éloges ont été décernés à son auteur.

J'ai pensé qu'en me demandant un rapport sur le même sujet, l'Association n'attendait de moi qu'une appréciation faite au point de vue de la physiologie et de l'hygiène.

L'appareil de M. Fayol se compose essentiellement d'un réservoir à air que le mineur porte sur le dos comme un sac de soldat. Ce réservoir ressemble à un vaste soufflet fait de toile imperméable et qui s'emplit instantanément, à la façon d'un soufflet ordinaire, par l'écartement de ses parois. La provision d'air (180 litres) est suffisante pour entretenir pendant au moins dix minutes la respiration d'un homme et la combustion d'une lampe. Ce dernier point est important, car la plupart des milieux irrespirables dans lesquels le mineur pénètre sont en même temps impropres à la combustion.

Le sac à air est mis en communication avec la bouche du mineur au moyen d'un tube flexible terminé par une embouchure. Celle-ci est munie de deux soupapes : l'une s'ouvre pour laisser arriver à la bouche l'air pur qui vient du sac, l'autre expulse au dehors l'air qui a servi à la respiration. Comme la respiration doit se faire exclusivement par cette embouchure, un pince-nez empêche entièrement le passage de l'air par les narines ; enfin, des lunettes spéciales abritent l'œil contre l'action des gaz irritants. Pour assurer la combustion de la lampe, M. Fayol la fait traverser par un faible courant d'air qu'un petit tube amène du sac et qui, après avoir alimenté la flamme, s'échappe au dehors par un autre orifice. Afin que ce courant d'air se produise, il faut que la pression dans le réservoir soit un peu supérieure à celle du milieu ambiant. Ce résultat est obtenu par le poids même des lames du soufflet qui forme le réservoir. Cet excès de pression dans le sac n'est guère que de trois à quatre centièmes d'atmosphère ; il suffit pour l'entretien de la lampe et ne gêne en rien la respiration, pour laquelle il constitue plutôt une condition favorable.

Muni de cet appareil, le mineur est à l'abri de l'asphyxie et de l'empoisonnement par les gaz délétères; il s'éclaire dans les galeries souterraines et, libre de ses mouvements, peut courir au secours d'un ouvrier asphyxié ou se livrer à des travaux de courte durée. Si le travail à effectuer exige un temps plus long, les ouvriers se relaient de dix en dix minutes ou, mieux encore, l'appareil Fayol est mis en communication avec un tube qui amène du dehors de l'air respirable foulé par une pompe. Le réservoir devient alors un excellent régulateur de pression et préserve le mineur des accidents qu'entraîne l'introduction de l'air dans les poumons sous une pression trop forte.

Pour mettre en relief les avantages de l'appareil Fayol, il faut le comparer à celui de Galibert, qui était à peu près construit dans le même but, mais qui présentait bien des inconvénients que M. Fayol a su éviter.

Le sac Galibert était une outre formée d'une peau de chèvre que l'on gonflait d'air; cette opération exigeait un certain temps. Le soufflet de l'appareil Fayol s'emplit instantanément, ce qui présente un avantage indiscutable lorsqu'il s'agit du sauvetage des ouvriers. L'appareil Galibert n'est pas disposé pour l'entretien d'une lampe; son compteur suppose que le mineur doit pénétrer dans une atmosphère chargée de gaz irritants, irrespirable par cela même, mais susceptible d'entretenir la combustion. Or, dans un grand nombre de cas, les atmosphères irrespirables sont en même temps impropres à la combustion d'une lampe. Dans le grisou comme dans une atmosphère chargée d'acide carbonique, le mineur qui n'aurait que l'appareil Galibert devrait marcher dans les ténèbres. M. Fayol a vu tant d'importance à assurer l'éclairage du sauveteur qu'il consacre une grande partie de l'air du réservoir, un quart ou un tiers, à l'entretien de la lampe. Il n'est pas jusqu'au choix d'une bougie comme source lumineuse qui n'ait son importance à ses yeux à cause de la sûreté et de l'instantanéité de l'allumage.

La respiration de l'ouvrier devait être aussi libre que possible; le moindre effort se répétant à chaque mouvement respiratoire devient rapidement une cause de fatigue, surtout si la respiration est fréquente comme cela arrive dans la marche rapide ou le travail pénible. Il fallait donc que les soupapes qui règlent l'arrivée et le départ de l'air eussent un jeu facile et une herméticité parfaite au moment de l'occlusion; ces conditions sont réalisées dans l'appareil de M. Fayol. De plus, la disposition même du réservoir en forme de soufflet assure l'uniformité de la pression de l'air que le mineur respire. Cet air, comme on l'a vu, a toujours un léger excès de pression par raport à l'atmosphère ambiant; cette condition assure la pénétration facile de l'air dans les poumons et compense les résistances du conduit qui va du sac à l'embouchure.

Mais la différence capitale entre l'appareil Fayol et celui de Galibert c'est que, dans le premier, le mineur respire constamment de l'air pur, tandis que, dans le second, l'air déjà respiré rentre de nouveau dans le sac afin de servir à des respirations nouvelles. Assurément ce n'est pas sans raison que M. Galibert avait adopté cette disposition ; il espérait, par ce moyen, assurer un plus long séjour du mineur dans le milieu irrespirable avec une provision d'air limitée. Mais lorsqu'on réfléchit à la gêne toujours croissante qu'on éprouve à respirer aux dépens d'un air qui ne se renouvelle pas, on comprend que l'emploi de l'appareil Galibert met le mineur dans des conditions fort pénibles. Il se trouve aussi mal à son aise qu'un homme renfermé dans un coffre hérmétiquement clos ; l'air, de plus en plus vicié, le rend de moins en moins capable des efforts énergiques qu'il devra accomplir, il l'expose aux vertiges, aux syncopes, ce qui, loin de tout secours, constitue un danger de mort.

Avec l'appareil Fayol, le mineur respire un air complétement pur ; tant que dure sa provision d'air, il est en pleine possession de ses facultés et de son énergie. On ne saurait trop applaudir à ce respect des bonnes conditions de l'hygiène, lorsque assez de dangers menacent le hardi sauveteur qui s'aventure dans les galeries infectées, où l'eau et le feu peuvent l'atteindre. Cette durée de dix minutes au moins pour laquelle est réglée sa provision d'air semble suffisante dans la plupart des cas. Et cependant on ne peut songer sans crainte à cette limite rigoureuse qui lui est imposée. Qu'entraîné par son zèle, que distrait un instant par ces émotions poignantes avec lesquelles il doit compter dans son expédition souterraine, il vienne à mal calculer la dépense d'air qu'il a faite, qu'il n'ait pas la prévoyance de réserver pour le retour une provision suffisante, le voilà tout à coup frappé d'asphyxie. Ce sac placé sur son dos s'affaisse plus vite peut-être qu'il ne le suppose. Ne serait-il pas nécessaire que le mineur put toujours contrôler l'état de son réservoir d'air? Nous voudrions par exemple qu'un système d'avertissement le renseignât aussitôt qu'il a dépensé la moitié de sa provision, lui donnant en quelque sorte le signal du retour. M. Fayol a surmonté dans la construction de son appareil des difficultés bien plus grandes que celle qu'il trouvera pour établir un pareil système d'avertissement et il aura, pensons-nous, rendu plus précieux encore un appareil qui lui a valu déjà les éloges les plus mérités.

EXCURSION FINALE — BELLEGARDE, GENÈVE

— *29 août 1873.* —

BELLEGARDE

L'annonce d'une excursion à Bellegarde et à Genève avait décidé un assez grand nombre de membres de l'Association à prolonger volontairement le Congrès pendant deux jours, après sa clôture officielle, et plus de quatre-vingt-dix personnes étaient réunies à la gare des Brotteaux, pour prendre le train qui devait nous conduire à Bellegarde, dernière ville française sur la ligne de Lyon à Genève.

Nous regrettons que la forme de procès-verbal sommaire à laquelle nous sommes astreint ne nous permette pas d'insister sur le côté pittoresque du voyage et l'intérêt des sites que l'on parcourt : on eût presque regretté que la locomotive marchât si vite, si l'on n'avait eu, en prévision, une visite intéressante.

Le train qui nous descend à Bellegarde continue son chemin vers la Suisse, en laissant les wagons que nous devons reprendre quelques heures plus tard ; les excursionnistes commencent par prendre un repas, qui avait dû être commandé à l'avance grâce aux bons soins de M. Lomer ; car, en temps ordinaire, une centaine de voyageurs s'arrêtant inopinément à Bellegarde eussent difficilement trouvé à déjeuner sur-le-champ. Ayant ainsi pris les forces nécessaires, les excursionnistes allèrent visiter les travaux.

Chute du Rhône. — Canal de dérivation. — A quelque cent mètres en amont de Bellegarde, le Rhône, dont le débit atteint 300 mètres cubes par secondes, sans jamais descendre au-dessous de 100 mètres, présente un resserrement brusque de son lit entre des rochers, en même temps que la pente atteint une grandeur notable : aussi les eaux se précipitent-elles en masse avec une vitesse considérable, présentant un spectacle vraiment grandiose : il y a peu de temps encore, des rochers obstruaient le lit, le recouvraient en partie, et le Rhône se perdait brusquement pour reparaître un peu plus loin ; maintenant, par suite des travaux exécutés, les eaux coulent à ciel ouvert dans toute la partie que nous avons visitée.

L'idée d'utiliser cette masse d'eau et la hauteur de la chute a pu venir à l'esprit de plusieurs personnes, mais la réalisation de cette idée présentait de grandes difficultés : deux Américains, MM. Lomer et Ellen Hausen, frappés de cette idée, étudièrent les moyens de les mettre en pratique, et, après s'être convaincus de la possibilité de l'entreprise, demandèrent la concession de ces travaux, qui leur fût accordée en juin 1871.

Leur projet consistait à dériver en amont de la chute une partie de l'eau du Rhône, qui serait amenée par un canal latéral percé en souterrain jusqu'en aval de cette chute ; aux eaux du fleuve, ils pensaient adjoindre les eaux d'un torrent, la Valserine, qui débouchait au point même où était projetée l'extrémité du canal de dérivation : on pouvait compter ainsi sur un débit de 60 à 100 mètres cubes par seconde, et une chute de 11 à 13 mètres, ce qui correspond à un travail réel d'environ 8,000 chevaux vapeur. Cette masse d'eau devait être employée à faire mouvoir des turbines, et la force développée par ces turbines serait transmise dans la vallée et à grande distance par des cables télodynamiques. Le projet fut exécuté tel qu'il avait été conçu et nous allons donner en quelques mots les indications les plus intéressantes.

Le canal de dérivation commence à quelques mètres au-dessus de la perte : une partie à ciel ouvert, de 175 mètres de long sur 15 à 18 mètres de large, et 2 mètres 50 de profondeur, recevra les eaux dont l'entrée pourra être interceptée par une triple vanne ; le tunnel qui fait suite à cette partie a

535 mètres de longueur; il est presque partout creusé dans le roc vif; sa largeur est de 8 à 9 mètres, sa hauteur de 6 mètres 80; la pente est de 0,0015 par mètre en moyenne.

A la sortie du tunnel les eaux du Rhône sont amenées aux turbines, ainsi que celles de la Valserine.

Les turbines. — Le câble télodynamique. — Le bâtiment des turbines comprend deux corps de logis à trois étages : outre les turbines, il contiendra des pompes élévatoires.

Les turbines seront au nombre de cinq; mais trois seulement doivent être installées d'abord : elles sont placées à une distance intermédiaire entre le fonds des puits et la surface de l'eau: chacune de ces turbines pèse près de 15,000 kilogrammes. Par l'intermédiaire de roues dentées, le mouvement de rotation de ces turbines est communiqué à un axe horizontal faisant soixante-dix tours par minute; sur cet axe est monté un volant autour duquel passe le câble télodynamique, ce câble s'appuie dans son parcours snr des poulies de 5 mètres de diamètre, établies au sommet de cinq tours en pierre, en forme de tronc de pyramide quadrangulaire, disposées suivant une ligne continue qui franchit deux fois le cours du Rhône. C'est ce câble qui transmettra aux usines établies ou à établir sur le plateau de Bellegarde la force motrice recueillie par les turbines.

Il faut ajouter que deux puissantes pompes peuvent élever à une grande hauteur (75 mètres) et transmettre au loin (1,100 mètres) une masse d'eau de 120 litres par seconde pour la distribüer aux diverses usines.

Les usines. — Les usines qui s'établissent ou s'établiront à Bellegarde seront desservies par un chemin de fer en plan incliné qui coupe diagonalement la vallée, et qui se reliera au chemin de fer de Lyon à Genève : les wagons seront remorquées sur ce plan incliné par l'intermédiaire d'un câble télodynamique.

Parmi les usines en construction, les excursionnistes ont visité un établissement destiné à l'exploitation des phosphates de chaux fossiles et leur transformation en superphosphate, destiné à l'agriculture; à cette usine sera annexée une fabrique de produits chimiques. L'exploitation est déjà commencée, et une galerie de mines de 150 mètres fournit le phosphate; une locomobile fonctionne en attendant l'établissement du câble télodynamique.

D'autres usines sont en construction : une fabrique de pâte de bois, qui utilisera 600 chevaux environ, et une parqueterie avec tournage de bois : cette dernière usine fonctionne provisoirement en utilisant la force d'une locomobile.

Nous avons dit que la concession fut accordée à MM. Lomer et Ellen Hausen, qui l'avaient demandée; M. Gobin, ingénieur des ponts et chaussées, avait fait les études nécessaires à l'établissement de la dérivation; M. Daniel Colladon, de Genève, fut choisi comme ingénieur conseil, et M. Georges Lomer fut adjoint; la maison de J. J. Rieter, de Winterthur, fût chargée de l'étude et de la construction des turbines et des appareils de transmission; la surveillance des travaux fut confiée à

MM. Brunck et Stockalper ; les pompes élévatoires ont été fournies par M. Ch. Callon et les vannes de la dérivation par le Creusot.

Les excursionnistes suivirent avec un vif intérêt les explications qui leur furent données sur les lieux et ce ne fut pas sans quelques regrets de ne pouvoir consacrer un plus long temps à l'étude de ces travaux intéressants, dont la réalisation doit changer la face de cette contrée, que l'on se dirigea vers la gare où le train qui devait nous emmener à Genève ne tarda pas à arriver.

GENÈVE — VERSOIX

L'Association française avait reçu une invitation officielle du Conseil d'État du canton de Genève et du Conseil administratif de la ville de Genève, et notre visite dans cette ville était la réponse à cette gracieuse invitation.

Dès notre arrivée, nous fûmes charmés de l'affabilité de la réception : tout était prévu pour nous éviter les embarras d'une installation dans une ville étrangère ; un certain nombre de Genevois, dont quelques-uns avaient assisté au Congrès de Lyon, nous attendaient à la gare et nous faisaient connaître les hôtels où il y avait des chambres gardées pour nous ; on nous installait dans des omnibus qui devaient en outre nous attendre pour nous ramener à la gare une heure après ; nous devions, en effet, à 5 heures 20, monter dans un train spécial et nous rendre à Versoix, chez M. VERNES D'ARLANDES, l'un des membres fondateurs de l'Association, qui avait voulu nous donner une réception dans sa belle propriété baignée par les eaux bleues du lac Léman. Le train nous arrêtait avant 6 heures à Versoix et nous nous rendions au château de M. Vernes où le maître et la maîtresse de la maison nous recevaient avec une gracieuse affabilité. Lorsque le jour commença à tomber, de brillantes illuminations, disposées avec art dans les environs du château, formèrent un agréable coup d'œil, tandis qu'un orchestre charmait les oreilles des promeneurs. Enfin une collation fut offerte aux invités et un buffet abondamment garni permit aux assistants de prendre de nouvelles forces après une journée aussi fatigante.

Mais l'heure du départ est arrivée. Après avoir salué les hôtes qui les ont si bien reçus, les excursionnistes, précédés par la fanfare française de Genève, et accompagnés de porteurs de torches, se dirigent vers le chemin de fer où nous arrivons quelques minutes avant l'heure du départ. Le Président, M. de Quatrefages, profite de ces courts instants pour se faire l'interprète des membres du Congrès en adressant de nouveau et publiquement des remercîments à M. Vernes et en promettant, au nom de l'Association et comme souvenir de cette soirée du 29 août 1873, l'envoi à la fanfare française de Genève d'une médaille commémorative.

Quelques instants plus tard nous montions dans des wagons confortables et bientôt après nous débarquions à Genève.

GENÈVE

Le lac. — La journée commence par une promenade en bateau à vapeur qui nous est offerte par le Conseil d'État du canton de Genève et le Conseil administratif de Genève : dès 8 heures du matin nous sommes réunis sur le bateau à vapeur *le Léman*, où une musique excellente qui se fera entendre à diverses reprises est déja installée. Nous sommes reçus par quelques-unes des autorités de la ville et du canton de Genève, et bientôt le bateau s'ébranle ; nous partons en suivant la rive droite du lac; le temps est beau, quoique un peu couvert; il se maintiendra à peu près, sauf un léger grain qui ne s'est heureusement pas prolongé. Cependant la promenade ne peut s'achever conformément au programme qui avait été tracé : une brise fraîche soulève les eaux du lac et l'on ne peut aller jusqu'à Lauzanne comme on l'avait espéré : on se borne donc à faire escale à Évian avant de rentrer à Genève.

Pendant le retour, un repas splendide est servi aux excursionnistes sur des tables que l'on avait dressées sur le pont du bateau à vapeur : les vins de Suisse, inconnus à beaucoup d'entre nous, ont un véritable succès.

Cependant le bateau arrive en vue du port. M. Vautier, Conseiller d'État, donne l'ordre de stopper. M. Wurtz, inaugurant ainsi ses fonctions de président, adresse quelques paroles de remercîment aux autorités du canton et de la ville, représentées par divers membres du Conseil d'État et du Conseil administratif. M. Vautier, d'abord, puis M. Le Royer, Président du Conseil administratif de Genève, répondent à M. Wurtz par quelques paroles sympathiques, qui sont accueillies par de nombreux applaudissements.

Les membres de l'Association, désireux de laisser à Genève une trace de leur passage et une marque de reconnaissance pour la manière dont ils ont été reçus, décident immédiatement l'ouverture d'une souscription, dont le produit, qui dépasse 1,000 fr., est remis à nos hôtes pour être attribué aux familles qui ont souffert le plus fortement d'un incendie considérable qui vient d'avoir lieu tout récemment.

Bâtiments académiques. — Musée. — Bibliothèque publique. — Les distractions ont jusqu'ici absorbé tout le temps que nous avons passé à Genève ; mais, avant de nous séparer, le programme comporte une visite à divers établissements scientifiques, visite qui rentre essentiellement dans l'esprit de nos excursions, mais visite pour laquelle le temps nous manque un peu. C'est trop rapidement que nous parcourons les bâtiments académiques, le musée et la bibliothèque, et nous pouvons à peine rester quelques minutes là où il faudrait s'arrêter plusieurs heures.

Nous signalerons les collections d'histoire naturelle et principalement celles qui ont rapport à l'entomologie comme spécialement complètes et intéressantes ; la bibliothèque nous a paru commodément disposée.

Enfin, après quelques paroles prononcées par diverses personnes qui rappellent, en même temps que les liens nombreux de sympathie qui unissent le peuple français et le peuple suisse, le rôle élevé de la science, et qui expriment l'espoir que notre Association contribuera à établir des relations de plus en plus intimes entre les savants des divers pays, on quitte non sans regret nos hôtes de Genève pour se diriger vers la gare, où, sauf quelques membres qui se proposent de prolonger leur excursion en Suisse, tous les excursionnistes prennent le train qui les ramène à Lyon où ils arrivent pour l'heure du coucher.

Nous pensons ne pouvoir pas terminer le résumé de cette excursion, et nous sommes assuré d'être en ceci l'interprète fidèle des membres de l'Association qui y ont pris part, sans remercier sincèrement, au nom de l'Association, les autorités de la ville et du canton de Genève et les organisateurs de la réception qui nous a été faite en Suisse.

TABLE ANALYTIQUE

TABLE DES MATIÈRES

SÉANCES DE SECTIONS

PREMIER GROUPE. — SCIENCES MATHÉMATIQUES

1re et 2e Sections. — Mathématiques, Astronomie, Géodésie et Mécanique.

3e et 4e Sections. — Navigation, Génie civil et militaire.

DEUXIÈME GROUPE. — SCIENCES PHYSIQUES ET NATURELLES

5e et 7e Sections. — Physique, météorologie et physique du globe.

6e Section. — Chimie.

11e Section. — Anthropologie.

12e Section. — Sciences médicales.

QUATRIÈME GROUPE. — SCIENCES ÉCONOMIQUES

13e Section. — Agronomie.

CONFÉRENCES

EXCURSIONS

ERRATA

Page 452, ligne 3, *au lieu de :* Fig. 13. Coupe, *lire :* Fig. 13 et 14. Ensemble et coupe, etc.

Page 508, dernière ligne, *au lieu de :* manchon, *lire :* mamelon.

Page 522, titre, *au lieu de :* 8e section, *lire :* 10e section.

LYON. — IMPRIMERIE PITRAT AINÉ, RUE GENTIL, 4.

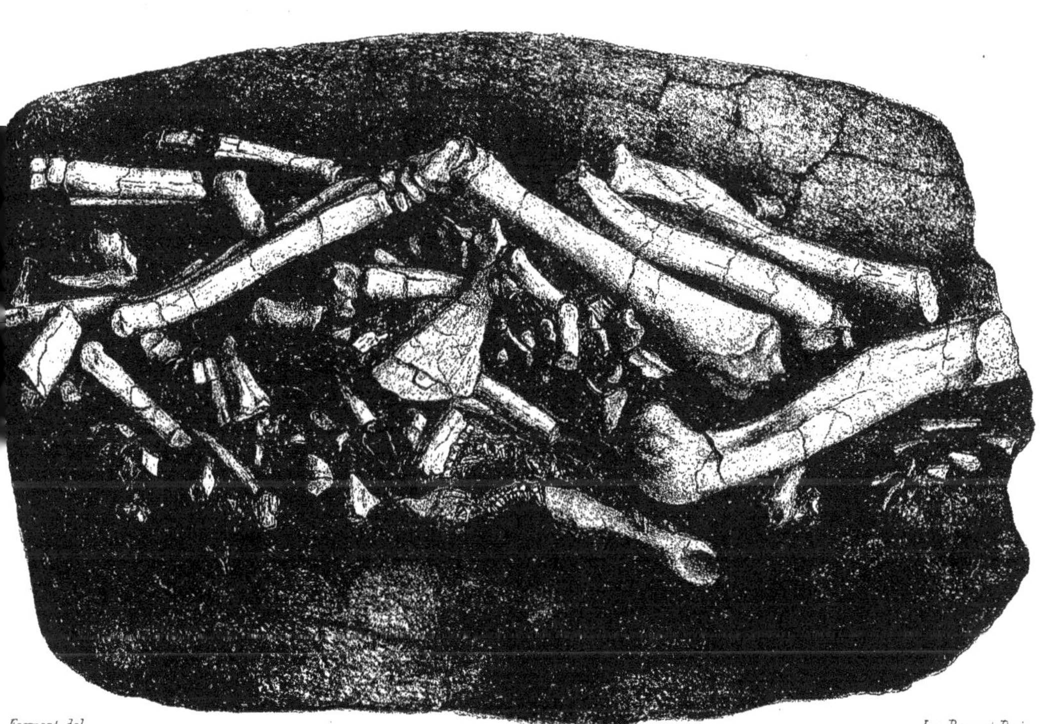

Formant del.　　Imp. Becquet, Paris.

Au $\frac{1}{4}$ de la grandeur naturelle.

Albert GAUDRY. — ANIMAUX FOSSILES DU MONT LÉBERON.

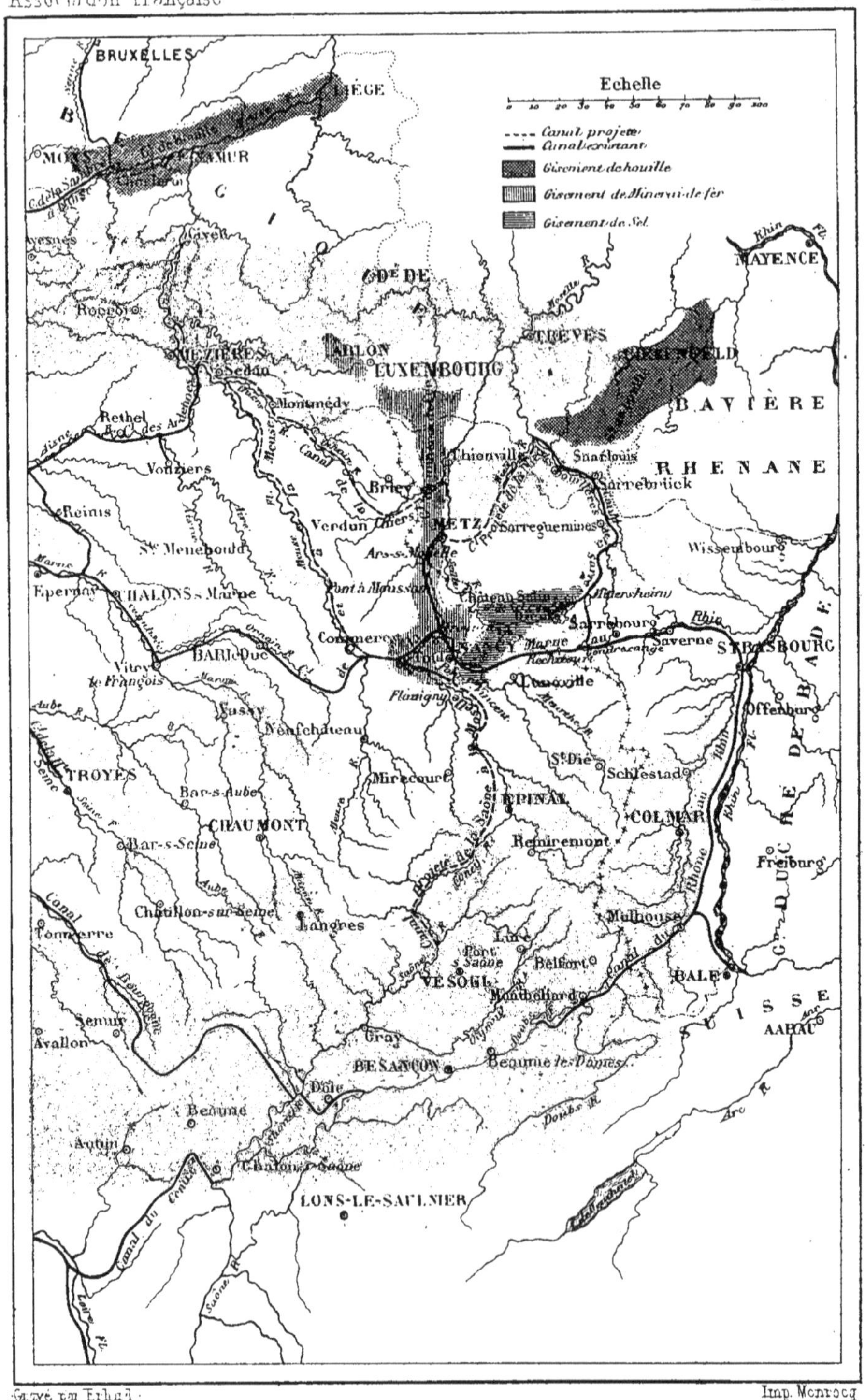

Gravé par Erhard

Imp. Monrocq

J. HIRSCH _ LES VOIES NAVIGABLES DANS L'EST DE LA FRANCE

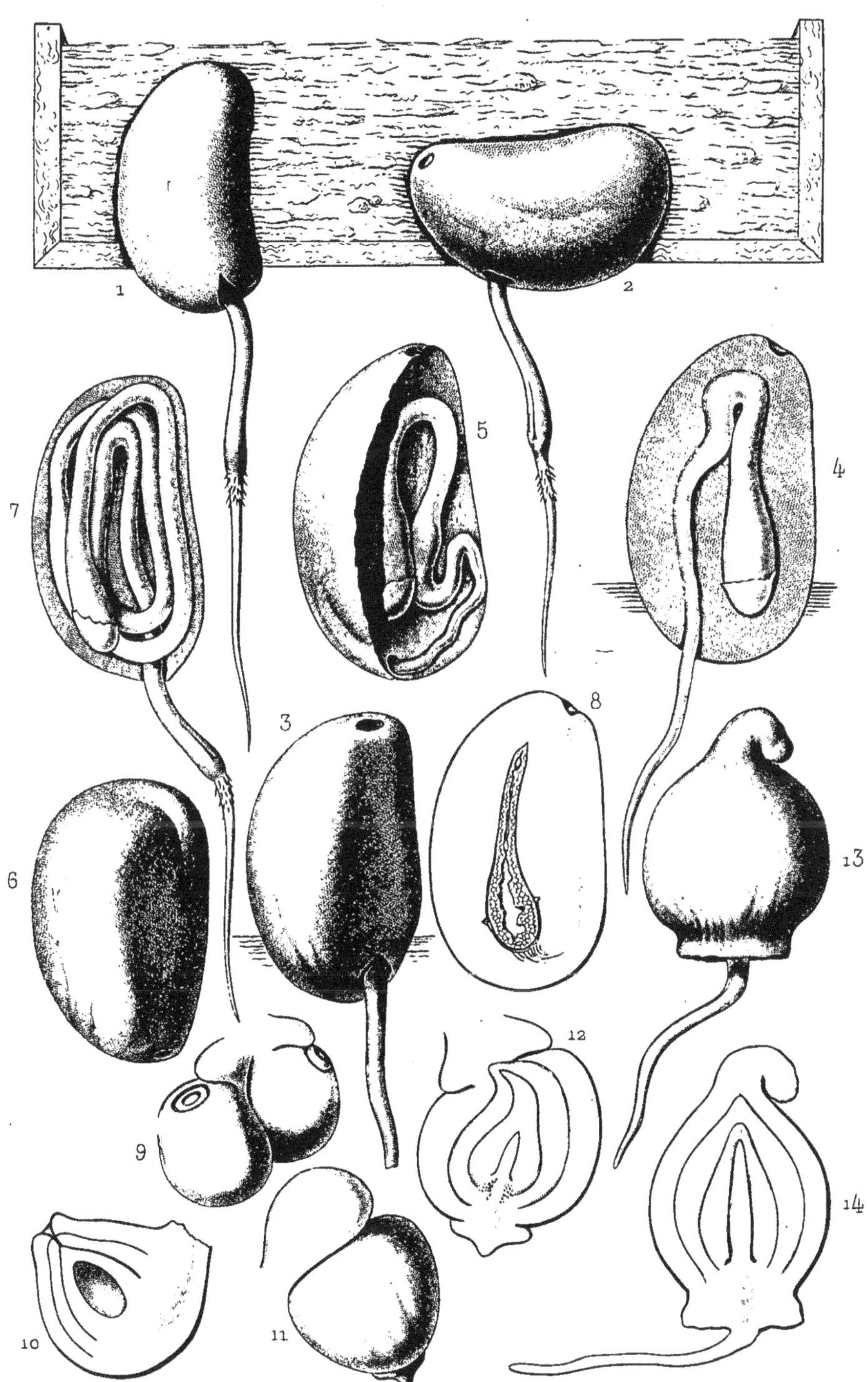

H. BAILLON — DÉVELOPPEMENT ET GERMINATION DES GRAINES BULBIFORMES D'AMARYLLIDÉES

Fig. 1-8: Hymenocallis speciosa — Fig. 9-13. Calostemma Cunninghami

CONVOLVULACÉES PURGATIVES

H. BAILLON. — *Exogonium Jalapa.* (Rameaux florifères.)

IMP. S BAÇON

CONVOLVULACÉES PURGATIVES

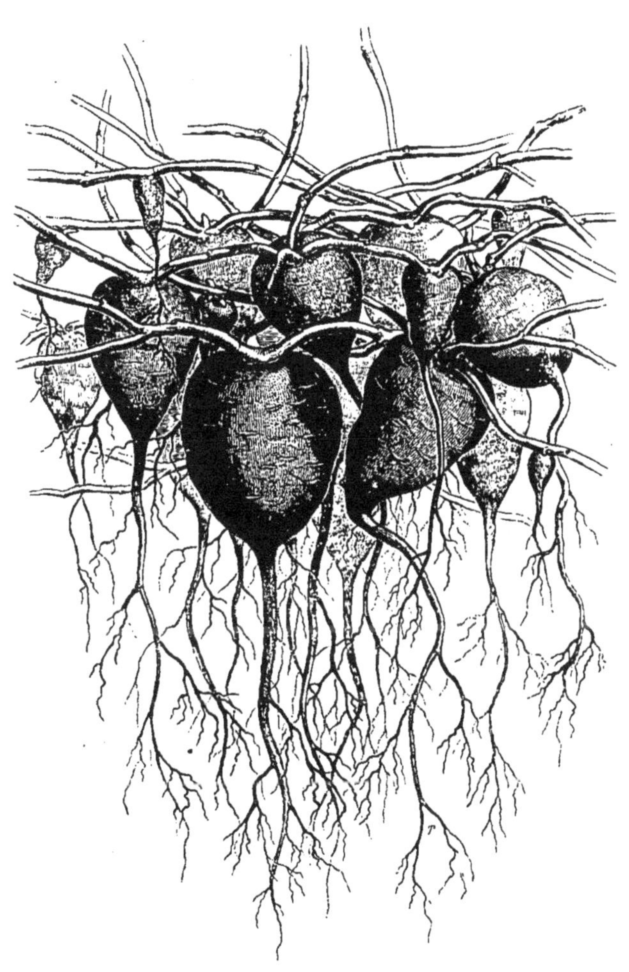

H. BAILLON. — *Exogonium Jalapa.* (Portion souterraine.)

IMP. S. RAÇON.

H. BAILLON. — *Convolvulus Scammonia*. IMP. S. RAÇON.

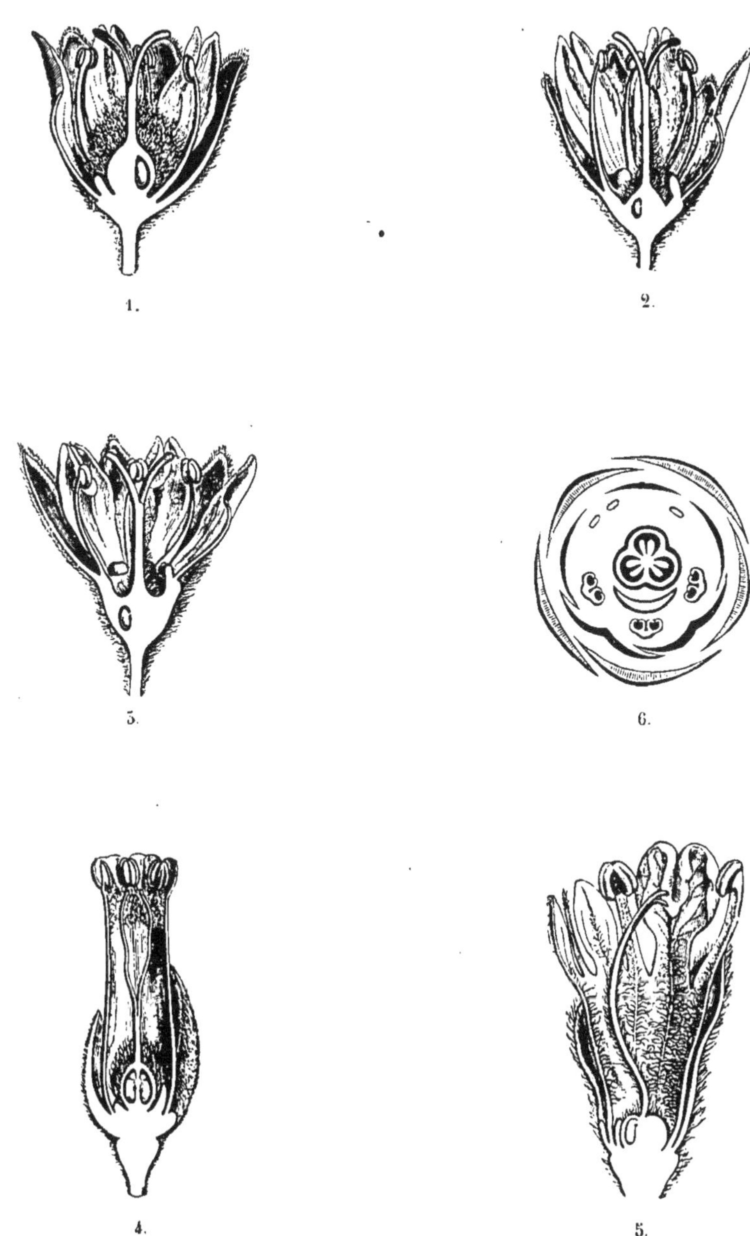

H. BAILLON. — Fleurs de Chaillétiées.

Fig. 1, 2, 3. *Dichapetalum* — Fig. 4. *Stephanopodium.* — Fig. 5, 6. *Tapura.*

IMP. S. LAÇON.

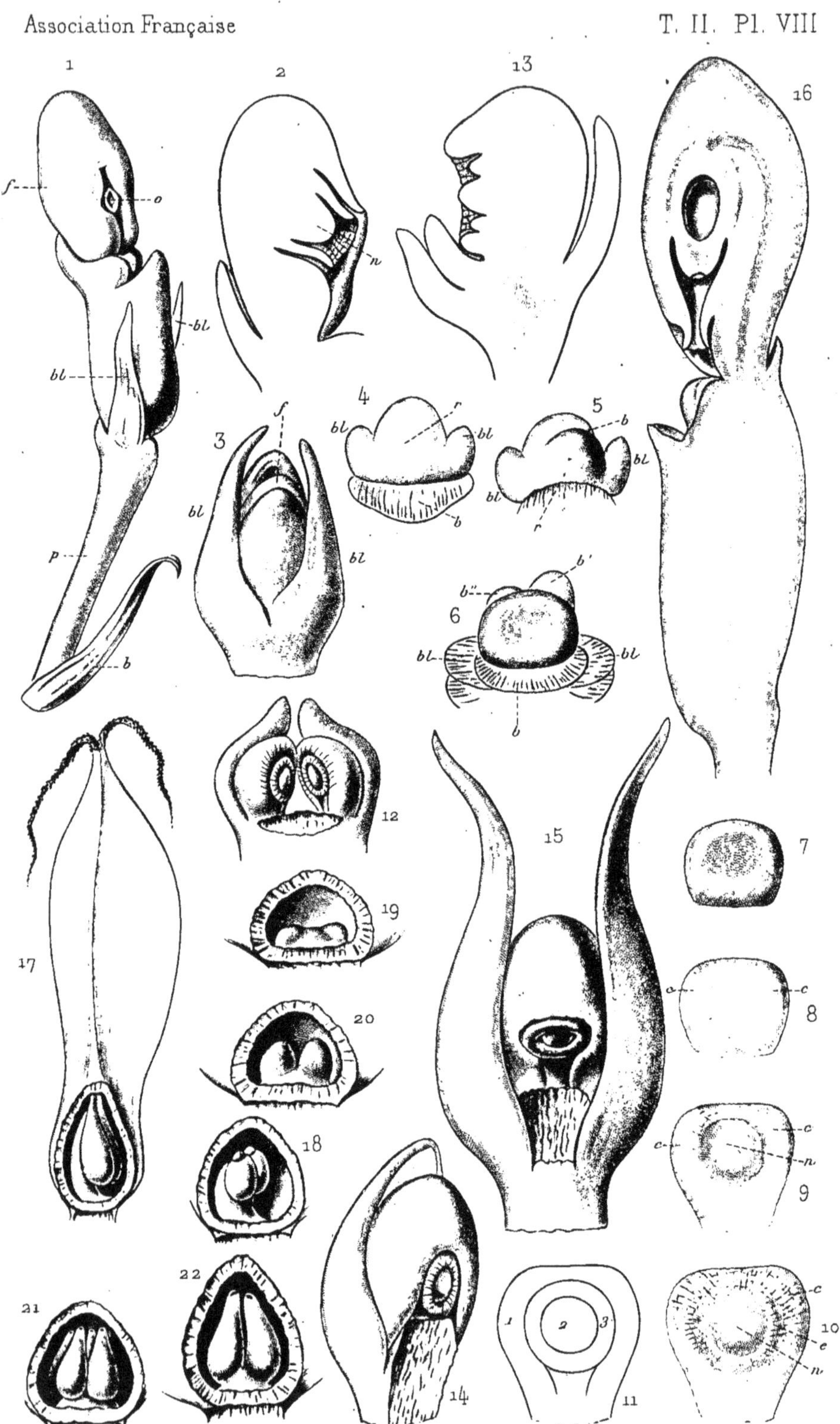

H. BAILLON _ ORGANOGÉNIE FLORALE DES PODOCARPUS

Fig. 1 _ 16. Podocarpus chinensis _ Fig. 17 _ 22. Casuarina

Fig. 4.

Fig. 1

Fig. 2.

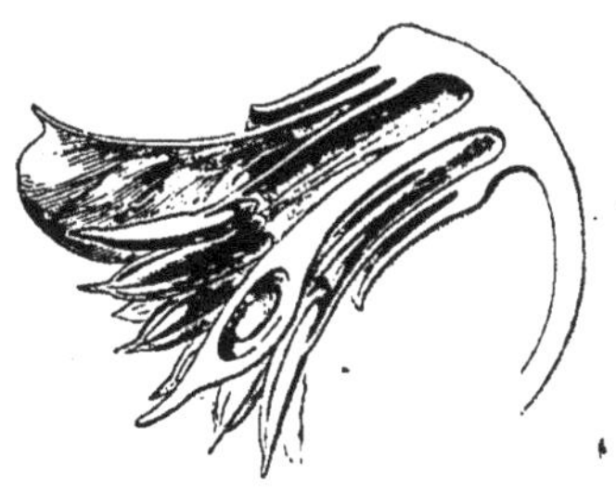

Fig. 3.

IMP. S. BAÇON

H. BAILLON. — *Toluifera Balsamum* L.

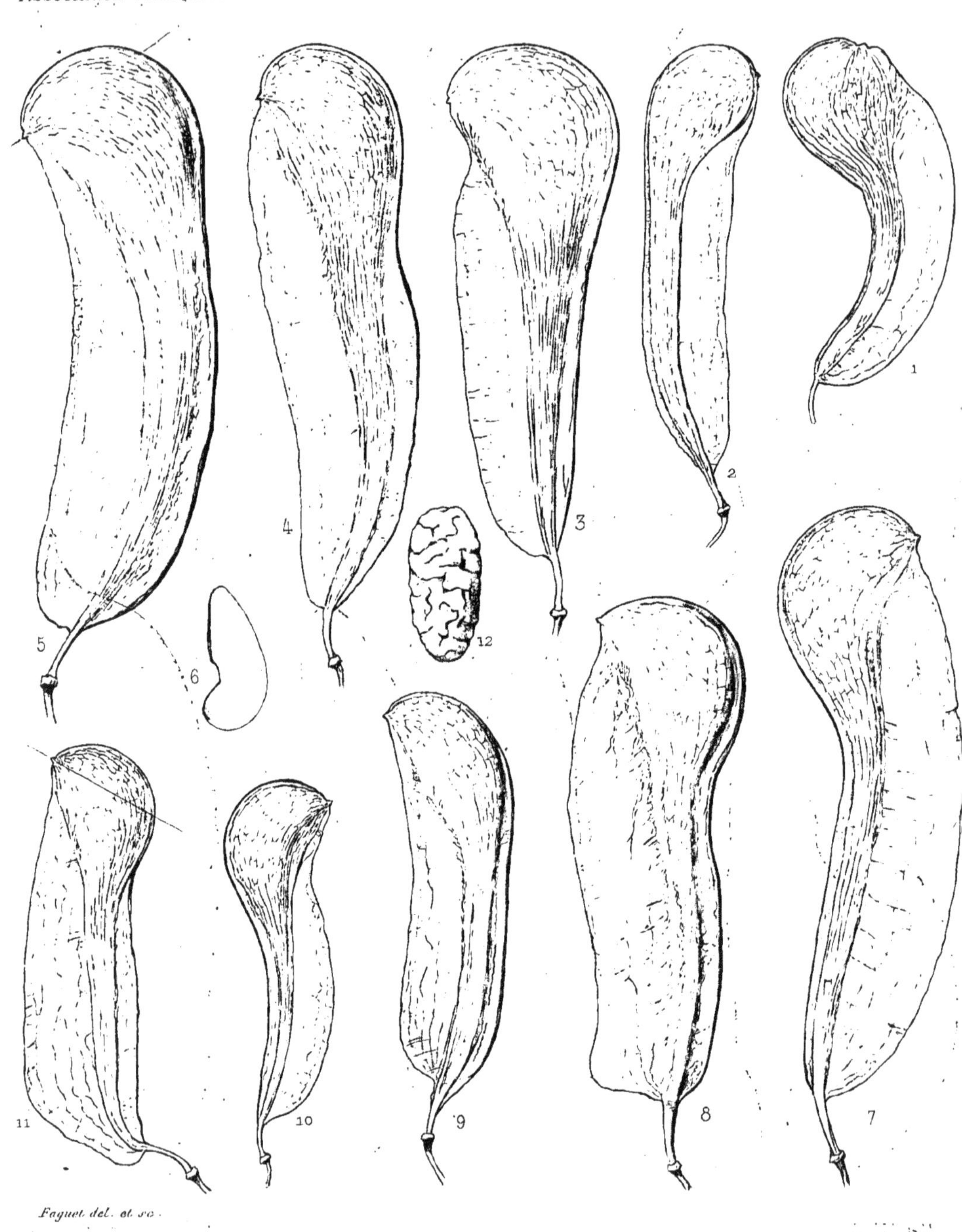

Faguet del. et sc.

H. BAILLON — FRUITS DU TOLUIFERA

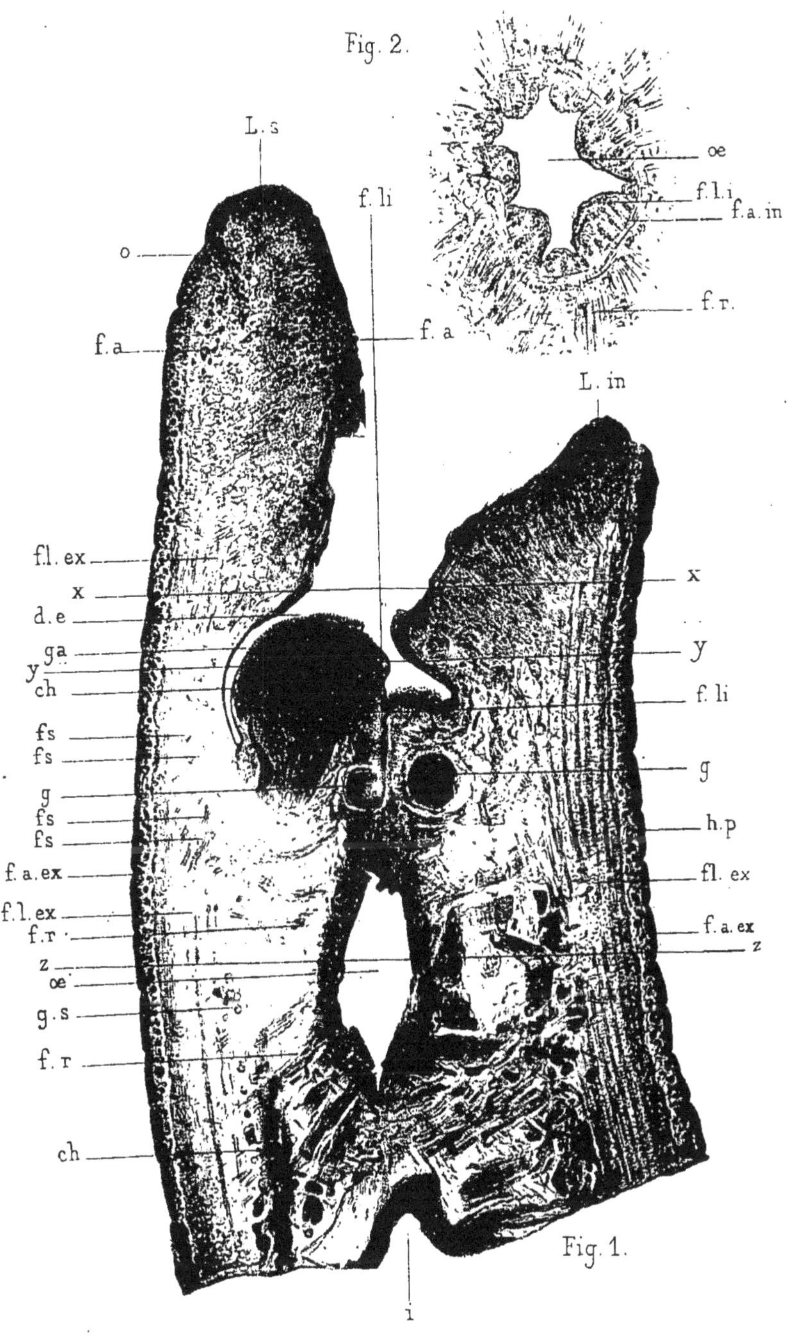

Arnoul lith.
Imp. Becquet Paris. p.v.

MONNIER _ ANATOMIE DES SANGSUES.

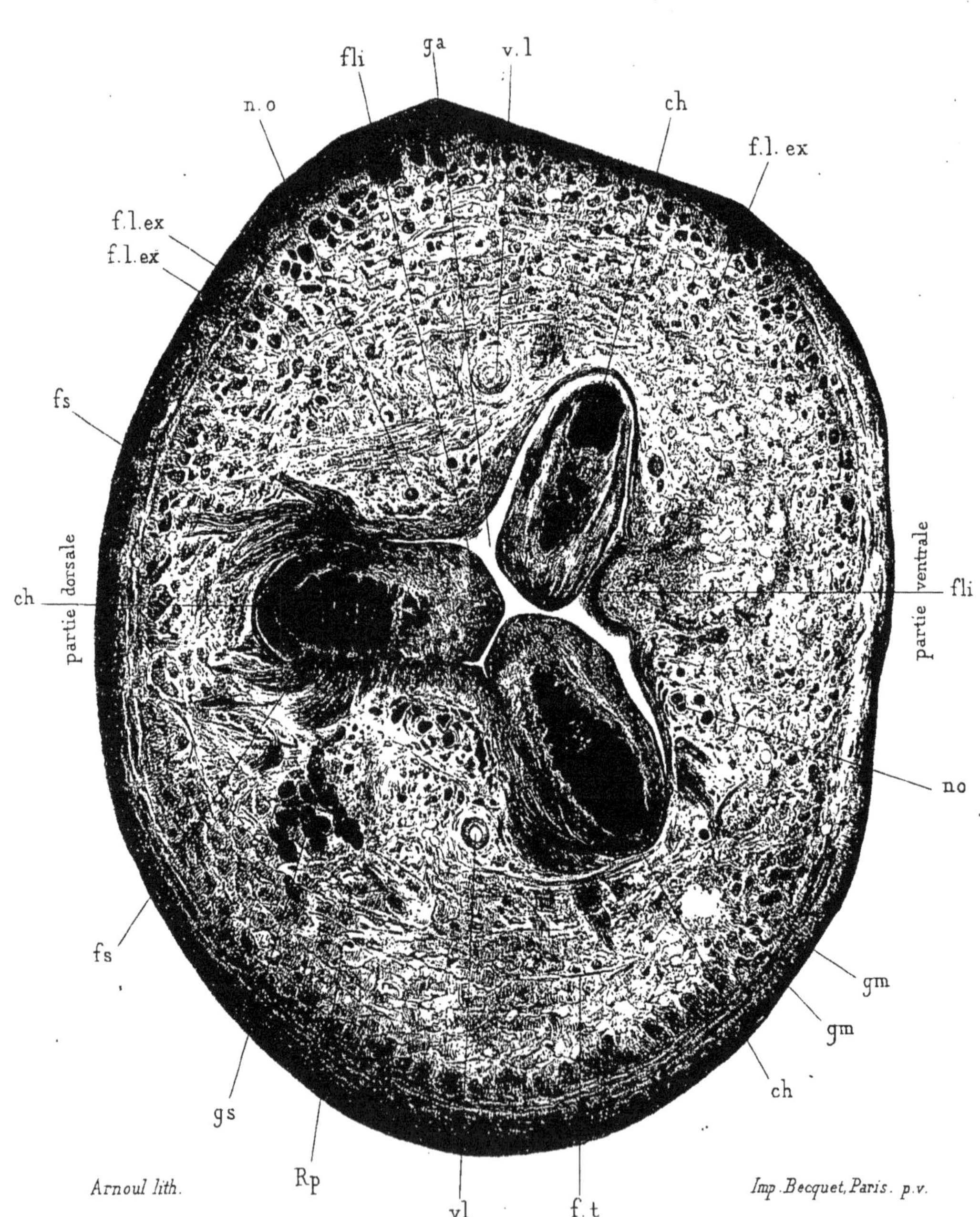

Arnoul lith. Imp. Becquet, Paris. p.v.

MONNIER _ ANATOMIE DES SANGSUES.

CARTE ARCHÉOLOGIQUE
DU
VIVARAIS
par
Ollier de Marichard.

LÉGENDE

terrains primaires: Gn. Granite; M. Micaschiste; T. Trias
terrains Carbonifères
terrain jurassique: OX. Oxfordien; L. Lias
Déjections Volcaniques
terrain Crétacé: J. terrain Urgonien; J'. formation Néocomienne
terrain tertiaire Lacustre
Alluvions Anciennes

Epoque Paléolithique
ou de la pierre taillée

Grottes à ossements
" à Foyers

Epoque Néolithique
ou de la pierre polie

Grottes de la pierre polie
" à Sépultures
Dolmens
Tumulus
Grottes de l'âge du Bronze
Cromlechs Menhirs pierres creusées
Camps dits Celtiques
Limite de la région des dolmens

Epoque Historique

Camps Romains
Voies Romaines
Stations de peuples divers

OLLIER DE MARICHARD. — CARTE ARCHÉOLOGIQUE DU VIVARAIS

CARTE ARCHÉOLOGIQUE

D'UNE PARTIE DU BASSIN DU RHÔNE

par ERNEST CHANTRE.

SIGNES CONVENTIONNELS

TEMPS PRÉHISTORIQUES

AGE DE LA PIERRE TAILLÉE

- Cavernes et Abris
- Ateliers
- Foyers et Kjøkenmøddings
- Cavernes-sépulcrales
- Foyers Sépultures
- Sépultures
- Pièces isolées (Lehm et Alluv.)
- Pièces isolées (Tourbières)

AGE DE LA PIERRE POLIE

- Palafittes
- Ateliers
- Camps
- Foyers
- Cavernes sépulcrales
- Foyers Sépultures
- Sépultures
- Dolmens et Allées couvertes
- Tumulus
- Menhirs et Cromlecks
- Pièces isolées (Alluvions)
- Pièces isolées (Tourbières)

AGE DU BRONZE

- Palafittes
- Foyers
- Fonderies
- Trouvailles
- Sépultures
- Tumulus
- Menhirs et Cromlecks
- Pièces isolées (Alluvions)
- Pièces isolées (Tourbières)

AGE DU FER

- Palafittes
- Foyers
- Camps
- Fonderies
- Trouvailles
- Sépultures
- Tumulus
- Cimetières
- Pièces isolées (Alluvions)
- Pièces isolées (Tourbières)

Lith. Wuhrer, R. Gay-Lussac 52. Imp. Dufrénoy, Paris.

EXEMPLES COLORIÉS D'APRÈS M. L. — Obs. I.

Rouge. Vert.

Deux couleurs bien différentes qui me paraissent assez semblables.

Rouge Rouge.

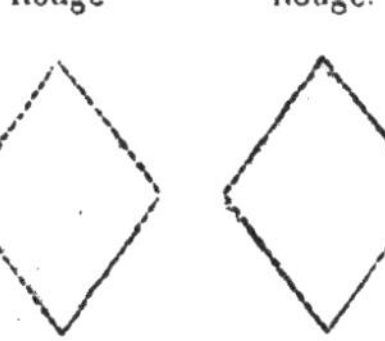

Ces deux couleurs qu'on désigne par le même nom ne me paraissent pas avoir de rapports

Vert. Vert.

Deux couleurs du même nom qui me paraissent très-différentes.

Deux couleurs désignées par le même nom et qui me paraissent très-diverses.

Deux couleurs très-diverses qui me paraissent avoir beaucoup de ressemblance.

Couleurs qui me paraissent toutes avoir de l'analogie entre elles et point avec celles de la colonne à côté.

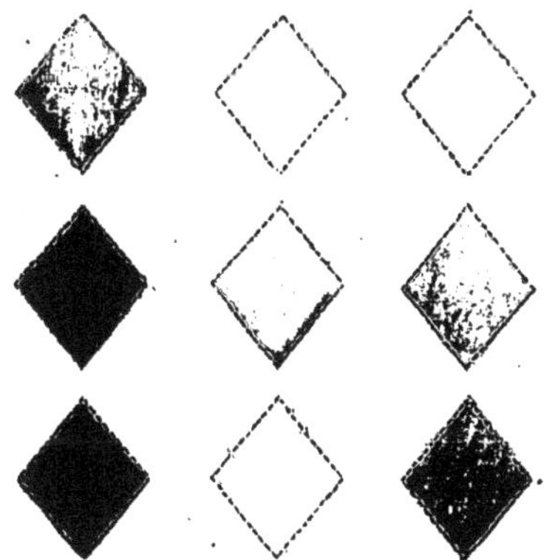

Couleurs froides.

Couleurs qui me paraissent toutes avoir de l'analogie entre elles et point avec celles de la colonne à côté.

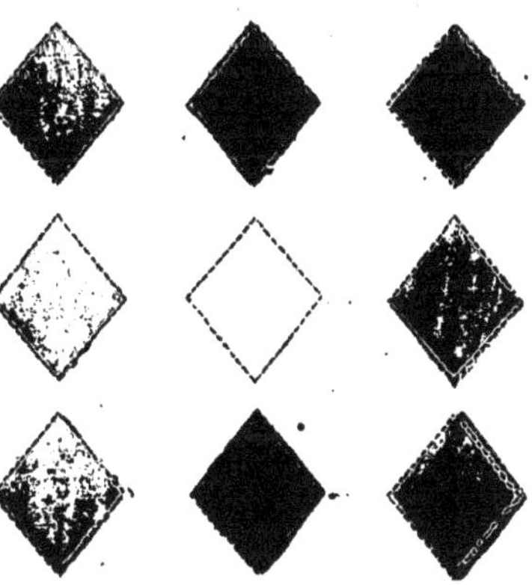

Couleurs chaudes.

IMP. S. RAÇON

www.ingramcontent.com/pod-product-compliance
Ingram Content Group UK Ltd.
Pitfield, Milton Keynes, MK11 3LW, UK
UKHW012135240726
13966UKWH00001B/1